彩图1-1　广金钱草的茎、叶

彩图1-2　广金钱草的茎、叶和花

彩图1-3　广金钱草开花植物群

彩图1-4　广金钱草GAP示范基地

彩图1-5　广金钱草种子育苗场

彩图1-6　广金钱草扦插育苗场

彩图1-7（1） 广金钱草生物肥试验区

彩图1-7（2） 广金钱草施肥试验重复区

彩图1-8（1） 广金钱草病虫害防治试验——生物农药防治试验区

彩图1-8（2） 广金钱草病虫害防治试验——病虫害防治试验重复区

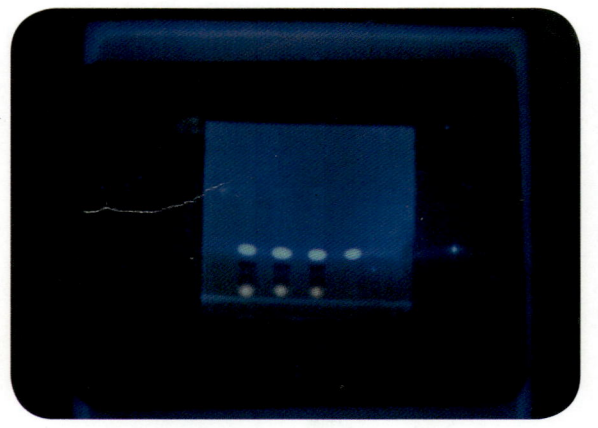

彩图1-9（1） 广金钱草TLC鉴别图谱——邻羟基苯甲酸对照鉴别

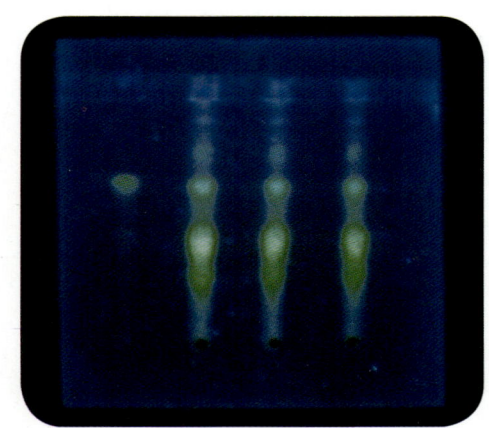

彩图1-9（2） 广金钱草TLC鉴别图谱——异牡荆苷对照鉴别

彩图2-1　广藿香原植物

彩图2-2　牌香枝叶

彩图2-3　肇香花枝及茎叶

彩图2-4　湛香枝叶

彩图2-5　广藿香扦插苗床

彩图2-6　广藿香扦插苗地管理

彩图2-7　广藿香试管苗

彩图2-8　试管苗炼苗（初期）

彩图2-9　试管苗炼苗（后期）

彩图2-10　广藿香种植地

彩图2-11　广藿香施肥

彩图2-12　广藿香遮阳网

彩图2-13　广藿香遮阴棚

彩图2-14　广藿香施肥试验区

彩图2-15　广藿香农药试验区

彩图2-16　广藿香的采收

彩图3-1　鸡骨草的枝叶

彩图3-2　鸡骨草的幼龄植株

彩图3-3　鸡骨草的成龄植株

彩图3-4　鸡骨草种植地

彩图3-5　鸡骨草药材

彩图4-1(1) 青天葵的叶片植株形态

彩图4-1(2) 青天葵的花枝植株形态

彩图4-1(3) 青天葵的果枝植株形态

彩图4-2 青天葵种植地

彩图4-3（1） 青天葵组织培养——块茎诱导萌发

彩图4-3（2） 青天葵组织培养——再生块茎

彩图4-3（3） 青天葵组织培养——块茎再生植株

彩图4-3（4） 青天葵组织培养——根状茎（白色）

彩图4-3（5） 青天葵组织培养——根状茎（绿色）

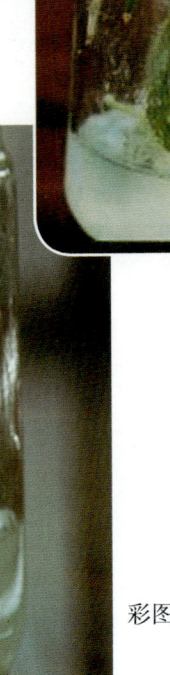

彩图4-3（6） 青天葵组织培养——根状茎再生植株

彩图4-4 青天葵组培苗移栽

彩图4-5 青天葵的开花期

彩图4-5（1） 青天葵药材——小叶种

彩图4-6(2) 青天葵药材——中叶种

彩图4-6(3) 青天葵药材——大叶种

彩图5-1 九节茶GAP示范基地

彩图5-2 九节茶的花序和果实

彩图5-3 竹林和杉树下的野生九节茶

彩图5-4 九节茶扦插苗（苗圃）

彩图5-5　九节茶扦插苗

彩图5-6　九节茶分株繁植苗

彩图5-7　九节茶营养杯苗

彩图5-8 九节茶黑腐病（扦插苗苗床）

彩图5-9 感染了虫害的九节茶（硬壳虫危害叶片）

彩图6-1 穿心莲原植物

彩图6-2 穿心莲花

彩图6-3 穿心莲幼苗

彩图6-4 刚移栽的穿心莲

彩图6-5 2个月生的穿心莲

彩图6-6　3个月生的穿心莲

彩图6-7　缺肥时生长的穿心莲

彩图6-8　肥料充足时长势良好的穿心莲

彩图7-1（1） 铁皮石斛植物形态——茎叶

彩图7-1（2） 铁皮石斛植物形态——花

彩图7-2 铁皮石斛三年生植株群

彩图7-3 铁皮石斛开花植物群

彩图7-4 铁皮石斛种植棚外景

彩图7-5(1-4) 铁皮石斛组织培养——外植体培养

彩图7-5（5） 铁皮石斛组织培养——外植体培养

彩图7-5（6） 铁皮石斛拟原球茎形态

彩图7-5（7） 铁皮石斛组织苗生根

彩图7-5（8） 铁皮石斛再生植株

彩图7-6 铁皮石斛组织培养苗

彩图7-7 铁皮石斛组织培养苗阴棚栽培

彩图7-8 铁皮石斛花架床高密度无土基质栽培

彩图7-9 铁皮石斛药材

彩图7-10 铁皮石斛药材（枫斗）

彩图8-1　凉粉草的茎叶

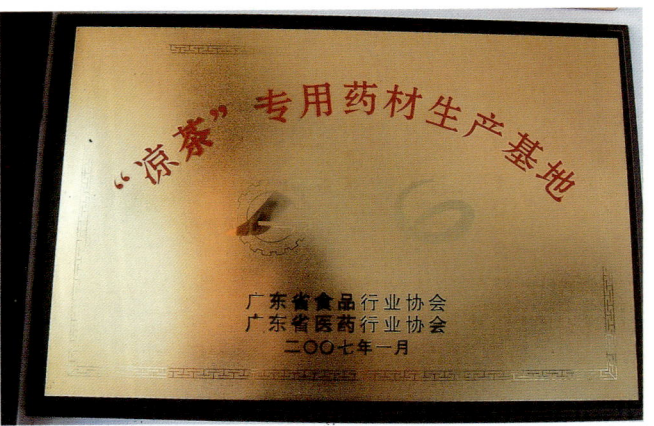

彩图8-2　"凉茶"专用药材生产基地牌

彩图8-3　中国仙草（凉粉草）之乡宣传照

彩图8-4 凉粉草GAP示范基地

彩图8-5 凉粉草的良种繁育场

彩图8-6 凉粉草扦插育苗

彩图8-7 凉粉草组织培养——愈伤组织

彩图8-8 凉粉草施肥试验区

彩图8-9 凉粉草病虫害防治试验区

彩图9-1　狭基线纹香茶菜（幼苗期）

彩图9-2　狭基线纹香茶菜

彩图9-3　狭基线纹香茶菜种植地

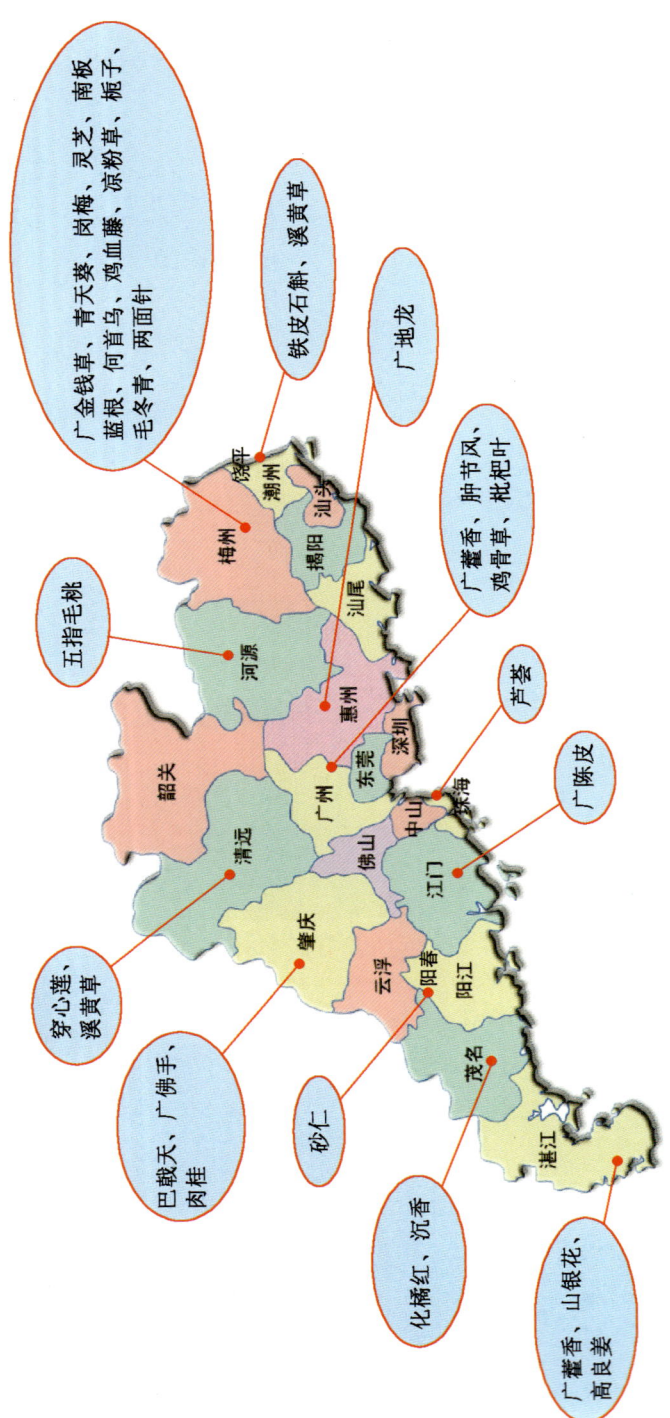

广东省30种岭南中药材规范化种植（养殖）基地分布图

岭南中医药文库·现代研究系列

30种岭南中药材规范化种植（养殖）技术
（上）

主编 徐鸿华

广东省出版集团
广东科技出版社
·广州·

图书在版编目（CIP）数据

30种岭南中药材规范化种植（养殖）技术．上/徐鸿华主编．—广州：广东科技出版社，2011.6
（岭南中医药文库．现代研究系列）
ISBN 978-7-5359-5403-9

Ⅰ．①3… Ⅱ．①徐… Ⅲ．①药用植物—栽培—广东省 Ⅳ．①S567

中国版本图书馆CIP数据核字（2010）第209539号

责任编辑：邓　彦　苏北建　吕　健
封面设计：丁青云
责任校对：吴丽霞　黄慧怡
责任印制：罗华之
出版发行：广东科技出版社
　　　　　（广州市环市东路水荫路11号　邮政编码：510075）
E－mail：gdkjzbb@21cn.com
http://www.gdstp.com.cn
经　　销：广东新华发行集团股份有限公司
印　　刷：广州伟龙印刷制版有限公司
　　　　　（广州市沙太路银利工业大厦1栋　邮政编码：510507）
规　　格：889mm×1 194mm　1/32　印张13.875　彩册16　字数330千
版　　次：2011年6月第1版
　　　　　2011年6月第1次印刷
定　　价：165.50元（上、中、下）

如发现因印装质量问题影响阅读，请与承印厂联系调换。

内容提要

　　为了进一步总结经验，将科研成果直接用于指导中药材生产，我们编著本书《30种岭南中药材规范化种植（养殖）技术》，每个品种的内容包括概述，生物学特性，物种或品种类型，种植地，种植技术，主要病、虫害防治，采收与加工，留种技术，质量标准及检测，包装、贮藏及运输，附中药材规范化生产标准操作规程（SOP）。

　　本书是作者多年来研究工作的总结，涉及的学科领域较广，内容丰富，既具科学性、又具实用性，是迄今为止较为全面反映上述品种规范化种植（养殖）技术的专著，可作为中药学教学、科研人员，中药专业学生，中药材生产人员的参考书，也可作为岭南中药材生产基地的技术指南。

《岭南中医药文库》组委会

总顾问　张德江　黄华华
顾　问　林　雄
主　任　钟阳胜
副主任　雷于蓝　姚志彬
委　员　（按姓氏笔画排序）

王桂科　朱仲南　刘　昆　刘富才　关则文
杨　健　杨以凯　杨兴锋　杨建初　李兴华
李夏铭　陈　兵　陈元胜　陈俊年　罗伟其
郑广宁　秦　颖　顾作义　黄　斌　黄小玲
黄达全　黄尚立　梁国标　梁耀文　彭　炜

《岭南中医药文库》编委会

总顾问 邓铁涛
总主编 徐志伟 彭 炜
编 委 （按姓氏笔画排序）
        王新华 邝日建 刘小斌 吕玉波
        朱家勇 李 剑 李昭醇 李梓廉
        陈 群 陈蔚文 陈德伟 曹礼忠

《岭南中医药文库》出版工作委员会

主　　　任	陈　兵　黄达全
副 主 任	崔坚志　应中伟　严奉强
	苏北建
项目策划	李希希　邵水生　苏北建
项目组成员	李希希　吕　健　苏北建
	邵水生　邓　彦　曾永琳
	丁嘉凌　郭怡甘　严建伟
	吴丽霞　谢志远

《岭南中医药文库·现代研究系列》编委会

主　编　王新华　曹礼忠　邓雷鸣
副主编　许能贵　黄水清
编　委（按姓氏笔画排序）
　　　　王新华　邓雷鸣　伍杰勇　刘　梅
　　　　刘子志　刘东辉　许能贵　李　慧
　　　　李梓廉　唐雪春　罗毅文　曹礼忠
　　　　黄习文　黄水清　黄可儿　黎　晖
　　　　薛　军

《30种岭南中药材规范化种植（养殖）技术》编委会

主　编　徐鸿华

编著者（按姓氏笔画排序）

丁　平　　方　琴　　刘军民　　刘春玲　　何国振
何润生　　杜　勤　　李　薇　　张丹雁　　张桂芳
陈丰连　　贺　红　　耿世磊　　徐鸿华　　黄　松
黄海波　　蒋　冰　　赖小平　　詹若挺　　潘超美

参加编写人员（按姓氏笔画排序）

丁　捷　　关杰敏　　安　冉　　何锦清　　张文进
杨　洋　　陈世斌　　周　妹　　周志彬　　林乐维
林伟强　　徐社金　　黄锦茶　　翟　明

岭南，在传统上是指越城、大庾、骑田、都庞、萌渚五岭以南的地区。这个地区的地理和人文环境富有特色，是我国地域文化中的重要分支。广东是岭南地区的核心地域，近代以来社会经济和科技文化发展均走在地区的前列。在这里，传统中医药以独特的作用深得人们信赖，一直呈现生机勃勃的局面。

2006年以来，广东省委、省政府先后出台了多个促进广东中医药发展的重要文件，提出要将广东从"中医药大省"建设成为"中医药强省"，这无疑为广东中医药的腾飞增添了巨大的推动力。其中，《岭南中医药文库》（以下简称《文库》）的出版就是一项具体的措施。遵《文库》编委会之嘱作序，略述感言如下。

一

从中国文化发源来看，中国文化的主流发源于中原一带。中医药学是从中原传入岭南的。晋代有葛洪、支法存、仰道人等活跃于广东，唐代开始有李暄《岭南脚气论》等以岭南为名的方书，可见医学与岭南挂钩，岭南医学成为中医药学科的一个分支，为时至少已有千多年了。

晋唐时期，岭南的中医学就已经体现出自身的特色，例如在研究当时流行的脚弱病（脚气病、维生素B_1缺乏症）方面成果突出。唐代《千金要方》卷七论风毒状第一："论曰，考诸经方往往有脚弱之论，而古人少有此疾，自永嘉南渡，衣缨仕人多有遭者，岭表江东有支法存、仰道人等，并留意经方，偏善斯术，晋朝仕望多获全济，莫不由此二公。"可见岭南医学善于创新。另外，从《千金要方》、《外台秘要》、《肘后备急方》等书中还可见葛洪、支法存等对蛊毒、沙虱热（恙虫病）、疟疾、丝虫、姜片虫等传染病有不少治疗方药，对岭南热带地区传染病的研究成就亦较为突出。这些成就不是由中原带来，而是吸取多地民间医药精华，加以总结得之。

宋代开始，岭南医学界人才辈出。先有陈昭遇，开宝初年至京师为医官。陈昭遇与王怀隐等3人历时11年编成《太平圣惠方》；又与刘翰、马志等9人编成《开宝新详定本草》20卷。绍兴年间（公元1137年），潮阳人刘昉著的《幼幼新书》为岭南儿科学的发展奠定了良好的基础。可见宋代岭南已有国家级的医家出现。元代释继洪撰《岭南卫生方》，其中就收录了不少宋代医家的经验方，标志着具有岭南特色的方药学已初步形成。

明清时期是岭南中医学大发展的年代。明代，有丘浚、盛端明等有名望的医家出现；还有浙江人王纶所著的《明医杂著》，是其在广东布政司任内完成的；一代名医张景岳的《景岳全书》，在粤地一再印行传世。上述著作对岭南医学的影响很大。清代，对全国有较大影响的医家何梦瑶，被誉为"南海明珠"；儋州罗汝兰著《鼠疫汇编》，丰富了对急性传染病的诊治经验；清末，西洋医学传入我国，岭南首当其冲，出现朱沛文等主张中西汇通之医家。岭南医学的中医小儿科继续取得突出成就，在清代中期刊行了罗浮山人陈复正的《幼幼集成》后，清末又有程康圃著《儿科秘要》，由博返约，把儿科证候概括为八门（风热、急惊风、慢惊风、慢脾风、脾虚、疳积、燥火、咳嗽）；治法约以六字（平肝、补脾、泻心），举一反三，给人以极大的启发。民国时期儿科名医杨鹤龄继承程氏学说，著《儿科经验述要》。杨氏在育婴堂从17岁起独立主诊病婴，每天巡视、处理危重病婴数次，故育婴堂可称儿童医院之雏形。他积累了丰富的治疗危重病儿的经验，后来自己开业，日诊两三百人。西医张公让曾不断观察其诊证，亦深为佩服其医术之精也！

而广东草药在清代至民国时期也得到很好的整理，名作有何克谏的《生草药性备要》、《增补食物本草备考》和萧步丹的《岭南采药录》等，为中药材增加不少岭南草药品种。

上述可见，岭南医学至清代挟其岭南之特色已达相当高的水平，但岭南医学之发展达到高峰则是在民国时期后，主要是在医学教育人才培养方面成绩突出。光绪三十二年（公元1906年）广州就有医学求益社之成立，相当于今天的医学会，以文会友，每月一次。被评得第一名者，发表论文于报端。上月头名即为下一届论文的主审员，无形中开展学术之竞争。后继者有广州医学卫生社。民国后，学校教育开始举办，著名的有广东中医药专门学校与广东光汉中医专门学校，均为岭南中医学界培养了许多人才。虽然民国时期受国民党政府消灭中医的压迫，但岭南医学学术仍然日益繁荣，影响至香港和东南亚一带。中医药为岭南人民健康事业立下了不朽的功勋。

回顾岭南医学发展的脉络，晋代中原移民，带来的先进医术与岭南地区医药相结合；宋代以后，长江流域的医药学术带入岭南，又促进岭南医药学的发展，加上自身的成就，岭南医药学成为有浓郁的岭南特色的医药学派。历史同时也表明，医药事业与地区社会经济发展状况紧密相关。当代广东改革开放已先行多年，经济文化各方面都打下了厚实的基础，在有力的政策推动下，聚集人才。可以寄望今后，岭南中医药学必将产生飞跃的发展，实现中医药强省的目标。

二

研究地方医药学，其实也是为中医药学事业整体作贡献。自1977年美国恩格尔教授提出医学模式理论以来，西方医学正在由"生物医学模式"向"生物—心理—社会"医学模式转变。其实我国传统医学一开始就重视心理、环境因素，中医药学研究还不能脱离地理环境、社会环境、个人体质、时间因素，故应该因时、因地、因人制宜地去研究疾病预防和治疗。

对于环境与人类社会的关系，古今中外都有过各种讨论。我国伟大的历史学家司马迁，在《史记》中分别论述了4个主要经济区域与人的性格和社会风俗的关系。西方的亚里士多德也将地理环境与政治制度相联系，认为地理位置、气候、土壤等影响个别民族特征与社会性质。德国哲学家黑格尔的《历史哲学》也将地理环境看作是精神的舞台，认为是历史的"主要的而且必要的基础"，不同的环境会有不同的历史进程。至于自然科学，虽然研究的是事物普遍的客观规律，但科学也具有社会性的一面，客观规律在实际应用中总是有着对特定时间、地点与人群的针对性，不同地区的客观条件也对科学实践与发展有不同程度的影响。

医学既属于自然科学，又具有很强的社会性。医学技术的基本规律是一致的，但其实际应用必须考虑到个体的特点。中医自古以来就深刻地认识到这一点，注意地理环境、气候与人的体质对疾病和医药的影响，提出了"因时制宜、因地制宜、因人制宜"的原则。唐代《千金要方》指出：

"凡用药，皆随土地所宜，江南岭表，其地暑湿，其人肌肤薄脆，腠理开疏，用药轻省，关中河北，土地刚燥，其人皮肤坚硬，腠理闭塞，用药重复。"就是具体的例子。

我国幅员辽阔，由于地理环境的差异和历史上开发的先后，各个地区医学发展水平不一。而每一个地区医学水平的提高，往往也充实了中医药学理论的实际内涵。元代朱丹溪对南方人体质和疾病的认识，就很好地补充了此前以北方经验为主的医疗知识。明清时期江南瘟疫流行，又促使了温病学派的形成。岭南地区的气候、地理环境和疾病谱也有特殊性，药材资源又相当丰富，若加以认真研究，完全有可能产生创新性理论。每一个地区中医药特点的形成，必然是对传统医学理论的继承性与实际运用的创造性相结合的结果。小的突破，至少丰富了中医临床的风格，增加了地方性的应用经验；大的突破，有可能形成新学说，带来整体性的变革。所以，研究地方医药学，其意义同样是相当深远的。

三

现代中医药研究，必须坚持以临床为出发点。近代岭南有许多临床水平出众的名医，饮誉国内外。现代岭南中医药发展应继承这一良好传统，抓好临床学术的传承。建设中医药强省的文件中很重视对名医学术的整理和对基层中医药人才的培养，是十分有远见的。本套《文库》也注重对当代名中医学术经验的整理，这种整理就是学术传承的一种方式，并可为更多中医临床提供参考。

另外，岭南中医药的发展也应加强理论的研究。岭南医学发展历程如果横向比较，有全国影响或有重大突破的中医学理论著作还是不多的。这也许与以前岭南远离北方的传统政治文化中心有关。但在学术交流频繁、信息渠道通畅的今天，要想中医药理论有大的发展，关键还是要加强研究，提高水平，要对临床经验进行凝练和升华，对中医药理论进行务实的思考。近年，我们提出的"五脏相关学说"就在全国引起较大的反响，并被纳入国家"973"计划中医药理论基础研究专项。在处于思想解放前沿的广东，完全应该迈出更大的步伐，促进中医药理论的现代化。

现代中医药的研究，又完全可以应用最新科学技术。葛洪《肘后备急方》记载的青蒿治疗疟疾，经过多年的不断研究实践，目前已发展成为世界最先进的抗疟新药。中医药治疗艾滋病、SARS，在临床有效的基础上，对其机制的深入研究有助于阐明其科学原理。但这种研究必须坚持中医药学主体性和中医药理论的主导性。

同样，现代中医药的发展也离不开产业的支持。广东中药产业有着非常好的基础，中药的种植和中成药的生产销售成为许多地方的支柱产业之一。正像民国时期创立广东中医药专门学校的前辈所说："中国天然之药产，岁值万万（现在已远不止此数了），民生国课，多给于斯。"产业的发展既带动了地方经济，又为中医药的研究提供了良好的条件。研究中医药产业的发展策略，也是重要的课题。

《文库》囊括了前述各方面。这些学术、临床、科研及产业等的成果和经验得以系统整理出版，是岭南中医药界的盛事。岭南先贤梁启超先生诗云："世纪开新幕，风潮集远洋。"相信《文库》能以海纳百川的气魄，汇集新知，刊布精义，成为21世纪岭南中医药腾飞的基石！是为序。

2008年4月

前言

我国《宪法》明确规定："发展现代医药和我国传统医药。"传统医药指中医药学，现代医药则指西医药学。作为世界三大传统医学之一（另两个是印度医学与阿拉伯医学）的中医学，与"现代医学"并立，说明它们是完全不同的体系。但是，在现代科技日新月异的今天，中医学也同样要具备相应的"现代性"，充分利用现代科学技术来取得新的发展。

新中国成立以来，我国一直以"中西医并重"为指导方针，大力为中医药事业提供政策和资金的支持，促进中医药学的医疗、教育和科研的全面发展。岭南传统上是中医药的宝地，这里思想开放包容，民众信赖中医，药材资源丰富，医药产业发达。在国家和地方政府的大力支持下，近数十年来，岭南中医药在立足地域优势、保持传统特色的基础上，借鉴现代先进科学理论和技术，不断创新和发展，在中医基础理论、中医临床、中药等领域都取得了不俗的成就。

首先最值得关注的是，中医理论研究有新发展。广东中医老中青科技工作者，在继承传统理论精髓的同时，勇于发展和创新中医理论。例如有关"岭南温病"的系列研究，在名老中医刘仕昌的指导下，将中医传统理论结合现代气候学、医学地理学，开展了理论探索、统计分析和实验分析等系列研究工作，使"岭南温病"作为岭南医学特色之一得以较全面的阐明。中医学说的现代化是理论难点，而国医大师邓铁涛提出的"五脏相关学说理论"革新了传统五行学说理论，形成了更具体、更丰富的五脏系统相关联模式，对五脏相关学说的内涵进行了阐述，提出开放式的中医理论现代化的构想，具有开创性意义。以此理论作为指导的一系列临床研究工作，取得了令人瞩目的成就，是岭南医学界对中医理论发展的一个巨大贡献。这些成果都富有理论创造性，因此都获得了广东省的科技进步奖励。

其次，临床有新成果。临床疗效是中医生存之本。在医疗卫生投入比例还大大低于发达国家的情况下，我国国民的平均寿命已达到71.4岁，中医药作用巨大，功不可没。但是在现代条件下，中医疗效的提高要有更精确的依据，临床优势要有更科学的阐明。现代岭南中医非常注重结合现代科技开展临床研究，近数十年，中医治疗登革热、SARS、禽流感等流行病，青蒿素治疗疟疾以及各科等重大疑难疾病的临床研究，均有显著成绩，取得了非常重要的科学数据。人们印象最深的恐怕是2003年的抗击SARS，广东省率先采用的中医药前期介入效果极佳，中西医结合治疗病死率全世界最低，后遗症最少。由于有规范、科学的临床资料，中医药的治疗作用得到世界卫生组织承认并高度评价。青蒿素抗疟临床研究的成功实践与推广为全球抗击疟疾找到了最优秀的药物，并拯救了数以百万人的生命。它是祖国医学宝库绽放的奇葩，是真真正正中国人发现的新药并应用于临床，是中国对世界的伟大贡献，是中国人的自豪和骄傲。

第三，技术有新突破。岭南药材资源丰富，有许多特产的道地药材。现代化的药材产业，需要有更科学的鉴别依据、质量标准，以及更好的提取工艺。近年来，岭南中药研究学者运用现代科学技术，对岭南道地药材的标准化、指纹图谱鉴定、质量控制技术以及中药配方颗粒生产新工艺等的研究方面也取得非常重要的突破。中药配方颗粒研究成功很好地解决了中药产品安全、有效、稳定、可控等问题，实现了中药规范化、标准化，满足了现代社会包括国际社会对天然药物的需求和现代快节奏对中药用药的需求，开辟了潜力巨大的新兴产业。一个日趋成熟的国际、国内大市场和一个现代中药及其关联产业的质量、技术、信息平台逐渐形成。

其实，岭南中医药现代研究的成果可以说是历数不尽的，以上提到的不过是其中占比例极小的几个亮点。《岭南中医药文库·现代研究系列》作为《岭南中医药文库》七大系列之一，其任务就是全面展示岭南中医药多学科现代研究的成绩，提炼重点成果精华，其收罗资料的范围上起1949年，下迄2009年。在本系列中，《岭南中医药现代研究成果汇编》一书，从中医基础理论编、中医临床编和中药编三方面收载的各类成果基本代表了从1949年至2009年期间广东省取得的中医药优秀成果，堪称是记录新中国成立以来广东省取得的中医药优秀成果的"史志"。而对研究比较系统深入，成果较新且理论和技术意义较大的项目，也择其精华形成专书，初步有《中医五脏相关学说研究》、《中药配方颗粒研究》、《岭南道地药材标准化栽培技术》、《青蒿素抗疟临床研究》、《岭南特色中药指纹图谱质量控制关键技术研究》等列入本系列出版。

回顾60年来的成果，人们有理由为岭南中医药研究的成果自豪。而在2006年，《中共广东省委、广东省人民政府关于建设中医药强省的决定》又明确提出了"大力提高中医药自主创新能力"的要求，在"加强中医基础理论研究"、"集中科技力量联合攻关突破关键技术"、"改善中医药科技创新基础条件"、"加强中医药知识产权保护与中药物质基础研究及标准化体系建设"和"整合资源建设中医药研究机构"等方面将实施一系列的措施。可以预见，在这些措施的推动下，在岭南中医药科技工作者的努力下，无需再等60年，或者20年、10年之后，科学研究就会取得新的突破，成为"中医药强省"的坚实支撑！

编　者

2010年3月

编者的话

"国家中药现代化科技产业基地建设"自1999年启动以来，作为重要内容之一的"中药材生产质量管理规范（GAP）研究"，在全国逐步开展，广州中医药大学先后承担了国家重点科技攻关子项目的砂仁、巴戟天、广藿香、广佛手、穿心莲、高良姜、五指毛桃、山银花、溪黄草、化橘红、沉香、广陈皮、广地龙等13种中药材GAP研究；广东省科技厅对科技部立项的品种给予配套经费资助，同时另行立项重大科技专项等课题的鸡血藤、岗梅、凉粉草、铁皮石斛、青天葵、广金钱草、肉桂、芦荟、灵芝、南板蓝根、毛冬青、两面针、何首乌等13种中药材GAP研究，广州市科技局科技计划课题的肿节风（九节茶）、枇杷叶、栀子、鸡骨草4种中药材GAP研究，共30种中药材GAP研究，得到了广东南台药业有限公司，河源市金源绿色生命有限公司，饶平永生源生物科技有限公司，广州白云山中药厂，广州白云山明兴制药有限公司，广州王老吉药业股份有限公司，广州敬修堂药业股份有限公司，广州潘高寿药业股份有限公司，广州香雪制药股份有限公司，广东博罗先锋药业集团有限公司，广东省一片天制药有限公司，广东化州绿色生命有限公司，广东君元药业有限公司，广东清远圣芝堂现代中药有限公司，广东珠海市库拉索芦荟综合开发有限公司等中药制药企业、中药材生产民营企业及当地政府的大力支持，分别在广东平远、饶平、河源、博罗、清远、广州、珠海、新会、德庆、阳春、电白、化州、湛江、徐闻等县、市，建立GAP示范基地、产业化基地。经过10年的研究，在全体科技人员的共同努力下，取得了显著的成绩，在多种学术期刊发表学术论文200多篇，出版学术专著1部，出版单品种栽培技术书籍13本。先后获得中华中医药学会科技奖二等奖一项，广东省科技奖二等奖一项，三等奖两项，广州市科技奖二等奖、三等奖各一项，广州中医药大学科技进步奖特等奖、一等奖、二等奖各一项。

为了进一步总结经验，将科研成果直接用于指导中药材生产，我们编著本书，每个品种的内容包括概述，生物学特性，物种或品种类型，种植地，种植技术，主要病虫害防治，采收加工，留种技术，质量标准及检测，包装、贮藏和运输，附中药材规范化生产标准操作规程（SOP）。

本书的编著出版，得到广州中医药大学领导和专家、广东科技出版社领导、学术界许多有识之士的鼓励，指导和大力支持，在此深表谢意。在编写过程中，引用了大量有关专家学者的资料，对他们的辛勤劳动，在此一并致以深切的谢意。

本书是编者多年来研究工作的总结，涉及的学科领域较广，内容丰富，既具科学性、又具实用性，是迄今为止较为全面反映上述品种规范化种植（养殖）技术的专著，可作为中药学教学、科研人员，中药专业学生，中药材生产人员的参考用书和岭南中药材生产基地的技术指南。由于个别品种建立GAP示范基地时间较短，资料收集不够全面，遗漏和错误难免，诚请广大读者批评指正。

编　者

2010年9月

上册

全草类药材

3	一、广金钱草
36	附　广金钱草规范化生产标准操作规程（SOP）
49	二、广藿香
96	附　广藿香规范化生产标准操作规程（SOP）
111	三、鸡骨草
131	附　鸡骨草规范化生产标准操作规程（SOP）
142	四、青天葵
188	附　青天葵规范化生产标准操作规程（SOP）
201	五、肿节风（九节茶）
233	六、穿心莲

1

275	附 穿心莲规范化生产标准操作规程（SOP）
287	**七、铁皮石斛**
324	附 铁皮石斛规范化生产标准操作规程（SOP）
337	**八、凉粉草**
370	附 凉粉草规范化生产标准操作规程（SOP）
383	**九、溪黄草**

中册

根及根茎类药材

417	**十、五指毛桃**
451	附 五指毛桃规范化生产标准操作规程（SOP）
464	**十一、巴戟天**
511	附 巴戟天规范化生产标准操作规程（SOP）
526	**十二、毛冬青**
556	**十三、两面针**
576	附 两面针规范化生产标准操作规程（SOP）
585	**十四、何首乌**
619	附 何首乌规范化生产标准操作规程（SOP）
634	**十五、岗梅**
652	附 岗梅规范化生产标准操作规程（SOP）

661	十六、南板蓝根
692	附 南板蓝根规范化生产标准操作规程（SOP）
704	十七、高良姜

茎木、树（根）皮类药材

735	十八、肉桂
763	附 肉桂规范化生产标准操作规程（SOP）
776	十九、沉香（白木香）
803	附 沉香（白木香）规范化生产标准操作规程（SOP）
818	二十、鸡血藤
851	附 鸡血藤规范化生产标准操作规程（SOP）

叶类药材

861	二十一、枇杷叶
888	附 枇杷叶规范化生产标准操作规程（SOP）

花类药材

905	二十二、山银花

下册

果实、种子类药材

997	二十三、化橘红
1023	二十四、佛手（广佛手）
1059	附 广佛手规范化生产标准操作规程（SOP）

1073	二十五、陈皮（广陈皮）
1108	附 广陈皮规范化生产标准操作规程（SOP）
1122	二十六、栀子
1154	附 栀子规范化生产标准操作规程（SOP）
1166	二十七、砂仁（阳春砂）
1240	附 阳春砂规范化生产标准操作规程（SOP）

树脂及其他内含物类药材

1257	二十八、芦荟
1333	附 芦荟规范化生产标准操作规程（SOP）

菌类药材

1357	二十九、灵芝
1402	附 灵芝规范化生产标准操作规程（SOP）

动物类药材

1417	三十、地龙（广地龙）
1436	附 广地龙规范化生产标准操作规程（SOP）

附录

1447	附录1 中药材生产质量管理规范（试行）
1456	附录2 关于印发《中药材生产质量管理规范认证管理办法（试行）》及《中药材GAP认证检查评定标准（试行）》的通知

1458	附件1 中药材生产质量管理规范认证管理办法（试行）
1464	附件2 中药材GAP认证检查评定标准（试行）
1473	附件3 中药材GAP认证申请表
1474	附录3 药用植物及制剂进出口绿色行业标准
1479	附录4 中药材规范化生产允许使用的肥料种类及使用原则
1485	附录5 中药材规范化生产允许和禁止使用的农药种类及使用原则

全草类药材

一、广金钱草

（一）概　述

1. 来源

广金钱草为豆科植物广金钱草 *Desmodium styracifolium*（Osb.）Merr. 的干燥地上部分。具有清热除湿，利尿通淋的功效，临床上主要用于热淋，砂淋，石淋，小便涩痛，水肿尿少，黄疸尿赤，尿路结石等症的治疗。

2. 开发利用

广金钱草在两广地区民间有广泛的应用，在广东各地均用广金钱草煲凉茶饮用，而用于治疗肾脏结石的中成药石淋通片是广金钱草的浸膏片，也是凉茶王老吉（广东凉茶）的主要组成药物。

3. 原产地、分布

广金钱草在我国主要产于广东、广西、海南等省区的各地区及福建、湖南、云南等省部分地区。广东的遂溪、饶平、云浮、吴川、阳春、阳江、博罗、河源、平远、揭阳、汕头、五华、东莞、惠来、顺德、普宁、惠州；广西的玉林、金秀、北海、桂平、贵县、宜州、柳城、南宁、宾阳、岑溪；海南的万宁、临高、澄迈、琼中、陵水、保亭等均产广金钱草，野生、家种兼有。

（二）生物学特性

1. 形态特性

广金钱草为豆科灌木状草本植物。植株高30～100 cm，茎平卧或斜生，枝圆柱形，密被伸展的黄色短茸毛。通常有小叶1片，有时3小叶，叶互生，顶端小叶圆形，革质，先端微凹，基部心形，上面无毛，下面密被贴伏的茸毛，脉上最密，如有侧叶则较顶端叶小，圆形或椭圆形，被毛，具小托叶，为线状披针形，具条纹；总状花序顶生或腋生，花小，蝶形，紫色，有香气，苞片卵形，被毛，花萼被粗毛，花期8～9月；荚果线状长圆形，被短毛，一侧微波状，4～5个节，内有数枚种子，肾形，果期9～10月（见彩图1-1至彩图1-3）。

2. 生长发育规律

广金钱草4～6月份侧蔓开始萌生，侧蔓基本上是平铺地面生长。主蔓基部的节部及节间都能长出不定根，不定根能够扎入地下长成较长的根系，因此具有较强的耐旱能力。8～9月，侧蔓开始开花，长势变缓，主蔓长约1 m，有侧蔓15～20条。10月初，果实逐渐分批、分期成熟。11月植株开始落叶枯萎，以宿根越冬。

3. 对生态环境的要求

广金钱草喜高温、长日照、喜水、喜肥、忌荫蔽，怕积水。

（1）气候

广金钱草适宜在气候暖和，雨量充足的环境中生长。喜高温、不耐严寒、怕霜冻，最适生长温度为20～25 ℃，夏天可忍受35 ℃的高温，冬季温度不能低于–4 ℃。分布区的气候温暖或较炎热、多湿、日照时间长，气候特点是夏长冬短，春夏多雨，冬季干旱。

（2）土壤

主要生长于荒坡、草地或丘陵灌丛中、路旁边。对土壤要求不严，黄壤土、红壤土、黑沙质壤土均能生长，较贫瘠的土壤也能生长，但以透水性良好的沙质黑壤土为好。

（3）日照

广金钱草为长日照、忌荫蔽的植物。生长期要求日照时间有10 h左右，在荫蔽环境下生长不良。

（4）水分

生长期要求水量较多，能耐旱，在较干旱的土壤上也能生长，如在山坡上野生的广金钱草，全年靠天下雨也能生长，但植株短小，侧蔓少，生长不良，土壤水分充足时生长良好，产量高。

（三）物种或品种类型

1. 正品

据对广东省各传统产区的药源调查及文献报道，广金钱草药材来源单一，原植物经鉴定，为豆科山蚂蟥属植物广金钱草 *Desmodium styracifolium*（Osb.）Merr. 的地上干燥部分。

生于山地和丘陵地带，在我国北纬25°以南的山区、丘陵，从海拔1 000 m至低海拔的地区、平原，都有野生分布，主产于广东、广西、云南、海南等省区。近二十多年来，广金钱草使用非常广泛，需求日益增长，种植面积也不断的扩大，以广东、广西两地的产量最大。

2. 混淆品种

广金钱草民间又称金钱草，原本是民间草药，近世以其能治结石症而闻名。目前各地以"金钱草"为名的品种有不少于8科11种之多。本品为其中之一。由于金钱草品种较多，各地习用不同，同物异名、异物同名的现象较多，所以混淆用药的情况较多。而金钱草的来源、科属不同，其成分及药理作用、功效主治有差异。易与广金钱草相混淆的品种主要有：金钱草、连钱草、假花生、链荚豆等，它们的主要异同点见表1-1。

表1-1 广金钱草及其与易混用（淆）品种比较

品种	广金钱草	金钱草	连钱草	假花生	链荚豆
来源	豆科植物广金钱草［*Desmodium styracifolium*（Osb.）Merr.］	报春花科植物过路黄（*Lysimachia christinae* Hance）	唇形科植物活血丹［*Glechoma longituba*（Nakai）Kupr.］	豆科山蚂蝗属植物假地豆［*Desmodium heterocarpum*（L.）DC.］	豆科链荚豆属植物链荚豆［*Alysicarpus vaginalis*（L.）DC.］

续表

品种	广金钱草	金钱草	连钱草	假花生	链荚豆
叶	形如铜线，叶背灰白色，密生茸毛，近革质。叶脉羽状侧脉横向整齐	叶对生，叶片宽卵形或心脏形，全缘凹入。叶背主脉明显突起，无茸毛或被疏茸毛	叶肾形或心形，边缘具圆钝齿	托叶条状披针形小托叶针形。三出复叶互生，顶端一片较大；具叶柄，被柔毛。小叶片倒卵状矩圆形或椭圆形，先端浑圆，基部楔形，全缘，上面无毛，下面被白色长柔毛	小叶仅1枚，形态变化很大，通常长圆形或卵状披针形，顶端圆，微凹，有小尖，基部浅心形，全缘，叶面无毛，叶背有疏毛；托叶披针形，膜质
茎	较粗，中具有髓，表面密被短硬毛	细小，表面无明显茸毛，色紫褐或红棕色	茎细长，方形，具纵棱线，有短毛，断成中空	高1~3 m，嫩枝疏被白色长柔毛，茎直立或稍弯，有时近平卧	基部多分枝，平卧或上部直立，有毛
花	总状花序顶生或腋生，花小，蝶形，紫色，有香气	花黄色，对生于叶腋间，蒴果球形	轮伞花序腋生，花冠二唇形，长达2 cm	花萼宽钟状，萼齿宽披针形，短于萼筒或等长；蝶形花冠紫红色。顶生或侧生总状花序，密缀双生花	总状花序顶生或腋生，冠紫蓝色，蝶形，稍长于萼，齿5，条形

续表

品种	广金钱草	金钱草	连钱草	假花生	链荚豆
功效	清热除湿，利尿通淋。用于热淋，石淋，小便涩痛，水肿尿少，黄疸尿赤，尿路结石	清利湿热，通淋，消肿。用于热淋，砂淋，黄疸尿赤，痈肿疔疮，毒蛇咬伤，肝胆结石，尿路结石	利湿通淋，清热解毒，散瘀消肿。用于热淋，石淋，湿热黄疸，疮痈肿痛，跌仆损伤	性平，味甘、微苦。采制：全株药用，秋采收，晒干	性寒，味苦、甘，为良好绿肥。全草药用，全草夏秋采收，鲜用或晒干

（四）种 植 地

1. 种植地选择

产地的地形地貌、气候土壤条件对中药材的质量有重要影响。广金钱草是广东的道地药材，广布于广东各地区，本研究选择梅州地区平远县为广金钱草规范化种植基地，根据国家《中药材生产质量管理规范（试行）》对中药材产地和产地环境的要求，对生产基地地理位置和条件进行了调查，对其空气、土壤和水质进行了检测和分析，以确保基地生产的药材符合国家中药材生产的质量要求。

平远县为典型的山区县，位于广东东北部，地处北纬24°24′~24°56′，东经115°44′~116°07′，为丘陵、低山区，属中亚热带气候区，气候温暖，日照充足，雨量充沛，夏长冬短。年平均日照1 872.5 h，年平均气温20.7 ℃，1月份平均气温11 ℃，是最冷的月份。7月份28.5 ℃，为最热的月份。年平均降雨量1 647.4 mm，降雨量集中在4~9月，占全年降雨量的74%~78%。该地区土层深厚、疏松肥沃、富含腐殖质，且排水良好，适宜广金钱草的生长（见彩图1-4）。

2. 种植地生态环境检测与评价

按照《中药材生产质量管理规范（试行）》，广金钱草基地选择了远离居民点和交通要道、周围无污染的地段。

（1）大气

由平远县环境保护监测站监测，采用国家规定的环境空气质量标准及其分析方法标准和相关的文献方法进行，分析项目为SO_2、NO_2、TSE等3项。采用频次为每天4个时段，SO_2、NO_2每个时段采用60 min，TSE则每个采样日接连采样6~8 h。检测结果见表1-2。

表1-2　广金钱草GAP基地空气检验结果　　（mg/m^3）

检测项目	二氧化硫SO_2	氮氧化物NO_x	总悬浮微粒TSE
年平均值	0.004	0.015	0.103

结果显示，平远县所在范围空气质量优于《中华人民共和国环境空气质量标准》（GB3095—1996）中的要求。

（2）土壤

用随机多点取样法在平远广金钱草种植基地（平远县大柘镇）取土样。实验区内按不同的坡向和坡度随机选取20个取土点，在植株根系的外围或冠幅的滴水线附近采集0~40 cm土层的土壤，经充分混合后风干，分别过20目、40目、60目筛。样品处理好后送经广东省生态环境与土壤研究所检测,结果见表1-3。

表1-3 广金钱草GAP基地土壤分析检验结果

检测项目	检测结果	检测项目	检测结果
铅(mg/L)	26.6	砷(mg/L)	5.64
铜(mg/L)	4.82	汞(mg/L)	0.052
镍(mg/L)	12.6	六六六(mg/L)	0.003 2
铬(mg/L)	52.4	滴滴涕(mg/L)	0.002 6
锌(mg/L)	44.3	pH	4.71
镉(mg/L)	0.012		

结果表明,基地土壤质量符合《中华人民共和国土壤环境质量标准》(GB15618—1995)中二级质量标准。

(3)灌溉水质

在广东平远广金钱草种植基地取水样,用无菌容器盛装,低温保存,样品最短时间送广东省生态环境与土壤研究所检测,结果见表1-4。

表1-4 广金钱草GAP基地灌溉水质分析检验结果

检测项目	检测结果	检测项目	检测结果
生化需氧量(mg/L)	3.4	铬(六价,mg/L)	0.002
化学需氧量(mg/L)	1.9	总铅(mg/L)	0.000 5
悬浮物(mg/L)	0.61	总铜(mg/L)	0.006
阴离子表面活性剂(LAS,mg/L)	0.05	总锌(mg/L)	0.024
		硼(mg/L)	0.01
凯氏氮(mg/L)	0.86	总硒(mg/L)	0.000 2
总磷(以P计算,mg/L)	0.013	氟化物(mg/L)	0.01

续表

检测项目	检测结果	检测项目	检测结果
水温（℃）	19	氰化物（mg/L）	0.002
pH	6.76	石油类（mg/L）	0.05
全盐量（mg/L）	16.8	挥发酚（mg/L）	0.01
氯化物（mg/L）	0.82	苯（mg/L）	0.001
硫化物（mg/L）	0.01	三氯乙醛（mg/L）	0.003
总汞（mg/L）	0.0001	丙烯醛（mg/L）	0.001
总镉（mg/L）	0.0005	蛔虫卵数（个/L）	0
砷（mg/L）	0.001	粪大肠菌群（个/L）	5 124

结果表明，基地灌溉水质质量符合《中华人民共和国农田灌溉水质标准》（GB5084—1992）中二级质量标准。

（五）种植技术

1. 育苗技术

大规模产业化的发展首先必须解决种苗的来源问题。广金钱草主要是种子繁殖和扦插繁殖。种子繁殖是广金钱草的主要繁殖方式，由于广金钱草为豆科植物，种子数量极多，这为广金钱草大规模的种植打下了基础。但是种子有蜡质包被，不经处理发芽率较低。并且由于种子从发芽到可移栽的过程需2~3个月，植株的生长期较短，这对其产量有一定的影响。扦插繁殖可用前一年留下的植株宿根，待其长出地上部分后经剪枝移栽即可，可延长植株的生长期，提高产量。但仅仅依靠扦插繁殖远远不能满足产业化的需要，应根据实际需要把两种育苗方式相结合。

（1）种子繁殖

1）种子性状与采收

荚果线状长圆形，长1～2 cm，宽2～3 mm，黄褐色，表面有不规则网纹，被短柔毛，荚节3～5个，近方形，扁平，每节有肾形种子1粒。种子黄色或紫褐色，较扁。种脐圆形，位于一侧中部凹陷处，黑色。采收以中熟种子为宜，当总果梗上的果荚大部分显暗褐色并干缩时采摘，并晒干。

2）苗圃选择和苗床准备

苗圃选择　育苗地宜选择排灌方便、疏松、肥沃、不易板结的沙质壤土。

苗床准备　主要可分为沙床育苗和大田育苗两种苗床。秋冬深翻25 cm，让土壤风化，春季翻犁、耙细，畦面要平整，畦沟要深。结合整地每667 m^{2}施入1 500 kg腐熟农家肥作基肥。将育苗地整成宽1 m、高25 cm、沟宽30 cm的播种畦。

3）种子育苗（见彩图1-5）

种子选择　选择果粒大、饱满、无病虫害的植株为留种母种。

种子处理　广金钱草种子有蜡质包被，不经处理发芽率较低。为了促进种子早发芽，可将种子置于80 ℃水浸泡10 min，捞出后用草木灰拌种；或用酒精体积分数50%白酒伴至湿润，15 min后，清洗干净，用清水浸种8 h后，用布袋装好，每天冲洗1次，保湿催芽，直至种子露白；或用沙子与种子（3∶1）揉搓3～5 min，使其种皮稍微磨伤，变得粗糙失去光泽为度，然后用45 ℃水浸种10 h以上，再用盆装好，盖上湿毛巾保湿催芽（没有膨胀的可继续浸种、继续催芽），分批将膨胀露白的种子播于苗床，淋足水保湿，并盖塑料薄膜保温、保湿。

播种时间对种子发芽率的影响　广金钱草传统上均在春季播种，是否每个季节都可以播种，需要试验来确定。本研究于2004年在不同季节，不同时间进行了播种试验，结果见表1-5和图1-1。

表1-5　不同时间播种萌发率

播种日期	发芽日期	发芽率(%)	发芽势(%)	调查日期	苗平均高(cm)	苗最高(cm)	每株平均叶片数(片)
3月15日	3月21日	63%	55%	5月25日	5.00	8	7.80
4月25日	5月1日	64%	55.2%	6月30日	10.00	12	8.79
5月19日	5月22日	64%	54.5%	7月20日	14.00	18	9.67
6月15日	6月18日	64%	55.2%	8月20日	15.10	18	9.34
7月17日	7月20日	65%	54.7%	9月20日	13.00	19	10.00
8月17日	8月20日	65%	55.4%	10月20日	14.67	17	9.17
9月15日	9月18日	67%	55.3%	11月20日	12.34	14	9.12
10月15日	10月18日	65%	52.9%	12月6日	5.45	7	6.32

11月份接近有霜期，在平远不适宜播种，12月、1月、2月平远进入有霜期，不适宜播种

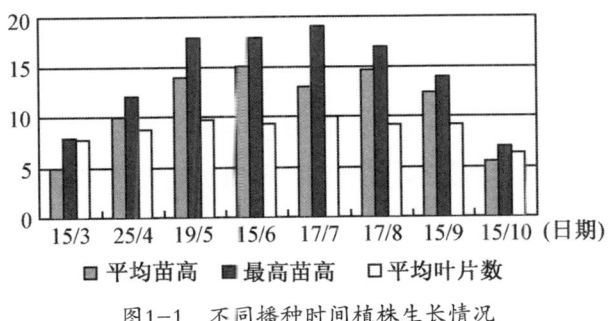

图1-1　不同播种时间植株生长情况

表1-6 2004年平远县全年的月平均温度 （℃）

月份	平均温度	月份	平均温度
1	11.3	7	28.3
2	12.6	8	27.5
3	16.5	9	26.1
4	21.2	10	22.6
5	24.5	11	17.8
6	26.7	12	13.2

由上可见，从3～10月，种子的发芽率比较稳定，均维持在63%～67%。不同季节播种，萌发需要的时间不同，3、4月气温偏低，发芽所需时间较长，约需6天，5月以后，由于气温升高，发芽时间变短，发芽时间缩短为3天。不同时间播种的发芽势相近。播种后2个月进行种苗生长势的调查，由上表可见，3月、10月播种的苗平均高度、最高苗的高度及平均叶片数均较少。5～9月气温升高，日照强度加大，种苗的平均高度、平均叶片数及最高苗的高度均增加。由此可见，广金钱草可在春、夏、秋三季播种，见表1-6。

4）不同播种密度对种苗的影响

不同的播种密度对种子的发芽率、生长状况有一定的影响，播种密度太低，对经济合理利用土地有一定的影响，播种密度太高，可能对种苗的发芽、生长不利，因此，为了寻求广金钱草播种的合理播种密度，我们进行了以下播种密度试验，结果见表1-7和图1-2。

表1-7 不同播种密度对种苗的影响

播种量(g/m³)	每平方米出苗数(株)	发芽率(%)	苗平均高(cm)	苗最高(cm)	每株平均叶片数(片)	每株最多叶片数(片)	健康状况
0.5	243	82.91	10.34	12	8.84	11	正常
1	502	85.64	14.17	18	9.67	11	正常
2	663	56.55	14.17	20	10.00	11	正常
3	875	49.76	16.17	18	9.34	12	正常
4	883	37.66	12.50	18	9.34	10	正常
5	1 112	37.94	13.67	18	9.17	11	正常
6	1 495	42.50	12.34	14	9.00	11	正常
7	1 538	37.48	12.84	14	9.34	10	正常
8	1 641	34.99	14.34	17	9.84	11	正常
9	1 646	31.16	14.50	15	9.00	10	正常
10	1 606	27.39	14.50	16	9.00	9	正常

注：广金钱种子千粒重1.706 0 g。

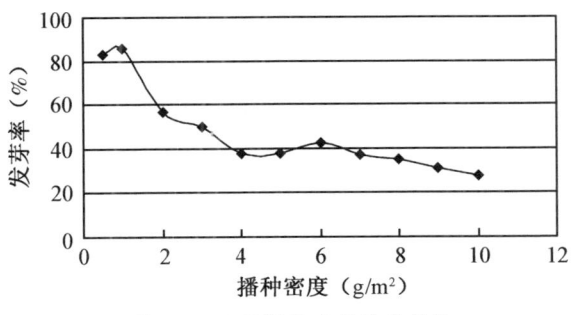

图1-2 不同播种密度的发芽率

从以上数据可看出，随着播种密度的增加，种子发芽率减少，其中播种密度在0.5~1 g/m²范围内，发芽率达80%以上，播种密度在3 g/m²，其发芽率降至50%左右。由此可见，选择适宜的播种密度为0.5~1 g/m²。

5）播种方法

种子露白后，将种子均匀播于苗场，然后盖上一层细土，厚度不宜超过1 cm，淋足水直至苗出场，苗床土壤应保持湿润。播种后应及时除草。春播气温应稳定在25 ℃左右，秋播入霜前应加盖薄膜。

沙床播种　沟距5 cm，深约1 cm。在宽1 m、长3 m的沙床可播1.5~3 g种子。播种后浇水并保持苗床湿润，1周左右便可出苗，等苗高6 cm左右时，选择阴雨天气便可出圃定植于大田。

大田播种　把种子均匀撒播于苗床上，覆土0.5 cm，盖上一层疏而薄的稻草。播种后要淋足水。播种量与沙床同。把经催芽的种子播于沟中，覆土厚1 cm。

当种苗高达6~7 cm时即可出场，在起苗的头天傍晚应淋足水，起苗时应尽量保持主根完整。

6）育苗地管理

根据天气情况，播种后保持土壤湿润，出苗后，每周淋水1次，并结合追肥，及时拔除杂草。

温度、湿度、光照控制　温度应控制在25 ℃左右，日照时数10 h左右，做好防寒保湿工作，若温度太低，可用尼龙薄膜覆盖保温。

淋水排水　播种后保持土壤湿润，出苗后淋水，雨季要注意排水，尽量避免积水。

间苗　当苗长出3~6 cm时，去弱留强，间去过密的幼苗。

除草松土　勤除杂草，一般苗期除草2次，结合松土。

追肥　播种10天后，施用淡粪水。然后每隔20天左右追施1次淡粪水。移栽前追施2次0.2%过磷酸钙。扦插育苗应在扦插后7天上、下午各淋1次水。7天后应保持苗场土壤湿润，直至苗木出圃为止。

出圃移栽　宜在苗高6~7 cm、有6~8片真叶时，选晴天早晨或阴雨天进行，随出圃随移栽，起苗时不伤皮、不伤根。

（2）扦插繁殖

1）扦插苗圃的建立（见彩图1-6）

选择背风，挡西晒，易淋水的平地作育苗地。苗期要搭建育苗棚，苗棚大小根据育苗数量而定，一般每667 m²可育100万株苗。苗棚建成长方形，棚顶及四周用75%的遮光网固好固定。

选用黄泥黏性土与沙混成3:1的基土，将混好的基土堆成宽100 cm、高25 cm的畦。畦面应整平。

2）扦插苗截取

将大田长势良好的广金钱草割回，剪成5~7 cm长的插段，剪去扦插基部的叶片，扦插枝末端切口应与腋芽相平，末端的叶片应保留。

3）扦插方法

将削切好的扦插枝插于苗场，扦插前苗场应淋透水，扦插深度3 cm为宜，扦插株距2 cm，行距3 cm为宜。扦插时不可倒置扦插。扦插后7天应上、下午各淋1次水，7天后应保持苗场土壤湿润，直至苗木出圃为止。

2. 种植技术

（1）选地整地

选择向阳、日照时间长的缓坡或者灌水方便的无污染农田或旱地种植。秋冬翻耕，春季整地起畦，畦宽1.2 m，每667 m² 施入5 000 kg的腐熟农家肥作基肥，施肥后浅耕耙匀，使表土与肥料拌匀。

（2）定植

1）种植时间

宜在苗高6~7 cm、有6~8片真叶时，选晴天早晨或阴雨天进行。定植的最好时间是下午4时后，如果遇上阴雨天，全天均可进行。

2）种植密度

行株距25 cm×15 cm。

3）种植方法

在整好的畦上，开穴种植，每穴种1~2株幼苗。栽种后淋足定根水。

（3）田间管理

1）灌溉排水

定植后3天内每天淋水1次，以后遇旱灌水。广金钱草蔓多，叶茂，在7~9月的旺盛生长期，其藤蔓铺满地面，消耗水分很多。为了保证其生长需要，要经常淋水，使表土保持湿润。从开始迅速生长的6月起，要淋足水，有条件的可灌水，每10天灌水1次。在雨季田间有积水时，应及时排水，不能积水，否则植株可能会死亡。

2）补苗

缺株应及时补上同龄苗。

3）中耕除草

广金钱草幼苗生长迟缓，各种杂草生长较快，要经常除草，一般10~15天除草1次，直至封行，并同时进行浅中耕。定植后到藤蔓封垄前要进行中耕除草2~3次。

4）追肥

定植后10天左右，每667 m²追施稀人畜粪水，结合中耕除草进行施肥。当苗高25～30 cm时，施1次人畜粪水肥，之后每隔30～40天追施1次。苗期追肥以低浓度的人畜粪水或淡氮肥水为主。定植后的追肥可用人畜粪、尿素等，封垄前再追肥1次。前两次肥料的浓度要稍淡些，封垄前的最后1次追肥要用较高浓度的人畜粪或颗粒复合肥、尿素等。

5）培土压蔓

种苗定植于大田后，在第2次追肥时，适当培土压住离地面长10 cm以内的基部蔓条，促使其不定根扎入土里形成根系，以增加植株的吸水、吸肥能力。

（4）施肥实验（见彩图1-7）

肥料是植物生长发育的重要条件，合理施肥可以满足植物所需要的养料，调整或改良土壤性质，改善土壤里的生物条件，给植物生长创造有利的营养条件。

1）材料与方法

为了筛选出适合广金钱草生长的肥料，我们在基地进行了施肥试验。设计方案选用超大生物有机肥、芭田高效氮复合肥和农家肥为研究对象，采用单因素随机设计，设4个处理，3次重复。周围设保护带，小区间设保护行。全年分别在5月、6月和7月施肥，共施3次，施肥试验设计见表1-8。

2）施肥对广金钱草产量的影响

在每667 m²用5 000 kg农家肥作基肥情况下，生长高峰期追施不同肥料所得产量（调查抽样面积均为12 m²）见表1-9。

表1-8 施肥试验设计

肥料名称	肥料种类	施肥量（kg/667m²）
生物有机肥	以发酵鸡粪为载体，有机质含量85%以上，含NPK无机总养分为10%及部分微生物菌剂	50
化学复合肥	含NPK无机总养分	50
农家肥	鸡粪、牛粪、猪粪、稻草	1 000
对照区	除种植前施入鸡粪作为基肥外不另施肥	0

表1-9 施肥对广金钱草产量的影响

肥料	鲜重（kg）	干重（kg）	单位面积干重（kg/667 m²）
对照区	18.5	7.25	403
生物有机肥	18	6.75	375
化学复合肥	17	6.00	333
农家肥	18	6.75	375

根据以上不同施肥情况单位面积产量数据，我们认为在有充足的农家肥作基肥的情况下，在生长期追施不同肥料，对产量影响不大。

施肥对有效成分的影响试验　从不同施肥处理的各实验田中随机采集样品植株各1 kg，晒干后打粉，混匀，测定总黄酮含量，结果见表1-10。

表1-10 不同种类肥料对总黄酮含量的影响

肥料种类	以芦丁计总黄酮含量（%）（$n=5$）
对照区	1.94 ± 0.024
生物有机肥	1.94 ± 0.039
化学复合肥	1.97 ± 0.034
农家肥	2.01 ± 0.036

经t检验,上述样品中总黄酮含量差异不显著。由此认为,不同施肥情况对样品中总黄酮含量影响不显著。

通过测定不同种类肥料对广金钱草的产量及有效成分的含量影响,在基肥充足的情况下(5 000 kg/667m²),施肥对广金钱草影响不显著。建议在广金钱草的种植过程中,可加足基肥。

施肥对广金钱草药材重金属含量的影响 施肥后测定各种肥料对广金钱草重金属残留的影响,试验结果见表1-11。

表1-11 施肥种类对广金钱草药材重金属含量的影响 (mg/kg)

分析项目	生物有机肥	化学复合肥	农家肥	对照区
砷(As)	0.60	<0.5	<0.5	<0.5
铅(Pb)	3.4	2.5	2.7	4.6
镉(Cd)	0.33	<0.1	0.16	<0.1
铜(Cu)	5.5	6.1	4.8	20
汞(Hg)	<0.1	<0.1	<0.1	<0.1
重金属总量	<20	<20	<20	<20

由以上测试结果可知,施用3种不同的肥料后,广金钱草药材内重金属含量均在中华人民共和国商务部发布《药用植物及制剂进出口绿色行业标准》规定的允许范围内。

(六)主要病、虫害防治(见彩图1-8)

1. 病害

广金钱草的病害以疫病为主,另外还有立枯病。

（1）疫病（霉病）

1）病原

由真菌中的一种半知菌引起。

2）症状

发生在夏季高温高湿季节，先侵染叶片，后至茎部，主要为害生长期的茎叶。被害时为水渍状的斑点，扩大后腐烂，死亡。

3）发病规律

病菌主要以菌核随病株残叶遗落在土中越冬。翌年4月以后从下部叶片开始发病，6~7月严重，并一直为害到地上部分枯死为止。阴雨季节，田间湿度大的情况下容易发病。

4）防治方法

①加强农业综合防治，病部应及时除去和烧毁，注意雨后及时排水，改善田间通风透光条件。②发病期可喷用1次稀释800倍液的"可杀得"；发病初期，喷1：1：100波尔多液，每隔7~10天喷1次。用50%的甲基托布津1 000~1 500倍液喷雾，每15天1次，连续3~4次。

（2）立枯病

1）病原

由真菌中的一种半知菌引起。

2）症状

主要为害幼苗，发病后近地面茎基部呈浅褐色、腐烂，逐渐向主茎蔓延，枝叶呈萎蔫状，造成幼苗倒伏，后期全株死亡。

3）发病规律

病菌在土壤和留床苗上越冬。翌年3~4月开始发病，5~6月进入盛期，在天气时晴时雨，植株生长不良的条件下发病严重。

4）防治方法

①加强农业综合防治，选育抗病品种，拔除病株，集中烧毁，发现病株立即拔除；②喷用50%退菌特可湿性粉剂600倍液喷雾防治；③在发病处用0.3%的石灰水浇灌防止蔓延；④用50%甲基托布津1 000倍液喷雾防治，每隔2~10天喷1次，连续3~4次。

2. 虫害

广金钱草虫害主要有凤蝶、蚂蚁、蝼蛄、黏虫、毛虫和蝗虫。

（1）黏虫

1）学名

Leucania separate Walker

2）为害状

主要危害叶片，造成不规则缺刻，也危害嫩茎，严重时叶片被吃光。

3）发生规律

幼虫和蛹在土内越冬。幼虫有假死性，3龄以后分散为害，晚间，日出前和阴天活动取食叶片，其食量随龄期增长而增加，5、6龄为暴食期，成群迁移为害。

4）防治方法

①幼虫入土化蛹期，挖土灭蛹；②幼虫低龄期，用90%晶体敌百虫1 000倍液喷杀；③利用幼虫有假死习性，可在清晨人工捕杀；④在成虫始盛期，用糖醋毒液诱杀。

（2）毛虫

1）学名

Malacosoma ncustria testacea Mots。

2）为害状

幼虫取食叶片和嫩芽，当虫口密度大时，可把全株叶片吃尽，影响正常生长发育。

3）发生规律

以卵越冬，翌年4月，幼虫开始孵化为害嫩叶，群居生活，稍大后，在干枝交叉处结网群栖。白天潜伏，夜晚外出取食。老熟幼虫开始分散，为害严重。幼虫有坠地假死性，成虫有趋光性。

4）防治方法

①冬季在被害植株周围翻土杀蛹；②在幼虫孵化期，用90%敌百虫2 000倍喷杀幼虫，效果更好；③在成虫期用黑光灯诱杀成蛾。

（3）蝼蛄

1）为害状

幼虫咬食叶片。

2）防治方法

使用敌百虫杀虫剂稀释1 000倍喷杀。

（七）采收与加工

1. 采收

（1）采收部位

广金钱草的全草、叶和茎中的总黄酮含量测定比较，结果见表1-12。

表1-12　广金钱草不同部位总黄酮含量　（以芦丁计，$n=3$）

样品	全草（%）	叶（%）	茎（%）
样品1	1.64 ± 0.032	2.40 ± 0.042	1.32 ± 0.023
样品2	1.85 ± 0.023	3.92 ± 0.023	1.15 ± 0.014
样品3	2.49 ± 0.035	3.45 ± 0.039	1.15 ± 0.026

全草、茎、叶中总黄酮的高效液相色谱图　为了进一步了解不同部位黄酮的分布情况，分别对全草、茎、叶中的总黄酮进行了HPLC图谱的研究，结果见图1-3至图1-5。

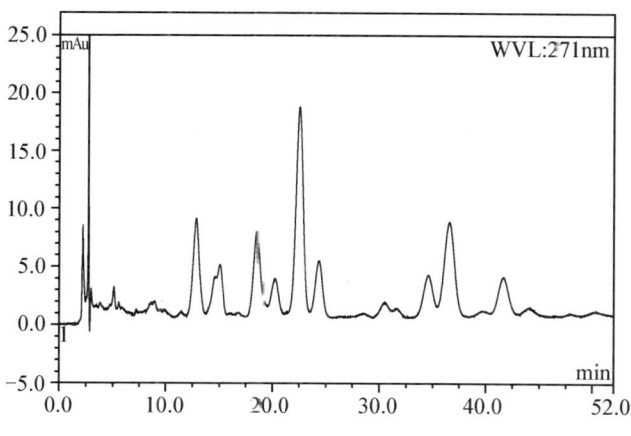

图1-3　广金钱草全草中总黄酮的HPLC

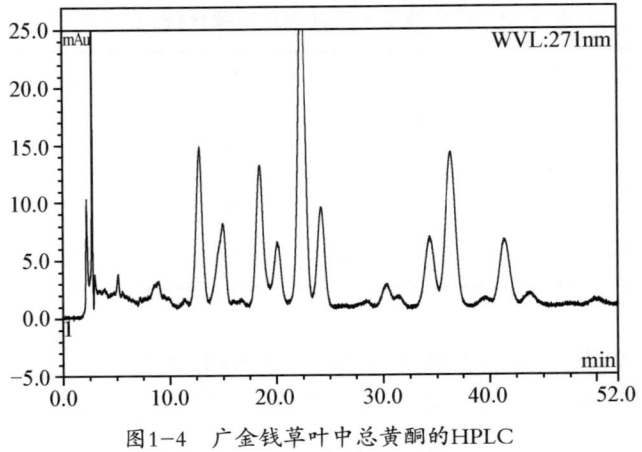

图1-4　广金钱草叶中总黄酮的HPLC

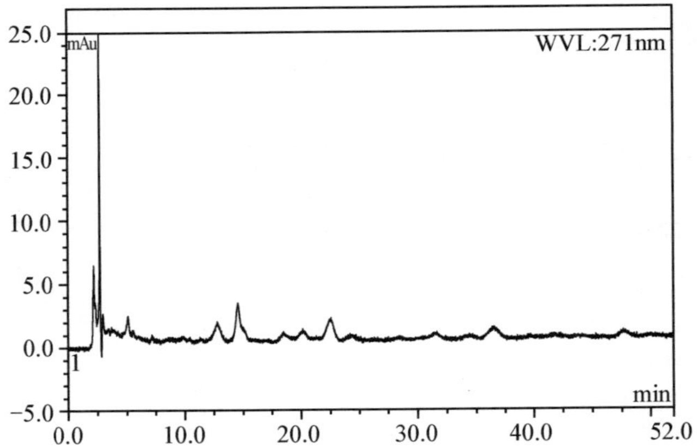

图1-5　广金钱草茎中总黄酮的HPLC

由以上的研究可知，广金钱草中叶和茎的黄酮含量相差较大，叶中的总黄酮含量明显高于茎中的含量。全草中的总黄酮含量取决于全草中叶与茎的相对量。由广金钱草中茎、叶中总黄酮的HPLC图可见，茎中黄酮的含量远低于叶中的黄酮含量，茎中的单体黄酮含量很难检测出。

(2)采收时间

1)不同采收期对产量的影响

平远广金钱草基地7~12月广金钱草样品,每次采集10个样品,每个样品取3株,称鲜重,晒干,称干重,计算干/鲜比,结果见表1-13。

表1-13　不同采收期广金钱草的干、鲜重情况表

日期	鲜重(g)	干重(g)	干/鲜
7月15日	1 000	300	0.300
7月30日	1 600	480	0.300
8月15日	2 000	750	0.375
9月1日	1 900	750	0.395
10月1日	1 650	650	0.394
11月1日	1 500	600	0.400
12月1日	1 250	550	0.440

从表中看出,从7~12月不同时间采收的相同株数广金钱草重量,8月15日至9月1日的鲜、干重均最高。7~8月鲜干重逐渐升高,而9~12月鲜干重逐渐减少。由此可知,从种植直至8月,广金钱草均为生长之势,植株不断长大,至8~9月,达到生长最高峰,至9月以后,植株生长停滞,并逐渐失水枯萎,叶片变黄脱落,植株重量变轻。从产量上来看,应在8~9月采收较好。而此时正是广金钱草开始开花的时期,因此,应在始花期采收较好。

2)不同采收期对样品主要成分含量的影响

平远广金钱草基地6~11月广金钱草样品，洗净晒干，粉碎，应用分光光度法测定样品中总黄酮的含量进行比较，结果见表1-14。

表1-14　不同采收期广金钱草总黄酮的含量　　（$n=3$）

采收时间	总黄酮的含量（%，以芦丁计）
6月20日	2.40 ± 0.053
7月10日	2.59 ± 0.063
7月30日	2.49 ± 0.025
8月10日	1.98 ± 0.012
9月10日	1.89 ± 0.032
10月10日	1.64 ± 0.018
10月30日	1.39 ± 0.023

结果显示，广金钱草中总黄酮的含量在整个生长期内变化总体上是逐渐变小，其中6~7月，其总黄酮含量大于2%，10月份以后，其总黄酮含量逐渐降至1%左右。

3）采收期的确定

通过对采收部位的研究，可知叶中的总黄酮含量远高于茎中的总黄酮含量，因此宜在叶茂盛时间采收较好；通过测量不同时间广金钱草的产量可知，8~9月份产量最高；通过测定不同采收期中广金钱草的总黄酮含量可知，总黄酮随着生长时间增长而减少，综合考虑，广金钱草可在8~9月份采收（始花期）为宜。

（3）采收方法

广金钱草商品药材于夏秋季节采收为宜，当地上茎蔓长至50～80 cm时，或在刚刚见到基部侧蔓现蕾时采收。采收时应遵循割大留小的原则，即短小的分枝留待下次收割。

2. 产地加工

将割下的茎叶除去杂质，切段，晒干（不宜暴晒，否则叶易脱落）或鲜用。需放置时间较长的，要注意翻晒以免受潮发霉。

（八）留种技术

选择果粒大，饱满、无病虫害的植株为留种母种，以采收中熟种子为宜。当总果梗上的果荚大部分显暗褐色并干缩时，选粒大、饱满鲜果作种。将总果梗剪下，并剪除未成熟的果荚后，将果穗放在竹筐上晒干，再用粗糙的木块压果荚摩擦，捡除花梗，簸掉果皮后再继续磨擦，直至把全部果皮磨碎簸尽为止，种子便可贮藏在低温干燥的玻璃容器里。

（九）质量标准及检测

1. 性状

广金钱草药材茎呈圆柱形，长可达1 m，密被黄色伸展的短柔毛；质稍脆，断面中部有髓。叶互生，小叶1～3片，圆形或矩圆形，直径2～4 cm；先端微凹，基部心形或钝圆，全缘；上表面黄绿色或灰绿色，无毛，下表面具灰白色紧贴的茸毛，侧脉羽状；叶柄长1～2 cm，托叶1对，披针形，长约0.8 cm。气微香，味微甘。

2. 鉴别（见彩图1-9）

（1）邻羟基苯甲酸对照鉴别

取本品粉末5 g，置具塞锥形瓶中，加石油醚（60～90 ℃）100 mL，超声处理30 min，弃去石油醚提取液，残渣挥干，加乙酸乙酯100 mL，超声处理30 min，滤过，滤液挥干，残渣加甲醇1 mL使溶解，作为供试品溶液。另取邻羟基苯甲酸对照品，加乙酸乙酯制成每1 mL含0.1 mg的溶液，作为对照品溶液。照薄层色谱法试验，吸取上述两种溶液各5 μL，分别点于同一硅胶GF254板上，以石油醚（60～90 ℃）、乙酸乙酯、甲酸（3∶1∶0.2）为展开剂，展开，取出，晾干，喷以三氯化铝试液，热风吹干，置紫外灯（365 nm）下检视。供试品色谱中，在与对照品色谱相应的位置上，显相同的蓝色荧光斑点。

（2）异牡荆苷对照组鉴别

取本品粉末0.5 g，加甲醇30 mL，超声（功率250 W，频率50 kHz）处理30 min，滤过，滤液挥干，残渣加甲醇5 mL使溶解，作为供试品溶液。另取异牡荆苷对照品，加甲醇配成1 mL含30 μg的溶液，作为对照品溶液。照薄层色谱法试验，吸取上述两种溶液各5 μL，分别点于同一聚酰胺薄膜上，以甲苯、乙酸乙酯、甲酸（1∶8∶1）为展开剂，展开，取出，晾干，喷以三氯化铝试液，热风吹干，置紫外灯（365 nm）下检视。供试品色谱中，在与对照品色谱相应的位置上，显相同的黄绿色荧光斑点。

3. 检查

（1）水分

按照《中华人民共和国药典（一部）》（2005年版）附录

ⅨH水分测定法项下烘干法测定为8.50%,暂定不得超过9.0%。

(2)总灰分

按照《中华人民共和国药典(一部)》(2005年版)附录ⅨK灰分测定法项下总灰分测定为11.11%,暂定不得超过12.0%。

(3)酸不溶性灰分

按照《中华人民共和国药典(一部)》(2005年版)附录ⅨK灰分测定法项下酸不溶性灰分测定为6.71%,暂定不得超过7.0%。

(4)重金属及有害元素

根据中国广州分析测试中心检测报告,重金属总量<20 mg/kg,铅(Pb)≤4.6 mg/kg,镉(Cd)<0.1 mg/kg,铜(Cu)≤20 mg/kg,砷(As)<0.5 mg/kg,汞(Hg)<0.1 mg/kg。以上含量均未超出中华人民共和国商务部发布《药用植物及制剂进出口绿色行业标准》规定的范围。

(5)有机氯类农药残留量

根据中国广州分析测试中心检测报告,六六六(BHC)≤4.3×10^{-3} mg/kg,滴滴涕(DDT)≤6.2×10^{-3} mg/kg,艾氏剂<1.0×10^{-3} mg/kg,五氯硝基苯≤2.6×10^{-3} mg/kg。以上含量均未超出中华人民共和国商务部发布《药用植物及制剂进出口绿色行业标准》规定的范围。

4. 浸出物

(1)水溶性

按照《中华人民共和国药典(一部)》(2005年版)附录ⅩA水溶性浸出物测定法项下的冷浸法测定,不得低于5.0%。

(2)醇溶性

按照《中华人民共和国药典（一部）》（2005年版）附录ⅩA醇溶性浸出物测定法项下的冷浸法测定，暂定不得低于4.0%。

5. 含量测定

（1）总黄酮

1）对照品溶液的制备

精密称取芦丁对照品50 mg，置25 mL量瓶中，加甲醇适量，置水浴上微热使溶解，放冷，加甲醇至刻度，摇匀。精密吸取10 mL，置100 mL量瓶中，加水至刻度，摇匀，即得（每1 mL中含无水芦丁0.2 mg）。

2）标准曲线的制备

精密量取对照品溶液0.0、0.2、0.4、0.6、0.8、1.0 mL于10 mL容量瓶中，各加入$AlCl_3$溶液（0.1 mol/L）1.00 mL，HAc-NaAc缓冲液（pH=5.5）1.00 mL，以水稀释至刻度，摇匀，照紫外至可见分光光度法在272 nm波长处测吸光度，以吸光度为纵坐标，浓度为横坐标，绘制标准曲线。

3）测定法

取本品粗粉约0.3 g，精密称定，置具塞锥形瓶中，精密加入50%的乙醇20 mL，密塞，称定重量，超声（功率250 W，频率50 kHz）处理40 min，取出，放冷，再称定重量，用50%乙醇补足减失的重量，摇匀，滤过。精密量取续滤液10 mL，过聚酰胺柱（100～200目，3 g，内径1.5 cm，湿法装柱），以50%乙醇洗脱，收集洗脱液并定容至50 mL，摇匀。精密量取2 mL，置10 mL量瓶中，照标准曲线制备项下的方法，自加入$AlCl_3$溶液（0.1 mol/L）1.00 mL起，依法测定吸光度，从标准曲线上读出供试品溶液中无水芦丁的重量（μg）。计算，即得。

本品含总黄酮以无水芦丁（$C_{27}H_{30}O_{16}$）计，暂定不得少于1.0%。

（2）异牡荆苷

按照高效液相色谱法测定。

1）色谱条件与系统适用性试验

以十八烷基硅烷键合硅胶为填充剂；以甲醇为流动相A，以0.2%磷酸水溶液为流动相B，按下表进行梯度洗脱；检测波长271 nm；流速1 mL/min。理论塔板数按异牡荆苷峰计应不低于5 000。

时间（min）	流动相A（%）	流动相B（%）
0~10	30	70
10~30	30→45	70→55

2）对照品溶液的制备

精密称取异牡荆苷对照品适量，加甲醇制成每1 mL含29.6 μg的溶液，即得。

3）供试品溶液的制备

取本品粗粉0.5 g，精密称定，置具塞具塞锥形瓶中，加入三氯甲烷20 mL，超声（功率250 W，频率50 kHz）处理10 min，滤过，弃去三氯甲烷液，滤渣挥干。精密加甲醇35 mL，密塞，称定重量，超声（功率250 W，频率50 kHz）处理20 min，取出，放冷，再称定重量，用甲醇补足减失的重量，摇匀，即得。

4）测定法

分别精密吸取对照品溶液与供试品溶液各10 μL，注入液相色谱仪，测定，即得。

本品含异牡荆苷（$C_{21}H_{20}O_{10}$）暂定不得少于0.01%。

（十）包装、贮藏及运输

1. 包装

用木箱或麻袋装。包装前应检查并清除劣质品及异物，所使用的包装材料应清洁、干燥、无污染、无破损。在每件药材包装上，应注明品名、规格、产地、批号、重量、包装日期、生产单位。并附有质量合格的标志。

2. 贮藏

广金钱草应贮藏在清洁、干燥、阴凉、通风、无异味、避光的专用仓库中。必要时安装空调及除湿设备，并具有防鼠、虫、禽、畜的措施。地面应整洁、无缝隙、易清理。药材应存放在货架上，与墙壁保持足够距离，防止虫蛀、霉变、腐烂、泛油等现象发生，并定期检查。

3. 运输

运输过程中，应注意防止药材包装破损，防止雨淋、防潮、防暴晒、防污染，严禁与可能污染其品质的货物混装运输。不得与其他有毒、有害、易串味物质混装。运载容器应具有较好的通气性，以保持干燥，并应有防潮措施。

（陈丰连　张文进）

参 考 文 献

岑丽华，徐良，郑雪花. 2005. 广金钱草规范化栽培技术［J］. 湖南中医学院学报,25(5):29-31.

陈丰连. 2006. 广金钱草规范化种植与药材质量研究[D]. 广州:广州中医药大学.

陈丰连,王术玲,徐鸿华. 2005. 广金钱草挥发油的气相色谱-质谱分析[J]. 广州中医药大学学报,22(4):302-303.

陈丰连,张文进,徐鸿华. 2010. 广金钱草适宜采收期研究[J]. 中药材,33(2):178-180.

陈丰连,张文进,徐鸿华. 2010. 广金钱草田间育苗影响因子研究[J]. 广州中医药大学学报,27(3):282-284.

陈丰连,马鑫斌,徐鸿华. 2010. 不同产地广金钱草药材质量研究[J]. 广东药学院学报,26(3):248-251.

陈丰连,张文进,徐鸿华. 2010. 不同采收期及不同产地广金钱草地上部分HPLC指纹图谱研究[J]. 中国实验方剂学杂志,16(14):96-98.

陈丰连,黄锦茶,徐鸿华. 2010. 广金钱草红外光谱共有峰率和变异峰率及双指标序列分析方法[J]. 今日药学,20(11):40-44.

陈蔚文,徐鸿华. 2007. 岭南道地药材研究[M]. 广州:广东科技出版社.

陈瑛. 1999. 实用中药种子技术手册[M]. 北京:人民卫生出版社:6.

丁平. 1997. 广金钱草显微组织补遗[J]. 广州中医药大学学报,14(1):51-53.

郭学东,刘季春. 2000. 广谱排石良药——金钱草[J]. 首都医药,7(5):46.

纪美英,辛敏. 2001. 金钱草及其混淆品应用鉴别[J]. 山东中医杂志,20(8):486.

么厉,程惠珍,杨智. 2006. 中药材规范化种植(养殖)技术指南. 北京:中国农业出版社:737-742.

国家药典委员会. 2005. 中华人民共和国药典:一部[M]. 北京:化学工业出版社.

附

广金钱草规范化生产标准操作规程（SOP）

前　言

本规程由广州中医药大学承担的广东省科技计划项目"砂仁等10种岭南药材规范化种植关键技术研究"课题组提出，并归口于广东省科技厅。

本规程起草单位：广州中医药大学、广东南台药业有限公司。

本规程主要起草人：陈丰连（广州中医药大学）、何运生（广东南台药业有限公司）。

本规程委托广州中医药大学广金钱草规范化种植研究课题组负责人负责解释。

第一章　总　则

1.1　为保证中药材质量，促进中药标准化、现代化，依据广金钱草药材生长特点和国家药品监督管理局《中药材生产质量管理规范（试行）》的要求，制定本标准操作规程（SOP）。

1.2　本规程内容包括：总则，种植地自然条件，育苗，栽植、定植后管理，主要病虫害防治，采收与加工，留种技术，质量标准，包装、运输及贮藏，人员和设备，文件管理等，是广金钱草药材生产和质量管理的具体操作方法。

1.3　种植者应运用标准操作规程管理和质量监控手段，保护生态环境，坚持"最大持续量"原则，实现资源的可持续利用。

1.4 本规程适用于广金钱草的种植地。

1.5 引用标准 下列文件口条款被本标准引用则成为本标准的条款。

1.5.1 《中华人民共和国环境空气质量标准》（GB3095—1996）。

1.5.2 《中华人民共和国土壤环境质量标准》（GB15618—1995）。

1.5.3 《中华人民共和国农田灌溉水质标准》（GB5084—1992）。

1.5.4 《中华人民共和国药典（一部）》（2005年版）。

1.5.5 国家药品监督管理局《中药材生产质量管理规范（试行）》。

1.5.6 科技部生命科学技术发展中心《中药材规范化种植研究项目实施指导原则及验收标准》。

1.5.7 中华人民共和国商务部《药用植物及制剂进出口绿色行业标准》。

1.6 定义。

1.6.1 GAP 即英文Good Agriculture Practice的缩写，指中药材生产质量管理规范。

1.6.2 SOP 即英文Stadard Operation Practice的缩写，指中药材规范化生产标准操作规程。

1.6.3 最大持续量 即不危害生态环境，可持续生产（采收）的最大产量。

1.6.4 生物肥料 是利用生物活体或生物代谢过程中产生的具有生物活性的物质或从生物体提取的物质作为提高作物产量和品质的肥料。

1.6.5 生物源农药 是利用生物活体或生物代谢过程中产

的具有生物活性的物质或从生物体提取的物质作为防治作物病虫害的农药。

1.6.6　质量标准　是对药材的质量规定和检验方法所作的技术规定。

第二章　种植地自然条件

2.1　自然条件　平远县为典型的山区县，位于广东东北部，地处北纬24°24′~24°56′，东经115°44′~116°07′，为丘陵、低山区，属中亚热带气候区，气候温暖，日照充足，雨量充沛，夏长冬短。年平均日照1 872.5 h，年平均气温20.7℃，1月份平均气温11℃，是最冷的月份。7月份平均气温28.5℃，为最热的月份。年平均降雨量1 647.4 mm，降雨量集中在4~9月，占全年降雨量的74%~78%。该地区土层深厚、疏松肥沃、富含腐殖质，且排水良好，适宜广金钱草的生长。

2.2　环境质量。

2.2.1　环境空气质量达到《中华人民共和国环境空气质量标准》（GB3095—1996）二级以上标准。

2.2.2　土壤环境质量达到《中华人民共和国土壤环境质量标准》（GB15618—1995）二级以上标准。

2.2.3　农田灌溉水质量达到《中华人民共和国农田灌溉水质标准》（GB5084—1992）二级以上标准。

第三章　育　苗

3.1　育苗地。

3.1.1　苗圃选择　育苗地宜选择排灌方便、疏松、肥沃，不易板结的沙质壤土。

3.1.2　苗床准备　广金钱草苗床选地较严，主要可分为沙床育苗和大田育苗两种苗床。秋冬深翻25 cm，让土壤风化，春季翻犁、耙细，畦面要平整，畦沟要深。结合整地每667 m²施入1 500 kg腐熟农家肥作基肥。将育苗地整成宽1 m、高25 cm、沟宽30 cm的播种畦。

3.2 种子育苗。

3.2.1 选种 选择果粒大、饱满、无病虫害的植株为留种母株。

3.2.2 采种 采取中熟果实，取出种子，晒干。

3.2.3 种子处理 播种前去除种子的蜡质，可提高发芽率。将种子用酒精体积分数50%白酒伴至湿润，15 min后，清洗干净，用清水浸种8 h后，用布袋装好，每天冲洗1次，保湿催芽，直至种子露白。

3.2.4 播种时间 在春、夏、秋三季均可播种。

3.2.5 播种密度 适宜的播种密度为0.5~1 g/m²。

3.2.6 播种方法 种子露白后，将种子均匀播于苗场，然后盖上一层细土，纸土厚度不宜超过1 cm，淋足水，场地土壤应保持湿润。播种后苗场应及时除草。（春播应气温稳定在25 ℃左右，秋播入霜前应加盖薄膜。）

3.2.7 种子育苗的管理 根据天气情况，播种后保持土壤湿润，出苗后，每周淋水1次，并结合追肥，及时拔除杂草。幼苗出土后，适时追施草木灰，稀人粪尿水。当苗长出3~6 cm时间苗，去弱留强，去密留疏。

3.3 扦插育苗

3.3.1 搭建育苗棚 选择背风，挡西晒，易淋水的平地作育苗地。苗棚大小根据育苗数量而定，一般每667 m²可育100万株苗。苗棚建成长方形，棚顶及四周用75%的遮光网围好固定。

3.3.2 整地作床 可选用黄泥黏性土与沙混成三比一的基土，将混好的基土堆成宽100 cm、高25 cm的畦，畦面应整平。

3.3.3 截取插条 将大田长势良好的广金钱草割回。将广金钱草剪成5~7 cm长的插段。削去插条基部的叶片，扦插枝末端切口应与腋芽相平。扦插枝末端的叶片应保留。

3.3.4 扦插 将剪好的扦插枝插于苗场。扦插前苗场应淋透水。扦插深度2 cm，株距2 cm，行距3 cm为宜。扦插时不可倒置扦插。扦插后7天应上、下午各淋1次水。7天后应保持苗场土壤湿润，直至苗木出圃为止。

3.4 苗期管理

3.4.1 温度、湿度、光照控制 温度应控制在25 ℃左右，日照时数10 h左右，做好防寒保湿工作，若温度太低，可用尼龙薄膜覆盖保温。

3.4.2 淋水排水 播种后保持土壤湿润，出苗后，每周淋水1次，雨季要注意排水，尽量避免积水。

3.4.3 间苗 当苗长出3~6 cm时，去弱留强，间去过密的幼苗。

3.4.4 除草松土 勤除杂草，一般苗期除草2次，结合松土。

3.4.5 追肥 播种10天后，苗高2~4 cm时，施用淡粪水。然后每隔20天左右追施1次淡粪水。移栽前追施2次0.2%过磷酸钙。

3.4.6 病虫害防治 苗期出现的病害主要有立枯病。发现病株立即拔除，并喷用50%退菌特可湿性粉剂稀释600倍。虫害主要有凤蝶，可用金云（Bt）杀虫剂稀释1 000倍喷杀。

3.4.7 出圃移栽 当苗高6~7 cm、有6~8片真叶时，选晴天早晨或阴雨天进行,随出圃随移栽,起苗时不伤皮、不伤根。

第四章 栽 植

4.1 种植地选择与整地 选择向阳、日照时间长的缓坡或者灌水方便的无污染农田或旱地种植。秋冬翻耕,春季整地起畦,畦宽1.2 m,每667㎡施入5 000 kg的腐熟农家肥作基肥,施肥后浅耕耙匀,使表土与肥料拌匀。

4.2 栽植季节 春、夏、秋三季均可。定植的最好时间是下午2时后,如果遇上阴雨天,全天均可进行。

4.3 种植密度 行株距25 cm×15 cm。

4.4 栽植方法 在整好的畦上,开穴种植,每穴种1~2株幼苗。栽种后淋足定根水。

第五章 定植后管理

5.1 灌溉排水 定植后3天内每天淋水1次,以后遇旱灌水。广金钱草蔓多,叶密,在7~9月的旺盛生长期,其藤蔓铺满地面,消耗水分多。为了保证其生长需要,要经常淋水,使表土保持湿润。从开始迅速生长的6月起,要淋足水,有条件的可灌水,每10天灌水1次。在雨季田间有积水时,应及时排水,不能积水,否则植株可能会死亡。

5.2 补苗 缺株应及时补上同龄苗。

5.3 中耕除草 广金钱草幼苗生长迟缓,各种杂草生长较快,要经常除草,一般10~15天除草1次,直至封行,并同时进行浅中耕。定植后到藤蔓封垄前要进行中耕除草2~3次。

5.4 追肥 定植后10天左右,每667 ㎡追施粪水1 000 kg,结合中耕除草进行施肥。当苗高25~30cm时，施1次人畜粪水肥，之后每隔30~40天追施1次。苗期追肥以低浓度的人畜粪水或淡氮肥水为主。定植后的追肥可用人畜粪、尿素等，封垄前再追肥1次。前两次肥料的浓度要稍淡些，封垄前的最后1次追肥要用较高浓度的人畜粪或颗粒复合肥、尿素等。

5.5 培土压蔓 种苗定植于大田后，在第2次追肥时，适当培土压住离地面长10cm以内的基部蔓条，促使其不定根扎入土里形成根系，以增加植株的吸水、吸肥能力。

第六章 主要病虫害防治

6.1 防治原则 坚持贯彻保护环境、维护生态平衡的环保方针及预防为主、综合防治的原则，采取农业防治、生物防治和化学防治相结合的方法，对广金钱草主要病虫害进行防治。尽量少施或不施化学农药，必要时，应采用最小有效剂量（使用超低容量喷雾器）的广谱、高效、低毒、短残留的化学农药和生物制剂。

6.2 农业综合防治。

6.2.1 土壤消毒 结合整地作畦，每667 m^2撒石灰100kg进行土壤消毒。

6.2.2 清洁田园 清除杂草落叶、感染病虫植株，集中处理，以减少病虫源。

6.3 疫病（霉病）的防治。

6.3.1 症状 发生在夏季高温高湿季节，先侵染叶片，后至茎部，主要为害生长期的茎叶。被害时为水渍状的斑点，扩大后腐烂，死亡。

6.3.2 病原 由真菌中的一种半知菌引起。

6.3.3　发病规律　病菌主要以菌核随病株残叶遗落在土中越冬。翌年4月以后从下部叶片开始发病，6~7月严重，并一直为害到地上部分枯死为止。阴雨季节，田间湿度大的情况下容易发病。

6.3.4　防治方法　①加强农业综合防治，病部应及时除去和烧毁，注意雨后及时排水，改善田间通风透光条件。②发病期可喷用1次可杀得稀释800倍。③发病初期，喷1∶1∶100波尔多液，每隔7~10天喷1次。用50%的甲基托布津1 000~1 500倍液喷雾，每15天1次，连续3~4次。

6.4　立枯病的防治。

6.4.1　症状　主要为害幼苗。发病后近地面茎基部呈浅褐色、腐烂，逐渐向主茎蔓延，枝叶呈萎蔫状，造成幼苗倒伏，后期全株死亡。

6.4.2　病原　由真菌中的一种半知菌引起。

6.4.3　发病规律　病菌在土壤和留床苗上越冬。翌年3~4月开始发病，5~6月进入盛期，在天气时晴时雨，植株生长不良的条件下发病严重。

6.4.4　防治方法　①加强农业综合防治，选育抗病品种，拔除病株，集中烧毁。②发现病株立即拔除，并喷用50%退菌特可湿性粉剂600倍液喷雾防治。③在发病处用0.3%的石灰水浇灌防止蔓延；用50%托布津1 000倍液喷雾防治，每隔2~10天喷1次，连续3~4次。

6.5　黏虫的防治。

6.5.1　学名　*Leucania separate* Walker。

6.5.2　为害状　主要为害叶片，造成不规则缺刻，也为害嫩茎，严重时叶片被吃光。

6.5.3　发生规律　幼虫和蛹在土内越冬。幼虫有假死性，3

龄以后分散为害,晚间、日出前和阴天活动取食叶片,其食量随龄期增长而增加,5、6龄为暴食期,成群迁移为害。

6.5.4 防治方法 ①幼虫入土化蛹期,挖土灭蛹;②幼虫低龄期,用90%敌百虫1 000倍液喷杀;③利用幼虫有假死习性,可在清晨人工捕杀;④在成虫始盛期,用糖醋毒液诱杀。

6.6 毛虫的防治。

6.6.1 学名 *Malacosoma ncustria testacea* Mots。

6.6.2 为害状 幼虫取食叶片和嫩芽,当虫口密度大时,可把全株叶片吃尽,影响正常生长发育。

6.6.3 发生规律 以卵越冬,翌年4月,幼虫开始孵化为害嫩叶,群居生活,稍大后,在干枝交叉处结网群栖。白天潜伏,夜晚外出取食。老熟幼虫开始分散,为害严重。幼虫有坠地假死性,成虫有趋光性。

6.6.4 防治方法 ①冬季在被害植株周围翻土杀蛹;②在幼虫孵化期,用90%敌百虫2 000倍液喷杀幼虫,效果更好;③在成虫期用黑光灯诱杀成蛾。

6.7 蝼蛄。

6.7.1 为害状 幼虫咬食叶片。

6.7.2 防治方法 使用敌百虫杀虫剂稀释1 000倍液喷杀。

第七章 采收与加工

7.1 采收季节 广金钱草可在8~9月份采收(始花期)。

7.2 采收方法 广金钱草商品药材为未开花的青绿色全草,一般于夏秋季节采收,当地上茎蔓长至50~80 cm时,或在刚刚见到基部侧蔓结蕾时采收。采收时应遵循割大留小的原则,即短小的分枝留待下次收割。

7.3 产地加工 将割下的茎叶除去杂质，切段，晒干（不宜暴晒，否则叶易脱落）或鲜用。需放置时间较长的，要注意翻晒以免受潮发霉。

第八章 留种技术

8.1 种子繁殖的留种技术。
8.1.1 选取无病虫害的健壮植株作母株。
8.1.2 加强管理，保证多结实。
8.1.3 采收成熟的果实，取出种子，洗净，晒干，置于阴凉干燥处，待播。
8.2 扦插繁殖的留种技术 留种母株应选用无病虫的健壮植株做种株。

第九章 质量标准

9.1 抽样方法 根据《中华人民共和国药典》、企业标准和购销合同，按每批件数的1%随机抽检样品。
9.2 药材质量标准。
9.2.1 水分不得超过9.0%（暂定）。
9.2.2 总灰分不得超过12.0%（暂定）。
9.2.3 酸不溶性灰分不得超过7.0%（暂定）。
9.2.4 重金属限量指标：重金属总量＜20 mg/kg、铅（Pb）≤5.0 mg/kg、镉（Cd）＜0.3 mg/kg、铜（Cu）20.0≤ mg/kg、砷（As）＜2.0 mg/kg、汞（Hg）＜0.2 mg/kg。
9.2.5 农药残留限量指标：六六六（BHC）≤0.1 mg/kg、滴滴涕（DDT）≤0.1 mg/kg、艾氏剂＜0.02 mg/kg、五氯硝基苯≤0.1 mg/kg。
9.2.6 醇溶性浸出物不得少于4.0%（暂定）。

9.2.7 水溶性浸出物不得少于5.0%（暂定）。

9.2.8 总黄酮含量以芦丁计不得少于1.0%（暂定）。

9.2.9 异牡荆苷含量不得少于0.01%（暂定）。

第十章 包装、运输及贮藏

10.1 包装。

10.1.1 选用不易破损的包装，以保证药材在运输、贮藏、使用过程中的质量。

10.1.2 发送中药材必须有包装，标签应标明药材品名、产地、采收日期及注意事项等（格式如下）。

  药材名称：

  产 地：

  采收日期：

  采收单位：

  调出日期：

  调出单位：

  调出数量： 包

  包装重量： kg/包

  注意事项：

   附：药材质量检验单

10.2 运输。

10.2.1 运输工具应有通风设备。

10.2.2 运输过程应防止日晒、雨淋、潮湿、损坏、污染。

10.3 贮藏。

10.3.1 选择通风、干燥、无污染的环境，做专用仓库，并采用控温（30℃以下）、控湿技术（相对湿度70%～75%），彻底灭菌，防止霉变。

10.3.2 贮藏时要注意消灭虫源,防止发生虫蛀。

第十一章 人员和设备

11.1 人员。

11.1.1 从事中药材生产的人员均具有基本的中药学、农学常识,并经过生产支术、安全及卫生学知识培训。

11.1.2 从事田间工作的人员应熟悉栽培技术,特别是农药的施用及防护技术。

11.1.3 从事加工、包装、检验人员应定期进行健康检查,患有传染病、皮肤病、外伤性疾病等不得从事直接接触药材的工作。

11.1.4 对从事药材生产的有关人员应定期培训与考核。

11.2 设备。

11.2.1 药材生产单位应备齐药材生产必须的设备。

11.2.2 生产企业生产和检验用的仪器、仪表、量具、衡器等适用范围和精密度应符合生产和检验的要求,有明显的状态标志,并定期校检。

第十二章 文 件 管 理

12.1 文件。

12.1.1 生产企业应有生产管理、质量管理标准操作规程。

12.1.2 药材生产全过程的详细记录。

12.2 管理 将上述文件资料全部归入档案收载。

12.2.1 由具有一定文化而且责任心强的人员作为记录员专门记录。

12.2.2 档案保管员要掌握档案分类和保管的基本知识。

12.2.3 记录员、档案保管员要求由相对固定的专人负责。

附则 本规程（SOP）修定时间为2009年11月。本规程起草单位根据有关研究进展与执行中的反馈情况对本规程内容进行修订，并不定期发布新版本。

二、广藿香

（一）概　述

1. 产地

广藿香原产于菲律宾、马来西亚、印度等国家，后传入我国，主要以栽培为主。我国主产区以广东为主，目前在广东省的肇庆和湛江地区均有栽培，海南和广西等省区也有栽培。

2. 药用价值

广藿香是我国著名南药之一，别名藿香，是唇形科刺蕊草属植物广藿香的一年生全草。通常多以全草的地上部分的茎叶入药。广藿香味辛，性微温；归脾、胃、肺经；具有芳香化浊，开胃止呕，发表解暑的功能。临床上主要用于湿浊中阻、脘痞呕吐、暑湿倦怠、胸闷不舒、寒湿闭暑、腹痛腹泻、鼻渊头痛、疟疾痢疾、口臭等疾病的治疗。

由于广藿香芳香而不过于峻烈，温煦而不偏于燥热，加之能祛除阴霾湿邪，又能助脾胃正气，为湿困脾阳、倦怠无力、饮食不甘、舌苔浊垢者首选之药，被历代医家视为暑湿之要药。目前广藿香仍然是临床上常用的芳香化湿药，也是多种中成药如"藿香正气丸（水）"和"抗病毒口服液"的重要组成药物。从广藿香全草中提取的挥发油称为广藿香油，连同广藿香的其他提取物，是30余种中成药的主要生产原料。广藿香油除了用于配制丹、膏、丸、散外，亦为化妆品、定香剂和杀虫剂等日常生活用品的生产配料，由此可见，广藿香具有十分广泛的应用开发前景。

（二）生物学特性

1. 植物学特性

广藿香为多年生草本植物（见彩图2-1），茎高30～100 cm，有特殊香气。花期1～2月，但栽培上多在花期前采收，故很少见到开花。

（1）茎

茎直立，幼茎方形，老茎近圆柱形，粗壮，上部多分枝，近褐色，密被灰黄色茸毛。

（2）叶

单叶对生，叶柄长2～5 cm，密被毛；叶片广卵形或卵形，长5～10 cm、宽2.5～7 cm；先端钝尖，基部楔形或微心形，边缘有钝锯齿，常有浅裂，两面密被灰白色短毛，并有腺点。

（3）花

夏季开花，穗状花序顶生和腋生，轮伞密集，基部有时间断，开花者不多见；萼管状，长约6 mm，较花苞长，5裂；花冠唇形，长约8 mm，淡红紫色；子房上位，柱头二裂，雄蕊4枚，伸出花冠外，花丝有髯毛。

（4）果

小坚果，平滑。

2. 生长发育规律

广藿香可秋种，也可春种。无论栽种的季节如何，广藿香一般在干旱少雨时生长较为缓慢，而在阳光充足、雨水充沛时则生长旺盛，同时广藿香植株内有效成分积累也最快。因此，一定要选择在枝繁叶茂的季节采收药材。有人对广州地区种植的广藿香在不同生长期中化学成分的变化进行了研究，结果表明：广州地区种植的广藿香挥发油含量在12月最高，其中有效成分——广藿香酮的含量随着生长期的变化而变化，但在12月份达到最高值（图2-1）。

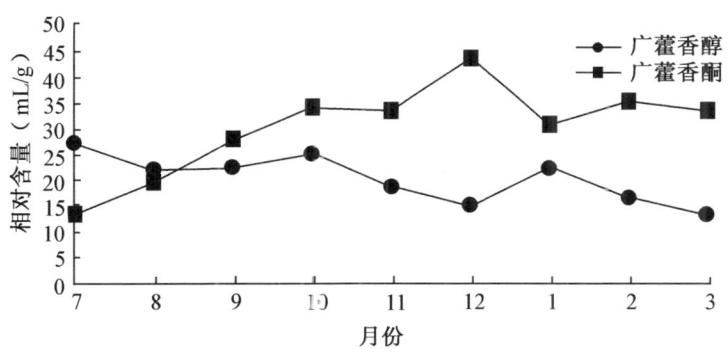

图2-1　不同生长时期广藿香（牌香）中广藿香醇和广藿香酮含量的变化

3. 对环境条件的要求

广藿香原产于菲律宾、马来西亚、印度尼西亚等国，其后传入我国。在我国多分布于广东、海南、广西、台湾和云南等省区，均有栽培。

（1）温度

广藿香原产于东南亚热带地区，引种到我国南亚热带地区种植，由于气温低，很少见到开花，即使开了花也很难结果实。广藿香喜温暖、忌严寒，尤其害怕霜冻，要求年平均气温20～28℃。当气温低于17℃时，生长缓慢。虽能耐短期0℃低温，但也需要有防寒冻措施，如盖稻草或塑料薄膜，才能安全越冬。低于-2℃，或反复出现霜冻，致使叶片大量脱落，甚至有可能大部分植株被冻死。所以种植地所处的地理位置及环境条件的选择对于广藿香药材的种植和生产是非常重要的。

（2）光照

广藿香不耐烈日、强光暴晒，尤其是幼苗期，因强光照射下，叶片中的水分蒸发很快，致使叶片萎蔫、枯倒，甚至死亡。所以在种植广藿香时，一定要有适当荫蔽。如幼龄期在酷暑季节时，则要求至少要有50%左右的荫蔽度，之后，随着幼苗的成长，可以适当增加光照。成龄植株则要求在全光照下生长，才能茎枝粗壮、分枝多、叶片多而厚实、含油率高，药材质佳。

（3）水分

广藿香喜欢湿润、忌干旱，适宜年降水量1 600～2 000 mm，且降水分布均匀，相对湿度在80%以上的地区。广藿香兑水分十分敏感，既怕干旱，又怕积水。如遇干旱，生长明显受阻，枝叶发育不良，产量显著下降，甚至枯死绝收。如遇暴雨，田间积水，或连日阴雨，土壤湿度过大，则易发生病害或烂根死亡。

（4）土壤

广藿香对种植地土壤要求较高，喜排水良好、土质肥沃、疏松、土层深厚的沙质壤土，黑沙土最好。在保水、排水不良的黏土、石砾多、低洼积水地上种植，广藿香的生长会受到抑制或生长不良，产量很低。

（5）风力和风向

广藿香在条件适宜、水肥充足的环境下，生长很快，枝叶茂盛，茎秆粗大。但广藿香植株很脆弱，风力较大时容易风折、倒伏。所以在栽种广藿香时，应选择通风向阳的地方，或者在当风面采取防风措施，如种植绿篱，或用塑料薄膜搭篷挡风，或通过间种其他农作物挡风。同时要注意在栽种时，苗的生长点应朝顺风方向，避免与风口相对，被强风撕裂。通常应选择房前屋后较为背风的地方栽种或背风的坡地。

（6）肥料

广藿香为喜肥植物。由于药用部分是茎叶，所以主要需要的是氮肥，如适当补充磷肥和钾肥，也可提高产量和药材质量。如种植地是较为干旱或瘠薄的土壤，则需要通过一些农业措施，改善土壤条件后再进行种植。

（三）物种或品种类型

1. 正品

广藿香是《中华人民共和国药典（一部）》（2000年版）收载的药材品种，是全国通用的药材，其药材商品运销全国各地。广藿香的来源是唇形科刺蕊草属的植物，药用部位是全草的地上部分。广藿香具有芳香化湿、和中止呕、发表解暑的疗效，为常用的芳香化湿药。

2. 混淆品种

广藿香混淆品种主要是藿香。藿香也来源于唇形科，但与广藿香不同属,两者药材的形状,所含成分的种类以及气味均不相同。虽然,广藿香和藿香都有很长的药用历史,其功效也大致相似,但习惯上认为广藿香的品质要优于藿香。而藿香至今尚未被《中华人民共和国药典(一部)》(2000年版)收载,属于民间用药。藿香仅在各地自产自销,其药材有时称为"土藿香"或"野藿香",有的地区用鲜品,称其为"鲜藿香"。广藿香和藿香的原植物见图2-2。

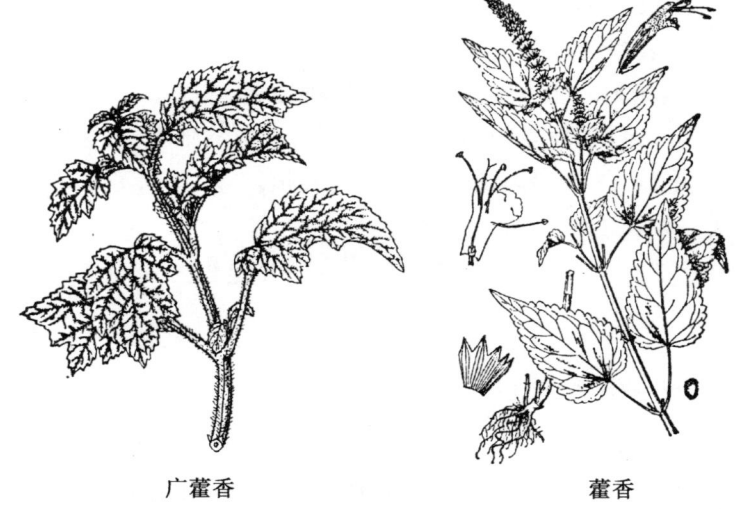

广藿香　　　　　　　　藿香

图2-2　广藿香和藿香原植物形态特征的比较
(引自《中药鉴别手册》第一册)

3. 农家品种

广藿香药材商品按产地不同可分为石牌藿香、高要藿香和海南藿香3种。虽为同一植物品种,但不同产地生态环境和栽培条件以及生产加工的方法不尽相同,所得药材商品的性状特征和品质有区别,药材的形态、气味及化学成分含量也有一定的差异。所以药材市场上将广藿香药材商品分为牌香(广州产,见彩图2-2)、肇香或枝香(肇庆产,见彩图2-3)、湛香(湛江产,见彩图2-4)和南香(海南产),由于湛江和海南地域相近,也有人将湛江产的和海南产的广藿香统称为南香。

广州石牌、棠下等地是广藿香主要原产地,商品称"石牌藿香"或"牌香"。由于广州适宜的自然条件,以及农民在培育管理和采收加工等方面有一整套独特的方法,故使石牌藿香在药材形色、气味以及临床疗效等方面明显优于其他产地的商品,为道地药材,在国内外享有盛誉。传统经验也认为其品质最优。20世纪50年代末,广东肇庆地区、湛江地区及海南岛相继大量引种广藿香。肇庆地区高要县产者,商品称"高要藿香"或"肇香",与"牌香"品质相近,亦供药用;而湛江地区和海南岛生产者,则统称为"海南藿香"或"南香",一般认为不宜供药用,而供提取香料用。

(四)育苗技术

广藿香繁殖育苗可用扦插繁殖和组织培养繁殖两种方法。扦插繁殖是传统的繁殖方法,一直沿用至今。而组织培养繁殖则是近年来提倡的一种育苗新方法。该方法提供的种苗质量好,数量充足,成活率高,而且不受外界环境和气候条件的影响,应该是今后栽培繁殖中种苗的主要来源。现将两种育苗技术分别介绍如下。

1. 扦插繁殖

（1）插条选择和处理

广藿香扦插条的选择非常关键。过嫩或过老枝条对扦插成活率的影响都非常大。根据我们的试验结果表明，选择当年生4~6个月的广藿香植株中的茎秆粗壮、节密、无病虫害的枝条作插穗较好，成活率可达到95%以上。有的选用生长一年以上的枝条作为插条。但据药农经验，只要选取茎中髓部呈白色、折之有响声、断面有汁液流出的枝条即可作为插条，这种插条成活率高。取嫩枝的顶梢，截成长8~15 cm的小段，每段2~3个节，剪去下部叶片，仅留顶端一节的两片叶和心芽。枝条下端斜剪成马蹄形切口，以增大吸收面积（图2-3）。剪好的插条通常用生长素（生根粉）浸泡处理，以保证有较高的成活率。已剪去顶梢的枝条待抽出新芽后或新枝条长至15~20 cm时，又可再剪下作插穗用。

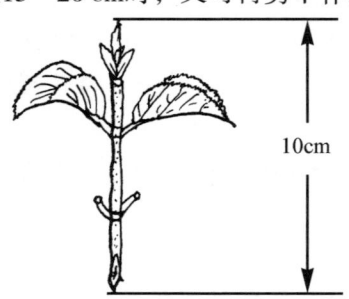

图2-3　广藿香插穗截取示意

（2）扦插季节

春秋两季是扦插繁殖的最好时节，插条成活率较高。扦插繁殖一般在2~6月进行，这期间气温回升，雨季开始，植物体内液体流动旺盛。也可在8~10月气温不太高时进行。

有的产区则在7~8月育苗，9~11月种植。

（3）扦插方法

扦插前要预先准备好苗床，苗床基质最好用细河沙。扦插时，在准备好的苗床上，先在畦上按行距10 cm开横沟，将插条按6~10 cm的株距斜倚沟壁，上端1/2~1/3露出土面，仅让顶梢叶片露出土面为度，覆土按紧，使插条与土壤紧密接触。插好后依次扦插第2行。扦插完后浇透水，上盖荫蔽度50%的塑料遮阳网，以防止阳光直射。扦插后注意常浇水，保持土壤湿润。一般在10天后开始发根，25~30天后即可移栽（见彩图2-5）。这种繁殖方法速度快，成活率高。但需注意在扦插前夜，要先将扦插地的土壤淋湿，待第2天扦插时，既容易扦插，又有利于苗成活。

（4）育苗地的管理

广藿香扦插后的培育管理工作主要是：

1）做好淋水保湿、防旱、防涝

插条在定植前，忌阳光直射，要盖以稻草并保持土壤湿润，如天气干旱，每天要淋水7~8次。要经常淋水保持湿润。一般情况，每天早晚淋水1次，淋水量不宜过多，以浇湿畦为度。同时要防止积水，如遇连续阴雨，则要疏通沟渠，排除积水。

2）要适当追肥

插后10天生根长出新叶后便可施肥。肥料可选择腐熟的有机肥，如稀释的人畜粪尿水等。施肥时通常选在晴天淋施，效果才好。

3）适当遮阴

苗期要有适当荫蔽。幼苗长大后，在酷暑天也要适当荫蔽，荫蔽度以40%~50%为宜（见彩图2-6）。

（5）影响插条成活的因素

影响插条成活的因素有内在因素和外在因素两个方面：

1）内在因素

①植物种和品种。不同的植物种和品种间根的再生能力不同，所以插条生根有难易之别。

②母枝的年龄。因系统发育和个体发育年龄不同，枝条再生能力也不相同。一般从幼龄树上采集的枝条生根能力比成年树枝条为高；未结果树上的枝条生根能力比结果树上的枝条为高；种子繁殖的枝条比营养繁殖的枝条生根能力高；着生在主干基部的萌蘖条比树冠上的枝条生根能力高。

③插条长度、留叶数。插条的长度与插条内部所积累的物质多少直接相关，可以影响插条的生根能力；插条入土的深度不同，也会影响插条的生根能力。插条过长，插入土壤中较深，会使插条基部所受的温度、湿度、空气等条件与顶部不同，初期时插条切口愈伤组织形成良好，但是进入发根阶段后，会使生根缓慢，而且因温度低，发根率也低。

插条上叶片和芽都能进行光合作用，制造生根所需的养分。所以在一定条件下，插条留叶数量与生根率有密切的关系。保留一定的叶面积，具有提高扦插生根率和使侧根发达的作用。但是，留叶过多，亦不利于生根，因叶片多，蒸腾失水大，插条易干枯死亡。

④营养物质。插条所贮藏的营养物质多少与插条生根能力密切相关。凡是贮藏物质较多者，其生根率亦较高。例如，晚秋剪取的枝条比早秋剪取的枝条生根率要高，其原因除气候条件外，主要是与枝条木质化程度和本身所贮藏的物质有密切关系。

⑤激素。植物体内含有激素，主要有生长素A、生长素

B、吲哚乙酸和赤霉素等。这些激素都能促进发根，因此，凡含激素多的植物扦插易生根。所以，生产中用一些激素处理插条，以提高生根率。

2）外在因素

①土壤水分和空气相对湿度。插条生根前，枝叶在生命活动中不断地蒸发水分，而地下部分又不能从土壤中吸取足够水分以保持平衡。当在阳光充足、气温高、土壤中水分和空气相对湿度低的情况下，易使插条过度失水而出现叶片萎蔫甚至干枯死亡。实践证明，插条在形成愈伤组织阶段，需较高的空气相对湿度，当相对湿度高达80%～90%，叶片上充满水汽，使叶片维持新鲜状态，利于插条生根。生产中常用塑料薄膜覆盖插床或采取遮阴和喷雾措施，以调节水分，维持插条水分平衡。

②温度。一般插条生根的适宜土壤温度为18～20℃。但不同植物插条生根要求温度不同。实践证明，当土壤温度高于气温1～2℃，土壤含水量适中时，最有利于插条生命活动，生根快，发根多；反之，气温高于土壤温度，易引起插条先抽梢、长叶，消耗过多养分和加速水分蒸腾，不利于插条生根。

③光照。适量的光照，有利于插条叶片的光合作用，产生更多的营养物质，不断地满足生根的需要。一般插后到形成愈伤组织为一期间，透光度以20%～25%为宜。当插条大部分形成愈伤组织后进入发根阶段，对光照的需要量较前期为高，一般透光度为35%～40%的条件下，更有利于发根。光照太强，会影响插条的生理活动，易加速叶片失水，不利于生根。

④土壤透气性。土壤中含氧气状况，对插条生根也有重

要作用。一般自扦插后至插条切口基部形成愈伤组织，土壤宜紧实，利于插条基部切口和土壤紧密接触，及时得到一定水分的供给，有利于愈伤组织的形成。当插条进入大量发根阶段，土壤则宜疏松透气，利于不定根的形成。生产中采用轻微的松土，以增进土壤的透气，但松土以不松动插条为原则。

（6）促进插条生根的方法

①机械处理。对插条不易成活的植物，在采穗前，采取枝条环状剥皮、刻伤或缢伤等措施，使伤口以上部位积累较多营养物质和生长素，然后剪取枝条扦插，可促使其迅速生根。

②化学药剂处理。在一般条件下，扦插生根缓慢或困难的植物，经化学药剂处理，可促使其迅速生根。一般可用5%~10%的蔗糖溶液浸渍插条下端，24 h后扦插，生根效果显著。

③生长素处理。生产上通常用萘乙酸、2,4-D、吲哚乙酸、吲哚丁酸等处理插条，可显著缩短插条发根时间，提高成活率。但是，在具体应用生长素时，应根据不同植物的不同器官对液剂、粉剂、油剂的反应，先做药效试验，以便正确掌握浓度与处理时间，防止发生药害。

2. 组织培养繁殖

（1）外植体的选择和准备

在广藿香的根尖、叶片、带节茎段等不同部位中，以叶片和带节茎段作外植体的愈伤组织诱导率最高，可达到87.0%以上，而根尖和茎段的愈伤组织诱导率仅为27.0%~46.5%。故在广藿香组培繁殖中选择叶片、带节茎段作外植体最合适。取广藿香幼嫩茎，去掉叶片，以及从顶芽向下的第2~3节叶片，置自来水下流水冲洗15 min，然后用75%乙醇浸泡30 s，取出，用无菌水冲洗5~6次；再用0.1%的升汞浸泡8 min，取出，用无菌水冲洗6~8次，再用0.1%的升汞浸泡7 min，取出，用无菌水冲洗8次。把消毒好的茎切成1~1.5 cm长的小段，叶切成2 cm×2 cm小块，接种到愈伤组织诱导培养基或芽分化诱导培养基上培养。

（2）培养基的设计以及植株再生

愈伤组织诱导培养基和芽分化诱导培养基以MS为基本培养基（由于Murashige和Skoog两人发明了此培养基，故以此两人的姓名第1个字母命名为MS）或改良后的MS为基本培养基，添加一定浓度的6-BA（6-苄基腺嘌呤）促进分化。由于广藿香本身内源激素水平较高，即使不添加任何激素，培养时间长了也能自己分化成苗。因此，培养基中激素浓度宜低不宜高，否则会过多地形成许多根，从而抑制了芽的分化和苗的生长。试验结果表明，愈伤组织诱导在MS的基础上，6-BA的浓度在0.3~0.5mg/L为宜，接种30天后，可形成大量淡绿色的胚性愈伤组织，并很快分化出许多丛芽和长出真叶的小苗。在改良后的MS培养基的基础上，添加6-BA 0.5mg/L，可不通过愈伤组织阶段，直接分化出再生植株。

生根壮苗培养基以改良后的MS培养基为基础，添加15%~20%的香蕉汁，以促进广藿香苗生根和增粗生长。选取高1~2 cm，有1~3对真叶的小苗，转接到生根壮苗培养基中培养，25天后，植株长到6~8 cm高，并长出根时，即可出瓶炼苗（见彩图2-7）。

（3）再生植株的移栽

在瓶里已经长好根的植株，可直接移到室外沙质苗床上进行炼苗。炼苗时，提前一天把瓶盖拧开，轻轻地放在瓶口上，呈半掩状态。1天后取出试管苗，轻轻地在水盆中荡洗干净根部琼脂，然后移栽到室外准备好的沙质苗床上，浇透水，并用竹片条插在苗床两侧弯成拱形，盖上塑料薄膜保湿，同时苗床上空要用遮阳网遮掉55%的阳光。每天打开薄膜喷水2~3次，约3天即开始发根，5天左右就可定根，成活率可达95%以上。1个月后便可移栽到大田。这种方法既简便又经济，适于广藿香试管苗的大批量产业化生产（见彩图2-8、彩图2-9）。

（五）田间管理

1. 种植地的选择与生态环境质量检测

根据广藿香的生长习性，在选择广藿香种植地时，最好选择平缓坡地、河旁冲积地、村前村后、宅旁、田边等零星土地，或者水田也可种植。但要求一定是排水性良好、富含腐殖质的沙质壤土，以背风向阳地、便于排灌、pH呈中性反应的壤土为最佳。广州近郊的药农，长期习惯用水田种植，采取与水稻轮作，或与蔬菜，或与其他经济作物（如生姜）间种。

此外，按照《中药材生产质量管理规范（试行）》（GAP）的要求，广藿香规范化种植基地应远离居民点，远离交通要道，大气、水质、土壤应无污染，周围不得有污染源，其中必须对广藿香种植地的大气、水质和土壤等生态环境质量指标进行检测。大气环境的质量应符合《中华人民共和国环境空气质量标准》（GB3095—1996）中的二级标准（表2-1）。灌溉水质应符合《中华人民共和国农田灌溉水质标准》（GB5084—1992）中的二类标准（表2-2）。土壤环境质量应符合《中华人民共和国土壤环境质量标准》（GB15618—1995）中二级标准（表2-3）。我们以广州市郊萝岗黄登村广藿香GAP基地为例，分别抽取大气、水质和土壤样本，均按上述国家标准检测，经比较、分析，该基地的水质、土壤均符合国家相关标准。土壤分析的项目及检验的结果见表2-4和表2-5。

表2-1 中华人民共和国环境空气质量标准（GB3095—1996）

项 目	标 准			单位
	年平均*	日平均*	1 h平均**	
二氧化硫SO_2	0.06	0.15	0.50	
总悬浮微粒	0.20	0.30		mg/m^3
可吸入颗粒物	0.10	0.15		（标准状态）
氮氧化物NO_x	0.05	0.10	0.15	
氟化物		7	20	$\mu g/(dm^2 \cdot d)$

注：表内为中药材种植环境各项污染物的浓度限值二级标准值。
* 分别为任何1年和任何1日的平均浓度不许超过的限量。** 为任何1 h的平均值不许超过的浓度限值。

表2-2 中华人民共和国农田灌溉水质标准（GB5084—1992）

序号	主 要 指 标	限量指标
1	生化需氧量（BOD_5，mg/L）	≤150
2	化学需氧量（COD_{Cr}，mg/L）	≤300
3	悬浮物（mg/L）	≤200

续表

序号	主要指标	限量指标
4	阴离子表面活性剂（LAS, mg/L）	≤8.0
5	凯氏氮（mg/L）	≤30
6	总磷（以P计算，mg/L）	≤10
7	水温（℃）	≤35
8	pH	5.5~8.5
9	全盐量（mg/L）	≤1 000（非盐碱土地区） ≤2 000（盐碱土地区）
10	氯化物（mg/L）	≤250
11	硫化物（mg/L）	≤1.0
12	总汞（mg/L）	≤0.001
13	总镉（mg/L）	≤0.005
14	总砷（mg/L）	≤0.1
15	铬（六价，mg/L）	≤0.1
16	总铅（mg/L）	≤0.1
17	总铜（mg/L）	≤1.0
18	总锌（mg/L）	≤2.0
19	总硒（mg/L）	≤0.02
20	氟化物（mg/L）	≤3.0（一般地区） ≤2.0（高氟区）
21	氰化物（mg/L）	≤0.5
22	石油类（mg/L）	≤10
23	挥发酚（mg/L）	≤1.0
24	苯（mg/L）	≤2.5
25	三氯乙醛（mg/L）	≤0.5
26	丙烯醛（mg/L）	≤0.5
27	硼（mg/L）	≤3.0
28	粪大肠菌群（个/L）	≤10 000
29	蛔虫卵数（个/L）	≤2

注：表内为二类灌溉水质的标准值。

表2-3 中华人民共和国土壤环境质量标准（GB15618—1995）（mg/kg）

指　标	pH<6.5	pH=6.5~7.5	pH>7.5
镉≤	0.30	0.30	0.60
汞≤	0.30	0.50	1.0
砷≤	40	30	25
铜≤	50	100	100
铅≤	250	300	350
铬≤	150	200	250
锌≤	200	250	300
镍≤	40	50	60
六六六≤	0.50	0.50	0.50
滴滴涕≤	0.50	0.50	0.50

注：表内为在不同pH下土壤环境质量的二级标准值。

表2-4 广藿香GAP基地土壤分析检验结果 （mg/kg）

项目	铅	铜	镍	铬	锌	镉	砷	汞	六六六	滴滴涕
含量	28.3	13.8	13.3	12.7	33.8	0.072	2.30	0.020	0.008 6	0.008 3

表2-5 广藿香GAP基地水质分析检验结果

主要指标	含量	主要指标	含量
生化需氧量（BOD_5，mg/L）	2.8	水温（℃）	20
化学需氧量（COD_{CR}，mg/L）	1.2	pH	6.70
悬浮物（mg/L）	7.5	全盐量（mg/L）	44.0
阴离子表面活性剂（LAS，mg/L）	0.10	氯化物（mg/L）	1.64
凯氏氮（mg/L）	5	硫化物（mg/L）	0.01
总磷（以P计算，mg/L）	0.051	总汞（mg/L）	0.000 3

续表

主要指标	含量	主要指标	含量
总镉（mg/L）	0.000 2	石油类（mg/L）	0.20
总砷（mg/L）	0.002	挥发油（mg/L）	0.050
铬（六价，mg/L）	0.002	苯（mg/L）	0.001
总铅（mg/L）	0.000 5	三氯乙醛（mg/L）	0.001
总铜（mg/L）	0.002 7	丙烯醛（mg/L）	0.001
总锌（mg/L）	0.046	硼（mg/L）	0.02
总硒（mg/L）	0.004	粪大肠菌群（个/L）	8 478
氟化物（mg/L）	0.01	蛔虫卵数（个/L）	0
氰化物（mg/L）	0.002		

2. 整地

整地包括清理杂草灌木和土壤耕作。通过整地可消灭杂草，改善土壤的水分、养分和通气条件，也可影响近地表层的温热状况，提高成活率，促进植物的生长发育。

广藿香的种植地选好后，要先将杂草灌木砍倒，铺开晒干，然后用火烧，再进行深耕深翻，让土壤充分风化、熟化，增加肥力和地温，尤其是水稻田，要让它晒白。铲除杂草，并施足腐熟土杂肥、花生麸等有机肥或以火烧土肥作基肥。每667 m²施无害化处理的农家肥（腐熟的鸡粪或猪粪）1 000 kg及火烧土500 kg，与土拌匀后再施肥。至翌年栽植前再耕翻耙细，然后起高畦，高20～30 cm，宽80～100 cm，长度依山形地势而定，周围开排水沟（图2-4）。

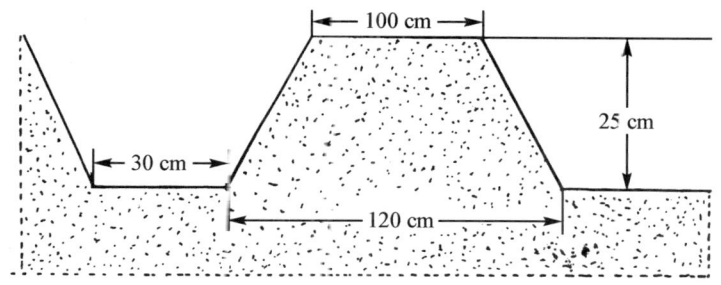

图2-4 广藿香种植地的整地示意

坡地做畦应横坡修筑,以利于水土保持,防止水土流失。如果地势较高,保水性不强的土壤,可以不做畦,只挖松整平便可定植。广藿香最忌积水,故要求土壤疏松,排水良好,所以种植地的围沟要开深开通,要求沟沟相通,雨停水干,有利生长(见彩图2-10)。

如果土地需要连续种植广藿香,整地时还应包括土壤消毒。否则,翌年新种植的广藿香会较容易产生根腐病等病害。土壤消毒可用生石灰,按每667 m²用10~15 kg的量均匀撒在地里,再结合整地,施放基肥,于翌年栽植前再耕翻耙细,起畦。

3. 移植

(1)种植时间

栽植季节适宜,可提高种植成活率,并有利于苗木的生长发育。最适合的栽植时间,应该是苗木茎叶水分蒸发量小,而根系的生根能力最强的时期。此时苗木茎叶的水分蒸发消耗量和根系吸收的水分补充量之间较容易达到平衡。广藿香的定植时间一般为:广州市郊和肇庆高要等地习惯在清明节前后10天内，而其他季节均不适宜种植。一般于清明节前后选择阴雨天或傍晚进行移栽。因为这时气温较高，水分充足，空气潮湿，有利于生根。海南各地每年可种2次，比如，海南万宁在6~8月间种植1次，称之为"小春"；10~12月（多在10月）又种植1次，称之为"大春"，这是主要种植季节。种植可抓住雨季开始，或在雨季中进行。

（2）种植方法

广藿香的种植方法主要采用带土栽植法。起苗定植前要先淋足水，使苗含有充足的水分，在起苗时应尽量减少伤根并多带宿土，以利于种苗快速成活。插法应以斜插为好，斜插可使枝条的2/3入土，但又不会过深，有利于发根。插植后要填土压实，务求种苗入土的各部分与土壤紧贴。迅速淋水并盖草或搭棚遮阴。斜插插条要顺风向，不要逆风向（图2-5）。

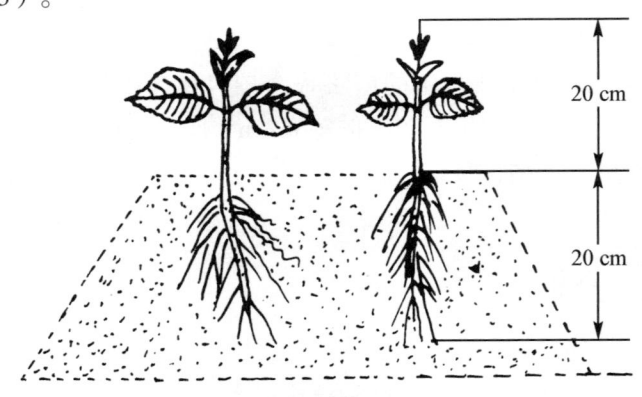

图2-5　广藿香扦插苗定植方法

（3）种植密度

根据广藿香的生物学和生态学特征，结合种植地的土壤条件和当地集约经营程度，初植密度一般是在1 m宽的栽植畦上，采用双行种植，行距40 cm，株距30 cm，每667 m²栽苗2 000~2 500株。按行株距挖小穴，穴呈"品"字形，每穴栽苗1~2株（图2-6）。

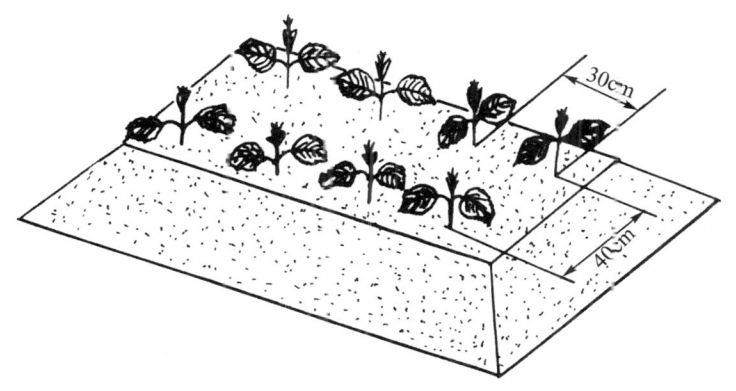

图2-6 广藿香种植的行、株距示意

广州市郊藿香的种植方式经过多年摸索、总结，有的不采用育苗，而采用直播的方式。方法是：5月初挑选茎秆粗壮、无病虫害的嫩梢顶部，截取长15 cm左右。据药农经验，选取插穗，剪折时有明显"噗、噗"的响声，并且髓部是白色者是好种，成活率可达90%以上。按上述规格，成"品"字形直插大田（见彩图2-10）。据经验，只要加强淋水、防晒，直播成活率高，生长很快，而且可以减少育苗和移栽的环节；同时大田的广藿香采穗后，产量不会减少，反而会提高。因为这时气温高、湿度大、水分充足，正是广藿香生长旺盛时期，采穗后可促发新梢生长（但一定要增施速效肥料）。离6~7月采收，还有2个多月的生长时间。

（4）补苗

广藿香种植后，有些地方可能会缺株，所以，要及时补栽同龄苗，以保证苗齐。同时在未抽茎梢前，要加盖稻草，或者搭建遮阴棚作为荫蔽。还要经常淋水保湿，才能保证苗齐。

4. 管理

（1）松土和培土

在生长过程中，对广藿香还要经常松土和培土，这样既能疏松土壤，便于空气流通，也是使植株高大，扩大营养吸收面积，提高产量的重要措施之一。春夏期间，雨量丰富，土壤也易板结，此时应结合锄草而经常松土。同时为了加速有机肥的腐烂，保护植株生长，还要经常把沟内的烂泥挖起，培在植株的基部周围，这样可以促进植株多分枝。立秋后是广藿香生长盛期，此时大风经常侵袭，植株易倒伏，为了防止植株被风刮倒，此时，应进行大培土1次，使新根深扎于泥土中，植株茁壮而又稳固。

（2）灌排水

土壤水分的多少直接影响广藿香的生长发育。土壤水分不足时，广藿香容易发生萎蔫，轻则减产，重则死亡；水分过多，引起茎叶徒长，甚至发生病虫害；若形成水涝，由于氧气不足使根系窒息，造成中毒死亡。因此，在广藿香栽培过程中，要根据广藿香植物对水分的需要和土壤水分状况，注意及时适量地灌排水。一般情况下，每天早晚各浇水1次，但具体浇水的次数和浇水量的多少一定要依产地气候及土壤的保水程度而定。在生长过程中，若遇天旱，畦面发白，便要引水灌溉，每5～8天1次，将水引入畦沟，深达畦高的1/2～2/3为度，让水分慢慢渗透至湿润畦面为止。如果无引水灌溉条件，每天除早晚淋水外，上、下午各增加淋水

1次,淋水要透。在雨季或遇大雨,要注意排水。因此,在水稻田种植广藿香,筑高畦深沟,就是为防止雨水过多而积聚,影响广藿香的正常生长。广州石牌水田种植广藿香的经验很好,在行沟里蓄满深20 cm左右的水,除了土壤毛细管作用保持湿润外,当气温高、太阳猛、蒸发量大时,也可随时将水喷洒在茎叶上,这种方法除了可使植株水分加快吸收,以补充水分的大量消耗外,还可降低种植地局部的大气温度,增加空气相对湿度,对广藿香的生长十分有利。

(3)施肥

广藿香是周期短、产量高的作物,也是需肥量较大的作物。所以通常在施足基肥的情况下,还需要合理追肥,才能获得高产。广藿香药用部位为全草的地上部分,因此,在整个生长期应以施氮肥和复合肥为主。整个生长周期一般施3~5次肥和1次麸水。施肥间隔时间,因产地生长期的长短不同而定。在广州市郊一带,每隔60天左右施肥1次。第1次施肥是在扦插或种植生根成活后进行。此次施肥浓度宜淡,以(1:10)~(1:20)的人畜粪尿水即可。干旱季节应多施水肥,也可施猪牛栏粪肥。其后施肥可按每667 m² 3 000 kg生物有机肥料进行。但施肥时应考虑到生物有机肥中的有机质含量较高,有效养分含量较低,肥效释放较缓慢,因此有时需增施部分尿素或含氮量较高的复合肥料(如挪威复合肥,N:P:K=1:1:1),尤其是在定植后的返青期和壮苗期(见彩图2-1□)。定植后要薄施氮肥,可每667 m²施尿素3.5 kg,稀释1 000倍喷施,或每667 m²用腐熟豆麸25 kg,开水6~7倍浸泡后喷施。以后每隔1个月每667 m²施复合肥10 kg,连施3~4次。施肥应掌握先淡后浓、薄施勤施的原则。

（4）遮阴

广藿香在苗期和定植初期均应在床面上盖遮阳网（见彩图2-12、彩图2-13），可选用荫蔽度为50%的遮阳网搭棚。阴棚高度以方便人工管理为度。

为了充分利用地方、空间、光能，药农可利用套种高秆作物以达到遮阴的目的。最好在广藿香植株的行间套种蔬菜，如瓜类、生姜、白菜等，通过套种，一方面可以增施肥料，另一方面还可以抑制杂草生长。此外还可以通过在广藿香植株的行间先种上丝瓜、冬瓜、苦瓜等藤本植物，利用瓜棚为广藿香的幼苗遮阴，这样对广藿香的生长十分有利。

（5）防霜冻

需要过冬的广藿香，特别是在夏秋季节定植的幼小植株，抗寒力差，故在有霜冻地区，到了冬初应盖草或搭棚防霜，或者在当北风面，加盖塑料薄膜，保暖防冻害。最好在秋末施入猪牛栏粪肥，加入火土灰，火烧泥保暖。

（6）打顶

打顶是利用植物生长的相关性，调节和重新分配植物体内的养分，促进药用部分生长发育的一项增产措施。根据广藿香植株生长情况，适当摘取顶芽，以促进其多分枝生长，这样也可以保证已有的枝叶长得较粗壮，从而获得高产质优的药材。

5. 关于施肥的研究试验

为了进一步了解生物有机肥料的肥效，我们在广藿香GAP基地做了相关的试验（见彩图2-14），施肥试验所用的肥料是选用全国农业技术推广服务中心推荐使用的北京九隆升生物有机肥系列。该肥料以发酵鸡粪为载体,有机质含量在85%以上,含氮磷钾（NPK）无机总养分为10%,含少量微生物菌剂,是一种无污染、无残留的缓效生物有机肥料,符合中药材GAP生产中肥料施用的要求。施肥处理采用单因素随机设计,设置3个处理（表2-6）。每个处理5个重复。施肥试验区总面积为500 m²,每个小区为92.5 m²,周围设保护带,小区间设保护行。种植密度平均为65株/畦。全年分别在6月、8月、9月施肥3次。施肥量见表2-6。

表2-6 施肥试验处理

处理	施肥时间	每667 m²施肥量（kg）
高施肥量区	6月、8月、9月	200
中施肥量区	6月、8月、9月	150
低施肥量区	6月、8月、9月	100
对照区	6月、8月、9月	除种植时施加基肥外,不再追肥

试验内容主要有以下几方面:

（1）不同施肥水平对广藿香生长和产量的影响

试验结果见表2-7。从表2-7的结果可以看出生物有机肥可明显地促进广藿香的生长,随着施肥量的增加,植株的鲜重以及干物质的积累均明显增加。与对照组相比较,高施肥量处理折合产量增加了58.5%;中施肥区增加了48.3%;低施肥区增加了47.9%。经t检验,各种处理方法均达到了极显著和显著水平。说明生物有机肥即使是低浓度也可以促进广藿香的生长。

表2-7　不同施肥水平对广藿香生长和产量的影响

试验处理	株高（cm）	分蘖数（株）	单株重（g）	干物质重（g）	折合相对667 m²产量（干重）（kg）	增产率（%）
高施肥量区	106	8.10	1 760	328	820.0	58.5
中施肥量区	105	10.2	1 540	307	767.5	48.3
低施肥量区	92.0	10.4	1 220	306	765.0	47.9
施肥对照区	93.7	6.20	1 022	207	517.5	

（2）不同施肥水平对广藿香挥发油含量及其组成成分的影响

试验结果见表2-8。表2-8的结果表明，高施肥量有利于提高植株体内挥发油的含量。对表2-8中的挥发油含量进行方差分析，施肥处理间的差异不显著，但与对照组比较，加施生物有机肥可显著地提高广藿香的生长量，从而提高了挥发油的总含量，挥发油中广藿香醇是主要考查指标成分，增加施肥量，挥发油中广藿香醇的含量比例也随之增高。

表2-8　不同施肥水平处理对广藿香挥发油含量及其组成成分的影响

试验处理	挥发油含量（%）	广藿香醇（%）	广藿香酮（%）	每667 m²产量（kg）	每667 m²挥发油总量（L）
高施肥量区	1.48	47.86	0.53	820.0	12.14
中施肥量区	1.15	44.97	2.19	767.5	8.826
低施肥量区	1.22	40.51	4.42	765.0	8.798
施肥对照区	1.36	47.81	1.40	517.5	7.038

（3）不同施肥水平对广藿香植株营养积累的影响

氮、磷、钾以及钙、镁、铁、锰、锌、铜、硼等是植物生长所必需的营养元素，不同的施肥水平对广藿香植株养分积累的影响的检测结果见表2-9。

表2-9　不同施肥水平处理对广藿香植株生长的影响

样品	NPK全量			矿质养分（mg/kg）						
	N%	P%	K%	Cu	Zn	Fe	Mn	B	Ca%	Mg%
高施肥量区	2.512ab	0.413ab	4.25av	8.67ab	88.67ab	354.6ab	596.1	18.61ab	1.363ab	0.240
中施肥量区	2.389a	0.380ab	3.95ab	7.19ab	75.9a	277.8a	552.5ab	16.5a	1.235a	0.247
低施肥量区	2.232a	0.373ab	4.00ab	6.37a	75.48a	259.5a	454.3ab	16.25a	1.235a	0.214
施肥对照区	2.075	0.328	3.95ab	6.04	63.38	363.9	619.3	14.25	1.198	0.217

注：数字后不具有共同字母的数据，表明经LSD分析，具有显著性差异（$P=0.05$）。

表2-9的结果表明，高施肥量有利于促进广藿香的生长和对各种养分的吸收，植株体内的主要养分氮、磷、钾全量明显高于其他处理。铜、锰、铁等元素与植物的光合作用、叶绿素、蛋白质的形成等有密切的关系，随着施肥量的增加，铜、锰、铁、钙、锌、镁等元素的含量也相对增加，促进了植株的生长发育。

（六）主要病、虫、草害的防治

1. 病害

（1）斑枯病

1）发生症状及原因

此病害主要危害叶片，开始时呈水渍状病斑，以后逐渐扩大成为多角形褐色病斑，严重时影响光合作用，造成叶片干枯脱落，使植株体质衰弱，产量降低。此病多在高温高湿季节发生，或者在没有荫蔽或荫蔽过小的条件下发生。如果植株生长不良，更容易发病，并且发病后，后果更严重。

2）防治方法

①加强田间管理，防止雨水浸渍，及时排除积水，调节光照或种植荫蔽作物，改善通风透光条件。

②间种作物要选择合理，不宜种植红豆、粉葛、黄瓜，否则容易感染病害。

③药剂防治。在广藿香展叶后，特别是进入雨季，第1次或发病初期可用25%多菌灵可湿性粉剂500~1 000倍液喷洒防治或喷50%多菌灵可湿性粉剂稀释液，在展叶前用500倍液，展叶后用1 000倍液；也可喷65%代森锌可湿性粉剂500倍液。上述农药交叉使用，效果更好。

（2）根腐病和软腐病

1）发生症状及原因

此病发生在根部，地下茎与根的交界处较容易产生腐烂，然后逐渐蔓延至植株的地上部分，致使皮层变成褐色并腐烂有酒精味，常流出褐色胶质，枝叶萎蔫而枯死。根腐病主要是在盛夏酷暑高温（28℃以上）、多雨、土壤黏重，或干湿度变化大、排水不良、栽植过深、根部受伤，以及水肥不足、植株衰弱等情况下发病。

2）防治方法

①局部发病时，应及时挖除病株烧毁，在病株处土壤中撒施石灰消毒。附近的其他植株可以用25%多菌灵可湿性粉剂500～1 000倍液喷雾，连续喷洒2～3次，间隔期3～5天，或用75%百菌清可湿性粉剂500～600倍液喷雾，连续3～4次，间隔期2～3天。以防止病菌扩散、蔓延，并将健壮枝条压埋入土，让它萌生新的根系。如果发生根腐病、软腐病的面积较大，可用百菌清浇灌病株进行防治。浓度参照说明书，并且视病情而定。

②生物农药防治也有较好的效果。目前多采用高效生物免疫杀菌剂，常用量为每567 m²20～50 mL稀释为800～1 500倍液。采用喷雾法，连续喷洒3次，间隔期为7天。

③暑天要种植其他农作物以遮阴，或用草覆盖遮阴。

④雨季要及时排除积水，避免土壤湿度过大。

⑤栽种前对土壤进行消毒；栽时用65%代森锌可湿性粉剂100倍液，或50%多菌灵1 000倍液，或1∶1∶100波尔多液浸根10 min。

⑥发病前每平方米浇灌10 kg 50%多菌灵200倍液。发病期用50%甲基托布津1 000～2 000倍液，或50%多菌灵500～1 000倍液浇灌病株。

⑦不宜连作，否则会导致广藿香植株发生病害。

2. 虫害

（1）蚜虫

1）发生症状及原因

蚜虫又叫藿香虱，属同翅目蚜科，吃食叶片和嫩梢，影响广藿香的正常生长，严重时把植株叶片，甚至连同茎秆一起吃光，造成减产。

2）防治方法

用40%乐果乳油500～1 000倍液，或80%敌敌畏乳油1 000～1 200倍液喷洒，每7～10天1次，连喷2～3次；也可用2.5%鱼藤精乳油800～1 000倍液喷杀；或用烟筋骨水喷杀，效果较好。

（2）红蜘蛛、光头蚱蜢、卷叶螟虫

1）发生症状及原因

主要危害叶片，如卷叶螟幼虫，一般藏在植株生长点上的叶片中，吃食幼嫩的叶肉，直至最后仅剩下叶脉，形成秃顶，影响光合作用，致使植株生长不良。

2）防治方法

红蜘蛛可用40%乐果乳油500～1 000倍液，或80%敌敌畏乳油1 000～1 200倍液喷杀，每7～10天1次，连续喷2～3次；光头蚱蜢可用90%固体敌百虫400～500倍液喷杀；卷叶螟虫可用90%固体敌百虫400～500倍液喷杀，效果较好。

（3）地老虎、蝼蛄（土狗子）、蟋蟀等害虫

1）发生症状及原因

咬食幼苗根茎，使植株倒伏而死亡。

2）防治方法

①人工捕杀。经常进行检查，发现幼苗倒伏，扒土检查捕杀幼虫；在田间悬挂马灯或黑光灯，诱杀成虫。

②撒毒饵诱杀。用麦麸、豆饼等50 kg，炒香后加90%固体敌百虫1 000倍液0.5 kg、水50 kg，做成诱饵，每667 m²撒

入2 kg，进行诱杀。

③大量发生时，用90%敌百虫1 000倍液，浇灌植株根部。

④施用的有机肥应充分腐熟后才能使用。

⑤及时清除日间的枯枝杂草，集中深埋或烧毁，使害虫无藏身之地。

3. 关于农药的研究试验

为了进一步了解生物农药的效力，我们在广藿香GAP基地做了相关的试验（见彩图2-15），生物农药试验选用高效生物免疫杀菌剂作防治病害的主要农药。该种农药主要含多糖类物质，施用后可使植物的自身免疫能力提高，从而达到防病治病的目的。符合中药材GAP农药使用的要求。生物农药试验同样设置了3个水平的处理。每个处理5个重复。施肥试验区总面积为468 m^2，每个小区为90 m^2，周围设保护带，小区间设保护行。种植密度平均为70株/畦。全年分别在5月、9月2次喷药，农药试验处理浓度见表2-10。

表2-10　生物农药试验处理

处理	喷施时间	喷施次数	农药用量
高浓度区	6月，8月，10月	每隔7天喷1次，连喷3次	500倍
中浓度区	6月，8月，10月	每隔7天喷1次，连喷3次	800倍
低浓度区	6月，8月，10月	每隔7天喷1次，连喷3次	1 500倍
对照区	6月，8月，10月	每隔7天喷1次，连喷3次	以清水代替喷洒

试验内容主要有以下几方面:

1) 不同生物农药水平对广藿香生长和产量的影响

试验结果见表2-11。

表2-11　不同生物农药水平对广藿香生长和产量的影响

试验处理	株高（cm）	分蘖数（株）	单株重（g）	干物质重（g）	折合相对667 m²产量（干重）（kg）	增产率（%）
高浓度农药区	74.9	13.6	870.0	172	430.0	66.99
中浓度农药区	93.4	8.45	927.0	179	447.5	73.79
低浓度农药区	82.0	9.80	1 120	226	565.0	119.4
对照区	84.4	8.30	570.0	103	257.5	

试验所用的生物农药主要为多糖类物质，这类物质易溶于水，较易被植物吸收和分解。表2-11的结果表明，低浓度喷施此类生物农药，不仅可以促进广藿香的生长，而且在一定时期内加强了植株对病害的抵抗能力。高浓度与对照区相比较，喷施后生长量均有提高，增产范围66.99% ~ 119.4%。

2) 不同生物农药的浓度水平对广藿香挥发油含量及其组成成分影响

试验结果见表2-12。从表2-12中可以发现：在不同稀释倍数生物农药的处理方法中，处理方法间的差异达到了显著水平。同时，表2-12的结果也反映出，低浓度（1 500倍）生物农药的喷施处理，有利于挥发油的积累。而高浓度（500

倍)生物农药会抑制植株的生长,同时也抑制了植株体内挥发油的积累。

表2-12 不同生物农药水平处理对广藿香挥发油含量及其组成成分的影响

试验处理	挥发油含量(%)	广藿香醇(%)	广藿香酮(%)	每667 m²产量(kg)	每667 m²挥发油总量(L)
高浓度农药区	1.36	44.46	2.52	430.0	5.848
中浓度农药区	1.46	49.00	1.28	447.5	6.534
低浓度农药区	1.53	45.88	1.82	565.0	8.645
对照区	1.32	39.10	6.26	257.5	3.399

3)不同浓度的生物农药对广藿香植株养分积累

不同浓度的生物农药对广藿香植株养分积累也有一定的影响。因此,我们也做了与生物肥料相同的试验,试验结果见表2-13。从表2-13中可以发现,生物农药与生物肥料相同,同样表现为浓度的加大,植株体内的各种养分含量相对减少。因此,施用低浓度的生物农药有利于植株对养分的吸收和积累。

表2-13 不同施肥水平处理对广藿香植株生长的影响

样品	NPK全量			矿质养分(mg/kg)						
	N%	P%	K%	Cu	Zn	Fe	Mn	B	Ca%	Mg%
施肥对照区	2.075	0.328	3.95*	6.04	63.38	363.9	619.3	14.25	1.198	0.217
高施肥量区	2.512*	0.413*	4.25*	8.67*	88.67*	354.6*	596.1	18.61*	1.363*	0.240
中施肥量区	2.389	0.380ab	3.95*	7.19*	75.9	277.8	552.5*	16.5	1.235	0.247
低施肥量区	2.232a	0.373ab	4.00*	6.37	75.48	259.5	454.3*	15.25	1.235	0.214

注:*显著性差异达$P<0.05$水平(下同)。

4. 草害

在广藿香药材生长过程中常见的伴生杂草主要有：胜红蓟（菊科）、丁香蓼（柳叶菜科）、空心莲子草（苋科）、水蜈蚣（莎草科）和稗草（禾本科）等，既有双子叶植物类杂草，又有单子叶类杂草。这些杂草不仅与药材争夺土中的营养和水分，而且还恶化生长环境，传播病虫害，严重影响广藿香药材的产量与质量。因此，人工防除广藿香的田中杂草是一项经常性的田间管理工作。在杂草的防治过程中，针对不同的杂草采用不同的方法进行防治，选用合适的化学药剂除草，不仅省工省时，而且比较彻底和可靠，能收到较好的防除效果。

（1）种植前除草

化学除草应以药材种植前土壤施药为主，争取一次施药便能保持整个生长期不受杂草危害。种植前土壤处理的常用药剂如下：

1）48%氟乐灵乳油

氟乐灵乳油除杂草谱广，能有效防除1年生靠种子繁殖的禾本科杂草，如马唐、牛筋、狗尾草、稗、千金子和画眉草以及小粒种子的其他阔叶杂草等。喷药时间多在种植前5～10天杂草萌发前，用量根据说明书上的规定用水对制，对药田表土进行均匀喷洒处理。因氟乐灵易挥发和光解，应随喷随进行浅翻，将药液及时混入5～7 cm土层中，有条件的最好是机械喷药耙混一次完成。也可喷药后随即浇透水，但效果不如浅翻混土。施药一般隔5～7天才可种植，除草效果可达90%以上。

2）50%乙草胺乳油

该药剂主要通过杂草地上部分吸收药液后，抑制其蛋白质合成，使芽和根停止生长，而导致杂草在出土前、出苗前和出苗后不久便死亡。对多种1年生禾本科杂草有特效，并可兼除部分小粒种子的阔叶杂草。喷药时间多在种植移栽前3~5天进行，注意必须在杂草出土前施用。每667 m^2用该药剂70~75 mL兑水40~60 L，均匀喷洒土表即可。

（2）种植后除草

广藿香在苗期和定植初期会有很多杂草萌发生长，不仅消耗土壤中水分，影响土壤升温，还将延长广藿香的生长周期。当杂草长有3~5片叶时，每667 m^2可用5%闲锄乳油40 mL兑水30 L喷洒，如果每20 mL加增效剂特效王2 mL，可提高杀草效率30%~50%。此外，还有两种苗后除草剂，如农达，按1∶1 000的浓度喷洒。这些具有触杀和一定内吸传导作用的高效除草剂，对多种杂草都有很好的防治效果，对多年生杂草亦有明显的抑制作用。在杂草平均高度5 cm以下时，每667 m^2用6%克草星乳油70~80 mL兑水30~40 L，作茎叶均匀喷雾即可。应特别注意的是，除草剂对广藿香苗的生长有一定影响，因此，在这一时期使用除草剂主要是除去田边、沟边较大片的杂草，使广藿香大田周边环境干净，空气流通。而对于田内的广藿香则主要还是以人工除草为宜。

（3）化学除草剂使用注意事项

1）化学除草剂的选择

必须注意化学除草剂的选择性、专一性、时间性，不可误用、乱用除草剂，防止杀死药苗。

2）严格掌握限用剂量

除草剂使用应考虑具体土质，考虑农田小气候，严格按药品说明规定的剂量范围、用药浓度、用药量使用。如一般性贫瘠沙性土壤除草施药渗透性很大，药材易受药害，用药量要小，甚至忌药；多雨季节土壤墒情好，应低剂量用药；杂草出芽整齐、密度低，剂量应小些；地膜覆盖因温湿度条件好，用药量也应减少。

3）合理混用药剂

两种以上除草剂混合使用时，要严格掌握配合比例和施药时间及喷药技术，并要考虑彼此间有无拮抗作用或其他副作用。可先取少量进行可混性试验，若出现沉淀、絮结、分层、漂浮、变质，说明其安全性已发生改变，则不能混用。此外，还要注意混合剂增效功能，如杀草丹和敌稗混合剂的除草功效比两单剂除草功效的总和要大，使用时要降低混合剂药量（一般在各单剂药量的1/2以内），以免发生药害，保证药材安全。

4）正确使用

掌握好施除草剂的最佳时间和技术操作要领，妥善保存好药剂，防止错用，并搞好喷药器具的清洗，以免误用，使其他作物产生药害。

5）注意环境条件对除草剂的影响

温度、水分、光照、土壤类型、有机质含量、土壤耕作和整地水平等因素，都会直接或间接影响除草剂的除草效果。

6）灵活用药

在药用植物基部进行土法施药除草时，要在无露水条件下进行，以免茎叶接触药液受害；对作物籽苗胚芽敏感的药剂，土壤处理应在播种前盖籽后施药，并尽量提高播种质量，适当增加播种量；一些移栽药材因其苗大，而杂草幼小，可采取在离药材植株附近20~30 cm的地面集中施药；对选择性差或触杀性除草剂实行保护性施药，即将药液直接喷雾或泼浇于土表，尽量不接触药材植株，也不能在植株旺盛、绿叶面积大时施用。若条件允许，应尽可能在药材播种移栽前采取旱地浇灌、水田湿润、盖膜诱发等措施，使杂草提前萌发，再以药剂杀灭，以免在移栽后施药影响药材的生长和药材的质量。

7）其他

目前，市场上还没有专门用于药材的除草剂，多为借用农作物，如蔬菜、果树等的除草剂，因此，必须在有实践经验的专家或技术人员指导下购买除草剂和实施除草作业，以免造成经济损失和不良后果。

（七）采收与加工

1. 采收

药用植物的入药部位生长发育到了可供药用时，会呈现出一定特征，这种特征通常称为采收标志。采收标志是药农经过长期生产实践总结出来的经验，它标志着此时是药材最适宜的采收期。广藿香的入药部位是全草的地上部分，一般应在落叶前进行。但要根据不同的地区以及当地的气候条件来决定。植株过嫩，产量和品质都低；植株过老，广藿香容易落叶，也会影响药材产量和品质。传统经验认为：在广州市石牌、棠下一带种植的广藿香，在4~5月选苗与种植，一般到翌年5~6月才可收割。此时枝叶茂盛，花序刚抽出，还未绽开，质量最佳。采收时宜选择晴天露水刚干后，把植株全株挖起或拔起,除净泥土,切除根部,进行翻晒处理(见彩图2-16)。广藿香667 m²产鲜草750 kg左右,干燥后约为300 kg。

2. 初加工

广藿香收获后,白天先晒数小时,使叶片稍呈皱缩状态,收回捆扎成把(每把7.5~10 kg),然后分层交错堆置发酵。因广藿香采收后要经过后熟,经过发酵处理后,不但挥发油含量增加,而且香气也随之变浓。一般堆置高度1.5~2 m。上面用稻草覆盖,最好再加塑料薄膜覆盖。经过堆置后,可以保持叶片不脱落或少脱落。堆置和摊晒的时间因各地习惯各有不同,有的堆放3天,然后再摊晒至全干;有的夜晚堆置使其"发汗",翌日白天再摊晒,反复进行,直至全干。这时叶色已闷黄,变为金黄色或褐黄色。堆置时注意将叶的方向朝向一致,不要与根混杂在一起堆放。然后打包装运。常用的初加工方法:挖起后,切除根部和基部粗茎,用水清洗后即置太阳下晒2天,阴干3天,如发现仍未干,可继续晒干。

广藿香干燥后,应按质量进行分级。广东省广藿香的商品按产区不同分为3个规格:牌香(广州产)、肇香(高要产)和南香(湛江和海南产)。牌香品质最优,枝叶色泽鲜艳、美观,高在54 cm以上,香气浓,一般多为一级品,除非是遇到特别恶劣的气候灾害才会有二级;肇香品质稍次,高要所产的广藿香多没有经过闷黄处理,因此枝叶呈暗紫色,不大美观,其余同牌香;南香品质最次,因多不经过闷黄加工处理,故枝叶呈晦暗,并多带有残根。这3个药材规格按照药材的质量优劣,又可分为3个级别。一般分级的标准是：

  一级：株丛稍长，但叶茂而整齐，枝叶已成熟者。

  二级：株丛稍短，但叶稍稀而不齐，枝叶不够成熟。

  三级：夹杂泥土和带有基部老茎（包括根部），或叶有发霉气味，或叶稀疏未熟，或枝梗粗而多，叶少。

  分级后，即进行打包。一般分级排列，用机器压直，压紧，再用草包包装。大包每包50 kg，小包25 kg。包装好后即可运输和贮藏。

  如果药材是供蒸油用，则先将茎叶晒干后，再堆放1～2个月时间，使其"发汗"、充分发酵，待细胞破裂后再进行蒸馏，此时的出油率将大为提高。蒸馏前先将药材打成粗粉，应当注意的是，药材一经打粉处理，就必须立即进行加工，否则香气容易散失。药材装入锅中后，先采用水上蒸馏，然后再用1×10^5～1.5×10^5Pa的气压直接蒸汽蒸馏，蒸馏时间为14～15 h。另一种方法是，先将药材粉末用水浸泡，待其吸取充足的水分后，再装入锅内，直接用水蒸气蒸馏，然后加压至1.5×10^5Pa后再继续蒸馏。蒸馏的时间为14～15 h。

3. 炮制

  广藿香的炮制品通常是它的切制品，称为广藿香或广藿香段。其方法通常是，取干燥后的药材，除去残根及杂质，先抖下叶，筛净另放，另将茎洗净，润透，切段，晒干后再与叶混匀，即得。

4. 商品规格

  商品按产地不同分石牌产广藿香（简称牌香）、高要产广藿香（简称肇香或枝香）、湛江产广藿香（简称湛香）、海南产广藿香（简称南香）。后来因湛江地区靠近海南，且所产药材品质也与海南产广藿香的品质相近，因而与海南产广藿香统称为南香。

牌香：现多为统货。除净根，枝叶相连，老茎多呈圆柱形，茎节较密，嫩茎略呈方形，密被茸毛，断面白色，髓心较小，叶面灰黄色，叶背灰绿色，气纯香，味微甜而凉。散叶不超过10%，无杂质、虫蛀、霉变。

肇香：现多为统货。全草除尽根，枝叶相连，枝秆较细，茎节较密，嫩茎方形，密被茸毛，断面白色，髓心较大，叶片灰绿色，气清香，味微苦而凉，散叶不超过15%，无杂质、虫蛀、霉变。

南香：现多为统货。全草除尽根，枝叶相连，枝秆粗大，近方形，茎节密，嫩茎方形，具稀疏茸毛，断面白色，髓心大，叶片灰绿色，气香浓，味微苦而凉，散叶不超过20%，无杂质、虫蛀、霉变。

（八）留种技术

广藿香的繁殖一般是插条繁殖。因此，一般是选取当年生4~6个月的茎秆粗壮、节密、无病害的枝条作插条母株，进行扦插育苗。如果选择前一年采收后留下的植物作插条母株，则很难成活，有时即使成活了，也会生长发育迟缓，易生病害，影响产量。为了保证药材的优质高产，所以在平时，应注意观察并将符合要求的植株留下记号。待到扦插育苗时，选择合适的时间将其采回，剪取插穗，进行扦插育苗。这样繁育的种苗抗逆性强，也就是抵抗病虫害和不良环境条件的能力较强，同时也保证了扦插苗日后移植到大田时，发芽生根萌蘖的能力较强。

（九）质量标准及检测

1. 药材质量

（1）正品药材的性状特征

本品为唇形科植物广藿香 *Pogostemon cablin*（Blanco）Benth. 的干燥地上部分。茎略呈方柱形，多分枝，枝条稍曲折，长30~60 cm，直径0.2~0.7 cm；表面被柔毛；质脆，易折断，断面中部有髓；老茎类圆柱形，直径1~1.2 cm，被灰褐色栓皮。叶对生，皱缩成团，展平后叶片呈卵形或椭圆形，长4~9 cm，宽3~7 cm；两面均被灰白色茸毛；先端短尖或钝圆，基部楔形或钝圆，边缘具大小不规则的钝齿；叶柄细，长2~5 cm，被柔毛。气香特异，味微苦。

牌香植株高30~70 cm，枝条稍曲折，分枝较多，枝叶茂密。表面较皱缩，灰黄色或灰褐色，节间长3~7 cm，叶痕较大而凸出，中部以下被栓皮，纵皱较深，断面渐呈类圆形，髓部较小，占直径的1/3~1/2。叶片较小而厚，叶面较皱缩，暗绿褐色或灰棕色，长宽比为1:1.23，厚纸质，油润气纯香，味甘而不苦涩。

不同产地的广藿香药材商品的形态特征有一定的差别。为了便于区别这些药材商品，特将其形态的不同点列表进行比较（表2-14）。

表2-14 四种不同产地广藿香药材主要特征比较

种类	石牌藿香	高要藿香	湛江藿香	海南藿香
植株	枝条稍曲折 枝叶茂密 密被短茸毛 高30~70 cm	枝条较顺直 枝叶稍稀疏 茸毛较密集 高80~100 cm	枝条顺直 茸毛细长而疏 高80~100 cm	枝条多弯曲 叶多脱落 茸毛较稀疏 高100~120 cm
主茎	粗短，分枝较多，节较密集，节间长3~6 cm 断面髓部小，占直径的1/3~1/2	粗而长，分枝较少，节稍稀，节间长5~11 cm 断面髓部约占直径的1/2	粗而长，分枝较少，节稀疏，节间长6~13 cm 断面髓部约占直径的1/2	主茎长，分枝多，节较密集，节间长5~7 cm 断面髓部较大，占直径大于1/2
叶	黄色或灰绿色 卵圆形 长宽比为1.23 叶厚纸质，质地油润 叶面较皱缩 气纯香，味甘而不苦涩	黄色或灰褐色 卵状椭圆形 长宽比为1.38 叶薄纸质，质地稍润 叶面较平坦 气清香，味甘、微苦涩	灰棕色 长椭圆形 长宽比为1.75 叶薄纸质，质地干涩 叶面较平坦 气香，味甘、微苦涩	黄色或灰黄色 长卵形或长椭圆形 长宽比为1.99 叶薄纸质，质地干涩 叶面平坦 气香浓郁，味微苦涩

（2）混淆品藿香的性状特征

全草长60～90 cm。茎直立，分枝多对生。直径为2～10 mm，呈四方柱形，四面凹下呈纵沟。表面黄绿色或灰黄色，光滑。叶多已脱落，剩余的叶具有长柄，叶片皱缩或已破碎。完整的叶片卵形，边缘具钝齿。有的枝端具圆柱形的总状花序，小花数朵成轮伞状聚生于总梗上。小花具短柄，萼筒5裂，花冠多已脱落，结成4枚小坚果藏于萼内。质地较轻脆，茎的折断面中只有大型的白色髓。香气微弱，味微有辛凉感。

2. 化学成分

广藿香的药用成分主要是挥发油，称广藿香油。干品的挥发油含量和组成依药材品种和产地不同而有明显差异。有人从牌香全草的挥发油中分离鉴定出了62个化合物，占总量的96.63%，其中的主要成分是广藿香酮、广藿香醇以及十六烷酸、d-苦橙油醇、δ-愈创木烯和反式-丁香烯等。除了挥发油成分外，有人从广藿香药材的正己烷提取液和乙醇提取物中分离得到一些黄酮类成分。

据研究报道，现已知广藿香酮对白色含珠菌、新型隐球菌，黑根霉菌等真菌有明显的抑制作用。经体外抑菌试验，对金黄色葡萄球菌、甲型溶血性链球菌等细菌也有一定的抑制作用。广藿香酮在石牌藿香中含量最高，在海南藿香中则含量甚微。而广藿香的沸水提取物能对抗钾离子引起的豚鼠直肠条挛缩和钙离子所致的大鼠主动脉条的收缩，并证实广藿香醇是钙拮抗作用的主要活性成分。

为了寻找广藿香的有效成分，有人将广藿香的成分分为挥发油、去油水提物及不去油水煎剂3个部分，又将广藿香的去油部分分成5种不同极性的提取物分别进行动物实验，结果表明，5种不同极性的提取物能不同程度增加胃酸分泌，提高胃蛋白酶活性，减少番泻叶引起的腹泻次数和抑制冰醋酸引起的内脏绞痛，其中乙酸乙酯提取物还能抑制正常小鼠和新斯的明引起的小鼠胃肠推进运动，与临床应用较吻合。这些结果显示，广藿香的临床治疗作用是上述各种物质综合作用的结果。

3. 重金属及农药残留量的检测方法和限量指标

（1）重金属

按照重金属检查法［《中华人民共和国药典（一部）》（2000年版）附录Ⅸ E第一法］测定，重金属限量（$\mu m/kg$）：铅（Pb）≤5.0；镉（Cd）≤0.3；砷（As）≤2.0；汞（Hg）≤0.2。重金属总量以Pb计不得超过20 mg/kg。

（2）有机氯类农药残留量

按照有机氯类农药残留量检查法［《中华人民共和国药典（一部）》（2000年版）附录Ⅸ Q］测定，有机氯类残留量（$\mu m/kg$）：滴滴涕（DDT）≤0.1；六六六（BHC）≤0.1；五氯硝基苯（PCNB）≤0.1。

（十）包装、贮藏与运输

1. 包装

广藿香多捆压成件，大件50 kg，小件25 kg。捆压成件的药材外加蒲席封固。如为广藿香段，则以麻袋包装。

2. 贮藏

广藿香的香气特别容易散失，因此，必须贮藏在阴凉干燥处，并注意防潮、防热、防霉变、防虫蛀。

3. 运输

在运输过程中，应特别注意防止药材包的破损，并置于阴凉干燥处，防止淋雨，防热、防霉变。

（李　薇）

参 考 文 献

陈小夏，何冰，李显奇，等．1998．广藿香胃肠道药理作用［J］．中药材，21（9）：462.

杜一民，陈汝筑，胡本荣．1998．广藿香的化学成分及其药理作用研究进展［J］．中药新药与临床药理，9（4）：238.

封锡志，徐绥绪，宋少江，等．1998．藿香属植物化学及药理活性的研究进展［J］．沈阳药科大学学报，15（2）：144.

冯耀南，刘明，刘俭，等．1995．中药材商品规格质量鉴别［M］．广州：暨南大学出版社．

关玲，权丽辉，徐丽珍，等．1994．广藿香化学成分的研究［J］．中国中药杂志，19（6）：355

何冰，陈小夏，罗集鹏．2001．广藿香去油部分的5种不同极性提取物对胃肠道的影响［J］．中药材，24（6）：422.

江苏新医学院．1986．中药大辞典：下册［M］．上海：上海科学技术出版社．

李锦开，李振纪．1994．中国木本药材与广东特产药材［M］．北京：

中国医药科技出版社.

李薇,刘乡乡,潘超美,等.2002.不同产地的广藿香特征的观测和比较[J].中药材,25(7):463.

梁明光.1959.广东高要藿香丰产经验总结[J].药学通报,5(10):10.

罗集鹏,冯毅凡,郭晓玲,等.2001.不同采收期对广藿香产量及挥发油成分的影响[J].中药材,24(5):316.

罗集鹏,冯毅凡,郭晓玲.2001.石牌藿香的挥发油成分分析[J].中草药,32(4):299.

任仁安.1958.中药藿香的生药学研究[J].药学学报,6(2):59.

王俊华,符红.2000.广藿香挥发油成分气质联用技术分析[J].时珍国医国药,11(7):579.

肖省娥,贺红,徐鸿华.2001.广藿香组织培养与植株再生的研究[J].中药材,24(6):391-392.

严振,廖观荣,丘金裕,等.2002.广藿香营养特性研究[J].中药材,25(4):227.

叶三多.1958.几种中药品种的考证[J].中药通报,4(3):76.

张广文.2001.广藿香中的黄酮类化合物[J].中草药,32(10):871.

张强,李章万,朱江粤,等.1996.广藿香挥发油成分的分析[J].华西药学杂志,11(4):249.

《中国香料植物栽培与加工》编写组.1985.中国香料植物栽培与加工[M].北京:轻工业出版社.

国家药典委员会.2000.中华人民共和国药典:一部[M].北京:化学工业出版社:33.

中国医学科学院药用植物资源开发研究所,中国医学科学院药物研究所,北京医科大学药学院,等.1988.中药志:第4册[M].北京：人民卫生出版社.

中国科学院华南植物研究所．1991．广东植物志：第一卷［M］．广州：广东科技出版社：13.

中国药品生物制品检定所，中国科学院植物研究所．1997．中药鉴别手册：第一册［M］．北京：科学出版社.

周正，胡慎修，谢清华，等．1981．广藿香引种栽培［J］．中草药，12（2）：31.

附

广藿香规范化生产标准操作规程（SOP）

前　言

本规程由广州中医药大学承担的国家重点科技攻关计划专题"广藿香中药材规范化种植研究"课题组提出并归口科技部。

本规程起草单位：广州中医药大学、广州市香雪制药股份有限公司。

本规程主要起草人：徐鸿华、李薇、潘超美、徐良（广州中医药大学）；宋力飞、刘乡乡（广州市香雪制药股份有限公司）。

本规程委托广州中医药大学广藿香规范化种植研究课题组负责人负责解释。

第一章　总　则

1.1　为保证中药材质量，促进中药标准化、现代化，依据广藿香药材的生长特点和国家药品监督管理局《中药材生产质量管理规范（试行）》的要求，制定本标准操作规程（SOP）。

1.2　本规程的内容包括总则，产地自然条件，品种类型，育苗，移栽与田间管理，主要病、虫、草害的防治，采收与加工，留种技术，质量标准及监测，包装、贮藏及运输，人员和设备、文件管理等，是广藿香药材生产和质量管理的具体操作方法。

1.3 广州市香雪制药股份有限公司应运用标准操作规程管理和质量监控手段,保护生态环境,坚持"最大持续量"原则,实现资源的可持续利用。

1.4 本规程适用于广藿香(含牌香、肇香、湛香、南香)的种植地,可在广州、肇庆、湛江地区和海南岛等省区,根据经济用途不同,种植不同的栽培品种(表1)。

表1 不同产地广藿香药材的经济用途

地 区	广藿香酮含量	挥发油含量	经济用途
广州地区(牌香)	+++	+	中成药原料、中药饮片
高要地区(肇香)	++	+	香料、中药饮片
湛江地区(湛香)	+	++	香料、提取广藿香油
海南万宁、陵水等地(南香)	+	+++	香料、提取广藿香油

1.5 引用标准 下列文件中被本标准引用的条款则成为本标准的条款。

1.5.1 《中华人民共和国环境空气质量标准》(GB3095—1996)。

1.5.2 《中华人民共和国农田灌溉水质标准》(GB5084—1992)。

1.5.3 《中华人民共和国土壤环境质量标准》(GB5618—1995)。

1.5.4 国家药品监督管理局《中药材生产质量管理规范(试行)》。

1.5.5 科技部生命科学技术发展中心《中药材规范化种植研究项目实施指导原则及验收标准》。

1.5.6 中华人民共和国商务部《药用植物及制剂进出口绿色行业标准》。

1.5.7 《中华人民共和国药典(一部)》(2000年版)。

1.6 定义。

1.6.1 GAP 即英文Good Agriculture Practice的缩写,指中药材生产质量管理规范。

1.6.2 SOP 即英文Stadard Operation Practice的缩写,指中药材规范化生产标准操作规程。

1.6.3 最大持续量 指不危害生态环境,可持续生产(采收)的最大产量。

1.6.4 牌香 指广州近郊石牌产的广藿香。

1.6.5 肇香或枝香 即指肇庆高要生产的广藿香。

1.6.6 湛香 指湛江生产的广藿香。

1.6.7 南香 指海南生产的广藿香。

1.6.8 生物肥料 是利用生物活体或生物代谢过程中产生的具有生物活性的物质,或从生物体提取的物质作为提高作物产量和品质的肥料。

1.6.9 生物源农药 是利用生物活体或生物代谢过程中产生的具有生物活性的物质,或从生物体中提取的物质作为防治作物病虫害的农药。

1.6.10 质量标准 是对药材的质量规定和检验方法所作的技术规定。

第二章 产地自然条件

2.1 广藿香原产于菲律宾、马来西亚、印度尼西亚等国,我国栽培区域为广东、海南、台湾和四川省。

2.2 根据广藿香的生物学特性，结合传统的生产实践经验，对生态环境的要求为：

2.2.1 温度 生长适宜温度22～25℃，17℃以下生长缓慢，短暂的0℃低温，要做好防寒措施。

2.2.2 光照 苗期需要适当荫蔽，成株可在全光下生长。

2.2.3 水分 对水分很敏感，忌干旱，相对湿度在80%以上。

2.2.4 土壤 要求排水良好，疏松肥沃，保水、保肥能力强的沙质壤土。

2.3 广藿香（牌香）的气候条件 牌香种植地的地理位置为北纬22°26′～23°56′，东经112°57′～114°3′的范围内；年平均日照时数为1 875.1～1 959.9 h，年太阳总辐射量440.9～459.7 kJ/cm^2，年均降水量1 689.3～1 876.5 mm，年平均气温21.4～21.8℃，无霜期在320天以上。

2.4 环境质量。

2.4.1 环境空气达到《中华人民共和国环境空气质量标准》（GB3095—1996）二级以上标准。

2.4.2 灌溉水达到《中华人民共和国农田灌溉水质标准》（GB5084—1992）二级以上标准。

2.4.3 土壤环境达到《中华人民共和国土壤环境质量标准》（GB15618—1995）二级以上标准。

第三章 品种类型

3.1 栽培品种 石牌广藿香 *Pogostemon cablin*（Blanco）Benth. cv. Shipaiensis。

　　高要广藿香 *Pogostemcn cablin*（Blanco）Benth. cv. gaoyaoensis。

湛江广藿香 Pogostemon cablin (Blanco) Benth. cv. Zhanjiangensis。

3.2 广藿香不同栽培型形态特征的主要区别点（表2）。

表2 广藿香不同栽培型主要性状特征比较

种类	石牌藿香	高要藿香	湛江藿香	海南藿香
植株	枝条稍曲折 枝叶茂密 密被短茸毛 高30~70 cm	枝条较顺直 枝叶稍稀疏 茸毛较密集 高80~100 cm	枝条顺直 枝叶稀疏 茸毛细长而疏 高80~100 cm	枝条多弯曲 叶多脱落 茸毛较稀疏 高100~120 cm
主茎	粗短，分枝较多，节较密集，节间长3~6 cm 断面髓部小，占直径的1/3~1/2	粗而长，分枝较少，节稍稀，节间长5~11 cm 断面髓部约占直径的1/2	粗而长，分枝较少，节稀疏，节间长6~13 cm 断面髓部约占直径的1/2	主茎长，分枝多，节较密集，节间长5~7 cm 断面髓部较大，占大于直径的1/2
叶	黄色或灰绿色 卵圆形 长宽比为1.23 叶厚纸质，质地油润 叶面较皱缩 气纯香，味甘而不苦涩	黄色或灰褐色 卵状椭圆形 长宽比为1.38 叶薄纸质，质地稍润 叶面较平坦 气清香，味甘、微苦涩	灰棕色 长椭圆形 长宽比为1.75 叶薄纸质，质地干涩 叶面较平坦 气香，味甘、微苦涩	黄色或灰黄色 长卵形或长椭圆形 长宽比为1.99 叶薄纸质，质地干涩 叶面平坦 气香浓郁，味微苦涩

第四章 育 苗

4.1 嫩枝扦插培育苗木。

4.1.1 选择母株 在经鉴定为石牌广藿香的留种园内,选取产量和有效成分含量高而稳定,抗逆力强(即抵抗病虫害和不良环境条件能力强),发芽生根萌蘖力强的母株作为插条。

4.1.2 扦插季节 春秋两季是扦插繁殖的最好时节,成活率高。一般在3~6月,气温回升、雨季开始、植物体内液体流动旺盛时进行。也可在秋季8~10月气温不太高时进行。

4.1.3 插条部位 插条应选择当年生4~6个月的茎秆粗壮、节密、无病害的嫩枝顶梢作插穗。

4.1.4 插条截取 截成长10~12 cm的小段,每段具2~3个节,剪去下部叶片,仅留顶端一节的2片叶和心芽。枝条下端斜剪成马蹄形切口。已剪去顶梢的枝条待抽出新芽、新枝条长至10~15 cm长时,又可再剪下作插穗用。

4.1.5 促进插穗生根 剪好的插条通常用生长素吲哚乙酸、吲哚丁酸$100×10^{-6}$~$150×10^{-6}$水溶液浸插穗下端2~3 h,或用ABT生根粉稀释为溶液浸泡处理,亦可用生根粉溶液与黄心土拌匀后蘸下部剪口。

4.1.6 扦插方法 扦插前要预先准备好苗床,苗床基质最好用细河沙。扦插时,在准备好的苗床上,先在畦上按行距10 cm开横沟,将插条按1.0~1.5 cm的株距斜倚沟壁,上端露出土面为插条的1/2~1/3,仅让顶梢叶片露出土面为度,覆土按紧,使插条与土壤紧密接触。插好后依次扦插第2行,床面齐平,插后浇透水。一般在10天后开始发根,在最佳扦插季节时6~7天便可发根,25~30天后可移栽。

4.1.7 扦插苗规格 粗壮、节密、叶小而厚、根系发达、无病虫害。

4.1.8 插条苗管理。

4.1.8.1 遮阴 扦插后至形成愈伤组织和开始少量生根这段时间，为减少地上部的蒸腾作用，防止叶片凋萎，需搭棚遮阴。可在苗床上盖荫蔽度50%的遮阳网。

4.1.8.2 灌排水 苗期对水分要求较高，要经常淋水，保持苗床湿润，控制棚内空气相对湿度80%以上。但要防止水分过量。雨天要注意排水，防止水浸或长期土壤过湿，导致病害，烂根死亡。当插条愈伤组织形成后至大量生根这个阶段，对水分要求比前期较低，一般当插壤表面发白，呈干燥时喷水或浇水。

4.1.8.3 除草 苗期应随时除草，坚持除早、除了的原则，减少杂草争夺水分和养分。

4.1.8.4 追施叶面肥 可施腐熟的人粪尿肥，但不宜过浓，以免灼伤苗木。要注意生根前不能施肥。

4.1.8.5 苗木烂根病防治 可用25%多菌灵可湿性粉剂800～1 000倍液喷雾，或50%托布津1 000～1 500倍液喷雾。

4.2 组织培养苗的培育。

4.2.1 外植体选取 取广藿香幼嫩茎，去掉叶片，以及从顶芽向下的第2～3节叶片，置自来水下流水冲洗15 min，然后用75%乙醇浸泡30 s，用无菌水冲洗5～6次；再用0.1%的升汞浸泡8 min，取出，用无菌水冲洗6～8次，再用0.1%的升汞浸泡7 min，取出，用无菌水冲洗8次。把消毒好的茎切成1～1.5 cm长小段，叶切成2 cm×2 cm小块。

4.2.2 培养基的设计。

4.2.2.1 愈伤组织诱导培养基和芽分化诱导培养基 以MS为基本培养基或改良后的MS为基本培养基，添加一定浓度的

6BA（0.3~0.5 mg/L）促进分化。接种30天后，可形成大量淡绿色的胚性愈伤组织，并很快分化出许多丛芽和长出真叶的小苗。

4.2.2.2 生根壮苗培养基 以改良后的MS培养基为基础，添加15%~20%的香蕉汁以促进广藿香苗生根和增粗生长。选取高1~2cm，有1~3对真叶的小苗，转接到生根壮苗培养基中培养，25天后，植株长到6~8cm高、并长出根时，即可出瓶炼苗。

4.2.3 再生植株炼苗。

4.2.3.1 炼苗前一天把瓶盖拧开，轻轻地放在瓶口上，呈半掩状态。一天后取出试管苗，轻轻地在水盆中荡洗干净根部琼脂，然后移栽到室外准备好的沙质苗床上。

4.2.3.2 在苗床上盖塑料薄膜保湿，上空要用遮阳网遮掉55%的阳光。每天打开薄膜喷水2~3次，约3天开始发根，5天左右定根，成活率可达95%以上。1个月后即可移栽到大田。

第五章 移栽与田间管理

5.1 移栽。

5.1.1 栽植地选择与整地 一般宜选水稻田，于元旦前后，铲除带土杂草，烧火土肥。深翻20cm左右，使土壤风化。按宽1m做床，床高20cm，周围开排水沟。每667 m²施无害化处理的农家肥1 000 kg及火烧土500 kg，与土拌匀。

5.1.2 栽植季节 于清明前后选择阴、雨天或傍晚进行。

5.1.3 种植密度 根据广藿香的生物学和生态学特征，结合种植地的土壤条件和当地集约经营的程度，定出初植密度每667 m² 2 000株、2 500株或3 000株。广州萝岗种植地以每667 m²栽苗2 500株为宜。在1m宽的栽植畦上，采用双行种植，行距40 cm，株距30 cm。

5.1.4 栽植方法。

5.1.4.1 起苗时减少根系损伤，能带土尽量带土，保持原来根系分布状态。

5.1.4.2 按行株距挖小穴，穴成"品"字形错开，每穴栽苗1～2株。

5.1.4.3 栽植必须做到深浅适当，苗木根系舒展，栽后稍压土壤根系与土壤紧密接触。

5.2 田间管理。

5.2.1 遮阴 定植初期，床面上盖遮阳网。

5.2.2 补苗 缺株应及时补上同龄苗木。

5.2.3 灌排水 定植初期，每天早、晚淋水，以浇湿畦面为度，严防积水。

5.2.4 中耕除草 定植初期，要勤除杂草、松土和培土。

5.2.5 打顶 根据植株生长情况和需要摘顶芽，以促进分枝生长。

5.2.6 施肥。

5.2.6.1 施肥时期 在移栽后的返青期和壮苗期进行。

5.2.6.2 肥料种类 专用生物有机肥料（目前应用的是北京九隆升生物有机肥）复合肥料（如挪威复合肥，氮：磷：钾=1：1：1）、尿素、豆麸等。

5.2.6.3 施肥量 每667 m^2 施生物有机肥150 kg、复合肥或尿素3～5 kg稀释1 000倍液喷施，或腐熟豆麸25 kg，兑水6～7倍液浸泡后喷施。

第六章 主要病、虫、草害的防治

坚持贯彻保护环境、维持生态平衡的环保方针及预防为主、综合防治的原则，采取农业防治、生物防治和化学防治相结合的方法，对广藿香主要病、虫、草害进行防治。禁止使用国家禁用农药。

6.1 农业防治。

6.1.1 土壤消毒 结合整地做畦，每667 m^2撒石灰100 kg。

6.1.2 清洁田园 清除杂草落叶、感染病虫植株，集中处理，以减少病虫源。

6.1.3 培育壮株 通过追施肥料，做好田间管理各项措施，促进植株生长健壮，增强抗病虫害能力。

6.2 药物防治。

6.2.1 根腐病防治。

6.2.1.1 生物农药防治 目前采用高效生物免疫杀菌剂。常用药量为每667 m^2 20～50 mL/次，稀释为800～1 500倍液。采用喷雾法，连续喷洒3次，间隔期为7天。

6.2.1.2 化学农药防治 采用25%多菌灵可湿性粉剂500～1 000倍液喷雾，连续喷2～3次，间隔期3～5天，或采用75%百菌清可湿性粉剂500～600倍喷雾，连续3～4次，间隔期2～3天。

6.2.2 斑枯病防治。

6.2.2.1 生物农药防治同根腐病。

6.2.2.2 化学农药防治 用25%多菌灵可湿性粉剂500～1 000倍液，或65%代森锌可湿性粉剂稀释500倍液喷洒。

6.2.3 蚜虫、红蜘蛛的防治。

6.2.3.1 生物防治 用2.5%鱼藤精乳油稀释800～1 000倍液喷杀，或用烟筋骨水喷杀。

6.2.3.2 化学农药防治 用40%乐果乳油500～1 000倍液，或80%敌敌畏乳油1 000～1 200倍液喷洒，每7～10天1次，连续喷2~3次。

6.2.4 光头蚱蜢的防治 用90%固体敌百虫400~500倍液喷杀。

6.2.5 卷叶螟虫的防治 用90%固体敌百虫400~500倍液喷杀。

6.3 草害防治。

6.3.1 草害种类 萝岗广藿香种植地常见的杂草主要有：胜红戟、水蜈蚣和空心莲子草等。

6.3.2 农业防治 人工防除广藿香田中杂草是一项经常性的田间管理工作。特别是在苗期和定植初期主要采用人工除草方法。

6.3.3 药物防治 在杂草防治过程中，针对不同的杂草选用合适的化学药剂除草。每667 m^{2}可用5%闲锄乳油40 mL兑水30 kg喷洒，或用农达等除草剂，对茎叶均匀喷雾即可。

第七章 采收与加工

7.1 采收。

7.1.1 采收时期 根据有效成分动态积累研究结果表明，12月广藿香的广藿香酮含量最高，按照中成药抗病毒口服液的质量要求，确定广藿香药材最佳采收期为12月。

7.1.2 采收方法 选晴天露水干后，剪割地上部分或挖起全株，抖去根上泥土。

7.2 产地加工。

7.2.1 打捆成把 收割后，及时摊晒数小时，使叶片呈稍皱缩状，捆成小把（每把7.5~10 kg）。

7.2.2 堆置发汗 分层交错堆叠一夜，将叶片闷黄，堆叠时切勿将叶与根混叠，堆上用草席覆盖，再用塑料薄膜盖面。

7.2.3 晾晒 将闷黄后的药材,翌日取出晾晒,晚上又堆置发汗,反复至干,即可。

第八章 留种技术

8.1 母株的选择 留种母株应选择无病虫的健壮植株,具有本栽培类型特性的"牌香"做种株。

8.2 留种地的选择 将选有留种母株的大田做留种地。

8.3 留种地的管理 留种地的管理应做好母株的越冬防霜保种工作。

第九章 质量标准及监测

9.1 抽样方法 根据《中华人民共和国药典(一部)》(2000年版)、企业标准和购销合同,按每批件数的1%随机抽检样品。

9.2 药材质量标准。

9.2.1 水分不得超过14.0%。

9.2.2 总灰分不得超过10.0%。

9.2.3 水溶性浸出物不得少于2.0%(暂定)。

9.2.4 醇溶性浸出物不得少于1.0%(暂定)。

9.2.5 醚溶性浸出物不得少于0.5%(暂定)。

9.2.6 总挥发油含量,牌香不得少于0.25%(mL/g)(暂定)。

9.2.7 广藿香酮和广藿香醇的总含量(占挥发油含量),牌香不得低于55.0%。

9.3 重金属限量指标。

9.3.1 重金属总量≤20.0 mg/kg。

9.3.2 铅(Pb)≤5.0 mg/kg。

9.3.3 镉（Cd）≤0.3 mg/kg。

9.3.4 汞（Hg）≤0.2 mg/kg。

9.3.5 铜（Cu）≤20.0 mg/kg。

9.3.6 砷（As）≤2.0 mg/kg。

9.4 农药残留量限量指标。

9.4.1 六六六（BHC）≤0.1 mg/kg。

9.4.2 滴滴涕（DDT）≤0.1 mg/kg。

9.4.3 五氯硝基苯（PCNB）≤0.1 mg/kg。

9.4.4 艾氏剂（Aldrin）≤0.02 mg/kg。

9.5 黄曲霉毒素限量指标 黄曲霉毒素B_1（Aflatoxin）≤5.0 μg/kg（暂定）。

第十章 包装、贮藏及运输

10.1 包装。

10.1.1 包装容器 应选用不易破损的干燥、清洁、无异味的材料制成的容器。

10.1.2 包装要求 包装要牢固、密封、防潮，以保证药材在运输、贮藏、使用过程中的质量。发送中药材的包装上必须有包装标签，标明药材品名、产地、采收日期及注意事项等（格式如下）。

药材名称：

产　　地：

采收日期：

采收单位：

调出日期：

调出单位：

调出数量：　　包

包装重量：　　kg/包

注意事项：

附：药材质量检验单

10.2　运输。

10.2.1　运输工具必须清洁、干燥、无异味、无污染，并有通风设备。

10.2.2　运输途中应防止日晒、雨淋、潮湿、损坏、污染。

10.2.3　严禁与可能污染其品质的货物混装运输。

10.3　贮藏。

10.3.1　选择通风、干燥、无污染的环境做专用仓库，并采用控温（30℃以下）、控湿（相对湿度70%~75%）技术。

10.3.2　彻底灭菌，消灭虫源，防止霉变和发生虫蛀。

第十一章　人员和设备

11.1　人员。

11.1.1　负责规范化种植全面工作的人员，要求富有经验而有能力履行赋予职责的大专以上学历的专业人才。

11.1.2　生产人员，要求具有从事中药或农业生产或通过培训，能掌握药材栽培管理技术的人员。

11.2　设备　要根据药材生产的需要配齐所有的设备。

第十二章　文 件 管 理

12.1　文件　指一切涉及中药材生产、质量管理的书面材料和实施中的资料。

12.1.1　药材品种、育苗与移栽（时间、地点、面积）、田间管理（肥料、农药种类、数量、时间等）。

12.1.2　土壤及水分资料。

12.1.3 各种合同协议书、生产计划、实施方案、技术操作规程。

12.1.4 物候变化（小气象记录资料）。

12.1.5 产量、质量。

12.1.6 工作、技术总结等。

12.2 管理 将上述文件资料全部归入档案收载。

12.2.1 记录员要由具有一定文化而且责任心强的人员专门记录。

12.2.2 档案保管员要掌握档案分类和保管的基本知识。

12.2.3 记录员、档案保管员要求由相对固定的专人负责。

附则 本规程（SOP）制定时间为2002年7月。本规程起草单位将根据有关研究进展与执行中的反馈情况对本规程内容进行修订，并不定期发布新版本。

三、鸡 骨 草

（一）概 述

1. 来源

鸡骨草别名红母鸡草、猪腰草、黄食草、土甘草，因其最早发现于广州白云山，故又称广州相思子，商品名鸡骨草。《中华人民共和国药典（一部）》（2005年版）收载的鸡骨草来源于豆科Leguminosae植物广州相思子 *Abrus cantoniensis* Hance的干燥全株。鸡骨草性凉味甘，微苦，有清热、解毒、疏肝止痛的功效。用于治疗黄疸，胁肋不舒，胃脘胀痛；也用于治疗急、慢性肝炎，乳腺炎。

2. 开发利用

（1）药品
以鸡骨草入药的中药有：鸡骨草胶囊、复方鸡骨草胶囊、鸡骨草肝炎丸、鸡骨草肝炎颗粒、结石通片、鸡骨草茶等。
（2）功能食品
市场上有鸡骨草软糖能清热利湿，消炎解毒，护肝。
（3）其他
治疗急性传染性肝炎　取干鸡骨草全草100～150 g（儿童50～100 g），瘦猪肉100 g，加水1 000 mL，煎服。

治黄疸　鸡骨草100 g，红枣7～8枚。煎服。

治瘰疬　鸡骨草3 kg，豨莶草2 kg。研末，炼蜜为丸，每丸重5 g。日服3次，每次2丸，连服2～4周。

此外，鸡骨草还可做夏季清凉饮料的原料，也是广东凉茶的原料之一。在广东、广西地区，民间常喜饮用鸡骨草煲生鱼汤、鸡骨草煲红枣汤以保肝祛湿。

3. 原产地（主产）、分布

鸡骨草生长于亚热带高温地区的低矮山丘向阳处或低海拔的山地上，坡度10°～30°，或野生于荒山野岭或低矮山坡阳光充足的地方，但怕强光，在少量荫蔽（5%～10%）环境下生长发育良好。鸡骨草主产于广东、广西、海南等省区。野生或栽培均有。

（二）生物学特性

1. 形态特征

鸡骨草为藤状多年生小灌木，幼嫩部分密被黄褐色短粗毛。主根粗壮，粗糙，根状茎结节状。茎丛生，灰棕色至紫褐色，光亮，小枝、叶轴与叶柄均被浅棕黄色短粗毛。偶数羽状复叶，托叶成对着生，条状披针形。小叶7～12对，膜质，倒卵状矩圆形，先端平截，中央有一小尖刺，上面疏生粗毛，下面被紧贴的粗毛。总状花序腋生，花3～5朵聚生于花序总轴的短枝上。花冠蝶形，淡红紫色，雄蕊9枚，第10枚雄蕊缺，9枚花丝合生成一束。荚果矩圆形，疏被淡黄色短柔毛，先端有尾状凸尖。种子4～6粒，倒卵状椭圆形或矩

圆形，熟后棕色、黑色，有明显的种阜。花期8~10月，果期10~12月。（见彩图3-1至彩图3-3）

2. 生长发育规律

每年2~3月，当气温高于18 ℃时，鸡骨草种子开始萌芽出土，4~8月植株进入生长阶段，当平均气温达21~28 ℃时生长迅速，35 ℃生长受抑制。7~11月为根的生长增重期，以8~10月增重最多。8月上旬为初花期，9月中旬至10月上旬为盛花期。10月开始果实陆续成熟。12月下旬至翌年1月植株落叶，细藤茎蔓枯死，基部粗壮藤蔓及根进入休眠期。入冬后，气温低于6 ℃以下嫩叶易受冻害萎蔫。3月以后开始重新萌发长出新枝。

3. 对生态环境条件的要求

鸡骨草要求年平均气温为21.5~22 ℃，最适温度为22~30 ℃，35 ℃以上生长受抑制，17 ℃以下生长缓慢，6 ℃以下易受冻害或萎蔫。鸡骨草喜温暖弱光，既不耐寒也不耐高温，喜湿润，怕旱怕涝，水分要求为年降水量1 200~1 500 mm，空气相对湿度为80%左右。雨水过多根腐叶烂，干旱地带植株生长弱小。在疏松、肥沃的壤土、沙壤土、轻黏土、腐殖壤土或黄泥土上生长良好。在土质瘦瘠、板结黏重、通透性差、湿度过大的土壤中生长不良，并容易发生病害，故不宜种植于瘦瘠、过黏和过湿的地方。

（三）物种或品种类型

1. 正品

《中华人民共和国药典（一部）》（2005年版）收载的鸡骨草来源于豆科Leguminosae植物广州相思子*Abrus cantoniensis* Hance的干燥全株。

2. 混淆品

（1）大叶鸡骨草

本品为豆科植物毛相思子*Abrus mollis* Hance的干燥全株。主产于广西梧州、玉林、南宁及广东。外观与鸡骨草主要不同点是地上部分全体密被黄色柔毛。主根细，须根多，表面灰黄色至灰棕色。根茎膨大呈瘤状，上面分生众多的茎枝，茎较粗，紫褐色至灰棕色，小枝黄绿色。偶数羽状复叶，小叶11～16对，叶比鸡骨草大1/3左右，故习称大叶鸡骨草。气微，味淡。该品种在广东、广西部分地区作鸡骨草入药。

（2）广西有些地区将豆科植物小叶三点金草作鸡骨草药用。

本品根部长大，多分枝，纤细，无毛，3片复叶互生，荚果具2～4荚节，稍弯，节间明显，每节有椭圆形种子1粒。属混淆品。

（3）有个别地方将豆科植物相思子的地上部分充作鸡骨草药用。

该品是另一种中草药，商品称相思藤。性状为小叶片呈长方形或长方倒卵形，先端圆，具细尖，基部圆形或宽楔形，全缘，下面被伏贴细硬毛，味甘。多作凉茶调味用。其成熟种子，中药商品称相思子，其特征近球形，外表面红、黑两色，红色约占2/3，黑色约占1/3，有毒。毛鸡骨草又名大叶鸡骨草、毛相思子，其性味、功效和用途与广州相思子近似。主产于广西玉林、梧州等地区，在广西玉林、梧州等地区与小叶鸡骨草同等使用。广西玉林制药厂亦以毛鸡骨草为原料生产复方鸡骨草丸。《中药材真伪鉴别图谱》已将毛鸡骨草作为鸡骨草习用品收载。其药材性状为：根细长呈圆柱形，须根多，直径1～5 mm，表面灰黄色至灰棕色，质地坚脆，折断时有粉尘飞扬。根状茎膨大呈瘤状，上面分生众多的分枝，茎较粗壮，长1～2 m，直径多1.5～3 mm，紫褐色至灰棕色，小枝黄绿色，密被茸毛。叶长12～24 mm，宽4～6 mm，两面密被长柔毛。广州相思子与毛鸡骨草植物形态特征区别见表3-1。

表3-1 广州相思子与毛鸡骨草植物形态特征比较

种类	广州相思子	毛鸡骨草
茸毛	小枝、叶轴与叶柄均被浅棕黄色短粗毛	全株密被黄色长柔毛
根	主根粗壮，多呈圆锥状或圆柱状，直径0.3～1.5 cm，表面灰棕色，粗糙，质硬。根状茎结节状	根呈细长圆柱形，直径1～5 mm，表面灰黄色至灰棕色，质地坚脆，折断时有粉尘飞扬。根状茎膨大呈瘤状
茎	茎丛生，长0.5～1 m，直径0.1～0.2 cm，灰棕色至紫褐色；茎深红紫色，光亮，小枝、叶轴与叶柄均被浅棕黄色短粗毛	茎较粗壮，长1～2 m，直径1.5～3 mm，紫褐色至灰棕色，小枝黄绿色，密被茸毛

续表

种类	广州相思子	毛鸡骨草
叶	偶数羽状复叶，小叶7~12对，小叶片倒卵状矩圆形，长0.5~1.2 cm，宽0.3~0.5 cm，上面疏生粗毛，下面被紧贴的粗毛。叶脉在两面均凸起，小叶柄极短	偶数羽状复叶，小叶11~16对，小叶片长圆形，长1.2~2.4 cm，宽0.5~0.8 cm，小脉不明显，两面密被长柔毛
果实种子	荚果长2.5~3 cm，宽0.7~0.8 cm。种子4~6粒。种子倒卵状椭圆形或矩圆形，光滑，棕色、黑色、棕褐色或淡黄色，有明显的种阜	荚果长3.5~4.5 cm，宽0.8~0.9 cm，具种子6~8枚。种子卵形，暗褐色，光亮

毛鸡骨草外形与鸡骨草相似，主要区别在于全株被长柔毛，叶片较大，小叶11~16对，宽0.5~0.8 cm，网脉不明显，容易区别。

（四）种 植 地

1. 种植地选择

广东省平远县是鸡骨草的主要产区。该县为典型的山区县，位于广东东北部，地处北纬24°24′~24°56′，东经115°44′~116°07′，为丘陵、低山区，属中亚热带气候区，气候温暖，日照充足，雨量充沛，夏长冬短。年平均日照1 872.5 h，年平均气温20.7 ℃，1月份平均气温11 ℃，是最冷的月份。7月份28.5 ℃，为最热的月份。年平均降雨量1 647.4 mm，降雨量集中在4~9月，占全年降雨量的74%~78%。该地区土层深厚，疏松肥沃，富含腐殖质，且排水良好,适宜鸡骨草的生长。

2. 种植地生态环境质量检测

按照《中药材生产质量管理规范(试行)》,选择了广东省平远县鸡骨草GAP研究基地(彩图3-4),其远离居住区和交通要道,周围无污染。经平远县环境保护监测站监测,平远县所在范围空气质量优于《中华人民共和国环境空气质量标准》(GB3095—1996)中的要求。经广东省生态环境与土壤研究所检测,土壤符合《中华人民共和国土壤环境质量标准》(GB15618—1995)中二级标准。灌溉水质符合《中华人民共和国农田灌溉水质标准》(GB5048—1992)中的质量标准。检测结果见表3-2至表3-4。

表3-2 鸡骨草GAP基地空气检验结果 (mg/m³)

检测项目	二氧化硫SO_2	氮氧化物NO_x	总悬浮微粒TSE
年平均值	0.004	0.015	0.103

表3-3 鸡骨草GAP基地土壤分析检验结果

检测项目	检测结果	检测项目	检测结果
铅(mg/L)	26.6	砷(mg/L)	5.64
铜(mg/L)	4.82	汞(mg/L)	0.052
镍(mg/L)	12.6	六六六(mg/L)	0.003 2
铬(mg/L)	52.4	滴滴涕(mg/L)	0.002 6
锌(mg/L)	44.3	pH	4.71
镉(mg/L)	0.012		

表3-4 鸡骨草GAP基地灌溉水质分析检验结果

检测项目	检测结果	检测项目	检测结果
生化需氧量（mg/L）	3.4	铬（六价，mg/L）	0.002
化学需氧量（mg/L）	1.9	总铅（mg/L）	0.000 5
悬浮物（mg/L）	0.61	总铜（mg/L）	0.006
阴离子表面活性剂（LAS，mg/L）	0.05	总锌（mg/L）	0.024
凯氏氮（mg/L）	0.86	总硒（mg/L）	0.000 2
总磷（以P计算，mg/L）	0.013	氟化物（mg/L）	0.01
水温（℃）	19	氰化物（mg/L）	0.002
pH	6.76	石油类（mg/L）	0.05
全盐量（mg/L）	16.8	挥发酚（mg/L）	0.010
氯化物（mg/L）	0.82	苯（mg/L）	0.001
硫化物（mg/L）	0.01	三氯乙醛（mg/L）	0.003
总汞（mg/L）	0.000 1	丙烯醛（mg/L）	0.001
总镉（mg/L）	0.000 5	蛔虫卵数（个/L）	0
砷（mg/L）	0.001	粪大肠菌群（个/L）	512 4

（五）种植技术

1. 育苗技术

生产上有育苗移栽和直播种植两种方法。

（1）育苗地选择与整地

选择富含腐殖质的沙质壤土作苗床。深翻土壤达30 cm以上，清理整地后耙平。

（2）育苗时间

一般2~5月，当气温升到20 ℃左右即可育苗。

（3）育苗方法

1）育苗移栽

种子处理　鸡骨草种子外表有蜡质包被，不易吸水膨胀，在自然条件下发芽率很低，一般只有20%~50%，故种子需经人工处理后再播种。

种子处理的方法有以下几种。

沙擦法：将种子拌约5倍的干净湿细沙混匀装入布袋用手揉搓，至种子表面变得粗糙失去光泽为止，然后用冷水浸泡24 h，挑选出吸水已膨胀的种子准备播种，未能膨胀的种子以同样方法处理。

热水浸种法：根据种子坚硬程度，用始温为60~80 ℃热水浸种，其方法是将种子盛于缸或桶内，然后倒入热水，以水面高出种子3 cm左右，并用棒搅动种子，使种子受热均匀。待水冷却后，加满冷水浸泡，24 h后挑出吸水膨胀的种子准备播种，未胀的种子以同样方法处理，一般经2次处理，可达到较高的发芽率。

沙擦温水浸种法：将经沙擦的种子放在容器内，倒入始温60~70 ℃热水，水面以浸过种子2~3 cm，浸泡24 h后捞起播种，效果较好。

在整好的畦上开行沟撒播，撒播时将种子与细沙混匀后直接撒到已整好的苗床上，一般撒播每667 m^{2}用种量1.5~2 kg，可移植4 hm^2。播后浇水盖草，保持畦地湿润，有条件的可在畦面上盖一层拱形塑料薄膜，以保温保湿，提高种子发芽率，出苗时即揭去。

育苗移栽用种量少，苗期便于集中管理，产量较高。但所收获的鸡骨草大多主根少,侧根侧枝多,藤茎过长。

2)直播种植

但直播用种量较多,产量偏低。具体方法:在畦上开穴点播,点播的行株距为2 cm×3 cm,每穴放种子2~3粒,覆细土或过筛的火烧土厚1.5~2 cm。

直播种植的药材主根明显,侧根少,这样收获的产品规格和质量较好,易出口,商品价高,能取得较佳的经济效益。

(4)苗木管理

播种后要经常保持畦土湿润,如遇久晴无雨,应适当淋水,防止干旱,以利于种子发芽和幼苗生长。在雨季,雨后要加强排水,防止土壤湿度过大或积水,引起根部腐烂,影响植株的正常生长。

2. 种植技术

(1)种植地选择与整地

宜选择向阳、近水源、无污染、排灌方便、土壤湿润、海拔300 m以下的丘陵山坡、荒山草坡、平地或无林地,新开荒地更好。熟地宜经2次翻犁风化3个月。11~12月深翻30 cm,犁耙2~3次,清除草根杂物,堆制火烧土作基肥,翌年春进行2次犁耙,使上层松碎。每667 m^2施草木灰或土杂肥或腐熟猪牛粪2 500~3 000 kg作基肥,整平后做高畦,畦高20~30 cm,宽1~1.2 m,按行株距20 cm×25 cm或20 cm×30 cm开穴,或开行沟,深5 cm,以待种植。对酸性大的黏性土,宜于第1次翻晒后每667 m^2施30~50 kg生石灰,以改良土壤的结构。

(2)种植时间

育苗移栽当苗高10~12 cm时移栽到大田种植;直播出苗

15～30天，苗高10 cm左右时应及时进行修整。

（3）种植方法

宜选择阴天、阴雨天或晴天下午定植，株行距为30 cm×40 cm或30 cm×30 cm。起苗时，应小心将小苗挖起，尽量带少许根泥，勿伤根部，随起随栽，将幼苗种植在挖好的穴中，扶正，盖土厚3～4 cm，稍压实，植后及时淋定根水，行间遮阴。

直播出苗15～30天，苗高10 cm左右时应进行间苗和补苗。苗多茂密的要间去，缺苗的则要补栽。宜选择阴雨天气补苗，以保证出苗。每17～20 cm保留1株，或每穴留壮苗2株，多余的可作为补苗用。

（4）种植密度

一般每667 m²种苗8 000～10 000株。

（5）田间管理

1）中耕、除草与追肥

鸡骨草在整个生长期要进行多次中耕除草，以保持种植地疏松无杂草生长，植后勤除杂草，雨季土壤易板结，宜勤松土，有利于植株生长，结合中耕进行追肥。生长前期施氮肥（以尿素100 g，或硫酸铵200 g，兑水50 L，每月施1次）、农家肥，中后期结合施复合肥（每667 m²施复合肥5～8 kg兑水）、磷肥、土杂肥等有机肥（每667 m²用过磷酸钙25～30 kg，猪牛栏粪250～300 kg，火烧土、土杂肥等有机肥500～600 kg，混合堆沤后开沟施）增产效果显著，花果也明显增多，种子饱满质量好。10月以后停止中耕追肥。

2）打顶、摘除蕾荚

对于非留种地，在植株初露花芽未结成荚果时，应将花芽及时摘除，以减少营养物质的消耗，促进营养物质的积累和主根的膨大,提高植株的产量和质量。

3)插条搭架

待苗高20~30 cm(4~6个月),每3株的距离插上1支长2 m的竹竿,以利于其攀援。既方便管理、减少病虫害发生,又可以提高单位面积产量和种子产量、质量。

(六)主要病、虫、草害的防治

1. 病害

(1)根腐病

1)病原

该病病原不详。

2)症状

该病主要危害根部。发病初尚无明显症状,待大部分细根腐烂时,由于吸收水分受阻,地上藤蔓幼嫩部分出现凋萎(早晚恢复),病情加重,主根腐烂,叶片变黄脱落,藤蔓枯死。

3)发病规律

本病多发生于6~8月高温多湿的雨季,在肥沃且湿度大的土壤和积水地易发生。

4)防治方法

选择肥力中等、排水良好的沙质壤土种植;雨季疏通排水沟,防止积水;多施草木灰,发现病株及时拔除烧毁,并在病穴撒石灰防止蔓延;喷1:1:200波尔多液,7天1次,连喷3次。

(2)炭疽病

1)病原

该病由真菌中的半知菌炭疽杆菌 *Bacillus anthracis* 引起。

2）症状

本病主要危害叶片、藤蔓和荚果。发病初期，叶缘出现似开水烫过的水渍状，最后叶、果柄部呈灰白色，影响叶片生长，导致种子不饱满，严重时受害叶片和部分藤蔓逐渐凋萎。

3）发病规律

本病多发生在高温高湿的阴雨天气，晴天病害基本停止发生。

4）防治方法

用65%代森锰500倍液或1∶1∶200的波尔多液，或甲基托布津1 000倍稀释液，于发病初期选晴天喷雾防治，7天1次，连续喷3次。

（3）叶斑病

1）病原

变灰尾孢 *Cercospora canescens* Ell. et Mart. 属半知菌亚门真菌。

2）症状

该病危害叶片，发病初期叶尖出现淡红色斑点，逐渐扩展，叶基出现淡灰白色斑，病斑边缘呈淡红色。

3）发病规律

叶斑病菌在病残体或随之到地表层越冬，翌年发病期随风、雨传播侵染寄主。连作、过度密植、通风不良、湿度过大均有利于发病。

4）防治方法

喷1∶1∶200波尔多液，7天1次，连喷3次；用70%甲基托布津可湿性粉剂1 000倍液喷雾。

2. 虫害

（1）毛虫

1）学名

Malacosoma ncustria testacea Mots。

2）为害症状

幼虫取食叶片和嫩芽，当虫口密度大时，可把全株叶片吃尽，影响正常生长发育。

3）发生规律

以卵越冬，翌年4月，幼虫开始孵化为害嫩叶，群居生活，稍大后，在干枝交叉处结网群栖。白天潜伏，夜晚外出取食。老熟幼虫开始分散，为害严重。幼虫有坠地假死性，成虫有趋光性。

4）防治方法

①冬季在被害植株周围翻土杀蛹；②在幼虫孵化期，用90%敌百虫2 000倍液喷杀幼虫，效果更好；③在成虫期用黑光灯诱杀成蛾。

（2）黏虫

1）学名

Leucania separate Walker。

2）为害症状

主要为害叶片，造成不规则缺刻，也为害嫩茎，严重时叶片被吃光。

3）发生规律

幼虫和蛹在土内越冬。幼虫有假死性，3龄以后分散为害，晚间、日出前和阴天活动取食叶片，其食量随龄期增长而增加，5、6龄为暴食期，成群迁移为害。

4）防治方法

①幼虫入土化蛹期，挖土灭蛹；②幼虫低龄期，用90%敌百虫1 000倍液喷杀；③利用幼虫有假死习性，可在清晨人工捕杀；④在成虫始盛期，用糖醋毒液诱杀。

（七）采收加工

1. 采收

鸡骨草种植1~2年后可以采收，以次年11~12月采收者为佳。当年收的主根小，侧根侧枝多，药材收购价格偏低。为了获得较高的产量和质量，可全株保留原地越冬，让其继续生长到翌年秋冬再采收。

2. 初加工

收获时连根挖起，抖去根上的泥土、杂质，除去荚果（种子含相思子毒蛋白，有剧毒），将茎藤捆扎成束或把数十株的藤蔓扭结成"∞"字形的小把，堆放在太阳下晒干，或晒至八成干后，发汗再晒足干，用竹片网夹或席草织片包裹捆压成件，每件30~50 kg。

3. 商品规格

鸡骨草在商品上分细叶鸡骨草（广州相思子）和大叶鸡骨草（毛鸡骨草）两种，细叶鸡骨草常用于配方，中成药生产原料及供出口，大叶鸡骨草主要用于中成药生产原料。

（八）留种技术

1. 种子的采集与处理

选择生长发育强壮、无病虫害、丛生茎藤多且长条、根部粗壮的母株，当荚果由青绿色转为黄褐色、种子变硬时，分批进行采收，阴干后，选择颗粒饱满的种子置于通风阴凉处贮藏备用。

2. 留种田管理

在鸡骨草原种植地，当植株伸长20 cm时打顶，促进分枝生长，增加结荚，提高种子产量。打顶后，用小竹条进行插篱，将藤蔓引攀，使其缠绕篱杆向上生长，藤蔓进入开花结荚期，追施腐熟厩肥、草木灰、过磷酸钙等混合肥。

（九）质量标准及检测

1. 性状

本品根多呈圆锥形，上粗下细，有分枝，长短不一，直径0.5～1.5 cm；表面粗糙，有细纵纹，支根极细，有的断落或留有残基，质硬。茎丛生，长50～100 cm，直径约0.2 cm，灰棕色至紫褐色，小枝纤细，疏被短柔毛。羽状复叶互生，小叶8～11对，多脱落，小叶矩圆形，长0.8～1.2 cm，先端平截，有小突尖，下表面被伏毛。气微香，味微苦（见彩图3-5）。

2. 鉴别

（1）本品粉末灰绿色。非腺毛单细胞，先端尖或长尖，长60～970μm，直径12～22μm，壁厚3～6μm，层纹明显，有疣状突起。气孔平轴式。纤维束周围细胞含草酸钙方晶，形成晶纤维，含晶细胞壁不均匀增厚。石细胞类圆形、类方形或长圆形，直径16～40μm，有的壁稍厚。木栓细胞黄棕色。草酸钙方晶直径5～12μm。

（2）取本品粉末约10g，加70%乙醇100 mL，加热回流30 min，滤过，滤液分成两份，蒸干。其中一份残渣加水10 mL溶解，滤过，取滤液2 mL，加三氯化铁冰醋酸溶液2 mL，摇匀，沿壁管缓缓加入硫酸2 mL，接界面即显红棕色。

（3）取上述另一份残渣，加1%盐酸溶液使溶解，滤过，残渣加1%氢氧化钠溶液10 mL，加热回流30 min，放冷，移至分液漏斗中，加乙醚20 mL振摇提取，分取乙醚液，蒸干，残渣加冰醋酸1 mL使溶解，加醋酐19份与硫酸1份的混合液1 mL，即显黄色，渐变为污绿色。

3. 检查

（1）水分

不得超过15.0%。

（2）总灰分

不得超过7.5%。

（3）酸不溶性灰分

不得超过2.0%。

（4）浸出物

用热浸法，用稀乙醚作溶剂，不得少于6.0%。

（5）重金属残留量

重金属残留量应符合中华人民共和国商务部《药用植物及制剂进出口绿色行业标准》中规定的允许范围：重金属总量≤20.0 mg/kg；铅（Pb）≤5.0 mg/kg；镉（Cd）≤0.3 mg/kg；砷（As）≤2.0 mg/kg；汞（Hg）≤0.2 mg/kg；铜（Cu）≤20.0 mg/kg。

（6）有机氯农药残留量

应符合中华人民共和国商务部《药用植物及制剂进出口绿色行业标准》中规定的允许范围：滴滴涕（DDT）≤0.1 mg/kg、六六六（BHC）≤0.1 mg/kg、五氯硝基苯（PCNB）≤0.1 mg/kg、艾氏剂（Aldrin）≤0.02 mg/kg。

（十）包装、贮藏及运输

1. 包装

选用不易破损的包装材料且密闭包装，以保证药材在运输、贮藏、使用过程中的质量。发送中药材必须有包装，标签应注明药材品名、产地、采收日期、采收单位、调出日期、调出单位、调出数量、注意事项，并附有质量合格的标志。

2. 贮藏

采用完全密闭的方法贮藏，置于通风、干燥、无污染的环境，彻底灭菌，并采用控温、控湿技术，防止霉变。消灭虫源，防止发生虫蛀及老鼠等。

3. 运输

运输过程中，应注意防止药材包装破损，防止雨淋、防潮、防暴晒、防污染，严禁与可能污染其品质的货物混装运输。不得与其他有毒、有害、易串味物质混装。运载容器应具有较好的通气性，以保持干燥，并应有防潮措施。

（杜　勤）

参 考 文 献

岑丽华，徐良，郑雪花．2005．广州相思子GAP栽培技术研究［J］．中草药，36（11）：1706-1710.

国家药典委员会．2005．中华人民共和国药典：一部［M］．北京：化学工业出版社：134.

侯宽昭．1956．广州植物志［M］．北京：科学出版社：353.

江苏新医学院．1993．中药大辞典［M］．上海：上海科学技术出版社：1210.

王诗用，钟技．1999．毛鸡骨草栽培技术［J］．中药研究与信息，（4）：43～45.

徐良．2001．中国名贵药材规范化栽培与产业化开发新技术［M］．北京：中国协和医科大学出版社：301.

严永清，余传隆，黄泰康，等．1996．中药辞海［M］．北京：中国医药科技出版社：506，1114.

中国中医研究院，广州中医学院．1982．中药大辞典［M］．北京：人民卫生出版社：859.

中医药管理局《中华本草》编委会．1994．中华本草［M］．上海：上海科学技术出版社.
中国科学院中国植物志编辑委员会. 1994. 中国植物志：第40卷［M］. 北京：科学出版社.

附

鸡骨草规范化生产标准操作规程（SOP）

第一章 总 则

1.1 为保证中药材质量，促进中药标准化、现代化，依据鸡骨草药材生长特点和国家药品监督管理局《中药材生产质量管理规范（试行）》的要求，制定本标准操作规程（SOP）。

1.2 本规程内容包括：总则，种植地自然条件，品种类型，种苗繁育，栽植与田间管理，主要病虫害防治，采收与加工，留种技术，质量标准，包装、运输与贮藏，人员和设备，文件管理等，是鸡骨草药材生产和质量管理的具体操作方法。

1.3 种植者应动用标准操作规程管理和质量监控手段，保护生态环境，坚持"最大持续量"原则，实现资源的可持续利用。

1.4 本规程适用于鸡骨草的种植地。

1.5 引用标准 下列文件中的条款被本标准引用则为本标准的条款。

1.5.1 《中华人民共和国环境空气质量标准》（GP3095—1996）。

1.5.2 《中华人民共和国土壤环境质量标准》（GB15618—1995）。

1.5.3 《中华人民共和国农田灌溉水质标准》（GB5084—

1992）。

1.5.4 《中华人民共和国药典（一部）》(2000年版)。

1.5.5 国家药品监督管理局《中药材生产质量管理规范（试行）》。

1.5.6 科技部生命科学技术发展中心《中药材规范化种植研究项目实施指导原则及验收标准》。

1.5.7 中华人民共和国商务部《药用植物及制剂进出口绿色行业标准》。

1.6 定义。

1.6.1 GAP 即英文Good Agricultrue Practice的缩写，指中药材生产质量管理规范。

1.6.2 SOP 即英文Standard Operation Practice的缩写，指中药材规范化生产标准操作规程。

1.6.3 最大持续量 即不危害生态环境，可持续生产（采收）的最大产量。

1.6.4 生物肥料 是利用生物活体或生物代谢过程中产生的具有生物活性的物质或从生物体提取的物质作为提高作物产量和品质的肥料。

1.6.5 生物源农药 是利用生物活体或生物代谢过程中产生的具有生物活性的物质或从生物体提取的物质作为防治作物病虫害的农药。

1.6.6 质量标准 是对药材的质量规定和检验方法所作的技术规定。

第二章 种植地自然条件

2.1 自然条件 广东省平远县是鸡骨草的主要产区。该县为典型的山区县，位于广东东北部，地处北纬24°24′～24°56′，东经115°44′~116°07′，为丘陵、低山区，属中亚热带气候区，气候温暖，日照充足，雨量充沛，夏长冬短。年平均日照1 872.5 h，年平均气温20.7 ℃，1月份平均气温11 ℃，是最冷的月份。7月份平均气温28.5 ℃，为最热的月份。年平均降雨量1 647.4 mm，降雨量集中在4~9月，占全年降雨量的74%~78%。该地区土层深厚、疏松肥沃、富含腐殖质，且排水良好，适宜鸡骨草的生长。

2.2 环境质量。

2.2.1 环境空气质量达到《中华人民共和国环境空气质量标准》（GB3095—1996）二级以上标准。

2.2.2 土壤环境质量达到《中华人民共和国土壤环境质量标准》（GB15618—1995）二级以上标准。

2.2.3 农田灌溉水质量达到《中华人民共和国农田灌溉水质标准》（GB5084—1992）二级以上标准。

第三章　品　种　类　型

3.1 广州相思子 *Abrus cantoniensis* Hance 本品根多呈圆锥形，上粗下细，有分枝，长短不一，直径0.5~1.5 cm；表面粗糙，有细纵纹，支根极细，有的断落或留有残基，质硬。茎丛生，长50~100 cm，直径约0.2 cm，灰棕色至紫褐色，小枝纤细，疏被短柔毛。羽状复叶互生，小叶8~11对，多脱落，小叶矩圆形，长0.8~1.2 cm，先端平截，有小突尖，下表面被伏毛。气微香，味微苦。

3.2 大叶鸡骨草　本品为豆科植物毛相思子 *Abrus mollis* Hance的干燥全株。主产于广西梧州、玉林、南宁及广东。外观与鸡骨草主要不同点是地上部分全体密被黄色柔毛。主根细，须根多，表面灰黄色至灰棕色。根茎膨大呈瘤状，上面分生众多的茎枝，茎较粗，紫褐色至灰棕色，小枝黄绿色。偶数羽状复叶，小叶11～16对，叶比鸡骨草大1/3左右，故习称大叶鸡骨草。气微，味淡。该品种在广东、广西部分地区作鸡骨草入药。

第四章 种苗繁育

4.1 苗圃地。

4.1.1 搭建苗圃地 选择近水源、避风、土层深厚、肥沃、疏松的生荒地。翻耕土壤后作畦，畦面宽0.8～1 m，长度3～4 m，畦高20～30 cm。苗棚大小根据苗的数量而定。

4.1.2 土壤处理 选择比较疏松、不带菌、富含腐殖质的森林表土，过筛，用50%百菌清500～800倍液或福尔马林进行全面消毒。

4.2 种子育苗。

4.2.1 选种 选取无病虫害的健壮植株作母株，加强管理。

4.2.2 采集块茎 4～5月份挖取块茎，纱布包裹，水中洗净，晾干。

4.2.3 播种时间 一般随采随播，选晴天种植。

4.2.4 播种方法 采取穴栽，每穴1株，播深5 cm。播后覆土，在畦前盖一层落叶或木糠保温。

4.2.5 育苗移栽 在整好的畦上开行沟撒播，撒播时将种子与细沙混匀后直接撒到已整好的苗床上，一般撒播每667 m^2 用种量1.5～2 kg，可移植4 hm^2 以上。播后浇水盖草，保持畦地湿润。

4.3 直播种植 在畦上开穴点播，点播的行株距为2 cm×3 cm，每穴放种子2～3粒，覆细土或过筛的火烧土厚1.5～2 cm。

第五章 栽植与田间管理

5.1 种植地选择与整地 选择土层深厚、疏松、肥沃、靠近水源的地段。种植前进行翻土,让其自然风化。种植地为平地,一般采用水平带状整地,深耕40 cm,碎土耙平,开好排水沟。施足基肥,以腐熟的农家肥为主。

5.2 栽植季节 一般在春季5月份,选择晴天种植。

5.3 种植密度 根据鸡骨草的生物学和生态学特性,结合种植地的土壤条件和当地集约经济的程度,定出初植密度每667 m^2 8 000~10 000株,株距20 cm,行距30 cm。

5.4 种植方法 选择健壮无病虫害的块茎或完整植株,进行穴栽,每穴1株。栽种后,即时淋水。

5.5 定植后管理。

5.5.1 覆盖淋水 定植后最好用芒萁等杂草覆盖畦面,减少水分散失和杂草丛生,遇天旱要淋水,保持土壤湿润。

5.5.2 补苗 缺株应及时补上。

5.5.3 中耕除草 定植初期,要勤除杂草、松土和培土。

5.5.4 施肥 施肥可根据叶色变化来进行。在一般情况下,若发现植株长势弱,叶色淡黄色时,说明氮肥不足,可施入人畜粪尿或尿素。也可进行根外施肥,用清水加磷酸钙和尿素,混匀后于早上9时前或下午5时后用喷雾器喷施叶面,可连续进行,每隔半个月1次,依叶色变化情况,连喷2~3次。

第六章 主要病虫害防治

6.1 防治原则 坚持贯彻保护环境、维护生态平衡的环保方针及预防为主、综合防治的原则,采用农业防治、生物防治和化学防治相结合的方法,对青天葵主要病虫害进行防治。尽量少施或不施农药,必要时,应采用最小有效剂量(使用低容量喷雾器)的广谱、高效、低毒、短残留的化学农药和生物制剂。

6.2 农业防治。

6.2.1 土壤消毒 结合整地作畦,每667 m²撒石灰100 kg进行土壤消毒。

6.2.2 清洁田园 清除杂草落叶、感染病虫植株,集中处理,以减少病虫源。

6.2.3 培育壮株 通过追施肥料,做好田间管理各项措施,促进植株生长健壮,增强抗病虫害的能力。

6.3 斑点病的防治。

6.3.1 为害症状 幼苗出土后,幼叶、叶鞘近地面处产生褐色病斑,渐向根茎部扩展,引致根、根茎基腐烂,病苗矮小。

6.3.2 农业综合防治 从无病留种株上采收块茎,在播前要做好块茎处理。提倡与其他作物实行隔年轮作,以减少田间病菌来源。雨后及时排水,防止积水,降低地下水位和棚内湿度,控制发病环境。在病害盛发期及时摘除病老叶。

6.3.3 药物防治 在发病初期开始喷药,用药间隔期7~10天,连续喷雾防治2~3次。药剂可选用47%加瑞农可湿性粉剂600~800倍液(125~165 g/667m²);72.2%普力克水溶性液剂1 000倍液(100 g/667m²);丰护胺可湿性粉剂800倍液(125 g/667m²);30%DT可湿性粉剂600倍液(165 g/667m²);77%可杀得可湿性粉剂1 000倍液(100/667m²)等。

6.4 蚜虫的防治。

6.4.1 为害症状 成、若虫刺吸茎叶、花蕾,不仅影响生长发育,还分泌蜜露引起煤污病,影响光合作用,减产20%~30%。

6.4.2 农业防治 注意清除田间、地边杂草,尤其春夏两季除草,对减轻蚜虫为害具重要作用。加强田间管理,使青天葵能够及时生长、成熟,可减轻蚜害。

6.4.3 药物防治 50%抗蚜威可湿性粉剂1 500~2 000倍液,此药剂对蚜虫有特效且对蚜茧蜂和食蚜蝇最安全;2.5%天王星乳油3 000倍液;21%灭杀毙800~1 000倍液,50%辛硫磷乳油800~1 000倍液,康福多可溶剂7 000~8 000倍液喷雾效果理想,药后20天防效仍可达85%以上。70%艾美乐水分散剂20 000~25 000倍液;12.5%必林可溶剂2 500~3 000倍液,以上药剂用药间隔期可掌握在20~25天。10%高效灭百可2 000倍液;20%莫比朗乳油4 000~5 000倍液;0.36%百草一号1 000~1 200倍液,用药间隔期10天左右。

6.5 斜纹夜蛾的防治。

6.5.1 为害症状 主要为害花芽、花蕾、花、果实和叶,造成叶片残缺不全,严重时可将叶片吃光。

6.5.2 农业防治 及时中耕除草,清洁田园,翻耕土壤,摘除卵块和初孵幼虫的叶片,对于大龄幼虫采用人工捕杀。合理调整作物布局,尽量避免种植斜纹夜蛾嗜好的作物。利用斜纹夜蛾成虫均具有较强的趋光性、趋化性和趋味性,在成虫发生期采用黑光灯、频振式杀虫灯、性诱剂、糖醋液(配方是糖6份、醋3份、白酒1份、水10份和90%敌百虫1份)等进行诱杀。

6.5.3 药剂防治 药剂防治必须掌握在初龄期进行,施药时间在下午6时以后。选用52.25%农地乐1 500倍液;48%乐斯本

500倍液;10%除尽1500倍液;15%安打悬浮剂4 000倍液;强敌-315可湿性粉剂1 500倍液;20%黑虫脱乳油800~1 000倍液。

6.6 蜗牛的防治。

6.6.1 为害症状 在春季早晚或雨后为害新长的叶片,造成缺刻或整个叶片舔食光。

6.6.2 农业综合防治 在早晨和黄昏蜗牛活动时用人工捕捉。也可用新鲜草堆放在畦沟上,天亮时蜗牛躲藏在草堆中,将草堆集中烧毁。

6.6.3 药剂防治 6%密达颗粒剂(瑞士龙沙公司产品)667 m^2 用量400 g;2%灭旱螺每667 m^2 用量400 g,6%梅塔颗粒剂每667 m^2 用量500~600 g,茶籽饼粉与敌百虫配成3%~6%的毒饵每667 m^2 用量2.5 kg,8%灭蜗灵颗粒剂每667 m^2 用量1 000 g,30%甲萘威四聚乙醛母粉每667 m^2 用量250~500 g。

第七章 采收与加工

7.1 采收季节 7月底采收较为适宜。

7.2 采收方法 将青天葵植株剪取地上部分,或将整株挖起,去除子块茎,留作种源,取带母块茎的叶。

7.3 产地加工 将叶片或植株摊在筛箕或竹席上,在太阳下晒,并常翻动,待叶片变软后,将叶片搓成小团,把叶柄搓细,搓第一次,一片一片叶搓,以后数片叶一起搓,边搓边晒,反复将叶片搓成团后不再松开时停搓,晒至全干。

第八章 留 种 技 术

8.1 种子繁殖留种 取成熟、无病虫害的健壮植株上的未开裂果实,阴干后,用牛皮纸包裹。注意青天葵种子在高温、高湿条件下，不能久贮。

8.2 块茎繁殖的留种技术 9～10月地下部分长成新块茎，就可割取地上部分的叶片作药材，新块茎则留藏在地里过冬，到翌年2～3月再挖起作种。

第九章 质量标准

9.1 抽样方法 根据《中华人民共和国药典》、企业标准和购销合同，按每批件数的1%随机抽检样品。

9.2 药材质量标准。

9.2.1 水分不得超过11.75%。

9.2.2 总灰分不得超过29.35%。

9.2.3 酸不溶性灰分不得超过19.02%。

9.2.4 水溶性浸出物（冷浸）不得少于2.63%。

9.2.5 醇溶性浸出物不得少于0.38%。

9.3 重金属限量指标。

9.3.1 铅（Pb）≤5.0 mg/kg。

9.3.2 镉（Cd）≤0.3 mg/kg。

9.3.3 砷（As）≤2.0 mg/kg。

9.3.4 汞（Hg）≤0.2 mg/kg。

9.4 农药残留限量指标。

9.4.1 六六六（BHC）≤0.1 mg/kg。

9.4.2 滴滴涕（DDT）≤0.1 mg/kg。

9.4.3 五氯硝基苯（PCNB）≤0.1 mg/kg。

9.4.4 艾氏剂≤0.2 mg/kg。

9.5 黄曲霉毒素限量指标 黄曲霉毒素B_1（Aflatoxin）≤5.0 μg/kg（暂定）。

第十章　包装、运输及贮藏

10.1　包装。

10.1.1　选用不易破损的包装,以保证药材在运输、贮藏、使用过程中的质量。

10.1.2　发送中药材必须有包装,标签应标明药材品名、产地、采收日期及注意事项等。

　　药材名称:

　　产　　地:

　　采收日期:

　　采收单位:

　　调出日期:

　　调出单位:

　　调出数量:

　　包装重量:

　　注意事项:

　　附:药材质量检验单

10.2　运输。

10.2.1　运输工具应有通风设备。

10.2.2　运输过程应防止日晒、雨淋、潮湿、损坏、污染。

10.3　贮藏

10.3.1　选择通风、干燥、无污染的环境,做专用仓库,并采用控温(30℃以下)、控湿(相对湿度70%~75%)技术,彻底灭菌,防止霉变。

10.3.2　贮藏要注意消灭虫源,防止发生虫蛀。

第十一章 人员和设备

11.1 人员。

11.1.1 从事中药材生产的人员均应具有基本中药学、农学常识,并经过生产技术、安全及卫生学知识培训。

11.1.2 从事田间工作的人员应熟悉栽培技术,特别是农药的施用及防护技术。

11.1.3 从事加工、包装、检验人员应定期进行健康检查,患有传染病、皮肤病、外伤性疾病等不得从事直接接触药材的工作。

11.1.4 对从事药材生产的有关人员应定期培训与考核。

11.2 设备。

11.2.1 药材生产单位备齐药材生产必须的设备。

11.2.2 生产企业生产和检验用的仪器、仪表、量具、衡器等适用范围和精密度应符合生产和检验的要求,有明显的状态标志,并定期校检。

第十二章 文件管理

12.1 文件。

12.1.1 生产企业应有生产管理、质量管理等标准操作规程。

12.1.2 药材生产全过程的详细记录。

12.2 管理 将上述文件资料全部归入档案收载。

12.2.1 由具有一定文化而且责任心强的人员作为记录员专门记录。

12.2.2 档案保管员要掌握档案分类和保管的基本知识。

12.2.3 记录员、档案保管员要求由相对固定的专人负责。

四、青 天 葵

（一）概　　述

1. 来源

青天葵为兰科多年生宿根草本植物毛唇芋兰 *Nervilia fordii*（Hance）Schitr.，以全草或叶入药，是岭南重要中药材之一。性凉，味甘。有润肺止咳，健脾消积，镇静止痛，清热凉血，散瘀解毒之功效，主治肺痨咳嗽，痰火咳血，热病发热，血热斑疹，热毒疮疖。

2. 开发利用

（1）药品

广州医学院第一附属医院研制的天龙咳喘灵胶囊（青天葵、款冬花、法半夏、五味子、熟附子、白芥子等十多味药材制成的胶囊），具有化痰止咳平喘，提高机体免疫力的功效，可用于治疗慢性支气管炎、喘息性支气管炎、哮喘、肺气肿、肺心病等症。

（2）食品

民间常用来煲汤　青天葵20 g、马蹄20个、猪肉500 g、生姜2～3片。将青天葵洗净、浸泡片刻；马蹄洗净、切开两半；猪肉洗净，整块不用刀切。然后一起与生姜放进瓦煲内，加入清水2 500 mL（约10碗水量），武火煲沸后，改为文火煲约2.5 h，调入适量的食盐和生油便可。此量可供3～4人用，马蹄、猪肉可捞起拌酱油佐餐用。

青天葵50 g、蜜枣6枚、瘦猪肉300 g、精盐少许。经常食用，可以预防生暗疮。

（3）其他

泡茶喝可消暑解热。提起青天葵，广东人几乎无人不晓，特别是大暑天时，喝一口青天葵泡茶顿有消暑清热凉心之感。

3. 原产地（主产）、分布

《中国高等植物图鉴》中记载：产广东，泰国也有。

《中药大辞典》中记载：青天葵分布广东、广西。

《中药材品种论述》中记载：青天葵主产广东、广西。

《中药材商品规格质量鉴别》中记载：青天葵主产广西南宁、百色、靖西、桂林，广东阳山、乐昌、南雄、始兴、韶关、连县、连平、英德、翁源、清远等山区。

《广西药用植物名录》记载：青天葵分布在广西隆林、昭平、永福。

（二）生物学特性

1. 形态特征

青天葵来源于兰科植物毛唇芋兰 *Nervilia fordii* (Hance) Schltr.。为多年生宿根小草本，高10～27 cm，全株光滑无毛。地下茎作不规则的球状，肉质，白色，直径约1 cm。茎极短或无。叶根生，多为1片，2片的罕见，呈圆形，长

4.5~6 cm，宽约8 cm，先端短尖，基部心脏形，全缘或略呈波状，绿色，叶脉明显，自叶基向叶缘伸出，约20条，侧脉纵横交错而呈网状，叶柄圆柱形，长约8 cm，粗约3 cm，有多数纵行条纹，接近地面部呈青紫红色。花梗长20~30 cm，节间有退化鳞片包覆，鳞片有淡紫红色脉纹，总状花序，花冠下垂，不整齐，5片，披针形，唇瓣1片，白色，有紫红色脉纹，内面被茸毛，雄蕊与雌蕊合生成合蕊柱。花期春季。蒴果，椭圆形，多数。种子微小，极多数，粉尘状，无胚乳（见彩图4-1）。

2. 生长发育规律

青天葵越冬块茎于4月开始萌动，4月底至5月中旬出土。较大的块茎先抽薹后开花，花先于叶开放，花期5~7月，果期6~8月。5~9月叶片生长，9月中旬至9月底叶片枯萎。全生育期6个月左右，其余时间均为地下部分休眠期。休眠期长是青天葵生长发育上最大特点之一。

3. 对生态环境条件的要求

青天葵性喜温暖潮湿，是阴生植物，荫蔽度要求60%~70%。生长期对水分十分敏感，既怕干旱，又怕积水，年平均日照时数为1 875.1~1 959.9 h，年平均气温20~28 ℃，年均降水量1 600~2 000 mm，无霜期在300天以上。

喜生于背阳坡的石缝中、石块旁、草丛中或树林下潮湿的腐殖土，喜排水良好、土质肥沃、疏松、土层深厚的沙质壤土，土壤pH5.5~8。由于各地的气候条件、海拔高度以及植被等生态环境有一定的差异，因此，青天葵的生长期和产量也有所不同。

（三）物种或品种类型

1. 正品

青天葵来源于兰科多年生宿根草本植物毛唇芋兰 *Nervilia fordii* (Hance) Schltr.。

2. 混淆品

兰科多年生宿根草本植物毛叶芋兰 *Nervilia plicata* (Andr.) Schltr. 产于广东北部，资源丰富，在民间常用作青天葵。广州中医药大学刘心纯对毛唇芋兰和毛叶芋兰进行植物形态及药材性状、组织粉末特征、理化鉴别等比较研究，认为毛叶芋兰不是青天葵的变异，而是另外一个物种，化学成分上两者大体上具备相似化合物，二者亲缘相近，民间有将毛叶芋兰作药材用的事实，且在用药过程中未发现有毒副作用，因此不宜将毛叶芋兰定为伪品。

3. 品种类型

青天葵药材传统分为小叶、中叶、大叶三种，小叶，叶片长约3 cm；中叶，叶片长4~5 cm；大叶，叶片长约6 cm，块茎过多不好。

广东北部和东部以及广西桂林地区产者多为小叶或中叶，广西南宁、百色及海南产者多为大叶。

以广西南宁产量大，广东阳山青莲、清远、翁源所产质量较优，其中阳山青莲产的一种叶小，叶面青，背微紫的称

"紫背天葵"，是小叶青天葵特优的一种，但产量很少。

青天葵在产区方面也有新发现，1970年海南发现有产，植株比两广所产者大，产区多割取地上部分扎成小把，称为海南青天葵。1990年我国云南、缅甸之间发现有产，相继涌入广东市场，一时供大于销，1992年后又少见上市。

青天葵以小叶为佳，以青莲产的紫背天葵为优。叶片两面均紫并有毛的紫叶青天葵次于小叶青天葵而优于大叶、中叶天葵。叶片大者，品质较次。总之，以叶片小而色青绿，嗅之草菇气味浓者为佳。

（四）种 植 地

1. 种植地选择

本研究选择梅州地区平远县为青天葵规范化种植基地（见彩图4-2），根据国家《中药材生产质量管理规范（试行）》对中药材产地和环境的要求，选择了远离居民点、周围无污染的种植基地。为确保药材生产过程中的无污染、无公害、高产和质量稳定，本研究首先对生产基地的自然条件进行了调查，对其空气、土壤和水质进行了检测分析。

2. 种植地生态环境质量检测

（1）大气

由平远县环境监测站监测，采用国家规定的环境质量标准及其分析方法标准和相关的文献方法进行，分析项目为 SO_2、NO_2、TSE等3项。采用频次为每天4个时段，SO_2、NO_2

每个时段采用60 min，TSE则每个采样日接连采样6~8 h，检测结果见表4-1。

表4-1　青天葵GAP基地空气检验结果　　　（mg/m³）

检测项目	二氧化硫SO_2	氮氧化物NO_x	总悬浮微粒TSE
年平均值	0.004	0.015	0.103

检测结果表明，平远地区空气的三项检测指标均优于《中华人民共和国环境空气质量标准》（GB3095—1996）中的要求。

（2）土壤

用随机多点取样法在平远县青天葵种植基地取土样。实验区内按不同的朝向和坡度随机选取10~20个取土点，采集0~40 cm土层的土壤，经充分混合后风干，分别过20目、40目和60目筛。样品处理好后送广东省生态环境与土壤研究所分析测试中心检测，检测结果见表4-2。

表4-2　青天葵GAP基地土壤分析检验结果

检测项目	检测结果	检测项目	检测结果
铅（mg/L）	26.6	砷（mg/L）	5.64
铜（mg/L）	4.82	汞（mg/L）	0.052
镍（mg/L）	12.6	六六六（mg/L）	0.003 2
铬（mg/L）	52.4	滴滴涕（mg/L）	0.002 6
锌（mg/L）	44.3	pH	4.71
镉（mg/L）	0.012		

检测结果表明，基地土壤质量符合《中华人民共和国土壤环境质量标准》（GB15618—1995）中二级质量标准。

（3）灌溉水质

在平远县青天葵种植基地取水样，用无菌容器盛装，低温保存，样品最短时间送广东省生态环境与土壤研究所分析测试中心检测，检测结果见表4-3。

表4-3 青天葵GAP基地灌溉水质分析检验结果

检测项目	检测结果	检测项目	检测结果
生化需氧量（mg/L）	3.4	铬（六价，mg/L）	0.002
化学需氧量（mg/L）	1.9	总铅（mg/L）	0.000 5
悬浮物（mg/L）	0.61	总铜（mg/L）	0.006
阴离子表面活性剂（LAS，mg/L）	0.05	总锌（mg/L）	0.024
		硼（mg/L）	0.01
凯氏氮（mg/L）	0.86	总硒（mg/L）	0.000 2
总磷（以P计算，mg/L）	0.013	氟化物（mg/L）	0.01
水温（℃）	19	氰化物（mg/L）	0.002
pH	6.76	石油类（mg/L）	0.05
全盐量（mg/L）	16.8	挥发酚（mg/L）	0.010
氯化物（mg/L）	0.82	苯（mg/L）	0.001
硫化物（mg/L）	0.01	三氯乙醛（mg/L）	0.003
总汞（mg/L）	0.000 1	丙烯醛（mg/L）	0.001
总镉（mg/L）	0.000 5	蛔虫卵数（个/L）	0
砷（mg/L）	0.001	粪大肠菌群（个/L）	5 124

检测结果表明，基地灌溉水质质量符合《中华人民共和国农田灌溉水质标准》（GB5084—1992）中二级质量标准。

上述资料表明，平远县青天葵基地的空气、水质和土壤质量优良，各项指标都符合国家中药材的生产标准。

（五）种植技术

1. 育苗技术

（1）育苗地选择与整地

选择富含腐殖质的沙质壤土作苗床。深翻土壤达30 cm以上，清理整地后耙平。

（2）育苗时间

种子播种在3月上旬至4月上旬，块茎繁殖于4月底5月初进行育苗。

（3）育苗方法

1）种子繁殖

青天葵种子纤细，肉眼观察呈粉末状，种子无胚乳，种子发芽无自身营养来源，若不在环境条件适宜的情况下，经过生理后熟阶段的特殊处理，种子很易失去活力，难以萌发。

从野外采集生长健康、成熟、没有病虫害、没有开裂的果实，自然风干后，装在具封口的塑料袋内。

种子净度：切开青天葵果实，可见种子非常细小，肉眼观察为粉末状，取出种子约10 mg，在显微镜下进行分析，将种子分成净种子、杂质2部分，分别称重，重复2次，取其平均值，测得种子净度为99.2%。

种子千粒重：从经净度分离后得到的净种子中取1 000

粒，称重，测得种子千粒重为4 mg。

种子发芽率及发芽势：从净种子中随机取100粒，以干净滤纸为发芽床，25 ℃下进行发芽试验，初次计数为1个月，末次计数为2个月，计算发芽率、发芽势，测得1个月时发芽率为0，2个月时发芽率为0，发芽势为0。

2）块茎繁殖

青天葵通常是用地下块茎进行无性繁殖，成活率高。于4月底5月初，采挖新鲜的青天葵块茎以及已经萌发的带块茎的植株，按大小分级，块茎和植株分别选择较阴凉处集中用新鲜河沙保存。

种植前，将块茎取出，放在阴凉通风处晾置1~2天，然后选晴天播种。每667 m^2 播种量20 000株，采用点播法，每穴放1株，行距株为10 cm×15 cm，播深5 cm。青天葵块茎播后，大多于1~2周内萌发。栽后当年9~10月，割取地上部分叶片作药材，新长出的块茎留在地里过冬，到第二年4月再挖起作种。

3）组织培养

①青天葵根状茎的诱导

从青天葵植株上采集不同部位，分别用70%酒精浸泡30 s，1‰升汞浸泡15 min，无菌水冲洗5次，分别接种（根、叶柄切成1 cm长的段，叶切成1 cm^2 大小，块茎直接接种）。每日光照12 h，光照强度1 200 lx，培养温度25 ℃±2 ℃。

采用1/2MS+6–BA 2 mg/L（以下单位同）培养基，每种接种数均为12瓶，4周后观察，培养材料选择块茎为宜。将青天葵块茎分别接种于1/2MS+6–BA 1 mg/L和1/2MS+6–BA 2 mg/L两种培养基上，考察6–BA浓度对诱导块茎生芽的影响，4周后统计结果，见表4-4。

表4-4 6-BA浓度对青天葵诱导生芽的影响

6-BA浓度	1 mg/L	2 mg/L
接种块茎数（个）	10	10
长芽块茎数（个）	2	4
诱导率（%）	20	40

注：每组接种10瓶，每瓶接种1粒块茎。

由表4-4知，对于1/2MS培养基，6-BA 2 mg/L的诱导效果优于6-BA 1 mg/L，故选择1/2MS+6-BA 2 mg/L作诱导培养基。

青天葵块茎接种2周后，在块茎上半部有白色小芽苞突起，以后顶芽及腋芽逐渐长大。长大的芽变成细长的根状茎，节明显，节上有白色的小鳞叶，并不断向前伸长，颜色有绿色，也有白色。

将诱导出的芽接种到添加了10%椰汁的培养基上，芽生长非常迅速，呈细长根茎状，有许多白色茸毛长于根茎周围，并于节处长出许多小芽，芽尖均向培养基中生长，小芽也向培养基中生长，形成鹰爪状，每节几乎均有小芽长出，但无根。

②再生植株的形成

由根茎诱导形成块茎再形成植株 将白色的根茎接种到1/2MS+1‰活性炭的生根培养基中，1个月后根茎上开始长出白色块茎，直径约1 cm，继续培养，块茎顶端长出绿色的细长芽，并逐渐伸展成为叶柄和叶片，并在叶柄下端长出白色的根。

由根茎直接诱导形成植株 将绿色的根茎接种至1/2MS+6-BA 2 mg/L+NAA 2 mg/L的生根培养基中，1个月后直接在根茎上长出绿色的芽，并伸展成为叶柄和叶片，并在叶柄下端长出白色的根（见彩图4-3）。

2. 种植技术

（1）种植地选择与整地

选择水源充足、西晒时间短、土质肥沃的平地，搭建遮阴棚使荫蔽度保持在60%~70%。抓住晴天日晒的时机，于移栽前将实验地深挖30 cm，打碎土块，捡净杂草和石块，然后深耕细耙，开好排水沟，种前起畦宽80 cm，高20 cm。因青天葵生长期短，故要施足基肥，撒于畦面与土拌匀。

（2）种植时间

青天葵通常是用地下块茎进行无性繁殖，成活率高。于4月底5月初，从产区采挖新鲜的青天葵块茎以及已经萌发的带块茎的植株，按大小分级，块茎和植株分别选择较阴凉处集中用新鲜河沙保存。

（3）种植方法

1）块茎种植

种植前，将块茎取出，放在阴凉通风处晾置1~2天，将已经用湿砂保存的青天葵种苗，选晴天种植，及时淋水保湿。青天葵原来生长在石灰岩地区荫蔽潮湿的地方，引种到基地后，应注意遮阴保湿，基地采用搭建遮阳网，保证荫蔽度在60%~70%。

2）试管苗移栽

将已经生根的长度5~6 cm的试管苗，置于自然光下培养3天，然后打开试管苗瓶盖炼苗3天。用镊子轻轻夹出试管苗，洗去基部的琼脂，移栽到添加了1/2MS营养液的沙土中，保持一定湿度。4周后移栽到营养土中（见彩图4-4）。

（4）种植密度

每667 m²播种量20 000株，采用点播法，每穴放1株，行距株为10 cm×15 cm，播深5 cm。青天葵块茎播后，大多于1~2周内萌发，植株生长茂盛。栽后当年9~10月，割取地上部分叶片作药材，新长出的块茎留在地里过冬，到第二年4月再挖起作种。

（5）田间管理

1）遮阴

青天葵原来生长在石灰岩地区荫蔽潮湿的地方，引种到基地后，应注意遮阴保湿，基地采用搭建遮阳网，保证荫蔽度在60%~70%。

2）淋水

青天葵移栽后，要根据天气情况，若天气干旱，应即时浇定根水，若天阴有雨，可适当少淋或不淋水。雨后或淋水后，及时松土除草，防止土壤板结。

3）施肥试验

选用全国农业技术推广服务中心推荐的九隆升生物有机肥，当地市售化肥和农家肥为研究对象，采用单因素随机设计，设4个处理：生物有机肥、化学肥料、农家肥、对照区，3次重复。周围设保护带，小区间设保护行。

在6、7、8月月底施肥，共施3次，施肥试验设计见表4-5。

①施肥对青天葵植株地上部分生长量的影响　从各实验田中随机采集样品植株各50株，测量叶片宽度、叶片长度、叶柄长度、叶柄宽度、叶鲜重、叶干重、全株重等各项生长指标，求取平均值。结果见表4-6。

表4-5 施肥试验设计

肥料名称	肥料种类	施肥量（kg/667 m²）
生物有机肥	以发酵鸡粪为载体，有机质含量85%以上，含NPK无机总养分为10%及部分微生物菌剂	83
化学复合肥料	含NPK无机总养分	100
农家肥	草木灰、鸡粪	100
对照区	除种植前施入鸡粪作为基肥外不另施肥	100

表4-6 施肥后青天葵叶生长量的比较

肥料种类	叶片宽(cm)	叶片长(cm)	叶片宽×长(cm²)	叶柄长(cm)	叶柄宽(cm)	鲜重(g)	干重(g)	干鲜重比(%)
生物有机肥	5.95	4.65	27.667 5	3.81	0.22	1.259 9	0.121 2	9.62
复合肥	5.64	4.49	25.323 6	2.96	0.22	0.850 6	0.099 6	11.71
农家肥	5.55	4.10	22.755	3.28	0.21	0.939 8	0.100 0	10.64
对照组	5.99	4.23	25.337 7	3.06	0.20	1.020 3	0.110 8	10.86

由表4-6知，肥料种类对叶生长量有一定影响，青天葵叶片宽度对照组＞生物有机肥＞复合肥＞农家肥，叶片长度生物有机肥＞复合肥＞对照组＞农家肥，叶片宽×长生物有机肥＞复合肥＞农家肥＞对照组。

叶柄长度：生物有机肥＞农家肥＞对照组＞复合肥，叶柄宽度生物有机肥=复合肥＞农家肥＞对照组。

单叶鲜重：生物有机肥＞对照组＞农家肥＞复合肥，单叶干重生物有机肥＞对照组＞农家肥＞复合肥，叶干鲜重比复合肥＞对照组＞农家肥＞生物有机肥。

②施肥对青天葵植株地下部分生长量的影响 从各实验田中随机采集样品植株各50株，测量母块茎直径、子块茎直径、子块茎个数、根数目等地下部分生长指标，求取平均值。结果见表4-7。

表4-7 施肥后青天葵地下部分生长指标及全株重的比较

肥料种类	块茎			根数目（条）	全株鲜重（g）
	母块茎直径（cm）	子块茎数（个）	子块茎直径（cm）		
生物有机肥	1.16	1.51	1.02	3.08	3.62
复合肥	1.21	1.64	1.17	3.23	3.09
农家肥	1.12	1.57	0.97	2.72	3.51
对照组	1.11	1.44	1.07	2.71	3.00

由表4-7知，施用肥料后，青天葵地下部分的生长状况普遍好于对照组，母块茎直径：复合肥＞生物有机肥＞农家肥＞对照组；子块茎直径：生物有机肥＞对照组＞复合肥＞农家肥；子块茎数目：复合肥＞农家肥＞生物有机肥＞对照组；根数目：复合肥＞生物有机肥＞农家肥＞对照组。

③施肥对青天葵叶片叶绿素含量的影响 从各实验田中随机采集样品植株各30株，分别测量了叶片的叶绿素总量及叶绿素a和叶绿素b的含量。

叶绿素含量测定方法：于每天15时左右，取青天葵成熟叶片，用混合液法测定叶片叶绿素含量及叶绿素a/叶绿素b比值。每片叶片取鲜叶重0.08 g，在万分之一天平上称重，放入萃取液（丙酮：95%乙醇=1：1，10 mL），在冰箱中黑暗处放置18～20 h，之后取出，用CARY 50 probe型紫外可见分光光度计（WARIAN公司）测定645 nm和663 nm处的光密度值，并由Arnon公式计算叶绿素含量：

叶绿素a含量（mg/g）=（12.7D663－2.69D645）×V/1 000 W

叶绿素b含量（mg/g）=（22.9D645－4.68D663）×V/1 000 W

叶绿素总量（mg/g）=（8.02D663+20.2D645）×V/1 000 W

V为浸提液的最终体积，W为叶片鲜重。实验结果见表4–8。

表4–8　施肥后青天葵叶片叶绿素含量的比较

肥料种类	叶绿素a含量（mg/g）	叶绿素b含量（mg/g）	叶绿素a/叶绿素b	叶绿素总量（mg/g）
生物有机肥	0.718 3	0.200 6	3.58	0.918 7
化学复合肥	0.664 9	0.169 8	3.92	0.834 5
农家肥	0.570 4	0.137 6	4.15	0.707 8
对照组	0.563 0	0.134 3	4.19	0.697 1

植物95%以上的干物质是光合作用提供的，叶片是光合作用的主要器官，叶片中的叶绿体是光合作用的主要的细胞器。高等植物在光合反应中吸收光能的主要色素是叶绿素，其含有的叶绿素a和叶绿素b能将光能转化为化学能，形成有机物质。叶绿素a和叶绿素b有不同的吸收光谱，叶绿素a在红光部分的吸收带偏向长光波方面，叶绿素b则在蓝紫光部分的吸收带较宽。

青天葵适生环境荫蔽度要求60%～70%，无荫蔽条件不易存活。本研究表明，肥料对青天葵叶片中的叶绿素a、叶绿素b、叶绿素总量均有影响，叶绿素a、叶绿素b、叶绿素总量均为：生物有机肥＞复合肥＞农家肥＞对照组；叶绿素a/叶绿素b比值：生物有机肥最小，农家肥最大，复合肥居中，均低于对照组。

若以叶绿素总含量的增加及叶绿素a/叶绿素b比值的下降为指标，来判断3种肥料对青天葵适应遮阴条件下生长能力的影响，生物有机肥对青天葵的荫蔽生长最为有利，化学复合肥次之，农家肥再次之，三者均优于对照组。因此施用有机肥对青天葵的荫蔽生长最为有利，复合肥次之，农家肥再次之。

（六）主要病、虫、草害的防治

1. 病害

（1）斑点病

又称根腐病或黑点病。

1）病原

禾旋孢腔菌 *Cochliobolus sativus*（Ito et Kurib.）Drechsl.，属子囊菌亚门真菌。该菌为异宗配合种，雌雄同株。自交不孕。该菌在琼脂培养基上，pH6，以透析袋为培养物，24℃培养7天，移至20℃培养14天可形成子囊座。无性态分生孢子梗单生或2～3根丛生，从寄主表皮间生出，褐色，具隔膜。分生孢子形状和大小差异较大，一般为圆筒形，直或弯曲，两端略细，褐色，大小（60～120）μm×（150～300）μm，具隔膜3～10个。该菌有生理分化现象。

2）为害症状

各生育期不同部位均可发病。幼苗出土后，幼叶、叶鞘近地面处产生褐色病斑，渐向根茎部扩展，引致根、根茎基腐烂，病苗矮小。本病多于7～8月高温多雨季节危害叶片。叶片染病后，发病初始产生针刺点水渍状小斑点，扩大后呈圆形或不规则形病斑，直径1～3 mm，边缘不规则，具褪绿晕圈，中央黄褐色或黄白色病斑，色浅，故称斑点病，发病严重时，叶片上多个病斑可连接成片，形成大病斑。叶柄染病后病斑较大，长形，灰色，其中杂有褐色斑点，边缘不明显。叶背病部不易产生乳白色混浊黏液或白痕菌脓，病斑不会破裂造成穿孔。

3）发病规律

病菌喜温暖潮湿的环境，适宜发病的温度范围18～38 ℃，最适发病环境为温度25～32 ℃，春夏高温闷热多雨或多台风暴雨的年份发病重，最适感病生育期在成株至坐果采收期。发病潜育期5～7天。

病菌以菌丝体潜伏在病残组织内越冬或越夏，也可以分生孢子黏附在块茎部位越冬。病菌从幼苗芽鞘侵入，然后蔓延到幼叶及根冠。机械伤、虫伤利于病菌侵入。当年病部产生的分生孢子，借风雨传播，进行多次再侵染，使成株叶、块茎及根部发病。连作、地势低洼、排水不良、种植过密、通风透光差、氮肥施用过多、冻害等易诱发该病。

4）防治方法

农业综合防治　从无病留种株上采收块茎，在播前要做好块茎处理。提倡与其他作物实行隔年轮作，以减少田间病菌来源。雨后及时排水，防止积水，降低地下水位和棚内湿度，控制发病环境。在病害盛发期及时摘除病老叶。

药剂防治　在发病初期开始喷药，用药间隔期7～10

天，连续喷雾防治2~3次。药剂可选用47%加瑞农可湿性粉剂600~800倍液（667 m²用量125~165 g）；72.2%普力克水溶性液剂1 000倍液（667 m²用量100 g）；丰护胺可湿性粉剂800倍液（667 m²用量125 g）；30%DT可湿性粉剂600倍液（667 m²用量165 g）；77%可杀得可湿性粉剂1 000倍液（667 m²用量100 g）等。

2. 虫害

（1）蚜虫

1）学名　*Sitobion avenae*（Fabricius），属同翅目，蚜科。

2）为害症状

成、若虫刺吸茎叶、花蕾，不仅影响生长发育，还分泌蜜露引起煤污病，影响光合作用，减产20%~30%。

3）发生规律

蚜虫在长江以南以无翅胎生成蚜和若蚜于狗尾草等杂草上越冬，无明显休眠现象。于3~4月气温10℃以上时开始活动和取食及繁殖，大量繁殖无翅胎生蚜，到5月上旬虫口达到高峰，进入梅雨季节后，虫量开始减少，此后出现高温干旱，则进入越夏阶段。9~10月天气转凉，虫口下降，大多产生有翅胎生蚜，迁到杂草上取食或蛰伏越冬。

4）防治方法

农业综合防治　注意清除田间、地边杂草，尤其春夏两季除草，对减轻蚜虫为害具重要作用。加强田间管理，使青天葵能够及时生长、成熟，可减轻蚜害。

药剂防治　当前治蚜仍以化学防治为主要手段。根据蚜虫多生于心叶及叶背皱缩处的特点，喷药一定要细致、周到，在用药品种上，选择具有触杀、内吸、熏蒸三种作用的药剂。在田间点片发生阶段要加强防治。可选择的药剂有：50%抗蚜威可湿性粉剂1 500~2 000倍，此药剂对蚜虫有特效且对蚜茧蜂和食蚜蝇最安全；2.5%天王星乳油3 000倍液；21%灭杀毙800~1 000倍，50%辛硫磷乳油800~1 000倍，康福多可溶剂7 000~8 000倍液喷雾效果理想，药后20天防效仍可达85%以上。70%艾美乐水分散剂20 000~25 000倍；12.5%必林可溶剂2 500~3 000倍，以上药剂用药间隔期可掌握在20~25天。10%高效灭百可2 000倍；20%莫比朗乳油4 000~5 000倍；0.36%百草一号1 000~1 200倍，用药间隔期10天左右。

（2）斜纹夜蛾

1）学名 *Spodoptera litura* Fabricius，属鳞翅目，夜蛾科，是一种杂食性害虫。

2）为害症状

斜纹夜蛾主要为害花芽、花蕾、花、果实和叶，造成叶片残缺不全，严重时可将叶片吃光。

3）发生规律

斜纹夜蛾喜高温天气，成虫昼伏夜出，飞翔能力强，有突增突减现象，该虫在每年可发生9代，无越冬现象。4月底至5月中旬为成虫盛发期，5月中旬是防治斜纹夜蛾关键期。成虫一般产卵于叶片背面，幼虫分6龄，初孵幼虫群集取食，3龄后分散，3龄前仅取食叶肉，残留一层表皮和叶脉，4龄起为暴食期，食叶成孔洞、缺刻，严重时可将全田作物吃光。幼虫有假死和避光习性。高龄幼虫白天多躲在背光处或钻入土缝中，夜间活动取食。老熟幼虫入土化蛹。

4）防治方法

农业综合防治 及时中耕除草，除尽田间及其周围的杂草，减少产卵场所，高龄幼虫期及蛹期搞好深中耕，消灭土中的幼虫和蛹。清洁田园，作物收获后及时清园，将残株落叶带出田外处理，翻耕土壤，杀灭部分幼虫和蛹。结合田间其他农事活动摘除卵块和初孵幼虫的叶片，对于大龄幼虫采用人工捕杀。合理调整作物布局，斜纹夜蛾虽然食性杂，但不同的作物受害程度还是有一定区别的，斜纹夜蛾发生较重时，要尽量避免种植斜纹夜蛾嗜好的作物。

物理防治诱杀成虫　利用斜纹夜蛾成虫均具有较强的趋光性、趋化性和趋味性，在成虫发生期采用黑光灯、频振式杀虫灯、性诱剂、糖醋液（配方是糖6份、醋3份、白酒1份、水10份和90%敌百虫1份）等进行诱杀。

药剂防治　根据斜纹夜蛾成虫消长及昼伏夜出的情况，药剂防治必须掌握在初龄期进行。在卵孵盛期，最好在2龄幼虫始盛期即每667m²有初孵群集幼虫2~3窝，列为防治田或组织防治施药的对象田，施药时间在下午6点以后，以获得最佳防治效果。药剂选用高效、低毒、低残留农药，52.25%农地乐1 500倍；48%乐斯本500倍；10%除尽1 500倍；15%安打悬浮剂4 000倍；强敌-315可湿性粉剂1 500倍；20%黑虫脱乳油800~1 000倍。少用拟除虫菊酯类药剂，有控制地使用有机磷药剂，轮换使用不同作用机理药剂。采用低容量喷雾。喷雾要均匀周到，除了作物植株上要均匀着药以外，植株根际附近地面要同时喷透，以防滚落地面的幼虫漏治。

（3）蜗牛

1）学名　*Helixgra minum* H.为软体动物门，腹足纲，柄眼目。

2）为害症状

在春季早晚或雨后为害新长的叶片，造成缺刻或整个叶片舔食光。

3）发病规律

成贝、幼贝以齿舌刮食寄主叶、茎、幼苗。蜗牛多生活在潮湿、阴暗的地方，白天隐蔽起来，夜间寻食药用植物，轻者食叶成缺刻或孔洞，严重的嫩芽被咬食，影响药材生长及开花。

4）防治方法

人工捕捉　在早晨和黄昏蜗牛活动时用人工捕捉。也可用新鲜草堆放在畦沟上，天亮时蜗牛躲藏在草堆中，将草堆集中烧毁。

药剂防治　由于蜗牛是软体动物（隶属腹足纲），不属于昆虫，因此使用杀虫剂是杀不死的，必须采用专用药剂。可用6%密达颗粒剂（瑞士龙沙公司产品）667 m^2 施用400 g；2%灭旱螺每667 m^2 400 g，6%梅塔颗粒剂每667 m^2 用500~600 g，茶籽饼粉与敌百虫配成3%~6%的毒饵每667 m^2 2.5 kg，8%灭蜗灵颗粒剂每667 m^2 1 kg，30%甲萘威·四聚乙醛母粉每667 m^2 用量250~500 g。

3. 施用农药对青天葵植株生长量的影响

（1）农药试验

中药材农药残留量及重金属严重超标是造成中药产品质量低劣的主要原因，应采用最小有效剂量并选用高效、低毒、低残留农药，以降低农药残留和重金属污染，保护生态环境。

为了考察施用农药对青天葵植株的影响，开展了病虫害防治区不同农药对青天葵植株生长指标的对比试验。病虫害防治试验设计结果见表4-9。

表4-9 病虫害防治试验设计

农药名称	农药种类	使用倍数	使用方法	每667 m² 施用量
生物农药A	菌克毒克	200~260倍	连续喷施2~3次，间隔7~10天	180~240 mL
生物农药B	好普	500~600倍	连续喷雾3次，间隔5天	150~200 mL
化学农药	甲基托布津	1 500~2 000倍	本品连续喷雾间隔7~10天	50~90 g

各实验田中每组随机采集样品植株各50株，测量下列各项生长指标，求取平均值。叶生长指标结果见表4-10。地下部分生长指标结果见表4-11。

表4-10 农药对青天葵叶生长指标的比较

农药种类	叶片宽 (cm)	叶片长 (cm)	叶片宽×长 (cm²)	叶柄长 (cm)	叶柄宽 (cm)	鲜重 (g)	干重 (g)	干鲜重比 (%)
生物农药A	5.12	4.02	20.582 4	3.33	0.22	0.723 9	0.093 4	12.90
生物农药B	5.64	4.32	24.364 8	2.43	0.22	0.955 3	0.101 9	10.67
化学农药	5.63	4.35	24.490 5	3.75	0.21	0.940 0	0.112 1	11.93
对照组	6.16	4.792	29 518 7	4.36	0.20	1.078 7	0.119 6	11.09

表4-11 农药对青天葵地下部分生长指标及全株重的比较

农药种类	块茎			根数目（条）	全株鲜重（g）
	母块茎直径（cm）	子块茎数（个）	子块茎直径（cm）		
生物农药A	1.38	1.79	0.99	3.13	2.769 3
生物农药B	1.21	1.55	0.950 2	2.80	2.701 4
化学农药	1.34	1.38	1.02	2.72	2.848 7
对照组	1.40	1.92	0.994	3.16	3.032 2

施用上述3种农药对青天葵地上部分的生长都有一定程度的负面影响，施用农药后，叶片宽度、长度普遍小于对照组，其中生物农药A的叶片宽度、长度<生物农药B=化学农药<对照组；叶柄的长度有明显的减小，生物农药B<生物农药A<化学农药<对照组，叶柄宽度却有增加，生物农药A=生物农药B>化学农药>对照组。

农药对青天葵地上部分的影响还表现为重量上的减小，农药各组的单叶鲜重、干重均小于对照组，其中单叶鲜重：生物农药A<化学农药<生物农药B<对照组；单叶干重：生物农药A<生物农药B<化学农药<对照组。

农药对叶片干鲜重比的影响较为复杂，生物农药A和化学农药组均高于对照组，生物农药B组最低。

施用上述3种农药对青天葵地下部分的生长也有一定程度的负面影响，施用农药后，母块茎直径、子块茎数、子块茎直径、根的数及全株重等指标数据普遍小于对照组。母块茎直径：化学农药<生物农药B<生物农药A<对照组；子块茎数：化学农药<生物农药B<生物农药A<对照组；子块茎直径：生物农药B<生物农药A<对照组<化学农药。

施用农药后,青天葵全株重呈现普遍减小趋势,生物农药B＜生物农药A＜化学农药＜对照组。

从以上数据可得出结论,施用上述3种农药对青天葵地上部分生长都有明显的抑制,因此生产上应尽量不用或少用这3种农药,它们对青天葵地上部分的影响程度是:生物农药A＞生物农药B＞化学农药,对地下部分的影响程度是:生物农药B＞化学农药＞生物农药A。

（2）施用农药对青天葵药材重金属含量及农药残留量的影响

施用农药对青天葵药材重金属及农药残留量影响的试验结果见表4-12。由表4-12知,施用上述3种农药后,青天葵药材内农药残留量均不超标,但药材内的重金属量均比对照组有所增加,增加的程度:生物农药A＜化学农药＜生物农药B,除汞外,其余重金属含量均超标,因此建议在青天葵的种植过程中,尽量不使用农药。

表4-12 农药种类对青天葵药材重金属及农药残留量的影响比较

分析项目	检测结果			
	生物农药A	生物农药B	化学农药	对照组
砷（As）（mg/kg）	2.0	2.8	2.2	1.8
铅（Pb）（mg/kg）	5.1	5.6	5.3	4.5
镉（Cd）（mg/kg）	0.58	0.72	0.64	0.53
铜（Cu）（mg/kg）	8.8	10.6	10.5	10.5
汞（Hg）（mg/kg）	＜0.1	＜0.1	＜0.1	＜0.1
六六六（BHC）	未检出	未检出	未检出	未检出
滴滴涕（DDT）	未检出	未检出	未检出	未检出
艾氏剂	未检出	未检出	未检出	未检出
五氯硝基苯	未检出	未检出	未检出	未检出

（七）采收加工

1. 采收

（1）采收部位的确定

青天葵资源主要来源野生植株，因此传统的采收部位是全草，现在随着野生转家种的逐步扩展，建议为了保留种源块茎，易采用叶入药或去除子块茎的带母块茎的叶入药（见彩图4-5）。

（2）采收期的确定

2004年7月、8月、9月底分别对基地种植的小叶、大叶、毛叶青天葵进行了生长状况的初步调查。实验所用材料均取自平远青天葵规范化种植基地。小叶青天葵和大叶青天葵来源于兰科植物毛唇芋兰 *Nervilia fordii*（Hance）Schltr.，引种自广西野生资源；毛叶青天葵为兰科植物毛叶芋兰 *Nervilia plicata*（Andr.）Schltr.，引种自基地附近野生资源，为当地的青天葵习用品。

我们确定了3个采收时期，分别为7月底、8月底及9月底。每种材料随机采样量均为30株。

1）叶大小、重量和全株重的比较

分别于7月底、8月底、9月底，测量小叶、大叶、毛叶青天葵的叶片长度、宽度和叶柄的长度、宽度、叶片的干重和鲜重以及整株植株的重量，最后求均数，实验结果见表4-13。

表4-13　叶大小、重量和全株重的比较

种类	收获期	叶片长×宽（cm×cm）	叶柄长×宽（cm×cm）	叶重（g）鲜重	叶重（g）干重	叶干鲜重比（%）	全株重（g）
小叶	7月底	6.24×5.05	3.76×0.58	1.38	0.13	9.42	4.1
	8月底	5.91×4.37	3.4×0.22	0.91	0.10	10.99	3.7
	9月底	5.59×4.4	2.7×0.22	0.53	0.06	11.32	3.0
大叶	7月底	8.0×5.8	12.0×0.2	2.85	0.25	8.77	6.8
	8月底	7.8×6.0	10.4×0.3	1.69	0.17	10.06	6.2
	9月底	6.7×5.1	9.8×0.3	1.32	0.16	12.12	5.4
毛叶	7月底	6.3×4.8	1.6×0.2	1.75	0.12	6.86	3.4
	8月底	5.4×4.6	1.7×0.2	0.84	0.10	11.90	3.2
	9月底	5.1×4.2	0.9×0.2	0.48	0.06	12.5	3.1

观察生长在基地的青天葵，7月底植株生长茂盛，颜色翠绿，饱满完整；8月底植株叶片颜色开始有发黄的趋势，有的叶片出现破损；到9月底，叶片大部分呈黄绿色，叶片破损加重，有部分植株已枯萎，因此从植株外观看，7月底采收较好。

除毛叶青天葵在8月底叶柄数值稍有增加，说明叶柄仍在生长外，3种青天葵在7、8、9月中，叶的生长指标：叶片长×宽、叶柄长×宽、叶鲜重、叶干重以及植株全株重均以7月底为高，说明7月底植株地上部分的生长已基本停止，因此若以重量计，7月底采收较好。

从叶片干鲜重比来看，3种青天葵均表现出9月底＞8月底＞7月底，说明青天葵地上部分在逐渐萎蔫的同时，其内部积累的干物质比例在增加,因此若以干物质积累为指标,则9月底采收较好。

从叶重角度看,大叶青天葵的干、鲜重＞毛叶＞小叶;从全株重角度看,大叶青天葵＞小叶＞毛叶,说明若以叶重或全株重为指标,大叶青天葵是高产品种。

2)块茎的比较

分别于7月底、8月底、9月底测量小叶、大叶、毛叶青天葵的母块茎直径、子块茎直径和子块茎个数,最后求均数,实验结果见表4-14。

表4-14 青天葵块茎比较

种类	收获期	母块茎直径（cm）	子块茎平均直径（cm）	子块茎数目（个）
小叶	7月底	1.38	0.65	1.8
	8月底	1.14	0.89	1.8
	9月底	1.13	1.02	1.8
大叶	7月底	1.71	0.65	1.3
	8月底	1.68	1.10	1.5
	9月底	1.34	1.38	1.5
毛叶	7月底	1.08	0.58	1.0
	8月底	1.13	0.94	1.3
	9月底	1.06	1.18	1.4

小叶和大叶青天葵地下部分母块茎直径以7月底最大,随着生长时间的延长呈现减小的趋势,毛叶青天葵母块茎直

径在8月底为最大；新生子块茎的平均直径与个数随月份增加大体上呈上升趋势。说明生长期越长，随着青天葵地上部分生长趋势逐渐下降，母块茎的生长也出现下降趋势，但子块茎的生长趋于活跃，数目和直径呈上升趋势。

小叶青天葵一般每株生有2个子块茎，有的1株可生长3~4个子块茎；大叶、毛叶青天葵则大多为1个子块茎，偶有2~3个，说明小叶青天葵繁殖新块茎的能力最强。

2. 初加工

剪取青天葵叶片，摊在筛箕或竹席上，在太阳下晒，并常翻动，待叶片变软后，将叶片搓成小团，把叶柄搓细，搓第一次，一片一片叶搓，以后数片叶一起搓，边搓边晒，反复将叶片搓成团后不再松开时停搓，晒至全干。

在加工过程中如遇阴雨天气，宜将青天葵在室内通风处摊开，不宜堆放，以免变黄腐烂，并及时用炭火烧烤加工。方法是：在室内点燃1~2堆炭火，炭火上放一个高约50 cm的铁架，把青天葵摊放在竹筛内，置于架上烧烤，边烧烤边翻动，待叶片、叶柄变软后，再按上法搓成团粒状。注意烧烤时温度不要过高，否则叶片干燥过快，翻动和揉搓时易碎。

3. 商品规格

青天葵药材商品传统规格分为小叶、中叶、大叶3种，一般是凭产地，依全草叶片大小而定。叶片直径3 cm以下为小叶青天葵，叶片直径3 cm以上5 cm以下的为中叶青天葵，叶片直径7 cm以上的为大叶青天葵。

或可简单地将叶径5 cm以下的称小叶青天葵，5 cm以上的称大叶青天葵。

（八）留种技术

1. 种子的采集与处理

青天葵通常是用地下块茎留种，进行无性繁殖。

2. 留种田管理

采挖新鲜的青天葵块茎和植株分别选择较阴凉处集中用新鲜河沙保存。

（九）质量标准及检测

1. 性状

青天葵卷曲皱缩成团或团丸状，润湿展平呈心状宽卵形，青绿色、黄绿色或微带紫色，长3~7.5 cm，宽3~5 cm，顶端渐尖，基部心形，边缘波状，两面均无毛，基出弧形脉约20条，呈弧形自基部伸向叶缘，叶两面均明显可见，上下交替排列（习称阴阳脉），其中11条呈膜翅状凸起，灰白色，主脉现于叶背，形似葵扇状，网状侧脉隐约可见。完整叶柄长3~20 cm，宽1~2 mm，稍扁，有纵条纹，基部具管状叶鞘，多已脱落，可见两侧各有1条纤细对称的不定根。末端有时有膨大的块茎，块茎呈扁平状或不规则块状，肉质，类白色或黄白色，多与叶片分离。薄纸质。气清香（似草菇香气），味甘（见彩图4-6）。

2. 鉴别

（1）叶表皮

纵向叶脉与横向叶脉交织，形成近长方形，宽 759.7~1 023.1μm，长1 002.6~1 374.8μm。表皮细胞呈多角形、类长方形、类圆形。宽26.2~63.5μm，长41.3~106.2μm。气孔保卫细胞2个，半月形，宽28.8~39.7μm，长33.3~48.9μm。气孔轴式为不定式，副卫细胞4~6个，形状大小不定。叶表皮细胞含草酸钙针晶，常成束存在，长62.3~105.8μm。表皮细胞中可见多数油滴，直径8.2~30.5μm。具单细胞头单细胞柄的腺毛，腺头直径17.9~25.3μm，长36.4~74.2μm，腺柄长8.4~17.6μm。

（2）叶片横切面

叶背腹表皮细胞各一层，均为长方形、方形，气孔与叶面齐平，于叶背多见。叶肉组织未分化，均为类圆形或类多角形的薄壁细胞，内含叶绿体；有些叶肉细胞内含针晶束。粗脉向叶背或叶腹突起，突起由多细胞组成，近顶端的细胞内有一针晶束；粗脉维管束在突起的内方，为外韧型，导管10个以下。细脉维管束较小。

（3）叶柄横切面

切面半圆形，腹面内陷。背面有7个钝锥形突起。表皮细胞一层，切向延长，排列不很整齐。靠背面有一列7个维管束，在每个突起的内方；中部维管束2个。维管束外韧型，导管2~8个，外有厚壁细胞，成为维管束鞘。其余基本组织为薄壁细胞，期间散生黏液细胞，内含针晶束。在每个背面突起内有一含针晶束的黏液细胞。

（4）块茎切面

外为2~4层厚壁细胞。基本组织为类多角形薄壁细胞，内含颗粒状多糖类物质。针晶束少数，靠近外缘散生。维管束散生，少，多为纵切面，少数横切面，外韧型，导管2~6个。中部薄壁细胞不见多糖类物质、针晶束及维管束，相当于髓部。

（5）挥发油GC-MS分析

将青天葵干燥药材粉碎后，精密称取上述药材100 g，置挥发油测定器中，加蒸馏水1 L，保持微沸5 h，提取得到挥发油，用乙酸乙酯1 mL溶解供分析用。色谱柱：石英毛细管柱HP-5MS0（25 mm × 30 m × 0.25 μm）；载气为高纯（99.995%）氦气；柱前压11.095 kPa；开始柱温50 ℃，保温5 min，然后以5 ℃/min程序升温至280 ℃保持至完成分析；载气流量13.6 mL/min；进样量1.0 μL；分流比10：1。离子源为EI离子源；离子化温度230 ℃；倍增器电压1 412 V；接口温度280 ℃；溶剂延迟5 min；扫描范围40~400 aum。对供试品进行分析，比较供试品GC-MS图谱与对照药材标准图谱的相应位置上的峰。

3. 检查

（1）水分

按照水分测定法《中华人民共和国药典（一部）》（2005年版）附录ⅨH第一法测定。取供试品2~5 g，平铺于干燥至恒重的扁形称量瓶中，厚度不超过10 mm，精密称定，打开瓶盖在100~105 ℃干燥5 h，将瓶盖盖好，移置干燥器中，冷却30 min，精密称定重量，再在上述温度干燥1 h，冷却，称重，至连续两次称重差异不超过5 mg为止。根据减失的重量，计算供试品中含水量（%），结果见表4-15。

表4-15 水分测定结果

样品名称	药材质量（g）	失水后药材质量（g）	平均含水质量（g）	平均含水量（%）
广西1	2.947 1	2.675 3	0.271 8	9.22
广西2	2.978 7	2.635 3	0.343 4	11.53
广西3	2.975 8	2.749 6	0.226 2	7.60
广西4	2.979 7	2.629 7	0.350 0	11.75
广西5	2.978 0	2.682 5	0.295 5	9.92
广西6	2.978 7	2.734 8	0.243 9	8.19
广西7	2.976 1	2.698 7	0.277 4	9.32
广西8	3.025 9	2.738 8	0.287 1	9.49
广西9	3.028 6	2.748 2	0.280 4	9.26
广西10	2.998 1	2.706 1	0.292 0	9.74
广西11	3.029 7	2.694 8	0.334 9	11.05
海南1	2.978 3	2.683 3	0.295 0	9.90
海南2	2.981 7	2.682 9	0.298 8	10.02
广东1	2.978 0	2.665 2	0.312 8	10.50
广东2（基地）	2.945 4	2.681 1	0.264 3	8.98
广东3（基地）	2.981 3	2.774 8	0.206 5	6.93
广东4（基地）	2.992 0	2.795 5	0.196 5	6.57

青天葵17个样品中水分含量最高为11.75%，最低含量为6.57%，平均值为8.98%，最高值和最低值相差为5.18%；小叶平均值为9.73%、中叶平均值为9.99%、大叶平均值为9.52%、毛叶的平均值为7.83%，经方差分析差异不显著。

根据测定结果,暂定青天葵水分的限量为不得超过12.0%。

(2)总灰分

按照总灰分测定法《中华人民共和国药典(一部)》(2005年版)附录Ⅸ K测定。将药材粉碎,使通过2号筛,混合均匀后,取供试品3~5 g,置炽灼至恒重的坩埚中,称定重量(准确至0.01 g),缓缓炽热,注意避免燃烧,至完全炭化时,逐渐升高温度至500~600 ℃,使完全炭化并至恒重。根据残渣重量,计算供试品中总灰分的含量(%),结果见表4-16。

表4-16 总灰分测定结果

样品名称	药材质量(g)	总灰分质量(g)	平均灰分含量(%)
广西1	3.002 6	0.668 4	22.26
广西2	2.999 6	0.560 6	18.69
广西3	3.002 4	0.754 8	25.14
广西4	3.004 3	0.372 5	12.40
广西5	3.002 2	0.888 1	29.58
广西6	3.002 0	0.601 6	20.04
广西7	3.004 1	0.896 7	29.85
广西8	3.042 3	0.443 5	14.58
广西9	3.023 8	0.781 3	25.84
广西10	3.037 2	0.796 8	26.23

续表

样品名称	药材质量（g）	总灰分质量（g）	平均灰分含量（%）
广西11	3.029 9	0.575 4	18.99
海南1	3.015 4	0.651 6	21.61
海南2	3.022 4	0.377 5	12.49
广东1	3.022 2	0.599 0	19.82
广东2（基地）	3.074 2	0.740 2	24.08
广东3（基地）	3.040 6	0.907 4	29.84
广东4（基地）	3.016 8	0.596 5	19.77

青天葵17个样品中总灰分含量最高为29.85%，最低为12.40%，平均值为21.84%，最高值和最低值相差为17.45%；小叶平均值为22.07%，中叶平均值为22.63%，大叶平均值为19.00%，毛叶平均值为21.84%，经方差分析无显著性差异。

暂定青天葵药材总灰分不宜超过30.0%。

（3）酸不溶性灰分

按照酸不溶性灰分测定法《中华人民共和国药典（一部）》（2005年版）附录Ⅸ K测定。取上项所得的灰分，在坩埚中注意加入稀盐酸约10 mL，用表面皿覆盖坩埚，置水浴上加热10 min，表面皿用热水5 mL清洗，洗液并入坩埚中，用无灰滤纸滤过，坩埚内的残渣用水洗于滤纸上，并洗涤至洗液不显氯化物反应为止。滤渣连同滤纸移至同一坩埚中，干燥，炽灼至恒重。根据残渣重量，计算供试品中含酸不溶性灰分的含量（%），结果见表4-17。

表4-17 酸不溶性灰分测定结果

样品名称	药材质量（g）	酸不溶性灰分质量（g）	酸不溶性灰分含量（%）
广西1	3.002 6	0.377 7	12.58
广西2	2.999 6	0.220 2	7.34
广西3	3.002 4	0.327 3	10.90
广西4	3.004 3	0.065 4	5.50
广西5	3.002 2	0.220 0	7.28
广西6	3.002 0	0.308 9	10.29
广西7	3.004 1	0.453 9	15.11
广西8	3.042 3	0.134 4	4.41
广西9	3.023 8	0.459 6	16.39
广西10	3.037 2	0.428 8	14.12
广西11	3.029 9	0.237 1	7.83
海南1	3.015 4	0.271 5	9.00
海南2	3.022 4	0.189 1	6.26
广东1	3.022 2	0.220 0	7.28
广东2（基地）	3.074 2	0.199 4	12.97
广东3（基地）	3.040 6	0.578 3	19.02
广东4（基地）	3.016 8	0.265 8	14.10

青天葵17个样品中酸不溶性灰分含量最高为19.02%，最低为4.41%，平均值为10.61%，相差为14.61%；小叶平均值为11.48%，中叶平均值为11.62%，大叶平均值为13.37%，毛叶平均值为11.14%，经方差分析无显著性差异。

暂定酸不溶性灰分含量应不大于19.0%。

（4）重金属残留量与有机氯农药残留量

基地采集青天葵全株样品，洗净晾干，粉碎，送广州市分析测试中心测定。测铜、铅、镉、砷用ICP-MS法（按GB/T5009.11—2003处理样品，JIS K 0133—2000测定）原子吸收光谱法；塞曼法测汞；GC外标法测六六六、滴滴涕、五氯硝基苯（GB/T5009.146—2003），结果见表4-18。

表4-18 青天葵药材重金属及农药残留的测定结果 （mg/kg）

分析项目	检测结果	参考值	分析项目	检测结果	参考值
砷（As）	1.8	≤2.0	重金属总量	—	≤20.0
铅（Pb）	4.5	≤5.0	滴滴涕（DDT）	未检出	≤0.1
镉（Cd）	0.53	≤0.3	六六六（BHC）	未检出	≤0.1
铜（Cu）	10.5	≤20.0	艾氏剂	未检出	≤0.02
汞（Hg）	<0.1	≤0.2	五氯硝基苯	未检出	≤0.1

注："—"表示有干扰。

根据测定结果青天葵重金属和农药残留等限量指标，除镉偏高外，其余均在国家《药用植物及制剂进出口绿色行业标准》规定范围内。

4. 浸出物

（1）水溶性浸出物

照《中华人民共和国药典（一部）》（2005年版）附录XA测定。

将药材粉碎，使通过2号筛，混合均匀。取供试品4 g（准确至0.01 g），称定重量，置250～300 mL的锥形瓶中，精密加入水100 mL，塞紧，冷浸，前6 h内时时振摇，再静置18 h，用干燥滤器迅速滤过，精密量取滤液20 mL，置已干燥至恒重的蒸发皿中，在水浴上蒸干后，于105 ℃干燥3 h，移置干燥器中，冷却30 min，迅速精密称定重量，以干燥品计算供试品中水溶性浸出物的含量（%），结果见表4-19。

表4-19 水溶性浸出物（冷浸）测定结果

样品名称	药材质量（g）	水溶性浸出物质量（g）	水浸出物含量（%）
广西1	4.005 7	0.142 1	3.55
广西2	4.014 9	0.133 9	3.34
广西3	4.010 7	0.105 4	2.63
广西4	4.010 9	0.190 2	4.74
广西5	4.017 9	0.146 0	3.63
广西6	4.009 3	0.136 7	3.41
广西7	4.015 6	0.115 1	2.87
广西8	4.005 4	0.200 8	5.01
广西9	3.986 1	0.145 8	3.66
广西10	4.008 8	0.161 6	4.03
广西11	4.066 3	0.133 6	3.29
海南1	4.004 0	0.135 9	3.39
海南2	4.004 1	0.199 4	4.98
广东1	4.004 0	0.167 8	4.19
广东2（基地）	4.025 2	0.203 7	5.06
广东3（基地）	4.002 0	0.127 5	3.19
广东4（基地）	3.981 0	0.113 1	2.84

青天葵17个样品中水浸出物（冷浸）含量最高为5.06%，最低为2.63%，平均值为3.75%，最高值和最低值相差为2.43%；小叶平均值为4.04%，中叶平均值为3.47%，大叶平均值为4.40%，毛叶平均值为2.78%，经方差分析小叶、大叶与毛叶，中叶与大叶有显著性差异（$P<0.05$）。

水溶性浸出物（冷浸）含量建议应不低于2.6%。

（2）醇溶性浸出物

按照水溶性混杂物测定法测定，溶剂以70%乙醇代替，结果见表4-20。

表4-20 醇溶性浸出物测定结果

样品名称	药材质量（g）	醇溶性浸出物质量（g）	水醇性浸出物含量（%）
广西1	3.9940	0.0462	1.16
广西2	4.0037	0.0360	0.90
广西3	3.9932	0.0231	0.58
广西4	4.0093	0.0211	0.53
广西5	4.0058	0.0238	0.59
广西6	3.9989	0.1071	0.43
广西7	4.0023	0.0203	0.51
广西8	3.9956	0.0228	0.57
广西9	4.0050	0.0199	0.50
广西10	4.0000	0.0192	0.48
广西11	4.0080	0.0154	0.38
海南1	4.0042	0.0201	0.50
海南2	3.9965	0.0309	0.77
广东1	3.9985	0.024	0.60
广东2（基地）	3.9976	0.0496	1.24
广东3（基地）	3.9985	0.0194	0.49
广东4（基地）	3.9978	0.0675	1.69

青天葵17个样品中醇溶性浸出物含量最高为1.69%，最低为0.38%，平均值为0.71%，最高值和最低值相差为0.98%；小叶平均值为0.53%，中叶平均值为0.56%，大叶平均值为0.85%，毛叶平均值为0.70%，经方差分析无显著性差异。

醇溶性浸出物含量建议应不低于0.3%。

5. 化学成分

（1）挥发油化学成分GC-MS分析

挥发油的提取　按《中华人民共和国药典（一部）》规定的方法，将青天葵干燥药材粉碎后，精密称取上述药材100 g，置挥发油测定器中，加蒸馏水1 000 mL，保持微沸5 h，提取得到挥发油，用乙酸乙酯1 mL溶解供分析用。

气相色谱条件　石英毛细管柱HP-5MS0（25 mm×30 m×0.25 μm）；载气为高纯（99.995%）氦气；柱前压11.095 kPa；开始柱温50 ℃，保温5 min，然后以5 ℃/min程序升温至280 ℃保持至完成分析；载气流量13.6 mL/min；进样量1.0 μL；分流比10∶1。

质谱条件　离子源为EI离子源；离子化温度230 ℃；倍增器电压1 412 V；接口温度280 ℃；溶剂延迟5 min；扫描范围40～400 aum（见图4-1）。

采用水蒸气蒸馏法得到的青天葵挥发油为棕黄色油状物，密度小于1，含量为0.1%。

从挥发油中共分出89个化学组分峰，各组分离子采用Nbs、Nist、Wiley谱库检索，参照文献加以确认。定量采用色谱峰面积归一化法，相应质谱图经计算机检索并结合文献调研，共鉴定出53个化合物，结果见表4-21。

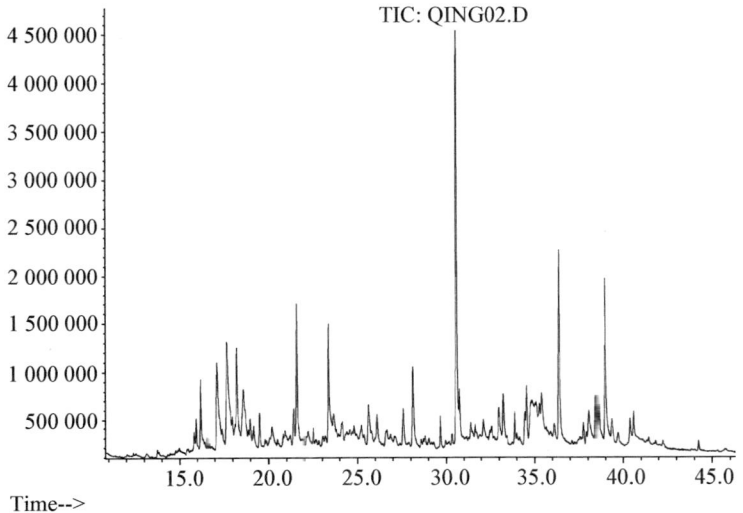

图4-1 青天葵挥发油化学组合峰图

表4-21 青天葵挥发油成分

峰号	保留时间(min)	化 学 成 分	相对含量(%)
1	10.53	蒲勒酮（Pulegone）	0.21
2	13.76	萘, 1, 2-二氢-1, 5, 8-三甲基色氨酸（Naphthalene, 1, 2-dihydro-1, 5, 8-trimethyl）	0.08
3	15.81	二氢-β-紫罗兰酮（β-Ionone, dihydro）	0.27
4	15.93	石竹烯（Caryophyllene）	0.54
5	16.21	α-紫罗兰酮（α-Ionone）	2.06
6	16.56	β-Ionol	0.20
7	17.41	Junipene	0.45

续表

峰号	保留时间(min)	化 学 成 分	相对含量(%)
8	17.69	4-乙烷基-顺-3-硫代环[4,4,0]癸烷(4-ethyl-trans-3-thiobicyclo[4,4,0]decane)	6.54
9	17.98	τ-蛇床烯(τ-Selinene)	0.83
10	18.24	β-紫罗兰酮(β-Ionone)	4.43
11	18.60	2-Tridecanone	3.37
12	18.99	Nerolidylacetate	0.67
13	19.19	β-Guajene	0.66
14	19.51	Cadinene	0.75
15	20.21	Bicyclo[4,4,0]dec-2-2ene-4-ol, 2-methyl-9-[prop]-en-3-ol-2-yl	0.75
16	20.83	Cyclopropalol naphalen-3-one, octalcyclo-2, 4a, 8, 8-tetramethyl-oxime	0.16
17	21.43	广藿香醇(Spathulenol)	1.03
18	21.60	石竹烯氧化物(Caryophyllene oxide)	4.13
19	22.24	8βH-cedran-8-ol	0.47
20	23.39	δ-Cadinol	4.54
21	23.66	六氢-4-[2-甲基-2-丙烯基]-2,2,4-三甲基环丙醛并环戊二烯-1,3-二烯(Cyclopropalcdlpentalene-1, 3-diene, hexahydro-4-[2-methyl-2-propenyl]-2, 2, 4-trimetyl)	1.44
22	24.17	5β, 7βH, 10α-Eudesen-11-en-1α-ol	0.73

续表

峰号	保留时间（min）	化 学 成 分	相对含量（%）
23	24.84	2-fluoro-4, 5-二甲氧基-β, β-didehydro-甲基乙基苯基丝氨酸（2-fluoro-4, 5-dimethoxy-β, β-dicehydro-phenylserine, methylester）	0.17
24	25.25	Columbin	0.38
25	25.65	Geranylisovalerate	1.29
26	26.13	16-Nitrobicyclo[10, 4, 0]hexadecan-1-cl-13-one	0.82
27	26.67	o-苯甲基-L-丝氨酸（o-Benzyl-L-serine）	0.17
28	27.60	2-乙烷基环己胺, N-（2-氯乙烯亚丙基-N-氧化物）[2-Ethylcyclohexylamine, N-（2-chloropropylidene-N-oxide）]	1.20
29	28.15	硫胺（Thiamine）	2.62
30	29.69	S-Indacen-1(2H)-one, 3, 5, 6, 7-tetrahydro-3, 3, 4, 5, 5, 8-hexamethyl	0.76
31	30.58	6, 10, 14-三甲基2-十五烷酮（2-Pentadecanone, 6, 10, 14-trimethyl）	13.55
32	30.76	胍乙啶（Guanethidine）	1.71
33	31.40	Isodibutyl邻苯二甲酸（Isodibutyl phthalate）	0.65
34	31.66	硬尾醇氧化物（Sclareoloxide）	0.17
35	32.12	1-Octadecene	0.68
36	33.00	Farnesylacetone	1.19
37	33.25	甲基乙基棕榈酸（Hexadecanoic acid, methylester）	1.13

续表

峰号	保留时间（min）	化学成分	相对含量（%）
38	33.88	Isophytol	0.65
39	34.01	4-[1,1-二甲基乙基]-2,6-dinitro-苯酚（Phenol, 4-[1,1-dimethylethyl]-2,6-dinitro）	0.18
40	34.56	1,9-dioxacyclohexadeca-4,13-diene-2,10-dione,7,8,15,16-tetramethyl	1.54
41	34.87	n-棕榈酸（n-Hexadecanoic acid）	3.88
42	35.08	1,2-甘油二棕榈酸酯（1,2-Dipalmitin）	2.39
43	35.40	棕榈酸乙烷基酯（Hexadecanoic acid, ethylester）	1.66
44	36.38	4-甲基-N-[2-氧代-2苯乙基]苯磺酰胺（Benzenesulfonamide, 4-methyl-N-[2-oxo-2phenylethl]）	6.33
45	37.74	Prost-13-en-1-oci acid, 9,11,15-trihydroxy-6-oxo, methylester	0.41
46	37.90	10,13-Octadeccadilynoic acid, methyester	0.15
47	38.04	1,2,3,4-四氢-4,9-二甲基吖啶（Acridine, 1,2,3,4-tetrahydro-4,9-dimethyl）	1.73
48	38.41	9,12-Octadecadienoic acid (z,z), methylester	1.56
49	38.61	9,12,15-Octadecatrienoic acid, methylester	1.87
50	38.96	植醇（Phytol）	6.32
51	39.34	1-methyl-4-(axial) ethyl-trans-decahydroquinol-4-[equat]-ol	0.84
52	40.38	亚油酸（ethylester）	0.57
53	40.59	α-Glycerylinolenate	0.90
总计			91.82%

在上述实验条件下,对一些主要组分采用标准物质对照,共鉴定了53个化学成分,它们的含量占挥发油总含量的91.82%。其中6,10,14-三甲基-2-十五烷酮(13.55%),4-乙烷基-顺-3-硫代环[4,4,0]癸烷(6.54%),4-甲基-N-(2-氧代-2苯乙基)苯磺酰胺(6.33%),植醇(6.32%),δ-Carinol(4.54%),β-紫罗兰酮(4.43%),石竹烯氧化物(4.13%)含量较高,它们的含量占挥发油总量的45.84%[22]。

(十)包装、贮藏及运输

1. 包装

青天葵晒干后,用专用袋包装,每件约25 kg。

按照《中药材生产质量管理规范(试行)》(GAP)的要求,包装前应再次抽查,以清除劣品和杂质。包装器材应无污染,要清洁干净、干燥、无破损。包装袋上要有包装记录,内容包括:品名(青天葵)、批号、产地、规格、重量、工号、日期等。

2. 贮藏

干燥后的青天葵宜装入干净的布袋、麻袋或塑料编织袋内,置阴凉、干燥、通风处存放,注意防潮防虫。

3. 运输

药材批量运输时,注意不能与其他有毒、有害的物质混装。要防止高温、暴晒。运输容器应具有较好的通气性,以保持干燥，遇阴雨天应严密防潮。

（杜　勤　周志彬）

参 考 文 献

杜勤，王俊华，王振华，等．2005．青天葵挥发油GC-MS分析［J］．广州中医药大学学报，22（3）：225-227．

杜勤，叶木荣，王振华，等．2006．青天葵镇咳平喘药理作用研究［J］．广州中医药大学学报，23（1）：45．

杜勤，陈文利，王振华，等．2005．青天葵组织培养和植株再生研究［J］．中国中药杂志，3（1）：812-813．

杜勤，徐鸿华，王振华，等．2005．人工种植青天葵生长状况的初步调查［J］．中药材，28（10）：869-870．

杜勤，王振华，徐鸿华，等．2006．施肥对青天葵生长的影响［J］．中药材，29（2）：106-107．

杜勤，王振华，徐鸿华．2008．青天葵组织物超低温保存研究［J］．时珍国医国药，19（1）：67-68．

杜勤，魏智强，田军．2009．青天葵形态遗传多样性研究［J］．时珍国医国药，20（4）：836-837．

杜勤，魏智强，田军．2009．青天葵总DNA的提取与随机扩增多样性DNA反应条件的建立［J］．时珍国医国药，20（6）：1430-1432．

杜勤，魏智强，田军．2009．基于RAPD的青天葵遗传多样性及鉴别研究［J］．中药新药与临床药理，20（6）：554-557．

冯耀南，刘明，刘俭，等．1995．中药材商品规格质量鉴别［M］．广州：暨南大学出版社：206．

广东省食品药品监督管理局．2004．广东省中药材标准：第一册［M］．广州：广东科技出版社．

广西壮族自治区中医药研究所. 1986. 广西药用植物名录［M］. 南宁：广西人民出版社.

国家药典委员会. 2005. 中华人民共和国药典：一部［M］. 北京：化学工业出版社：附录47, 48, 49, 56, 57.

胡廷松, 何茂金, 兰祖栽, 等. 1993. 青天葵的人工栽培技术研究［J］. 广西植物, 13（3）：263.

黄进. 1991. 人工栽培青天葵的生长研究［J］. 林业科学研究, （4）：92.

江苏新医学院. 1993. 中药大辞典：上册［M］. 上海：上海科学技术出版社.

刘心纯. 1996. 两种青天葵的鉴别研究［M］. 中药材, 19（12）：612-615.

刘心纯. 1998. 中药商品学［G］. 广州：［出版者不详］.

潘俊辉, 邱志楠. 2000. 教授治顽哮探要［J］. 江苏中医, 12（6）：8.

邱志楠, 潘俊辉. 1996. 天龙喘咳灵治疗哮喘186例疗效观察［J］. 新中医, （6）：28.

邱志楠, 潘俊辉. 1995. 青天葵临床新用［J］. 广州医学院学报, 23（2）：96.

邱志楠, 潘俊辉, 喻清和. 2000. 天龙喘咳灵胶囊治疗喘息型慢性支气管炎368例［J］. 天津中医, 17（1）：16.

王振华, 杜勤, 徐鸿华. 2007. 不同品种青天葵药材质量标准的比较研究［J］. 广州中医药大学学报, 24（1）：59-61.

谢宗万. 1984. 中药材品种论述［M］. 上海：上海科学技术出版社.

徐乃良. 1994. 青天葵高产栽培技术［J］. 广西林业, 1：25.

徐乃良. 1994. 青天葵高产栽培技术（续）［J］. 广西林业, 2：15.

中国科学院植物研究所. 1995. 中国高等植物图鉴［M］. 北京：科学出版社.

附

青天葵规范化生产标准操作规程（SOP）

第一章 总　则

1.1 为保证中药材质量，促进中药标准化、现代化，依据青天葵药材生长特点和国家药品监督管理局《中药材生产质量管理规范（试行）》的要求，制定本标准操作规程（SOP）。

1.2 本规程内容包括：总则，种植地自然条件，品种类型，种苗繁育，栽植与田间管理，主要病虫害防治，采收与加工，留种技术，质量标准，包装、运输及贮藏，人员和设备，文件管理等。是青天葵药材生产和质量管理的具体操作方法。

1.3 种植者应动用标准操作规程管理和质量监控手段，保护生态环境，坚持"最大持续量"原则，实现资源的可持续利用。

1.4 本规程适用于青天葵的种植地。

1.5 引用标准　下列文件中的条款被本标准引用则为本标准的条款。

1.5.1 《中华人民共和国环境空气质量标准》（GB3095—1996）。

1.5.2 《中华人民共和国土壤环境质量标准》（GB15618—1995）。

1.5.3 《中华人民共和国农田灌溉水质标准》（GB5084—

1992）。
1.5.4 《中华人民共和国药典（一部）》（2005年版）。
1.5.5 国家药品监督管理局《中药材生产质量管理规范（试行）》。
1.5.6 科技部生命科学技术发展中心《中药材规范化种植研究项目实施指导原则及验收标准》。
1.5.7 中华人民共和国商务部《药用植物及制剂进出口绿色行业标准》。
1.6 定义。
1.6.1 GAP 即英文Good Agricultrue Practice的缩写，指中药材生产质量管理规范。
1.6.2 SOP 即英文Standard Operation Practice的缩写，指中药材规范化生产标准操作规程。
1.6.3 最大持续量 即不危害生态环境，可持续生产（采收）的最大产量。
1.6.4 生物肥料 是利用生物活体或生物代谢过程中产生的具有生物活性的物质或从生物体提取的物质作为提高作物产量和品质的肥料。
1.6.5 生物源农药 是利用生物活体或生物代谢过程中产生的具有生物活性的物质或从生物体提取的物质作为防治作物病虫害的农药。
1.6.6 质量标准 是对药材的质量规定和检验方法所作的技术规定。

第二章 种植地自然条件

2.1 自然条件 广东省平远县位于泛珠三角东部闽粤赣三省交界地区，东经115°44′～116°07′和北纬24°24～24°56′，地处亚热带山地，气候温暖潮湿，属亚热带季风气候区，日照雨量充足，年平均气温21.7℃，年降水量1 637 mm，年积温在6 935~7 630℃，年均日照时数1 873 h，无霜期达300天以上，森林覆盖率为76.2%。地带性的自然土壤为红壤，当地土壤主要类型为山地红黄壤，有机质和腐殖质含量丰富，土壤肥力高，含氮1.02 g/kg，速效磷11 mg/kg，速效钾150 mg/kg，适合许多中药材的生长和中药活性成分的积累。

2.2　环境质量。

2.2.1　环境空气质量达到《中华人民共和国环境空气质量标准》（GB3095—1996）二级以上标准。

2.2.2　土壤环境质量达到《中华人民共和国土壤环境质量标准》（GB15618—1995）二级以上标准。

2.2.3　农田灌溉水质量达到《中华人民共和国农田灌溉水质标准》（GB5084—1992）二级以上标准。

第三章　品　种　类　型

3.1　小叶青天葵　叶脉交织成近长方形，（806.3~918.0）μm×（1 024.2~1 199.0）μm。表皮细胞呈多角形、类长方形、类圆形，（33.2~42.9）μm×（53.8~76.8）μm。气孔保卫细胞2个，半月形，（28.8~37.2）μm×（33.3~41.0）μm。气孔轴式为不定式。叶表皮细胞含草酸钙针晶束，长62.3~66.5 μm。表皮细胞中可见多数油滴，直径8.2~26.6 μm。腺毛单细胞头单细胞柄，腺头直径18.7~19.7 μm，长36.4~38.9 μm，腺柄长8.4 μm。

3.2　中叶青天葵　叶脉交织成长方形，（759.7~1 023.0）μm×（1 276.2~1 374.8）μm。表皮细胞呈多角形、类长方形、类圆形，（26.2~44.2）μm×（41.3~54.7） μm。气孔保卫细胞2个，半月形，（30.5~39.7）μm×（40.2~48.6）μm。气孔轴式为不定式。叶表皮细胞含草酸钙针晶束，长84.5~92.1μm。表皮细胞中可见多数油滴，直径13.4~25.9μm。腺毛单细胞头单细胞柄，腺头直径17.9~18.2μm，长51.1~53.6μm，腺柄长17.6μm。

3.3 大叶青天葵 叶脉交织呈长方形，（891.3~992.2）μm×（1 002.6~1 152.4）μm。表皮细胞呈多角形、类长方形、类圆形，（46.7~63.5）μm×（66.7~106.2）μm。气孔保卫细胞2个，半月形，（33.7~39.4）μm×（44.7~48.9）μm。气孔轴式为不定式。叶表皮细胞含草酸钙针晶束，长92.7~105.8μm。表皮细胞中可见多数油滴，直径15.3~30.5μm。腺毛单细胞头单细胞柄，腺头直径19.1~25.3μm，长55.7~74.2μm，腺柄长17.6μm。

3.4 民间习用代用品：毛叶芋兰 叶脉交织呈长方形，（1 013.2~1 108.5）μm×（1 137.4~1 247.7）μm。表皮细胞呈多角形、类长方形、类圆形，（38.2~52.4）μm×（77.8~116.4）μm。气孔保卫细胞2个，半月形，（33.3~38.5）μm×（38.5~44.6）μm。气孔轴式为不定式。叶表皮细胞含草酸钙针晶束，长52.7~56.9μm。腺毛单细胞头单细胞柄，腺头直径21.9~26.0μm，长40.6~44.8μm，非腺毛多细胞，顶端尖锐，（61.8~77.4）μm×（494.4~717.9）μm。

第四章 种苗繁育

4.1 苗圃地。

4.1.1 搭建苗圃地 选择近水源、避风、土层深厚、肥沃、疏松的生荒地。翻耕土壤后作畦，畦面宽0.8~1m，长度

3~4 m，畦高20~30 cm。苗棚大小根据苗的数量而定，棚顶及四周用遮阳网围好固定，荫蔽度调节为60%~70%。

4.1.2 土壤处理 选择比较疏松、不带菌、富含腐殖质的森林表土，过筛，用50%百菌清500~800倍液或福尔马林进行全面消毒。

4.2 块茎育苗。

4.2.1 选种 选取无病虫害的健壮植株作母株，加强管理。

4.2.2 采集块茎 4~5月份挖取块茎，纱布包裹，水中洗净，晾干。

4.2.2 播种时间 一般随采随播，选晴天种植。

4.2.4 播种方法 采取穴栽，每穴1株，播深5 cm。播后覆土，在畦前盖一层落叶或木糠保温。

4.2.5 淋水排水 遇天气干旱，要及时淋水，保持土壤湿润；在多雨季节，要注意排除积水，以防幼苗死亡。

4.2.6 松土除草 淋水或下雨之后，要及时松土，以免土壤板结，并要勤除草，每月1~2次，以防杂草淹没幼苗，掌握"除早，除小，除了"的原则。

4.2.7 施肥 肥料种类以农家肥为主，并适当拌施钙镁磷肥，如果土壤偏酸，每667 m^2 可补施石灰20~30 kg，但最好在播种前施并与土肥一起耙匀。

4.2.8 摘薹 较大的块茎于春季生长时，多数是先抽薹开花后出叶，若不是留种，应将花薹摘去，以利块茎抽发新叶，增加产量。

4.3 组织培养。

4.3.1 青天葵根状茎的诱导 对于块茎诱导，1/2MS培养基6-BA 2 mg/L的诱导效果较好，诱导出的根状茎接种到添加10%椰汁的培养基上，生长非常迅速。

4.3.2 再生植株的生成 在1/2MS+1‰活性炭的生根培养基中，根茎上开始长出白色块茎，继续培养，可长成再生植株；在1/2MS+6-BA 2 mg/L+NAA 2 mg/L的生根培养基上，根茎上长出绿色的芽，并长成植株。

4.3.3 炼苗 将已经生根的长度5~6 cm的试管苗，置于自然光下培养3天，然后打开试管苗瓶盖炼苗3天。

4.3.4 移栽 用镊子轻轻夹出试管苗，洗去基部的琼脂，移栽到添加了1/2MS营养液的沙土中，保持一定湿度。4周后移栽到营养土中。

第五章 栽植与田间管理

5.1 种植地选择与整地 选择土层深厚、疏松、肥沃、靠近水源的地段。种植前进行翻砂，让其自然风化。种植地为平地，一般采用水平带状整地，深耕40 cm，碎土耙平，开好排水沟。施足基肥，以腐熟的农家肥为主。

5.2 栽植季节 一般在春季5月份，选择晴天种植。

5.3 种植密度 根据青天葵的生物学和生态学特性，结合种植地的土壤条件和当地集约经济的程度，定出初植密度每667 m^2 20 000株，株距10 cm，行距15 cm。

5.4 种植方法 选择健壮无病虫害的块茎或完整植株，进行穴栽，每穴1株。栽种后，即时淋水。

5.5 定植后管理。

5.5.1 覆盖淋水 定植后最好用芒萁等杂草覆盖畦面，减少水分散失和杂草生长，遇天旱要淋水，保持土壤湿润。

5.5.2 补苗 缺株应及时补上。

5.5.3 中耕除草 定植初期，要勤除杂草、松土和培土。

5.5.4 施肥 施肥可根据叶色变化来进行。在一般情况下，若发现植株长势弱,叶色淡黄色时,说明氮肥不足,可施入人畜粪尿或尿素。也可进行根外施肥,用清水加磷酸钙和尿素,混匀后于早上9时前或下午5时后用喷雾器喷施叶面,可连续进行,每隔半个月1次,依叶色变化情况,连喷2~3次。

第六章 主要病虫害防治

6.1 防治原则 坚持贯彻保护环境、维护生态平衡的环保方针及预防为主、综合防治的原则,采用农业防治、生物防治和化学防治相结合的方法,对青天葵主要病虫害进行防治。尽量少施或不施农药,必要时,应采用最小有效剂量(使用低容量喷雾器)的广谱、高效、低毒、短残留的化学农药和生物制剂。

6.2 农业防治。

6.2.1 土壤消毒 结合整地作畦,每667 ㎡撒石灰100 kg进行土壤消毒。

6.2.2 清洁田园 清除杂草落叶、感染病虫植株,集中处理,以减少病虫源。

6.2.3 培育壮株 通过追施肥料,做好田间管理各项措施,促进植株生长健壮,增强抗病虫害的能力。

6.3 斑点病的防治。

6.3.1 为害症状 幼苗出土后,幼叶、叶鞘近地面处产生褐色病斑,渐向根茎部扩展,引致根、根茎基腐烂,病苗矮小。

6.3.2 农业综合防治 从无病留种株上采收块茎,在播前要做好块茎处理。提倡与其他作物实行隔年轮作,以减少田间病菌来源。雨后及时排水,防止积水,降低地下水位和棚内湿度,控制发病环境。在病害盛发期及时摘除病老叶。

6.3.3 药物防治 在发病初期开始喷药,用药间隔期7~10天,连续喷雾防治2~3次。药剂可选用47%加瑞农可湿性粉剂600~800倍液(每667m^2用量165~125 g);72.2%普力克水溶性液剂1 000倍液(每667m^2用量100 g);丰沪胺可湿性粉剂800倍液(每667m^2用量125 g);30%DT可湿性粉剂600倍液(每667m^2用量165 g);77%可杀得可湿性粉剂1 000倍液(每667m^2用量100 g)等。

6.4 蚜虫的防治。

6.4.1 为害症状 成、若虫刺吸茎叶、花蕾,不仅影响生长发育,还分泌蜜露引起煤污病,影响光合作用,减产20%~30%。

6.4.2 农业防治 注意清除田间、地边杂草,尤其春夏两季除草,对减轻蚜虫为害具重要作用。加强田间管理,使青天葵能够及时生长、成熟,可减轻蚜害。

6.4.3 药物防治 50%抗蚜威可湿性粉剂1 500~2 000倍液,此药剂对蚜虫有特效且对蚜茧蜂和食蚜蝇最安全;2.5%天王星乳油3 000倍液;21%灭杀毙800~1 000倍液,50%辛硫磷乳油800~1 000倍液,哀福多可溶剂7 000~8 000倍液喷雾效果理想,药后20天防效仍可达85%以上。70%艾美乐水分散剂20 000~25 000倍液;12.5%必林可溶剂2 500~3 000倍液,以上药剂用药间隔期可掌握在20~25天。10%高效灭百可2 000倍液;20%莫比朗乳油4 000~5 000倍液;0.36%百草一号1 000~1 200倍液,用药间隔期10天左右。

6.5 斜纹夜蛾的防治。

6.5.1 为害症状 主要为害花芽、花蕾、花、果实和叶,造成叶片残缺不全,严重时可将叶片吃光。

6.5.2 农业防治 及时中耕除草,清洁田园,翻耕土壤,摘除卵块和初孵幼虫的叶片,对于大龄幼虫采用人工捕杀。合理调整作物布局,尽量避免种植斜纹夜蛾嗜好的作物。利用斜纹夜蛾成虫均具有较强的趋光性、趋化性和趋味性,在成虫发生期采用黑光灯、频振式杀虫灯、性诱剂、糖醋液(配方是糖6份、醋3份、白酒1份、水10份和90%敌百虫1份)等进行诱杀。

6.5.3 药剂防治 药剂防治必须掌握在初龄期进行,施药时间在下午6时以后。选用52.25%农地乐1 500倍液;48%乐斯本500倍液;10%除尽1 500倍液;15%安打悬浮剂4 000倍液;强敌-315可湿性粉剂1 500倍液;20%黑虫脱乳油800~1 000倍液。

6.6 蜗牛的防治。

6.6.1 为害症状 在春季早晚或雨后为害新长的叶片,造成缺刻或整个叶片舔食光。

6.6.2 农业综合防治 在早晨和黄昏蜗牛活动时用人工捕捉。也可用新鲜草堆放在畦沟上,天亮时蜗牛躲藏在草堆中,将草堆集中烧毁。

6.6.3 药剂防治 6%密达颗粒剂(瑞士龙沙公司产品)每667 m^2用量400 g;2%灭旱螺每667 m^2用量400 g,6%梅塔颗粒剂每667 m^2用量500~600 g,茶籽饼粉与敌百虫配成3%~6%的毒饵每667 m^2用量2.5 kg,8%灭蜗灵颗粒剂每667 m^2用量1 000 g,30%甲萘威·四聚乙醛母粉每667 m^2用量250~500 g。

第七章 采收与加工

7.1 采收季节 7月底采收较为适宜。

7.2 采收方法 将青天葵植株剪取地上部分,或将整株挖起,去除子块茎,留作种源,取带母块茎的叶。

7.3 产地加工 将叶片或植株摊在筛箕或竹席上,在太阳下晒,并常翻动,待叶片变软后,将叶片搓成小团,把叶柄搓细,搓第一次,一片一片叶搓,以后数片叶一起搓,边搓边晒,反复叶片搓成团后不再松开时停搓,晒至全干。

第八章 留种技术

8.1 种子繁殖留种 取成熟、无病虫害的健壮植株上的未开裂的果实,阴干后,用牛皮纸包裹。注意青天葵种子在高温、高湿条件下不能久贮。

8.2 块茎繁殖的留种技术 9~10月地下部分长成新块茎,就可割取地上部分的叶片作药材,新块茎则留藏在地里过冬,到翌年2~3月再挖起作种。

第九章 质量标准

9.1 抽样方法 根据《中华人民共和国药典》、企业标准和购销合同,按每批件数的1%随机抽检样品。

9.2 药材质量标准。

9.2.1 水分暂定不得超过12.0%。

9.2.2 总灰分暂定不得超过30.0%。

9.2.3 酸不溶性灰分暂定不得超过19.0%。

9.2.4 水溶性浸出物(冷浸)暂定不得少于2.6%。

9.2.5 醇溶性浸出物暂定不得少于0.3%。

9.3 重金属限量指标。

9.3.1 铅(Pb)≤5.0 mg/kg。

9.3.2 镉(Cd)≤0.3 mg/kg。

9.3.3 砷(As)≤2.0 mg/kg。

9.3.4 汞（Hg）≤0.2 mg/kg。

9.4 农药残留限量指标

9.4.1 六六六≤0.1 mg/kg。

9.4.2 滴滴涕（DDT）≤0.1 mg/kg。

9.4.3 五氯硝基苯（PCNB）≤0.1 mg/kg。

9.4.4 艾氏剂≤0.02 mg/kg。

9.4.5 重金属总量≤20.0 mg/kg。

9.5 黄曲霉毒素限量指标 黄曲霉毒素B_1（Aflatoxin）≤5.0μg/kg（暂定）。

第十章 包装、运输及贮藏

10.1 包装。

10.1.1 选用不易破损的包装，以保证药材在运输、贮藏、使用过程中的质量。

10.1.2 发送中药材必须有包装，标签应标明药材品名、产地、采收日期及注意事项等（格式如下）。

　　药材名称：

　　产　　地：

　　采收日期：

　　采收单位：

　　调出日期：

　　调出单位：

　　调出数量：

　　包装重量：

　　注意事项：

　　　附：药材质量检验单

10.2 运输。

10.2.1 运输工具应有通风设备。

10.2.2 运输过程应防止日晒、雨淋、潮湿、损坏、污染。

10.3 贮藏。

10.3.1 选择通风、干燥、无污染的环境，做专用仓库，并采用控温（30℃以下）、控湿（相对湿度70%~75%）技术，彻底灭菌，防止霉变。

10.3.2 贮藏要注意消灭虫源，防止发生虫蛀。

第十一章 人员和设备

11.1 人员。

11.1.1 从事中药材生产的人员均应具有基本中药学、农学常识，并经过生产技术、安全及卫生学知识培训。

11.1.2 从事田间工作的人员应熟悉栽培技术，特别是农药的施用及防护技术。

11.1.3 从事加工、包装、检验人员应定期进行健康检查，患有传染病、皮肤病、外伤性疾病等不得从事直接接触药材的工作。

11.1.4 对从事药材生产的有关人员应定期培训与考核。

11.2 设备。

11.2.1 药材生产单位备齐药材生产必需的设备。

11.2.2 生产企业生产和检验用的仪器、仪表、量具、衡器等适用范围和精密度应符合生产和检验的要求，有明显的状态标志，并定期校检。

第十二章 文件管理

12.1 文件。

12.1.1 生产企业应有生产管理、质量管理等标准操作规程。
12.1.2　药材生产全过程的详细记录。
12.2　管理　将上述文件资料全部归入档案收载。
12.2.1　由具有一定文化而且责任心强的人员作为记录员专门记录。
12.2.2　档案保管员要掌握档案分类和保管的基本知识。
12.2.3　记录员、档案保管员要求由相对固定的专人负责。

五、肿节风（九节茶）

（一）概　述

九节茶 Sarcandra glabra（Thunb.）Nakai，又称为草珊瑚、接骨木、驳骨茶、骨风消等，为金粟兰科多年生常绿亚灌木植物。主要分布于我国长江以南的广东、广西、江西、浙江、安徽、福建、台湾、湖南、湖北、四川、贵州、云南等省区。九节茶全草入药，味辛、苦，性平，有抗菌消炎、清热解毒、祛风除湿、活血止痛、通经接骨等功效。用于治疗常见的肺炎、急性阑尾炎、急性肠胃炎、菌痢、风湿疼痛、跌打损伤、骨折等症，也常用于治疗绦虫病、类风湿性关节炎及预防感冒等。近年来被用于多种恶性肿瘤如胰腺癌、胃癌、直肠癌、肝癌和食管癌等多种癌症的治疗，有一定的疗效，而且副作用较小，引起人们的重视。九节茶除作药材原料使用外，还可开发成许多保健食品或以精油、浓缩浸膏等初级产品畅销于国内外。随着开发应用范围及层次的深入，九节茶将更大地发挥其药用价值与经济价值。

1. 药用历史

九节茶在我国民间药用的历史源远流长，九节茶之名首见于《生草药性备要》。《植物名实图考》记载："绿茎圆节，颇似牛膝。叶生节间，长几二寸，圆齿稀纹，末有尖。"《岭南采药录》亦记载："常绿灌木，高三四尺，茎有高凸如节。叶椭圆形，对生，叶之边有锯齿，类似茶叶，叶柄短。夏日枝头分花梗。其花攒簇而生，花小，淡黄绿色。果实球形，红色。"据以上描述，再参考《植物名实图考》附图，特征与草珊瑚一致。民间常用于消炎解毒、止咳祛痰，治疗慢性气管炎及传染性肝炎等。《生草药性备要》称，九节茶为"观音茶，煲水饮，能退热"。《分类草药性》记载，九节茶能治一切跌打损伤、风湿麻木、筋骨疼痛。《峨嵋药植》称，九节茶叶可止呕吐。《陆川本草》记录，九节茶的功用为：接骨、破积、止痛，能治跌打骨折、损伤肿痛、风湿骨痛、烂疮、毒蛇咬伤等。《湖南药物志》记载，九节茶能通经，可治产后腹痛。《闽东本草》记载，九节茶有健脾、活血、止渴、消肿胀的功效，可治产后外感、寒热往来、头身疼痛、口渴、肿胀等。《四川中药志》记载，九节茶"味苦、辛，平。有小毒。祛风除湿，活血止痛，清热解毒。用于风湿关节痛、跌打损伤骨折、热毒疮痈、肺热喘咳、肠痈、痢疾"。此外，《全国中草药汇编》、《中药大辞典》、《岭南采药录》、《广西中兽医药植》、《南宁市药物志》、《广西中草药》、《贵州草药》、《云南思茅中草药选》等均有收录。

2. 药用价值

（1）抗菌作用

对金黄色葡萄球菌（包括耐药菌株）、甲型链球菌、肺炎链球菌、卞他球菌、流感杆菌、痢疾杆菌、伤寒杆菌、副伤寒杆菌、大肠杆菌、绿脓杆菌等均有一定的抑制作用。

（2）抗肿瘤作用

九节茶挥发油、浸膏对白血病615细胞、TM755、肺腺癌

615、自发乳腺癌615、自发腹水型AL771、艾氏腹水癌、肉瘤180、肉瘤37、瓦克癌256均有一定抑制作用。

（3）对免疫功能的影响

九节茶浸膏及总黄酮对动物的细胞吞噬功能有促进作用。

（4）促进骨折愈合作用

九节茶治疗家兔实验性骨折，可使早期骨外膜、骨内膜的成骨细胞增生出现早且较活跃，骨断端连接及骨髓腔再通较早；晚期抗断力显著增强，且感染发生率少。临床观察对骨折愈合有促进作用。

（5）对消化系统作用

九节茶对非特异性炎症，特别是胃溃疡有明显的促进胃黏膜保护层修复的作用。正常动物用药后胃液分泌量增加，促进食欲。

（6）抗病毒作用

10%过柱九节茶浸膏液，对流感病毒A/京科/1168（H3N2）15EID50感染量，具有灭活作用，对30EID50也有抑制作用。

据有关研究资料报道，九节茶全草含有延胡索酸、琥珀酸、异秦皮啶、β-谷甾醇-β-D-葡萄糖苷、落新妇苷、金粟兰内酯A和金粟兰内酯B、挥发油以及多种微量元素。全草入药，味辛、苦，性平，有抗菌消炎、清热解毒、消肿止痛、祛风除湿、活血止痛、通经接骨等功效，主要用于治疗各种炎症性疾病，如感冒、乙型脑炎、肺炎、盆腔炎、风湿关节炎、疮疡肿毒、跌打损伤、骨折以及伤口感染、菌痢等。据报道，近年来临床上用于治疗胰腺癌、胃癌、直肠癌、肝癌、食管癌等有较显著的效果，有改善症状、缩小肿块等功效，无副作用。

九节茶有效成分中含有黄酮苷、延胡索酸、琥珀酸、异秦皮啶、鞣酸以及微量元素等。据资料报道，用九节茶全草粗粉水提获得的九节茶流浸膏，通过分析该流浸膏中各有效化学成分，发现九节茶不仅具有抗菌、止血作用，而且具有抗衰老、防紫外线、防角蛋白质的流失、护肤等多种功效，因此，九节茶流浸膏又是一种理想的化妆品添加剂。

3. 市场前景

我国在九节茶开发利用方面已取得了非常显著的经济效益。目前，开发的产品已有肿节风注射液、肿节风浸膏片、清热消炎宁胶囊、复方九节茶含片、九节茶牙膏、九节茶口香糖、九节茶漱口液、九节茶袋泡茶等，尤其是江西的草珊瑚含片以及广东的清热消炎宁胶囊疗效确切，深受患者欢迎，取得了很好的社会效益和经济效益。由于九节茶是一种广谱性的中草药，随着开发利用研究的不断发展，需求量急剧增加，而野生资源则越来越少。此外，九节茶还可作为一些化妆品、保健产品的生产原料和其他中成药的配伍原料，如广东百事有限公司生产的草珊瑚口腔膏、广州敬修堂药业股份有限公司生产的园田牌万花油等。保守计算，广东省每年对九节茶干品药材原料的需求量已达5 000 t以上，目前的野生资源越来越少，已远远不能满足生产上的需求。

为了适应中药现代化的要求，使企业的产品更好地走向市场，尽快地与国际接轨，广州敬修堂药业股份有限公司在对清热消炎宁（胶囊）进行二次开发研究的同时，以广州中医药大学为技术依托，在广州市郊帽峰山建立了九节茶GAP

示范基地（见彩图5-1），并将逐步形成产业化规模。这不仅将企业产品质量要求推向更高的层次，而且也提高了产品的科技含量，同时对我国中药资源可持续利用的发展，加速中药现代化的进程具有重要意义，前景十分可观。

（二）生物学特性

1. 植物学特征

（1）根

九节茶根粗大，支根多而细长，常分布于表土层，采收时易连根拔起。根部萌蘖能力强，常从近地面的根茎处发生分枝，使植株呈丛生状。

（2）茎

九节茶为多年生常绿亚灌木，株高50～120 cm，茎直立，绿色，无毛，茎节显著膨大，节间有纵行较明显的脊和沟。

（3）叶

单叶对生，具柄；叶片革质，卵状长圆形，长6～17 cm，宽2～6 cm；先端渐尖，基部渐狭或楔形，边缘除近基部外有粗锯齿，齿尖有1个腺体；叶柄长0.5～1.5 cm，托叶鞘状，两侧有微小突出的尖齿，长1～2 mm。

（4）花

九节茶为穗状花序，着生于茎枝顶端，下部分枝，多少呈圆锥花序式排列，连花梗长1.5～4 cm；苞片三角形，长和基部宽近相等，1～1.2 mm；花小，黄绿色，单性，同株，雌雄花合生于1极小的苞片腋内，组成顶生短穗状花序；雄蕊1，肉质，棒状或近圆柱状，药隔膨大呈卵形，花药2室，生于药隔上端的两侧，成熟时长为药隔的1/2或不及；子房1室，球形或近卵形，柱头近头状，无柄。

（5）果实

浆果状核果，球形，直径3～4 mm，熟时呈鲜红色。花期6～7月，果期10～11月（见彩图5-2）。

2. 生长发育规律

九节茶整个生长周期可分为两个阶段，即营养生长阶段（包括萌芽期、幼苗期和壮苗期）和生殖生长阶段（开花期、结果期和果实成熟期）。

（1）萌芽期

自播种或扦插到第1片叶片或新抽芽叶片展开时为萌芽期。此期的长短因温度不同而异，在适宜的条件下，播下的种子30～40天出苗，而扦插苗则需要40～50天，定根后才抽出新芽，如果温度较低，时间则会延长。在萌芽期，要使土壤保持充足的水分和良好的通气条件，土壤干旱时，必须及时浇灌，否则会延迟种子发芽或使扦插枝条干枯死亡。土壤水分过多或下大雨造成积水时，要及时开沟排水，以免造成因土壤中氧气不足而发生烂种和扦插条组织坏死。

（2）苗期

此期间，播种苗已展开4～6片真叶；扦插苗亦长出新根、抽出新芽并展开4～6片新叶。九节茶苗期生长较缓慢，温度低时可延至好几个月。苗期地上部分直立生长，保持顶端生长优势，通常不分枝。此时可施薄肥，即稀的尿素，可促进枝叶旺盛生长。

（3）开花结实期

播种苗定植后第2年就可开花结果。从开花到结实、果实成熟，一般要4~5个月的时间。在华南地区一般在6月左右开花，而广州地区5月已经开花。花序长在茎枝的顶端，开花至采收前，枝条仍继续生长，进入青果期株高增长缓慢。九节茶根部萌蘖能力强，当老枝开花结果后生长速度随即减缓，并常从近地面的根茎处萌发出新枝，而使植株呈丛生状。所以，在植株生长旺盛的季节，可追施有机复合肥，促进植株根部萌蘖，提高产量。

3. 对环境条件的要求

九节茶对气候、土壤条件适应性较广，生长条件不高，极易栽培。野生九节茶多分布于海拔400~1 500 m的山坡、山谷常绿阔叶林下阴湿处或溪涧边（见彩图5-3）。适宜温暖湿润气候，喜阴凉环境，忌强光直射和高温干燥。喜腐殖质层深厚、疏松肥沃、微酸性的沙壤土，忌贫瘠、板结、易积水的黏重土壤，可利用林下坡地栽培。九节茶多为须根系，根系大部分集中分布于土壤的表土层20 cm的范围内，水平分布约30 cm，根茎和地上茎较容易萌发出不定根，生产上可通过压条繁殖种苗。

九节茶在我国长江以南的大部分地区均可种植。

（1）光照

九节茶属耐阴植物，在散射光条件下植株生长良好，忌强光直射。

（2）温度

九节茶生长喜温暖湿润的气候和阴凉潮湿的环境。一般植株前期生长要求较高的温度，以利于营养生长。根茎适宜在20~30℃生根萌芽,植株生长的最适宜温度为20~30℃。春、秋季温度适宜时,叶片生长肥大,植株粗壮高大。

(3)水分

适宜在疏松肥沃、排水良好的沙壤土中生长。栽培时怕积水,低洼积水的土壤容易烂根死苗。

(4)营养和土壤

九节茶为全草类药材,生长前期应以施氮肥为主,中后期可采用土杂肥与尿素、生物有机复合肥相配合,勤浇薄施,以保证植株生长旺盛。

野生九节茶多分布于海拔400~1500 m的山坡灌木丛中或溪涧边。故可选择山谷常绿阔叶林下间种。九节茶对土壤的适应性较广,pH5.5~6.8的沙土、沙质壤土和壤土等均可种植,但以疏松、腐殖质和有机质丰富、微酸性、保水力强、排灌性好的沙质壤土为好,忌在易板结、积水的黏重土壤环境中种植。土壤积水或地下水位太高,易出现根系发育不良或烂根现象,容易发生病害。

(三)品种类型

1. 正品

九节茶药材商品正品为金粟兰科Chloranthaceae草珊瑚属的草珊瑚*Sarcandra glabra*(Thunb.)Nakai(图5-1)。

九节茶的茎圆形,无毛,茎节显著膨大,节间有纵向较明显的脊和沟。单叶对生,具柄;叶片革质,卵状长圆形至披针形,长6~16 cm,宽3~7 cm,先端渐尖,基部渐狭或楔形，边缘除近基部外有粗锯齿，锯齿端部硬骨质，1个腺体；托叶鞘状，两侧有微小突出的尖齿。穗状花序顶生，夏季开黄绿色小花，单性，同株，雌雄花合生于1极小的苞片腋内，雄蕊1枚，子房1室，卵形柱头无柄。浆果核果状、球形，成熟后呈红色。

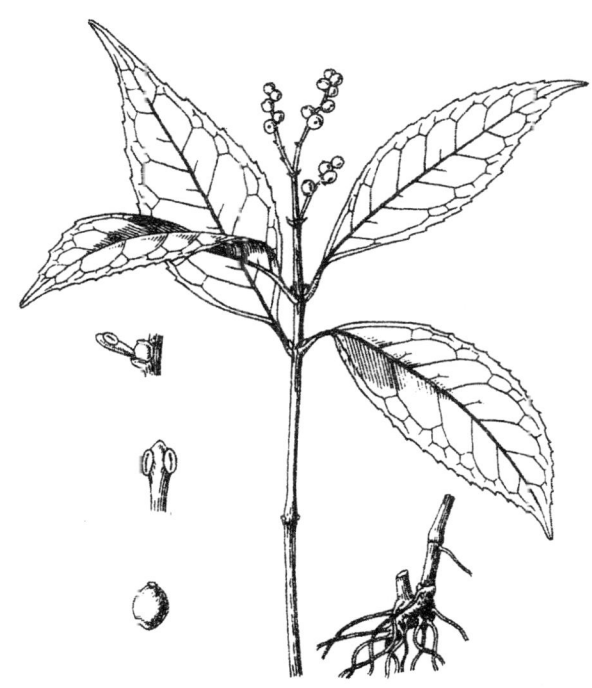

图5-1　草珊瑚 Sarcandra glabra（Thunb.）Nakai
（引自《广东植物志》第三卷）

2. 混淆品种

草珊瑚属植物均可药用。其中草珊瑚分布最广，野生资源较多。草珊瑚属的植物形态非常相似,在我国许多地区有将草珊瑚属植物混用的现象。在功效上,不同品种有较大的差异(表5-1)应注意加以区别(图5-2)。

表5-1 草珊瑚属植物的分布与功效的比较

植物名	学名	别名	分布	功效
草珊瑚	S. glabra (Thunb.) Nakai	草珊瑚、肿节风、接骨金粟兰、接骨莲	广东、广西、江西、云南、贵州、四川、湖南、台湾、福建、浙江、安徽	清热解毒,祛风活血,消肿止痛,抗菌消炎;近年用治多种癌症。印度作为有效的兴奋剂
海南草珊瑚	S. hainanensis(Pei) Swamy et Baile	山牛耳青,九节风	广东、江西、海南、广西、云南、湖南、四川	消肿止痛,利通关节,外用接骨

海南草珊瑚 S. hainanensis(Pei)Swamy et Bailey。常绿亚灌木,高1~1.5 m;茎、枝具膨大的节,无毛。叶纸质,阔椭圆形至长圆形,长8~20 cm,宽3~8 cm,顶端短尖至短渐尖,基部阔楔形边缘除基部外均具浅而细的锯齿,齿尖有腺体;侧脉5~7对,两面稍凸起;叶柄长0.5~2 cm,基部合生;托叶线状钻形,长1.5~2 cm。穗状花序顶生,多少分枝而呈圆锥花序排列;苞片三角形或阔卵形,长约1.5 mm或不及;雄蕊1枚,花药2室,药室生于药隔的两侧,药隔卵球形,背腹扁压,顶端通常微凹,药室与药隔近等长;子房卵形,无花柱,柱头具小凹点。核果卵形,直径3~4 mm,幼时绿色,成熟时橙黄色。花期10月至翌年5月。

A. 草珊瑚 S. glabra (Thunb.) Nakai 1. 果枝 2. 根状茎和根 3. 花序的一段 4. 雄蕊腹面观 5. 果

B. 海南草珊瑚 S. hainanensis (Pei) Swamy et Bailey 6. 果枝 7. 花腹面观 8. 花序的一段 9. 雄蕊腹面观 10. 苞片 11. 果

图5-2 草珊瑚与海南草珊瑚的比较
(引自《广东植物志》第三卷)

据有关资料报道,海南草珊瑚尚有多个变种,如陵水草珊瑚、屏边草珊瑚等,其形态极为相似。此外有报道,草珊瑚属的另一种——广西草珊瑚(中国高等植物志书现尚无记载)也与海南草珊瑚极为相似,这几种草珊瑚属的植物均可入药，故常相互混用。但除草珊瑚外，其余品种尚未见有抗菌消炎功效的记载，而多作为跌打损伤、祛风除湿、活血止痛、通经接骨药用。

两种草珊瑚属植物检索表

1. 叶缘具粗锯齿；雄蕊棒状，药室远短于药隔；果球形 …………………………………………………… 1. 草珊瑚
1. 叶缘具浅钝齿；雄蕊卵球形，药室几与药隔等长；果卵形 …………………………………………… 2. 海南草珊瑚

3. 资源分布

九节茶对气候、土壤条件适应性较广，自然分布区域很广。分布于我国安徽、浙江、江西、福建、台湾、海南、广东、广西、湖南、四川、贵州和云南等省区，朝鲜、日本、马来西亚、菲律宾、越南、柬埔寨、印度、斯里兰卡也有分布。人工栽培主产地主要为广东和江西。

（四）育苗技术

育苗是利用苗床或营养杯（营养袋）来培育秧苗，是生产中的首要环节，是栽培过程中的一项重要技术措施。育苗的目的是培育壮苗，延长九节茶最适宜的生长时期，为保质保量打下良好的基础。

1. 育苗地选择和整地

为了达到中药材规范化生产（GAP）的要求，为制药企业提供标准、稳定、无污染、无公害的绿色中药材。种植环

境应选择大气、水质、土壤无污染的地区。空气环境质量要达到《中华人民共和国环境空气质量标准》中的二级标准；灌溉水质要达到《中华人民共和国农田灌溉水质标准》中的二类标准；土壤环境质量按《中华人民共和国土壤环境质量标准》（GB15618—1995）中的二级标准执行。因此，在选好种植地点后，应马上取土壤样品和灌溉水样品送有关部门进行检测，同时联系环保监测部门对大气进行检测，待各项指标都达标后方可种植。

苗圃地选在阴湿、土层深厚、质地疏松的常绿阔叶林下的地块为好。如选开阔的地块作育苗地，则应搭建遮阴棚（见彩图5-4），以免幼苗被阳光灼伤。选择排灌方便、湿润肥沃的沙质壤土作育苗地，清除杂物后全垦或半垦，充分细土，整地时每667 m²施入农家土杂肥1 500 kg翻耕入土，耙细整平，做成高畦，苗床土团要细，畦面土要平，畦面宽1 m，四周开沟，沟深20~30 cm。若为熟土，撒上石灰消毒。整地时畦土较实者要用细河沙拌匀改良。

2. 种子繁育

繁殖方法生产上多采用扦插繁殖，也可用种子繁殖、分株繁殖和营养杯繁殖。

种子是中药材栽培获得高产的首要条件之一。但一个品种，即使是良种，在栽培过程中由于管理不当或受其他多种因素的影响，均可引起品种混杂或退化，最终丧失品种原有的种性，导致产量下降。因此如何通过良种繁育，保持品种的优良特性，对保证高产丰产至关重要。

在整好的苗床上，按行距20 cm开深2~3 cm的播种沟，将种子均匀播于沟内，用火土灰或细土覆盖，以不见种子为度,畦面盖草,并搭遮阴棚。播种后20~30天出苗,及时揭去盖草。育苗期间,要经常松土除草,适时追肥。如果苗期管理精细,当年11~12月即可出圃定植。

3. 扦插繁殖

(1)扦插时间

通常在每年的春季3~4月,或在秋季进行扦插成活率较高。

(2)促进生根的方法

促进插条生根的方法通常有机械处理、化学药剂处理和生长调节剂处理等方法。九节茶常用生长调节剂处理。生产上常用的生长调节剂有萘乙酸(NAA)、吲哚乙酸(IAA)以及ABT生根粉等,按需要配制成不同浓度(通常稀释1 000~2 000倍)的水溶液,把裁好的枝条的下端浸泡在溶液中,不同的生长调节剂所需的浸泡时间不同,可按产品说明正确使用。

(3)扦插方法

从生长健壮的植株上选取1~2年生枝条,除去叶片,剪成带2~3节、长10~15 cm的插穗。剪口要临节,上端平截,下端斜剪成马蹄形切口,以增大吸收面积。把枝条捆成小把,将其基端置于0.05 mg/L 3号ABT生根粉溶液中浸泡2~3 min,或在1 mg/L NAA溶液中快蘸后扦插。经处理的插穗,生根时间显著缩短,成活率较高。插穗处理后即可扦插。扦插时,在准备好的苗床上,先开横沟,将插条按5 cm×10 cm的株行距斜倚沟壁,上端露出土面为插条的1/4~1/3,覆土按紧,使插条与土壤紧密接触。插好后依次扦插第2行,扦插完后浇透水。如果苗床郁闭度小,最好搭设阴棚,要经常保持苗床湿润。扦穗后30天左右,扦插生根,并开始萌芽。成活后,应注意松土除草,适时追施稀薄人畜粪水,促进幼苗生长。培育10~12个月,即可出圃定植(见彩图5-5)。

4. 分株繁殖

九节茶多为须根系,常分布于表土层,采收时易连根拔起。根部萌蘖能力强,常从近地面的根茎处发生分枝,使植株呈丛生状。分株繁殖可在早春或晚秋进行。先将植株地上部分离地面10 cm处割下入药或作为扦插材料,然后挖起根蔸,按茎秆分割成带根系的小株,按株行距30 cm×30 cm直接栽植于林间整理好的梯带上。栽植后需连续浇水,保持土壤湿润。成活后注意除草、施肥。此法简便,成活率高,植株生长快,但繁殖系数低(见彩图5-6)。

5. 压条繁殖

压条繁殖是将基部接近地面的1~2年生的枝条,在其基部堆土,或将母株枝条的下部弯曲埋入土中,使连在母株上的枝条形成不定根,再切离母株成为一个新生个体的繁殖方法。较高的枝条则采用高枝压条法。压条时将母株的枝条埋入土中,其深度10~20 cm,茎枝的顶端露出地面。压条时为了中断来自叶和枝条上端的有机物如糖、生长素和其他物质向下输导,使这些物质积聚在处理的上部,供生根时利用,可进行环状剥皮。在环剥部位涂IBA类生长素可促进生根。

压条繁殖一般在秋季或雨季进行,尤以7~8月为好,此时温度较高湿度大,茎枝生长成熟,营养物质积累较丰富,生根快,长出的新苗较健壮。此方法的优点是成活率高,能保持原有品种的优良特性。缺点是短时间内不能获得大量的幼苗。

6. 营养袋（杯）育苗

用营养袋或营养杯育苗在移植时可以不损伤幼苗的根系，且成活率高，营养杯还可多次使用。方法是：在阴棚内，或在林间郁闭度较大的空地上，配好营养土，然后装袋（杯），把选好的九节茶种子，每杯播种2~3粒，以粗沙土覆盖。如果是扦插枝条或从种子育苗床上疏出来的苗，则先用营养袋装上1/3高度的土壤，每袋放入1株幼苗，把根系轻铺散开；或垂直插入1根裁好的枝条，然后填满营养土，扦插枝条以枝条的最上1节露出土面为宜（见彩图5-7）。营养土可因地制宜、就地取材进行配制。基本材料是泥土、腐熟有机肥、灰粪等。泥土最好选用较少病虫害污染的鱼塘泥或水田泥。营养土的配比通常是：1份腐殖土加3份沙壤土，或泥土约70%、有机肥25%~28%、磷钾肥2%~3%。播植完后，即淋透水。育苗期间要注意保持土壤有一定的湿度。

（五）田间管理

1. 选地整地

根据九节茶的生物学特性及其生态分布的密度，规范化种植基地应设在远离居民点，大气、水质、土壤均无污染的地区。种植地的选择标准同育苗地的选择标准，可参见前述育苗技术有关内容。

土壤是植物赖以生存的物质基础，土壤的结构、pH值、肥力、水分等与植物生长密切相关。一般药用植物适宜在有机质含量高，团粒结构，保水、保肥性能好，中性或微酸性的土壤上生长。根据九节茶的生长特性，宜选上方有林木遮阴、排灌方便、土壤湿润的山坡地或山沟溪流旁和山谷林荫下的沙壤地段种植。保留树木作遮阴用，将林间杂草清除或堆沤做肥料；秋冬季节深翻土地，深翻土块40 cm以上，使其自然风化、熟化；捡净树根、杂草、石块；翌春种植前整地。把地自下而上修整成向内倾斜（约5°）的水平梯带。梯带宽50~60 cm，高30 cm，长随地形地势而定，内侧挖深、宽各15 cm的排水沟。每隔10行梯带修一条宽30~40 cm的步道，便于管理及防止水土流失。依地形、地势开好防洪沟。

2. 移植

移植是为了扩大苗株的株行距，使幼苗获得足够的营养、光照与空气，同时在移栽时切断了幼苗的主根，可使株产生更多的侧根，形成发达的根系，有利其生长。待播种幼苗长至10 cm以上，或扦插苗萌发的新芽有4~5对新叶和长好根系时，即可移植。

移植前，播种苗一般要疏苗，除去过密、瘦弱或有病的小苗。也可将疏下的幼苗，另行栽植。扦插苗在长出6~10片真叶时就可进行移植。

移栽时间应选择阴天无风或晴天傍晚时进行。移栽时的土壤要干湿得当，一般在土壤稍干时移植，但土壤过分干燥，易使幼苗萎蔫。若苗床土壤较干燥，最好在种植的前一天浇水，使土壤吸水不粘手后再起苗。土湿时，不仅不便操作，且在种植后土壤易板结，不利于幼苗生长。移植时不要压土过紧过实，以免根部受伤，但浇水时土粒随水下沉，就可和根系紧密接触。

挖苗时切断主根，尽量不要伤及须根，尽可能带护根土移植。挖苗与种植要配合，随挖随种。如果风大或遇干燥季节，蒸发强烈，挖起的幼苗要用塑料薄膜覆盖遮阴。

3. 种植密度

要合理密植，营造良好的田间小气候。种植密度过大，田间空气不流通，易诱发病害。

九节茶种植时一般按30 cm×20 cm或30 cm×40 cm的行株距，采用穴栽或开沟种植。穴栽时，穴要稍大，使根舒畅伸展。栽植深度以不露出或稍超过苗根原基入土部分为宜，过浅易倒伏，过深则发育不好。开沟栽植，根系要自然伸展，覆土要细，适当压实，立即浇透定根水。天旱时，要边种边浇水。移栽后，前期浇足水保持土壤湿润，利于定根。幼苗因根少，分株移栽时最好选择在阴雨天进行。气温高时，每天浇2次水，避免幼苗萎蔫。

4. 查苗补苗

移栽定植后要加强管理，及时查苗，如发现死苗缺株，要带土补栽，确保苗齐、苗全、苗壮，为九节茶的优质高产打下良好的基础。

5. 中耕除草

苗期要及时清除田间杂草，并适当进行中耕松土，中耕能疏松土壤，流通空气，加强保墒。定根成活后常松土，可促进水肥吸收，利于植株生长。一般每年中耕3~4次，保持土壤疏松，田间无杂草，减少水肥消耗，保持田园清洁，防止病虫害的滋生和蔓延。中耕除草一般在封行前，选择晴天或阴天土壤湿度不太大时进行。九节茶的根系较浅,通常分布于土壤表层的0~15 cm深处,所以中耕宜浅。封行后,植株分枝较多,枝叶生长茂盛,中耕除草次数要减少,以免损伤植株。植株上的老叶、病叶也要及时摘除,这样有利于田间通风和透光,田边和田间的杂草应及时铲除,以减少虫害和病害的传播。

6. 灌溉排水

定植后的生长期要经常保持土壤湿润,常浇水。土壤水分不足时,植株易发生萎蔫;水分过量,会引起茎叶徒长,延缓生长,甚至使根系窒息死亡,故灌溉与排水是调节植物兑水分要求的重要措施。苗期要注意浇水保苗,防止干旱,促进根系下扎,以利于幼苗茁壮生长。植株封行后,耗水量增大,要经常保持土壤湿润。如遇干旱,要及时灌溉浇水。多雨季节,尤其是连续多天的大雨后,田间常有积水,要及时排除,以免引起烂根和病害的发生。

7. 追肥

在生长期要及时施肥,促进植株旺盛生长,增强植株的抗病能力。注意不要偏施氮肥,适当施用磷、钾肥或复合肥,以培养地力,提高植株的抗病和抗逆能力。按中药材GAP生产的原则,尽量使用准则中允许使用的肥料种类,联系环境条件和植物特性施肥。追肥时应注意肥料种类、浓度、用量和施肥方法,以免引起肥害、植株徒长和肥料流失。

九节茶一般每年春、夏两季各追肥1次,每567 m^2施用尿素6~7 kg和氯化钾2~3 kg,或复合肥10 kg兑水浇施。施用尿素和氯化钾时，可在行间开沟条施，但要避免把肥料撒到叶面和幼嫩的枝叶上，造成叶片和幼嫩枝芽烧伤，影响植株的生长。冬季结合培土，施1次农家肥或复合肥，将栏肥或沤肥施于植株根际，用沟边泥土覆盖肥料，既可保温防寒，又可促进翌春植株早生快长。

8. 间作遮阴

九节茶耐阴性强，喜漫射光，所以宜选常绿阔叶林下种植。如在无荫蔽条件的山坡、梯田种植，可间作玉米等高秆作物，利用高秆作物适当遮阴。通过对间作作物的管理，既可促进九节茶的生长，又可增加经济收入。

（六）主要病、虫、草害的防治

1. 病害

在华南地区的高温多雨季节，林间湿度较大，加上苗床排水不良，易发生黑腐病和根腐病。

（1）黑腐病

1）症状

是一种细菌病害，多危害叶片。成株多从下部叶片开始发病。病斑大多数从叶缘开始向内延伸，形成"V"字形不规则的黄褐色病斑（见彩图5-8）。病斑内叶脉坏死变黑，严重时呈黑色网状，最后叶片变黄、干枯，病菌再从叶脉蔓延至茎部和根部，可引起叶片维管束坏死变黑，最后枯死，常并发软腐病，使茎、根软化腐烂，发生恶臭。

2）发病条件

种子或扦插条带菌，或高温多雨、地势低洼积水等情况都会引起发病。发病通常从植株下部叶片开始，向上蔓延，多雨年份或季节发病率较高。

3）防治方法

①消毒种子：用50~55℃温水浸种20 min，或用50%代森锌200倍液浸种15 min，洗净晾干后再播种。

②消毒土壤：用50%代森铵200~400倍液，每平方米用2~4 kg（相当于原液10 mL）在播种床内浇灌土壤，也可用10%的可湿性多菌灵粉剂，每667 m²用5 kg处理土壤。

③早期发现染病的植株，及时拔除烧毁。增施有机肥，促进苗木生长健壮，提高植株的抗病力。

④药剂防治：发病初期可用农用链霉素5 000倍液，或75%的百菌清可湿性粉剂600倍液，或77%可杀得可湿性粉剂500~800倍液，或50%代森铵水剂800倍液，或70%敌克松原粉500~1 000倍液，或50%多菌灵可湿性粉剂1 000倍液等喷洒，上述药剂交替使用，每隔7~10天喷1次，连续3次。

（2）根腐病

1）症状

多在夏季高温高湿时发生。主要危害根部。受害表现是叶片变软、枯萎但不脱落。拔出病株观察，可见茎的地下部分及主根上部都呈黑褐色，侧根减少。当根大部分腐烂时，植株枯萎死亡。

2）发病条件

病菌的菌丝体随病株残体在土壤中越冬，腐生性很强。分生孢子通过雨水反溅或流水在植株间传播。在高温多雨季节，土壤中水分太多，造成植株根系发育不良时易发生此病害，尤其是在土壤黏性较重的地块易发病。

3）防治方法

①消毒土壤：方法同黑腐病的防治。

②及时清除田间病株残体，采用高垄栽培，雨后及时排水，发现病株及时拔除，并在病穴及其周围撒石灰粉，既可防止病害蔓延，又可使病情明显减轻。

③药剂防治：用占种子重量0.5%的50%多菌灵粉剂拌种；发病初可用70%甲基托布津可湿性粉剂1 000倍液，或25%多菌灵可湿性粉剂600倍液，或70%敌克松可湿性粉剂1 500倍液喷洒植株。每隔7天喷1次，连续喷3次。如用上述药液浇灌植株根部，防治效果更好。

2. 虫害

九节茶从野生转为家栽时间不长，植株抵抗力较强，虫害发生较少。但在种植管理不善、杂草丛生的条件下，易引起虫害的发生。尤其是在春、夏季的高温多雨季节，阔叶林下郁闭度和湿度较大，林下灌木、杂草生长较快，往往是在田埂边上的野生灌木先感染虫害后，再蔓延到九节茶苗木上（见彩图5-9）。

防治方法

①清除田块附近的杂草和灌木，清洁田园，减少虫源。结合苗床消毒及苗期管理，清除田间枯枝烂叶，对已发生虫害的植株，及时摘除卵块和初孵化的幼虫群。

②药剂防治：可用1%杀虫素3 000倍液，或48%乐斯本乳油1 000倍液，或辟蚜雾（抗蚜威）50%可湿性粉剂2 000倍液，或40%乐果乳油1 000~2 000倍液，或20%速灭杀丁乳油2 000~3 000倍液、50.5%农地乐乳油1 500倍液和蚜克星1 000倍液等药剂，轮换使用，喷雾防治。

3. 预防措施

在肥水管理方面，生长期要及时追肥浇水，可以减少病毒的危害机会。不要偏施氮肥，适当追施磷、钾肥，可以提高植株的抗病能力，减轻病害的发生。田间施肥时，底肥施足有机肥，以培养地力，提高植株的抗逆力。农家有机肥中往往混有病株残体，施到地里就会传播病害。因此，农家有机肥一定要经高温堆肥后再用。药田施用未腐熟的有机肥易引起种蝇和地下害虫发生危害。要增施磷、钾肥作底肥，提高植株的抗病力。此外，遮阴条件差的地块，在阳光强烈的夏季，会出现九节茶叶片灼伤现象，叶尖或叶缘出现斑枯，严重的全叶枯焦。可采用灌水降温、改善遮阴条件等措施，以减轻危害。

按国家《中药材GAP生产允许和禁止使用的农药种类及使用原则》（附件3），应严格禁止使用剧毒、高毒、高残留或具有三致（致癌、致畸、致突变）的农药，最后一次施药距采收间隔天数不得少于所要求的天数。鉴于生物源农药对环境和人畜危害很小，而且使用灵活、经济、效果持久、有预防性，故在中药材规范化生产（GAP）中提倡使用生物源农药。

4. 草害

九节茶在林下梯带间常见的杂草有蕨类的铁芒萁、乌毛蕨、海金沙、凤尾草、山菅兰、淡竹叶、芒草、牛筋草等，还有许多如白花酸藤果、红花鬼灯笼、对叶榕、黄牛木、金刚藤、玉叶金花和鲫鱼胆等灌木。这些杂草和灌木不仅与九节茶争夺土壤中的营养和水分，而且还恶化环境，传播病虫害，严重影响九节茶的产量与质量。在杂草的防治过程中，要针对不同的杂草采用不同的方法进行防治，通常选用化学药剂除草，不仅省工省时，而且比较彻底与可靠，能收到较好的防除效果，但残留的除草剂会对肿节风产生毒害作用，须慎重选择无毒的除草剂。

（1）播种前除草

化学除草应以药材播种前土壤施药为主，争取一次施药便能保证整个生育期不受杂草危害。播种前土壤处理常用药剂如下：

1）48%氟乐灵乳油

氟乐灵除草谱广，能有效防除1年生靠种子繁殖的禾本科杂草，如牛筋草、狗尾草、稗和千金子等，以及小粒种子的阔叶杂草，如藜科、苋科、蓼科、马齿苋等，田间有效期2~3个月，喷药时间：于播种前5~10天杂草萌发新芽前，每667 m^2用48%氟乐灵乳油液100 mL兑水40~50 L，对药田表土进行均匀喷洒处理。因氟乐灵易挥发和光解，应随喷随进行浅翻，将药液及时混入5~7 cm土层中，有条件的最好是机械喷药耙混一次完成。也可喷药后随即浇透水，但效果不如浅翻混土。施药后隔5~7天才可播种，除草效果可达90%以上，但该除草剂对龙葵、苍耳子等杂草防除效果较差。

2）50%乙草胺乳油

该药剂主要通过地上部分吸收药液后，抑制蛋白质合成，使芽和根停止生长，导致杂草在出土前、出苗时和出苗后不久死亡。对多种1年生禾本科杂草有特效，并可兼除部分小粒种子的阔叶杂草。喷药时间：播种前或后，或移栽前3~5天均可，但必须在杂草出土前施用。每667 m^2用该剂70~75 mL兑水40~60 L均匀喷雾土表。

3）25%可湿性绿麦隆粉剂

每667 m²用25%可湿性绿麦隆粉剂250 g，兑水75 L或拌细土25 kg，喷洒或撒于畦面，然后再覆上一层细土即可。

（2）播种后出苗前除草

九节茶在播种后需10～30天方出苗。这期间将有很多杂草萌发生长，不仅消耗土壤中水分、影响土壤升温，还将推迟出苗时间，因此，在杂草见绿、九节茶尚未出苗前，可用20%克芜踪水剂150～200 mL兑水25～30 L进行田间喷洒，也可选用41%农达水剂150～200 mL兑水30～40 L喷洒，除掉这部分已出芽见绿的杂草。因克芜踪、农达对未出土杂草无效，因此对未出土的九节茶没有任何影响，九节茶出苗后绝不能使用此类药剂除草，以免杀死幼苗。

（3）出苗后除草

在九节茶生长过程中，田间易长出一些1年生禾本科杂草，当杂草长到3～5片叶时，每667 m²可用5%闲锄乳油40 mL兑水30 L喷洒，如果每20 mL加1支增效剂特效王2 mL，将提高杀草效率30%～50%。当杂草生长至6～8片叶时，加大用药量，每667 m²用20%拿捕净150～200 mL兑水30～50升喷雾。喷药后3天杂草心叶变黄，不生长，但此法对野燕麦和双子叶杂草无杀灭作用。此外，还有两种苗后除草剂，效果也很好。①6%克草星乳油，是具有触杀和一定内吸传导作用的高效除草剂，对多种1年生禾本科杂草和阔叶杂草都有很好的防除效果，对多年生杂草亦有明显的抑制作用。在杂草平均高度5 cm以下时，每667 m²用6%克草星乳油70～80 mL兑水30～40 L，作茎叶均匀喷雾。②3%高效盖草能，也是内吸选择性除草剂，主要是抑制杂草的茎和根的分生组织，从而导致杂草死亡，其药效发挥较快，喷洒落入土中的药剂易被根吸收，施药适期长，杀草谱广，可有效防除看麦娘、牛筋草、马唐草、稗、狗尾草等1年生禾本科杂草和狗牙根、白茅等多年生杂草，而且对溪黄草生长很安全。每667 m²用该剂25~30 mL兑水20~30 kg（或12.5%盖草能1 000~1 200倍液），以扇形喷头于杂草3~6片叶期作茎叶喷雾处理。

（七）采收与加工

1. 采收

通常九节茶种植1年左右，植株高达80~100 cm时，在枝叶旺盛生长期即可采收。一般夏季采收，割取地上茎叶。采割时注意割大留小，将刚萌发较嫩的枝条留下继续生长，而较老、较长、成熟的茎枝，在距茎基部5~10 cm处割下，以便再萌发出新枝。一般定植当年，每667 m²可产干品200~300 kg，以后产量可逐年增高，最高每667 m²可产600 kg以上。

收割时选择晴天，割后可以马上晒干，以防叶片脱落。

2. 产地加工

收割后的九节茶，应拣除杂草、污物，剔除腐烂变质部分，清洗干净后再晒干。晒干后待叶片回软时再捆压成件，即成商品。亦可直接加工成浸膏，交制药厂作为生产中成药的原料。

作者曾对九节茶的不同部位进行挥发油及有效成分提取和比较，发现九节茶叶片的挥发油含量以及有效成分含量比根、茎高，因此，在生长期中，可将植株下部浓绿的老叶摘下，晒干或直接加工成浸膏或提取挥发油。

3. 商品规格

统货：足干，扎成把，叶多，茎圆柱形，节膨大，节下有明显的叶鞘痕，暗褐色。叶草质，皱缩易碎，棕褐色或暗绿色。气微香，味微苦。无枯死枝，无杂质，无霉坏。

药材质量以无杂质、泥沙、虫咬和霉变为佳。

（八）留种技术

夏末秋初果实成熟收获前，在田间选择株壮、枝繁、果穗多而密、无病虫害的单株作种株。或选择排水良好、土质肥沃的田块建立种子田。

选好留种田块后，要加以精细管理，及时拔掉劣苗、病苗、杂草和其他混杂种。生长期注意施足氮、磷、钾肥料；进入开花结籽期要适当多施磷、钾肥，以促进种子肥大、饱满。

通常在每年10～12月果实变红熟透时采收种子，采收时要注意种子成熟的特征。九节茶成熟的种子呈红色、球形。当果实成熟变红时，应及时采收，以免种子散落。采收时，将整个果穗剪下，除去花序梗和杂质，选出饱满的大果实，用细湿沙拌和（种子∶湿沙=1∶2），在室内干燥通风处堆藏，或将其装入木箱并写好标签，注明种子采收的日期、品种名称等，置室内通风处贮藏。翌年春季2～3月，取出种子播种。

（九）质量标准及监测

1. 生药学特征

本品主根粗短，直径1~2 cm，支根多，长而坚韧。根茎较粗大，密生细根。全草长50~120 cm。干燥的嫩枝叶、茎枝有明显的节，茎圆柱形，节膨大，多分枝，直径0.3~1.3 cm。表面暗绿色至暗褐色，有明显细纵纹，散有纵向皮孔。节膨大，节上有1圈明显的叶鞘痕迹，质脆，易折断或从节部脱落，断面有髓或中空。叶对生，基部合生抱茎，绿褐色至棕褐色或棕红色。多皱缩，易破碎，近革质。完整叶片为卵状披针形或卵状椭圆形，长5~15 cm，宽3~6 cm；表面光滑，边缘有粗锯齿，对光透视，齿尖可见1黑褐色腺体，叶柄长约1 cm，革质，皱缩易碎。茎顶有时可见穗状花序，常分枝，黄绿色。气微香，味微苦，微辛。

2. 主要化学成分

经测试分析，九节茶含挥发油、黄酮苷、鞣质以及甾萜类等多种成分，且黄酮苷类为抗肿瘤有效成分。九节茶全株含左旋类没药素甲、异秦皮啶、延胡索酸、琥珀酸、愈创木基本酯体。茎叶含挥发油0.15%~0.20%，油中含乙酸龙脑酯、乙酸松油醇酯、α-榄香烯及δ-榄香烯、橙花叔醇、喇叭茶醇、δ-荜澄茄醇等40余种成分。果实含蹄纹天竺素鼠李葡萄糖苷。

据有关资料报道，我国学者从九节茶的植物粉末中提得异白蜡定。从九节茶中提取的挥发油，含乙酸芳樟酯；李松林等还发现，不同产地同一物候期的九节茶挥发油存在种内成分的多型性（3个化学型），即含化合物A型、橙花叔醇型、十六烷酸型，但未检出乙酸芳樟酯。此外，九节茶还含有K、Mg、Ca、Mn、Fe、Ni、Cu、Zn、Se、Pb、Sr、Rb等微量元素。

3. 重金属元素和农药残留等的限量指标

按国家《中药材生产质量管理规范（试行）》（GAP）的要求，生产基地应设有质量管理部门，对整个中药材生产过程进行环境监测、卫生管理、生产资料、包装材料及药材产品的检验。质检人员应按《中华人民共和国药典（一部）》（2000年版）对每批药材进行检验。

依据中华人民共和国商务部发布，2001年7月1日起实施的《药用植物及制剂进出口绿色行业标准》（附件4）进行检测。《药用植物及制剂进出口绿色行业标准》是我国第一个以国家政令的形式发布的中药进出口国家标准，并在国际上第一次确立了"绿色中药"的概念；它规定了药用植物及制剂的绿色品质标准，包括药用植物原料、饮片、提取物及其制剂等的质量标准和检验方法。

（十）包装、贮藏与运输

1. 包装

九节茶晒干后，用专用袋包装，每件25 kg。按照《中药材生产质量管理规范（试行）》的要求，包装前应再次抽查，清除劣质品和杂质，包装袋应是无污染，清洗干净，干燥，无破损。包装袋上应有包装记录，内容应包括品名（九节茶）、批号、规格、重量、产地、工号、日期等。

2. 贮藏

（1）贮藏条件

已晒干的药材，尚未包装和已包装的药材应置通风、干燥、避光的药材仓库保存。将包装好的药材存放在货架上，与墙壁保持足够的距离，并定期抽查，注意防潮、防霉、防虫蛀。存放温度在30 ℃以下，相对湿度控制在70%~75%，商品安全水分为10%~13%。按照国家规定，贮存保管定额损耗率3个月、6个月、1年及1年以上的库房损耗分别为1%、1.3%、1.6%、2%以内。

（2）防虫蛀

常见的仓库害虫有药材甲、烟草甲、褐粉蠹、黑毛皮蠹、暗褐郭公虫等，被蛀蚀的药材表面可见蛀孔，包装外现棕红色蛀末。因此，应保持仓库干燥、清洁，经常清除灰尘、杂物，定期进行消毒。发现虫蛀，应立即外移晾晒、翻垛通风。虫情严重时用溴甲烷熏杀。将仓库密闭，抽去空气，填回氮气进行贮藏。

（3）防受潮霉变

在含水量13%、相对湿度70%~75%环境中，可保持中药材原有色泽不会发霉。相对湿度超过80%，存放3周即开始长霉（青霉），色泽变暗。在潮湿环境中，九节茶药材易受潮霉变。

3. 运输

药材批量运输时，不应与其他有毒、有害物质混装在一起；运载容器应具有较好的通气性，以保持干燥。遇阴雨天应严密防潮。

（潘超美）

参 考 文 献

广州部队后勤部卫生部．1969．常用中草药手册［M］．北京：人民卫生出版社．

广东中药志编委会．1994．广东中药志：第一卷［M］．广州：广东科技出版社．

江苏新医学院．1995．中药大辞典：上册［M］．上海：上海科学技术出版社．

刘旺贤，赖学文．1996．草珊瑚及其栽培［J］．中国野生植物资源，（4）：45-47．

乔传卓，张其鸿．1987．草珊瑚属两个新变种与海南草珊瑚的比较研究［J］．云南植物研究，9（4）：407-411．

全国中草药汇编编写组．1978．全国中草药汇编：上册［M］．北京：人民卫生出版社．

宋立仁，洪恂，丁绪亮，等．2001．现代中药学大辞典［M］．北京：人民卫生出版社．

吴征镒．1988．新华本草纲要：第一册［M］．上海：上海科学技术出版社．

徐志杰．1994．草珊瑚的研究概况［J］．江西中医学院学报，6（1）：36-37．

中国科学院中国植物志编辑委员会．1977．中国植物志：第66卷［M］．北京：科学出版社．

中国科学院华南植物研究所．1998．广东植物志：第三卷［M］．广州：广东科技出版社.

中国科学院中国植物志编辑委员会. 中国植物志：第34卷第一分册［M］. 北京：科学出版社：33-195.

六、穿 心 莲

（一）概　　述

穿心莲为爵床科（Acanthaceae）穿心莲属（须药草属）植物 *Andrographis paniculata*（Bum. f.）Nees.，以全草入药，又名春莲秋柳、一见喜、榄核莲、苦胆草、斩龙剑、圆锥须药草、万病仙草、四支邦、竹节黄、日行千里、四方莲、金香草、金耳钩、春莲夏柳、印度草、苦草等。

本品始载于《岭南采药录》，原名春莲秋柳，云："草本。同一本有叶两种，春季所发叶似莲叶，秋季所发叶似柳叶。"《泉州本草》名一见喜，对其形态并无描述，但据民间药名考证，应为本种。

1. 产地

穿心莲原产于南亚和东南亚等亚洲热带地区，分布于印度、斯里兰卡、巴基斯坦、缅甸、泰国、越南和印度尼西亚等地，非洲和南美洲也有发现。我国的穿心莲最早在广东和福建南部引种栽培，目前主产地为广东、广西、海南、福建等省区，江西、湖南及上海等地也有栽培，长江以北的山东、北京及西北等地也已大面积试种成功。

2. 药用价值

穿心莲性寒，味苦。归心、肺、大肠、膀胱经。具有清热解毒、凉血、消肿等功效。穿心莲及其多种制剂曾经广泛用于多种感染及非感染性炎性疾病的治疗，如菌痢、肠炎、伤寒等肠道感染，感冒、流感、急性扁桃体炎、支气管炎、大叶性或病毒性肺炎、肺结核等呼吸道感染，钩端螺旋体病、麻风病、肝炎、胆囊炎、肾盂肾炎、蛇伤、皮肤及五官科感染性炎症，血栓闭塞性脉管炎，茸毛膜上皮癌，恶性葡萄胎以及抗早、中孕等。另外，还广泛用作兽药，以治疗猪、牛胃肠炎、菌痢、仔猪白痢、鸡白痢等。但经过较长期的实践检验，穿心莲主要以对肠道及呼吸道感染的疗效为佳。另一方面，自从发展了一批穿心莲的单体有效成分及其衍生物制剂，原生药入药已较少。

穿心莲及其制剂副作用与毒性都很小，临床用药一般认为较安全，少数病例偶有恶心、呕清水、胃部不适等反应。

（二）生物学特性

1. 植物学特性

穿心莲在原产地为多年生草本植物，在我国广东和福建北部及其以北地区，不能露地越冬而变为1年生植物。高50~90 cm（见图6-1、彩图6-1）。

（1）根

直根系，较发达。

（2）茎

茎直立，四棱形，下部多分枝，节呈膝状膨大，易断。茎叶味极苦。

（3）叶

单叶对生，近于无柄，深绿色；叶披针形或长椭圆形，长2～8 cm，宽1.5～3 cm。先端渐尖，基部楔形，全缘或浅波状，两面均无毛；纸质。

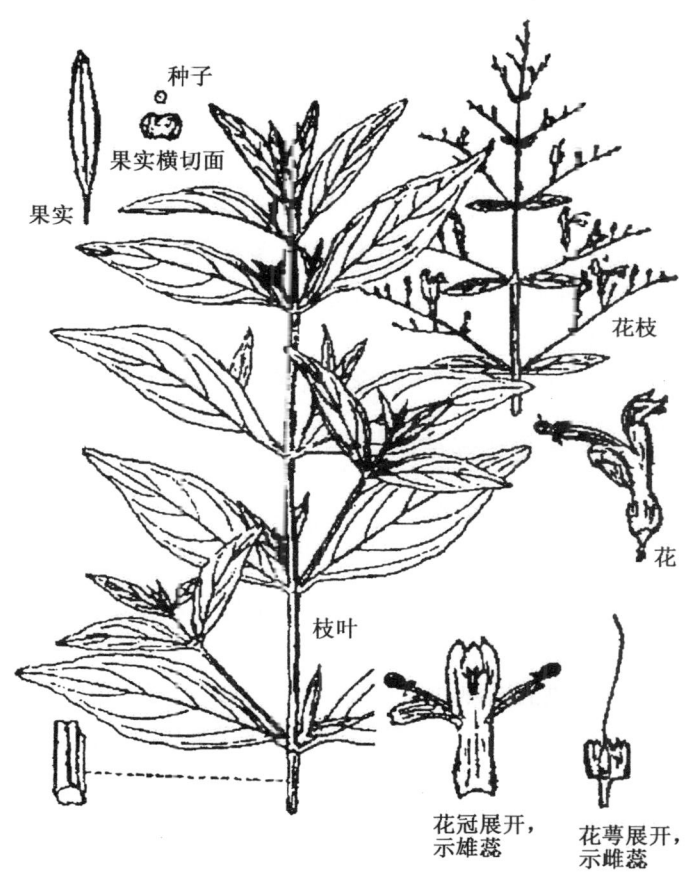

图6-2 穿心莲植物形态
（引自郑汉臣《药用植物学》）

(4) 花

圆锥花序，由顶生或腋生的总状花序组成；苞片和小苞片微小，披针形；萼有腺毛；花小，花冠浅紫色，唇形，上唇外弯，2裂，内面有紫红色花斑，下唇直立，3浅裂，裂片覆瓦状排列，冠管圆筒状，与唇瓣等长，喉部稍扩大；雄蕊2枚，伸出，花药2室，药室一大一小，大的基部被髯毛，花丝有毛；子房上位，2室。花期9～10月（见彩图6-2）。

(5) 果

蒴果扁长椭圆形，表面中间有1浅沟；长1.5～2 cm，宽约0.4 cm，疏生腺毛，成熟时黄褐色至棕褐色，室背开裂为2果瓣，种子射出。果期10～11月。

(6) 种子

种子多数，细小，矩圆形，棕黄色，着生在钩状体上。

2. 生长发育规律

(1) 种子生物学特性

1) 种子形态

穿心莲种子细小，千粒重0.93～1.52 g，种皮坚硬，黄褐色至棕褐色，表面有一层蜡质。种子发芽率因成熟度不同而异，种皮棕色的老熟种子发芽率达99%，种皮褐色的中等成熟种子发芽率达62%，而黄褐色的嫩种子发芽率仅5%。

2) 温度对种子发芽的影响

采用温汤浸种，可破坏穿心莲种子表面的蜡质层，浸种温汤以50℃为宜，温度达到80℃，则种子完全丧失发芽能力。

温汤浸种后的穿心莲种子，用35℃恒温处理20天后再放到22～25℃下，比不经35℃恒温处理的种子发芽快

而整齐（表6-1）。当温度为20℃时，发芽缓慢，10天内只有2%~4.2%，35天也只能达到5%~14.6%；而在25℃时，发芽迅速，10天内可达49.25%~69%，35天内达到81%~94.2%。

由表6-1可知，穿心莲种子发芽需要一个较高的温度。种子经58℃温水浸种处理1天后，取出放在31℃恒温箱中，以后每周100粒，在22℃恒温箱中统计其发芽率，以31℃恒温处理，时间以2周为宜（表6-2），若处理时间过长，则消耗种子中贮藏的养分，发芽率反而会降低。而高温处理种子的温度，以30℃为宜，34℃效果较差，超过40℃时，种子即丧失发芽能力。

表6-1　35℃恒温处理对穿心莲种子发芽的影响　（%）

处理方法	海南种子		北京种子	
	25℃下发芽率	22℃下发芽率	25℃下发芽率	22℃下发芽率
35℃恒温处理20天	76	77	72	33
不处理	4	12	7	27

表6-2　31℃恒温处理不同时间对穿心莲种子发芽的影响　（%）

31℃恒温处理时间	种子发芽率	
	北京种子	云南种子
1周	50	17
2周	80	83
3周	87	45
4周	—	15

穿心莲种子长时间置于35℃恒温条件下，仅个别种子发芽，一旦被转移到22℃下，第2天即迅速大批发芽，因此，若要提高穿心莲种子发芽率，应以30℃的高温和22℃左右温度交替处理种子。

3）摩擦种皮对穿心莲种子发芽率的影响

用细砂纸或沙子摩擦穿心莲种子种皮，将种皮表面的蜡质层全部或部分磨去，使其失去光泽，在放大镜下观察，种皮细纹有轻微擦伤痕迹，皱纹处有粉末附着。然后用0.2%高锰酸钾溶液浸种5 min消毒，冲洗干净，用温水浸种1天后，放在30℃恒温箱中催芽，第3~4天即大批发芽，第5~8天发芽完毕。经摩擦种皮处理的种子，在30℃下仅需2~3天，并且不再需要22℃左右条件即可大批发芽，而未经摩擦种皮处理，仅以清水浸种的种子放在30℃恒温箱内仅个别种子发芽，只有转到22℃下才迅速大批发芽。前者发芽率比后者显著提高（表6-3）。

表6-3　摩擦对穿心莲种子发芽的影响

处理	发芽率（%）
摩擦	68
不摩擦	48

实验观察表明，经摩擦种皮处理的种子比不摩擦种皮处理的种子吸水仅快9 h，而且摩擦种皮处理后种子呼吸强度反而降低，故摩擦种子促进发芽的效应，不能用增加透性来解释。又从摩擦种子在30℃恒温下即可迅速整齐地发芽，而未摩擦种子在30℃恒温下很少发芽，需在30℃恒温后放在22~25℃相对低温下，才能迅速整齐地发芽的结果表明，摩

擦种子的生理效应还应从生物化学角度来解释。

此外,海南穿心莲种子经摩擦种皮后用50℃温水浸种1天,所得呈咖啡色浸液,有明显抑制小麦和穿心莲种子发芽的作用,说明穿心莲种子中有发芽抑制剂的存在。

4)种子贮藏寿命与种子质量的关系

穿心莲种子的寿命与种子的质量有很大关系。采自云南的充分成熟种子贮藏4年后发芽率仍然高达53%,而采自江西和广西不够成熟的种子在贮藏3~4年后,发芽率仅为1.5%~4%(表6-4)。

表6-4 贮藏年数对穿心莲种子发芽的影响

贮藏时间(年)	种子来源	发芽率(%)
4	江西	1.5
4	云南	53
3	广西	4
3	海南	19
2	北京	25
1	北京	90

故穿心莲种子采收后不宜长久贮存,在干燥条件下保存,最好在2年内播种,以确保种子的发芽率。

(2)生长发育特性

穿心莲种子播种后出苗的快慢和整齐度主要取决于当时的气温和土壤温度。经摩擦的种子,在21℃平均地温下播种,播后15天开始出苗,17天基本出齐。在28℃平均地温下播种,播后8天即出苗,9天基本出齐。而土壤经常保持湿润比干湿交替出苗快而整齐。

穿心莲幼苗生长缓慢,当苗高10 cm后,生长加快,并长出一级分枝，6~8月为生长旺盛期。从发芽到开花仅需6个月，离地面15 cm以下的一级分枝能长出二级分枝。进入冬季，穿心莲地上部分逐渐发黄枯死，以地下根越冬，第2年春天，从根部长出新芽继续生长，所以穿心莲可以种1年收获2年。

穿心莲幼苗之所以生长缓慢，主要是因春季温度低。在北京，3月中旬阳畦播种的幼苗，出苗后经50天长出第1对真叶，80天即有第3对真叶。而4月中旬在阳畦播种的幼苗，出苗后经50天即长出第3对真叶。对穿心莲幼苗进行不同的短日照及夜间加温处理，发现夜间加温能显著加快穿心莲幼苗的生长。

在高温多湿的6月、7月、8月，穿心莲生长最迅速，9月植株横径生长缓慢，9月下旬，株高停止增长。因此，加强6~8月的肥水管理，多施氮肥，勤浇水，经常保持土壤湿润，可获得高产。

穿心莲的花期随育苗早晚不同而异。在北京，3月中旬出苗的幼苗，5月中旬移植时已长出第3~4对真叶，有些株高4~6 cm的大苗，于6月下旬即已现蕾，7月上旬开始开花，8月上旬果实开始成熟。4月中旬出苗的穿心莲大苗，于6月上旬定植，8月下旬即已现蕾，9月上旬开花，9月中旬结果，10月下旬果实成熟。而同时育苗，定植时株高仅为2~3 cm的小苗，则迟至9月中旬才现蕾，10月上旬开花，种子在露地不能成熟。于5月中旬在露地直播的穿心莲，10月上旬现蕾，不能开花，如挖回放在加温的室内越冬，翌年移出田间种植，于6月中旬收获种子。

10月上、中旬，气温降至8 ℃时，穿心莲叶子变成红紫色，10月下旬枯萎。

四川等地大田播种的穿心莲,一般在5月下旬或6月上旬才开始发芽,8月开花,至10月初只有少量种子成熟。只有在夏、秋季雨水充沛,冬季日照充足的地区,穿心莲才能正常开花结果。

3. 对环境条件的要求

穿心莲原产于南亚和东南亚等亚洲热带地区,其原产地炎热潮湿,雨量充沛,日照时间长,喜温暖湿润的环境。

(1)温度

经摩擦种皮处理的穿心莲种子,最适宜的发芽温度为28~30℃,未经摩擦处理的穿心莲种子,最适宜温度为28~30℃的白昼温度和22℃左右的夜间温度。温度达到34℃以上时,种子很少萌发,转移到适宜温度下仍能萌发。若在40℃下放置2~3周及3周后,再转移到适温下则丧失发芽能力。

穿心莲幼苗生长的适宜温度为25~30℃,气温下降到15~20℃时,生长缓慢,气温下降到8℃时,叶片呈红紫色,生长停止,遇0℃左右低温或霜冻时,植株全部干枯死亡。

(2)水分

穿心莲喜湿怕旱,相对湿度70%~80%,土壤含水量在25%~30%有利于生长。幼苗期更不耐干旱,故育苗床要经常保持湿润,但忌积水,土壤过湿易造成幼苗发黄,根系发育不好,影响移栽后的成活率,严重时甚至发生猝倒病,幼苗成片死亡。

6~8月高温季节,雨水充足,有利于植株生长,但雨水少的年份应及时灌溉,以保持土壤湿润,但土壤过湿、排水不良的地块也容易引起黑茎病。

在采种季节,空气湿度过低,果实容易开裂而使种子弹跳损失。

（3）光照

穿心莲为喜光植物，在荫蔽条件下植株有徒长现象，叶片变薄，茎秆纤弱，容易倒伏。幼苗用短日照处理能促进开花，其开花、结果及种子成熟时间比自然日照者早，短日照处理时间以12 h效果明显，其开花、结果及种子成熟时间提早15～20天，而9 h短日照处理的现蕾开花提早不明显。

穿心莲植株对短日照处理的敏感度，随植株长大而增加。一般4～6片真叶、株高6～7 cm的植株，即能感应短日照效应而提早开花结实；而仅具2～3片真叶、高3～4 cm的植株，对短日照的感应很差。

（4）土壤

穿心莲栽培以肥沃、疏松、排水良好、pH5.6～7.4的微酸性或中性沙壤土或壤土较好，pH为8.0的碱性土仍能正常生长。种在贫瘠的沙土地上的植株生长缓慢，叶色发黄。种在黏质土地上的植株较易染病。

（5）肥料

穿心莲为喜肥作物，一般每667 m^2施有机肥3 000～5 000 kg，生长期多次追施氮肥可显著提高产量。在缺肥的情况下，穿心莲的叶片变得小而薄，产量和质量明显降低。

此外，留种地应增施磷、钾肥，以促进其开花、结果。

（三）品 种 类 型

1. 正品

穿心莲为爵床科（Acanthaceae）穿心莲属植物 *Androgra-*

phis paniculata（Bum. f.）Nees. 的全草。本种植物形态特征容易辨认，且有持久串喉极苦味，故少有混淆品种。

2. 混淆品

为同属植物须药草（白花穿心莲）*A. laxiflora*（Bl.）Lindau，主要分布于海南、广西和云南等地。本种植物叶片为卵形；总状花序通常不分枝；花冠白色；蒴果线状长圆形，长约2 cm。无极苦味。易与正品区别。

（四）育 苗 技 术

穿心莲在我国多采用种子育苗移栽方式栽培，在水肥条件便利的地方，也可直接在露地直播，在种苗不足的情况下，也可用扦插繁殖。直播栽培的穿心莲，只要加强田间管理，也能获得较高产量。

1. 选地整地

穿心莲对土壤要求不严格，一般土地均可种植，但宜选地势平坦、背风向阳、肥沃疏松、排水好又有灌水条件的山地，平地育苗和栽种。前作以施肥多的作物为好，在菜园地种植穿心莲能获得较高产量，但不宜选茄科作物做前茬，以免感染黑茎病（青枯病）。为充分利用土地，也可与幼龄果树或其他树木类药材间作，但不宜在荫蔽和低洼积水地种植。

海南、广东、广西和福建等地在4月上旬每667 m^2 施粪肥1 000～2 000 kg作基肥，浅耕1次，深15～20 cm，耙细耙平，做1～1.3 m宽、15 cm高的高畦（畦长自定）。北方于前作收获后，每667 m²施基肥4 000~5 000 kg，用拖拉机深翻25 cm，耙平，翌春土壤化冻后再耕翻1次，耙平。栽种前做1.3 m宽的平畦，并于四周开30 cm深的灌水沟。

此外，按照《中药材生产质量管理规范（试行）》，穿心莲的规范化种植基地应远离居民点，远离交通要道，大气、水质、土壤无污染，周围不得有污染源。其中，大气环境的质量应符合《中华人民共和国环境空气质量标准》（GB3095—1996）中的二级标准；水质的质量应符合《中华人民共和国农田灌溉水质标准》（GB5084—1992）中的二类标准；土壤的质量应符合《中华人民共和国土壤环境质量标准》（GB15618—1995）中的二级标准。

2. 育苗移栽

穿心莲种子细小，对播种技术要求较高，对苗床土壤要求肥沃疏松，耙平整细。育苗方法因产地不同而异。

（1）育苗方法和时间

海南、广东、广西和福建等地一般采用露地育苗。在耙平整细的育苗地起1~1.3 m宽（畦长根据地形自定）、10~15 cm高的畦。每平方米施粪肥200 kg，与土拌匀，用木板拍平即播种。播种期春季在2月下旬至3月上旬，天气较寒冷的年份可推迟至4月上旬，秋季在7月上旬至8月下旬，播种后畦面用稻草覆盖，经常浇水，保持苗床湿润。

江浙、四川一带采用温床育苗或冷床育苗。

华北、西北地区采用火炕加温育苗或温床育苗，或采用北方育红薯秧的火炕育苗，有温室设备的也可在温室育苗。

温室育苗宜于3月上、中旬播种，火炕育苗于4月上旬播种，温床育苗于3月下旬播种，冷床育苗于4月上旬播种，盖玻璃框的阳畦育苗4月中旬播种，塑料薄膜覆盖育苗4月中、下旬播种。准备留种的苗应力争于3月播种，商品田可在4月播种。

播种以晴天为宜，播种前先将苗床1次灌透水（火炕用喷壶淋湿），水渗下后在畦面扬一薄层过筛细土。每平方米苗床播种7.5~10 g。

为提高种子发芽率，应先用细沙2份、种子1分放入袋内搓揉，或用细砂纸摩擦，待种皮失去光泽，蜡质层部分磨损后播种。或用40~50℃温水浸种1~2天，然后将种子捞出摊开，用湿纱布覆盖保湿，待少量种子萌发，即可播种。

将种子与草木灰拌匀撒播于苗床上。播后用细筛装上细床土，在苗床上面轻轻晃动，使细土覆盖于土表，覆土厚度以刚刚盖没种子，仍有少量种子外露为度。用喷雾器喷水使盖土湿透，面上再盖薄层锯末或粉碎的枝叶，以保持土壤水分，防止土壤板结。在条件适宜时，播后6天出苗，15天小苗盖满畦面。

（2）阳畦和火炕的做法

1）阳畦

育苗用的阳畦于冬前即做好，一般长5~7 m，宽1.5~2 m，土框做成倾斜式，南边高25~30 cm，北边高40~45 cm，与北方种菜的阳畦相同。土框北边和西边用高粱秆架设一风障，畦内土壤翻起堆在北边床框下充分曝晒。播种前，每畦施过筛马粪、过磷酸钙、硫酸铵，与土壤充分混合，翻倒4次，至不见粪块为止。取出部分床土过筛后作覆土用。耙平，踩实，再用四齿耙耙松，用平耙耙平，以防止灌水时苗床下沉。

2）火炕

用砖砌成，外糊滑秸泥，长约3.5 m，宽1.5 m，高约1 m，底部开纵横交错的火道。主火道有一倾斜面向上，烧火口在地下约70 cm深，火道上用瓦片盖住，上糊滑秸泥，坑周加砌2～3层砖，砖上架木料，上面铺一些竹竿，竹竿上铺一旧苇席，上面也糊滑秸泥（图6-2）。待火炕烤干后，用培养土600 kg、马粪400 kg、过磷酸钙0.25 kg、硫酸铵150 g混合均匀，铺约25 cm厚，踩实2次，再用耙耙平。

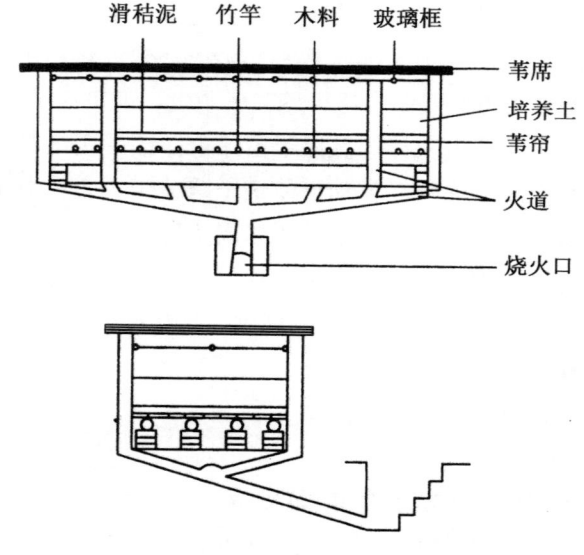

图6-2 火炕苗床剖面

（3）移栽

穿心莲播种育苗1个月后，幼苗（见彩图6-3）高约10 cm，具3～5对真叶时即可移栽到种植地，苗太小移栽成活率低。选阴天、小雨天或傍晚带土移栽，成活率较高。若在晴天移植，应在移植前1天，先把苗圃地灌水浇透，待水渗透湿润畦面后于次日傍晚从苗床中选择健壮的秧苗，连根带土移栽。移栽畦要平整，表土细碎疏松。定植前收药地按株距16~20 cm，行距20~25 cm挖小穴，小穴呈"品"字形排列。每穴栽苗1株（见彩图6-4），每667 m²栽7 000~13 000株，如每穴植2株，则可达每667 m² 20 000株。栽时要注意使穿心莲根系舒展，垂直向下，不要折曲。栽苗的深浅保持原来苗床的水平，栽得太深以后生长不好，太浅则影响成活。适当密植能增加产量（表6-5），但栽植密度过大，过早封行密闭，会使下部叶片得不到阳光，不能进行光合作用而提早落叶，造成下部空虚，影响产量和质量。

表6-5　栽植密度与产量的关系

667 m²栽植密度（株）	667 m²鲜草产量（kg）
9 000	1 735
6 800	1 468
4 480	1 030

采种地株距30~35 cm，行距50~65 cm，生长过密，只有畦边缘的植株能正常生长结实，畦中间部分的植株很少能收到成熟种子。

一般在4月上旬至7月上旬移栽较适宜。幼苗移植1周后可浇1次稀粪水，覆土压紧，以利于成活和促进早生快长。

移栽后应及时浇水，这是保证成活的关键。海南、广东和福建等地移栽后每天浇水2次；北方地区一般移栽后要连浇2次水，接着浅松土，过几天若缓苗不好，还应浇第3次水。总之，缓苗前要保持土壤湿润疏松，以利于幼苗扎新根。但此时土壤过湿也不适宜，浇水过多，地温降低，土壤板结、不透气，容易降低成活率。缓苗后，宜浅松土1次，避免伤根。

3. 直播

一般于春季4月中旬至5月上旬进行，江浙一带不宜早于4月中、下旬，四川4月中旬至5月上旬，北京以5月中旬为宜。

直播由于生长周期短，要在较短时期内获得收成，故要求施足基肥，每667 m^2施5 000~7 500 kg厩肥，深翻整平，做成1.3 m宽平畦，畦内再用四齿耙翻1次，整细土块，用平耙耙平。

播种前将种子进行摩擦种皮处理，亦可用50 ℃温水浸种1天，然后放在30 ℃恒温箱中催芽1~2天。催芽时，种子用纱布包住，每天用温水淋洗2~3次。每次淋洗完后将水甩干（水太多，种子容易霉烂），再放入恒温箱中催芽。当个别种子萌芽时，立即播种。

在整好的栽培地上，按行距20 cm挖深约0.5 cm的浅沟，条播，每667 m^2播种0.25~0.5 kg。在四川，按行距27~33 cm挖穴，穴内施入适量人畜粪水，然后，将拌上火土灰和人畜粪水的种子播入穴内，覆盖薄层细土，以不见种子为度，稍加压紧，畦面盖草保温保湿，出苗期要经常浇水保持湿润，7~10天即可出苗。出苗后应及时揭去盖草，只在行间保留些稻草，以保持水分。穴播每667 m^2用种量0.25 kg左右。

苗出齐后应间苗1次，按株距9~12 cm留壮苗1株。

无论采用的是移栽定植还是直播方式，栽培时最好分为种子田（专供采种用）和商品田（专门收割全草供药用）。种子田应在5~6月上旬移栽，行距50~60 cm，株距

30~35 cm。

4. 扦插繁殖

选排水良好、疏松肥沃的壤土或沙壤土，或掺入清洁的河沙，做成苗床。将穿心莲枝条切成10 cm长，去除下部叶片，按行距15 cm，株距6 cm斜插入苗床内，必须有1个以上的节埋入土中，以便生根。可适当荫蔽防止烈日照射，早晚浇水保持土壤湿润。在南方插后8天即可生根，13~15天后可移栽到大田。

扦插法生长不如种子育苗和直播，仅在种苗不足而又需要扩大繁殖时采用此法。

（五）田 间 管 理

1. 苗床管理

苗床管理的关键主要是控制适当的温度和湿度，使表土不干燥发白。因穿心莲种子在苗床表土层，土表干燥，刚发出的嫩芽会因吸不到足够的水分而枯萎。一般在上午9:00~10:00用喷壶浇水，天气干旱时，在下午15:00~16:00再喷1次水。出苗前要经常保持苗床湿润，畦内相对湿度保持70%~80%为宜。苗出齐后，可适当减少浇水次数，控制土壤湿度，以防猝倒病。

苗床温度以25~30 ℃为宜，夜间最低温度应保持在20 ℃以上。一般在傍晚加盖蒲席或草帘保温，次日太阳照到畦面时揭开蒲席或草帘。中午11:00~14:00，苗床玻璃框或塑料薄膜在太阳光照射下温度可升至35~40 ℃，此时应将阳畦玻璃框升高，或将塑料薄膜揭开以通风降温。温度再高时，中午应用苇帘覆盖畦面以降低床温。否则床温太高，幼芽易被灼伤，不能出苗，已出的小苗心叶变黄，甚至叶子枯死。

通风要结合幼苗和天气情况进行（最好在苗床内放一温度计，以控制苗床内温度），先拉开一小缝，以后逐渐放开，并经常变换放风位置，使幼苗均匀地受到锻炼。遇刮北风的天气，要盖上玻璃框和塑料薄膜，以免骤然降低苗床温度，使幼苗受害。

温室育苗在4月上、中旬停止加温；火炕育苗于每天早晚烧柴火熏烟1次，在4月中、下旬停火；阳畦育苗于5月下旬苗床最低温度达17～20℃时撤掉玻璃或薄膜，加强幼苗锻炼，适当控制水分，使穿心莲根系发育良好，能更好地适应移栽后田间环境条件。

当苗床出苗达50%～70%时，应及时揭除稻草、树叶等覆盖物。

苗床期间，正值杂草生长的季节，应每隔10天除草1次，并结合除草进行浅中耕。

2. 种植地管理

（1）灌排水

移栽后如无雨，每天应于早晚各浇水1次；缓苗后，需经常保持地面湿润，3～5天浇1次水。在6月、7月、8月3个月的高温干旱时期，一般采用沟灌，在傍晚或早晨进行，待水渗湿畦面后即可将水排出。雨季和每次灌大水后，应及时排除余水。若长时间积水，易造成根部腐烂，使植株死亡。

（2）中耕除草

定植初期，要勤除杂草、松土。每隔15～20天需中耕除草1次，中耕宜浅，以2 cm深为宜，以免伤根。

（3）追肥

穿心莲需大量氮肥，必须适时追肥。一般要求追肥不少于3次。缓苗后，当苗高15～20 cm时，每667 m²追施加水稀释的人粪尿3 000 kg或尿素10 kg催苗。以后每隔20～30天追肥1次，每667 m²追硫酸铵15～20 kg（每千克加水250 L）或其他氮肥。植株封垄后（见彩图6-5、彩图6-6），可在灌水时，随水施肥，也可撒施尿素，但须注意将茎叶上的尿素颗粒抖落在土中。为避免灼伤幼苗，一般在苗幼嫩时根系生长初期不宜施过浓的肥料，特别是化肥，如确需施用化肥，使用量可减半加水稀释后再施用。

化肥对穿心莲生长的初期有明显的促生长作用。施肥实验证明，施用化肥后，穿心莲的叶中穿心莲内酯类成分含量较高，其次为有机肥、农家肥（表6-6），但施用化肥与施用农家肥两者的差异并不大。从降低成本、提高经济效益和生产绿色中药材的角度综合考虑，可以采取在施少量化肥的基础上，主要施用农家肥（见彩图6-7、彩图6-8）。但留种地在封垄后应停止追施氮肥，而增施磷、钾肥，以利于花果生长。

北方栽培穿心莲，在6月、7月、8月3个月的高温季节田间管理十分重要，此时正值穿心莲植株生长的旺盛季节，应多施氮肥，经常浇水、除草、松土，对提高产量、防止病害作用很大（表6-7）。

表6-6 不同种类肥料施肥处理后穿心莲内酯类成分含量 （$n=3$）

肥料种类	穿心莲内酯含量（%）	脱水穿心莲内酯含量（%）
有机肥A*	1.63	0.12
有机肥B*	1.78	0.10
尿素	2.20	0.15
农家肥**	1.61	0.20

注：*有机肥A、B为以鸡粪为载体，含少量微生物菌剂的缓效生物肥料产品。

**农家肥为农民自己制成的草木灰。

表6-7 加强管理对减少病害的影响

管理状况	观察株数	发病株数	发病率（%）	株高（cm）
一般管理	310	85	27.4	30.6
加强管理	170	15	8.6	47.3

由表6-7看出，在同样情况下移栽的穿心莲，加强管理的，植株生长健壮，植株高大，封垄早，对病害的抵抗能力强，病害轻，产量高。

加强管理，即在穿心莲移栽缓苗后，每15~20天追施氮肥1次，每667 m^2每次施用硫酸铵7.5~10 kg、干大粪200 kg、腐熟豆饼15~25 kg和稀大粪250~500 kg。硫酸铵可撒在植株周围土面上，干大粪和豆饼压碎后，在植株周围开浅沟施入，注意不要直接施在根上，施入后埋好沟，稀大粪一般在灌水时施入。在地里杂草少的情况下，先施肥，接着灌水，2天后松土，在地里杂草多时，先除草松土，再施肥、灌水。总之，施肥后必须浇水，在施肥多的情况下，要连续浇

2次水再松土。

（4）打顶培土

穿心莲以全草入药，当苗高30~40 cm时摘去顶芽，促使侧芽生长，使其枝多叶茂以提高产量；同时结合中耕进行松土及除草，在植株根部适当培土，促使不定根生长以加强吸收水、肥能力。另外，由于穿心莲茎秆很脆，适当培土还可防止风害。留种的植株，应在现蕾时，摘去主茎顶端的嫩枝，使营养集中供应中、下部的花果，使果实饱满，以提高种子的质量和产量。

（5）间苗、补苗

直播地，幼苗的生长疏密不匀，大小不一。过密的田块通风不好，植株互相争光争肥，株型瘦小，易染病虫害，因此，在苗高7 cm左右时应进行间苗，间去过弱、过小的幼苗，每穴留壮苗1~2株，或按株距9~12 cm留壮苗1株。间苗宜早不宜迟。

过稀的田块易生杂草，空耗肥料，在缺苗处，应及时结合间苗选健壮苗或从苗床取同龄苗补栽到缺苗处，最好带土移栽，成活率高。

其他管理与育苗地基本相同。

3. 间套作

为了提高土地利用率，穿心莲栽培时可与幼龄果树、蔬菜类和其他药草间作，但不宜在荫蔽和低洼积水地种植。

此外，为了减少病虫害，穿心莲也必须间作，忌连茬栽培。

穿心莲可与黄瓜等蔬菜类植物间作。6月移栽于黄瓜架下，除了需要注意松土拔草外，在管理上并无特别要求。畦长10 m的100架黄瓜地可收穿心莲干品约75 kg。

在穿心莲畦上可种植芥菜、萝卜。行间可套种地丁，方法是：9月上旬隔行将穿心莲割取后，开深1.5～2 cm的沟条播地丁，因穿心莲行间小气候适宜，地丁可提前7～10天出苗。

穿心莲移栽前，园地可种一茬萝卜、小白菜、油菜或豌豆。但不宜种植茄科作物，以免感染黑茎病（青枯病）。

（六）主要病、虫草害防治

1. 病害

穿心莲病害主要有立枯病、黑茎病、猝倒病和疫病等。危害程度均很小，但需注意观察与预防。

（1）立枯病

立枯病又叫幼苗猝倒病，俗称"烂秧"。是药用植物种子播种和插条育苗中常见的病害，发生普遍，危害严重，常造成幼苗成片死亡。

1）发生症状及原因

于4～5月育苗期发生。常在幼苗长出1～2对真叶时发病严重。发病时近土面的茎基部呈浅黄褐色水渍状长形病斑，后向茎部周围扩展，形成绕茎病斑。患病处因失水腐烂或缢缩，失去输送养分和水分的功能，使幼苗枯萎，造成地上部分倒伏，成片死亡。由于病害发生迅速，在初期倒伏的病株茎叶仍然保持新鲜状，病茎在发病后期只剩下丝状纤维组织，病组织处有菌丝并连带小土粒。发病较晚的，由于茎已木质化，呈立枯状死亡，故称此病为"立枯病"。

该病病原物为立枯丝核菌,主要以菌丝体或菌核在土壤或寄主残余组织上越冬。病菌在土壤中还能营腐生生活长达2~3年,遇到适当的寄主即可侵入危害。在病部产生菌丝,很快蔓延扩展到临近的植株。一般来说,立枯病是低温(适温15~18 ℃)、高湿(土壤潮湿但不浸水)条件下发生的病害,在幼苗生长缓慢、组织尚未木质化时感病最重,快速生长的植株即使是在温度和湿度都有利于病菌生活时,也可避免侵染。因此,穿心莲在较高的温度下发芽更好。若遇到低温或高温天气,则会延迟幼苗出土时间或导致植株生长瘦弱,使抗病力减退,极易发生感染。

2)防治方法

立枯病主要由土壤带菌所致,因此,育苗时避免用病土是防治本病的根本措施。防治方法分为农业防治和化学防治。

①农业防治。控制湿度,注意通风,加强苗床管理。合理轮作2~3年。加强栽培管理,适期播种和扦插,促进幼苗快速生长及成活。

②化学防治。用福美双或50%多菌灵等混土或淋浇土壤、浸种或浇灌病区。处理土壤每667 m^{2}用药1~1.5 kg,在播前均匀拌入土中;浸种用500倍液浸10 min;病区浇灌用1 000倍液,浇湿土壤深5 cm。

发现病苗时,应及时拔除,用5%石灰乳消毒,或50%托布津可湿性粉剂1 000倍液喷雾,或用69%安克锰锌1 000倍液,或20%利克菌1 200倍液喷洒。

(2)黑茎病

黑茎病又称青枯病,多发生于7~8月高温多雨季节。

1)发生症状及原因

在接近地面的茎部发生长条状黑斑，并向上向下扩展，使茎秆抽生细瘦，叶色黄绿，叶片下垂，边缘向内卷。剖视茎内部组织变黑，严重时整株萎黄枯死。

病原物为串珠镰孢、尖镰孢等。病菌腐生性较强，可在土壤中存活，在高温多雨条件下侵染幼苗或成株。地势低洼或排水性差的地块病害发生较重。

2）防治方法

防治方法分为农业防治和化学防治。

①农业防治。选择地势较高的地块种植，并实行高畦栽种。病田实行轮作。加强田间管理，增施磷、钾肥，及时排除积水，防止田间湿度过高。农事操作时勿伤根及茎基，以免造成伤口。

②化学防治。播种前用苯菌灵、甲基托布津等药剂进行土壤消毒。发病期用50%多菌灵1 000倍液喷雾或浇灌病区，或用1∶1∶120的波尔多液喷洒。

（3）猝倒病

多发生于4～5月幼苗期。

1）发生症状及原因

危害幼苗，在幼苗生出2～3片真叶时发病，发病初期，幼苗茎基部收缩，病部变为褐色，出现水渍状腐烂，并逐渐造成地上部分倒伏死亡。

病原物为腐霉属的一种真菌。苗木过密、通风不良、苗床湿度过大、土壤带菌时多有发生，而且常与立枯病同时发生。

2）防治方法

防治方法分为农业防治和化学防治。

①农业防治。播种前先将育苗地或移栽地深翻，晒至土

壤发白，每667 m²用石灰100 kg进行土壤消毒。加强苗床管理，控制湿度，避免湿度过大；疏去过密苗和病弱苗。

②化学防治。用敌克松70%粉剂2~2.5 kg，或用多菌灵10%可湿性粉剂5 kg均匀撒布进行土壤消毒。或用多菌灵10%可湿性粉剂按种子量的0.3%拌种。发病时，用敌克松400~500倍液浇灌病区。

（4）疫病

1）发生症状及原因

叶片上产生水浸样暗绿色病斑，随后萎蔫下垂，如开水烫过一样，茎和根部也可受害。

病原菌为疫霉属的一种真菌。在高温多雨季节排水不良时易发生。

2）防治方法

防治方法分为农业防治和化学防治。

①农业防治。注意苗床和栽培地的排水，避免浸水。

②化学防治。用波尔多液1∶1∶120倍或敌克松800倍液喷洒。

2. 虫害

危害穿心莲的害虫主要有非洲蝼蛄、斜纹夜蛾和象鼻虫等。

（1）非洲蝼蛄

1）发生症状及原因

非洲蝼蛄又称南方蝼蛄、小蝼蛄。全国各地均有分布，尤以淮河以南地区发生较重。成虫和若虫均能危害，在土下咬食刚播下或萌芽的种子，或咬断幼苗的细根嫩茎。植物根、茎被害部位呈麻丝状。被害植株往往发育不良或枯萎死亡。此外，因其在苗床土内钻成许多纵横交错的隧道，伤害根部，也会造成死苗，严重时造成缺苗断垄。

成虫：雌虫体长31～35 mm，雄虫体长30～32 mm。淡灰褐色，全体密生细毛。头圆锥形，暗褐色。触角丝状，黄褐色。复眼由3个单眼组成，红褐色。前胸背板卵圆形，前缘稍向内方弯曲，后缘钝圆，背面中央有一长约5 mm的凹陷。前翅较短，仅覆盖腹部的1/2，后翅卷曲呈筒状，超过腹部末端。前足发达，后足胫节背侧内缘有棘3～4个。腹部纺锤形，背面黑褐色，腹面暗黄色。

若虫：共9龄。初孵化时呈乳白色，复眼淡红色。数小时后，头、胸、足逐渐变为暗褐色，并逐渐加深，腹部淡黄色。老熟若虫体长约25 mm。

淮河以北地区约2年完成1代，长江以南地区1年完成1代。以成虫和若虫越冬。

在黄淮地区，越冬成虫5月开始产卵，6～7月为产卵盛期。若虫孵化后，当年发育至第4～7龄，然后在深40～60 cm的土层中越冬。第2年春天，越冬若虫继续危害，夏、秋季蜕皮2～4次，羽化为成虫。当年羽化的成虫仅少数可产卵，大部分越冬后在翌年5～6月产卵，完成1个世代。

在长江以南地区，成虫产卵盛期为5月，可危害至当年11月，然后以高龄若虫越冬。翌年春天，越冬若虫开始危害，夏季羽化为成虫并开始产卵，完成1个世代。

在黄淮流域，非洲蝼蛄全年的活动危害可划分为5个时期：

①初春初醒始危害期。每年3月中旬，土表地温达到10 ℃以上时，越冬成虫和若虫上升到土表，偶尔外出活动。至4月上旬土表温度达到15 ℃左右，即大量出土活动，开始

危害幼苗或刚播下的种子。

②春末夏初严重危害期。4月上旬至6月上、中旬，气温在15～26 ℃，土表温度也相应较高，适宜非洲蝼蛄活动和进食。此时，可见畦内有成片纵横交错的隧道，幼苗受害相当严重。

③越夏繁殖危害期。6月下旬至8月下旬，气温在25～30 ℃或更高。此时非洲蝼蛄大多在洞穴中越夏和产卵繁殖，危害较轻。但因这段时期卵室和洞穴距离地面仅10～15 cm，当雨后或灌水后，土表温度降低，非洲蝼蛄仍可上升出土危害。

④秋季暴食危害期。9～10月，高温季节已过，新羽化的成虫和当年孵化的若虫均大量取食，以促进生长发育，积累营养物质，准备越冬。而此时恰逢秋季播、栽，因此受害十分严重。

⑤冬季休眠期。10月下旬以后，气温降低，非洲蝼蛄危害逐渐减少，潜入40 cm以下深土层中越冬，直至次年3月上旬。

非洲蝼蛄趋光性和对香甜物质和粪肥的趋性相当强，可利用此特点进行测报和防治。此外，非洲蝼蛄的趋湿性亦很明显，沟边、河边、低洼地、水浇地发生量大，雨后和灌水后活动加剧。非洲蝼蛄产卵于卵室中，每头雌虫产卵60～80粒。初孵化的若虫先在卵室群集，然后分散外出活动。

非洲蝼蛄在土中的垂直活动，主要受温度、湿度和食物条件的影响。在土壤含水量达22%左右和pH为6.8时，适宜其活动取食。潮湿的壤土、沙壤土、质地疏松且腐殖质多的地块，适宜其生活繁殖和栖息活动，在这种条件下，发生数量多，危害大。

2）防治方法

分为农业防治、机械物理防治和化学防治。

①农业防治。及时清除杂草落叶，集中处理，并在前茬收获后及时深耕，以减少虫源。不施用未腐熟的粪肥。早春时挖窝灭虫，夏季挖卵室，杀死虫卵和雌虫。

②机械物理防治。在田间用黑光灯、马灯或电灯进行诱杀成虫，灯下放置盛虫的容器，内装适量的水，水中滴少许煤油即可。

③化学防治。用50%辛硫磷乳油、40%乐果乳油等，按种子量0.1%~0.2%拌种。田间发生期用90%晶体敌百虫1 000倍液，或50%E605乳油1 000倍液，或75%辛硫磷乳油700倍液浇灌。毒饵诱杀，每667 m^{2}用90%晶体敌百虫150~200 g，或50%辛硫磷乳油50~200 mL，加水稀释30倍，拌炒香的麦麸3~5 kg配成毒饵，于傍晚撒于田间或畦面诱杀，或在隧道口塞入毒饵诱杀。

（2）斜纹夜蛾

1）发生症状及原因

成虫：体长14~20 mm，翅展33~42 mm。全体褐色，有复杂的黑褐色斑纹，翅基部前半部有白线数条，内横线和外横线灰白色，呈波浪状，内、外横线间有灰白色宽带，自内横线前缘斜伸至外横线近后缘1/3处，灰白带中有2条褐色斜纹，雌蛾比雄蛾显著。后翅白色，翅脉和外缘呈暗褐色。前足胫节有淡黄色丛毛，跗节暗褐色。

幼虫：共6龄。老熟幼虫体长38~51 mm。头部淡褐色至黑褐色，胸腹部颜色多变，暗褐色至浅灰绿色。背线和亚背线黄色，中胸至第9腹节沿亚背线上缘每节两侧各有半圆形或三角形黑斑，以腹部第1、7、8节上的黑斑最大。气门线暗褐色，气门下线由污黄色或灰白色斑点组成。胸足近黑色，腹足深褐色。

斜纹夜蛾一般1年发生多代。在河南、安徽、江苏和湖北等省1年发生5~6代；在福建、云南等省发生6~9代。此虫无滞育习性。在广东等南方地区终年可繁殖，无越冬休眠现象；在长江流域及以北地区越冬习性尚未明确。发生季节各虫态历期为：卵期2~5天，幼虫期16~27天，蛹期8~17天，成虫寿命7~15天。长江流域以7~8月发生数量最多，黄河流域则在8~9月危害最重。

成虫昼伏夜出，白天隐藏在植株叶下、土缝或杂草丛中，黄昏开始飞行觅食，多在开花植物上取食花蜜。对黑光灯有较强的趋光性，对糖、醋、酒液有较强趋化性。雌雄交配和雌虫产卵多在黎明。雌蛾在寄主叶背产卵，卵呈块状。雌虫一生产卵8~17块，1 000~2 000粒。

初孵化的幼虫群居于叶背取食，将穿心莲叶片吃成纱网状，2~3龄后开始分散，4龄进入暴食期，危害严重。斜纹夜蛾成虫在穿心莲花期吸食花蜜，雌蛾通常于此时将卵产于叶背叶脉交错处。幼虫畏光，白天常伏于阴暗处，黄昏后至黎明前取食。幼虫老熟后入土做土室化蛹。

斜纹夜蛾是一种喜温性害虫，而且耐高温。各虫态生长发育最适宜温度为28~30 ℃，在33~40 ℃高温下生长发育基本正常。但其耐寒力弱，冬季低温冰冻易死亡，在长时间0 ℃时基本不能生存。其幼虫、蛹和成虫均不能在江西、湖北和河南等地越冬。

斜纹夜蛾的天敌较多，主要有广赤眼蜂、类卵蜂、螟蛉绒茧蜂和寄生蝇等，可加以利用作生物防治。

2）防治方法

分为农业防治、机械物理防治和化学防治。

①农业防治。及时清除杂草落叶，集中处理，以减少虫源。结合田间管理，及时摘除卵块和初孵幼虫。

②机械物理防治。利用成虫的趋光性和趋化性，在盛发期，于田间设置黑光灯诱杀成虫。或用糖、醋、酒、水按3：4：1：2配制溶液诱杀成虫。

③化学防治。对斜纹夜蛾的幼虫，可用90%晶体敌百虫1 000倍液喷雾，或用50%辛硫磷乳油1 000倍液，或用20%杀灭菊酯乳油3 000～4 000倍液喷雾。

（3）象鼻虫

1）发生症状及原因

成虫咬食5～6个月刚定植的幼苗叶片，被咬叶片呈网状孔洞，严重者将叶片全部食光。

2）防治方法

防治方法分为农业防治和化学防治。

①农业防治。结合田间管理，及时捕捉并杀死成虫。

②化学防治。每667 m^2 用90%晶体敌百虫0.1 kg拌小白菜、莴苣叶等蔬菜5～7 kg，于傍晚投放地里诱杀。

总体上说，穿心莲本身味极苦，不易受病虫害的侵袭，应尽量不用农药或少用农药。

3. 草害

穿心莲地中常见的杂草主要有稗、狗尾草、牛筋草、马唐草、白茅、丁香蓼、马齿苋、少花龙葵、小鸡冠、猪毛菜、荠菜、灰灰菜和田旋花等。这些杂草不仅与穿心莲争夺土壤中的肥料和水分，而且还恶化环境，传播病虫害，严重影响穿心莲的产量和质量。因此，必须及时除去这些杂草。

除草方法有人工除草和化学药剂除草。人工除草成本高，而且除草的质量亦难以保证，但由于没有残留性，故可保证穿心莲质量。化学药剂除草不仅省时省力，而且防治效果还比较彻底、可靠，但由于有残留，会影响穿心莲质量，故采用化学药剂除草，必须严格按照药品说明规定的剂量范围、用药浓度、用药量使用。此外，应尽可能在播种和移栽前以及播种后出苗前使用化学药剂除草，出苗后尽量不使用化学除草剂，以保证穿心莲的安全。

因此，在杂草的防治过程中，除结合施肥、灌水等田间管理过程采用人工除草外，应针对不同杂草的特性，选用不同的化学药剂除草。

（1）播种前和移栽前除草

播种前土壤处理常用的药剂有48%氟乐灵乳油和50%乙草胺乳油。

1）48%氟乐灵乳油

氟乐灵杀草谱广，能有效防除1年生靠种子繁殖的禾本科杂草，如稗、狗尾草、牛筋草以及小粒种子的阔叶杂草，如马齿苋等。

在穿心莲播种或移栽前5~10天杂草萌发前，每667m^2用48%氟乐灵乳油100 mL兑水40~50 L，对育苗地或移栽地表土进行均匀喷洒处理。氟乐灵易挥发和光解，所以应随喷随进行浅翻，将药液及时混入5~7 cm土层中。也可在喷药后随即浇透水，但效果不及浅翻混土。除草效果可达到90%以上。

施药后5~7天才可播种或移栽。

2）50%乙草胺乳油

乙草胺主要通过杂草的地上部分被吸收，可抑制杂草蛋白质的合成，使芽和根停止生长，导致杂草在出土前、出苗时和出苗后不久死亡。乙草胺对多种1年生禾本科杂草，如牛筋草等有特效，并可兼除部分小粒种子的阔叶杂草，如丁香蓼、灰灰菜等。

穿心莲播种前或播种后，或移栽前3~5天，在杂草出土前，每667 m^2用50%乙草胺乳油70~75 mL兑水40~60 L，均匀喷雾土表。

（2）播种后出苗前除草

穿心莲播种后一般需要6~15天方出苗，在此期间将有大量杂草萌发生长，不仅消耗土壤中的水分、影响土壤积温，还将推迟穿心莲的出苗时间。因此，在杂草见绿、穿心莲尚未出苗前，可用下列药剂喷洒以除去这部分见绿的杂草。

1）20%克芜踪水剂

对多种禾本科和双子叶杂草均有很好的防除效果。每667 m^2用150~250 mL兑水25~30 L喷洒。

2）41%农达水剂

对多种禾本科杂草有很好的防除效果。每667 m^2用150~200 mL兑水30~40 L喷洒。

（3）出苗后或移栽后除草

穿心莲在幼苗生长期，田间易长出1年生或多年生禾本科杂草以及一些阔叶杂草，可采用下列药剂防治。

1）5%闲锄乳油

当杂草长有3~5片叶时，每667 m^2用5%闲锄乳油40 mL兑水30 L喷洒，若每20 mL加增效剂特效王2 mL，将提高杀草效果30%~50%。对多种1年生禾本科杂草和双子叶阔叶杂草均有很好的防治效果。

2）20%拿捕净乳油

当杂草长有6~8片叶时，每667 m²用20%拿捕净乳油150~200 mL兑水30~50 L喷雾。喷药后3天杂草心叶变黄，不生长，5~7天心叶枯黄腐烂，逐渐死亡。此药剂主要针对禾本科等单子叶杂草，但对双子叶杂草无杀灭作用。

3）6%克草星乳油

克草星是一种具有触杀和一定内吸传导作用的高效除草剂，对多种1年生禾本科杂草和双子叶阔叶杂草均有很好的防治效果，对多年生杂草也有明显的抑制作用。

在杂草平均高度5 cm以下时，每667 m²用6%克草星乳油70~80 mL兑水30~40 L，作茎叶均匀喷雾。

4）8%高效盖草能

高效盖草能是一种内吸选择性除草剂，主要是抑制杂草的茎和根的分生组织，导致杂草死亡。其药效发挥较快，喷洒落入土中的药剂易被根吸收，施药适期长，杀草谱广，可有效防除1年生和多年生禾本科杂草。

每667 m²用8%高效盖草能25~30 mL兑水20~30 L，以扇形喷头于杂草长有3~6片叶时作茎叶喷雾。

（七）采收与加工

1. 采收

对穿心莲含量动态变化过程的研究表明，处于花蕊期和开花初期的穿心莲内酯含量达最高（表6-8），也是穿心莲植株生长的最茂盛阶段。到开花盛期，叶子有少部分脱落会影响产量和质量。因此，穿心莲的采收应选在花蕾期和开花初期。

表6-8 穿心莲内酯类成分生长期含量动态变化测定 （$n=4$）

样品号	采收日期	穿心莲内酯含量（%）	脱水穿心莲内酯含量（%）
1	5月25日	1.25	0.22
2	6月18日	0.14	0.41
3	7月26日	0.21	0.49
4	8月16日	1.21	0.23
5	8月25日	1.76	0.12
6	8月29日	2.02	0.15
7	9月17日	1.60	0.13
8	9月22日	1.56	0.20
9	9月27日	0.79	0.23
10	10月19日	1.51	0.24
11	11月15日	1.63	0.14

从表6-8中可见，在8月下旬，广州九佛种植的穿心莲，穿心莲内酯的含量达到最高，而此时穿心莲植株也生长至最茂盛的阶段，处于花蕾期和开花初期。

海南、广东、广西和福建等地于定植后3～4个月即采收，于开花现蕾期收获，齐地割取全草晒干或将全株连根拔起，去除根系后晒干。每667 m^2产量200～400 kg，高产者可达750 kg。海南、广东和广西南部地区1年可收2次，提前用塑料棚育苗种植，第1次于8月用镰刀在茎基2～3节处收割，收割后继续中耕除草、培土、施肥、浇水，加强水肥管理，使其重新发芽，于11月进行第2次收割。年亩产干品500～800 kg。在闽南和广东潮汕一带，也可在收割后把穿心莲老茬管理好越冬，第2年继续生长，在6～7月进行第3次收割，10月左右进行第4次收割，即1种2年4收，这样做虽省工,但第2年产量较低。

有些地方采用适当密植,待植株生长封行后隔行隔株先间收一部分,留下一部分继续生长至10月再行收割。

由于穿心莲叶内所含有效成分较高,故也有些地区待植株生长茂盛后,每隔10~15天自上而下采摘叶片,但此采收法较费工时。

四川一般在9月下旬至10月开花盛期至结果初期采收,此时采收的穿心莲质量和产量均较高。

华北、西北地区均在开花前采收。

北京以9月中、下旬植株现蕾期收割全草为宜。

2. 加工

(1) 产地加工

将收割的穿心莲地上部分或摘取的叶片,运至场院内摊开成薄层晾晒,并要随时翻动,使其上下均匀受到太阳光照,待晒至茎秆发脆时,扎成把,即可入库。翻动时动作要轻,以免叶片脱落而影响质量。

(2) 炮制

取穿心莲原药材,除去杂质,洗净泥沙,切段,晒干或低温烘干。

(八) 留 种 技 术

海南、广东、广西和福建等地种植的穿心莲,种子可在田间自然成熟,留种地应当稀植,或事先隔行采收,留下健壮植株作种用。

江浙一带,留种的关键在于早育苗、早移植,延长生育期。一般采用温床加温育苗，于3月播种，使穿心莲于8月下旬开花，9月中旬即陆续收获种子，每667 m^2可收获种子5~23 kg。

在华北、西北等地，由于穿心莲生长周期短，在田间往往种子尚未成熟植株即遇霜冻死亡。因此，北方用加温方法促成出苗，并在幼苗有1~2对真叶时选大苗于阳畦，按株行距6~7 cm移栽，加强管理，培育壮苗。待生长至4~6对真叶、苗高6~7 cm时，在阳畦早晚盖蒲席的情况下，接受短日照效应。这种苗移植于大田后，可提早开花结实，在霜冻前采收成熟种子。

留种植株，追肥应集中在早期，现蕾后不可再施氮肥，而应增施磷肥和钾肥，以促进其开花和结果。

穿心莲从开花到果实成熟，所需天数随温度降低而增加，一般需要30~46天。在盛花期，对留种用的穿心莲植株一般不打顶，而对估计已不能成熟的花和花蕾，可用摘心的方法去掉，以减少养分消耗，促进果实成熟。

种植密度不同，对穿心莲种子的产量也有一定影响，适当的密植可以提高种子的产量。但生长过密，只有畦边缘的植株能正常生长结实，畦中间部分的植株不通风、不透光，影响开花结实，很少能收到成熟种子。因此，可以先隔行收割部分植株，使留下的植株果实饱满。

此外，还可以结合摘除不能成熟的花和花蕾，同时应用增产灵等植物生长调节剂来处理，可促使穿心莲种子提早成熟，并可明显提高种子的产量。

穿心莲果荚变紫色时就应及时分批采收。如在果荚变褐色时再采收，则果荚易开裂，种子弹跳损失；而在果荚未充分变紫时采下，种子又太嫩，发芽率不高，故采收种子时掌握种子的成熟度相当重要。采回的果荚应放在阴凉处后熟几天，用罩子罩住，以免种子弹跳损失。待果荚全部开裂后，用筛子筛去果皮，即得种子。一般每667 m²收种子4.5～11 kg，高产者可达25 kg。

将种子晒干透，装入布袋，挂通风处贮存。

穿心莲的干燥成熟种子保存4～6年后仍有发芽能力，但一般留种以1～2年内播种发芽率较高。

（九）质量标准及监测

1. 药材性状

本品茎呈方柱形，多分枝，长50～70 cm，节稍膨大；质脆，易折断。单叶对生，叶柄短或近无柄；叶片皱缩，易碎，完整者展平后呈披针形或卵状披针形，长2～8 cm，宽1.5～3 cm，先端渐尖，基部楔形或下延，全缘或浅波状；上表面绿色，下表面灰绿色，两面均光滑无毛。有时可见扁长椭圆形蒴果，表面紫褐色，多以室背开裂为2果瓣。气微，味极苦。

2. 商品规格

商品不分等级，均为统货。以干净、身干、色绿、叶多、无杂质、无霉变为优。

本品商品中叶不得少于35%。

3. 化学成分

穿心莲所含的主要化学成分为二萜内酯类化合物、黄酮类化合物和多酚类化合物。

二萜内酯类化合物主要为穿心莲内酯（又称穿心莲乙

素)、14-去氧穿心莲内酯(又称穿心莲甲素)、新穿心莲内酯(又称穿心莲丙素)等。

黄酮类化合物主要为木蝴蝶素A、汉黄芩素等。

多酚类成分主要为咖啡酸、绿原酸、二咖啡酰奎宁酸混合物等。

按照薄层色谱法[《中华人民共和国药典(一部)》(2000年版)附录ⅥB薄层扫描法]测定,以干燥品计,穿心莲含脱水穿心莲内酯($C_{10}H_{20}O_4$)不得少于0.4%。

4. 重金属、农药残留量等的限量指标

依据中华人民共和国商务部发布,2001年7月1日起实施的《药用植物及制剂进出口绿色行业标准》进行检测。《药用植物及制剂进出口绿色行业标准》是我国第一个以国家政令的形式发布的中药进出口国家标准,并在国际上第一次确立了"绿色中药"的概念;它规定了药用植物及制剂的绿色品质标准,包括药用植物原料、饮片、提取物及其制剂等的质量标准和检验方法。

(1)重金属及砷盐

1)限量指标

①重金属总量≤20.0 mg/kg。

②镉(Cd)≤0.3 mg/kg。

③铜(Cu)≤20.0 mg/kg。

④铅(Pb)≤5.0 mg/kg。

⑤汞(Hg)≤0.2 mg/kg。

⑥砷(As)≤2.0 mg/kg。

2)检验方法

①重金属总量:《中华人民共和国药典(一部)》

（2000年版）附录ⅨE重金属检测方法。

②铅：GB/T5009.12—1996食品中铅的测定方法（原子吸收光谱法）。

③镉：GB/T5009.15—1996食品中镉的测定方法（原子吸收光谱法）。

④总汞：GB/T5009.17—1996食品中总汞的测定方法（原子吸收光谱法）（汞测仪法）。

⑤铜：GB/T5009.13—1996食品中铜的测定方法（原子吸收光谱法）。

⑥总砷：GB/T5009.11—1996食品中总砷的测定方法。

（2）农药残留量

1）限量指标

①六六六（BHC）≤0.1 mg/kg。

②滴滴涕（DDT）≤0.1 mg/kg。

③五氯硝基苯（PCNB）≤0.1 mg/kg。

④艾氏剂（Aldrin）≤0.02 mg/kg。

2）检验方法

《中华人民共和国药典（一部）》（2000年版）附录ⅨQ有机氯农药残留量检测方法。

（3）黄曲霉毒素

1）限量指标

黄曲霉毒素B_1（Aflatoxin）≤5.0μg/kg（暂定）。

2）检验方法

SNO339—1995出口茶叶中黄曲霉毒素B_1的检测方法。

（4）微生物限度

限量指标参照《中华人民共和国药典（一部）》（2000年版）规定，检验方法参照《中华人民共和国药典（一部)》(2000年版)附录XIII C微生物限量检测法。

(十)包装、贮藏与运输

1. 包装

捆压成把,外加蒲席封固。

按照《中药材生产质量管理规范(试行)》(GAP)的要求,包装前应再次抽查,清除劣质品和杂质,包装器材应无污染,要清洁干净、干燥、无破损;包装袋上应有包装记录,内容包括:品名(穿心莲)、批号、规格、重量、产地、工号、日期等。

2. 贮藏

存放于阴凉干燥处。存放温度在30 ℃以下,相对湿度控制在70%~75%,商品安全水分为10%~13%。按照国家规定,贮存保管3个月、6个月、1年及1年以上的库房定额损耗率分别为1%、1.3%、1.6%、2%以内。

本品贮存时间过长,会散失气味影响质量,应注意先进先出。

3. 运输

药材批量运输时,注意不能与其他有毒、有害的物质混装;要防止吸潮,防止曝晒。按照国家规定,运输距离在200 km、201~500 km、501~1 000 km、1 000 km以上时,其运输定额损耗率应分别控制在1.5%、1.8%、2.4%、3%以内。

(黄海波)

参 考 文 献

国家中医药管理局《中华本草》编委会．1998．中华本草［M］．上海：上海科学技术出版社．

胡世林．1989．中国道地药材［M］．哈尔滨：黑龙江科学技术出版社．

黄泰康．1993．天然药物地理学［M］．北京：中国医药科技出版社．

江苏新医学院．1986．中药大辞典［M］．上海：上海科学技术出版社．

李家实．1996．中药鉴定学［M］．上海：上海科学技术出版社．

冉先德．1996．中华药海：上册［M］．哈尔滨：哈尔滨出版社．

王继栋，严小红．2001．药用植物生产技术［M］．广州：华南理工大学出版社．

武孔云，陈宝儿，赵伯涛．2001．中药材种养关键技术丛书［M］．南京：江苏科学技术出版社．

徐鸿华．1985．热带药用植物栽培［M］．广州：广东科技出版社．

杨春澍．1996．药用植物学［M］．上海：上海科学技术出版社．

姚宗凡，黄英姿．1993．常用中药种植技术［M］．2版．北京：金盾出版社．

张紫洞．1983．中药材保管技术［M］．北京：人民卫生出版社．

赵志顺，卜秀艳．2002．药用植物生产技术问答（四）：叶、全草、菌类［M］．北京：中国农业大学出版社．

郑汉臣．1999．药用植物学［M］．北京：人民卫生出版社．

中华人民共和国卫生部药典委员会．2000．中华人民共和国药典：一部［M］．北京：化学工业出版社．

中国医学科学院药物研究所．1976．穿心莲［M］．北京：人民卫生出版社．

中国科学院．1981．中国植物志：第16卷第2分册［M］．北京：科学出版社．

中国科学院华南植物研究所．1991．广东植物志：第二卷［M］．广州：广东科技出版社．

中国科学院植物研究所．1987．中国高等植物图鉴［M］．北京：科学出版社．

中国药材公司．1995．中国中药区划［M］．北京：科学出版社．

附

穿心莲规范化生产标准操作规程（SOP）

前　　言

本规程由广州中医药大学承担的国家重点科技攻关计划专题"穿心莲中药材规范化种植研究"课题组提出并归口科技部。

本规程起草单位：广州中医药大学，广州白云山中药厂

本规程主要起草人：赖小平、陈建南、徐良、苏丹、黄海波（广州中医药大学），王德勤、曾令杰（广州白云山中药厂）。

本规程由广州中医药大学"穿心莲中药材规范化种植研究"课题负责人负责解释。

第一章　总　　则

1.1　为保证中药材质量，促进中药标准化、现代化，依据穿心莲的生长特点和国家药品监督管理局《中药材生产质量管理规范（试行）》的要求，制定本标准操作规程（SOP）。

1.2　本规程内容包括总则，产地的生态环境，品种，栽培技术，田间管理，病虫害防治，采收与加工，质量标准，包装、贮藏及运输，人员和设备，文件管理等，是穿心莲生产和质量管理的具体操作方法。

1.3　穿心莲种植基地与相关中药生产企业应运用本标准操作规程管理和质量监控手段，保护生态环境，坚持"最大持续

量"原则,实现资源的可持续利用。

1.4 引用标准及法规 下列文件中的条款被本标准引用则成为本标准的条款。

1.4.1 《中华人民共和国环境空气质量标准》(GB3095—1996)。

1.4.2 《中华人民共和国农田灌溉水质标准》(GB5084—1992)。

1.4.3 《中华人民共和国土壤环境质量标准》(GB15618—1995)。

1.4.4 国家药品监督管理局《中药材生产质量管理规范(试行)》。

1.4.5 科技部生命科学技术发展中心《中药材规范化种植研究项目实施指导原则及验收标准》。

1.4.6 中华人民共和国商务部《药用植物及制剂进出口绿色行业标准》。

1.4.7 《中华人民共和国药典(一部)》(2000年版)。

1.5 定义。

1.5.1 GAP 即英文Good Agricultural Practice的缩写,指中药材生产质量管理规范。

1.5.2 SOP 即英文Standard Operational Practice的缩写,指中药材规范化生产标准操作规程。

1.5.3 最大持续量 指不危害生态环境,可持续生产(采收)的最大产量。

1.5.4 生物肥料 指利用生物活体或生物代谢过程中产生的具有生物活性的物质或从生物体中提取的物质作为提高作物产量和品质的肥料。

1.5.5 生物源农药 指利用生物活体或生物代谢过程中产生

的具有生物活性的物质或从生物体提取的物质作为防治作物病虫害的农药。

1.5.6　质量标准　指对药材的质量规定和检验方法所作的技术规定。

第二章　产地的生态环境

2.1　穿心莲原产于南亚和东南亚等亚洲热带地区，分布于印度、斯里兰卡、巴基斯坦、缅甸、泰国、越南和印度尼西亚等地。我国广东、福建引种最早，广西、湖南等省区亦有栽培。

2.2　根据穿心莲的生物学特性，结合引种栽培的生产实践经验，对生态环境的要求为：

2.2.1　温度　种子发芽温度25~30℃，生长适宜温度22~25℃，当气温降至20℃以下时生长缓慢，遇0℃低温或霜冻，整株枯死。

2.2.2　光照　属短日照植物，生长期喜向阳，不宜荫蔽。

2.2.3　水分　喜湿怕旱，要求相对湿度在70%以上。

2.2.4　土壤　肥沃疏松、排灌方便、微酸性或中性沙壤、壤土，有机质含量1%以上。

2.3　环境质量。

2.3.1　环境空气质量应达到《中华人民共和国环境空气质量标准》（GB3095—1996）二级以上标准。

2.3.2　土壤环境质量应达到《中华人民共和国土壤环境质量标准》（GB15618—1995）二级以上标准。

2.3.3　农田灌溉水应达到《中华人民共和国农田灌溉水质标准》（GB5084—1992）二级以上标准。

第三章 品　种

3.1　穿心莲原植物必须经权威部门鉴定为爵床科植物穿心莲 *Andrographis paniculata*（Burm．f．）Nees．。

3.2　形态特征　直立草本；茎具4棱，多分枝，节处稍膨大，易断。叶对生，叶片披针形或长椭圆形，两面均无毛。总状花序顶生和腋生，集成大型圆锥花序。花冠白色，二唇形，具淡紫色条纹。蒴果扁，长椭圆形，长约1 cm，中间具一沟，成熟时呈紫褐色。种子红色，细小，外表面被蜡质。

第四章 栽培技术

4.1　育苗　采用种子繁殖法培育苗木。

4.1.1　苗圃选择　选择地势平坦，背风向阳，疏松肥沃，水湿条件好的山地或平地。

4.1.2　种子发芽试验　播种前应提前进行种子发芽试验，特别是从外地引入的种子，应确保种子质量达到表1所列标准。

表1　穿心莲种子质量标准

项　目	标　准
种子净度（%）	≥90（$n=3$）
种子千粒重（g）	≥0.60（$n=2$）
种子含水量（%）	≤13.01（$n=2$）
发芽率（%）	≥90（$n=4$）
发芽势（%）	≥75（$n=4$）
种子生活力（红四氮唑法测定）	全部染成红色

4.1.3　种子处理　播种前用细沙2份、种子1份放入袋内搓揉，待种皮失去光泽，蜡质层部分磨损即可。或将种子用40～45℃温水浸种1～2天，捞起摊开，用湿纱布覆盖保湿，待少量种子萌发即可播种。

4.1.4　播种期　在清明前后播种。留种地可于3月中、下旬进行。

4.1.5　播种方法　将种子与草木灰拌匀撒播于苗床上，盖上薄土，以不见种子为度，喷洒清水，再覆上树叶或稻草保湿。播种量7.5～10 g/m^2。

4.1.6　播种苗管理。

4.1.6.1　淋水　播种后常喷洒清水，保持畦面湿润。畦内相对湿度保持70%～80%。出苗后可适当减少浇水。

4.1.6.2　控温　苗床温度以保持25～30℃为宜。

4.1.6.3　除草　勤除杂草，除早、除小。

4.1.6.4　施肥　结合淋水每隔7天施1次稀粪水提苗，促进幼苗生长。

4.1.6.5　当苗床出苗后，应及时揭除稻草、树叶等覆盖物。

4.1.7　种苗规格　长出4～5对真叶，苗高10 cm，具完整根系，无病虫害，即可出圃移栽。

4.2　移栽。

4.2.1　选地整地　一般选择地势平坦、背风向阳，土壤疏松、肥沃、湿润的山地或平地。前作以施肥多的作物为好（如菜地），但不宜以茄科作物作前茬，以防传染病害。整地时，下足基肥，每667 m^{2}施熟人畜粪4 000～5 000 kg，翻耕做畦待植，一般畦宽1～1.3 m，翻耕深度为20～25 cm，耙平，修好灌水沟、排水沟。

4.2.2　栽植季节　于清明前后进行。

4.2.3 栽培密度　根据穿心莲的生物学和生态学特征，结合种植地的土壤条件、当地气候条件和当地集约经营程度，种植密度定为：株行距20 cm×20 cm或20 cm×25 cm，每667 m² 种植1万～1.2万株。

供留种用的"种子田"应适当稀植（行距50～60 cm，株距30～50 cm）。

4.2.4 栽植方法　按行株距挖小穴，穴呈"品"字形，每穴栽苗1株。移栽后应及时浇水。

第五章　田间管理

5.1 淋水排水　定植初期，每天早、晚淋水，缓苗之后每隔3～5天浇1次水，经常保持畦面湿润。在6～8月3个月的高温干旱时期，一般采用沟灌，在傍晚或早晨进行，待水渗湿畦面后即可将水排出。但雨季要严防土壤积水，以防止浸泡后植株死亡。

5.2 中耕除草　定植初期，要勤除杂草、松土。每隔15～20天中耕除草1次，中耕宜浅，以2 cm深为宜，以免伤根。

5.3 摘心培土　当苗高30～40 cm时摘去顶芽，促进侧芽生长，使其枝多叶茂，提高产量；并结合中耕，适当培土，促进不定根生长，增强吸收水肥能力，防止风害。

留种植株在盛花期不打顶，将果实预计不能成熟的花序摘除。

5.4 补苗　缺株应及时补上同龄苗。

5.5 施肥。

5.5.1 施肥原则　穿心莲生长期间，要求以氮肥为主，根据土壤肥力状况，适当施少量化肥，基肥主要施用农家肥。

5.5.2 施肥时间　大田施肥一般不少于3次，第1次在定植成活后，第2次在分枝抽出后，第3次在植株封行前后。

5.5.3　施肥量　在苗幼嫩根系生长初期，施用尿素3～5 kg（每2 g兑水1 L）。第2、3次每667 m²施人畜粪尿1 000～2 000 kg，或尿素5～10 kg（每4 g兑水1 L）。

5.5.4　留种地在植株长至封行后应停止追施氮肥，以利花果生长。

第六章　病虫害防治

坚持贯彻保护环境、维持生态平衡的环保方针及预防为主、综合防治的原则，采取农业防治、生物防治和化学防治相结合，做好穿心莲病虫害的预防预报和田间药效试验工作，提高防治效果，将病虫危害造成的损失降低到最低程度。

严禁使用国家禁用的农药，如：滴滴涕、六六六、甲基异柳磷、杀虫脒等。

6.1　农业综合防治。

6.1.1　土壤消毒　结合整地做畦，每667 m²撒石灰100 kg进行土壤消毒。

6.1.2　清洁田园　清理杂草落叶，集中处理，以减少病虫源。

6.1.3　加强管理　控制温度和湿度，避免温度过高、湿度过大。

6.1.4　清除病株　用5%石灰乳消毒。

6.1.5　消灭虫源　采用人工捕捉或施放毒饵诱杀，避免直接喷施化学农药。

6.2　药物防治。

6.2.1　立枯病（又叫幼苗猝倒病，俗称"烂秧"）*Rhizoctonnia solani* K-hn。

6.2.1.1 防治时间 4~5月苗期。

6.2.1.2 农药品种 敌克松、50%托布津可湿性粉剂。

6.2.1.3 防治方法 发现病株用敌克松400~500倍液浇灌病区，或用50%托布津可湿性粉剂稀释1 000倍液喷雾。

6.2.2 黑茎病（又称青枯病）*Fusarium moniliforme* Sheld。

6.2.2.1 防治时间 4~5月。

6.2.2.2 农药品种 50%多菌灵、波尔多液。

6.2.2.3 防治方法 发病期间用50%多菌灵1 000倍液喷雾或浇灌病区，或用1:1:120的波尔多液喷洒。

6.2.3 非洲蝼蛄。

6.2.3.1 防治时间 5~11月。

6.2.3.2 农药品种 50%辛硫磷乳油、90%晶体敌百虫。

6.2.3.3 防治方法 每667 m^2用50%辛硫磷乳油50~200 mL，或用90%晶体敌百虫150~200 g，加水稀释30倍，拌炒香的麦麸3~5 kg配成毒饵诱杀。

6.2.4 斜纹灯蛾。

6.2.4.1 防治时间 终年繁殖，无越冬休眠现象。

6.2.4.2 农药品种 50%辛硫磷乳油、90%晶体敌百虫。

6.2.4.3 防治方法 结合田间管理，及时摘除卵块和初孵化幼虫。采用50%辛硫磷乳油1 000倍液或90%晶体敌百虫1 000倍液喷雾。

第七章 采收与加工

7.1 采收期。

7.1.1 当年采收1次，宜选在花蕾期和开花初期，最佳采收期为8月下旬。

7.1.2 一年采收2次，第1次于8月，第2次于11月。

7.2 采收方法。
7.2.1 一年采收1次者,选晴天将穿心莲齐地割取,洗净。
7.2.2 一年采收2次者,第1次于8月选晴天在茎基2～3节割取,收割后继续除草、施肥、浇水,使其重新发芽,于11月收割第2次。
7.3 加工。
7.3.1 加工方法 在阳光下摊开晾晒,并随时翻动,晒至茎秆发脆足干即可。采收后遇雨天应在室内摊开,不能堆积,保持通风,防止发热霉变。
7.3.2 注意事项 注意收集干后脱落的叶片并与全草放在一起,捆扎打包。
7.4 留种与采种 当果壳褪绿转黄、部分呈红紫色、种子已达中熟程度时,及时分批采摘,放在阴凉处后熟几天,用罩子盖住,以免种子弹跳损失。待果皮全部开裂,晒干扬净果壳后装入布袋,挂通风处贮存。

种子干透后才能贮藏,否则影响发芽率。

第八章 质 量 标 准

8.1 抽样方法 根据《中华人民共和国药典(一部)》(2000年版)、企业标准或购销合同,按每批件数的1％随机抽检样品。
8.2 穿心莲药材经具相应资质检测部门或实验室检验,质量应达到《中华人民共和国药典(一部)》(2000年版)所订标准并有所提高。
8.3 药材质量标准。
8.3.1 水分不超过15％。
8.3.2 总灰分不超过16％。

8.3.3 水溶性浸出物冷浸法不得低于15%,热浸法不得低于20%。

8.3.4 醇溶性浸出物冷浸法不得低于5%,热浸法不得低于8%。

8.3.5 醚溶性浸出物冷浸法不得低于1.2%,热浸法不得低于1.0%。

8.3.6 脱水穿心莲内酯的含量不得低于0.8%。

8.4 农药残留限量指标。

8.4.1 六六六(BHC)≤0.1 mg/kg。

8.4.2 滴滴涕(DDT)≤0.1 mg/kg。

8.4.3 五氯硝基苯(PCNB)≤0.1 mg/kg。

8.4.4 艾氏剂(Aldrin)≤0.02 mg/kg。

8.5 重金属限量指标。

8.5.1 重金属总量≤20.0 mg/kg。

8.5.2 镉(Cd)≤0.3 mg/kg。

8.5.3 铜(Cu)≤20.0 mg/kg。

8.5.4 铅(Pb)≤5.0 mg/kg。

8.5.5 汞(Hg)≤0.2 mg/kg。

8.5.6 砷(As)≤2.0 mg/kg。

8.6 黄曲霉毒素限量指标 黄曲霉毒素B_1(Aflatoxin)≤5.0 μg/kg(暂定)。

第九章 包装、贮藏及运输

9.1 包装。

9.1.1 选用不易破损、干燥、清洁、无异味的包装材料。

9.1.2 包装标签应注明药材名称、产地、采收日期、包装数量、运输注意事项(格式如下)。

药材名称：
产　　地：
采收日期：
每批数量：　　　包/批
包装重量：　　　kg/包
注意事项：
责 任 人：

9.2 运输。

9.2.1 运输工具应有通风设备。

9.2.2 运输途中应防止日晒、雨淋、潮湿、损坏、污染。

9.3 贮藏。

9.3.1 选择通风、干燥、无污染的环境，并有控温（30℃以下）、控湿（70%~75%）装备的专用仓库贮藏。

9.3.2 彻底灭菌，消灭虫源，防止发生霉变和虫蛀。

第十章　人员和设备

10.1 人员。

10.1.1 负责全面工作人员　要求富有经验而有能力履行赋予的职责的大专以上学历的专业人才。

10.1.2 生产人员　要求具有从事中药生产或农业生产，或通过培训，能掌握药材栽培管理技术的人员。

10.2 生产基地设备　根据药材生产的需要配齐所有的设备。

第十一章　文 件 管 理

11.1 根据《中药材生产质量管理规范（试行）》规定，一切涉及中药材生产、质量管理的文件全部归入档案收藏。

11.2 本规程所涉及的所有生产操作,均需有标记日期的原始记录文件,并由操作人员签名(或盖章、按手印),其内容未经正式许可不得对外披露。

11.3 所有文件全部由生产基地统一入档保存。

附则 本规程(SOP)制定时间为2002年7月。本规程起草单位将根据有关研究进展与执行中的反馈情况对本规程内容进行修订,并不定期发布新版本。

七、铁皮石斛

（一）概　　述

1. 来源

石斛是《中华人民共和国药典》中记载的中药材涉及植物来源最为众多、应用最广泛的一种药材，尤以铁皮石斛品质最佳。它是兰科石斛属多年附生草本植物铁皮石斛 *Dendrobium officinale* Kimura et Migo 的干燥茎。其味甘，性微寒。归胃经、肾经。具有益胃生津，滋阴清热的功效。用于热病津伤，口干烦渴，胃阴不足，食少干呕，病后虚热不退，阴虚火旺，骨蒸劳热，目暗不明，筋骨痿软。

2. 开发利用

（1）药品

成书于1 000多年前的道家医学经典《道藏》将铁皮石斛列为中华九大仙草之首，因其具有独特的药用价值和保健功效，成为历代养生补品，素有"千金草"、"软黄金"之称，以其植株制成的"西枫斗"、"龙头凤尾"饮片应用价值极高。现代药理研究表明，铁皮石斛具有抗肿瘤、抗衰老、增强机体免疫力、扩张血管及抗血小板凝集等作用，因此在临床及中药复方中被广泛应用。

铁皮石斛既可单独入药，又能与其他药物配伍，铁皮石斛单独入药及与其他药配伍成复方用药已达100多种。其深度开发利用的中成药与保健品更受人们青睐，诸如"石斛露"、"石斛精"、"养阴液"以及"石斛片"、"石斛夜光丸"等，在国内外市场均深受欢迎。

（2）功能食品

中医认为，津液是濡养肌肤，滑润孔窍、关节的营养物质，如果津液缺乏则肌肤失养，孔窍关节不能通利；脾胃为后天之本，脾胃虚弱则不能消化五谷，从而不能输布津液以濡养肌肤，也就谈不上延年益寿。石斛具有养胃生津、滋阴清热等功效，市面上出现各类以铁皮石斛为原料加工而成的功能食品，深受人们喜爱，具有广阔的市场开发前景。

（3）食品

近年来，铁皮石斛的保健营养价值得到了重新发现，是天然、安全、保健营养品的较理想原料，国内外市场的需求量不断增大。广东省历来是保健品消费大省，随着人们生活水平的提高，铁皮石斛的需求量猛增，新鲜铁皮石斛成为珠三角地区大、中城市居民传统药膳中的主要高档原料之一。铁皮石斛的食用方法很多，诸如清蒸石斛螺、红参石斛竹丝鸡、北沙参石斛汤、清肺生津汤、虫草铁皮枫斗汤、石斛牛肉粥、白芍石斛瘦肉汤、石斛决明冲剂、石斛珍珠鲍、石斛炖雪梨、石斛淮山水蛇汤、西洋参枫斗茶和铁皮石斛鲜吃等。

（4）其他

铁皮石斛尚可开发成各类休闲食品（如饮料等）和日用品（如化妆品等）；铁皮石斛还具有较高的观赏价值，可作为室内装饰的佳品。

3. 原产地（主产）、分布

铁皮石斛主要分布在云南的石屏、文山、思茅、富民、贡山、麻栗坡、西畴、广南等，广西的百色、金秀、平南、天峨、永福、西林、宜山、隆林、东兰、平乐、南丹、巴马、钟山等，贵州的独山、兴义、罗甸、江口、梵净山、荔波、三都等，浙江的鄞县、天台、仙居、临安、富阳、江山、金华等，安徽的大别山等，福建的宁化等，四川的雅安、峨眉、汉源、甘洛、金阳等，江西的井冈山、庐山等，广东的乳源、平远、饶平等，河南的信阳、商城等。

（二）生物学特性

1. 形态特征

铁皮石斛为兰科石斛属多年附生草本植物，丛生不分枝。矮秆种茎直立、斜立，高秆种茎斜立，过长的茎下垂匍匐。圆柱形，铁青色或灰绿色，长10～50 cm，最长达102 cm，粗0.2～0.4 cm，基部稍有光泽，节间长1.5～3 cm，具纵纹，节位深褐色环状明显，高秆硬脚种节环状较浅。上部茎节上有时生根芽，能长出高位新植株。叶片互生，无柄矩圆状披针形，叶片稍带肉质，2裂；长2～4 cm，宽0.5～1.8 cm，先端略钩转；叶片有绿色和茄红色，叶鞘灰白色，膜质具紫斑，老熟时其上缘与茎秆分离而张开，在节位留下1个环状铁青色或褐色的间隙。花着生于具叶或无叶的老茎中上部，稍有香气，为总状花序，2～5朵，最多达8

朵，花序柄长5～10 mm，花序轴回折状弯曲，长2～4 cm；花苞片干膜质，淡白色；萼片和花瓣形近相似，黄绿色，长约1.6 cm，宽4～5 mm，先端锐尖；唇瓣白色卵状披针形，比萼片稍短，先端急尖，近上部中间有圆形紫色斑块，中下部两侧具紫红色条纹，边缘微波状；唇盘密布细乳突状的毛，蕊柱黄绿色，蕊柱基部带紫红色条纹；药帽白色，长卵状三角形，顶端近锐尖并且2裂；蒴果倒卵形。种子细小，量多，呈黄色粉末状。花期4～6月，果期6～7月（见彩图7-1至彩图7-3）。

2. 生长发育规律

每年4～6月开花，茎基部具有分蘖能力，生长环境适宜时全年均可以分蘖新茎。1年生新茎下端萌生须根；2年生茎主要积累营养和孕花，伸长生长减慢，如水分、养分不足，后期叶片黄化脱落，落叶后老茎不再萌生新叶，呈赤裸状。茎的基部或茎节在接触基质部位和适宜的条件下能分蘖新芽，形成新的植株个体。

（1）营养生长

铁皮石斛移栽苗株丛生长良好与否，与其根的长短及多少紧密相关。根系长、健康、旺盛的，其茎粗、长，叶深绿、油亮；反之茎节细，叶子泛黄，植株长势差或叶片提早脱落。移栽苗根系的生长要在充分吸水后开始恢复活力，由灰白色变为淡绿色或嫩白色。铁皮石斛的活根在1年中有2次明显的生长旺盛期，第1次在3月中旬至6月中旬，第2次在9月中旬至11月上旬。根生长旺盛时，生长部位相当明显，为嫩绿色，吸附栽培基质上，甚至一些根在表面分生叉根。小苗一般在移栽后45天分蘖长新芽，1年或多年生的植株每年都会从上一年的茎节基部抽发笋芽，常以一母带一笋或多笋的生长发育方式来形成新的个体。

（2）开花结果

一般2年生的假鳞茎具有开花能力。铁皮石斛的开花期为每年3~6月，3月底进入始花期，4月初进入盛花期，每序2~5朵小花。5月中、下旬，陆续进入末花期。铁皮石斛从茎上部的节上抽出花序，出现花芽到开始开花，需要约40天，一个花序从始花到末花，花期为10~13天。开花后从茎基长出新芽并发育成新茎，老茎则逐渐皱缩，不再开花；新茎长至秋季开始进入休眠期，以利于越冬花芽的形成。铁皮石斛可挂果约1年。种子成熟期为11月至翌年2月份。未成熟种子白色，成熟种子淡黄色。通常在果皮出现黄色，未开裂前采收。

3. 对生态环境条件的要求

铁皮石斛为多年生附生草本植物。野生铁皮石斛多数生长于亚热带、湿度较大，并有充足散射光的深山老林中。附生植物一般都具有树皮厚、多槽沟，并附有苔藓、蓄纳水分较多的特点。附生的岩石多数是悬崖峭壁，下临深潭，沟壑纵横，涧溪流经之处，石面常湿润，且附生有苔藓。石斛的根一部分深入栽培基质，起固定和支持作用，并吸收水分和养分；另一部分是气生根，从多湿的空气中吸收水分。铁皮石斛具假鳞茎，鲜茎为青色，干茎则为金黄色。叶片呈长椭圆形，着生于茎节上。

铁皮石斛作为植物资源，其保存利用以及品质性状除受本身的遗传因素决定之外，还受生态条件影响，即环境与基因互作效应，如光照强度、湿度、温度等。

（1）温度

观察表明，铁皮石斛喜温暖、潮湿及阴凉的环境。气温过高或太低不利于铁皮石斛生长，最适宜生长温度为20~28℃。根据在日气温15~35℃的条件下对生长情况的观察，植株的生长速度随着温度由低到高呈弱→强→弱的变化规律。低于15℃时茎停止伸长。但大棚内连续1~2天出现短时极端低温2℃时，刚移栽的小苗不受寒害；连续日出现极端高温38℃以上时停止生长，植株出现褪绿，叶片变薄下垂，甚至出现叶缘浅黄灼伤的现象。

（2）湿度

铁皮石斛是有气生根的兰科植物，环境空气湿度与其生长和品质关系甚为密切。铁皮石斛的假鳞茎和叶片以蒸腾作用等方式散失水分，以维持体内水分循环及植株适宜的温度。一方面，大棚栽培夏季高温可以通过水分蒸腾散热，降低高温危害。另一方面，水分充足，光合作用形成的糖类化合物缩合困难，纤维素不易形成，使铁皮石斛细胞原生质更好地保持亲水的幼嫩状态，使植株的鲜叶在较长时期内保持鲜嫩而不衰老。同时生长环境的空气湿度高，能增加叶绿素的形成，有利于铁皮石斛的生长和光合作用，提高生物产量和品质。否则，在低湿度条件下，呼吸作用增强，大量消耗有机物质，生命活动受阻，叶片褪绿，叶薄，甚至脱落，降低产量和品质。4年来的实践证明，适宜的水分供应能促进铁皮石斛的生长。生长处的年降雨量1 000 mm以上，空气相对湿度以80%以上为适宜。

（3）光照强度

根据试验观察，光照太强或过弱，铁皮石斛生长不良。光照强度的强弱还必须与温度高低，苗的龄期相配合。一般夏秋高温时光照强度低些，低温时光照强度可以适当高些。若环境温度25 ℃左右，移栽后3个月的光照强度以6 000 ~ 8 000 lx为宜，3个月至半年以8 000 ~ 12 000 lx为宜，半年至1年根据苗长势可以15 000 ~ 18 000 lx为宜，以后可以适当提高到22 000 lx。因此，在夏季高温季节，通过内外覆盖遮阳网膜，不仅可降低棚内温度，而且可有效地减少直射光的直接穿透，降低光照强度。冬季通过揭开遮阳网膜，可以增加光照强度和棚内温度，促进铁皮石斛的生长。

（4）养分

铁皮石斛的生长需要适时适量地提供养分，不仅要提供N、P、K等大量元素，还要提供S、Mg、Zn等中微量元素。鉴于栽培基质提供的养分极少，营养成分必须在栽培过程中根据植株的生长状况及时提供。由于有机食品在生产过程中不允许使用化学合成的肥料，因此在栽培过程中，采取施用有机肥，如沼气液肥，一般浓度控制在1 000 ~ 1 500倍为宜，每半个月施1次。旺盛生长期施肥次数适当增加。基地在种植过程中，发现通过使用沼气液肥可以明显促进植株的生长，提高植株的抗逆力，且有兼治部分叶斑病的作用。

4. 适应性表现

基地通过近4年来的引种示范、种植试验，获得大规模连片人工种植成功。由于基地所处的地理纬度与云南铁皮石斛原生地相近，而且处于亚热带海洋性季风气候区，气候温暖，条件优越，冬无严寒，夏无酷暑。累年平均气温21.6 ℃，月最高气温7月份29.1 ℃，月最低气温1月份13.4 ℃。累年平均雨量1 534.8 mm，日夜温差大，非常适宜铁皮石斛的生长；同时通过模仿原生种的生态要求，采用了"内外遮阳网膜大棚，架花床高密度无土基质栽培"方式的配套技术，铁皮石斛在棚内一年四季都能够生长（其中春、秋、冬3季为每年最适宜的生长季节），而且在冬季保持不落叶。比云南、浙江种植的营养生长期长，长势旺，早投产，产量高。

（三）物种或品种类型

1. 正品

铁皮石斛为兰科石斛属铁皮石斛的鲜茎经加工呈螺旋形干燥茎。《中华人民共和国药典》（2010年版）以正品收载。别名：老枫斗、西枫斗、白毛枫斗、结子斗。云南叫星节草，广西叫铁皮兰，浙江叫岩竹。主产于云南的罗平、师宗、文山，广西的西林、隆林、乐业，贵州的兴义、安龙、兴仁，浙江的乐清、丽水，安徽的霍山，湖北的老河口、神农架等地。

2. 混淆品

全国石斛属植物有74种2变种，包雪声等主编的《中国药用石斛彩色图谱》报道了药用石斛51种。周荣汉主编的《中药资源学》称："石斛属植物以云南所有的种为最多，共计39种，其次为贵州和广东，各有28种，再次是广西，有24种，台湾省虽然面积较小，但由于它具有复杂的地形和气候，使本属植物能得到适宜的环境，产15种。"并指出"商品石斛由广西、贵州、广东、云南、四川、安徽、江西、湖北、湖南和台湾所提供"。

药用石斛的原植物非常复杂，经调查全国石斛类药材总结为12类，包括霍山石斛类、黄花石斛类、金钗石斛类、黄草石斛类、马鞭石斛类、环草石斛类、枫斗（耳环石斛）类、鲜石斛类、金黄泽类、圆石斛类、小瓜石斛类和有瓜石斛类。市售铁皮石斛商品紧缺，价格昂贵，常有上述类型石斛混入铁皮石斛销售。

3. 农家品种

由于铁皮石斛物种珍稀，具有独特的药用价值和保健功效，云南广南、广西环江、安徽、浙江等地均有研究铁皮石斛种植技术，然而目前浙江、云南、贵州不少石斛种植企业和药农，种植的大都是环草石斛、马鞭石斛、黄草石斛、金钗石斛等，真正的铁皮石斛较少。

现在市售铁皮石斛药材商品按产地不同可分为云南个旧基地、浙江森山基地、江苏吴江基地、广东饶平基地等几大产区。虽然都是铁皮石斛，但不同产地生态环境和栽培条件以及生产加工的方法不尽相同，所得药材商品的性状特征和品质有区别，药材的形态、气味及化学成分含量有一定的差异。

广东饶平铁皮石斛基地，由于其适宜的生态环境，以原产云南的珍贵濒危道地药材铁皮石斛为种源，运用现代农业技术和生物技术相结合，优质培育，合理管理，故本基地的铁皮石斛在药材形色、气味以及临床疗效等方面明显优于其他产地的商品。

（四）种 植 地

1. 种植地选择

按照铁皮石斛产地适宜性优化原则与其生态环境要求，研究不同生境下，光照强度、温度、水质（包括酸碱度）、土壤矿质元素、光照长度等因素对铁皮石斛生长的影响，测定不同生境下所产的化学成分（次生代谢产物），应用模糊数学方法量化表达不同生态因子对药材品质及产量的影响，筛选出影响药材产量和质量的主要因素，并据此在饶平建立铁皮石斛GAP基地（见彩图7-4）。

广东省饶平县位于广东省最东端，与福建省相邻，居汕头、厦门两个经济特区之间，地处东经116°35′~117°11′，北纬23°28′~24°14′，属海洋副热带季风气候区，常年阳光充足，气候温和，季风明显，雨量充沛。年平均降雨量1 475.9 mm，年平均气温21.4 ℃，年平均日照2 140 h，无霜期349天，能满足铁皮石斛生长发育的要求，是铁皮石斛种植的理想之地。饶平县依山傍海，地形复杂，垂直高差大，立体气候明显，生态环境呈现多样性，生态类型丰富，药材物种资源丰富，药材品质较好，发展中药材产业有着得天独厚的优势。

2. 种植地生态环境质量检测

按照《中药材生产质量管理规范（试行）》和有关规定要求，经潮州市环境监测保护局等单位，对本基地的大气、水质、土壤环境进行了采样检（监）测。其主要指标的检测结果与评价如下：

（1）空气环境质量

大气总悬浮微粒年平均值0.12 mg/L，二氧化硫0.015 mg/L，氮氧化物0.012 mg/L，二氧化氮0.02 mg/L，空气质量达到《中华人民共和国环境空气质量标准》（GB3095—1996）的二级标准。

（2）灌溉用水质量

pH6.2，悬浮物50.0 mg/L，化学耗氧量1.4 mg/L，5天生化需氧量0.2 mg/L，挥发酚0.001 mg/L，氰化物0.001 mg/L，砷0.004 mg/L，汞0.000 05 mg/L，六价铬0.002 mg/L，各项指标均达到《中华人民共和国农田灌溉水质标准》（GB5084—1992）的二级标准。

（3）土壤环境质量

pH6.5，镉0.12 mg/kg，汞0.06 mg/kg，砷0.08 mg/kg，铅未检出，铬2 mg/kg，镍未检出，六六六未检出，滴滴涕未检出，各项指标均达到《中华人民共和国土壤环境质量标准》（GB15618—1995）的一级标准。

（五）种 植 技 术

铁皮石斛的繁殖方法分为有性繁殖和无性繁殖两大类。目前生产上主要采用无性繁殖方法。

1. 育苗技术

（1）育苗地选择

铁皮石斛为附生植物，附生对其生长影响较大。铁皮石斛是靠裸露在外的气生根在空气中吸收养分和水分，因此，铁皮石斛的载体是岩石、砾石或树干等。

本基地选择阴棚栽培石斛，用砖或石砌成高15 cm的高厢，将腐殖土、细沙和碎石拌匀填入厢内，平整，厢面上搭100～120 cm高的阴棚进行铁皮石斛生产。

（2）育苗时间

根据不同的繁殖方法，最佳育苗时间也不尽相同。分株繁殖宜在春季或秋季进行，以3月底或4月初铁皮石斛发芽前为好；扦插繁殖宜在春季或夏季进行，以5～6月为好；高芽繁殖多在春季或夏季进行，以夏季为主；试管苗快速繁殖则不受季节限制。

（3）育苗方法

1）有性繁殖

即种子繁殖。铁皮石斛种子极小，每个蒴果约有20 000粒，呈黄色粉末状，通常不发芽，只在养分充分、湿度适宜、光照适中的条件下才能萌发生长，一般需在组织培养室进行培养。不过，尽管铁皮石斛繁殖系数极高，但其有性繁殖的成功率极低。

2）无性繁殖

①分株繁殖　选择长势良好、无病虫害、根系发达、萌芽多的1～2年生植株作为种株，将其连根拔起，除去枯枝和断枝，剪掉过长的须根，老根保留3 cm左右，按茎数的多少分成若干丛，每丛须有茎4～5枝即可作为种茎。

②扦插繁殖　选取3年生生长健壮的植株，取其饱满圆润的茎段，每段保留4～5个节，长15～25 cm，插于蛭石或河沙中，深度以茎不倒为度，待其茎上腋芽萌发，长出白色气生根即可移栽。一般在选材时，多以上部茎段为主，因其具顶端优势，成活率高，萌芽数多，生长发育快。

③高芽繁殖　3年生以上的铁皮石斛植株，每年茎上都

要萌发腋芽,也叫高芽,并长出气生根,成为小苗,当其长到5~7 cm时,即可将其割下进行移栽。

④试管苗快速繁殖　可用种子、茎尖及茎节进行无菌培养。

a. 种子培养　传统组培途径是种子→原球茎→愈伤组织→丛生芽→生根苗(见彩图7-5)。这种以种子为外植体,将种子在培养基萌发培养,利用种胚诱导原球茎并进一步形成小苗的繁殖属于有性繁殖,易产生种性遗传变异。

取人工授粉的果实,用75%的酒精表面消毒,30 s后再用0.1%升汞消毒8 min,无菌水冲洗4~5次。在无菌操作下,把果实切成0.1 mm方块,接种到培养基上,每瓶3~5块。N6培养基对种子萌发和生长最好,蔗糖浓度2%最佳,NAA浓度0.2~0.5 mm/L最适合胚的萌发和生长,种子培养中加入椰乳对胚萌发和萌发后的初期生长起促进作用,而香蕉汁对继代培养中石斛的生根和壮苗起促进作用,生根和壮苗培养中不加入NAA,只用N6+10%香蕉汁,苗长得更粗壮。培养温度25~28 ℃,光照度1 600~2 000 lx,每天光照10~12 h。种子萌发后,转管3~4次,当幼苗长出4~5片真叶并具有3~4条1~2 cm长的根时,可将试管苗炼苗后移栽。

b. 茎尖或茎节离体培养　选用优良单株,以无菌茎段(茎尖)作为组培外植体→愈伤组织→丛生芽→生根苗的育苗途径,确保优良母株的优良性状,提高种植品质。

操作方法:在2~4月上旬,切取人工栽培的铁皮石斛未展叶新芽,流水冲洗10~15 min,将外植体在超净工作台上用75%的酒精浸泡(45±5)s后,再用质量浓度为1g/L的氯化汞溶液、2~3滴吐温80浸泡8 min,无菌水冲洗3遍,用解剖刀剥除外部叶片,再放入质量浓度为1g/L的氯化汞溶液、2~3滴吐温80中浸泡5 min,无菌水冲洗3遍,逐层剥去叶片直至露出生长点，然后接种到1/2MS+6-BA 2 mg/L +NAA 0.2 mg/L+2%蔗糖的固体培养基诱导腋芽发生，形成无菌苗；切取无菌体系幼苗的茎段或基部小组织块，在培养基（MS+6-BA 2 mg/L +2，4-D 0.2 mg/L+2%蔗糖）上诱导出愈伤组织；愈伤组织在分化增殖培养基（MS+6-BA 2 mg/L +NAA 0.2 mg/L+2%蔗糖）上增殖培养，快速分化增殖形成丛生芽将小苗转接到生根培养基（1/2MS+IBA 0.8 mg/L +NAA 0.1 mg/L+0.5%活性炭）上诱导生根，培育出完整的植株（见彩图7-6）。

（4）苗木管理

人工种植从试管苗到大田移栽的中间环节成为铁皮石斛生产发展的一大障碍，目前普遍存在试管苗移栽成活率低的问题。为提高移栽成活率，必须通过"炼苗"解决移栽这一栽培难题。本基地攻克了瓶苗移栽关键技术，试管苗直接移栽，成活率达98%，45天后分蘖长新芽达到90%以上，一年半可采收，技术达到国内领先水平。主要关键技术如下：

1）移栽苗处理

选择壮苗，要求每丛3～5株，有根5条以上、叶5片以上、粗0.3～0.5 cm及0.5 cm以上，直茎大于4 cm。出瓶前在自然环境下接受散射光和温度，适当通风透气，提高瓶苗的适应性。将幼苗从玻璃瓶中取出，洗净根部的培养基，浸蘸促根液，取出在阴凉干爽的地方风干，待根系脱水变白变硬有韧性，就可以移栽到花床上。

2）种植床准备

移苗前将经浸泡去掉有毒、有害物质和病原菌的基料铺上花床，厚度8～10 cm，整平，经常浇、淋水，使基料踏实，保湿，有利于小苗移栽定植。

3）分丛种植

将已阴干脱水的幼苗5株1丛，保护好根系，扒开植穴，适当舒展根系，回填基料。种植时轻轻提苗使根系向下舒展，边覆盖基质并轻轻按压，使根系与基质充分接触。

4）移栽后的管理

要淋定根水，查苗时把倒伏小苗扶正，根部覆盖基料，及时喷水保湿，降低膜质叶的水分蒸腾率，增加叶片和根部吸收水分。

2. 种植技术

（1）种植地选择与整地

建设高标准钢架结构大棚和钢架花床，棚顶设置活动天窗和双层活动遮阳网，有利于棚内温、湿、光度调节的"内外遮阳网膜大棚，架花床高密度无土基质栽培"方式，营造铁皮石斛立地环境透、透、漏条件，促进小苗生长。移苗前将经浸泡去掉有毒、有害物质和病原菌的基料（树皮：碎木块为1：1组合，上覆1 cm厚的水苔）铺上花床，厚度8~10 cm，整平，经常浇、淋水，使基料踏实，保湿。

（2）种植时间

铁皮石斛栽种宜选在春季（3~4月）、秋季（8~9月）栽种为好，尤以春季栽种比秋季栽种更适宜。此时，适宜的温度、湿度、日照、雨水等条件，有利于刺激铁皮石斛茎基的腋芽迅速萌发，同时长出供幼芽吸收养分、水分的气生根，达到先根、后芽的生长目的。秋季种植时利用秋天的适宜温度（适宜在小阳春前）引发根系生长，但根的质量、数量、长速都不及春季。在湿润条件满足、遮阴条件较好的地方，夏季亦可生长出一部分根、幼芽（表7-1）。

表7-1 不同季节移栽铁皮石斛成活率、发新芽情况

	调查序号	2008年3月中旬至6月中旬	2008年6月中旬至9月上旬（第三期）	2008年9月中旬至11月下旬（第三期）	2008年12月至2009年3月（第三期）	全年平均
成活率（%）	1	100	96.7	98.6	99.6	/
	2	99.6	98	98.8	99.2	/
	3	99.8	100	100	99.4	/
	平均	99.8	98.2	99.1	99.4	99.13
发新芽率（%）	1	92.5	91.4	90.6	93.3	/
	2	94	86.8	88.2	91.4	/
	3	92	94.2	92.8	89.7	/
	平均	92.8	90.8	90.5	91.5	91.4
根系生长	1	发达	一般	发达	发达	
	2	发达	发达	一般	发达	
	3	发达	发达	发达	发达	
	平均					

注：调查方法为①种植后约2个月，每个调查随机取棚2端及中间3个点，每点10横行计110丛，计算成活率和发蘖芽率。发芽率以丛有长丛芽或茎尖长新叶为发芽丛。②根系调查：每点随机挖6丛视察根部，吸水膨大，根尖伸长，长根比例。分为不发达、一般、发达、最发达4级描述。

（3）种植方法

1）选择优质壮苗

组培快速育苗在同一瓶中出苗有大、中、小之分。大苗规格为有根4~5条及5条以上、叶5片以上，直茎0.3 cm以上，高度大于4 cm；中苗规格为形小有根或很少，有明显的根、茎、叶之分；小苗规格为苗较小，根、茎、叶未全。这

3类苗在最佳生长季节移栽成活率依次是高、中、低,但相差不是特别大,而与长高、长粗关系极为明显(表7-2)。这主要是大苗体内积存的有机物质和能量较多,适应外界的能力和抗逆性较强,移栽后恢复生命活动早,生长快。小苗则相反。

表7-2 试管苗大小对成活率和生长量的影响

苗型	成活率(%)	生长株最长(cm)	生长茎最粗(cm)
大苗	98.7	24.8	0.7
中苗	94.5	13.9	0.4
小苗	88.4	4.8	0.25

2)阴棚栽培

组培苗出瓶第2天直接移栽定植,合理管理,移栽之后45天分蘖长新芽率达到90%以上,成活率95%以上(见彩图7-7)。

(4)种植密度

铁皮石斛具有较明显的群体效应,丛栽效果比单栽好。株间距以(14~15)cm×13cm为宜,每667 m^2 控制在3.5万丛(17万株苗)(见彩图7-8)。

(5)田间管理(淋水、除草、施肥、松土培土等)

铁皮石斛原生环境特殊,对生态条件要求苛刻,人工栽培必须应用生物工程技术和现代农业技术,模拟原生种的生态条件,营造能够满足铁皮石斛的生物学特性的立地环境。在建立高标准大棚及花床,选择合理基质组合前提下,主要措施为以下几方面:

1）适时喷水保湿

铁皮石斛膜质叶的水分蒸腾率和吸收水蒸气的能力都很强，大棚内空气湿度高时，生长最快。移栽前花床基质淋透水，移栽后喷足定植水，然后每天喷淋1次，增加空气中的相对湿度。特别是移栽初期，根系未恢复吸收功能，空气湿度大，小苗通过膜质吸收水分有利于保持水分的收入与支出平衡，保证正常的生命活动进行。同时，根系也吸收充足水分恢复功能。根据田间调查，新移栽苗床基质保持湿度，10~15天根尖见白生长，最长可达1 cm左右，移栽后10天内过干燥，原根系干枯，另在茎基部重新长出气根。所以，铁皮石斛栽培整个生长过程必须水分充足，这样可促使细胞原生质更好地保持水灵的幼嫩状态，使茎、叶长期保持鲜嫩不衰老状态。同时，空气湿度高，能增加叶绿素的形成，有利于生长和光合作用，促进有机物质的形成，提高产量和品质。盛暑气温高达30~35℃时，早、晚各喷水1次，以高湿度抵消高温对植株生长的危害。晴天，低温阴雨天气，则控制水分供给，防止烂根或病害。喷雾时注意补足花床两端和侧边位置。在喷水保湿基础上，隔3~4天，观察基料表面干白时，进行一次淋透水，直至水珠从花床下端漏出。这样有利于排除根系呼吸过程停留在基质中的有害气体。

用于淋洒和喷雾的水最好水源为泉水、河水，不能用井水。水的pH以4.4~5.5为好。中性水和碱性水则会令生长恶化。

2）合理施肥，满足生长需要

铁皮石斛是多年生草本植物，植株较小，耐肥能力较弱。栽培在木碎块、木屑、河沙基质上，由于基料本身缺乏铁皮石斛生长过程所需营养，而且木块、木屑纤维在腐化过

程需消耗部分氮素，所以，栽培全过程必须平衡、稳定地供给外源营养，保证植株不停顿的营养生长。营养生长期长，茎、叶茂盛，生物产量则高。

施肥必须采取"勤施、薄施、适时、足量"的原则。以液态肥进行床面喷施。均匀喷雾至叶面滴水为止。幼苗移栽后7~10天开始第1次喷施，以后每隔7天施肥1次。

铁皮石斛整个生长周期以营养生长阶段为主，也是以营养生长的生物量获得栽培产量，所需养分以N、P、K配合，其中N肥偏多。N不足时，蛋白质的合成缓慢，引起生长停止和叶发育不良。移栽苗前期的根本目的是促使根系发育良好、壮健，地上部茎叶浓绿，所以种植在氮素缺乏的基料上，小苗期所需要的主要是氮肥，施以N、K肥的小苗的主、侧根生长快。2个月后周期生长以N、P、K复合肥为主，如"花多多"高N专用肥或平衡肥。但全年施P、K肥用量不能过多，以免影响新芽、叶生长。可以适当增加N肥施用，每7天1次，浓度为2/‰水溶液。采收前2个月适当减少N肥，增加P、K肥，减缓营养生长，促进有机物质积累。本基地目前按照有机食品生产要求，在生产过程已杜绝人工合成的化学肥料，施肥种类以沼气液、EM菌（一种混合菌，一般包括芽孢菌、酵母菌、孔酶菌等有益菌类。用于食品添加，养殖病害防治，污水治理等等）和有机生物肥料为主。

3）除草

一般情况下，铁皮石斛种植后每年除草2次，第1次在3月中旬至4月上旬，第2次在11月。除草时将长在铁皮石斛株间和周围的杂草及枯枝落叶除去即可。但在夏季高温季节，不宜除草，以免影响铁皮石斛正常生长。

4）调节荫蔽度

铁皮石斛栽培中应注意荫蔽度的调节。阴棚栽培的铁皮石斛，冬季应揭开阴棚，使其透光，以保证铁皮石斛植株得到适宜的光照和雨露，利于更好生长发育。

5）修枝

每年春季发芽前或采收铁皮石斛时，应剪去部分老枝和枯枝，以及生长过密的茎枝，以促进新芽生长。

6）翻蔸

铁皮石斛栽种5年以后，植株萌发很多，老根死亡，基质腐烂，病菌侵染，使植株生长不良，故应根据生长情况进行翻蔸，除去枯朽老根，进行分株，另行栽培，以促进植株的生长和增产增收。

（六）主要病虫草害的防治

铁皮石斛生长发育过程中，一般说来病虫害较轻，通常出现的病虫害主要有：

1. 病害

（1）黑斑病

1）病原

引起铁皮石斛黑斑病的病原菌为交链孢真菌中的西极链格孢，学名为 *A. tenuissima*。

2）症状

发病初期叶片上呈现黑褐色小斑点，以后扩大成圆形黑褐色病斑，斑点周围显放射状黄色，严重时病斑相连接成片，最后叶片枯黄脱落。

3）发病规律

本病害常在初夏（3～5月）发生。

4）防治方法

及时清理病叶、落叶，减少病害侵染源；加强棚内通风条件。发病初期以75%百菌清500～1 000倍液或50%多菌灵500～1 000倍液、70%甲基托布津500倍液3种药剂轮换使用，每7～10天喷1次，连续3次，早期防治效果较好。有机生产使用EM菌、生物农药及沼气液可减少病害发生。

（2）猝倒病

1）病原

引起铁皮石斛猝倒病的病原菌为丝核菌（Rhizoctonia）。

2）症状

主要发生在组培苗移栽苗床后，由于苗弱小，茎叶嫩，种植棚内温度高、湿度大，通风差，引发猝倒病，初期小苗叶基糜烂，以后扩至整株糜烂断头，严重时组培苗成片糜烂致死。

3）发病规律

病菌以卵孢子或菌丝在土壤中及病残体上越冬，并可在土壤中长期存活。主要靠雨水、喷淋而传播，带菌的有机肥和农具也能传病。病菌在土温15～16℃时繁殖最快，适宜发病地温为10℃，故早春苗床温度低、湿度大时利于发病。光照不足，播种过密，幼苗徒长往往发病较重。浇水后积水处或薄膜滴水处最易发病而成为发病中心。

4）防治方法

药剂防治于病害始见时开始施药，间隔7～10天，一般防治1～2天，并及时清除病株及邻近病土。可选用75%百菌清可湿性粉剂800倍液，为减少苗床湿度，应在上午喷药。

以本基地为例，2007年11月28日种植11 715丛小苗，12月10日发现少量植株发病，病疫发生迅猛，12日病丛1 015丛占8.66%；13日喷了75%百菌清800倍液，病丛102丛占0.87%；14日病丛50丛，占0.42%；15日病丛5丛，占0.04%。说明得到了较好的防治效果。

2. 虫害

（1）蜗牛

1）学名

Achatina fulica Ferussac属腹足纲，柄眼目。异名*A. couroupa* Lesson、*A. fulica* TIyon，别名非洲蜗牛、菜螺、花螺等。

2）危害

本害虫主要在夜间啃吃新芽叶肉或幼嫩根部，使生长受阻。

3）发生规律

梅雨季节阴雨连绵时危害比较严重。该虫害年内可多次发生，常在日落后2~3 h和阴雨天出来活动。

4）防治方法

少量时可以夜间捕杀。发生大量时，用90%敌百虫1 000倍液或用麸皮拌敌百虫，撒在害虫经常活动的地方进行毒饵诱杀；在栽培床及周边环境撒生石灰、饱和食盐水；注意栽培场所的清洁卫生，枯枝败叶要及时清除出场外。

（2）金龟子

1）学名

Anomala corpulenta Motsch属昆虫纲鞘翅目，别名铜绿丽金龟子、青金龟子。

2）危害

金龟子的幼虫生活在土中，危害根部，成虫以嫩芽、叶为食。

3）发生规律

主要为害期为4~6月。

4）防治方法

人工捕杀，利用成虫的假死性，在成虫活动盛期，于早、晚检查捕杀。利用其有趋光特性，采用灯光诱杀成虫。幼虫期施用毒饵诱杀。

3. 关于农药的研究试验

本基地使用的农药均符合中药材GAP农药使用的要求。施农药的产品经潮州市农产品质量监督检验测试中心检测，符合《食品中农药最大残留限量》（GB2763—2005），见表7-3。

表7-3 潮州市农产品质量监督检验测试中心检测结果

样品名称	铁皮石斛	样品原号	——	检验日期	2009-03-02—2009-03-05
项目名称	单位	标准要求值	实测数据	检测标准或方法	单项判定
甲胺磷	mg/kg	≤0.05	未检出	NY/T 761—2008	合格
甲拌磷	mg/kg	≤0.01	未检出	NY/T 761—2008	合格
对硫磷	mg/kg	≤0.01	未检出	NY/T 761—2008	合格
氧化乐果	mg/kg	≤0.02	未检出	NY/T 761—2008	合格
乐果	mg/kg	≤0.5	未检出	NY/T 761—2008	合格
敌百虫	mg/kg	≤0.2	未检出	NY/T 761—2008	合格

续表

样品名称	铁皮石斛	样品原号	—	检验日期	2009-03-02—2009-03-05
项目名称	单位	标准要求值	实测数据	检测标准或方法	单项判定
氯氰菊酯	mg/kg	≤0.5	未检出	NY/T 761—2008	合格
百菌清	mg/kg	≤5	0.15	NY/T 761—2008	合格
六六六	mg/kg	≤0.05	未检出	NY/T 761—2008	合格
水胺硫磷	mg/kg	≤0.01	未检出	NY/T 761—2008	合格
滴滴涕	mg/kg	≤0.05	未检出	NY/T 761—2008	合格

（以下空白）

备注：检出的最低检出限为0.01 mg/kg

（七）采 收 加 工

1．采收

（1）采收年限

野生铁皮石斛全年均可采收，以秋后采收的质量为佳。人工栽培铁皮石斛通常于栽培3年后便可陆续采收。本基地栽培1年半就可采收（表7-4）。

（2）采收时间

一年四季均可采收。传统上，采收都在产量最高时进行，但考虑到多个因素，除考虑生物产量的同时，更重要的是看其有效成分何时达到积累高峰，所以适宜的采收期应在冬末春初植株萌芽前为佳。此时，铁皮石斛枝茎坚实饱满，含水量少,干燥率高,加工质量好。

(3)采收方法

采收时,用剪刀或镰刀从茎基部将老植株(已封顶自剪的茎条)剪下来,剪口位置在茎基部第2节,注意采老留嫩,使留下的嫩株继续生长,以便来年连续收获,达到1年栽种,多年受益的目的。

表7-4 铁皮石斛产量实测结果

序号	每平方米采收情况				带叶鲜重		去叶后鲜茎重		
	实际采收丛数	占种植丛数	采收鲜条(条)	平均(条/丛)	小计重(g)	平均条重(g)	小计重(g)	平均条重(g)	折合亩鲜茎产量(kg)
1	37	71	115	3.1	1 495	13	730	6.5	486
2	39	75	118	3	1 652	14	780	6.6	519
3	36	69	127	3.5	1 524	12	701	5.5	466
4	38	73	156	4.1	1 872	12	842	5.4	561
5	41	78	139	3.4	1 533	11	736	5.2	490
平均	38.2	73.2	131	3.42	1 615.2	12.4	757.8	5.8	504.4

注:①调查点为第1期大棚地栽区,种植时间18~20个月,种植规格12.7 cm×15 cm,每667 m²种3.5万丛。②随机圈5个点,每点面积1 m²,对达规格茎条采剪称重。部分茎条当年可继续采收,暂未计入。

2. 初加工

加工方法因产地和种类不同而异。一般认为铁皮石斛以鲜用为好，因加工成商品后，其所含化学成分易受损失和破坏。其生物碱含量随贮藏时间的增加而降低，据报道，贮存15年的铁皮石斛商品的总生物碱含量由0.92%降至0.14%。但鲜品难以保存和运输，故除鲜用外，还必须进行加工。

铁皮石斛入药应用一般分为鲜石斛和干石斛两大类。

（1）鲜石斛加工

采回的鲜石斛不去叶及须根，直接供药用。或将采回的铁皮石斛除去须根和枝叶，用湿沙贮存备用，也可平装竹筐内，盖以蒲席贮存，但注意空气流通，忌沾水而致腐烂变质。

（2）干石斛加工

1）水烫法

将鲜石斛除去叶片及须根，在水中浸泡数日，使叶鞘质膜腐烂后，用刷子刷去茎秆上的叶鞘质膜或用糠壳搓去质膜。晾干水汽后烘烤，烘干后用干稻草捆绑，竹席盖好，使不透气，再进行烘烤，火力不宜过大，而且要均匀，烘至七八成干时，再行搓揉1次并烘干，取出喷少许沸水，然后顺序堆放，用草垫覆盖好，使颜色变成金黄色，再烘至全干即成。

2）热炒法

将上述依法净制后的鲜石斛置于盛有炒热的河沙锅内，用热沙将石斛压住，经常上下翻动，炒至有微微爆裂声，叶鞘干裂而翘起时，立即取出置放于木搓衣板上反复搓揉，以除尽残留叶鞘，用水洗净泥沙，在烈日下晒干，夜露之后于次日再反复搓揉，如此反复2~3次，使其色泽金黄，质地紧密，干燥即得。

3）"枫斗"加工

有4道程序，即原料整理、低温烘焙、卷曲加扎和产品干燥。具体操作为：将铁皮石斛拣净枯草和杂质，除去叶片，分出单株，留下2条须根，然后把株茎剪成5~8 cm长一段，洗净，晾干水分，放入干净的铁锅内炒至变软，趁热搓去叶鞘，置通风处晾1~2天，再放在有细孔眼的铝皮盘内，用炭火加热，并随手将其扭成弹簧状或螺旋形，如此多次。定型后，烘至足干即得。加工后将带有须根和不带须根的成品分开处置。习称"耳环石斛"或"枫斗"。在加工过程中，要将多余的细根除去，只留两根，称为"龙头"；并要完好地保留茎末细梢，称为"凤尾"。

（八）留种技术

根据铁皮石斛种质特性，其种质资源的保存方法主要以就地保存和离体保存较为适合。

1. 种子的采集与处理

采集铁皮石斛果期的种子，使用定量变性硅胶脱水，使种子的含水量降到8%~18%，直接投入液氮中。经低温保存后，40℃水浴上快速解冻，种子萌发率为92%~95%，与未经冷冻的种子萌发率一致，并生长成正常植株。这种超低温保存方法为铁皮石斛种质的长期保存提供了新的途径，建立铁皮石斛种质资源库。

2. 组织培养进行植物种质保存

（1）抑制细胞生长保存种质
在植物组织培养中，通常可采用控制培养基成分和培养温度等条件，使其细胞生长速度受到抑制而达到保护种质的目的。如在培养基中加入生长减速剂（如脱落酸等）或一些具有细胞渗透效应的成分（如甘露醇、山梨醇及矮壮素等），则对保存组织有十分明显的效果。

应用低温及降低空气压力与氧气含量，也能抑制细胞生长速度，这是一种简易而可行的措施。一般规律是，凡温带作物培养物在0～5℃保存即可，而热带作物可在15～20℃保存。

（2）超低温保存种质

将植物细胞或组织培养物等保存在-196℃的液氮中，进行超低温保存则可有效地保护种质。在其保存过程中，细胞的代谢活动完全停止，排除了贮存期间产生遗传变异的可能性，并能很好地保持其形态发生的潜能。一般采用复合成分冰冻保护剂，如用2.5%DMSO、10%聚乙二醇（分子量6 000）、5.0%蔗糖及0.3%氯化钙的复合液作植物愈伤组织的超低温贮存冰冻保护剂，存活率可达90%以上乃至100%。

3. 留种田管理

就地保护策略是保存植物近缘种的最佳途径，在这种保存方式下，植物不会因生长环境改变而造成人为的改变，这对于铁皮石斛对生态环境极为敏感的植物而言，在原有生境条件下就地保存，可保证种质资源在原生境存活生长，以保留不同生态型种源，实现铁皮石斛的可持续利用。

选用生长健壮、无病虫害的植株作为良种苗栽种至留种田中，专人负责田间管理，不予采收，保证种质资源良好生长。

（九）质量标准及检测

1. 性状

（1）干铁皮石斛

呈圆柱形的段，长短不等；以色金黄，有光泽，质柔韧，无泡秆，无枯朽糊黑，无膜皮、根蔸者为佳。

（2）鲜铁皮石斛

以有茎有叶，茎色青绿或黄绿，叶草质，气清香，折断有黏质，无沤坏、泥沙、杂质为合格；以色青绿或黄绿，气清香，肥满多汁，咬之发黏者为佳（见彩图7-9）。

（3）铁皮"枫斗"

呈螺旋形或弹簧状，通常为2～6个螺旋纹，茎拉直后长3.5～8 cm，直径0.2～0.4 cm。表面黄绿色或略带金黄色，有细纵皱纹，节明显，节上有时可见残留的灰白色叶鞘；一端可见茎基部留下的短须根。质坚实，易折断，断面平坦，灰白色至灰绿色，略角质状。气微，味淡，嚼之有黏性（见彩图7-10）。

2. 鉴别

（1）横切面

表皮细胞1列，扁平，外壁及侧壁稍增厚、微木化，外被黄色角质层，有的外层可见薄壁细胞组成的叶鞘层。基本薄壁细胞呈多角形，大小相似，其间散在多数维管束，略排成4～5圈，维管束外韧型，外圈排列有厚壁的纤维束，有的外侧小型薄壁细胞中含有硅质块。含草酸钙针晶束的黏液细胞多见于近表皮处。

（2）理化鉴别

取本品粉末1 g，加甲醇50 mL，超声处理30 min，滤过，滤液蒸干，残渣加水15 mL使溶解，用石油醚（60～90 ℃）洗涤2次，每次20 mL，弃去石油醚，水液用乙酸乙酯洗涤2次，每次20 mL，弃去洗液，用水饱和的正丁醇振摇提取2次，每次20 mL，合并正丁醇液，蒸干，残渣加甲醇1 mL使溶解，作为供试品溶液。另取铁皮石斛对照药材1 g，同法制成对照药材溶液。照薄层色谱法试验，吸取上述两种溶液各2～5 μL，分别点于同一聚酰胺薄膜上，使呈条状，以乙醇–丁酮–乙酰丙酮–水（15∶15∶5∶85）为展开剂，展开，取出，烘干，喷以三氯化铝试液，在105 ℃烘约3 min，置紫外光灯（365 nm）下检视。供试品色谱中，在与对照药材色谱相应的位置上，显相同颜色的荧光斑点。

3. 检查

（1）杂质

按照《中华人民共和国药典（一部）》（2010年版）附录ⅨA杂质检查法测定，不得超过1%。

（2）水分

按照《中华人民共和国药典（一部）》（2010年版）附录ⅨH第一法测定，不得超过12%。

鲜铁皮石斛的水分测定　铁皮石斛新鲜药材剪成不超过3 mm的小段，取1 g平铺于干燥至恒重的扁形称瓶中，精密称定，打开瓶盖在105 ℃干燥5 h，将瓶盖盖好，移置干燥器中，冷却30 min，精密称定重量，再在上述温度干燥1 h，冷却，称重，至连续两次称重的差异不超过5 mg为止。根据减失的重量，计算供试品中的含水量（表7-5）。

表7-5　本基地不同品种鲜铁皮石斛水分含量

品种	T1	T2	T3	T4	T5
含水量（%）	84.28	85.30	85.65	83.66	88.72

（3）总灰分

按照《中华人民共和国药典（一部）》（2010年版）附录ⅨK灰分测定法测定，不得超过6.0%。

（4）酸不溶性灰分

按照《中华人民共和国药典（一部）》（2010年版）附录ⅨK酸不溶性灰分测定法测定，不得超过1.0%。

（5）重金属残留量

经潮州市农产品质量检验测试中心检测，由香港有机认证中心《有机农户认定证书》（QIC062）对产品进行安全测试，按本规程生产的铁皮石斛商品中重金属残留量均符合国家有关规定，结果见表7-6。

（6）有机氯农药残留量

经潮州市农产品质量检验测试中心检测，由香港有机认证中心《有机农户认定证书》（QIC062）对产品进行安全测试，按本规程生产的石斛商品中的六六六（BHC）、滴滴涕（DDT）、敌百虫等均未检出，均符合国家有关规定，见表7-6。

表7-6 基地铁皮石斛农药及重金属残留量检测结果

分析项目	检测结果	度量单位	检测方法
氰戊菊酯	<0.05	mg/kg	GB/T5009.110—2003
百菌清	<0.05	mg/kg	GB/T5009.105—2003
辛硫磷	<0.1	mg/kg	GB/T5009.20—2003
敌百虫	<0.1	mg/kg	GB/T5009.20—2003
五氯硝基苯（PCNB）	<0.05	mg/kg	GB/T5009.110—2003
镉（Cd）	<0.1	mg/kg	GFAAS（GB/T5009.15—2003第一法）
铅（Pb）	<0.5	mg/kg	GFAAS（GB/T5009.12—2003第一法）
铜（Cu）	<5	mg/kg	FAAS（GB/T5009.13—2003第一法）
无机砷（As）	<0.1	mg/kg	原子荧光光度法（GB/T5009.11—2003）
汞（Hg）	<0.1	mg/kg	GB/T15337—1993

4. 浸出物

（1）水溶性浸出物测定

分别取不同品种铁皮石斛鲜品，剪成不超过3 mm的小段，研碎，精密称取2.0 g，置250 mL的锥形瓶中，精密加水100 mL，密塞，称定重量，静置1 h后，连接回流冷凝管，加热至沸腾，并保持微沸1h。放冷后，取下锥形瓶，密塞，再称定重量，用水补足减失的重量，摇匀，用干燥过滤器滤过，精密量取滤液25 mL，置已干燥至恒重的蒸发皿中，在水浴上蒸干后，于105 ℃干燥3 h，移至干燥器中，冷却30 min，迅速精密称定重量，计算供试品中水溶性浸出物的含量，结果见表7-7。

（2）醇溶性浸出物测定

按照《中华人民共和国药典（一部）》（2005年版）附录ⅩA热浸法测定，以95%乙醇替水为溶剂，不得少于

6.5%，结果见表7-7。

表7-7　本基地不同品种鲜铁皮石斛的浸出物含量

品种	水溶性浸出物（%）		醇溶性浸出物（%）	
	以鲜品计	以干品计	以鲜品计	以干品计
T1	3.59	22.84	1.50	9.58
T2	4.20	28.58	1.42	9.65
T3	4.06	28.32	1.30	9.04
T4	5.52	33.78	1.75	10.72
T5	5.66	50.17	2.29	19.76

5. 化学成分

（1）一般化学成分

铁皮石斛中富含石斛多糖、石斛碱、氨基酸等多种生物活性成分以及钾、钙、镁、锰、钛、铜等矿物质和微量元素，其中石斛多糖的含量高达22%，谷氨酸、天冬氨酸、甘氨酸占总氨基酸含量的35%。此外，铁皮石斛还含有特殊的菲类、联苄、酮、酯类以及黏液质、淀粉等化合物。

铁皮石斛茎中生物碱含量约0.3%，已鉴定结构的有：石斛碱（dendrobine），石斛胺（6-羟基石斛碱，dendramine），石斛次碱（nobilonine），石斛星碱（石斛醚碱，dendroxine），石斛因碱（dendrin），6-羟基石斛星碱（6-hydroxy-dendroxine），石斛宁碱（shihunin），石斛宁定（shihunidine），以及季铵盐N-甲基石斛碱（N-methyl-dendrobium），8-表石斛碱（8-epidendrobine）等。

鲜石斛茎含挥发油，其中二萜化合物迈诺醇（manool）

占50%以上。

(2) 有效成分含量测定

对照品储备液的制备　精密称取105 ℃干燥至恒重的无水葡萄糖适量，置50 mL容量瓶中（1 mg/mL），加水定容至刻度，混匀，置4 ℃冰箱保存备用。

对照品稀溶液的配置　分别取上述对照品储备液0.5 mL、1 mL、2 mL、4 mL、6 mL、8 mL、10 mL置10 mL容量瓶中，加水稀释至刻度，混匀，备用。

供试品溶液的制备　取铁皮石斛鲜品，剪成不超过3 mm的小段，研碎，精密称取4 g，加水40 mL提取2次，继续加水10 mL提取1次，每次1 h，滤过，残渣加热水洗涤，合并滤液及洗涤液，定容至100 mL，混匀，备用。

总糖供试品溶液的制备　精密量取上述供试品溶液5 mL，置25 mL量瓶中，加盐酸10 mL，置沸水浴中40 min，取出放冷后，加40%氢氧化钠溶液调pH至中性，冷却至室温，加水定容至刻度，摇匀，备用。

样品测定　精密量取上述对照品稀溶液、供试品溶液（测还原糖）、总糖供试品溶液及空白溶液各2 mL，分别置25 mL量瓶中，各加入DNS试液6 mL，摇匀，置沸水浴中加热15 min，取出，立即放入水中冷却30 min，加水至刻度，摇匀，按照分光光度法［《中华人民共和国药典（一部）》（2010年版）附录ⅤA］在520 nm波长处分别测定吸收度，得到标准曲线线性回归方程，根据回归方程计算还原糖及总糖的含量，总糖于还原糖含量作差即得水溶性多糖的含量。

还原糖(%) = (还原糖×样品稀释倍数)/(样品重×1 000)×100

总糖(%) = (总糖量×样品稀释倍数)/(样品重×1 000)×

水溶性多糖（％）=总糖（％）-还原糖（％）

结果：铁皮石斛饶平基地产品经广州中医药大学测试，铁皮石斛总多糖含量平均22.89%，最高达到29.19％，比国内其他地域产品总多糖含量高（见表7-8、表7-9）。

表7-8　本基地铁皮石斛产品总多糖含量参照　　　（％）

品种	总糖（鲜品）	总糖（干品）	水溶性多糖（鲜品）	水溶性多糖（干品）
T1	3.48	22.14	2.79	17.76
T2	4.42	30.09	3.52	23.92
T3	4.17	29.03	3.37	23.45
T4	5.85	35.81	4.75	29.19
T5	3.12	27.61	2.27	20.15

表7-9　各地铁皮石斛产品总多糖含量参照

产地	外地8种不同地域样品分析结果								
	广西	浙江雁荡	广东	湖南	江西	福建	浙江富阳	云南	平均
干品总多糖（％）	17.36	25.56	16.54	22.47	18.32	23.65	24.77	27.12	21.97

（十）包装、贮藏及运输

1. 包装

鲜铁皮石斛传统上用竹篓包装。生产上采用无污染、无破损、干燥、洁净的,内衬防潮纸的纸箱或木箱等容器包装。干铁皮石斛,一般按40~50 kg打包成捆,用无毒、无污染材料严密包装,在包装前应检查是否充分干燥、有无杂质及其他异物。所用包装均应符合药用包装标准,并在每件包装上注明品名、规格、等级、毛重、净重、产地、批号、执行标准、生产单位、生产日期等,并附有质量合格的标志。

2. 贮藏

鲜品应置于阴凉潮湿处,防冻。

铁皮石斛存储仓库要通风、干燥、透光,最好有空调及除湿设备,铁皮石斛入库前应按药品监管部门要求对仓库进行消毒处理。并注意防虫防鼠措施,防止虫蛀、霉变、腐烂等。

3. 运输

铁皮石斛批量运输时,不应与其他有毒有害物质混装,运输中保持干燥,遇阴雨天时要严密防潮。有条件者可按标准箱设计入箱贮运。

(黄 松 丁 婕)

参 考 文 献

《广东省中药志》编辑委员会. 1994. 广东中药志:第二卷[M]. 广州:广东科技出版社:481-485.

陈勇,王军晖,黄纯农. 2001. 铁皮石斛种子资源的玻璃化法超低温保存[J]. 浙江大学学报,27(4):436-438.

国家药典委员会. 2010. 中华人民共和国药典:一部[M]. 北京:化

学工业出版社：267.

黄松，刘星华，刘宏源，等．2010．铁皮石斛野生转家栽规范化种植（GAP）研究与产业化基地建设［J］．世界科学技术中药现代化，（1）：129-135.

蒋林，丁平，郑迎冬．2003．添加剂对铁皮石斛组织培养和快速繁殖的影响［J］．中药材，26（8）：539-541.

亢志华．2007．不同丝核菌对铁皮石斛的作用研究［D］．南京：南京农业大学．

刘合刚．2001．药用植物优质高效栽培技术［M］．北京：中国医药科技出版社：223-227.

刘宏源，杨金燕，黄松，等．2010．3,5-2-硝基水杨酸法测定铁皮石斛中多糖的含量［J］．亚太传统医药，6（8）：14-16.

么厉，程惠珍，杨智．2006．中药材规范化种植（养殖）技术指南［M］．北京：中国农业出版社．

潘超美，贺红，林群英，等．2004．真菌诱导子对铁皮石斛组培物生长的影响［J］．中医药学刊，22（1）：54-55.

冉懋雄，周厚琼．1999．现代中药栽培养殖加工手册［M］．北京：中国中医药出版社：554-557.

史永忠，潘瑞炽，王小菁，等．1999．铁皮石斛种质室温离体保存［J］．华南师范大学学报，（4）：73-77.

张敬泽，郑小军．2004．铁皮石斛黑斑病病原菌的鉴定和侵染过程的细胞学研究［J］．植物病理学报，（1）：92-94.

张铭，魏小勇，黄华荣．2001．铁皮石斛人工种子固形包埋系统的研究［J］．园艺学报，28（5）：435-439.

附

铁皮石斛规范化生产标准操作规程（SOP）

第一章 总 则

1.1 为保证中药材质量，促进中药标准化、现代化，依据铁皮石斛药材的生长特点和国家药品监督管理局《中药材生产质量管理规范（试行）》的要求，制定本标准操作规程（SOP）。

1.2 本规程的内容包括总则，产地自然条件，育苗，田间管理，主要病、虫害的防治，采收与加工，留种技术，质量标准及检测，包装、贮藏及运输，人员和设备，文件管理等，是铁皮石斛药材生产和质量管理的具体操作方法。

1.3 广东永生源生物科技有限公司应运用标准操作规程管理和质量监控手段，保护生态环境，坚持"最大持续量"原则，实现资源的可持续利用。

1.4 本规程适用于铁皮石斛的种植地。

1.5 引用标准及法规 下列文件中被本标准引用的条款则成为本标准的条款。

1.5.1 《中华人民共和国环境空气质量标准》（GB3095—1996）。

1.5.2 《中华人民共和国农田灌溉水质标准》（GB5084—1992）。

1.5.3 《中华人民共和国土壤环境质量标准》（GB15618—1995）。

1.5.4 国家药品监督管理局《中药材生产质量管理规范（试行）》。

1.5.5 科技部生命科学技术发展中心《中药材规范化种植研究项目实施指导原则及验收标准》。

1.5.6 中华人民共和国商务部《药用植物及制剂进出口绿色行业标准》。

1.5.7 《中华人民共和国药典（一部）》（2010年版）。

1.6 定义。

1.6.1 GAP 即英文Good Agriculture Practice的缩写，指中药材生产质量管理规范。

1.6.2 SOP 即英文Standard Operation Practice的缩写，指中药材规范化生产标准操作规程。

1.6.3 最大持续量 指不危害生态环境，可持续生产（采收）的最大产量。

1.6.4 生物肥料 指利用生物活体或生物代谢过程中产生的具有生物活性的物质，或从生物体中提取的物质作为提高作物产量和品质的肥料。

1.6.5 生物源农药 指利用生物活体或生物代谢过程中产生的具有生物活性的物质，或从生物体中提取的物质作为防治作物病虫害的农药。

1.6.6 质量标准 指对药材的质量规定和检验方法所作的技术规定。

第二章 产地自然条件

2.1 铁皮石斛原产于安徽、云南、广西、广东、贵州、西藏等地，现在栽培区域主要有广东、云南、浙江、安徽等地。

2.2 根据铁皮石斛的生物学特性，结合传统的生产实践经验，对生态环境的要求为：

2.2.1 温度 生长适宜温度20~28℃，15℃以下停止生长，短时低温2℃时不受寒害，持续低温及雪冻均会导致死亡，要做好防寒措施；连续高温38℃以上停止生长，植株出现褪绿，叶片变薄下垂，甚至出现叶缘浅黄灼伤的现象，要做好避暑措施。

2.2.2 光照 光照强度对铁皮石斛的生长和繁殖都有较大影响，光照强度过低造成植株生长纤弱，光照强度过高则抑制植株生长，严重时导致茎叶枯黄。在环境温度25℃左右，移栽后3个月的光照强度以6 000~8 000 lx为宜，3个月至半年以8 000~12 000 lx为宜，半年至1年根据苗长势以15 000~18 000 lx为宜，以后可以适当提高到22 000 lx。

2.2.3 水分 兑水分很敏感，水分不足导致生长受抑制，水分过多也会使其根部腐烂，甚至整株死亡。相对湿度控制在80%左右。

2.2.4 土壤 要求排水良好，疏松肥沃，保水、保肥能力强的基质。

2.3 铁皮石斛的气候条件 广东省饶平县地处东经116°35′~117°11′，北纬23°28′~24°14′，属海洋副热带季风气候区，常年阳光充足，气候温和，季风明显，雨量充沛。年平均降雨量1 475.9 mm，年平均气温21.4℃，年平均日照2 140 h，无霜期349天，能满足铁皮石斛生长发育的要求，是铁皮石斛种植的理想之地。

2.4 环境质量。

2.4.1 环境空气达到《中华人民共和国环境空气质量标准》（GB3095—1996）二级以上标准。

2.4.2 灌溉水达到《中华人民共和国农田灌溉水质标准》

（GB5084—1992）二级以上标准。

2.4.3　土壤环境达到《中华人民共和国土壤环境质量标准》（GB15618—1995）二级以上标准。

第三章　育　　苗

3.1　栽培品种　铁皮石斛 *Dendrobiumcandidum* Wall. ex Lind.

3.2　选地与整地　搭建高标准钢架结构大棚和钣架花床，棚顶设置活动天窗和双层活动遮阳网，选择树皮：碎木块为1：1组合，上覆1cm厚的水苔作为栽培基质，营造铁皮石斛立地环境通、透、漏条件。

3.3　繁殖方法　采用试管苗快速繁殖。

3.3.1　种子培养：种子→原球茎→愈伤组织→丛生芽→生根苗。

　　取人工授粉的果实，用75%的酒精表面消毒，30 s后再用0.1%升汞消毒8 min，无菌水冲洗4~5次。在无菌操作下，把果实切成0.1 mm方块，接种到培养基上，每瓶3~5块。N6培养基对种子萌发和生长最好，蔗糖浓度2%最佳，NAA浓度0.2~0.5 mg/L最适合胚的萌发和生长，种子培养中加入椰乳对胚萌发和萌发后的初期生长起促进作用，而香蕉汁对继代培养中石斛的生根和壮苗起促进作用，生根和壮苗培养中不加入NAA，只用N6+10%香蕉汁，苗长得更粗壮。培养温度25~28℃，光照度1 600~2 000 lx，每天10~12 h。种子萌发后，转管3~4次，当幼苗长出4~5片真叶并具有3~4条1~2 cm长的根时，可将试管苗炼苗后移栽。

3.3.2　茎尖或茎节离体培养：选用优良单株，以无菌茎段（茎尖）作为组培外植体→愈伤组织→丛生芽→生根苗。

操作方法：①在2~4月上旬，切取人工栽培的铁皮石斛未展叶新芽，流水冲洗10~15 min，将外植体在超净工作台上用75%的酒精浸泡（45±5）s后，再用质量浓度为1g/L的氯化汞溶液、2~3滴吐温80浸泡8 min，无菌水冲洗3遍，用解剖刀剥除外部叶片，再放入质量浓度为1g/L的氯化汞溶液、2~3滴吐温80中浸泡5 min，无菌水冲洗3遍，逐层剥去叶片直至露出生长点，然后接种到1/2MS+6-BA 2 mg/L+NAA 0.2 mg/L+2%蔗糖的固体培养基诱导腋芽发生，形成无菌苗；②切取无菌体系幼苗的茎段或基部小组织块，在培养基（MS+6-BA 2 mg/L+2, 4-D 0.2 mg/L+2%蔗糖）上诱导出愈伤组织；③愈伤组织在分化增殖培养基（MS+6-BA 2 mg/L+NAA 0.2 mg/L+2%蔗糖）上增殖培养，快速分化增殖形成丛生芽；④将小苗转接到生根培养基（1/2MS+IBA 0.8 mg/L+NAA 0.1 mg/L+0.5%活性炭）上诱导生根，培育出完整的植株。

3.3.3 选择优质壮苗 组培快速育苗在同一瓶中出苗有大、中、小之分。宜选择健壮大苗，规格有根4~5条及5条以上、叶5片以上、直茎粗0.3 cm以上，高度大于4 cm。这主要是大苗体内积存的有机物质和能量较多，适应外界的能力和抗逆性较强，移栽后恢复生命活动早，生长快。

3.3.4 幼苗的出瓶、移栽与管理。

3.3.4.1 移栽苗处理 选择壮苗，要求每丛3~5株，有根5条以上、叶5片以上、粗0.3~0.5 cm及0.5 cm以上，直茎大于4 cm。出瓶前在自然环境下接受散射光和温度，适当通风透气，提高瓶苗的适应性。将幼苗从玻璃瓶中取出，洗净根部的培养基，浸蘸促根液，取出在阴凉干爽的地方风干，待根系脱水变白变硬有韧性，就可以移栽到花床上。

3.3.4.2 种植床准备 移苗前将经浸泡去掉有毒、有害物质和病原菌的基料铺上花床,厚度8~10 cm,整平,经常浇、淋水,使基料踏实,保湿,有利于小苗移栽定植。

3.3.4.3 分丛种植 将已阴干脱水的幼苗5株1丛,保护好根系,扒开植穴,适当舒展根系,回填基料。种植时轻轻提苗使根系向下舒展,边覆盖基质并轻轻按压,使根系与基质充分接触。株间距以(14~15)cm×13 cm为宜,每667m²控制在3.5万丛(17万株苗)。

3.3.4.4 移栽后要淋定根水,查苗,把倒伏小苗扶正,根部覆盖基料,及时喷水保湿,降低膜质叶的水分蒸腾率,增加叶片和根部吸收水分。

第四章 田间管理

4.1 适时喷水保湿 移栽前花床基质淋透水,移栽后喷足定植水,然后每天喷淋1次,增加空气中的相对湿度,特别是移栽初期。同时铁皮石斛栽培整个生长过程必须水分充足。盛暑气温高达30~35℃时,早、晚各喷水1次,以高湿度抵消高温对植株生长的危害。晴天,低温阴雨天气,则控制水分供给,防止烂根或病害。喷雾时注意补足花床两端和侧边位置。在喷水保湿基础上,隔3~4天,观察基料表面干白时,进行一次淋透水,直至水珠从花床下端漏出。这样有利于排除根系呼吸过程停留在基质中的有害气体。

用于淋洒和喷雾的水最好水源为泉水、河水,不能用井水。水的pH以4.4~5.5为好。中性水和碱性水则会令生长恶化。

4.2 合理施肥 施肥必须采取"勤施、薄施、适时、足量"的原则。以液态肥进行床面喷施。均匀喷雾至叶面滴水为止。幼苗移栽后7~10天开始第1次喷施，以后每隔7天施肥1次。施肥种类以沼气液、EM菌和有机生物肥料为主。

铁皮石斛整个生长周期以营养生长阶段为主，也是以营养生长的生物量获得栽培产量，所需养分以N、P、K配合，其中N肥偏多。N不足时，蛋白质的合成缓慢，引起生长停止和叶发育不良。移栽苗前期的根本目的是促使根系发育良好、壮健，地上部茎叶浓绿，所以种植在氮素缺乏的基料上，小苗期所需要的主要是氮肥，施以N、K肥的小苗的主、侧根生长快。2个月后周期生长以N、P、K复合肥为主，如"花多多"高N专用肥或平衡肥。但全年施P、K肥用量不能过多，以免影响新芽、叶生长。可以适当增加N肥施用，每7天1次，浓度为2‰水溶液。采收前2个月适当减少N肥，增加P、K肥，减缓营养生长，促进有机物质积累。

4.3 除草 一般情况下，铁皮石斛种植后每年除草2次，第1次在3月中旬至4月上旬，第2次在11月。除草时将长在铁皮石斛株间和周围的杂草及枯枝落叶除去即可。但在夏季高温季节，不宜除草，以免影响铁皮石斛正常生长。

4.4 调节荫蔽度 夏季应放下活动遮阳网，控制荫蔽度为60%左右为宜，冬季应揭开阴棚，使其透光，以保证铁皮石斛植株得到适宜的光照和雨露，利于更好生长发育。

4.5 修枝 每年春季发芽前或采收铁皮石斛时，应剪去部分老枝和枯枝，以及生长过密的茎枝。

4.6 翻蔸 铁皮石斛栽种5年以后，植株萌发很多，老根死亡，基质腐烂，病菌侵染，使植株生长不良，故应根据生长情况进行翻蔸，除去枯朽老根，进行分株，更换基质。

第五章 主要病、虫害的防治

坚持贯彻保护环境、维持生态平衡的环保方针及预防为主、综合防治的原则，采取农业防治、生物防治和化学防治相结合的方法，对铁皮石斛主要病、虫害进行防治。禁止使用国家禁用农药。

5.1 黑斑病。

5.1.1 农业防治 及时清理病叶、落叶，减少病害侵染源；加强棚内通风条件。

5.1.2 药物防治 发病初期以75%百菌清500～1 000倍液或50%多菌灵500～1 000倍液、70%甲基托布津500倍液3种药剂轮换使用，每7～10天喷1次，连续3次，早期防治效果较好。有机生产使用EM菌、生物农药及沼气液可减少病害发生。

5.2 猝倒病 喷以75%百菌清800倍液，可以得到较好的防治效果。

5.3 蜗牛。

5.3.1 农业防治 该害虫常在日落后2～3 h和阴雨天出来活动，少量时可以夜间捕杀。在栽培床及周边环境撒生石灰、饱和食盐水；注意栽培场所的清洁卫生，枯枝败叶要及时清除出场外。

5.3.2 药物防治 发生大量时，用90%敌百虫1 000倍液或用麸皮拌敌百虫，撒在害虫经常活动的地方进行毒饵诱杀。

5.4 金龟子 人工捕杀，利用成虫子的假死性。在成虫活动盛期，于早、晚检查捕杀。利用其有趋光特性，采用灯光诱杀成虫。幼虫期施用毒饵诱杀。

第六章 采收与加工

6.1 采收时期 野生铁皮石斛全年均可采收,以秋后采收的质量为佳。人工栽培铁皮石斛通常于栽培3年后便可陆续采收。本地栽培1年半就可采收。

6.2 采收时间 一年四季均可采收。传统上,采收都在产量最高时进行,但考虑到多个因素,除考虑生物产量的同时,更重要的是看其有效成分何时达到积累高峰,所以适宜的采收期应在冬末春初植株萌芽前为佳。此时,铁皮石斛枝茎坚实饱满,含水量少,干燥率高,加工质量好。

6.3 采收方法 采收时,用剪刀或镰刀从茎基部将老植株(已封顶自剪的茎条)剪下来,剪口位置在茎基部第2节,注意采老留嫩,使留下的嫩株继续生长,以便来年连续收获,达到1年栽种,多年受益的目的。

6.4 产地加工。

6.4.1 水烫法 将鲜石斛除去叶片及须根,在水中浸泡数日,使叶鞘质膜腐烂后,用刷子刷去茎秆上的叶鞘质膜或用糠壳搓去质膜。晾干水汽后烘烤,烘干后用干稻草捆绑,竹席盖好,使不透气,再进行烘烤,火力不宜过大,而且要均匀,烘至七八成干时,再行搓揉1次并烘干,取出喷少许沸水,然后顺序堆放,用草垫覆盖好,使颜色变成金黄色,再烘至全干即成。

6.4.2 热炒法 将上述依法净制后的鲜石斛置于盛有炒热的河沙锅内,用热沙将石斛压住,经常上下翻动,炒至有微微爆裂声,叶鞘干裂而翘起时,立即取出置放于木搓衣板上反复搓揉,以除尽残留叶鞘,用水洗净泥沙,在烈日下晒干,夜露之后于次日再反复搓揉,如此反复2~3次,使其色泽金黄，质地紧密，干燥即得。

6.4.3 "枫斗"加工　有4道程序，即原料整理、低温烘焙、卷曲加扎和产品干燥。具体操作为：将铁皮石斛拣净枯草和杂质，除去叶片，分出单株，留下2条须根，然后把株茎剪成5~8cm长一段，洗净，晾干水分，放入干净的铁锅内炒至变软，趁热搓去叶鞘，置通风处晾1~2天，再放在有细孔眼的铝皮盘内，用炭火加热，并随手将其扭成弹簧状或螺旋形，如此多次。定型后，烘至足干即得。加工后将带有须根和不带须根的成品分开处置。习称"耳环石斛"或"枫斗"。在加工过程中，要将多余的细根除去，只留两根，称为"龙头"；并要完好地保留茎末细梢，称为"凤尾"。

第七章　留种技术

7.1 母株的选择　留种母株应选择无病虫的健壮植株，具有本栽培类型特性的铁皮石斛做种株。

7.2 留种地的选择　专门建立一个良种繁育圃作为留种地。

7.3 留种地的管理　留种地的管理同其他植株管理一样，要特别做好越冬保种工作。

第八章　质量标准及检测

8.1 外观质量标准。

8.1.1 干铁皮石斛　呈圆柱形的段，长短不等；以色金黄，有光泽，质柔韧，无泡秆，无枯朽糊黑，无膜皮、根蔸者为佳。

8.1.2 鲜铁皮石斛　以有茎有叶，茎色青绿或黄绿，叶草质，气清香，折断有黏贡，无枯枝败叶，无沤坏、泥沙、杂质为合格；以色青绿或黄绿，气清香，肥满多汁，咬之发黏者为佳。

8.1.3 铁皮枫斗 呈螺旋形或弹簧状,通常为2~6个螺旋纹,茎拉直后长3.5~8 cm,直径0.2~0.4 cm。表面黄绿色或略带金黄色,有细纵皱纹,节明显,节上有时可见残留的灰白色叶鞘;一端可见茎基部留下的短须根。质坚实,易折断,断面平坦,灰白色至灰绿色,略角质状。气微,味淡,嚼之有黏性。

8.2 重金属限量指标 重金属总量≤20.0 mg/kg;铅(Pb)≤5.0 mg/kg;镉(Cd)≤0.1 mg/kg;汞(Hg)≤0.1 mg/kg;砷(As)≤0.1 mg/kg;铜(Cu)≤5.0 mg/kg。

8.3 农药残留量限量指标 六六六(BHC)≤0.1 mg/kg;滴滴涕(DDT)≤0.05 mg/kg;五氯硝基苯(PCNB)≤0.05 mg/kg;百菌清≤0.05 mg/kg;辛硫磷≤0.1 mg/kg;敌百虫≤0.1 mg/kg

8.4 黄曲霉毒素限量指标 黄曲霉毒素B_1(Aflatoxin)≤5.0 μg/kg(暂定)。

第九章 包装、贮藏及运输

9.1 包装。

9.1.1 包装容器 应选用不易破损的干燥、清洁、无异味的材料制成的容器。

9.1.2 包装要求 包装要牢固、密封、防潮,以保证药材在运输、贮藏、使用过程中的质量。发送中药材的包装上必须有包装标签,标明药材品名、产地、采收日期及注意事项等(格式如下)。

药材名称:
产　　地:
采收日期:

采收单位：
调出日期：
调出单位：
调出数量：　　　包
包装重量：　　　kg/包
注意事项：
　　附：药材质量检验单

9.2 运输。

9.2.1 运输工具必须清洁、干燥、无异味、无污染，并有通风设备。

9.2.2 运输途中应防止日晒、雨淋、潮湿、损坏、污染。

9.2.3 严禁与可能污染其品质的货物混装运输。

9.3 贮藏。

9.3.1 选择通风、干燥、无污染的环境做专用仓库，并采用控温（30℃以下）、控湿（相对湿度70%～75%）技术。

9.3.2 彻底灭菌，消灭虫源，防止霉变和发生虫蛀。

第十章　人员和设备

10.1 人员。

10.1.1 负责规范化种植全面工作的人员，要求富有经验而有能力履行赋予职责的大专以上学历的专业人才。

10.1.2 生产人员　要求具有从事中药或农业生产或通过培训，能掌握药材栽培管理技术的人员。

10.2 设备　要根据药材生产的需要配齐所有的设备。

第十一章　文 件 管 理

11.1 文件　指一切涉及中药材生产、质量管理的书面材料和实施中的材料。

11.1.1 药材品种、育苗与移栽（时间、面积、地点）、田间管理（肥料、农药种类、数量、时间等）。

11.1.2 土壤及水分资料。

11.1.3 各种合同协议书、生产计划、实施方案、技术操作规程。

11.1.4 物候变化（小气象记录资料）。

11.1.5 产量、质量。

11.1.6 工作、技术总结等。

11.2 管理 将上述文件资料全部归入档案收载。

11.2.1 记录员要由具备一定文化而且责任心强的人员专门记录。

11.2.2 档案保管员要掌握档案分类和保管的基本知识。

11.2.3 记录员、档案保管员要求由相对固定的专人负责。

附则 本规程（SOP）制定时间为2010年4月。本规程起草单位将根据有关研究进展与执行中的反馈情况对本规程内容进行修订，并不定期发布新版本。

八、凉 粉 草

（一）概 述

1. 来源

本品为唇形科凉粉草属植物凉粉草（*Mesona chinensis* Benth.）的干燥地上部分，又名仙人草、仙人冻、仙草、薪草、黑豆腐草。本品性寒、甘、淡凉，具有消暑、清热、凉血、解毒等功效，用于治疗中暑、糖尿病、高血压、急性肾炎、风火牙痛、丹毒、梅毒、黄疸等症。

2. 应用价值

（1）药用价值

据《本草求原》记载，凉粉草有"清暑热，解藏府结热毒，治酒风"的功效，又据《岭南采药录》中记载，凉粉草可治花柳毒入骨。现代医学分析测定认为，凉粉草中的熊果酸和齐墩果酸有降温、镇静、降血糖的作用。据柳占彪等报道，齐墩果酸具有降低血糖的作用，同时对肝糖原和血清胰岛素均有明显升高作用。熊果酸具有强心、降脂、降糖、抗癌等作用；黄酮类物质有抑制癌细胞生长，降低血压的作用；α-香树精、β-香树精有镇静、清凉、解渴、利水的功效；多糖物质有增强和提高机体免疫机能的作用；微量元素有抑制自由基形成、抗衰老、抗癌的作用；维生素有调节和增强生理机能的作用。据报道，从凉粉草分离提取出来的多糖成分，经药理实验证明，具有增强小白鼠机体免疫机能的功效，对小鼠肉瘤S180呈抑制作用，抑制率可达60%左右。

（2）食用价值

近年来，凉粉草的保健营养价值得到了崭新发现，它是天然、安全、保健营养的较理想原料。由于具有保健功能，且可提取多糖成分和各类有效成分，进行各种加工，或添加于食品中制成各种保健食品或功能性食品，所以它是一种极具开发潜力的食品用原料。近几年来，中国台湾、香港与新加坡等地对凉粉草的需求量大增，而野生资源已经供不应求。如我国南方地区在很久以前就用凉粉草加水煎汁后加入淀粉，制成风味独特的仙草蜜，这是消暑解渴的夏季佳品，也是人们喜爱的甜食。目前市场上许多凉茶的原料就是以凉粉草为主，如王老吉凉茶。在日本，有人发现凉粉草水溶液具有良好的抗氧化性及消除超氧阴离子的能力，可制备成糖果、化妆水及饮料贩卖，被视为良好的保健食品。

（3）其他价值

凉粉草可作饲料添加剂用，即使是经药用或取汁后的渣，也可以饲用。花可养蜂，其花蜜的营养和食味可与茶花花蜜媲美。凉粉草还有良好的生态效应，其根系较为发达，适用于阴凉沙化性土壤和四旁地，因此，它是治理沙化和发展庭院经济的好帮手。

3. 产地

凉粉草原产于印度、马来西亚和中国南部。在我国的广东、广西、海南、云南、福建、浙江和江西均有分布，其中广东是凉粉草的主要产地，野生资源很少，主要依靠家种供应市场，广东栽培基地面积最大，产量最多，资源最为丰富，约占全国产量的1/2。

（二）生物学特性

1. 植物学特性

凉粉草为1年生草本（见彩图8-1）。

（1）茎

茎长50~150 cm，下部伏地，上部直立，被疏长毛。

（2）叶

叶对生，卵状长圆形，长2~6 cm，先端稍钝，基部渐收缩成柄，边缘有小锯齿，两面均有疏毛。

（3）花

花期为秋季中后期。被柔毛轮伞花序多花，组成总状花序，顶生或生于侧枝，花序长2~15 cm；苞片圆形或菱状卵圆形，具尾状突尖；花萼钟形，长2~2.5 mm，密被疏柔毛，上唇3裂，中裂片特大，先端尖，下唇全缘，偶有微缺；花冠白色或淡红色，长约3 mm，外被微柔毛，上唇宽大，具4齿，2侧齿较高，中央2齿不明显，下唇全缘，舟状；雄蕊4枚，前对较长，后对花丝基部具齿状附属器，其上被硬毛，花药汇合成1室；子房4裂，花柱较长，柱头2浅裂。

（4）果

果期为冬季中期。小坚果椭圆形或卵形，黑色。

2. 生长发育规律

全生育期180天左右。当天平均气温达到20 ℃以上、又有适合的水肥条件时,生长旺盛;当日平均气温在15 ℃以下时生长缓慢。当土壤干燥时生长差,产量低。在0 ℃以下时部分冻死,以宿根越冬。

3. 对环境条件的要求

凉粉草的适应性较强,在山坡地、水田、普通农田都能生长。对环境条件具体要求如下:

(1)温度

年平均温度18~22 ℃,绝对最低温度≥-5 ℃,1月平均温度≥8 ℃,≥10 ℃的年有效积温6 000 ℃以上。

(2)水分

要求充足水分,不耐干旱。

(3)土壤

土壤质地良好,疏松肥沃,活土层在30 cm以上,日照时间≤8 h的阴湿山坑田或山坑地。

(4)光照

凉粉草喜阴凉,开阔地种植夏秋季覆盖荫蔽度50%的遮阳网,防止阳光直射。

(三)物种或品种类型

1. 物种

凉粉草收载于《广东植物志》(1995年)、《中药大辞典》(2007年),是唇形科凉粉草属的植物,药用部位是地上部分。

2. 品种类型

我们从广东、广西、福建等省区收集了26个样品,经外观形态比较鉴定,除去重复外,有19种样品供作品种类型研究(表8-1)。对其外部形态、内部解剖以及花粉电镜扫描进行归纳比较。

表8-1　19种不同产地凉粉草样品

编号	样品来源	编号	样品来源
1	阳春	11	平远
2	增城	12	武平当地
3	广西灵山	13	朝阳-印尼杂交
4	武平种子苗2	14	印尼
5	武平种子苗3	15	凤凰山
6	武平种子苗4	16	永定新南
7	武平种子苗1	17	新田上村
8	新田山上	18	武平露丰1号
9	朝阳	19	台湾关西
10	永安		

(1)外部形态比较

取凉粉草外部形态的11个主要变量,采用SPSS 13.0数据统计软件对19种凉粉草样品进行聚类,方法选用最短距离法(Nearest Neighbor),可将19种凉粉草样品聚为5大类型(图8-1),5大类型特征比较见表8-2。

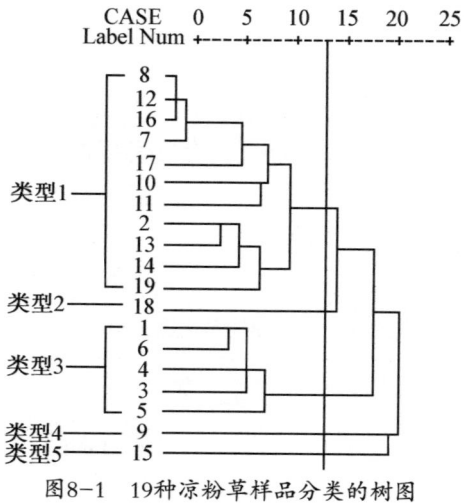

图8-1 19种凉粉草样品分类的树图

表8-2 5大类型外部形态特征比较

特 征	类型1	类型2	类型3	类型4	类型5
叶形	卵形	卵形	卵状披针形或披针形	卵形	卵形
叶缘	细锯齿形	钝齿形	细锯齿形	钝齿形	细锯齿形
叶长（cm）	3.65～5.40	3.80～3.90	3.10～4.90	3.80～3.90	4.40～4.50
叶宽（cm）	2.00～3.20	2.40～2.50	1.00～2.20	1.85～1.95	2.00～2.10
叶柄长（cm）	0.65～1.25	0.60～0.70	0.65～1.00	0.75～0.85	0.80～0.90
花长（mm）	0.44～0.98	0.45～0.50	0.60～0.94	0.65～0.70	0.55～0.60
下唇长度（mm）	0.17～0.26	0.16～0.18	0.18～0.29	0.18～0.20	0.19～0.21
上唇长度（mm）	0.24～0.37	0.35～0.40	0.18～0.29	0.15～0.20	0.20～0.30
花萼长（mm）	0.18～0.26	0.15～0.20	0.18～0.27	0.20～0.25	0.15～0.20
雄蕊长度	2长2短，短于花柱	2长2短，长于花柱	2长2短，长于花柱	4等长，与花柱等长	4等长，短于花柱
花冠颜色	边缘紫色，或有2条紫色带，或同时存在	边缘紫色，并有2条紫色带	或4等长，短于花柱，有2条紫色带	边缘紫色，并有2条紫色带	边缘紫色，并有2条紫色带

5大类型检索表

1. 卵形
   2. 叶缘钝齿形;雄蕊不短于花柱;花冠边缘紫色并有2条紫色带。
      3. 雄蕊2长2短,长于花柱 ………………………… 类型2
      3. 雄蕊4枚,等长,与花柱等长 ………………… 类型4
   2. 叶缘细锯齿形;雄蕊短于花柱;花冠边缘紫色,或有2条紫色带,或同时存在。
      4. 雄蕊2长2短 …………………………………… 类型1
      4. 雄蕊4枚,等长 ………………………………… 类型5
1. 卵状披针形或披针形 …………………………………… 类型3

（2）内部解剖比较

取凉粉草内部解剖的13个主要变量,采用SPSS 13.0数据统计软件对4种凉粉草样品进行聚类,方法选用最短距离法（Nearest Neighbor）。可将4种凉粉草样品聚为2类型（图8-2）,2类型特征比较见表8-3。

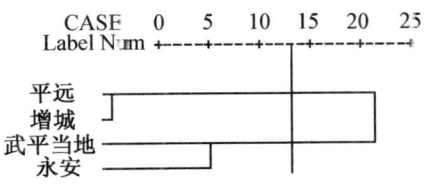

图8-2　4种凉粉草样品分类的树图

表8-3 2类型内部解剖特征比较

特 征		类型1 （平远、增城）	类型2 （武平当地、永安）
茎横切面	韧皮部 导管	不排列成环 3个相连	发达，排列成环 较大，木化，3~5个相连
叶上表皮	表皮细胞 气孔副卫细胞	垂周壁呈深波浪状 呈抱合状，大小相差不明显或明显，通常垂周壁平滑或呈浅波浪状	垂周壁呈浅波浪状 大小相差较大，垂周壁呈微波浪状
叶下表皮	非腺毛 表皮细胞 气孔 气孔副卫细胞 腺毛 腺鳞	由4~5个细胞组成 垂周壁呈深波浪状 直轴式或不等式 不等式3个，垂周壁呈深波浪状；直轴式2个，抱合状或相对相连，垂周壁呈深波浪状 细长 多见，由4~5个细胞组成	由1~4个细胞组成 垂周壁呈浅波浪状 直轴式 2个，垂周壁呈浅波浪状，多呈抱合状 短或细长 由4~5个细胞组成
粉末	草酸钙方晶 纤维 分泌物	无或多散在 无或多相连排列，可见晶鞘纤维，少见单个的纤维散在 无	无或多散在 无 无或可见块状分泌物

（3）花粉电镜扫描比较

取凉粉草花粉粒的4个主要变量，采用SPSS 13.0数据统计软件对13种凉粉草品种进行聚类，方法选用最短距离法（Nearest Neighbor），以欧式距离平方10为截距，可将13种凉粉草样品聚为4大类型（图8-3），4大类型特征比较见表8-4。

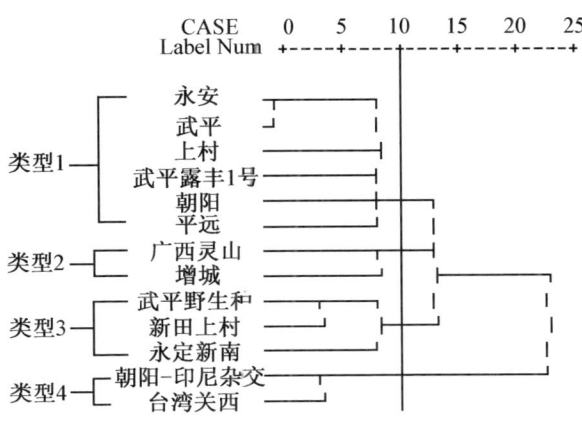

图8-3 13种凉粉草样品分类的树图

表8-4 4大类型花粉粒特征比较

特征	类型1	类型2	类型3	类型4
形状	类球形或扁圆形	扁圆形或四方形	扁圆形、四方形或不规则形	类四方形
极区	略突起或较圆	较平	较平	较平
外壁	较光滑，略有条纹或瘤状突起	较光滑，略有条纹或颗粒状突起	不规则瘤状突起	不规则凹陷网眼状，有的穿孔
萌发孔	1~2	1	1	4或8

（四）种 植 地

1. 种植地选择

凉粉草不耐干旱、不耐寒，适宜在气候和水分充足的土壤中生长。我国南方几个省区部分地方有田间栽培。按照《中药材生产质量管理规范（试行）》的要求，凉粉草规范化种植基地应远离居民点，远离交通要道，大气、水质、土壤应无污染，周围不得有污染源。

本品种植地选在其分布区内的平远县（见彩图8-2、彩图8-3），该县地处广东省东北部，居中亚热带气候带，地处北纬24°24′~24°56′东经115°44′~116°07′，为丘陵低山区，气候温和，日照充足，雨量充沛，夏长冬短，年平均日照1 872.5 h，年平均气温20.7 ℃，1月份平均气温11 ℃，是最冷的月份；7月份28.5 ℃，为最热的月份。年平均降雨量1 647.4 mm，降雨量集中在4~9月份，占全年降雨量的74%~78%，适宜种植凉粉草（见彩图8-4）。

2. 种植地生态环境条件检测

对基地种植地的大气、水质和土壤等生态环境质量进行检测。

（1）大气

由平远县环境保护监测站监测，采用国家规定的环境空气质量标准及其分析方法标准和相关的文献方法进行（见表8-5）。

表8-5 凉粉草基地环境空气质量检测结果 （mg/m³）

检测项目	检测结果（年平均值）
二氧化硫	0.004
二氧化氮	0.005
总悬浮微粒物	0.103

检测结果符合《中华人民共和国环境空气质量标准》（GB3095—1996）中的二级标准。

（2）灌溉水质

在平远凉粉草基地取水样，由广东省生态环境与土壤研究所检测（见表8-6）。

表8-6 凉粉草基地农田灌溉水质检测结果

主要指标	检测结果	主要指标	检测结果
生化需氧量（BOD_5, mg/L）	2	石油类（mg/L）	0.05
化学需氧量（COD_R, mg/L）	10	pH	7.24
悬浮物（mg/L）	9.3	全盐量（mg/L）	443
阴离子表面活性剂（LAS, mg/L）	<0.2	氯化物（mg/L）	0.68
凯氏氮（mg/L）	4.2	硫化物（mg/L）	<0.05
总磷（以P计算，mg/L）	0.28	总汞（mg/L）	<0.001
水温（℃）	23.0	总镉（mg/L）	<0.003
铬（六价，mg/L）	<0.01	总砷（mg/L）	<0.005
总铅（mg/L）	<0.005	苯（mg/L）	<0.005
总铜（mg/L）	<0.01	三氯乙醛（mg/L）	0.001
总锌（mg/L）	<0.01	丙烯醛（mg/L）	<0.1
总硒（mg/L）	0.0002	硼（mg/L）	0.05
氟化物（mg/L）	0.059	粪大肠菌群（个/L）	5 124
氰化物（mg/L）	<0.002	蛔虫卵数（个/L）	0

检测结果符合《中华人民共和国农田灌溉水质标准》（GB5084—1992）中的二级标准。

（3）土壤

样品由广东省生态环境与土壤研究所检测（见表8-7）。

表8-7 凉粉草基地土壤环境质量分析检验结果 （mg/kg）

检测项目	检测结果
铅	28
铜	25
镍	16
铬	8.9
锌	82
镉	0.01
砷	10.2
汞	0.05
六六六	<0.01
滴滴涕	<0.01

检测结果符合《中华人民共和国土壤环境质量标准》（GB15618—1995）中的二级标准。

（五）种 植 技 术

1. 育苗技术（见彩图8-5）

凉粉草繁殖分为种子繁殖、分株繁殖、扦插繁殖和组织培养。由于凉粉草的种子少，不稳定，易变异，出苗成活率低等缺点，所以一般都是采用扦插育苗和分株繁育的方式。

（1）扦插繁殖（见彩图8-6）

1）苗床准备

苗床地应选择在无污染、土层肥沃、排灌方便的地块（没有种植过凉粉草的新地）或轮作过的地块。将苗床做成畦高30 cm，畦宽0.8～1 m（根据地块大小、操作的方便性进行合理布置）。

2）扦插时间

一般在2月中旬至3月中旬（也就是农历的1~2月份），气温回升至14℃以上，植株液体开始滚动，新叶开始展开时即可开始育苗，至移栽种植前可育苗2~3次。

3）插穗的选取

从无病虫害、生长健壮的凉粉草种苗地选取新鲜细嫩或半老枝茎作为扦插的插穗，一般剪成8~10 cm长，带4~5片叶的茎段，下端剪口呈45°角，切口平滑无毛（最好是随剪随插，如果是外地调苗，一般将苗放在比较阴凉的环境下，不要压得太实，防止凉粉草种苗的水分散失，防止萎蔫，防止折断）。

4）扦插技术

首先用小锄头在整理好的苗床上横向开浅沟，沟深5~6 cm，然后将插穗并排竖直放在沟里面，株行距为5 cm×6 cm，深度为插穗的2/3，顶端外露2~3 cm，覆上细土，然后用小锄头稍加压实，使插条与土壤紧挨，扦插完浇足定根水。若将插条直接插于大田，可采用略大于插条粗度的枝条或竹签，按一定株行距的交叉点插洞，洞深度为插条长的2/3，将插条插入洞内，使插条基部切口与土壤妥触，然后用双手将插条两侧的土壤按实或用竹签在插条侧插入，将土压紧插条。

5）扦插后管理

扦插后的管理是影响扦插苗成败的重要环节之一，一般分为前期管理和后期管理2个阶段。

①前期管理　淋水、施肥　一般扦插7~10天开始生根，15天后需浇施水肥1~2次，一般采用复合水肥浇施浓度1 000倍液左右（两次水肥间隔时间为7天左右）。施肥时不

宜在强光下进行，选择阴天、傍晚前阳光较弱时进行较好。

覆盖、遮阴　如遇低温，需要用竹片做好拱棚，盖上白色薄膜以增加温度，同时也可起到保湿作用。午间气温较高则需打开薄膜两端，通风换气，晚间气温较低则盖上薄膜。如遇日温≥25 ℃时应搭建遮阴棚，以防止扦插穗在未生根前在高温日照下造成插穗失水死亡。

调节光、温、气　扦插完后，应随时注意观察，保持土壤合适的温度和湿度，一般温度在15～25 ℃，湿度在75%～85%较容易生根。

②后期管理　浇水、透光　当插条愈伤组织形成后至大量生根这个阶段。此时期插条已形成愈伤组织并有少量不定根生成，能从土壤中吸取一部分水分和养分，所以兑水分要求比前期低，一般当插壤表面发白，呈干燥时，适当喷水或浇水，同时要适当增加透光度。

松土、除草、追肥　疏松插壤，及时除草和进行叶面根外追肥。

摘心　对蹿长的种苗，要采用人工摘心的方法抑制其纵向生长，促进其横向生长，以达到壮苗移栽的目的。

（2）分株繁育

1）分株时间

根据当地气候，一般在秋末植株休眠期前或早春植株萌芽生长至10～15 cm时。

2）分株技术

分株繁育是从去年无病虫害区的凉粉草母株根际附新发生的萌蘖枝或根部的不定芽萌发的新植株，连根加以切段的繁育方法。

（3）组织培养

以凉粉草的幼嫩叶片和带节茎为外植体，经常规消毒后，接种在含有一定比例的生长物质的MS培养基上进行初代培养，可诱导形成愈伤组织和芽。将愈伤组织和芽转接于添加6-BA、NAA和IAA的MS培养基上培养，可诱导分化出丛生芽。丛生芽生根采用添加NAA的MS培养基（见彩图8-7）。

将已形成完整植株的凉粉草培养瓶苗放置于散射光充分的条件下，3天后移栽到室外准备好的沙质土壤中，成活率可达95%以上。

2. 种植技术

（1）选地与整地

1）选地

选择水源充足、土壤肥沃、不会淹水、灌排方便的田块。也可在阳光充足的新开果园或造林山地上套种。

2）整地

先将田块周围杂草清除干净，泡田30天左右，再排干水进行晒田，以增加土壤通透性，种植前再将田块深耕细耙。一般将整好的地做成畦宽1.6 m，畦高30 cm，并把土块打碎细耙。

3）施基肥

在已深耕细耙的田块上，每667 m^2均匀施入充分腐熟的有机肥鸡粪1 000 kg左右或猪粪1 500 kg左右，再施入磷肥50 kg，复合肥（N、P、K含量各15%）30～40 kg，并与土壤充分混匀（见彩图8-8）。

（2）盖膜

将施好基肥整好地的畦面盖好黑地膜（厚0.01 mm），四周盖土压实至垄沟盖满为宜。

（3）移栽时间和方法

3月中旬至4月中旬（清明前后），气温在15 ℃以上时进行移栽。先将苗床灌起苗水，然后不伤根、不伤皮带土将种苗挖起，再用木棍（直径5~6 cm）在黑地膜上打穴（或用小锄头挖穴），穴深约10 cm，口径约5 cm，然后将苗木放置于挖好的穴中，盖上细土（不让根外露），压实，浇足定根水。

（4）种植密度

穴株行距一般为40 cm×40 cm（可根据田的肥瘦情况合理密植），每667m^2 2 700~3 000株。

（5）田间管理

1）补苗

幼苗期若发现弱苗或死苗，应及时拔除并补种同龄苗，补苗方法与移栽方法相同。

2）灌溉

凉粉草整个营养生长期需水量较大，应及时灌水。灌溉水要求无污染，水质应符合NY/T391规定。

3）排水

凉粉草也不耐积水，应注意防止积水，及时排涝。雨季应疏通排水沟，保证排水通畅。

4）除膜

凉粉草种植35~45天及45天后，当凉粉草生长到快要盖满地面时（即封垄时）要及时把黑地膜去除。

5）除草

采用人工拔除田间杂草。对于离凉粉草较远的地方（垄沟、水沟、路边杂草）可用0.5 kg 10%草甘膦水剂兑水15 kg进行定向喷雾（尽量压低喷头，选择无风、无露水的早晚进行）。

6）追肥

去除黑地膜15天后补施硫酸钾复合肥（N、P、K含量各15%），一般每隔20~30天施1次复合肥，每667m²每次施10~20 kg，全年营养生长期需追施2~3次。凉粉草不能单一施用氮肥，特别不能单一施用尿素。如果施用氮肥过多或土壤有机肥含量低，会出现缺钾的现象，即叶片发红，叶片小，甚至停止生长，严重影响产量和质量。发现如上情况需及时补施钾肥或有机肥，如果叶片发红可喷磷酸二氢钾1~2次。施肥时要选择晴天，一般在上午9点以后（露水干后），下午5点以前进行，一边撒施一边用软枝条或扫把将肥料从凉粉草叶片上轻扫到畦面上。如果施肥后几天一直不下雨应及时浇水。

7）防霜冻

过冬的凉粉草，遇低温时要盖上塑料白膜（用竹片拱起）。

（六）病、虫害的防治（见彩图8-9）

1. 病害

凉粉草的主要病害有茎基腐病、根结线虫病。

（1）茎基腐病

1）病原

属半知菌亚门真菌 *Rhizoctonia solani* kuhn 称立枯丝核菌。

2）症状

危害茎基部　茎基部皮层初发病外部无明显病变，茎基部以上叶片呈全株性萎蔫状，叶色变淡；后茎基部皮层逐渐变淡褐色至黑褐色，绕茎基部1圈，病部失水变干缩，因茎基部木质化程度高，缢缩不很明显。纵剖病茎基部，木质部变暗色，维管束不变色；横切病茎基部，经保湿后无乳白色黏液溢出；皮层不易剥离；根部及根系不腐烂；后期叶片变黄褐色枯死，多残留枝上不脱落。该病发病进程较慢，10~15天全株枯死。

危害成株期茎基部　茎基部发病初呈暗褐色斑，后扩展绕茎基1圈，皮层变褐腐，病部以上叶片变黄、萎蔫。后期病株逐渐枯死，潮湿时病部生出大小不一的菌核。

大苗染病　茎基部和根部出现红褐色、凹陷斑，逐渐扩展绕茎1圈，病部变黑褐色，干缩，致病苗生长缓慢，最后干枯而死。

3）发病规律

立枯丝核菌以菌丝或菌核在土中越冬。翌年初侵染由越冬菌丝直接侵入寄主气孔或表皮为害；再侵染由病部产生的菌丝，借助水流、农具传播蔓延。病菌发育适温最高40~42℃，最低13~15℃，适宜pH 3~9.5，强酸条件下发育良好。壳球孢菌以分生孢子器随病残体在土中越冬，翌年产生分生孢子进行初侵染和再侵染。在多阴雨天气、地面过湿、通风透光不良、茎基部皮层受伤等情况下，容易发病。

4）防治方法

采用"预防为主，综合防治"一整套农业综合防治措施。

农业防治措施　禁止在病区引种，采用高畦双行种植；沟灌时水位不宜高出畦面；灌后即排；雨后及时排除积水；及时清除病株集中烧毁等。

化学防治 ①苗期防治：种苗消毒用种苗重量0.3％的30％退菌敌可湿性粉剂拌种；苗床每平方米用50％多菌灵可湿性粉剂10 g或30％，退菌敌可湿性粉剂10 g，拌干细土20 kg制成药土，取2/3药土撒于畦面上，移栽后再覆盖余下的2/3药土，喷施0.1％磷酸二氢钾。种苗发病可用75％百菌清可湿性粉剂600倍液等喷雾。②移植后至成株期防治：发病初期及时施药。可选用75％百菌清可湿性粉剂600倍液，50％多菌灵可湿性粉剂800倍液，30％退菌敌可湿性粉剂800倍液等喷雾。

为防止细菌性病害侵染可以在化学防治的同时，每$667m^2$用20％清道夫（布罗·多）悬浮剂50 mL或50％消菌灵（氯溴异氰尿酸）可溶性粉剂40 g或72％农用链霉素可溶性粉剂15 g兑水60 kg喷雾。

（2）根结线虫病

1）病原

为根结线虫属（*Meloidogyne Goeldi*，1892）的一种根结线虫（*Meloidogyne* spp.）。

2）症状

凉粉草根结线虫病在田间呈多中心分布，受害株地上部生长受阻，植株变矮、叶片变小、黄化，地下部可见到根系受害后形成大小不一的根结。为害严重时，病株逐渐枯死。

3）发病规律

凉粉草是草本植物，采用根茎繁殖，采收后病残体遗留田间，成为翌年病害的初侵染源，取用带病根茎种植，也是田间重要的初侵染源。该病与前作关系密切，连作地发生较重，而前作水稻田发生轻，仅是零星发生。

4）防治方法

植物根结线虫是一类土壤病原微生物，繁殖力强，繁殖量大，只要田间存在感病寄主植物，病害就有可能发生。条件适宜，则有逐年加重趋势。即使缺乏寄主，也能在土壤中存活1年以上。因此，实行3年以上的水旱轮作是防治该病最为经济有效的措施。同时，要实行干湿灌溉和建立无病种苗基地，这也是综合治理该病的切实有效措施。此外，田间发现病株要及时拔除和药物处理病穴，药物可用辛硫磷1 000倍液淋施，防止病害蔓延。

2. 虫害

凉粉草的虫害主要有小地老虎、斜纹夜蛾和白粉蝶。

（1）小地老虎

1）学名

Agrotis ypsilon Rottemberg. 属鳞翅目夜蛾科昆虫。

2）为害症状

幼虫的危害习性表现为，1～2龄幼虫昼夜均可群集于幼苗顶心嫩叶处取食危害；3龄后分散，幼虫行动敏捷、有假死习性、对光线极为敏感、受到惊扰即蜷缩成团，白天潜伏于表土的干湿层之间，夜晚出土从地面将幼苗植株咬断拖入土穴，或咬食未出土的种子，幼苗主茎硬化后改食嫩叶和叶片及生长点，食物不足或寻找越冬场所时，有迁移现象。

3）发生规律

年发生代数随各地气候不同而异，愈往南发生代数愈多，在长江以南4～5代，以蛹及幼虫越冬。在南亚热带地区，6～7代从10月到翌年4月都见发生和危害。

4）防治方法

加强苗圃和种植地管理　勤除杂草，因杂草是引诱地老虎产卵和先期取食的最好寄主，杂草越多，幼虫成活率越高，其危害越重。

药物防治　喷洒40.7%毒死蚜乳油每667 m² 120~290 g兑水50~60 kg 600倍液喷杀。

（2）斜纹夜蛾

1）学名

Prodenialitura Fabr. 属鳞翅目夜蛾科昆虫。

2）为害症状

主要以幼虫危害全株，小龄时群集叶背啃食。3龄后分散危害叶片、嫩茎，老龄幼虫可蛀食果实。其食性既杂又危害各器官，老龄时形成暴食，是一种危害性很大的害虫。

3）发生规律

在广东年发可达9代，一般以老熟幼虫或蛹在田基边杂草中越冬，在广州地区无越冬现象。卵多产于叶背的叶脉分叉处，以茂密、浓绿的作物产卵较多，堆产，卵块常覆有鳞毛而易被发现。

4）防治方法

农业防治　①清除杂草，收获后翻耕晒土或灌水，以破坏或恶化其化蛹场所，有助于减少虫源。②结合管理随手摘除卵块和群集危害的初孵幼虫，以减少虫源。

物理防治　①点灯诱蛾。利用成虫趋光性，于盛发期点黑光灯诱杀。②糖醋诱杀。利用成虫趋化性配糖醋（糖：醋：酒：水=3：4：1：2）加少量敌百虫诱蛾。③柳枝蘸洒500倍液敌百虫诱杀蛾子。

药剂防治　挑治或全面治：交替喷施21%灭杀毙乳油6 000~8 000倍液，或50%氰戊菊酯乳油4 000~6 000倍液，或20%氰马或菊马乳油2 000~3 000倍液，或2.5%功夫、2.5%天王星乳油4 000~5 000倍液，或20%灭扫利乳油3 000倍液，或2.5%灭幼脲，或5%卡死克，或5%农梦特2 000～3 000倍液，2～3次，隔7～10天1次，喷匀喷足。

（3）白粉蝶

1）学名

Pieris rapae（*Linnaeus*；*white butterfly*），属鳞翅目粉蝶科昆虫。

2）为害症状

初龄期在叶背啃食叶肉，残留表皮，呈小形凹斑，3龄以后吃叶呈孔洞或缺刻。严重时，只残留叶脉和叶柄。同时排出大量粪便，又为软腐病菌提供了入侵途径，导致植株发生软腐病，加速全株死亡。

3）发生规律

在温室内1年发生10余代，冬季在室外可以存活。越冬虫态和部位尚不清楚。成虫寿命较长，母雌可产卵100多粒，成虫有趋嫩性，在嫩叶上产卵。若虫在叶背为害，3天内可以活动，当口器刺入叶组织后开始固定为害。

4）防治方法

①清洁田园。收获后及时清除田间残株败叶，集中烧毁，以减少虫口密度。②人工捕捉。捕捉幼虫和蛹及成虫是很容易做到的，成虫可用网捕效果好。③保护和利用天敌昆虫。此法既可防虫又保护环境，减少农药的污染。④生物农药防治。用每克苏云金杆菌含100亿活芽孢的可湿性粉剂，每667m^2用100～300 g兑水50～60 kg喷雾；或用每克青虫菌含100亿活芽孢的粉剂1 000倍液喷雾；或用每克杀螟杆菌含100亿活芽孢的可湿性粉剂加水稀释成1 000～1 500倍液喷雾。以上药剂任用一种，于害虫初现期开始喷雾，7～10天喷1次，可连续喷2～3次。

（七）采收与加工

1. 采收

（1）采收时间

凉粉草采收一定要在开花前采收。

（2）采收方法

离地 2~3 cm 处用镰刀割起，收割时产品中不应带根、泥沙、杂草等杂质。

（3）干燥方法

收割的凉粉草不能直接在阳光下曝晒至干。当凉粉草晒至五成干时，应把凉粉草堆起并用薄膜覆盖焖 24 h，然后再晒至干燥。晾晒时防止雨淋，以致发霉。

2. 加工

（1）加工用具

压捆机、铁线、铁钳、椅子、专用包装袋等。

（2）精选

拣去凉粉草中霉变草、杂草、泥沙等杂质。

（八）留种技术

（1）母株选择

凉粉草的繁殖一般是插条繁殖。因此，一般是在 7~8 月份，在种植基地上选择无病虫、生长健壮的优良植株作插条母株。

（2）苗种田管理

做好母株的越冬防霜保种工作。

（九）质量标准及检测

1. 药材性状

茎方柱形，有时对生分枝，表面灰褐色或棕黄色，被疏毛或刚毛，幼枝毛明显，节间长1.5～4cm，有沟槽，嫩茎常扭曲。质韧，断面白色，中空。叶对生，多皱缩或破碎，展平后呈卵状长圆形，长3～5cm，宽2～3cm。先端钝尖，基部渐窄成柄，边缘有小锯齿，两面均被疏长毛，纸质，稍柔韧，手捻不易破碎，水湿后有黏滑感，水煎液有胶黏性。气微，味甘、淡。

凉粉草的经济性状测定结果见表8-8。从表8-8可见凉粉草可利用部分所占比例高，显示出较高的利用价值。

表8-8 凉粉草的经济性状（干样占全草的百分比）

项目	叶片（%）	茎（%）	花果（%）	根（%）	百粒果实重（g）	百片叶重（g）
野生	12.0～18.8	74.1～83.1	3.1～9.8	10.8～20.6	2.3～7.6	1.7～4.4
栽培	12.4～18.7	72.3～80.9	3.0～9.5	10.2～19.0	3.4～8.2	1.9～4.7

2. 鉴别

（1）茎横切面

茎四方形。表面为1列类方形细胞，排列整齐，有非腺毛。皮层为数列薄壁细胞，排列疏松，四棱脊处有厚角组织，内皮层明显。韧皮部较窄，外方有纤维。木质部在四棱处发达，导管多角形。髓部薄壁细胞大，嫩茎明显，稍老的茎常中空（见图8-4、图8-5）。

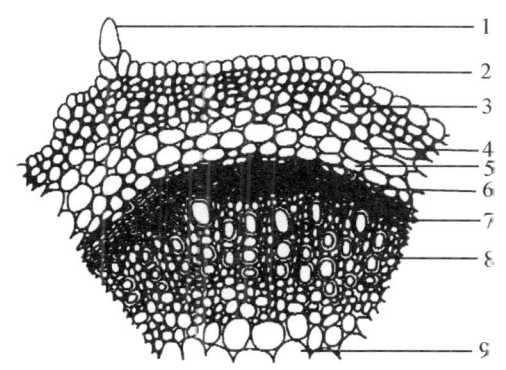

1. 非腺毛　2. 表皮　3. 厚角组织　4. 皮层　5. 内皮层　6. 纤维　7. 韧皮部　8. 木质部　9. 髓部
图8-4　凉粉草茎横切面详图（×140）

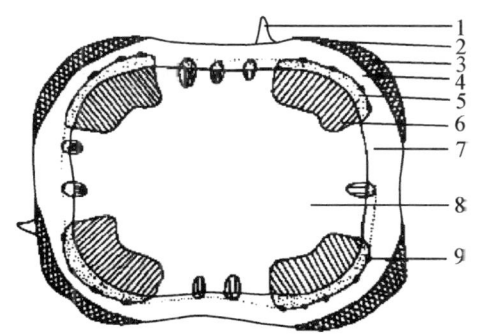

1. 非腺毛　2. 表皮　3. 厚角组织　4. 皮层　5. 韧皮部　6. 木质部　7. 内皮层　8. 髓部　9. 纤维
图8-5　凉粉草茎横切面简图（×50）

（2）叶横切面

上、下表皮为1列细胞，类方形或长方形，上、下表皮均有气孔与非腺毛。叶肉中间有不规则的分泌细胞散在，内含分泌物。中脉有2个维管束，均为外韧型。木质部导管常2~4个排列成行，中脉上、下表皮内外均有厚角组织（见图8-6、图8-7）。

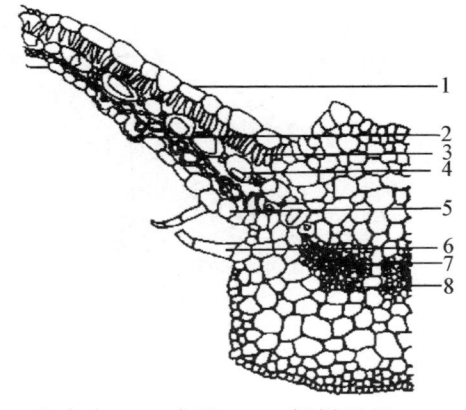

1. 上表皮　2. 气孔　3. 栅栏组织　4. 分泌组织　5. 下表皮　6. 非腺毛　7. 木质部　8. 韧皮部

图8-6　凉粉草叶的部分详图（×140）

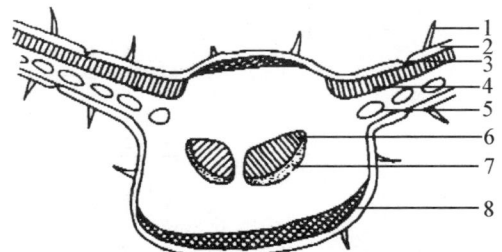

1. 非腺毛　2. 上表皮　3. 气孔　4. 栅栏组织　5. 分泌组织　6. 木质部　7. 韧皮部　8. 厚角组织

图8-7　凉粉草叶横切面简图（×50）

（3）粉末

淡绿色，气清香，味甘、淡。①非腺毛有2种，一种由1~3个细胞组成，先端较尖，偶有中间皱缩弯曲，外壁线条状，长203~3 151μm，基部直径40~50μm。另一种由单细胞组成，外壁疣状突起，直径30~42μm。②纤维细长，两头较尖，壁厚，直径16~30μm。③导管以螺纹多见，直径34~42μm，偶有网纹或具缘纹孔导管。④分泌物不规则形，直径45~75μm。⑤上表皮细胞垂周壁深波状，下表皮细胞垂周壁微波状，气孔为直轴式（见图8-8）。

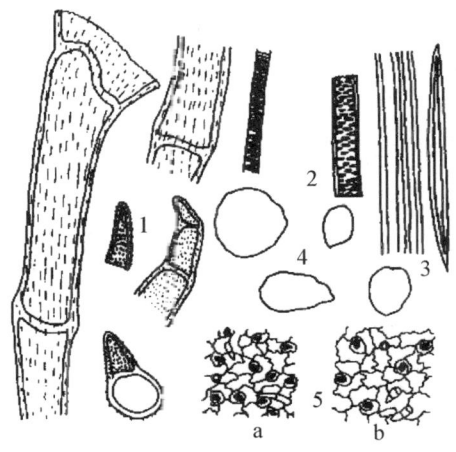

1. 非腺毛　2. 导管　3. 纤维　4. 块状物（分泌物）　5. 叶的上、下表皮细胞（a. 下表皮　b. 上表皮）

图8-8　凉粉草粉末图（×190）

3. 质量检查项目

（1）水分

按照《中华人民共和国药典（一部）》（2005年版）附录ⅨH水分测定法测定，不得超过11%。

（2）灰分

按照《中华人民共和国药典（一部）》（2005年版）附录ⅨK灰分测定法测定，不得超过2.2%。

（3）酸不溶性灰分

按照《中华人民共和国药典（一部）》（2005年版）附录ⅨK酸不溶性灰分测定法测定，不得超过1.0%。

（4）重金属及有害元素

重金属总量<20 mg/kg；铅（Pb）3.3 mg/kg；镉（Cd）<0.19 mg/kg；铜（Cu）16 mg/kg；砷（As）<0.5 mg/kg；汞（Hg）<0.05 mg/kg；在中华人民共和国商务部发表《药用植物及制剂进出口绿色行业标准》规定的允许范围内。

（5）有机氯农药残留量

按照《中华人民共和国药典（一部）》（2005年版）附录ⅨQ有机氯农药残留量测定法测定，六六六（BHC）不得超过$1/10^7$；滴滴涕（DDT）不得超过$2/10^7$；五氯硝基苯（PCNB）不得超过$1/10^7$。

4. 浸出物

按照《中华人民共和国药典（一部）》（2005年版）附录ⅩA水溶性浸出物测定法项下的热浸法测定，测得结果为平远凉粉草24.74%，广西凉粉草18.40%，揭阳凉粉草22.64%。

5. 化学成分

（1）一般化学成分

凉粉草中含有多糖、色素（为花青素等）、熊果酸、齐墩果酸、α-香树精、β-香树精、黄酮（槲皮素等）、鞣质、果胶和酚类等，微量元素铁、钙、锰、锌和钾的含量较高。凉粉草中还含有多种氨基酸、多种维生素,以B族维生素含量较高。

(2)不同产地凉粉草黄酮类化合物测定

1)供试品溶液的制备:精密称取凉粉草粉末(过60目筛)约0.5 g,加15 mL60%乙醇超声30 min,补足减少的重量,抽滤,取续滤液。精密移取续滤液2.5~50 mL容量瓶中,加90%至刻度。再精密移取2 mL溶液置10 mL容量瓶中,并各加90%乙醇至5 mL,加5%$NaNO_2$ 0.3 mL,摇匀;放置6 min,加10%Al(NO_2)$_3$ 0.3 mL,摇匀;放置6 min,加4%NaOH 4 mL,加90%乙醇至刻度,即得。

2)对照品溶液的制备:精密量取芦丁对照品(浓度为0.142 5 mg/L)1 mL,2 mL,3 mL,4 mL,5 mL于10 mL容量瓶中,按照供试品溶液的制备方法,自"并各加90%乙醇至5 mL"起,即得。

3)制备标准曲线,空白对照为90%乙醇代替芦丁,吸收波长为506 nm。在最佳提取条件为60%乙醇15 mL超声提取30 min,测定结果见表8-9。

表8-9 不同产地凉粉草总黄酮的含量测定结果

编号	来源	质量(g)	吸光度(Abs)	总黄酮含量(%)	平均总黄酮含量(%)
1.1	增城1	0.500 4	0.576 0	15.02	14.91
		0.500 3	0.574 5	14.99	
		0.500 6	0.563 8	14.71	
1.2	增城2	0.500 8	0.502 1	13.14	13.13
		0.500 6	0.501 5	13.13	
		0.500 4	0.501 0	13.13	
2.1	平远1	0.501 1	0.546 4	14.26	14.15
		0.500 7	0.542 1	14.16	
		0.500 8	0.536 8	14.02	

续表

编号	来源	质量（g）	吸光度（Abs）	总黄酮含量（%）	平均总黄酮含量（%）
2.2	平远2	0.500 3	0.392 2	10.37	10.23
		0.500 4	0.383 5	10.15	
		0.500 5	0.384 6	10.18	
3	武平当地	0.500 8	0.549 2	14.33	14.01
		0.500 7	0.530 7	13.87	
		0.500 7	0.528 6	13.82	
4	朝阳	0.500 6	1.051 2	27.03	26.19
		0.500 6	1.045 4	26.89	
		0.500 8	0.956 6	24.64	
5	新田山上	0.500 2	0.541 9	14.17	14.16
		0.500 7	0.542 4	14.16	
		0.500 4	0.541 1	14.14	
6	新田上村	0.501 0	0.575 2	14.98	14.95
		0.500 5	0.573 8	14.96	
		0.500 2	0.571 0	14.90	
7	永安	0.500 9	0.699 2	18.12	18.06
		0.500 7	0.695 8	18.04	
		0.500 5	0.694 4	18.02	
8	揭阳	0.500 4	0.346 0	9.20	9.41
		0.500 2	0.359 9	9.56	
		0.500 0	0.356 7	9.48	
9	广西	0.500 5	0.130 3	3.74	3.75
		0.500 3	0.130 1	3.73	
		0.500 0	0.132 2	3.79	
10	福建	0.500 7	0.536 6	14.02	14.05
		0.500 0	0.537 5	14.06	
		0.500 9	0.538 9	14.07	

注：编号1.1、2.1、3~7经过移栽至广州中医药大学药王山，编号1.2、2.2、8~10购自广东南台药业有限公司。

结果分析：紫外辐射、高光强、低温、高CO_2浓度、适度干旱、适量限制氮磷肥以及微量元素增加有利于植物体内黄酮成分生成。从表8-9可见经过在广州中医药大学药王山种植，凉粉草总黄酮含量有所提高，而且不低于10%。广西总黄酮含量特低，而朝阳特高。

（十）包装、贮藏与运输

1. 包装

把精选好的凉粉草压成每捆50 kg，选用不易破损的干燥、清洁、无异味的材料制成的容器包装。

包装要牢固、密封、防潮，以保证药材在运输、贮藏、使用过程中的质量。发送中药材的包装上必须有包装标签，标明药材品名、产地、采收日期及注意事项等（格式如下）。

药材名称：

产　　地：

采收日期：

采收单位：

调出日期：

调出单位：

调出数量：　　　包

包装重量：　　　kg/包

注意事项：

附：药材质量检验单

2. 贮藏

把包装好的凉粉草堆放在防潮、防水、防鼠、防晒、防虫设施的专用库房，库房内不得堆放其他工具、货物等。

3. 运输

在运输过程中，应特别注意防止药材包的破损，并置于阴凉干燥处，防止淋雨、防热、防霉变。

（张桂芳　关杰敏　何润生）

参 考 文 献

陈丰连，黄锦茶，梁欣健，等．2010．HPLC法测定凉粉草中齐墩果酸和熊果酸含量［J］．中药新药与临床药理，21（4）：416-418.

陈锦鹏，林晓翠，王碧玉，等．2009．仙草多糖提取工艺研究［J］．化学工程与装备，（3）：1-3.

关杰敏，张桂芳，林吉，等．2010．凉粉草基因组DNA提取与分析［J］．安徽农业科学，38（20）：10575-10577.

林天照．2005．仙草特性及高产栽培技术［J］．农技服务，（5）：13-14.

刘晓庚，陈梅梅．2004．中国仙草的开发利用研究［J］．食品研究与开发，25（5）：109-112.

刘晓庚，方园平．1998．凉粉草资源的开发利用［J］．中国野生植物资源，17（1）：27-30.

苏海兰，李松，陈菁瑛．2008．仙草的研究进展［J］．现代中药研究与实践，（6）：79-81.

吴世梅．2009．凉粉草高产栽培技术［J］．安徽农学通报，15（6）：

151–152.

钟开祥. 2009. 仙草有机栽培技术［J］. 农技服务,（7）：114, 170.

朱华, 廖月葵, 石庆兰. 2003. 凉粉草的显微鉴别［J］. 中药材, 26（1）：16–17.

附

凉粉草规范化生产标准操作规程（SOP）

前　　言

本规程由广州中医药大学承担的国家重点科技攻关计划专题"凉粉草中药材规范化种植研究"提出并归口广东省科技厅。

本规程起草单位：广州中医药大学。

本规程主要起草人：张桂芳、关杰敏（广州中医药大学）。

本规程委托广州中医药大学凉粉草规范化种植研究课题组负责人负责解释。

第一章　总　　则

1.1　为保证中药材质量，促进中药标准化、现代化，依据凉粉草药材的生长特点和国家药品监督管理局《中药材生产质量管理规范（试行）》的要求，制定本标准操作规程（SOP）。

1.2　本规程的内容包括总则，产地自然条件，种质特征与生物特征，育苗，移栽与田间管理，病、虫害的防治，采收与加工，留种技术，质量标准及监测，包装、运输及贮藏，人员和设备，文件管理等，是凉粉草药材生产和质量管理的具体操作方法。

1.3　广东南台药业有限公司应运用标准操作规程管理和质量

监控手段，保护生态环境，坚持"最大持续量"原则，实现资源的可持续利用。

1.4 本规程适用于凉粉草的种植地，可在广东、广西、福建、海南等省区栽培。

1.5 引用标准 下列文件中被本标准引用的条款则成为本标准的条款。

1.5.1 《中华人民共和国环境空气质量标准》（GB3095—1996）。

1.5.2 《中华人民共和国农田灌溉水质标准》（GB5084—1992）。

1.5.3 《中华人民共和国土壤环境质量标准》（GB15618—1995）。

1.5.4 《中华人民共和国农业行业绿色食品肥料使用准则标准》（NY/T394—2000）。

1.5.5 《农业行业微生物肥料标准》（NY/T227）。

1.5.6 国家药品监督管理局《中药材生产质量管理规范（试行）》。

1.5.7 科技部生命科学技术发展中心《中药材规范化种植研究项目实施指导原则及验收标准》。

1.5.8 中华人民共和国商务部《药用植物及制剂进出口绿色行业标准》。

1.5.9 《中华人民共和国药典（一部）》（2005年版）。

1.6 定义。

1.6.1 GAP 即英文Good Agriculture Practice的缩写，指中药材生产质量管理规范。

1.6.2 SOP 即英文Standard Operation Procedure的缩写，指中药材规范化生产标准操作规程。

1.6.3 最大持续量 指不危害生态环境，可持续生产（采收）的最大产量。

1.6.4 质量标准 是对药材的质量规定和检验方法所作的技术规定。

第二章 产地自然条件

2.1 凉粉草原产于印度、马来西亚和中国南部，我国栽培区域为广东、广西、海南、福建、浙江、江西。

2.2 根据凉粉草的生物学特性，结合传统的生产实践经验，对生态环境的要求为：

2.2.1 温度 生长适宜年平均温度18～22℃，绝对最低温度≥-5℃，1月平均温度≥8℃，≥10℃的年有效积温6 000℃以上。

2.2.2 水分 要求充足的水分，不耐干旱。

2.2.3 土壤 要求质地良好，疏松肥沃，活土层在30 cm以上，日照时间≤8 h的阴湿山坑田或山坑地。

2.2.4 光照 凉粉草喜阴凉，夏、秋季覆盖荫蔽度50%的遮阳网，防止阳光直射。

2.3 环境质量检测。

2.3.1 环境空气达到《中华人民共和国环境空气质量标准》（GB3095—1996）二级以上标准。

2.3.2 灌溉水达到《中华人民共和国农田灌溉水质标准》（GB5084—1992）二级以上标准。

2.3.3 土壤环境达到《中华人民共和国土壤环境质量标准》（GB15618—1995）二级以上标准。

第三章　种质特征与生物学特征

3.1　植物形态　凉粉草为1年生草本。

3.1.1　茎　茎长50～150 cm，下部伏地，上部直立，被疏长毛。

3.1.2　叶　叶对生，卵状长圆形，长2～6 cm，先端稍钝，基部渐收缩成柄，边缘有小锯齿，两面均有疏毛。

3.1.3　花　花期为秋季中后期。被柔毛轮伞花序多花，组成总状花序，顶生或生于侧枝，花序长2～15 cm；苞片圆形或菱状卵圆形，具尾状突尖；花萼钟形，长2～2.5 mm，密被疏柔毛，上唇3裂，中裂片特大，先端尖，下唇全缘，偶有微缺；花冠白色或淡红色，长约3 mm，外被微柔毛，上唇宽大，具4齿，2侧齿较高，中央2齿不明显，下唇全缘，舟状；雄蕊4枚，前对较长，后对花丝基部具齿状附属器，其上被硬毛，花药汇合成1室；子房4裂，花柱较长，柱头2浅裂。

3.1.4　果　果期为冬季中期。小坚果椭圆形或卵形，黑色。

3.2　生长发育规律　全生育期180天左右。当天平均气温达到20 ℃以上、又有水肥条件时，生长旺盛；当日平均气温在15 ℃以下时生长缓慢。当土壤干燥时生长差，产量低。0 ℃以下时部分冻死，以宿根越冬。

3.3　生态特性　凉粉草喜阴凉，适应性强，有较强抗病虫害能力，耐涝性、耐肥力较好，喜生于中性、微酸性或微碱性的疏松湿润的沙质土壤。适生于海拔300 m以下。年平均气温为18～22 ℃，相对湿度较高且排灌方便的环境中。

第四章　育　　苗

4.1　扦插育苗。

4.1.1 插穗选取 从无病虫害、生长健壮的凉粉草种苗地选取新鲜细嫩或半老枝茎作为扦插的插穗,一般剪成8~10cm长,带4~5片叶的茎段,下端剪口呈45°,切口平滑无毛(最好是随剪随插,如果是外地调苗,一般将苗放在比较阴凉的环境下,不要压得太实,防止凉粉草种苗的水分散失,防止萎蔫,防止折断)。

4.1.2 扦插时间 一般在2月中旬至3月中旬(也就是农历的1~2月),气温回升至14℃以上,植株液体开始滚动,新叶开始展开时即可开始育苗,至移栽种植前可育苗2~3次。

4.1.3 苗床准备 苗床地应选择在无污染、土层肥沃、排灌方便的地块(没有种植过凉粉草的新地)或轮作过的地块。将苗床做成垄高30cm,垄宽0.8~1m(根据地块大小、操作的方便性进行合理布置)。

4.1.4 扦插技术 首先用小锄头在整理好的苗床上横向开浅沟,沟深5~6cm,然后将插穗并排竖直放在沟里面,株行距为5cm×6cm,深度为插穗的2/3,顶端外露2~3cm,覆上细土,然后用小锄头稍加压实,使插条与土壤紧搂,扦插完浇足定根水。若将插条直接插于大田,可采用略大于插条粗度的枝条或竹签,按一定株行距的交叉点插洞,洞深度为插条长的2/3,将插条插入洞内,使插条基部切口与土壤接触,然后用双手将插条两侧的土壤按实或用竹签在插条侧插入,将土压紧插条。

4.1.5 扦插后管理。

4.1.5.1 前期管理。

4.1.5.1.1 淋水 一般扦插7~10天开始生根,15天后需浇施水肥1~2次,一般采用复合水肥浇施浓度1 000倍液左右(两次水肥间隔时间为7天左右)。

4.1.5.1.2 覆盖、遮阴 如遇低温，需要用竹片做好拱棚，盖上白色薄膜以增加温度，同时也可起到保湿作用。午间气温较高则需打开薄膜两端，通风换气，晚间气温较低则盖上薄膜。如遇日温≥25℃时应搭建遮阴棚，以防止扦插穗在未生根前在高温日照下造成插穗失水死亡。

4.1.5.1.3 调节光、温、气 扦插完后，应随时注意观察，保持土壤合适的温度和湿度，一般温度在15~25℃，湿度在75%~85%较容易生根。施肥时不宜在强光下进行，选择阴天、傍晚前阳光较弱时进行较好。

4.1.5.2 后期管理 此时期兑水分要求比前期低，一般当插壤表面发白，呈干燥时，适当喷水或浇水，同时要适当增加透光度和疏松插壤，及时除草和进行叶面根外追肥。

4.1.5.3 摘心 对蹿长的种苗，要采用人工摘心方法抑制其纵向生长，促其横向生长，以达到壮苗移栽目的。

4.2 分株繁育。

4.2.1 分株时间 根据当地气候，一般在秋末植株休眠期前或早春植株萌芽长至10~15cm时进行。

4.2.2 分株技术 分株繁育是从去年无病虫害区的凉粉草母株根际附新发生的萌蘖枝或根部的不定芽萌发的新植株，连根加以切段分株的繁育方法。

第五章 移栽与田间管理

5.1 移栽。

5.1.1 选地与整地 选择水源充足、土壤肥沃、不会淹水、排灌方便的地块。将田块周围杂草清除干净，泡田30天左右，再排干水进行晒田，以增加土壤通透性，种植前再将田块深耕细耙。一般将整好的地做成畦宽1.6m，畦高

30 cm，并把土块打碎细耙。每667 m²施入充分腐熟有机肥鸡粪1 000 kg，再施入磷肥50 kg，复合肥（N、P、K含量各15%）30~40 kg，并与土壤充分混匀。将畦面盖好黑地膜（厚0.01 mm），四周盖土压实至垄沟盖满为宜。

5.1.2 移栽密度 穴株行距一般为40 cm×40 cm，每667 m²约2 700~3 000株。

5.1.3 移栽方法 先将苗床灌起苗水，然后不伤根、不伤皮地带土将种苗挖起，然后用木棍（直径5~6 cm）在黑地膜上打穴（或用小锄头挖穴），穴深约10 cm，口径约5 cm，将苗木放置于挖好的穴中，盖上细土（不让根外露），压实，浇足定根水。

5.2 田间管理。

5.2.1 补苗 幼苗期若发现弱苗或死苗，应及时拔除并补苗，补苗方法与移栽方法相同。补种的苗木最好用同龄的苗木。

5.2.2 排灌。

5.2.2.1 灌溉 凉粉草整个营养生长期需水量较大，不耐持久干旱，干旱时应及时灌水。灌溉水要求无污染，水质应符合NY/T391规定。

5.2.2.2 排水 凉粉草也不耐积水，应注意防止长期积水，及时排涝。雨季应疏通排水沟，保证排水通畅。

5.2.3 除膜 凉粉草种植35~45天或45天后，当凉粉草生长到快要盖满地面时（即封垄时），要及时把黑地膜去除。

5.2.4 除草 采用人工拔除田间黑膜没有覆盖住的杂草。对于离凉粉草较远的地方（垄沟、水沟、路边杂草）可用0.5 kg 10%草甘膦水剂兑水15 kg进行定向喷雾（尽量压低喷头，选择无风、无露水的早晚进行）。

5.2.5 追肥 去除黑地膜15天后补施硫酸钾复合肥（N、P、K含量各15％），一般每隔20~30天施一次复合肥，每667m^{2}每次施10~20kg，全年营养生长期需追施2~3次。施肥时要选择晴天，一般在上午9时以后（露水干后），下午5时以前进行，一边撒施一边用软戈条或扫把将肥料从凉粉草叶片上轻扫到畦面上。如果施肥后几天一直不下雨应及时浇水。

5.2.6 防霜冻 温度低时要盖上塑料白膜（用竹片拱起）。

第六章 病、虫害的防治

坚持贯彻保护环境、维持生态平衡的环保方针及预防为主、综合防治的原则，采取农业防治、生物防治和化学防治相结合的方法，对凉粉草主要病、虫害进行防治。禁止使用国家禁用农药。

6.1 茎基腐病防治。

6.1.1 农业防治 禁止病区引种；采用高畦双行种植；沟灌时水位不宜高出畦面；灌后即排；雨后及时排除积水；及时清除病株，集中烧毁等。

6.1.2 化学防治。

6.1.2.1 苗期防治 种苴消毒用种苗重量0.3％的30％退菌敌可湿性粉剂拌种；苗床每平方米用50％多菌灵可湿性粉剂10g或30％退菌敌可湿性粉剂10g，拌干细土20kg制成药土，取2/3药土撒于畦面上，移栽后再覆盖余下的2/3药土，再喷施0.1％磷酸二氢钾。种苗发病可用75％百菌清可湿性粉剂600倍液等喷雾。

6.1.2.2 移植后至成株期防治 发病初期及时施药。可选用75％百菌清可湿性粉剂600倍液，50％多菌灵可湿性粉剂800倍液，30％退菌敌可湿性粉剂800倍液等喷雾。为防止细菌性病害侵染可以在进行化学防治的同时，每667m^2用20％清道夫（布罗·多）悬浮剂50 mL或50％消菌灵（氯溴异氰尿酸）可溶性粉剂40 g或72％农用链霉素可溶性粉剂15 g兑水60 kg喷雾。

6.2　根结线虫病防治。

6.2.1　农业防治　实行3年以上的水旱轮作，同时实行干湿灌溉和建立无病种苗基地。田间发现病株要及时拔除和用药物处理病穴，防止病害蔓延。

6.2.2　药物防治　发病时用辛硫磷1 000倍液淋施。

6.3　小地老虎的防治。

6.3.1　农业防治　勤除杂草，因杂草越多，幼虫成活率越高，其危害越重。

6.3.2　药物防治　喷洒40.7％毒死蜱乳油（每667 m^2 120~290 g兑水50~60 kg 600倍液）喷杀。

6.4　斜纹夜蛾的防治。

6.4.1　农业防治　清除杂草，收获后翻耕晒土或灌水，以破坏或恶化其化蛹场所，有助于减少虫源。结合管理随手摘除卵块和群集危害的初孵幼虫，以减少虫源。

6.4.2　物理防治。

6.4.2.1　点灯诱蛾　利用成虫趋光性，于盛发期点黑光灯诱杀。

6.4.2.2　糖醋诱杀　利用成虫趋化性配糖醋（糖：醋：酒：水＝3：4：1：2）加少量敌百虫诱蛾。

6.4.2.3　柳枝诱杀　柳枝蘸洒500倍液敌百虫诱杀蛾子。

6.4.3　药剂防治　挑治或全面治，交替喷施21％灭杀毙乳油6 000~8 000倍液，或50％氰戊菊酯乳油4 000~6 000倍液，或20％氰马乳油、或菊马乳油2 000~3 000倍液，或2.5％功夫、2.5％天王星乳油4 000~5 000倍液，或20％灭扫利乳油3 000倍液，或2.5％灭幼脲、或5％卡死克、或5％农梦特2 000~3 000倍液2~3次,隔7~10天1次,喷匀喷足。

6.5 白粉蝶。

6.5.1 农业防治。

6.5.1.1 清洁田园 收获后及时清除田间残株败叶,集中烧毁,以减少虫口密度。

6.5.1.2 人工捕捉 捕捉幼虫和蛹及成虫是很容易做到的,成虫可用网捕效果好。

6.5.1.3 保护和利用天敌昆虫 此法既可防虫又保护环境,减少农药的污染。

6.5.2 生物农药防治 用每克苏云金杆菌含100亿活芽孢的可湿性粉剂,每657 m^2 用100~300 g兑水50~60 kg喷雾;或用每克青虫菌含100亿活芽孢粉剂1 000倍液喷雾;或用每克杀螟杆菌含100亿活芽孢的可湿性粉剂加水稀释成1 000~1 500倍液喷雾。以上药剂任用一种,于害虫初现期开始喷雾,7~10天喷1次,可连续喷2~3次。

第七章 采收与加工

7.1 采收。

7.1.1 采收时间 凉粉草采收一定要在开花前采收。

7.1.2 采收方法 离地2~3 cm处用镰刀割起,收割时产品中不应带根、泥沙、杂草等杂质。

7.1.3 干燥方法 收割的凉粉草不能直接在阳光下曝晒至干。当凉粉草晒至五成干时,应把凉粉草堆起并用薄膜覆盖焖24 h,然后再晒至干燥。晾晒时防止雨淋,以免发霉。

7.2 加工。

7.2.1 加工用具 压捆机、铁线、铁钳、椅子、专用包装袋等。

7.2.2 精选 拣去凉粉草中霉变草、杂草、泥沙等杂质。

第八章 留 种 技 术

8.1 母株的选择 留种母株应在种植基地上选择无病虫、生长健壮的优良植株作插条母株。

8.2 留种地的管理 留种地的管理应做好母株的越冬防霜保种工作。

第九章 质量标准及监测

9.1 抽样方法 根据《中华人民共和国药典（一部）》（2005年版）、企业标准和购销合同，按每批件数的1%随机抽检样品。

9.2 药材质量标准。

9.2.1 水分不得超过11%。

9.2.2 灰分不得超过2.2%。

9.2.3 酸不溶性灰分不得超过1.0%。

9.2.4 水溶性浸出物不得少于18%（暂定）。

9.3 重金属限量指标。

9.3.1 重金属总量≤20.0 mg/kg。

9.3.2 铅（Pb）≤3.3 mg/kg。

9.3.3 镉（Cd）≤0.19 mg/kg。

9.3.4 铜（Cu）≤16.0 mg/kg。

9.3.5 汞（Hg）≤0.05 mg/kg。

9.3.6 砷（As）≤0.5 mg/kg。

9.4 农药残留量限量指标。

9.4.1 六六六（BHC）≤$1/10^7$。

9.4.2 滴滴涕（DDT）≤$2/10^7$。

9.4.3 五氯硝基苯（PCNB）≤$1/10^7$。

第十章 包装、贮藏及运输

10.1 包装。

10.1.1 包装容器 应选用不易破损的干燥、清洁、无异味的材料制成的容器。

10.1.2 包装要求 包装要牢固、密封、防潮，以保证药材在运输、贮藏、使用过程中的质量。发送中药材的包装上必须有包装标签，标明药材品名、产地、采收日期及注意事项等（格式如下）。

  药材名称：

  产 地：

  采收日期：

  采收单位：

  调出日期：

  调出单位：

  调出数量： 包

  包装重量： kg/包

  注意事项：

    附：药材质量检验单

10.2 贮藏 把包装好的凉粉草堆放在防潮、防水、防鼠、防晒、防虫设施的专用库房，库房内不得堆放其他工具、货物等。

10.3 运输。

10.3.1 运输工具必须清洁、干燥、无异味、无污染。

10.3.2 运输途中应防止日晒、雨淋、潮湿、损坏、污染。

10.3.3 严禁与可能污染其品质的货物混装运输。

第十一章 人员和设备

11.1 人员。

11.1.1 负责规范化种植全面工作的人员,要求富有经验而有能力履行赋予职责的大专以上学历的专业人才。

11.1.2 生产人员,要求具有从事中药或农业生产或通过培训,能掌握药材栽培管理技术的人员。

11.2 设备 要根据药材生产的需要配齐所有的设备。

第十二章 文件管理

12.1 文件 指一切涉及中药材生产、质量管理的书面材料和实施中的资料。

12.1.1 药材品种、育苗与移栽(时间、地点、面积)、田间管理(肥料、农药种类、数量、时间等)。

12.1.2 土壤及水分资料。

12.1.3 各种合同协议书、生产计划、实施方案、技术操作规程。

12.1.4 物候变化(小气象记录资料)。

12.1.5 产量、质量。

12.1.6 工作、技术总结等。

12.2 管理 将上述文件资料全部归入档案收载。

12.2.1 记录员要由具有一定文化而且责任心强的人员专门记录。

12.2.2 档案保管员要掌握档案分类和保管的基本知识。

12.2.3 记录员、档案保管员要求由相对固定的专人负责。

附则 本规程(SOP)制定时间为2010年1月。本规程起草单位将根据有关研究进展与执行中的反馈情况对本规程内容进行修订,并不定期发布新版本。

九、溪 黄 草

(一) 概 述

中药材溪黄草药材为唇形科香茶菜属植物线纹香茶菜 *Isodon striatus* (Benth.) Kudo [*I. lophanthoides* (Buch. Ham. ex D. Don) Hara 或 *Rabdosia lophanthoides* (Buch. Ham. ex D. Don) Hara] 的干燥全草。溪黄草是民间草药,各地俗名很多,其异名有熊胆草、血风草(广州部队《常用中草药手册》)、手擦黄、黄汁草、溪沟草、山羊面、台湾延胡索(《常用中草药彩色图谱》)、土黄连(《广西中草药》)、香茶菜(江西《草药手册》)、四方蒿(《全展选编·传染病》)等。《中药大辞典》中记载的溪黄草药材来源于唇形科植物线纹香茶菜 *I. striatus* (Benth.) Kudo 的全草。现代的《常用中草药手册》《全国中草药汇编》《中药大辞典》等书籍均有记载。经药源和商品调查,广东产地主要的栽培品种为线纹香茶菜的变种,即狭基线纹香茶菜 *I. lophanthoides* (Buch. Ham. ex D. Don) Hara var. *gerandias* (Benth.) Hara,而线纹香茶菜在华南植物园、华南植物研究所以及广东中药研究所等单位则作为溪黄草正品种植。在市场上作为溪黄草药材流通的商品还有细花线纹香茶菜 *I. lophanthoides* Hara var. *graciliflorus* (Benth.) H. Hara、溪黄草 *I. serra* (Maxim.) Kudo 和内折香茶菜 *Rabdosia inflexus* (Thunb.) Kudo 等。全国各地民间习用的溪黄草药材均来源于唇形科香茶菜属植物，但采用的种类因地方资源分布不同而有异。

1. 产地

溪黄草在古籍中未见记载。但作为清肝利胆药，在广东潮汕地区民间已有很长的使用历史。溪黄草药用始于粤东地区，原产区现栽培的狭基线纹香茶菜与传统经验强调溪黄草应具渗出黄汁的特征相符。最早的用法记载见于1962年编印的《揭阳县民间常用草药简编》（内部资料）。书中描述了溪黄草的鉴别要点、生长环境、药性药效等内容，但没有植物图和学名。《潮汕草药》（内部资料，1968）收载了溪黄草，将学名错定为 *Plectranthus lasiocarpus* Hayata，《广东中草药》（内部资料，1969）延用此名，作为 *Isodon serrra* Maxim.（溪黄草）的异名。其后出版的《常用中草药手册》《广东中兽医常用草药》《全国中草药汇编》《中药大辞典》等均收载了本品，但学名已根据实物作了修订，确定中药溪黄草的基原植物为线纹香茶菜 *Isodon striatus* Benth. 或 *Isodon striatus* (Benth.) Kudo，并配有植物图。后来被多数文献引用。香茶菜属植物种类较多，植物外形易混淆，因此有不少学者对中药溪黄草进行鉴定研究。香茶菜属植物溪黄草 *Isodon serra* 在《中国植物志》中定中文植物名称为"溪黄草"，却未被《中药大辞典》等文收载，该种与线纹香茶菜及其变种在性状上差异较大，不具渗出黄汁的特征，所含成分也有所不同，但在民间仍使用，而且有关资料记载其功效与溪黄草药材的功效相近（吴征镒，1988）。溪黄草药材主产于长江以南的湖南、四川、云南、江西、广东、广西等省区。

2. 药用价值

作为民间习用草药，溪黄草药材在20世纪60年代初就有药用记载（广东揭阳），具有清热利湿、退黄祛湿、凉血散瘀的功效，用于急性黄疸型肝炎、急性胆囊炎、痢疾、肠炎、癃闭和跌打瘀肿等症的治疗。近年来，溪黄草在广东各地临床应用普遍，并开发出多种以之为主要原料的防治肝炎的保健产品，如溪黄草冲剂、溪黄草袋泡茶等，市场潜力非常大。

在临床研究方面有报道，使用新鲜溪黄汁（溪黄草 *I. serra*（Maxim.）Kudo）加蜜糖口服，25%九里香肌肉注射和口服中药等，配合治疗临床诊断的乙型脑炎。另外，中药溪黄草（*I. lophanthoides*）是成药消炎利胆片、胆石通胶囊以及复方胆通胶囊等的原料之一。

目前，市场上主流商品的溪黄草药材为唇形科香茶菜属植物线纹香茶菜 *Isodon striatus*（Benth.）Kudo及其变种狭基线纹香茶菜 *I. lophanthoides*（Buch. Ham. ex D. Don）Hara var. *gerardiana*（Benth.）Hara的干燥全草。溪黄草常生于溪边、沟旁或山谷湿润处，广东北部许多地区常有栽培。尤其是狭基线纹香茶菜在翁源、丰顺、饶平等地产量相当大。为规范溪黄草药材生产全过程，保证中药材质量符合标准，以满足制药企业和医疗保健事业的需要。科技部已把溪黄草纳入"十五"重大科技计划中正式立项，并以广州中医药大学作为科技依托单位，在广东省英德、饶平、连南等地开展溪黄草规范化种植GAP基地建设研究。

相信随着中药标准化、现代化、国际化的深入，随着中国进入WTO和国际医药市场的不断开拓，以及各制药企业和医疗保健品开发的需要，溪黄草的需求量将不断上升，其市场需求将随之上升。因此，严格按照《中药材生产质量管理规范（试行）》，在一定需求范围内，进行溪黄草的规范化种植有广阔的前景。

（二）生物学特性

1. 植物学特征

溪黄草为多年生草本，株高60～100 cm。茎直立，四棱形，具槽，被短柔毛至长疏毛，下部常具多数叶。分枝。叶对生，纸质，揉之有黄色汁液；卵形至卵状椭圆形或长圆状卵形，长3～9 cm，宽2～5 cm，先端短尖，基部楔形、圆形或阔楔形，稀浅心形，边缘具粗圆齿，草质，正面榄绿色，密被具节微硬毛，背面淡绿色，除被具节微硬毛外，并布满褐色腺点；叶柄长与叶片近相等或较之略短或略长。花细小，淡紫色，聚伞花序集成顶生及排成腋生疏散的圆锥花序，长7～20 cm，宽3～6 cm；花萼钟状，有5齿，2唇形，结果时增大，外面有红褐色腺点和疏短毛；花冠2唇形，上唇短，有裂片4，裂片宽而反折，下唇船形，全缘，比上唇长；雄蕊4枚，2长2短，伸出花冠筒外。果实由4个小坚果组成，藏于萼的基部。花期8～12月（图9-1）。

2. 生长发育规律

溪黄草在南方的生长周期约90天即可收割，整个生长周期分为发芽期、幼苗期、壮苗期、开花和结籽期。

图9-1 线纹香茶菜 *Isodon striatus*（Benth.）Kudo
（引自《中国高等植物图鉴》）

（1）发芽期

从种子萌发到子叶展开，露出第1片真叶，约需要10天。如果气温较高，温度在25~30℃时，出芽时间缩短。

（2）幼苗期

从第1片真叶显露到7~8片真叶展开，需要1个月左右的时间。此期的适宜温度为白天25~28℃，夜间18~23℃。若温度太高，水分过多，光照不足，植株易徒长，茎节较长、较弱。

（3）壮苗期

从幼苗移栽、定植后到出现花蕾时，约需要60天。此期间植株生长的适宜温度为20~30℃，并需要充足的肥水和光照，促进茎枝粗壮、叶片肥大。

（4）开花和结籽期

从开花、结籽直到种子成熟采收，需要80~100天。适宜温度为20~30℃，阳光充足，肥水均衡的条件有利于开花结籽。

3. 对环境条件的要求

溪黄草为浅根性植物，宿根。根茎大部分集中在土壤表层15 cm左右，水平分布约30 cm内。根茎和地上茎均有很强的萌芽能力，生产上用以作为无性繁殖材料。溪黄草冬季落叶，对环境的适应性强，在海拔1 500以下地区都能生长；常生于溪边湿地、村边、沟边、田边及林中。

溪黄草在我国南方大部分地区均可种植，在粤北地区种植较多。

（1）光照

溪黄草属长日照植物，喜光照。在充足的阳光下，种子发芽良好，利于茎叶生长，植株生长健壮。遮阴或在光照不足的条件下，易导致植株徒长，茎节伸长。

（2）温度

溪黄草对温度的适应性较强，在5~35℃都能生长。一般植株前期生长要求较高的温度，以利于营养生长。根茎在5~6℃时就能萌发出苗，植株生长的最适宜温度为20~30℃。春、秋季温度适宜时，叶片生长肥大。

（3）水分

适宜在疏松肥沃、排水良好的沙壤土中生长。栽培时怕渍水，低洼积水的土壤容易烂根。怕泥土板结。在疏松肥沃、排水良好的沙壤土中生长，根部顺直、光滑，产品质量好。低洼积水的土壤容易引起烂根。

（4）营养和土壤

溪黄草为全草类药材，整个生长期应以施氮肥为主，土杂肥与尿素、生物有机复合肥相配合，勤浇薄施，以保证植株生长旺盛。

溪黄草对土壤的适应性较广，pH5.5~7.0的沙土、沙质壤土和壤土等均可种植，但以pH6.0左右、富含有机质、保水力强、肥沃、排灌性好的土壤为宜。若土壤积水或地下水位太高，易出现根系发育不良或烂根现象，容易发生病害。

（三）品种类型

1. 正品

溪黄草的正品药材为唇形科香茶菜属植物线纹香茶菜 *Isodon striatus*（Benth.）Kudo［*I. lophanthoides*（Buch. Ham. ex D. Don）Hara或*Rabdosia lophanthoides*（Buch. Ham. ex D. Don）Hara］（见图9-2）。

线纹香茶菜的根茎较小，茎粗长，四棱钝圆，纵沟纹明显，疏生短毛，有对生分枝，长30~60cm，直径0.3~0.5cm；表面淡黄棕色、灰棕色、淡紫棕色或淡绿色，四面有纵沟及细纵纹，基部近无毛，向上稍被短细毛，节间长3~6cm；质脆，断面淡黄绿色。叶对生，具柄，柄被短细毛；叶片椭圆状卵形至卵状披针形，长3~6cm，宽

1.5～3.5 cm，表面疏生短毛；先端渐尖或短尖，基部楔形、阔楔形或近圆形，边缘有粗齿，较圆钝，叶脉明显；上表面深绿色，被稀疏的短细毛，红色腺点散生；下表面淡绿色，沿叶脉被稀疏的短细毛；其余部分近无毛，满布红色或红褐色腺点，叶揉碎后有黄色液汁。圆锥花序由聚伞花序组成，花小；花萼钟状，先端5齿裂，呈二唇形；花萼外面被蛛丝状具节长毛和褐色腺点，花冠白色或粉红色，具紫色斑点，雄蕊及花柱伸出花冠之外。味甘、苦。花、果期8～12月。生于山坡、沟边、河旁及林下阴湿处。

图9-2　溪黄草 *Isodon serra*（Maxim.）Kudo
（引自《中国高等植物图鉴》）

2. 混淆品种

中药溪黄草来源复杂，同名异物，品种混乱普遍存在，且这类植物外形类似，开花前和干品都不易鉴别。为保证和提高药材质量，促进和提高中药标准化，在研究过程中应重视对所用药材做基源鉴定。目前，广东各地药材市场上的溪黄草药材，除了正品线纹香茶菜外，商品药材还有溪黄草、狭基线纹香茶菜、细花线纹香茶菜和内折香茶菜等，均被当作溪黄草入药，它们的植物形态近似，易混淆。现将它们的形态、结构特征分述如下。

（1）溪黄草 *Isodon serra* (Maxim.) Kudo

多年生草本，高150～200 cm，根茎呈疙瘩状，向下密生须根。茎直立，四棱形，带紫色，上部多分枝，被倒向短细毛。单叶对生，纸质，揉之无明显黄色汁液；叶片卵圆形至卵状披针形，长4～10 cm，宽2～5 cm，先端渐尖，基部常内弯渐收缩，沿叶柄下延呈翅状，边缘具粗锯齿，常向一边内弯；两面脉上被柔毛；上下表面均布满淡黄色腺点。聚伞花序组成疏松的圆锥花序，长10～20 cm，密被灰色柔毛；苞片及小苞片卵形至条形；花萼钟状，萼齿5，裂齿近相等，外被柔毛及腺点，结果时花萼增大；花冠紫色，冠筒基部上方浅囊状，上唇4等裂，下唇舟形；雄蕊4枚，花柱先端2浅裂；雄蕊、花柱内藏。小坚果阔倒卵形，顶端具腺点及髯毛（图9-2）。花、果期8～11月。味苦。

（2）狭基线纹香茶菜 *I. lophanthoides* (Buch. Ham. ex D. Don) Hara var. *gerardias* (Benth.) Hara

本品为线纹香茶菜的变种，与线纹香茶菜的不同在于植株高大，高30～150 cm；叶大，卵形，长达20 cm，宽达

8.5 cm，先端渐尖，基部楔形（见彩图9-1、彩图9-2）。

（3）细花线纹香茶菜 *I. lophanthoides* Hara var. *graciliflorus*（Benth.）H. Hara

本品为线纹香茶菜的另一变种，与线纹香茶菜的不同在于茎高40～100 cm；叶卵状披针形至披针形，长5～8.5 cm，宽1.5～3.5 cm，先端渐尖，基部楔形，上面微粗糙至近无毛，下面脉上微粗糙，其余部分布满褐色腺点，干后常带红褐色。

（4）内折香茶菜 *Rabdosia inflexus*（Thunb.）Kudo

多年生草本；根茎木质，疙瘩状，粗达3 cm以上，向下密生纤维状须根。茎较细，曲折，直立，高0.4～1（1.5）m，自下部多分枝，钝四棱形，具4槽，褐色，具细条纹，沿棱上密被下曲具节白色疏柔毛。茎叶三角状阔卵形或阔卵形，长3～5.5 cm，宽2.5～5 cm，先端锐尖或钝，基部阔楔形，骤然渐狭下延，边缘在基部以上具粗大圆齿状锯齿，齿尖具硬尖，坚纸质，上面橄榄绿色，散布具节短柔毛，下面淡绿色，沿脉上被具节白色疏柔毛，侧脉约4对，与中脉在上面微凹陷下面隆起，平行细脉在下面明显；叶柄长0.5～3.5 cm，上部具宽翅，腹凹背凸，密被具节白色疏柔毛。狭圆锥花序长6～10 cm，花茎及分枝顶端及上部茎叶腋内着生，由于上部茎叶变小呈苞叶状，因而整体常呈复合圆锥花序，花序由具3～5花的聚伞花序组成，聚伞花序具梗，总梗长达5 mm，与较短的花梗及序轴密被短柔毛；苞叶卵圆形，变小，近无柄，边缘具疏齿至近全缘；小苞片线性或线状披针形，微小，长1～1.5 mm，具缘毛。花萼钟形，长约2 mm，外被斜上细毛，内面无毛，萼齿5，近相等或为呈3/2式，果时花萼稍增大，长达5 mm，脉纹显著。花冠淡红至青紫色，长约8 mm，外被短柔毛及腺点。内面无毛，冠筒长约3.5 mm，基部上方浅囊状，至喉部直径约1.5 mm，冠檐二唇形，上唇外翻，长约3 mm，宽达4 mm，先端具相等4圆裂，下唇阔卵圆形，长4.5 mm，宽3.5 mm，内凹，舟形。雄蕊4枚，内藏，花丝扁平，中部以下具髯毛。花柱丝状，内藏，先端相等，2浅裂。花盘环状。成熟小坚果未见。花期8~10月（图9-3）。

图9-3　内折香茶菜 *Rabdosia inflexus*（Thunb.）Kudo
（引自《中国高等植物图鉴》第三册）

3. 资源分布

溪黄草药材在我国分布很广。

线纹香茶菜主产于广东、广西、海南、福建、江西、四川、云南、西藏、贵州、湖北及浙江均有产。常生于沼泽地上或林下潮湿处，海拔500～2 700 m均有分布。印度、不丹也有产。线纹香茶菜全草入药，治急性黄疸型肝炎、急性胆囊炎、咽喉炎、妇科病，瘤型麻风，还可解草乌毒。

狭基线纹香茶菜产于广东、湖南、广西、贵州、甘肃、四川、云南、西藏省区。常生于杂木林下及灌木丛中，分布于海拔430～2 900 m。印度、锡金、尼泊尔、缅甸、泰国、老挝、越南也有产。狭基线纹香茶菜根或全草入药，治疗急性黄疸型肝炎、急性胆囊炎，并可驱蛔虫。

细花线纹香茶菜主产于广东、福建、江西。常生于田间或山谷水边。

溪黄草主产于广东，生长于山坡旱地，植株高1.2～2 m，味极苦，鲜叶揉碎无明显黄汁，因其外形似溪黄草药材，潮汕地区民间称"副溪黄"、"苦溪黄"，用于治疗蚊虫叮咬、跌打损伤，但无祛湿清热、平肝利胆的功效。

内折香茶菜产于吉林、辽宁、河北、山东、浙江、江苏、江西、湖南。生于山谷溪旁疏林中或阳处，海拔1 200 m处。

（四）育苗技术

1. 育苗地的选择与整地

选择阳光充足、排灌方便、湿润肥沃的沙质壤土作育苗地，清除杂物后全垦或半垦，充分细土。如果是复种指数较高的田块，则应进行土壤消毒（土壤消毒方法见病虫害防治部分）。

由于溪黄草的种子小，整地时畦土较实者要用细河沙拌匀改良，苗床土团要细，畦面土要平，四周开沟。一般畦宽1.2 m，沟深20~30 cm。溪黄草繁殖育苗可用种子繁殖、扦插繁殖和分株繁殖。

2. 种子繁殖

溪黄草种子通常在秋、冬季成熟，秋季和春季都可播种。播种时间应选择在春季雨水充足、气温回升时或秋季果实成熟时进行。播种方法采用撒播或条播均可。因种子小，须用细泥粉或细沙按（5~6）:1比例与种子拌匀再进行撒播或条播，这样可使播种均匀不致过密。条播管理方便，通风透气好，幼苗生长健壮，行距以5~8 cm为宜。撒播出苗量大，但苗密，空气流通较差，需及时间苗，去弱留壮，否则苗易徒长或腐烂。播种后为了使种子密切附着土壤，便于从土壤中吸收水分，有利发芽，下种后盖一层细河沙，上面再盖稻草保湿保温，待出苗后揭去，土面最好稍微压实。播后即浇水，用细孔喷壶均匀喷洒浇透。出苗后施稀肥水1~2次，苗长至10 cm以上，具8~10片叶时可移植。

3. 扦插繁殖

春、夏两季是扦插繁殖的最好时节，成活率高。一般用嫩枝扦插，插条可从留种地或大田里割取，选取健壮枝条，裁成长10~15 cm，具3~4个节，并剪去基部1对叶片，再在枝条下端斜剪成马蹄形切口，以增大吸收面积，并剪除插条上的叶，仅留顶梢1~2片叶。

剪好的插条通常用生长素（生根粉）浸泡处理，以保证有较高的成活率，生根粉通常在种子商店和农药商店有售。

扦插前要预先准备好苗床，苗床基质最好用细河沙。扦插时，在准备好的苗床上，先开横沟，将插条按一定的株距斜倚沟壁，上端露出土面为插条的1/4~1/3，覆土按紧，使插条与土壤紧密接触。插好后依次扦插第2行，扦插密度约4 cm×5 cm。扦插完后浇透水。上盖荫蔽度50%的遮阳网，以防止阳光直照。插后常浇水保持湿润，一般在1周后开始发根，15天后可移栽。这种方法繁殖速度快，4~6月均可育苗，扦插繁殖是种苗的主要来源。

4. 分株繁殖

分株繁殖可把当年收获后的匍匐根茎（老头）集中密植，作为留种田，冬季需防寒、保湿。翌年春天匍匐根茎上长出许多分蘖的新苗，用这些分蘖作种苗移植。这是溪黄草留种的一条途径，也是早期扦插繁殖提供插条的可行措施。此法简便，成活率高。

（五）田 间 管 理

田间管理是保证药材质量、夺取高产的重要环节，应根据溪黄草的生长发育要求进行。整个生长发育期注意肥水均匀，追肥要"前促、中控"，及时排水防涝，保持土壤湿润，及时防治病虫害。

1. 选地、整地与施基肥

（1）选地

为了达到中药材规范化生产（GAP）的要求，为制药企业提供标准化、稳定、无污染、无公害的绿色中药材。种植环境应选择大气、水质、土壤无污染的地区。空气环境质量要达到《中华人民共和国环境空气质量标准》中的二级标准；灌溉水质要达到《中华人民共和国农田灌溉水质标准》中的二类标准；二壤环境质量按《中华人民共和国土壤环境质量标准》中的二级标准执行。因此，在选好种植地点后，应马上取土壤样品和灌溉水样品送有关部门进行检测，同时联系环保监测部门对大气进行检测，待各项指标都达标后方可种植。

（2）整地

种植溪黄草应选土质疏松、肥沃，向阳，排水良好，用水方便的地块，忌干旱或长期积水的地块（见彩图9-3）。

整地可以改进土壤物理性质，使土壤松软，有利于水分的保持和空气的流通，根系易于伸展；同时，还可以促进土壤风化和有益微生物的活动；有利于可溶性养分含量的增加；通过翻地、整地可把病菌、害虫暴露于空气中，让太阳曝晒，便于杀虫灭菌，有预防病虫害发生的效果，利于增加土壤的通透性。

（3）施基肥

整地先施堆肥或农家肥，翻松，打碎，整畦，畦面宽1~1.2 m，沟深20~30 cm，畦面要整齐。前作物收获后应及时深翻耕、晒白；种植前在行间开深沟埋施基肥，每667 m²施农家基肥3 000~4 000 kg，把基肥撒匀，畦面耕细耙平。

2. 移植

移植是为了扩大苗株的株行距，使幼苗获得足够的营养、光照与空气，同时在移栽时切断了幼苗的主根，可使苗株产生更多的侧根，形成发达的根系，有利于其生长。待播种幼苗长至10 cm以上、扦插苗30天后，及长出新根即可移植。

移植前，播种苗一般要疏苗，除去过密、瘦弱或有病的小苗，也可将疏下的幼苗另行栽植。扦插苗在长出6~10片真叶时就可进行移植。

移栽时间应选择阴天无风或晴天傍晚时进行。移栽时土壤要干湿得当，一般在土壤稍干时移植，但土壤过分干燥，易使幼苗萎蔫。若苗床土壤较干燥，最好先在种植的前一天浇水，使土壤吸水后不粘手再起苗。土湿时，不仅不便操作，且在种植后土壤易板结，不利于幼苗生长。移植时不要压土过紧、过实，以免根部受伤，但浇水可使土粒随水下沉，与根系紧密接触。

挖苗时切断主根，尽量不要伤及须根，尽可能带护根土移植，这样更易成活。挖苗与种植要配合，随挖随种。如果风大或遇干燥季节，蒸发强烈，挖起的幼苗要用塑料薄膜覆盖遮阴。

3. 种植密度

要合理密植，营造良好的田间小气候。种植密度过大会引起寄生抗病性以及田间空气不流通，易诱发病害发生。溪黄草种植时一般按15 cm × 20 cm或20 cm × 20 cm的行株距，采用穴栽或开沟种植。穴栽时，穴要稍大，使根舒畅伸展。栽植深度以不露出或稍超过苗根原基入土部分为宜，过浅易倒伏，过深则发育不好。开沟栽植时，要使根系自然伸展，覆土要细，适当压实，立即浇透定根水。天旱时，要边种便浇水。移栽后，浇足水保持前期土壤湿润，利于定根。幼苗根少，分株移栽时最好选择在阴雨天气进行。气温高时，每天浇2次水，以避免萎蔫。

4. 间苗与补苗

用种子播种繁殖的苗地往往出苗较密，由于幼苗之间过于拥挤，造成通风和透光不好以及养分竞争，因此要及早进行间苗。适当拔除一部分过密、瘦弱和有病虫的幼苗，保留生长健壮的苗。间苗时间一般宜早不宜迟，避免幼苗过密、生长纤弱而易发生倒伏或死亡。此外，幼苗生长过密，通风透光不好，还易引起病害。太迟间苗，幼苗生长较大，不仅消耗养分，而且根系已伸展开和深扎，间苗困难，且易伤害邻近的植株。间苗可分2~3次进行。

定植后的地块要经常检查有无死苗和缺苗，并及时补苗。

5. 缓苗期管理

此期管理主要是提供适宜的温度和水分，促进早缓苗。早晚还需各淋水1次，以保湿或降温。早春则厢地膜覆盖保温，控制温度在22~25 ℃，保持土壤湿润即可。另外，注意防止地下害虫咬断幼苗，防治方法是在定植时将米乐尔均匀地撒在土表上。定植10天后，植株开始长出新根。为促进植株生长，同时每667 m²追施尿素5 kg，有条件的最好薄施1次人粪尿，定植15天后即可恢复生长。

6. 中耕除草

苗期要及时清除田间杂草，并适当进行中耕松土，中耕能疏松土壤，流通空气，加强保墒。定根成活后常松土，可促进水肥吸收，利于植株生长。一般每年中耕3~4次，保持土壤疏松，田间无杂草，减少水肥消耗，保持田园清洁，防治病虫害的滋生和蔓延。中耕、除草一般在封行前，选择晴天或阴天、土壤湿度不太大时进行。溪黄草的根系较浅，中耕宜浅。封行后，植株分枝较多，枝叶生长茂盛，中耕、除草次数要减少，以免损伤植株。

7. 灌溉与排水

土壤水分不足时，植株易发生萎蔫；水分过量，会引起茎叶徒长，延缓生长，甚至使根系窒息死亡，故灌溉与排水是调节植物兑水分要求的重要措施。苗期要注意浇水保苗，防止干旱，促进根系下扎，以利于幼苗茁壮生长；植株封行后，耗水量增大，要经常保持土壤湿润。在雨季，尤其是连续多天的大雨后，田间常有积水，要及时排掉，以减少病害的发生和引起烂根。

8. 追肥

按《中药材GAP生产允许使用的肥料种类和使用原则》

的要求，尽量使用允许使用的肥料种类，联系环境条件和植物特性施肥。追肥时应注意肥料种类、浓度、用量和施肥方法，以免引起肥害、植株徒长和肥料流失。

溪黄草移栽15～20天后可施稀人尿、畜尿1次，每667 m²约1 000 kg。以后每月施有机肥1～2次。植株封行后可改施颗粒复合肥1～2次，每667 m² 30 kg。每次收割后都要松土施肥，有利于植株的萌芽抽枝成活。按《中药材生产质量管理规范（试行）》的要求，尽量选用国家生产绿色食品过程中允许使用的肥料种类。可适当使用化学肥料，但严禁使用硝态氮肥。

（六）主要病、虫、草害的防治

1. 病害

溪黄草的病害主要是白粉病。此病秋季发病较严重，发病时茎叶均布满白色粉状物，植株停止生长，影响药材质量和产量。

（1）症状

主要危害叶片，严重时整株受害。发病初期在叶面、叶背、幼茎上产生白色近圆形的小粉斑，扩大后呈不规则形粉斑，并遍及全叶，似覆盖一层面粉，故称白粉病。受害的叶片迅速枯黄、脱落。严重时茎部枯黄，后期的病灶处散生小黑点，即闭囊壳。

（2）发病条件

病原菌主要是白粉菌。在冬季，白粉菌以闭囊壳随病残体在土表越冬，翌年，环境适宜时散发囊孢子进行初侵染，借气流和雨水溅射传播。在温暖无霜地区或温棚内，病菌以分生孢子在寄主作物间辗转传播。分生孢子萌发的温度范围在10~30℃，相对湿度98%时最适宜。昼夜温差大和多雾、潮湿的气候条件易诱发此病。干旱季节，早晨有露水时也会发生。

（3）防治方法

1）消毒土壤

种植前用50%代森铵200~400倍液，每平方米用2~4 kg（相当于原液10 mL）在播种床内浇灌土壤，也可用10%的可湿性多菌灵粉剂，每667 m^2 用5 kg处理土壤。

2）清园

早期发现染病的植株，拔除烧毁。

3）药剂防治

发病初期宜及时发现，及时喷药，防止病害扩展。可用70%甲基托布津800倍液，或25%多菌灵可湿性粉剂600倍液，或50%硫黄悬浮剂200~300倍液，或15%粉锈灵粉剂800倍液药剂防治，每隔10天左右喷施1次，连续喷2~3次。

4）加强田间管理

合理施肥，提高植株抗病力。合理密植，保持植株间通风良好；降低温度，造成不利于孢子萌发的条件。

5）播种无病种子

播种前用种子重量0.3%的70%甲基硫菌灵或50%多菌灵可湿性粉剂加75%百菌清可湿性粉剂（1∶1）混合拌种，并密闭48~72 h。

2. 虫害

主要受蚜虫的危害。

（1）症状

成虫和幼虫通常群集在嫩梢、心叶和茎上，刺吸叶汁，使叶片卷缩发黄，严重时落叶。

（2）防治方法

由于蚜虫繁殖快，蔓延迅速，必须及时防治。一般采用药剂防治。但蚜虫多在心叶及叶背皱缩处，药液难以全面喷到。因此应尽量选择具有触杀、内吸（胃毒）、熏蒸三重作用的农药，如辟蚜雾（抗蚜威）50%可湿性粉剂2 000倍液，或40%乐果乳油1 000~2 000倍液，或20%速灭杀丁乳油2 000~3 000倍液、47%乐斯本乳油1 000倍液、50.5%农地乐乳油1 500倍液和蚜克星1 000倍液等轮换使用，喷雾防治。

按国家《中药材GAP生产允许和禁止使用的农药种类及使用原则》（附件3），应严格禁止使用剧毒、高毒、高残留或具有三致（致癌、致畸、致突变）的农药，最后一次施药距采收间隔天数不得少于规定的天数。鉴于生物源农药对环境和人畜危害很小，而且使用灵活、经济、效果持久、有预防性，故在中药材规范化生产（GAP）中提倡使用生物源农药。

3. 草害

溪黄草田间主要的杂草有禾本科植物的水蜈蚣、牛筋草、狗尾草、稗等，双子叶植物的胜红蓟、丁香蓼、空心莲子草等。这些杂草不仅与溪黄草争夺土壤中的营养和水分，而且还恶化环境，传播病虫害，严重影响中药材的产量与质量。在杂草的防治过程中，要针对不同的杂草采用不同的方法进行防治，通常选用化学药剂除草，不仅省工省时，而且比较彻底、可靠，能收到较好的防除效果。

（1）播种前除草

化学除草应以药材播种前土壤施药为主，争取一次施药便能保证整个生育期不受杂草危害。播种前土壤处理常用药剂如下：

1）48%氟乐灵乳油

氟乐灵除草谱广，能有效防除1年生靠种子繁殖的禾本科杂草，如牛筋草、狗尾草、稗和千金子等，以及小粒种子的阔叶杂草，如藜科、苋科、蓼科、马齿苋等，田间有效期2~3个月，喷药时间：于播种前5~10天杂草萌发新芽前，每667 m^2用48%氟乐灵乳油液100 mL兑水40~50 L，对药田表土进行均匀喷洒处理。因氟乐灵易挥发和光解，应随喷随进行浅翻，将药液及时混入5~7 cm土层中，有条件的最好是机械喷药耙混一次完成。也可喷药后随即浇透水，但效果不如浅翻混土。施药后隔5~7天才可播种，除草效果可达90%以上，但该除草剂对龙葵、苍耳子等杂草防除效果较差。

2）50%乙草胺乳油

该药剂主要通过地上部分吸收药液后，抑制蛋白质合成，使芽和根停止生长，导致杂草在出土前、出苗时和出苗后不久死亡。对多种1年生禾本科杂草有特效，并可兼除部分小粒种子的阔叶杂草。喷药时间：播种前或后，或移栽前3~5天均可，但必须在杂草出土前施用。每667 m^2用该剂70~75 mL兑水40~60 L均匀喷雾土表。

3）25%可湿性绿麦隆粉剂

每667 m^2用25%可湿性绿麦隆粉剂250 g，兑水75 L或拌细土25 kg，喷洒或撒于畦面，然后再覆上一层细土即可。

（2）播种后出苗前除草

溪黄草在播种后需10~30天方出苗。这期间将有很多杂草萌发生长，不仅消耗土壤中水分、影响土壤升温，还将推迟出苗时间，因此，在杂草见绿、溪黄草尚未出苗前，可用20%克芜踪水剂150～200 mL兑水25～30 L进行田间喷洒，也可选用41%农达水剂150～200 mL兑水30～40 L喷洒，除掉这部分已出芽见绿的杂草。因克芜踪、农达对未出土杂草无效果，因此对未出土的溪黄草没有任何影响，溪黄草出苗后绝不能使用此类药剂除草，以免杀死幼苗。

（3）出苗后除草

在溪黄草生长过程中，田间易长出一些1年生禾本科杂草，当杂草长到3～5片叶时，每667 m^{2}可用5%闲锄乳油40 mL兑水30 L喷洒，如果每20 mL加1支增效剂特效王2 mL，将提高杀草效率30%～50%。当杂草生长至6～8片叶时，加大用药量，每667 m^{2}用20%拿捕净150～200 mL兑水30～50 L喷雾。喷药后3天杂草心叶变黄，不生长，但此法对野燕麦和双子叶杂草无杀灭作用。此外，还有两种苗后除草剂，效果也很好。①6%克草星乳油，是具有触杀和一定内吸传导作用的高效除草剂，对多种1年生禾本科杂草和阔叶杂草都有很好的防除效果，对多年生杂草亦有明显的抑制作用。在杂草平均高度5 cm以下时，每667 m^{2}用6%克草星乳油70～80 mL兑水30～40 L，作茎叶均匀喷雾。②8%高效盖草能，也是内吸选择性除草剂，主要是抑制杂草的茎和根的分生组织，从而导致杂草死亡，其药效发挥较快，喷洒落入土中的药剂易被根吸收，施药适期长，杀草谱广，可有效防除看麦娘、牛筋草、马唐草、稗、狗尾草等1年生禾本科杂草和狗牙根、白茅等多年生杂草，而且对溪黄草药材生长很安全。每667 m^{2}用该剂25～30 mL兑水20～30 kg（或12.5%盖草能1 000～1 200倍液），以扇形喷头于杂草3～6片叶期作茎叶喷雾处理。

（4）使用化学除草剂，应注意下列事项

1）化学除草剂的选择

必须注意化学除草剂的选择性、专一性、时间性，不可误用、乱用除草剂，防止杀死幼苗。

2）严格掌握限用剂量

除草剂使用应综合具体土质、考虑农田小气候，严格按药品说明规定的剂量范围、用药浓度、用药量使用。如一般贫瘠沙性土壤除草施药渗透性很大，药材易受药害，用药量要小，甚至忌药；多雨季节土壤墒情好，应低剂量用药；杂草出芽整齐、密度低，剂量应小些；地膜覆盖因温、湿度条件好，用药量也应减少。

3）合理混用药剂

两种以上除草剂混合使用时，要严格掌握配合比例和施药时间及喷药技术，并要考虑彼此间有无拮抗作用或其他副作用。可先取少量进行可混性试验，若出现沉淀、絮结、分层、漂浮、变质，说明其安全性已发生改变，则不能混用。此外还要注意混合剂增效功能，如杀草丹和敌稗混合剂的除草功效比各单剂除草功效的总和要大，使用时要降低混合剂药量（一般在各单剂药量的1/2以内），以免发生药害，保证药材安全。

4）正确使用

掌握好施除草剂的最佳时间和技术操作要领，妥善保存好药剂，防止错用，并做好喷药器具的清洗工作，以免误用，使其他作物产生药害。

5）注意环境条件对除草剂的影响

温度、水分、光照、土壤类型、有机质含量、土壤耕作和整地水平等因素，都会直接或间接影响除草剂的除草效果。

6）灵活用药

在药用植物基部采用土法施药除草时，要在无露水时进行，以免茎叶接触药土受害。对作物籽苗、胚芽敏感的药剂，土壤处理应在播种前盖籽后施药，并尽量提高播种质量，适当增加播种量。一些移栽药材，因其苗大而杂草幼小，可采取苗带（幼苗附近20~30 cm^2内）集中施药。对选择性差或触杀性除草剂实行保护性施药，即将药液直接喷雾或泼浇于土表，尽量不接触药材幼苗，且不能拖延至苗体旺盛、绿叶面积大时施用。若茬口允许，可在药材播栽前采取旱地浇灌、水田湿润、盖膜诱发等措施，使杂草提前萌发，再以药剂杀灭。

7）其他

目前市场上还没有专门用于药材的除草剂，多为借用农作物，如蔬菜、果树等除草剂，因此，必须在有实践经验的专家或技术人员指导下购买除草剂和实施除草作业，以免造成经济损失和不良后果。

（七）采收与加工

1. 采收

溪黄草在南方每年可收割2~3次，春季种植后90天即可收第1次。如管理得当，肥水充足，在首次收割后70~80天可收第2次，入冬前待植株停止生长时收割第3次。每次收割时，用镰刀在植株茎基部离地面2~3 cm处割下，这样有利于分蘖萌芽。

2. 产地加工

溪黄草收割后植株含水量较高,若不及时处理,很容易霉烂变质,其药用有效成分亦随之分解丢失,严重影响药材的质量和疗效,所以必须及时进行加工处理。溪黄草药材通常要进行干燥处理。干燥的方法可以晒干、阴干和烘干。通常在产地收割时选择晴天,割后便可以马上晒干,以防叶片脱落。收割后的溪黄草,应拣除杂草、污物,剔除腐烂变质部分,清洗干净后才晒干。晒干后待叶片回软时再捆压成件,即成商品。

3. 炮制

拣去本品杂屑,除去残根老梗,扎成小把,用清水洗干净后捞起,沥干余水,去苞。润透后,铡成1 cm长,晒干或用文火烘干,筛去灰碎。

(八)留种技术

要保证中药材的优良品种,必须要有优良的种子。首先要选择生长健壮的、能体现品种优良特性的、抗病虫害能力强的无病虫害的植株作母种。可选择生长良好、无杂种、无退化和无病虫害田块的溪黄草作留种田。选好留种田块后,就要加以精细管理,及时拔掉劣苗、病苗、杂草和其他混杂种。生长期注意施足氮、磷、钾肥料;进入开花结籽期要适当多施磷、钾肥,以促进种子肥大、饱满。

采收种子时,要注意种子成熟的特征。溪黄草成熟的种子呈黄褐色,种子长卵形。当果实成熟变黄时应及时采收,以免种子洒落。采收时,将整个果穗剪下,置太阳下晒干后,抖下种子,除去花序梗和杂质,选出饱满、颗粒大的种子,置于干净密闭的容器中,并写好标签,注明种子采收的日期、品种名称等。放阴凉通风处保存。

(九)质量标准及监测

1. 生药学特征

(1)线纹香茶菜的药材性状

线纹香茶菜的干燥地上部分,茎呈方形,四棱钝圆,有对生分枝,疏被短毛,长15~80 cm,直径0.2~0.6 cm,质稍脆,断面有髓,叶对生,具柄,叶片皱缩,易破碎,展平后呈卵形、阔卵形或长圆状卵形,长5~11 cm,宽1.8~4 cm,边缘具圆齿,两面叶脉疏生短毛,纸质或微革质。有时可见圆锥花序顶生或侧生。气微,味微甘、苦。

(2)溪黄草药材性状

溪黄草与线纹香茶菜主要不同点为:茎表被倒向短细毛。叶片长4~10 cm,宽2~5 cm;先端渐尖,基部常内弯渐收缩,沿叶柄下延成翅状,边缘粗锯齿,常一边内弯;上下表面均布满淡黄色腺点。花萼裂齿近相等,雄蕊、花柱内藏。气微,味苦。

2. 主要化学成分

对溪黄草类植物的化学成分研究表明,这类药材具有某些共同的化学成分,如乌苏酸、2α-羟基乌苏酸、β-谷甾醇、β-谷甾醇-D-葡萄糖苷等;另外,不同的品种也具有各自特有的成分，如溪黄草甲素、溪黄草乙素、线纹香茶菜酸、齐墩果酸、胡萝卜苷等。

对溪黄草 *I. serra*（Maxim.）Kudo的抗肿瘤活性成分证明，从溪黄草乙醇提取物分离鉴定出来的21种成分中，有18种是含苯环的芳香化合物，其含量占总含量的92.52%。另外3种是环酮。

3. 重金属元素和农药残留等的限量指标

按国家《中药材生产质量管理规范（试行）》（GAP）的要求，生产基地应设有质量管理部门，对整个溪黄草生产过程进行环境监测、卫生管理、生产资料、包装材料及药材产品的检验。质检人员应按《中华人民共和国药典（一部）》（2000年版）对每批药材进行检验。

依据中华人民共和国商务部发布，2001年7月1日起实施的《药用植物及制剂进出口绿色行业标准》进行检测。《药用植物及制剂进出口绿色行业标准》（附件4）是我国第一个以国家政令的形式发布的中药进出口国家标准，并在国际上第一次确立了"绿色中药"的概念；它规定了药用植物及制剂的绿色品质标准，包括药用植物原料、饮片、提取物及其制剂等的质量标准和检验方法。

（十）包装、贮藏与运输

1. 包装

溪黄草晒干后，用专用袋包装，每件约25 kg。按照《中药材生产质量管理规范（试行）》（GAP）的要求，包装前应再

次抽查，清除劣质品和杂质，包装袋应是无污染、清洗干净、干燥、无破损。包装袋上应有包装记录，内容应包括：品名（溪黄草）、批号、规格、重量、产地、工号、日期等。

2. 贮藏

（1）贮藏条件

已晒干的药材，尚未包装和已包装的药材应置通风、干燥、避光的药材仓库保存。将包装好的药材存放在货架上，与墙壁保持足够的距离，并定期抽查，注意防潮、防霉、防虫蛀。存放温度在30℃以下，相对湿度控制在70%～75%，商品安全水分为10%～13%。按照国家规定，贮存保管定额损耗率3个月、6个月、1年及1年以上的库房损耗分别为1%、1.3%、1.6%、2%以内。

（2）防虫蛀

常见的仓库害虫有药材甲、烟草甲、褐粉蠹、黑毛皮蠹、暗褐郭公虫等，被蛀蚀的药材表面可见蛀孔，包装外现棕红色蛀末。因此，应保持仓库干燥、清洁，经常清除灰尘、杂物，定期进行消毒。发现虫蛀，应立即外移晾晒、翻垛通风。虫情严重时用溴甲烷熏杀。将仓库密闭，抽去空气，填回氮气进行贮藏。

（3）防受潮霉变

在含水量13%，相对湿度70%～75%环境中，可保持中药材原有色泽不会发霉。相对湿度超过80%，存放3周即开始长霉（青霉），色泽变暗。在潮湿环境中，溪黄草药材易受潮霉变。

3. 运输

药材批量运输时，不应与其他有毒、有害物质混装在一起；运载容器应具有较好的通气性，以保持干燥，遇阴雨天应严密防潮。

（潘超美）

参 考 文 献

蔡岳文，袁亮，赖小平．1996．溪黄草栽培技术［J］．中药材，19（6）：276-277．

陈建南，赖小平，刘念．1996．广东溪黄草药材的原植物调查及商品鉴定［J］．中药材，19（2）：73-74．

陈林娇，李植华，赖小平．1996．世界香茶菜属植物地理分布及其药用前景［J］．中药材，19（4）：169-173．

陈林娇，屈良鹄，施苏华，等．1998．RAPD技术在溪黄草类原植物鉴别中的应用［J］．中国中药杂志，23（6）：328-331．

陈林娇，陈月琴，屈良鹄，等．1999．中药溪黄草及其药用近缘种的RAPD分析［J］．中山大学学报：自然科学版，38（1）：102-106．

陈林娇，缪颖，赖小平，等．2000．中药溪黄草及其药用近缘种的花粉状态［J］．厦门大学学报：自然科学版，39（4）：547-551．

贺红，冼建春，肖省娥，等．2001．溪黄草离体培养和快速繁殖［J］．中草药，32（3）：255-256．

赖小平，陈建南，陈林娇，等．1995．中药溪黄草类的研究进展［J］．广州中医学院学报，12（4）：57-58．

赖小平，陈林娇，陈建南，等．1996．广东溪黄草类生物的叶表皮显微鉴别和扫描电镜观察［J］．广州中医药大学学报，12（3，4）：83-85．

廖雪珍，廖慧芳，叶木荣，等．1996．线纹香茶菜、狭基线纹香茶菜、溪黄草水提物抗炎、保肝作用初步研究［J］．中药材，19（7）：363-365．

刘中秋，陈建南，周莉玲，等．1996．线纹香茶菜、狭基线纹香茶菜、溪黄草的理化鉴别//广州中医药大学．中药资源开发利用研究论文集［D］．广州：广东科技出版社．

曾元儿，赖小平，徐晖．1997．香茶菜属4种药用植物无机元素分析与模糊聚类分析［J］．数理医药学杂志，10（3）：204-206．

周晓东，周子静，廖月葵，等 1990．溪黄草、香茶草、三姐妹的生药鉴别［J］．广州中医学院学报，7（2）：113-117．

彩图10-1　五指毛桃规范化种植基地

彩图10-2　一指叶形的五指毛桃

彩图10-3 三指叶形的五指毛桃

彩图10-4 大叶五指叶形的五指毛桃

彩图10-5 细叶五指叶形的五指毛桃

彩图10-6 七指叶形的五指毛桃

彩图10-7　五指毛桃伪品黄毛榕

彩图10-8　五指毛桃扦插繁殖

彩图10-9　五指毛桃试管苗

彩图10-10　五指毛桃1年生根系

彩图10-11　五指毛桃药材

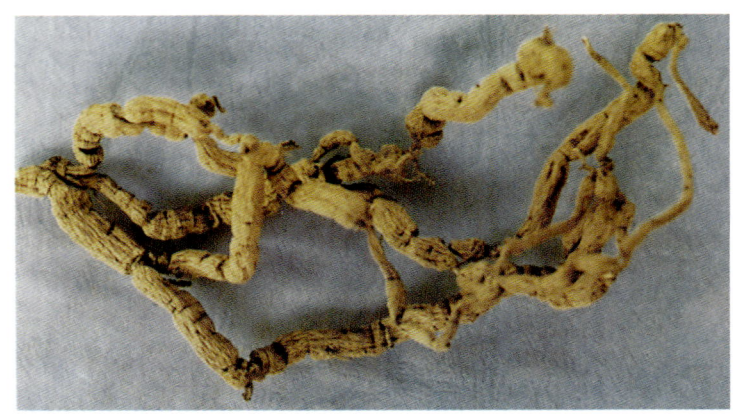

彩图11-1　巴戟天根

彩图11-2　巴戟天植物形态

彩图11-3　巴戟天花枝

彩图11-4　巴戟天果枝

彩图11-5　巴戟天2年生植株

彩图11-6　巴戟天大叶种

彩图11-7　巴戟天的选地与整地

彩图11-8　巴戟天扦插苗的选择

彩图11-9　农民正在以扦插苗进行繁殖

彩图11-10 扦插苗的遮阴

彩图11-11 巴戟天试管苗

彩图11-12 巴戟天试管苗

彩图11-13 巴戟天试管苗

彩图11-14 巴戟天试管苗室内炼苗

彩图11-15 巴戟天试管苗室外培育

彩图11-16 巴戟天茎基腐病

彩图11-17 茎基腐病导致叶枯

彩图11-18 挖去患病植株后进行土壤消毒

彩图11-19 茎基腐病的药物治疗

彩图11-20 巴戟天混伪品羊角藤

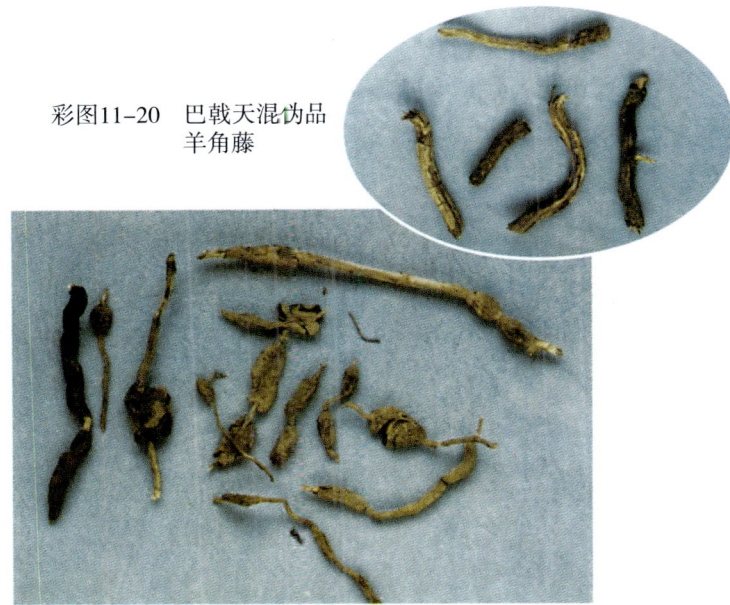

彩图11-21 巴戟天混伪品虎刺

彩图12-1 毛冬青植物形态

彩图12-2 毛冬青枝叶

彩图12-3 毛冬青结果期

彩图12-4 毛冬青果枝

彩图12-5 毛冬青种植地

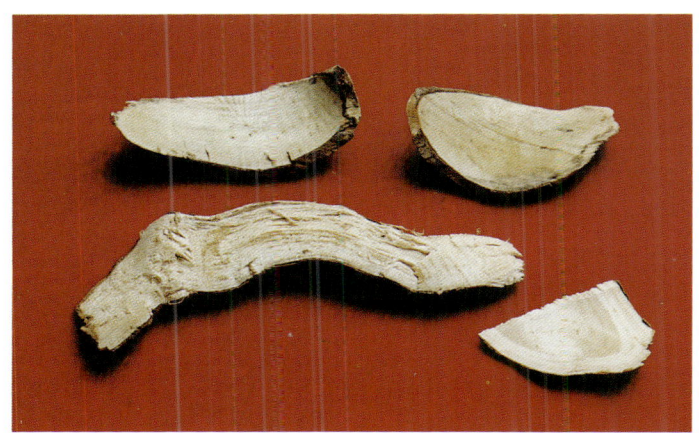

彩图12-6 毛冬青药材

彩图13-1 两面针枝叶

彩图13-2 两面针果枝

彩图13-3 两面针蓇葖果及种子

彩图13-4 两面针种植地

彩图13-5 两面针种子育苗

彩图13-6 两面针扦插育苗

(1) 培养基中生长的两面针腋芽

(2) 两面针愈伤组织

彩图13-7 两面针快速繁殖

彩图13-8 两面针药材

彩图14-1 何首乌植物形态

彩图14-2 何首乌块根

彩图14-3 何首乌新鲜块根横切面

彩图14-4　何首乌花期

彩图14-5　何首乌果期

彩图14-6　何首乌种植地

彩图14-7 何首乌药材(首乌个)

彩图14-3 何首乌药材(首乌片)

彩图14-9 何首乌药材(制首乌片)

彩图14-10　制首乌

彩图14-11　何首乌藤药材（夜交藤）

彩图15-1　岗梅GAP种植示范基地

彩图15-2 岗梅植株丛

(1) 岗梅根

(2) 岗梅茎

(3) 岗梅枝叶

彩图15-3 岗梅植物形态

彩图15-4　岗梅开花植株

彩图15-5　岗梅结果植株

彩图15-6　岗梅果实成熟植株

彩图15-7　岗梅种子苗

彩图15-8　岗梅扦插苗生长初期

彩图15-9　岗梅扦插苗生长中期

彩图15-10　岗梅扦插苗生长后期

彩图15-11　岗梅施肥试验

(1) 中华绿刺蛾
(2) 桑褐刺蛾
(3) 樗蚕
(4) 栀子灰蝶
(5) 农药防治试验

彩图15-12 病虫害防治试验

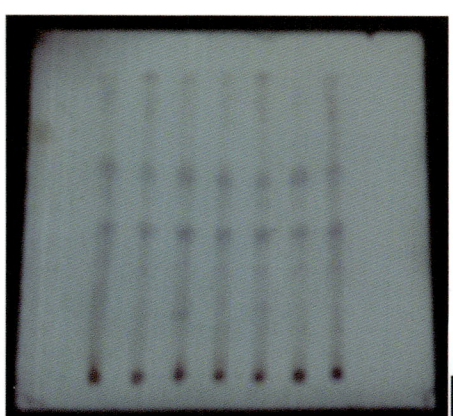

（1）日光下检视

（2）365nm下检视

彩图15-13 岗梅不同产地薄层色谱图

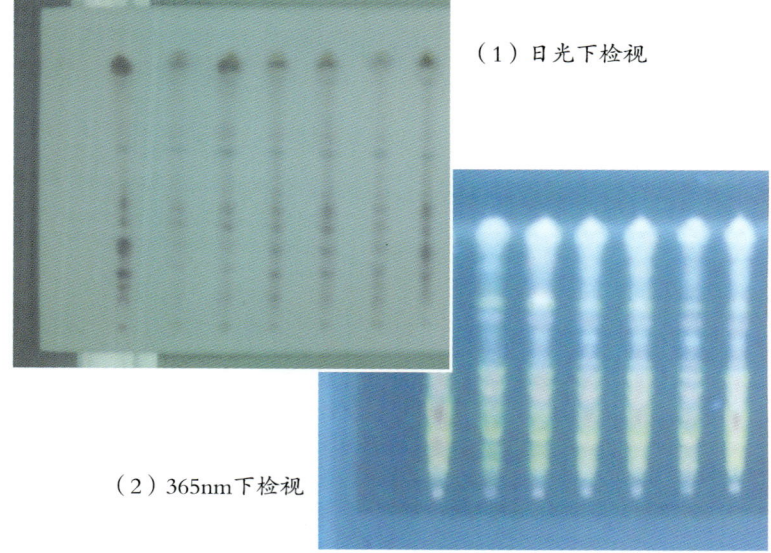

（1）日光下检视

（2）365nm下检视

彩图15-14 岗梅不同产地薄层色谱图

彩图16-1　南板蓝根种植基地

彩图16-2　南板蓝根植株形态

彩图16-3　南板蓝根花枝

彩图16-4　南板蓝根果枝

彩图16-5　南板蓝根种子苗

彩图16-6　南板蓝根扦插苗

彩图16-7　南板蓝根

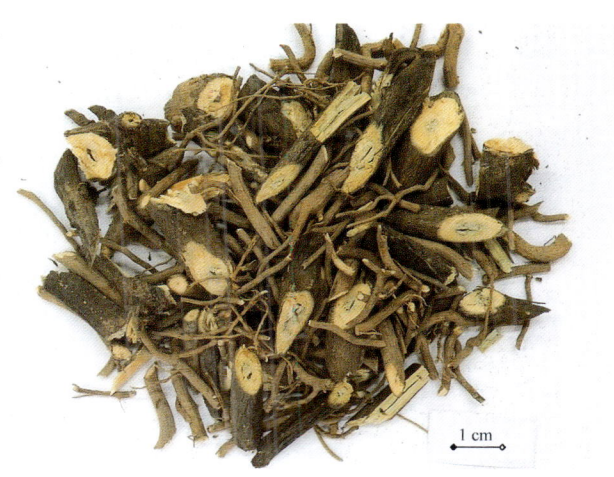

彩图16-8　南板蓝根药材

彩图17-1　高良姜商品基地

彩图17-2　高良姜规范化种植（GAP）基地

彩图17-3　高　　　　植株

彩图17-4 高良姜生长环境

彩图17-5 高良姜农家类型——蜂窝姜

彩图17- 农家类型——牛姜

彩图17-7　高良姜初植地

彩图17-8　高良姜除草

彩图17-9　高良姜追肥试验

彩图17-10　高良姜病虫害防治实验

彩图17-11　采收高良姜

彩图17-12　洗净的高良姜

彩图17-13　高良姜晾晒及药材

彩图18-1　肉桂枝叶

彩图18-2　肉桂成年林

彩图18-3　肉桂种植基地

彩图18-4 肉桂种子育苗

彩图18-5 肉桂病虫害综合防治试验

彩图18-6 肉桂综合防治对照区

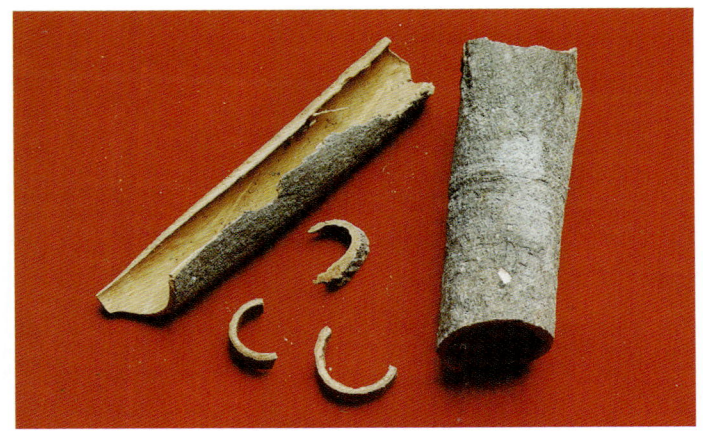

彩图18-7 肉桂药材

彩图19-1 白木香种植基地

彩图19-2 白木香林

彩图19-3 白木香幼龄植株

彩图19-4 白木香成龄植株

彩图19-5 白木香结果植株

（1）大叶种

（2）中叶种

（3）小叶种

彩图19-6　白木香不同种质类型植物形态特征图

彩图19-7　白木香苗床

彩图19-8 白木香施肥试验区

（1）修枝伤口（1.5年）

（2）砍伤（8个月）

彩图19-9 人工结香实验

彩图19-10　白木香病虫害防治试验区

（1）人工结香药材

（2）商品药材
彩图19-11　沉香药材

彩图20-1　鸡血藤（GAP）种植基地

（1）茎叶

（2）花枝

彩图20-2　鸡血藤植株形态

彩图20-3　鸡血藤插条育苗

彩图20-4　鸡血藤3年生植株群

彩图20-5　鸡血藤施肥试验

彩图20-6　鸡血藤病虫害防治试验

彩图20-7　鸡血藤3年生药材

彩图20-8　鸡血藤商品药材

彩图21-1 枇杷种植地

彩图21-2 枇杷植物形态

彩图21-3 枇杷优良品种引种筛选基地

（1）早钟6号

（2）解放钟

（3）大五星

彩图21-4　枇杷不同栽培品种花的形态特征

(1)早钟6号　(2)解放钟　(3)大五星

彩图21-5　枇杷不同栽培品种果实形态特征

彩图22-1　三青期的山银花

彩图22-2　二白期、大白期、银花期及金花期的山银花

彩图22-3 银花期、金花期的山银花

彩图22-4 山银花的自然生境

彩图22-5 自然状态下的山银花

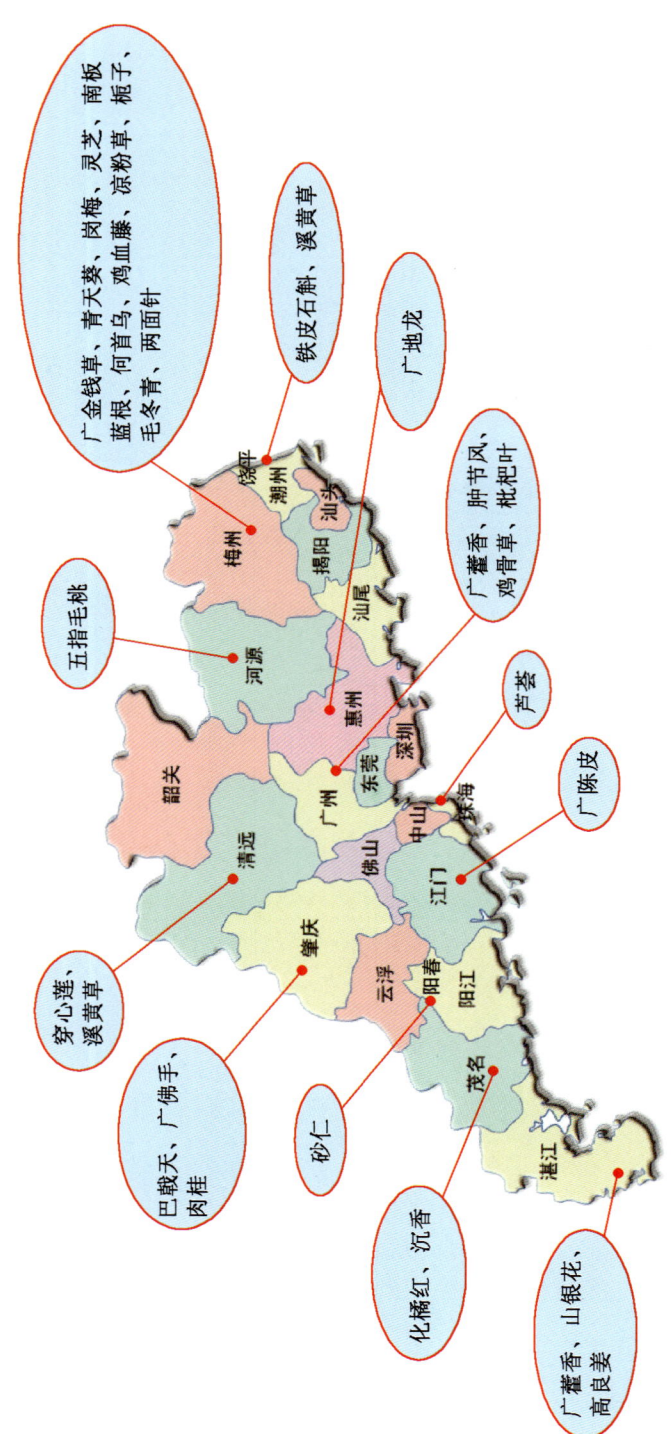

广东省30种岭南中药材规范化种植(养殖)基地分布图

岭南中医药文库·现代研究系列

30种岭南中药材规范化种植（养殖）技术
（中）

主编 徐鸿华

广东省出版集团
广东科技出版社
·广 州·

图书在版编目（CIP）数据

30种岭南中药材规范化种植（养殖）技术．中/徐鸿华主编．—广州：广东科技出版社，2011.6
（岭南中医药文库．现代研究系列）
ISBN 978-7-5359-5403-9

Ⅰ．①3… Ⅱ．①徐… Ⅲ．①药用植物—栽培—广东省 Ⅳ．①S567

中国版本图书馆CIP数据核字（2011）第049857号

责任编辑：	吕　健　苏北建　邓　彦
封面设计：	丁青云
责任校对：	蒋鸣亚　梁小帆
责任印制：	罗华之
出版发行：	广东科技出版社
	（广州市环市东路水荫路11号　邮政编码：510075）
E－mail：	gdkjzbb@21cn.com
http：//www.gdstp.com.cn	
经　　销：	广东新华发行集团股份有限公司
印　　刷：	广州伟龙印刷制版有限公司
	（广州市沙太路银利工业大厦1栋　邮政编码：510507）
规　　格：	889mm×1 194mm　1/32　印张18.375　彩页24　字数430千
版　　次：	2011年6月第1版
	2011年6月第1次印刷
定　　价：	165.50元（上、中、下）

如发现因印装质量问题影响阅读，请与承印厂联系调换。

目 录

上册

全草类药材

- 3　一、广金钱草
- 36　　　附　广金钱草规范化生产标准操作规程（SOP）
- 49　二、广藿香
- 96　　　附　广藿香规范化生产标准操作规程（SOP）
- 111　三、鸡骨草
- 131　　　附　鸡骨草规范化生产标准操作规程（SOP）
- 142　四、青天葵
- 188　　　附　青天葵规范化生产标准操作规程（SOP）
- 201　五、肿节风（九节茶）
- 233　六、穿心莲

275	附 穿心莲规范化生产标准操作规程（SOP）
287	七、铁皮石斛
324	附 铁皮石斛规范化生产标准操作规程（SOP）
337	八、凉粉草
370	附 凉粉草规范化生产标准操作规程（SOP）
383	九、溪黄草

中册

根及根茎类药材

417	十、五指毛桃
451	附 五指毛桃规范化生产标准操作规程（SOP）
464	十一、巴戟天
511	附 巴戟天规范化生产标准操作规程（SOP）
526	十二、毛冬青
556	十三、两面针
576	附 两面针规范化生产标准操作规程（SOP）
585	十四、何首乌
619	附 何首乌规范化生产标准操作规程（SOP）
634	十五、岗梅
652	附 岗梅规范化生产标准操作规程（SOP）

661	十六、南板蓝根
692	附 南板蓝根规范化生产标准操作规程（SOP）
704	十七、高良姜

茎木、树（根）皮类药材

735	十八、肉桂
763	附 肉桂规范化生产标准操作规程（SOP）
776	十九、沉香（白木香）
803	附 沉香（白木香）规范化生产标准操作规程（SOP）
818	二十、鸡血藤
851	附 鸡血藤规范化生产标准操作规程（SOP）

叶类药材

861	二十一、枇杷叶
888	附 枇杷叶规范化生产标准操作规程（SOP）

花类药材

905	二十二、山银花

下册

果实、种子类药材

997	二十三、化橘红
1023	二十四、佛手（广佛手）
1059	附 广佛手规范化生产标准操作规程（SOP）

1073	二十五、陈皮（广陈皮）
1108	附　广陈皮规范化生产标准操作规程（SOP）
1122	二十六、栀子
1154	附　栀子规范化生产标准操作规程（SOP）
1166	二十七、砂仁（阳春砂）
1240	附　阳春砂规范化生产标准操作规程（SOP）

树脂及其他内含物类药材

1257	二十八、芦荟
1333	附　芦荟规范化生产标准操作规程（SOP）

菌类药材

1357	二十九、灵芝
1402	附　灵芝规范化生产标准操作规程（SOP）

动物类药材

1417	三十、地龙（广地龙）
1436	附　广地龙规范化生产标准操作规程（SOP）

附录

1447	附录1　中药材生产质量管理规范（试行）
1456	附录2　关于印发《中药材生产质量管理规范认证管理办法（试行）》及《中药材GAP认证检查评定标准（试行）》的通知

1458	附件1	中药材生产质量管理规范认证管理办法（试行）
1464	附件2	中药材GAP认证检查评定标准（试行）
1473	附件3	中药材GAP认证申请表
1474	附录3	药用植物及制剂进出口绿色行业标准
1479	附录4	中药材规范化生产允许使用的肥料种类及使用原则
1485	附录5	中药材规范化生产允许和禁止使用的农药种类及使用原则

根及根茎类药材

十、五指毛桃

（一）概　　述

五指毛桃别名五爪龙、三指牛奶、南芪、土北芪，最早记载于清代的《生草药性备要》。药材来源于桑科植物粗叶榕 *Ficus hirta* Vahl. 的干燥根，是地方习用药材，载于《中华人民共和国药典（一部）》（1977年版）。五指毛桃具有补脾益肺、化湿舒筋的作用，可治肝炎、水肿、风湿性关节炎、痨伤咳嗽等。

1. 产地

从文献中提供的资料看，五指毛桃主要分布于我国的东南部及西南部各省区，在广东、广西、海南、云南、福建、贵州分布较多，以野生为主。主要生长于低海拔至高海拔的旷野、山地灌丛或疏林中。阳生或半阳生，多单株散生，少成片生长。五指毛桃药材主要产销于广东、广西两省区。目前，在广东河源已开始人工栽培，建立了五指毛桃规范化种植基地。

2. 药用价值

《中华人民共和国药典（一部）》（1977年版）记载，五指毛桃的性味及功效为：味辛、甘，性平。有健脾补肺、利湿舒筋功能。用于治疗脾虚浮肿、食少无力、肺痨咳嗽、盗汗、风湿痹痛、肝炎、白带、产后无乳等症。

五指毛桃对多种慢性疾病有独特的疗效。著名中医药专家邓铁涛教授在治疗重症肌无力时，自拟强肌健力饮中重用五指毛桃，收到良好效果。在治疗肺气肿方面，邓铁涛教授喜用四君子汤加五指毛桃，通过补脾益肺以治其本，有显著疗效。徐鸿华教授等用五指毛桃为主药开发出小儿健脾消积冲剂三类新药，已完成工艺研究，进入临床试验阶段。

此外，五指毛桃作为药食两用的植物在民间已有广泛的应用。

布朗族：用根。全年可采，洗净，切片，晒干用或鲜用。主治食欲不振。

德昂族：用根。主治消化不良、咳嗽。

傣族：用根。主治神经衰弱。常配葫芦茶、含羞草浸酒。

侗族：用根。主治哮喘、慢性肝炎、腰腿痛、产妇缺乳。

景颇族：用根。主治肋间神经痛、哮喘。

基诺族：用根。主治月经不调、腹痛。

拉祜族：用根。健脾化湿、行气祛痰。用于消化不良、腹胀腹痛。

黎族：用根。舒筋活络、行气化湿。用于骨折、跌打扭伤。

畲族：用根。主治妇女白带、浊尿。

佤族：用根。主治血尿、尿潴留。用果。夏秋采集。主治便秘。

瑶族：用根。补气，健脾化湿，除痰止咳。用于贫血、哮喘、肺结核、胃痛、风湿痛、脱肛等。用果。滋润生津。

用于产后少乳。

壮族：用根。主治胃痛、慢性支气管炎、哮喘、脱肛、白带过多等。

另外，广东省河源市还开发出五指毛桃汤料、五指毛桃酒、五指毛桃鸡等系列产品，并已申请了国家专利。五指毛桃酒已销售到香港等地。

（二）生物学特性

1. 植物学特性

五指毛桃来源植物为桑科粗叶榕 *Ficus hirta* Vahl.，多为灌木，很少部分为小乔木，高 1.0～3.5 m，全株或多或少被有锈色或黄色刚毛和贴伏的硬毛；嫩茎常中空，有白色乳汁。根浅黄色，皮柔韧，有香气。叶互生，叶柄较长，叶片纸质，通常为长圆状披针形或卵状椭圆形，长 10～34 cm，宽 4～30 cm，顶端短尖或渐尖，基部钝圆或心形，叶片不裂或三出掌状浅裂、深裂或五出掌状深裂，五出掌状深裂的中间裂叶偶有不规则羽状分裂；叶片边缘和裂片边缘具锯齿，两面粗糙，常有凸点；基出脉 3～5 条，偶有 7 条，中脉每边有侧脉 4～7 条；叶柄长达 17 cm；托叶卵状披针形，长 1～2 cm。隐头花序成对腋生，全年可见，球形，直径 0.8～2 cm，顶端具多数苞片形成的脐状凸起，基部苞片卵状披针形，无总花梗。花小，黄绿色，单性，雄花生于花序近顶部，雌花生于另一花序内；瘦果内藏，椭圆形，表面有瘤状突起。花果期全年（见图 10-1）。

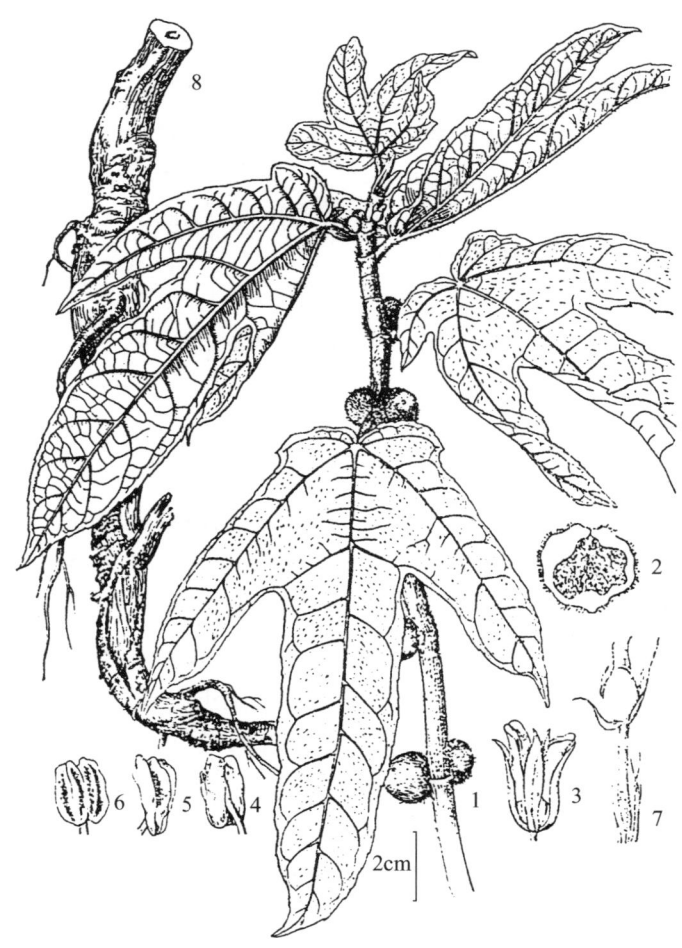

1. 植株 2. 雄花纵切片 3. 雄花 4. 雄花背面观
5. 雄蕊侧面观 6. 雄蕊正面观 7. 瘿花 8. 根

图10-1 五指毛桃原植物

2. 生长发育规律

五指毛桃多为灌木, 生于山坡、山谷、灌木丛中或疏林下。喜温暖湿润的环境。适生于土层深厚，富含腐殖质，排水良好，疏松肥沃，保水、保肥能力强的土壤。主要靠扦插繁殖。一般在春季2～3月苗高30～40 cm时种植最为适宜。多单株散生，少成片生长。隐头花序，一般为自花受粉，花果期全年。果实极易脱落。五指毛桃以根入药，种植3～4年后采收，此时采收五指毛桃根产量较高。五指毛桃根气味较浓的质量较佳。

3. 对环境条件的要求

（1）温度

五指毛桃适宜生长的温度一般在20～28 ℃。

（2）光照

五指毛桃适宜生长在光照良好的向阳或半阳坡地。多单株散生，少成片生长。

（3）土壤

土层深厚，富含腐殖质，排水良好，疏松肥沃，保水、保肥能力强的土壤最适宜五指毛桃的生长。

（4）水分

水分要求适中，天气干旱时，要注意及时浇水，防止苗木干枯；遇多雨季节要注意排除积水，以防水涝。

（5）地形地势

五指毛桃适宜生长于低海拔至高海拔的旷野、山地灌丛或疏林中。

（6）地理特征实例分析

为了更好地开发广东药用植物资源，广州中医药大学研究生钟小青在徐鸿华教授的指导下重点对广东省五指毛桃资源进行了调查。对河源地区（源城区桂山林场、埔前林场、东源县、和平县)、龙门县、从化流溪河林场、广州白云山进行了实地考查。

1)河源地区及龙门县

其间主要有南昆山风景区和新丰江风景区,地形以丘陵山地为主,海拔多在400~800 m,间有盆谷地,基岩为花岗岩、沙页岩,土壤以红壤为主,次为山地黄壤,土层深厚、肥沃、湿润,腐殖质含量较丰富。气候凉湿,具亚热带气候特征,年平均气温20 ℃,夏季平均气温28 ℃,冬季平均最低气温10.8 ℃,寒潮入侵,极限最低温可达-2 ℃,霜冻常见,霜期为1.5个月,年降水量1 700 mm,光照充足,年日照时数1 774 h。

2)从化流溪河林场

地处北纬23°32′~23°50′,东经113°~113°54′,南距广州100 km,全场总面积898 547 hm^2,立地为山岳地区,山脉主要从东北向西南走向,东面地势峻峭,山体较为密集,坡度大部分为25°~35°,土壤成土母岩多为花岗岩,部分是石英或片状页岩。土质东南部为轻沙黄壤,土层较肥厚,西北部多是粗沙砖红壤,质地浅薄,肥力较差,土层一般深0.6~1 m,有机质层7~25 cm。林场地处北回归线附近,属南亚热带季风气候,年总辐射量为418 J/cm^2,年平均温度20.3 ℃,年极端高温39.2 ℃,年极限低温为-1.5 ℃,1月平均温度为8~15.6 ℃,8月平均温度为28 ℃,年积温为7 431.4 ℃,年降水量较为集中在4~7月,占全年总量的76%。多单株散生,少成片生长,抽样调查统计,五指毛桃的蕴藏量约为35 t。

3)广州白云山

本区多为低山丘陵,多为花岗岩、砂片岩、片麻岩成土，土壤为赤红壤，海拔350 m左右有山地赤红壤，海拔700 m左右有山地黄壤，低山高丘土层较厚，植被覆盖较好，表土有机质含量较丰富，土壤较疏松。年平均气温20～22 ℃，最冷月平均气温10～13 ℃，最热月平均气温27～28.5 ℃，年总辐射量为454.7 J/cm^2，极端最高温为38.7 ℃，极限最低温为0 ℃。年积温7 660.6 ℃，温度年较差平均为15.1 ℃，年平均降水量1 400～1 800 mm，夏季雨水多，冬季雨水少，春雨多于秋雨。五指毛桃多为散生，少为成片生长。

上述地区的环境条件适于五指毛桃的生长。为了保证五指毛桃资源的可持续发展，在河源已进行了野生变家种试验，并建立了五指毛桃规范化种植基地，现在产业化生产基地正在建立形成中（见彩图10-1）。

五指毛桃的生活习性是在一定的气候和土壤条件下形成的，因此，它对环境条件的要求是综合的。上述分析，环境条件与五指毛桃的生长发育的关系，其中水分条件和温度条件在其生长发育中起重要作用。

此外，按照《中药材生产质量管理规范（试行）》的要求，五指毛桃规范化种植基地应远离居民点，远离交通要道，大气、水质、土壤无污染，周围不得有污染源。其中，大气环境的质量应符合《中华人民共和国环境空气质量标准》（GB3095—1996）中二级标准（表10-1）；水质的质量应符合《中华人民共和国农田灌溉水质标准》（GB5084—1992）中二级标准（表10-2）；土壤的质量应符合《中华人民共和国土壤环境质量标准》（GB15618—1995）中二级标准（表10-3）。

表10-1 中华人民共和国环境空气质量标准（GB3095—1996）

项目	标　准			单位
	年平均*	日平均*	1 h平均**	
二氧化硫（SO_2）	0.06	0.15	0.50	
总悬浮微粒	0.20	0.30		mg/m^3
可吸入颗粒物	0.10	0.15		（标准状态）
氮氧化物（NO_x）	0.05	0.10	0.15	
氟化物		7	20	$\mu g/(dm^2 \cdot d)$

注：表内为中药材种植环境各项污染物的浓度限值二级标准值。
*分别为任何1年和任何1日的平均浓度不许超过的限值。
**为任何1 h的平均值不许超过的浓度限值。

表10-2 中华人民共和国农田灌溉水质标准（GB5084—1992）

序号	主要指标	限量指标
1	生化需氧量（BOD_5，mg/L）	≤150
2	化学需氧量（COD_{CR}，mg/L）	≤300
3	悬浮物（mg/L）	≤200
4	阴离子表面活性剂（LAS，mg/L）	≤8.0
5	凯氏氮（mg/L）	≤30
6	总磷（以P计算，mg/L）	≤10
7	水温（℃）	≤35
8	pH	5.5～8.5
9	全盐量（mg/L）	≤1 000（非盐碱土地区） ≤2 000（盐碱土地区）
10	氯化物（mg/L）	≤250

续表

序号	主要指标	限量指标
11	硫化物（mg/L）	≤1.0
12	总汞（mg/L）	≤0.001
13	总镉（mg/L）	≤0.005
14	总砷（mg/L）	≤0.1
15	铬（六价，mg/L）	≤0.1
16	总铅（mg/L）	≤0.1
17	总铜（mg/L）	≤1.0
18	总锌（mg/L）	≤2.0
19	总硒（mg/L）	≤0.02
20	氟化物（mg/L）	≤3.0（一般地区） ≤2.0（高氟地区）
21	氰化物（mg/L）	≤0.5
22	石油类（mg/L）	≤10
23	挥发酚（mg/L）	≤1.0
24	苯（mg/L）	≤2.5
25	三氯乙醛（mg/L）	≤0.5
26	丙烯醛（mg/L）	≤0.5
27	硼（mg/L）	≤2.0
28	粪大肠菌群（个/L）	≤10 000
29	蛔虫卵数（个/L）	≤2

注：表内为二类灌溉水质的标准值。

表10-3 中华人民共和国土壤环境质量标准（GB15618—1995）（mg/kg）

指标	pH<6.5	pH=6.5~7.5	pH>7.5
镉≤	0.30	0.30	0.60
汞≤	0.30	0.50	1.0
砷≤	40	30	25
铜≤	50	100	100
铅≤	250	300	350
铬≤	150	200	250
锌≤	200	250	300
镍≤	40	50	60
六六六≤	0.5	0.5	0.5
滴滴涕≤	0.5	0.5	0.5

注：表内为在不同pH下土壤环境质量的二级标准值。

（三）品种类型

1. 品种来源

五指毛桃始载于清·何克谏《生草药性备要》，清代道光年间，吴其浚主编的《植物名实图考》亦记载了五指毛桃的形态及功效，从书中的描述及图谱看，便是桑科植物粗叶榕 *Ficus hirta* Vahl. 即五指毛桃。另据清·萧步丹的《岭南采药录》记载："五爪龙，别名五龙根，火龙叶，木本，其叶五歧，有毛，而气清香。"亦是指桑科的粗叶榕。研究者通过对五指毛桃的产地考察证实，五指毛桃的变异较大，但其商品的主要来源是粗叶榕。《全国中草药汇编》记载，五指毛桃来源于桑科粗叶榕Ficus simplissima Lour.，并把佛掌榕Ficus simplissima var. hirta（Vahl）Migo亦作为五指毛桃的来源之一，认为两者分布及功效一致。《中药大辞典》中记载，五指毛桃来源于桑科粗叶榕Ficus simplissima，具有健脾补肺、行气利湿的功效。而把佛掌榕Ficus simplissima var. hirta作为五龙根，具有祛风湿、壮筋骨、去瘀消肿的功效。

《法定中药药理与临床》中记载，五指毛桃来源于桑科五爪龙Ficus simplissima Lour.的干燥根，所述与《中华人民共和国药典（一部）》（1977年）一致。

从《中国植物志》、《广东植物志》的论述来看，以前记载的粗叶榕Ficus hirta Vahl.与极简榕Ficus simplissima Lour.往往混淆不清或相互倒置，这就使许多中药工具书在引用过程中发生错误。广州中医药大学研究生钟小青通过对五指毛桃的品种考证，认为粗叶榕应为Ficus hirta Vahl.，原先的粗叶榕Ficus simplissima Lour.应为极简榕或掌叶榕Ficus simplissima Lour.，因而五指毛桃的植物来源亦应该为粗叶榕Ficus hirta Vahl.。至于极简榕Ficus simplissima Lour.能否作为五指毛桃的品种来源，需进一步研究。

从我们调查的情况来看，五指毛桃的叶形可明显地分为5种：一指、三指、大叶五指、细叶五指和七指（见彩图10-2至10-6）。同一植株上叶形较一致。在叶形为一指的植株上，偶尔可见三指叶形；在三指叶形的植株上，偶尔可见一指和五指叶形；在五指叶形的植株上也会出现三指和七指叶形；在七指叶形植株上，会出现少量五指叶形。目前，产地按粗叶榕Ficus hirta Vahl.叶片的分裂数及分裂的深浅来区分其品种，并认为叶片裂数越多越深，质量越好，但这种区分方法缺乏科学依据。这几种叶形的五指毛桃是否存在品种差异有待进一步研究，亦有待从化学、遗传等分类的角度综合分析进行探讨。

现在作为药用的五指毛桃主要分2个类型，叶片分裂深的称为细叶五指毛桃，叶片分裂浅的称为大叶五指毛桃。

细叶五指毛桃：茎少分枝，多单枝直立，叶片常深裂为3～5裂，少数深裂为7裂，裂片呈指状，裂片边缘平整，有时在基部有几片椭圆形不分裂的叶片。在生长过程中，遇霜冻后，叶片易发生变化（如产生不分裂的椭圆形叶片），一般根生长较慢，产量较低，但气味较浓。

大叶五指毛桃：茎多有分枝，叶呈掌状或椭圆形，掌状叶片多分裂为3浅裂，如为5深裂，则裂片呈不规则的羽状，裂片的边缘具不规则的锯齿，在生长过程中，遇霜冻后，叶片的生长不会发生大变化，一般根生长的速度较快而较粗的产量较高，但气味较淡。

2. 易混淆品种

（1）掌叶榕（佛掌榕）*Ficus simplicissima* Lour. var. *hirta*（Vahl）Migo.

灌木或小乔木，高2～8 m，有乳汁；枝、叶和花序托密生金黄色开展的长硬毛。叶互生，卵形、倒卵状矩圆形，或矩圆状披针形，长8～25 cm，宽4～13 cm，先端渐尖，基部心形，不裂或3～5裂，边缘有锯齿，两面均粗糙，基出脉3～7条；托叶披针形，有粗毛；叶柄长1.2～7 cm。花序托成对腋生，无梗，球形，直径8～20 mm；基部有卵形苞片；雄花和瘿花同生于一花序托中，雌花生在另一花序托内；花被片各4，雄花有2枚或3枚雄蕊（图10-2）。

图10-2 掌叶榕原植物

分布于广西、广东、福建、云南和贵州；越南、印度也有。生于旷地、山谷、水旁或林中。

茎皮纤维制麻绳与麻袋；根供药用，祛风湿，行气血。

（2）黄毛榕 *Ficus fulva* Reinw.

小乔木或灌木，高3~10 m；小枝圆柱形，中空，密生锈色长硬毛。叶卵形或宽卵形，长16~33 cm，宽15~27 cm，先端骤尖，3~5浅裂或深裂，基部心形，边缘有锯齿，基出脉5~7条，上面无毛，下面密生短柔毛，在脉上有褐色或黄褐色长硬毛；叶柄长3~8 cm，密生长硬毛。

花序托成对腋生，无梗，球形，直径约为1.5 cm，具明显脐状突起，密生锈色或褐色糙毛；雄花和瘿花同生于一花序托内，雌花生于另一花序托内；雄花花被片3~4，雄蕊2枚；瘿花似雄花，具梗，花被片5，条形（见图10-3，彩图10-7）。

图10-3 黄毛榕原植物

分布于福建、广东、广西、云南；越南、缅甸、印度尼西亚也有。生于溪边、山谷林中。

（四）育苗技术

1. 扦插繁殖

（1）插条的选择与截取

选择生长健壮、无病虫害、树龄较小的植株作母株，然后选择母株无破皮、无病虫害的枝条，采集树冠中、上部着生的枝条，一年生徒长枝和中间枝。采条粗度为0.5~0.8 cm，截成15~18 cm长的插条，上下留好饱满芽，每100~200根为1捆。

（2）扦插时间

一般在春季树液流动至萌发前进行，因为此时土温升高，土壤湿润，容易成活。

（3）生根剂处理

插穗下端5 cm处浸入0.1‰~0.15‰吲哚乙酸（IBA）水溶液中浸泡2~3 h，或ABT生根粉（按说明书）处理。

（4）扦插方法

在整好的苗床上，按行距15 cm开沟，将插条斜插于苗床，插条距离3 cm，插入土中约为插穗的2/3或1/2，露出地面有1个节，插后浇水、盖草。

广东河源采用塑料袋育苗：首先用营养袋装好部分黄心土或经过消毒的细土，将插条插入营养袋内，每袋一根插条，袋内填满细土后，成排放于阴棚内已整好的畦上，然后浇水，保持湿润，20天左右即可生根，生根率可达85%以上（见彩图10-8）。

（5）育苗地

选择山腹中下部、近水源、缓坡、避风、土层深厚、肥沃、疏松的生荒地。翻耕土壤后做畦，搭设阴棚，棚顶盖遮阳网，透光度为20%~30%。

（6）扦插苗管理

1）灌排水

插条苗生长期间要经常淋水，保持苗床湿润，雨季要注意排水。

2）除草松土

勤除杂草，当幼苗生长高度达10 cm以上时，视土壤板结情况疏松土壤，深度宜浅，不要伤根。

3）修剪

苗高20 cm以上时，选一直立健壮枝作主干，将其余萌生的枝条剪除。苗高40 cm以上时剪顶，促进苗木主干增粗生长和分生侧枝生长，提高苗木木质化质量。

4）追肥

第1次在行间开沟施入腐熟的人畜粪尿或复合肥，每300 g兑水100 L。第2次在行间开沟施入复合肥，每667 m^2（或1/15公顷，即约1亩，下同）用量15~20 kg。施入后用细土封沟，淋水。

5）苗木出圃

出圃前7 d左右灌起苗水，随出圃随移栽。起苗时不伤皮、不伤根，主根完整，须根长20 cm左右。

2. 组织培养

组织培养可将筛选出的优良品种，通过组织快繁技术提供生产使用。

（1）外植体来源

五指毛桃幼嫩茎。

（2）方法

将五指毛桃幼嫩茎用无菌水洗，75%乙醇浸泡30 s，取出后用升汞浸泡12 min，用无菌蒸馏水冲洗，并用无菌滤纸吸干表面水分，将幼茎切成1 cm长小段，接种。

（3）培养基

以MS为基本培养基，上面添加不同浓度的2,4-二氯苯氧乙酸（2,4-D）、6-苄基腺嘌呤（6-BA）、α-萘乙酸（NAA），分别配成愈伤组织诱导培养基、愈伤组织分化出芽培养基和生根培养基。

（4）愈伤组织的诱导

将外植体接种到愈伤组织诱导培养基上，接种1个月左右，茎从两端、叶从叶腋及叶缘锯齿凹陷处长出黄绿色愈伤组织。

（5）愈伤组织的分化出芽

将愈伤组织转移到愈伤组织分化出芽培养基上进行培养，使愈伤组织增殖，并分化出丛生芽，进而长成无根苗。

（6）试管苗移栽

当试管苗长到3~5 cm高，有2~3个节时，即打开瓶盖炼苗，1 d后取出试管苗，洗净根部琼脂，移栽到添加了MS培养基的无菌沙土中，待成活后移入大田（见彩图10-9）。

3. 种子繁殖

长期以来，五指毛桃一直采用扦插繁殖的方式留种，长此以往会造成品种的退化，且植株数量有限，也不利于大规模的产业化基地的建立。由于五指毛桃的果实往往在成熟前脱落，还给种子繁殖造成了困难。在五指毛桃规范化生产基地建立后，采用了科学的种植方法，五指毛桃生长良好，很多果实成熟后仍未脱落，在广州中医药大学专家的指导下，河源科技局进行了种子繁殖试验，已获得成功。这一成功，将为五指毛桃产业化基地的建立提供种源的保障，也利于选育优良品种。

（1）种子育苗方法

1）选种

选取2~3年生无病虫害的健壮植株作母树，加强管理，保证多结实。

2）采种及种子处理

采取成熟的果实，取出种子，与湿润的细沙拌匀，放入挖好的坑内，进行层积处理（种子与细沙的比例为1∶3）。

3）播种时间

一般在3月上旬播种，或随采随播。

4）播种方法

由于种子细小，宜拌适量的草木灰，均匀撒播于苗床上，覆盖一层细土，并在苗床上盖一层薄草，以保持土壤湿润，然后浇水。

（2）种子苗的管理

1）揭草

在播种的幼苗出土后即可去掉盖草。

2）间苗

当第2片真叶形成时，宜间去过密的幼苗。

3）淋水排水

遇上干旱，要及时淋水，保持土壤湿润；在多雨季节，要注意排除积水，以防幼苗死亡。

4）除草

勤除草，以防杂草淹没幼苗，又可以保持土壤湿润。

5）施肥

在苗期，可适量地施以腐熟的人粪尿或尿素、草木灰等当家肥。

6）出圃移栽

当苗高30～40 cm时出圃移栽。

（五）田间栽培与管理

1. 种植地的选择

选择土层深厚、疏松、肥沃、近水源的地段。种植前进行翻耕，让其自然风化。种植地若为坡地，一般采用水平带状整地，深耕40 cm，碎土耙平，开好排水沟。翌年春天挖穴，穴的规格为30 cm×30 cm×25 cm，穴内施基肥，以腐熟的农家肥为主。

五指毛桃生产基地按中药材产地适宜性原则，选定在河源市桂山林场，距离市区12 km，距离七寨水库8 km以上的山地（地名：招坑口山窝），面积约2.3 hm^2。周围无污染源，种植地是一块土层深厚、肥沃、排水良好、富含腐殖质的向阳坡地。

2. 种植时间

一般在春季2~3月土壤解冻后，亦可在秋季进行。选择阴雨天气种植。

采用挖壕沟整地，表土放下层，心土放上层，让其熟化，利用严冬条件使土壤灭菌、灭虫，并用石灰进行土壤消毒。

3. 种植密度

根据五指毛桃的生物学和生态学特性，结合种植地的土壤条件和当地集约经营的程度，定出初植密度每667 m^2 2 000株、2 500株或3 000株。五指毛桃研究基地的株行距为50~70 cm。

4. 种植方法

将土与基肥拌匀后，选择健壮、无病虫害的苗木放入穴中，每穴栽1株。将苗栽稳，填土压实，浇定根水。

5. 定植后管理

（1）覆盖淋水

定植后最好用芒萁覆盖畦面，减少杂草生长，遇天旱要淋水，保持土壤湿润。

（2）补苗

缺株应及时补上同龄苗木。

（3）中耕锄草

定植初期，要勤锄杂草、松土和培土。

（4）施肥

定植后的返青期和壮苗期，要薄施氮肥，每667 m^2施尿素3~5 kg，稀释1 000倍，或每667 m^2用腐熟豆麸25 kg，兑水6~7倍浸泡后施入。以后每隔1个月施复合肥，每667 $m^2$10 kg，连施3次。

（5）打顶

根据植株生长情况和需要摘顶芽，以促进分枝生长。

6. 幼龄期管理

（1）定干

将主干30 cm以下的萌芽剪除，选留生长方向不同并有3~5条间距的侧芽或侧枝3~5条作为形成小树冠的主干枝。

（2）修剪

5月下旬至7月下旬，剪除主干分枝以下的萌条，将分枝以上所留侧枝于枝长20 cm处剪短。结合修剪，摘除花果，减少养分消耗。

（3）土壤培肥

每年4月中旬、7月上旬、10月，沿树冠外缘开对称穴坑，坑长20~30 cm，坑深10 cm。施生物有机肥或五指毛桃叶面专用肥。

（4）中耕翻园

每年中耕除草2~3次，深度15 cm；9月翻晒园地1次，深度25 cm，树冠下15 cm，不碰伤植株基茎。

7．成龄期管理

（1）修剪

4月下旬至5月上旬，将萌发的新芽、嫩枝剪除，同时剪除风干枝。5月中旬至7月上旬，剪除徒长枝，短截中间枝，摘心二次枝。10月，也可延迟到休眠期，剪除徒长枝。结合修剪摘除花果，避免养分消耗。

（2）中耕除草

每年2~3次，深度15 cm，树冠下10 cm。中耕均匀不漏耕，清除杂草。

（3）翻晒园地

9月中旬，翻晒深度行间25 cm，株间15 cm。翻晒均匀不漏翻，树冠下作业不伤根。

（4）施肥

每年4月中旬、6月上旬，施五指毛桃专用肥，沿树冠外缘开沟20 cm宽，将定量的肥料施入沟内，与土拌匀后封沟。9月施饼肥，腐熟的厩肥，氮、磷、钾复合肥。沿树冠外缘开对称穴坑，将定量的肥料施入沟内，与土拌匀后封沟。视植物生长情况，喷施叶面营养液肥，如五指毛桃专用营养液肥。采用背负式喷雾器或机动喷雾器喷雾，以叶片不滴水为好。上午10：00以前和下午16：00以后作业。

（5）灌水

视土壤干湿程度灌溉，不串灌，不漏灌，不积水。

（6）其他

防止人、畜、禽等外界对植株的损伤和污染。

（六）主要病、虫、草害的防治

坚持贯彻保护环境、维护生态平衡的环保方针及预防为主、综合防治的原则，采取农业防治、生物防治和化学防治相结合的方法，对五指毛桃主要病、虫、草害进行防治。尽量少施或不施化学农药，必要时，应采用最小有效剂量（使用超低容量喷雾器）的广谱、高效、低毒、低残留的化学农药和生物制剂。严禁使用含有滴滴涕、六六六、889、1059、甲拌磷（3911）、对硫磷（1605）、甲胺磷、氧化乐果、杀虫脒、稻丰散、速灭威、三氯杀螨醇、甲六粉、氯丹、呋喃丹、倍硫磷、马拉硫磷等高毒、高残留农药。

1. 农业防治

结合整地做畦，每667 m^2撒石灰100 kg进行土壤消毒。清除杂草落叶、感染病虫植株，集中处理，以减少病虫源。通过追施肥料，做好田间管理各项工作，促进植株生长健壮，增强抗病虫害能力。

2. 炭疽病的防治

（1）症状

发病后，叶片病斑近圆形或不规则，病斑褐色，天气潮湿时，病斑上有橙红色的点状黏质物。

（2）防治方法

除采用农业防治方法外，可用如下药物防治。

1）生物农药防治

用大连产的好普牌高效生物免疫杀菌剂稀释1 000倍液全面喷施。每隔7天喷1次，连续3次。

2）化学农药防治

用50%多菌灵可湿性粉剂1 000倍液，或用1∶1∶100的波尔多液喷雾防治。

3. 卷叶虫的防治

（1）症状

以幼虫危害嫩叶和嫩芽。虫龄较小时，仅食叶肉，留下表皮；虫龄较大时，蚕食叶片，仅留叶脉，而且可将几张叶片卷曲呈团。

（2）防治方法

除采用上述农业防治措施外，还常采用如下药物防治。

1）生物农药防治

用2.5%鱼藤精乳油稀释800～1 000倍液喷施。

2）化学农药防治

幼虫孵化后，用90%固体敌百虫稀释500～1 000倍液喷杀。

4. 黏虫的防治

（1）症状

危害嫩枝及树梢。

（2）防治方法

除采用上述农业防治措施外，还常采用如下药物防治。

1）生物农药防治

用2.5%鱼藤精乳油稀释800~1 000倍液喷施。

2）化学农药防治

用40%乐果乳油稀释800~1 000倍液，隔7 d喷1次，连续2~3次。

5. 草害的防治

五指毛桃药材常见的杂草大多数为双子叶植物类杂草。这些杂草不仅与药材争夺土壤中的营养和水分，而且还恶化环境，传播病虫害，严重影响五指毛桃药材的产量与质量。因此，人工防除五指毛桃的田间杂草是一项经常性的田间管理工作。在杂草的防除过程中，针对不同的杂草采取不同的方法进行防除，选用合适的化学药剂除草，不仅省工省时，而且比较彻底可靠，能收到较好的防除效果。

（1）药材种植前除草

化学除草应以药材种植前土壤施药为主，争取一次施药便能保持整个生长期不受杂草危害。

种植前土壤处理的常用药剂如下：

1）48%氟乐灵乳油

氟乐灵乳油除杂草谱广，能有效防除1年生靠种子繁殖的禾本科杂草，如马唐、牛筋、狗尾草、稗、千金子和画眉草以及小粒种子的其他阔叶杂草等。喷药时间多在药材种植前5~10天杂草萌发前，用药量根据说明书的规定用水兑制，对药田表土进行均匀喷洒处理。因氟乐灵易挥发和光解，应随喷随进行浅翻，将药液及时混入5~7 cm土层中，有条件的最好是机械喷药耙混一次完成，也可喷药后随即浇透水，但效果不如浅翻混土。一般施药后5~7天才可种植药材，除草效果可达90%以上。

2）50%乙草胺乳油

该药剂主要通过地上部分吸收药液后，抑制杂草蛋白质合成，使芽和根停止生长，从而导致杂草在出土前、出苗前和出苗后不久死亡。对多种一年生禾本科杂草有特效，并可兼除部分小粒种子的阔叶杂草。喷药时间多在种植移栽前3~5 d进行，注意，必须在杂草出土前施用。每667 m^2用该药剂70~75 mL兑水40~60 L，均匀喷洒土表即可。

（2）药材种植后除草

五指毛桃的苗期和定植初期会有很多杂草萌发生长，不仅消耗土壤中水分，影响土壤升温，还将推迟生长周期。当杂草长出3~5片叶时，每667 m^2可用5%闲锄乳油40 mL兑水30 L喷洒，如果每20 mL加增效剂特效王2 mL，可提高杀草效率30%~50%。

此外，还有2种苗后除草剂，如农达或者6%克草星乳油效果也很好。这些药是具有触杀和一定内吸传导作用的高效除草剂，对多种杂草都有很好的防治效果，对多年生杂草亦有明显的抑制作用。在杂草平均高度5 cm以下时，每667 m^2用6%克草星乳油70~80 mL兑水30~40 L，对茎叶均匀喷雾即可。

（3）化学除草剂使用注意事项

1）化学除草剂的选择

必须注意化学除草剂的选择性、专一性、时间性，不可误用、乱用除草剂，防止杀死药苗。

2）严格掌握限用剂量

除草剂使用应综合具体土质，考虑农田小气候，严格按药品说明规定的剂量范围、用药浓度和用药量使用。如一般贫瘠沙性土壤除草施药渗透性很大，药材易受药害，用药量要小,甚至忌药;多雨季节土壤墒情好,应低剂量用药;杂草出芽整齐、密度低,剂量应小些;地膜覆盖因温湿度条件好,用药量也应减少。

3)合理混用药剂

两种以上除草剂混合使用时,要严格掌握配合比例和施药时间及喷药技术,并要考虑彼此间有无拮抗作用或其他副作用。可先取少量进行可混性试验,若出现沉淀、絮结、分层、漂浮、变质,说明其安全性已发生改变,则不能混用。此外,还要注意混合剂增效功能,如杀草丹和敌稗混合剂的除草功效比各单剂除草功效的总和要大,使用时要降低混合剂药量(一般在各单剂药量的1/2以内),以免发生药害,保证药材安全。

4)掌握使用技术

掌握好施除草剂的最佳时间和技术操作要领,妥善保存好药剂,防止错用,并搞好喷药器具的清洗,以免误用,使其他作物产生药害。

5)注意环境条件对除草剂的影响

温度、水分、光照、土壤类型、有机质含量、土壤耕作和整地水平等因素,都会直接或间接影响除草剂的除草效果。

6)灵活用药

在药用植物基部采用土法施药除草时,要在无露水条件下进行,以免茎叶接触药液受害;对作物籽苗胚芽敏感的药剂,土壤处理应在播种前盖籽后施药,并尽量提高播种质量,适当增加播种量;一些移栽药材因其苗大,而杂草幼小,可采取苗带(幼苗附近20~30 cm宽)集中施药;对选择性差或触杀性除草剂实行保护性施药,即将药液直接喷雾或泼浇于土表，尽量不接触药材幼苗，且不能拖延至苗体旺盛、绿叶面积大时施用；若茬口允许，可在药材播栽前采取旱地浇灌、水田湿润、盖膜诱发等措施，使杂草提前萌发，再以药剂杀灭。

7）其他

目前，市场上还没有专门用于药材的除草剂，多借用家种作物，如蔬菜、果树等的除草剂，因此，必须在有实践经验的专家或技术人员指导下购买除草剂和实施除草作业，以免造成经济损失和不良后果。

（七）采收与加工

1. 采收

五指毛桃野生植株在秋季挖取根部，除去杂质，洗净，运回。栽培植株，当地药农一般在种植3～4年后秋季采收，此时采收的五指毛桃根产量较高，气味较浓，质量较佳。挖取时，植株基部留1/3～1/2，即挖一边根留一边的根，培土施肥，加强管理，让基部萌出新根，2～3年后可再次采收，留下的一边老根第2年采收，如此轮流采挖，既减少新种植的费用，又可缩短采收间隔期，保证稳产高产，还有利于环境保护。

根据当地传统采收经验，劳动力调配，有效成分积累的监控资料，初步确定采挖季节为冬季12月至翌年1月。

采收用具应保持洁净、无污染。在采收过程中，应尽量剔除异物、杂草以及腐烂变质部分。

破坏部分另行处理，不要混堆在一起。采回后存放在清洁、通风并设有阴棚、防雨棚、干燥、无污染场所。

2. 加工

五指毛桃根部采收后，经过拣选、清洗，趁新鲜将其按大小分级，并把细的根和须根切下，切短段或捆成小扎，大的根趁鲜切成厚片。注意及时晒干，以防五指毛桃颜色变暗；碰上阴雨天气，用低温烘干，但忌高温烘干，否则五指毛桃根的香气将尽失。干燥器械必须干燥无污染。五指毛桃极易被虫蛀，贮藏时要注意防虫蛀。

（八）留 种 技 术

五指毛桃的留种技术主要有无性繁殖和有性繁殖2种留种方式，无性繁殖的方式主要有扦插繁殖和组织培养2种。目前以扦插繁殖的留种方式较为普遍。

1. 扦插繁殖

留种母株应选用无病虫的健壮植株作种株。将选有留种母株的大田作留种地。从生长健壮、无病虫害的母株上剪取粗1.5~2 cm的老熟枝条，截成长15~20 cm的插穗。一般在春季进行，因为此时土温升高，土壤湿润，容易成活。

2. 组织培养

组织培养可将筛选出的优良品种通过组织快繁技术提供生产使用。一般选用五指毛桃幼嫩茎作为外植体来源，进行消毒后接种，然后在一定的培养基中进行培养，当试管苗长到3~5 cm高、有2~3个节时，即打开瓶盖炼苗，一天后取出试管苗，洗净根部琼脂，移栽到添加了MS培养基的元菌沙土中，待成活后移入大田。

3. 种子繁殖

选取2～3年生无病虫害的健壮植株作母树，加强管理，保证多结实。采收成熟的果实，取出种子，洗净，晾干，播种。或置于阴凉干燥处，待播。播种时，取出种子，与湿润的细沙拌匀，放入挖好的坑内，进行层积处理。一般在3月上旬播种，或随采随播。由于种子细小，拌适量的草木灰，均匀撒播于苗床上，覆盖一层细土，然后盖草浇水。

（九）质量标准及监测

1. 药材性状鉴别

五指毛桃以根入药，根呈圆柱形，多分枝，直径0.4～4cm。表面灰黄色或黄棕色，常具红棕色花斑纹及细密细纵纹，可见横长皮孔及支根痕。质地坚硬，不易折断。横切面皮部较薄而韧，富纤维性，易与木质部剥离；中央木质部较大，淡黄白色，具较密的同心环。气微香，具有类似油膻（败油）气，味微甘（见彩图10-10、彩图10-11）。

2. 主要化学成分

五指毛桃（*Ficus hirta* Vahl.）根含有氨基酸、糖类、甾类、香豆精类等成分，据中国医学科学院药物研究所测试，尚含酚性成分。

补骨脂素为呋喃香豆素类化合物，具有抗凝、抑制肿瘤、免疫调节和激素样作用，补骨脂素可作为五指毛桃的有效成分。为此，广州中医药大学的钟小青对五指毛桃中补骨脂素进行了含量测定（表10-4）。

表10-4　不同产地五指毛桃补骨脂素的含量测定结果

样品号	样品来源地	样品收集时间	含量（mg/g）
1	广州白云山	2000年5月	0.626
2	从化流溪河林场	2000年6月	0.770
3	龙门铁岗镇	2000年6月	1.210
4	河源源城区高埔岗林场	2000年5月	0.908
5	河源源城区桂山林场	2000年6月	1.276
6	河源市售（七寨水库库区产）	2000年6月	1.116
7	广州杏园春药店	2000年5月	0.624
8	中山市售	2000年5月	0.494
9	深圳市售	2000年5月	0.702
10	增城市售	2000年5月	0.582
11	从化市售	2000年5月	0.772

由表10-4可以看出，补骨脂素在各个产地的五指毛桃药材中均含有，含量多在0.6～1.2 mg/g，补骨脂素药理作用较强，可作为五指毛桃的有效成分之一。

为了更好地确保五指毛桃药材的质量，专家建议，五指毛桃药材质量必须达到下列标准：

①水分不得超过10%；

②总灰分不得超过6%；

③酸不溶性灰分不得超过0.85%；

④醇溶性浸出物不得少于5.0%；

⑤补骨脂素含量0.5～1.0 mg/g（暂定）。

3. 重金属残留限量指标

重金属含量的检测是中药材GAP的一个重要内容，《中华人民共和国土壤环境质量标准》（GB15618—1995）规定了重金属限量指标。

①重金属总量≤20.0 mg/kg；

②铅（Pb）≤5.0 mg/kg；

③镉（Cd）≤0.3 mg/kg；

④砷（As）≤2.0 mg/kg；

⑤汞（Hg）≤0.2 mg/kg。

（十）包装、贮藏及运输

1. 包装

包装在商品流通中起着越来越重要的作用，好的包装不仅可起到保护、保存商品的目的，而且还能提高商品的档次，增加附加值。五指毛桃的商品包装规格可根据商品流通中的具体情况进行安排。包装前应再次检查，清除劣质品及异物，包装物（袋、盒、箱、罐等）应无污染、新的或清洗干净并干燥、无破损。包装应有包装记录，包括：品名（药材名）、批号、规格、质量、产地、工号、日期等。

2. 贮藏

中药材贮藏是中药材商品流通过程中的重要中间环节。

在贮藏过程中容易发生虫蛀、霉变、变色、走油、挥散走气、失鲜和风化等变质现象，其中虫蛀现象最为常见。

防治中药材仓储害虫必须首先从杜绝害虫来源、控制其传播途径、消除其繁殖条件等方面入手，才能有效地防治害虫，减轻或杜绝害虫的危害。具体防治措施主要有以下几个方面：

（1）清洁卫生防治

仓储害虫喜欢在各种缝隙中和黑暗、不通风、肮脏处栖息活动，若清洁卫生工作做得好，不利于害虫传播和滋生，可达到防治害虫的目的。

在做好清洁卫生的基础上，要定期进行环境消毒和库房消毒，以消灭隐匿在建筑物、器材、用具等缝隙内的害虫。

对贮藏药材的存放应做到有虫无虫分开，不能混放。发现生虫的药材应及时清除出去，远离贮藏处进行处理，以免相互感染。

（2）密封防治

密封的形式多种多样，应根据不同中药材的性质、形状、数量及环境条件等来确定密封的形式。密封方法是使用缸、坛、罐、瓶、桶、箱等容器。

（3）低温防治

中药材贮藏害虫一般在环境温度8~15℃时便会停止活动，在4~8℃时即进入休眠状态。在-4℃以下时，经过一定时间可以使害虫致死。因此，易生虫的中药材在贮藏期间保持一定的低温水平，即可达到安全贮藏的目的。

1）自然低温

在寒冷干燥天气，打开门窗，引入冷空气，并结合翻动药材，促使室内降温，连续几日，当室内温度降至当地最低气温时即关闭仓库窗，保持低温。或选择严寒天气，将生虫药材于下午置于室外干燥场地摊开，连续冷冻2~3天，也可起到杀虫作用。

2）机械降温

机械降温就是利用制冷设备产生冷气，使中药材处在低温条件下，安全度过夏季的方法。可将药材存放在冰箱等设备中贮藏。

（4）高温防治

夏季将中药材摊于干燥场地（水泥晒场最好），在烈日下暴晒。细小的药材连续6~8 h，当温度达45~50 ℃时即能杀死害虫及虫卵。晒时要勤翻动，晒后去除虫尸及杂质，散尽余热，然后包装。

（5）化学防治

在密封的条件下，将一定量的硫黄置于完整的瓦盆、铁盆内点燃，熏蒸3~4天。硫黄盆应置于仓房中心并与药材保持1 m左右的距离，以防发生火灾。因二氧化硫较空气重，最好用铁丝将瓦盆吊起，悬于空中。为了确保安全，可采用在库房的墙上开一个小洞，外面用砖砌一炉灶，安上能开关带玻璃的活门（以便观察硫黄燃烧情况）。熏蒸时将硫黄置于灶内点燃，密封炉灶，则产生的二氧化硫即可进入熏房。硫黄一次用量不要太多，一般每天烧2~3次，所需硫黄总量分次在1~2天内烧完。也可直接使用化工单位供应的钢瓶装液化二氧化硫进行熏蒸，硫黄燃烧后需密闭3~4天，然后通风排毒2天。

3. 运输

药材批量运输时，不应与其他有毒、有害物质混装；运输容器应具有较好的通气性，以保持干燥，遇阴雨天应严密防潮。

（刘春玲　陈楚镇）

参 考 文 献

刘春玲．2002．五指毛桃研究概况［A］//广州中医药大学学术年会论文汇编［C］．

徐鸿华．2001．南方药用植物栽培技术［M］．广州：南方日报出版社．

钟小清．2001．五指毛桃药材质量的研究［D］．广州：广州中医药大学中药学院．

钟小清，徐鸿华．2000．五指毛桃的品种考证［J］．中药材，23（6）：361-362．

钟小清，徐鸿华．2000．五指毛桃栽培技术［J］．中药研究与信息，2（7）：17，43．

附

五指毛桃规范化生产标准操作规程（SOP）

前　　言

本规程由广州中医药大学承担的国家"十五"重点科技攻关计划专题"五指毛桃中药材规范化种植研究"课题组提出并归口国家科技部。

本规程起草单位：广州中医药大学河源市源城区科技开发中心。

本规程主要起草人：刘春玲、徐鸿华（广州中医药大学），游晓丹、李铁华（河源市源城区科技开发中心）。

本规程委托广州中医药大学"五指毛桃规范化种植研究"课题组负责人负责解释。

第一章　总　　则

1.1　为保证中药材质量，促进中药标准化、现代化，依据五指毛桃药材生长特点和国家药品监督管理局《中药材生产质量管理规范（试行）》的要求，制定本标准操作规程（SOP）。

1.2　本规程内容包括：总则，产地自然条件，品种类型，育苗，栽植与田间管理，主要病、虫害防治，采收与加工，留种技术，质量标准，包装、贮藏与运输，人员和设备，文件管理等，是五指毛桃药材生产和质量管理的具体操作方法。

1.3　种植者应运用标准操作规程管理和质量监控手段，保护生态环境，坚持"最大持续量"原则，实现资源的可持续利用。

1.4 本规程适用于五指毛桃的种植地。

1.5 引用标准 下列文件中的条款被本标准引用则为本标准的条款。

1.5.1 《中华人民共和国环境空气质量标准》（GB3095—1996）。

1.5.2 《中华人民共和国农田灌溉水质标准》（GB5084—1992）。

1.5.3 《中华人民共和国土壤环境质量标准》（GB15618—1995）。

1.5.4 《中华人民共和国药典（一部）》（2000年版）。

1.5.5 国家食品药品监督管理局《中药材生产质量管理规范（试行）》。

1.5.6 国家科技部生命科学技术发展中心《中药材规范化种植研究项目实施指导原则及验收标准》。

1.5.7 中华人民共和国商务部《药用植物及制剂进出口绿色行业标准》。

1.6 定义。

1.6.1 GAP 即英文Good Agriculture Practice的缩写，指中药材生产质量管理规范。

1.6.2 SOP 即英文Stadard Operation Practice的缩写，指中药材规范化生产标准操作规程。

1.6.3 最大持续量 指不危害生态环境，可持续生产（采收）的最大产量。

1.6.4 生物肥料 指利用生物活体或生物代谢过程中产生的具有生物活性的物质或从生物体提取的物质作为提高作物产

量和品质的肥料。

1.6.5 生物源农药 指利用生物活体或生物代谢过程中产生的具有生物活性的物质或从生物体提取的物质作为防治作物病虫害的农药。

1.6.6 质量标准 指对药材的质量规定和检验方法所作的技术规定。

第二章 产地自然条件

2.1 自然条件 海拔多在400~800 m，气候凉湿，具亚热带气候特征，年平均气温20 ℃，夏季平均气温28 ℃，冬季平均气温10.8 ℃，年平均降水量1 400~1 800 mm，光照充足的向阳或半向阳坡地。年日照1 774 h左右，年总辐射量为454.7 J/cm^{2}左右。基岩为花岗岩、沙页岩，土壤以红壤为主，次为山地黄壤，土层深厚，富含腐殖质，排水良好，疏松肥沃，保水、保肥能力强。

2.2 环境质量。

2.2.1 环境空气质量达到《中华人民共和国环境空气质量标准》（GB3095—1996）二级以上标准。

2.2.2 农田灌溉水质量达到《中华人民共和国农田灌溉水质标准》（GB5084—1992）二级以上标准。

2.2.3 土壤环境质量达到《中华人民共和国土壤环境质量》（GB15618—1995）二级以上标准。

第三章 品 种 类 型

目前作为药用栽培的五指毛桃主要分两个类型，叶片分裂深的称为细叶五指毛桃，叶片分裂浅的称为大叶五指毛桃。

3.1 形态描述。

3.1.1 大叶五指毛桃　茎多有分枝，叶呈掌状或椭圆形，掌状叶片多分裂为3浅裂，如为5深裂，则裂片呈不规则的羽状，裂片的边缘具不规则的锯齿，在生长过程中，遇霜冻后，叶片的生长不会发生大变化。一般根生长的速度较快，产量较高，但气味较淡。

3.1.2 细叶五指毛桃　茎少分枝，多单枝直立，叶片常深裂为3~5裂，少深裂为7裂，裂片呈指状，裂片边缘平整，有时在基部有几片椭圆形不分裂的叶片；在生长过程中，遇霜冻后，叶片易发生变化（如产生不分裂的椭圆形叶片），一般根生长较慢，产量较低，但气味较浓。

第四章　育　苗

4.1 育苗地　选择山腹中下部、近水源、缓坡、避风、土层深厚、肥沃、疏松的生荒地。翻耕土壤后做畦，搭设阴棚，棚顶盖遮阳网，透光度为20%~30%。

4.2 扦插育苗。

4.2.1 选择母树　选择3~5年生健壮、节密、无损伤、无病虫害的枝条为母株。

4.2.2 采条时间　一般在春季树液流动至萌发前。

4.2.3 采条部位　采集植株中、上部着生的枝条，采条粗度0.5~0.8 cm。

4.2.4 插条截取　将枝条截成12~16 cm长，具1~2个基节。勿使切口破裂，上下端切口距基节1.5~2.0 cm，并留好饱满芽，每10~20根为1捆。

4.2.5 生根剂处理　插穗下端5 cm处浸入0.1‰~0.15‰吲哚乙酸（IBA）水溶液中浸泡2~3 h，或ABT生根粉（按说明书）处理。

4.2.6 扦插方法 在整好的苗床上，按行距15 cm开沟，将插条斜插于苗床，插条间距离3 cm，插入土中约为插穗的2/3或1/2，露出地面1个节，插后浇足水、盖草。

广东河源采用营养袋育苗，首先用营养袋装好部分不带病菌的黄心土或经过消毒的细土，将插条插入营养袋，每袋一根插条，袋内填满细土后整齐排放于阴棚内已整好的畦上，然后浇水，保持湿润，20 d左右即可生根，生根率达85%以上。

4.2.7 扦插苗管理。

4.2.7.1 灌排水 插条苗生长期间要经常淋水，保持苗床湿润，雨季要注意排水。

4.2.7.2 除草松土 勤除杂草，当幼苗生长高度达10 cm以上时，视土壤板结情况疏松土壤，深度宜浅，不要伤根。

4.2.7.3 修剪 苗高20 cm以上时，选一直立健壮枝作主干，将其余萌生的枝条剪除。苗高40 cm以上时剪顶，促进苗木主干增粗生长和分生侧枝生长，提高苗木木质化质量。

4.2.7.4 追肥 第1次行间开沟施入腐熟的人畜粪尿或复合肥每300 g兑水100 L。第2次在行间开沟施入复合肥，每667 m²用量15～20 kg。施入后，用细土封沟，淋水。

4.2.7.5 苗木出圃 出圃前7 d左右灌起苗水，随出圃随移栽。起苗时不伤皮、不伤根，主根完整，须根长20 cm左右。

4.3 种子育苗。

4.3.1 选种 选取2～3年生无病虫害的健壮植株作母树，加强管理，保证多结实。

4.3.2 采种及种子处理 采收成熟的果实，取出种子，与湿润的细沙拌匀，放入挖好的坑内，进行层积处理（种子与细沙的比例为1∶3)。

4.3.3 播种时间 一般在3月上旬播种,或随采随播。

4.3.4 播种方法 由于种子细小,拌适量的草木灰,均匀撒播于苗床上,覆盖一层细土,并在苗床上盖上一层薄草,以保持土壤湿润,然后浇水。

4.3.5 种子苗的管理。

4.3.5.1 揭草 在播种的幼苗出土后即可去掉盖草。

4.3.5.2 间苗 当第2片真叶形成时,宜间去过密的幼苗。

4.3.5.3 淋水排水 遇上干旱,要及时淋水,保持土壤湿润;在多雨季节,要注意排除积水,以防幼苗死亡。

4.3.5.4 除草 勤除草,以防杂草淹没幼苗,又可以保持土壤湿润。

4.3.5.5 施肥 在苗期,可适量地施以腐熟的人粪尿或尿素、草木灰等当家肥。

4.3.5.6 出圃移栽 当苗高30～40 cm时出圃移栽。

第五章 栽植与田间管理

5.1 种植地选择与整地 选择土层深层、疏松、肥沃、近水源的地段。种植前进行翻耕,让其自然风化。种植地为坡地,一般采用水平带状整地,深耕40 cm,碎土耙平,开好排水沟。翌年春天挖穴,穴的规格为30 cm×30 cm×25 cm,穴内施基肥,以腐熟的农家肥为主。

5.2 栽植季节 一般在春季2～3月,土壤解冻后,亦可在秋季进行。选择阴雨天气种植。

5.3 种植密度 根据五指毛桃的生物学和生态学特性,结合种植地的土壤条件和当地集约经营的程度,定出初植密度每667 m² 2 000株、2 500株或3 000株。本研究基地的株行距为

50~70 cm。

5.4 栽植方法 将土与基肥拌匀后，选择健壮无病虫害的苗木，放入穴中，每穴栽1株。将苗栽稳，填土压实。浇定根水。

5.5 定植后管理。

5.5.1 覆盖淋水 定植后最好用芒萁覆盖畦面，减少杂草生长，遇天旱要淋水，保持土壤湿润。

5.5.2 补苗 缺株应及时补上同龄苗木。

5.5.3 中耕锄草 定植初期，要勤锄杂草、松土和培土。

5.5.4 施肥 定植后的返青期和壮苗期。要薄施氮肥，每667 m²施尿素3~5 kg，稀释1 000倍，或每667 m²用腐熟豆麸25 kg，兑水6~7倍浸泡施入。以后每隔1个月施复合肥每667 m² 10 kg，连施3次。

5.5.5 打顶 根据植株生长情况和需要摘顶芽，以促进分枝生长。

5.6 幼龄期管理。

5.6.1 定干 将主干30 cm以下的萌芽剪除，选留不同方向生长并有3~5条间距的侧芽或侧枝3~5条作为形成小树冠的主干枝。

5.6.2 修剪 5月下旬至7月下旬，剪除主干分枝以下的萌条，将分枝以上所留侧枝于枝长20 cm处剪短。结合修剪，摘除花果，减少消耗养分。

5.6.3 土壤培肥 每年4月中旬、7月上旬、10月。沿树冠外缘开对称穴坑，坑长20~30 cm，坑深10 cm。施生物有机肥或施五指毛桃叶面专用肥。

5.6.4 中耕翻园 每年中耕除草2~3次，深度15 cm；9月翻晒园地1次，深度25 cm，树冠下15 cm，不碰伤植株基茎。

5.7 成龄期管理。

5.7.1 修剪 4月下旬至5月上旬将萌发的新芽、嫩枝剪除，同时剪除风干枝。5月中旬至7月上旬，剪除徒长枝，短截中间枝，摘心二次枝。10月，也可延迟到休眠期，剪除徒长枝。结合修剪，摘除花果，避免养分消耗。

5.7.2 中耕除草 每年2~3次，深度15cm，树冠下10cm。中耕均匀不漏耕，清除杂草。

5.7.3 翻晒园地 9月中旬翻晒，深度为行间25cm，株间15cm。翻晒均匀不漏翻，树冠下作业不伤根。

5.7.4 施肥 每年4月中旬、6月上旬。施五指毛桃专用肥，沿树冠外缘开沟20cm，将定量的肥料施入沟内，与土拌匀后封沟。9月施饼肥，腐熟的厩肥，氮、磷、钾复合肥。沿树冠外缘开对称穴坑，将定量的肥料施入沟内，与土拌匀后封沟。视植物生长情况，喷施叶面营养液肥，如五指毛桃专用营养液肥。采用背负式喷雾器或机动喷雾器喷雾，以叶片不滴水为好。上午10:00以前和下午16:00以后作业。

5.7.5 灌水 视土壤干湿程度灌溉，不串灌，不漏灌，不积水。

第六章 主要病、虫害防治

6.1 防治原则 坚持贯彻保护环境、维护生态平衡的环保方针及预防为主、综合防治的原则，采取农业防治、生物防治和化学防治相结合的方法，对五指毛桃主要病虫害进行防治。尽量少施或不施化学农药，必要时，应采用最小有效剂量（使用超低容量喷雾器）的广谱、高效、低毒、低残留的化学农药和生物制剂。

6.2 农业防治。

6.2.1 土壤消毒 结合整地做畦,每667 m² 撒石灰100 kg进行土壤消毒。

6.2.2 清洁田园 清除杂草落叶、感染病虫植株,集中处理,以减少病虫源。

6.2.3 培育壮株 通过追施肥料,做好田间管理各项工作,促进植株生长健壮,增强抗病虫能力。

6.3 炭疽病的防治。

6.3.1 症状 发病后,叶片病斑近圆形或不规则形,病斑褐色,天气潮湿时,病斑上有橙红色的点状黏物质。

6.3.2 药物防治。

6.3.2.1 生物农药防治 用大连产的好普牌高效生物免疫杀菌剂,稀释1 000倍液全面喷施。每隔7天喷1次,连续3次。

6.3.2.2 化学农药防治 用50%可湿性多菌灵粉剂稀释1 000倍液或用1:1:100的波尔多液喷雾防治。

6.4 卷叶虫的防治。

6.4.1 症状 幼虫危害嫩叶和嫩芽。虫龄较小时,仅食叶肉,留下表皮;虫龄较大后,蚕食叶片,仅留叶脉,而且可将几张叶片卷曲成团。

6.4.2 药物防治。

6.4.2.1 生物农药防治 用2.5%鱼藤精乳油稀释800~1 000倍液喷施。

6.4.2.2 化学农药防治 幼虫孵化后,用90%固体敌百虫稀释500~1 000倍液喷杀。

6.5 黏虫的防治。

6.5.1 症状 危害嫩枝及树梢。

6.5.2 药物防治。

6.5.2.1 生物农药防治 用2.5%鱼藤精乳油稀释800~1 000

倍液喷施。

6.5.2.2　化学农药防治　用40%乐果乳油稀释800～1 000倍液，隔7天喷1次，连续2～3次。

第七章　采收与加工

7.1　采收季节　五指毛桃野生植株在秋季挖取根部，除去杂质，洗净，运回。栽培植株，当地药农一般种植3～4年后秋季采收，此时采收的五指毛桃根产量较高，气味较浓，质量较佳。

7.2　采收方法　挖取时，栽种植株将基部留出1/3或1/2，即挖一边根留一边根，培土施肥，加强管理，让基部萌出新根，2～3年后再次采收，留下的一边老根第2年采收，如此轮流采挖，既可减少新种植的费用，又可缩短采收间隔期，保证稳产高产，还有利于环境保护。

7.3　产地加工。

7.3.1　采收后的五指毛桃根，按大小分级，将细根和须根切下，切短段，或捆成小扎，大根趁鲜切成厚片。

7.3.2　及时晒干，以防五指毛桃根颜色变暗；碰上阴雨天气，用低温烘干，但忌高温烘干，否则五指毛桃根的香气将尽失。

第八章　留种技术

8.1　扦插繁殖的留种技术。

8.1.1　留种母株应选用无病虫的健壮植株作种株。

8.1.2　将选有留种母株的大田作留种地。

8.1.3　留种地的母株不宜摘花果。

8.1.4　应做好留种地母株的越冬防霜保种工作。

8.2 种子繁殖的留种技术。
8.2.1 选取2~3年生无病虫害的健壮植株作母树。
8.2.2 加强管理，保证多结实。
8.2.3 采收成熟的果实，取出种子，洗净，晾干，播种，或置于阴凉干燥处，待播。

第九章 质量标准

根据《中华人民共和国药典》、企业标准和购销合同，按每批件数的1%随机抽检样品。

9.1 药材质量标准：
9.1.1 水分不得超过10%。
9.1.2 总灰分不得超过6%。
9.1.3 酸不溶性灰分不得超过0.85%。
9.1.4 醇溶性浸出物不得少于5.0%。
9.1.5 含量测定 补骨酯素含量0.5~1.0 mg/g（暂定）。
9.2 重金属含量限量指标：
9.2.1 重金属总量≤20.0 mg/kg。
9.2.2 铅（Pb）≤5.0 mg/kg。
9.2.3 镉（Cd）≤0.3 mg/kg。
9.2.4 砷（As）≤2.0 mg/kg。
9.2.5 汞（Hg）≤0.2 mg/kg。
9.3 农药残留限量指标：
9.3.1 滴滴涕（DDT）≤0.1 mg/kg。
9.3.2 六六六（BHC）≤0.1 mg/kg。
9.3.3 五氯硝基苯（PCNB）≤0.1 mg/kg。
9.3.4 艾氏剂（Aldrin）≤0.02 mg/kg。
9.4 黄典霉毒素限量指标 黄曲霉毒素B_1（Aflatoxin）

≤5.0μg/kg。

第十章 包装、贮藏及运输

10.1 包装。

10.1.1 选用不易破损的包装,以保证药材在运输、贮藏、使用过程中的质量。

10.1.2 发送中药材必须有包装,标签应标明药材品名、产地、采收日期及注意事项等。

  药材名称:

  产 地:

  采收日期:

  采收单位:

  调出日期:

  调出单位:

  调出数量: 包

  包装质量: kg/包

  注意事项:

  附:药材质量检验单

10.2 贮藏。

10.2.1 专用仓库应选择通风、干燥、无污染的环境,并采用控温(30℃以下)、控湿技术(相对湿度70%~75%),彻底灭菌,防止霉变。

10.2.2 五指毛桃极易被虫蛀,贮藏期要注意消灭虫源,防止发生虫蛀。

10.3 运输。

10.3.1 运输工具应有通风设备。

10.3.2 运输过程应防止日晒、雨淋、潮湿、损坏、污染。

第十一章 人员和设备

11.1 人员。

11.1.1 从事中药材生产的人员均应具有基本的中药学、农学常识,并经过生产技术、安全及卫生学知识培训。

11.1.2 从事田间工作的人员应熟悉栽培技术,特别是农药的施用及防护技术。

11.1.3 从事加工、包装、检验人员应定期进行健康检查,患有传染病、皮肤病、外伤性疾病等不得从事直接接触药材的工作。

11.1.4 对从事药材生产的有关人员应定期培训与考核。

11.2 设备。

11.2.1 生产单位应备齐药材生产必须的设备。

11.2.2 生产企业生产和检验用的仪器、仪表、量具、衡器等适用范围和精密度应符合生产和检验的要求,有明显的状态标志,并定期校验。

第十二章 文 件 管 理

12.1 文件。

12.1.1 生产企业应有生产管理、质量管理等标准操作规程。

12.1.2 药材生产全过程的详细记录。

12.2 管理 将上述文件资料全部归入档案收载。

12.2.1 由具有一定文化而且责任心强的人员作为记录员专门记录。

12.2.2 档案保管员要掌握档案分类和保管的基本知识。

12.2.3 记录员、档案保管员要求由相对固定的专人负责。

十一、巴　戟　天

（一）概　　述

巴戟天别名鸡肠风（广东、广西）、鸡腿藤、黑藤钻、糠藤、三角藤（广西）、兔儿肠、兔仔肠、猫肠筋（福建）。巴戟天为常用中药，是著名南药之一。《中华人民共和国药典（一部）》（2000年版）收载的巴戟天药材来源于茜草科Rubiaceae植物巴戟天*Morinda officinalis* How的根。

1. 产地

巴戟天始见于西汉时期《神农本草经》，列为上品。梁·陶弘景在《本草经集注》中对该生药有简单的描述："状如牡丹而细，外赤内黑，用之打去心。"唐·李勣等在《新修本草》中则有稍详细的描述："其苗俗方名三蔓草，叶似茗，经冬不枯，根如连珠，多者良，宿根青色，嫩根白紫，用之亦同，连珠肉厚者为胜。"汉代《名医别录》最早记载了巴戟天的产地："生巴郡（即四川阆中、奉节及重庆等地）及下邳（即江苏邳县）山谷，今亦用建平（即今四川巫山、湖北恩施）、宜都（即今湖北宜昌）者。二月、八月采根阴干。"宋·苏颂《本草图经》曰："巴戟天生巴郡及下邳山谷，今江淮河东州郡亦有之，皆不及蜀川者佳。叶似茗，经冬不枯，俗名三蔓草，又名不凋草，多生竹林内。内地生者，叶似麦门冬而厚大，至秋结实，二月、八月采根阴干,今多焙之,有宿根者青色,嫩根者白色,用之皆同,以连珠肉厚者为胜,今方家多以紫色为良,蜀人云都无紫色者,彼方人采得或用黑豆同煮,欲其色紫,此殊失气味,尤宜辨之……"由这一段话看来,巴戟天的产地似乎是在四川、湖北、江苏等地。

国内外学者对巴戟天原植物的考证做了不少工作,但众说纷纭,未作定论。侯宽昭于1958年正式提出:"现时我国各大城市国药铺出售的巴戟天系属茜草科中的一种新植物,其学名为*Morinda officinalis* How",但同时也指出"巴戟天的原产地显然和历代本草所说的有矛盾",同时该品种被首次收入1963年版《中华人民共和国药典》,其后1977年、1985年、1990年、1995年版均以此品种作为巴戟天的正品收载。但古代本草记载的巴戟天为何物,仍未有结论。

陈仁山《药物出产辨》云:"巴戟天产广东清远、三坑、罗定为好,下四府、南乡等均次之,西江德庆系种山货,质味颇佳,广西南宁有之。"这说明近代药用巴戟天主产于广东、广西。谢宗万认为:"定是指茜草科植物广巴戟*Morinda officinalis* How. 而无疑。"这表明,自20世纪以来,药用巴戟天的地道产区已不再是古本草记载的四川巴郡,而是转移到了广东、广西等地区。中药品种在历代本草中有所变迁的例子不少,巴戟天最为典型。古本草最早药用巴戟天的品种已不可考,则后世必然以新兴品种取而代之。《中华人民共和国药典(一部)》(1963年版)已将*Morinda officinalis* How作为巴戟天正品收载。

2. 药用价值

早在2 000多年前,巴戟天就被人们作为药用。最早始载于第一本药学专著《神农本草经》，列为"上品"，并云："巴戟天，味辛，微温，生山谷，治大风邪气，阳痿不起，强筋骨，安五脏，补中，增志，益气。"以后历代本草对巴戟天的植物形态和生药特征、特性方面均有记载，如梁·陶弘景撰《本草经集注》、唐·李勣《新修本草》、宋·苏颂《本草图经》等对巴戟天的外形及产地均有记载，宋·寇宗奭《本草衍义》记载："巴戟天隆冬不凋，味辛气温，专入肾家，为鼓舞阳气之用。温养元阳，则邪气自除，起阳痿，强筋骨，益精，治小腹阴中引痛，皆温胜寒之效；安五脏，补五劳，补中，益气，皆元阳布护之功也。"《本草备要》云："巴戟天补肾益精，治五劳七伤，辛温散风湿，治风气脚气水肿。"清·黄宫绣撰《本草求真》专著中，对巴戟天的药用价值作了简述："巴戟天温补肾阳，兼祛风湿。巴戟天专入肾，味辛、甘，性微温。据书以补肾要药，能治五痨之伤，强阳益精，以其体润固耳。然气味辛温，又能祛风除湿，故凡腰膝疼痛，风气脚气水肿等症，服之更为有益。"《清代宫廷医话》（陈可冀著）对巴戟天滋阴补肾也作了描述："本方实乃六味地黄丸为主，旨在滋阴补肾。加杜仲、菟丝子益阴助阳，尤妙者选用巴戟天温肾壮阳，以防滋阴太过，且巴戟天与菟丝子相伍，壮肾固精之力殊增；巴戟天与杜仲相须，补肾益元之功尤强；巴戟天配合山萸肉可助肾火以固下元……本方适于肾阳不足，病情迁延，肾精不固者。"

现代关于巴戟天的应用则更多，由于巴戟天含有丰富的营养成分，如维生素C、多糖和胶质以及人体所需的有机物质等，除作药用外，还可用于滋补保健品中，如已开发出的"巴戟乌鸡精"、"巴戟黑米酒"、"虫草巴戟酒"、"首乌巴戟酒"、"巴戟高级可乐"等，深受国内外消费者欢迎。巴戟天还可蒸鸡、炖肉，作为药膳进补，素有南方"高级参"美称。

（二）生物学特性

1. 植物学特征

《中华人民共和国药典（一部）》（2010年版）规定，巴戟天为茜草科植物巴戟天 *Morinda officinalis* How的干燥根皮。

巴戟天为藤状灌木。

（1）根

肉质肥厚，圆柱形，呈结节状，直径1～2 cm，分枝。外表灰黄色，具有不规则横纹，常因皮部缢缩而更为明显。质地坚韧，不易折断，横切面的皮部鲜明淡白色，干时淡紫色，内有1个小而圆的木心。巴戟天的根系发达，在广东省清新县挖到一株多年生巴戟天，其根达94 kg（见彩图11-1）。

（2）茎及叶

茎呈圆柱形，有纵棱，灰色或暗褐色；小枝初时褐色，有小粗毛，后脱落。单叶对生，叶片呈长椭圆形；大小变异较大，长3～14 cm，宽2～6 cm；先端急短尖或短渐尖，基部钝或浑圆；表面深绿色，嫩时被粗毛，后脱落，叶缘有稀疏小毛；叶柄短，被毛；托叶膜质鞘状（见彩图11-2）。

（3）花

4～6月开花。头状花序呈伞状排列，每一花序上有2～10朵花，排列于枝端，花序梗被污黄色短粗毛；花萼倒圆锥状，先端有不规则的齿裂或平截，花冠肉质，白色，通

常4裂，少数3裂，花冠管喉部收缩内面密生短粗毛；雄蕊与花冠片等数；子房下位，4室，花柱短而纤细，2深裂（见彩图11-3）。

（4）果实及种子

7~11月结果，核果近球形，熟时红色，顶端有宿存花萼。每室有种子1粒，种子近卵形，背面起，侧面近平坦，被白色短茸毛（见彩图11-4）。

2. 生长发育规律

（1）种子生长发育

中药巴戟天野生资源逐渐枯竭，近几年广东、广西、福建等地大量种植。为此，关于巴戟天生物学特性的研究也比较多，可为今后驯化育种和高产优质栽培提供理论依据。

1）种子成熟度与发芽率　巴戟天种植一年后，果实10月以后陆续成熟，同株的种子由于开花期不同，成熟度也不尽相同。种子发芽率随着成熟度不同而有差异。同一株不同成熟度的种子播种1个月后的发芽率见表11-1。

表11-1　不同成熟度的种子与萌芽率的关系

成熟度	每千克果数（个）	种子千粒重（g）	种子占果重（%）	发芽率（%）
成熟果（红）	1 013	71.6	52	77
中熟果（黄）	1 948	74.0	48	74
未熟果（青）	2 670	59.4	45	11

从表11-1说明，成熟果和中熟果的种子占果重百分率

高,种子饱满,发芽率高,出苗整齐苗壮。因此采种时应分期分批采收红、黄果实。

2)种子形态及采收

巴戟天果实为聚合果,扁球形或近肾形,直径0.7~1.6 cm,肉质,表面有许多凹眼,周围有沟槽;成熟时橙红色,内有种子12~32粒;种子倒卵形,稍扁,长3.2~4.4 mm,宽2.1~3.5 mm,厚1.6 mm,表面有沟槽,种脐位于种子腹面一端,呈纵沟状洞,种皮浅黄色,角质;胚乳浅灰色,千粒重6.25 g。于花期广东为6月,海南则提早为3~4月,果熟期广东为9~10月,海南为6~7月;采摘成熟的果实室内放置3~5天,待果肉软烂时,用双层纱布包裹着在水中搓揉,待果肉全部搓烂后,用清水漂净果肉、浮种,沉种摊放在竹箩上,室内阴干种壳后,便可放在密封干燥的玻璃容器内,于6 ℃冰箱中贮藏。

3)种子的催芽

种子采收时(11月)的温度若低于15 ℃,温度不能满足要求,种子被迫处于休眠状态,一旦温度适宜,达到20 ℃以上,水分满足,种子不经任何处理,15~20天即可萌芽。采用土洞催芽法,把4包用纱布包好的种子(每包各100粒)送进洞内催芽,洞口密封,每隔5天开洞观察其萌芽数(表11-2)。

表11-2 土洞催芽效果

观察天数(d)	5	10	15	20	25	30	萌芽率(%)
萌芽数(个)	0	8	50	80	85	98	98

注:1997年2月4日入洞。

冬季土洞温度20 ℃左右,湿度85%左右,10天后开始萌芽,30天发芽率达98%。该方法尤其适用于农村。

4）种子贮藏方法对萌芽率的影响

各取1 500粒精选的种子,分别用晾干、湿存、湿沙存（湿存、湿沙存指种子藏于竹箩中保持湿度）、干沙存和日晒干等方法贮存。每10天各取100粒种子进土洞催芽（日晒的种子每半天取1次），萌芽率如图11-1。

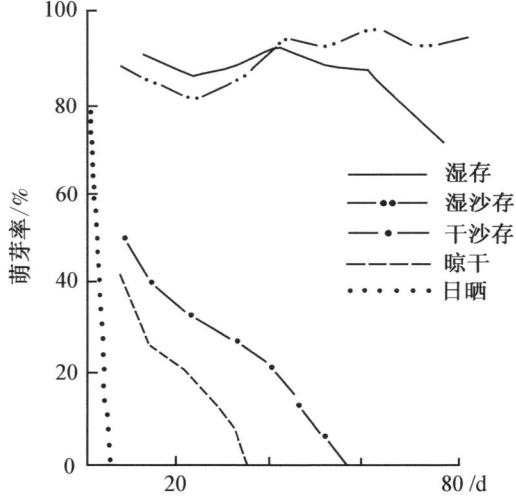

图11-1　种子贮存方法与萌芽率的关系

从图11-1可看出：种子拌湿沙能保持到翌年春播种不失萌芽力；其次是湿存，但后期烂籽较多；拌干沙或晾干的仅保持35~55天；日晒3天后全部丧失萌芽力。可见水分是保持种子活力的关键，这是它生长在南亚热带雨林特定环境条件下形成的习性。因此用于播种的种子不能晒干或晾干。不进行冬季育苗可把种子用湿沙贮藏或保持湿润，以待明春播种。

5）巴戟天种子的贮藏

李坚等报道，采用试管贮藏，用透气的棉花塞封口，贮藏2个月出苗率便降到10%，贮藏7个月便完全没有活力；采用干燥器贮藏，因干燥器密封性较试管强，故活力效果较试管好，贮藏1个月出苗率达27.8%，贮藏7个月完全失去生活力；采用冰箱贮藏的效果最好，贮藏7个月出苗率仍达38.9%（表11-3）。在北京，1990年收种子室温下放牛皮纸袋藏，至1991年4月10日测定发芽率为12%，故隔年种子不能用。

表11-3　不同贮藏方法和时间对巴戟天种子活力的影响（海南）

播种时间	贮藏时间（月）	出苗率（%）	播种至出苗天数（d）	出苗延续期（d）	播种至出苗日均温（℃）
1989.06.27	即播	①51.1	73	20	25.8~29.4
1989.07.27	1	①18.9	43	20	25.6~29.4
		②27.8	43	20	
		③12.2	62	1	
1989.08.26	2	①10.0	—	—	20.2~28.8
		②12.2	—	—	
		③36.7	—	—	
1990.01.24	7	①0	—	—	11.5~24.7
		②0	—	—	
		③38.9	81	60	

注：表中①为种子试管贮藏，19.8~33 ℃；②为种子干燥器贮藏，19.8~33 ℃；③为种子冰箱贮藏，6 ℃。

6）种子的萌发

据北京试验，巴戟天种子在黑暗的恒温箱内发芽不好，在22.4~24.5℃有光照的树阴下发芽快而好（表11-4）。据海南试验，巴戟天种子较难萌发，新采种子有一个后熟期，采后即播需要2个月以后才能出苗；经贮藏1个月后，出苗期可缩短至43天；采用6℃低温贮藏的种子，因胚处于深度休眠，故出苗期较室内贮藏迟19天；播种期间若遇到低温寒流，出苗期则延至81天（表11-4）。种子从破土萌动到子叶展开需要2天。子叶长卵形，长8.0 mm，宽4.0 mm，顶端微凹，基部圆形，全缘，叶柄短，叶片薄纸质，正面绿色，背面浅绿色。种子播种，每667 m^{2}播种量2~3 kg。种子需先经过室内湿沙催芽1个月后再播种，可提早出苗；雨季播种需搭防雨棚。

表11-4　温度对巴戟天种子萌发的影响（北京1990）

发芽地点	恒温箱				树荫
温度（℃）	15	20	25	30	22.4~24.5
发芽率（%）	1.5	0	3	1.5	20.5
发芽所需时间（d）	59	–	59	133	31

（2）植株生长发育

1）藤蔓的生长发育

巴戟天定植第1年生长主藤，12月后进入休眠阶段，其生长量为50~100 cm（荫蔽度大的长得更长），叶片7~10对。第2年4月主藤继续生长（如受冻害顶枯则由侧芽再萌新芽），同时从茎基部和主藤的节间抽生果枝。第3年4月从第2年的果枝节上现蕾，5~6月为盛花期，11月果实成熟。当年生藤呈直立状，第2年呈倒披状，并互相扭曲攀援。主藤生长第1、第2年最快，第3年后转为分枝生长。藤条数、藤蔓长度从3月开始生长，5~7月出现第1个生长高峰，9~10月为第2个生长高峰。抽芽主峰在春、夏季，次峰在秋季，11月停止抽芽，藤蔓生长的主峰在秋季，次峰在春季，12月停止生长。说明月均温20~25℃生长最适，低于15℃或超过27℃生长缓慢。

2）叶片的生长发育

因季节的不同而不同，一般春梢叶大而平展，纸质，短粗毛；夏梢叶呈披尖长形凹凸不平；秋梢叶小而厚，平展，叶脉上拱闭合似竹叶状。这种随季节而变化的叶型称季型叶。

3）根部生长发育

定植第1年以主根生长为主，长达20 cm，粗0.2~0.5 cm。实生苗主根1条，扦插苗2~4条。第2年春主根开始膨大形成一次根，且长出侧根。第3年侧根开始膨大成二次根，进行物质积累贮藏养分，并由新的支根代之吸收养分。第4年由第3年的支根膨大成三次根，以此类推。由于巴戟天根部具有延续膨大的特性，所以，随着年限的增加，根深与根幅的生长也有一定的规律性：一般前3年根深比根幅大，3年后根幅大于根深。主根3年后生长缓慢，支根则相反。这与上述的主侧藤生长规律相一致。

4）藤、根生长的相互关系

巴戟天藤蔓条数与根条数大致呈正比，一般藤茂根亦旺，藤稀根亦疏，特别是茎基部主藤多且密生的单株，定植5年后根重可达5~6 kg，相反，主藤少且分枝部位高，支根少产量低。

3. 适生环境

巴戟天虽属南方药材，但其分布不同于其他南药沿着北

回归线，而是偏于东北呈半弧状，这就形成了区别于其他南药所具有的个性，在对水分的要求更严，在热量满足的条件下，水分起主导作用。

（1）温度

巴戟天喜温暖，怕严寒，年平均气温在21.5 ℃，不能低于19.5 ℃，是萌芽生长旺盛期。在0 ℃以下和遇到低温霜冻时，常导致落叶，甚至冻伤或冻死。最冷月气温在12.6 ℃，不能低于9.3 ℃。绝对低温可耐到-2 ℃，不能低于-4 ℃。最热地表温在32 ℃以下，不得超过35 ℃。地表日温差在10 ℃左右，不得超过20 ℃。

（2）光照

对光照的适应性较强。野生巴戟天在较荫蔽的山谷林下和阳光充足的地方都有生长。人工栽培，苗怕阳光直射，需要荫蔽，荫蔽度可控制在70%～80%；成苗要求阳光较好，荫蔽度可控制在30%左右，以后随着植株的生长要求较充足阳光，一般日照时数在2 000 h以内。

（3）水分

要求雨量较充沛而土壤较湿润的环境。但水分过多，往往引起根系腐烂甚至全株死亡。有些产区在较干旱的山坡或山顶种植，虽能生长，但产量不高。在年平均降水量1 600 mm左右、相对湿度80%左右的地区，生长发育良好。干燥度适宜在1以下，不能超过1.23 。

（4）土壤

巴戟天是深根性植物，肉质根可深达土中1 m以下，故要求土层厚度80 cm以上方能满足其根系生长的需要。土质瘦薄、易于板结的土壤，肉质根生长不正常，呈扭曲盘屈状态，产量低。过于肥沃的稻田土，含氮素过多的土壤，会引起巴戟天地上部分徒长，肉质根反而很少生长，产量也不高。钾肥和腐殖质较多的微酸性至中性土壤，有利于肉质根生长，产量高。年平均风速适宜静风区1.2 m/s以内，不能超过2.5 m/s。

凡是符合上述气象指标的地带，且上层有阔叶林覆盖的山地、丘陵，巴戟天都能正常生长发育。

根据上述指标，各临界线以外引种工作应注意。北引的应选择能避寒害，坐北朝南的山地中坡；西引的应加强水分管理，特别要创造春季的水湿条件；裸露地引种应在苗期遮阴，大田封行前田面覆盖，降低地表温度，做好留草带、造林等水土保持工作；沿海引种的需选择土层深厚、能避风害、西照的地方，并加强水肥管理，采取地面覆盖、造林防风保水等综合措施。总之，要造成一个高温、多湿、静风、地表阴湿的适宜生境，才能满足"前阴后阳，上阳下阴"的生长发育要求，确保引种成功。

（三）品　种　类　型

广东巴戟天产区根据真叶的大小和形状区分为小叶型巴戟天和大叶型巴戟天。

（1）小叶型巴戟天

叶片较窄小，长约6.2 cm，宽约2.4 cm；叶面硬毛粗而明显。贮藏根粗大，肉质根肥大，农民习称为"短茎薯"或"细心薯"，木质髓心细小，直径1.5 mm，产量比大叶种高2~3倍。晒干率较高，3~4 kg鲜品晒1 kg左右干品。晒干率高于大叶种。抗病性强，发病率低，适应性广，从提高品质、保证质量角度上来看，生产上应推广小叶种（见彩图

11-5）。

（2）大叶型巴戟天

叶片较宽大，一般长约10 mm，宽约4 mm；叶面硬毛细而不明显。贮藏根细长，肉质根细长，肉薄，又分为"玻璃薯"、"光管薯"、"萝卜薯"等，但木质髓心粗，直径约2.5 mm。晒干率较低，4～5 kg鲜品晒1 kg左右干品。该品种目前农民较少种植（见彩图11-6）。

（四）育苗技术

1. 选地

（1）选地的原则

按照《中药材生产质量管理规范（试行）》，巴戟天的规范化种植基地应远离居民点，远离交通要道，大气、水质、土壤无污染，周围不得有污染源（见彩图11-7）。其中，大气环境的质量应符合《中华人民共和国环境空气质量标准》（GB3095—1996）中二级标准（参见P424表10-1）；水的质量应符合《中华人民共和国农田灌溉水质标准》（GB5084—1992）中二类标准（参见P424表10-2）；土壤的质量应符合《中华人民共和国土壤环境质量标准》（GB15618—1995）中二级标准（参见P426表10-3）。

（2）育苗地选择

依据以上原则，巴戟天所需的生态条件，育苗地宜选背风向阳，近水源的东坡或东南坡，土壤疏松，肥沃，排水良好且有一定遮阴条件的地段，以新开垦无污染地段为好。

1. 育苗

（1）整地

按选地原则选择适宜的育苗地。播种前，先行翻耕土壤，使其充分风化，育苗时，苗床土壤再行细碎疏松，做成宽1 m，高20 cm，长18～21 cm的畦，畦面盖火烧土，再铺一层干稻草，点火烧成灰起淬毒和提高土温的作用，待播种或扦插。

（2）育苗方法

1）扦插繁殖

插条选择和截取：选择2～3年生无病虫害、组织充实、茎粗壮的藤茎，从母株剪下后，截成长5 cm的单节，或10～15 cm具2～3节的枝条作插穗（见彩图11-8）。插穗上端节间不宜留长，应挨节剪，剪平，下端剪成斜口，刀口要锋利，切勿将剪口压裂。上端第1节保留3～5片叶，其他节的叶片剪除，随即扦插。不能及时插完的插条，要在荫蔽处存放，用草木灰黄泥浆浆根，放在阴湿处假植，以防干燥。如需运输，可用稻草包扎好，并注意保湿，但不宜堆放太厚，并要适当通风，保持覆盖物的湿润。

扦插季节：扦插育苗宜在气候温和、雨水均匀的季节，一般多以春季雨水前后为宜，此时气温已回升，雨量渐多，插后容易成活。经过苗圃细致的管理，翌年抽芽吐叶前移植。

扦插方法：插枝育苗可按行距15～20 cm开沟，然后将插穗按1～2 cm的株距整齐平列斜放在沟内，插的深度以挨近第一节叶柄处为宜（见彩图11-9），插后覆黄心土或经过消毒的细土，插穗稍露出地面，一般插后20天即可生根，成活率达80%以上。为了促进生根和提高成苗率，可将插穗每100条捆成1把，浸于含生长刺激素的水中处理一段时间，但不能用水浸泡。

如不经过育苗直接插于生产地，可按株距40～50 cm开穴，每穴插3～5段插穗，深种浅露，露出土面不要超过2 cm，以免插穗因水分散失过多而致干枯。插后压实土壤，浇水，以保插穗成活。

2）块根繁殖

块根选择和截取：选肥大均匀，根皮不破损，无病虫害的块根作种苗，截成长10～15 cm的小段。或在采收巴戟天时，在不能供作商品药材的小块根中选取。

块根育苗法：在整好的苗床上按行距15～20 cm开沟，然后将块根按5 cm的株距整齐平列斜放在沟内，覆土压实，让块根稍露出土面1 cm左右。

块根育苗法一般在种苗不易解决时采用。

3）种子繁殖

选种：选粗壮无病虫害的植株作留种母株，加强管理，保证多开花结实。

采种及种子处理：巴戟天定植3年后开花结果，一般在9～10月陆续成熟，当果实由青色转为黄褐色或红色、带甜味时采摘。采回的果实，擦破果皮，把种子浆汁冲洗干净，取种子，选红色、饱满、无病虫的种子进行播种，或拌湿沙保存到翌年春季播种。也可用层积贮藏催芽法，将采下的果实分层放于透水的箩筐内，一层沙、一层草木灰、一层果实，经常保持湿润。到翌年春取出播种。切勿把种子放在阳光下晒干贮藏，否则会全部失去发芽能力。

播种期：由于种子不宜久藏，最好是随采随播，以10~11月为宜。经过层积贮藏的种子，最好在翌年3~4月进行播种。

播种方法：点播或撒播均可。点播按株行距3 cm×3 cm，撒播密度不宜过大。播种后宜用土筛筛过的黄心土或火烧土覆盖厚约1 cm。经1~2个月，种子便可出芽，幼苗成活率可达90%左右。

种子苗生长茁壮，抗病力强，植株根系发达，产量高，品质好，是解决种苗不足，防止品种退化和培育优质高产品种的有效途径。

（3）苗期管理

1）遮阴

扦插后，搭设阴棚或插芒萁遮阴，荫蔽度应达70%以上。随着苗木生根成活和长大，应逐步增大透光度，育苗后期荫蔽度控制在30%左右（见彩图11-10）。

2）淋水

经常保持土壤湿润，淋水最好在早晨或傍晚进行，水要清洁。

3）施肥

在苗木生长期间可适当施用石灰、草木灰、火烧土。

4）摘顶芽

待苗高30 cm时，应将顶芽摘去，以促进分枝、枝条粗壮、须根发达，并可缩短苗期，提高移栽成活率。

播种育苗期的管理，与扦插育苗大体相同，只是播种床的荫蔽度稍小些，60%左右即可。摘顶芽可在苗高15~20 cm时进行。块根育苗如抽芽过多，可选留1~2个壮芽，其余剪除。同时还应及时除草。

5）防寒过冬

在冬季有低温霜冻的地区，应在入冬前做好防寒措施，可在原有的棚架上加盖稻草，周围设防风障，或采用塑料薄膜，提高土温，但应根据天气变化揭开或覆盖塑料薄膜。

播种苗的管理，荫蔽度稍小些，60%左右即可，摘顶芽可在苗高15~20 cm时进行。块根育苗如抽芽过多，可选留1~2个壮芽，其余剪除。

2. 优良品种的选育

巴戟天是我国名贵中药材，以根入药，临床具有广泛的用途。巴戟天生产多用藤蔓扦插法，但藤蔓来源不同，种苗混杂，良种短缺，并易感染真菌性的茎基腐病，使药材质量和产量下降，这也是目前种植生产上急需解决的难题。而通过组织培养可进行优良品系的筛选，可改变这一状况，同时也为加速巴戟天优良品种的推广开辟了广阔的道路，并为探索工业化生产巴戟天药用成分的可能性提供依据。下面介绍巴戟天组织培养常见的培养基及培养方法。

（1）组织培养的材料及其影响因素

1）材料与方法

选择材料巴戟天（*Morinda officinalis* How）3年生的芽或其他部位，切成0.4~0.7 cm的根段作为材料，接种于培养基上，进行固态静止培养。材料要求：从植株群体中选择生长旺盛，株型正常，向上伸长，茎秆粗壮，叶色浓绿，块根形成早（一般一年生单株根重50~60 g），抗逆性强（抗干旱、抗病虫害）等优良性状的植株。

所有植物细胞均含有能产生全部植物性状的全套遗传基因，即具有细胞的"全能性"，当在一定的条件下和外源植物激素的刺激下，就可以重新分化生长成再生植株。这是试管苗培养的理论基础。因此，培养基中外源激素的种类和配比对试管苗的培养至关重要。大量的研究表明，由外植体经分化产生愈伤组织后，愈伤组织的再分化产生根或芽取决于生长素和细胞分裂素的比值，当细胞分裂素比值较高时，则诱导芽的形成，而两者的比值低时则诱导根的分化。据此规律，我们分别设计了多种增殖和生根培养基的方法。具体如下。

剪取顶芽、腋芽、茎段和叶片等作为起始培养的外植体，经消毒处理后切成约0.5 cm长，在无菌条件下将其接种于固体琼脂培养基上培养。

（2）巴戟天组织培养的影响因素

在下列不同因素条件下考察对巴戟天试管苗的影响。

1）在不同激素浓度配比的培养基中（表11-5）进行培养

首先筛选出有合适激素配比的增殖培养基，使外植体经愈伤组织而分化出大量的不定芽（见彩图11-11）。基本培养基为MS培养基，琼脂用量为0.9%。培养基中按需添加的植物生长素类：吲哚乙酸（IAA）、吲哚丁酸（IBA）和α-萘乙酸（NAA）；植物细胞分裂素类：6-苄基腺嘌呤（BA）和玉米素（ZT）；赤霉素类：GA_3。培养基的pH稳定在5.8～6.0，培养温度为（25±2）℃，光照时间8～12 h，光照强度150～2 000 lx，培养室的空气相对湿度为80%以上。

表11-5 培养基不同激素浓度配比

培养基	编号	培养基成分（mg/L）
Ⅰ组	1	MS+NAA0.5+BA6.0+GA$_3$1.0+3%蔗糖
	2	MS+NAA0.5+ZT6.0+GA$_3$1.0+3%蔗糖
Ⅱ组	3	MS+IAA0.1+BA0.15+3%蔗糖
	4	MS+NAA0.5+BA0.1+3%蔗糖
	5	MS+NAA0.1+BA0.3+3%蔗糖
	6	MS+NAA0.1+BA1.0+3%蔗糖
	7	MS+NAA0.2+BA1.0+3%蔗糖
	8	MS+NAA0.3+BA1.0+3%蔗糖
Ⅲ组	9	MS+NAA0.3+BA5.0+GA$_3$1.0+3%蔗糖
	10	MS+NAA0.5+BA6.0+GA$_3$1.0+3%蔗糖
	11	MS+NAA0.5+（2,4-D）0.5+BA0.7+GA$_3$5.0+3%蔗糖
	12	MS+NAA0.5+ZT3.0+GA$_3$1.0+3%蔗糖
	13	MS+NAA0.5+ZT4.0+GA$_3$1.0+3%蔗糖
	14	MS+NAA0.5+ZT6.0+GA$_3$1.0+3%蔗糖
Ⅳ组	15	1/2MS+IAA0.1+NAA0.2+1%蔗糖
	16	1/2MS+IAA0.2+NAA0.4+1%蔗糖
	17	1/2MS+IAA0.3+NAA0.6+1%蔗糖
	18	1/2MS+IBA0.1+NAA0.2+1%蔗糖
	19	1/2MS+IBA0.2+NAA0.4+1%蔗糖
	20	1/2MS+IBA0.3+NAA0.6+1%蔗糖

2）不同外植体对愈伤组织诱导率和不定芽分化率的影响

在两组不同激素组合的培养基上接种的外植体，效果虽有差异（表11-6），但愈伤组织诱导率和不定芽分化率都是顶芽和腋芽的百分率高（见彩图11-12）。

表11-6　巴戟天外植体对培养效果的影响

培养基编号	外植体	接种数（个）	愈伤组织诱导率（%）	不定芽分化率（%）
1	顶芽、腋芽	15	（12）80.0	（13）86.7
	茎段	15	（8）53.3	（7）46.7
	叶片	15	（7）46.7	（4）26.7
2	顶芽、腋芽	15	（9）60.0	（10）66.7
	茎段	15	（7）46.7	（6）40.0
	叶片	15	（7）46.7	（6）40.0

注：以上为培养40天的统计数。

3）不同激素浓度配比的培养基对试管苗愈伤组织诱导率的影响

将外植体接种到不同激素配比的6种培养基上（表11-7），1周后可见到绿色微凸的芽点，3周后芽点明显增大，长出愈伤组织，并有部分长出新叶，直接分化出丛生芽，其中编号4培养基愈伤组织诱导率达86.7%，经过80天培养，愈伤组织体积增加近7倍。

表11-7　不同激素浓度配比对愈伤组织诱导率的影响

培养基编号	接种数（个）	愈伤组织诱导率（%）
3	15	（10）66.7
4	15	（13）86.7

续表

培养基编号	接种数（个）	愈伤组织诱导率（%）
5	15	（12）80.0
6	15	（12）80.0
7	15	（11）73.3
8	15	（10）66.7

注：以上为培养40天的统计数。

4）不同激素浓度配比的培养基对愈伤组织不定芽分化率的影响

将愈伤组织或丛生芽分开，转移到不同激素浓度配比的6种培养基上（表11-8），3周后转一次培养基，其中编号11培养基效果最好，芽分化率达100%。

表11-8　不同激素浓度配比对不定芽分化率的影响

培养基编号	接种数（个）	不定芽分化率（%）
9	15	（10）66.7
10	15	（13）86.7
11	15	（15）100.0
12	15	（8）53.3
13	15	（9）60.0
14	15	（10）66.7

注：以上为培养40天的统计数。

5）不同激素浓度配比的培养基对试管苗根分化率的影响

将长至2~3cm高的丛生小苗,转移至不同激素浓度配比的6种培养基上(表11-9),经2周培养后开始生根,逐渐形成苗根齐全的完整植株,其中编号16的培养基效果最佳,生根率达92.6%(见彩图11-13)。

表11-9 不同激素浓度配比对根分化的影响

培养基编号	接种数(个)	根分化率(%)
15	15	(5)33.3
16	27	(25)92.6
17	28	(16)57.1
18	35	(17)48.6
19	22	(14)63.6
20	18	(9)50.0

注:以上为培养30天的统计数。

6)试管苗移栽和性状观察

将生根正常的试管苗进行沙培(见彩图11-14),待生长稳定,长出2~3对新叶后,转到室外栽培(见彩图11-15),基质按泥土、细沙和火烧土2∶1∶1混合而成,移栽后适当遮阴,保持基质湿润,在同一批的138株试管苗中,仅死1株,成活率达99%以上。生长正常,在66天的炼苗期,平均株高增长2.7cm,叶片增加6片,最大叶片增长1.58cm,增宽1.17cm,对新环境的适应能力强。

试管苗经过7次继代培养后,较稳定地保持了原始植物的优良性状,个别植株出现差异,也有优于单株选择时的性状,如株型变矮,茎较粗壮,叶片宽阔,有利于个体发育。

试管苗与种子苗同时移栽，经过一年后调查，试管苗保存率达88.9%，4个月生苗平均高60.5 cm，最高为107 cm。将一年生苗离地面约60 cm处剪断，1.5年后生长的组织培养苗与同期移栽的扦插苗比较，前者的分枝数、平均株高分别为扦插苗的3.1倍和2.3倍。种子苗则可能因种子带病菌，加上苗木长势差，易染病，43株种子苗全部死亡。

在进行巴戟天的组织培养时，由于巴戟天不同部位的再生能力不同，影响着愈伤组织的诱导率和不定芽的分化率，顶芽、腋芽均比茎段和叶片高1～2倍。其中编号为4的培养基中因含NAA 0.5 mg/L利于愈伤组织生长，与BA配比，愈伤组织诱导率效果更好；编号为11的培养基中因含2,4-D 0.5 mg/L、NAA 0.5 mg/L有利于芽的生长，与BA配比，利于芽的分化，同时GA_3又可消除BA带来的抑制作用；编号为16的培养基中，采用IAA 0.2 mg/L、NAA 0.4 mg/L的激素浓度配比有利于促进生根。

经过以上组织培养试验的研究，表明巴戟天的遗传性状改变可在试管苗培养中进行，为优良品系的培育提供了可行性。

（3）巴戟天试管苗培养方法

1）外植体的消毒方法

由于试管苗的培养是要求严格无菌的，因此采用消毒效果好而又对外植体损伤小的消毒方法是培养成功的首要条件。经试验表明下列方法是进行巴戟天外植体（顶芽、腋芽、茎段和叶片）消毒的较好方法：将外植物体置自来水下以流水冲洗15 min，然后用75%乙醇浸泡30 s，用无菌水冲洗5～6次，再用9%次氯酸钙上清液浸泡10 min，取出，用无菌水冲洗。经消毒处理后将外植体切成约0.5 cm长的小段，备用。

2）试管苗的最佳培养程序

经消毒的顶芽或腋芽在增殖培养基（MS+NAA0.5+BA6.0+GA$_3$1.0+3%蔗糖，单位：mg/L，下同）中培养40天后可分化出丛生的不定芽（分化率为86.7%），将这些不定芽转入生根培养基（1/2MS+IAA0.2+NAA0.4+1%蔗糖）中培养20天即可分化生根形成完整的巴戟天试管苗，其根分化率为92.6%。试管苗移栽的具体方法是：将已生根的、健壮的巴戟天试管苗先在培养室内松开瓶塞适应培养1周，然后将试管苗取出转入已消毒的细沙中沙培炼苗，添加1/2MS的培养液作养分，2周后将其转入沙土混合的花盆中室外荫蔽培育，注意加强栽培管理，1~2个月后即可移至露地种植，移栽成活率在90%以上。

（五）栽培技术

1．种植地选择

宜选择山谷两侧的阔叶林地或坡度为25°~30°的山坡中下部，腐殖质丰富，有机质含量在1.5%~3.0%，土层深厚，质地疏松的黄泥沙质壤土。坡向朝东或东南较好，山顶要保留水源林，土地面积不宜连片过大，并保留稀疏荫蔽树。若灌木丛生的林地，应在冬季，将林木杂草清除烧灰作肥料，也可保留一部分树木遮阴，如遇有山苍子、樟树等含挥发性物质的树的树根，要通过深翻土壤，拔除干净，因这些树根严重危害巴戟天的生长，容易引起根腐病。

2. 整地

巴戟天属多年生深根性植物。根据它的生长特性，宜选择山谷两侧的阔叶林地或山坡地。秋分后开始整地，将地块内灌木杂草砍伐、铲净，晒干后就地烧毁，增加土壤肥料。翌春，再把土块打碎，沿等高线按1～1.2 m的宽度做成梯地，畦面宜外高内低，呈微倾斜，内侧开设排水沟，然后按株距30 cm挖穴，穴内施火烧土和经沤熟的过磷酸钙等混合肥。

3. 种植时间

春秋两季均可定植，但以春季为好，春分前后，雨水充足，定植后容易恢复生机。秋季以立秋至秋分前较适宜。起苗前，剪去先端部分，只保留3～4节的枝条，叶片也可剪去1/2，以减少水分消耗。起苗后用黄泥浆浆根。宜选阴天定植，定植一般有两种方法：①育苗种植，每穴种2～3株苗，把种苗根系伸展在穴内，覆土压实；②直插，插条规格和插条育苗方法相同，每穴插5～8条，将插条平排于穴内，然后覆土，用锄头背稍打实，穴面应低于地面，以利蓄水保湿。定植时，根系要舒展，栽后压实，插芒萁遮阴。在林下定植可不插芒萁。

4. 种植密度

一般以行距72～82 cm，株距33～44 cm，每667 m²种2 000～2 700株为宜。

5. 移栽方法

扦插前要预先准备好苗床，苗床基质最好用细河沙。可按行距15～20 cm开沟，然后将插穗按1～2 cm的株距整齐平列斜放在沟内，插后覆黄心土或经过消毒的细土，插穗稍露出地面，一般插后20天即可生根，成活率达80%以上。为了促进生根，可将插穗用生长刺激素处理。

（六）田间管理

1. 补苗

巴戟天种植一年后，需全面检查，发现死亡缺株的应及时补苗，保证成活率达90%以上。

2. 中耕除草

定植后的前2年，每年除草2次，即在5月、10月各除草1次。由于巴戟天根系浅而质脆，用锄头容易伤根，导致植株枯死，靠植株茎基周围的杂草宜用手拔，结合除草进行培土，勿让根露出土面。

3. 施肥

待苗长出1～2对新叶时，可开始施肥，以生物肥或有机肥为主，如土杂肥、火烧土、腐熟的过磷酸钙、草木灰等混合肥，每667 m² 1 000～2 000 kg。忌施硫酸铵、氯化铵和猪、牛尿。如种植地酸性较大，可适当施石灰进行调节，每667 m² 50～100 kg。冬季则宜施磷钾肥。

4. 修剪藤蔓

巴戟天随地蔓生,往往藤蔓过长,尤其3年生植株,会因茎叶过长,影响根系生长和物质积累。可在冬季将已老化呈绿色的茎蔓剪去过长部分,保留幼嫩呈红紫色的茎蔓,促进植株生长,使营养集中于根部。也可结合扦插季节进行,将剪下的藤蔓供作繁殖材料。

(七)常见病、虫、草害防治

1. 病害

主要有茎基腐病、轮纹病、煤烟病等。

(1)茎基腐病

1)发生症状及原因

该病是分布最广,发生最严重的一种毁灭性病害。巴戟天茎基、根部、种子都可以感染茎基腐病。病原菌为镰刀菌属的尖孢镰刀菌(芳香镰刀菌变种)。病菌的寄生专化性较强,在巴戟天各个发育阶段均可发生,多在种植后2~3年的植株上大量发生。始发期在3月下旬至4月上旬(气温上升到15℃以上),4月上旬至5月上旬进入普发期,5月上旬至10月下旬出现两个高峰期。发病特点:病菌在10月下旬开始侵入巴戟天茎基部(见彩图11-16),在近地面3~5cm处开始发病,出现白色斑点,茎皮多纵裂,常有褐色树脂状胶质溢出。有时在茎基部的纵裂面发生腐烂枯死,植株逐渐萎黄(见彩图11-17),叶片脱落,甚至死亡。

2)防治方法

①选择与野生巴戟天相似的生态环境进行种植，在巴戟天生长期间，要加强田间管理，增强抗病能力。

②施肥以火烧土、土杂肥为主，加适量过磷酸钙，经过沤熟后施用。调节土壤酸碱度，减轻病害发生。不可追施氮肥。

③为避免病菌从伤口侵入，不宜中耕松土，最好是春秋季除草，夏季用草遮阴，以降低地表温度，保护根茎皮层不受损伤。多雨季节应及时排水。

④发病后，把病株连根带土挖掉，并在坑内施放石灰杀菌，以防病害蔓延（见彩图11-18）。可用稀释倍数为1∶700的粉锈灵喷洒（见彩图11-19），每隔7～10天喷1次，连续2～3次。近年来还开展了生物防治试验，通过土壤微生物的拮抗作用，抑制该病的发生。

（2）轮纹病

1）发生症状及原因

该病是真菌引起的病害，主要危害叶片，受害部分开始出现淡黄色晕圈，后由褐色变为暗褐色，随后病斑不断形成轮纹斑，即同心圆，中央脱落穿孔，严重时叶片枯黄脱落。

2）防治方法

可用1∶2∶100的波尔多液喷射，每隔7～10天喷1次，连续2～3次。

（3）煤烟病

1）发生症状及原因

由真菌中的子囊菌纲座囊菌目所引起。病菌的菌丝、分生孢子和子囊孢子都能越冬，成为下一年初侵染的来源。主要危害叶和嫩枝及果，在病株上形成黑色霉层，似煤烟，严

重时叶片和嫩枝表面覆满黑色煤烟状物，逐渐扩大成黑色的霉层。由于茎叶被黑煤状物覆盖而影响光合作用，使巴戟天植株生长衰退，严重时整株枯萎。该病的发生与蚜虫、介壳虫、木虱等危害有密切关系，害虫越多病情越严重。

2）防治方法

①通过防治虫害可达到防病效果。

②用50%退菌特800倍液喷洒，每隔7~10天喷1次，连续2~3次。积极开展生物防治，可用木霉菌制剂进行防治。

（4）根结线虫

1）发生症状及原因

发病较为普遍，危害较为缓慢，植株受害后生长不良，地上部分枝叶萎缩，植株矮小，出现早衰和畸形，严重者顶端枯萎，叶脱落而死亡。根部受害后，主根和侧根上形成大小不等、表面粗糙的圆形瘤状物，使根部组织突变增生为一个根结（虫瘿），犹如豆科植物的根瘤一样，切开后可见白色粒状物。在显微镜下观察，可见梨形的雌性成虫。病原为线虫纲的根结线虫在根内或土壤内越冬，侵染根部幼嫩组织，尤其是根尖。主要通过种苗、肥料、农具和水流传播。

2）防治方法

巴戟天为深根植物，若用药剂防治根结线虫病，难度大、成本高而收效微。

①宜选生荒地种植或前作是水稻地为好，种植地宜选择具有较好肥力的红壤或黄壤的生荒地，切忌在熟地、育苗地连作，并加强苗木检疫，淘汰病苗，以阻止传播危害。

②用15%澄清石灰水淋病根处，危害严重时拔除病株烧毁，并用浓石灰水或石灰粉灌、撒病穴，以免扩大传染。

（5）紫纹羽病

1）发生症状及原因

在局部地区造成严重危害。受害根表面呈紫色，当被深紫色短绒状菌丝体所包围时，皮层即腐烂，极易剥落。木质部初呈黄褐色，湿腐。该病是由紫纹羽卷担子菌引起的。病原菌利用它在病根上的菌丝体和菌核潜伏于土壤内。土壤潮湿或排水不良有利于病原菌滋生。

2）防治方法

引种健康苗木，栽植地注意排水，促进巴戟天健壮生长。发现病株及时挖出并烧毁，病株周围土壤用20%石灰水或2.5%硫酸亚铁浇灌消毒，对新垦地要清除树根和枯枝落叶等杂物。

2. 虫害

主要有蚜虫、介壳虫、红蜘蛛、粉虱、潜叶蛾。

（1）蚜虫

1）发生症状及原因

在春秋两季巴戟天抽发新芽、新叶时危害。此虫可使幼芽畸形，叶片皱缩，天气干旱时危害更严重，造成茎叶发黄。

2）防治方法

可用40%乐果乳剂稀释1 500倍喷雾或用烟草0.5 kg配成烟草石灰水喷洒。

（2）介壳虫

1）发生症状及原因

成虫、若虫吸食茎叶汁液，并可引起煤烟病。

2）防治方法

幼龄期用40%乐果乳剂1 000~1 500倍液喷杀。

（3）红蜘蛛

1）发生症状及原因

成虫、若虫群集于叶背或嫩芽吸食汁液并拉丝结网，使叶变黄，最后脱落。

2）防治方法

用40%乐果乳剂1 500倍液喷杀。

（4）粉虱

1）发生症状及原因

幼虫吸食叶片汁液，严重受害的叶片从鲜绿色变为黄褐色甚至枯萎。

2）防治方法

可用40%乐果乳剂稀释1 500倍，或用约18 g/cm^{3}的松脂合剂稀释20～25倍喷杀。

（5）潜叶蛾

1）发生症状及原因

幼虫潜入叶片，蛀食叶肉，呈现弯弯曲曲的圈纹。

2）防治方法

可用40%乐果乳剂稀释1 000～1 500倍液喷杀。

以上均为地上害虫，主要危害叶部。

除以上几种地上害虫外，尚有蛴螬（俗名金龟子幼虫）和大蟋蟀（俗名土猴）等地下害虫。防治方法：用90%以上敌百虫原药1 000倍液灌土；用90%敌百虫50 g加饵料0.5 kg（先把米糠或麦麸炒香，后加入敌百虫拌匀）制成毒饵，最好是经数天雨后初晴的傍晚放洞口2粒；用松针或菜叶蘸少许花生油，再沾上杀虫剂插入洞口，使害虫食后中毒死亡。

3. 草害

巴戟天药材常见的杂草主要有：鼠尾草、革命菜和空心莲子草等，其中大多数为双子叶植物类杂草。这些杂草不仅与药材争夺土中的营养和水分，而且还恶化环境，传播病虫害，严重影响巴戟天药材的产量与质量。因此，人工防除巴戟天的田中杂草是一项经常性的田间管理工作。在杂草的防治过程中，针对不同的杂草采用不同的方法进行防治，在合适时间选用合适的化学药剂除草，不仅省工省时，而且比较彻底、可靠，能收到较好的防除效果。

（1）种植前除草

化学除草应以药材种植前土壤施药为主，争取一次施药便能使整个生长期不受杂草危害。种植前土壤处理的常用药剂如下：

1）48%氟乐灵乳油

氟乐灵乳油除杂草谱广，能有效防除一年生靠种子繁殖的禾本科杂草，如马唐、牛筋、狗尾草、稗、千金子、画眉草以及小粒种子的其他阔叶杂草等。喷药时间多在种植前5~10天杂草萌发前，用量根据说明书上的规定，用水兑制，对药田表土进行均匀喷洒处理。因氟乐灵易挥发和光解，应随喷随进行浅翻，将药液及时混入5~7 cm深的土层中，有条件的最好是机械喷药耙混一次完成。也可喷药后随即浇透水，但效果不如浅翻混二。施药一般隔5~7天才可种植，除草效果可达90%以上。

2）50%乙草胺乳油

该药剂主要通过杂草地上部分吸收药液后，抑制杂草植株蛋白质合成，使芽和根停止生长，导致杂草在出土前、出苗前和出苗后不久死亡。对多种一年生禾本科杂草有特效，并可兼除部分小粒种子的阔叶杂草。喷药时间多在种植移栽前3~5天进行，注意必须在杂草出土前施用。每667 m²用该药剂70~75 mL兑水40~60 L，均匀喷洒土表即可。

（2）种植后除草

巴戟天的苗期和定植初期会有很多杂草萌发生长，不仅消耗土壤中水分，影响土壤升温，还将推迟生长周期。当杂草长到3~5片时，每667 m²可用5%闲锄乳油40 mL兑水30 L喷洒，如果每20 mL加一支增效剂特效王2 mL，可提高杀草效率30%~50%。当杂草生长至6~8片叶时，可加大用药量，每667 m²用20%拿捕净150~200 mL兑水30~50 L喷雾。喷药后3天，杂草即心叶变黄，停止生长，5~7天心叶即枯黄腐烂、逐渐死亡，但此法对野燕麦和双子叶杂草无杀灭作用。此外，还有2种苗后除草剂，如农达或6%克草星乳油效果也很好。这些药是具有触杀和一定内吸传导作用的高效除草剂，对多种杂草都有很好的防治效果，对多年生杂草亦有明显的抑制作用。在杂草平均高度5 cm以下时，每667 m²用6%克草星乳油70~80 mL兑水30~40 L，作茎叶均匀喷雾即可。

（3）化学除草剂使用注意事项

1）化学除草剂的选择

必须注意化学除草剂的选择性、专一性、时间性，不可误用、乱用除草剂，防止杀死巴戟天苗。

2）严格掌握限用剂量

除草剂使用应综合具体土质，考虑农田小气候，严格按药品说明规定的剂量范围、用药浓度、用药量使用。如，一般性贫瘠沙性土壤除草施药渗透性很大，药材易受药害，用药量要小，甚至忌药；多雨季节土壤墒情好，应低剂量用药；杂草出芽整齐、密度低，剂量应小些；地膜覆盖因温、湿度条件好，用药量也应减少。

3）合理混用药剂

两种以上除草剂混合使用时，要严格掌握配合比例和施药时间及喷药技术，并要考虑彼此间有无拮抗作用或其他副作用。可先取少量进行可混性试验，若出现沉淀、絮结、分层、漂浮、变质，说明其安全性已发生改变，则不能混用。此外，还要注意混合剂增效功能，如杀草丹和敌稗混合剂的除草功效比各单剂除草功效的总和要大，使用时要降低混合剂药量（一般在各单剂药量的1/2以内），以免发生药害，保证药材安全。

4）正确施药

掌握好施除草剂的最佳时间和技术操作要领，妥善保存好药剂，防止错用，并做好喷药器具的清洗，以免误用，使其他作物产生药害。

5）注意环境条件对除草剂的影响

温度、水分、光照、土壤类型、有机质含量、土壤耕作和整地水平等因素，都会直接或间接影响除草剂的除草效果。

6）灵活用药

在药用植物基部土法施药除草时，要在无露水条件下进行，以免茎叶接触药液受害；土壤处理应在播种前盖籽后施药，并尽量提高播种质量，适当增加播种量；一些移栽药材因其苗大，杂草幼小，可采取苗带集中施药；对选择性差或触杀性除草剂实行保护性施药，即将药液直接喷雾或泼浇于土表，尽量不接触药材幼苗，且不能拖延至苗体旺盛、绿叶面积大时施用；若茬口允许，可在药材播栽前采取旱地浇灌、水田湿润、盖膜诱发等措施，使杂草提前萌发，再以药剂杀灭。

7）其他

目前，市场上还没有专门用于药材的除草剂，多为借用农作物，如蔬菜、果树等除草剂，因此，必须在有实践经验的专家或技术人员指导下购买除草剂和实施除草作业，以免造成经济损失和不良后果。

（八）采收、加工

1. 采收

巴戟天定植5年后才能收获。过早收获，根不够老熟，水分多，肉色黄白，产量低。收获时间全年均可进行，但以秋冬季采者为佳。起挖后随即抖去泥土。挖取肉质根时尽量避免断根和伤根皮。

2. 加工

采收后尽快用水洗去表面的泥土，去掉侧根及芦头，晒至六七成干，待根质柔软时，用木槌轻轻打扁，但切勿打烂或使皮肉碎裂，按商品要求剪成10～12 cm的短节，再按粗细分级后分别晒至足干，即成商品。

洗净后，用开水泡或蒸约半小时后抽心，晒干，则色更紫，质更软，品质更好。

3. 商品规格

据广东省药材公司关于《地产药材商品规格质量标准》要求，巴戟天商品分为三等：

一等：干货，除净芦头及细根，原条有肉，木心与肉粘连成连珠状，圆柱形或压扁，表面灰白或灰褐色，间有脱落的肉，味甘微涩，长度不超过16 cm，中部围径2.5 cm以上，无虫蛀、霉变。

二等：干货，除净芦头及细根，原条有肉，木心与肉粘连成连珠状，圆柱形或压扁，表面灰白或灰褐色，间有脱落的肉，味甘微涩，长度不超过16 cm，中部围径2～2.5 cm，无虫蛀、霉变。

三等：干货，除净芦头及细根，木心与肉粘连成连珠状，圆柱形或压扁，表面灰白或灰褐色，间有脱落的肉，味甘微涩，长度不超过16 cm，口部围径7～2 cm，无虫蛀、霉变。

（九）留种技术

1. 扦插苗

如用扦插苗进行繁殖，应选择2～3年的生长健壮、无病虫害藤茎，应随剪随育。

2. 种子

巴戟天果实在每年10月以后陆续成熟，当果实变黄时采下，放于阴凉处5～7天，待果肉软烂时，搓去，果肉除掉不饱满及变坏的种子后，用清水漂净果肉、浮种，沉种放室内阴干，用湿沙、种子按3∶1混合贮藏于竹箩内，置通风处过冬。

3. 巴戟天试管苗

可以在需要时选择植株健壮的、生长2～3年的顶芽或腋芽进行大量繁殖，具体方法见P480"2. 优良品种的选育"的内容。

（十）质量标准及监测

1. 药材质量

（1）性状鉴定

本品为扁圆柱形，略弯曲，长短不等，直径0.5～2 cm。表面灰黄色或暗灰色，具纵纹及横裂纹，有的皮部横向断离露出木质部，质韧，肉厚易剥落，断面皮部厚，紫色或淡紫色，易与木质部剥离，木质部坚硬，黄棕色或黄白色，呈齿轮状，直径1～5 mm。无臭，味甘而微涩。

（2）常见的混伪品

1）羊角藤

①来源。为茜草科植物羊角藤 *Morinda umbellata* L. 的干燥根或根茎皮。又名红头根、牛白藤、山八角。

②性状。呈圆柱形，略弯曲，直径1～1.5 cm。表面灰黄色或暗灰色，有的略紫，具不规则皱纹和较粗的横纹及横裂纹，有的皮部横向断离出木心，形成长短不等的节状。质坚硬，断面皮部厚，仅0.1～0.4 cm，呈淡紫色，木心直径0.5～1.4 cm，呈黄棕色，齿轮状。味淡而微涩，嚼之有沙

感。亦有的以"巴戟肉"销售，呈卷筒状，长短不等，或为片块状，厚0.1～0.3 cm（见彩图11-20）。

2）假巴戟

①来源。为茜草科植物假巴戟 *Morinda shuanghuaensis* C. Y. Chen et M. S. Huang 的根或根皮。

②性状。根呈长圆形或不规则片状，直径1.2～2.0 cm，外表面灰褐色，粗糙，有纵皱纹，具少数横溢纹。皮部菲薄、松脆，揉之易脱落。木心发达，约占直径的80%以上，不易折断，断面粗糙，木部呈放射状。无臭、味淡、微甜。

3）四川虎刺

①来源。为茜草科植物 *Damnacanthus officinarum* Huan. 的干燥根皮，产于四川、湖北等省，湖北恩施地区以其根作巴戟天入药，1978年曾销至北京。近年来，浙江省也从外地调入。

②性状。根呈短圆柱形，略弯曲，直径0.3～1 cm。表面土棕黄色至棕褐色，具不规则纵皱纹或细的横纹。横断面肉质，黄白色或略带淡紫色，中心具一圆形小孔（除去木心），孔径1～2 mm。质坚脆，易折断。

4）虎刺

①来源。为茜草科植物 *Damnacanthus indicus*（L.）Gaertn.f. 的根皮。分布于长江以南至南部各省。又称绣花针、伏牛花、千口针、针上叶。广东省个别地区曾以其根充巴戟天用。

②性状。其根弯曲，呈连珠状，压扁或不压扁。膨大部位直径0.5～1.5 cm，表面灰白色，有细纵纹。膨大部位为一段带表皮的木心，木心直径0.1～0.3 cm。质脆，易折断（见

彩图11-21）。

5）短刺虎刺

①来源。茜草科植物 *Damnacanthus subspinosus* Hand.-Mazz. 的根。湖北鄂西苗族、土家族自治州把其膨大的根与四川虎刺的根一起混采混收，作巴戟天使用。

②性状。其根呈圆柱形，略弯曲，自然缢缩而呈念珠状，缢缩处常有表皮包被而不露出木质部，直径4~9 mm。表面棕褐色，有不规则纵皱纹，横纹明显。质坚脆，易折断，断面皮部淡紫色，木质部细，黄白色，直径约2 mm。横切面木质部圆形，约占直径的1/3。

2. 主要化学成分

目前经研究表明，巴戟天主要含以下成分：

（1）蒽醌类

经研究，根中主含1,6-二羟基-2,4-二甲氧基蒽醌、1,6-二羟基-2-甲氧基蒽醌、甲基异茜草素、甲基异茜草素-1-甲醚、1-羟基-2-甲氧基蒽醌、1-羟基蒽醌、大黄素甲醚、1-羟基蒽醌、2-甲基蒽醌（柚木醌）、2-羟基-3-羟甲基蒽醌。日本学者还从巴戟天中分离得到茜素-1-甲醚（0.000 3%）、1-羟基-3-羟甲基蒽醌（0.000 4%）、Lucidine ω-甲醚（0.000 5%）、1-羟基-2,3-二甲氧基蒽醌（0.000 3%）、Digiferruginol，1,2-二甲氧基-3-羟基蒽醌，1,3-二羟基-2-羟甲基蒽醌，光泽汀ω-乙醚、蒽醌-2-羧酸。

巴戟天根中的木心亦分离得到结晶和一未鉴定的蒽醌化合物。

另外，同科植物恩施巴戟天（*Damnacanthus indicus*

Linn.）的根与巴戟天的商品外形相似，常掺入巴戟天商品中出售。为探求恩施巴戟天能否作为巴戟天的代用品，杨燕军等对恩施巴戟中蒽醌化合物进行分离得到7个化合物，除发现恩施巴戟天亦含化合物Ⅰ和化合物Ⅱ外，其余的蒽醌化合物与巴戟天的均不同。

（2）三萜类

根中含β-谷甾醇、豆甾醇、24-乙基胆甾醇、三萜（0.0007%）、羰基谷甾醇（0.0001%），反式丁烯二酸。

林励等对巴戟天肉质根中β-谷甾醇含量以双波长扫描法进行了测定，结果表明：巴戟天肉质根中β-谷甾醇含量为1年生＞2年生＞3年生，其含量似与生长年限呈负相关。2年生巴戟天植株肉质根中β-谷甾醇含量为叶＞根＞茎。枯萎病初期，巴戟天植株β-谷甾醇含量显著增加，至后期，肉质根中β-谷甾醇含量基本恢复正常植株水平，但茎中β-谷甾醇含量仍然维持较高水平，其机制有待深入探讨。

（3）氨基酸

根皮水溶性成分中含游离氨基酸11种，其中必需氨基酸有：苏氨酸、缬氨酸、亮氨酸、异亮氨酸、赖氨酸、甲硫氨酸、苯丙氨酸、组氨酸、脯氨酸、胱氨酸、精氨酸等，尤其以天冬氨酸、谷氨酸、亮氨酸、酪氨酸、苯丙氨酸、甘氨酸、异亮氨酸含量丰富。

（4）环烯醚萜苷及苷元

含四乙酰车叶草苷、水晶兰苷。环烯醚萜苷的苷元（0.0001%）以及新环烯醚萜苷巴戟苷a、b。

（5）有机酸类

含棕榈酸、琥珀酸，并有报道琥珀酸有显著的抗抑郁活性。

（6）糖类

含葡萄糖、甘露糖、耐斯糖、1-F-呋喃果糖基耐斯糖、菊淀粉［即（2-1）呋喃果糖基蔗糖］系列的六聚糖、七聚糖，其中菊淀粉型低聚糖具有明显的抗抑郁活性。

（7）其他成分

根中还含十九烷、维生素C、胡萝卜苷、树脂。姚仲青等还从巴戟天根皮的正丁醇提取物中分离得到一种水溶性化合物，经分析为一新的环丙酮类衍生物，为1-丁氧基-4,5,7-三羟基-6-羟甲基-2-氧杂双环［4.1.0］庚烷。巴戟天根中挥发性成分主含十六酸，尚含有7-羟基-6-甲氧基香豆素。

3. 重金属及农药残留的限量指标

重金属及农药残留依据商务部发布的，2001年7月1日起实施的《药用植物及制剂进出口绿色行业标准》进行检测。《药用植物及制剂进出口绿色行业标准》是我国第一个以国家政令的形式发布的中药进出口国家标准，并在国际上第一次确立了"绿色中药"的概念。它规定了药用植物及制剂的绿色品质标准，包括药用植物原料、饮片、提取物及其制剂等的质量标准和检验方法。

（1）重金属及砷盐限量指标及检验方法

1）限量指标：

①重金属总量≤20.0 mg/kg；

②镉（Cd）≤0.3 mg/kg；

③铜（Cu）≤20.0 mg/kg；

④铅（Pb）≤5.0 mg/kg；

⑤汞（Hg）≤0.2 mg/kg；

⑥砷（As）≤2.0 mg/kg。

2）检验方法：

①重金属总量：《中华人民共和国药典（一部）》（2000年版）附录ⅨE重金属检测方法。

②铅：GB/T5009.12—1996食品中铅的测定方法（原子吸收光谱法）。

③镉：GB/T5009.15—1996食品中镉的测定方法（原子吸收光谱法）。

④总汞：GB/T5009.17—1996食品中总汞的测定方法（原子吸收光谱法）（汞测仪法）。

⑤铜：GB/T5009.13—1996食品中铜的测定方法（原子吸收光谱法）。

⑥总砷：GB/T5009.11—1996食品中总砷的测定方法。

（2）农药残留量限量指标及检验方法

1）限量指标。

①六六六（BHC）≤0.1 mg/kg；

②滴滴涕（DDT）≤0.1 mg/kg；

③五氯硝基苯（PCNB）≤0.1 mg/kg；

④艾氏剂（Aldrin）≤0.02 mg/kg。

2）检验方法。

《中华人民共和国药典（一部）》（2000年版）附录ⅨQ有机氯农药残留量检测方法。

（3）黄曲霉毒素及微生物限度、检验指标及检验方法

1）限量指标。

黄曲霉毒素B_1（Aflatoxin）≤5.0 μg/kg（暂定）。

2）检验方法

SNO339—1995出口茶叶中黄曲霉毒素B_1的检测方法。

3）微生物限度

限量指标参照《中华人民共和国药典（一部）》（2000年版）规定，检验方法参照《中华人民共和国药典（一部）》（2000年版）附录ⅩⅢC微生物限量检测法。

（4）广东德庆巴戟天药材基地样品重金属及农药残留

1）重金属检测

按以上要求的检验方法检测，结果如表11-10。

表11-10 重金属分析项目及检验结果 （mg/kg）

样　品	Hg	As	Pb	Cd	Cu	重金属（以Pb计）
巴戟天施肥试验区1	<0.05	<0.5	3.5	0.075	11	<20
巴戟天农药试验区1	<0.05	<0.5	1.3	0.12	14	<20
巴戟天农药试验区2	<0.05	<0.5	0.57	0.11	13	<20
药材木心	<0.05	<0.5	0.31	0.10	11	<20

2）农药残留检测

按以上要求的检验方法检测，在广东德庆巴戟天规范化种植基地农药试验区和施肥试验区均未检出六六六、滴滴涕、艾氏剂、五氯硝基苯。

（十一）包装、贮藏及运输

1. 包装

巴戟天晒干后，应用专用袋包装，每件30 kg左右。按照《中药材生产质量管理规范（试行）》（GAP）的要求，包装容器应该用干燥、清洁、无异味以及不影响品质的材料制成。包装要牢固、密封、防潮，能保护品质。包装材料应易回收、易降解。

包装前应再次抽查，清除劣质品和杂质，包装袋上应有包装标签，内容应包括：药材名称、产地、批号、规格、质量、采收日期、注意事项等。

2. 贮藏

因巴戟天含有多糖及低聚糖，易受潮，应存放于清洁、阴凉、干燥通风、无异味的专用仓库中，并防回潮、防虫蛀。以温度30℃以下，相对湿度70%～80%为宜，商品安全水分为12%～14%。应置阴凉干燥处保存，含水量在15%以下不会生霉，但置于相对湿度80%以上，2周后即易出现霉斑，因此应避免潮气的侵入。如遇发霉，最忌水洗，宜在阳光下晒后，用毛刷刷霉。入夏为防霉、泛油，可经常检查和晾晒干燥，也可用氯化苦或磷化氯熏，但不宜用硫黄熏，因硫黄熏后易变色，质地发硬，有损品质。本品易虫蛀、泛霉、泛油，吸潮品颜色加深，质体返软，断面溢出油样物，散发特殊气味，有的出现霉斑。危害的仓库害虫有药材甲、烟草甲、大理窃蠹、黑毛皮蠹、印度谷螟等，蛀蚀品的蛀洞较小，不易察见，但周围常见碎屑，其中可发现活仓虫。

贮藏期间应保持环境清洁，定期使用溴氰菊酯药剂进行消毒。发现受潮及轻度霉变、虫蛀，要及时晾晒或翻垛通风；虫情严重时可用磷化铝熏杀。有条件的地方可进行密封抽氧充氮养护，小件可在包装袋边缘放置袋装的无水氯化钙吸潮。

3. 运输

药材批量运输时，注意不能与其他有毒、有害的物质混装；要防止吸潮、防止暴晒。运输工具必须清洁、干燥、无异味、无污染。

（丁 平）

参 考 文 献

蔡兵，崔承彬，陈玉华，等．1996．巴戟天中菊淀粉型低聚糖单体成分对小鼠的抗抑郁作用［J］．中国药理学与毒理学杂志，10（2）：109．

陈仁山．1930．药物出产辨［M］．广州中医专门学校铅印本．

陈瑛主编．1999．实用中药种植技术手册［M］．北京：人民卫生出版社．

陈玉武，薛智．1987．巴戟天化学成分研究［J］．中药通报，12（10）：37．

陈忠毅，黄茂先，陈邦余．1983．中药巴戟天的本草考证［M］．中国科学院华南植物研究所集刊．

崔承彬，杨明，姚志伟，等．1995．中药巴戟天中抗抑郁活性成分的研究[J]. 中国中药杂志, 20（1）: 36.

丁平, 詹若挺, 徐鸿华, 等. 2001. 巴戟天质量标准的初步研究[J]. 时珍国医国药研究, 12（12）: 1 057.

丁平, 詹若挺, 徐鸿华, 等. 2002. 巴戟天规范化生产标准操作规程（SOP）[J]. 现代中药研究与实践杂志, 2（3）: 27-30.

董昆山. 1998. 现代临床中药学[M]. 北京: 中国中医药出版社.

黄子复. 1985. 我国巴戟天自然分布规律探索[J]. 亚热带植物通讯,（1）: 29.

李家实主编. 1996. 中药鉴定学[M]. 上海: 上海科学技术出版社.

李锦开. 1994. 中国木本药材与广东特产药材[M]. 北京: 中国医药科技出版社.

李赛, 欧阳强, 谈宣中, 等. 1991. 巴戟天的化学成分研究[J]. 中国中药杂志, 16（11）: 675.

李中立. 本草原始. 清光绪善成堂印本, 1卷15.

刘文泰. 1936. 本草品汇精要: 8卷草部上[M]. 北京: 商务印书馆.

陆拯. 1981. 中药临床生用与制用[J]. 北京: 人民卫生出版社.

王燕芳, 吴照华, 周新月, 等. 1986. 巴戟天植物的化学成分[J]. 植物学报, 28（5）: 566.

谢宗万. 1991. 中药品种理论研究[M]. 北京: 中国中医药出版社.

徐鸿华, 蔡永光, 徐祥浩. 1986. 热带药用植物栽培[M]. 广州: 广东科技出版社.

徐鸿华, 邓沛峰, 林励, 等. 1993. 巴戟天良种选育快繁技术研究[J]. 中药材, 16（4）: 7-9.

徐鸿华, 林励, 邓沛峰, 等. 1992. 巴戟天高产优质途径的研究[J]. 广州中医学院学报, 9（3）: 155-159.

徐鸿华, 林励, 邓沛峰, 等. 1996. 提高巴戟天产量的技术措施[J]. 中药材, 19（6）: 273-275.

杨燕军，舒惠一，闵知大，等．1992．巴戟天和恩施巴戟的蒽醌化合物［J］．药学学报，27（5）：358．

姚仲青，郭青，黄彦合，等．1998．巴戟天中一新的环丙酮类衍生物的分离和结构鉴定［J］．中草药，29（4）：217．

叶桔泉．1959．现代实用中药：增订本［M］．上海：上海科学技术出版社．

郑虎占．1997．中药现代研究与应用：第二卷［M］．北京：学苑出版社．

中国科学院四川分院中医中药研究所．1960．四川中药志：一册［M］．成都：四川人民出版社．

中国药材公司主编．1995．中国常用中药材［M］．北京：北京科学技术出版社．

中华人民共和国卫生部．1997．现代实用本草：上册［M］．北京：人民卫生出版社．

周法兴，文洁，马燕．1986．巴戟天的化学成分研究［J］．中药通报，11（9）：42．

周金黄主编．1994．中药免疫药理学［M］．北京：人民军医出版社．

附

巴戟天规范化生产标准操作规程（SOP）

前 言

本规程由广州中医药大学承担的国家重点科技攻关计划专题"巴戟天中药材规范化种植研究"课题组提出并归口科技部。

本规程起草单位：广州中医药大学，广东省德庆县高良镇经济发展有限公司。

本规程主要起草人：丁 平、詹若挺、潘超美、徐鸿华（广州中医药大学），陈荣楠、周金杨（广东省德庆县高良镇经济发展有限公司）。

本规程委托广州中医药大学"巴戟天中药材规范化种植研究"课题组负责人负责解释。

第一章 总 则

1.1 为保证中药材质量，促进中药标准化、现代化，依据巴戟天药材的生长特点和国家药品监督管理局《中药材生产质量管理规范（试行）》的要求，制定本标准操作规程（SOP）。

1.2 本标准操作规程内容包括总则，产地自然条件，物种或品种类型，育苗，栽植与田间管理，主要病、虫害防治，采收与加工，留种技术，质量标准，包装、贮藏及运输，人员和设备，文件管理等，是巴戟天药材生产和质量管理的具体操作方法。

1.3 巴戟天药材生产应运用本标准操作规程进行管理和质量监控,保护生态环境,坚持"最大持续量"原则,实现资源的可持续利用。

1.4 本规程适用于巴戟天主产区广东省德庆县及附近地区种植。

1.5 引用标准 下列文件中被本标准引用的条款则为本标准的条款。

1.5.1 《中华人民共和国环境空气质量标准》(GB3095—1996)。

1.5.2 《中华人民共和国农田灌溉水质标准》(GB5084—1992)。

1.5.3 《中华人民共和国土壤环境质量标准》(GB15618—1995)。

1.5.4 《中华人民共和国药典(一部)》(2000年版)。

1.5.5 国家食品药品监督管理局《中药材生产质量管理规范(试行)》。

1.5.6 科技部生命科学技术发展中心《中药材规范化种植研究项目实施指导原则及验收标准》。

1.5.7 中华人民共和国商务部《药用植物及制剂进出口绿色行业标准》。

1.6 定义。

1.6.1 GAP 即英文Good Agriculture Practice的缩写,指中药材生产质量管理规范。

1.6.2 SOP 即英文Standard Operation Practice的缩写,指中药材规范化生产标准操作规程。

1.6.3 最大持续量 指不危害生态环境,可持续生产(采收）的最大产量。

1.6.4　生物肥料　指利用生物活体或生物代谢过程中产生的具有生物活性的物质，或从生物体中提取的物质作为提高作物产量和品质的肥料。

1.6.5　生物源农药　指利用生物活体或生物代谢过程中产生的具有生物活性的物质或从生物体提取的物质作为防治作物病虫害的农药。

1.6.6　质量标准　是对药材的质量规定和检验方法所作的技术规定。

第二章　产地自然条件

2.1　适宜栽培区　南药巴戟天在我国自然分布带主要在热带、南亚热带区域内，北纬19°～25°，东经107°～108°，而实际分布则以广东省德庆为中心，向东北延伸到北回归线以北的福建西南部至武平县南部，向西南下降到北回归线以南的广西东南部。

2.2　生态条件。

2.2.1　温度　喜温暖，怕严寒，生长适宜温度22～26℃，年平均气温21.5℃，在19.5℃以下生长缓慢，0℃以下和遇到低温霜冻时，常导致落叶，甚至冻伤或冻死。最冷月气温在12.6℃，不能低于9.3℃，冬季要及时做好防寒措施。

2.2.2　光照　对光照的适应性较强。苗期需要荫蔽，荫蔽度可控制在70%～80%；成苗要求阳光较好，荫蔽度可控制在30%左右，以后随着植株的生长要求较充足阳光，一般日照时数在2 000 h以内。

2.2.3　水分　要求雨量较充沛而土壤较湿润的环境，在年平均降水量1 600 mm左右，相对湿度80%左右的地区，生长发育良好。

2.2.4 土壤 要求排水良好，疏松肥沃，保水、保肥能力强的沙质壤土。钾肥和腐殖质较多的微酸性至中性土壤有利于肉质根生长，产量高。年平均风速适宜静风区1.2 m/s以内，不能超过2.5 m/s。

2.3 种植研究地的自然条件 广东省德庆县高良镇是巴戟天的道地产区，地处北纬23°04′～23°30′，东经111°30′～112°15′之间，属亚热带季风性气候，雨量充沛，阳光充足，气候温和，年平均气温20～21.5℃，最热的7月份平均气温在27.3～28.7℃，最冷的1月份平均气温在11.2～12.5℃，年降水量为1 418～1 705 mm，土层深厚、肥沃，具有极适合巴戟天生长的自然条件。

2.4 环境质量。

2.4.1 水质达到《中华人民共和国农田灌溉水质标准》（GB5084—1992）二级以上标准。

2.4.2 环境空气达到《中华人民共和国环境空气质量》（GB3095—1996）二级以上标准。

2.4.3 土壤环境达到《中华人民共和国土壤环境质量》（GB15618—1995）二级以上标准。

第三章 物种或品种类型

3.1 本规程所适用的巴戟天为茜草科多年生藤本植物巴戟天（*Morinda officinalis* How.）。

3.2 在栽培的大田中发现有小叶型巴戟天、大叶型巴戟天2个栽培类型。现大田中主要推广类型为小叶巴戟天。

第四章 育　苗

4.1　繁殖方法　采用扦插繁殖、组织培养或种子繁殖。

4.2　建立苗圃。

4.2.1　苗圃选择　育苗地宜选背风向阳，近水源的东坡或东南坡，土壤疏松，肥沃，排水良好且有一定遮阴条件的地段，以新开垦无污染地段为好，每667 m^2施充分腐熟的厩肥2 000～3 500 kg作基肥。

4.2.2　整地　育苗前，先行翻耕土壤，使其充分风化，再行细碎疏松，做成宽1 m，高20 cm的平畦，畦面盖火烧土，再铺一层干稻草，点火烧成灰，起消毒作用和提高土温作用，待扦插。

4.3　扦插繁殖。

4.3.1　插条的选择　选择2～3年生无病虫害、粗壮的嫩藤茎，从母株剪下后，截成长5 cm的单节，或10～15 cm的具2～3节的枝条作插穗。

4.3.2　插条的截取　插穗上端节间不宜留长，剪平，下端剪成斜口，剪苗时刀口要锋利，切勿将剪口压裂。上端第1节保留3～5片叶，随即扦插。

4.3.3　插条的处理　为了促进生根和提高成苗率，可将插穗每100条捆成1把，浸于含0.002 5％ 2,4-D的水中2 h，可提高扦插苗的成活率。

4.3.4　扦插的时间　3月上旬至4月下旬，此时气温回升，雨量渐多，扦插苗易于成活。

4.3.5　扦插方法　扦插育苗可按行距15～20 cm开沟，然后将插穗按1～2 cm的株距整齐平列斜放在沟内，插的深度以挨近第1节叶柄处为宜，插后覆黄心土或经过消毒的细土，插穗稍露出地面，一般插后20天即可生根，成活率达80%以上。不能及时插完的插条，用草木灰黄泥浆浆根，放在阴湿处假植。

4.3.6 直插 如不经过育苗直接插于生产地，可按株距40～50cm开穴，每穴插3～5段插穗，深种浅露，露出土面不要超过2cm，以免插穗因水分散失过多而致干枯。插后压实土壤，浇水，以保插穗成活。插后用芒萁遮阴，荫蔽度控制在70%～80%。

4.3.7 扦插苗的管理。

4.3.7.1 遮阴 苗床上盖荫蔽度80%的遮阳网，以防阳光直射，阴棚高度以方便人工管理为度。随着苗木生根成活和长大，应逐步增大透光度，育苗后期荫蔽度控制在30%左右。

4.3.7.2 除草 坚持除早、除了的原则，减少杂草争夺水分和养分。

4.3.7.3 淋水 经常保持土壤湿润，淋水最好在早晨或傍晚进行，水要清洁。

4.3.7.4 施肥 在苗木生长期间可适当施用石灰、草木灰、火烧土。

4.3.7.5 摘顶芽 待苗高30cm时，应将顶芽摘去，以促进分枝、枝条粗壮、须根发达，并可缩短苗期，提高移栽成活率。

4.4 组织培养苗的培育。

4.4.1 组织培养苗外植体的选择和剪取 从植株群体中选择具有生长旺盛、株型正常、向上伸长、茎秆粗壮、叶色浓绿、块根形成早、抗逆性强等优良性状的植株。剪取植株的顶芽、腋芽作为培养的外植体。

4.4.2 外植体的处理 将外植体置自来水下以流水冲洗

15 min，然后用75%乙醇浸泡30 s，用无菌水冲洗5~6次；再用9%次氯酸钙上清液浸泡10 min，取出，用无菌水冲洗。经消毒处理后将外植体切成约0.5 cm长的小段，在无菌条件下将其接种于使巴戟天愈伤组织诱导率和芽分化较高的培养基上（最佳培养基为MS+NAA0.5+BA6.0+GA$_3$1.0+3%蔗糖）培养。

4.4.3 培养基的设计以及植株再生。

4.4.3.1 培养基的选择 愈伤组织诱导培养基和芽分化诱导培养基以MS为基本培养基或改良后的MS为基本培养基，添加一定浓度的BA促进分化，可形成大量淡绿色的愈伤组织，并很快分化出许多丛芽和长出真叶的小苗。

4.4.3.2 生根培养基的选择 经选择最佳生根培养基为1/2MS+IAA0.2+NAA0.4+1%蔗糖，在生根培养基中诱导根的分化，20天后，植株长出根时，即可出瓶炼苗。

4.4.4 再生植株炼苗 将已生根的健壮的巴戟天试管苗先在培养室内松开瓶塞适应培养1周，然后将试管苗取出，轻轻地在水盆中荡洗干净根部琼脂，然后移栽到室外准备好的沙质苗床上，浇好水，在已消毒的细沙中沙培炼苗，添加1/2MS培养液作养分，2周后可将其转入沙土混合的花盆中或苗床上室外培育，苗床上空要用遮阳网，每天淋水2~3次，加强栽培管理，1~2个月后即可将试管苗移栽于露天土地种植，移栽成活率大于90%。

4.5 种子繁殖 种子苗生长苗壮，抗病力强，植株根系发达，块根产量高、品质好，是解决种苗不足、防止品种退化和培育优质高产品种的有效途径。

4.5.1 选种 选粗壮无病虫害的植株作留种母株，加强管理，保证多开花结实。

4.5.2 采种　巴戟天定植3年后开花结果，一般在9~10月陆续成熟，当果实由青色转为黄褐色或红色、带甜味时采摘。

4.5.3 种子处理　采回的果实，擦破果皮，把种子浆汁冲洗干净，取出种子，选色红、饱满、无病虫的种子进行播种，或拌湿沙保存到翌年春季播种，也可用层积贮藏催芽法，将采下的果实分层放于透水的箩筐内，一层沙、一层草木灰、一层果实，经常保持湿润。

4.5.4 播种期　由于种子不宜久藏，最好是随采随播，以10~11月为宜。经过层积贮藏的种子，最好在翌年3~4月进行。

4.5.5 播种方法　直播或撒播均可。点播按株行距3 cm×3 cm，撒播密度不宜过大。播种后宜用土筛筛过的黄心土或火烧土覆盖约1 cm深。经1~2个月，种子便可出芽，幼苗成活率可达90%左右。

4.5.6 播种苗的管理　基本同扦插苗的管理。

第五章　栽植与田间管理

5.1 栽植。

5.1.1 种植地选择　巴戟天属多年生深根性植物。根据它的生长特性，宜选择山谷两侧的阔叶林地，或坡度25°~30°的中下坡，以东向、东南向为好，种植地面积不宜连片过大，要保留稀疏荫蔽树。

5.1.2 基肥　种植地施以足够的基肥，每667 m^{2}施充分腐熟的厩肥2 000~3 500 kg。

5.1.3 整地　将地块内灌木杂草砍伐、铲净，晒干后就地烧毁，增加土壤肥料。翌春，再把土块打碎，沿等高线按1~1.2 m的宽度做成梯地，畦面宜外高内低，成微倾斜，内侧开设排水沟，然后按株距30 cm挖穴，穴内施火烧土和经沤熟的过磷酸钙等混合肥。

5.1.4 栽种季节 春季3~5月，春分前后，雨水充足，定植后容易恢复生机。秋季8~10月阴雨天进行。

5.1.5 种植密度 以35 cm×40 cm距离开穴，施入基肥与土拌匀，再植入1~2株扦插苗或组织培养苗。每667 m²种4 000~5 000株可提高单位面积的产量。

5.1.6 栽种方法 起苗前，剪去先端部分，只保留3~4节的枝条，叶片也可剪去1/2，以减少水分消耗。起苗后用黄泥浆浆根。宜选阴天定植，定植有两种方法：①用苗木种植，每穴种2~3株苗，把种苗根系伸展在穴内，覆土压实；②直插，插条规格和插条育苗方法相同，每穴插3~5条，将插条平排于穴内，然后覆二，用锄头背稍打实，穴面应低于地面，以利蓄水保湿。定植时，根系要舒展，栽后压实，插芒萁遮阴。在林下定植可不插芒萁。

5.2 田间管理。

5.2.1 遮阴 定植后用草遮阴，注意浇水保持湿润。

5.2.2 补苗 巴戟天种植1年后，应全面检查，发现死亡缺株的应及时补苗，保证成活率达90%以上。

5.2.3 中耕除草 定植后前2年，每年除草2次，即在5月、10月各除草1次。由于巴戟天根系浅而质脆，用锄头容易伤根，导致植株枯死，靠近植株茎基周围的杂草宜用手拔。结合除草进行培土，勿让根露出土面。

5.2.4 施肥 待苗长出1~2对新叶时，可开始施肥，以生物肥或有机肥为主，如土杂肥、过磷酸钙、草木灰等混合肥，每667 m² 1 000~2 000 kg。忌施硫酸铵、氯化铵和猪、牛尿。如种植地酸性较大，可适当施用石灰进行调节，每

667 m² 50~100 kg。冬季则宜施磷钾肥，每667 m²用100 kg。

5.2.5 修剪藤蔓：巴戟天随地蔓生，往往藤蔓过长，尤其3年生植株，会因茎叶过长，影响根系生长和物质积累。可在冬季将已老化呈绿色的茎蔓剪去过长部分，保留幼嫩呈红紫色茎蔓，促进植株的生长，使营养集中于根部。也可结合扦插季节进行，将剪下的藤蔓供作繁殖材料。

第六章 主要病、虫害的防治

6.1 防治原则 坚持贯彻保护环境、维持生态平衡的环保方针及预防为主、综合防治的原则，采取农业防治、生物防治和化学防治相结合的方法，对巴戟天主要病虫害进行防治。

6.2 农业防治。

6.2.1 土壤消毒 结合整地做畦，每667 m²撒石灰100 kg进行土壤消毒。

6.2.2 清洁田园 清除杂草、病株并集中烧毁；注意保持适宜的荫蔽度。

6.2.3 培育壮株 增施火烧土、草木灰、石灰等，培育健壮植株，增强抵抗病虫害的能力。

6.2.4 不施化肥 不要施铵类化肥，避免造成巴戟天组织柔软，增加土壤酸性。

6.3 药物防治病虫害。

6.3.1 生物农药防治 根结线虫病，用15%澄清石灰水淋根处，并用浓石灰水或石灰粉灌、撒病穴，以免扩大传染。

6.3.2 化学农药防治病虫害。

6.3.2.1 茎基腐病 3~4月发病，多在种植后2~3年的植株上大量发生，把病株连根带土挖掉，并在坑内放入石灰杀菌，或以稀释倍数为1∶700的粉锈灵喷洒，每7天1次，连续喷2~3次。

6.3.2.2 轮纹病 该病是真菌引起的病害，主要危害叶片，可用1∶2∶100的波尔多液喷洒，每隔7~10天喷1次，连续2~3次。

6.3.2.3 烟煤病 用50%退菌特800倍液喷洒，每隔7~10天喷1次，连续2~3次。

6.3.2.4：蚜虫 可用40%乐果乳剂稀释1 500倍或用烟草配成烟草石灰水喷洒。

6.3.2.5 介壳虫 用40%乐果乳剂1 000~1 500倍液喷洒。

第七章 采收与加工

7.1 采收。

7.1.1 采收年龄 巴戟天定植5年后才能收获。过早收获，根不够老熟，水分多，肉色黄白，产量低。

7.1.2 采收季节 收获全年均可进行，但以秋季采者为佳。

7.1.3 采收方法 起挖后随即抖去泥土。挖取肉质根时尽量避免断根和伤根皮，尽快用水洗去表面的泥土，去掉侧根及芦头。

7.2 加工。

7.2.1 初加工 在日光下，晒至六七成干，待根质柔软时，用木槌轻轻打扁，但切勿打烂或使皮肉碎裂，按商品要求剪成10~12 cm的短节，再按粗细分级后分别晒至足干。

7.2.2 抽心 洗净后，用开水泡或蒸约半小时后抽心，晒干，则色更紫，质更软，品质更好。

7.3 规格 据广东省药材公司关于《地产药材商品规格质量标准》的要求，巴戟天商品分为三等：

7.3.1 一等 干货,除净芦头及细根,原条有肉,木心与肉粘连成连珠状,圆柱形或压扁,表面灰白或灰褐色,间有脱落的肉,味甘微涩,长度不超过16cm,中部围径2.5cm以上,无虫蛀、霉变。

7.3.2 二等 干货,除净芦头及细根,原条有肉,木心与肉粘连成连珠状,圆柱形或压扁,表面灰白或灰褐色,间有脱落的肉,味甘微涩,长度不超过16cm,中部围径2~2.5cm,无虫蛀、霉变。

7.3.3 三等 干货,除净芦头及细根,木心与肉粘连成连珠状,圆柱形或压扁,表面灰白或灰褐色,间有脱落的肉,味甘微涩,长度不超过16cm,中部围径7mm~2cm,无虫蛀、霉变。

第八章 留种技术

8.1 母株选择 选择无病虫害、生长旺盛的植株作留种植株,对留种母株加强田间管理。

8.2 选种 采果时,从留种植株中挑选穗大、果粒多、种子饱满、无病虫害的果实作种。

8.3 留种技术 巴戟天果实在每年10月以后便陆续成熟,当果实变黄时采下,放于阴凉处5~7天,搓去果肉,除掉不饱满及变坏的种子,用清水漂净果肉、浮种,沉种室内阴干,用湿沙按3:1的比例与种子混合贮藏于竹箩中,置通风处过冬。

8.4 注意事项 需要留种的果实不能暴晒或烘干。

第九章 质量标准

9.1 外观性状 为扁圆柱形,略弯曲,直径0.5~2cm。表面灰黄色或暗灰色,具纵纹及横裂纹,有的皮部横向断离露出木质部；质韧，断面皮部厚，紫色或淡紫色，易与木质部分离。木质部坚硬，黄棕色或黄白色，直径1～5 mm。无臭，味甘而微涩。

9.2 药材质量标准：

9.2.1 干燥品水分≤15.0%；

9.2.2 总灰分≤6.0%；

9.2.3 酸不溶性灰分≤0.8%；

9.2.4 水溶性浸出物不得少于50.0%；

9.2.5 有效成分含量指标 以干燥品计算，巴戟天多糖含量以葡萄糖计（以 $C_6H_{12}O_6$）不得少于10.0%（暂定）。

9.3 农药残留限量指标：

9.3.1 滴滴涕（DDT）≤0.1 mg/kg；

9.3.2 六六六（BHC）≤0.2 mg/kg；

9.3.3 五氯硝基苯（PCNB）≤0.1 mg/kg；

9.3.4 艾氏剂（Aldrin）≤0.02 mg/kg。

9.4 重金属限量指标：

9.4.1 重金属总量≤20.0 mg/kg；

9.4.2 铅（Pb）≤5.0 mg/kg；

9.4.3 镉（Cd）≤0.3 mg/kg；

9.4.4 铜（Cu）≤20.0 mg/kg；

9.4.5 砷（As）≤2.0 mg/kg；

9.4.6 汞（Hg）≤0.2 mg/kg。

9.5 黄曲霉毒素限量指标 黄曲霉毒素B_1(Aflatoxin)≤5.0 μg/kg。

第十章 包装、贮藏及运输

10.1 包装。

10.1.1 选用不易破损、干燥、清洁、无异味的包装材料密

闭包装，以保证药材在运输、贮藏、使用过程中的质量。

10.1.2 发送中药材必须有包装标签，注明药材品名、产地、采收日期、注意事项，并附有质量合格的标志。如：

药材名称：
产　　地：
采收日期：
采收单位：
调出日期：
调出单位：
调出数量：　　　　　　包
包装重量：　　　　　　kg/包
注意事项：
附：药材质量检验单

10.2 贮藏。

10.2.1 贮藏：选择通风、干燥、无污染的房屋作专用仓库，并采用控温、控湿技术，使贮存空间的温度控制在30℃以下，湿度应小于80%，以防止霉变。

10.2.2 彻底灭菌，消灭虫源，防止发生虫蛀及鼠害等。

10.3 运输。

10.3.1 运输工具必须清洁、干燥、无异味、无污染，具有较好的通气性，以保持干燥，并应有防晒、防潮措施等。

10.3.1 运输途中防止日晒、雨淋、潮湿、损坏、污染等，并尽可能地缩短运输时间。同时不应与其他有毒、有害、有异味的物质混装运输。

第十一章　人员和设备

11.1 人员。

11.1.1 负责全面工作人员，要求富有经验而有能力履行赋予职责的具有大专以上学历的专业人才。

11.1.2 生产人员，要求具有从事中药或农业生产或通过培训，能掌握药材栽培管理技术的人员。

11.2 设备 生产基地根据药材生产的需要配齐所有的设备。

第十二章 文件管理

12.1 文件。指一切涉及中药材生产、质量管理的书面材料和实施中的资料。

12.1.1 药材品种、育苗与移栽（时间、地点、面积）、田间管理（肥料、农药种类、数量、时间等）。

12.1.2 土壤及水分资料。

12.1.3 各种合同协议书、生产计划、实施方案、技术操作规程。

12.1.4 物候变化（小气象记录资料）。

12.1.5 产量、质量。

12.1.6 工作、技术总结等。

12.2 管理 将上述文件资料全部归入档案收载。

12.2.1 记录要由具有一定文化而且责任心强的人员作专门记录。

12.2.2 档案保管员要掌握档案分类和保管的基本知识。

12.2.3 记录员、档案保管员要求由相对固定的专人负责。

附则 本规程（SOP）制定时间为2002年7月。本规程起草单位将根据有关研究进展与执行中的反馈情况对本规程内容进行修订，并不定期发布新版本。

十二、毛 冬 青

（一）概 述

1. 来源

毛冬青为冬青科（Aquifoliaceae）冬青属（Ilex L.）毛冬青（*Ilex pubescens* Hook.et Arn.）干燥根，别名乌尾丁、痈树、六月霜（《广西中草药》），细叶冬青、细叶青、苦田螺、山桐油、老鼠啃、山冬青（《浙江民间常用草药》），毛披树、茶叶冬青（广州空军《常用中草药手册》），水火药（《新编中医学概要》），喉毒药（《广西植物名录》）。毛冬青苦，平。属活血祛瘀药，具有清热解毒，活血通络，利水渗湿等功效，用于治疗心绞痛、心肌梗死、血栓闭塞性脉管炎、中心性视网膜炎、扁桃体炎、咽喉炎、小儿肺炎、冻疮等。

2. 开发利用

（1）药用历史

毛冬青为新中国成立后发现的新药。1965年广东省五华县曾用本品治愈脉管炎。经药理及临床实验证明，是治疗心血管病较好的药物，现已普遍应用于临床。《浙江民间常用草药》记载毛冬青能治感冒、扁桃体炎、痢疾、血栓闭塞性脉管炎。《新编中医学概要》记载其能活血通脉，治疗血栓闭塞性脉管炎、冠心病、脑血管意外所致的偏瘫。《广西实用中草药新选》记载毛冬青具清凉解毒，凉血散毒功效。治喉头水肿、咽喉炎症、暑季外感热症、皮肤急性化脓性炎症。

（2）临床应用

目前，毛冬青已广泛应用于临床，常见药品有毛冬青注射剂、毛冬青片、毛冬青胶囊等。具体应用于以下几方面。

①治疗冠心病：毛冬青根120 g煎服，每日1剂，或口服相同剂量的片剂、冲剂。大部分的病例加用毛冬青根针剂肌肉注射，2次/d，每次1支，每支相当于毛冬青黄酮苷20 mg或生药8 g，对治疗冠心病有显著疗效。

②治疗血栓闭塞性脉管炎：毛冬青在扩张血管，改善循环的同时，对感染创面还有一定的抗菌消炎作用。毛冬青根加猪蹄或猪骨用适量加水煎服；毛冬青针剂加10%葡萄糖注射液，静脉或动脉推注；毛冬青片剂以及毛冬青糖浆，并适当辅以中药和抗菌素、维生素治疗，结合熏洗、外科处理，治疗40例血栓闭塞性脉管炎，有效率80.2%。

③治疗缺血性脑中风：用毛冬青90～120 g，水煎服，每日1剂。可酌情加用毛冬青注射液。毛冬青能改善组织的血液供应，有疏导散瘀、促进恢复和缩短疗程的作用。毛冬青甲素肌肉注射以及口服，分脑血栓形成组和脑供血不足组，总有效率98%。

④治疗慢性肾炎：毛冬青、黄芪、益母草、白术等，随症加减，配合服用肾炎散，治疗176例，总有效率92.6%。

⑤治疗小儿急性上呼吸道感染：急性上呼吸道感染是小儿最常见的疾病。各种病毒和细菌都可引起上呼吸道感染，尤以病毒为多见，占原发感染的90%以上，用毛冬青注射液加青霉素治疗，用量1 mL/kg，每天1次，静脉注射，取得较好的疗效。

⑥其他：毛冬青用于治疗高胆固醇血症、高血压、血栓性静脉炎、中心性视网膜炎、葡萄球膜炎、慢性盆腔炎、输卵管炎性阻塞、萎缩性鼻炎、唇风及外科感染性外伤均有较好疗效，和其他中药方剂联合应用还可用于治疗动脉硬化性栓塞等。

（二）生物学特征

1. 植物学特征

毛冬青 *Ilex pubescens* Hook.et Arn. 为常绿灌木，高约3～4 m。小枝具棱，被粗毛，干后黑褐色。

（1）叶

叶互生；叶柄长3～4 mm，密被短毛；叶片纸质或膜质，卵形或椭圆形，长2～6.5 cm，宽1～2.7 cm，先端短渐尖或急尖，基部宽楔形或圆钝，边缘有稀疏的小尖齿或近全缘，中脉上面凹下，叶脉4～5对，两面有疏粗毛，沿脉有稠密短粗毛（见彩图12-27）。

（2）花

花序簇生叶腋；雄花序每枝有1花，稀3花，花4或5数，花梗长1～2 mm，花萼直径约2 mm，裂片卵状三角形，被柔毛，花冠直径4～5 mm，花冠倒卵状长圆形，雄蕊比花冠短；雌花序每枝具1~3花，花6~8数，花萼直径约2.5 mm，裂片宽卵形，有硬毛，花瓣长椭圆形，长约2 mm，子房卵形，无毛，柱头头状。

（3）果实

果实为浆果状核果，卵状圆球形，直径3~4 mm，熟时红色，宿存花柱明显，分核常6颗，少为5颗或7颗，椭圆形，背部有单沟，两侧面平滑，内果皮近木质（彩图12-3、彩图12-4）。

2. 生长发育规律

毛冬青的生长发育受地形、水源、风力大小、土壤肥力和管理措施等因素的影响。4月上旬至6月下旬，小花陆续开放，昆虫传粉。果期为6~8月。

3. 对生态环境条件要求

毛冬青多长于北回归线以南，北纬18°~22°，海拔100~500 m，坡度30°~40°，常生于东向或东南向空旷山野和向阳山坡或沟谷的灌木丛中。野生毛冬青常分布在避风的疏林中，与亚热带季雨林常绿阔叶林混杂（见彩图12-5）。

（1）地形地势

生长在不同海拔、坡向、坡位的毛冬青，其长势也有明显的差异。就海拔而言，水源条件好，常风量小，土壤较肥沃的山区丘陵比台风影响大，水热系数小的沿海台地为好。就坡向而言，阳坡比阴坡生长好。就坡位而言，同一林段，下坡因热量、水分和土壤肥力较好，一般生长较好。

（2）温度

毛冬青喜温暖，适宜生长在南亚热带气候区。在阳光充足条件下生长良好。

（3）水分

喜湿润，忌积水，水分过多会引起根腐叶烂；过旱，则植株长势差。年降水量1 200～1 800 mm。空气湿度70%。

（4）土壤

种植在山区比平原质量好。以排水和透水性良好、土层疏松肥沃湿润、土壤pH值为4.5～5.5的沙质壤土或富含腐殖质的沙质黑土壤为好，其根肥沃粗大，质量优。土壤贫瘠，干燥和排水不良，以及碱性土壤则不利生长。排水不良的低洼地易患根腐病。

（三）品 种 类 型

1. 正品

正品毛冬青为毛冬青为冬青科（Aquifoliaceae）冬青属（Ilex L.）毛冬青（*Ilex pubescens* Hook. et Arn.）干燥根。应用上常与同属植物冬青、岗梅、铁冬青出现混淆品。

2. 混淆品

①小叶冬青（*Ilex purpurea* Hassk.）属常绿乔木，树冠卵圆形，树皮平滑，呈灰青色。小枝浅绿色。叶互生，长椭圆形，薄草质，边缘疏生浅锯齿，表面深绿色，有光泽。叶、根、皮均可入药。

②岗梅为冬青科植物梅叶冬青*Iliex asprella*（Hook. et Arn.）Champ. ex Benth. 为落叶灌木，高可达3 m。枝

条圆柱形，表面散生多数大小似秤星的黄白色点状皮孔。叶互生，卵形或卵状椭圆形，顶端渐尖或急尖，基部宽楔形或浑圆，边缘有小锯齿。根部与本品（毛冬青根）极相似，但毛冬青根横断面木部较致密；横切面中柱鞘纤维常与石细胞相连成群，或各单个散在，但连续成环无岗梅根明显。

③铁冬青（救必应）*Ilex rotunda* Thunb. 为高大常绿乔木。树皮、根皮均较厚，易剥落，表面灰白色至灰褐色；小枝有棱，红褐色。味苦涩，无回甘。

（四）种 植 地

1. 种植地选择

毛冬青喜生于山坡上的疏林中和灌木丛中。种植在山区比平原质量好。以排水和透水性良好、土层疏松肥沃湿润为宜。种植地选择向阳、日照时间长的缓坡或者灌水方便的无污染山坡或沟谷。种植地按照《中药材生产质量管理规范》的要求进行选择，毛冬青规范化种植基地应远离居民点，远离交通要道，大气、水质、土壤无污染，周围无污染源。

2. 种植地生态环境质量检测

毛冬青规范化栽培种植地的选择，要求环境空气经检测达到《中华人民共和国环境空气质量标准》（GB3095—1996）中二级标准（参见P424表10-1）。灌溉水质和土壤环境质量符合《中华人民共和国农田灌溉水质标准》

（GB5084—1992）中二级标准（参见P424表10-2）和《中华人民共和国土壤环境质量标准》（GB15618—1995）二级标准（参见P426表10-3）。

（五）种 植 技 术

1. 育苗技术

（1）育苗地选择与整地

育苗地选择水源充足、排水良好、土层深厚、湿润肥沃的沙壤土。施足底肥（宜用充足腐熟的农家有机肥），深翻30 cm，均匀撒入石灰或者一定浓度的福尔马林对土壤进行消毒，细耙整平，做成宽80 cm、高20 cm的高床畦。按20 cm的行距用挖铲或直径15 cm的木棒划沟深1~2 cm，按10 cm的株距于沟内点播，然后覆盖1 cm厚的细土，再覆盖碎麦秸或稻草，经常喷水，以保持苗圃地湿润。可搭遮阴率为50%的遮阴网避免太阳直射，防止土壤表面干燥、硬结，利于种子萌发和生长发育。当苗高5 cm左右时，可于阴天或雨天撤去遮阴网，炼苗。及时拔除杂草，浇水，施肥，做好病虫害防治。

（2）育苗时间

毛冬青播种时期以3~4月份为宜，最迟不要超过5月份。气温稳定在25 ℃左右时，进行育苗播种。

（3）育苗方法

主要是种子繁殖。种子应选择生长10年以上母树的种子。因种子寿命短，陈年种子发芽力减退，发芽率低，故不宜供繁殖用。宜选新鲜、饱满、淡褐色、有光泽的种子于冬季11~12月，或春季2~3月，月均温度达20 ℃以上时播种。一般采收后可即行播种，如需春播，则在采种将种子与洁净的细沙（1∶10）混匀后进行层积处理。条播行距20~25 cm，每667 m²播2~5 kg。播种后盖草，保持土壤湿润，以利种子萌发。幼苗出土后，于阴天揭除盖草。每667 m²产苗木2~3万株。春秋季均可定植，按行株距各2.5~3 m挖穴。幼苗栽下时要使根部舒展，然后覆土、压实、浇水。

（4）苗木管理

幼苗喜荫蔽，日晒则生长缓慢，叶色黄绿，枯斑多；在有荫蔽的条件下生长的幼苗，生长快，叶色浓绿、肥大。随着幼苗的长大，行间郁闭，荫蔽度可逐渐减小。对新移植的幼苗要注意除草、浇水、搭阴棚等管理工作。幼苗移植20天后施腐熟人粪尿或尿素，以后每半月或每月施用1次，并在株间撒一层熏土或堆肥。要及时除草、松土，适当修下部侧枝及叶片，以利通风，提高抗旱和耐阳光能力。一年后，可出圃定苗。

2. 种植技术

（1）种植地选择与整地

种植地选择向阳、日照时间长的缓坡或者灌水方便的无污染山坡或沟谷。生荒地于冬天翻犁过冬，翌年春再耙犁、打碎土块。熟地或农田在春季翻犁，耙细备用。畦土耙细整平前，先施基肥，每667 m²施优质腐熟厩肥3 000 kg，施肥后浅耕耙匀，使表土与肥料拌匀。

（2）种植时间

春秋季均可定植。

（3）种植方法

按行株距各2.5~3 m挖穴，种植，及时中耕除草，追肥管理。生长健壮的苗，当年秋季便可移栽；生长弱小的苗到第二年秋季再进行移栽。

（4）种植密度

移栽时，按行株距50 cm×40 cm开穴移栽。每穴内大苗1株，小苗2株。移栽过程中，应使根系舒展，不得弯曲，填土一半时苗轻轻上提，这样根系易舒展伸直，易于成活，覆土压实，浇定根水。

（5）田间管理

①淋水保苗：毛冬青苗木定植后的2~3个月内，根系的吸收功能还不能恢复到原来的状态，很容易受干旱的影响而枯苗，影响成活率。因此，应在定植初期，每天早晚浇水，以浇润坑面为度，保持树坑内的土壤经常湿润，但严防积水。如遇干旱时间较长，则在坑面上松土、锄草，减少水分蒸发，这才能保证苗木成活。定植3个月后，苗木已经长出部分新根，根系的吸收功能已逐渐恢复，浇水的次数可视天气情况而定。干旱时多浇，降水时少浇或不浇。定植后第二年春天，要在林地里进行一次全面检查，发现枯苗、缺苗，应及时补苗，以保全苗。

②中耕除草：毛冬青幼龄期要注意中耕除草。每年需中耕除草3~4次，将距离植株1 m范围内的杂草除尽。既除杂草，又松表土，同时应将杂草埋于窝内，可增肥保湿防寒。若系定植于杂木林内，要将过于荫蔽的杂木适当疏伐，以利毛冬青健壮生长。生长期适当增加中耕松土的次数，有利于改善毛冬青根系生长环境，促根深扎，增加粗度，减少分支。一般在生长期要进行3~4次中耕，特别是在干旱时和雨

后，进行中耕十分有效。成林后每年除草1次。

③施肥：毛冬青生长期较长，且以根入药，需要充足的养分才能生长繁茂。因此要适当施肥，单施氮肥容易引起植株的徒长，抗逆性弱，易遭病害；单施磷钾肥抗性增强，但缺氮肥，植株矮小，叶色发黄，同样不能提高产量；氮、磷、钾混合施肥，能促进植株生长健壮。一般每年施肥2～3次，第一次在2～3月植株抽芽时，施足芽肥花肥，以施氮肥为主，可用1∶8的稀人畜粪水或每千克水加硫酸铵50～100 g施下，或施用饼肥亦可，每株0.5～1 kg，以促进长芽抽枝。第二次在7～8月果期，以施氮、磷肥为主，可用草灰肥、过磷酸钙、人粪尿混合肥或有机肥50 kg加入0.5 kg过磷酸钙混合沤制腐熟后施入，每株施0.5～1 kg，或每株施复合肥0.5 kg。第三次在11～12月，施养果肥和过冬肥，以施有机肥和磷肥、钾肥为主，用100 kg有机肥加3～5 kg过磷酸钙或磷矿粉、草木灰200 kg沤制腐熟1个月后施入，每株施0.5～1 kg。水肥及速效肥可松土后开浅沟浇入或撒入，有机肥和磷肥开15 cm深的环状沟施入，每次施肥后均要培土。

（六）主要病、虫、草害的防治

1. 病害

（1）根腐病

1）病原

主要来自于腐霉菌、疫霉菌、丝核菌、根串珠霉菌和细菌类的欧氏杆菌等，属真菌病害。

2）症状

主要危害幼苗，成株期也能发病。发病初期，仅仅是个别支根和须根感病，并逐渐向主根扩展。主根感病后，早期植株不表现症状，后随着根部腐烂程度的加剧，吸收水分和养分的功能逐渐减弱，地上部分因养分供不应求，在中午前后光照强、蒸发量大时，植株上部叶片才出现萎蔫，但夜间又能恢复。病情严重时，萎蔫状况夜间也不能再恢复。此时，根皮变褐，并与髓部分离，最后全株死亡。

3）发病规律

引起根腐病的病菌在土壤中和病残体上过冬，一般多在3月下旬至4月上旬发病，5月进入发病盛期，其发生与气候条件关系很大。苗床低温高湿和光照不足，是引发此病的主要环境条件。育苗地土壤黏性大、易板结、通气不良致使根系生长发育受阻，也易发病。另外，根部受到地下害虫、线虫的危害后，伤口多，也是病菌侵入的原因之一。

4）防治方法

①种子、插穗消毒。播种前，种子可用种子质量0.3%的退菌特或种子质量0.1%的粉锈宁拌种，或用80%的402抗菌剂乳油2 000倍液浸种5 h；插穗基部也可用同样浓度药液浸1 h后扦插。

②苗床土壤消毒，每平方米苗床用50%多菌灵1.5 g撒于地表翻入土中，或用25%甲霜灵可湿性粉剂9 g，且可兼治猝倒病、立枯病。

③用药剂防治。发病时，可用40%根腐宁1 000倍液喷雾或浇灌病株，或80%的402乳油1 500倍液灌根。

④及时防治地下害虫和线虫的危害。

（2）褐斑病

1）病原

此病主要是由立枯丝核菌引起的一种真菌病害，其病原为尾孢菌Cercospora insulana sacc. 危及叶部。

2）症状

常发生在苗木长出的新叶上。该病全年都可发生，但以高温高湿的多雨炎热夏季为害最重。单株受害叶片、叶鞘、茎秆或根部出现梭形、长条形、不规则形病斑，病斑内部青灰色水浸状，边缘红褐色，以后病斑变成黑褐色，腐烂死亡。

3）发病规律

病菌以菌核或在植物残体上的菌丝为保护。菌核有很强的耐高低温能力，侵染、发病适温为21～32℃。由于丝核菌寄生能力较弱，对于处于良好生长环境中的禾草只能造成轻微发病。只有当冷季型禾草生长于不利的高温条件、抗病性下降时，病害才得以发展，因此，发病盛期主要在夏季。当气温升至大约30℃，同时空气湿度很高（降雨、有露或潮湿天气等），且夜间温度高于20℃时，病害猖獗。另外，枯草层较厚的老草菌源量大，发病重。低洼潮湿、排水不良、田间郁闭、气候温度高、偏施氮肥、植株旺长、组织柔嫩、冻害、灌水不当等因素都极有利于病害的流行。

4）防治方法

在高温高湿天气来临之前或其间，要少施或不施氮肥，保持一定量的磷、钾肥，避免串灌和漫灌，特别要避免傍晚灌水。发病后可喷1：1：（150～200）的波尔多液或65%代森锌可湿性粉剂500倍液，每隔7～10天1次，连续2～3次。发病初期摘除病叶也有效。

（3）立枯病

1）病原

立枯病又称"死苗",主要由立枯丝核菌(学名*Rhizoctonia solani* Kuhn,英文名Sheath Blight),属半知菌亚门真菌侵染引起。

2)症状

主要危害幼苗茎基部或地下根部,初为椭圆形或不规则暗褐色病斑,病苗早期白天萎蔫,夜间恢复,病部逐渐凹陷、溢缩,有的渐变为黑褐色,当病斑扩大绕茎一周时,最后干枯死亡,但不倒伏。轻病株仅见褐色凹陷病斑而不枯死。苗床湿度大时,病部可见不甚明显的淡褐色蛛丝状霉。

3)发病规律

以菌丝体和菌核在土中越冬,可在土中腐生2~3年。通过雨水、喷淋、带菌有机肥及农具等传播。病菌发育适温20~24℃。刚出土的幼苗及大苗均能受害,一般多在育苗中后期发生。凡苗期床温高、土壤水分多、施用未腐熟肥料、播种过密、间苗不及时、徒长等均易诱发本病。

4)防治方法

①注意排水,防止积水。

②拔除病株烧毁,喷75%百菌清可湿性粉剂600倍液。

(4)炭疽病

1)病原

炭疽病,英文anthracnose。发生于温暖潮湿地区,主要由半知菌亚门、腔孢纲、黑盘孢目、炭疽菌属(colletotrichum)中的真菌引起,如黑线炭疽菌colletotrichumdematium(pers.)grove、胶孢炭疽菌colletotrichumgloeosporioidespenz.、尖孢炭疽菌colletotrichumacutatumsimmonds所致。

2)症状

炭疽病主要发生在毛冬青叶片上，常常侵害叶缘和叶尖，严重时，使大半叶片枯黑死亡。发病初期在叶片上呈现圆形、椭圆形红褐色小斑点，后期扩展成深褐色圆形病斑，大小为1～4 mm，中央则由灰褐色转为灰白色，而边缘则呈紫褐色或暗绿色，有时边缘有黄晕，最后病斑转为黑褐色，并产生轮纹状排列的小黑点，即病菌的分生孢子盘。在潮湿条件下病斑上有粉红色的黏孢子团。严重时一个叶片上有十多个至数十个病斑，后期病斑穿孔，病斑多时融合成片导致叶片干枯脱落。炭疽病发生在茎上时产生圆形或近圆形的病斑，呈淡褐色，其上生有轮纹状排列的黑色小点。发生在嫩梢上的病斑为椭圆形的溃疡斑，边缘稍隆起。

3）发病规律

病菌以菌丝体、分生孢子或分生孢子盘在寄主残体或土壤中越冬，老叶从4月初开始发病，5～6月间迅速发展，新叶则从8月份开始发病。分生孢子靠风雨、浇水等传播，多从伤口处侵染。栽植过密、通风不良、叶子相互交叉易感病。病菌生长适温为26～28 ℃，分生孢子产生最适温度为28～30 ℃，适宜pH值为5～6。湿度大、病部湿润、有水滴或水膜是病原菌产生大量分生孢子的重要条件，连阴雨季节发病较重。

4）防治方法

①发病初期剪除病叶、绿地中枯枝败叶及时烧毁，防止扩大。

②加强苗木的管理，增施磷肥、钾肥，提高抗病能力。

③发病初期用50%退菌特，或50%托布津可湿性粉剂，或50%多菌灵可湿性粉剂1 000倍液，每7～10天1次，连续2～3次。

（5）叶斑病

1）病原

尾孢菌引起的叶斑为小黑点，多毛孢菌引起灰斑，较小的圆斑由叶点菌引起。

2）症状

刚开始发病时，茎干基部近地面的地方出现不规则水肿块斑，淡褐色，病部皮层变软、水渍、易剖离、近闻有异味，病部逐渐扩大围绕整个茎基部，颜色变深，后期病部上生有白色颗状物，发病后影响水分及营养向上输送，造成枝条萎蔫，随着病情严重，发病部位以上枝条逐渐干枯死亡。此病4月开始发病，5～7月为发病盛期，多因土壤湿度太大、通风不良造成的。

3）发病规律

叶斑病菌在病残体或随之到地表层越冬，翌年发病期随风雨传播侵染寄主。连作、过度密植、通风不良、湿度过大均为发病因素。

4）防治方法

①及时除去病组织，集中烧毁。

②轮作，尽量不要连作。

③从发病初期开始喷药，防止病害扩展蔓延。常用药剂有25%多菌灵可湿性粉剂300～600倍液（50%的1 000倍、40%胶悬剂600～800倍）、50%托布津1 000倍、70%代森锰500倍、80%代森锰锌400～600倍、50%克菌丹500倍等。要注意药剂的交替使用，以免病菌产生抗药性。

2. 虫害

（1）天牛

1）形态特征

天牛成虫体呈长圆筒形，背部略扁；触角着生在额的突起（称触角基瘤）上，具有使触角自由转动和向后覆盖于虫体背上的功能。爪通常呈芒齿式，少数呈附齿式。除锯天牛类外，中胸背板常具发音器。幼虫体粗肥，呈长圆形，略扁，少数体细长。头横阔或长椭圆形，常缩入前胸背板很深。

2）生活习性

5月份成虫出土，在枝条上端的表皮内产卵，幼虫先在表皮内活动，以后钻入木质部，向基部蛀食，秋后钻到茎基部或根部越冬。

3）症状

植株受害后，逐渐衰老枯萎，乃至死亡。

4）防治方法

①人工捕杀成虫：天牛成虫飞翔力不强，受振动易落地，可于每年6月中旬至7月下旬于夜间在树干上捕杀产卵雌虫。

②人工杀卵：每年7～8月天牛产卵期，在树干上查找卵块，用铁器击破卵块。

③化学防治成虫：于每年6月中旬至7月中旬成虫活动盛期，对毛冬青树冠喷洒杀灭菊酯2 000倍液，每15天1次，连续喷洒2次，可收到较好效果。

④化学防治幼虫：每年3～10月为天牛幼虫活动期，可向蛀孔内注射80%敌敌畏、40%氧化乐果或50%辛硫磷5～10倍液，然后用药剂拌虎的毒泥巴封口，可毒杀幼虫。

⑤用石灰10 kg+硫黄1 kg+盐10 g+水20～40 kg制成涂白剂，涂刷树干预防天牛产卵。

（2）蚜虫

1）形态特征

体长1.5～4.9 mm，多数约2 mm。有时被蜡粉，但缺蜡片。触角6节，少数5节，罕见4节，感觉圈圆形，罕见椭圆形，末节端部常长于基部。眼大，多小眼面，常有突出的3小眼面眼瘤。喙末节短钝至长尖。腹部大于头部与胸部之和。前胸与腹部各节常有缘瘤。腹管通常管状，长常大于宽，基部粗，向端部渐细，中部或端部有时膨大，顶端常有缘突，表面光滑或有瓦纹或端部有网纹，罕见有毛，罕见腹管环状或缺。尾片圆锥形、指形、剑形、三角形、五角形、盔形或半月形。尾板末端圆。表皮光滑，有网纹或皱纹或由微刺或颗粒组成的斑纹。体毛尖锐或顶端膨大为头状或扇状。有翅蚜触角通常6节，第3或3～4或3～5节有次生感觉圈。前翅中脉通常分为3支，少数分为2支。后翅通常有肘脉2支，罕见后翅变小，翅脉退化。翅脉有时镶黑边。

2）生活习性

4～9月发生，4～6月虫情严重，立夏前后，特别是阴雨天蔓延更快。当连续5天的平均气温稳定上升到12 ℃以上时，便开始繁殖。在气温较低的早春和晚秋，完成1个世代需10天，在夏季温暖条件下，只需4～5天。它以卵在花椒树、石榴树等枝条上越冬，也可在保护地内以成虫越冬。气温为16～22 ℃时最适宜蚜虫繁育，干旱或植株密度过大有利于蚜虫为害。

3）症状

蚜虫种类很多，形态各异，体色有黄、绿、黑、褐、灰等，为害时多聚集于叶、茎顶部柔嫩多汁部位吸食，造成叶子及生长点卷缩，生长停止，叶片变黄、干枯。

4）防治方法

①彻底清除杂草，减少其迁入的机会。

②在发生期可用40%乐果1 000～1 500倍稀释液或灭蚜松（灭蚜灵）1 000～1 500倍稀释液喷杀，连喷多次，直至杀灭。

（3）红蜘蛛

1）形态特征

红蜘蛛成螨时深红色，体两侧有黑斑，椭圆形。越冬卵红色，非越冬卵淡黄色。越冬代幼螨红色，非越冬代幼螨黄色。越冬代若螨红色，非越冬代若螨黄色，体两侧有黑斑。

2）生活习性

1年发生13代，以卵越冬，越冬卵一般在3月初开始孵化，4月初全部孵化完毕，越冬后1～3代主要在地面杂草上繁殖为害，4代以后即同时在毛冬青树、间作物和杂草上为害，10月中下旬开始进入越冬期。卵主要在毛冬青树干皮缝、地面土缝和杂草基部等地越冬，3月初越冬卵孵化后即离开越冬部位，向早春萌发的杂草上转移为害，初孵化幼螨在2天内可爬行的最远距离约为150 m，若2天内找不到食物，即因饥饿而死亡。

3）症状

7～8月高温干燥气候有利其繁殖，种类很多，体微小、红色。多集中于植株背面吸取汁液。被害叶初期红黄色，后期严重时则全叶干枯，花、幼果也会受害。

4）防治方法

发生期可用50%三氯杀螨砜1 500倍稀释液或25%杀虫脒200～300倍稀释液喷杀，也可用40%乐果1 500倍稀释液喷雾。

（4）蛴螬

1）形态特征

蛴螬体肥大，体型弯曲呈C形，多为白色，少数为黄白色。头部褐色，上颚显著，腹部肿胀。体壁较柔软多皱，体表疏生细毛。头大而圆，多为黄褐色，生有左右对称的刚毛，刚毛数量的多少常为分种的特征。

2）生活习性

蛴螬一到两年1代，幼虫和成虫在土中越冬，成虫即金龟子，白天藏在土中，晚上8～9时进行取食等活动。蛴螬有假死和负趋光性，并对未腐熟的粪肥有趋性。成虫交配后10～15天产卵，产在松软湿润的土壤内，以水浇地最多，每头雌虫可产卵100粒左右。蛴螬幼虫始终在地下活动，与土壤温湿度关系密切。当10 cm土温达5 ℃时开始上升土表，13～18 ℃时活动最盛，23 ℃以上则往深土中移动，至秋季土温下降到其活动适宜范围时，再移向土壤上层。土壤潮湿则活动加强，尤其是连续阴雨天气更甚。春、秋季在表土层活动，夏季时多在清晨和夜间到表土层。

3）症状

在南方别名老母虫，在北方别名核桃虫，其成虫叫金龟子。成虫与幼虫都能为害，以幼虫为害最严重。幼虫是常见的地下害虫，以咬食根、地下茎为主，也咬食地上茎。

4）防治方法

①晚上用灯光诱杀成虫。

②发生期间用90％敌百虫1 000倍液或50～60 mL乳油1 000倍稀释液浇灌洞穴。

③用25 g氯丹乳油拌炒香的麦麸5 kg加适量水配成毒饵，于傍晚撒于植株附近诱杀。

（5）钻心虫

1）形态特征

三化螟属鳞翅目，螟蛾科。成虫体长9~12 mm，翅展21~25 mm。雌蛾前翅长三角形，淡黄白色，中央有1个明显黑点，腹末有黄褐色茸毛一丛。雄蛾前翅淡褐色，中央有1个小黑点，翅顶角斜向中央有一暗褐色斜纹，外缘有7个小黑点。卵产成块，长椭圆形，初产时蜡白色，孵化前灰黑色，卵块有几十至一百多粒卵，上面盖黄褐色茸毛。

2）生活习性

全年繁殖4~5代，气温高于11 ℃时开始化蛹，15~16 ℃时成虫羽化。低于4龄期幼虫多在翌年土温高于7 ℃时钻进上面。

3）症状

以幼虫钻入植株叶、根、茎、花蕾中为害，严重影响产量和质量。

4）防治方法

①成虫盛期，选无风天晚上用灯光诱杀。

②卵期及幼虫初孵化末期钻入植株前用90%敌百虫500倍或40%氧化乐果乳油3 000倍液喷杀。

（6）地老虎

1）形态特征

小地老虎老熟幼虫体长41~50 mm，灰黑色，体表布满大小不等的颗粒，臀板黄褐色，具2条深褐色纵带。黄地老虎体长为33~43 mm，头部黄褐色，体淡黄褐色，体表颗粒不明显，体多皱纹，臀板上有2块黄褐色大斑，中央断开，有较多分散的小黑点。

2）生活习性

3~4月化蛹，4~5月羽化，第一代幼虫是危害的严重期，也是防治的重点期。成虫白天栖息在杂草、土堆等荫蔽处，夜间活动，趋化性强，喜食甜酸味汁液，对黑光灯也有明显趋性，在叶背、土块、草棒上产卵，在草类多、温暖、潮湿、杂草丛生的地方，虫头基数多。幼虫夜间危害，白天栖在幼苗附近土表下面，有假死性。

3）症状　幼虫以茎叶为食，咬断嫩茎，造成缺苗断垄；稍大后，则钻入土中，夜间出来活动，咬食幼根、细苗，破坏植株生长。

4）防治方法

①粪肥须高温堆制，充分腐熟后再施用。

②3月下旬至4月上旬铲除地边杂草，清除枯落叶，消灭越冬幼虫和蛹。

③用75%辛硫磷乳油按种子量的0.1%拌种；日出前检查被害株苗，挖土捕杀。

④危害严重时，用75%辛硫磷乳油700倍液，进行穴灌，或喷洒90%敌百虫600倍液。

3. 草害

常见的杂草有麦娘、马唐、青葙、猪屎豆、白茅等。这些杂草不仅与药材争夺土中营养和水分，而且恶化环境，传播病虫害，严重影响药材质量和产量。因此，人工防除毛冬青园中杂草是一项经常性工作。在杂草防治过程中，针对不同的杂草采用不同的方法进行防治，选用合适的化学试剂除草，不仅省时省工，而且比较彻底可靠，能收到良好的防除效果。

（1）种植前除草

化学除草应以药材种植前土壤施药为主，争取一次施药便能使整个生长期不受杂草危害。种植前土壤处理的常用药剂如下：

1）48%氟乐灵乳油

氟乐灵乳油除杂草谱广，能有效防除一年生靠种子繁殖的禾本科杂草，如马唐、牛筋、狗尾草、稗、千金子、画眉草以及小粒种子的其他阔叶杂草等。喷药时间多在种植前5~10天杂草萌发前，用量根据说明书上的规定，用水兑制，对药田表土进行均匀喷洒处理。因氟乐灵易挥发和光解，应随喷随进行浅翻，将药液及时混入5~7 cm深的土层中，有条件的最好是机械喷药耙混一次完成，也可喷药后随即浇透水，但效果不如浅翻混土。施药一般隔5~7天才可种植，除草效果可达90%以上。

2）50%乙草胺乳油

该药剂主要通过杂草地上部分吸收药液后，抑制杂草植株蛋白质合成，使芽和根停止生长，导致杂草在出土前、出苗前和出苗后不久死亡。对多种一年生禾本科杂草有特效，并可兼除部分小粒种子的阔叶杂草。喷药时间多在种植移栽前3~5天进行，注意必须在杂草出土前施用。每亩用该药剂70~75 mL兑水40~60 L，均匀喷洒土表即可。

（2）种植后除草

毛冬青苗前和苗后都会有很多杂草的萌发生长，不仅消耗土壤中水分，影响土壤升温，还将推迟生长周期。当杂草长到3~5片叶时，每667 m^2可用5%闲锄乳油40 ml兑水30 kg喷洒，如果每20 mL再加一支增效剂特效王2 mL，将提高杀草效率30%~50%。当杂草生长至6~8片叶时加大用药量，每亩用20%拿捕净150～200 mL兑水30～50 kg喷雾，喷药后3天杂草心叶变黄，不生长，5～7天心叶枯黄腐烂，逐渐死亡。但此法对野燕麦和双子叶杂草无杀灭作用。此外，还有2种苗后除草剂，效果也很好。一是6%克草星乳油，它是具有触杀和一定内吸传导作用的高效除草剂，对多种一年生禾本科杂草和阔叶杂草都有很好的防治效果，对多年生杂草亦有明显的抑制作用。在杂草平均高度5 cm以下时，每667 m^2用6%克草星乳油70～80 mL兑水30～40 kg，在茎叶均匀喷雾。二是8%高效盖草能，该药剂也是内吸选择性除草剂，主要是抑制杂草的茎和根的分生组织而导致杂草死亡，其药效发挥较快，喷洒落入土中的药剂易被根吸收，施药适期长，杀草谱广，可有效防除麦娘、牛筋、马唐、稗、狗尾草等一年生禾本科杂草和狗牙根、白茅等多年生杂草，而且对毛冬青药材很安全。每667 m^2用该剂25～30 mL兑水20～30 kg（或12.5%盖草能1 000～1 200倍液），以扇形喷头于杂草3～6片叶期作茎叶喷雾处理。

（3）化学除草剂使用注意事项

化学防除药田杂草应注意以下几个问题：

①注意化学除草剂的选择性、专一性和时间性，不可误用、乱用除草剂，防止杀死药苗。

②严格掌握限用剂量。除草剂使用应根据具体土质，考虑农田小气候，严格按药品说明规定的剂量范围、用药浓度、用药量使用。

③合理混用药剂。两种以上除草剂混合使用时，要严格掌握配合比例和施药时间及喷药技术，并要考虑彼此间有无拮抗作用或其他副作用。可先取少量进行可混性试验，若出

现沉淀、絮结、分层、漂浮、变质，说明其安全性已发生改变，则不能混用。此外还要注意混合剂增效功能，如杀草丹和敌稗混合剂除草功效比各单剂除草功效的总和要大，使用时要降低混合剂药量（一般在各单剂药量的一半以内），以免发生药害，保证药材安全。

④注意施药隔离和风向，雾滴不过细，以免飘移造成邻近农田受到药害，同时注意对下茬作物的影响。

⑤掌握好施除草剂的最佳时间和技术操作要领，妥善保存好药剂，防止错用，并搞好喷药器具的清洗，以免误用，使其他作物产生药害。

⑥注意环境条件对除草剂的影响，温度、水分、光照、土壤类型、有机质含量、土壤耕作和整地水平等因素，都会直接或间接影响除草剂的除草效果。

⑦灵活用药。药用植物基部药土法施药除草，要在无露水条件下，以免茎叶接触药液受害。对作物籽苗、胚芽敏感的药剂，应在播种前盖籽后施药，并尽量提高播种质量，适当增加播种量。一些移栽药材因其苗大，而杂草幼小，可采取苗带（幼苗附近20～30 cm宽）集中施药。对选择性差或触杀性除草剂实施保护性施药，即将药液直接喷雾或泼浇于土表，尽量不接触药材幼苗，且不能拖延至苗体旺盛、绿叶面积大时施用。若茬口允许，可在药材播栽前采取旱地浇灌、水田湿润、盖膜诱发等措施，使杂草提前萌发，再以药剂杀灭。

⑧目前市场上还没有专门用于药材的除草剂，多借用蔬菜、果树等除草剂，因此，必须在有实践经验的专家或技术人员指导下购买除草剂和实施除草作业，以免造成经济损失和不良后果。

（七）采收与加工

1. 采收

毛冬青全年可采收，但以夏秋为佳。起挖后随即抖去泥土，挖取时尽量避免断根和伤根皮。鲜根茎切断时，断面常见有浅蓝色物质出现的特征。

2. 加工

毛冬青宜随收获，随加工，堆积时间不要过长，以防霉烂。把采挖的原药拣去杂质，洗净，夏、秋季用水浸 6~8 h，冬、春季浸 12~24 h，捞起放蒲包内，湿润，每天淋水 1~2 次，润软，切 0.3~0.4 cm 厚片，晒干。药材成品一般呈不规则块片状，表面灰褐色或棕褐色，稍粗糙，有纵向细皱纹及横向皮孔，断面皮部薄，木部黄白色，有致密的放射状纹理及环纹。质坚硬难折断，味微苦。

（八）留种技术

1. 种子的采集与处理

选择树干通直，生长良好，10 年生左右的母树，于 10 月下旬当果呈红色时抓紧采收。可先在母树下铺设塑料布，再用采种刀或高枝剪采取果枝。采集的果枝堆放在通风的室内，忌暴晒，待其熟化一段时间，用镊子从毛冬青果实中剥取或者将果实放在水中浸软了再用沙子提取毛冬青种子。种子保存方法共五种。方法①：将种子平铺培养皿中晾干装进盛有硅胶的保鲜袋中；方法②：将种子平铺培养皿中，自然干燥后移入干燥器中保存；方法③：将种子放进湿沙中保存；方法④：将种子装进密封袋再放到4℃的冰箱中保存。方法；方法⑤：将一部分果实放到4℃冰箱中冷藏保存，种植前才提取种子在常温下晾干。不同保存方法的千粒重和含水量见表12-1。

表12-1 五种不同保存种子的千粒重、含水量测定

贮存方法	方法①	方法②	方法③	方法④	方法⑤
千粒重（g）	1.124 0	0.833 0	1.186 5	1.052 0	1.393 5
含水量（%）	8.018	4.138	6.235	6.545	7.339

2. 留种田间管理

毛冬青种子细小，种皮坚硬，表面有蜡质层，发芽慢且不整齐。播种前，可先月电动粉碎机（磨豆浆机）将果皮与种子分离后，过滤取出种子放清水漂洗3天，阴干，种子采用混沙贮藏或布袋包装藏于罐内或埋于土中。播种前需浸种催芽，再分别浸于碱水和稻草灰水4 h，然后再浸泡于清水，并用手搓揉，每天需换水漂取种子油质。播种前对种子进行消毒处理，宜用福尔马林溶液浸泡０５ min，然后倒出多余的药液，放入密闭缸内处理2 h，再月清水洗去药液，随即用清水浸泡种子24 h，可以保证较高的发芽率。

（九）质量标准及检测

1. 性状

根呈圆柱形，稍弯曲，有分枝，多数直径1~4 cm，表面灰棕色、灰褐色或棕褐色，有纵皱纹及支根痕，有的呈皮孔样突起。商品多为大小不等的横切或斜切片，或短段。皮部薄，有时脱落，内表面浅黄色或褐色；木部宽阔。类白色或浅黄色，可见致密的放射状纹理及环纹。气微，皮部味苦，微涩而后甘，木部味淡。茎枝表面呈灰褐色，有纵皱纹，有的可见灰白色地衣斑或细小皮孔。皮部薄，木部宽阔，类白色中央具髓。其余与根相似（见彩图12-6）。

2. 鉴别

根的横切面：木栓层为8~10列细胞。皮层石细胞单个散在或数个成群，有的含棕色物。形成层不明显。木质部射线宽1~8列细胞，向外渐变宽，导管多单个散在，直径20~55 μm，也有2~4个相聚；木纤维发达。薄壁细胞含淀粉粒。

显色反应：取本品粗粉5 g，加乙醇40 mL，置水浴上回流15 min，趁热过滤。取滤液10 mL，置蒸发皿中，在水浴上小心蒸干，放冷后，残渣加醋酐1 mL使溶解。再加硫酸2~3滴，即显紫色。

荧光反应：本品粗粉5 g，加乙醇40 mL，置水浴上回流15 min，趁热过滤。取滤液1滴，点于滤纸上，置紫外灯下观察，有明显的黄色荧光。

3. 检查

①杂质：不得检出其他植物的杂质。

②水分：按照水分测定法，《中华人民共和国药典（一部）》（2000年版）附录ⅨH项下第一法测定，不得超过12.0%。

③总灰分：按照总灰分测定法，《中华人民共和国药典（一部）》（2000年版）附录ⅨK项下测定，不得超过5.0%。

④酸不溶性灰分：按照酸不溶性灰分测定法，《中华人民共和国药典（一部）》（2000年版）附录ⅨK项下测定，不得超过1.0%。

⑤重金属残留量：重金属残留量不得超过中华人民共和国商务部发布的《药用植物及制剂进出口绿色行业标准》规定的限量。

⑥有机氯农药残留量：有机氯农药残留量不得超过中华人民共和国商务部发布的《药用植物及制剂进出口绿色行业标准》规定的限量。

4. 浸出物

浸出物：按照水溶性浸出物测定法，《中华人民共和国药典（一部）》（2000年版）附录ⅩA项下冷浸法测定，不得低于20.0%。

5. 主要化学成分

①一般化学成分：根含3,4-二羟基苯乙酮（3,4-dihydroxyacetophenone），氢醌（hydroquinone），东茛菪素

（scopoletin）、马栗树皮素（esculetin）、高香草酸（homovanillic acid）和秃毛冬青素（glaberide）Ⅰ。近年又从根中分出三萜类化合物：毛冬青皂苷（ilexisaponin）A_1，毛冬青皂苷元（ilexgenin）A，毛冬青皂苷B_1、B_2、B_3，毛冬青三萜苷（ilexolide）A，冬青三萜苷（ilexoside）A、D、E、J、K、O，毛冬青酸（pubescenic acid）。

②有效成分鉴别：取本品粉末1g，以甲醇50 mL，超声提取30 min，滤过，滤液蒸干，残渣加2 mL甲醇溶解，作为供试品溶液，另取毛冬青皂苷Ⅰ，以2 mL甲醇溶解，作为对照品溶液。照薄层色谱法（附录B）试验，吸取上述两种溶液各5 μL，分别点于同一硅胶G薄层板上，以三氯甲烷–乙酸乙酯–甲醇–水（15∶40∶22∶10）10 ℃以下放置的下层溶液为展开剂，展开，取出，晾干，喷以10%硫酸溶液，在105 ℃加热至斑点清晰。供试品色谱中，在与对照品色谱相应的位置上，显相同颜色的斑点。

（十）包装、贮藏及运输

用麻袋装载，存放于通风阴凉处。

（丁　平　周志彬）

参 考 文 献

丁平，徐鸿华. 2003. 巴戟天规范化栽培技术［M］. 广州：广东科技出版社.

广西壮族自治区革命委员会卫生管理服务站编. 1970. 广西中草药［M］. 南宁：广西人民出版社.

江苏新医学院. 1999. 中药大辞典：上［M］. 上海：上海出版社.

刘瑾，丁平. 2008. 冬青属药用植物资源化学成分及药理作用研究进展［J］. 广州中医药大学学报，25（3）：277-280.

孟祥才，王喜军，都晓伟. 2005. 中药材GAP研究与实施的整体观［J］. 现代中药研究与实践，19（1）：18-22.

乔宛虹. 2008. 毛冬青的药理作用及临床应用研究概况［J］. 中国现代药物应用，（5）：104-106.

全国中草药汇编写组编. 1996. 全国中草药汇编：上册［M］. 北京：人民卫生出版社.

王良衍. 2004. 小果冬青栽培技术［J］. 林业实用技术，（12）：15.

徐鸿华主编. 2001. 南方药用植物栽培技术［M］. 广州：南方日报出版社.

于琼花，张有珍，梅爱君. 2004. 大叶冬青的繁育技术［J］. 林业实用技术，（4）：28.

詹若挺，徐鸿华. 2002. 41种根与根茎类药材加工［M］. 广州：广东科技出版社.

中国科学院华南植物研究所编. 1987. 广东植物志：第二卷［M］. 广州：广东科技出版社.

中国科学院中国植物志编委会. 1999. 中国植物志：第四十五卷第二分册［M］. 北京：科学出版社.

十三、两面针

（一）概述

1. 来源

本品为芸香科花椒属植物两面针 *Zanthoxylum nitidum* （Roxb.）DC.的干燥根，为我国南方地区常见中药，1977年始被收入《中华人民共和国药典》，具有行气止痛、活血化瘀、祛风通络之功效，用于跌打损伤、风湿痹痛、牙痛、胃痛、毒蛇咬伤、汤火烫伤。

2. 开发利用

（1）药品

两面针针剂。两面针具有行气止痛、活血散瘀、通络祛风之功效，用于跌打损伤、风湿痹痛、牙痛、胃痛、毒蛇咬伤，外用治汤火烫伤。药理研究还表明，两面针具有抗癌、抗菌作用。两面针有小毒，其毒性成分主要为氯化两面针碱、氧化两面针碱、二氢两面针碱、6-甲氧基-5,6-双氢白屈菜红碱、α-别隐品碱、茵芋碱，可致周围神经系统和中枢神经系统损害。

（2）其他

两面针牙膏。

3. 分布

两面针分布于我国广东、广西、云南、贵州、浙江、福建、台湾、湖南、四川等省，生于山野坡地灌木丛中。

（二）生物学特性

1. 植物学特性

两面针种名来自希腊语之Nitidus，为形容其小叶具有光泽的意思。木质藤本；茎、枝及叶轴背面、叶柄及叶主脉两边有钩状皮刺；茎棕褐色，有皮孔；老茎满被瘤刺之片状突起；叶互生，羽状复叶；小叶5～6片，对生，柄短，呈卵形或卵状椭圆形，表面有光泽，边缘具稀疏圆齿或近全缘；伞房状圆锥花序，花单生；蓇葖果，成熟时紫红色，有粗大腺点（见彩图13-1至彩图13-3）。

2. 生长发育规律

两面针以根入药。一般栽培5～6年后采收。

3. 对生态环境条件的要求

两面针喜温暖湿润的环境，生长适宜温度约为30℃。对土壤要求不严，除盐碱地不宜种植外，一般土壤均能种植，忌积水。两面针生于山腰草丛中，土壤为红壤土。由于此处处于东北面，阳光直射时间不长，而且常年有水渗出，因此土壤很潮湿，适宜两面针生长。在此处的草丛中，还发现成片的两面针幼苗。两面针还可生于山埂杂木林中，土壤为腐殖性黑壤。在这山埂的两肋，各有一条山沟，两面针分布在距沟底一定距离的区域。具体来说，距离沟底太近的地方，没有两面针生长；距离沟底太高的地方，也没有两面针生长。上述两图所示的两面针生长位置处于广东省韶关市仁化县内，该县属中亚热带季风气候，年平均温度为19.7 ℃，年降水量为1 715.3 mm。表13-1为在广东省不同产地两面针生境比较。

表13-1 广东省不同产地两面针生境比较

序号	采集地	生境	株数	收集人
1	韶关市仁化县下中坐何屋小坳坑	生于山腰草丛，草丛中有竹子等其他小灌木	9	何国振
2	韶关市仁化县上中坐阿公井	生于山埂杂木林中，林中有高大乔本树木	7	何国振
3	阳春市岗美镇	生于路边杂草丛中	5	何国振
4	肇庆市怀集县怀城镇盘寨村下洞队鸡仔岭	生于半山腰杂草丛中	6	黄武当
5	惠州市博罗县柏塘镇邹光村双髻顶	生于山坡树木林中	5	段中岗

（三）物种或品种类型

1. 正品

两面针系芸香科花椒属植物两面针 *Zanthoxylum nitidum*

（Roxb.）DC.的干燥根。

2. 伪品

两面针混伪现象时有发生，赖茂祥等人调查发现其主要伪品是同科植物飞龙掌血 *Toddalia asiatica*（L.）Lam.、竹叶椒 *Zanthoxylum armatum* DC.和刺壳椒 *Z. echinocarpum* Hemsl.，尤以飞龙掌血最常见。赖茂祥等人对两面针茎及其伪品从生药性状、组织构造特征、粉末特征、薄层色谱特征、紫外吸收色谱特征等几方面进行了鉴别研究，其研究结果如下：

（1）两面针茎及其伪品的生药性状比较

两面针茎及其伪品的生药性状差别归纳如表13-2。

表13-2 两面针茎及其伪品的生药性状比较

	两面针	飞龙掌血	竹叶椒	刺壳椒
生药性状	表面灰棕色或棕黑色。皮孔点状，黄色，多纵向排列成断续的线形。钉刺类圆形或扁圆形，钉刺表面环纹明显，刺尖平直或微弯，钉刺长4～12mm，基部宽9～14mm	表面棕黑色，皮孔细小，黄白色，多纵向连接成线形。钉刺较小，类圆形或长圆形，表面纹理不明显，刺尖向下弯曲，老茎刺尖常脱落，钉刺长2～5mm，基部宽2～5mm	表面灰棕色或棕黑色。皮孔粗大明显，突起，灰黄棕色，多纵向排列成断续线形或连接成线形。钉刺椭圆形，表面环纹不明显，刺尖向上弯曲，钉刺长3～8mm，基部宽4～9mm	表面灰绿色或灰棕色。皮孔细小，密集。皮刺不成钉状，仅有刺尖。常向下弯曲。针刺长1～2mm，基部宽2～4mm

（2）两面针茎及其伪品的组织构造比较

两面针茎及其伪品的组织构造差别归纳如表13-3。

表13-3　两面针茎及其伪品的组织构造比较

	两面针	飞龙掌血	竹叶椒	刺壳椒
组织构造	横切面木栓细胞10余列，黄棕色，外切向壁呈弧形弯曲，壁增厚。石细胞淡黄色至黄色，壁特厚，胞腔线形或呈裂缝状，层纹清晰，多分布在皮层和韧皮部外侧。韧皮纤维类圆形，无色，胞壁厚、常数个至数十个成束，通常与石细胞群伴存	横切面木栓细胞10余列，黄色或黄棕色。石细胞少数，黄色，单个散在或数个成群，分布于韧皮部外侧。韧皮纤维淡黄色，壁特厚，单个或数个至10余个成束分布于韧皮束	横切面木栓细胞数十列。石细胞无色或淡黄色，单个散在或数个成群，分布于皮层和韧皮部外侧。韧皮纤维无色，数个至20余个成束，断续排列，通常与韧皮部薄壁组织相间排列成10余层	横切面下皮细胞2~3列，胞腔充满半透明内含物。石细胞黄色，数个至10余个成群，断续排列于韧皮部外侧，韧皮纤维无色，数个至20余个成群，通常与石细胞群伴存

（3）两面针茎及其伪品的粉末特征比较

两面针茎及其伪品的粉末特征差别归纳如表13-4。

表13-4 两面针茎及其伪品的粉末特征比较

	两面针	飞龙掌血	竹叶椒	刺壳椒
粉末特征	淡黄色,气微,味苦,有麻舌感。石细胞众多,黄色,类圆形、类方形或者短纤维状,直径40~100μm,壁厚。韧皮纤维无色,直径10~35μm,壁厚,胞腔线形或不明显。草酸钙方晶直径10~20μm	土黄色或淡黄棕色,气微,味苦,有麻舌感。石细胞少见,鲜黄色,长多角形或长矩圆形,直径18~65μm,韧皮纤维淡黄色,直径10~44μm,草酸钙方晶直径5~15μm	淡灰黄色或灰褐色,气微,味苦。石细胞淡黄色,类圆形、椭圆形或长圆形,直径20~150μm,韧皮纤维无色,直径17~45μm。草酸钙方晶直径5~18μm	灰白色,气微,味淡,微涩。石细胞淡黄色,类圆形或长圆形,直径25~105μm。韧皮纤维无色,直径17~30μm。草酸钙方晶10~18μm

（4）两面针茎及其伪品的薄层色谱

3种伪品中,刺壳椒茎的成分与两面针茎的成分相差最远,而飞龙掌血茎与两面针茎的成分较相似;刺壳椒茎不含有氧化两面针碱和白屈菜碱两种成分。有趣的是,两面针茎与根的成分不尽相同,提示两面针地上和地下部分的药效有差异。

（5）两面针茎及其伪品的紫外吸收光谱

与薄层色谱图相似,紫外吸收光谱图也揭示伪品刺壳椒茎的成分与两面针茎的成分相差最远。

（四）种　植　地

1. 种植地选择

产地的地形地貌、气候土壤条件对中药材的质量具有重要影响。按照《中药材生产质量管理规范（试行）》的要求，两面针规范化种植基地应选择远离居民点和交通要道、周围无污染的地段。

两面针种植地选择在其分布区内的广东梅州平远县，该县为典型的山区县，位于广东东北部，地处北纬24°24′～24°56′，东经115°44′～116°07′，为丘陵低山区，属中亚热带气候区，气候温暖，日照充足，雨量充沛，夏长冬短。年平均日照1 872.5 h，年平均气温20.7℃；一月份平均气温11℃，是最冷的月份；7月份平均气温28.5℃，为最热的月份。年平均降雨量1 647.4 mm，降水量集中在4～9月，占全年降雨量的74%～78%。该地区土层深厚、疏松肥沃、富含腐殖质，且排水良好，适宜两面针的生长（见彩图13-4）。

2. 种植地生态环境质量检测

分别在基地抽取大气、水质和土壤样本，均按上述国家标准检测，检验的结果见表13-5至表13-7。

表13-5　两面针GAP基地大气分析检验结果　（mg/m^3）

检测项目	二氧化硫（SO_2）	氮氧化物（NOx）	总悬浮微粒（TSE）
年平均值	0.004	0.015	0.103

表13-5结果显示,平远县所在范围空气质量优于《中华人民共和国环境空气质量标准》(GB3095—1996)中的要求。

表13-6 两面针GAP基地土壤分析检验结果

检测项目	检测结果	检测项目	检测结果
铅(mg/kg)	51.7	砷(μg/kg)	253
铜(mg/kg)	44.5	汞(μg/kg)	64.1
镍(mg/kg)	18	六六六(μg/kg)	0.364
铬(mg/kg)	46.6	DDT(μg/kg)	0.143
锌(mg/kg)	56.1	pH	4.83
镉(mg/kg)	0.023 9	水分(%)	21.4
碱解氮(mg/kg)	23	有机质(%)	0.37
有效磷(mg/kg)	7.2	全氮(%)	0.028
速效钾(mg/kg)	63	全磷(%)	0.023
		全钾(%)	2.05

表13-6结果表明,基地土壤质量符合《中华人民共和国土壤环境质量标准》(GB15618—1995)中二级质量标准。

表13-7　两面针GAP基地水质分析检验结果（mg/L）

检测项目	检测结果	检测项目	检测结果
悬浮物（mg/L）	7.8	铬（六价，mg/L）	0.02
阴离子表面活性剂（LAS，mg/L）	0.033	总铅（mg/L）	0.001 9
凯氏氮（mg/L）	0.4	总铜（mg/L）	0.002 6
总磷（以P计算，mg/L）	0.05	总锌（mg/L）	0.001 7
水温（℃）	21	硼（mg/L）	0.001
pH	6.69	总硒（mg/L）	0.000 273
全盐量（mg/L）	0.038	氟化物（mg/L）	0.16
氯化物（mg/L）	0.73	氰化物（mg/L）	<0.05
硫化物（mg/L）	0.035	石油类（mg/L）	4.14
总汞（mg/L）	0.000 4	挥发酚（mg/L）	0.002
总镉（mg/L）	0.000 8	苯（mg/L）	未检出
砷（mg/L）	0.000 283	三氯乙醛（mg/L）	未检出
生物需氧量（mg/L）	1.6	丙烯醛（mg/L）	未检出
化学需氧量（mg/L）	5.6	蛔虫卵数	未检出
		粪大肠菌群	未检出

表13-7结果表明，基地灌溉水质质量符合《中华人民共和国农田灌溉水质标准》（GB5084—1992）中二级质量标准。

（五）种植技术

1. 育苗技术

两面针可用种子繁殖、扦插繁殖和组织培养3种方法繁殖。

（1）种子繁殖（见彩图13-5）

①选地与整地：育苗地宜选择向阳，排水良好，土层深厚、疏松肥沃的壤土，全垦，深耕30 cm，碎土耙平，做畦，开排水沟。

②播种育苗：秋播、春播均可。秋播于9月份种子成熟时，随采随播，发芽率高；春播于3月下旬进行。播种时将种子撒播于苗床内，播种量每亩1 250～1 500 g。播种后覆盖2 cm细土，盖草，浇水。气温在25℃以上时，20天即可出苗，出苗后揭去盖草。

③定植：待苗高20 cm左右时即可移栽。穴栽：按株距70 cm、行距90 cm挖坑，坑的大小为60 cm×60 cm×50 cm，每坑施足基肥，每穴种植1株。

（2）扦插繁殖（见彩图13-6）

①扦插基质：为保水透气性能好的砂质壤土或花泥等。

②插穗截取：插穗需含有3～4个节，平均长度为（12.5±0.8）cm，平均径粗为0.4 cm左右，适宜生根且根系较粗壮。

③插穗处理：扦插时需用生长素处理插穗，如用150 mg/L IBA处理2 h可获得高的成活率。

④扦插季节：春夏季扦插时插穗可以保留4片小叶，但笔者试验时发现，没有叶片的老茎也有一定的成活率。而冬

季扦插以不留叶较好。

（3）组织培养繁殖（见彩图13-7）

已成功进行组织培养的材料有：顶芽、腋芽、带芽茎段、带小叶柄的叶轴、叶片等。现以带芽茎段为例说明两面针的组织培养。

①培养条件：基本培养基为MS。芽诱导培养基：MS+（6-BA）0.4 mg/L+IBA 0.2 mg/L。芽继代增殖培养基：MS+（6-BA）0.6 mg/L+NAA 0.5 mg/L。生根培养基：1/2MS+ABT1 0.8 mg/L+IBA 0.4 mg/L。培养基均加3%白砂糖、0.35%琼脂，pH5.8。培养温度为（26±1）℃，光辐照时间每天12 h，光照强度约为40 $\mu mol\ m^{-2}s^{-1}$。

②无菌材料的获得：于晴天选取生长健壮、无病虫害的植株，剪取幼嫩枝条，剪除叶片，用自来水冲洗干净，剪成6~10 cm的茎段，在超净工作台上用75%酒精浸泡5 min，再用0.1%升汞溶液灭菌5 min，然后用无菌水冲洗3~4次，并浸泡在无菌水中备用。在无菌条件下切成1.0~1.5 cm长的带芽茎段或茎尖，接种在培养基上。10~15天后，茎段能诱导出腋芽，诱导率41.7%，每个腋芽都能长出2个芽，芽黄绿，较长，基本无玻璃化苗。

③芽继代增殖培养：将约1 cm长的腋芽分别接种到培养基上继代培养。芽分化繁殖系数为3.6，叶片绿，芽伸长较好，长势强。

④生根的诱导：待幼芽长至约2 cm，转接到生根培养基上诱导生根。生根率为90%，平均出根数为4.2，根系粗壮，质量高，平均出根天数为7天。

⑤试管苗移栽：将生根试管苗在自然光下炼苗约20天，等苗高约20 cm且木质化程度较高时，即可移栽。移栽时，取

出小苗，洗去培养基，移植于经0.1%高锰酸钾消毒过的大棚苗床上，浇透水，保持一定的温度和湿度，成活率达90%。

2. 种植技术

（1）种植地整地

选择向阳，排水良好，土层深厚而且疏松肥沃的壤土，全垦，深耕30 cm，碎土耙平，做畦，开排水沟。

（2）种植时间

待苗高约20 cm时即可移栽。

（3）种植方法

每坑大小为60 cm×60 cm×50 cm，施足基肥，每穴种植1株。

（4）种植密度

株距70 cm，行距90 cm。

（5）田间管理

①中耕除草：定植或移栽后1~2年内，每年中耕除草4~5次，此期可间种花生、黄豆等农作物。两年后，每年中耕除草3~4次。

②追肥：幼苗期每月追施1次人粪尿或尿素。定植后，每年夏冬季各追施1次草皮泥、堆肥和厩肥。每次追肥后进行培土。

③修剪：2年生以上植株主干基本形成后，应修剪过密的弱枝、病虫枝、枯枝和从根茎发出的萌芽枝。

（六）病、虫害防治

常见有天牛蛀食茎秆和根部，在成虫出孔盛期，可喷菊酯类农药（1 000～4 000倍液）防治，也可人工捕捉成虫或清除虫卵，用铁丝插入蛀孔刺死幼虫。

（七）采收与加工

两面针以根入药。一般栽培5～6年后采收。全年均可采挖，洗净泥沙，切片或段，晒干即可。

（八）质量标准及监测

1. 性状

本品为厚片或圆柱形短段（见彩图13-8），长2～20 cm，厚0.5～6 cm，少数10 cm。表面淡棕黄色或淡黄色，有鲜黄色或黄褐色类圆形皮孔样斑痕。切断面较光滑，皮部淡棕色，木部淡黄色，可见同心性环纹及密集的小孔。质坚硬。气微香，味辛辣麻舌而苦。

2. 鉴别

①本品横切面：木栓层为10～15列木栓细胞。韧皮部有少数草酸钙方晶及油细胞散在，油细胞长径52～122 μm，短径28～87 μm；韧皮部外缘有木质的纤维，单个或2～5个成群。木质部导管直径35～98 μm，周围有纤维束；木射线宽1～3列细胞，有单纹孔。薄壁细胞充满淀粉粒。

②取两面针对照药材1 g，加乙醇15 mL，浸30 min，超声处理30 min，滤过，滤液蒸干，残渣加乙醇1 mL 使溶解，作为对照药材溶液。按照《中华人民共和国（一部）》（2005

年版）附录ⅥB试验，吸取对照药材溶液、供试品溶液和对照品溶液各2 μL，分别点于同一硅胶G薄层板上，置以苯-乙酸乙酯-甲醇-异丙醇-浓氨试液（20∶5∶3∶1∶0.12）为展开剂的展开缸中饱和10 min，展开，取出，晾干，置紫外光灯（365 nm）下检视。供试品色谱中，在与对照药材色谱相应的位置上，显相同颜色的荧光斑点；在与对照品色谱相应的位置上，显相同的浅黄色荧光斑点。

②取乙氧基白屈菜红碱对照品，加甲醇制成每1 mL含1 mg的溶液，作为对照品溶液。按照《中华人民共和国药典（一部）》（2005年版）附录ⅥB薄层色谱法试验，吸取对照品溶液、对照药材溶液和供试品溶液各2 μL，分别点于同一硅胶G薄层板上，以甲苯-乙酸乙酯-甲醇（25∶2∶0.1）为展开剂，置以浓氨试液预饱和10 min的展开缸内，展开，取出，晾干，置紫外光灯（365 nm）下检视。供试品色谱中，在与对照药材色谱相应的位置上，显相同颜色的荧光斑点；在与对照品色谱相应的位置上，显相同的橘黄色荧光斑点。

3. 检查

①毛两面针：取毛两面针素对照品，加乙醇制成每1 mL含1 mg的溶液，作为对照品溶液。另取供试品溶液4 mL，浓缩至2 mL，作为供试品溶液。按照《中华人民共和国药典（一部）》（2005年版）附录ⅥB薄层色谱法试验，吸取上述两种溶液各2 μL，分别点于同一硅胶G薄层板上，以石油醚（60~90 ℃）-三氯甲烷-甲醇（2∶13∶1）为展开剂，预饱和20 min，展开，取出，晾干，置紫外光灯（365 nm）下检视。供试品色谱中，在与对照品色谱相应的位置上，不应

显相同颜色的荧光斑点。

②重金属：按照重金属检查法《中华人民共和国药典（一部）》（2005年版）附录ⅨE第一法测定，重金属限量：铅（Pb）≤5.0 mg/kg；镉（Cd）≤0.3 mg/kg；砷（As）≤2.0 mg/kg；铜（Cu）≤20 mg/kg；汞（Hg）≤0.2 mg/kg。重金属总量以Pb计每千克不得超过20 mg/kg。

③有机氯类农药残留量：按照有机氯类农药残留量检查法《中华人民共和国药典（一部）》（2005年版）附录ⅨQ测定，有机氯类残留量：滴滴涕（DDT）≤0.1 mg/kg；六六六（BHC）≤0.1 mg/kg；五氯硝基苯（PCNB）≤0.1 mg/kg；艾氏剂（Aldrin）≤0.02 mg/kg。

4. 浸出物

照醇溶性浸出物测定法项下的热浸法《中华人民共和国药典（一部）》（2005年版）附录ⅩA测定，用乙醇作溶剂，不得少于5.5%。

5. 主要化学成分

（1）一般化学成分

两面针以根入药。两面针的根和根皮含两面针碱（nitidine）、氧化两面针碱（oxynitidine）、氯化两面针碱（nitidine chloride）、双氢两面针碱（dihydronitidine）、6-甲氧基-5,6-双氢白屈菜红碱（6-methoxy-5,6-dihydrochelerythrine）、6-乙氧基-5,6-双氢白屈菜红碱（6-ethoy-5,6-dihydrochelerythrine）、氧化白屈菜红碱（oxychelerythrine）、N-去甲基白屈菜红碱（des-N-methylchelerythrine）、α-别隐品碱（α-allocryptopine）、

茵芋碱（skimmianine）、白鲜碱（dictamnine）、木兰花碱（magnoflorine）、两面针结晶-8（木脂素化合物）及2种黄酮类化合物——地奥明（diosmin）和牡荆素（vitexin）。

（2）化学成分分析

①不同产地两面针种质的评价：采用HPLC法对广西10个不同产地的两面针根中具有抗肿瘤活性的氯化两面针碱、具有镇痛活性的L-芝麻脂素及新棒状花椒酰胺的含量进行了分析和比较（见表13-8）。

表13-8　广西10个不同产地两面针根中氯化两面针碱、L-芝麻脂素及新棒状花椒酰胺含量的比较

产地	氯化两面针碱（%）	L-芝麻脂素（%）	新棒状花椒酰胺（%）
金秀	0.049	0.037	0.468
百色	0.467	0.160	0.156
北流	0.181	0.060	0.135
钦州	0.081	0.089	0.083
融水	0.341	0.053	0.018
天峨	0.383	0.103	0.078
桂平	0.037	0.046	0.084
邕宁	0.166	0.106	0.026
桂林	0.153	0.088	0.009
龙州	0.298	0.111	0.079

从表13-8发现在不同产地3种成分的含量差别都较大，百色的两面针中氯化两面针碱含量和L-芝麻脂素的含量均最高，金秀的两面针中氯化两面针碱含量和L-芝麻脂素

的含量均最低，金秀的两面针中新棒状花椒酰胺的含量最高，桂林的最低。以上分析可为中药两面针的最佳原料产地的选择和两面针的开发利用提供可靠的理论依据。

②不同生长期两面针药材中氯化两面针碱的含量比较：对不同月份生长期两面针药材中有效成分氯化两面针碱的量进行考察，探讨两面针中氯化两面针碱成分的变化规律（见表13-9）。

表13-9　广西不同生长期两面针样品的氯化两面针碱含量的比较（刘华钢等，2007）

月份	氯化两面针碱（%）	月份	氯化两面针碱（%）
1	0.328	7	0.151
2	0.305	8	0.213
3	0.258	9	0.283
4	0.224	10	0.295
5	0.196	11	0.336
6	0.139	12	0.387

以上结果表明，从1月至温度最高的6月，两面针中氯化两面针碱有效成分量持续下降，而温度较为适宜的8～12月两面针中氯化两面针碱有效成分的含量平稳上升，12月达到高峰。

③不同部位两面针原植物中两种木脂素及两面针碱含量比较：利用高效液相色谱法测定不同部位两面针原植物中L-芝麻脂素和L-细辛脂素及两面针碱的含量（见表13-10）。

表13-10 不同部位两面针原植物中L-芝麻脂素和L-细辛脂素及两面针碱的含量比较(张守尧，2002)

部位	L-芝麻脂素(%)	L-细辛脂素(%)	两面针碱(%)
两面针对照药材	0.095	0	0.14
原植物的根	0.120	0.093	0.15
原植物的老茎	0.087	0.063	0.06
原植物的嫩茎	0.052	0.024	0.001 6
原植物的叶	0	0	0.007 3

实验结果表明，两面针根部的有效成分含量显著高于茎，证明了药典记载的药用部位为根的合理性，但市场上将两面针茎部作为药材用，且茎材产量大于根，是否能代用，今后还进一步研究。

（九）包装、贮藏及运输

1. 包装

两面针包装前应再次检查是否已充分干燥，并清除劣质品及异物。包装材料宜选有塑料薄膜内胆的编织袋，或者根据购货商的要求而定。在每件包装上，应标明品名、规格、产地、批号、生产与包装日期、生产单位，并附有质量合格标志。

药材名称：

产　　地：

采收日期：

采收单位：

调出日期：

调出单位：

调出数量：　　　　包

包装重量：　　　　kg/包

注意事项：

附：药材质量检验单

2. 贮藏

置阴凉干燥处贮藏，注意防潮、防虫、防霉变。

3. 运输

长途运输两面针成品时，运输工具或容器应具有较好的通气性，并附有防潮设施，以保持干燥。同时应尽可能地缩短运输时间，并严禁与其他有毒、有害物质混装。

（何国振　高　伟　林伟强）

参 考 文 献

陈蔚文，徐鸿华．2007．岭南道地药材研究［M］．广州：广东科技出版社．

葛爱发，葛槐发．1995．两面针在民间外治疗法中的应用［J］．中医外治杂志，（1）：39．

国家药典委员会．1977．中华人民共和国药典：一部［S］．北京：化学工业出版社.

国家药典委员会. 2005. 中华人民共和国药典：一部［S］. 北京：化学工业出版社.

赖茂祥, 饶伟源, 严克俭, 等. 1994. 两面针及其伪品的生药鉴别［J］. 中药材, 17（3）：18-21.

刘华钢, 黄秋洁, 赖茂祥. 2007. HPLC法测定不同生长期两面针药材中氯化两面针碱［J］. 中草药, 38（10）：1 576-1 577.

刘绍华, 覃青云, 方堃, 等. 2005. 广西十个不同产地的两面针中活性成分的分析［J］. 广西植物, 25（6）：591-595.

刘绍华, 覃青云, 唐献兰, 等. 2005. 两面针的药学研究与开发利用［J］. 广西科学院学报, 21（2）：130-132.

孙世荣, 蒋水元, 胡永志. 2008. 两面针繁殖技术研究［J］. 安徽农业科学, 36（16）：6787-6789.

王小敏, 蒋波, 徐敏慧, 等. 2005. 两面针的组织培养与快速繁殖［J］. 玉林师范学院学报：自然科学, 26（5）：70-73.

韦大器, 吴红英, 何贵整, 等. 2006. 两面针的组织培养和快速繁殖［J］. 植物生理通讯, 42（1）：73.

温尚开. 1995. 两面针的研究概况［J］. 中草药, 26（4）：215-217.

姚荣成, 胡疆. 2004. 两面针化学成分及其药理活性研究概况［J］. 药学实践杂志, 22（5）：264-267.

袁东升, 黄光伟, 何永刚. 2002. 两面针的药理及其应用［J］. 广西轻工业, （3）：31-33.

张守尧, 周本杰, 汪艳. 2002. 高效液相色谱法测定不同部位两面针原植物中L-芝麻脂素和L-细辛脂素的含量［J］. 第一军医大学学报, 22（7）：654-655.

附

两面针规范化生产标准操作规程（SOP）

前　　言

本规程起草单位：广州中医药大学、广东南台药业有限公司。

本规程主要起草人：何国振、周妹（广州中医药大学），张文进（广东南台药业有限公司）。

本规程委托广州中医药大学两面针规范化种植研究课题组负责人负责解释。

第一章　总　　则

1.1　为保证中药材质量，促进中药标准化、现代化，依据两面针药材的生长特点和国家药品监督管理局《中药材生产质量管理规范（试行）》的要求，制定本标准操作规程（SOP）。

1.2　本规程的内容包括总则，产地自然条件，品种，育苗、田间管理，主要病虫害防治，采收与加工，质量标准及监测，包装、贮藏与运输，人员和设备，文件管理等，是两面针药材生产和质量管理的具体操作方法。

1.3　两面针药材生产应运用标准操作规程管理和质量监控手段，保护生态环境，坚持"最大持续产量"原则，实现资源的可持续利用。

1.4　本规程适用于两面针的种植地，可在广东省内种植。

1.5 引用标准 下列文件中被本标准引用的条款则为本标准的条款：

1.5.1 《中华人民共和国环境空气质量标准》（GB3095—1996）。

1.5.2 《中华人民共和国农田灌溉水质标准》（GB5084—1992）。

1.5.3 《中华人民共和国土壤环境质量标准》（GB15618—1995）。

1.5.4 《中华人民共和国药典（一部）》（2005版）。

1.5.5 国家食品药品监督管理局《中药材生产质量管理规范（试行）》。

1.5.6 科技部生命科学技术发展中心《中药材规范化种植研究项目实施指导原则及验收标准》。

1.5.7 中华人民共和国商务部《药用植物及制剂进出口绿色行业标准》。

1.6 定义。

1.6.1 GAP 即英文Good Agriculture Practice 的缩写，指中药材生产质量管理规范。

1.6.2 SOP 即英文 Good Operation Practice 的缩写，指中药材规范化生产标准操作规程。

1.6.3 最大持续产量 即不危害生态环境，可持续生产（采收）的最大产量。

1.6.4 生物肥料 是利用生物活体或生物代谢过程中产生的具有生物活性的物质，或从生物体提取的物质作为提高产量和品质的肥料。

1.6.5 生物源农药 是利用生物活体或生物代谢过程中产生的具有生物活性的物质，或从生物体中提取的物质作为防治病虫害的农药。

1.6.6 质量标准 是对药材的质量规定和检验方法所作的技术规定。

第二章 产地自然条件

2.1 两面针分布于我国广东、广西、云南、贵州、浙江、福建、台湾、湖南、四川等省,生于山野坡地灌木丛中。

2.2 根据两面针的生物学特性,结合传统的生产实践经验,对生态环境的要求为:

2.2.1 温度 两面针喜温暖湿润的环境,生长适宜温度约为30℃。

2.2.2 水分 忌积水。

2.2.3 土壤 对土壤要求不严,除盐碱地不宜种植外,一般土壤均能种植。

2.3 两面针的气候条件 两面针种植地选择在其分布区内的广东省梅州市平远县,该县地理位置为北纬24°24′~24°56′,东经115°44′~116°07′,为丘陵低山区,属中亚热带气候区,气候温暖,日照充足,雨量充沛,夏长冬短。年平均日照1 872.5 h,年平均气温20.7 ℃,年平均降水量1 647.4 mm,降雨量集中在4~9月,占全年降水量的74%~78%。

2.4 环境质量。

2.4.1 环境空气达到《中华人民共和国环境空气质量标准》(GB3095—1996)二级以上标准。

2.4.2 灌溉水质达到《中华人民共和国农田灌溉水质标准》(GB5084—1992)二级以上标准。

2.4.3 土壤环境达到《中华人民共和国土壤环境质量标准》

（GB15618—1995）二级以上标准。

第三章 品 种

3.1 本规程所适用的两面针为芸香科花椒属植物两面针 Zanthoxylum nitidum (Roxb.) DC. 的干燥根。

3.2 形态特征 本品为厚片或圆柱形短段，长2~20cm，厚0.5~6cm，少数10cm。表面淡棕黄色或淡黄色，有鲜黄色或黄褐色类圆形皮孔样斑痕。切断面较光滑，皮部淡棕色，木部淡黄色，可见同心性环纹及密集的小孔。质坚硬，气微香，味辛辣麻舌而苦。

第四章 育 苗

两面针可用种子繁殖、扦插繁殖和组织培养3种方法繁殖。

4.1 种子繁殖。

4.1.1 选地与整地 育苗地宜选择向阳，排水良好，土层深厚、疏松肥沃的壤土，全垦，深耕30cm，碎土耙平，做畦，开排水沟。

4.1.2 播种育苗 秋播、春播均可。秋播于9月份种子成熟时，随采随播，发芽率高；春播于3月下旬进行。播种时将种子撒播于苗床内，播种量每亩1 250~1 500 g。播种后覆盖2 cm细土，盖草，浇水。气温在25 ℃以上时，20天即可出苗，出苗后揭去盖草。

4.1.3 定植 待苗高约20 cm时即可移栽。穴栽：按株距70 cm，行距90 cm挖坑，坑的大小为60 cm×60 cm×50 cm，每坑施足基肥，每穴种植1株。

4.2 扦插繁殖。

4.2.1 扦插基质 为保水透气性能好的砂质壤土或花泥等。
4.2.2 插穗截取 插穗需含有3~4个节,平均长度为(12.5±0.8)cm,平均径粗为0.4 cm左右,适宜生根且根系较粗壮。
4.2.3 插穗处理 扦插时需用生长素处理插穗,如用150 mg/L IBA处理2 h可获得高的成活率。
4.2.4 扦插季节 春夏季扦插时插穗可以保留4片小叶,但试验时发现,没有叶片的老茎也有一定的成活率,而冬季扦插以不留叶较好。

4.3 组织培养繁殖。

现以带芽茎段为例说明两面针的组织培养。

4.3.1 培养条件 基本培养基为MS。芽诱导培养基:MS+(6-BA)0.4 mg/L+IBA 0.2 mg/L。芽继代增殖培养基:MS+(6-BA)0.6 mg/L+NAA 0.5 mg/L。生根培养基:1/2MS+ABT 10.8 mg/L+IBA 0.4 mg/L。培养基均加3%白砂糖、0.35%琼脂,pH5.8。培养温度为(26±1)℃,光照时间每天12 h,辐照强度约为40 $\mu mol\ m^{-2}s^{-1}$。

4.3.2 无菌材料的获得 于晴天选取生长健壮、无病虫害的植株,剪取幼嫩枝条,剪除叶片,用自来水冲洗干净,剪成6~10 cm的茎段,在超净工作台上用75%酒精浸泡5 min,再用0.1%升汞溶液灭菌5 min,无菌水冲洗3~4次,并浸泡在无菌水中备用。在无菌条件下切成1.0~1.5 cm长的带芽茎段或茎尖,接种在培养基上。10~15天后,茎段能诱导出腋芽,诱导率41.7%,每个腋芽都能长出2个芽,芽黄绿,较长,基本无玻璃化苗。

4.3.3 芽继代增殖培养 将约1 cm长的腋芽分别接种到培养基上继代培养。芽分化繁殖系数为3.6,叶片绿,芽伸长较好,长势强。

4.3.4 生根的诱导 待幼芽长至约2 cm，转接到生根培养基上诱导生根。生根率为90%，平均出根数为4.2，根系粗壮，质量高，平均出根天数为7天。

4.3.5 试管苗移栽 将生根试管苗在自然光下炼苗约20天，等苗高约20 cm且木质化程度较高，即可移栽。移栽时，取出小苗，洗去培养基，移植于经0.1%高锰酸钾水溶液消毒过的大棚苗床上，浇透水，保持一定的温度和湿度，成活率达90%。

第五章 田 间 管 理

5.1 中耕除草 定植或移栽后1~2年内，每年中耕除草4~5次，此期可间种花生、黄豆等农作物。两年后，每年中耕除草3~4次。

5.2 追肥 幼苗期每月追施1次人粪尿或尿素。定植后，每年夏冬季各追施1次草皮泥、堆肥和厩肥。每次追肥后进行培土。

5.3 修剪 2年生以上植株三干基本形成后，应修剪过密的弱枝、病虫枝、枯枝和从根茎发出的萌芽枝。

第六章 主要病、虫害的防治

坚持贯彻保护环境、维持生态平衡的环保方针及预防为主、综合防治的原则，采取农业防治、生物防治和化学防治相结合的方法，对两面针主要病虫害进行防治。

6.1 农业防治。

6.1.1 土壤消毒 播种前深翻土地，每667 m² 施腐熟肥或土杂肥4 000 kg，碳铵40 kg，过磷酸钙40 kg，呋喃丹2~3 kg进行土壤消毒。

6.1.2 清洁田园 清除杂草、病株集中烧毁。

培育壮株增施火烧土、草木灰、石灰等，培育健壮植株，增强抵抗病虫害能力。

6.2 药物防治病虫害 常见有天牛蛀食茎秆和根部。

防治方法为在成虫出孔盛期，可喷菊酯类农药（1 000～4 000倍液）防治，也可人工捕捉成虫或清除虫卵，用铁丝插入蛀孔刺死幼虫。

第七章 采收与加工

7.1 采收 两面针以根入药。一般栽培5～6年后采收，全年均可采挖。

7.2 加工 洗净泥沙，切片或段，晒干即可。

第八章 质量标准及监测

8.1 质量 醇溶性浸出物不得少于5.5%。

8.2 重金属限量指标：

8.2.1 重金属总量 ≤20 mg/kg。

8.2.2 铅（Pb）≤5.0 mg/kg。

8.2.3 镉（Cd）≤0.3 mg/kg。

8.2.4 砷（As）≤2.0 mg/kg。

8.2.5 汞（Hg）≤0.2 mg/kg。

8.3 农药残留限量指标：

8.3.1 六六六（BHC）≤0.1 mg/kg。

8.3.2 滴滴涕（DDT）≤0.1 mg/kg。

8.3.3 五氯硝基苯（PCNB）≤0.1 mg/kg。

8.3.4 艾氏剂（Aldrin）≤0.02 mg/kg。

8.4 含量测定 两面针碱含量（按干燥品计算）不得少于

0.25%。

第九章 包装、贮藏及运输

9.1 包装。

9.1.1 两面针包装前应再次检查是否已充分干燥，并清除劣质品及异物。包装材料宜选有塑料薄膜内胆的编织袋，或者根据购货商的要求而定。

9.1.2 在每件包装上，应标明品名、产地、采收日期、注意事项等，并附有质量合格标志。

  药材名称：

  产 地：

  采收日期：

  采收单位：

  调出日期：

  调出单位：

  调出数量：   包

  包装重量：   kg/包

  注意事项：

  附：药材质量检验单

9.2 贮藏。

置阴凉干燥处贮藏，注意防潮、防虫、防霉变。

9.3 运输。

9.3.1 长途运输两面针成品时，运输工具或容器应具有较好的通气性，并附有防潮设施，以保持干燥。

9.3.2 同时应尽可能地缩短运输时间，并严禁与其他有毒、有害物质混装。

第十章 人员和设备

10.1 负责全面工作人员,要求富有经验而有能力履行赋予的职责的大专以上学历的专业人才。

10.2 生产人员,要求具有从事中药或农业生产或通过培训,能掌握药材栽培管理技术的人员。

10.3 生产基地应根据药材生产的需要配齐所有的设备。

第十一章 文件管理

11.1 文件 指一切涉及中药材生产、质量管理的书面材料和实施中的资料。

11.1.1 药材品种、育苗与移栽(时间、地点、面积)、田间管理(肥料、农药种类、数量、时间等)。

11.1.2 土壤及水分资料。

11.1.3 各种合同协议书、生产计划、实施方案、技术操作规程。

11.1.4 物候变化(小气象记录资料)。

11.1.5 产量、质量。

11.1.6 工作、技术总结等。

11.2 管理 将上述文件资料全部归入档案收载。

11.2.1 记录员要有一定文化而且责任心强的人员专门记录。

11.2.2 档案保管员要掌握档案分类和保管的基本知识。

11.2.3 记录员、档案保管员要求相对固定的专人负责。

十四、何首乌

（一）概 述

1. 来源

何首乌来源于蓼科植物何首乌 *Polygonum multiflorum* Thunb.，其块根、藤茎、叶均可入药。味苦、甘、涩，性温。归肝、心、肾经。制何首乌功能补肝肾、益精血、乌须发、强筋骨，用于血虚萎黄、眩晕耳鸣、须发早白、腰膝酸软、肢体麻木、崩漏带下、久疟体虚、高血脂。生何首乌截疟解毒、润肠通便，主治大便秘结、瘰疬、痈疮等症。

藤茎名夜交藤，味甘、微苦，性平。有安神、通络、祛风的功能，治失眠、劳伤、多汗、血虚身痛等症。

何首乌鲜叶捣烂外敷，有拔毒生肌之效。

2. 开发利用

（1）药品

何首乌入药的中成药有七宝美髯颗粒、平肝舒络丸、再造丸、血脂宁丸、产复康颗粒、更平安片、龟鹿补肾丸、首乌丸、养血生发胶囊等；夜交藤入药的中成药有夜宁糖浆等。

（2）药膳及保健食品

何首乌在食疗方面可制成多种药膳及保健品。如药粥类有首乌益颜乌发粥、首乌蛋黄粥、益智补血抗皱粥,药酒类有首乌酒、益乌补酒、首乌三仙益寿酒、首乌黑豆益颜护发酒、首乌益精煮酒、当归首乌酒等,作为饮用的汤茶类有何首乌茶、首乌益颜美发茶、益血滋阴白肤茶、首乌固精悦色茶等以及何首乌鲤鱼汤等。

(3) 美容美发制品

何首乌中含卵磷脂等营养成分,具有调节神经和内分泌,营养发根,促进头发黑色素生成的作用。因此,何首乌是一种很好的头发调理剂,常用于护发、养发、生发等化妆品。洗发后,能使头发丰润亮泽,易于梳理,对少白头有很好的治疗作用。如用何首乌等提取物制成的人参首乌发乳,能使白发变黑,它不同于染发剂,一旦白发变黑,便永不褪色,但对遗传性的白发作用较差或无效。此外,目前市场上较流行的首乌洗发精和首乌人参洗发精等对头发均有较好的护理功能,其中含何首乌和苦参提取成分的止痒型首乌洗发精,还具有止痒、去除头皮屑功能。

(4) 综合利用

首乌藤,又名夜交藤,为何首乌的藤茎。性平。味甘、微苦,归心、肝经。具有养心安神,祛风通络的功能。用于失眠、劳伤、多汗、血虚身痛、瘰疬、风疮疥癣等病症。

何首乌叶,亦可供药用,用于治疗疮肿、疥癣、瘰疬。

(5) 其他方面的开发利用

据报道,在猪饲料中添加0.5%中药饲料添加剂(麦芽、何首乌、大蒜、松针、陈皮、蚕皮等)能提高猪采食量,促

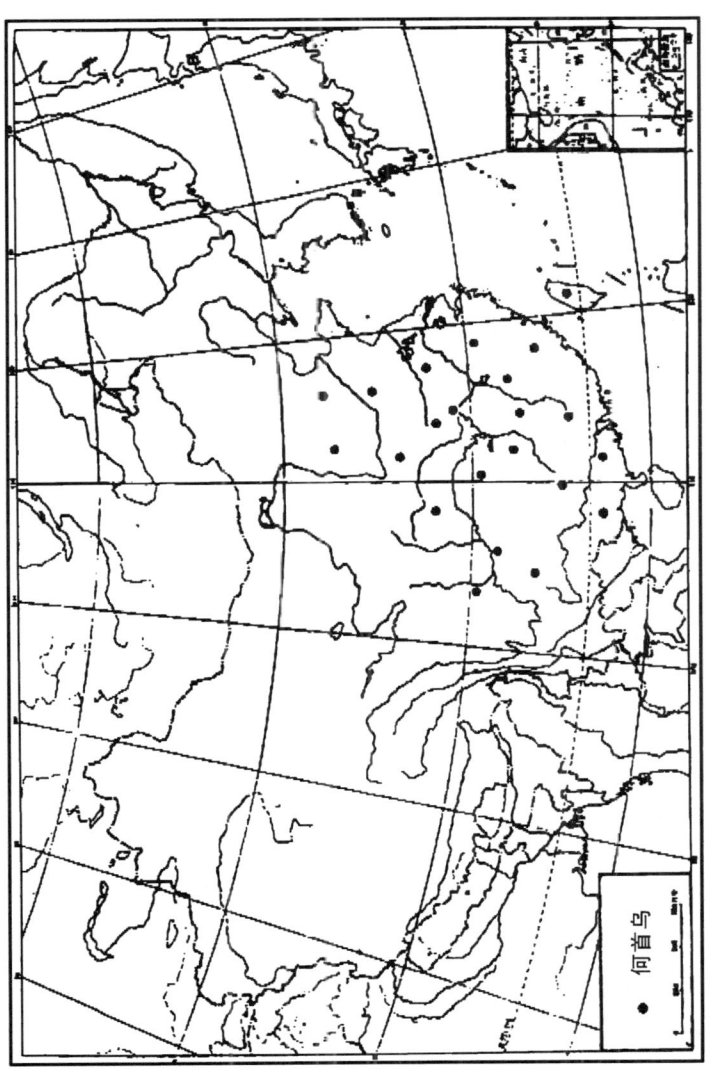

图14-1 何首乌地理分布图
（引自肖培根主编《药用动植物种养加工技术》）

进生长，增加抗病能力，提高饲料利用率，增加经济效益。此外，何首乌块根含丰富的淀粉（含量多达45%），可用于制作淀粉或酿酒。其块根煮熟后喂养母猪有催乳作用，其滤液可防治蚜虫、红蜘蛛和稻螟等害虫，可开发为天然杀虫剂。

3. 原产地（主产）、分布

何首乌在全国分布很广，野生资源十分丰富，分布广东、广西、河南、山东、江西、浙江、湖南、湖北、福建、安徽、陕西、甘肃、四川、云南、贵州等省区（图14-1）。

何首乌主产广东德庆，河南嵩县、卢氏，湖北恩施、巴东、长阴、秭归、建始、咸丰，贵州铜仁、四川乐山、宜宾，江苏江宁、江浦，广西南丹、靖西等地，多为野生，亦有栽培。

（二）生物学特性

1. 形态特征

何首乌为多年生缠绕性藤本植物（见彩图14-1）。根细长，末端膨大成不整齐的块状，质坚硬而重，外表面红褐色至暗褐色，平滑或隆起弯曲，切面黄棕色、颗粒状，呈云锦花纹（见彩图14-2、彩图14-3）。茎有节，光滑无毛，长3~4m，基部略带木质，中空，上部草质多分歧，紫红色，无毛，有条纹。单叶互生，绿色，卵状心形，长5~7cm，宽3~5cm，先端渐尖，基部心形或箭形，全缘或略显微波状，上面深绿色，下面浅绿色，两面光滑无毛，叶柄长1~2.5 cm，托叶鞘膜质，褐色，抱茎，长5~7 mm。圆锥花序顶生或腋生，花小，直径约2 mm，多数，密聚成大型圆锥花序，小花梗具节，基部具膜质苞片，花被绿白色，花瓣状，5深裂，裂片阔倒卵形或近圆形，大小不等，外面3片背部有翅；雄蕊8枚，较花被短，雌蕊1枚，子房卵状三角形，花柱短，柱头3裂，头状（见彩图14-4）。瘦果卵形或椭圆形，具三棱，长2~3.5 mm，黑色而光亮，外被宿存花被，花被成明显的3翅，冬季成熟时褐色（见彩图14-5）。花期10月，果期11月。

2. 生长发育规律

春季播种或扦插的何首乌，当年均能开花结果。3月中旬播种的何首乌，在4~6月其地上茎迅速生长时，地下根亦逐渐膨大形成块根；而同期扦插的何首乌，当年只在节上长出的根中有1~5条较粗的根，到翌年3~6月才能逐渐膨大形成块根。同时，其地上部分长势的优劣与地下块根的多少或大小成正相关。

何首乌可用种子、小块根和茎等进行繁殖。种子繁殖所形成的块根粗大，但生长周期长；小块根繁殖易于培植，生长迅速；用茎扦插繁殖，种苗来源丰富，成活率较高，生长快，生长周期短，形成的块根多。

何首乌根系发达，可深入1 m以下的土层内。1年生植株茎长可达1 m，基部直径2~4 mm；2~3年生植株生长较慢，常有侧枝分出。

何首乌的块根由主根、侧根和不定根膨大而形成。块根的膨大主要是由于中柱鞘及次生韧皮部的部分薄壁细胞恢复分生机能，出现异型形成层环，继而形成多个异常维管束。此过程是由根中部一定区域发生，逐渐向上下两端发展，从而使块根形成纺锤状膨大。此外，其中央维管柱内和异常维管束内外方的薄壁细胞也发生增殖，细胞体积增大，从而使块根中薄壁组织占80%左右。根据各类组织的量在块根形成过程中变化的测量结果表明，在块根发育的前、中期，其体积的增大主要是依赖于中柱及次生韧皮部的薄壁细胞的增殖和生长；而到发育后期，异常维管束的扩大和维管柱内薄壁组织的增殖则是块根膨大的主要原因。

3. 对生态环境条件的要求

何首乌在全国分布广泛，通常分布在海拔1 000 m以下，高者可达1 200 m左右，但在海拔1 000 m以上处分布量较少。

何首乌适应性较强，喜温暖湿润气候，忌积水，有较强的耐寒性。野生状态多生于荒草坡地、路边、石缝及灌木丛中的向阳或路旁半荫蔽的土坎上，属于半阴生植物。对土壤要求不严，但最好选择排水良好、土层深厚、疏松肥沃的沙质壤土为佳。黏性大、贫瘠易干、低洼地不宜种植。

（三）物种或品种类型

1. 正品

《中华人民共和国药典（一部）》（2005年版）收载的何首乌为蓼科植物何首乌 *Polygonum multiflorum* Thunb.的

块根。

2. 混淆品

（1）翼蓼

翼蓼*Pteroxygohum giraldii* Dammer et Diels. 为蓼科植物。河南林县、安阳、驻马店，甘肃天水、武都、文县，河北邯郸等地区曾有将该植物的块根误用为何首乌，宁夏南部山区各县有误将其作何首乌栽培使用的情况。

（2）毛脉蓼

毛脉蓼*Polygonum cillinerve*（Nakai）Ohwi为蓼科植物。河南卢氏、延津、驻马店及甘肃天水、西河等地区曾将该植物的块根混作何首乌使用，宁夏六盘山山区称此种为何首乌，民间自采自用，商品中未见流通。

（3）参薯

参薯*Dioscorea alata* L. 为薯蓣科植物。缠绕藤本。块茎野生的多为圆柱形或棒状，栽培的形状变化较大，掌状、棒状或圆锥形，表面棕色或黑色，断面白色、黄色或紫色。茎基部四棱形，有翅；叶腋内常生有形状、大小不一的零余子。单叶互生，中部以上叶对生，叶卵状心形至心状矩圆形，顶端尾状，基部宽心形，两面无毛；有时压干后，叶边缘向内卷褶。雄花淡绿色，构成狭的圆锥花序。雌花为简单的穗状花序。蒴果具3翅，顶端微凹，基部钝形，翅椭圆形，长2.0~2.5 cm，宽1.5~2.0 cm；种子扁平，着生于果实每室中央，四周围有薄膜状翅。

分布于我国广东、广西、湖南、湖北、福建、四川、云南、贵州、江西和亚洲其他地区。

（4）鬼灯檠

鬼灯檠 *Rodgersia aesculifolia* Batal. 为虎耳草科植物多年生草本，高0.6~1.2 m。根状茎横走，直径达3 cm。茎无毛，不分枝。基生叶1片，茎生叶约2片，均为掌状复叶；小叶3~7片，狭倒卵形或倒披针形，长8~27 cm，宽3~9 cm，先端短渐尖或急尖，基部楔形，边缘有不整齐的牙齿，上面无毛，下面沿脉生有短柔毛。圆锥花序顶生，长18~38 cm；花梗长1.5~3 mm，密生短柔毛；花直径4~4.5 mm；花萼裂片5，白色或淡黄色，宽卵形，长约2 mm；无花瓣；雄蕊10，长2~3.5 mm；心皮2，下部合生，子房半下位，2室，胚珠多数。

分布于甘肃、陕西、河南西部、湖北西部、云南西北部、四川、西藏。在济南等地曾发现充何首乌在市场流通。

（四）种 植 地

1. 种植地选择

按照《中药材生产质量管理规范（试行）》的要求，何首乌的规范化种植基地应远离居民点，远离交通要道，大气、水质、土壤无污染，周围不得有污染源。本研究选择梅州地区平远县为何首乌规范化种植基地，为确保药材生产过程中的无污染、无公害、高产和质量稳定，本研究对生产基地的自然条件进行了调查，对其空气、土壤和水质进行了检测分析（见彩图14-6）。

2. 种植地生态环境质量检测

（1）大气

由平远县环境监测站监测，采用国家规定的环境质量标准及其分析方法标准和相关的文献方法进行，分析项目为SO_2、NO_2、TSE等3项。采用频次为每天4个时段，SO_2、NO_2每个时段采样1 h，TSE则每个采样日接连采样6~8 h，检测结果见表1。

表14-1　何首乌GAP基地空气检验结果　　（mg/m^3）

检测项目	二氧化硫（SO_2）	氮氧化物（NO_X）	总悬浮微粒（TSE）
年平均值	0.004	0.015	0.103

检测结果表明，平远地区空气的3项检测指标均优于《中华人民共和国环境空气质量标准（GB3095—1996）》中的要求。

（2）土壤

用随机多点取样法在平远县何首乌基地取土样。实验区内按不同的朝向和坡度随机选取10~20个取土点，采集0~40 cm土层的土壤，经充分混合后风干，分别过20目、40目和60目筛。样品处理好后送广东省生态环境与土壤研究所分析测试中心检测，检测结果见表14-2。

表14-2　何首乌GAP基地土壤分析检验结果

检测项目	检测结果	检测项目	检测结果
铅（mg/L）	26.6	砷（mg/L）	5.64
铜（mg/L）	4.82	汞（mg/L）	0.052
镍（mg/L）	12.6	六六六（mg/L）	0.003 2
铬（mg/L）	52.4	滴滴涕（mg/L）	0.002 6
锌（mg/L）	44.3	pH	4.71
镉（mg/L）	0.012		

检测结果表明，基地土壤质量符合《中华人民共和国土壤环境质量标准》（GB15618—1995）中二级质量标准。

（3）灌溉水质

在平远县何首乌种植基地取水样，用无菌容器盛装，低温保存，样品最短时间送广东省生态环境与土壤研究所分析测试中心检测，检测结果见表14-3。

检测结果表明，基地灌溉水质质量符合《中华人民共和国农田灌溉水质标准》（GB5084—1992）中二级质量标准。

表14-3　何首乌GAP基地灌溉水质分析检验结果

检测项目	检测结果	检测项目	检测结果
生化需氧量（mg/L）	3.4	铬（六价，mg/L）	0.002
化学需氧量（mg/L）	1.9	总铅（mg/L）	0.000 5

续表

检测项目	检测结果	检测项目	检测结果
悬浮物（mg/L）	0.61	总铜（mg/L）	0.006
阴离子表面活性剂（LAS, mg/L）	0.05	总锌（mg/L）	0.024
		硼（mg/L）	0.01
凯氏氮（mg/L）	0.86	总硒（mg/L）	0.000 2
总磷（以P计算, mg/L）	0.013	氟化物（mg/L）	0.01
水温（℃）	19	氰化物（mg/L）	0.002
pH	6.76	石油类（mg/L）	0.05
全盐量（mg/L）	16.8	挥发酚（mg/L）	0.010
氯化物（mg/L）	0.82	苯（mg/L）	0.001
硫化物（mg/L）	0.01	三氯乙醛（mg/L）	0.003
总汞（mg/L）	0.000 1	丙烯醛（mg/L）	0.001
总镉（mg/L）	0.000 5	蛔虫卵数（个/L）	0
砷（mg/L）	0.001	粪大肠菌群（个/L）	5 124

上述资料表明，平远县何首乌基地的空气、水质和土壤质量优良，各项指标都符合国家中药材的生产标准。

（五）种植技术

1. 育苗技术

（1）选地与整地

选择富含腐殖质的沙质壤土作苗床，深翻土壤达30 cm以上，清理整地后耙平。

（2）育苗时间

种子播种在3月上旬至4月上旬。

（3）育苗方法

1）种子繁殖

①直播：育苗于早春把圃地深翻，施足基肥后，做1 m宽的畦。在3月上旬至4月上旬播种，条播行距30~35 cm，施人畜粪水后将种子均匀播撒沟中，每667 m²约需种子1~1.5 kg，覆土3 cm厚，种子发芽率为60%~70%。经常保持湿润，20天左右即可出苗。苗高5 cm时，趁阴雨天气进行间苗，株距30 cm左右，苗齐后可以稀人畜粪水泼施，催苗，促进生长。苗高15 cm左右时，可趁阴雨天气移栽。穴栽，株距可因地制宜；大田栽种时，可按行距45 cm、株距30 cm。栽后应立刻浇水1次，以保成活。种子育苗移栽前期生长很慢，苗高30 cm以上时生长迅速，块根粗大，但生长期略长。

②育苗移栽：此法经试验证明费工，且直播产量比育苗移栽高2倍以上。

2）扦插繁殖

扦插繁殖优点很多，如生长快、成活率高、种植年限

短、结块多等，故多采用。

扦插时间因气候不同而异，广东在2～5月，四川在6～7月，北京在7月雨季，浙江在梅雨季节。

具体方法：扦插苗床要选择有一定荫蔽、土壤肥沃、水源方便的地方，苗床要整细、整平，施一定量的有机肥作基肥。在3月上旬至4月上旬选生长旺盛、健壮无病植株的茎藤，剪成长25 cm左右的插条。每根插条应有节2～3个，扦插行距30～35 cm，株距30 cm左右，穴深20 cm左右，每穴放2～3条，不能倒插，插前最好用泥浆处理，上浆后的插条置阴凉处，待泥浆晾干再种。扦插时下面一个节间入土深度不能超过4～6 cm，上面的一个节间应高出地面但不能超过4～6 cm，畦面整平呈龟背形，以利排水。插条过长时，可以斜插，把下部枝叶插入土中，这样可以减少水分蒸发，有利于成活，同时扦插时切勿插伤皮层，有利生根，栽后一定要覆土压紧。施人畜粪水以保持畦面湿润，水分不能太多，否则容易造成插条腐烂。春季雨水太多，可用塑料薄膜遮盖防雨，并及时排水，防止涝浸。最后搭棚遮阴。

穗条应做到随剪随插，也要选择阴天或傍晚进行。如果外运插条，则需剪成30～40 cm长的穗条，扦插时再把两端干枯的部分剪去，以免影响成活。何首乌是先发芽，后生根。扦插育苗经过100天左右即可起苗移栽，经试验，用扦插苗移栽的大田产量与分蘖苗繁殖接近，但前者方法简单，能大批量生产种苗，满足生产的需要。

张萃蓉等报道，何首乌茎藤不同部位，因生长时间长短及养分积累量等的不同，扦插成活率表现出明显差异：下部成活率最高为60%，尖部茎藤易于萌发，但藤中积累养料少，新根尚未生长时，有的养料已消耗而干枯，故成活率最低。但收获时植株测定，中部与尖部插条的分生能力强，且地上茎藤及地下块根数量均高于下部插条，尤以中部茎藤扦插较好。中部茎藤在不同月份扦插，其成活率差异显著。

3）分株（笼头）繁殖

分株繁殖的方法基本上与扦插繁殖相同，只是在寒露至霜降采收药材时才去掉药用的块根。根据茎蔓芽眼的多少，将笼头分成若干株，在当年秋季栽到已整好的高畦或平畦内，也可贮藏到翌年春季栽种，其行、株距栽法与扦插繁殖相同。

胡诚等进行了何首乌块根栽培试验，材料为野生新鲜的带茎（茎长2~3cm）和不带茎何首乌块根各20kg，平均每个重300g。两次翻地整地，并施腐熟农家肥800kg。平整之后，将地分成10厢，每厢长8m，宽1.2m。1~5厢种植带有短茎的块根，6~10厢种植不带茎的块根。平均每厢种植何首乌块根4kg。

5月上旬，清除杂草1次。前5厢全部长出1m左右的茎，而后5厢地上茎较弱或没有。此时给每一茎藤插一木杆，每四根木杆绑在一起，以防倒伏，并将藤牵搭在木杆上。5月中旬发现有金龟子为害，喷洒除虫菊酯，效果较好。7月中旬，又除草1次，此时前5厢的茎藤平均长4~5m，并有许多分枝。将分蘖苗及下部分枝藤剪去，只留一条主蔓及3m以上的分枝，以利下部通风透光和避免过多地消耗养分，影响块根生长。前后修剪5次。第6~10厢长出的藤仍然很少，而且最长的不到1m。9月开始开花，10月下旬结籽，12月上旬种子全部成熟。12月将藤全部割去，仅留2~3cm长的茎，再

全部挖出，准备翌年重新种植。

带茎的块根栽培1年后长出很长的茎藤和许多小块根，小块根平均直径9 mm。不带茎的块根栽培即使出了苗，也仅形成少量细小的块根。因此带有2～3 cm茎的块根可作何首乌种源。

4）压藤繁殖

6～7月生长旺盛季节，选择健壮老株的藤茎，埋入土中3～4 cm深，稍加压紧。当生根发芽后，要及时除草、追肥、培土等管理。至翌年春季萌发前起苗，分成单株，移栽大田。行株距同扦插，每穴2～3根，栽后管理与其他方法相同。

5）小块根繁殖

2月下旬至3月中旬，按株距15 cm、行距25 cm开穴，深6～10 cm，每穴栽种带茎的小块根1个，覆土厚约5 cm。

6）生物技术育苗

衷维纲等将幼嫩茎蔓剪成5～10 mm的小段，接种。结果，不带节的茎段接入附加不同激素的培养基，半月后从两端切口陆续形成质地疏松的白色愈伤组织，并渐渐长大。但愈伤组织有20%～30%分化出根，有密集的白色根毛，这些培养基里都没有形成芽。

带节的茎段接种时，节上没有形成芽。接种后潜在的芽原基迅速萌动，一周内就从叶腋伸出小芽，渐次出现茎叶，长成丛生小苗，有的同时分化出根。只加6-BA的茎叶分化率较高，KT则有利于同时分化根。由KT诱导分化的苗，转移时只有短小幼茎1～3支，茎最长不过1 cm，有2～3片充分展开的较大叶片，转入同样的培养基继续生长，形态正常。

把未生根的试管苗分为单支，转到加低浓度生长素的

1/2MS培养基上，半月后陆续从基部节上长出白色根，成为完整植株。在超净工作台上取出试管苗，去叶后剪成1 cm左右的带节茎段，直插在新鲜的分化培养基上，插后丛生苗的进程与前述相似。将试管苗取出洗净，移栽于盛有腐殖质土的盆中，上罩烧杯保湿，7～10天揭开，注意浇水管理，能全部成活。移栽后3月，茎蔓长一般60～80 cm，有的长100 cm以上。初步看来，用微型扦插的方法进行何首乌无性系试管快速繁殖的潜力是巨大的，如果每2个月剪试管苗扦插1次，每一外植体平均分化3支茎，获得10枚带节茎段，从理论上推算，1枚带节茎段1年内就能繁殖试管苗约30万株。

杜勤等以何首乌茎叶为材料，叶片切成1 cm×1 cm小块，茎切成1 cm小段，接种。结果，以MS基本培养基和黑暗培养效果较好。外植体接种1周后，叶表面、茎两端开始膨大，至第3周时，叶表面产生分散的愈伤组织，质地疏松，茎段两端产生块状愈伤组织，质地致密，均为淡黄白色。

愈伤组织接种在MS+（2,4-D）1+（6-BA）0.5培养基上颜色逐渐变绿，质地变得致密。培养至第3周，开始有芽出现，再培养1周，芽伸展成2 cm长的枝条，上有小叶1～2片，颜色翠绿，生长健康。

切取枝条移入MS+IBA0.5+1%活性炭的生根培养基上，光照3周，茎基部出现白色细根，至培养1个月时，根长约10 cm，并有侧根数条。将带根的完整植株移栽到土壤里，3周后生出3～4片叶子，植株高5 cm左右。

（4）苗木管理

加强苗期管理，及时浇水保持苗床面湿润，幼苗成活后少浇水。雨季苗床过湿时，注意排水。勤除杂草，见草就拔。种子出苗后10~20天，进行间苗，疏去过密苗、病弱苗。缺苗的地方要补苗，以株距4~5 cm为宜。苗木生根后，薄施人粪尿水，或用2%尿素淋施。

2. 种植技术

（1）种植地选择与整地

何首乌对土壤要求不高，但怕涝渍，林地、山坡、土坎均可种植。过干、过瘠、过荫蔽或低洼积水以及石砾多和沙性地均不适宜。

选排水良好、较疏松、肥沃的土壤或沙质壤土栽培为好。整地时施入基肥，深翻30~35 cm，耙细整平，作高畦。畦面积大小根据地势而定，一般用宽约130 cm的高畦。

何首乌不能连作。

（2）种植时间

春夏季节都可种植。春植，何首乌发根快，成活率高，但须根多，产量低，质量差。夏植，在5~7月进行，因这时地温高，阳光充足，种后新根易于膨大，结薯快，产量高。但种植期不宜超过8月中旬。

选择土壤湿润、气温略低、光照不过强时栽种，种后成活率高。也可不经育苗，直接用茎藤种植，可以选择植株茎基部分蘖的新嫩苗作种苗，长30 cm左右，连根挖起，当天种植可以提高成活率，结块根也多。一般每667 m²用种苗75~100 kg。

（3）种植方法

起苗后，留基部20 cm左右的茎段，其余的剪掉，并将不定根和小薯块一起除掉。然后在地里种植，按株距挖穴，种植沟深10 cm，双行栽植以三角形排列较好，每穴栽2根苗，种后压实，淋定根水，每天1次，至成活生根、抽芽。

（4）种植密度

株行距以20 cm×20 cm为好，每667 m²约种5 600株。

（5）田间管理（淋水、除草、施肥、松土培土等）

①中耕除草：何首乌栽种成活后，应及时锄草、浇水、松土，做到有草即除。雨季土壤易板结，宜勤松土，利于植株生长。

②淋水排灌：保持田间湿润，利于植株成活，成活后少浇水。雨季要做好排水工作，防止浸渍烂根。何首乌移植后1个月内需水较多，前10天要早晚各浇水1次，以后可结合施肥，浇淡水肥，一直到苗高1 m以上为止。如果碰上天气干旱，施肥的间隙还要浇水。苗高1 m以上后，除了天旱外，一般不再浇水，因为何首乌的生长忌过分潮湿，如果水分太多，须根过度萌发，影响块根膨大，造成低产。

③追肥：何首乌是高产作物，生长期长，藤蔓生长旺盛，需肥较多，追肥是何首乌增产的关键措施之一，施肥方法以前期施有机肥，中期施钾肥，后期不施肥为原则。

具体做法是种后20天当苗高10 cm以上，植株长出新根后，就要施1次腐熟人畜粪尿水，每667 m² 1 000~1 500 kg及花生麸50 kg，过磷酸钙15~25 kg，其他水肥100~300 kg兑水成2 500 kg，视苗期生长情况，由淡到浓分期施肥。

前期为了促进藤蔓生长，应适当增施氮肥，如尿素。中后期要促进块根生长，一般在7~8月现花蕾时，由于苗蔓黄弱，应在施肥的基础上，增施磷、钾肥，每667 m²施肥2 000~3 000 kg或饼肥40~80 kg，追肥后及时浇水，高温多雨季节注意排水。

施肥最好在两行何首乌的中间开沟施入，然后覆土盖严，沟不能过深，以20 cm左右为宜，可获高产。

12月倒苗时，结合清除枯藤，施腐熟堆肥或土杂肥1次，并在根际培土。

④搭架：何首乌在生长过程中，需要搭架让藤蔓攀援。为通风透光，当茎蔓长到30~60 cm时便可搭架、缚蔓，即把竹插于苗行两侧，使茎蔓攀缠其上生长，最好搭成人字形支架，控制茎蔓按顺时针方向缠绕在竹上，松脱的地方可用绳子缚住，或在何首乌种后半月左右，于行间沟内间种玉米，以利何首乌茎蔓缠绕。分散种植时，可用树枝等物架起，否则何首乌茎蔓倒地后，生长不良，且易发病，产量降低。搭支架后，要少进入踩踏，防止伤根，影响块根生长。为了保护何首乌茎蔓越冬，防止冬季冻坏，可在霜降以后，将支架落下。

⑤修剪打顶：每株只留1藤，多余的分蘖苗要剪掉，以后的基部分枝藤条，也要及时剪除，到1 m以上才保留分枝，这样有利于植株下层通风透光。

如果因为肥水过多，地上部分生长旺盛，可适当打顶。

结合修剪打顶，还要进行除草，一方面除去杂草，另一方面锄松表土，将表层过多的须根锄掉，利于结薯。大田生产每年修剪5~6次，高产田则达7次之多。

⑥培土短截：何首乌生长3年以上才可挖取，栽植后经过雨水淋浴、冲刷，使表土流失，往往根系裸露，在气温高、太阳晒的情况下，必将影响正常生长，尤其是坡地种植的。所以，每年秋冬季节，应结合中耕除草，追施肥料，注意植株培土，即把植株附近的肥泥、表土收拢培在根基部，保护和促进其茎蔓生长，翌年多发枝叶，增强光合作用，制造更多营养物质，满足生长需求。

栽后，当植株茎蔓长到70～80 cm时，要及时将顶芽摘去，促发侧枝。同时当枝藤繁茂时，又要控制，不能生长过旺、徒长，可酌量剪去部分枝叶以及基部萌出的徒长枝，以集中营养物质，满足块根生长。每兜保留3～4个健壮的分枝就足够了，因为枝多开花结果就多，水分营养会消耗很多，对块根生长不利。非留种，应及早剪除。

春季播种或扦插的何首乌，当年均能开花结实。3月中旬播种的何首乌4～6月其地上茎蔓迅速生长时，地下根亦逐渐膨大形成块根，而同期扦插的何首乌，当年只在节上的根中有1～5条较粗的根，到翌年3～6月才逐渐膨大形成块根。何首乌植株地上部分长势的优劣与地下块根的多少或大小成正相关。

（六）主要病、虫、草害的防治

1. 病害

（1）锈病

1）病原

为锈病真菌。

2）症状

本病于2月下旬开始发生，在老叶背面发生的夏孢子堆（病原）多于新长出的叶，叶面甚少发现夏孢子堆。夏孢子借风雨和种苗传播，可多次反复侵染。当气温在13.6～28.3℃，相对湿度在70%～85%时，若阴雨天时间持续5天以上，病害蔓延迅速。1年有2次发病高峰期，分别在3～5月和7～8月，当夏孢子堆占叶面积的1/3时，叶子转黄，遇暴风雨或高温高湿,叶片易脱落。经镜检,可在遗落地上的病叶及藤上找到夏孢子,这说明夏孢子在病叶及藤上潜伏越夏。

3)发生规律

发病初期在叶背首先出现如针头大小突起的黄点,即夏孢子堆,夏孢子散生或聚生。病斑扩大后呈圆形或不规则形,略隆起,边缘不整齐,夏孢子堆一般散生或群生于叶背,黄褐色。夏孢子堆可在藤上、叶缘周围发生,但以叶背为主。发病率一般为40%,最高时可达53%。每张叶片的背面都密集着夏孢子堆,每叶多至150堆,可造成叶片破裂穿孔,以致脱落。

4)防治方法

①农业防治措施:清洁田园,清除遗落地上的病残枝叶,一旦发现有病叶,要及时摘去,减少病原。

②化学防治 在发病初期可喷75%敌锈钠300～400倍液,或喷0.2～0.3 g/cm³的石硫合剂,每隔7～10天喷药1次,连续2～3次,可控制病情的发展。使用75%百菌清100倍液,75%甲基托布津100倍或200倍液,隔7～10天喷药1次,连续2次,可有效抑制或减少夏孢子的产生,有效率在60%以上。

(2)叶斑病

1)病原

为掌状拟盘多毛孢 *Pestalotiopsis palmarum*(Cke.)Stey.

2)症状

在高温多雨的夏季容易发生叶斑病,叶上很多圆形黄锈色斑块。

3)发生规律

如田间通风透光良好，茎蔓枝叶不过分浓密，发病较少或者不发病；相反，则容易发病，有时还比较严重，影响光合作用，对植株生长不利。

4）防治方法

①农业防治措施：合理修剪，控制茎蔓枝叶生长过旺，对生长过于茂盛的可进行疏剪，过长的茎蔓要进行短截。同时栽植的株行距不宜过小，应有一定的空间。一定要搭设架棚，让茎蔓攀缠，改善生长条件，减少发病。

②药剂防治：发病初期可喷1∶1∶120波尔多液或3%井冈霉素，每周喷1次，连续喷2~3次。

（3）根腐病

1）病因

由真菌中的镰刀菌或细菌引起。

2）发生症状　染病植株根基部腐烂，地上藤蔓生长不良，严重时枯萎死亡。

3）规律

此病多在高温高湿的夏季发生。

4）防治方法

①农业防治措施：抓好田间管理，种植时一定要起30 cm高的畦；雨后保持土壤干爽，不能积水；及时剪除根部萌发的徒长枝，改善通风透光条件；不连作。

②药剂防治：发病期间，可用50%多菌灵800~1 000倍液喷洒或淋根基部，每7~10天1次，连续2~3次。

2. 虫害

（1）蚜虫

1）学名

Sitobion avenae（Fabricius）。

2）症状

成、若虫刺吸茎叶、花蕾，不仅影响生长发育，还分泌蜜露引起煤污病，影响光合作用，减产20%~30%。

3）发生规律

蚜虫在长江以南以无翅胎生成蚜和若蚜于狗尾草等杂草上越冬，无明显休眠现象。于3~4月气温10℃以上时开始活动和取食及繁殖，大量繁殖无翅胎生蚜，到5月上旬虫口达到高峰，进入梅雨季节后，虫量开始减少，此后出现高温干旱，则进入越夏阶段。9~10月天气转凉，虫口下降，大多产生有翅胎生蚜，迁到杂草上取食或蛰伏越冬。

4）防治方法

①农业综合防治：注意清除田间、地边杂草，尤其春夏两季除草，对减轻蚜虫危害具重要作用。加强田间管理，使青天葵能够及时生长、成熟，可减轻蚜害。

②药剂防治：当前治蚜仍以化学防治为主要手段。根据蚜虫多生于心叶及叶背皱缩处的特点，喷药一定要细致、周到，在用药品种上，选择具有触杀、内吸、熏蒸3种作用的药剂。在田间点片发生阶段要加强防治。可选择的药剂有：50%抗蚜威可湿性粉剂1 500~2 000倍液，此药剂对蚜虫有特效且对蚜茧蜂和食蚜蝇最安全；2.5%天王星乳油3 000倍液、21%灭杀毙800~1 000倍液、50%辛硫磷乳油800~1 000倍、康福多可溶剂7 000~8 000倍液喷雾效果理想，药后20天防效仍可达85%以上；70%艾美乐水分散剂20 000~25 000倍液、12.5%必林可溶剂2 500~3 000倍液、以上药剂用药间隔期可掌握在20~25天；10%高效灭百可2 000倍液、20%莫比朗乳油4 000~5 000倍液、0.36%百草1号1 000~1 200倍液，用药

间隔期10天左右。

（2）金龟子

1）学名

Anomala corpulenta Motsehulsiy。

2）症状

成虫危害叶片，咬食叶片呈残缺状，严重时吃光整片叶。

3）发生规律

1年发生1代，以幼虫在土中越冬，次年春3月上到表土层，5月老熟幼虫化蛹，5月下旬开始出现成虫。为害盛期在6月上旬至7月中旬，同时也为产卵盛期。卵散产于表土层中，幼虫孵化后移至深土层越冬。成虫具假死性，有趋光性。

4）防治方法

用90%固体敌百虫1 000倍液喷杀。人工捕杀。

（3）地老虎

1）学名

Agrotis segetum Schiffermtiller。

2）症状

以幼（若）虫危害根部，造成地上部分生长不良或枯萎死亡。

3）发生规律

成虫昼伏夜出，对黑光灯有趋性，卵常产在土面枯草及其根际处，寄生于植物幼苗叶背。幼虫孵化后经数小时才开始活动，低龄幼虫常在心叶取食，把嫩叶和卷着的心叶咬穿。3龄后在地面附近把幼苗咬断，拖至洞口或洞内，昼伏夜出。幼虫老熟后在土中化蛹。

4）防治方法

①农业防治措施：及时处理田间、田边枯草、杂草，集中处理以消灭部分卵；设黑光灯诱杀成虫。

②药剂防治：可用20%速灭杀丁乳油、2.5%溴氰菊酯乳油、2.5%天王星乳油、2.5%功夫乳油和20%来扫利乳油3 000～4 000倍液；50%辛硫磷乳油、90%敌百虫结晶和80%敌敌畏乳油1 000～1 500倍液；25%来幼脲3号1 500～2 000倍液；15%白威特乳油3 000～4 000倍液。

3. 草害

何首乌药材常见的杂草主要有：鼠尾草、牛繁缕、胜红蓟、革命菜和空心莲子草等，其中大多数为双子叶植物类杂草。这些杂草不仅与药材争夺土中的营养和水分，而且还恶化环境，传播病虫害，严重影响何首乌药材的产量与质量。因此，人工防除何首乌的田中杂草是一项经常性的田间管理工作。在杂草的防治过程中，针对不同的杂草采用不同的方法进行防治，选用合适的化学药剂除草，不仅省工省时，而且比较彻底与可靠，能收到较好的防除效果。

（七）采收加工

1. 采收

种植3～4年即可收获。在秋季落叶后或早春萌发前采挖，一般秋季落叶后采收最好。

方法是先将藤叶割去，然后破土开挖至发现何首乌块根时，顺畦向逐蔸、逐行挖出块根，注意不能伤断块根，洗净泥土，去掉须根，晾干。

直播4年收比3年收增产10.3%，育苗移栽4年收比3年收增产30.2%，扦插的4年收比3年收增产32.4%。

2. 初加工

（1）何首乌的初加工方法

秋冬二季叶枯萎时采挖，削去两端，洗净，个大的切成块，干燥。

各地加工方法不同，按不同规格要求进行加工：

选取体质结实者，原个晒干或慢火焙干，忌用猛火，否则泡心。

横切成1 cm左右的厚片，晒干。

原个置锅内加水浸过面，煮至透心，取出，趁热切成1 cm厚纵向斜片，立即在烈日下摊开晒干。

趁鲜时切成约1 cm厚的斜片，隔水蒸熟，趁热摊开晒干。

据陈虹报道，产地加工中存在一些问题，目前产地加工多数不切片，整个烘干，原因有：①商业部门将干的何首乌个再进行统一的切片加工处理，片的色泽、厚薄等外观质量比产地加工的要好得多。②何首乌个收购价格高于片。③由于产地条件所限，没有相应的晒场等设施，而且，晒干时间长，如果遇上阴雨天气，质量就会受到影响，所以产地加工多为烘干。

烘烤的何首乌质量差异较大，影响因素有：①边收购鲜何首乌边进行加工，没有进行大小分档，烘后出现个大的烘干时，个小的已烘焦。②受收购时间影响。从产地到收购加工部门经历时间过长，有些已出现变质。烘出的成品质量差,且收率减少10%~20%。③烤房条件差。烘时水蒸气排出不畅,温度控制不好,何首乌外皮容易烤成角质状。④受鲜何首乌本身质地的影响,产品大致可分为3种类型:Ⅰ.表皮光滑略有细皱纹,见皮孔及须根痕,体重质坚实,断面黄白色。Ⅱ.表面粗糙,凹凸不平,栓皮多,可块状剥落,见皮孔,体轻质软,断面棕红色。Ⅲ.表面略粗糙,有小凹,栓皮可见但不能剥落,体轻质软,断面淡黄色。Ⅰ种类型适合加工成何首乌个,Ⅱ、Ⅲ种类型则适合切成1 cm厚的片。

由于上述因素,产地加工干何首乌应该注意:鲜何首乌要经过挑选,大小分档,不适宜烤个的要先切片再烘烤;尽量缩短候烘烤时间;烘时及时将水蒸气抽出,头两天烘烤温度要控制在60~70℃,第3天可视情况逐步升温,但不能超过90℃,经常检查,烤干的应及时取出。

(2)夜交藤的初加工方法

夜交藤(首乌藤)为何首乌的茎藤,何首乌藤野生的全年均可采收。家种的一般在采挖地下块根时,采割地上茎,除去叶片及细小的嫩藤,扎成小把,长45~60 cm,晒干。捆压成把,外加席片封固,存放于干燥处。

何首乌自栽后第2年起,每年秋季都可收割1次藤茎。割下的藤茎,除去细枝和残留叶片,捆成把,晒干即可。

采收期、加工方法及药材产地对蒽醌类衍生物的含量都有影响,因此各产区应研究本地何首乌蒽醌类物质的积累动态,以确定其适宜的采收期和加工方法等。

3. 商品规格

何首乌的商品规格分为首乌王(每个头为200 g以上)、

提首乌（每个头为100 g以上）和统首乌，均以体重、质坚实、外皮红棕色、粉性足、断面黄棕色有梅花状纹理者为佳。

出口商品按个头质量分为四等，一等：每个200 g左右；二等：每个100 g左右；三等：每个50 g左右；四等：每个30 g左右。

熟何首乌片（家种）质量规格标准：

①统庄：干货，熟透，纵切或横切片，表面红色或棕褐色，断面褐色或黄褐色，粉性足，厚度不超过5 mm，中部宽1 cm以上，无须根、无虫蛀霉变。

②级外：干货，熟透，纵切或横切片，表面红褐色或黄褐色，断面黄褐色或棕褐色，粉性足，厚度不超过5 mm，中部横宽4 mm以上，无须根、无虫蛀霉变。

经蒸熟后的何首乌片横断面黄棕色至棕褐色，呈鲜明胶状光泽，云锦花纹明显，味涩略甘。

（八）留种技术

1. 种子

于冬季将成熟的果序轻轻剪下、晒干，搓出种子，贮存在纸箱中，于翌年春天进行播种。

2. 块根

12月将藤全部割去，仅留基部2~3 cm长的茎，再将块根全部挖出，存于阴凉通风处，准备第2年重新种植。

3. 藤茎

选择生长健壮的植株,在生长期打顶,促进分枝产生,花期将花蕾全部摘除,减少植株营养消耗,促进枝条增粗,以供扦插之用。

(九)质量标准及检测

1. 性状

(1)生何首乌

1)首乌个

《中华人民共和国药典(一部)》(2005年版)记载:本品呈团块状或不规则纺锤形,长6~15 cm,直径4~12 cm。表面红棕色或棕褐色,皱缩不平,有浅沟,并有横长皮孔及细根痕。体重,质坚实,不易折断,断面浅黄棕色或浅红棕色,显粉性,支部有4~11个类圆形异形维管束环列,形成云锦花纹,中央木部较大,有的呈木心。气微,味微苦而甘涩。首乌个以具粉性,无尾蒂、虫蛀、霉变为合格,但以个大、体重、质坚、粉性足、中心无空裂者为佳(见彩图14-7)。

2)首乌片

呈不规则片块,厚0.5~0.7 cm。蒸熟品的表面呈黄棕色或淡红棕色,有胶质样光泽,质硬脆,折断面带角质状。生晒品表面灰白色或灰黄色,断面灰白色,显粉性(见彩图

14-8）。气微，味甘、苦、微涩。首乌片以片块厚薄均匀、表面黄棕色、具胶质样光泽、质坚、折断面呈角质状者为佳。

（2）制何首乌

本品为不规则皱缩状的块片，厚约1 cm。表面黑褐色或棕褐色，凹凸不平。质坚硬，断面角质样，棕褐色或黑色。气微，味微甘而苦涩（见彩图14-9、彩图14-10）。

（3）夜交藤

呈长条圆柱状，稍扭曲，长短不一，直径2～3 cm，有分枝，分枝处节部略膨大，间见除去侧枝的残痕。表面紫褐色至红褐色，具纵皱纹和突起的皮孔小点及残存的分枝及芽痕，有的可见菲薄的栓皮，呈鳞片状，较易剥落。质坚实，易折断，断面木质部导管孔明显，棕红色，具放射状纹理，中央有小髓。气无，味微、苦涩。夜交藤以无粗老藤、杂质、霉变为合格，以粗细均匀、表皮色紫红的为佳（见彩图14-11）。

2. 鉴别

①横切面：木栓层为数列细胞，充满棕色物。韧皮部较宽，散有类圆形异型维管束4～11个，为外韧型，导管稀少。根的中央形成层成环，木质部导管较少，周围有管胞及少数木纤维。薄壁细胞含草酸钙簇晶及淀粉粒。

②粉末：黄棕色，淀粉粒单粒类圆形，直径4～50 μm，脐点人字形、星形或三叉状，大粒者隐约可见层纹；复粒由2～9分粒组成。草酸钙簇晶10～80（160 μm），偶见簇晶与较大的方晶合生。棕色细胞类圆形或椭圆形，壁稍厚，胞腔内充满黄棕色、棕色或红棕色物质，并含淀粉粒。具缘纹孔

导管直径17～178 μm。棕色块散在，形状、大小及颜色深浅不一。

③取本品粉末0.25 g，加乙醇50 mL，加热回沉1 h，滤过，滤液浓缩至3 mL，作为供试品溶液。另取何首乌对照药材0.25 g，同法制成对照药材溶液。照薄层色谱法试验，吸取上述两种溶液各0.25 μL，分别点于同一以羧甲基纤维素钠为黏合剂的硅胶H薄层板上使成条状，以苯-乙醇（2：1）为展开剂，展至约3.5 cm，取出，晾干，再以苯-乙醇（4：1）为展开剂，展至约7 cm，取出，晾干，置紫外光灯（365 nm）下检视。供试品色谱中，在与对照药材色谱相应位置上，显相同颜色的荧光条斑。再喷以磷钼酸硫酸溶液（取磷钼酸2 g，加水20 mL使溶解，再缓缓加入硫酸20 mL，摇匀），稍加热，立即置紫外光灯（365 nm）下检视，供试品色谱中，在与对照药材色谱相应位置上，显相同颜色的荧光条斑。

3. 检查

①水分：制何首乌水分不得超过12%。

②总灰分：制何首乌总灰分不得超过9%。

③酸不溶性灰分：制何首乌酸不溶性灰分不得超过2%。

④重金属残留量和有机氯农药残留量：不得超过国家规定标准。

⑤浸出物：制何首乌热浸法乙醇浸出物不得少于5%。

⑥有效成分含量测定：用高效液相色谱法测定何首乌中2,3,5,4′-四羟基二苯乙烯-2-O-β-D-葡萄糖苷（$C_{20}H_{22}O_9$）不得少于1.0%；制何首乌中2,3,5,4′-四羟基二苯乙烯-2-O-β-D-葡萄糖苷（$C_{20}H_{22}O_9$）不得少于0.7%。

（十）包装、贮藏及运输

1. 包装

何首乌晒干后，用专用袋包装，每件约25 kg。

按照《中药材生产质量管理规范（试行）》（GAP）的要求，包装前应再次抽查，以清除劣质品和杂质。包装器材应无污染，要清洁干净、干燥、无破损。包装袋上要有包装记录，内容如下。

药材名称：

产　　地：

采收日期：

采收单位：

调出日期：

调出单位：

调出数量：　　　　　　包

包装重量：　　　　　　kg/包

注意事项：

附：药材质量检验单

2. 贮藏

何首乌药材包装后，应置放于阴凉干燥通风处，防止虫蛀、受潮霉变。

近年来有鲜何首乌沙埋贮存和用荜澄茄挥发油、丁香挥发油熏蒸何首乌的防霉研究。

①鲜何首乌沙埋贮存：将新采挖的何首乌摊晾3~5天，

至表皮稍干时,用较湿润的河沙埋藏。冬季贮藏时,温度应不低于5 ℃。如在地窖内贮藏,可将鲜药材晒1天,然后挑选完整的,一层沙一层何首乌排几层。堆高控制在30~40 cm为好。此法可以减少霉烂,延长贮藏期。

②荜澄茄挥发油、丁香挥发油熏蒸何首乌防霉:何首乌与荜澄茄挥发油或丁香挥发油以10 000∶1的比例密封熏蒸6天,可使霉菌含量大为减少。实验证明,丁香挥发油抑菌效果高于荜澄茄挥发油,但成本较高。用荜澄茄挥发油熏蒸防霉,比用氯化苦、硫黄等熏蒸,具有经济、实用、无残毒优点。

3. 运输

药材批量运输时,注意不能与其他有毒、有害的物质混装。要防止高温、暴晒。运输容器应具有较好的通气性,以保持干燥,遇阴雨天应严密防潮。

(杜 勤 何锦清)

参 考 文 献

杜勤,符红,詹若挺,等. 1993. 何首乌组织培养的研究[J]. 中药材,21(3):109.

国家药典委员会. 2000. 中华人民共和国药典:一部[S]. 广州:广东科技出版社.

何耀章,何植毅,冼炎新. 1991. 何首乌优质高产栽培技术措施[J]. 中药材,14(6):8.

胡诚,齐迎春,余展琛,等. 1997. 何首乌块根栽培试验[J]. 中药材,20,(11):545.

江苏新医学院编．1992．中药大辞典［M］．上海：上海科学技术出版社．

李锦开编．1994．中国木本药材与广东特产药材［M］．北京：中国医药科技出版社．

李军，徐国钧，徐珞珊，等．1994．中药首乌类的研究Ⅲ［J］．中草药，25（11）：578．

廖寿南，陈海平．1986．何首乌锈病及其防治［J］．中药通报，11（2）：13．

冉先德编．1993．中华药海：上册［M］．哈尔滨：哈尔滨出版社．

徐鸿华编．2001．南方药用植物栽培技术［M］．广州：南方日报出版社．

阴健编．1994．中药现代研究与临床应用1［M］．北京：学苑出版社．

张萃蓉，潘世民，曾维群，等．1997．何首乌栽培试验［J］．中药材，20（5）：217．

张万福编．1998．现代中药材商品手册［M］．北京：中国中草药出版社．

中国医学科学院药物研究所编．1997．中草药现代研究：第三卷［M］．北京：北京医科大学中国协和医科大学联合出版社．

衷维纲，刘素珍．1987．何首乌茎切段培养［J］．中草药，18（2）：29．

周荣汉编．1993．中药资源学［M］．北京：中国医药科技出版社．

附

何首乌规范化生产标准操作规程（SOP）

第一章 总 则

1.1 为保证中药材质量，促进中药标准化、现代化，依据何首乌药材生长特点和国家药品监督管理局《中药材生产质量管理规范（试行）》的要求，制定本标准操作规程（SOP）。

1.2 本规程内容包括 总则，种植地自然条件，品种类型，种苗繁殖，栽植与田间管理，主要病虫害防治，采收与加工，留种技术，质量标准，包装、贮藏与运输，人员和设备，文件管理等。是何首乌药材生产和质量管理的具体操作方法。

1.3 种植者应动用标准操作规程管理和质量监控手段，保护生态环境，坚持"最大持续量"原则，实现资源的可持续利用。

1.4 本规程适用于何首乌的种植地。

1.5 引用标准 下列文件中的条款被本标准引用则为本标准的条款。

1.5.1 《中华人民共和国环境空气质量标准》（GB3095—1996）。

1.5.2 《中华人民共和国土壤环境质量标准》（GB15618—1995）。

1.5.3 《中华人民共和国农田灌溉水质标准》（GB5084—

1992）。

1.5.4 《中华人民共和国药典（一部）》（2005年版）。

1.5.5 国家食品药品监督管理局《中药材生产质量管理规范（试行）》。

1.5.6 科技部生命科学技术发展中心《中药材规范化种植研究项目实施指导原则及验收标准》。

1.5.7 中华人民共和国商务部《药用植物及制剂进出口绿色行业标准》。

1.6 定义。

1.6.1 GAP 即英文Good Agricultrue Practice的缩写，指中药材生产质量管理规范。

1.6.2 SOP 即英文Standard Operation Practice的缩写，指中药材规范化生产标准操作规程。

1.6.3 最大持续量 即不危害生态环境，可持续生产（采收）的最大产量。

1.6.4 生物肥料 是利用生物活体或生物代谢过程中产生的具有生物活性的物质或从生物体提取的物质作为提高作物产量和品质的肥料。

1.6.5 生物源农药 是利用生物活体或生物代谢过程中产生的具有生物活性的物质或从生物体提取的物质作为防治作物病虫害的农药。

1.6.6 质量标准 是对药材的质量规定和检验方法所作的技术规定。

第二章 种植地自然条件

2.1 自然条件 何首乌对土壤要求不严，但怕涝渍，林地、山坡、土坎均可种植。过干、过瘠、过荫蔽和低洼积水以及石砾多和沙性地均不适宜。选排水良好，较疏松、肥沃的土壤或沙质壤土栽培为好。何首乌不能连作。

2.2 环境质量。

2.2.1 环境空气质量达到《中华人民共和国环境空气质量标准》（GB3095—1996）二级以上标准。

2.2.2 土壤环境质量达到《中华人民共和国土壤环境质量标准》（GB15618—1995）二级以上标准。

2.2.3 农田灌溉水质量达到《中华人民共和国农田灌溉水质标准》（GB5084—1992）二级以上标准。

第三章 何首乌药材品种类型

3.1 正品 《中华人民共和国药典（一部）》（2005年版）收载的何首乌为蓼科植物何首乌 *Polygonum multiflorum* Thunb.的块根。

3.2 商品品种类型。

3.2.1 生何首乌。

3.2.1.1 首乌个 呈团块状或不规则纺锤形，长6~15cm，直径4~12cm。表面红棕色或棕褐色，皱缩不平，有浅沟，并有横长皮孔及细根痕。体重，质坚实，不易折断。断面浅黄棕色或浅红棕色，显粉性。皮部有4~11个类圆形异形维管束环列，形成云锦花纹，中央木部较大，有的呈木心。

3.2.1.2 首乌片 呈不规则片块，厚0.5~0.7cm。蒸熟品的表面呈黄棕色或淡红棕色，有胶质样光泽，质硬脆，折断面角质状。生晒品表面灰白色或灰黄色，断面灰白色，显粉性。

3.2.2 制何首乌 呈不规则皱缩状的块片，厚约1cm。表面黑褐色或棕褐色，凹凸不平。质坚硬，断面角质样，棕褐色或黑色。

3.2.3 夜交藤 呈长条圆柱状，稍扭曲，长短不一，直径2～3cm，有分枝，分枝处节部略膨大，间见除去侧枝的残痕。表面紫褐色至红褐色，具纵皱纹和突起的皮孔小点及残存的分枝及芽痕，有的可见菲薄的栓皮，呈鳞片状，较易剥落。质坚实，易折断，断面木质部导管孔明显，棕红色，具放射状纹理，中央有小髓。

第四章 种苗繁育

4.1 苗圃地。

4.1.1 搭建苗圃地 选择富含腐殖质的沙质壤土作苗床，深翻土壤达30cm以上，清理整地后耙平。

4.1.2 土壤处理：选择比较疏松、不带菌、富含腐殖质的森林表土，过筛，用50%百菌清500～800倍液或福尔马林进行全面消毒。

4.2 育苗。

4.2.1 种子繁殖。

4.2.1.1 直播 在3月上旬至4月上旬播种，条播行距30～35cm，每667 m^2 约需种子1～1.5kg，覆土3cm厚，经常保持湿润，苗高5cm时，趁阴雨天气进行间苗，苗齐后可以稀人畜尿水泼施，苗高15cm左右时，可趁阴雨天气移栽。

4.2.1.2 育苗移栽 此法费工，且比直播产量低。

4.2.2 扦插繁殖 在3～4月上旬选生长旺盛、健壮无病植株的茎藤，剪成长25cm左右的插条。每根插条应有节2～3个，扦插行株距30～35cm，穴深20cm左右，每穴放2～3条，不能倒插，插前最好用泥浆处理，扦插时下面一个节间入土深度不能超过4～6cm。上面的一个节间应高出地面但不能超过

4~6cm，如插条过长时，可以斜插，把下部枝叶插入土中，同时扦插时切勿插伤皮层，栽后一定要覆土压紧，施人畜粪水以保持畦面湿润，最后搭棚遮阴。

4.2.3　分株（笼头）繁殖　方法基本与扦插繁殖相同，只是在寒露至霜降采收药材时才云掉药用的块根。根据茎蔓芽眼的多少，将笼头分成若干株。在当年秋季栽到已整好的高畦或平畦内，也可贮藏到翌年春季栽种，其行、株距栽法与扦插繁殖相同。

4.2.4　压藤繁殖　6~7月生长旺盛季节，选择健壮老株的藤茎，埋入土中3~4cm深，稍加压紧。当生根发芽后，要及时除草、追肥、培土等管理。至翌年春季萌发前起苗，分成单株，移栽大田。行株距同扦插，每穴2~3株。

4.2.5　小块根繁殖　2月下旬至3月中旬，按株距15cm、行距25cm开穴，深6~10cm，每穴栽种带茎的小块根1个，覆土厚约5cm。

4.2.6　生物技术育苗　以何首乌茎叶为材料，以MS基本培养基和黑暗培养效果较好。至3周时，叶表面和茎段两端产生块状愈伤组织，愈伤组织转移到MS+（2,4-D）1+（6-BA）0.5上，有丛生芽产生，移入MS+IBA0.5+1%活性炭的生根培养基上，形成带根的完整植株，移栽到土壤里。

4.3　苗木管理　加强苗期管理，及时浇水保持苗床面湿润，幼苗成活后少浇水。雨季苗床过湿时，注意排水。勤除杂草，见草就拔。种子出苗后10~20天，进行间苗，疏去过密苗、病弱苗。缺苗的地方要补苗，以株距30cm为宜。苗木生根后，薄施人粪尿水，或用2%尿素淋施。

第五章 栽植与田间管理

5.1 种植地选择与整地 选排水良好,较疏松、肥沃的土壤或沙质壤土栽培为好。整地时施入基肥,深翻30～35 cm,耙细整平,作高畦。畦面积大小根据地势而定,一般用宽约130 cm的高畦。

5.2 栽植季节 春夏季节都可种植,春植,何首乌发根快,成活率高,但须根多,产量低,质量差。夏植,在5～7月进行,因这时地温高,阳光充足,种后新根易于膨大,结薯快,产量高。但植期不宜超过8月中旬。

5.3 种植密度 株行距以20 cm×20 cm为好,每667 m^{2}约种5 600株。

5.4 种植方法 起苗后,留基部20 cm左右的茎段,在地里种植,按株距挖穴,种植沟深10 cm,双行栽植以三角形排列较好,每穴栽2株苗,种后压实,淋定根水,每天1次,至成活生根、抽芽。

5.5 定植后管理。

5.5.1 淋水排灌 保持田间湿润,利于植株成活,成活后少浇水。雨季要做好排水工作,防止浸渍烂根。

5.5.2 补苗 缺株应及时补上。

5.5.3 中耕除草 何首乌栽种成活后,应及时锄草、浇水、松土,做到有草即除。雨季土壤易板结,宜勤松土,利于植株生长。

5.5.4 施肥 何首乌是高产作物,施肥是何首乌增产的关键措施之一,施肥方法以前期施有机肥,中期施钾肥,后期不施肥为原则。前期为了促进藤蔓生长,应适当增施氮肥,如尿素。中后期要促进块根生长,应在施肥的基础上,增施磷、钾肥，每667 m²施肥20～30 kg或饼肥40～80 kg，12月倒苗时，结合清除枯藤，施腐熟堆肥或土杂肥1次，并在根际培土。

5.5.5 搭架　何首乌在生长过程中，需要搭架让藤蔓攀援。为通风透光，最好搭成人字形支架，控制茎蔓按顺时针方向缠绕在架上。搭支架后，要少进入踩踏，防止伤根，影响块根生长。为了保护何首乌茎蔓越冬，防止冬季冻坏，可在霜降以后，将支架落下。

5.5.6 修剪打顶　每株只留1藤，多余的分蘖苗要剪掉，以后的基部分枝藤条也要及时剪除，到1 m以上才保留分枝，如果因为肥水过多，地上部分生长旺盛，可适当打顶。

5.5.7 培土短截　每年秋冬季节，应结合中耕除草，追施肥料，注意植株培土。栽后，当植株茎蔓长到70～80 cm时，要及时将顶芽摘去，促发侧枝。每蔸保留3～4个健壮的分枝。

第六章　主要病、虫害防治

6.1 防治原则　坚持贯彻保护环境、维护生态平衡的环保方针及预防为主、综合防治的原则，采用农业防治、生物防治和化学防治相结合的方法，对何首乌主要病虫害进行防治。尽量少施或不施农药，必要时，应采用最小有效剂量（使用越低容量喷雾器）的广谱、高效、低毒、少残留的化学农药和生物制剂。

6.2 农业防治。

6.2.1 土壤消毒　结合整地作畦，每667 m²撒石灰100 kg进行土壤消毒。

6.2.2 清洁田园　清除杂草落叶、感染病虫植株，集中处理，以减少病虫源。

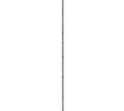

6.2.3 培育壮株 通过追施肥料，做好田间管理各项措施，促进植株生长健壮，增强抗病虫害的能力。

6.3 锈病的防治。

6.3.1 病原 为锈病真菌。

6.3.2 症状 本病于2月下旬开始发生，夏孢子借风雨和种苗传播，可多次反复侵染。当夏孢子堆占叶面积的1/3时，叶子转黄，遇暴风雨或高温高湿，叶片易脱落。

6.3.3 发生规律 发病初期在叶背首先出现如针头大小突起的黄点，即夏孢子堆，夏孢子散生或聚生。病斑扩大后呈圆形或不规则形，略隆起，边缘不整齐，夏孢子堆一般散生或群生于叶背，黄褐色。夏孢子堆可在藤上、叶缘周围发生，但以叶背为主。

6.3.4 防治方法。

6.3.4.1 农业防治措施 清洁田园，清除遗落地上的病残枝叶，一旦发现有病叶，要及时摘去，减少病原。

6.3.4.2 化学防治 在发病初期可喷75%敌锈钠300～400倍液，或喷0.2～0.3 g/cm³的石硫合剂，每隔7～10天喷药1次，连续2～3次，可控制病情的发展。使用75%百菌清100倍液，75%甲基托布津100倍或200倍液，隔7～10天喷药1次，连续2次，可有效抑制或减少夏孢子的产生，有效率在60%以上。

6.4 叶斑病。

6.4.1 病原 为掌状拟盘多毛孢*Pestalotiopsis palmarum* (Cke.) Stey。

6.4.2 症状 在高温多雨的夏季容易发生叶斑病，叶上很多圆形黄锈色斑块。

6.4.3 发生规律 如田间通风透光良好，茎蔓枝叶不过分浓密，发病较少或者不发病；相反，则容易发病，有时还比较严重，影响光合作用，对植株生长不利。

6.4.4 防治方法。

6.4.4.1 农业防治措施 合理修剪，控制茎蔓枝叶生长过旺，对生长过于茂盛的可进行疏剪，过长的茎蔓要进行短截。同时栽植的株行距不宜过小，应有一定的空间。一定要搭设架棚，让茎蔓攀缘，改善生长条件，减少发病。

6.4.4.2 药剂防治 发病初期可喷1∶1∶120波尔多液或3%井冈霉素，每周喷1次，续喷2~3次。

6.5 根腐病。

6.5.1 病因 由真菌中的镰刀菌或细菌引起。

6.5.2 症状 染病植株根基部腐烂，地上藤蔓生长不良，严重时枯萎死亡。

6.5.3 发生规律 此病多在高温高湿的夏季发生。

6.5.4 防治方法。

6.5.4.1 农业防治措施 抓好田间管理，种植时一定要起30 cm高的畦；雨后保持土壤干爽，不能积水；及时剪除根部萌发的徒长枝，改善通风透光条件；不连作。

6.5.4.2 药剂防治 发病期间，可用50%多菌灵800~1 000倍液喷洒或淋根基部，每7~10天1次，连续2~3次。

6.6 蚜虫。

6.6.1 学名 *Sitobion avenae*（Fabricius）。

6.6.2 症状 成、若虫刺吸茎叶、花蕾，不仅影响生长发育，还分泌蜜露引起煤污病，影响光合作用，减产20%~30%。

6.6.3 发生规律 蚜虫在长江以南以无翅胎生成蚜和若蚜于狗尾草等杂草上越冬，无明显休眠现象。于3~4月气温10 ℃以上时开始活动和取食及繁殖，大量繁殖无翅胎生蚜，到5

月上旬虫口达到高峰,进入梅雨季节后,虫量开始减少,此后出现高温干旱,则进入越夏阶段。9~10月天气转凉,虫口下降,大多产生有翅胎生蚜,迁到杂草上取食或蛰伏越冬。

6.6.4 防治方法。

6.6.4.1 农业综合防治 注意清除田间、地边杂草,尤其春夏两季除草,对减轻蚜虫为害具重要作用。加强田间管理,使何首乌能够及时生长、成熟,可减轻蚜害。

6.6.4.2 药剂防治 当前治蚜仍以化学防治为主要手段。根据蚜虫多发生于心叶及叶背皱缩处的特点,喷药一定要细致、周到,在用药品种上,选择具有触杀、内吸、熏蒸3种作用的药剂。在田间点片发生阶段要加强防治。可选择的药剂有:50%抗蚜威可湿性粉剂1 500~2 000倍,此药剂对蚜虫有特效且对蚜茧蜂和食蚜蝇最安全;2.5%天王星乳油3 000倍液;21%灭杀毙800~1 000倍液、50%辛硫磷乳油800~1 000倍液、康福多可溶剂7 000~8 000倍液喷雾效果理想,药后20天防效仍可达85%以上;70%艾美乐水分散剂20 000~25 000倍液、12.5%必林可溶剂2 500~3 000倍液,以上药剂用药间隔期可掌握在20~25天。10%高效灭百可2 000倍液、20%莫比朗乳油4 000~5 000倍液、0.36%百草1号1 000~1 200倍液,用药间隔期10天左右。

6.7 金龟子。

6.7.1 学名 *Anomala corpulenta* Motsehulsiy。

6.7.2 症状 成虫危害叶片,咬食叶片呈残缺状,严重时吃光整片叶。

6.7.3 发生规律 1年发生1代,以幼虫在土中越冬,次年3月上到表土层,5月老熟幼虫化蛹,5月下旬开始出现成虫。

为害盛期在6月上旬至7月中旬，同时也为产卵盛期。卵散产于表土层中，幼虫孵化后移至深土层越冬。成虫具假死性，有趋光性。

6.7.4 防治方法 用90%固体敌百虫1 000倍液喷杀。人工捕杀。

6.8 地老虎。

6.8.1 学名 *Agrotis segetum* Schiffermtiller。

6.8.2 症状 以幼（若）虫危害根部，造成地上部分生长不良或枯萎死亡。

6.8.3 发生规律 成虫昼伏夜出，对黑光灯有趋性，卵常产在土面枯草及其根际处，寄生于植物幼苗叶背。幼虫孵化后经数小时才开始活动，低龄幼虫常在心叶取食，把嫩叶和卷着的心叶咬穿。3龄后在地面附近把幼苗咬断，拖至洞口或洞内，昼伏夜出。幼虫老熟后在土中化蛹。

6.8.4 防治方法。

6.8.4.1 农业防治措施 及时处理田间、田边枯草、杂草，集中处理以消灭部分卵；设黑光灯诱杀成虫。

6.8.4.2 药剂防治 可用20%速灭杀丁乳油、2.5%溴氰菊酯乳油、2.5%天王星乳油、2.5%功夫乳油和20%来扑利乳油3 000~4 000倍液，或50%辛硫磷乳油、90%敌百虫结晶和80%敌敌畏乳油1 000~1 500倍液，或25%来幼脲3号1 500~2 000倍液，或15%白威特乳油3 000~4 000倍液喷杀。

第七章 采收与加工

7.1 采收季节 一般秋季落叶后采收最好。

7.2 采收方法 先将藤叶割去，然后破土开挖至发现何首乌块根时，顺畦向逐蔸、逐行挖出块根，注意不能伤断块根，

洗净泥土,去掉须根,晾干。
7.3 产地加工。
7.3.1 何首乌的初加工方法 秋冬二季叶枯萎时采挖,削去两端,洗净,个大的切成块,干燥。
7.3.2 首乌藤的初加工方法 野生的全年均可采收,家种的一般在采挖地下块根时,采割地上茎,除去叶片及细小的嫩藤,扎成小把,长45~60 cm,晒干。捆扎成把,外加席片封固,存放于干燥处。

第八章 留 种 技 术

8.1 种子留种技术 于冬季将成熟的果序轻轻剪下、晒干,搓出种子,贮存在纸箱中,于翌年春天进行播种。
8.2 块根留种技术 12月将藤全部割去,仅留基部2~3 cm长的茎,再将块根全部挖出,存于阴凉通风处,准备第2年重新种植。

8.3 藤茎留种技术 选择生长健壮的植株,在生长期打顶,促进分枝产生,花期将花蕾全部摘除,减少植株营养消耗,促进枝条增粗,以供扦插之用。

第九章 质 量 标 准

根据《中华人民共和国药典》、企业标准和购销合同,按每批件数的1%随机抽检样品。
9.1 药材质量标准:
9.1.1 制何首乌水分不得超过12%。
9.1.2 制何首乌总灰分不得超过9%。
9.1.3 制何首乌酸不溶性灰分不得超过2%。
9.1.4 制何首乌热浸法乙醇浸出物不得少于5%。

9.1.5 有效成分含量测定：高效液相色谱法测定何首乌中2,3,5,4′-四羟基二苯乙烯-2-O-β-D-葡萄糖苷（$C_{20}H_{22}O_9$）不得少于1.0%；制首乌中2,3,5,4′-四羟基二苯乙烯-2-O-β-D-葡萄糖苷（$C_{20}H_{22}O_9$）不得少于0.7%。

9.2 重金属限量指标：

9.2.1 铅（Pb）≤5.0 mg/kg。

9.2.2 镉（Cd）≤0.3 mg/kg。

9.2.3 砷（As）≤2.0 mg/kg。

9.2.4 汞（Hg）≤0.2 mg/kg。

9.3 农药残留限量指标：

9.3.1 六六六（BHC）≤0.1 mg/kg。

9.3.2 滴滴涕（DDT）≤0.1 mg/kg。

9.3.3 五氯硝基苯（PCNB）≤0.1 mg/kg。

9.3.4 艾氏剂（Aldrin）≤0.2 mg/kg。

9.4 黄曲霉毒素限量指标：黄曲霉毒素B_1（Aflatoxin）≤5.0 μg/kg（暂定）。

第十章 包装、贮藏及运输

10.1 包装。

10.1.1 选用不易破损的包装，以保证药材在运输、贮藏、使用过程中的质量。

10.1.2 发送中药材必须有包装，标签应标明药材品名、产地、采收日期及注意事项等。

药材名称：

产　　地：

采收日期：

采收单位：

调出日期：

调出单位：

调出数量：　　　　　　包

包装重量：　　　　kg/包

注意事项：

　　附：药材质量检验单

10.2　贮藏。

10.2.1　选择通风、干燥、无污染的环境，做专用仓库，并采用控温（30℃以下）、控湿（相对湿度70%～75%）技术，彻底灭菌，防止霉变。

10.2.2　贮藏要注意消灭虫源，防止发生虫蛀。

10.3　运输。

10.3.1　运输工具应有通风设备。

10.3.2　运输过程应防止日晒、雨淋、潮湿、损坏、污染。

第十一章　人员和设备

11.1　人员。

11.1.1　从事中药材生产的人员均应具有基本中药学、农学常识，并经过生产技术、安全及卫生学知识培训。

11.1.2　从事田间工作的人员应熟悉栽培技术，特别是农药的施用及防护技术。

11.1.3　从事加工、包装、检验人员应定期进行健康检查，患有传染病、皮肤病、外伤性疾病等不得从事直接接触药材的工作。

11.1.4　对从事药材生产的有关人员应定期培训与考核。

11.2　设备。

11.2.1 药材生产单位备齐药材生产必须的设备。

11.2.2 生产企业生产和检验用的仪器、仪表、量具、衡器等适用范围和精密度应符合生产和检验的要求,有明显的状态标志,并定期校检。

第十二章 文 件 管 理

12.1 文件。

12.1.1 生产企业应有生产管理、质量管理等标准操作规程。

12.1.2 药材生产全过程的详细记录。

12.2 管理 将上述文件资料全部归入档案收载。

12.2.1 由具有一定文化而且责任心强的人员作为记录员专门记录。

12.2.2 档案保管员要掌握档案分类和保管的基本知识。

12.2.3 记录员、档案保管员要求由相对固定的专人负责。

十五、岗　　梅

（一）概　　述

1. 来源

岗梅是冬青科植物梅叶冬青 *Ilex asprella*（Hook. et Arn.）Champ. ex Benth. 的干燥根和茎。味先苦后甘，性凉。具有清热解毒，生津，利咽，散瘀止痛等功效，用于感冒发热口渴，咽喉肿痛，头痛眩晕，热病燥渴，外伤瘀血肿痛等。

2. 开发利用

岗梅根是我国南方民间草药，也是著名中成药王老吉（广东凉茶）等的主要组成药物。岗梅根始载于清代何克谏的《生草药性备要》一书。又名岗梅（《广东中草药》）、梅叶冬青（《广州植物志》）、七星蔃、山梅根（《南方主要有毒植物》）、秤星树（《广东植物名实图考》）、白点秤、百解茶、秤星树（长沙）、秤星子柴（衡山）、百解（新邵）、麻子树（新宁）、新子柴（永兴）、秤百根（溆浦）（《湖南药物志》）、土甘草、秤杆根、金包银（《南宁市药用植物志》）、槽楼星（《生草药性备要》）、点秤星（《岭南草药志》）、天星根（《广西中草药》）、点秤根（《广州部队常用中草药》)、山甘草、土甘草、山梅、柴秤星（潮汕）、了哥饭（饶平、潮安、揭阳）、乌鸦饭（饶平）、乌皮柴、西解柴（湖南）、红军草、千斤称（泉州）、土白芍、假青梅、天星木等。

《岭南草药志》载："嗅无，味先苦后甘，性凉。能清热解毒，散瘀活络，生津止渴，为凉茶重要原料。"

《福建药物志》载："主治感冒，肺痈，急性扁桃体炎，咽喉炎，淋浊，风火牙痛，瘰疬，痈疽疮肿，过敏性皮炎，疔疮，痔疮出血，蛇伤，跌打损伤。"

《浙江药用植物志》载："苦、甘，凉。清热解毒，消肿散瘀。主治流行性感冒，扁桃体炎，咽喉炎，气管炎，百日咳，肠炎，痢疾，传染性肝炎；外治跌打损伤，疮疖痈肿。"

《中华人民共和国药典（一部）》（1977年版）记载："岗梅能清热解毒，生津，利咽，散瘀止痛。用于感冒发热口渴，咽喉肿痛，外伤瘀血肿痛。"

由上可见，岗梅主要用于治疗感冒，头痛眩晕，热病燥渴，跌打损伤等。

3. 原产地、分布

岗梅主要分布于福建、江西、湖南、广东、广西、台湾、浙江等地。另据《中药辞海》记载，菲律宾也有生长。

（二）生物学特性

1. 形态特征（见彩图15-1至彩图15-6）

（1）茎

岗梅为落叶灌木，高1～4 m。枝条秃净，嫩时被短毛，紫色。

（2）叶

叶互生，卵形、倒卵形或椭圆形，长2.5～8 cm，宽1.5～3 cm，纸质，先端急尖至渐尖，边缘具小锯齿，基部广楔形至浑圆形，上面秃净或略被短毛，下面无毛，主脉隆起；叶柄长6～10 mm。

（3）花

花白色，雌雄异株，雄花2～3朵簇生或单生于叶腋或鳞片腋内，花柄长5～10 mm，4～5数，萼卵形，边缘有睫毛，雄蕊长约3.5 mm，花丝短；雌花单生于叶腋，4～6数，有长达2.5 cm的纤细的花梗，雌蕊1，花柱短，柱头浅裂。花期4～5月。

（4）果

果球形，直径约6 mm，成熟时黑色。分核4～6颗。果期7～8月。

2. 生长发育规律

岗梅生长周期较长，需5年以上才能入药。

3. 对生态环境条件的要求

岗梅喜温暖湿润的气候。对土壤要求不严，除盐碱地和渍水地外，在肥沃或瘦瘠的地方均可生产，但需要荫蔽，适宜在疏松、排水良好的矿质壤土上栽培。

（三）物种或品种类型

1. 正品

岗梅是冬青科植物梅叶冬青 *Ilex asprella*（Hock. et Arn.）Champ. ex Benth. 的干燥根和茎。

2. 混淆品

岗梅的混淆品种主要是鼠里叶冬青和毛冬青。三者均为冬青科植物，植物形态极其相似。鼠里叶冬青在广西亦称为岗梅、秤星树。

（四）种　植　地

1. 种植地选择

岗梅种植地选择其自然分布区内的平远县（见彩图15-1）。平远为典型的山区县，位于广东东北部，地处北纬24°24′~24°56′，东经115°44′~116°07′，为丘陵低山区，属中亚热带气候区，气候温暖，日照充足，雨量充沛，夏长冬短。年平均日照1 872.5 h，年平均气温20.7 ℃，1月份平均气温11 ℃，是最冷的月份，7月份28.5 ℃，为最热的月份，年平均降水量1647.4 mm，降水量集中在4～9月，占全年降水量的74%～78%。该地土层肥厚、疏松肥沃、富含腐殖质，且排水良好，适合岗梅的生长，不宜选择长期积水的地块。按照《中药材生产质量管理规范（试行）》（GAP）的要求，岗梅规范化种植基地远离居民点，远离交通要道，大气、水质、土壤无污染，周围无污染源。同时对岗梅种植地的大气、水质、土壤等生态环境质量指标进行检测。大气环境的质量符合《中华人民共和国环境空气质量标准》（GB3095—1996）中的二级标准（参见P424表10-1）。灌溉水质符合《中华人民共和国农田灌溉水质标准》（GB5084—1992）中的二类标准（参见P424表10-2）。土壤环境质量符合《中华人民共和国土壤环境质量标准》（GB15618-1995）中二级标准（参见P426表10-3）。

2．生态环境质量检测

我们从梅州市平远县黄花坡岗梅GAP基地，分别抽取水质和土壤样本进行检测，经比较分析，该基地的水质、土壤均符合国家相关标准。水质、土壤分析的项目及检验结果见表15-1和表15-2。

表15-1 岗梅GAP基地水质分析检验结果

指　标	含量
生化需氧量（mg/L）	1.6
化学需氧量（mg/L）	5.6
悬浮物（mg/L）	7.8

续表

指　标	含量
阴离子表面活性剂（LAS，mg/L）	0.033
凯氏氮（mg/L）	0.40
总磷（以P计算，mg/L）	0.05
水温（℃）	21
pH	6.69
全盐量（mg/L）	0.038
氯化物（mg/L）	0.73
硫化物（mg/L）	0.035
总汞（mg/L）	0.000 4
总镉（mg/L）	0.000 8
总砷（mg/L）	0.000 283
铬（六价，mg/L）	0.02
总铅（mg/L）	0.001 9
总铜（mg/L）	0.002 6
总锌（mg/L）	0.001 7
总硒（mg/L）	0.000 273
氟化物（mg/L）	0.16
氰化物（mg/L）	<0.05
石油类（mg/L）	4.14
挥发酚（mg/L）	0.002
苯（mg/L）	未检出
三氯乙醛（mg/L）	未检出
丙烯醛（mg/L）	未检出
硼（mg/L）	0.001
粪大肠菌群	未检出
蛔虫卵数	未检出

表15-2　岗梅GAP基地土壤分析检验结果

指　　标	含　　量	指　　标	含　　量
镉（mg/kg）	≤0.027 1	pH	4.79
汞（mg/kg）	≤0.043 5	水分（%）	19.3
砷（mg/kg）	≤0.140	有机质（%）	0.54
铜（mg/kg）	≤56.3	全氮（%）	0.045
铅（mg/kg）	≤62.1	全磷（%）	0.039
铬（mg/kg）	≤77.1	全钾（%）	2.2
锌（mg/kg）	≤63.0	碱解氮（mg/kg）	29
镍（mg/kg）	≤24.1	有效磷（mg/kg）	25
六六六（μg/kg）	≤0.246	速效钾（mg/kg）	61
滴滴涕（μg/kg）	≤0.155		

（五）种植技术

1. 育苗技术

（1）育苗地选择与整地

播种苗床地应选择土壤疏松、富含腐殖质的肥沃地块，每667 m^{2}施入腐熟有机肥1 500~2 000 kg，与土混匀，把地整成宽100 cm、高25 cm的畦，畦面应整细、整平。扦插苗床地应搭建好遮阴棚，取纯净黄泥土与净河沙按各50%比例混匀，再把混好的土整成宽100 cm、高25 cm的畦，畦面应整细、整平。

（2）育苗时间

种子育苗在每年7~8月果实成熟时随采随播育苗。扦插育苗在每年的春秋两季扦插育苗。

（3）育苗方法

岗梅可以用种子繁殖和扦插繁殖方法育苗。

1）种子育苗

采集成熟果实，去除果皮。将种子均匀撒播于苗床，种子用量为60~80 g/m^2，盖1 cm厚的细土（见彩图15-7）。

2）扦插育苗（见彩图15-8至15-10）

①扦插基质的准备：扦插基质为透水透气性能良好的疏松沙质壤土或纯净黄心土与净沙土各50%混匀，经强烈阳光下暴晒数天或进行土壤消毒，做苗床，宽100 cm、高25 cm。

②插穗的截取：选取当年生的健壮枝条，剪取直径为5 mm左右的茎段，每条茎段含3~4个节，长度为8~10 cm。在清水中进行剪切，清水是经室温放置的自来水。剪刀要锋利，1次剪切成型，刀口光滑。茎段的形态学下端刀口为45°，生理上端刀口与茎段垂直。上、下两端的刀口均处于节间，下端刀口距节约0.5 cm。只留上端第一节的叶片，其他叶片去除。将1~2节剪好的插穗浸泡在清水中待用，注意不要折损刀口斜面，亦不可让刀口干燥。

③插穗处理：将插穗下端的1~2节浸泡在100IBA或NAA溶液中，浸泡时间为1 h，在室温下进行。或将其放进稀释好的生根粉溶液中，浸泡30~60 min。

④扦插：将处理好的插穗2/3插入扦插基质中，轻压基质以便和插穗切口充分接触。切勿用插穗直接插入基质中，以免损伤切面。插穗的密度为3 cm×5 cm为宜。扦插完后，覆盖白色塑料薄膜，以保证湿度。

（4）苗木管理

1）种子育苗

用70%的遮阳网，并保持棚内温度在25 ℃左右。经常淋水保持土壤湿润。当种子出土高至2～3 cm时应及时间苗，去弱留强，空隙过大的，补上同龄的健康苗，保持20 cm×20 cm的株行距。每月追施腐熟的人、畜粪水2～3次直至种苗出场。

2）扦插育苗

扦插后置于25 ℃左右、空气相对湿度95%以上、避光70%的阴棚下，及时浇水，保持基质湿润且通气。及时除草，当扦插苗根长到3 cm以上时，追施腐熟的人、畜粪水2～3次，及时除草。

2. 种植技术

（1）种植地选择与整地

岗梅对土壤要求不严，除盐碱地和渍水地外，在肥沃或瘦瘠的地方均可生产，但需要荫蔽，适宜在疏松、排水良好的沙质壤土上栽培。在选好栽种岗梅的地块后按1.5 m×2 m的株行距挖穴，穴的规格为长宽各60 cm，深50 cm，每穴施入无害化处理的腐熟有机肥5～10 kg，并与穴土混匀。

（2）种植时间

种植时间以春秋两季为宜。

（3）种植方法

当种苗长至15～20 cm时即可移栽。起苗头天傍晚苗床应淋透水，起苗时应尽量保持根系完好。然后把起好的种苗栽种于已挖好的穴内，每穴1～2株，种植深度以盖住原有根系为宜，植后并把土压实，同时淋透定根水。

（4）种植密度

在选好栽种岗梅的地块后按1.5 m×2 m的株行距挖穴，穴的规格为长宽各60 cm，深50 cm。

（5）田间管理

定植后应适时除草、淋水。如遇到干旱应适量淋水以利岗梅快速生长。定植后第2年在每株植株外沿滴水线施入腐熟无害化处理的有机肥5~10 kg。以后每隔2年追施1次腐熟无害化处理的有机肥（见彩图15-11）。

（六）主要病、虫、草害的防治

1. 病害

岗梅病害较少发生。

2. 虫害

主要以蚜虫危害嫩梢为主，亦见中华绿刺蛾、桑褐刺蛾、樗蚕、栀子灰蝶危害。

3. 关于农药的研究试验

对平远基地的岗梅进行了病虫害调查，在采用农业综合防治措施的基础上，开展了不同种类的农药防治病虫害试验（见彩图15-12）。

4. 草害

岗梅草害较少发生。

（七）采收加工

1. 采收

全年均可采收。

2. 初加工

挖取根，洗净，劈成小块片，晒干，置阴凉干燥处贮藏，注意防潮、防虫、防霉变。

（八）留种技术

1. 种子的采集与处理

种子繁殖应采集成熟果实，去除果皮，待播。扦插繁殖留种母株应选用无病虫害的健壮植株作种株。

（九）质量标准及检测

1. 性状

岗梅根圆柱形，直径1.5~3 cm，稍弯曲，有分枝。商品多为大小不等、斜砍的块片或短段。表面灰黄至灰褐色，有纵皱纹及支根痕；有的具类圆形或裂隙状皮孔样突起。皮部较薄，内表面浅黄色或浅棕色，木部宽阔，类白色或淡黄色，可见致密的放射状纹理及年轮。质坚硬，气微,味苦而后甘。茎表面呈灰褐色或黑褐色,见纵皱纹,有众多大而明显的裂隙状皮孔。皮部薄,木部宽阔,类白色,中央具髓。

2. 鉴别

取岗梅药材5 g,加甲醇50 mL,超声处理30 min,放冷,滤过,滤液蒸干,残渣加水30 mL溶解,用水饱和的正丁醇萃取2次,每次30 mL,合并正丁醇液,用氨水30 mL分2次洗涤,取正丁醇液,用正丁醇饱和的水洗涤2次,每次30 mL,取正丁醇液,减压回收正丁醇,残渣加1 mL甲醇溶液,作为供试品溶液。再取岗梅药材5 g,同法制成对照药材溶液。按照《中华人民共和国药典(一部)》(2005年版)附录Ⅵ B薄层色谱法试验,吸取供试品溶液和对照药材溶液点于同一硅胶G薄层板上,以环己烷-乙酸乙酯(5∶1.5)、三氯甲烷-乙酸乙酯-甲醇-水(15∶40∶22∶10,10 ℃以下放置,下层溶液)展开,取出,晾干,喷以10%硫酸乙醇溶液,在105 ℃加热至斑点显色清晰,置紫外光灯(365 nm)下检视。供试品色谱中,在与对照药材色谱相应的位置上,显相同颜色的斑点(见彩图15-13、彩图15-14)。

3. 检查

①杂质:按照《中华人民共和国药典(一部)》(2005年版)附录Ⅸ A杂质检查法检查。

②水分:按照《中华人民共和国药典(一部)》(2005年版)附录Ⅸ H水分测定法第一法(烘干法)测定。

③总灰分:按照《中华人民共和国药典(一部)》(2005年版)附录Ⅸ K灰分测定法测定总灰分。

④酸不溶性灰分：按照《中华人民共和国药典（一部）》（2005年版）附录ⅨK灰份测定法测定酸不溶性灰分。

⑤重金属残留量：按照《中华人民共和国药典（一部）》（2005年版）附录ⅨB铅、镉、砷、汞、铜测定法和附录ⅨE重金属检查法测定。结果见表15-3。

表15-3 重金属测定结果 （mg/kg）

样品	铅	镉	砷	铜	汞	重金属总量
对照区岗梅根	22	0.51	<0.5	<5	<0.1	<20
对照区岗梅茎	22	0.60	<0.5	<5	<0.1	<20
挪威复合肥区岗梅根	19	0.60	<0.5	<5	<0.1	<20
挪威复合肥区岗梅茎	14	0.80	<0.5	<5	<0.1	<20

⑥有机磷农药残留量：按照《中华人民共和国药典（一部）》（2005年版）附录ⅨQ农药残留量测定法测定有机磷农药残留量。结果见表15-4。

表15-4 有机磷农药残留量的测定结果 （mg/kg）

样品	乐果	辛硫磷
对照区岗梅根	未检出	未检出
对照区岗梅茎	未检出	未检出
农药一区岗梅根	未检出	未检出
农药一区岗梅茎	未检出	未检出
农药二区岗梅枝	未检出	未检出
农药二区岗根茎	未检出	未检出

4. 浸出物

按照《中华人民共和国药典（一部）》（2005年版）附录ⅩA浸出物测定法测定水溶性浸出物（冷浸）和醇溶性浸出物（冷浸）。结果见表15-5和表15-6。

表15-5 水溶性浸出物（冷浸）测定结果 （$n=2$）

样品名称	样品重（g）	平均含量（$\bar{x} \pm s$）
岗梅根（梅州）	4.003 6	5.56 ± 0.17
岗梅根（从化）	4.000 9	7.49 ± 0.01
岗梅根（开平）	4.003 7	8.71 ± 0.14
岗梅根（化州）	4.001 2	6.02 ± 0.01
岗梅根（广西柳州饮片3）	3.986 8	5.82 ± 0.08
岗梅根（广西柳州植株1）	4.001 1	6.05 ± 0.09
岗梅根（广西柳州植株2）	4.004 5	5.02 ± 0.23
岗梅根（阳春）	3.996 4	11.89 ± 0.05
岗梅茎（阳春）	4.002 9	23.89 ± 0.07
岗梅茎（从化）	4.001 9	5.68 ± 0.07
岗梅茎（广西柳州植株1）	4.003 6	3.79 ± 0.11
岗梅茎（广西柳州植株2）	4.003 7	3.32 ± 0.03
岗梅茎（广西）	4.001 9	2.93 ± 0.02
岗梅茎（开平）	4.003 9	5.80 ± 0.06
商品岗梅（广东省中医院）	3.997 2	5.80 ± 0.29
商品岗梅（致信药业）	3.997 9	4.51 ± 0.08
商品岗梅（清平市场）	4.000 5	6.61 ± 0.19
商品岗梅（普宁）	3.999 2	7.87 ± 0.14
商品岗梅（阳江）	4.006 1	5.78 ± 0.04
岗梅叶（从化）	4.001 2	21.34 ± 0.64
岗梅叶（化州）	4.010 4	4.05 ± 0.15

表15-4 醇溶性浸出物（冷浸）测定结果　　　（$n=2$）

样品名称	样品重（g）	平均含量（$\bar{x} \pm s$）
岗梅根（梅州）	4.002 0	4.74 ± 0.09
岗梅根（从化）	3.999 7	4.53 ± 0.001
岗梅根（开平）	3.998 3	5.81 ± 0.10
岗梅根（化州）	4.004 9	4.45 ± 0.03
岗梅根（广西柳州饮片3）	3.998 2	4.44 ± 0.25
岗梅根（广西柳州植株1）	3.998 9	3.87 ± 0.06
岗梅根（广西柳州植株2）	3.985 4	3.06 ± 0.01
岗梅根（阳春）	4.004 1	4.09 ± 0.17
岗梅茎（阳春）	4.000 4	4.95 ± 0.01
岗梅茎（广西柳州植株2）	4.007 6	1.77 ± 0.06
岗梅茎（广西）	3.997 6	1.84 ± 0.04
岗梅茎（开平）	3.999 8	4.07 ± 0.01
商品岗梅（广东省中医院）	3.969 2	4.44 ± 0.14
商品岗梅（致信药业）	3.995 7	3.88 ± 0.31
商品岗梅（清平市场）	3.967 8	5.52 ± 0.27
商品岗梅（普宁）	3.989 5	4.41 ± 0.08
商品岗梅（阳江）	4.002 8	4.66 ± 0.09
岗梅叶（从化）	4.000 5	13.54 ± 0.003

5. 化学成分

据记载，岗梅根的化学成分含有三帖皂苷、内酯、少量生物碱、鞣质。据王宁生等报道岗梅根中可能含有生物碱、甾体、皂苷等。李敏华等得到赪酮甾醇（clerosterol）、丁香脂素（syringaresinol）、赪酮甾醇3-O-β-D-葡萄糖苷（clerosterol3-O-β-D-glucoside）、19-去氢乌索酸（19-dehydroursolic acid）、丁香脂素O-β-D-葡萄糖苷（syringaresinol 3-O-β-D-glucopyranoside）。王海龙等从岗梅叶中分离得到9个化合物，分别为：rotundioic acid、2α，3β，19α-三羟基乌索-12-烯-23,28-二羧酸、2α，3β，19α-三羟基齐墩果-12-烯-23,28-二羧酸、山柰酚（4）、山柰酚-3-O-β-D-葡萄糖苷、2（E）-2,6-二甲基-2,7-辛二烯-6-羟基-1-醇苷、2,3-二羟基苯甲酸、谷甾醇、胡萝卜苷。Yoshiki Kashiwada从岗梅叶中分离得到3个化合物，分别为：3,27-di-O-trans-p-coumaroyl，3-O-trans-p-coumaroyl-27-O-cis-pcoumaroyl，3-O-cis-p-coumaroyl-27-O-trans-p-coumaroyl。

（十）包装、贮藏及运输

1. 包装

劈成小块片，以麻袋包装。

2. 贮藏

置阴凉干燥处贮藏，注意防潮、防虫、防霉变。

3. 运输

在运输过程中，应特别注意防止药材包的破损，并置于阴凉干燥处，防止淋雨，防热，防霉变。

（陈丰连　黄锦茶　林伟强）

参 考 文 献

蔡时可，汤亚飞，黄云海．2006．岗梅的组织培养和快速繁殖方法［J］．植物生理学通讯，42（6）：1137．

陈超寰，杜汉阳．2004．本草药名汇考［M］．上海：上海古籍出版社．

陈蔚文，徐鸿华．2007．岭南道地药材研究［M］．广州：广东科技出版社．

福建省医药研究所．1979．福建药物志：第一册［M］．福州：福建人民出版社．

广东省中医药研究所华南植物研究所．1961．岭南草药志［M］．上海：上海科学技术出版社．

国家药典委员会．1977．中华人民共和国药典：一部［M］．北京：人民卫生出版社．

湖南中医药研究所．1970．湖南药物志：第一辑［M］．长沙：湖南人民出版社．

黄锦茶，陈丰连，曾元儿，等．2011．岗梅根中一个三萜类化合物的NMR信号表征．波谱学杂志，28（1）：142-152．

黄锦茶，陈丰连，徐鸿华，等，2011．岗梅根红外指纹图谱共有峰率和变异峰率双指标序列分析法．时珍国医国药，22（2）：369-371．

李敏华，俞世杰，杜上监．1997．岗梅根化学成分的研究［J］．中草药，28（8）：454-456．

南京中医药大学．2006．中药大辞典［M］．上海：上海科学技术出版社．

王海龙，吴立军，雷雨，等．2009．岗梅叶的化学成分［J］．沈阳药科大学学报，26（4）：279-280，298．

王宁生，冯美蓉，赵萍，等．1991．岗梅根化学成分定性鉴别及其方

法的探讨 [J]. 广州中医学院学报, 8（1）: 28-30.

吴永彬, 陈树清, 张洁文, 等. 2006. 岗梅扦插繁殖试验 [J]. 中药材, 29（5）: 429-450.

《浙江药用植物志》编写组. 1980. 浙江药用植物志 [M]. 杭州: 浙江科学技术出版社.

《浙南本草新编》编写组. 1795. 浙南本草新编 [M]. 温州: 浙江温州地区浙南印刷厂.

中国药科大学. 2006. 中药辞海: 第二卷 [M]. 北京: 中国医药科技出版社.

中国医学科学院药物研究所等. 1982. 中药志: 第二册 [M]. 北京: 人民卫生出版社.

Yoshiki Kashiwada, De-Cheng Zhang. 1993. Antitumor agents, 145. Cytotoxic asprellic acids A and Asprellic acid B, New p-coumaroyl triterpenes, from *Ilex asprella* [J]. Journal of Natural Products, 56 （12）: 2077-2082.

附

岗梅规范化生产标准操作规程（SOP）

前　　言

本规程由广州中医药大学承担的广东省科技计划项目"岗梅等10种岭南药材规范化种植（养殖）关键技术研究（编号2008A030101009）"课题组提出并归口于广东省科技厅。

本规程起草单位：广州中医药大学、广东南台药业有限公司。

本规程主要起草人：陈丰连（广州中医药大学）、何运生（广东南台药业有限公司）。

本规程委托广州中医药大学岗梅规范化种植研究课题组负责人解释。

第一章　总　　则

1.1　为保证中药材质量，促进中药标准化、现代化，依据岗梅药材生长特点和国家药品监督管理局《中药材生产质量管理规范（试行）》的要求，制定本标准操作规程（SOP）。

1.2　本规程内容包括　总则，种植地自然条件，育苗，栽培技术与田间管理，主要病虫害防治，采收与加工，质量标准及监测，包装、贮藏及运输，人员和设备，文件管理等，是岗梅药材生产和质量管理的具体操作方法。

1.3 种植者应运用标准操作规程管理和质量监控手段，保护生态环境，坚持"最大持续量"原则，实现资源的可持续利用。

1.4 本规程适用于岗梅的种植地。

1.5 引用标准 下列文件中条款被本标准引用则成为本标准的条款。

1.5.1 《中华人民共和国环境空气质量标准》（GB3095—1996）。

1.5.2 《中华人民共和国土壤环境质量标准》（GB15618—1995）。

1.5.3 《中华人民共和国农田灌溉水质标准》（GB5084—1992）。

1.5.4 《中华人民共和国药典（一部）》（2005年版）。

1.5.5 国家食品药品监督管理局《中药材生产质量管理规范（试行）》。

1.5.6 科技部生命科学技术发展中心《中药材规范化种植研究项目实施指导原则及验收标准》。

1.5.7 中华人民共和国商务部《药用植物及制剂进出口绿色行业标准》。

1.6 定义。

1.6.1 GAP 即英文Good Agriculture Practice 的缩写，指中药材生产质量管理规范。

1.6.2 SOP 即英文Standard Operation Practice 的缩写，指中药材规范化生产标准操作规程。

1.6.3 最大持续量 即不危害生态环境，可持续生产（采收）的最大产量。

1.6.4 生物肥料 是利用生物活体或生物代谢过程中产生的

具有生物活性的物质或从生物体提取的物质作为提高作物产量和品质的肥料。

1.6.5 生物源农药 是利用生物活体或生物代谢过程中产生的具有生物活性的物质或从生物体提取的物质作为防治作物病虫害的农药。

1.6.6 质量标准 是对药材的质量规定和检验方法所作的技术规定。

第二章 产地自然条件

2.1 自然条件 平远为典型的山区县，位于广东东北部，地处北纬24°24′~24°56′，东经115°44′~116°07′，为丘陵低山区，属中亚热带气候区，气候温暖，日照充足，雨量充沛，夏长冬短。年平均日照1 872.5 h，年平均气温20.7℃，1月份平均气温11℃，是最冷的月份，7月份28.5℃，为最热的月份，年平均降水量1 647.4 mm，降水量集中在4~9月，占全年降水量的74%~78%，该地土层肥厚、疏松肥沃、富含腐殖质，且排水良好，适合岗梅的生长。

2.2 环境质量。

2.2.1 环境空气质量达到《中华人民共和国环境空气质量标准》（GB3095—1996）二级以上标准。

2.2.2 土壤环境质量达到《中华人民共和国土壤环境质量标准》（GB15618—1995）二级以上标准。

2.2.3 农田灌溉水质量达到《中华人民共和国农田灌溉水质标准》（GB5084—1992）二级以上标准。

第三章 育　　苗

3.1　育苗地选择　育苗地宜选择土壤疏松、富含腐殖质的肥沃地块。

3.2　种子育苗。

3.2.1　采种　采集成熟果实，去除果皮。

3.2.2　播种　随采随播，将种子均匀撒播于苗床，种子用量为60～80 g/m²。盖1 cm厚的细土。

3.2.3　苗床管理　用70%的遮阳网，并保持棚内温度在25 ℃左右。经常淋水保持土壤湿润。当种子出土高至2～3 cm时应及时间苗，去弱留强，空隙过大的，补上同龄的健康苗，保持20 cm×20 cm的株行距。每月追施腐熟的人、畜粪水2～3次直至种苗出场。

3.3　扦插育苗。

3.3.1　搭建育苗棚。

3.3.2　扦插基质的准备　扦插基质为透气滤水性能良好的疏松沙质壤土或纯净黄心土与净沙土各50%混匀，经强烈阳光下暴晒数天或进行土壤消毒，做苗床，宽100 cm，高25 cm。

3.3.3　截取插条　选取当年生的健壮枝条，剪取直径为5 mm左右的茎段，每条茎段含3～4个节，长度为8～10 cm。在清水中进行剪切，清水是经室温放置的自来水。剪刀要锋利，1次剪切成型，切口光滑。茎段的形态学下端切口为45°，生理上端切口与茎段垂直。上、下两端的切口均处于节间，下端切口距节约0.5 cm。只留上端第一节的叶片，其他叶片去除。将1～2节剪好的插穗浸泡在清水中待用，注意不要折损切口斜面，亦不可让切口干燥。

3.3.4　扦插　将处理好的插穗2/3插入扦插基质中，轻压基质以便和插穗切口充分接触。切勿用插穗直接插入基质中,以免损伤切面。插穗的密度为3cm×5cm为宜。扦插完后,覆盖白色塑料薄膜,以保证湿度。

3.4 苗期管理。

3.4.1 温度、湿度、光照控制 扦插后置于25℃左右、空气相对湿度95%以上、避光70%的阴棚下。

3.4.2 淋水排水 及时浇水,保持基质湿润且通气。

3.4.3 间苗 及时间苗。

3.4.4 除草松土 及时除草。

3.4.5 追肥 当扦插苗根长到3cm以上时,追施腐熟的人、畜粪水2~3次,及时除草。

3.4.6 出圃移栽 当种苗长至15~20cm时即可移栽。

第四章 栽 培 技 术

4.1 种植地选择与整地 岗梅对土壤要求不严,除盐碱地和渍水地外,在肥沃或瘦瘠的地方均可生产,但需要荫蔽,适宜在疏松、排水良好的沙质壤土上栽培。在选好栽种岗梅的地块后按1.5m×2m的株行距挖穴,穴的规格为长宽各60cm,深50cm,每穴施入无害化处理的腐熟有机肥5~10kg,并与穴土混匀。

4.2 栽植季节 春、秋两季均可。

4.3 种植密度 株行距1.5m×2m。

4.4 栽植方法 当种苗长至15~20cm时即可移栽。起苗头天傍晚苗床应淋透水,起苗时应尽量保持根系完好。然后把起好的种苗栽种于已挖好的穴内,每穴1~2株,种植深度以盖住原有根系为宜,植后并把土压实,同时淋透定根水。

第五章 田间管理

5.1 灌溉排水 如遇到干旱应适量淋水以利岗梅快速生长。

5.2 补苗 缺株应及时补上同龄苗。

5.3 除草 定植后应适时除草。

5.4 追肥 定植后第2年在每株植株外沿滴水线施入腐熟无害化处理的有机肥5~10 kg。以后每隔2年追施1次腐熟无害化处理的有机肥。

第六章 主要病、虫害防治

6.1 防治原则 坚持贯彻保护环境、维护生态平衡的环保方针及预防为主、综合防治的原则，采取农业防治、生物防治和化学防治相结合的方法，对岗梅主要病虫害进行防治。尽量少施或不施化学农药，必要时，应采用最小有效剂量（使用超低容量喷雾器）的广谱、高效、低毒、少残留的化学农药和生物制剂。

6.2 农业综合防治。

6.2.1 土壤消毒。

6.2.2 清洁田园 清除杂草落叶、感染病虫植株，集中处理，以减少病虫源。

第七章 采收与加工

7.1 采收季节 全年均可采收。

7.2 加工 挖取根，洗净，劈成小块片，晒干。置阴凉干燥处贮藏，注意防潮、防虫、防霉变。

第八章 留种技术

8.1 种子繁殖的留种技术。

8.1.1 选取无病虫害的健壮植株作母株。

8.1.2 加强管理，保证多结果实。

8.1.3 采集成熟果实，去除果皮，待播。

8.2 扦插繁殖的留种技术 留种母株应选用无病虫害的健壮植株作种株。

第九章 质量标准及监测

根据《中华人民共和国药典（一部）》（2005年版）、企业标准和购销合同，按每批件数的1％随机抽检样品。

9.1 药材质量标准。

9.1.1 水分不得超过10.0％。

9.1.2 重金属限量指标：重金属总量＜20.0 mg/kg、铅（Pb）≤5.0 mg/kg、镉（Cd）＜0.3 mg/kg、铜（Cu）≤20.0 mg/kg、砷（As）＜2.0 mg/kg、汞（Hg）＜0.2 mg/kg。

9.1.3 农药残留限量指标：六六六（BHC）≤0.1 mg/kg、滴滴涕（DDT）≤0.1 mg/kg、艾氏剂（Aldrin）＜0.02 mg/kg、五氯硝基苯（PCNB）≤0.1 mg/kg。

9.1.4 醇溶性浸出物不得少于2.7％。

9.1.5 水溶性浸出物不得少于5.0％。

第十章 包装、贮藏及运输

10.1 包装。

10.1.1 选用不易破损的包装，以保证药材在运输、贮藏、使用过程中的质量。

10.1.2 发送中药材必须有包装，标签应标明药材品名、产地、采收日期及注意事项等。

  药材名称：

  产 地：

  采收日期：

  采收单位：

  调出日期：

  调出单位：

  调出数量：   包

  包装重量：   kg/包

  注意事项：

  附：药材质量检验单

10.2 贮藏 置阴凉干燥处贮藏，注意防潮、防虫、防霉变。

10.3 运输 在运输过程中，应特别注意防止药材包装的破损，并置于阴凉干燥处，防止淋雨，防热，防霉变。

第十一章 人员和设备

11.1 人员。

11.1.1 从事中药材生产的人员均具有基本的中药学、农学常识，并经过生产技术、安全及卫生学知识培训。

11.1.2 从事田间工作的人员应熟悉栽培技术，特别是农药的施用及防护技术。

11.1.3 从事加工、包装、检验人员应定期进行健康检查，患有传染病、皮肤病、外伤性疾病等不得从事直接接触药材的工作。

11.1.4 对从事药材生产的有关人员应定期培训与考核。

11.2 设备。

11.2.1 药材生产单位应备齐药材生产必须的设备。

11.2.2 生产企业生产和检验用的仪器、仪表、量具、衡器等适用范围和精密度应符合生产和检验的要求，有明显的状态标志，并定期校验。

第十二章 文 件 管 理

12.1 文件。

12.1.1 生产企业应有生产管理、质量管理标准操作规程。

12.1.2 药材生产全过程的详细记录。

12.2 管理：将上述文件资料全部归入档案收载。

12.2.1 由具有一定文化而且责任心强的人员作为记录员专门记录。

12.2.2 档案保管员要掌握档案分类和保管的基本知识。

12.2.3 记录员、档案保管员要求由相对固定的专人负责。

十六、南板蓝根

(一) 概 述

1. 来源

爵床科植物马蓝 *Baphicacanthus cusia*（Nees）Bremek 为多年生草本植物，别名南板蓝、大叶冬蓝、板蓝或蓝靛，广泛分布于我国西南、华南及华东地区，为抗病毒常用中草药，具有悠久的民间及临床药用历史。中药南板蓝根则来源于马蓝的干燥根及根茎，别名蓝龙根、土龙根，2010年版《中华人民共和国药典（一部）》有收载，其性寒，味苦，具有较好的清热解毒、抗菌消炎功效，临床上用于瘟病发斑、丹毒、流感、流脑等症。早在非典盛行时，南板蓝根曾与其他抗病毒中草药一起用于SARS病毒的治疗，如今又被广泛用于甲型流感疾病及禽畜瘟病的防治。

2. 开发利用

马蓝作为抗病毒常用中草药，在我国南方地区具有极其悠久的药用历史，不论其地下根及根茎（南板蓝根）、地上茎叶（南大青叶）或茎叶加工品（青黛）均具有药用价值，植株利用率高，具有较好的开发利用前景。

（1）药品应用

临床上常以南板蓝根治疗病毒性疾病，如急性传染性肝炎、感冒发热、病毒性肺炎等。另外，也用于流行性乙型脑炎、流行性腮腺炎、骨髓瘤、白血病、玫瑰糠疹、流行性出血性结膜炎等疾病的防治。

南板蓝根不仅仅作为一种清热解毒中药普遍应用于中医处方配伍中，还广泛用于多种抗病毒中成药的制备。据统计，目前已有50多家药厂以南板蓝根为主料药生产出复方南板蓝根片剂、颗粒剂等多种中成药制剂。例如，喉痛灵片、复方南板蓝根片、复方南板蓝根冲剂、南板蓝根冲剂、金梅感冒片、复方感冒灵片、复方感冒灵颗粒、复方小儿退热栓，喉疾灵片、热毒清片、感冒清胶囊、感冒清片等13种。

马蓝的地上茎、叶可作为南大青叶入药，用于预防或治疗流行性感冒、流行性脑膜炎、麻疹、咽喉肿痛、急性支气管炎等症，还可以制成中药青黛。其中，产自福建省仙游县由马蓝叶或茎叶加工制成的青黛不仅历史悠久，且品质优于同类产品，因此被冠以"建青黛"之名。研究表明，青黛及马蓝中均含有应用前景广阔的抗癌活性成分靛玉红（Indirubin），可用于慢性粒细胞性白血病等恶性肿瘤的治疗。

（2）畜牧业应用

马蓝不但可用于人体抗病毒，同时还可以作为一种天然的绿色抗生素运用于畜牧业中，在防治禽畜疾病方面更能充分体现其药用及经济价值。

根据报道，饲喂含有马蓝饲料添加剂的鸡、猪等禽畜不仅平均个体体重大，皮毛润滑，富有光泽，而且禽畜成活率高，且肉质鲜嫩，肉制品安全质优。将马蓝粉末作为一种中药饲料添加剂应用于畜牧业中，既能有效治疗禽畜瘟疫疾病，降低禽畜发病率，增强动物抗病能力，减少饲料中抗生素的使用率，又能提高禽畜采食量，促进机体新陈代谢，提高饲料利用率，同时也可以降低经济成本，增加经济效益。因此，马蓝可作为一种新型绿色饲料在畜牧业中推广使用。

（3）印染业应用

马蓝全株均含有靛蓝，而蓝靛又是很好的染料之一，我国民间三千多年前就已经掌握了从马蓝中提取蓝靛作为染料的技术。战国时期荀况的千古名句"青，出于蓝而胜于蓝"就源于当时的染蓝技术。随着纺织业的发展，到了宋、明、清时期，我国的制蓝技术已经相当成熟，各府县均种蓝制靛，蓝靛的加工日益广泛，贩运远销长江流域地区。近40年来，由于蓝靛在印染布料的应用已逐步被人工化学染料取代，所以较少用于提取染料，目前多用于提纯青黛，以满足配方及中成药原料的需求。

3. 主产地、分布

野生马蓝生于山坡、山谷、或路边疏林下阴湿的地方，主要分布于华南的广东、广西、海南、江西、福建及湖南等；西南的贵州、云南及四川；华东的浙江、安徽等；另外，湖北、台湾等地亦有分布。此外，在全国范围内，贵州省自古就有民间栽培马蓝的习惯，而广东地区已逐步开展大面积种植马蓝，浙南地区亦有人工种植。

（二）生物学特性

1. 植物形态特征

马蓝为多年生草本植物。茎类方状圆柱形，节略膨大，有分枝，高达1 m以上，嫩枝被褐色细软毛。茎常倒伏，倒伏茎生根入土形成根茎；根茎长条形，节间长，须根稀疏簇生节上；叶对生，叶柄长1~2 cm，叶片倒卵状长圆形至卵状长圆形，长5~20 cm，宽2.5~7 cm，先端渐尖，基部渐窄，边缘有浅锯齿，侧脉4~8对，幼时脉上被褐色细软毛。穗状花序，花少数，首生枝顶；苞片叶状，早落；花萼裂片5，其中4片线形，长12~18 mm，另一片较大，外面均被短柔毛；花冠筒形漏斗状，淡紫色，长4~6 cm，花冠筒近中部略向下弯曲，先端5裂，裂片短阔，6~8 mm；顶端微凹；雄蕊4枚，二强，花丝基部有膜相连，着生于花冠管上方；子房上位，无毛，花粒细长，被毛。蒴果，长约2 cm；种子4，常二强。花期为11月底至2月底，果期为2月上旬至3月底。

栽培与野生品的区别为茎粗壮直立，多分枝，节间较短；地下残留根茎来自扦插母茎，顶端新生根茎短节状，节间极短，须根密集簇生于节上（见彩图16-1至16-4）。

2. 生长发育规律

（1）种子习性

马蓝种子扁圆或扁卵圆形，种子发芽率与成熟度密切相关，种皮褐色的成熟种子发芽率可达99%，种子萌发对外部条件要求高，需在温暖、湿润及通气的条件下方能萌发出

苗，适宜播种时间为3~4月。

（2）生长发育特性

马蓝播种种植第1年生长速度缓慢，种子出芽后需经历幼苗期、缓苗期、生长期及成熟期，第1年未见开花结果，次年方进入营养生长旺盛期及生殖生长期。

马蓝扦插种植生长速度较快，定植后经历营养生长期及生殖生长期的完整生理活动过程，在其不同生长发育阶段均有不同表现。

1）营养生长期

3~6月初，植株生长旺盛，植株不断增高，分枝也不断增多；7~8月份，进入三伏季节，气温高，光照强，若此时植株受强烈光照则生长缓慢，枝叶易脱落，叶片变小而厚，短圆，顶端短尖或钝，严重者叶发黄甚至干枯，林阴下种植或野生则无此现象。

2）生殖生长期

9月份处暑后，气温下降，加之秋雨的滋润，植株分生加快，但此时增加的分枝均为花枝。由于营养主要供给花芽分化及花苞生长，植株增高速度减缓，同时植株分枝总数因生殖分枝急速增加而呈快速增长的趋势。11月底开始陆续开花，12月中旬进入开花盛期，此外，12月后冬季霜冻有时会导致部分营养枝及生殖枝受冻枯萎，因此12月至次年春季前夕，植株分枝明显减少。马蓝花期为11月底至2月底，果期为2月上旬至3月底。果实成熟后则果壳爆裂，种子弹落地下。

3. 对生态环境的要求

马蓝的生长对温度、光照、水分和土壤等生态条件（因子）有特定的要求。

（1）温度

马蓝的适宜生长温度是15～30 ℃，高于30 ℃或低于15 ℃时，植株生长缓慢，此外，气温低于-2 ℃时会受冻害而使地上茎叶冻枯。

（2）光照

马蓝为半阴生植物，喜阳光，亦耐阴。野生马蓝忌强光直射，故一般生长于林荫下；而人工栽培条件下，即使在高温暴晒的三伏季节，若保证科学的肥水供给，则完全可在直光照射下进行露地种植。

（3）水分

马蓝喜潮湿但又忌涝，空气湿度在70%以上最适宜马蓝生长。土壤含水量在22%～33%之间最适宜马蓝的生长，但幼苗期要求空气湿度及土壤含水量较高，故育苗床须经常保持湿润，但忌积水，否则植株烂根死亡。

（4）土壤

马蓝对土壤要求不严格。野生马蓝常分布于山坡、山谷、或路边疏林下阴湿地；栽培马蓝生长以土壤疏松、肥沃、排水良好的砂质壤土（红、黄）和壤土（红、黄）为宜；土壤酸碱度以弱酸性及中性为好，pH8的碱性土中亦能正常生长。

（三）品种类型

1. 正品

据2010年版《中华人民共和国药典（一部）》记载，正品南板蓝根药材原植物仅有一种，为爵床科板蓝属植物马蓝 *Baphicacanthus cusia* (Nees) Bremek. 的干燥根及根茎。

2. 混淆品

在民间，除正品马蓝外，尚有来源于爵床科不同属的5种野生植物的全株在部分地区也作为马蓝使用，虽然其外观性状与马蓝极其相似，但均不含马蓝的主要成分靛蓝和靛玉红，故不能代用和混用。五种混淆品分别为：圆苞金足草、少花黄猄草、疏花叉花草、曲枝假蓝和广西马蓝。其中以混淆品圆苞金足草的蕴藏量最大，资源极其丰富。现对马蓝的混淆品原植物形态分别描述如下。

①圆苞金足草（球花马蓝）*Goldfussia pentstemonoides* (Nees) Bremek.：茎暗紫色，有棱，节膨大，高达1 m多，近梢部多作"之"字形曲折；叶不等大，椭圆形或椭圆状披针形，长4～15 cm，宽1.5～4.5 cm，先端长渐尖，基部楔形，边缘有锯齿或柔软胼胝狭锯齿，侧脉5～6对，下面除中脉被硬伏毛外光滑无毛；叶柄长约1.2 cm。花序头状，近球形，为苞片所包覆，1～3个生于一总花梗，每头具2～3朵花；花萼裂片长7～9 mm，结果时增长至15～17 mm，有腺毛；花冠漏斗状，外被短柔毛，里面有2行短柔毛。

②少花黄猄草（少花马蓝）*Championella oligantha* (Miq.) Bremek.：茎高达50 cm，基部节膨大膝曲，上面的4棱，具沟槽，疏被白色毛，有时倒向毛。对生叶等大，宽卵形至椭圆形，长4～10 cm，宽3～6 cm，顶端渐尖，基部宽楔形，边具疏锯齿，侧脉每边4～6条；上面白色条状钟乳体密而明显，被疏长毛，下面脉上毛尤多；叶柄长1～4 cm。穗状花序通常缩短，顶生，成头形的穗状花序；花冠筒下部细，

上部扩大而稍弯曲,淡紫色,冠檐外面疏生短柔毛,里面有2行短柔毛。

③疏花叉花草(疏花马蓝)*Diflugossa divaricata*(Nees)Bremek.：茎高达1 m,枝"之"字形曲折,具关节,近关节处四棱形,光滑无毛,下部由于初生的关节较短而环状隆起,充满髓部,淡白色。叶不等大,大叶片椭圆状矩圆形至披针形,顶端长渐尖,基部宽楔形,平截至心形,长5~15 cm,宽3~5 cm,小叶卵形至心形,顶端急尖,基部心形,长3~7.5 cm,两者边缘均具锯齿,侧脉每边6~7条;几无柄。花序为2歧聚伞花序,其中一分枝较短或不发达,花序轴作"之"字形曲折,花单生;花冠淡紫色,花冠檐部不向后弯折,外有微毛,里面有2行短柔毛。

现代植物学者运用电镜观察了云南屏边和广东怀集两个标本的花粉,发现其特征与假蓝Pteroptychia属一致,因此认为以前鉴定为疏花叉花草的标本实际上是曲枝假蓝,原定名可能是错误鉴定引起,我国实际上无疏花叉花草这一种分布。

④曲枝假蓝*Pteroptychia dalziellii*(W. W. Sm)H. S. Lo.：茎高达1 m,直立,枝细瘦,"之"字形曲折,常互生,略被微柔毛。叶膜质,上部叶无柄或近无柄,近相等或极不等,大叶长达14 cm,宽4 cm,小叶长2~5 cm,宽1~2 cm,卵形或卵状披针形,先端渐尖或急尖或稀钝,基部圆,边缘疏锯齿,侧脉每边5条;上面深绿色,有细线条,光滑无毛,背面灰白色,光滑无毛或脉上被极稀疏柔毛。穗状花序长,顶生或腋生,长2~3 cm,常"之"字形曲折,有2~4花,疏生;花冠圆筒状,淡紫色或白色,花冠檐部向后弯折,外面被倒生柔毛。

⑤广西马蓝 *Pteracanthus guangxiensis*（S. Z. Huang）C. Y. Wu et C. C. Hu.：茎高达1 m，直立，分枝对生，当年生小枝密被短柔毛，老枝无毛。叶对生，每对叶不等大，大的长9~18 cm，宽3.3~8 cm，小的长4~9.5 cm，宽2.3~4.5 cm，侧脉每边4~5条；叶片纸质，椭圆形，顶端渐尖，基部楔形，边缘全缘或稍呈波状，上面无毛，钟乳体密集、明显，背面被短柔毛，叶脉上面平坦，背面凸起；叶柄长0.3~3.5 cm，密被短柔毛。穗状花序长4~8 cm，花序轴扁平，密被短柔毛，通常具2~6节，每节2花，交互对生；花冠两面无毛，冠管圆筒状，扭弯，喉部钟状，一侧膀胱状膨大。

（四）种植地

1. 种植地选择

马蓝对环境与土壤的适应性强，但作为中草药源的马蓝栽培必须以安全、有效、质优为要求，应选择无空气污染、水污染，排水良好，土壤肥沃疏松的地块；在山区可选择坐西向东或向南地块；在平坦丘陵、平原的区域可选择在西边处种植高大植物遮挡西晒以减轻太阳直晒产生的酷热影响，保障马蓝半阳生长环境并提高土地利用效能。

广东省平远县为典型的山区县，位于广东东北部，地处亚热带山地，北纬24°24′~24°56′，东经115°44′~116°07′，为丘陵、低山区，属中亚热带季风气候区，气候温暖潮湿，日照雨量充足，年平均气温21.7 ℃，1月份平均气温11 ℃，是最冷的月份；7月份28.5 ℃，为最热的月份。

年降水量1 637 mm。年均日照时数1 873 h，无霜期达300天以上。该地区土层深厚、疏松肥沃，地带性的自然土壤为红壤，当地土壤主要类型为山地红黄壤，有机质和腐殖质含量丰富，土壤肥力高，适合多种中药的生长和活性成分的积累（见彩图16-1）。

2. 种植地生态环境质量检测

据按照《中药材生产质量管理规范（试行）》（GAP）的要求，马蓝规范化种植基地应远离居民点，远离交通要道，大气、水质、土壤应无污染，周围不得有污染源。空气环境质量要符合《中华人民共和国环境空气质量标准》（GB3095—1996）中的二级标准。灌溉水质应符合《中华人民共和国农田灌溉水质标准》（GB5084—1992）中的二类标准。土壤环境质量应符合《中华人民共和国土壤环境质量标准》（GB15618—1995）中的二级标准。因此，在选好种植地点后，应马上取土壤样品与灌溉水样品送有关部门进行检测，同时联系环保监测部门对大气进行监测，待各项指标都达标后方可种植。以下为平远种植地各项环境指标：

（1）大气

见表16-1。

表16-1　南板蓝根GAP基地空气检验结果　　（mg/m³）

检测项目	二氧化硫（SO_2）	氮氧化物（NO_X）	总悬浮微粒（TSE）
年平均值	0.004	0.015	0.103

结果显示，平远县所在范围空气质量优于《中华人民共

和国环境空气质量标准》(GB3095-1996)中的要求。

(2) 土壤

见表16-2。

表16-2 南板蓝根GAP基地土壤分析检验结果

检测项目	检测结果	检测项目	检测结果
铅 (mg/L)	26.6	砷 (mg/L)	5.64
铜 (mg/L)	4.82	汞 (mg/L)	0.052
镍 (mg/L)	12.6	六六六 (mg/L)	0.003 2
铬 (mg/L)	52.4	滴滴涕 (mg/L)	0.002 6
锌 (mg/L)	44.3	pH	4.71
镉 (mg/L)	0.012		

结果表明,基地土壤质量符合《中华人民共和国土壤环境质量标准(GB15618—1995)》中二级质量标准。

(3) 灌溉水质

见表16-3。

表16-3 南板蓝根GAP基地灌溉水质分析检验结果

检验项目	检测结果	检测项目	检测结果
生化需氧量 (mg/L)	3.4	铬 (六价, mg/L)	0.002
化学需氧量 (mg/L)	1.9	总铅 (mg/L)	0.000 5
悬浮物 (mg/L)	0.61	总铜 (mg/L)	0.006
阴离子表面活性剂 (LAS, mg/L)	0.05	总锌 (mg/L)	0.024
		硼 (mg/L)	0.01
凯氏氮 (mg/L)	0.86	总砷 (mg/L)	0.000 2

续表

检验项目	检测结果	检测项目	检测结果
总磷（以P计算，mg/L）	0.013	氟化物（mg/L）	0.01
水温（℃）	19	氰化物（mg/L）	0.002
pH	6.76	石油类（mg/L）	0.05
全盐量	16.8	挥发酚（mg/L）	0.01
氯化物	0.82	苯（mg/L）	0.001
硫化物	0.01	三氯乙醛（mg/L）	0.003
总汞	0.0001	丙烯醛（mg/L）	0.001
总镉	0.0005	蛔虫卵数	未检出
砷	0.001	粪大肠菌群	未检出

结果表示，基地灌溉水质质量符合《中华人民共和国农田灌溉水质标准》（GB5084—1992）中二级质量标准。

（五）种植技术

1. 育苗技术

（1）育苗地选择与整地

苗床应选择在有遮阴植物的地点，或用遮光网离地表高1.5～2m覆盖遮光。苗床最好选用河沙或较疏松具有腐殖质的土作基质，以畦高25cm、畦面宽100cm起畦，并耕细整平，以利于马蓝生根。

（2）育苗时间

种子育苗于每年3～4月马蓝种子成熟后进行，扦插育苗于每年3～11月均可进行，但早春育苗时应注意选用农用薄

膜盖顶以防霜冻苗床，夏、秋季用遮光网盖顶以防阳光直晒，或树荫下设苗床。

（3）育苗方法

马蓝的育苗方法有种子育苗和扦插育苗两种。

1）种子育苗

播种后用河沙或腐殖土覆盖种子，淋水保持苗床湿润，15~20天可齐苗，苗长至8~10cm时可定植到生产大田；由种子繁殖获得的种苗生长较缓慢，但能保持原植物属性，多作为保种育苗的母株用（见彩图16-5）。

2）扦插育苗

马蓝扦插育苗使用的苗床分为：早春季用农用薄膜盖顶防霜冻苗床；夏、秋季用遮光网盖顶防阳光直晒或树荫下设苗床。苗床应选在排水良好，管理方便的地块。先将地平整成畦，选用河沙或较疏松具有腐殖质的土作基质，以畦高25cm，畦面宽90cm起畦，耕细整平。剪取未成熟的嫩茎顶苗作扦插枝条，进行扦插育苗，枝条以8~10cm长、带两对叶片为宜，每叶片剪除半片叶，用强力生根剂释泥浆蘸剪口后进行扦插，扦插深度为枝条长度的一半以上。扦插后15~20天长出新根（地温在20℃以上），炼苗15天左右可进行移植。

采用扦插育苗作为生产栽培用苗时，连续4代以上由扦插繁育所得的植株不能作为扦插育苗的母株。由此种母株枝条所扦插繁育出的苗，栽培后所获得的植株中有效成分含量、粗根数量及植株产量均有所减少。只有用直生植株或1~3代扦插繁育所得植株的茎顶嫩绿两段部位作为育苗枝条，才能保证栽培生产出品优相佳的南板蓝根药材（见彩图16-6）。

（4）苗木管理

前期苗床要保持湿润，及时拔除杂草，出芽后灌1次水，根据苗木生长情况少量追施些氮肥，以后视苗木生长情况浇水、施肥。在苗木生长期间病虫害出现较少，如有出现，可配制适量的杀虫剂进行防治。

2. 种植技术

（1）整地

根据实际地域与所采用的种植模式进行整地，尽量将土壤深耕，深翻晒白，耙碎起畦，整平，畦面宽度90 cm或根据种植规格确定；在畦面按每667 m² 1 000 kg施撒腐熟有机肥，并施碎草渣（或粗锯木糠）250~500 kg，撒匀后轻翻畦面。保证畦面不易板结，保持土壤疏松透水。

（2）种植时间

马蓝的定植时间应根据其生物学特性、不同地域与育苗进行考虑，在有微霜冻的粤东北山区或以北地域栽培时，应推延至4月初进行定植。定植时间的确定与当地地温相关，当地温达到20 ℃左右方可进行大面积生产田的移栽。若采用秋植方式，为保证植株安全越冬，应在10月前完成定植，此方法多用于栽培翌春育苗取枝的母株。

（3）种植方法

在定植马蓝苗时，最好是将植株斜至30°左右（特别是用老枝扦插的苗）栽种，这样更利于基部发根；其次是坚持浅栽，若种植过深容易出现僵苗。因为成僵苗后要待其发二层根后才能恢复生势，会拖延2个月的生长期。

（4）种植密度

马蓝的定植规格（株行距离）可采用"窄株宽行"

（25 cm×50 cm）或平面种植（株距30 cm×行距40 cm），间套种的种植密度为每667 m² 3 500~3 600株，而无间套种则为每667 m² 3 800~4 200株。马蓝定植后地表应铺盖3~5 cm厚的干杂草或稻草，并淋透定根水，从而确保马蓝成活率高，植株恢复生长快，同时也有利于植株粗根的生成及数目的增多。

（5）田间管理

1）浇水

在露地大田栽培需在移栽苗后淋透定根水，1周内保持土壤湿润，之后如遇3~5天无雨则灌溉一次，使土壤湿润；雨季时应做好抗涝工作，及时排水，以免积水伤根甚至烂根。

2）中耕除草

定植齐苗后，在株行间空余的地表处铺盖干杂草或稻草，不仅可以减少阳光直晒地表、降温保湿、保持土壤疏松，同时也可以抑制杂草生长，减轻中耕除草的工作强度与生产成本，提高植株粗根率与增强药材品相。中耕除草以马蓝不被杂草遮蔽为原则，封行前将高大杂草拔除1~2次就能达到目的。

3）施肥

肥料的合理选用是马蓝GAP研究的关键技术之一。选用是否得当，直接关系到药材产量及质量。马蓝驯栽中所选肥料应以腐熟有机肥、氨肥等种类为主，苗期可采用追施少量速效肥与喷洒氨类叶面肥相结合的方法，促其苗株迅速生长，尽早封行；禁止使用含有或能间接在植株体内合成、转化、残留有害物质的肥料。定植后15天左右进行第1次追肥，用鸡粪、草木灰（5∶1）沤制腐熟后配入适量尿素，按照每667 m² 30~50 kg的施肥量进行撒施，洒淋或灌"跑马水"一次；间隔2~3天后，选择晴天时用800~1 000倍海藻绿叶神或1 000倍爱沃夫液与少量尿素混合，喷洒在马蓝叶面，每隔10天1次，连续喷3次，可促使植株低位芽早萌发、分枝、生长。迅速封行，遮蔽地表，有利于粗根形成与生长，以后根据马蓝生长情况进行施肥。春、夏定植的马蓝多在9月上旬或中旬进行第2次追肥，用50 kg氨基酸有机肥（味精渣）混配5 kg碳铵（10∶1）闷焗6~8 h后撒施，并结合剪除茎顶，既能促使植株叶芽生长，减少花芽分化与形成，又能保持叶片不脱落；在9~11月上旬期间，马蓝生产过程中，土壤要保持湿润才能获得较高产量。

4）摘顶及促分枝

马蓝在驯育栽培过程中采用剪除茎顶端的措施，抑制顶端优势的生长，促使低位芽早萌发分枝；在定植后至第一分枝有3片叶时将主茎与分枝顶端摘去，加速二、三次分枝的生长及茎、根的增粗；在9月上旬再结合施肥进行一次修剪性打顶，促使潜伏芽萌发并减少开花量，增加营养枝、大叶数量，提高粗根贮存营养、有效成分含量，产量也将明显增加。

（六）主要病、虫、草害的防治

1. 病害

马蓝长期处于野生状态，对病害的抗疫力强，栽培马蓝病害主要有猝倒病及炭疽病。

（1）猝倒病

1）病原

由镰刀菌侵入引起。

2）症状

发病后近地面处茎有水积状发黑腐烂，土壤中发生病害的根亦有此现象。

3）发病规律

高温白撞雨后容易发病。

4）防治方法

将杀菌剂咪酰胺与甲环唑或者疽仙与移栽灵按照1∶1的比例进行混合后稀释1 000~1 500倍喷洒。

2. 虫害

马蓝在驯育栽培中表现出极强的抗、耐虫害能力，驯栽过程中并未出现严重毁灭性虫害。

（1）毒蛾

1）学名

Lymantriidae。

2）症状

幼虫取食叶片、嫩茎、嫩芽，造成叶片穿孔，甚至遍布空洞。

3）发生特点

4~11月可见，周期长，尤其是高温偏旱闷热时，在半荫及阴棚种植地多见。危害严重。

4）防治方法

①冬季清洁田园，进行中耕耙糖，清除越冬幼虫。②用90%敌百虫晶体1 000倍液喷洒或用2.5%敌百虫粉喷撒叶表和地面，或以3.2%快克螨（喷洒后30天内不可采收）喷洒。

③幼虫发生时可用2.5%鱼藤乳油600倍液或NPV、7216生物农药喷洒。

（2）蝗虫

1）学名

Locustidae。

2）症状

成虫和若虫危害叶片，啃食叶片与嫩茎，直至仅留叶脉。

3）发生特点

6月底至9月常出没，尤其高温干旱闷热时大量出现。危害严重。

4）防治方法

①春季，铲除田内杂草积肥，冬季深耕应使卵暴露冻死。②若虫盛期结合放鸡捕食蝗虫。③普发期用15%毒赛耳乳油1 500倍液，早晚喷洒地面。④扩大防治面，一般采用2.5%敌百虫粉每667 m^2 2 kg早晚喷粉。⑤用2.5%鱼藤乳油600倍液喷洒防治。

（3）蚜虫

1）学名

Aphid idae。

2）症状

取食时把吸管插入叶片吸取汁液，使叶肉自背向腹面凸出，叶表面凹凸不平，叶受害部位会出现卷曲、皱缩，严重时叶片枯焦或脱落。

3）发生特点

因种类较多，发生规律不完全统一。以卵或有翅胎生、无翅胎生雌蚜在越冬寄主上越冬。孤雌生殖为主，亦可进行两性生殖。田间始见于4月上旬,当气温达25 ℃、相对湿度50%~70%时有利于其蔓延。7~8月,时晴时雨,偏施氮肥有利于发生危害,尤其8~10月时危害严重,夏季干旱,植株缺水时也易发生。危害轻。

4)防治方法

①当蚜株率达10%时,田间及时释放瓢虫、草蛉、蚜茧蜂、蚜小蜂、食蚜蝇、螳螂。②播前及移栽期用70%灭蚜松乳油150g(施用后30天内不可采收)喷于15~20 kg湿润土中或有机肥中拌匀,覆盖种子或封根。③危害期用30%螨蚜净乳油2 000~3 000倍液喷洒(施用后10天内不可采收),或用15%毒赛耳乳油2 000~3 000倍液喷洒,也可以敌百虫800~1 000倍液喷洒。⑤用2.5%鱼藤乳油600倍液喷洒。

(4)尺蠖

1)学名

Ascotis selenaria Denis et Schiffermuller。

2)症状

多以幼虫取食药用植物叶片,从叶片外周开始往中心蔓延,造成叶片缺损。严重时仅留叶脉,枝梗光秃。

3)发生特点

成虫昼伏夜出,卵多产于枝杈、枝干、叶背等处。秋季(10~11月)阳光不猛烈的半阴及林荫地可发现。中度危害。

4)防治方法

①利用黑光灯诱杀成虫。②用10%联苯菊酯乳油(施用后30天内不能采收)或用90%敌百虫800~1 000倍液喷洒。③用2.5%鱼藤乳油600倍液喷洒。

（七）采收加工

1. 采收

根据根及根茎类中药的采收原则，南板蓝根一般选在当年11月至翌年1月无雨季节收获；在有霜冻发生的山区则争取11月初霜来临前收获。

2. 初加工

收获时将全株挖出，拍打抖去泥沙，平铺于地面晒1~2天后，可用刀或剪将根茎部分与茎叶分开，然后扎成小捆，风干直至株内含水量低于14.2%后收贮（见彩图16-7）。

3. 商品规格

本药材商品不分等级，均为统货。饮片一般为类圆形的厚片，外表皮灰棕色或暗棕色，切面灰蓝色至淡黄褐色，中央有类白色或灰蓝色海绵状的髓。气微，味淡。以根多、蓝褐色带茎枝少者为优（见彩图16-8）。

（八）留种技术

1. 种子的采集与处理

（1）种子繁殖法留种技术

选取无病虫害的健壮植株作母体，加强管理，保证多结实，3~4月时及时采收成熟的果实，采集马蓝种子时需注意当其果实开始变黑色时就应及时分批采收。如在果壳完全变黑色时再采，则果壳易开裂，种子弹跳损失；而在果壳未变黑时采下，种子又太嫩，发芽率不高。故采收种子时掌握种子的成熟度相当重要。

采回的果荚应晒2~3 h，再置于阴凉处风干5~10天，待果荚全部开裂后，除净果壳，收集种子，并置阴凉通风处贮存备用。

（2）无性繁殖法留种技术

无性繁殖生产上多以扦插繁殖为主。

剪取未成熟的嫩茎顶苗作扦插枝条进行无性扦插育苗，用强力生根剂释泥浆蘸剪口后进行扦插，扦插深度为枝条长度的一半以上，扦插密度为2~4 cm。待扦插枝长出新根后，练苗7~15天方可进行移植。

2. 留种田管理

（1）种子繁殖法留种田管理

在育苗场搭建网棚，选疏松肥沃土壤，并施入2 000~3 000 kg腐熟有机肥作基肥，畦面应耙平耙细。播种前将马蓝种子浸3~5 h，播种后覆盖一层1~1.5 cm细土，并保持土壤湿润直至移苗。

（2）无性繁殖法留种田管理

扦插苗床应选择在有遮阴植物的地点，或用遮光网离地表高1.5~2 m覆盖遮光。苗床最好选用河沙或较疏松山表腐叶土作基质，以畦高25 cm，畦面宽100 cm起畦，并耕细整平，以利于马蓝生根。

（九）质量标准及检测

1. 性状

本品野生者根茎呈类圆形，多弯曲，有分枝，长10~30 cm，直径0.1~1 cm。表面灰棕色，具细纵纹；节膨大，节上长有细根或茎残基；外皮易剥落，呈蓝灰色。质硬而脆，易折断，断面不平坦，皮部蓝灰色，木部灰蓝色至淡黄褐色，中央有髓。根粗细不一，弯曲有分枝，细根细长而柔韧。气微，味淡。

栽培品根茎主要来自残留扦插母茎，长5~10 cm，新生根茎极短，结节状，直径10~15 mm，断面木部宽，髓部较小；须根多数，较粗长，密集簇生于节上，长8~28 cm，直径1.5~8.0 mm。

2. 鉴别

①本品根茎的横切面：木栓层为数列细胞，内含棕色物。皮层宽广，外侧为数列厚角细胞；内皮层明显；可见石细胞。韧皮部较窄，韧皮纤维众多。木质部宽广，细胞均木化；导管单个或2~4个径向排列；木射线宽广。髓部细胞类圆形或多角形，偶见石细胞。薄壁细胞中含有椭圆形的钟乳体。

②取本品粉末2 g，加三氯甲烷20 mL，加热回流1 h，滤过，滤液浓缩至2 mL，作为供试品溶液。另取靛蓝对照品、靛玉红对照品，加三氯甲烷制成每1 mL各含0.1 mg的混合溶液，作为对照品溶液。照薄层色谱法附录ⅥB试验，吸取上

述两种溶液各20 μL，分别点于同一硅胶 G 薄层板上，以石油醚（60~90℃）-三氯甲烷-乙酸乙酯（1∶8∶1）为展开剂，展开，取出，晾干，立即检视。供试品色谱中，在与对照品色谱相应的位置上，显相同的蓝色和紫红色斑点。

3. 检查

（1）水分

限量指标：水分不得超过12.0%。

检验方法：《中华人民共和国药典（一部）》（2010年版）附录Ⅸ H 水分测定法。

测定结果如表16-4。

表16-4 南板蓝根含水量测定结果

样品名	水分含量（%）
样品1	11.0
样品2	11.1
样品3	10.7
样品4	10.9
样品5	10.4
样品6	11.5
样品7	10.5
样品8	11.2
样品9	10.8
样品10	11.3
平均值（$\bar{x}$）	10.9
$\bar{x} \pm 20\%$	10.9 ± 0.35

（2）总灰分

限量指标：总灰分不得超过10.0%。

检验方法：《中华人民共和国药典（一部）》（2010年版）附录Ⅸ K灰分测定法项下的总灰分测定法

《中华人民共和国药典（一部）》（2010年版）已规定南板蓝根药材的总灰分限量指标，因此本书仅对其酸不溶性灰分进行检测。

（3）酸不溶性灰分

限量指标：酸不溶性灰分不得超过1.00%。

检验方法：《中华人民共和国药典（一部）》（2010年版）附录Ⅸ K灰分测定法项下的酸不溶性灰分测定法。

测定结果如表16-5。

表16-5 南板蓝根酸不溶灰分测定结果

样品来源	酸不溶灰分（%）
样品1	0.60
样品2	0.68
样品3	0.69
样品4	0.64
样品5	0.75
样品6	0.69
样品7	0.55
样品8	0.60
样品9	0.67
样品10	0.65
平均值（$\bar{x}$）	0.65
$\bar{x} \pm 20\%$	0.65 ± 0.13

（4）重金属残留量

限量指标：

总金属含量≤20.0 mg/kg；

①铅（Pb）≤5.00 mg/kg；

②镉（Cd）≤0.30 mg/kg；

③砷（As）≤2.00 mg/kg；

④汞（Hg）≤0.20 mg/kg；

⑤铜（Cu）≤15.00 mg/kg。

检验方法：

总金属含量采用《中华人民共和国药典（一部）》（2010年版）附录Ⅸ E 重金属检查法。

铅、镉、砷、汞、铜含量采用《中华人民共和国药典（一部）》（2010年版）附录Ⅸ B 铅、镉、砷、汞、铜测定法。

测定结果如表16-6。

表16-6　南板蓝根中重金属含量　　（mg/kg）

样品来源	Cu	Pb	Cd	As	Hg	重金属总量
样品1	14.56	3.34	0.208	1.32	0.152	19.58
样品2	13.99	3.44	0.198	1.56	0.139	19.33
样品3	14.28	3.52	0.204	1.44	0.143	19.59
样品4	14.48	3.39	0.211	1.43	0.159	19.67
样品5	13.92	3.45	0.192	1.55	0.125	19.24
样品6	14.33	3.53	0.215	1.51	0.151	19.74
样品7	13.72	3.51	0.216	1.39	0.169	19.01

续表

样品来源	Cu	Pb	Cd	As	Hg	重金属总量
样品8	14.15	3.68	0.21	1.52	0.151	19.71
样品9	14.77	2.77	0.233	1.49	0.162	19.43
样品10	14.29	3.59	0.214	1.32	0.110	19.52
平均值($\bar{x}$)	14.25	3.42	0.210	1.45	0.146	19.48
$\bar{x} \pm 20\%$	14.25 ± 2.85	3.42 ± 0.68	0.210 ± 0.042	1.45 ± 0.29	0.146 ± 0.029	19.48 ± 3.90

（5）有机氯农药残留量

限量指标：

① 六六六（BHC）≤0.025 0 mg/kg；

② 滴滴涕（DDT）≤0.020 0 mg/kg。

检验方法：《中华人民共和国药典（一部）》（2010年版）附录Ⅸ Q 农药残留量测定法。

测定结果如表16-7。

表16-7　南板蓝根中α-BHC、4,4′-DDT的含量　（mg/kg）

样品来源	α-BHC	4,4′-DDT
样品1	0.010 2	0.015 2
样品2	0.016 8	0.013 9
样品3	0.010 5	0.014 3
样品4	0.011 3	0.015 9

续表

样品来源	α-BHC	4,4'-DDT
样品5	0.016 2	0.012 5
样品6	0.011 2	0.015 1
样品7	0.009 8	0.016 9
样品8	0.016 2	0.015 1
样品9	0.010 9	0.016 2
样品10	0.013 6	0.013 5
平均值（$\bar{x}$）	0.012 7	0.014 9
$\bar{x}\pm 20\%$	0.012 7±0.002 5	0.014 9±0.003 0

4. 浸出物

限量指标：醇溶性浸出物不得少于14.00%。

检验方法：《中华人民共和国药典（一部）》（2010年版）附录ⅨA浸出物测定法。

测定结果如表16-8。

表16-8 南板蓝根乙醇浸出物含量

样品名	乙醇浸出物（%）
样品1	18.01
样品2	18.51
样品3	19.23

续表

样品名	乙醇浸出物（%）
样品4	17.89
样品5	16.55
样品6	17.46
样品7	17.09
样品8	16.32
样品9	17.42
样品10	17.44
平均值（$\bar{x}$）	17.59
$\bar{x} \pm 20\%$	17.59 ± 3.52

5. 化学成分

（1）一般化学成分

南板蓝根主要含有生物碱、黄酮、有机酸、苷类、甾醇类、五环三萜类、单萜类、蒽醌类、氨基酸、糖类化合物。

（2）有效成分含量测定

南板蓝根的主要有效成分尚未完全确定，市场上一般用靛玉红作质量控制的标志性成分。按照薄层色谱法《中华人民共和国药典（一部）》（2010年版）附录Ⅵ D 高效液相色谱法测定，以干燥品计算，含靛玉红（$C_{16}H_{10}N_2O_2$）不得少于0.000 25%。

测定结果如表16-9。

表16-9 南板蓝根靛玉红含量

样品名	靛玉红含量（μg/g）	平均含量（$\bar{x}$, μg/g）	百分含量（%）
样品1	10.82		
样品2	13.60		
样品3	16.98		
样品4	2.34		
样品5	7.66	8.49	0.000 85
样品6	8.83		
样品7	2.38		
样品8	9.76		
样品9	10.49		
样品10	2.00		

（十）包装、贮藏及运输

1. 包装

包装时要注意选用不易破损的包装，以保证药材在运输、贮藏、使用过程中的质量。同时包装上应贴上标签，标签应表明药材品名、产地、采收日期及注意事项等。

2. 贮藏

一般贮存在通风、干燥、无污染的环境，并采用控温（30℃以下）、控湿技术（相对湿度70%~75%），彻底灭菌，防止霉变和虫蛀。

3. 运输

药材批量运输时，不应与其他有毒、有害物质混装；运输工具应有通风设备，具有较好的通气性，以保持干燥。同时注意在运输过程中，防止日晒、雨淋、潮湿、破损、污染。

（张丹雁　张文进）

参 考 文 献

国家药典委员会．2010．中华人民共和国药典：一部［M］．北京：中国医药科技出版社．

国家中医药管理局《中华本草》编委会．1999．中华本草［M］．上海：上海科学技术出版社．

黄坚航．2006．建青黛的道地性研究［J］．中国中药杂志，31（4）：342-343．

罗霄山，熊清平，石莹莹，等．2010．南板蓝根重金属的限量标准研究［J］．中药新药与临床药理，21（2）：188-192．

杨步青，陈建斌，李新雄．2008．建青黛及其原植物马蓝的研究进展［J］．海峡药学，20（12）：72-76．

张丹雁，陈晓庆，林秀旎，等．2010．南板蓝对禽畜疾病的防治研究［J］．饲料研究，（1）：81-82．

张丹雁，林秀旎，陈晓庆，等. 2010. 南板蓝复方制剂抗鸡瘟和猪瘟的试验［J］. 饲料研究，（3）：77-78.

张丹雁，林秀旎，陈晓庆，等. 2010. 南板蓝（马蓝）驯育栽培技术研究［J］. 现代中药研究与实践，24（2）：18-19.

张丹雁，朱家辉，杜沛欣. 2007. 南板蓝根病虫害调查与防治［J］. 湖南中医药大学学报，8（2）：195-197.

附

南板蓝根规范化生产标准操作规程（SOP）

前　　言

本规程由广东南台药业有限公司和广州中医药大学共同承担的广东省科技项目"南板蓝根等五种中药材野生转家栽规范化种植"课题组提出并归口于广东省科技厅。

本规程起草单位：广州中医药大学、广东南台药业有限公司。

本规程主要起草人：张丹雁（广州中医药大学）、何运生（广东南台药业有限公司）。

本规程委托广州中医药大学南板蓝根规范化种植研究课题组课题负责人负责解释。

第一章　总　　则

1.1　为保证中药材质量，促进重要标准化、现代化，依据南板蓝根药材生长特点和国家食品药品监督管理局《中药材生产质量管理规范（试行）》的要求，制定本标准操作规程（SOP）。

1.2　本规程内容包括　总则，种植地自然条件，育苗，种植地选择与田间管理，主要病虫害防治，采收与加工，留种技术，质量标准及监测，包装、贮藏与运输，人员和设备，文件管理等，是南板蓝根药材生产和质量管理的具体操作方法。

1.3 种植者应运用标准操作规程作为管理和质量监控手段，保护生态环境，坚持"最大持续量"原则，实现资源的可持续利用。

1.4 本规程适合于南板蓝根的种植地。

1.5 引用标准　下列文件中条款被本标准引用则成为本标准的条款。

1.5.1 《中华人民共和国环境空气质量标准》（GB3095—1996）。

1.5.2 《中华人民共和国土壤环境质量标准》（GB15618—1995）。

1.5.3 《中华人民共和国农田灌溉水质标准》（GB5084—1992）。

1.5.4 《中华人民共和国药典（一部）》（2010年版）。

1.5.5 食品药品监督管理局《中药材生产质量管理规范（试行）》

1.5.6 国家科技部生命科学发展中心《中药材规范化种植研究项目实施指导原则及验收标准》。

1.5.7 中华人民共和国商务部《药用植物及制剂进出口绿色行业标准》。

1.6 定义。

1.6.1 GAP　即英文Good Agriculture Practice的缩写，指中药材生产质量管理规范。

1.6.2 SOP　即英文Standard Operation Practice的缩写，指中药材规范化生产标准操作规程。

1.6.3 最大持续量　即不危害生态环境，可持续生产（采收）的最大产量。

1.6.4 生物肥料　是利用生物活体或生物代谢过程中产生的

具有生物活性的物质或从生物体提取的物质可作为提高作物产量和品质的肥料。

1.6.5　生物源农药　是利用生物活体或生物代谢过程中产生的具有生物活性的物质或从生物体提取的物质可作为防治作物病虫害的农药。

1.6.6　质量标准　是对药材的质量规定和检验方法所作的技术规定。

第二章　产地自然条件

2.1　自然条件　马蓝对环境与土壤的适应性强，但作为中草药源的马蓝栽培必须以安全、有效、质优为要求，应选择无空气污染、水污染，排水良好，土壤肥沃疏松的地块；在山区可选择坐西向东或向南地块；在平坦丘陵、平原的区域可选择在西边处种植高大植物遮挡西晒以减轻太阳直晒产生的酷热影响，保障马蓝半阳生长环境并提高土地利用效能。

2.2　环境质量。

2.2.1　环境空气质量达到《中华人民共和国环境空气质量标准》（GB3095—1996）二级以上标准。

2.2.2　土壤环境质量达到《中华人民共和国土壤环境质量标准》（GB15168—1995）二级以上标准。

2.2.3　农田灌溉水质量达到《中华人民共和国农田灌溉水质标准》（GB5084—1992）二级以上标准。

第三章　育　苗

3.1　育苗常采用种子育苗和扦插育苗2种方法。

3.2　种子育苗。

3.2.1　选种　选择果粒大、饱满、无病虫害的植株为留种母株。

3.2.2 采种 待果实转为暗褐色时采集，于太阳下晒2~3 h，再置于阴凉处风干5~10天，待其自动爆裂弹出种子，除净果壳。

3.2.3 种子处理 播种时先用清水浸泡种子6~8 h，让其吸饱水后捞出晾去水分。

3.2.4 播种时间 每年4月、8月均可播种。

3.2.5 播种密度 每667 m²播种量1.5~2 kg。

3.2.6 播种方法 在已整好的畦面上按40~50 cm的行距开出1.5 cm的浅沟，用沙拌入种子（比例为5:1）均匀撒播于沟内，再施一层2~3 cm的腐殖土或河沙，淋足水，保持土壤湿润直至移苗。

3.2.7 种子育苗的管理 根据天气情况，播种后应保持土壤湿润，出苗后至种苗长至8~10 cm时可移栽至大田。

3.3 扦插育苗。

3.3.1 设苗床 早春用农用薄膜盖顶防霜冻苗床；夏、秋季用遮光网盖顶防止阳光直晒或树荫下设置苗床。苗床应选在排水良好，管理方便的地块。苗床大小视育苗具体数量而定，一般每667 m²可育苗40万~50万株。

3.3.2 整地 选用河沙或较疏松具有腐殖质的土作基质，以畦高25 cm，畦面宽90 cm起畦，耕细整平。

3.3.3 取种 每年2月初剪取未成熟的嫩茎顶端部，以8~10 cm长、带有两对剪除了半叶叶片的扦插枝条进行无性扦插育苗，用强力生根剂释泥浆蘸剪口。

3.3.4 扦插 以行距3~4 cm，株距2~3 cm，深度3~5 cm进行扦插，淋透水，并于1周内保持土壤湿润。

3.4 苗期管理。

3.4.1 温度、湿度、光照控制 应控制气温在20~25℃，土壤含水量22%~33%，空气湿度80%~90%。温度过低可覆盖农用薄膜保温育苗，同时应避免过多的直射光照射。

3.4.2 淋水排水 播种后保持土壤湿润，出苗后，每周淋水一次，雨季应注意排水，尽量避免积水。

3.4.3 除草松土 在苗期应勤除杂草，每次除草应结合松土。

3.4.4 出圃移植 待扦插苗长至6~10cm时进行移栽。

第四章 种植地选择与田间管理

4.1 种植地选择与整地 选择无空气污染、水污染，排水良好，土壤肥沃疏松的地块进行种植。可选择坐西向东、向南地块或者采用在西边处种植高大植物遮挡太阳直晒的方式，保障马蓝半阳生长环境并提高土地利用效能。

根据实际地域与所采用的种植模式进行整地，将土壤深耕，深翻晒白，耙碎起畦，整平，畦面宽度90cm或根据种植规格确定；在畦面按每667 m^2 1 000 kg施撒腐熟有机肥，并施碎草渣（或粗锯木糠）250~500 kg，撒匀后轻翻畦面，确保畦面不易板结，土壤疏松透水。

4.2 栽植季节 一般选择春季（2月）或秋季（9月）进行栽植。

4.3 种植密度 马蓝的定植规格（株行距离）可采用"窄株宽行"（25 cm×50 cm）或平面种植（株距30 cm×行距40 cm），间套种的种植密度为每667 m^2 3 500~3 600株，而无间套种则为每667 m^2 3 800~4 200株。

4.4 定植后管理。

4.4.1 灌溉排水 在移栽苗后应淋透定根水，1周内保持土壤湿润，之后如遇3~5天无雨则灌溉1次，使土壤湿润；雨季时应做好抗涝工作，及时排水。

4.4.2 中耕除草 春季育苗期以及定植前期，杂草生长快，要勤除草，并结合松土，防止土壤板结，并注意中耕深度，不宜过深，以免伤根；待植株封行后，杂草明显减少，可根据实际情况适时除草。

4.4.3 追肥 定植后15天左右追施第1次肥，有灌溉条件的应在施肥后灌水1次，如不具备灌溉条件则在下雨前施肥；定植后130~150天（约在9月上旬）左右再施肥1次，以促进植株从营养生长顺利地转为生殖生长。

第五章　主要病、虫害的防治

5.1 防治原则 坚持贯彻保护环境、维护生态平衡的环保方针及预防为主、综合防治的原则，采取农业防治、生物防治和化学防治相结合的方法，对南板蓝根主要病虫害进行防治。尽量少施或不施化学农药，必要时采用最小有效剂量的广谱、高效、低毒、低残留的化学农药和生物制剂。

5.2 猝倒病。

5.2.1 病原 由镰刀菌侵入引起。

5.2.2 症状 发病后近地面处茎有水积状发黑腐烂，土壤中发生病害的根亦有此现象。

5.2.3 发病规律 高温白撞雨后容易发病。

5.2.4 防治方法 将杀菌剂咪酰胺与甲环唑或者疽仙与移栽灵按照1∶1的比例进行混合后稀释1 000~1 500倍进行喷洒。

5.3 毒蛾。

5.3.1 学名 *Lymantriidae*。

5.3.2 危害症状 幼虫取食叶片、嫩茎、嫩芽，造成叶片穿孔，甚至遍布空洞。

5.3.3 发生特点 4~11月可见，周期长，尤其是高温偏旱闷热时，在半阴及阴棚种植地多见。危害严重。

5.3.4 防治方法 ①冬季清洁田园，进行中耕耙耱，清除越冬幼虫。②用90%敌百虫晶体1 000倍液喷洒或用2.5%敌百虫粉喷撒叶表和地面，或以3.2%快克螨（喷洒后30天内不可采收）喷洒。③幼虫发生时可用2.5%鱼藤乳油600倍液或NPV、7216生物农药喷洒。

5.4 蝗虫。

5.4.1 学名 *Locustidae*。

5.4.2 症状 成虫和若虫危害叶片，啃食叶片与嫩茎，直至仅留叶脉。

5.4.3 发生特点 6月底至9月常出没，尤其高温干旱闷热时大量出现。危害严重。

5.4.4 防治方法 ①春季，铲除田内杂草积肥，冬季深耕应使卵暴露冻死。②若虫盛期结合放鸡捕食蝗虫。③普发期用15%毒赛耳乳油1 500倍液，早晚喷洒地面。④扩大防治面，一般采用2.5%敌百虫粉每667 m^2 2 kg早晚喷粉。⑤用2.5%鱼藤乳油600倍液喷洒防治。

5.5 蚜虫。

5.5.1 学名 *Aphid idae*。

5.5.2 症状 取食时把吸管插入叶片吸取汁液，使叶肉自背向腹面凸出，叶表面凹凸不平，叶受害部位会出现卷曲、皱缩，严重时叶片枯焦或脱落。

5.5.3 发生特点 因种类较多，发生规律不完全统一。以卵或有翅胎生、无翅胎生雌蚜在越冬寄主上越冬。孤雌生殖为主，亦可进行两性生殖。田间始见于4月上旬，当气温达25℃、相对湿度50%~70%时有利于其蔓延。7~8月，时晴时雨，偏施氮肥有利于发生危害，尤其8~10月时危害严重，夏季干旱，植株缺水时也易发生。

5.5.4 防治方法 ①当蚜株率达10%时，田间及时释放瓢虫、草蛉、蚜茧蜂、蚜小蜂、食蚜蝇、螳螂。②播前及移栽期用70%灭蚜松乳油150 g（施用后30天内不可采收）喷于15~20 kg湿润土中或有机肥中拌匀，覆盖种子或封根。③危害期用30%螨蚜净乳油2 000~3 000倍液喷洒（施用后10天内不可采收），或用15%毒赛耳乳油2 000~3 000倍液喷洒，也可以敌百虫800~1 000倍液喷洒。⑤用2.5%鱼藤乳油600倍液喷洒。

5.6 尺蠖。

5.6.1 学名 *Ascotis selenaria* Denis et Schiffermuller。

5.6.2 危害症状 多以幼虫取食药用植物叶片，从叶片外周开始往中心蔓延，造成叶片缺损。严重时仅留叶脉，枝梗光秃。

5.6.3 发生特点 成虫昼伏夜出，卵多产于枝杈、枝干、叶背等处。秋季（10~11月）阳光不猛烈的半荫及林荫地可发现。中度危害。

5.6.4 防治方法：①利用黑光灯诱杀成虫。②用10%联苯菊酯乳油（施用后30天内不能采收）或用90%敌百虫800~1 000倍液喷洒。③用2.5%鱼藤乳油600倍液喷洒。

第六章 采收与加工

6.1 采收季节 春季种植的马蓝可于当年11月至翌年1月无

雨季节采收,以保证其产量和质量。

6.2 采收方法 挖取马蓝全株,除其叶和幼嫩茎枝可作大青叶入药外,其余部分(根及根茎、老茎)均可作为南板蓝根入药。

6.3 产地加工 将马蓝根、根茎以及老茎去除泥土等杂质,洗净、润透,切厚片,晒干,打包。

第七章 留种技术

7.1 种子繁殖的留种技术。

7.1.1 选取无病虫害的健壮植株作母体。

7.1.2 加强管理,保证多结实。

7.1.3 采收成熟的果实,置通风处待其自然开裂,收集种子,除净果壳,置于阴凉干燥处,待播。

7.2 扦插繁殖的留种技术:留种母株应选用无病虫害的健壮植株做种株。

第八章 质量标准及监测

根据《中华人民共和国药典》、《药用植物及制剂进出口绿色行业标准》、企业标准及相关标准,按每批件数的1%随机抽检样品。

8.1 药材质量标准:

8.1.1 水分不得超过12.0%;

8.1.2 总灰分不得超过10.0%;

8.1.3 酸不溶性灰分不得超过1.00%;

8.1.4 醇溶性浸出物不得少于14.0%。

8.2 重金属限量指标:

8.2.1 重金属总量≤20.0 mg/kg;

8.2.2 铅（Pb）≤4.40 mg/kg；

8.2.3 镉（Cd）≤0.30 mg/kg；

8.2.4 铜（Cu）≤15.0 mg/kg；

8.2.5 砷（As）≤1.6 mg/kg；

8.2.6 汞（Hg）≤0.150 mg/kg；

8.3 农药残留限量指标：

8.3.1 六六六（BHC）≤0.0250 mg/kg；

8.3.2 滴滴涕（DDT）≤0.0200 mg/kg；

8.3.3 艾氏剂（Aldrin）≤0.02 mg/kg；

8.3.4 五氯硝基苯（PCNB）≤0.1 mg/kg。

第九章 包装、贮藏及运输

9.1 包装。

9.1.1 选用不易破损的包装，以保证药材在运输、贮藏、使用过程中的质量。

9.1.2 发送中药材必须有包装，标签应标明药材品名、产地、采收日期及注意事项等。

药材名称：

产　　地：

采收日期：

采收单位：

调出日期：

调出单位：

调出数量：　　　　　包

包装重量：　　　　　kg/包

注意事项：

附：药材质量检验单

9.2 贮藏。

9.2.1 选择通风、干燥、无污染的环境,做专用仓库,并采用控温(30℃以下)、控湿技术(相对湿度70%~75%),彻底灭菌,防止霉变。

9.2.2 贮藏时要注意消灭虫源,防止发生虫蛀。

9.3 运输。

9.3.1 运输工具应有通风设备。

9.3.2 运输过程中应防止日晒、雨淋、潮湿、破损、污染。

第十章 人员和设备

10.1 人员。

10.1.1 从事中药材生产的人员均具有基本的中药学、农学常识,并经过生产技术、安全及卫生学知识培训。

10.1.2 从事田间工作的人员应熟悉栽培技术,特别是农药的施用及防护技术。

10.1.3 从事加工、包装、检验人员应定期进行健康检查,患有传染病、皮肤病、外伤性疾病等不得从事直接接触药材的工作。

10.1.4 对从事药材生产的有关工作人员应定期进行培训与考核。

10.2 设备。

10.2.1 药材生产单位应备齐药材生产必须的设备。

10.2.2 生产企业生产和检验用的仪器、仪表、量具、衡器等适用范围和精密度应符合生产和检验的要求,有明显的状态标志,并定期校验。

第十一章 文件管理

11.1 文件。

11.1.1 生产企业应有生产管理、质量管理标准操作规程。

11.1.2 药材生产全过程的详细记录。

11.2 管理 将上述文件资料全部归入档案收载。

11.2.1 由具有一定文化程度且责任心强的人员作为记录员专门记录。

11.2.2 档案保管员要掌握档案分类和保管的基本知识。

11.2.3 记录员、档案保管员要求由相对固定的专人负责。

　　附则 本规程（SOP）修订时间为2007年12月。本规程起草单位将根据有关研究进展与执行中的反馈情况对本规程内容进行修订，并不定期发布新版本。

十七、高 良 姜

（一）概 述

高良姜，别名良姜、小良姜、膏良姜、海良姜、蛮姜、佛手姜等，药材来源于姜科植物高良姜的干燥根茎。高良姜性热、味辛，归脾、胃经，有祛风散寒、行气止痛、温胃止呕的功效，临床上常用于治疗呕吐泄泻、食滞反胃、脘腹冷痛、冷癖等病症。可煎汤内服，每次3～6 g；或研末入丸、散。

高良姜是一种药食兼用的常用中药材，在我国已有几百年的栽培和药用历史。高良姜商品除作药材原料使用外，还以原药材、粗粉、饮片、精油、浓缩浸膏等初级产品及中成药畅销于国内外。随着开发应用范围及层次的深入，高良姜将更大地发挥其药用价值与经济价值。

1. 产地

高良姜最早记载于梁·陶弘景的《名医别录》，被列为中品，载："高良姜，大温。主治暴冷，胃中冷逆，霍乱腹痛。"据考证，古代高良姜的主产地即为古代的"高凉地区"，即今天的广东吴川、茂名、高州、电白、阳春、阳江、恩平等地。这说明广东是高良姜的主产地，高良姜是广东道地药材之一。

目前，野生的高良姜主要分布于热带、亚热带地区，包括广东的徐闻、高州、电白、吴川、茂名、阳春等市县；海南的陵水、屯昌等县；广西的钦州、靖西、兴安等县；云南的文山、思茅、红河、西双版纳等县。在江西、福建、台湾等省亦有少量分布。

高良姜药材商品，在20世纪60年代之前主要靠海南的野生资源，如1957年在海南定安，一年就收购100多t。1958年以后，因遭受无序开发，野生资源逐渐衰竭，收购量逐年下降。1970年开始，与海南仅一海之隔、气候条件相近的徐闻县积极引种栽培，产量不断增长。1981年，广东的年收购量达到了1 000 t以上；至1985年，仅广东省徐闻县人工种植面积已达203.33 hm^2，年产约500 t。但到了20世纪80年代后期，因供过于求，价格下跌，挫伤了药农的生产积极性，他们大都改种甘蔗、剑麻、菠萝等经济作物；至20世纪90年代，随着国内外市场的需求量不断增大，高良姜的人工种植面积也不断扩大。目前，人工栽培高良姜的主产地为广东省湛江市徐闻县，全县高良姜的种植面积达2 000 hm^2，以该县的龙塘、城南、附城、锦和、曲介、前山等镇产量最多，是我国高良姜药材的主产区（见彩图17-1）。

2. 药用价值

高良姜早在南北朝时期就有药用记载，如《名医别录》中指出："高良姜，出高良郡。人腹痛不止，但嚼食亦效。"传统中医药理论认为，高良姜性热、味辛，归脾、胃经，有祛风散寒、行气止痛、温胃止呕的功效，临床上常用于治疗呕吐泄泻、食滞反胃、脘腹冷痛、冷癖等病症。

以高良姜为君药的常用方剂有：冰壶汤（治疗霍乱呕吐等）、高良姜汤（治疗肠胃受风飧泄、下痢呕吐腹痛等）、调中汤（治疗产后腹痛阵作、肠鸣洞泻等）、二姜丸（治疗食冷所致心脾疼痛等）、鸡舌香散（治疗久食生冷之积症等）、逡巡散（治疗风火牙痛、腮颊肿痛等）等。

现代药理研究表明，高良姜对免疫系统有抗溃疡、抗炎、抗凝等作用；对消化系统有促进胃液分泌、调节肠平滑肌等作用；对循环系统有抗氧、改善微循环等作用；并能利胆、止痉、镇痛、抗菌、抗癌。主要用于治疗胃寒呕吐、胃寒泄泻、呃逆、嗳气、小儿厌食症等消化系统疾病；治疗心绞痛、脘腹疼痛、胸胁胀痛、牙髓炎、牙痛等疼痛症；治疗复发性口腔溃疡、妇女赤白带下、胃与十二指肠溃疡、慢性胃炎等症。

经研究还发现，高良姜油、高良姜醇提取物具有一定的促渗透作用，可从中研究开发出"透皮吸收促进剂"，用于经皮给药制剂；从高良姜中提取的高良姜素有明显的镇痛、止呕作用；高良姜对心绞痛有快速的止痛作用。在主产地广东省徐闻县，由新鲜高良姜中开发出"神姜王"保健饮料，具有健胃消食、提高机体免疫力的功能。

目前，高良姜市场供应均比较平稳，属可满足需求的品种。近几年来，国际市场需求不断增加，该产品出口逐渐转畅，价格相对稳定，远销阿尔及利亚、摩洛哥、突尼斯和法国等国。

在高良姜的人工种植生产过程中，长期存在着一些问题。如野生资源的破坏、种质的退化、产地环境生态的污染、采收加工的粗放经营、规格标准的不规范、重金属和农药残留的极不稳定、包装和贮存的落后等；而且种植栽培多为个体、分散经营，未形成产业，生产调节困难，市场反馈不及时，科技指导不力，新技术新方法难以推广。因此，为规范高良姜药材生产全过程，保证中药材质量符合标准，以满足制药企业和医疗保健事业的需要，科技部已在"十五"重大科技项目中正式立项，以广州中医药大学为科技依托单位，在广东省徐闻县开展"高良姜规范化种植（GAP）基地建设"（见彩图17-2）。

相信随着中药标准化、现代化、国际化的深入，随着中国进入世界贸易组织（WTO）和国际医药市场的不断开拓，国内外市场对高良姜的需求必然会不断增长，其市场需求将随之上升。因此，严格按照《中药材生产质量管理规范（试行）》，在一定需求范围内，进行高良姜的规范化种植，有广阔的前景。

（二）生物学特性

1. 植物学特征

《中华人民共和国药典（一部）》（2000年版）规定：高良姜的正品来源于姜科植物高良姜 *Alpinia officinarum* Hance 的干燥根茎。其原植物的形态特征如下：

（1）习性

多年生草本，植株高40～110 cm。

（2）地下根茎

形状：圆柱状横走，稍弯曲，多有分枝。

大小：根茎长5～9 cm，直径1～1.5 cm。

表面：棕红色或紫红色，有细密的纵皱纹及明显的灰棕色波状环节，每节长0.2～1 cm，节处具环形膜质鳞片，节上生根。

质地：坚韧，不易折断。

断面：呈灰棕色或红棕色，纤维性，有粉质，粗糙，中心有环纹，中柱占直径的1/3~1/2。

气味：气芳香，味辛辣。

（3）地上茎

地上茎丛生，直立。

（4）叶

叶序：互生，2列。

叶片：狭线状披针形，长20~30 cm，宽1.2~2.5 cm，先端渐尖或尾尖，基部渐狭，全缘或不明显的疏钝齿，表面绿色，背面浅绿色，两面均无毛。

叶鞘：开放、抱茎。

叶舌：长达3 cm，挺直，薄膜质，渐尖，棕色。

（5）花（见彩图17-3）

花序：稠密形的总状花序顶生，圆锥形，长5~15 cm；花序轴红色，被茸毛；小花两性。

花梗：小花梗极短。

小苞片：宿存，膜质，棕色，位于花序轴下端者呈环形，包围花序轴，位于上部者逐渐呈长圆形，外面被疏毛，内面光滑，最上方小苞片脱落。

花萼：筒状，长8~10 mm，棕色，先端不规则3缺裂，外面被柔毛，内面无毛。

花冠：花冠管呈漏斗状，长约1 cm，裂片3枚，上部1枚，下部两侧各1枚，长圆形，浅红色，长约1.7 cm，先端浑圆，微具兜，外面被疏短柔毛，内面光滑。

唇瓣：卵形，浅红色，中部具紫红色条纹，长约2 cm；侧生退化雄蕊呈锥状，长约3 mm，光滑或被小毛。

雄蕊：1枚，插生在花冠筒喉部上方，向下方弯曲，光滑，浅红色，花粉囊线状长圆形，位于药隔下方；花丝粗壮，直径约为2 mm，药隔膨大，先端阔，2裂呈叉形。

子房：下位，卵圆形，密被茸毛，3室；每室有胚珠4~5枚，花柱细长，被疏毛，棕色，紧贴于花冠筒与花丝之下，基部下方具2个合生的圆柱形蜜腺，长约3 mm，柱头二唇状，棕色，具缘毛。

（6）果实

蒴果球形，直径约1 cm，肉质，不开裂，被茸毛，成熟时橘红色。

（7）种子

种子具假种皮，钝棱角，棕色。

2. 生长发育规律

野生高良姜多生长于海拔700 m以下的丘陵向阳山坡地、路边及草坡、灌丛中。

高良姜植株丛生，根茎分蘖能力强。花期4~10月，边开花边结果，果熟期多在7~10月。

据研究，高良姜本身能选择性地富集多种无机元素。高良姜的根茎、茎、叶3个不同部位均含有18种元素，其中Na、K、Mg、Ca的含量最高，其次是P、S、Mn、Zn、Fe、Ni、Ba、Cu、B。而且，高良姜中大多数元素的富集与土壤中该元素含量的多少相一致，如Na、K、Mg、Fe、Mn、Ni、Ca等元素在土壤中含量较高时，高良姜中的含量也较高，这说明元素含量与种植土壤有关。但有些在土壤中含量较高的元素如Sb、Co等在高良姜中含量却不高；在土壤中含量较低的元素如Zn、P等在高良姜中含量反而较高；对人体危害较大的As、Pb、Cd等元素在高良姜中未被检出或含量极微。

3. 对环境条件的要求

高良姜生于热带、亚热带地区，喜温暖湿润的气候环境，极耐干旱，怕涝浸，不耐霜寒。对土壤要求不严，但以土层深厚、疏松肥沃、富含腐殖质的酸性或微酸性红壤土、沙质壤土或黏壤土为佳。不适应强光照，要求有一定的荫蔽条件（见彩图17-4）。

在主产区广东省徐闻县，年平均气温23.3 ℃，极端最高气温38.8 ℃，极端最低气温2.2 ℃，年降水量为1 100～1 803 mm，生长环境良好。

此外，按照《中药材生产质量管理规范（试行）》的要求，高良姜的规范化种植基地应远离居民点，远离交通要道，大气、水质、土壤无污染，周围不得有污染源。其中，大气环境的质量应符合《中华人民共和国环境空气质量标准》（GB3095—1996）中二级质量标准（参见P424表10-1）；水的质量应符合《中华人民共和国农田灌溉水质标准》（GB5084—1992）中二类标准（参见P426表10-2）；土壤的质量应符合《中华人民共和国土壤环境质量标准》（GB15618—1995）中二级质量标准（参见P419表10-3）。

（三）品 种 类 型

1. 正品

《中华人民共和国药典（一部）》（2005年版）规定：

高良姜的正品来源于姜科植物高良姜 Alpinia officinarum Hance 的干燥根茎。

2. 混淆品种

在药材商品市场，常见有姜科的山姜（药材名为大良姜，果实称红豆蔻）、华山姜（药材名为山姜）、大高良姜、草豆蔻、益智等几种植物的干燥根状茎伪充高良姜作药用。

其中以大高良姜冒充高良姜为多，应注意区别，其植物形态如下。

（1）习性

多年生草本，植株高可达 2 m。

（2）地下根茎

形状：圆柱状横走，多弯曲，多分枝。

大小：长 8~9 cm，直径 1.3~3 cm。

表面：淡棕红色，较粗糙，有黄色或灰棕色波状环节，有的可见到细密的纵皱纹，节处具环形膜质鳞片，节上生根。

质地：坚韧而较轻，很难折断。

断面：淡黄色，纤维性；切面无油性，中心环纹不明显，中柱约占直径的 1/2。

气味：气香，味辛。

（3）地上茎

地上茎丛生，直立。

（4）叶

叶序：互生，2 列。

叶片：狭长椭圆形至披针形，长 30~60 cm，宽 7~

15 cm，除上下主脉有淡黄色稀毛外，余均光滑无毛。

叶鞘：短。

叶舌：近圆形。

（5）花

圆锥花序直立，长15～30 cm，总轴密被小柔毛，分枝多而短；花萼筒状，绿白色，3浅裂；花冠筒状，白色，略长于花萼筒，裂片3，矩圆形，长1.2～1.6 cm；唇瓣倒卵形，2深裂，白色有红线条；雄蕊1枚；雌蕊1枚，花柱上端夹于花瓣间。

（6）果实

蒴果矩圆形，直径约1 cm，肉质，不开裂，成熟时橘红色。

（7）种子

种子具假种皮，三角形，棕黑色，有光泽。

3. 农家类型

在主产地广东省徐闻县，高良姜有"蜂窝姜"、"牛姜"等农家类型（见彩图17-5、彩图17-6）。

（1）蜂窝姜

植株较高，110～130 cm；根茎体型较小，含水分较少；晒干率约30%；产量较高。

（2）牛姜

植株较矮小，70～95 cm；根茎体型较大，含水分较多；晒干率约25%；产量较低。

（四）育苗、移栽技术

1. 育苗技术

（1）选择育苗地

育苗地宜选择具有一定荫蔽条件的山坡或灌木丛中，排灌方便、向阳背风、土壤肥沃的缓坡地段。

（2）育苗地整地

砍除杂木、杂草并就地烧成灰作基肥，深翻40~45 cm，再经两犁两耙将泥土充分细碎，每667 m²施入2 500~3 000 kg经腐熟的农家肥，与表土混匀整平，做高15 cm、宽120~150 cm的畦。

（3）育苗方法

高良姜繁殖育苗可用种子繁殖和根茎繁殖。

1）种子繁殖

①播种时间：播种期于7月至10月下旬均可，但最好在7月至9月上旬。由于种子不易久留，所以必须边收集边分批进行播种。

②播种方法：在做好的苗床上，以10 cm的行距横向开沟，深约2 cm，宽6 cm，将处理好的种子均匀撒在沟内，覆土略高于畦面，晴天浇水保湿，盖草。约20天后种子发芽。

一般育苗需半年后才可移植。

2）根茎繁殖

①育苗时间：通常在春、秋两季，结合采收高良姜时进行。

②育苗方法：在整好的育苗地上，按株行距30 cm ×

25 cm开穴种植，每穴种1~2段（每段约15 cm、带有2~3个节），覆土后稍压实，浇定根水。每667 m²用根茎约100 kg。

（4）育苗地管理

1）遮阴

高良姜嫩苗不适应强光照，要求有一定的荫蔽条件。因此，育苗初期可盖草遮阴。

种子播种后，应保持畦面土壤湿润。日平均气温在20℃以上，一般15~20天就可以发芽。发芽后，应及时揭去盖草，并适当搭阴棚，注意经常淋水。

2）间苗

当苗高3~6 cm时，去弱留强，使株间距为4 cm。

3）施肥

幼苗出土后约1个月，以0.5 kg尿素兑水100 L混合施入，追施草木灰，入冬前则可施腐熟的猪牛粪以提高幼苗的耐寒能力。

4）浇水

播种后，根据天气情况，可适当浇水，以保持湿润。

5）除草

及时拔除杂草。

2. 移栽定植

（1）定植地选择

因高良姜喜热带、亚热带气候，耐旱，不耐霜冻。要求土层深厚、疏松、肥沃的酸性或微酸性沙质壤土。故宜选排灌方便、土层深厚、肥沃、疏松的坡地或缓坡地进行种植。也可在防护林下或果木林下种植。

（2）定植地整地

冬季清除杂物，深翻风化，翌年种植前再碎土整平。可与菠萝、剑麻、木薯、香茅等热带及亚热带经济作物套种。

（3）定植时间

宜在3~4月的晴天早晨或阴雨天进行。

（4）定植方法

先进行整地，把杂草灌木除净，深翻30 cm以内土层，拾去石块、树根、草根，让土壤熟化，并下足基肥，每667 m² 施入2 000~2 500 kg腐熟的农家肥作基肥，不需做畦。

按株行距开穴，穴的规格为40 cm×40 cm×30 cm。种子苗高10 cm以上时出圃定植，每穴种2株幼苗，或每穴种1个根状茎，芽头向上，边放边填土，种后覆土压实，然后再覆细土5~6 cm厚。

（5）种植密度

株行距45 cm×75 cm（见彩图17-7）。

（五）田间管理

1. 除草

前期除草2~3次，封行后夏、秋季各除草1次（见彩图17-8）。

2. 浇水

干旱时浇水或灌溉，以保持土壤湿润，促进植株分蘖和根茎生长。

3. 追肥

种植后约30天淋施1次2%的尿素。植株封行后追施1次复合肥，每667 m² 施20~25 kg。秋末结合清园培土，每667 m² 施3 000 kg腐熟农家肥或土杂肥（见彩图17-9）。

移植后，翌年清明前后施1次尿素，每667 m² 施10 kg。6~7月结合中耕每667 m²以50 kg过磷酸钙与3 000~5 000 kg的腐熟农家肥混合使用，或施以复合肥50 kg。

实践经验表明，适当的追肥利于提高高良姜的产量和质量。

4. 松土、培土

种植后第2年在植株周围，用犁或锄开沟松土，同时进行培土；或在秋末冬初结合清园用土杂肥和表土培壅在植株基部，对促进生长、加速萌发有利。

5. 间种、混种

可在芒果林下间种，也可与菠萝、红薯等作物混种。

为了提高土地利用率，增加收益，通常在幼龄期间种一些短期生经济作物，如菠萝、木薯、红薯、剑麻等。

（六）主要病、虫、草害的防治

1. 病害

（1）烂根病

1）发生症状及原因

高良姜生长过程中的病害主要有烂根病，多发生在高温季节或多雨季节，在积水多的条件下也容易发病。

烂根病的主要特征是：根部腐烂，之后植株死亡。

2）防治方法

①农业防治：发病初期，拔除病株，并用石灰粉消毒，尽量避免病菌传播。同时，加强田间管理，改善周围环境，做好通风、透光、排水等工作，提高植株自身的抗病能力，减少病虫害的发生（见彩图17-10）。

②药剂防治：可采用0.2~0.4波美度的石硫合剂（波尔多液）灌根防治。

波尔多液配制方法：硫酸铜（等量式）、生石灰各1 kg，水100 L。将称量的硫酸铜放入塑料桶内，加入自来水5 L，搅拌溶解，去渣，再加入净水45 L，即配成硫酸铜溶液；然后将生石灰放入另一小桶中，加少量水溶化后再加入50 L净水，拌匀过滤，制成石灰乳。最后将硫酸铜溶液与石灰乳慢慢混合、搅匀，即制成浅天蓝色的波尔多液。

2. 虫害

（1）发生症状

高良姜的虫害多为钻心虫和卷叶虫，主要危害嫩叶和茎尖。

（2）防治方法

可用40%的乐果乳油2 000倍液喷杀。

3. 草害

高良姜药材常见的杂草主要有：牛筋、稗、革命菜和空心莲子草等，其中大多数为双子叶植物类杂草。这些杂草可与药材植株争夺土中的营养和水分，一定程度上影响着高良姜药材的产量与质量。因此，人工防除高良姜的田中杂草是一项经常性的田间管理工作。同时，在杂草的防治过程中，可针对不同的杂草采用不同的方法进行防治，选用合适的化学药剂除草，不仅省工省时，而且比较彻底与可靠，能收到较好的防除效果。

（1）种植前除草

化学除草应以药材种植前土壤施药为主，争取一次施药便能保持整个生长期不受杂草危害。种植前土壤处理的常用药剂如下：

①48%氟乐灵乳油：氟乐灵乳油除杂草谱广，能有效防除一年生靠种子繁殖的禾本科杂草，如牛筋、狗尾草、稗等。喷药时间多在种植前5~10天杂草萌发前，用药量根据说明书上的规定用水兑制，对药田表土进行均匀喷洒处理。因氟乐灵易挥发和光解，应随喷随进行浅翻，将药液及时混入5~7 cm土层中，有条件的最好是机械喷药耙混一次完成，除草效果可达90%以上。也可喷药后随即浇透水，但效果不如浅翻混土。施药一般隔5~7天才可种植。

②50%乙草胺乳油：该药剂主要通过杂草地上部分吸收药液后，抑制其蛋白质合成，使芽和根停止生长，从而导致杂草在出土前、出苗前和出苗后不久死亡。对多种一年生禾本科杂草有特效，并可兼除部分小粒种子的阔叶杂草。喷药时间多在种植移栽前3~5天进行，注意，必须在杂草出土前施用。每667 m^{2}用该药剂70~75 mL兑水40~60 L，均匀喷洒土表即可。

（2）种植后除草

高良姜通常只在苗期和定植初期会有较多杂草萌发生

长，因此应首选人工经常性的除草方法。

若杂草较多，可每667 m²用5%闲锄乳油40 mL兑水30 L喷洒；或用20%拿扑净150~200 mL兑水30~50 L喷雾；或每667 m²用6%克草星乳油70~80 mL兑水30~40 L，作茎叶均匀喷雾即可。

（3）化学除草剂使用注意事项

①化学除草剂的选择：必须注意化学除草剂的选择性、专一性、时间性，不可误用、乱用除草剂，防止杀死药苗。

②严格掌握限用剂量：使用除草剂应综合具体土质考虑农田小气候，严格按药品说明规定的剂量范围、用药浓度、用药量使用。例如，一般的贫瘠沙性壤土除草施药渗透性较大，药材易受药害，用药量要小，甚至忌药；多雨季节土壤墒情好，应低剂量用药；杂草出芽整齐、密度低，剂量应小些；地膜覆盖因温湿度条件好，用药量也应减少。

③正确施药：掌握好施除草剂的最佳时间和技术操作要领，妥善保存好药剂，防止错用，并清洗好喷药器具，以免误用，使其他作物产生药害。

④注意环境条件对除草剂的影响：温度、水分、光照、土壤类型、有机质含量、土壤耕作和整地水平等因素，都会直接或间接影响除草剂的除草效果。

⑤灵活用药：在药用植物基部土法施药除草时，要在无露水条件下进行，以免茎叶接触药液受害；对作物籽苗胚芽敏感的药剂，土壤处理应在播种前盖籽后施药，并尽量提高播种质量，适当增加播种量；一些移栽药材因其苗大，而杂草幼小，可采取苗带（幼苗附近20~30 cm宽）集中施药；对选择性差或触杀性除草剂实行保护性施药，即将药液直接喷雾或泼浇于土表，尽量不接触药材幼苗，且不能拖延至苗体

旺盛、绿叶面积大时施用；若茬口允许，则可在药材播栽前采取旱地浇灌、水田湿润、盖膜诱发等措施，使杂草提前萌发，再以药剂杀灭。

⑥其他：目前，市场上还没有专门用于药材的除草剂，多为借用家种作物（如蔬菜、果树等）的除草剂，因此，必须在有实践经验的专家或技术人员指导下购买除草剂和实施除草作业，以免造成经济损失和不良后果。

（七）采收与加工

1. 采收

（1）采收时间

高良姜野生品全年均可采收，栽培品种植4~6年后可收获，但5~6年时产量更高，质量更好，此时根茎中所含粉质多，气味浓。

通常在4~6月或10~12月采挖根茎。

（2）采收方法

选择晴天，先割除地上部分的茎、叶，然后用犁深翻，把根状茎逐一挖起进行收集（见彩图17-11）。

通常每667 m^2可产鲜品2 000~3 000 kg。

2. 初加工

将收获的根茎除去地上部分、泥土、须根及鳞片，选取老根茎截成5~6 cm长的小段，洗净，晒干（见彩图17-12、彩图17-13）。

在晒至六七成干时，堆在一起闷放2~3天，再晒至全干。皮皱肉凸、表皮红棕色者，质量更佳。

3. 炮制

取高良姜原药材，拣除杂质，洗净后，按大小分档，润透切成薄片，晒干。

在炮制时应注意多润少浸，以防走色、走味。

4. 商品规格

（1）规格标准

高良姜商品根据性状不同可分为2个等级：

1）一等品

干货，除净苗茎须根，粗壮坚实，红棕色，气味芳香辛辣，长2.4～4 cm，中部圆径大于3 cm，横枝不超过2条，无枯死姜，无病害、霉变及虫蛀（见彩图17-13）。

2）二等品

干货，除净苗茎须根，肥壮结实，气味香辣，红棕色，长2.4～4 cm，中部围径大于1.5 cm，横枝不超过2条，无枯死姜，无病害、霉变及虫蛀。

（2）商品评价

市场上所售高良姜商品，以形状饱满、皮皱肉凸（俗称"反口"）、分枝少、粉性足、外皮色棕红、气芳香、味辛辣者为佳，此等佳品称为"马蹄良姜"。

商品细瘦、味淡、色灰褐者为次。

气味俱淡、体质轻泡、色萎黑的死根（俗称"死姜"）为最差。

从商品来源讲，一般认为栽培品优于野生品。

从产地来源讲，以广东省徐闻县所产为佳。

（八）留种技术

1. 种子

（1）选择留种母株

选择果粒大、饱满、味浓、产量高的无病虫害的植株为留种母株。

（2）采种

高良姜的种子一般在7~10月陆续成熟，当果皮由绿色变为黄色或黄绿色时，分批采收，每667 m^2播种育苗需鲜果量10 kg左右。

（3）种子处理

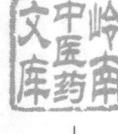

选取粒大、饱满、呈红棕色而无病虫害的鲜果，剥去果皮，混入等量的细沙揉搓至种子与果瓤分开，种皮呈灰白色，有轻微损伤，以增加种子的通透性，利于种子发芽出苗。用清水漂洗去细沙及果瓤，捞出种子，晾干水分（种子不宜暴晒）备用。

2. 根茎

选1~2年生粗壮、带5~6个芽、无病虫害、较肥硕的嫩根状茎；剪成长约15 cm、带有2~3个节的小段，作为根茎繁殖用。

（九）质量标准及监测

按照《中药材生产质量管理规范（试行）》、《中华人民共和国药典（一部）》（2000年版）的有关规定，药材的质量标准内容较多，一般应包括：药材名称、来源（包括药材原植物的科及种的中文名、拉丁学名、药用部位、采收季节和产地加工等）、性状（包括药材的形、色、质地、气味等特征的描述）、鉴别（包括显微鉴别和理化鉴别）、检查、浸出物、含量测定、注意事项、贮藏方法等。

在种植地，应特别注意以下几方面：

1. 药材性状

（1）野生的高良姜药材

根茎较细瘦，上端大，下端细，分枝多，表面灰褐色，质坚实。

通常以根茎饱满、皮皱肉凸、分枝少、色棕红、气香浓、味辛辣者为佳。

（2）栽培的高良姜药材

形状：呈圆柱形，稍弯曲，水平方向2～3叉分枝。

大小：直径1～1.5 cm，常切成5～9 cm长的段。

表面：棕红色至暗褐色，有细密的纵皱纹及灰棕色的波状环节，节间长0.5～1 cm，上面有几个圆形的茎基痕，下面有多数点状须根痕。

质地：坚实，不易折断。

横切面：纤维性，灰棕色至红棕色，分皮部与中柱，中心环（即内皮层）明显，散在多数维管束点及棕色油点。

气味：气芳香，味辛辣。

2. 常见的混淆品

（1）大高良姜的根茎

来源于姜科植物大高良姜的干燥根茎。

形状：呈圆柱形，多弯曲，多分枝。

大小：长8~9 cm，直径1.3~3 cm。

表面：淡棕红色，较粗糙，有黄色或灰棕色波状环节，有的可见到细密的纵皱纹，节处可见环形的膜质鳞片，下面有圆形根痕。

质地：坚韧而较轻，很难折断。

断面：淡黄色，纤维性；切面无油性，中心环纹不明显，中柱约占直径的1/2，木部与皮部易分离，色稍深。

气味：气香、味辛，气味较淡。

（2）山姜的根茎

来源于姜科植物山姜的干燥根茎。

其与高良姜的主要区别是：山姜根茎的直径为0.3~1 cm；断面土黄色或黄色，中柱占横切面的1/2。

（3）距花山姜的根茎

来源于姜科植物距花山姜的干燥根茎。

其与高良姜的主要区别是：表面黄棕色，直径为0.3~1 cm，断面棕黄色，中柱约占直径的1/3。气微腥，味微辛。

（4）益智的根茎

来源于姜科植物益智的干燥根茎。

其与高良姜的主要区别是：表面棕红色，直径为0.3~2 cm，断面棕黄色，中柱约占直径的1/3。气微腥，味辛微苦。

3. 主要化学成分

（1）黄酮类

主要有高良姜素、高良姜素-3-甲醚、山柰素、山柰酚、槲皮素、槲皮素-3-甲醚、异鼠李素、高良姜酚、山柰酚-7-甲醚和7-羟基-3,5-二甲氧基黄酮等14种。

（2）二苯基庚酮类

主要有1,7-二苯基-4-庚烯-3-酮、1,7-二苯基-5-羟基-3-庚酮、5-羟基-7-（4″-羟基-3″-甲氧基苯基）-1-苯基-3-庚酮、7-（4″-羟基苯基）-1-苯基-4-庚烯-3-酮、5-甲氧基-7-（4″-羟基苯基）-1-苯基-3-庚酮、5-甲氧基-1,7-二苯基-3-庚酮、六氢姜黄素、（3R,5R）-1-（4-羟基苯基）-7-苯基庚二醇-3,5等。

（3）挥发性物质

含量为0.5%～1.5%。主要有1,8-桉油素、茨烯、香桧烯、β-蒎烯、β-月桂烯、丁内酯、对-聚伞花素、柠檬烯、-β-反式-罗勒烯、γ-松油烯、α-松油烯、β-松油醇、樟脑、-2-戊酮、龙脑、2-辛烯-4-醇、松油烯-4-醇、α-松油醇、顺式-香叶醇、芳樟醇、β-香茅醛等。其中1,8-桉油精为其主要成分。

经对湛江市徐闻县等3个不同产地高良姜的无机元素含量进行测定，发现湛江市徐闻县所产的高良姜中，大多数元素的含量要高于其他地区所产，其中Zn和Mn 2种人体必需微量元素的含量较丰富；研究还发现，湛江市徐闻县所产的高良姜中所含的挥发油含量较高，挥发油中的主要成分1,8-桉叶素含量也较高，不同产地的高良姜药材的挥发油中1,8-桉油素含量相对稳定，含量为29.8%～39.8%。因此，传统认为广东省湛江市徐闻县所产的高良姜质量较好。

4. 重金属、农药残留等的限量指标

依据中华人民共和国商务部发布、2001年7月1日起实施的《药用植物及制剂进出口绿色行业标准》进行检测。《药用植物及制剂进出口绿色行业标准》是我国第一个以国家政令的形式发布的中药进出口国家标准，并在国际上第一次确立了"绿色中药"的概念；它规定了药用植物及制剂的绿色品质标准，包括药用植物原料、饮片、提取物及其制剂等的质量标准和检验方法。

（1）重金属及砷盐

1）限量指标

①重金属总量≤20.0 mg/kg；

②镉（Cd）≤0.3 mg/kg；

③铜（Cu）≤20.0 mg/kg；

④铅（Pb）≤5.0 mg/kg；

⑤汞（Hg）≤0.2 mg/kg；

⑥砷（As）≤2.0 mg/kg。

2）检验方法

①重金属总量：《中华人民共和国药典（一部）》（2000年版）附录ⅠXE重金属检测方法。

②铅：GB/T5009.12—1996 食品中铅的测定方法（原子吸收光谱法）。

③镉：GB/T5009.15—1996 食品中镉的测定方法（原子吸收光谱法）。

④总汞：GB/T5009.17—1996 食品中总汞的测定方法（原子吸收光谱法）（汞测仪法）。

⑤铜：GB/T5009.13—1996 食品中铜的测定方法（原子

吸收光谱法)。

⑥总砷：GB/T5009.11—1996食品中总砷的测定方法。

(2) 农药残留量

1) 限量指标

①六六六 (BHC) ≤0.1 mg/kg；

②滴滴涕 (DDT) ≤0.1 mg/kg；

③五氯硝基苯 (PCNB) ≤0.1 mg/kg；

④艾氏剂 (Aldrin) ≤0.02 mg/kg。

2) 检验方法

《中华人民共和国药典(一部)》(2000年版)附录ⅨQ有机氯农药残留量检测方法。

(3) 黄曲霉毒素

1) 限量指标

黄曲霉毒素B_1 (Aflatoxin) ≤5 μg/kg (暂定)。

2) 检验方法

SNO339—1995出口茶叶中黄曲霉毒素B_1的检测方法。

(4) 微生物限度

限量指标参照《中华人民共和国药典(一部)》(2000年版)规定，检验方法参照《中华人民共和国药典(一部)》(2000年版)：附录ⅩⅢC微生物限量检测法。

(十) 包装、贮藏及运输

1. 包装

高良姜晒干后，用专用袋包装，每件约40 kg。

按照《中药材生产质量管理规范(试行)》的要求，包

装前应再次抽查，清除劣质品和杂质，包装器材应无污染，要清洁、干燥、无破损；包装袋上应有包装记录，内容及格式如下：

药材名称：

产　　地：

采收日期：

采收单位：

调出日期：

调出单位：

调出数量：　　　　　包

包装重量：　　　　kg/包

注意事项：

附：药材质量检验单

2. 贮藏

（1）贮藏条件

因高良姜主要含有挥发油成分，所以应存放于阴凉、干燥的药材仓库，并防回潮、防虫蛀。

最佳的贮藏条件为：温度在30℃以下，相对湿度控制在70%~75%，商品安全水分为10%~13%。

按照国家规定，贮存保管定额损耗率3个月、6个月、1年及1年以上的库房损耗分别为1%、1.3%、1.6%、2%以内。

（2）防虫蛀

高良姜的芳香辛辣气味可防虫，故虫蛀现象较少，但潮湿环境条件下仍易被虫蛀。

常见的仓库害虫有药材甲、烟草甲、褐粉蠹、黑毛皮蠹、暗褐郭公虫等，被蛀蚀的药材表面可见蛀孔，包装外现棕红色蛀末。因此，应保持仓库干燥、清洁，经常清除灰尘、杂物，定期进行消毒。

发现虫蛀，应立即外移晾晒、翻垛通风。

虫情严重时用溴甲烷、磷化铝熏杀。将仓库密闭，抽去空气，填回氮气进行贮藏。

（3）防潮、霉变

在潮湿环境中，高良姜受潮霉变。

经研究发现，在含水量13%、相对湿度70%~75%的环境中，可保持原有色泽并不会发霉。相对湿度超过80%，存放3周即开始长霉（青霉），色泽变暗。

在含水量15%、相对湿度70%~75%的环境中，亦可完好保存。但相对湿度达到90%以上时，仅3天即开始霉变，1周即全部霉坏。

如发现药材已受潮，可在阳光下暴晒，或用水将霉洗净后暴晒。但不宜经常暴晒，以免挥发油散失，表面干缩，色泽暗淡，影响质量。

在梅雨季节应每隔15天检查1次，发现问题要及时处理，保证药材的外部和内在质量。

3. 运输

药材批量运输时，注意不能与其他有毒、有害的物质混装；要防止吸潮、防止暴晒。按照国家规定，运输定额损耗率200 km、201~500 km、501~1 000 km、1 000 km以上分别应控制在1.5%、1.8%、2.4%、3%以内。

（詹若挺）

参 考 文 献

卜宪章，肖桂武，古练权，等．2000．高良姜化学成分研究［J］．中药材，23（2）：84-86．

陈蕙芳．1995．高良姜治疗心绞痛［J］．国外药讯，（2）：33．

国家药典委员会．2000．中华人民共和国药典：一部［S］．北京：化学工业出版社．

国家中医药管理局《中华本草》编委会．1998．中华本草［M］．上海：上海科学技术出版社．

胡世林．1989．中国道地药材［M］．哈尔滨：黑龙江科学技术出版社．

黄泰康．1993．天然药物地理学［M］．北京：中国医药科技出版社．

江苏新医学院．1986．中药大辞典［M］．上海：上海科学技术出版社．

刘心纯，符红，黄海波，等．1999．高良姜与混淆品的鉴别研究．广州中医药大学学报，16（3）：232-234．

刘应柯，黄国峰．1997．高良姜抗凝实验及对心肌脂质过氧化的影响［J］．中国中医药科技，4（1）：47．

罗辉，蔡春，张建和，等．1997．不同产地高良姜挥发油化学成分的比较［J］．广东医学院学报，15（3）：277．

罗辉，张建和，揭新明，等．1997．不同产地高良姜无机元素含量的比较［J］．广东微量元素科学，4（2）：69．

罗辉，张建和，揭新明，等．1997．高良姜根茎叶及其种植土壤中无机元素含量的研究［J］．广东微量元素科学，4（4）：67．

冉先德．1996．中华药海：上册［M］．哈尔滨：哈尔滨出版社．

王俊华，林辉，陈佃，等．1999．不同地区高良姜挥发油和1,8-桉油素含量测定比较［J］．时珍国医国药，10（7）：481-482．

王宁. 1995. 杜若的本草考证[J]. 中药材, 18（10）: 529.

徐鸿华. 1985. 热带药用植物栽培[M]. 广州: 广东科技出版社.

杨福顺. 1990. 高良姜种子繁殖方法[J]. 中药材, 13（2）: 10.

尹彤东. 1994. 高良姜伪品山姜的生药学研究[J]. 中草药, 25（2）: 109.

张紫洞. 1983. 中药材保管技术[M]. 北京: 人民卫生出版社.

郑虎占, 董泽宏, 佘靖. 1998. 中药现代研究与应用（第四卷）[M]. 北京: 学苑出版社.

中国科学院. 1981. 中国植物志: 第16卷第2分册[M]. 北京: 科学技术出版社.

中国科学院华南植物研究所. 1991. 广东植物志: 第二卷[M]. 广州: 广东科技出版社.

中国科学院植物研究所. 1987. 中国高等植物图鉴[M]. 北京: 科学出版社.

中国药材公司. 1995. 中国中药区划[M]. 北京: 科学出版社.

周子静. 1990. 高良姜及其三种混淆品的生药鉴定. 中药材, 13（7）: 20-23.

茎木、树（根）皮类药材

十八、肉　　桂

（一）概　　述

1. 来源

本品为樟科常绿乔木肉桂 *Cinnamomum cassia* Presl.的干燥树皮或枝皮，原名牡桂，别名肉桂皮、桂、桂皮、玉桂、企边桂、桂楠、玉耐皮、筒桂、官桂。肉桂具有补火助阳、引火归源、散寒止痛、活血通经的功效，用于治疗阳痿宫冷、肢冷脉微、虚寒吐泻、心腹冷痛、腰膝冷痛、肾虚咳喘、痛经、经闭、低血压、寒性脓疡等病症。桂油为常用驱风药及健胃药。

2. 开发利用

（1）药品

《中华人民共和国药典（一部）》（2005年）收载了肉桂皮、枝和枝叶提取的挥发油，分别命名为肉桂、桂枝、肉桂油。肉桂和桂枝为中药处方常见药，肉桂油为常用的驱风药及健胃药。很多传统复方中都含有肉桂，如八味丸、右归丸、桂连丸、桂心散、桂附杜仲汤、桂肝丸等。在治疗阴疽的著名方剂阳和汤、治疗小便涩痛的滋肾通关丸、补气补血的十全大补汤中肉桂都是重要的药物。

（2）食用价值

肉桂亦是一种常用的食材，常作为食品添加剂和调味剂使用。据《礼记·檀弓上》记载："曾子曰：丧有疾，食肉、饮酒，必有草木之滋焉，以为姜桂之谓也。"说明春秋时期就用桂作调味品使用，而且都是桂姜并提。《吕氏春秋·孝行览》也说"和之美者，阳璞之姜，招摇之桂"。桂皮芳香健胃，促进食欲，确是调味佳品。《尸子·下》有一则"买椟还珠"的故事，这个"椟"就是用"木兰之接，薰以桂椒"，可见当时还把桂和椒作为香料使用。在一些糕点和饮料中常常添加肉桂，如"可口可乐"，其配方就有肉桂成分。

（3）其他价值

在香料行业，肉桂酸是桉酸类香料，有良好的保香作用，主要用于配制樱桃、杏、蜂蜜等型香料。在化妆品、香皂、洗洁剂、杀虫剂或乳液中也常用肉桂。肉桂醛还可对口腔起杀菌和除臭的双重功效，常用于牙膏、口香糖、口气清新剂等。

3. 产地

我国是肉桂的原产地，同时也是肉桂最大生产国与出口国；其次是越南、印度、斯里兰卡、老挝、柬埔寨等少数国家和地区。越南产肉桂俗称清化桂，原产于越南清化省，主产于越南清化、河内（北圻）、会安（中圻）、胡志明市等地。

广西、广东是我国肉桂的最大产地，产量占全国的95%以上，其次云南、海南、福建、贵州、四川、湖南、浙江、江西等地也有少量种植。广西主产于防城、东兴、钦州、藤县、容县、平南、玉林、贵县、桂平、岑溪、博白、陆川、北流、苍梧、大瑶、上思、宁明等；广东主产于信宜、德庆、高要、罗定等。

（二）生物学特性

1. 植物学特性

肉桂为常绿乔木植物（见彩图18-1、彩图18-2）。

（1）茎

主干外皮灰褐色或棕色，粗糙，有细皱纹及小裂纹，皮孔椭圆形，内皮红棕色，芳香而味甜性辛。老树皮厚0.5～1.0 cm，幼树皮厚0.1～0.5 cm。幼枝略呈四棱形，被褐色茸毛。顶芽小，密被灰黄色茸毛。

（2）叶

叶互生或近对生，革质，叶片长椭圆形至披针形，长8～20 cm，宽4～5 cm，全缘，先端稍急尖，基部急尖，叶面亮绿色，平滑而有光泽，无毛，叶背浅绿色，疏被黄色短柔毛；具离基3出脉，于叶背明显隆起，细脉横向平行；叶柄膨大，长1～2 cm，被褐色茸毛。

（3）花

圆锥花序腋生或近顶生，长8～16 cm，被褐色茸毛；花小，白色；花梗长3～6 mm，花被片6，长约2 mm，下部连合成长约2 mm的花被管；能育雄蕊9枚，花药4室，退化雄蕊3枚，紫色，心形，约为雄蕊长度的1/2。

（4）果

浆果卵圆形，长约1 cm，直径9 mm，10～12月熟时紫黑色；花被片脱落，边缘平截或略齿状，果托浅杯状。

（5）种子

种子长卵圆形，紫色。

2. 生长发育规律

肉桂的生长发育受地形、水源、风力大小、土壤肥力和管理措施等因素的影响。

5月下旬至6月下旬，小花陆续开放，昆虫传粉。正常年份成果率25%～30%，在当年10月下旬，胚的基本器官形成，至次年2～3月，胚发育完成，秋季种子成熟。种子没有胚乳，营养物质都贮藏在子叶中。在幼年阶段，主茎较为发达，侧枝生长慢，能形成3～5m以上的枝下主干，这就有利于剥取成块的桂皮。

幼苗的生长与光照、荫蔽度也有关系，50%左右的荫蔽度有利于幼苗的生长。3～5年生幼树，在荫蔽条件下生长较快。

幼年实生苗生长较慢，到2～3年生后逐渐加快，到近于成熟阶段又逐渐减慢。

实生植株达10～11年时开始结实，每年1次。营养不足时，常出现大小年现象。一般100～120年开始衰退。萌芽植株初期高生长就很迅速，70～80年时开始衰退。但如在开花结实前即行采伐，进行矮化林作业，却能维持萌芽更新10多次，年龄可延续100多年。

总的生长趋势是：苗期和幼树生长缓慢，5年后生长速度加快，到成熟阶段又逐渐减慢，100～120年开始衰退。植株一般10～11年开始开花结果。引种的南肉桂则在第7年便开始开花结果。5月中旬自春梢的叶腋间或顶端抽出花序，花期始于6月上旬，终于6月下旬至7月上旬，果熟期翌年2～4月，从花谢到果实成熟需7～9个月。新鲜种子的发芽率可达90%以上，失去水分的干燥种子则易失去发芽能力。

肉桂具有很强的萌蘖能力，在砍伐的树墩旁能萌发出新芽并成长为新植株。

凡是受烈日照射时间长、土壤相对比较干瘠、管理又较粗放的环境，肉桂长势劣，生长慢，植株细弱，叶色较黄，病虫害发生严重。而日照时间短，稍有树阴或群体互相有些荫蔽，加强管理的环境，肉桂长势旺，群体茂盛，植株粗壮。

3. 对环境条件的要求

肉桂多为栽培，野生极少。野生者常在避风的疏林中，与亚热带季雨林常绿阔叶林混生，家种者多单独成片。对环境条件的具体要求如下：

（1）温度

肉桂喜温暖，适宜生长在南亚热带气候区，生长适宜温度为21～30 ℃，最适温度为22～26 ℃。

（2）光照

肉桂属半阴性树种，对光照的要求随着树龄的不同而改变，幼苗喜阴，需要70%～80%的荫蔽度，成龄树在较多阳光下才能正常生长。

（3）水分

肉桂既怕干旱，又怕积水，适宜年降水量1 200～1 800 mm，空气相对湿度70%左右。

（4）土壤

肉桂种在山区的比种在平原的质量好，以排水性和透水性良好、土层疏松深厚、肥沃湿润、土壤pH4.5～5.5的沙质壤土或富含腐殖质的沙质黑壤土为好。

（5）风力和风向

在栽种肉桂时，应注意避免与风口相对，选择东西向或东南向的山坡或山谷。

（6）肥料

肉桂为喜肥植物。在植株抽芽现蕾时，以施氮肥为主；在青果期，以施氮肥、磷肥为主；在过冬时，以施有机肥和磷肥、钾肥为主。

（三）物种或品种类型

1. 正品

肉桂是《中华人民共和国药典（一部）》（2005年版）收载的药材品种。

2. 农家品种

肉桂有野生种和栽培种，栽培种在长期人工栽培中出现了生物多样性，根据其形态特征和品质特点分为3个农家品种。其区别点见表18-1。

表18-1 肉桂农家品种植物形态及品质特点比较

品种	形态						品质特点
	嫩叶	叶	花序	果	树高	树皮	
红芽肉桂（黄油桂）	均呈紫红色	叶片较大，长15~25cm，宽5~8cm，叶柄长1.1~1.7cm，叶柄向上弯曲翘起	花序总柄较长，小花较疏	结果量少，果实亦小	13年生树高7~8m，胸径8~10cm	树皮呈淡红褐色，皮孔突出，韧皮部油层呈黄色、味香	植株生长快，桂皮与桂油品质较优，但耐旱力差，适宜在山谷、缓坡下部土壤湿润处种植
白芽肉桂（黑油桂）	呈淡绿色	叶柄水平伸长。叶片较小，下垂，一般长10~19cm，宽4~6cm，老叶主脉两侧的叶面向上翘起，成鸡胸状	花较密集，花序总柄较短	结果较多	13年生树高7~8m，胸径10~11cm	树皮呈灰褐色，有稀疏细疣状突起，韧皮部油层呈黑色（剥皮晒干后），与非油层界限明显；香味浓，味辛辣重，口嚼先辣后甜	除幼苗期需要荫蔽条件外，整个生长期均需在充足光照下才能生长；较耐旱，适宜在山坡高地种植；桂皮品质尚优

续表

品种	形态						品质特点
	嫩叶	叶	花序	果	树高	树皮	
砂皮肉桂（糠桂）	呈棕色	叶片长11~16 cm，宽2.5~6 cm，叶柄长1.4~2.2 cm	花序总柄长3.5~8 cm		13年生树高7~8 m，胸径8.5~10.5 cm	表皮粗糙，韧皮部油层淡黄色，不明显	桂皮质量差

（四）种　植　地

1. 种植地选择

肉桂多生长在北回归线以南，北纬18°~22°，海拔100~500 m，坡度30°~40°，东向或东南向的山坡或山谷。本品选在其分布区内的西江流域德庆县，按照《中药材生产质量管理规范（试行）》（GAP）的要求，肉桂规范化种植基地应远离居民点，远离交通要道，大气、水质、土壤应无污染，周围不得有污染源（见彩图18-3）。

2. 种植地生长环境质量检测

肉桂种植地的大气环境质量（由该县气象部门提供）符合《中华人民共和国环境空气质量标准》（GB3095—1996）中的二级标准（见表18-2）。水质和土壤等生态环境质量指标经广东省生态环境与土壤研究所检测，灌溉水质符合《中华人民共和国农田灌溉水质标准》（GB5084—1992）中的二级标准（见表18-3）；土壤环境质量符合《中华人民共和国土壤环境质量标准》（GB15618—1995）中的二级标准（见表18-4）。

表18-2　肉桂种植地大气环境质量分析检验结果　　（mg/m^3）

检测项目	检测结果（年平均值）
二氧化硫	0.014
二氧化氮	0.013
总悬浮微粒物	0.11

表18-3　肉桂种植地水质分析检验结果

主要指标	检测结果	主要指标	检测结果
生化需氧量（BOD$_5$, mg/L）	7.3	总铅（mg/L）	0.000 5
化学需氧量（COD$_R$, mg/L）	1.2	总铜（mg/L）	0.002 1
悬浮物（mg/L）	0	总锌（mg/L）	0.037
阴离子表面活性剂（LAS, mg/L）	0.10	总硒（mg/L）	0.006
凯氏氮（mg/L）	5	氟化物（mg/L）	0.01
总磷（以P计算，mg/L）	0.077	氰化物（mg/L）	0.002
水温（℃）	20	石油类（mg/L）	0.20
pH	6.19	挥发酚（mg/L）	0.050
全盐量（mg/L）	20.0	苯（mg/L）	0.001
氯化物（mg/L）	0.499	三氯乙醛（mg/L）	0.003
硫化物（mg/L）	0.01	丙烯醛（mg/L）	0.001

续表

主要指标	检测结果	主要指标	检测结果
总汞（mg/L）	0.000 3	硼（mg/L）	0.02
总镉（mg/L）	0.000 2	粪大肠菌群（个/L）	9 063
总砷（mg/L）	0.004	蛔虫卵数（个/L）	未检出
铬（六价，mg/L）	0.002		

表18-4 肉桂种植地土壤环境质量分析检验结果

检测项目	检测结果
铅（mg/kg）	43.3
铜（mg/kg）	11.2
镍（mg/kg）	15.0
铬（mg/kg）	21.8
锌（mg/kg）	32.8
镉（mg/kg）	0.088
砷（mg/kg）	10.9
汞（mg/kg）	0.062
六六六（mg/kg）	0.014
DDT（mg/kg）	0.009 1
pH	4.64

（五）种 植 技 术

肉桂的繁殖方法比较多，通常以种子繁殖为主，也可采用萌蘖、压条、扦插和嫁接等方法繁殖。欲获得大面积造林所需苗木常采用种子繁殖；萌蘖繁殖专供培育大肉桂所用的苗木；压条繁殖造林成活率高，但较难获得大量的种苗；扦插育苗适宜于已有小面积林地，但缺乏种子又需要扩大造林面积的地区；嫁接法繁殖主要是为了培育优良品种。

1. 育苗技术

（1）苗圃选择和苗床准备

1）苗圃选择

选择无寒流危害、土层深厚、疏松肥沃、排水良好、靠近水源、有荫蔽、pH为4.5～5.5的沙质土壤或轻土壤的地块。

2）苗床准备

苗床畦面规格（长×宽×高）为（10～15）m×（0.8～1.0）m×（0.15～0.25）m。整地要求三犁三耙翻晒充分捣碎后，按每667 m²施有机肥2 500 kg、磷肥50 kg作基肥。肥料经沤制腐熟结合起畦与土壤充分拌匀。苗圃四周开好排水沟。

（2）种子繁殖（见彩图18-4）

1）选种和播种前处理

选择成熟、饱满（果实呈紫黑色）的种子。播种前进行种子消毒，用福尔马林溶液浸种0.5 min，然后倒出多余的药液，放入密闭缸内处理2 h，再用清水洗去药液，随即用清水浸种24 h。

2）播种时间

一般在早春2～3月，以随采随播为好。最迟不超过5月上旬。

3）播种方法

在整好的苗床上，按行距25～30 cm横畦开沟，深5 cm，再按株距10 cm点播种子于沟内，覆土1.5~2 cm，播后盖草、保湿，25~30天即可出苗。播种时做到种子漂洗→消毒→晾干→播种迅速完成，否则应及时进行沙藏。

4）种苗的管理

①搭盖阴棚：苗床播种后，如无自然荫蔽，需搭阴棚。阴棚高度为60~80 cm，长度宽度基本与畦面一致。苗圃阴棚的荫蔽度要求由大至小：4~6月为70%~80%；7~9月为50%~60%；10~11月为30%~40%；12月以后至翌年3月出圃前，可以拆除阴棚。

②除草松土：一般每年除草6~7次，除草方式主要是用手拔。第1次除草在4月底或5月初（即播种后25天左右，幼苗第1蓬叶基本稳定时）进行；第2次在5月下旬进行；第3次在6月中旬（幼苗第2蓬叶萌动前）进行；第4次在6月下旬或7月上旬（部分幼苗第2蓬叶已张开，应避免伤根）进行；第5次在7月下旬（绝大部分幼苗第2蓬叶基本稳定）进行；第6次在8月下旬（幼苗第3蓬叶基本稳定时）进行；第7次在9月下旬或10月上旬（第4蓬叶稳定时）进行。若苗圃杂草少，土壤板结要及时松土，保持土壤疏松通透，以利根系生长。

③施肥：当小苗长到有3~5片真叶时便要施肥。根据土壤肥力、基肥情况及幼苗生长季节决定施肥方案。一般每年施肥7~8次（其中铺施有机肥1次，追施化肥6~7次）。在苗木根系生长初期，适当施腐熟的人粪尿肥，但不宜过浓，以免灼伤苗木。化肥应开沟施于行间，不要与根接触，施后盖土浇水。特别值得一提的是，最后一次施肥（10月下旬或11月上旬）应以钾肥为主，于阴雨天在行间撒施，要求每667 m²撒施草皮灰4 000 kg+磷肥25 kg+复合肥10 kg。由于施好这次肥料对翌年春季幼苗生长和防病极为有利，因此，施

肥质量要求较高，肥料撒施后要及时结合松土拌匀肥料。

（3）萌蘖繁殖

每年4月上旬进行。选择1~2年生、高100 cm、直径2~2.5 cm的萌蘖，在接近地面处剥去茎部一圈3~4 cm宽的树皮，随即用疏松肥沃的表土将剥皮部位覆盖，稍压实后淋透水，一年后剥皮处可长出30~40条新根。此时可把土扒开，用刀将萌蘖与母树之间的连接处砍断，使萌蘖成为单一的独立苗木，移至林地造林。用此法繁殖的苗木，因其长有发达的根群，定植后成活率可达95%以上，但此法不容易获得大量苗木。

（4）压条繁殖

一般在3月下旬到4月上旬进行。选择直径1 cm以上的1~2年生枝条，在距离主干3~5 cm处环状剥皮2~3 cm宽，在剥皮处用青苔作包扎敷料敷在切口处，贴紧后用塑料薄膜包扎，两头用绳绑紧，经12~18天，切口处便开始长出新根，待切口处长出较多的新根后，即在紧贴主干处将枝条平齐锯下，除去塑料薄膜，栽于苗圃。

（5）扦插繁殖

每年的3~4月进行。从优良的母树上剪取无病虫害、组织充实、皮呈青绿色的壮枝作插条，插条粗1.2~2 cm，长15~17 cm，具4~5个节，将梢尖幼嫩部分剪去，上端截口靠节的上部1~2 cm处剪成平口，下端截口紧靠节的下面或离节5 cm处剪成楔形斜口（近节截取较易生根）。剪好的插条宜放在阴凉处，浸在清水里或用湿草、湿布覆盖，防止切口干燥。选背风向阳、地势平坦、水源充足、排水良好的地方进行扦插。扦插用的沙床宜用清洁的细河沙（粒径0.5~1 mm），厚30 cm左右，把插条斜插入沙床内2/3，上切口与沙面平贴，稍压插条附近的沙，理平沙面，浇水至湿透，加盖塑料薄膜，并搭阴棚，经40~50天，在插条下端剪口的皮层愈合处长出新根，待长出较多新根时，便可移至苗圃。

（6）嫁接繁殖

一般采用芽接法。用"T"形芽接法，在4~5月或7月进行。砧木采用优良品种的实生苗。接穗采用从生长健壮、无病虫害、品质优的肉桂枝条上采集的芽片。采集时应剪取树冠外围发育充实、芽苞饱满的1~2年生枝条。嫁接方法是：在接穗芽上方约0.5 cm处横切一刀，深入木质部，然后在芽的下方约1 cm处向上削芽（稍带木质部），接着在砧木的嫁接部位选择光滑面（最好在北面）横切一刀，然后在切口处往下纵切一刀使成为"T"形，深至木质部。轻轻剥开树皮，将芽皮插入"T"形切口内，最好用塑料薄膜带自下而上包扎，露出芽眼，打活结，等到萌芽时即解除薄膜。嫁接宜选择气温在22~24 ℃时进行，成活率较高。嫁接成活后，按种子育苗方法加强对嫁接苗的管理。

2. 种植技术

（1）选地、整地

肉桂属深根性树种，造林地宜选择东向或东南向的缓坡地（坡度15°~20°），阳光充足，无寒风和台风侵袭，排水良好，冲刷较轻，土层深厚，肥沃湿润，质地疏松，透水性好的微酸性壤土。

冬季将造林地内的杂草、树木砍光（砍坝），干燥后进行清理烧毁（清坝）。耕翻整地后按定植行株距挖穴，挖穴时表土和心土分开，经1~2个月的风化，待雨季初期回穴，每穴加腐熟厩肥5~10 kg，与表土混合均匀，回入穴内，待雨季定植。

（2）定植时间

苗高15~30 cm即可定植。定植以每年雨水至清明（3月中旬至4月上旬）较为适宜，因为这段时间苗木根系开始生长，而新芽尚未萌动，这对定植成活率较高。

（3）定植方法

定植起苗宜在阴雨天或晴天傍晚进行。取苗时尽量少伤根，过长的主根和侧根（超过种植穴部分）应剪短。为了减少苗木水分蒸腾，提高成活率，应同时将下部侧枝、叶片剪掉，上部侧枝可留下，叶片剪去2/3，但要留下顶芽以下1~2片叶。挖苗时尽量带土。起苗后用黄泥浆浆根。定植宜选阴雨天进行，每穴施入土杂肥10~15 kg，并放部分土与肥拌匀，再放苗木。定植时，根系要舒展，栽后压实，淋足定根水，穴表低于地面1~2 cm。定植后的幼龄肉桂树，需要阴凉湿润的环境（需50%的荫蔽度），可插芒萁遮阴。

（4）定植密度

矮林作业（以采叶蒸油和生产桂通、桂心等产品为种植目的）株行距为（1~2）m×（1.5~2）m；乔木林作业（以生产企边桂、板桂、桂子和种子为目的）株行距为（2~3）m×2 m，具体视土壤肥力和环境条件而定。山区可密，平原宜稀；易受风害地区宜密，留种地宜稀。

（5）田间管理

1）淋水保苗

在定植初期，每天早晚要淋水，以浇润坑面为度，保持树坑内的土壤经常湿润，但要严防积水。干旱时多淋，降水多时少淋或不淋。

2）中耕除草

幼龄期要注意中耕除草。每年5~11月需除草2~3次，将距离植株1 m范围内的杂草除净。中耕表土使土壤通气良好，将杂草压青，增加土壤肥力。11月进行最后一次中耕时应将地内杂草铲除，并覆盖于树干周围的地面上，以减少水分蒸发，保持土壤湿润，利于抗旱保苗。

3）施肥

肉桂生长期较长，需要充足的养分才能生长繁茂。其施肥原则为"植前施基肥，植后合理追肥；少施化肥，多施农家肥"。一般每年施肥2~3次，第1次在2~3月植株抽芽现蕾时，施足芽肥花肥，以施氮肥为主；第2次在7~8月青果期，以施氮肥、磷肥为主；第3次在11~12月，施养果肥和过冬肥，以施有机肥和磷肥、钾肥为主，每株施5~10 kg。

4）修枝间伐

修剪枝条可以使肉桂树长得粗壮，是提高桂皮产量的重要措施。每年在秋季修枝1次，用锋利的刀子紧靠主干削去枝条，削口要平滑，保证主干至少高2~2.5 m且光滑通直，能生产更多的桂皮。对成林的桂树，在修枝的同时，还要把病虫枝、弱枝和过密枝剪去，以利于植株内通风透光，增强光合作用，并减少病虫害的发生。对于生长荫蔽的林地，要进行适当间伐，使树冠之间的枝条不互相遮盖，通风透光，以利于油分的形成和开花结果。

5）萌芽更新

在每年5~6月砍伐剥皮后，应将砍伐过的林地进行1次全面翻耕、除草、松土、施肥，以促进萌芽抽出并使其生长粗壮。当新生苗木高60 cm时，选1~2株生长旺盛、粗壮、无病虫害的植株，其余的砍掉。以加工桂通为主的林地每隔

5~6年可砍伐1次，萌芽再生可连续10多代，以剥皮加工企边桂或板桂为主的林地，每隔10~20年砍伐1次，萌芽再生可连续5~7代。若树根衰老不再萌芽时，应全部挖除，重新造林。

（六）主要病、虫害的防治

1. 病害

肉桂的主要病害有炭疽病、枝枯病。

（1）炭疽病

1）病原

长孢刺盘孢菌 *Colletotrichum gloeosporiodes*。

2）症状

病菌危害叶片，多从叶尖、叶缘侵入，发病初期出现黄褐色小点，扩大为半圆形或不规则形斑，后期汇合成灰褐色大斑块，病健交界处有1条红褐色波浪状纹带。

3）发病规律

每年3~11月均可发生，以7~9月最为严重。

4）防治方法

①加强苗木管理，增施磷肥、钾肥，提高抗病能力。②摘除病叶烧毁。③发病初期用50%托布津可湿性粉剂，或50%多菌灵可湿性粉剂1 000倍液，每7~10天喷施1次，连续2~3次。

（2）枝枯病

1）病原

病原复杂，但主要是色二孢属 *Diplodia* sp. 真菌。

2）症状

初期常在上部主干分叉处出现圆形、水渍状、灰褐色病斑；中期沿枝条上、下扩展成褐色梭形斑和段斑，环绕枝条，后期凹陷、缢缩、开裂。病斑附近的皮孔增粗、坏死，轻度纵裂，组织肿胀。病部韧皮部坏死后，引起枝叶逐渐黄化、干枯。

3）发病规律

每年5～6月开始发生，7～8月为发病高峰期，盛发期为当年的高温季节，9～10月为枯死高峰期。

4）防治方法

50%多菌灵加90%敌百虫晶体1 000倍混合液，每10～15天喷施1次，连续3次。

2. 虫害

肉桂的虫害主要有双瓣卷蛾、泡盾盲蝽。

（1）双瓣卷蛾

1）学名

Polylopha cassiicola Liu et Kawabe。

2）症状

幼虫主要危害肉桂嫩梢，主侧梢均可受害，初孵幼虫先在嫩梢上爬行，后蛀入嫩梢内层叶缘取食，随着虫龄增长，蛀入梢内取食，食量增大，粪量增多，粪粒呈暗红褐色，有蛀道的嫩梢枯黄色或呈火红色。3～4年生的幼林主梢最易被害，主梢被害后，导致树冠秃顶长出侧芽，出现分叉多头现象。

3）发生规律

该虫每年发生6～7代，世代重叠，各虫态随时可见，没有冬夏休眠滞育现象，5月下旬至8月底是害虫发生重叠时期，发生期短，数量大，是防治的重点时期。

4）防治方法

林间释放螟黄赤眼蜂防治；50%辛硫磷乳油1 500倍液喷雾。

（2）泡盾盲蝽

1）学名

Pseudoniella chinensis Zheng。

2）症状

主要危害1年生枝条、嫩枝梢，成虫和若虫主要在嫩枝、嫩梢、嫩芽或愈伤组织等处吸取树汁，危害后形成瘤状愈伤组织。该虫是肉桂枝枯病菌的主要传播媒介。

3）发生规律

此虫每年发生5~6代，以卵在当年生枝条等组织内越冬。该虫一年中有2个盛发期：第1个是4~5月，此时正是春梢大量抽出生长期；第2个盛发期是6月底至10月上旬，此时正是夏秋梢不断抽出期，因食料丰富，害虫发生重叠，其数量和危害均大于第1个盛发期。进入11月气温降低，虫口密度逐渐减少。

4）防治方法

清除有病虫的茎叶并集中处理；于5月、8月、9月泡盾盲蝽盛发期使用复配农药桑保清1 500倍液喷雾。

（七）采收与加工

1. 采收

（1）采收年龄

加工桂通和采叶蒸油的，在造林后4~6年可砍伐或采叶；而加工成企边桂、板桂、油桂的，需要10~20年的树龄才能砍伐剥皮。

（2）采收季节

每年分2期采收，第1期于4~5月，这时树皮易剥离，且发根萌芽快；第2期于9~10月，所采桂皮有效成分含量高、产量大、香气浓。

（3）采收方法

采割时，将特制刀具的刀尖斜插于纵裂缝内，慢慢掀动，使皮层与木质部分离，将树皮剥落。剥皮时先将主干下部树皮剥下，再伐倒树干剥取上部干皮和枝皮。

2. 加工

（1）环剥法

按商品规格要求的高度稍高1 cm将树皮环剥下来，然后按商品规格要求的宽度略宽截成条片。

（2）条剥法

在树上按商品规格要求的长宽度稍大的尺寸划好线，一条条从树上剥下来。

剥下后置阳光下晒至软身，让其自然卷成双筒或单筒状，于通风处阴干或晒干。将砍下的桂树除去叶及枯枝，趁新鲜切成20 cm左右的段晒干或阴干，细嫩枝条称桂枝尖，中等粗的枝条称桂枝，粗大的枝条称桂枝木。在采收桂皮的同时，收集桂叶、桂枝及碎桂皮，晒干并贮藏，待叶色由青黄色变成紫红色时，便可取出蒸油，此时出油率高，质量好。一般肉桂的大产区都有桂油厂。

（八）留种技术

1. 种子苗苗种技术

对于种子繁殖，每年早春2~3月，在种植地选择成熟、饱满（果实呈紫黑色）的种子进行播种。

2. 扦插苗苗种技术

对于扦插繁殖，每年3~4月，选择优良的母树上剪取无病虫害、组织充实、皮呈青绿色的壮枝作插条，进行扦插繁殖。

（九）质量标准及检测

1. 性状

本品呈槽状或卷筒状，长30~40 cm，宽或直径3~10 cm，厚0.1~0.3 cm。夕表面灰棕色，稍粗糙，有不规则的细皱纹及横向突起的皮孔，有的可见灰白色的斑纹；内表面红棕色，略平坦，有细皱纹，划之显油痕。质硬而脆，易折断，断面不平坦，外层棕色而较粗糙，内层红棕色而油润，两层间有1条黄棕色的线纹（见彩图18-7）。气香浓烈，味甜、辣。

2. 鉴别

（1）横切面

①木栓细胞数列，最内一层木栓细胞的外壁特厚，木化。②皮层较宽厚，散有石细胞、油细胞及黏液细胞。③韧皮部约占皮厚度的1/2，最外石细胞排列成近于连续的环层，石细胞外侧有纤维束存在；射线细胞1~2列，细胞内常散在多数细小柱晶或针晶；厚壁纤维常单个稀疏散在或2~3个成群；油细胞随处可见，较韧皮部薄壁细胞为大；黏液细胞亦较多。在较厚的树皮中，韧皮部的石细胞较多，较薄的皮中，石细胞较少。④薄壁细胞中充满淀粉粒，直径10~20 μm。

（2）粉末

粉末呈红棕色。①纤维多单个散在，少数2~3个并列，长菱形，平直或波状弯曲，长195~920 μm，直径25~50 μm，壁极厚，纹孔不明显，木化。②石细胞类圆形、类方形或多角形，直径32~88 μm，壁常三面增厚，一面菲薄，木化。③油细胞类圆形或长圆形，直径45~108 μm，含黄色油滴状物。④草酸钙针晶或柱晶较细小，成束或零星散在，于射线细胞中尤多。⑤木栓细胞多角形，一边较薄，含红棕色物质，细胞壁木化。⑥淀粉粒极多，圆球形或多角形，直径10~20 μm。

（3）理化鉴别

取粉末少许，加氯仿振摇后，吸取氯仿液2滴于载玻片上，待干，再滴加10%的盐酸苯肼液1滴，加盖玻片镜检，可见桂皮醛苯腙的杆状结晶。

取挥发油少许，滴加异羟肟酸铁试剂，显橙色。

取本品粉末0.5 g，加乙醇10 mL，密塞，冷浸20 min，时时振摇，过滤，滤液作为供试品溶液。另取肉桂醛对照品，加乙醇制成1 μL/mL的溶液作为对照溶液。按照《中华人民共和国药典（一部）》（2005年版）附录Ⅵ B薄层色谱法试验，吸取供试品溶液2～5μL、对照品溶液2μL，分别点于同一硅胶G薄层板上，以石油醚（60～90℃）：醋酸乙酯（17∶3）为展开剂，展开，取出，晾干，喷以二硝基苯肼乙醇试液。供试品色谱中，在与对照品色谱相应的位置上，显相同颜色的斑点。

3. 质量检查项目

（1）水分

按照《中华人民共和国药典（一部）》（2005年版）附录Ⅸ H水分测定法测定，结果均未超过规定的15%。

（2）总灰分

按照《中华人民共和国药典（一部）》（2005年版）附录Ⅸ K灰分测定法测定为3.66%，未超过规定的5.0%。

（3）酸不溶性灰分

按照《中华人民共和国药典（一部）》（2005年版）附录Ⅸ K酸不溶性灰分测定法测定为0.05%，暂定为不得超过0.5%。

（4）重金属及有害元素

根据中国广州分析测试中心对德庆肉桂GAP基地药材的测试报告：重金属总量未超过20 mg/kg、铅（Pb）1.9 mg/kg、镉（Cd）0.22 mg/kg、铜（Cu）5.8 mg/kg、砷（As）0.5 mg/kg、汞（Hg）0.1 mg/kg。均在中华人民共和国商务部发布的《药用植物及制剂进出口绿色行业标准》规定的允许范围内。

（5）有机氯农药残留量

根据中国广州分析测试中心对德庆肉桂GAP基地药材

的测试报告：六六六（BHC）16.0 μg/kg、滴滴涕（DDT）＜1.0 μg/kg、艾氏剂（Aldrin）＜1.0 μg/kg、五氯硝基苯（PCNB）＜1.0 μg/kg。均在中华人民共和国商务部发布的《药用植物及制剂进出口绿色行业标准》规定的允许范围内。

4. 浸出物

醇溶性浸出物：按照《中华人民共和国药典（一部）》（2005年版）附录Ⅹ A醇溶性浸出物测定法测定为8.71%，暂定不得少于8.0%（热浸法）。

5. 化学成分

（1）一般化学成分

肉桂有效成分为挥发油，树皮含挥发油、鞣质、黏液、碳水化合物。油中主要成分为桂皮醛，并含少量乙酸桂皮酯、乙酸苯丙酯。此外，尚含香豆素、反式桂皮酸、β-谷甾醇、胆碱、原儿茶酸、香草酸及微量丁草酸和D-葡萄糖。

桂皮中微量元素有锰、铬、镍、钴、钼、铜、锌、铁、铅、锶、钡等。

（2）有效成分含量测定

1）挥发油含量测定

按照《中华人民共和国药典（一部）》（2005年版）附录Ⅹ D挥发油测定法中甲法测定，挥发油含量为1.86%，暂定不得低于1.2%。

2）肉桂酸和肉桂醛含量测定

按照《中华人民共和国药典（一部）》（2005年版）

附录Ⅵ D高效液相色谱法测定。①色谱条件及系统适用性试验。用十八烷基硅烷和硅胶为填充剂；乙腈：0.01%磷酸水溶液为流动相，梯度洗脱；检测波长为278 nm；柱温40℃。理论塔板数按肉桂醛峰计应不低于4 000，以肉桂酸峰计不得低于3 000。②对照品溶液的制备。精密称取肉桂醛对照品27.2 mg，加甲醇制成0.544 mg/mL的对照品溶液。精密称取肉桂酸对照品2.1 mg，加甲醇制成0.21 mg/mL的对照品溶液。③供试品溶液的制备。取本品粉末（过30目筛）1.0 g，精密称定，置于索氏提取器中，用乙酸乙酯提取4 h，提取液于水浴上蒸干，加甲醇定容至10 mL容量瓶中，微孔滤膜过滤，得供试液A（测定肉桂酸用）。取试液A 1 mL，用甲醇稀释至20 mL，微孔滤膜过滤，得供试液B（测定肉桂醛用）。④测定法。分别精密吸取上述对照品溶液与供试品溶液各10 μL，注入液相色谱仪，测定，即得。

本品按干燥品计算，含肉桂醛不得少于1.5%。肉桂酸含量仅作为参考，故不定标准。发现肉桂酸在1年枝中含量最高，其次为2年枝、树干皮、嫩枝。

（十）包装、贮藏及运输

1. 包装

包装应选用不易破损的干燥、清洁、无异味的材料制成的容器。要求牢固、密封、防潮，以保证药材在运输、贮藏、使用过程中的质量。发送中药材的包装上必须有包装标签，标明药材名称、产地、采收日期及注意事项等（格式如下）。

药材名称：
产　　地：
采收日期：
采收单位：
调出日期：
调出单位：
调出数量：　　　　　包
包装重量：　　　　kg/包
注意事项：
附：药材质量检验单

2. 贮藏

肉桂易失油、干枯、受潮生霉、受压破碎、散失香气，应密封，置阴凉、干燥、通风、清洁、遮光处保存，并防鼠、虫、禽、兽，同时注意防压，调节仓库湿度，若湿度过大，应及时通风。忌与冰片、樟脑、薄荷脑共放存。

3. 运输

在运输过程中，应特别注意防止药材包的破损，并置于阴凉干燥处，防止淋雨、防热、防霉变。

（方　琴　关杰敏）

参 考 文 献

岑炳沾，邓瑞良，温建新．1993．肉桂病害防治［J］．广东林业科技，（4）：38．

丁平，黄海波，徐鸿华．2000．广东产中药桂枝挥发油成分分析［J］．华西药学杂志，17（3）：175-179．

方琴．2007．肉桂的研究进展［J］．中药新药与临床药理，18（3）：249-252．

方琴，丁平，魏刚，等．2006．肉桂挥发油GC特征指纹图谱研究［J］．中国药学杂志，2006．41（1）：11-14．

方琴，丁平，徐鸿华．2006．肉桂GAP栽培技术标准操作规程：草案［J］．现代中药研究与实践．20（1）：12-16．

方琴，徐吉银，丁平．2004．高效液相色谱法测定肉桂不同部位中肉桂酸的含量［J］．中药新药与临床药理，15（6）：412-414．

黄少彬，陈岭伟，李计顺．1999．肉桂主要病虫害的发生特点及防治策略［J］．森林病虫通讯，（2）：37．

江苏新医学院．1986．中药大辞典：上册［M］．上海：上海科学技术出版社．

林励，阮桂平，徐鸿华，等．1996．不同引种地大叶清化桂质量研究［A］//中药资源开发利用研究研究论文集［C］．广州：广东科技出版社．

刘建峰，刘志诚，杨五烘，等．1998．肉桂主要害虫防治技术研究［J］．昆虫天敌，20（1）30．

刘永华．1997．肉桂枝枯病的综合防治措施［J］．广西热作科技，（4）：47．

么厉，程惠珍，杨智．2006．中药材规范化种植（养殖）技术指南［M］．北京：中国农业出版社．

彭石冰，江祖森，李锦权，等．1991．肉桂新钻梢虫-肉桂双瓣卷蛾的生物学特性及防治研究［J］．广东农业科学，（3）：30．

阮桂平．2000．引种南玉桂与进口越南高山桂无机元素比较［J］．中药材，23（8）：440-441．

阮桂平，刘心纯，徐鸿华，等．1997．不同采收部位南玉桂中挥发油的研究［J］．中草药，28（5）：268-269，276．

阮桂平，刘心纯，徐鸿华．1993．广东信宜南肉桂不同部位组织特征的比较鉴别［J］．广州中医学院学报，10（1）：48-52．

阮桂平，徐鸿华，刘心纯，等．2000．不同引种地南玉桂与进口越南高山桂中挥发油成分的GC-MS检测［J］．中草药，31（6）：415-416．

宋立人．2001．桂的考证［J］．南京中医药大学学报：自然科学版，17（2）：73．

张丹雁．2001．肉桂再生皮与原生皮挥发油含量比较［J］．中药材，24（7）：267-268．

张丹雁，蔡业统．2000．肉桂再生皮与原生皮的性状及组织显微特征比较［J］．中药材，24（5）：333-334．

附

肉桂规范化生产标准操作规程（SOP）

前　言

本规程由广州中医药大学承担的国家重点科技攻关计划专题"肉桂中药材规范化种植研究"课题组提出并归口科技部。

本规程起草单位：广州中医药大学。

本规程主要起草人：徐鸿华、关杰敏（广州中医药大学）。

本规程委托广州中医药大学肉桂规范化种植研究课题组负责人负责解释。

第一章　总　则

1.1　为保证中药材质量，促进中药标准化、现代化，依据肉桂药材的生长特点和国家药品监督管理局《中药材生产质量管理规范（试行）》的要求，制定本标准操作规程（SOP）。

1.2　本规程的内容包括总则，产地自然条件，品种类型，育苗，移栽与田间管理，病、虫害防治，采收与加工，质量标准及监测，包装、贮藏及运输，人员和设备，文件管理等，是肉桂药材生产和质量管理的具体操作方法。

1.3　本规程适用于肉桂的种植地，可在广东、广西等省区种植不同的栽培品种。

1.4 引用标准 下列文件中被本标准引用的条款则成为本标准的条款。

1.4.1 《中华人民共和国环境空气质量标准》（GB3095—1996）。

1.4.2 《中华人民共和国农田灌溉水质标准》（GB5084—1992）。

1.4.3 《中华人民共和国土壤环境质量标准》（GB15618—1995）。

1.4.4 中华人民共和国食品药品监督管理局《中药材生产质量管理规范（试行）》。

1.4.5 中华人民共和国科技部生命科学技术发展中心《中药材规范化种植研究项目实施指导原则及验收标准》。

1.4.6 中华人民共和国商务部《药用植物及制剂进出口绿色行业标准》。

1.4.7 《中华人民共和国药典（一部）》（2005年版）。

1.5 定义。

1.5.1 GAP 即英文Good Agriculture Practice的缩写，指中药材生产质量管理规范。

1.5.2 SOP 即英文Standard Operation Procedure的缩写，指中药材规范化生产标准操作规程。

1.5.3 质量标准 是对药材的质量规定和检验方法所作的技术规定。

第二章 产地自然条件

2.1 肉桂原产于我国，广西、广东是我国肉桂最大的栽培区域。

2.2 根据肉桂的生物学特性，结合传统的生产实践经验，对生态环境的要求如下。

2.2.1 温度 生长适宜温度为21～30℃，最适温度为22～26℃。

2.2.2 光照 幼苗喜阴，需要70%～80%的荫蔽度，成龄树在较多阳光下才能正常生长。

2.2.3 水分 既怕干旱，又怕积水，适宜年降水量1 200～1 800 mm，空气相对湿度70%左右。

2.2.4 土壤 要求排水性和透水性良好、土层疏松深厚、肥沃湿润、土壤pH4.5～5.5的沙质壤土或富含腐殖质的沙质黑壤土。

2.3 环境质量。

2.3.1 环境空气达到《中华人民共和国环境空气质量标准》（GB3095—1996）二级以上标准。

2.3.2 灌溉水达到《中华人民共和国农田灌溉水质标准》（GB5084—1992）二级以上标准。

2.3.3 土壤环境达到《中华人民共和国土壤环境质量标准》（GB15618—1995）二级以上标准。

第三章 品 种 类 型

3.1 红芽肉桂（黄油桂）。

3.2 白芽肉桂（黑油桂）。

3.3 砂皮肉桂（糠桂）。

第四章 育 苗

4.1 种子繁殖。

4.1.1 选种和播种前处理 选择成熟、饱满（果实呈紫黑色）的种子。播种前进行种子消毒，用福尔马林溶液浸种

0.5 min，然后倒出多余的药液，放入密闭缸内处理2h，再用清水洗去药液，随即用清水浸种24h。

4.1.2 播种时间　一般在早春2~3月，以随采随播为好。最迟不超过5月上旬。

4.1.3 播种方法　在整好的苗床上，按行距25~30cm横畦开沟，深5cm，再按株距10cm点播种子于沟内，覆土1.5~2cm，播后盖草、保湿，25~30天即可出苗。播种时做到种子漂洗→消毒→晾干→播种迅速完成，否则应及时进行沙藏。

4.1.4 种苗的管理。

4.1.4.1 搭盖阴棚　苗床播种后，如无自然荫蔽，需搭阴棚。阴棚高度为60~80cm，长度和宽度基本与畦面一致。苗圃阴棚的荫蔽度要求由大至小，4~6月为70%~80%，7~9月为50%~60%，10~11月为30%~40%，12月以后至翌年3月出圃前，可以拆除阴棚。

4.1.4.2 除草松土　一般每年6~7次，主要是用手拔。第1次除草在4月底或5月初（即播种后25天左右，幼苗第1蓬叶基本稳定时）进行；第2次在5月下旬进行；第3次在6月中旬（幼苗第2蓬叶萌动前）进行；第4次在6月下旬或7月上旬（部分幼苗第2蓬叶已张开，应避免伤根）进行；第5次在7月下旬（绝大部分幼苗第2蓬叶基本稳定）进行；第6次在8月下旬（幼苗第3蓬叶基本稳定时）进行；第7次在9月下旬或10月上旬（第4蓬叶稳定时）进行。若苗圃杂草少，土壤板结要及时松土。

4.1.4.3 施肥　当小苗长到有3~5片真叶时便要施肥。一般每年施肥7~8次（其中铺施有机肥1次，追施化肥6~7次）。在苗木根系生长初期，适当施腐熟的人粪尿肥，但不宜过浓,以免灼伤苗木。化肥应开沟施于行间,不要与根接触,施后盖土浇水。最后一次施肥(10月下旬或11月上旬)应以钾肥为主,阴雨天在行间撒施,要求每667 m^2 撒施草皮灰4 000 kg+磷肥25 kg+复合肥10 kg。

4.2 萌蘖繁殖 每年4月上旬,选择1~2年生、高100 cm、直径2~2.5 cm的萌蘖,在接近地面处剥去茎部一圈3~4 cm宽的树皮,随即用疏松肥沃的表土将剥皮部位覆盖,稍压实后淋透水,一年后剥皮处可长出30~40条新根。此时可把土扒开,用刀将萌蘖与母树之间的连接处砍断,使萌蘖成为单一的独立苗木,移至林地造林。

4.3 压条繁殖 一般在3月下旬到4月上旬进行。选择直径1 cm以上的1~2年生枝条,在距离主干3~5 cm处环状剥皮2~3 cm宽,在剥皮处用青苔作包扎敷料敷在切口处,贴紧后用塑料薄膜包扎,两头用绳绑紧,经12~18天,切口处便开始长出新根,待切口处长出较多的新根后,即在紧贴主干处将枝条平齐锯下,除去塑料薄膜,栽于苗圃。

4.4 扦插繁殖

4.4.1 扦插时间 每年的3~4月进行。

4.4.2 插条选择与处理 从优良的母树上剪取无病虫害、组织充实、皮呈青绿色的壮枝作插条,插条粗1.2~2 cm,长15~17 cm,具4~5个节。将梢尖幼嫩部分剪去,上端截口靠节上部1~2 cm处剪成平口,下端截口紧靠节的下面或离节5 cm处剪成楔形斜口。剪好的插条宜放在阴凉处,浸在清水里或用湿草、湿布覆盖,防止切口干燥。

4.4.3 扦插地 选背风向阳、地势平坦、水源充足、排水良好的地方为宜。

4.4.4 扦插方法 扦插用的沙床宜用清洁的细河沙(粒径

0.5~1 mm），厚30 cm左右，把插条斜插入沙床内2/3，上切口与沙面平贴，稍压插条附近的沙，理平沙面，浇水至湿透，加盖塑料薄膜，并搭阴棚，经40~50天，在插条下端剪口的皮层愈合处长出新根，待长出较多新根时，便可移至苗圃。

4.5 嫁接繁殖。

4.5.1 方法选择 一般采用"T"形芽接法。

4.5.2 嫁接时间 在4~5月或7月进行。

4.5.3 接穗选择 砧木采用优良品种的实生苗。接穗采用从生长健壮、无病虫害、品质优的肉桂枝条上采集的芽片。采集时应剪取树冠外围发育充实、芽苞饱满的1~2年生枝条。

4.5.4 嫁接方法 在接穗芽上方约0.5 cm处横切一刀，深入木质部，然后在芽的下方约1 cm处向上削芽（稍带木质部），接着在砧木的嫁接部位选择光滑面（最好在北面）横切一刀，然后在切口处往下纵切一刀使成为"T"形，深至木质部。轻轻剥开树皮，将芽皮插入"T"形切口内，最好用塑料薄膜带自下而上包扎，露出芽眼，打活结，等到萌芽时即解除薄膜。嫁接宜选择气温在22~24℃时进行，成活率较高。嫁接成活后，按种子育苗方法加强对嫁接苗的管理。

第五章 移栽与田间管理

5.1 移栽。

5.1.1 栽植地选择 造林地宜选择东向或东南向的缓坡地（15°~20°），阳光充足，无寒风和台风侵袭，排水良好，冲刷较轻，土层深厚，肥沃湿润，质地疏松，透水性好的微酸性壤土。

5.1.2 整地 冬季将造林地内的杂草、树木砍光（砍坝），干燥后进行清理烧毁（清坝）。耕翻整地后按定植行株距挖穴，挖穴时表土和心土分开，经1~2个月的风化，待雨季初期回穴，每穴加腐熟厩肥5~10kg，与表土混合均匀，回入穴内，待雨季定植。

5.1.3 栽植季节 于每年雨水至清明（3月中旬至4月上旬）阴雨天或晴天傍晚进行较为适宜。

5.1.4 栽植方法。

5.1.4.1 取苗时尽量少伤根，过长的主根和侧根（超过种植穴部分）应剪短，同时将下部侧枝、叶片剪掉，上部侧枝可留下，叶片剪去2/3，但要留下顶芽以下1~2片叶。

5.1.4.2 挖苗时尽量带土。起苗后用黄泥浆浆根。每穴施入土杂肥10~15kg，并放部分土与肥拌匀，再放苗木。栽植时，根系要舒展，栽后压实，淋足定根水，穴表低于地面1~2cm。

5.1.4.3 栽植后的幼龄肉桂树，需要阴凉湿润的环境（需50%的荫蔽度），可插芒萁遮阴。

5.1.5 栽植密度 矮林作业（以采叶蒸油和生产桂通、桂心等产品为种植目的）株行距为（1~2）m×（1.5~2）m；乔木林作业（以生产企达桂、板桂、桂子和种子为目的）株行距为（2~3）m×2m，具体视土壤肥力和环境条件而定。山区可密，平原宜稀；易受风害地区宜密，留种地宜稀。

5.2 田间管理。

5.2.1 淋水保苗 在定植初期，每天早晚要淋水，以浇润坑面为度，保持树坑内的土壤经常湿润，但要严防积水。干旱时多淋，降水多时少淋或不淋。

5.2.2 中耕除草 幼龄期要注意中耕除草。每年5~11月需除草2~3次，将距离植株1m范围内的杂草除净。中耕表土使土壤通气良好，将杂草压青，增加土壤肥力。11月进行最后一次中耕时应将地内杂草铲除，并覆盖于树干周围的地面上。

5.2.3 施肥　原则为"植前施基肥，植后合理追肥；少施化肥，多施农家肥"。一般每年施肥2~3次。第1次在2~3月植株抽芽现蕾时，施足芽肥花肥，以施氮肥为主；第2次在7~8月青果期，以施氮肥、磷肥为主；第3次在11~12月，施养果肥和过冬肥，以施有机肥和磷肥、钾肥为主，每株施5~10kg。

5.2.4 修枝间伐　每年秋季修枝1次，用锋利的刀子紧靠主干削去枝条，削口要平滑，保证主干至少有2~2.5m高光滑通直。对成林的桂树，在修枝的同时，还要把病虫枝、弱枝和过密枝剪去。对于生长荫蔽的林地，要进行适当间伐。

5.2.5 萌芽更新　在每年5~6月砍伐剥皮后，应将砍伐过的林地进行1次全面翻耕、除草、松土、施肥，以促进萌芽抽出并使其生长粗壮。当新生苗木高60cm时，选1~2株生长旺盛、粗壮、无病虫害的植株，其余的砍掉。以加工桂通为主的林地每隔5~6年可砍伐1次，萌芽再生可连续10多代，以剥皮加工企边桂或板桂为主的林地，每隔10~20年砍伐1次，萌芽再生可连续5~7代。在树根衰老不再萌芽时，应全部挖除，重新造林。

第六章　病、虫害的防治

坚持贯彻保护环境、维持生态平衡的环保方针及预防为主、综合防治的原则，采取农业防治和化学防治相结合的方法，对肉桂主要病、虫害进行防治。禁止使用国家禁用农药。

6.1 农业防治。

6.1.1 土壤消毒 结合整地做畦,每667 m²撒石灰100 kg。

6.1.2 清洁田园 清除杂草落叶、感染病虫植株,集中处理,以减少病虫源。

6.1.3 培育壮株 通过追施肥料,做好田间管理各项措施,促进植株生长健壮,增强抗病虫害能力。

6.2 药物防治。

6.2.1 炭疽病防治。

6.2.1.1 农业防治 加强苗木管理,增施磷肥、钾肥,提高抗病能力。摘除病叶烧毁。

6.2.1.2 化学农药防治 发病初期用50%托布津可湿性粉剂,或50%多菌灵可湿性粉剂1 000倍液,每7~10天喷施1次,连续2~3次。

6.2.2 枝枯病防治。

6.2.2.1 化学农药防治 50%多菌灵加90%敌百虫晶体1 000倍混合液,每10~15天喷施1次,连续3次。

6.2.3 双瓣卷蛾的防治。

6.2.3.1 农药防治 林间释放螟黄赤眼蜂防治。

6.2.3.2 化学农药防治 50%辛硫磷乳油1 500倍液喷雾。

6.2.4 泡盾盲蝽的防治。

6.2.4.1 农药防治 清除有病虫的茎叶并集中处理。

6.2.4.2 化学农药防治 于5月、8月、9月泡盾盲蝽盛发期使用复配农药桑保清1 500倍液喷雾。

第七章 采收与加工

7.1 采收。

7.1.1 采收年龄 加工桂通和采叶蒸油的，在造林后4~6年可砍伐或采叶；而加工成企边桂、板桂、油桂的，需要10~20年的树龄才能砍伐剥皮。

7.1.2 采收季节 每年分2期采收。第1期于4~5月，这时树皮易剥离，且发根萌芽快；第2期于9~10月，所采桂皮有效成分含量高、产量大、香气浓。

7.1.3 采收方法 采割时，将特制刀具的刀尖斜插于纵裂缝内，慢慢掀动，使皮层与木质部分离，将树皮剥落。剥皮时先将主干下部树皮剥下，再伐倒树干剥取上部干皮和枝皮。

7.2 加工。

7.2.1 环剥法 按商品规格要求的高度稍高1 cm将树皮环剥下来，然后按商品规格要求的宽度略宽截成条片。

7.2.2 条剥法 在树上按商品规格要求的长宽度稍大的尺寸划好线，一条条从树上剥下来。剥下后置阳光下晒至软身，让其自然卷成双筒或单筒状，于通风处阴干或晒干。将砍下的桂树除去叶及枯枝，趁新鲜切成20 cm左右的段晒干或阴干，细嫩枝条称桂枝尖，中等粗的枝条称桂枝，粗大的枝条称桂枝木。

第八章 留 种 技 术

8.1 母株的选择 留种母株应选择无病虫害、生长健壮、品质优的植株做种株。

8.2 留种地的选择 将选有留种母株的大田做留种地。

8.3 留种地的管理 留种地的管理应做好母株的越冬防霜保种工作。

第九章 质量标准及监测

9.1 抽样方法 根据《中华人民共和国药典（一部）》（2005年版）、企业标准和购销合同，按每批件数的1%随机抽检样品。

9.2 药材质量标准。

9.2.1 水分不得超过15%；

9.2.2 灰分不得超过5.0%；

9.2.3 酸不溶性灰分不得超过0.5%（暂定）；

9.2.4 醇溶性浸出物不得少于8.0%（暂定）；

9.2.5 肉桂挥发油的含量不得低于1.2%（暂定）；

9.2.6 肉桂的肉桂醛含量不低于1.5%。

9.3 重金属限量指标。

9.3.1 重金属总量≤20.0 mg/kg；

9.3.2 铅（Pb）≤1.9 mg/kg；

9.3.3 镉（Cd）≤0.22 mg/kg；

9.3.4 铜（Cu）≤5.8 mg/kg；

9.3.5 汞（Hg）≤0.1 mg/kg；

9.3.6 砷（As）≤0.5 mg/kg。

9.4 农药残留量限量指标。

9.4.1 六六六（BHC）＜16.0 μg/kg；

9.4.2 滴滴涕（DDT）＜1.0 μg/kg；

9.4.3 艾氏剂（Aldrin）＜1.0 μg/kg；

9.4.4 五氯硝基苯（PCNB）＜1.0 μg/kg。

第十章 包装、贮藏及运输

10.1 包装。

10.1.1 包装容器　应选用不易破损的干燥、清洁、无异味的材料制成的容器。

10.1.2 包装要求　包装要牢固、密封、防潮，以保证药材在运输、贮藏、使用过程中的质量。发送中药材的包装上必须有包装标签，标明药材名称、产地、采收日期及注意事项等（格式如下）。

药材名称：

产　　地：

采收日期：

采收单位：

调出日期：

调出单位：

调出数量：　　　　　包

包装重量：　　　　　kg/包

注意事项：

附：药材质量检验单

10.2 贮藏　把包装好的肉桂堆放在防潮、防水、防鼠、防晒、防虫设施的专用库房，库房内不得堆放其他工具、货物等。

10.3 运输。

10.3.1 运输工具必须清洁、干燥、无异味、无污染。

10.3.2 运输途中应防止日晒、雨淋、潮湿、损坏、污染。

10.3.3 严禁与可能污染其品质的货物混装运输。

第十一章　人员和设备

11.1 人员。

11.1.1 负责规范化种植全面工作的人员，要求富有经验而有能力履行赋予职责的大专以上学历的专业人才。

11.1.2　生产人员，要求具有从事中药或农业生产或通过培训能掌握药材栽培管理技术的人员。

11.2　设备　要根据药材生产的需要配齐所有的设备。

第十二章　文　件　管　理

12.1　文件　指一切涉及中药材生产、质量管理的书面材料和实施中的资料。

12.1.1　药材品种、育苗与移栽（时间、地点、面积）、田间管理（肥料、农药种类、数量、时间等）。

12.1.2　土壤及水分资料。

12.1.3　各种合同协议书、生产计划、实施方案、技术操作规程。

12.1.4　物候变化（小气象记录资料）。

12.1.5　产量、质量。

12.1.6　工作、技术总结等。

12.2　管理　将上述文件资料全部归入档案收载。

12.2.1　记录员要由具有一定文化而且责任心强的人员专门记录。

12.2.2　档案保管员要掌握档案分类和保管的基本知识。

12.2.3　记录员、档案保管员要求由相对固定的专人负责。

　　附则　本规程（SOP）制定时间为2010年1月。本规程起草单位将根据有关研究进展与执行中的反馈情况对本规程内容进行修订，并不定期发布新版本。

十九、沉香（白木香）

（一）概　述

1. 来源

沉香，又名土沉香、女儿香、国产沉香，来源于瑞香科Thymelaeacaeae沉香属Aquilaria植物白木香*Aquilaria sinensis*（Lour.）Gilg含树脂的木材，为《中华人民共和国药典（一部）》（2005年版）收载的品种。具行气止痛、温中止呕、纳气平喘的功效，用治胸腹胀闷疼痛、胃寒呕吐呃逆、肾虚气逆喘急。

2. 开发利用

（1）药品

沉香是"十大广药"之一，药用价值极高，是我国沿用历史悠久的珍贵中药，为沉香化滞丸、沉香曲、沉香养胃丸、沉香化气丸、八味沉香片等逾百个中成药的主要组方原料。自古以来沉香就被加工成传统中药饮片，如沉香粉、沉香饮片、沉香曲等。中医用沉香组方治疗病症，被用于消化、呼吸、心脑血管、风湿、肿瘤以及外、妇、儿、男、五官等科的疾病，尤其对消化系统的疾病，沉香的应用非常广泛。近代临床试验研究表明，沉香是胃癌特效药和很好的镇痛药。现代药理研究表明，沉香具有镇静、止喘、降压、抗心律失常和抗心肌缺血作用，对中枢神经系统具有抑制作用。国产沉香煎剂对人型结核杆菌有完全抑制作用；对伤寒和福氏痢疾杆菌，亦有强烈抗菌作用；沉香挥发油成分有麻醉、止痛、肌松作用。

（2）保健品

近年来，随着社会经济的发展和人民生活水平的不断提高，人们对沉香的药用价值认识越来越深，产品需求量也进一步增加。除了药用，还有沉香保健品。在台湾，沉香还被用来增加酒类的香气。

（3）日用品及其他

沉香日用品的开发也越来越多，如沉香茶、沉香空气清新剂、沉香防晒霜、沉香牙膏、香皂及洗发液等。其树皮的韧皮纤维细韧，可作绳索和人造纸、棉。花可制浸膏。成熟种子含油率56.8%，可作制肥皂、鞣皮、润滑剂等的工业用油。此外，沉香在世界宗教中具有极高的地位，是佛教、道教、回教、基督教、天主教这五大教公认的祭祀圣物。沉香亦是制作高级香品的必备材料，在香水制作中起到稳定剂和定香剂的重要作用。沉香木还可以制作木雕、文房器物、佩饰以及小巧玲珑的工艺品。

3. 原产地（主产）、分布

白木香主要分布于我国北纬24°以南的山区、丘陵。从海拔1 000 m至低海拔的丘陵、平原，都有野生分布和栽培。野生分布于海南屯昌、临皋、澄迈、东方、保亭、陵水等地，台湾，广东省东南部、西南部、中部以南地区，广西，福建，云南，贵州等省区，以海南、台湾产的天然沉香质量久负盛名。目前，野生白木香树种遭到掠夺式采挖，海南省及广东省内的白木香野生种群已成罕见，只有在海拔较高的原始森林或自然保护区内能见到生长年限较久的零星散生的残存植株。栽培的白木香种群主要分布于广东省及海南省。目前，广东电白县栽培面积达$1.33 \times 10^6 m^2$（见彩图19-1、彩图19-2），此外东莞、深圳、陆丰、陆河、鹤山、惠东、汕头、中山也有少量种植。海南屯昌种植有数百亩，其他地方也有小面积种植。

（二）生物学特性

1. 形态特征

白木香为多年生常绿乔木；树皮暗灰色，平滑，具坚韧的纤维。单叶互生，薄革质，卵形、倒卵形或椭圆形，顶端急尖或尾尖，基部阔楔形，或渐狭；全缘；叶面光滑；叶柄被毛。顶生或叶腋生伞形花序；花被黄绿色，芳香，钟形，顶端5裂，裂片长圆形，约与花被管等长，被柔毛，喉部具密被柔毛的鳞片10枚；雄蕊10枚，花丝极短或无；子房上位，卵状，密被柔毛。蒴果木质，稍呈扁的倒卵形、球形，密被灰色茸毛，基部具宿存略木质化的花被5；果实成熟时微开裂为2果瓣，每果有种子1~2粒；种子黑褐色，卵形，类似耳环，基部有一尾状附属物（见彩图19-3至彩图19-5）。

2. 生长发育规律

白木香主根发达，幼苗分枝呈二叉状。种植3年开始开花结果。花期3~4月，果期6~8月。定植5年或10年以前生长较慢，15～30年生株高年增长90 cm，胸径5龄以前生长较慢，以后年增长量在0.6 cm以上，30年生树径粗平均年增长1 cm。白木香树具有良好的愈伤能力和天然更新能力。树皮容易整段剥落，但其再生能力亦很强，容易重新生长出树皮。风害引起断枝、断杆或采伐后，基部能发出大量枝条，重新长成大树。种子落地后，发芽成苗进行更新。幼树需及时修枝，促进树干形成，利于提早结香。

3. 对生态环境条件的要求

白木香喜生于土壤肥沃且深厚的山地、丘陵地的雨林或季雨林以及台地平原的村边。喜高温，适宜生长的气候条件是年平均温度20 ℃以上，最高气温37 ℃，最低气温3 ℃，在冬季短暂的低温霜冻也能生长。喜湿润，耐干旱，年平均降雨量1 500～2 000 mm。幼株喜阴，荫蔽度以40%～60%为宜，成株喜阳，只有充足的光照，才能正常开花结果和结出高质量的沉香。对土壤要求不严，具抗瘠的特性，野生分布在瘠薄黏土，生长缓慢，但木材坚实，香味浓厚，容易结香；土层深厚、肥沃湿润的土壤，不利于结香。

（三）物种或品种类型

1. 正品

沉香药材《中华人民共和国药典（一部）》（2005年版）规定其法定来源为瑞香科Thymelaeaceae沉香属Aquilaria植物白木香 *Aquilaria sinensis*（Lour.）Gilg含树脂的木材。而主产于印度尼西亚、马来西亚等地的沉香 *Aquilaria agallocha*

Roxburgh.，其含树脂的心材在我国称为进口沉香，是目前沉香商品药材的主要来源。

2. 混伪品

由于沉香为名贵药材，市场上常有以劣沉香或伪沉香冒充正品沉香销售使用的情况，且大部分从国外进口而来，因沉香伪品在外观、性状上与进口沉香十分相似，其95%乙醇浸出物比进口沉香还高，采用通常方法有时难以给出完全肯定的鉴定结果，需从性状、显微、理化等多方面加以鉴别。

3. 农家品种

海南屯昌和广东电白、东莞及深圳的白木香种群内原植物形态特征方面存在较明显的差异，根据其叶的形态特征，有大叶种、中叶种和小叶种之分。据药农的经验，小叶种树干木部略呈黄白色，具清香气，并且所结的沉香药材质量佳，而大叶种与中叶种均不易结香，树干木部呈白色，不具香气。广东省电白县白木香规范化种植（GAP）研究基地的白木香引自海南，目前也存在上述3种类型的白木香树，为了弄清白木香不同种质类型的特征与区别，我们采用常规的原植物形态特征观察方法，对白木香不同种质类型形态特征进行了比较。结果表明：大叶种叶大，呈阔椭圆形至椭圆形、倒卵形；果实呈球形、扁倒卵形，顶端钝圆，基部略扁且短，宿存花被较大。中叶种叶多数呈长倒卵形、长圆形、椭圆形。小叶种叶小，狭椭圆形、倒披针形；果实小，扁倒卵形，顶部略尖，基部扁而长。电白野生种叶长椭圆形、倒卵形；果实较大，球形、扁倒卵形，顶部钝圆，基部略扁

（见表19-1，彩图19-6）。

表19-1　白木香不同种质原植物形态特征比较

	大叶种	中叶种	小叶种	野生种
叶形状	多数椭圆形、阔椭圆形，少数倒卵形	倒卵形、长圆形，倒卵形较多	小，狭椭圆形、倒披针形	长椭圆形、倒卵形
叶大小	长3.3～11.5 cm，宽1.2～5.9 cm	长4.3～8.6 cm，宽1.7～4.2 cm	长2.2～6.4 cm，宽0.6～1.5 cm	长4.6～9.2 cm，宽1.9～4.5 cm
叶尖	渐尖或尾尖	尾尖	尾尖	尾尖
叶基	钝圆	渐狭	楔形	渐狭
果形状	大，球形、扁倒卵形	较大，圆球形	小，扁倒卵形	较大，球形、扁倒卵形
果实大小	长3.2～4.3 cm，宽1.5～2.4 cm，顶部钝圆，基部略扁而短	长3.0～4.3 cm，宽1.8～2.2 cm，顶部钝圆，基部细圆	长3.6～4.3 cm，宽1.8～2.2 cm，顶部略尖，基部扁而长	长3.8～4.4 cm，宽2.1～2.5 cm，顶部钝圆，基部略扁
宿存花被	较大，宽约0.8 cm，长1.3 cm	较小，宽约0.7 cm，长1.2 cm	较小，宽约0.5 cm，长1.0 cm	较小，宽约0.7 cm，长1.2 cm

（四）种 植 地

1. 种植地选择

白木香在我国北纬24°以南的山区、丘陵，从海拔1 000 m至低海拔的丘陵、平原均可栽培，故本品种植选在其分布区内的广东电白县观珠镇潘坑管理区，远离居民点和交通要道、周围无污染源（见彩图19-1、彩图19-2）。

2. 种植地生态环境质量检测

（1）环境质量检测

对GAP研究基地的大气、土壤和水质等生态环境质量进行了检测。

1）大气

根据广东电白县环境保护监测站的监测，当地大气中的二氧化硫含量平均值为0.004 mg/m^3，二氧化氮年平均值为0.015 mg/m^3，总悬浮微粒物和可吸入颗粒物平均值为0.103 mg/m^3，空气质量优于《中华人民共和国环境空气质量标准》（GB3095—1996）中的标准要求。

2）土壤

采用随机多点取样法，在沉香GAP基地实验区按不同的朝向和坡度随机选取10～20个取土点，采集植株根系外围0～40 cm土层的土壤，充分混合后风干，送广东省生态环境与土壤研究所检测。结果显示，土壤质量符合《中华人民共和国土壤环境质量标准》（GB15618—1995）中二级质量标准（见表19-2）。

表19-2　白木香GAP基地土壤分析检验结果

检测项目	检测结果	参考值≤		
		pH<6.5	pH 6.5~7.5	pH>7.5
铅（mg/kg）	19.6	250	300	350
铜（mg/kg）	17.7	50	100	100
镍（mg/kg）	3.16	40	50	60
铬（mg/kg）	10.2	150	200	250
锌（mg/kg）	24.8	200	250	300
镉（mg/kg）	0.012	0.30	0.30	0.60
砷（mg/kg）	1.71	40	30	25
汞（mg/kg）	0.053	0.30	0.50	1.0
六六六（mg/kg）	0.006 4	0.50	0.50	0.50
滴滴涕（mg/kg）	0.008 5	0.50	0.50	0.50
pH	4.83			

3）水质

在沉香药材GAP基地取水样，用无菌容器盛装，低温保存，最短时间内送广东省生态环境与土壤研究所检测。结果显示，灌溉水质符合《中华人民共和国农田灌溉水质标准》（GB5084—1992）中的质量标准（见表19-3）。

表19-3　白木香GAP基地水质分析检验结果

主要指标	检验结果	参考值≤	主要指标	检验结果	参考值≤
生化需氧量（BOD_5, mg/L）	6.2	80~150	总铅（mg/L）	0.001 4	0.1

续表

主要指标	检验结果	参考值≤	主要指标	检验结果	参考值≤
化学需氧量（COD_{CR}, mg/L）	4.7	200~300	总铜（mg/L）	0.005 6	1.0
悬浮物（mg/L）	1.69	150~200	总锌（mg/L）	0.039	2.0
阴离子表面活性剂（LAS, mg/L）	0.05	5.0~8.0	总硒（mg/L）	0.000 2	0.02
凯氏氮（mg/L）	1.2	12~30	氟化物（mg/L）	0.01	3.0（一般地区） 2.0（高氟区）
总磷（以P计算，mg/L）	0.078	5.0~10.0	氰化物（mg/L）	0.002	3.0
水温（℃）	19	35	石油类（mg/L）	0.005	10
pH	6.81	5.5~8.5	挥发酚（mg/L）	0.010	1.0
全盐量（mg/L）	32.4	1 000	苯（非盐碱土地区，mg/L）	0.001	2.5
氯化物（mg/L）	3.67	250	三氯乙醛（mg/L）	0.003	0.5
硫化物（mg/L）	0.01	1.0	丙烯醛（mg/L）	0.001	0.5
总汞（mg/L）	0.000 2	0.001	硼（mg/L）	0.03	2.0

续表

主要指标	检验结果	参考值≤	主要指标	检验结果	参考值≤
总镉（mg/L）	0.000 3	0.005	粪大肠菌群（个/L）	7 854	10 000
总砷（mg/L）	0.000 6	0.1	蛔虫卵数（个/L）	0	2
铬（六价，mg/L）	0.002	0.05~0.1			

（五）种植技术

1. 育苗技术

（1）种子的采集与处理

选向阳坡10年生以上的健壮树种，连果枝一起剪下，置通风处阴干。果壳裂开时种子脱出。

（2）苗床的选择与准备

选地势平坦、靠近水源、疏松肥沃、排水良好的沙质土作苗圃，翻耕、整细、耙平、施足基肥，主要是人畜粪尿水。作畦，畦宽1 m，高20 cm，长视地形而定。搭棚遮阴，棚高2 m（见彩图19-7）。

（3）播种时间

随采随播。

（4）播种方法

采用撒播法，将种子均匀地撒在苗床上，每亩约

8 kg，约2.1万粒。播后盖土以不见种子为度，然后覆盖薄草。

（5）种子发芽和出苗时间

6天发芽率40%～50%，7天发芽率60%，8天发芽率70%，9天发芽率80%，10天开始出苗，11～15天出苗率86%。

（6）苗期管理

①搭棚遮阴：出苗后荫蔽度控制为50%～60%，并及时揭去苗床上盖的草。随着苗木生根成活和长大逐步拆除荫蔽物，增加透光度。

②淋水与排水：幼苗不耐旱。如天气干燥要每天早晚各淋水一次，以保持土壤湿润。如天气连续下雨或土壤含水量过高要注意及时排水。

③间苗除草：当苗高6～10 cm时开始间苗，疏去小苗、弱苗和病苗。结合间苗，在缺苗的空隙地进行补苗。除去杂草，以后每月除草1次。

（7）移苗及管理

当幼苗高10 cm以上、全部长出2～3对真叶时，开始将苗床上过密的苗移到营养袋中，使苗木保持合理的间隔，增加透气度。营养袋配料是表土、河沙、牛粪与过磷酸钙混合。移苗后2个月施肥1次。第1次于9月每667 m^2施稀薄人粪尿水1 000 L，第2次于11月每667 m^2施复合肥35 kg。

2. 种植技术

（1）选地整地

选择海拔1 000 m以下的避风向阳缓坡地、丘陵、平原的红壤和山地黄壤。种植前耕翻整地，按株行距2 m×3 m挖穴，穴规格50 cm×50 cm×40 cm。

(2）种植时间

3～4月选阴雨天进行。

（3）种植方法

选1年生苗木，将苗木下部的侧枝及叶剪去，留上部数片叶并将每片叶剪去一半。栽时苗要正，根要舒展。分层覆土、压实，淋定根水。

（4）种植密度

按株行距2 m×3 m，每667 m^2定植80～100株。

3. 田间管理

（1）松土、除草

幼木期需加强松土和除草，每年2～3次，分别在2～3月、6～8月、10～11月进行。

（2）施肥

每年1～2次，2～3月施鸡粪或人粪尿水，9～10月施火烧土或熟腐有机肥过磷酸钙（见彩图19-8）。

（3）修枝

剪除下部侧枝、病虫枝、弱枝和过密枝，促进主干生长。

（4）间种

林下间种生长周期短的药用植物，如益智、红豆蔻等，达到以短养长的目的。

4. 刺激结香

白木香树的茎干，在正常情况下，未受伤前是不会结香的，只有在刀砍、虫蛀、病腐后被一种真菌感染，才能形成香脂。可采用以下方法刺激其结香。

（1）砍伤法

选10年生以上，树干直径30 cm以上的立木，在距地面1.5～2 m处顺砍数刀，刀距30～40 cm，伤口深3～4 cm。经过一段时间，伤口附近的木质部就会分泌树脂，数年后逐渐变成黑褐色，便生成沉香。取沉香时造成的新伤口，仍可继续结香（见彩图19-9）。

（2）半断杆法

在离树干基部1～2 m以上的树干上锯一伤口，深度为树干粗的1/3～1/2。沿同一方向不同高度锯几伤口，伤口间距为30～40 cm，伤口宽为1 cm。久之则能自行结香。经数年后便可在伤口处取香，取香后的香门仍有可能继续结香。

（3）凿洞法

在距地面1～3 m树干上凿数个深2～3 cm，宽和高均为3～4 cm的方形洞，或直径1～3 cm，深3～6 cm的圆形小洞，然后用泥封闭，小洞附近的木质部逐渐分泌树脂，数年后可生成沉香。

（4）人工接菌结香法

以10年生以上的大树为好，5～6年生也能进行人工接菌结香。大树采用半断干法，伤口可大；小树宜用凿洞法，伤口宜小。在树干的同侧，取逆风方向，自上而下，每隔40～50 cm处，用锯、凿等工具，按垂直于树干的方向开1个香门，深度约为树干粗的1/3，口宽1～2 cm，随即将结香菌种塞满香门，用塑料薄膜包扎封口，防止杂菌污染和昆虫、蚂蚁为害。几年后即可采得沉香。

（5）化学法

用甲酸、硫酸、乙烯利处理伤口，可刺激结香。收香后，继续用药物处理，仍可继续结香。

（6）枯树取香法

在自然界，白木香常被虫蚁、病腐和风倒、风断，造成枯烂腐朽或枯死，这些部位常常结香，在枯死的树干或根内，都有沉香可采。

（六）主要病、虫害的防治

1. 病害

主要有根结线虫病。

（1）病原

南方根结线虫 *Meloidigyne incogeita* 或爪哇根结线虫 *Meloidigyne javanica*。

（2）症状

一般表现在根部，形成圆形或纺锤形大小不一、相互独立的小瘤，但植株地上部位症状一般不明显，只有当根部发病严重，特别是营养袋育苗或幼树病株才表现出受害症状，叶形变小，叶色变黄，下部叶更为明显，叶数量减少。

（3）发病规律

根结线虫在土中越冬，夏季多雨季节，线虫入侵为害。白木香从袋育苗、幼树和开花结果树至定植18年的老树均可被寄生为害。

（4）防治方法

①农业综合防治：用于袋育苗的土壤应翻晒风干；对病死株要连株拔除并及时暴晒土壤；避免在扩种中把有病的袋育苗移植到大田。②药物防治：90%敌百虫晶体300倍液灌根，每株灌药液0.25～0.5 kg。

2. 虫害

主要有黄野螟、天牛、卷叶虫、金龟子等。

(1) 黄野螟

1) 学名

Heortia vitessoides Moore，属鳞翅目，螟蛾科。

2) 症状

该虫以幼虫咬食叶片，被害株率达30%，严重发生时全部植株被害。单株虫数从几百头至一千多头，数天内便可把被害树叶片吃光，在食料不足的情况下，树干及枝条皮层也被吃掉，致使白木香生长不良，影响结香和产量。

3) 发生规律

以幼虫在落叶或土缝中结茧越冬，翌年4月开始化蛹。幼虫孵化后吐丝卷叶呈筒状，并隐藏其中取食叶肉，幼虫活跃，有吐丝下茧的习性，高龄幼虫常出巢活动，并能咬断叶柄，使其垂挂于植株上，干枯脱落，造成严重损害。

4) 防治方法

①农业综合防治：对栽培的白木香林可于冬季在树冠下浅翻土，清除枯枝落叶和杂草并烧毁，消灭越冬蛹；在各代蛹盛期和幼虫期，组织人力挖蛹和用竹竿拨动被害株枝条，待幼虫坠地后用脚踩死。②药剂防治：可用50%敌百虫喷洒树冠及林下地面。

(2) 天牛

1) 学名

Nadezhdiella sp.，属鞘翅目，天牛科。

2) 症状

此虫常在幼干、枝条上咬开一条纵沟，吸食木质部，形成不规则弯曲孔道,使树干或枝条衰退,造成叶片萎黄,影响生长,遇大风还易折断,甚至造成幼龄树整株枯死。

3)发生规律

以幼虫在寄主木质部內越冬,翌年春夏季孵化成幼虫,先在皮下为害,然后注入树干或枝条向下蛀食,每隔一定距离向外开一洞口,7~8月为幼虫为害盛期,老熟幼虫在蛀道内筑蛹室化蛹。

4)防治方法

①加强农业综合防治,刮除天牛产的卵块。②药剂防治:注射90%敌百虫800倍液于虫孔,或用脱脂棉蘸40%乐果乳油5~10倍稀释液,封闭虫孔。

(3)卷叶虫

1)学名

Archernius sp.,属鳞翅目,螟蛾科。

2)症状

每年夏秋间为害。幼虫吐丝将叶片卷起,并躲藏在内蛀食叶肉,致使光合作用减弱,影响正常生长。

3)发生规律

以幼虫在枯叶中的薄茧内越冬。翌年夏季羽化为成虫,白天停息在寄主叶背,夜间活动。1~2龄幼虫取食内表皮和叶肉,3龄后,将2片新叶缀合成卷,栖息其中,爬出苞外取食嫩叶。

4)防治方法

可在虫害卷叶前或卵初孵期用90%敌百虫稀释800倍液喷射,每5~7天喷施1次,连喷2~3次。

(4)金龟子

1)学名

Anomala sp.

2）症状

此虫常在抽梢和开花期间为害细芽和花朵。

3）发生规律

成虫白天潜伏，日落后开始出土活动，先进行交配，然后取食叶片，食量大。

4）防治方法

①成虫具趋光性，可用黑光灯诱杀；②每667 m²用90%敌百虫乳油稀释1 000倍喷射或2.5%敌百虫粉3 kg喷粉。

（七）采收与加工

1. 采收

白木香经过刺激结香，少则3～5年，多则10～20年才能成为较好的沉香。一般来说，时间越长，沉香的数量和质量越高。在正常年份，出现枝叶生长不茂盛，外形凋黄，局部枯死等不正常现象，大多数都可判断为已结香。采香一年四季均可进行，但人工接菌结香的以春季为宜，以便采收后菌种继续生长。具体采收方法是：选取凝结黑褐色或棕褐色，带有芳香性树脂的树干砍倒锯断；树干结香后一直延伸到根部，应一并挖起。

2. 加工

把采回的树干、树根初步用利刀砍去和剔除白色部分和腐朽部分后阴干。然后进一步用具有半圆形刀口的小凿和刻刀雕挖，剔除不含香脂的白色轻浮木质和腐朽木，留下黑色坚重木质，加工成块状、片状或小块状，最后阴干即成商品。其碎末则为沉香末和沉香粉。

（八）留种技术

1. 种子的采集与处理

（1）选种

一定要选向阳坡地上10～15年生以上，生长健壮的母树上采种。

（2）采种及种子处理

一般在6～8月，当果实呈青黄色，种子呈棕褐色时，连果枝一并采收。置通风干燥处阴干，不能日晒，经2～3天，果壳裂开，种子即可脱出。最好及时播种，如不能及时播种，宜与2倍种子重量的湿沙混合贮存，但发芽率随贮存时间的增加而下降：贮存半个月后，发芽率为50%以下；贮存3个月后，种子完全丧失发芽率。

2. 留种田管理

（1）松土、除草

每年2～3次，分别在2～3月、6～8月、10～11月进行。

（2）施肥

每年1～2次，2～3月施鸡粪或人粪尿水，9～10月施火烧土或熟腐有机肥过磷酸钙。

(九)质量标准及监测

1. 性状

呈不规则块状、片状或盔帽状,有的为小碎块。表面凹凸不平,有刀痕,偶有孔洞,可见黑褐色树脂与黄白色木部相间的斑纹,孔洞及凹窝表面多呈朽木状。质较坚实,断面刺状。气芳香,味苦(见彩图19-11)。

2. 鉴别

①横切面:射线宽1~2列细胞,充满棕色树脂。导管圆多角形,直径42~128 μm,有的含棕色树脂。木纤维多角形,直径20~45 μm,壁稍厚,木化。木间韧皮部扁长椭圆状或条带状,常与射线相交,细胞壁薄,非木化,内含棕色树脂;其间散有少数纤维,有的薄壁细胞含草酸钙柱晶。

②取"浸出物"项下醇溶性浸出物,进行微量升华,得黄褐色油状物,香气浓郁;于油状物上加盐酸1滴与香草醛少量,再滴加乙醇1~2滴,渐显樱红色,放置后颜色加深。

3. 检查

(1)水分

按照水分测定法《中华人民共和国药典(一部)》(2005年版)附录ⅨH第二法(甲苯法)测定。结果显示,沉香药材含水量在9.78%~10.00%,暂定其含水量不得超过10%。

（2）总灰分

按照灰分测定法《中华人民共和国药典（一部）》（2005年版）附录ⅨK测定。结果显示，沉香商品药材总灰分含量在2.17%~7.92%，暂定沉香药材总灰分含量不得超过8%。

（3）酸不溶性灰分

按照灰分测定法《中华人民共和国药典（一部）》（2005年版）附录ⅨK测定。结果显示，酸不溶性灰分含量在0.24%~0.92%。暂定沉香药材酸不溶性灰分含量不得超过1%。

（4）重金属及有害元素

根据中国广州分析测试中心检测结果：广东电白白木香规范化种植研究（GAP）基地沉香药材中重金属总量<20.0 mg/kg、铅（Pb）6.1 mg/kg、镉（Cd）0.15 mg/kg、铜（Cu）10 mg/kg、砷（As）<0.5 mg/kg、汞（Hg）<0.1 mg/kg。均在中华人民共和国商务部发布《药用植物及制剂进出口绿色行业标准》规定的允许范围内。

（5）有机氯农药残留量

根据中国广州分析测试中心检测结果：广东电白白木香规范化种植研究（GAP）基地沉香药材中滴滴净（DDT）<1.0×10^{-3} mg/kg、六六六（BHC）1.2×10^{-3} mg/kg、五氯硝基苯（PCNB）7.5×10^{-3} mg/kg、艾氏剂（Aldrin）<1.0×10^{-3} mg/kg。均在中华人民共和国商务部发布《药用植物及制剂进出口绿色行业标准》规定的允许范围内。

4. 浸出物

按照《中华人民共和国药典（一部）》（2005年版）附录ⅩA浸出物测定法测定。结果显示，沉香商品药材醇溶性浸出物含量2.4%～7.17%，达不到《中华人民共和国药典（一部）》（2005年版）所收录的沉香药材项下规定的醇溶性浸出物含量不得少于10.0%的要求。GAP基地药材中醇溶性浸出物量也较低，为2%左右。

5. 化学成分

（1）一般化学成分

1）2-（2-苯乙基）色酮类成分的研究

国产沉香主要含挥发性成分（主要成分是倍半萜化合物）、2-（2-苯乙基）色酮、三萜类及其他成分。国产沉香的挥发油含白木香酸、白木香醛、沉香螺旋醇等。国内外学者从沉香药材中分得15个的2-（2-苯乙基）色酮类成分。笔者从沉香乙醇提取物的乙醚部分鉴定出2个新化合物，分别是6，8-二羟基-2-［2-（3′-甲氧基-4′-羟基苯乙基）］色原酮、6-羟基-2-［2-（3′-甲氧基-4′-羟基苯乙基）］色原酮；1个已知化合物6-甲氧基-2-［2-（3′-甲氧基-4′-羟基苯乙基）］色原酮。

2）挥发油成分的GC-MS分析

对市售沉香商品药材按《中华人民共和国药典（一部）》（2005年版）附录挥发油提取法操作。提取得到的沉香挥发油为黄色透明液体，有浓烈的香气，得油率为0.30%。加入适量乙醚稀释10倍供分析用。色谱条件如下。

GC：DB-1石英毛细管色谱柱（30 m × 0.25 mm）；进样口温度250 ℃，接口温度230 ℃；载气为高纯度氦气，流速为1.3 mL/min；柱前压为80 kPa，分流比30：1，进样量为1.0 μL；峰面积归一法计算各化合物的相对含量。MS：EI（70 eV），双灯丝；质量范围m/z40-400全程扫描，扫描间歇1.0s。升温程序：柱温60 ℃，保持2 min，按5 ℃/min升至150 ℃，按1 ℃/min 升至160 ℃，再8 ℃/min升至230 ℃，保持2 min，可达到较好分离。结果见图19-1及表19-4。

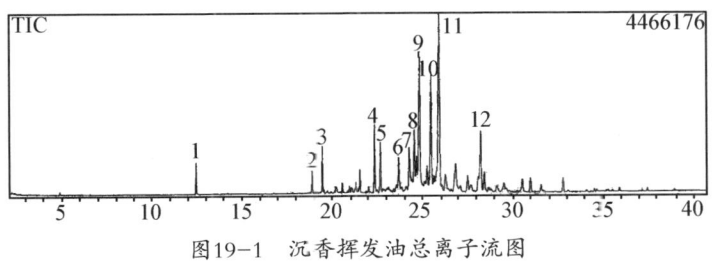

图19-1　沉香挥发油总离子流图

从沉香挥发油总离子流图（见图19-1）及表19-4可看出，从沉香挥发油分得20多个峰，鉴定出其中的6个峰。挥发油中有12种成分的相对含量较高，占总成分相对含量的68.13%，且大部分集中在22～29 min出现。Guaiol、α-Copaen-11-ol与11号峰的相对含量远高于其他的峰，为沉香挥发油中的主要成分。其中沉香螺旋醇为已知的沉香挥发油中的有效成分，能减少由脱氧麻黄碱和阿普吗啡诱导的自发性运动，增加大脑内的高香草酸含量。芳香族成分苄基丙酮具止咳作用，并与沉香中树脂的形成有关。

表19-4 沉香药材挥发油化学成分及相对含量

峰号	化合物名称	相对含量（%）
1	苄基丙酮	1.560
2	未鉴定A（M^+ 220）	1.120
3	[-] spathulenol	1.820
4	未鉴定B	3.430
5	未鉴定D	2.720
6	γ-桉油醇、γ-eudesmol	2.460
7	沉香螺旋醇agarospirol	4.150
8	未鉴定E	4.450
9	Guaiol	13.520
10	α-Copaen-11-ol	9.430
11	未鉴定F	17.980
12	未鉴定G	5.490
总计		68.130

（2）有效成分含量测定

1）挥发油

按照挥发油测定法《中华人民共和国药典（一部）》（2005年版）附录ⅩD测定，商品药材挥发油含量为2~3 mL/kg（不能作商品标准）。

2）色酮含量测定

采用HPLC法测定沉香商品药材中6,8-二羟基-2-[2-(3′-甲氧基-4′-羟基苯乙基)色原酮（化合物A）及6-羟基-2-[2-(3′-甲氧基-4′-羟基苯乙基)]色原酮（化合物B）的含量。结果见表19-5。

表19-5 沉香药材中色酮含量（n=3） （mg/g）

编号	对照品A的含量 $\bar{x} \pm s$	对照品B的含量 $\bar{x} \pm s$
040701	0.583 1 ± 1.14	0.358 2 ± 0.21
040702	0.492 4 ± 1.25	0.179 0 ± 0.96
040703	1.187 9 ± 1.42	0.155 4 ± 0.66
040704	1.765 9 ± 2.44	0.174 6 ± 0.83
040705	0.413 5 ± 1.01	0.284 0 ± 1.98
040706	0.365 0 ± 1.63	0.107 4 ± 0.04
040707	0.640 2 ± 2.04	0.203 3 ± 0.21
040708	1.008 1 ± 1.14	0.414 2 ± 2.01
040709	0.881 2 ± 1.02	0.183 8 ± 0.16
040710	0.247 0 ± 1.52	0.139 5 ± 1.56
040712	0.928 0 ± 1.21	0.007 8 ± 1.19
040713	0.067 1 ± 1.01	0.013 4 ± 0.52
040714	0.053 5 ± 1.06	0.292 6 ± 1.12
040716	0.079 3 ± 1.31	0.187 7 ± 1.15

注：对照品A为6,8-二羟基-2-[2-（3'-甲氧基-4'-羟基苯乙基）]色原酮；对照品B为6-羟基-2-[2-（3'-甲氧基-4'-羟基苯乙基）]色原酮。

由表19-5可看出，沉香商品药材中6,8-二羟基-2-[2-（3'-甲氧基-4'-羟基苯乙基）]色原酮的含量差异较大，其中最高的含量可达1.76 mg/g，而最低的只有0.25 mg/g左右；GAP基地6年生枯死树地上部分中含量则达0.9 mg/g，地下部分、GAP基地伤口结香药材及当地野生药材则含量甚微。沉香商品药材中6-羟基-2-［2-（3′-甲氧基-4′-羟基苯乙基）］色原酮的含量则较低，且各样品中相差较大。GAP基地6年生枯死树地上部分与地下部分，GAP基地伤口结香药材及当地野生药材中的含量则相对较高，分别达0.29 mg/g、0.18 mg/g。

（十）包装、贮藏及运输

1. 包装

选用不易破损干燥、清洁、无异味的包装材料密闭包装，以保证药材在运输、贮藏、使用过程中的质量。发送中药材必须有包装标签，注明药材名称、产地、采收日期、注意事项等，并附有质量合格的标志。

药材名称：

产　　地：

采收日期：

采收单位：

调出日期：

调出单位：

调出数量：　　　　　包

包装重量：　　　　　kg/包

注意事项：

附：药材质量检验单

2. 贮藏

存放药材的仓库应通风、干燥、避光,必要时安装空调和除湿设备,并具有防鼠、虫、禽畜的措施。地面应整洁、无缝隙、易清洁。

3. 运输

运输工具应有通风设备,防止日晒、雨淋、潮湿、损坏、污染。

(刘军民)

参 考 文 献

《广东中药志》编辑委员会.1994.广东中药志:第一卷[M].广州:广东科技出版社.

国家药典委员会.2000.中华人民共和国药典:一部[S].北京:化学工业出版社.

李锦开,李振纪.1994.中国木本药材与广东特产药材[M].北京:中国医药科技出版社.

梁永枢,刘军民,魏刚,等.2006.沉香药材挥发油成分的气相色谱——质谱联用分析[J].时珍国医国药,17(2):2518.

刘军民,徐梓勤,徐鸿华,等.2007.白木香种子的超低温保存研究[J].广州中医药大学学报,24(5):414-415.

刘军民,高幼衡,徐鸿华,等.2007.沉香的化学成分研究(Ⅱ)[J].中草药,38(8):1138-1140.

刘军民,高幼衡,徐鸿华,等.2006.沉香药材化学成分研究(Ⅰ)[J].中草药,37(3):325-327.

刘军民,徐鸿华.2005.国产沉香研究进展[J].中药材,28(7):

627-632.

刘军民,徐鸿华,徐梓勤. 2005. 白木香种子质量研究[J]. 广州中医药大学学报, 22 (6): 470.

刘军民,徐鸿华,徐梓勤. 2006. 不同贮藏方法对白木香种子发芽率的影响[J]. 广州中医药大学学报, 23 (3): 253-255.

刘军民,张桂芳,徐鸿华,等. 2006. 白木香不同种质类型的RAPD分析[A]. 全国第二届中药资源生态学学术研讨会论文集[C].

刘军民. 2005. 沉香(白木香)药材规范化种植(GAP)研究[D]. 广州:广州中医药大学中药学院.

苏跃平. 1994. 白木香黄野螟生物学特性[J]. 中药材, 17 (12): 7-9.

吴影梅,陆安娜. 1994. 南药根结线虫病[J]. 中药材, 17 (6): 5-7.

肖培根. 2002. 新编中药志:第二卷[M]. 北京:化学工业出版社.

徐鸿华,蔡永光,徐祥浩. 1986. 热带药用植物栽培[M]. 广州:广东科技出版社.

张翘,郑希龙,潘超美. 2009. 不同培养体系对白木香成熟胚芽诱导的影响研究[J]. 时珍国医医药, 20 (10): 2566-2567.

附

沉香（白木香）规范化生产标准操作规程（SOP）

第一章 总 则

1.1 为保证中药材质量、促进中药标准化、现代化，依据沉香药材的生长特点和国家食品药品监督管理局《中药材生产质量管理规范（试行）》的要求，制定本标准操作规程（SOP）。

1.2 本标准操作规程内容包括总则，产地自然条件，种质特征与生物特性，栽培技术，病、虫草害防治，采收加工，质量标准及监测，包装、贮藏及运输，人员和设备，文件管理等，是沉香药材生产和质量管理的具体操作方法。

1.3 沉香药材生产应运用本标准操作规程管理和质量监控手段，保护生态环境，坚持"最大持续量"原则，实现资源的可持续利用。

1.4 本规程适用于沉香药材主产区广东、海南等的种植地。

1.5 按本规程实施。

1.6 引用标准 下列文件中被本标准引用的条款则成为本标准的条款

1.6.1 《中华人民共和国大气环境空气质量标准》（GB3095—1996）。

1.6.2 《中华人民共和国农田灌溉水质标准》（GB5084—1992）。

1.6.3 《中华人民共和国土壤环境质量标准》(GB15618—1995)。

1.6.4 《中华人民共和国药典》(2010年版)。

1.6.5 国家食品药品监督管理局《中药材生产质量管理规范(试行)》(2002年版)。

1.6.6 科技部生命科学技术发展中心《中药材规范化种植研究项目实施指导原则及验收标准》。

1.6.7 中华人民共和国商务部《药用植物及制剂进出口绿色行业标准》。

1.7 定义。

1.7.1 GAP 即英文Good Agriculture Practice的缩写,指中药材生产质量管理规范。

1.7.2 SOP 即英文Standard Operation Practice的缩写,指中药材规范化生产标准操作规程。

1.7.3 最大持续量 即不危害生态环境,可持续生产(采收)的最大产量。

1.7.4 生物肥料 是利用生物活体或生物代谢过程中产生的具有生物活性的物质或从生物体提取的物质作为提高作物产量和品质的肥料。

1.7.5 生物源农药 是利用生物活体或生物代谢过程中产生的具有生物活性的物质或从生物体提取的物质作为防治作物病虫害的农药。

1.7.6 质量标准 是对药材的质量规定和检验方法所作的技术规定。

第二章 产地自然条件

2.1 适宜栽培区 位于东经97°24′至东经122°2′,北纬

24°以南。年均气温23℃，最高气温36.5℃，最低气温4.7℃。年均降水量1 400~1 700 mm，季节分配不均，有明显的干季、湿季之分，干季时间长达半年或更久。属热带季风气候。全年气候温暖，光照充足，雨量充沛，水热同季，少霜无雪，四季如春。从海拔1 000 m至低海拔的丘陵、平原，都有野生分布和栽培。

2.2 环境质量。

2.2.1 水质达到《中华人民共和国农田灌溉水质标准》（GB5084—1992）二级以上标准。

2.2.2 环境空气达到《中华人民共和国环境空气质量标准》（GB3095—1996）二级以上标准。

2.2.3 土壤环境质量达到《中华人民共和国土壤环境质量标准》（GB15618—1995）二级以上标准

第三章 种质特征与生物学特性

3.1 种质特征。

3.1.1 植物形态。

3.1.1.1 茎 高可达20 m，胸径达90 cm；树皮暗灰色，平滑，具坚韧的纤维；木质部白色而轻，横切面有不均匀的微孔密布。

3.1.1.2 叶 单叶互生，薄革质，卵形、倒卵形或椭圆形，长5~13 cm，宽2~6.5 cm，顶端急尖，基部阔楔形，全缘；叶面光滑，侧脉每边15~20条；叶柄长约5 mm，被毛。

3.1.1.3 花 伞形花序，枝顶或叶腋生，花梗长5~10 mm；花被黄绿色，芳香，钟形，花被管长2~3 mm，顶端5裂，裂片长圆形，约与花被管等长，被柔毛，喉部具密被柔毛的鳞片10枚；雄蕊10枚，花丝极短或无；子房上位，卵状，密被

柔毛。

3.1.1.4 果和种子 蒴果木质，稍呈扁的倒卵形，长2~3 cm，宽约2 cm，密被灰色茸毛，基部具宿存略木质的花被；6~7月果实成熟时微微开裂为2果瓣，每果有种子1~2粒；种子黑褐色，卵形，类似耳环，长约8 mm，基部有一长约2 cm的尾状附属物。

3.1.2 农家栽培种 目前在主产区主要有大叶种、中叶种和小叶种之分，目前大田均有种植。

3.2 生长发育规律：种子在温度26~30 ℃时发芽迅速，播后10~15天开始出苗，但苗期生长缓慢，1年生苗，茎高50~70 cm，一般种植3年后开始开花结果，幼树生长缓慢，8~10年后生长较快。白木香主根发达。愈伤能力强，可天然更新。

3.3 生态特性。

3.3.1 温度 适宜生长的气候条件是年平均温度20 ℃以上，最高气温37 ℃，最低气温3 ℃，在冬季短暂的低温霜冻也能生长。

3.3.2 水分 喜湿润，耐干旱，年平均降水量1 500~2 000 mm。

3.3.3 阳光 幼株喜阴，荫蔽度以40%~60%为宜，成株喜阳，只有充足的光照，才能正常开花结果和结出高质量的沉香。

3.3.4 土壤 对土壤要求不严，具抗瘠的特性，野生分布在瘠薄黏土，生长缓慢，但木材坚实，香味浓厚，容易结香；土层深厚、肥沃湿润的土壤，不利于结香。

第四章 栽 培 技 术

4.1 育苗。

4.1.1 种子质量。

4.1.1.1 种子形态 种子卵形,种脊面较平坦,棕黑色,长1.18～1.65 cm,直径0.50～0.78 cm,先端渐尖,基部延长为角状附属物,黑棕褐色,长1.30～2.30 cm。

4.1.1.2 白木香种子按大小可分为三个等级。

一等 种子粒大,饱满,种子千粒重147～159 g。长1.38～1.65 cm,宽0.74～0.78 cm,高0.50～0.70 cm。

二等 种子大小中等,饱满,种子千粒重133～135 g。长1.20～1.50 cm,宽0.62～0.68 cm,高0.50～0.58 cm。

三等 种子较小,种子千粒重105～112 g。长1.10～1.32 cm,宽0.50～0.60 cm,高0.40～0.50 cm。

4.1.1.3 种子净度 不得低于92%。

4.1.1.4 种子千粒重 不得低于133 g。

4.1.1.5 种子含水量 不得低于7.5%。

4.1.1.6 种子发芽率 不得低于87%。

4.1.2 育苗技术。

4.1.2.1 苗圃选择 宜选略有荫蔽条件,空气相对湿度较高的坐西向东的缓坡地或平地。

4.1.2.2 苗床准备 经深翻整地后作畦,畦宽1 m,高20 cm。

4.1.3 种子苗培育。

4.1.3.1 选种 一定要选向阳坡地上10年生以上,生长健壮的母树上采种。

4.1.3.2 采种及种子处理 一般在6～8月,当果实呈青黄色、种子呈棕褐色时，连果枝一并采收。置通风干燥处阴干，不能日晒，经2~3天，果壳裂开，种子即可脱出。最好及时播种，如不能及时播种，宜与2倍种子重量的湿沙混合贮存，但发芽率随贮存时间的增加而下降：贮存半个月后，发芽率为50%以下；贮存3个月后，种子完全丧失发芽率。

4.1.3.3 播种期 由于种子存放易使发芽率明显下降，应即采即播，发芽率可高达80%以上。

4.1.3.4 播种方法 条播或撒播。按行距15~20 cm开沟放种，或将种子均匀撒在苗床上，每亩播种5~7.5 kg，可育苗1.5万株。播后盖土以不见种子为度，在畦面覆盖一层薄松叶。6天发芽40%~50%、7天发芽60%、8天发芽70%、9天发芽80%、10天开始出苗、11~15天86%出苗。

4.1.3.5 种子苗管理 搭设棚遮阴，保持荫蔽度为50%~60%。根据天气和随着苗木生根成活和长大，逐步拆除荫蔽物，增加透光度。出土幼苗不耐干旱，要注意经常淋水，保持土壤湿润。出苗后应及时揭草。当幼苗高6~10 cm时，可疏去小苗和弱苗。要注意除草，适当修剪分叉状的苗木，只留一根主干。当苗高10 cm，经间苗后，可施稀薄人粪尿水，促进幼苗生长。培育1.5年，苗高70~100 cm，即可出圃定植。如将小苗移至营养容器（尼龙袋或营养砖）培育，苗高30 cm便可定植。

4.2 移栽定植。

4.2.1 选地整地 宜选择海拔1 000 m以下的避风向阳缓坡地、丘陵、平原的红壤和山地黄壤。种植前，先耕翻整地，按株行距挖穴，穴的规格为50 cm×50 cm×40 cm。

4.2.2 定植。

4.2.2.1 种植时间 春季3~4月间气温回升，春梢开始或尚未萌动时,选阴雨天定植。植后容易成活。

4.2.2.2　种植密度　株行距2 m×3 m。按80~100株/667 m²种植。

4.2.2.3　种植方法　起苗前将苗木下部的侧枝及叶片剪去,留上部数片叶,并将每片叶剪去一半。栽苗时苗要正,根系要舒展,分层覆土,压实,浇定根水,成活率可达95%以上。白木香成龄树下会落下很多种子,生出许多幼苗,达90~100株/m²,可移入营养袋育苗,而且伐根萌芽力很高,可人工促进天然更新。

4.3　田间管理。

4.3.1　松土、除草　幼龄期生长较慢,需加强松土除草,每年2~3次,分别在2~3月、6~8月、10~11月进行,并将除下的杂草盖于根际。

4.3.2　施肥　每年1~2次,2~3月施人粪尿水,9~10月施火烧土或熟腐有机肥过磷酸钙。成龄植株的施肥量可适当增加。

4.3.3　修枝　为促进主干的形成,以利结香,需把下部侧枝、病虫枝、弱枝和过密枝剪除。

4.3.4　刺激结香　在正常情况下,白木香树的茎干未受伤前是不会结香的,只有在刀砍、虫蛀、病腐后被一种真菌感染,才能形成香脂。可采用以下方法刺激其结香。

4.3.4.1　砍伤法　选10年生以上,树干直径30 cm以上的立木,在距地面1.5~2 m处顺砍数刀,刀距30~40 cm,伤口深3~4 cm。经过一段时间,伤口附近的木质部就会分泌树脂,数年后逐渐变成黑褐色,便生成沉香。取沉香时造成的新伤口,仍可继续结香。

4.3.4.2　半断杆法　在离树干基部1 m以上的树干上锯一伤

口,深度为树干粗的1/3~1/2。沿同一方向不同高度,锯几伤口,伤口间距为30~40 cm,伤口宽为1 cm。久之则能自行结香。经数年后便可在伤口处取香,取香后的香门仍有可能继续结香。

4.3.4.3 凿洞法 在距地面1~3 m树干上凿数个深2~3 cm,宽和高均为3~4 cm的方形洞,或直径1~3 cm,深3~6 cm的圆形小洞,然后用泥封闭,小洞附近的木质部逐渐分泌树脂,数年后可生成沉香。

4.3.4.4 人工接菌结香法 以10年生以上的大树为好,5~6年生也能进行人工接菌结香。大树采用半断干法,伤口可大;小树宜用凿洞法,伤口宜小。在树干的同侧,取逆风方向,自上而下,每隔40~50 cm处,用锯、凿等工具,按垂直于树干的方向开一香门,深度约为树干粗的1/3,口宽1~2 cm,随即将结香菌种塞满香门,用塑料薄膜包扎封口,防止杂菌污染和昆虫、蚂蚁为害。几年后即可采得沉香。

4.3.4.5 化学法 用甲酸、硫酸、乙烯利处理伤口,可刺激结香。收香后,继续用药物处理,仍可继续结香。

4.3.4.6 枯树取香法 在自然界,白木香常被虫蚁、病腐和风倒、风断,造成枯烂腐朽或枯死,这些部位常常结香,在枯死的树干或根内,都有沉香可采。

第五章 病、虫害的防治

5.1 病害 主要有根结线虫病。

5.1.1 症状 一般表现在根部,形成圆形或纺锤形大小不一、相互独立的小瘤,但植株地上部位症状一般不明显,只有当根部发病严重,特别是营养袋育苗或幼树病株才表现出受害症状，叶形变小，叶色变黄，下部叶更为明显，叶数量减少。

5.1.2 病原 南方根结线虫 Meloidigyne incogeita 或爪哇根结线虫 Meloidigyne javanica。

5.1.3 发病规律 根结线虫在土中越冬，夏季多雨季节，线虫入侵为害。白木香从袋育苗、幼树和开花结果树至定植18年的老树均可被寄生为害。

5.1.4 防治方法。

5.1.4.1 农业综合防治 用于袋育苗的土壤应翻晒风干；对病死株要连株拔除并及时暴晒土壤；避免在扩种中把有病的袋育苗移植到大田。

5.1.4.2 药物防治 90%敌百虫晶体800倍液灌根，每株灌药液0.25~0.5 kg。

5.2 虫害 主要有黄野螟、天牛、卷叶虫、金龟子等。

5.2.1 黄野螟。

5.2.1.1 学名 Heortia vitessoidesmoore，属鳞翅目，螟蛾科。

5.2.1.2 症状 该虫以幼虫咬食叶片，被害株率达30%，严重发生时全部植株被害。单株虫数从几百头至一千多头，数天内便可把被害树叶片吃光，在食料不足的情况下，树干及枝条皮层也被吃掉，致使白木香生长不良，影响结香和产量。

5.2.1.3 发生规律 以幼虫在落叶或土缝中结茧越冬，翌年4月开始化蛹。幼虫孵化后吐丝卷叶成筒状，并隐藏其中取食叶肉，幼虫活跃，有吐丝下茧的习性，高龄幼虫常出巢活动，并能咬断叶柄，使其垂挂于植株上，干枯脱落，造成严重损害。

5.2.1.4 防治方法。

5.2.1.4.1 农业综合防治 对栽培的白木香林可于冬季在树冠下浅翻土,清除枯枝落叶和杂草并烧毁,消灭越冬蛹;在各代蛹盛期和幼虫期,组织人力挖蛹和用竹竿拨动被害株枝条,待幼虫坠地后用脚踩死。

5.2.1.4.2 药剂防治 可用50%敌百虫喷洒树冠及林下地面。

5.2.2 天牛。

5.2.2.1 学名 *Nadezhdiella* sp.,属鞘翅目,天牛科。

5.2.2.2 症状 此虫常在幼干、枝条上咬开一条纵沟吸食木质部,形成不规则弯曲孔道,使树干或枝条衰退,造成叶片萎黄,影响生长,遇大风还易折断,甚至造成幼龄树整株枯死。

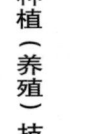

5.2.2.3 发生规律 以幼虫在寄主木质部内越冬,翌年春夏季孵化成幼虫,先在皮下为害,然后注入树干或枝条向下蛀食,每隔一定距离向外开一洞口,7~8月为幼虫为害盛期,老熟幼虫在蛀道内筑蛹室化蛹。

5.2.2.4 防治方法。

5.2.2.4.1 加强农业综合防治,刮除天牛产的卵块。

5.2.2.4.2 药剂防治 注射90%敌百虫800倍液于虫孔,或用脱脂棉蘸40%乐果乳油5~10倍稀释液封闭虫孔。

5.2.3 卷叶虫。

5.2.3.1 学名 *Archernius* sp.,属鳞翅目,螟蛾科。

5.2.3.2 症状 每年夏秋间为害。幼虫吐丝将叶片卷起,并躲藏在内蛀食叶肉,致使光合作用减弱,影响正常生长。

5.2.3.3 发生规律 以幼虫在枯叶中的薄茧内越冬。翌年夏季羽化为成虫,白天停息在寄主叶背,夜间活动。1~2龄幼虫取食内表皮和叶肉,3龄后,将2片新叶缀合成卷,栖息其中,爬出苞外取食嫩叶。

5.2.3.4　防治方法　可在虫害卷叶前或卵初孵期用90%敌百虫稀释800倍液喷射,每5~7天喷1次,连喷2~3次。

5.2.4　金龟子。

5.2.4.1　学名　*Anomala* sp.

5.2.4.2　症状　此虫常在油梢和开花期间为害细芽和花朵。

5.2.4.3　发生规律　成虫白天潜伏,日落后开始出土活动,先进行交配,然后取食叶片,食量大。

5.2.4.4　防治方法　成虫具趋光性,可用黑光灯诱杀;可用90%敌百虫乳油稀释1 000倍喷射或2.5%敌百虫粉3 kg/667 m²喷粉。

第六章　采收加工

6.1　采收　白木香经过刺激结香,少则3~5年,多则10~20年才能成为较好的沉香。一般来说,时间越长,沉香的数量和质量越高。在正常年份,出现枝叶生长不茂盛,外形凋黄,局部枯死等不正常现象,大多数都可判断为已结香。采香一年四季均可进行,但人工接菌结香的以春季为宜,以便采收后菌种继续生长。具体采收方法是:选取凝结黑褐色或棕褐色、带有芳香性树脂的树干砍倒锯断;树干结香后一直延伸到根部,应一并挖起。

6.2　加工　把采回的树干、树根初步用利刀砍去和剔除白色部分和腐朽部分后阴干。然后进一步用具有半圆形刀口的小凿和刻刀雕挖,剔除不含香脂的白色轻浮木质和腐朽木,留下黑色坚重木质,加工成块状、片状或小块状,最后阴干即成商品。其碎末则为沉香末和沉香粉。

第七章 质量标准及监测

7.1 来源 为瑞香科植物白木香 Aquilaria sinensis (Lour.) Gilg 含树脂的木材。

7.2 性状 呈不规则块状、片状或盔帽状,有的为小碎块。表面凹凸不平,有刀痕,偶有孔洞,可见黑褐色树脂与黄白色木部相间的斑纹,孔洞及凹窝表面多呈朽木状。质较坚实,断面刺状。气芳香,味苦。

7.3 鉴别。

7.3.1 横切面 射线宽 1~2 列细胞,充满棕色树脂。导管圆多角形,直径 42~128 μm,有的含棕色树脂。木纤维多角形,直径 20~45 μm,壁稍厚,木化。木间韧皮部扁长椭圆状或条带状,常与射线相交,细胞壁薄,非木化,内含棕色树脂;其间散有少数纤维,有的薄壁细胞含草酸钙柱晶。

7.3.2 取"浸出物"项下醇溶性浸出物,进行微量升华,得黄褐色油状物,香气浓郁;于油状物上加盐酸 1 滴与香草醛少量,再滴加乙醇 1~2 滴,渐显樱红色,放置后颜色加深。

7.4 检查 本试验地的沉香未到采收年龄,只对引种地部分商品进行检测。

7.4.1 水分 按照水分测定法《中华人民共和国药典(一部)》(2000年版)附录 IX H 第二法(甲苯法)测定。检读含水量,并计算供试品中的含水量(%)。所测得商品药材含水量≤10%(暂定)。

7.4.2 总灰分、酸不溶性灰分 按照灰分测定法《中华人民共和国药典(一部)》(2000年版)附录 IX K 测定。总灰分≤7%(暂定),酸不溶性灰分≤1%(暂定)。

7.4.3 醇溶性浸出物 按照醇溶性浸出物测定项下的热浸法

（附录ⅩA）测定，用乙醇作溶剂。所测得部分商品药材含量在1.5%~3.0%，达不到现行药典的要求。

7.4.4　重金属残留量　根据中国广州分析测试中心检测结果：重金属总量<20.0 mg/kg、铅（Pb）6.1 mg/kg、镉（Cd）0.15 mg/kg、铜（Cu）1C mg/kg、砷（As）<0.5 mg/kg、汞（Hg）<0.1 mg/kg。

7.4.5　有机氯农药残留量　根据中国广州分析测试中心检测结果：滴滴涕（DDT）<1.0×10^{-3} mg/kg、六六六（BHC）1.2×10^{-3} mg/kg、五氯硝基苯（PCNB）7.5×10^{-3} mg/kg、艾氏剂（Aldrin）<1.0×10^{-3} mg/kg。均在中华人民共和国商务部发布《药用植物及制剂进出口绿色行业标准》规定的允许范围内。

7.5　挥发油含量测定　按照挥发油测定法《中华人民共和国药典（一部）》（2000年版）附录ⅩD测定，部分商品药材挥发油含量为2~3 mL/kg（不能作商品标准）。

第八章　包装、贮藏及运输

8.1　包装。

包装前应检查并清除劣质品及异物。包装应按标准操作规程操作，并有批包装记录，其内容包括品名、规格、产地、批号、重量、包装工号、包装日期等。所使用的包装材料应是清洁、干燥、无污染、无破损，并符合药材质量要求。在每件药材包装上，应注明药材名称、产地、采收日期、注意事项等，并附有质量合格的标志。

药材名称：

产　　地：

采收日期：

采收单位：
调出日期：
调出单位：
调出数量：　　　　　包
包装重量：　　　　　kg/包
注意事项：
附：药材质量检验单

8.2 贮藏　存放药材的仓库应通风、干燥、避光，必要时安装空调和除湿设备，并具有防鼠、虫、禽畜的措施。地面应整洁、无缝隙、易清洁。

8.3 运输　批量运输时，不应与其他有毒、有害、易串味物质混装。运载容器应具有较好的通气性，以保持干燥，并应有防潮措施。

第九章　人员和设备

9.1 负责全面工作人员，要求富有经验而有能力履行赋予的职责的大专以上学历的专业人才。

9.2 生产人员，要求具有从事中药或农业生产或通过培训能掌握药材栽培管理技术的人员。

9.3 生产基地设备，根据药材生产的需要配齐所有的设备。

第十章　文件管理

10.1 文件　指一切涉及中药材生产、质量管理的书面材料和实施中的资料。

10.1.1 药材品种、育苗与移栽（时间、地点、面积）、田间管理（肥料、农药种类、数量、时间等）。

10.1.2 土壤及水分资料。

10.1.3 各种合同协议书、生产计划、实施方案、技术操作规程。
10.1.4 物候变化（小气象记录资料）。
10.1.5 产量、质量。
10.1.6 工作、技术总结等。
10.2 管理，将上述文件资料全部归入档案收载。
10.2.1 记录员要具有一定文化而且责任心强的人员专门记录。
10.2.2 档案保管员要掌握档案分类和保管的基本知识。
10.2.3 记录员、档案保管员要求相对固定的专人负责。

二十、鸡 血 藤

（一）概 述

1. 来源

鸡血藤为豆科植物密花豆*Spatholobus suberectus* Dunn. 的干燥藤茎。性温，味苦、甘，归肝、肾经，具活血补血、调经止痛、舒筋活络的功效，用于月经不调、痛经、经闭、风湿痹痛、麻木瘫痪、血虚萎黄。

2. 开发利用

（1）药品

鸡血藤苦而不燥，温而不烈，行血散瘀，调经止痛，性质和缓，同时又兼补血作用，凡妇人血瘀及血虚之月经病证均可应用。治血瘀之月经不调、痛经、闭经，可配伍当归、川芎、香附等同用；治血虚月经不调、痛经、闭经，则配当归、熟地、白芍等药用。鸡血藤亦能行血养血、舒筋活络，为治疗经脉不畅、络脉不和病证的常用药。如治风湿痹痛、肢体麻木，可配伍祛风湿药独活、威灵仙、桑寄生等；治中风手足麻木、肢体瘫痪，常配伍益气活血通络药黄芪、丹参、地龙等；治血虚不养筋之肢体麻木及血虚萎黄，多配益气补血药黄芪、当归等。因而，鸡血藤被广泛用于妇科病、风湿痹痛等类型疾病的中成药生产和配方用药中，为金鸡胶囊、金鸡片、金鸡冲剂、鸡血藤糖液、鸡血藤浸膏片、活血通经丸、鸡血藤膏、鸡血藤颗粒、新血宝胶囊（颗粒）、补血调经片等的主要原料药。

现代药理研究表明，鸡血藤具抑制血小板聚集、降低血压、抗心律失常等作用。中医临床常用鸡血藤（单用或以鸡血藤为主组方）治疗各种原因（如放化疗、血液系统疾病）引起的白细胞、血小板及红细胞等全血象减少疾病。此外，临床上亦用于治疗肿瘤中晚期病人的血瘀证。

（2）食品及其他

民间有用鸡血藤与鸡蛋同煮做成的鸡血藤蛋汤可治月经不调、体虚贫血。用鸡血藤泡出的药酒可补血活血、舒筋通络。此外，亦有用鸡血藤开发出保健茶、鸡血藤洗发露等。

3. 原产地（主产）、分布

鸡血藤主要野生分布于广西的武鸣、宁明、邕宁、平南、荔浦等县；广东各山区县均有分布，以粤北和粤西北部地区出产较多；福建的华安、南靖、漳蒲、诏安等县。此外，贵州、云南也有分布，与我国接壤的越南、老挝、缅甸、泰国亦有分布。目前，广东、广西两省区均有种植，尚未有药材产出（见彩图20-1）。

（二）生物学特性

1. 形态特征

密花豆为木质大藤本，长达十余米。老茎扁圆柱形，稍扭转，灰褐色，砍断后有红色汁液流出，横断面呈数个偏心形环；小枝圆柱形，近无毛。叶互生，为3出复叶，有长叶柄，托叶早落；顶生小叶宽卵形，长10~20 cm，宽7~15 cm，先端短尾尖，基部圆形或浅心形，两面沿叶脉疏被短硬毛，叶背面脉腋间常有黄色簇毛；侧生小叶叶基不对称，小托叶针状。大型圆锥花序生枝顶叶腋，花近无柄，单生或2~3朵簇生与花序轴的节上成穗状；花萼肉质筒状，被白毛；碟形花冠白色，肉质；雄蕊10枚，子房密被白色短毛。荚果扁平，刀状，长8~10.5 cm，宽2.5~3 cm，被茸毛，顶部有1粒种子（见彩图20-2）。

2. 生长发育规律

鸡血藤插条扦插后1个月90%左右萌发梢，扦插基部开始形成愈合层。45天左右95%萌芽发梢并有少量扦插枝发新根。2个月后5%枝条开始发根，75天70%枝条发根，3个月95%枝条发根，并且发根稳定。定植后，根部生出共生固氮根瘤菌；主茎先期直立生长，期间不断生出侧枝，主茎及小枝均呈圆柱形。后随着茎的不断增粗，平卧于地面生长或攀附其他物体上生长，老茎逐渐呈扁圆柱形。春季每一枝梢均会长出嫩枝梢，夏季为其生长旺盛期，冬季低温霜冻会部分落叶，若遇0 ℃以下低温会全部落叶，并停止生长。广东平远种植的鸡血藤3年开始开花结果。花期8~9月，果期10月至翌年1月。

3. 对生态环境条件的要求

鸡血藤对环境条件的要求不严。生于山谷林间、溪边及山地灌木丛中，攀附于大树上。适宜生长的气候条件是年平均温度20 ℃以上，最高气温37 ℃，最低气温3 ℃，在冬季短暂的低温霜冻会落叶。喜湿润，耐干旱。幼株喜阴，荫蔽度以40%~60%为宜，成株喜阳。由于其根部生有根瘤菌共生固氮，抗贫瘠，对土壤要求不严，但在疏松、肥沃、湿润的土壤中生长较快。

（三）物种或品种类型

1. 正品

鸡血藤药材《中华人民共和国药典（一部）》（2005年版）规定其为豆科植物密花豆 Spatholobus suberectus Dunn. 的干燥藤茎。正品鸡血藤藤茎的栓皮灰棕色，有的可见灰白色斑，栓皮脱落处显红棕色。切面木部红棕色或棕色，导管孔多数；韧皮部有树脂状分泌物呈红棕色至黑棕色，与木部相间排列成3~8个偏心性半圆形环；髓部偏向一侧。质坚硬。气微，味涩。

2. 混淆品

据调查，商品鸡血藤药材基源植物除了《中华人民共和国药典（一部）》（2005年版）收载的密花豆外，还有豆科、五味子科、木通科等共6个属15种和变种的植物。目前鸡血藤主流商品是密花豆的藤茎，约占80%，主产于广西、广东，销往全国，常春油麻藤 Mucuna sempervirens Hemsl. 的藤茎在福建省内流通，香花崖豆藤 Millettia dielsiana Harms. ex Diels的茎及根、丰城崖豆藤 M. nitida Benth. var. hirsutissima Z. Wei的根在江西和四川局部地区自产自销。内南五味子 Kadsura interior A. C. Smith、异型南五味子 Kadsuraheteroclita

（Roxb.）Craib、铁箍散 *Schisandra propinqua*（Wall.）Baill. var. *sinensis* Oliv. 的藤茎、巴豆藤 *Craspedolobium schochii* 的根茎和根、黔滇崖豆藤 *Millettia gentiliana* Levl. 的茎及根茎作为熬制鸡血藤膏的原料，无商品流通，光叶密花豆 *Spatholobus harmandii* Gagnep.、红血藤 *Sargentodoxa cuneata*（Oliv.）Rehd.et Wils、白花油麻藤 *Mucuna birdwoodiana* Tutch.、褐毛黎豆 *M. castatnea* Merr.、网络崖豆藤 *M. reticulata* Benth. 的茎及美丽崖豆藤 *M. speciosa* Champ. 的根则在民间作鸡血藤使用。笔者收集鉴定了不同居群鸡血藤及其混淆品，对其藤茎性状特征进行了观察与描述，分别见表20-1和表20-2。

表20-1 鸡血藤及其混淆品性状特征比较

编号	品名	拉丁学名	产地	截面性状	藤茎直径（cm）
1	鸡血藤	*Spatholobus suberectus* Dunn	广东平远	茎呈扁圆柱形。木质坚硬，横切面髓部偏向一侧，韧皮部有红褐色或黑棕色树脂状分泌物，与红棕色木部相间排列成多轮偏心性半圆环	7.0～9.0
2	大血藤	*Sargentodoxa cunea-ta*（Oliv.）Rehd.et Wils.	商品	木质部黄白色，髓射线红棕色，放射状排列，周边韧皮部有6处嵌入木质部	4.5～10

续表

编号	品名	拉丁学名	产地	截面性状	藤茎直径（cm）
3	白花油麻藤	*Mucuna birdwoodiana* Tutch	广东	中央有偏心性小髓，木质部淡红色，有3~5圈同心性小环	约1.8
4	香花崖豆藤	*Millettia dielsiana* Harms. ex Diels	广东河源	皮部约占半径的1/4~1/3，木质部淡黄色，韧皮部黄褐色，导管放射状排列呈轮状，髓小居中	1.6~3.25
5	香花崖豆藤	*Millettia dielsiana* Harms. ex Diels	广西	木质部灰黄色，导管放射状排列，韧皮部深褐色与木质部相间排列成同心环。髓小，圆形居中	约4
6	香花崖豆藤	*Millettia dielsiana* Harms. ex Diels	湖北恩施	皮部约占半径的1/4~1/3，木质部淡黄色，韧皮部黄褐色，导管放射状排列呈轮状，髓小居中	约2.5
7	常春油麻藤	*Mucuna semperviens* Hemsl	云南昆明	木质部深棕色，韧皮部黑棕色，与木质部相间排列成2~3个偏心性半圆环，髓小，圆形，偏向一侧。	0.6~0.8

表20-2 不同居群鸡血藤药材性状特征比较

编号	产地	偏心性环纹数（个）	藤茎直径（cm）	断面色泽（木质部，韧皮部）
1	广东从化	3~4	2.5~4.5	棕，棕黑
2	广西岑溪	2~3	2.8~3.5	深棕，黑棕
3	广东广州三元里药圃	3	约2.5	棕，棕黑
4	广东平远（GAP基地3年生）	1~2	约3	浅棕，深红棕
5	广东平远（野生）	4~5	7.0~9.0	深棕，棕黑
6	广东深圳布吉（山顶）	2~3	2.3~3.0	棕，棕黑
7	广东深圳布吉（山脚）	1~2	2.2~2.5	深棕，棕黑
8	广东深圳梧桐山	6~7	8.0~8.5	红棕，棕黑
9	云南	3	约9	红棕，棕黑
10	广东罗定	3	约3.5	浅棕，棕黑

3. 鸡血藤与其混淆品的紫外光谱鉴别

对鸡血藤与其混淆品种的3种溶剂（醋酸乙酯、石油醚、正丁醇）的提取部位的紫外吸收光谱进行分析，结果见图20-1。其中，正丁醇部位的UV吸收光谱具有明显区别。

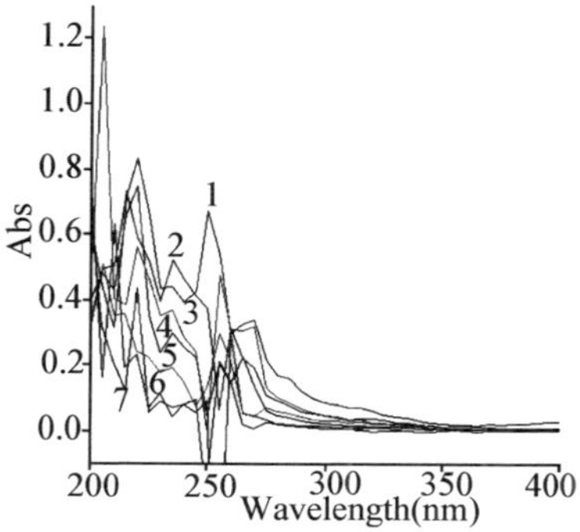

A．石油醚部位

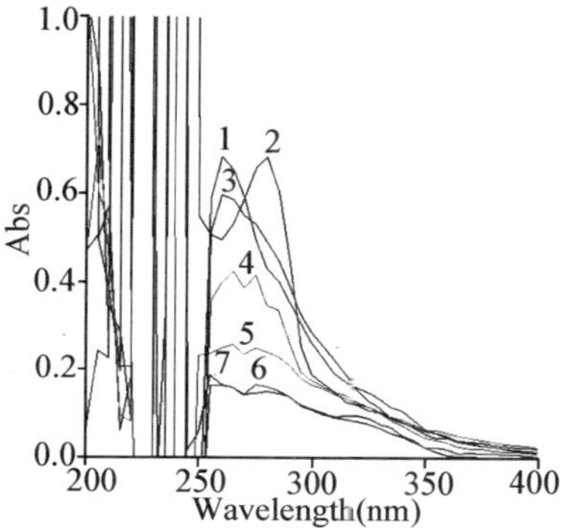

B．醋酸乙酯部位

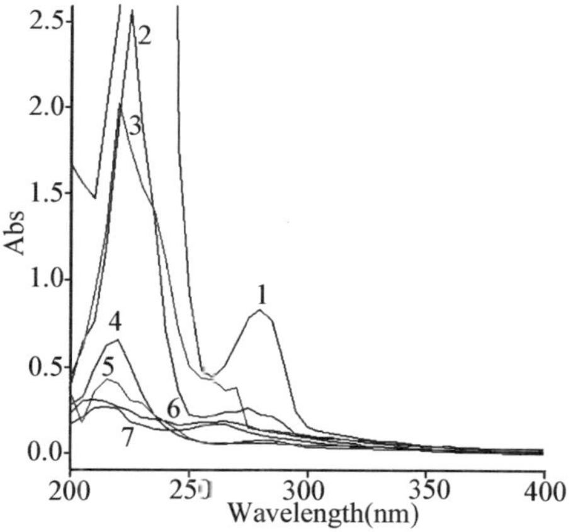

C．正丁醇部位

A．样品依次为：1．白花油麻藤　2．常春油麻藤　3．山鸡血藤　4．山鸡血藤　5．山鸡血藤　6．大血藤　7．鸡血藤

B．样品依次为：1．山鸡血藤　2．鸡血藤　3．山鸡血藤　4．山鸡血藤　5．白花油麻藤　6．大血藤　7．常春油麻藤

C．样品依次为：1．鸡血藤　2．白花油麻藤　3．山鸡血藤　4．常春油麻藤　5．大血藤　6．山鸡血藤　7．山鸡血藤

图20-1　鸡血藤及其混淆品的紫外光谱图

4. 鸡血藤与其混淆品的红外光谱鉴别

鸡血藤与其混淆品的正丁醇提取部位的红外吸收光谱具有明显区别。结果见图20-2。

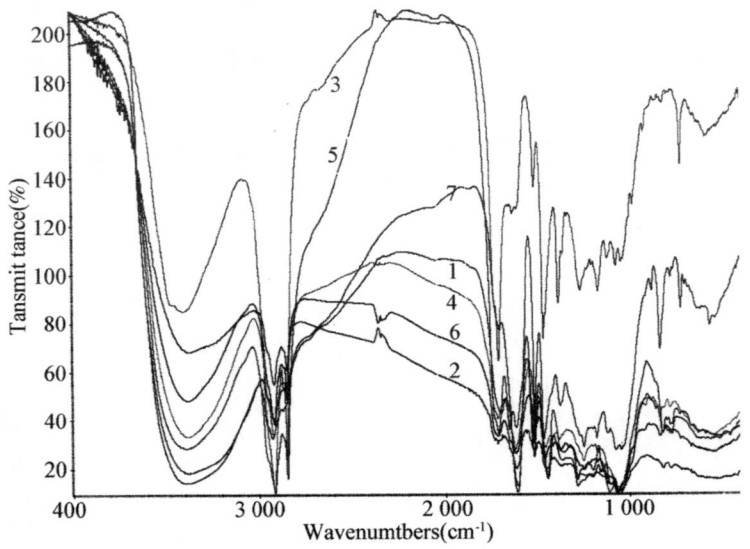

1．大血藤（商品） 2．白花油麻藤 3．常春油麻藤（云南） 4．山鸡血藤（河源） 5．山鸡血藤（广西） 6．山鸡血藤（赣州） 7．鸡血藤（罗定）

图20-2 鸡血藤与其混淆品正丁醇提取部位IR吸收光谱图

5. 鸡血藤与其混淆品的RAPD分析

（1）不同居群鸡血藤野生种质DNA多态性

采集广东省各地鸡血藤新鲜叶片，提取其DNA，采用PCR方法对110条引物中筛选出9条引物扩增出条带，对鸡血藤不同居群样品进行RAPD分析。结果见图20-3。

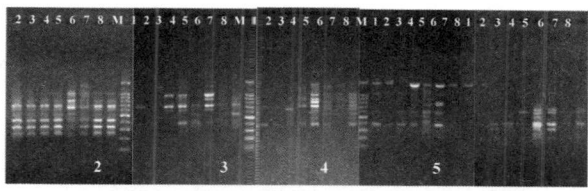

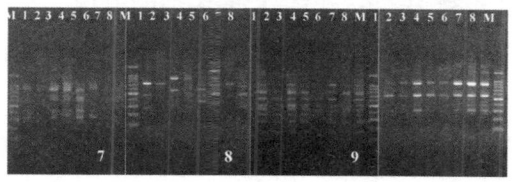

M为DNA Marker（2.0 kb）模板1~8依次为鸡血藤样品01~08
9条引物依次为：S28、S29、S61、S80、S254、S258、S368、S372、S373

图20-3　9个多态性引物对8个不同产地的相同鸡血藤扩增结果

聚类分析构建亲缘关系树状图见图20-4。由图20-4

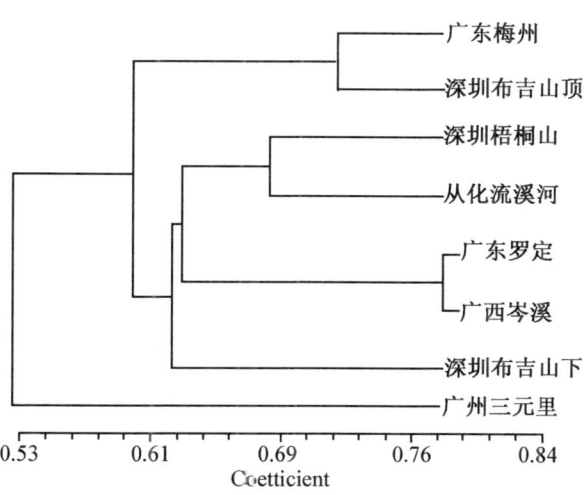

图20-4　不同居群的正品鸡血藤聚类分析图

中可看出，广东梅州与深圳布吉山顶聚为一类，深圳梧桐山与从化流溪河聚为一类，广东罗定与广西岑溪聚为一类，而广州产与其他遗传距离较远。

（2）鸡血藤与其混淆品的DNA指纹图谱

筛选出6条能够产生稳定扩增条带的引物，对6种鸡血藤的混淆品进行PCR扩增，共扩增出74个位点，DNA指纹图谱间具明显差异。结果见图20-5。

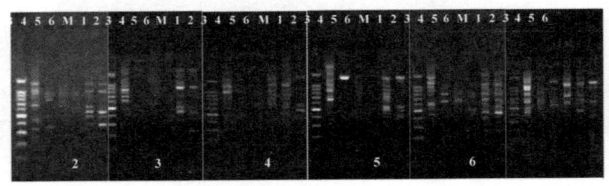

M为DNA Marker（2.0 kb）模板1~6依次为鸡血藤、大血藤、香花崖豆藤、鱼藤、常春油麻藤、厚果鸡血藤

6条引物依次为：S130、S254、S28、S61、S240、S372

图20-5 鸡血藤及其混淆品的DNA指纹图谱

（四）种 植 地

1. 种植地选择

广东梅州平远县位于广东省东北部，西邻江西省。位于粤赣闽三省交界处，属亚热带季风气候区，日照雨量充足，年平均气温21.7 ℃，年降水量1 637 mm，年均日照时数1 873 h，无霜期达300天以上；地带性的自然土壤为红壤，有利于发展立体生态农业和多种商品生产基地。

平远县的野生中药材资源丰富，当地在种植中药材方面具有悠久历史，许多农户在中药材种植方面积累了丰富的种植经验。平远县历来有野生鸡血藤分布，选作鸡血藤种植的土壤、空气、水源无污染，适合发展鸡血药材。此外，广西等地亦适于发展鸡血藤药材种植（见彩图20-1）。

2. 种植地生态环境质量检测

（1）环境质量检测

种植地选择了远离居民点和交通要道、周围无污染源的地段，广东梅州平远县石正镇为鸡血藤GAP研究基地，并对其大气、土壤和水质等生态环境质量进行了检测。

1）大气

根据平远县环境保护监测站的监测，当地大气中的二氧化硫含量平均值为$0.023 \sim 0.035\ 5\ mg/m^3$，二氧化氮年平均值为$0.014\ 8 \sim 0.027\ 5\ mg/m^3$，总悬浮微粒物和可吸入颗粒物平均值为$0.038 \sim 0.121\ mg/m^3$，空气质量符合《中华人民共和国环境空气质量标准》（GB3095—1996）中的标准要求。

2）土壤

采用随机多点取样法，结合种植点挖穴，挖40 cm深的土坑，从地表开始，表层土10 cm以内分0～5 cm、5～10 cm取样，10 cm以上每隔10 cm取样，取5个样，每个土样重量300 g左右。将各层土样充分混合后，取出800 g，取后将5个取样点的土样约4 kg充分混匀，用对角线法取出1/2，余下的混匀后，仍用对角线法取出1/2，余下的约1 kg装袋，带回室内风干，送中国广州分析测试中心检测（见表20-3）。

表20-3 鸡血藤GAP基地土壤分析检验结果

检测项目	检测结果	检测项目	检测结果
铅（mg/kg）	48.5	pH	5
铜（mg/kg）	32.1	水分（%）	17.7
镍（mg/kg）	38.5	有机质（%）	0.68
铬（mg/kg）	118	全氮（%）	0.034 2
锌（mg/kg）	110	全钾（%）	1.12
镉（mg/kg）	0.051 4	碱解氮（mg/kg）	32
砷（mg/kg）	10.7	有效磷（mg/kg）	2.9
汞（mg/kg）	0.248	速效钾（mg/kg）	22
六六六（mg/kg）	0.160		
滴滴涕（mg/kg）	0.065		

结果显示，土壤质量符合《中华人民共和国土壤环境质量标准》（GB15618—1995）中二级质量标准。

3）水质

在鸡血藤药材GAP基地取水样，用无菌容器盛装，低温保存，最短时间内送中国广州分析测试中心检测（见表20-4）。

表20-4 鸡血藤GAP基地水质分析检验结果

检测项目	检测结果	检测项目	检测结果
苯（mg/L）	未检出	BOD_5（mg/L）	0.19
三氯乙醛（mg/L）	未检出	COD_{cr}（mg/L）	1.4
丙烯醛（mg/L）	未检出	pH	6.30
氟化物（mg/L）	0.16	氰化物（mg/L）	<0.05

续表

检测项目	检测结果	检测项目	检测结果
氯化物（mg/L）	0.16	悬浮物（mg/L）	5.5
汞（mg/L）	0.000 393	凯氏氮（mg/L）	0.55
镉（mg/L）	0.000 9	阴离子表面活性剂（mg/L）	0.026
砷（mg/L）	0.001 666	总磷（mg/L）	0.005
铅（mg/L）	0.002 6	水温（℃）	20
铜（mg/L）	0.001 8	全盐量（mg/L）	0.020
铯（mg/L）	0.000 315	硫化物（mg/L）	0.19
锌（mg/L）	0.009 2	硼（mg/L）	0.001

结果显示，灌溉水质符合《中华人民共和国农田灌溉水质标准》（GB5084—1992）中的质量标准。

（五）种子质量研究

1. 种子的品质检验

（1）种子千粒重

248.5 g。

（2）种子水分测定

从各样品中取出试样种子，捣碎，称取试样3份，每份5 g，放置已干燥至恒重的称量瓶中。将恒温电烘箱预热至140~145 ℃，放入试样5 min后，调烘箱温度至130±3 ℃，烘1 h。盖好称培养皿盖，装进密封袋中后移至干燥器中冷却30~40 min，称重，计算含水百分率。结果见表20-5。

表20-5　鸡血藤种子含水量测定结果　　（$n=3$）

样品	含水量（$\bar{x}\pm s$, %）
新鲜种子	27.27 ± 0.37
自然干燥种子	26.00 ± 2.82

由表20-5可看出，新鲜的鸡血藤种子含水量较高，达27.27%，自然状态下干燥的种子含水量为26.00%。

（3）种子发芽率和发芽势测定

把洗净的沙子置白瓷盘中摊开，置130 ℃烘箱中消毒2 h。在培养皿上铺一层已消毒的沙子，加入少量蒸馏水，以沙子湿润，倾斜时有少量水为宜。另将种子用蒸馏水反复冲洗多次，放置沙子上，粒与粒的距离不少于种子大小。试验种子分成3组，每组10粒。将培养皿放在人工气候箱中（温度25 ℃，湿度75%，光照16 h），每天观察，加水保持湿润，并记录发芽情况，按如下公式计算发芽率、发芽势。

发芽率=（发芽总数÷试验总数）×100%

发芽势=（从开始至发芽高峰为止的发芽数÷试验总数）×100%

结果见表20-6。

表20-6　鸡血藤种子发芽率、发芽势测定结果

样品	发芽高峰期（d）	发芽率（$\bar{x}\pm s$，%）	$\bar{x}\pm s$	发芽势（$\bar{x}\pm s$，%）	$\bar{x}\pm s$
一等种子	4	100.0 ± 0		85.0 ± 7.07	
二等种子	4	94.5 ± 7.85	90.9 ± 11.22	83.4 ± 23.50	76.1 ± 14.99
三等种子	5	78.4 ± 16.48		60.0 ± 10.0	

（4）种子活力检测

各等级的种子随机抽取4粒鸡血藤种子，剥去外层种皮，沿种脊小心将种子切成2瓣，放培养皿内，切面向下，滴入TTC溶液浸没剖面，室温（28 ℃）避光放置，观察。结果显示，放置6 h后，一等种子种脐和胚明显深红，二等种子种脐和胚明显深红，三等种子2粒种脐和胚明显深红，2粒微染红。

2. 不同贮藏方法对种子发芽率的影响

在自然状态下干燥的种子中选择完全成熟、充分饱满、完整且无缺损、无病虫害的种子，测定其含水量。将不同含水量的种子用不同的方法贮藏于不同的温度，对不同等级的种子进行发芽率试验，求其平均值。结果见表20-7至表20-10。

表20-7 不同含水量的鸡血藤种子发芽率的比较 （n=3）

样品	含水量（%）	贮藏方法	贮藏温度（℃）	贮藏时间（d）	发芽率（$\bar{x}\pm s$, %）
样1	27.27	密封塑料袋，室温放置	25~28	7	96.70±5.78
样2	26.00	密封塑料袋，室温放置	25~28	14	85.20±16.96

从表20-7可看出，密封塑料袋，室温放置7天后的鸡血藤种子含水量从27.27%下降到26.00%，发芽率从96.70%下降至85.20%。可推测，含水量与发芽率存在一定关系，含水量越高，发芽率越高。

表20-8 不同贮藏方法对鸡血藤种子发芽率的影响 （n=3）

样品	含水量（%）	贮藏方法	贮藏温度（℃）	贮藏时间（d）	发芽率（$\bar{x}\pm s$, %）
样7	26.00	密封塑料袋，冰箱放置	4	30	96.70±5.78
样8	12.08	密封塑料袋，干燥器室温放置	25~28	30	70.00±20.00

由表20-8可看出，在贮藏30天后，置干燥器中保存的鸡血藤种子含水量降至12.08%，发芽率也降至70.00%。而置冰箱4℃保存的种子的含水量依然保持在26.00%左右，发芽率为96.70%。结果表明，不同贮藏方法会使鸡血藤种子的含水

量出现变化，从而影响种子的发芽率。冰箱放置有利于保存鸡血藤的含水量，保持鸡血藤的活性。

表20-9　不同贮藏温度的鸡血藤种子发芽率的比较　　（$n=3$）

样品	含水量（%）	贮藏方法	贮藏温度（℃）	贮藏时间（d）	发芽率（$\bar{x}\pm s$，%）
样2	26.00	密封塑料袋，室温放置	25~28	14	85.20 ± 16.96
样3	26.00	密封塑料袋，冰箱放置	4	17	96.70 ± 5.78
样4	26.00	密封塑料袋，冰箱放置	-22	17	0
样5	26.00	密封塑料袋，冰箱放置	4	贮藏1天后转到-22℃贮藏16天	0

从表20-9可看出，在密封塑料袋，冰箱放置的鸡血藤种子的含水量变化不大，在4℃中贮藏的鸡血藤种子发芽率还保持96.70%，而在-22℃中贮藏的鸡血藤种子都不能发芽，经TTC活力检验发现-22℃保存的鸡血藤种子均失去活力。室温（25~28℃）贮藏14天后的鸡血藤种子的发芽率为85.20%，比4℃贮藏17天后种子发芽率低近10%。由此可推测，不同贮藏温度对鸡血藤种子的活力影响很大，4℃比较适合保存鸡血藤种子的活性。

表20-10　不同贮藏时间的鸡血藤种子发芽率的比较　（$n=3$）

样品	含水量（%）	贮藏方法	贮藏温度（℃）	贮藏时间（d）	发芽率（$\bar{x}\pm s$, %）
样3	26.00	密封塑料袋，冰箱放置	4	17	96.70 ± 5.78
样7	26.00	密封塑料袋，冰箱放置	4	30	80.00 ± 10.00

由表20-10可看出，由密封塑料袋，4 ℃冰箱保存的鸡血藤种子在保持17天后的发芽率为96.70%，在保持30天后的发芽率降为80.00%。由此可推测，贮藏时间的长短与鸡血藤种子的发芽率也有一定关系，贮藏时间延长，发芽率会下降。

（六）种植技术

1. 育苗技术

（1）扦插育苗（见彩图20-3）

1）育苗地选择与整地

采用田畦育苗时，取纯净黄泥土推成宽1 m，高25 cm的畦。若采用袋装育苗，选袋宽10～15 cm，袋高15～20 cm。在扦插前装满纯净黄泥土。

2）插条的选择

一般选取粗度为0.5～3 cm的枝条，以粗度为1～1.5 cm枝条为好，插条保留2～3节为好，15～20 cm。基部剪口与顶端剪口要距节部约0.3 cm。

3）插条的处理

用强力生根粉每包15 g，然后把剪好的枝条基部浸没约10 cm，浸枝时间一般为0.5～1 h。

4）扦插方法

扦插前先把育苗地或育苗袋淋透水。育苗地一般按株距5 cm，行距10 cm扦插。扦插深度为枝条2/3长，扦插时应顺插，不能倒插。育苗袋每袋扦插1枝。

5）扦插时间

以每年的3～4月为宜，5～6月亦可。

6）苗木管理

扦插后应保持土壤和空气的湿度。一般土壤湿度控制在6%左右，空气湿度控制在70%～80%。每隔15天左右用50%甲基托布津800倍液喷雾1次。

（2）种子繁殖

1）选种与种子处理

在鸡血藤果实成熟期应选取饱满、无病虫害的种子。把选好的种子用45 ℃温水浸种8 h左右，然后起水用布袋装好保湿，每天用清水冲洗2～3次。一般25 ℃左右，7天即开始发芽，发芽10%时即可播种。

2）苗床的准备

选疏松、肥沃、易排灌的地块，整成宽1 m、高25 cm的畦面。亦可在备耕好的大口穴中直接播种。

3）播种时期

一般在2～4月播种为好。

4）播种方法

田畦育苗是把种子均匀播于苗场地，然后覆盖一层2 cm

左右细土。袋装育苗是在装好的袋中挖1个2 cm深的小穴，然后放进2~3粒种子，最后覆土。大田直接播种，即在准备好的穴中挖2 cm深的小穴，然后放进2~3粒种子，再覆土。

5）播种后管理

种子播后应保证土壤湿润，直到种苗移栽，同时及时除去苗场杂草。

2. 种植技术

（1）种植地选择与整地

头年冬天耕翻整地，挖穴定植，穴长和宽均为80 cm，深60 cm，每穴填埋20 kg充分腐熟的鸡粪，分2层填埋，先回填5 cm后放10 kg鸡粪，再回填土至半，然后再放10 kg鸡粪，最后回填土高出地面15 cm。

（2）种植时间

每年的3~4月定植为宜，成活率一般在85%~95%。5月以后定植成活率低，8月以后更不宜定植。定植时最好选择阴雨天。

（3）种植方法

定植袋装苗时应保证土团不松散，种植裸根苗时应剪除2/3叶子，以减少水分蒸发，提高成活率。定植时注意不要伤害根部。

（4）种植密度

按株行距5 m×6 m定植。

（5）田间管理

1）除草、淋水

种苗定植后未封行前应及时除草，遇天旱时应适时淋水。

2）施肥

种植后每年的3月、5月、7月各施复合肥1次，8月后应停止施肥，因后期施肥使生长过旺，枝条老熟慢，冬天霜冻害严重。定植第1年每次每株施50 g复合肥，第2、第3年每次每株施150 g复合肥，第3年后每次每株施250 g复合肥（见彩图20-4、彩图20-5）。

（七）主要病、虫、害的防治

1. 病害

种植5年的鸡血藤地块尚未有病害发生。

2. 虫害（见彩图20-6）

（1）学名

蜘蛛和棕麦蛾（*Dichomeris oceanis* meyrick）。

（2）为害症状

咬食嫩叶肉，有时吃到只剩下叶脉。

（3）发生规律

发生于每年的4~5月。

（4）防治方法

可喷洒5%吡虫啉3 000倍液和1.8%齐螨素5 000倍液。

（八）采收加工

1. 采收

一般离根部100 cm以上部分全部可收割入药。采收后放置3～5天，再洗净，然后加工成50 cm长或切片晒干，最后再按市场需要的规格进行包装出售。

野生鸡血藤药材一般以藤茎断面具5个以上含红棕色树脂的偏心性环纹数为佳。本基地种植5年的鸡血藤藤茎断面只具3个含红棕色树脂的偏心性环纹，能否采收，见以下分析。

2. 加工

除去藤茎表面的泥沙杂质，洗净，趁鲜切片，晒干。

（九）质量标准及检测

1. 性状

呈椭圆形、长矩圆形或不规则的斜切片，厚0.3～1 cm。栓皮灰棕色，有的可见灰白色斑，栓皮脱落处显红棕色。切面木部红棕色或棕色，导管孔多数；韧皮部有树脂状分泌物呈红棕色至黑棕色，与木部相间排列成3～8个偏心性半圆形环；髓部偏向一侧。质坚硬。气微，味涩。（见彩图20-7、彩图20-8）

2. 鉴别

①本品横切面：木栓细胞数列，含棕红色物。皮层较窄，散有石细胞群，胞腔内充满棕红色物；薄壁细胞含草酸钙方晶。维管束异型，由韧皮部与木质部相间排列成数轮。韧皮部最外侧为石细胞群与纤维束组成的厚壁细胞层；射线多被挤压；分泌细胞甚多，充满棕红色物，常数个至10数个切向排列成带状；纤维束较多，非木化至微木化，周围细胞含草酸钙方晶，形成晶纤维，含晶细胞壁木化增厚；石细胞群散在。木质部射线有的含棕红色物；导管多单个散在，类圆形，直径约400 μm；木纤维束亦均形成晶纤维；木薄壁细胞少数含棕红色物。

②取本品粉末1 g，加入乙醇100 mL，加热回流1 h，过滤，滤液蒸干，残渣加甲醇2 mL使溶解，加入硅胶1 g拌匀，挥干溶剂，置硅胶柱中（100～200目，2 g，内径1.0 cm，干法装柱），依次用石油醚（60～90 ℃）30 mL、三氯甲烷40 mL洗脱，收集三氯甲烷洗脱液，蒸干，残渣加三氯甲烷0.5 mL使溶解，作为供试品溶液。另取芒柄花素对照品，加甲醇制成每1 mL含1 mg的溶液，作为对照品溶液。照薄层色谱法（附录Ⅵ B）试验，吸取上述供试品溶液5～10 μL、对照品溶液5 μL分别点于同一硅胶G薄层板上，以三氯甲烷-甲醇（30∶1）为展开剂，展开，取出，晾干，置紫外光灯（254 nm）下检视。供试品色谱中，在与对照品色谱相应的位置上，显相同颜色的荧光斑点。

3. 检查

（1）水分

按照水分测定法《中华人民共和国药典（一部）》（2005年版）附录ⅨH第二法测定为 9.3%～16.7%，部分商品药材超出药典规定的限度（不得超过13.0%）。

（2）总灰分

按照灰分测定法《中华人民共和国药典（一部）》（2005年版）附录ⅨK测定为1.94%～3.25%，均达到药典规定的限度（不得超过4.0%）。

（3）酸不溶性灰分

按照灰分测定法《中华人民共和国药典（一部）》（2005年版）附录ⅨK测定为0.12%～0.69%。部分药材样品超出药典规定的限度（不得超过0.6%）。

（4）重金属残留量

按照重金属检查法《中华人民共和国药典（一部）》（2005年版）附录ⅨE测定。重金属限量（mg/kg）：铅（Pb）≤0.95、镉（Cd）≤0.036、砷（As）≤0.5、汞（Hg）≤0.05。

（5）有机氯农药残留量

按照有机氯类农药残留量测定法《中华人民共和国药典（一部）》（2005年版）附录ⅨQ测定。有机氯类残留量（μg/kg）：滴滴涕（DDT）≤0.1、六六六（BHC）≤0.1、五氯硝基苯（PCNB）≤0.1、艾氏剂（Aldrin）≤0.02。

4. 浸出物

按照醇溶性浸出物测定法项下的热浸法《中华人民共和

国药典(一部)》(2005年版)附录ⅩA测定,用乙醇作溶剂,测定为5.02%～13.43%,部分商品药材达不到药典规定的限度(不得少于8.0%)。

5. 化学成分

(1)一般化学成分

鸡血藤中主要含有黄酮类、蒽醌类、三萜及甾醇等类化合物,但因品种不同也使得各成分有些差异。其中密花豆藤和香花崖豆藤主要含黄酮类化合物,白花油麻藤主要含三萜类化合物。根据相关文献,现将鸡血藤的化学成分及药理作用总结如表20-11。

表20-11 鸡血藤的化学成分及其药理活性

成分	化合物类型	主要化学成分	晶型	主要药理作用
黄酮	异黄酮类	芒柄花苷、(刺芒柄花素-7-葡萄糖苷)、刺芒柄花素、芒柄花素钠	白色针晶	植物雌激素
		樱黄素	白色针晶	降血脂作用
		阿夫罗摩辛	无色针晶	—
		染料木素	浅黄色针晶(甲醇),无色针晶	雌性激素及抗雌激素性质、抗氧化

续表

成分	化合物类型	主要化学成分	晶型	主要药理作用
黄酮	异黄酮类	大豆苷元	淡黄色棱柱（50%乙醇）；片状结晶（丙酮）	雌激素样作用，合成的大豆黄素有明显的抗缺氧作用
		毛蕊异黄酮	乳白色粉末	
		芒柄花异黄酮	白色结晶	
	异黄烷类	异-紫苜蓿异黄烷，异-木可马妥醇、垂崖豆藤异黄烷醌、驴食草酚		
	二氢黄酮类	3,7-二羟基-6-甲氧基二氢黄酮醇		
		密花豆素（7,3′,4′-三羟基-6-甲氧基二氢黄酮）	黄绿色粉末	
	花青素类	没食子儿茶素、儿茶素、表儿茶素、儿茶素	无色结晶形固体	防治心血管疾病、预防癌症等多种功能
		原儿茶酸	白色至褐色结晶性粉末	抗菌祛痰、平喘作用。临床用于治疗慢性气管炎

续表

成分	化合物类型	主要化学成分	晶型	主要药理作用
黄酮	拟雌内酯类	苜蓿内酯、9-O-甲基拟雌内酯		
	查尔酮类	异甘草素	黄色粉状物	解痉,抗溃疡,抑制肝细胞单胺氧化酶
		2′,4′,3,4-四羟基查尔酮		
		甘草查尔酮A		抗氧化作用
		表木栓醇	针状结晶(苯);无色片晶(石油醚-醋酸乙酯)	对角叉菜胶引起的大鼠足趾水肿有抑制作用。
蒽醌类		大黄素[橙红色结晶(氯仿-醋酸乙酯)];大黄酸[黄色针状结晶(醋酸乙酯)];芦荟大黄素(橙色结晶)、大黄酚、大黄素甲醚		
甾醇类		β-谷甾醇、胡萝卜苷、7-酮基-β-谷甾醇、Δ5-豆甾烯-3β,7α-二醇、Δ5-豆甾烯-3β,6α-二醇、芸苔甾醇、豆甾醇、7-酮基谷甾酮		
微量元素		钙、锌、铜、钠、镁、铁、锰、铝、镍等。		

（2）有效成分含量测定

按照高效液相色谱法《中华人民共和国药典（一部）》（2005年版）附录Ⅵ D测定。对笔者收集的20批次的全国各地商品药材及6份不同居群鸡血藤药材进行了含量测定（结果见表20-12）。根据测定结果，拟暂定本品以干燥品计，含原儿茶酸不得少于0.005%、儿茶素和表儿茶素的总量不得少于0.1%。

表20-12　鸡血藤类药材中原儿茶酸、儿茶素、表儿茶素的含量

($n=6$，mg/g)

序号	样品	采集地	原儿茶酸（$\bar{x}\pm$RSD%）	儿茶素（$\bar{x}\pm$RSD%）	表儿茶素（$\bar{x}\pm$RSD%）
1	鸡血藤	江苏南京	0.082 ± 1.98%	0.617 ± 0.97%	2.662 ± 1.12%
2	鸡血藤	江苏徐州	0.144 ± 1.12%	0.209 ± 1.34%	0.450 ± 1.41%
3	鸡血藤	河南郑州	0.090 ± 1.51%	0.254 ± 0.27%	1.943 ± 0.49%
4	鸡血藤	广西	0.235 ± 1.03%	0.370 ± 1.37%	0.782 ± 0.38%
5	鸡血藤	广东韶关	0.212 ± 2.05%	0.147 ± 0.35%	0.288 ± 0.78%
6	鸡血藤	广州清平	0.060 ± 0.18%	1.326 ± 1.58%	2.138 ± 1.34%
7	鸡血藤	广州增城	0.183 ± 0.80%	0.236 ± 0.47%	0.464 ± 0.57%
8	鸡血藤	广东梅州	0.150 ± 1.21%	0.526 ± 0.95%	0.978 ± 1.21%
9	鸡血藤	湖南长沙	0.067 ± 1.12%	0.801 ± 0.99%	2.628 ± 1.92%
10	鸡血藤	湖北十堰	0.051 ± 1.58%	0.927 ± 1.34%	2.532 ± 2.12%
11	鸡血藤	湖北武穴	0.049 ± 2.10%	0.333 ± 1.17%	1.356 ± 0.32%

续表

序号	样品	采集地	原儿茶酸（$\bar{x}\pm$RSD%）	儿茶素（$\bar{x}\pm$RSD%）	表儿茶素（$\bar{x}\pm$RSD%）
12	鸡血藤	新疆乌鲁木齐	0.049 ± 1.34%	1.030 ± 1.12%	2.357 ± 1.31%
13	鸡血藤	福建厦门	0.091 ± 1.75%	0.653 ± 0.27%	1.273 ± 0.98%
14	鸡血藤	云南昆明	0.150 ± 1.23%	0.331 ± 0.99%	1.005 ± 1.36%
15	鸡血藤	广东罗定	0.116 ± 1.18%	1.741 ± 1.35%	2.364 ± 1.39%
16	鸡血藤	广州中医药大学药圃	0.009 ± 1.25%	0.086 ± 1.34%	0.285 ± 1.32%
17	鸡血藤	从化流溪河	0.164 ± 1.28%	0.503 ± 1.36%	0.968 ± 1.74%
18	鸡血藤	深圳布吉山顶	0.136 ± 1.36%	0.385 ± 1.24%	0.703 ± 1.19%
19	鸡血藤	深圳布吉山脚	0.069 ± 1.21%	0.409 ± 1.24%	0.234 ± 1.92%
20	鸡血藤	深圳梧桐山	0.026 ± 0.97%	0.645 ± 2.13%	2.378 ± 1.56%

注：样1至样14为鸡血藤商品，样15至样20为笔者实地采集的不同居群药材。

（十）包装、贮藏及运输

1. 包装

①选用不易破损干燥、清洁、无异味的包装材料密闭包

装,以保证药材在运输、贮藏、使用过程中的质量。

②发送中药材必须有包装标签,注明药材名称、产地、采收日期、注意事项等,并附有质量合格的标志。

2. 贮藏

存放药材的仓库应通风、干燥、避光,必要时安装空调和除湿设备,并具有防鼠、虫、禽畜的措施。地面应整洁、无缝隙、易清洁。

3. 运输

运输工具应有通风设备,防止日晒、雨淋、潮湿、损坏、污染。

（刘军民　何润生）

参 考 文 献

安冉,杨锦芬,刘军民,等. 2010. 基于26Sr-DNA D1～D3区序列分析的鸡血藤及其混淆品的分子鉴别［J］. 广州中医药大学学报,27（4）：403-406.

陈道峰,徐国钧,徐珞珊,等. 1993. 鸡血藤的性状鉴定［J］. 中草药,16（8）：21-24.

陈道峰,徐国钧,徐珞珊,等. 1993. 中药鸡血藤的原植物调查与商品鉴定［J］. 中草药,24（1）：34-37.

丁平,仰铁锤,林振坤,等. 2010. 鸡血藤化学成分的指纹图谱研究［J］. 华西药学杂志,25（4）：461-463.

国家药典委员会. 2005. 中华人民共和国药典：一部［M］. 北京：化学工业出版社.

国家中医药管理局《中华本草》编委会．1999．中华本草［M］．上海：上海科学技术出版社．

江苏新医学院．1986．中药大词典：上册［M］．上海：上海科学技术出版社．

林茂，李守珍，海老冢丰，等．1989．密花豆藤化学成分的研究［J］．中草药，20（2）：5．

刘屏，王东晓，陈若芸，等．2004．儿茶素对骨髓细胞增殖周期及造血生长因子基因表达的作用［J］．药学学报，39（6）：424．

刘邦强，舒成仁，吴汉军．2004．鸡血藤与活血藤的鉴别［J］．时珍国医国药，15（6）：344．

刘军民，翟明，安冉，等．2009．HPLC法测定鸡血藤类药材中原儿茶酸、儿茶素、表儿茶素的含量［A］//第三届中药资源生态学学术研讨会论文集［C］．

南京药学院四季青科研小组．1971．四季青的药理研究［J］．中草药通讯．2（3）：33．

全国中草药汇编编写组．1975．全国中草药汇编：下册［M］．北京：人民卫生出版社．

任德权，周荣．2003．中药材生产质量管理规范（GAP）实施指南［M］．北京：中国农业出版社．

孙艳艳，刘波，张胜圆．2007．鸡血藤与其混品的性状鉴别［J］．现代中西医结合杂志，16（29），4282-4417．

王瑞，耿培武，福山爱保．1989．香花崖豆藤化学成分的研究（Ⅰ）［J］．中草药，20（2）：2．

王瑞，耿培武．1990．香花崖豆藤化学成分的研究（Ⅱ）［J］．中草药，21（9）：5．

严启新，李萍，胡安民．2003．鸡血藤化学成分的研究［J］．中草药，34（10）876-878．

严启新，李萍．2001．鸡血藤脂溶性化学成分的研究［J］．中国药科大学学报，32（5）：336-338．

杨继祥．1991．药用植物栽培学［M］．北京：中国农业出版社．

仰铁锤，林振坤，丁平，等．2009．鸡血藤药材质量评价研究［J］．中国药学杂志，44（23）：1765-1768．

翟明，刘军民，安冉，等．2009．HPLC法测定鸡血藤类药材中原儿茶酸的含量［J］．中药新药与临床药理，20（9）：462-465．

翟明，刘军民，安冉，等．2010．鸡血藤类药材种质资源的RAPD分析［J］．中药新药与临床药理，21（4）：413-415．

Amane T, Nakatani H, Kikuoka N, et al. 1996. Inhibitory effects and toxicity of green tea polyphenols for gastrointestinal carcinogenesis.Cancer, 77（8）：1662.

附

鸡血藤规范化生产标准操作规程（SOP）

第一章 总 则

1.1 本规程按我国农产品作物良好农业规范（GAP）规定，对广东梅州平远县石正镇鸡血藤生产中的建园、田间管理、病虫害的防治、鸡血藤采收、质量标准等作了规范化研究，并制定本规程。

1.2 本规程适用于广东梅州平远县石正镇主要产区。栽培品种为豆科植物密花豆 *Spatholobus suberectus* Dunn。

1.3 引用标准。

1.3.1 《中华人民共和国环境空气质量标准》（GB3095—1996）。

1.3.2 《中华人民共和国农药安全使用标准》（GB4285—1989）。

1.3.3 《中华人民共和国农田灌溉水质标准》（GB5084—1992）。

1.3.4 《中华人民共和国土壤环境质量标准》（GB15618—1995）。

1.3.5 农药合理使用准则（GB/T5084—1992）。

1.3.6 绿色食品肥料使用准则（NY/T394—2000）。

1.3.7 《中华人民共和国药典（一部）》（2000年版）。

1.3.8 国家食品药品监督管理局《中药材生产质量管理规范（试行）》。

1.3.9 科技部生命科学技术发展中心《中药材规范化种植研究项目实施指导原则及验收标准》。

1.4 物种或品种类型 本规程所适用的鸡血藤豆科植物多年生藤本植物密花豆的藤茎。

第二章 种 植 技 术

2.1 育苗技术。

2.1.1 扦插育苗。

2.1.1.1 育苗地选择与整地 采用田畦育苗时,取纯净黄泥土推成宽1 m、高25 cm的畦。若采用袋装育苗,选袋宽10~15 cm,袋高15~20 cm。在扦插前装满纯净黄泥土。

2.1.1.2 插条的选择 一般选取粗度为0.5~3 cm的枝条,以粗度为1~1.5 cm枝条为好,插条保留2~3节为好,约15~20 cm。基部剪口与顶端剪口要距节部约0.3 cm。

2.1.1.3 插条的处理 用强力生根粉每包15 g,然后把剪好的枝条基部浸没约10 cm,浸枝时间一般为0.5~1 h。

2.1.1.4 扦插方法 扦插前先把育苗地或育苗袋淋透水,育苗地一般按株距5 cm、行距10 cm扦插。扦插深度为枝条2/3长,扦插时应顺插,不能倒插。育苗袋每袋扦插1枝,扦插深度为枝条长度的2/3。

2.1.1.5 扦插时间 以每年的3~4月为宜,5~6月亦可。

2.1.2 苗木管理 扦插后应保证土壤和空气湿度,一般土壤湿度控制在6%左右,空气湿度控制在70%~80%。扦插后育苗场温度控制在20~30 ℃为宜。每隔15天左右用800倍甲基托布喷雾1次。

2.1.3 种子繁殖。

2.1.3.1 选种与种子处理 在鸡血藤果实成熟期应选取饱满、无病害虫的种子。把选好的种子用45 ℃温水浸种8 h左右,然后起水用布袋装好保湿,每天用清水冲洗2~3次。一般25 ℃左右,7天即开始发芽,发芽10%时即可播种。

2.1.3.2 苗床的准备 选疏松肥沃易排灌的地块,整成宽1 m、高25 cm的畦面。亦可在备耕好的大田穴中直接播种。

2.1.3.3 播种方法 田畦育苗把种子均匀播于苗场地,然后覆盖一层2 cm左右细土。袋装育苗是在装好的袋中挖1个2 cm深的小穴,然后放进2~3粒种子,最后覆土。大田直接播种即在准备好的穴中挖2 cm深的小穴,然后放进2~3粒种子覆土。

2.1.3.4 播种时间 每年2~3月为宜。

2.1.3.5 播种后管理 种子播种后应保证土壤湿润,直到种苗移栽,同时及时除去苗场杂草。

2.2 种植技术。

2.2.1 种植地选择与整地 头年冬天耕翻整地,挖穴定植,穴长和宽均为80 cm,深60 cm,每穴填埋20 kg充分腐熟的鸡粪,分2层填埋,先回填5 cm后放10 kg鸡粪,再回填土至半,然后再放10 kg鸡粪,最后回填土高出地面15 cm。

2.2.2 种植时间 每年的3~4月定植为宜,成活率一般在85%~95%。5月以后定植成活率低,8月以后更不宜定植。定植时最好选择阴雨天气。

2.2.3 种植方法 定植袋装苗时应保证土团不松散,种植裸根苗时应剪除2/3叶子,以减少水分蒸发,提高成活率。定植时注意不要伤害根部。

2.2.4 种植密度 按株行距5 m×6 m定植。

2.3 田间管理。

2.3.1 除草、淋水 种苗定植后未封行前应及时除草,遇天旱时应适时淋水。

2.3.2 施肥 种植后每年的3月、5月、7月各施复合肥1次,8月后应停止施肥,因后期施肥使生长过旺,枝条老熟慢,冬天霜冻害严重。定植第1年每次每株施50 g复合肥,第2、第3年每次每株施150 g复合肥,第3年后每次每株施250 g复合肥。

第三章 主要病、虫害的防治

3.1 病害 种植5年的鸡血藤地块尚未有病害发生。

3.2 虫害 鸡血藤虫害有蜘蛛和棕麦蛾(*Dichommeris oceanis meyrick*)咬食鸡血藤嫩叶。主要发生于每年的4~5月,可喷洒5%吡虫啉3 000倍液和1.8%齐螨素5 000倍液。

第四章 采收与加工

4.1 采收 7年生以上,割取藤茎。

4.2 加工 除去藤茎表面的泥沙杂质,洗净,趁鲜切片,晒干。

第五章 质量标准及监测

5.1 质量。

5.1.1 干燥品水分≤13.0%。

5.1.2 有效成分含量限量指标 以干燥品计算,醇溶性浸出物(热浸法)的要求为不得少于8%。

5.2 农药残留限量指标。
5.2.1 六六六(BHC)≤0.1 mg/kg；
5.2.2 滴滴涕(DDT)≤0.1 mg/kg；
5.2.3 五氯硝基苯(PCNB)≤0.1 mg/kg；
5.2.4 艾氏剂≤0.02 mg/kg。
5.3 重金属限量指标。
5.3.1 重金属总量≤20.0 mg/kg；
5.3.2 铅(Pb)≤5.0 mg/kg；
5.3.3 镉(Cd)≤0.3 mg/kg；
5.3.4 砷(As)＜0.5 mg/kg；
5.3.5 汞(Hg)≤0.2 mg/kg。

第六章 包装、贮藏及运输

6.1 包装。
6.1.1 选用不易破损干燥、清洁、无异味的包装材料密闭包装，以保证药材在运输、贮藏、使用过程中的质量。
6.1.2 发送中药材必须有包装标签，注明药材名称、产地、采收日期、注意事项等，并附有质量合格的标志。

  药材名称：

  产 地：

  采收日期：

  采收单位：

  调出日期：

  调出单位：

  调出数量：   包

  包装重量：   kg/包

  注意事项：

附：药材质量检验单

6.2 贮藏。

6.2.1 置于通风、干燥、无污染的专用仓库中，防止霉变。

6.2.2 彻底灭菌，消灭虫源。防止发生虫蛀及老鼠等。

6.3 运输 运输途中应防止日晒、雨淋、潮湿、损坏、污染。

第七章 人员和设备

7.1 负责全面工作人员，要求富有经验且有能力履行赋予的职责的大专以上学历的专业人才。

7.2 生产人员，要求具有从事中药或农业生产或通过培训能掌握药材栽培管理技术的人员。

7.3 生产基地设备，根据药材生产的需要配齐所有的设备。

第八章 文件管理

8.1 文件 指一切涉及中药材生产、质量管理的书面材料和实施中的资料。

8.1.1 药材品种、育苗与移栽（时间、地点、面积）、田间管理（肥料、农药种类、数量、时间等）。

8.1.2 土壤及水分资料。

8.1.3 各种合同协议书、生产计划、实施方案、技术操作规程。

8.1.4 物候变化（小气象记录资料）。

8.1.5 产量、质量。

8.1.6 工作、技术总结等。

8.2 管理 将上述文件资料全部归入档案收载。

8.2.1 记录员要具有一定文化而且责任心强的人员专门记录。

8.2.2 档案保管员要掌握档案分类和保管的基本知识。

8.2.3 记录员、档案保管员要求相对固定的专人负责。

叶类药材

二十一、枇 杷 叶

（一）概 述

1. 来源

枇杷叶为蔷薇科 *Rosaceae* 枇杷属 *Briobotrya* 植物枇杷 *Eriobotrya japonica*（Thunb.）Lindl.的干燥叶。又称巴叶、芦橘叶。具清肺止咳、降逆止呕的功效，用治肺热咳嗽、气逆喘急、胃热呕逆、烦热口渴。其果作为春夏季水果，以其甜酸适度，深受大众喜爱。

2. 开发利用

（1）药品

枇杷叶含挥发油、三萜酸类、倍半萜类、黄酮类、多酚类、有机酸类等多种化合物。现代药理学研究表明，枇杷叶具有抗炎、止咳作用，临床上常用于急慢性呼吸道等疾病。是目前国内中药厂生产化痰止咳类中成药的主要原料药材，如潘高寿药业的"治咳川贝枇杷露""蜜炼川贝枇杷膏""蛇胆川贝枇杷膏"等产品均以枇杷叶为主原料药材。近年研究发现，枇杷叶还有抗肿瘤、抗病毒、降血糖、保肝利胆、清除氧自由基、增强人体免疫功能等作用。

（2）其他

枇杷果肉柔软多汁，酸甜适度，味道鲜美，被誉为"果中之王"。果实亦可入药，有清热、润肺、止咳化痰等功效。而现代医学更证明，枇杷果中含有丰富的维生素、苦杏仁苷和白芦梨醇等防癌、抗癌物质。枇杷根具清肺止咳、镇痛下乳的功效，主治肺结核咳嗽、风湿筋骨痛、乳汁不通。枇杷核具疏肝理气的功效，主治疝痛、淋巴结结核、咳嗽。种子可酿酒及提炼酒精；木材质坚韧，供制木梳、木棒等用材；为极好的蜜源植物，在蜂蜜中，"枇杷蜜"质优。

3. 原产地（主产）、分布

枇杷在我国的栽培历史至少有2 000年，药用历史也相当悠久。我国是枇杷的原产地，也是世界上枇杷主要生产国。现今我国枇杷栽培面积和产量占世界2/3以上，主要分布在长江以南各省，四川省成都市龙泉驿区、双流县、仁寿县、纳溪县建成了大规模的枇杷生产基地。此外，以浙江余杭的塘栖、黄岩，江苏吴县的洞庭山，福建莆田、云霄，安徽歙县最为集中。近二三十年来，浙江、福建和四川先后成为主产区。广东枇杷的最早记载出现于西晋郭义恭《广志》（公元3世纪），目前从化、清远、丰顺、五华、潮安、曲江、乐昌、中山等都有种植。广东省近几年来也开始重视枇杷的发展，目前种植面积已达$3.3 \times 10^6 \mathrm{~m}^2$（见彩图21-1）。

（二）生物学特性

1. 形态特征

为常绿小乔木，高可达10 m；小枝粗壮，被黄褐色或黑褐色茸毛。叶互生，革质，披针形、倒披针形、倒卵形或长椭圆形，长15～30 cm，宽4～9 cm，顶端短尖或渐尖，基部楔形，边缘有稀疏的小锯齿，顺面无毛或几无毛，背面密被黄褐色或灰褐色茸毛；侧脉12～15对；叶柄极短或近无柄；托叶大而硬，三角形。冬末或早春开花，圆锥形花序顶生，密被锈色茸毛，长达15 cm，分枝粗壮；花密集，直径约12 mm，芳香；苞片被褐色茸毛；萼筒壶形，黄绿色，密被茸毛，5浅裂；花瓣5片，白色，倒卵形，长约8 mm；雄蕊多数，花丝基部较粗，略呈三角形；子房下位，外被长茸毛，5室，每室有胚珠2个；花柱5枚，柱头头状。果为浆果状梨果，卵形、椭圆形或近圆形，成熟时黄色或橙色，有种子数粒（见彩图21-2）。

2. 生长发育规律

枇杷主根可深达1 m以上，80%以上的吸收根分布在离地面10～50 cm土层中，其水平分布多密集在离主干1～2 m范围，2 m以外较稀少。枝梢生长的显著特点是中心干生长较强，层性明显，这是由于枇杷仅以顶芽，或近顶芽处密生的腋芽萌发抽梢，且芽体间隔近，因而表现密生轮生。不同品种干性的强弱有差异，一般春梢抽的侧梢较多，所以春梢的层性最明显。其枝条的顶芽生长相对较缓慢，所抽枝条短而粗壮，而靠近顶芽的腋芽却生长快速，枝梢细而长，树冠主要靠侧枝向外扩展，一般定植1～2年，侧枝就会形成主梢向上，侧芽（副梢）向外延伸呈弓状弯曲。

枇杷幼树枝梢抽生长无明显的季节性，在一年四季中都能不断地抽梢，通常幼年树除春季抽梢较整齐外，其余季节均能随外界条件的变化，或迟或早地抽生枝梢。而成年树在果实采收后能较整齐地抽生1次夏梢。一般情况下，无明显的春梢、夏梢、秋梢、冬梢之分。由于季节、温度、雨量、营养吸收的不同，各次梢的形态和特性各异。秋冬季末花枝条顶端有一个顶芽，顶芽旁生有几个侧芽或腋芽。春天顶芽与侧芽抽生出枝条。夏、秋季枝条的顶芽有一部分形成花芽，在秋末抽生极短一段枝条，有1~3张叶片或无叶片，形成一个花轴，而其上有许多小枝轴开花结果。叶片大小和形状随品种、枝梢抽生时间及栽培条件而变化。通常以春梢上的叶作为品种的代表。叶片寿命一般为13个月，老叶会逐渐脱落，多在新叶同化机能旺盛时脱落，因而出现新老叶交替的现象。枇杷的花穗开放顺序因花穗类型不同而有差异，花穗挺直的，总轴颈部单花开放最早，中部支轴次之，下部支轴最晚。下垂的花穗以弯曲部为中心，向上向下依次开放，而每一小穗则是顶端一朵先开，两侧后开。开花迟早因地区、品种、枝梢、类型和环境条件而有很大差异。果实成熟期约10天，这时期果实中的糖分增加，酸含量下降，糖的增加一直延续到果皮充分着色后的若干日才停止。随着果实的发育，种子重量也在不断增加，研究表明，枇杷种子生长发育曲线为S型。

3. 对生态环境条件的要求

枇杷喜温暖湿润、不耐渍、不耐旱、较耐寒、适应性强。对温度要求较高，一般年均气温在12 ℃以上即能生长，15 ℃以上更适宜，低温应不低于-3 ℃。要求年降水量为1 000~2 000 mm。对土壤适应性广，以土层深厚、土质疏松、不易积水为佳。枇杷花期在冬末春初，冬春低温将影响其开花结果。气温-6 ℃时对开花、-3 ℃时对幼果即产生冻害；10 ℃以上花粉开始发芽，20 ℃左右花粉萌发最合适。

但气温或地温达30℃以上时,枝叶和根生长滞缓而不良,果实在采摘前7~15天遇上35℃的高温,很容易产生日灼伤害,甚至失去食用价值。

(三)物种或品种类型

1. 正品

药用枇杷叶《中华人民共和国药典(一部)》(2005年版)规定其来源为蔷薇科Rosaceae枇杷属Briobotrya植物枇杷Eriobotrya japonica(Thunb.)Lindl.的干燥叶。

2. 混淆品

在分类系统上,目前对枇杷的分类有3种:第1种是《中国植物志》(1974年版)按老叶叶背的茸毛是否脱落将中国原产的13个品种分成两大类:一类为普通枇杷、麻栗坡枇杷、腾越枇杷、怒江枇杷和栎叶枇杷;另一类则包括香花枇杷、齿叶枇杷、南亚枇杷、台湾枇杷、倒卵叶枇杷、窄叶枇杷和小叶枇杷。第2种分类方法是,邱武陵、章恢志等根据花期的不同和老叶叶背有无茸毛,将15种中国原产枇杷属植物也分成两大类,他们将普遍枇杷、麻栗坡枇杷、栎叶枇杷、齿叶枇杷和大渡河枇杷置于第一类,而将其他枇杷属植物置于第二类。第3种方法是杨向晖、林顺权根据形态学特征把枇杷属植物分为3个类群:第一类为小叶、少雄蕊组(小叶枇杷、窄叶枇杷),第二类为大叶、多柱头、大叶组(普通枇杷、麻栗坡枇杷、椭圆枇杷),第三类为多雄蕊、中柱头、中叶组(大渡河枇杷、栎叶枇杷、大花枇杷、香花枇杷、广西枇杷、台湾枇杷、怒江枇杷、腾越枇杷、倒卵叶枇杷）。

3. 栽培品种（见彩图21-3）

枇杷的果实是营养丰富、深受大众喜爱的一种水果类型。我国学者针对培育口感好、营养丰富的大果枇杷为主要目的，在枇杷品种选育方面做了大量研究工作，目前，生产上已培育出多个品种类型，主要分红沙和白沙两大品系。根据15个省（区）的不完全统计，目前共有枇杷地方品种、实生优株和野生资源代表单株（类型）642个。

（1）果叶兼用枇杷不同种质药材性状特征分析比较

本课题组成员在开展广州市科技攻关计划项目"广州北部山区果叶兼用枇杷GAP示范种植"研究过程中收集了部分枇杷种质，并种植于枇杷种质圃（见彩图21-4、彩图21-5）。从药学角度开展不不同栽培品种叶的形态特征的观察比较研究。枇杷叶呈长圆形或倒卵形，长12～30 cm，宽4～9 cm。先端尖，基部楔形，边缘有疏锯齿，近基部全缘，上表面较光滑，下表面密被黄色茸毛。主脉于下表面显著突起，侧脉羽状；叶柄极短，被棕黄色茸毛，革质。各不同栽培品种叶的性状特征比较见表21-1。

（2）果叶兼用枇杷不同种质的RAPD分析

采用随机扩增多态性DNA标记（random amplified polymorphic DNA，RAPD）技术，对枇杷不同栽培品种的DNA遗传多态性进行了分析。从110条引物筛选出了4个随机引物（见图21-1），从各个品种的基因组DNA 扩增出总数为41个DNA片断，其中多态性片断31个，占75.6%，公共性DNA片断10个，占24.4%，表明枇杷不同栽培品种间存在着丰富的遗传多样性。

表21-1 果叶兼用枇杷（枇杷叶）不同种质的性状特征的差异性

性状 品种	叶形	叶长 (cm)	叶宽 (cm)	侧脉 对数	叶端	叶基	叶缘	茸毛	叶面	叶质
Maxc	广椭圆	17~27	5~9	18~25	渐尖	耳形	浅锯齿，反卷	锈黄色，厚	平坦	革质
Pelluches	广椭圆	19~29	6~11	22~28	渐尖	耳形	疏锯齿，反卷	锈黄色，厚	平坦	革质
M.Aixaza	广椭圆	30~36	9~13	21~25	急尖	耳形	细锯齿，平直	锈黄色，薄	平坦	革质
白梨钟	长椭圆	22~32	5~9	18~25	渐尖	楔形	浅锯齿，反卷	锈黄色，厚	半坦	革质
早钟6号	长椭圆	15~28	4.5~9.5	11~17	渐尖或急尖	楔形	疏锯齿，反卷	锈黄色，薄	平坦	厚革质
解放钟	长椭圆	22~31	6~10	17~24	渐尖或急尖	楔形	浅锯齿，反卷	锈黄色，厚	平坦	厚革质
红灯笼	长椭圆	21~32	5~9	18~25	渐尖	楔形	疏锯齿，平直	锈黄色，薄	槽状	革质
大五星	倒卵披针	25~27	4.5~9	20~29	渐尖	楔形	浅锯齿，反卷	黄色，厚	槽状	厚纸质
龙泉1号	长椭圆	17~27	5~10	17~22	渐尖	楔形	浅锯齿，反卷	黄色，厚	平坦	革质

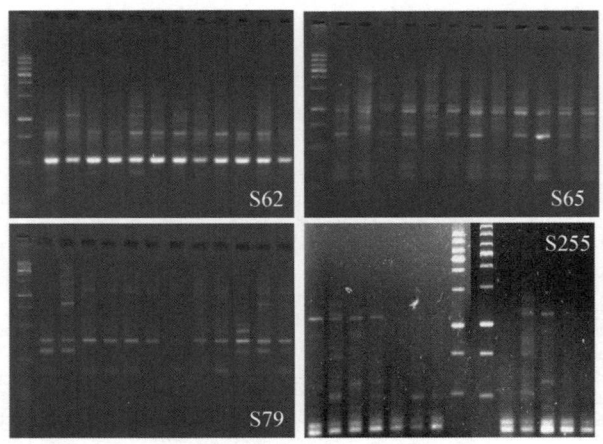

引物S62、S65、S79扩增的品种由左至右为：1. marker 2. 龙泉1号 3. 大五星 4. 解放钟 5. 早钟6号 6. 白梨钟 7. 红灯笼 8. M. Aixaza 9. Pelluches 10. Maxc 11. 实生苗 12. 待定1 13. 待定2

引物S255扩增的品种由左至右为：1. 红灯笼 2. M. Aixaza 3. Pelluches 4. Maxc 5. 实生苗 6. 待定1 7. 待定2 8. Marker 9. Marker 10. 龙泉1号 11. 大五星 12. 解放钟 13. 早钟6号 14. 白梨钟 15. 红灯笼

图21-1 12个品种的PCR扩增产物的1.5%琼脂糖凝胶电泳图

运用Ntsys2.10软件的UPGMA法进行聚类分析，将12个品种归为三类（图21-2）。Ⅰ类为早钟6号、实生苗相聚，与龙泉一号相聚为一小组，再与小组（M. Aixaza、待定2相聚，后与Maxc相聚，再与待定1相聚）相聚为中组；Ⅱ类为大五星与Pelluches相聚；Ⅲ类为解放钟与红灯笼相聚，后与白梨钟相聚。在相似指数为0.49时，本研究可将12个品种分为两大类，第一类为解放钟、红灯笼、白梨钟，其余分为第二类。

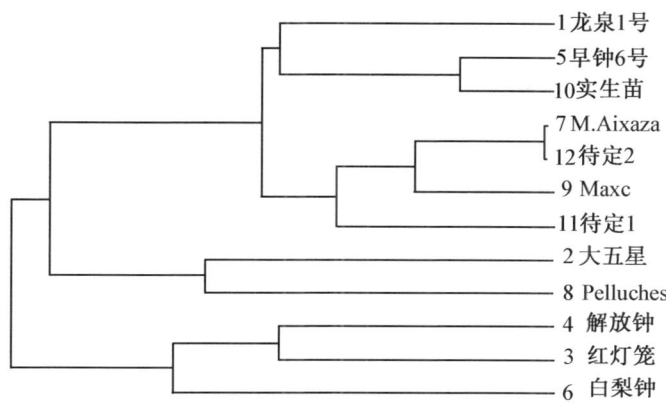

图21-2 枇杷不同种质的聚类分析图

（四）种 植 地

1. 种植地选择

按照《中药材生产质量管理规范》，枇杷叶规范化种植研究基地选择在广东省从化市民乐镇，属南亚热带季候风气候，气候温和，雨量充沛。年平均气温21.8 ℃，1月平均气温13.3 ℃，7月平均气温28.4 ℃，年平均雨量1 694 mm。土壤多为花岗岩风化的赤红壤。具有适合枇杷发展的气候条件、立地条件和土壤条件。

2. 种植地生态环境质量检测

种植地选择了远离居民点和交通要道、周围无污染源的地段，从化市民乐镇为枇杷叶GAP研究基地，并对其大气、土壤和水质等生态环境质量进行了检测。

(1) 大气

根据从化市环境保护监测站的监测，当地大气中的二氧化硫含量平均值为 0.023~0.035 5 mg/m³，二氧化氮年平均值为 0.014 8~0.027 5 mg/m³，总悬浮微粒物和可吸入颗粒物平均值为 0.038~0.121 mg/m³，空气质量符合《中华人民共和国环境空气质量标准》（GB3095—1996）中的标准要求。

(2) 土壤

采用随机多点取样法，结合种植点挖穴，挖 40 cm 深的土坑，从地表开始，表层土 10 cm 以内分 0~5 cm、5~10 cm 取样，10 cm 以上每隔 10 cm 取样，每个土样重量 300 g 左右。将各层土样充分混合后，取出 800 g，取后将 5 个取样点的土样约 4 000 g 充分混匀，用对角线法取出 1/2，余下的混匀后，仍用对角线法取出 1/2，余下的约 1 000 g 装袋，带回室内风干，送中国广州分析测试中心检测（见表21-2）。

表21-2　果叶兼用枇杷GAP基地土壤分析检验结果

检测项目	检测结果	参考值≤		
		pH<6.5	pH 6.5~7.5	pH>7.5
铅（mg/kg）	<20	250	300	350
铜（mg/kg）	<20	50	100	100
镍（mg/kg）	<20	40	50	60
铬（mg/kg）	<20	150	200	250
锌（mg/kg）	<37	200	250	300
镉（mg/kg）	<0.2	0.30	0.30	0.60
砷（mg/kg）	<3.7	40	30	25
汞（mg/kg）	<0.1	0.30	0.50	1.0

续表

检测项目	检测结果	参考值≤		
		pH<6.5	pH 6.5~7.5	pH>7.5
六六六（mg/kg）	<0.01	0.50	0.50	0.50
DDT（mg/kg）	<0.01	0.50	0.50	0.50
pH	<5.78			

结果显示，土壤质量符合《中华人民共和国土壤环境质量标准》（GB15618—1995）中二级质量标准。

（3）水质

在枇杷叶药材GAP基地取水样，用无菌容器盛装，低温保存，最短时间内送中国广州分析测试中心检测（见表21-3）。

表21-3　果叶兼用枇杷GAP基地水质分析检验结果

主要指标	检验结果	主要指标	检验结果
生化需氧量（BOD_5, mg/L）	<2	总铅（mg/L）	<0.01
化学需氧量（COD_{CR}, mg/L）	6.3	总铜（mg/L）	<0.01
悬浮物（mg/L）	11.8	总锌（mg/L）	<0.01
阴离子表面活性剂（LAS, mg/L）	<0.3	总硒（mg/L）	<0.01
凯氏氮（mg/L）	1.6	氟化物（mg/L）	0.073
总磷（以P计算, mg/L）	<0.05	氰化物（mg/L）	<0.05
pH	6.49	石油类（mg/L）	<2
全盐量（非盐碱土地区, mg/L）	30.0	挥发酚（mg/L）	<1
氯化物（mg/L）	0.62	苯（mg/L）	<0.01
硫化物（mg/L）	0.14	三氯乙醛（mg/L）	<0.01

续表

主要指标	检验结果	主要指标	检验结果
总汞（mg/L）	<0.001	丙烯醛（mg/L）	<0.1
总镉（mg/L）	<0.003	硼（mg/L）	<0.01
总砷（mg/L）	<0.01	粪大肠菌群（个/L）	40
铬（六价, mg/L）	<0.05	蛔虫卵数	未检出

结果显示，灌溉水质符合《中华人民共和国农田灌溉水质标准》（GB5084—1992）中的质量标准。

（五）种植技术

1. 育苗技术

生产上以嫁接为主。

（1）砧木苗的培育

1）苗床的准备

苗圃地要选择背阴背风、土壤疏松、富含有机质、肥力中等、保肥和保水性能较好的砂质土壤。播种前半个月（3月上中旬）施入适量腐熟堆肥、土杂肥、猪粪或每亩撒施50 kg复合肥作底肥。然后将土壤翻耕，耙细整平作畦，每畦宽1.2 m，深30 cm。

2）种子选择

播前要对枇杷核进行筛选，选用粒大饱满的枇杷种子经洗净晾干后即可播种。

3）播种期

枇杷种子没有休眠期，在3月下旬至4月上旬进行。

4）播种方法

条播，行距20~25 cm，株距10~12 cm，视种子发芽率高低，每穴播种子1~3粒，播种时轻压，将种子半粒压入土中，薄薄地撒上一层细灰土，以不见种子为度。播种后要立即用水浇透苗床，并用稻草等保湿材料薄薄地覆盖在土壤表面。

5）苗期管理

种子播后出苗前，就要用遮阳网搭好阴棚，阴棚高50~60 cm，苗床要保持一定的湿度，待出苗后揭去覆草。齐苗后，及时疏去弱苗、过密苗、病苗，按株距大小留一壮苗。待苗长出3~4片真叶时，可用稀薄人粪尿或复合肥每隔半月浇施1次，并及时清除杂草。当苗高达到20 cm时，摘去顶端1~2片嫩叶，促其下部茎秆增粗，同时做好病虫害的防治。遮阳网在8月底至9月初除去。第2年春季砧木苗直径达到0.6 cm以上即可嫁接。

（2）嫁接技术

1）接穗的选择

可从当地优良品种的壮年结果树或青年结果树上选取生长充实、粗细适中的1年生春梢或夏梢的营养枝作接穗。接穗采集后应立即剪除叶片，并包在塑料薄膜中，尽量做到随采随用。

2）嫁接时间

枇杷小苗嫁接时间在树液开始流动的2月上中旬最为适宜。一般采用切接法。

3）嫁接方法

将培育的砧木在离地面8~10 cm处剪断，接穗选较平直的一面作长削面。先在背面用刀呈45°斜削一刀，然后翻转削一长削面，以削去韧皮部、稍带木质部为度，削面2 cm左右。要求削面平整、光滑、不起毛。每接穗留1~2个芽，在芽上方0.5 cm处横向切断，然后在砧木剪口处选树皮光滑一侧，先用刀斜削去一小块，再在韧皮部和木质部之间向下切成长2 cm的切口，以略削掉一部分木质部为度。再将接穗长削面靠砧木内侧插入砧木切口，并使接穗和砧木形成层对准。如砧木与接穗粗度不同，应靠一边插入，使一边形成层对准。最后用塑料薄膜先将砧木和接穗扎紧，然后把接穗和砧木接口扎紧密封，防止干燥及雨水浸入。在包扎时，要注意防止对准的形成层移位。

4）嫁接管理

①除萌蘖：嫁接成活后要及时除去砧木上抽生的萌蘖。

②施肥：嫁接40~50天后，待嫁接基本成活、新芽抽生时，每月勤施薄肥1次，中耕除草，精细管理，并注意做好夏季高温干旱的抗旱工作。

③病虫害防治：对黄毛虫、叶斑病等病虫害，可选用杀灭菊酯、多菌灵等药剂及时准确地防治。

④解膜：嫁接当年的9月上中旬，要及时解除嫁接薄膜。

2. 种植技术

（1）种植地的选择

对地形、土壤要求不严，坡地或平地均可种植。

（2）栽植时间

在9月至翌年3月均可定植，但以9~10月的秋雨季节栽种为最好。2~3月有春雨时，也可栽种。

（3）苗木处理

枇杷可以不带土全根取苗，但必须进行如下处理：一是挖前灌透水；二是挖苗时应剪去所有叶片的1/2～2/3，嫩梢叶片全部剪掉；三是用湿锯末包扎根系保湿运输；四是栽植前用多菌灵等杀菌剂浸泡一下，浸泡苗木根系至嫁接口处。

（4）栽植密度

可按株行距3 m×4 m或4 m×5 m等方式栽植。

（5）栽植方法

栽植时扶正植株，理伸根系，盖上5～10 cm的细土，使所有根系都与细土充分接触（以刚盖至根颈部，露出嫁接口为宜），用脚踏实，然后浇透定根水，每株浇水20～25 kg（具体依土壤湿度而定），必须浇足浇透，这是提高苗木成活率的关键。待水透入土壤后，用薄膜覆盖树盘1 m^2，一定要封严薄膜的边口，以真正保持土壤湿度和提高地温。以后应注意检查，土壤干燥时应及时浇水。

3. 田间管理

（1）保花保果与疏花果

在花蕾期用106 kg水+1 g九二0+250 g磷酸二氢钾+150 g硼砂进行叶面喷施；谢花1/3时用100 kg水+250 g尿素+250 g磷酸二氢钾+150 g硼砂叶面喷施，以提高花质。11月下旬对花穗过多的树应剪去1/3；在幼果1 cm大时进行疏果，每穗留果3～5个，疏去小果及畸形果、病虫果。

（2）修剪

没结果的幼树不修剪，结果树在采果后进行修剪，以促发夏梢增加结果枝。剪去并生枝、交叉枝、枯枝、病虫枝及衰老结果枝。

(3）施肥

在幼树没结果阶段，以施速效化肥为主，春季新梢抽出后施第1次肥，每667 m²施尿素2 kg、磷肥5 kg。结果树主要施好秋肥、花前肥、壮果肥、采果肥。第1次在1月施壮果肥，每株施黑施宝有机肥3 kg、复合肥0.3 kg、尿素0.3 kg；第2次在4月施夏梢肥，每株施黑施宝有机肥3 kg、磷肥0.5 kg、复合肥0.5 kg；第3次在9月施秋肥和花前肥，每株施黑施宝有机肥4 kg、复合肥0.5 kg、磷肥0.5 kg、尿素0.3 kg。每次施肥均应在树冠滴水线下开挖宽30 cm、深35 cm的半圆形沟，将肥料与土混合后回坑。

（六）主要病、虫害的防治

1. 病害

（1）角斑病

1）病原

Cercospora eriobotryae（Enjoji）Sawada。

2）症状

危害叶片，病斑呈多角形，赤褐色，外有黄晕，后期长黑霉呈点状。

3）发病规律

以菌丝块及分生孢子越冬，温暖地区，周年发病。

4）防治方法

①农业综合防治：清除落叶，结合修剪，除去病枝病叶，做好排水工作，加强管理，增强树势。②药物防治：在开花前及开花后用速克灵3 000倍、托布津800倍喷杀即可。

（2）灰斑病

1）病原

Pestalotia eriobofolia Desm.。

2）症状

危害叶片，病斑圆形或愈合后不规则形，赤褐色，扩大后中央为灰黄色，外缘呈灰棕色，后期病斑上生出黑色小点，有时呈轮纹排列。

3）发病规律

以分生孢子器及菌丝在病叶上越冬。

4）防治方法

①农业综合防治：清除落叶，结合修剪，除去病枝病叶，做好排水工作，加强管理，增强树势。②药物防治：在新梢叶片长出后喷1:1:160的波尔多液保护或发病初期喷多霉清1 200~1 500倍液等。

（3）污叶病

1）病原

Clasterosporium eriobotryae Hara.。

2）症状

以叶片反面发生较多。初为污褐圆斑或不规则形，后长出煤烟状霉，可布满全叶。

3）发病规律

以分生孢子及菌丝在病叶上越冬。

4）防治方法

①农业综合防治：清除落叶，结合修剪，除去病枝病叶，做好排水工作，加强管理，增强树势。②药物防治：在新梢叶片长出后喷1:1:160的波尔多液保护或发病初期喷多霉清1 200~1 500倍液等。

2. 虫害

（1）梨小食心虫

1）学名

Grapholitha molesta Busck。

2）症状

危害果实和枝干的韧皮组织。早期被害的果实多中途夭折；后期被害果实内虫粪多，不能食用；枝干上幼虫蛀入表皮内，啃食皮层；苗木嫁接口愈伤组织也常被啃食，蛀断枯死。

3）发生规律

初龄幼虫乳白色，后成淡红色，成熟幼虫头部黑褐色，在枝干皮部或嫁接口结白色茧越冬。一般4月上旬开始危害，直到10月上中旬。

4）防治方法

保护伤口，诱杀成虫。3月份幼虫孵化喷杀虫剂，5~7天后再喷1次。

（2）舟蛾

1）学名

Phalera flavescens（Bremer et grey）。

2）症状

危害枇杷叶片的主要害虫，专食老熟叶片，开始啃食叶肉，剩下表皮和仅剩主脉。

3）发生规律

1年发生1代，以蛹在树干附近的土中越冬，7月羽化，在傍晚活动。产卵于叶背，10余粒排成一块，8月下旬孵化，1~2龄虫群集危害，头向外整齐排列在一张或数张叶背上危害，被害叶成纱网状，一树上发生的虫口极多，早晚取食，很快将整株树的叶吃尽，幼虫受惊时有吐丝下垂的假死现象。9~10月老熟幼虫入土越冬，幼虫初为黄色，后为紫褐色。

4）防治方法

冬季中耕，挖除树干周围土中的蛹茧，8月下旬集中捕杀低龄幼虫。如果幼虫已散开取食，可选20%杀灭菊酯3 000倍溶液或灭扫利3 000倍溶液。

（3）桑天牛

1）学名

Apriona germari（Hope）。

2）症状

主要危害枇杷树干，幼虫先沿树皮啃食，然后进入木质部危害，引起枝条枯死。

3）防治方法

可用40%敌敌畏等50倍溶液蘸入棉花后塞入蛀孔内，再用黄泥封堵洞口。

（4）扁刺蛾

1）学名

Thosea sinensis（Walker）。

2）症状

幼虫取食叶片。

3）发生规律

1年1~2代，7月中旬至8月中旬为第1代，9月初至10月底为第2代。

4）防治方法

可用20%杀灭菊酯3 000倍液在防治其他害虫时一并防治。

（七）采收与加工

全年均可采收。为了确定枇杷叶的最佳采收时间，我们对每月采集的早钟6号枇杷叶的质量进行检测，并绘制动态分布图，结果见图21-3。

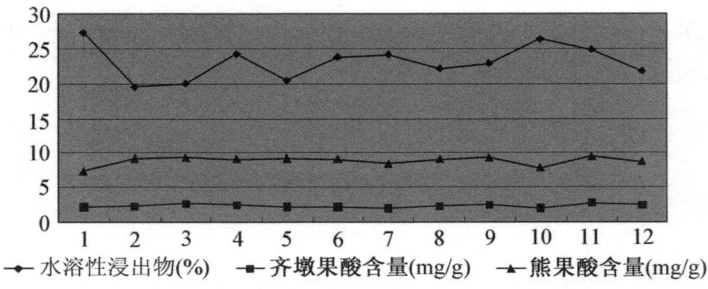

图21-3 早钟6号枇杷叶新鲜叶质量动态分布图

从样品测定的结果可见，各品种枇杷叶中落叶的齐墩果酸和熊果酸的含量均高于新鲜叶，特别是4月份采集的春叶、新鲜叶、落叶的测定数据，提示在枇杷叶生长过程中，此2种成分会不断增加。枇杷叶中有效成分总三萜酸和熊果酸等均有良好的抗炎、止咳效果，成年的枇杷叶比幼年的枇杷叶对止咳、祛痰效果要明显，这可能与成年枇杷叶中齐墩果酸和熊果酸的含量比幼年的枇杷叶（春叶）中高有关。现有的研究数据表明1年内各质量指标未见明显波动（各指标RSD＜11%），文献报道的枇杷叶的采收期为全年皆可采收是合理的。

（八）枇杷叶药材的质量标准及监测

1. 性状

本品呈长圆形或倒卵形，长12～30 cm，宽4～9 cm。先端尖，基部楔形，边缘有疏锯齿，近基部全缘。上表面灰绿色、黄棕色或红棕色，较光滑；下表面密被黄色茸毛，主脉于下表面显著突起，侧脉羽状；叶柄极短，被棕黄色茸毛。革质而脆，易折断。无臭，味微苦。

2. 鉴别

本品横切面：上表皮细胞扁方形，外被厚角质层；下表皮有多数单细胞非腺毛，常弯曲，近主脉处多弯成人字形；气孔可见。栅栏组织为3～4列细胞，海绵组织疏松，均含草酸钙方晶及簇晶。主脉维管束外韧型，近环状；中柱鞘纤维束排列成不连续的环，壁木化，其周围薄壁细胞含草酸钙方晶，形成晶纤维；薄壁组织中散有黏液细胞，并有草酸钙方晶。

3. 检查

（1）水分

按照水分测定法《中华人民共和国药典（一部）》（2005年版）附录ⅨH第二法测定，含量在8.40%～10.54%，建议不得超过11.0%。

（2）总灰分

按照灰分测定法《中华人民共和国药典（一部）》

（2005年版）附录Ⅸ K测定，含量在4.42%～9.36%，不得超过10.0%。

（3）重金属及有害元素

按照重金属检查法《中华人民共和国药典（一部）》（2005年版）附录Ⅸ E测定，结果见表21-4。

表21-4　果叶兼用枇杷GAP示范基地枇杷叶药材重金属分析检验结果　　　　　　　　　　　　　　　（mg/kg）

检测项目	检测结果	参考值≤
铅	2.0	5.0
铜	4.6	20.0
镉	<0.12	0.3
砷	<0.5	2.0
汞	<0.1	0.2

由表21-4看出：GAP基地枇杷叶药材中重金属铅、汞、砷、镉、铜的含量水平均在中华人民共和国对外贸易经济合作部发布的《药用植物及制剂进出口绿色行业标准》的4种元素含量限度以内（铅5.0 mg/kg、镉0.3 mg/kg、砷2.0 mg/kg、汞0.2 mg/kg），故可按《药用植物及制剂进出口绿色行业标准》中制定的标准执行。

（4）有机氯农药残留量

按照有机氯类农药残留量测定法《中华人民共和国药典（一部）》（2005年版）附录Ⅸ Q测定，结果见表21-5。

表21-5　果叶兼用枇杷GAP示范基地枇杷叶药材农药残留量
　　　　分析检验结果　　　　　　　　　　　　　　（mg/kg）

检测项目	检测结果	参考值≤
六六六	<0.01	0.1
DDT	<0.01	0.1
艾氏剂	<0.01	0.02

由表21-5看出：GAP基地枇杷叶药材中农药六六六、DDT、艾氏剂的含量水平均在中华人民共和国对外贸易经济合作部发布的《药用植物及制剂进出口绿色行业标准》，故可按《药用植物及制剂进出口绿色行业标准》中制定的标准执行。

4. 浸出物

按照水溶性浸出物测定法项下的热浸法《中华人民共和国药典（一部）》（2005年版）附录Ⅹ A测定，含量在11.5%~28.8%，建议不得少于10.0%。

5. 含量测定

按照高效液相色谱法《中华人民共和国药典（一部）》（2005年版）附录Ⅵ D，对不同品种枇杷叶及商品枇杷叶药材中的齐墩果酸和熊果酸的含量进行测定。结果表明，各品种落叶中的齐墩果酸和熊果酸的含量均比新鲜叶中高。见表21-6与表21-7。

表21-6　7个品种枇杷叶中齐墩果酸和熊果酸的含量测定结果

编号	植物品种	齐墩果酸（%）		熊果酸（%）		齐墩果酸和熊果酸总含量（%）	
		落叶	新鲜叶	落叶	新鲜叶	落叶	新鲜叶
1	早钟6号	0.254	0.213	0.840	0.732	1.094	0.945
2	大五星	0.245	0.193	0.852	0.721	1.097	0.914
3	解放钟	0.220	0.205	0.833	0.785	1.053	0.990
4	白梨钟	0.272	0.231	1.062	0.922	1.334	1.153
5	实生苗1	0.249	0.201	0.904	0.765	1.153	0.966
6	实生苗2	0.180	0.128	0.582	0.458	0.762	0.586
7	实生苗3	0.249	0.198	0.924	0.764	1.173	0.962

注：齐墩果酸/% $P=0.04<0.05$，落叶与新鲜叶有统计学意义；熊果酸/% $P=0<0.05$，落叶与新鲜叶有统计学意义；齐墩果酸和熊果酸总含量/% $P=0.001<0.05$，落叶与新鲜叶有统计学意义。

表21-7　商品枇杷叶中齐墩果酸和熊果酸的含量测定结果

样品编号	齐墩果酸含量（%）	熊果酸含量（%）	齐墩果酸和熊果酸总含量（%）
Q200701001	0.203	0.855	1.058
Q200701002	0.180	0.754	0.934
Q200803001	0.247	0.906	1.153
Q200803002	0.224	0.857	1.081
Q200803009	0.221	0.874	1.095
Q200802002	0.188	0.678	0.866

本品以干燥品计,含齐墩果酸($C_{30}H_{48}O_3$)和熊果酸($C_{30}H_{48}O_3$)的总量暂定不得少于0.5%。

(九)包装、贮藏及运输

1. 包装

(1)选用不易破损干燥、清洁、无异味的包装材料密闭包装,以保证药材在运输、贮藏、使用过程中的质量。

(2)发送中药材必须有包装标签,注明药材名称、产地、采收日期、注意事项等,并附有质量合格的标志。

药材名称:

产　　地:

采收日期:

采收单位:

调出日期:

调出单位:

调出数量:　　　　包

包装重量:　　　　kg/包

注意事项:

附:药材质量检验单

2. 贮藏

存放药材的仓库应通风、干燥、避光,必要时安装空调和除湿设备,并具有防鼠、虫、禽畜的措施。地面应整洁、无缝隙、易清洁。

3. 运输

运输工具应有通风设备，防止日晒、雨淋、潮湿、损坏、污染。

（刘军民、徐社金、陈世斌）

参 考 文 献

曹摘孜．1995．枇杷叶中熊果酸的抗肿瘤作用［J］．生物学杂志，49（2）：19．

陈伟建．2003．枇杷叶GAP栽培的环境质量分析与评价［J］．福建热作科技，27（3）：11-13．

陈义挺，赖钟雄，郭志雄，等．2003．枇杷主要种类的RAPD分析［J］．江西农业大学学报，25（2）：258-261．

川原信夫，等．2003．枇杷叶成分的研究［J］．国外医学中医中药分册，25（5）：316．

国家药典委员会．2005．中华人民共和国药典：一部［M］．北京：化学工业出版社．

国家中医药管理局《中华本草》编委会．1999．中华本草：第四卷［M］．上海：上海科学技术出版社．

胡又厘，林顺权．2002．世界枇杷与生产［J］．世界农业，273（1）：18-20．

黄金松．2002．枇杷栽培新技术［M］．福州：福建科学技术出版社．

鞠建华，周亮，林耕，等．2003．枇杷叶中三萜类成分及其抗炎、镇咳活性研究［J］．中国药学杂志，25（5）：63．

林玉霖，林文津，林力强．2006．枇杷叶的研究现状与开发前景［J］．中药材，29（10）：1111-1114．

罗晓清，郭小仪，俞学炜．2004．RP-HPLC法测定枇杷叶中熊果酸和齐墩果酸的含量［J］．中国野生植物资源，23（5）：50-51．

沙娜，梁敬钰．2006．枇杷叶研究进展［J］．海峡药学，18（1）：6-11．

薛健，张琪，张国良，等．2001．枇杷叶中农药残留量测定研究［J］．中国中药杂志，26（10）：680-681．

中国科学院中国植物志编辑委员会．2005．中国植物志［M］．北京：科学出版社．

Fukuda Shinji, Nagato Jun, Yamamoto Toshiya, et al. 2002. Cultivar Identification in Loquat Assessed by RAPD Analysis［J］. Journal of Japanese Society for Horticultural Science, 71（6）：826-828.

附

枇杷叶规范化生产标准操作规程（SOP）

在借鉴有关先进栽培技术的基础上，结合广州北部山区果叶兼用枇杷GAP示范种植基地的试验示范和有关生产经验总结，并依照《中药材生产管理规范（试行）》（GAP）要求，制定《果叶兼用枇杷GAP标准操作规程》。

第一章 总　则

1.1　主要内容　本规程按我国农产品作物良好农业规范（GAP）规定，对广州市北部山区枇杷生产中的建园、田间管理、病虫害的防治、枇杷叶和果实采收、质量标准等作了规范化研究，并制定本规程。

1.2　适用范围　本规程适用于广州市北部枇杷主要产区。

栽培品种为蔷薇科植物枇杷 [*Eriobotrya japonica* (Thunb.) Lindl.]。

1.3　引用标准。

1.3.1　《中华人民共和国环境空气质量标准》（GB3095—1996）。

1.3.2　《农药安全使用标准》（GB4285—1989）。

1.3.3　《中华人民共和国农田灌溉水质标准》（GB5084—1992）。

1.3.4　《中华人民共和国土壤环境质量标准》（GB15618—1995）。

1.3.5　《农药合理使用准则》（GB/T5084—1992）。

1.3.6 《绿色食品肥料使用准则》（NY/T394—2000）。
1.4 《中华人民共和国药典》（2005年版）。
1.5 国家食品药品监督管理局《中药材生产质量管理规范（试行）》。
1.6 科技部生命科学技术发展中心《中药材规范化种植研究项目实施指导原则及验收标准》。

第二章　物种或品种类型

2.1 本规程所适用的果叶兼用枇杷为蔷薇科多年生木本植物枇杷。
2.2 在栽培的果叶兼用枇杷中有众多的栽培品种，主要有早钟6号、解放钟、大五星，现大田中已推广这些栽培品种。

第三章　果园开垦

3.1 园地选择　适于山地、平地种植。山地若选择坡度平缓、土层深厚、肥沃的砾质或砂质壤土中下坡建园，则根系分布深广，生长好；过于黏重、浅薄的瘦瘠山地，植株长势弱，抗性差，寿命短，一般不适于建园。平地宜选择地势高、地下水位低、排水良好、土层深厚、疏松的砂质或砾质壤土种植。建园时应选择避风、冷空气不易积聚的坡段种植。
3.2 园地规划。
3.2.1 园地四周宜营造防护林带。所用树种不应与枇杷具有相同的主要病、虫害。
3.2.2 根据园地地形，分成若干小区。平缓地小区面积宜3~8 hm²，丘陵地小区面积宜1~2 hm²。
3.2.3 排灌系统　在果园梯田的上方或与山顶林交界处环山开设1条沟深50 cm、宽60 cm的环山防洪沟，防止果园上方的雨水冲入果园内。在分区和直步路的两侧和横步路的上侧各开1条深、宽均20cm的水沟。横排水沟沟内每隔2~3m设一略低于沟面的土墩，缓和急流，减少水土流失。

3.2.4 道路系统 果园道路分主路、支路和小路。主路宽6~8m，可通行汽车，一般设在山腰的中部或环绕果园周围通往每个山头，并连接办公室、宿舍、仓库和公路；支路设在两小区之间，宽3~4m；小路宽约1m，便于喷药和工作人员通行。

3.2.5 丘陵山地沿等高线种植，种植面呈内倾斜。

3.2.6 每个小区要在道路旁建1个容积为6~8m^3的水肥池，用于蓄水防旱和喷药或沤制水肥用。

3.2.7 其他建筑物，如工具房、办公室、宿舍、仓库等应选择在果园的中心点或在每个小区的集中点建造。

第四章 栽 培 技 术

4.1 定植季节 以春植（2~3月）、秋植（9~10月）为宜。

4.2 定植株行距 4~5m（一般品种）或5~6m（树冠大的品种，如解放钟）。

4.3 挖定植坑 大小肥地坑宽1m、深0.8m，瘦地坑宽1m、深1m。

4.4 定植坑配量施肥 每株腐熟厩肥25~50kg、过磷酸钙2~3kg、钙镁磷肥2~3kg、尿素0.5kg。

4.5 回填 各种肥料先与厩肥拌和，再与坑土混合后，分层回填，分层踩紧，多余的土在坑顶堆成小丘，但中央窝点的土不加任何肥料，以免栽苗时"烧根"。

4.6 种苗选择 选用嫁接口愈合良好，生长健壮，根系完整，接穗部分高度在30cm以上、接口上方3cm处、直径

0.7 cm以上的嫁接苗；砧木以本地枇杷实生苗为宜。

4.7 苗木处理 剪去过长主根、受伤的根、嫩梢、受伤的枝叶；如果种植时天气晴朗且气温较高，应对中上部叶片剪去其全叶的1/3～2/3或剪去总叶量的1/3～1/2，然后用新鲜黄泥浆浆根。

4.8 定植方法 要达到的技术要点为根茎与凸出的土面齐平；消除根系分叉部分的空隙；分层填土分层压紧；筑好树盘；栽后立即浇定根水；栽苗一律用细土壅根。

4.9 定植后的管理 栽后30天内不施肥只浇水，1个月后开始施用经稀释后清淡的粪尿水，每隔15～20天施1次。次年春天才开始施用较多的肥料。

第五章 果园土壤管理

5.1 施肥 枇杷不宜施用氮素过多，否则容易刺激枝梢徒长，成年树易落花落果，故幼树宜按纯N、P、K比例大体上为1∶1∶1施用，盛果期树按1∶2∶3施肥。单株施肥量应随树龄、树势不同而变化。

5.1.1 1年生树施肥量及施肥时期。

5.1.1.1 中庸树 施用碳酸氢铵100 g（或尿素37 g）、过磷酸钙100 g、硫酸钾35 g。总用量235 g/株。其中含纯N、P、K分别为17 g/株、18 g/株、17 g/株。

5.1.1.2 旺长树、衰弱树 旺长树应暂停或减量施用碳酸氢铵或尿素。衰弱树需酌情增施碳酸氢铵或尿素。

5.1.1.3 施肥时期 按上述施肥量，在3月、5月、7月即春梢、夏梢、秋梢抽发之前施入土中，年总用量705 g。

5.1.2 3年生树施肥量及施肥时期 此时枇杷已进入结果期，磷肥、钾肥用量应增多。

5.1.2.1 中庸树 施碳酸氢铵200 g（或尿素约75 g）、过磷酸钙300 g、硫酸钾200 g。总用量700 g/株。其中含纯N、P、K分别为34 g/株、54 g/株、100 g/株。

5.1.2.2 旺长树、衰弱树 旺长树暂停或减量施用氮肥，以免引起梢果矛盾导致落花落果，因为新生叶片对有机养分的吸取力比幼果更为强大。衰弱树营养水平低，结果能力弱，宜暂停或减少结果而加强生长，故需适量增施氮肥，加大碳酸氢铵和尿素的施用量。衰弱树用碳酸氢铵100 g、过磷酸钙100 g 溶于50 kg 水中浇灌，催梢效果十分显著。

5.1.2.3 施肥时期 3年生结果树，配方用量仍在3月、5月、7月即春梢、夏梢、秋梢抽发前施入土中，1年3次，总用量为2.1 kg。花序现蕾开花期中，应喷射浓度为0.3%的硼酸溶液和云大120（用法看商品使用说明书），以促进授精及幼果发育。

5.1.3 5年生树施肥量及施肥时期 此时植株已开始进入盛果期，以保持长势中庸（中等常规，不强不弱）为原则少用氮肥多用磷肥、钾肥，纯量比例大体上为1∶2∶3。

5.1.3.1 中庸树 施碳酸氢铵300 g（或尿素110 g）、过磷酸钙500 g、硫酸钾300 g。总用量1.1 kg/株。其中含纯N、P、K分别为51 g/株、90 g/株、150 g/株。一年3次，总用量3.3 kg。

5.1.3.2 旺长树、衰弱树 旺长树新梢长势强，枝粗长，表现在出现花序时也能抽生许多新梢引起落花落果，旺长树要暂停施用氮肥，促使早日停梢，控肥应早在抽梢之前进行。结果树轻度衰弱植株，都能抽发春梢，形成夏花冬果，但极少发生夏梢、秋梢，大量结果会导致大小年或产量下降；重度衰弱者则春梢、夏梢、秋梢都很少，产量大幅度跌落。衰弱树应加倍增施氮肥，同时加重疏花疏果，减轻负荷，促进营养生长,使有机养分含量增高,使树体复壮起来。

5.1.4 施肥方法。

5.1.4.1 环沟施肥 齐树冠边沿挖环状沟,沟深约20 cm、宽30 cm,将配制好的肥料施下后,适量浇水,待"收汗"后覆土盖严。

5.1.4.2 点式施肥 在树冠下接近外沿处均匀分布挖几个穴,深20～30 cm,肥施下后盖土浇水。下一次施肥可变换穴的位置,以扩大施肥面。

5.1.4.3 树盘施肥 将树冠下的土层刨开,深度5～10 cm,枇杷根系浅要避免伤根,肥料撒施,然后盖土浇水。以上各种方法都可以变换使用。

5.2 灌溉与排水。

5.2.1 灌水 枇杷坐果期在10月至翌年1月,从11月至翌年2月旱季中,需持续灌水,成年树每隔15天浇水1次,每次用水100 kg/株,浇灌于树盘内。采用滴灌、低喷灌也可以。整个旱季中每1株结果树需水约800 kg,每次灌水后表土稍干时在树盘内盖干草或浅松土保商。伏旱期也要灌水。

5.2.2 排水 枇杷既不耐旱又不耐涝,雨季排水极为重要,不论大树或小树,湿涝淹水容易死亡或诱发枝干腐烂病及白纹羽病招致死亡。在雨到来之前,平地果园要把深沟疏导通畅,山地果园要开好背沟、沙凼,做到下大雨随下随排,保持地面干燥、降低地下水位、排除积水层。但是,最后的秋雨要保蓄,沟中分段筑小坝堵水即可起到蓄水的功能。

5.3 中耕和除草。

5.3.1 中耕 中耕的作用是使板结了的土地疏松,增加土壤的透气性并使土壤养分分解,既利于根系生长又便于吸收。3月中旬果实基本收完时中耕1次,树冠内中耕深度

10~15 cm，树冠外可深达20~25 cm。7月份进行第2次中耕，深度与春耕相同，入冬前可再搞1次。

5.3.2 除草 果园里杂草蔓生会大量争夺果树的养分，草根层排放出浓度较高的CO_2气体，抑制果树根系生长，因此必需防除杂草。中耕是除草的手段之一，此外可以选用除草剂灭草。

第六章 树体管理

6.1 枇杷造形。

丰产树的形态模式 放任生长的枇杷树，有的大枝密集主从不分，光线不通透，内膛枝衰退枯死，结果表面化，缩小了树冠结果容积。有的形成多主干、多中心干树冠，在生长上徒耗养分，树形紊乱，无效生长的枝多遮阴过度结果不良。有的树冠偏斜或上强下弱，上部结果而下部退化，等等。丰产树要具备以下的模式结构：①生长势中庸，枝梢既不徒长也不衰弱，树高4 m左右，分品种强弱而定。②实行单主干、单中心干，中心干上主枝分层着生，让阳光通透。主枝下部多上部少、下部长上部短，要求副主枝分布适当，小枝（新梢）数量多，内膛不光秃。③当年生新梢，营养枝通过控制水肥使其长度在25~30 cm，具有10片左右正常的叶片。结果母枝（一般为顶芽侧枝）要短而粗，长4~10 cm，具有5~6片发育正常的功能叶。④盛果期枇杷，要达到株产20 kg，1棵树上要培养出100多个结果母枝，大体分布为基层4大主枝约占60%，第二、三层主枝占40%。

以上各项标准，都是通过调控水肥、整形、拉枝开角和修剪等综合技术来实现的。

6.2 幼树造形。

6.2.1 定干 即确定主干高度,平地稍高,山地稍低,一般高度为0.6~0.8 m,超过高度的幼苗在预高度短截,未达到高度的待长到高度时摘心。

6.2.2 第1层主枝、副主枝的培养 剪口芽会形成中心干向上延伸,剪口芽以下的几个侧芽会发出几个长枝,其中选留3~4个茁壮的方位角适当的枝作为第1层主枝培养。主枝长达1 m左右时,用拉、吊方法使其与中心干的角呈50°~55°。副主枝选留在主枝左右两侧错开排列,随着主枝伸长,每年必须培养出1个副主枝。

6.2.3 第2层主枝、副主枝的培养 在发生第1层主枝的同时,中心干的延长枝向上伸长,高度达到0.8~1.0 m时,摘心促生第2层主枝,第1至第2层的层间距离为0.7~1.0 m,不在层位上的侧梢随发随抹除。第2层留2~3枝,每个主枝上再留副主枝,除枝与副主枝外,各层次的小侧枝要尽量多留。

6.2.4 第3层主枝的培养 第3层(或加上第4层)主枝只留2枝,它与第2层的层间距仅0.5~0.6 m。一般培养出3层强大的、分枝多的主枝已足够,长势旺盛的植株和品种,可以再留第4层主枝。相反,如果树顶枝多密旺,可以除去中心干先端的枝群,选择在一个弱枝分桠处锯除顶部,使中央开放透光。但第3层主枝必须保留。

6.3 成年树的修剪。

6.3.1 修剪的步骤 修剪每一株树时,首先观察存在什么问题,心中确定一个实施方案。先剪大枝,后剪小枝;先剪上部,后剪下部;先剪内膛,后剪外围。上部少留枝,下部多留枝;内部多留枝,外部少留枝。

6.3.2 修剪方法。

6.3.2.1 大枝 疏密留稀,抽(疏)密成层,保持通风透光,内膛枝生长良好。

6.3.2.2 大侧枝 疏弱留强,枝群内的弱枝、背阴枝、下垂枝、横穿枝、病虫枝、枯死枝等一律疏剪。

6.3.2.3 1年生营养枝 长度不超过30 cm的不剪,过长者可以先在有大叶片、肥壮腋芽处短截。营养枝先端新发的延长新梢不剪,侧梢只留1~2枝,多余的疏除。

6.3.2.4 结果母枝 有两种情况:一种是尚未结果的,一般不动,但如果全树结果母枝太多,叶枝太少,可将1/3~1/2的母枝进行短截,剪口应选在母枝上端壮芽处;另一种是已结果的母枝,要选有叶和壮芽处短截,剪除上面干枯的花序。落花结果枝也照此处理。凡结果母枝经短剪后均可再发新梢。

6.4 修剪的时间 在冬、春枇杷产区,果实在3月采收完毕,一般在3月中下旬进行修剪。夏、秋时段,可进行抹芽、摘心、扭梢等辅助性的修剪工作。

第七章 果实管理

7.1 疏果 疏果可以提高果实品质和提高单果重量,达到较高档次。疏果从疏花开始,花穗现蕾伸长时,只留基部10朵花而将上部的摘除。也可留花于花穗的一侧,以便将来套袋。经幼果期落果后,于果实横径有1.5 cm时定果。大果型品种(如解放钟)留果2~3个,中大型品种(如大五星)留果3~4个,中型品种(如早钟6号、长红2号、龙泉1号)留果4~5个。

7.2 套袋 套袋可防止风吹擦伤果皮,使果皮色泽更加美观,减少虫鸟为害并可减少日灼,是提高果品档次的措施之一。疏果定果之后即可套袋。通常是用报纸做成纸袋,将果串整个套入袋中,袋口用订书机锁定。套袋用的材料,一般选用牢固耐用的牛皮纸,也可用旧报纸。袋的大小根据果穗大小而定,一般制成的袋大小为27 cm×19 cm即可。

7.3 果实采收。

7.3.1 采收时期 枇杷果实成熟前15~20天膨大最快。开始变黄时酸味很浓,果皮呈橙红色时即是成熟。挂树过久糖酸都会缓慢下降,并且果皮皱缩,采收必须及时。

7.3.2 采果方法 枇杷果实柔嫩多汁,果面上有果粉和茸毛,极易受伤。采果时应手拿果柄,用剪刀留15 mm果柄剪下,轻放入筐中。要尽可能保存果粉与果毛,避免一切机械损伤。

7.4 枇杷叶采收 全年均可采收,晒至七八成干时,扎成小把,再晒干。

第八章 主要病、虫害的防治

坚持贯彻保护环境、维持生态平衡的环保方针及预防为主、综合防治的原则,采取农业防治、物理防治、生物防治和化学防治相结合的方法,对枇杷主要病、虫害进行防治。

8.1 主要虫害。

8.1.1 枇杷瘤蛾 冬季清园,深翻园土,刮、刷树皮并涂白。人工捕杀或黑光灯诱杀。在每次新梢期,幼虫初发期喷药2~3次,间隔5~7天。可选用的药剂有2.5%鱼藤精500倍液,或晶体敌百虫1 000倍液,或10%氟虫脲(卡死克)乳油1 000倍液,或1.8%齐满素乳油2 000倍液。

8.1.2 梨小食心虫 避免与桃、梨混栽,果实套袋保护。剪除蛀梢、蛀果,刮除老皮,集中烧毁。可用糖、酒、醋、水比例为1:1:4:16的糖酒醋液或黑光灯诱杀。在成虫发生高峰期后5~7天的幼虫孵化期喷药防治。可选的药剂有90%敌百虫1 000~1 500倍液，或5%定虫隆（抑太保）1 500倍液，或10%氟虫脲（卡死克）乳油1 000倍液，或1.8%齐满素乳油2 000倍液。

8.1.3　毛虫　做好冬、夏季清园，刮刷涂白树干；可人工捕杀或黑光灯诱杀；有针对性地释放寄生蜂类天敌；幼虫大量发生时，可选用的药剂有50%杀螟硫磷（杀螟松）1 000倍液，或90%敌百虫1 000~1 500倍液，或25%灭幼脲（灭幼脲3号）1 500倍液。

8.2　主要病害及综合防治。

8.2.1　叶斑病　选择抗病品种，增强树势，改善植株和果园通风、透光条件，做好冬、夏清园和消毒工作，烧毁病残叶；在每次新梢叶片长到一半时，开始喷药保护叶片，喷2次，间隔10~15天。可交替选用的药剂有70%甲基硫菌灵（甲基托布津）可湿性粉剂800~1 000倍液，或40%氟硅唑（福星）乳油8 000~9 000倍液，或75%百菌清可湿性粉剂500~800倍液，或0.5%~0.6%等量式波尔多液。

8.2.2　炭疽病　加强果园排水，增施钾肥；剪除病叶、拔除病苗集中深埋或烧毁。在果实着色前1个月，喷洒1~2次。可选用的药剂有0.5%~0.6%等量式波尔多液，或70%甲基硫菌灵（甲基托布津）可湿性粉剂800~1 000倍液，或50%多菌灵可湿性粉剂500~800倍液，或70%氢氧化铜（可杀得）悬浮剂800倍液，或50%咪鲜胺+氯化锰（施保功）可湿性粉剂2 000倍液。

8.2.3　胡麻叶斑病　早春及时清除病株、病叶并烧毁，做好夏季清园工作。在发病前和发病初期喷药防治。可选用的药剂有80%代森锰锌可湿性粉剂800倍液，或70%氢氧化铜（可杀得）可湿性粉剂800倍液，或50%咪鲜胺+氯化锰（施保功）可湿性粉剂2 000倍液，或20%丙环唑（敌力脱）乳油3 000倍液。

8.2.4 轮纹病 做好清园工作，剪除病叶、枯枝并集中烧毁。在夏梢、秋梢展叶期喷药保护，每隔7～10天喷1次，连续2～3次。可选用的药剂有50%咪鲜胺+氯化锰（施保功）可湿性粉剂2 000倍液，或20%丙环唑（敌力脱）乳油3 000倍液，或80%代森锰锌可湿性粉剂800倍液。

第九章 质量标准及监测

9.1 质量。

9.1.1 干燥品水分≤11.0%。

9.1.2 有效成分含量限量指标 以干燥品计算，水溶性浸出物（热浸法）的要求为不得少于10%；含齐墩果酸（$C_{30}H_{48}O_3$）和熊果酸（$C_{30}H_{13}O_3$）的总量不得少于0.5%。

9.2 农药残留限量指标。

9.2.1 六六六（BHC）≤0.1 mg/kg；

9.2.2 滴滴涕（DDT）≤0.1 mg/kg；

9.2.3 五氯硝基苯（PCNB）≤0.1 mg/kg；

9.2.4 艾氏剂（Aldrin）≤0.02 mg/kg。

9.3 重金属限量指标。

9.3.1 重金属总量≤20.0 mg/kg；

9.3.2 铅（Pb）≤5.0 mg/kg；

9.3.3 镉（Cd）≤0.3 mg/kg；

9.3.4 砷（As）＜0.5 mg/kg；

9.3.5 汞（Hg）≤0.2 mg/kg。

第十章 包装、贮藏及运输

10.1 包装。

10.1.1 选用不易破损干燥、清洁、无异味的包装材料密闭包装,以保证药材在运输、贮藏、使用过程中的质量。

10.1.2 发送中药材必须有包装标签,注明药材名称、产地、采收日期、注意事项等,并附有质量合格的标志。

  药材名称:
  产 地:
  采收日期:
  采收单位:
  调出日期:
  调出单位:
  调出数量: 包
  包装重量: kg/包
  注意事项:
    附:药材质量检验单

10.2 贮藏。

10.2.1 置于通风、干燥、无污染的专用仓库中,防止霉变。

10.2.2 彻底灭菌,消灭虫源,防止发生虫蛀及鼠害等。

10.3 运输 运输途中应防止日晒、雨淋、潮湿、损坏、污染。

第十一章 人员和设备

11.1 负责全面工作人员,要求富有经验且有能力履行赋予的职责的大专以上学历的专业人才。

11.2 生产人员,要求具有从事中药或农业生产或通过培训能掌握药材栽培管理技术的人员。

11.3 生产基地设备,根据药材生产的需要配齐所有的设备。

第十二 文件管理

12.1 文件 指一切涉及中药材生产、质量管理的书面材料和实施中的资料。

12.1.1 药材品种、育苗与移栽(时间、地点、面积)、田间管理(肥料、农药种类、数量、时间等)。

12.1.2 土壤及水分资料。

12.1.3 各种合同协议书、生产计划、实施方案、技术操作规程。

12.1.4 物候变化(小气象记录资料)。

12.1.5 产量、质量。

12.1.6 工作、技术总结等。

12.2 管理 将上述文件资料全部归入档案收载。

12.2.1 记录员要具有一定文化且责任心强的人员专门记录。

12.2.2 档案保管员要掌握档案分类和保管的基本知识。

12.2.3 记录员、档案保管员要求相对固定的专人负责。

花类药材

二十二、山 银 花

(一) 概 述

山银花又称华南忍冬 Lonicera confusa DC.，在不同地方又被称作金银花、大银花、土银花、左银花、左转藤（广东）、土花、黄鳝花（广东云浮）、土忍冬（广州、广西）等。山银花为忍冬科忍冬属的半常绿藤本植物，其干燥的花蕾（有些带有初开的花）供药用，商品名为金银花或山银花；其茎、叶亦可入药，则称为忍冬藤。忍冬科忍冬属植物全世界有200多种，我国有98种。在民间称"金银花"的植物有17种，均来源于忍冬科忍冬属的不同植物。金银花为我国著名的大宗中药材，历来受到人们的重视。《中华人民共和国药典（一部）》（1963年版）首次收载了金银花，其植物来源仅为忍冬科植物忍冬 Lonicera japonica Thunb. 的一种。其后，1977年版、1985年版、1990年版、1995年版及2000年版《中华人民共和国药典》除仍收载忍冬 Lonicera japonica 外，均增加了红腺忍冬 L. hypoglauca Miq.、华南忍冬 L. confusa DC. 和毛花柱忍冬 L. dasystyla Rehd. 3种植物为金银花的植物来源。在《中华人民共和国药典（一部）》（2005年版）中，根据"中药材内含成分差别较大的多来源品种，按一物一名的原则逐步分列"的指导思想，将金银花分列为金银花和山银花2种药材，前者的植物来源为忍冬 L. japonica，后者的植物来源则包括了灰毡忍冬 L. macranthoides Hand.–Mazz.、红腺忍冬L. hypoglauca和华南忍冬L. confusa。金银化和山银花在药材功能上都具有清热解毒、凉散风热的作用，在临床药用、保健品和化工产品领域均有着广泛应用。《中华人民共和国药典》将山银花单列，为该药材的进一步发展和更广泛的应用带来了新的机遇。

山银花主要产于我国华南地区，过去药材生产上以利用野生植物资源为主，但由于在很多地区其自然生境遭到严重破坏，山银花野生资源日渐枯竭，对其利用方式由野生转为家种成为一种必然趋势。因此，开展山银花规范化种植是大势所趋，大有可为。

1. 产地

山银花主要产于广东、广西及海南，其干燥的花蕾是华南地区金银花药材的主要来源。在广东分布于全省的中部和南部，主要在南雄、郁南、云浮、肇庆、罗定、广州、博罗、惠阳、惠东、深圳、台山、阳春、信宜、茂名、徐闻等地，广东新兴等地曾大规模栽培；野生者常见于丘陵地的山坡、杂木林和灌丛中及平原旷野路旁或河边，海拔最高可达800 m。越南北部和尼泊尔也有分布。

2. 药用价值

山银花药材是一种常用中药，具有悠久的药用历史。据历代医家临床证实，山银花性寒、味甘，归肺、心、胃经，具有清热解毒、凉散风热的功能，可用于治疗温病发热、风热感冒、咽喉肿痛、肺炎、丹毒、蜂窝组织炎、痢疾等多种疾病。忍冬藤的作用与山银花相似，除具有清热解毒功能外，还具有通络的功能，常与祛风湿药物配伍以治疗风湿痛。

山银花（藤）药材在医疗上应用较为广泛，除大量用于中医处方配伍煎服外，现已制成多种中成药，如银翘解毒丸（片）、银翘解毒水和银黄注射液等剂型。

山银花药材中除含有具显著抗菌消炎作用的绿原酸和异绿原酸等有效化学成分外，还含有丰富的氨基酸和可溶性糖，是一种无毒性的药用植物，具有良好的保健作用。据《本草纲目》中记载，用忍冬煮汁、酿酒服用，有"轻身长年益寿"之效。现市场上已开发出多种以山银花药材为主要原料的保健产品，主要品种有：忍冬酒、银花茶、银花露、银花汽水、银花糖果、银黄口服液和银仙牙膏等。这些产品大多具有明显的保健作用，除满足国内市场外，其中优质品还远销到国外，有着广阔的市场前景。

山银花药材的主要成分为绿原酸、异绿原酸、新绿原酸、4-O-咖啡酰鸡纳酸、4,5-二咖啡酰鸡纳酸；黄酮类物质：木樨素-7-O-α-D-葡萄糖苷、木樨草素-7-O-α-D-半乳糖苷、槲皮素-3-O-β-D-葡萄糖苷、金丝桃苷、忍冬苷、肌醇、皂苷。此外，还含挥发油，油中含棕榈酸、二氢香苇醇、棕榈酸甲酯、24碳酸甲酯等。现代医学也已证明，山银花具有广泛的抗菌、抗病毒、消炎、解热、抗过敏、抗中枢兴奋、抗生育作用，对提高免疫功能有显著影响。

山银花的药用历史悠久，早在3 000年前，我们的祖先就开始用它防治疾病，《名医别录》中把它列为上品。金银花不仅作为一种清热解毒中药普遍地用于临床，而且还广泛地用于保健品中。现代医学已证实，其还具有抗肿瘤和防癌变等功能。因此，金银花药材一直保持着稳定、巨大的市场需求。据1999年12月河北安国市场中药材信息，山东二等山银花单价为33~40元/kg，河北山银花为34~36元/kg，河南山银花为44~46元/kg。如种植管理得当,金银花一般每667 m²年产干花130~170 kg,高产者可达200 kg以上,可连续收获多年。现按山银花主产地山东和河南平均每667 m²产干花70 kg和单价35元/kg计算,种植667 m²,干花年收入可得2 450元。按越冬老叶和修剪枝叶为花产量的6倍计,花中绿原酸含量以茎叶的4倍计,则越冬老叶和修剪枝叶的经济产量指数为干花的1.5倍。如以干花为标准,按绿原酸价值来计算,则种植每667 m²忍冬花还可收入3 675元。茎、叶、花一起计算,则每667 m²年收入高达6 125元。虽然科学研究已经表明,越冬老叶和修剪枝叶具有很高的药用价值,但还未被大家认识,还不可能在很短的时间内获得重视。在山银花原材料市场和中药汤剂使用中,暂时还不能以这种形式替代。如果药厂收购山银花只是为了提取其有效成分绿原酸,在制备制剂时,则可以优先考虑采用这种经济有效的办法,同时,也有利于充分利用植物资源和减少资源的浪费。

随着我国加入WTO,为适应贸易全球化、一体化的需要,我国中药产业必须走现代化、国际化之路,实施"中药现代化"战略的一项重要内容就是要制定一系列与国际接轨的医药产业质量标准。2000年9月,国家有关部门组织制定了《中药材生产质量管理规范(试行)》,现已颁布在全国试行。中药材GAP(Good Agricultural Practice)是专门对中药材生产实施规范化管理的基本准则,是中药材质量标准的源头,是基础。通过GAP的实施,实行基地化、集约化栽培,生产出"安全、高效、可控、稳定"的中药材,切实保证其产量稳定,成分含量一致,重金属和农药残留限量在允许的范围内。因此,按照国家制定的GAP标准来规范化种植山银花,是实现和提高其经济效益的前提条件。在此基础上,只有通过一些科学、合理的栽培管理措施和市场经营方法，才能使产品提高档次，符合市场需求，实现效益最大化。尤其在下述几方面应予以重视。

（1）选择和培育优良品种

药用植物种植不仅要追求药材产量，更要追求药材的内在质量，最好是使两者能达到统一。因此，选择和培育优良品种就显得格外重要。山银花药材的植物来源多种多样，化学成分复杂，有效成分含量不一，受产地、管理措施等条件的影响较大。是否有适合当地生长的优良品种，成为制约其实现最佳经济效益的关键因素之一。现代科学研究已经证明，山银花的主要有效成分是绿原酸、异绿原酸和木樨草素等化学成分，其中绿原酸含量的高低通常作为衡量其药材质量的标准。传统上，山银花收购多以野生为主，人工栽培的历史不长，种植规模不大，目前尚未发现有稳定的地方品种，也缺乏深入的质量标准研究。因此，可从品种选择培育、种子种苗繁殖入手，选择培育绿原酸含量高、产花率高、产量稳定的优质品种。

（2）加强田间栽培管理

田间栽培管理一般包括合理安排群体结构、中耕除草、施肥浇水和病、虫害防治等。加强山银花的田间管理，是增产增收的主要环节。科学研究表明，剪枝可提高山银花群体的光能利用率，通过剪去弱枝、徒长枝等无效枝叶，减少了养分和水分的无谓消耗，使枝、叶分布更合理，植株更健壮，促使更多花芽形成和分化，有利于山银花高产。剪枝对山银花的增产作用非常明显，一般剪枝的比不修剪的增产2~6倍。

绿原酸作为山银花和忍冬藤的主要有效成分和指标成

分，在保证该药材质量上有着极其重要的意义。通过对不同施肥处理与植物体内化学成分关系的实验研究，表明不同的肥料对忍冬植物体内绿原酸的合成有着不同的影响：氮肥能使叶、花中绿原酸含量分别降低32.99%和6.78%，而磷肥却能使叶、花中绿原酸含量分别提高8.68%和14.44%，因此在栽培生产中，要在施用氮肥的同时适当多施磷肥，这样既能促进植株花芽分化的数量，又能促进绿原酸在花蕾中的合成，在增产的同时又保证了药材的质量。

受病虫危害较重的一般是10年生以上的老墩，危害率有的高达35%～80%，因为害虫常于老枝干中越冬和产卵。因此，加强病虫害防治和及时栽种新的植株都是很重要的。

总之，种植的规范化、科学化、标准化是有效提高山银花产量和品质的技术途径。在选地整地、修剪整形和合理的水肥管理的同时，要加强病虫害的防治，确保山银花丰产。

（3）提高产品附加值

不同采收期、不同的加工方法和不同的贮藏方式，山银花药材的质量是不一样的。在山银花的生产和流通中，我们要按科学的方法，及时采收，合理加工，科学存贮。同时，要对山银花及忍冬藤进行分级分类出售，并充分利用现代通讯手段，提高市场信息的准确性，减少流通环节，确保产品优质优价。

根据对山银花花、叶和忍冬藤中绿原酸含量的测定结果，以及对花产量，藤茎、叶产量分析的结果表明，山银花全身都是有用的。在山银花生产过程中，产生有大量的附加产品，如越冬老叶和修剪枝叶，它们都含有大量的绿原酸等有效成分，要尽可能地把其中的有效成分提取出来，作为有效成分的原料药或加工成中成药药品，以提高山银花的附加值。

总之，山银花全身都是宝。提高产品的附加值，要从采收、加工、包装、贮藏和运输等环节综合考虑，使生产、加工、销售系统化、规范化，以提高产品档次，实现效益最大化。

（二）生物学特性

对于某种栽培植物而言，了解和掌握该植物的生物学特性是十分必要的，它是指导人们进行科学种植的理论基础。只有在认识了山银花的一些基本生物学特性的基础上，才能合理地选择适宜的山银花种植地，科学地开展种苗繁育及田间管理等工作，从而达到优质、稳产、高产的种植目的。

1. 植物学特性

（1）形态特征

山银花为半常绿藤本植物，幼枝、叶柄、总花梗、苞片、小苞片和萼筒均密被灰黄色卷曲短柔毛，并疏生微腺毛；小枝淡红褐色或近褐色。叶纸质，卵形至卵状短圆形，长3~7 cm，顶端尖或稍钝而具有小短尖头，基部圆形、截形或带心形，幼时两侧有短糙毛，老时上面变无毛；叶柄长5~10 mm。花有香气，双花腋生或生于小枝或侧生短枝顶集合成具2~4节的短总状花序，有明显的总苞叶；总花梗长2~8 mm；苞片披针形，长1~2 mm；小苞片卵圆形或卵形，长约1 mm，顶端钝，有缘毛；萼筒长1.5~2 mm，被短糙毛；萼齿披针形或卵状三角形，长约1 mm，外密被短柔毛；花冠白色，后变黄色，长3.2~5 cm，唇形，筒直或有时稍弯曲，外面被开展的倒糙毛和长、短两种腺毛，内面有柔毛，唇瓣略短于筒；雄蕊和花柱均伸出，比唇瓣稍长，花丝无毛。果实黑色，椭圆形或近圆形，长6~10 mm。花期4~5月，有时9~10月开第2次花，果熟期10月（见图22-1）。

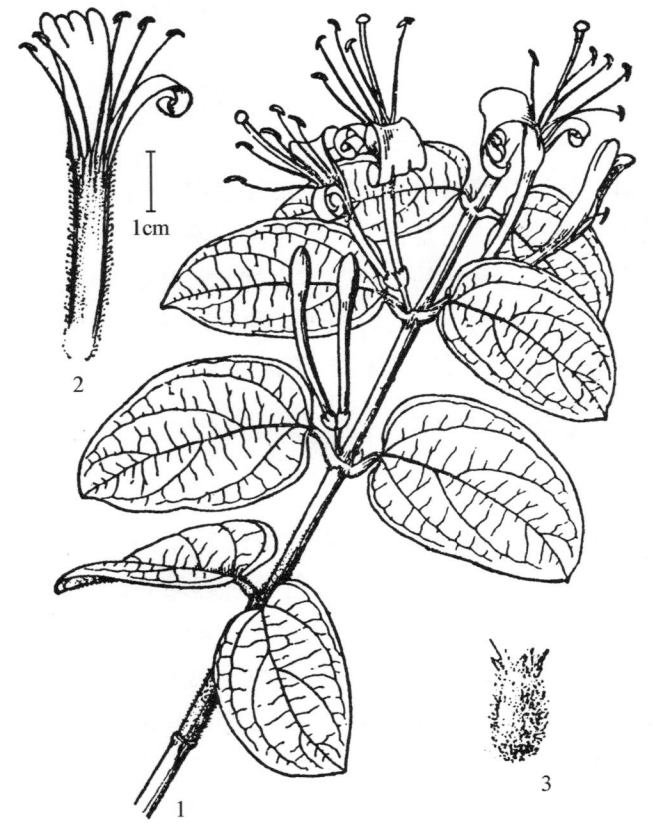

1. 花枝　2. 花冠放大　3. 萼筒放大

图22-1　山银花 *Lonicera confusa* (Sweet) DC.

本种是华南地区山银花药材的主要品种，藤和叶也可入药。该种同忍冬 *L. japonica* Thunb. 的外形十分相似，但忍冬具硕大的叶状苞片，萼筒无毛，小枝密生开展的糙毛，可根据这些特点而相区别。

（2）各器官中的绿原酸含量

药用植物根、茎、叶、花等不同器官中的有效成分含量往往不同，绿原酸含量的多少是山银花药材质量好坏的主要评价指标。张永清等曾对山东不同地区所产忍冬的根、茎、叶、花等不同器官中的绿原酸含量进行了对比研究，找出了绿原酸在各个器官中的分布规律，这对于了解山银花各个器官中绿原酸的分布规律有一定的借鉴作用。其研究结果见表22-1。

表22-1　忍冬不同部位中绿原酸的含量测定结果（%）

植株代号	花	叶	茎	根
001	4.10 ± 0.02	2.47 ± 0.12	1.21 ± 0.10	1.15 ± 0.07
002	4.40 ± 0.27	4.15 ± 0.10	1.17 ± 0.05	1.09 ± 0.01
003	4.00 ± 0.03	2.39 ± 0.12	1.04 ± 0.02	0.99 ± 0.09
004	4.14 ± 0.06	2.89 ± 0.08	0.87 ± 0.04	0.73 ± 0.07
005	3.82 ± 0.08	3.80 ± 0.10	1.50 ± 0.04	0.65 ± 0.02
006	4.12 ± 0.20	3.27 ± 0.04	1.23 ± 0.04	0.82 ± 0.11
007	4.23 ± 0.05	2.45 ± 0.02	1.00 ± 0.02	0.71 ± 0.03
008	4.12 ± 0.22	1.62 ± 0.07	0.98 ± 0.09	0.73 ± 0.02
009	4.38 ± 0.05	2.91 ± 0.03	1.25 ± 0.10	1.39 ± 0.07
010	3.99 ± 0.16	2.85 ± 0.05	1.21 ± 0.08	1.02 ± 0.01

实验结果证明，忍冬各部位中都有一定的绿原酸，但含量高低不同，依次为：花＞叶＞茎＞根；花与叶，根、茎之间绿原酸含量有极显著差异，但茎与根中绿原酸含量无明显差异。忍冬各个器官都能合成绿原酸，绿原酸来源于苯丙烷类代谢途径，属次生代谢产物，而次生代谢作用往往是在较

幼嫩、代谢旺盛的部位或器官中比较活跃。花为植物的生殖器官，其代谢活动强烈，所以，忍冬花中绿原酸含量最高。绿原酸具有抗菌、利胆作用，是药材山银花与忍冬藤的主要有效成分。目前临床上一致认为，山银花清热解毒的作用强于忍冬藤，可以说明这与其绿原酸含量高低有着密切的关系，也与古人"忍冬根、茎、叶、花功用皆同"，"其花尤妙"的传统经验相符。忍冬叶中的绿原酸含量较高，是花的69.63%，临床上曾有仅以忍冬叶治疗急性腹泻取得较好疗效的报道。因此，对于忍冬叶资源值得进一步开发研究和利用。

2. 生长发育规律

山银花在一年中的生长发育情况，一般分为3个时期：

（1）萌动展叶期

山银花的叶芽一般在春分开始萌动，清明前后开始展叶生长。

（2）孕蕾开花期

山银花孕蕾，一般从3~4月开始，孕蕾后1~2周开花。头茬花于4~5月开放，二茬花在8~9月开放。

（3）停滞生长期

山银花于二茬花开后即行结果，10月果实成熟；11月气温下降后，部分叶子枯落，进入越冬期，植株生长十分缓慢。

目前，种植山银花的目的主要是以采花为主，生产上常将从孕蕾到花朵凋谢的不同时期做进一步的划分，大致可分为以下几个时期：幼蕾期（为绿色小花蕾）、三青期（为绿色花蕾，见彩图22-1）、二白期（为淡绿色花蕾，见彩图

22-2）、大白期（为白色花蕾，见彩图22-2）、银花期（为刚开放的白色花，见彩图22-2、彩图22-3）、金花期（花瓣变黄色，见彩图22-3）、凋花期（花瓣为棕黄色）。在上述不同时期采花对药材质量有较大影响，一般认为采收二白期和大白期花蕾入药质量最好。

3. 对环境条件的要求

栽培植物对环境条件的要求最好与该植物的生态学特性相一致。植物的生态学特性是指某植物与周围环境，如土壤、温度、水、肥、空气、阳光、动植物及微生物等发生关系时所具有的特征。

山银花的生活力较强，适应范围较广。能耐热，但不耐寒，在广东省粤北地区难以越冬；对土壤、水、肥的要求不十分严格，但在肥沃、疏松、深厚的土壤中生长最好，产量高，而在贫瘠的土壤中，则生长较慢，产量低（见彩图22-4、彩图22-5）。

山银花为藤本植物，多攀附于其他植物的茎、枝上端，喜欢充足的阳光，为喜阳植物，切忌荫蔽。花多着生在植株丛外围阳光充足的枝条上，如果分枝多，通风、透光不良，叶片就会发黄脱落，影响产量。为了增加花朵数，提高产量，必须保持植株及枝条间有适当的空隙，使植株得到充足的光照。

山银花一般较耐旱抗涝，但在潮湿的地方长势较好，花多花大，产量高。

（三）物种或品种资源

1.《中华人民共和国药典》收载的山银花药用植物来源

《中华人民共和国药典（一部）》（1995年版），收载了忍冬科植物忍冬 *Lonicera japonica* Thunb.、红腺忍冬 *L. hypoglauca* Miq、山银花 *L. confusa* DC.、毛花柱忍冬 *L. dasystyla* Rehd.，为山银花药材的4个法定药用品种。山银花药材别名银花、双花，药用部位为忍冬、红腺忍冬、山银花、毛花柱忍冬等植物的干燥花蕾或带有初开的花，主产于山东、河南等地。山银花药材的地方名称有二苞花（浙江）、双苞花、金藤花、二花、忍冬花（通称）、鹭鸶花、苏花、老翁须（山西）、通灵草（河南）、二宝花（福建、江西、湖南）、茶叶花（山东）。忍冬藤又称左转藤（广东）、二苞花藤（江苏）、鸳鸯藤（福建、湖南）。全国大部分地区均有野生或零星栽培，栽培历史已达200年以上。

（1）忍冬 *Lonicera japonica* Thunb.

忍冬是忍冬属分布最广的种，目前除西藏、新疆、青海、宁夏、内蒙古、黑龙江和海南无自然生长外，全国各地均有分布。生于海拔1 500 m以下的山坡灌丛或疏林中、乱石堆、山路旁及村庄篱笆边，常栽培。日本和朝鲜也有分布。在北美洲逸生成为难除的杂草。

忍冬为常绿藤本植物（图22-2中1~4），花期4~6月（秋季亦常开花），果熟期10~11月。忍冬最明显的特征就是有大型的叶状苞片。其形态变异很大，无论在枝、叶的毛被或叶的形态和大小，以及花冠的长度、毛被和唇瓣与筒部的长度比例等方面，都有很大的变化，但所有这些变化看来较多地同生态环境相联系，并未显示出与地理分布之间的相关性。

1~4. 忍冬：1. 花枝　2. 花的纵剖面（原大）　3. 果放大示叶状苞片　4. 几种叶形　5~7. 红腺忍冬：5. 果枝　6. 叶背放大示毛　7. 花放大　8. 毛花柱忍冬：花放大

图22-2

（2）红腺忍冬Lonicera hypoglauca Miq.

红腺忍冬又称菰腺忍冬，产于安徽、浙江、江西、福建、湖北、湖南、广东（南部除外）、广西、四川、云南、台湾。生于灌丛或疏林中，海拔200～700 m（西南部可达1 500 m）。日本也有分布。

红腺忍冬是落叶藤本植物（图22-2中5～7），花期4～6月，果熟期10～11月。本种可凭其叶下面的具明显的无柄或具极短柄的蘑菇状腺（由橘黄色变为橘红色），而与同亚组的其他种区分开。其花蕾供药用，在浙江、江西、福建、湖南、广东、广西、四川和贵州等省区均作为"金银花药材"收购入药。

（3）毛花柱忍冬Lonicera dasystyla Rehd.

毛花柱忍冬又称为水忍冬，是缠绕灌木（图22-2中8），花期3～4月，果熟期8～10月。毛花柱忍冬多分布于广东、广西。生于水边灌丛中和山坡路旁林中，海拔300 m以下。越南北部也有分布。

本种的花蕾、茎、叶具有清热解毒的作用，花和茎叶皆可入药。

2. 地方习用的金银花药材原植物种类

忍冬属多种植物的花蕾在不同地区均作为金银花药材而药用。除忍冬、红腺忍冬、山银花和毛花柱忍冬外，在各地作为药用的植物种类还有：淡红忍冬Lonicera acuminata Wall.、卵叶忍冬L. inodora W. W.、短柄忍冬L. pampaninii Levl.、净花菰腺忍冬L. hypoglauca Miq.、灰毡毛忍冬L. macrathoides Hand.-Mazz、滇西忍冬L. buchananii Lace、皱叶忍冬L. rhytidophylla Hand.-Mazz、细毡毛忍冬L. similis Hemsl.、盘叶忍冬L. tragophylla Hemsl.、新疆忍冬L. tatarica Linn. var. tatarica、匍匐忍冬L. crassifolia等。

（1）匍匐忍冬Lonicera crassifolia Batal.

为常绿匍匐灌木，高达1 m（图22-3中1），花期6~7

1. 匍匐忍冬：植株　2~4. 淡红忍冬：2. 花枝　3. 花的纵剖面放大示毛　4. 不同的叶形

图22-3

月，果熟期10~11月。产于湖北西南部、湖南西北部（桑植）、四川东南部和西南部、贵州西部（毕节）和北部（道真）、云南（麻栗坡）。生于溪沟旁或湿润的林缘岩壁或岩缝中，海拔900~2 300 m。

（2）淡红忍冬 *Lonicera acuminata* Wall.

为落叶或半常绿藤本植物（图22-3中2~4），花期6月，果熟期10~11月。产于陕西、甘肃、安徽、浙江、江西、福建、台湾、湖北、湖南、广东、广西、四川、贵州、云南及西藏等地。生于山坡和山谷的林中、林间空旷地或灌丛中，海拔1 000~3 200 m。

本种的花在四川部分地区和西藏昌都作金银花药材收购入药。

（3）卵叶忍冬 *Lonicera inodora* W．W．

为藤本植物（图22-4中1~3），花期8月，果熟期12月。产于云南西部（腾冲）和西藏东南部（墨脱）。生于石山灌丛或山坡阔叶林中，海拔1 700~2 900 m。西藏民间有用本种的花作清热解毒药。

（4）皱叶忍冬 *Lonicera rhytidophylla* Hand．-Mazz

为常绿藤本植物（图22-4中4~5），花期6~7月，果熟期10~11月。产于江西西南部、福建中北部和中南部至西部、湖南南部、广东及广西东北部。生于山地灌丛或林中，海拔400~1 100 m。

花供药用，在江西上犹县作金银花药材收购入药，但产量甚小。

（5）短柄忍冬 *Lonicera pampaninii* Levl.

为藤本植物（图22-4中6~7），花期5~6月，果熟期10~11月。产于安徽南部（黄山、青阳）、浙江、福建北部、湖北西南部、湖南、广东北部、广西东北部和东南部（陆川）、四川东南部、贵州东部至北部及云南南部（建水）。生于林下或灌丛中，海拔150～1 400 m。

花入药，贵州民间用来治鼻出血、吐血及肠热等症。

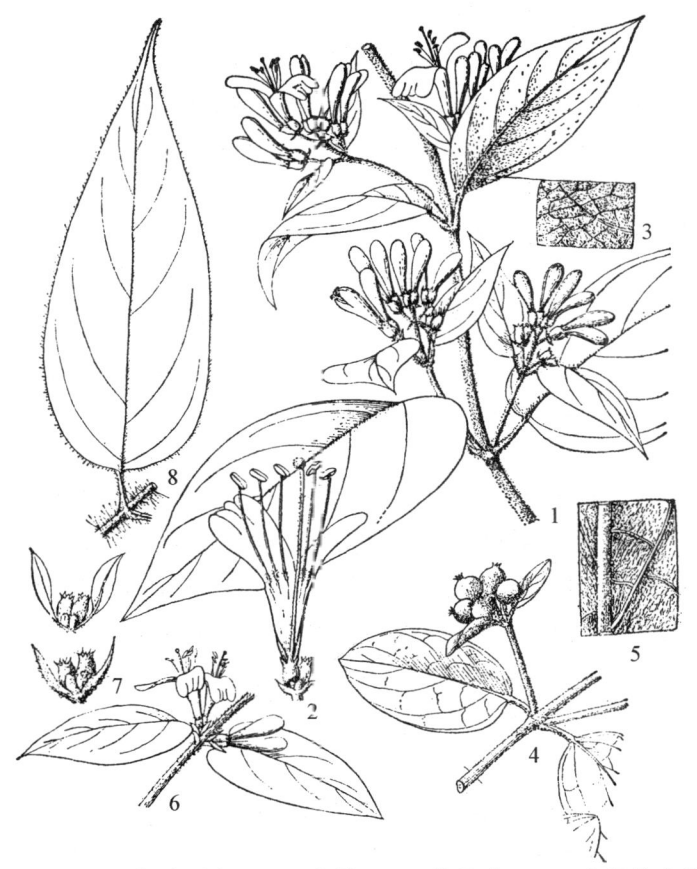

1～3．卵叶忍冬：1．花枝　2．花放大　3．叶背放大示毛　4～5．皱叶忍冬：4．果枝　5．叶背放大示毛　6～7．短柄忍冬：6．花枝　7．2种萼和苞片的放大　8．云雾忍冬：叶（原大）

图22-4

（6）云雾忍冬 Lonicera nubium（Hand.-Mazz）Hand. Mazz

为藤本植物（图22-4中8），花期6~7月，果熟期10月。产于江西西部和南部、湖南西南部和南部、广西东北部、四川（达县）及贵州中部和南部。生于山坡灌丛或山谷疏林中，海拔750~1 200 m。

云雾忍冬是一个很特殊的种，其毛被、叶形、花序和花序梗与同一亚组内的其他种颇不相同，足以成为独立的种。

（7）细毡毛忍冬 Lonicera similis Hemsl.

为落叶藤本植物（图22-5中8~9），花期5~7月，果熟期9~10月。产于陕西、甘肃、浙江、福建、湖北、湖南、广西、四川、贵州、云南。生于山谷溪旁、向阳山坡灌丛或林中，海拔550~1 600 m（川、滇可达2 200 m）。

花供药用，是西南地区金银花药材的主要来源，收购以野生品为主，近年来有些地区已引种栽培。

（8）灰毡毛忍冬 Lonicera macrathoides Hand.-Mazz

为藤本植物（图22-6中1~3），花期6月中旬至7月上旬，果熟期10~11月。产于安徽、浙江、江西、福建、湖北、湖南、广东、广西、四川及贵州。生于山谷溪流旁、山坡或山顶混交林内或灌丛中，海拔500~1 800 m。

花入药，为金银花药材地方习用品种之一，主产于湖南和贵州，有"大银花""岩银花""山银花""木银花"等名称。

（9）滇西忍冬 Lonicera buchananii Lace

为藤本植物（图22-6中4），产云南西部（盈江）。生于海拔200 m左右的山地。

本种的花供药用，为云南盈江县金银花药材的主要来源。

1~5. 大花忍冬：1. 果枝　2~3. 不同形状的花放大　4. 不同的叶形　5. 花枝　6~7. 异毛忍冬：6. 不同的叶形　7. 叶下面放大示毛　8~9. 细毡毛忍冬：8. 不同的叶形　9. 叶下面放大示毛

图22-5

1~3.灰毡毛忍冬：1.花枝 2.花放大 3.几种叶形 4.滇西忍冬：花放大

图22-6

（10）川黔忍冬 Lonicera subaequalis Rehd.

为藤本植物（图22-7中1~3），花期5~6月。产于四川西部至南部和贵州东部（盘县、毕节）。生于山坡林下阴湿处，海拔1 500～2 450 m。

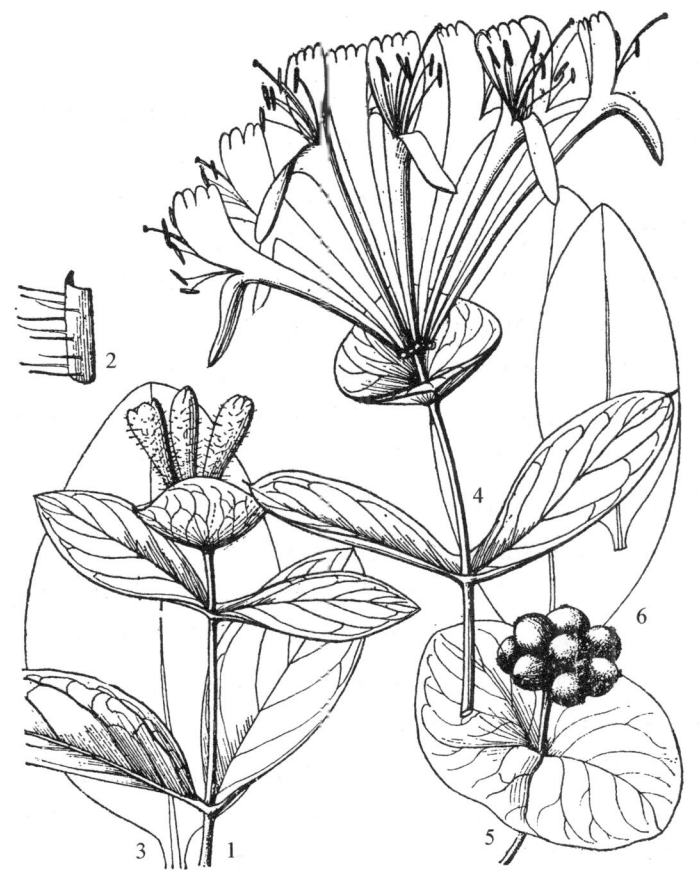

1～3. 川黔忍冬：1. 花枝　2. 花冠筒片段示毛　3. 叶　4～6. 盘叶忍冬：4. 花枝　5. 果枝　6. 不同的叶形

图22-7

（11）盘叶忍冬Lonicera tragophylla Hemsl.

为落叶藤本植物（图22-7中4～6），花期6～7月，果熟期

9～10月。产于河北西南部、山西南部、陕西中部至南部、宁夏南部甘肃南部、安徽西部和南部、浙江西北部和南部（龙泉）、河南西北部、湖北西部和东部（罗田）、四川及贵州北部。生于林下、灌丛中或河滩旁岩缝中，海拔1 000～3 000 m。

花蕾和带叶嫩枝供药用，有清热解毒的功效。花在贵州印江收购入药，称"大金银花"，但产量不高。

（12）新疆忍冬 *Lonicera tatarica* Linn. var. *tatarica*

为落叶灌木，高达3 m，花期5～6月，果熟期7～8月。产于新疆北部。生于石质山坡或山沟的林缘和灌丛中，海拔900～1 600 m。黑龙江和辽宁等地有栽培。

新疆忍冬属植物有10余种，天山北麓的刚毛忍冬的花蕾和苞片，可以药用，也可大量栽培。刚毛忍冬花蕾绿原酸含量只高于花蕾和苞片含量的0.327%，在花蕾和苞片不易分离时，花蕾和苞片可同时入药。

（13）金银花药材原植物的变种或亚种

在各地生态条件的影响下，金银花形成了异常丰富复杂的种内变异类型。在地方上作为药用的就有多种属于忍冬属的品种、变种或亚种，下面介绍《中国植物志》中收载的峨眉忍冬、净化菰腺忍冬和异毛忍冬。

1）峨眉忍冬 *Lonicera similis* Hemsl. var. *omeiensis*

峨眉忍冬是细毡毛忍冬的变种。叶下面除密被由短柔毛组成的细毡毛外，还夹杂长柔毛和腺毛。花冠较短，长1.5～3 cm，唇瓣与筒几等长（图22-8）。

特产于四川西南部、北部、东北部和东部。生于山沟或山坡灌丛中，海拔400～1 700 m。

此变种的花在四川旺苍、江油等县作金银花药材收购入药。

1. 果枝　2. 花枝　3. 双花放大　4. 苞片、小苞片和花萼放大
图22-8　峨眉忍冬

2）异毛忍冬 *Lonicera macrantha*（D. Don.）Spreng var. *heterotricha*

异毛忍冬是大花忍冬的变种。叶下面除了有糙毛外，还被有由稠密的短糙毛组成的毡毛（图22-5中6~7）。花期4月底至5月下旬，果熟期11~12月。

产于浙江南部、江西西部、福建（南平）、湖南西南部、广西、四川东北部（南江）和东南部（光文、江北、秀山）、贵州及云南东南部和西部。生于丘陵、山谷林中或灌丛中，海拔350～1 250 m，在云南可达1 800 m。

此变种具有介乎大花忍冬（图22-5中1～5）和灰毡毛忍冬之间的特征。其叶下面由短糙毛组成的毡毛，堪与灰毡毛忍冬相比，但却同时存在较长的糙毛，而且小枝和花冠外面的毛被以及花冠的长度，又都与大花忍冬相一致。

3）净花菰腺忍冬 Lonicera hypoglauca Miq. subsp. *nudiflora*

净花菰腺忍冬是原亚种菰腺忍冬的亚种。主产于广东北部和西部、广西、贵州西南部及云南东南部至西部和西南部。在广西有栽培，为主流商品。花蕾长1.8～4.5 cm，直径1.5～3 mm，无毛或疏被毛。腺毛无或偶见，头部盾形而大。厚壁非腺毛少，长约704 μm，螺纹较密。总绿原酸含量6.91%。

3. 广东省忍冬属植物资源

山银花是华南地区金银花药材的主要来源，为了各地更好地开发利用这一资源，现将与其相关的广东省忍冬属植物检索表附于下。广东及海南忍冬属植物有14种，2变种。

广东省忍冬属植物检索表

1. 小苞片连合成杯状；萼檐有下延的帽边状突起；叶小，长1～2.5 cm，宽3.5 mm；中脉上面明显凸起 ··· 蕊帽忍冬 L. *pileata*
1. 小苞片分离；萼檐无突起，叶较大，中脉上面凸起不明显。
   2. 叶下面无毛或被疏密不等的短柔毛或糙毛，毛之间有空隙。

3. 苞片长为萼管的1/5～1/4。
   4. 叶纸质；小枝、叶柄和总花梗均密被灰白色微柔毛；花冠长2.5～3.5 cm ·············· 水忍冬 *L. dasystyla*
   4. 叶革质；小枝、叶柄和总花梗无毛；花冠长约8 cm ····················· 卷瓣忍冬 *L. longituba*
3. 苞片略短于或超过萼管。
   5. 叶下面有橘黄色或红色的蘑菇状腺体 ············· 菇腺忍冬 *L. hypoglauca*
   5. 叶下面无腺体，若具腺体，亦非蘑菇状。
     6. 苞片大，叶状，长3 cm ······ 忍冬 *L. japonica*
     6. 苞片小，非叶状，如为叶状，长不及3 cm。
        7. 总花梗较短，长在5 mm以下。
           8. 叶两面密被锈色或黄褐色长糙毛；叶柄长1 cm；苞片与萼齿近等长 ··············· 锈毛忍冬 *L. ferruginea*
           8. 叶两面通常仅中脉被短糙毛；叶柄长2～5 mm；苞片远超过萼齿 ················ 短柄忍冬 *L. pampaninii*
        7. 总花梗较长，在5 mm以上。
           9. 花冠长1～2.4 cm。
              10. 植物体被糙毛；叶下面非粉绿色 ············ 淡红忍冬 *L. acuminata*
              10. 植物体无毛或仅叶柄被糙毛；叶下面带粉绿色 ······················ 无毛淡红忍冬 *L. acuminata* var. *dipilata*
           9. 花冠长2.5 cm以上。
              11. 叶两面无毛。

12. 雌蕊、雄蕊均不伸出花冠之外；叶卵状披针形或卵状长圆形…………………… 海南忍冬 L. Calvescens

12. 雌蕊、雄蕊伸出花冠之外，叶长圆形或长圆状披针形………………………… 长花忍冬 L. longiflora

11. 叶两面或下面被毛。

13. 嫩枝除密被短柔毛外，还被开展的黄褐色、长2 mm的糙毛；花冠长4.5~7 cm。

14. 叶下面被糙毛…………………………… 大花忍冬 L. macrantha

14. 叶下面除被糙毛外，尚被稠密的毡毛异毛…………… 忍冬 L. macrantha var. heterotricha

13. 嫩枝被卷曲短柔毛，无长2 mm的开展糙毛；花冠长3.2~5 cm ……………… 华南忍冬 L. confusa

2. 叶或至少嫩叶下面被毡毛，毛之间无空隙。

15. 嫩枝、叶柄和花序被黄褐色或淡黄色毛；叶下面网脉不隆起呈蜂窝状……… 皱叶忍冬 L. rhytidophylla

15. 嫩叶、叶柄和花序被灰白色毛；叶下面网脉明显隆起呈蜂窝状………… 灰毡毛忍冬 L. macranthoides

（四）育苗技术

在药材生产中，优良种苗在提高药材产量和品质等方面发挥着越来越重要的作用，因此，在生产中被广泛应用。但山银花生产发展到现在的规模，在种苗繁殖上还基本停留在普通扦插育苗繁殖的水平。种苗生长分化严重，生产力不高的问题日益突出。山银花生产由普通扦插育苗繁殖向良种化方向发展是必然趋势。因此，迅速推广优良品种，同时，加速我国山银花遗传改良的步伐，选育出适合各地区发展的多用途的山银花优良品种，势在必行。

山银花的繁殖可采用种子繁殖或无性繁殖，但无论采用哪种方法，都必须选择优良品种。只有优良品种，才能获得高产、稳产。进行育苗前，首先应准确鉴定所用繁殖材料（包括种子和无性繁殖材料）确为山银花（*Lonicera confusa* L.）的优良品种，并明确其来源。

1. 种子繁殖

（1）种子的采集与贮藏

山银花果实的成熟期一般在9~10月，果实成熟的标志是浆果已变为黑色的果实。连同小果枝一起剪下，堆积或装入盆内后熟。用作播种的种子，必须充分成熟，才具有较高的生活力。后熟过程中，注意保持一定湿度，约1周后，果皮完全变黑，将果实搓烂，于清水中洗去果皮，去除干净果肉、杂质和秕粒，捞出沉于水底、饱满的种子。拌入5倍以上的湿润河沙或湿润的细土贮藏，不能让种子干燥，干种子多不发芽；切勿在强光下暴晒，更不能用火焙干，种子快速失水会影响发芽率，同时应防止种子堆积过厚造成种子发热霉变。如果收种较晚，可于果实搓皮后，将种子摊开，晾干水分后即时播种。如果不是马上播种，可用1份种子与5份草木灰混合，置阴凉处贮藏，翌年春天再播种。

（2）播种育苗方法

1）播种时期、方法及用种量

山银花在春、秋两季均可播种，春季以3月为宜，秋季以9~10月为宜。播种后1个月左右可萌发出苗。如果拌湿河沙催芽，20天左右再播种，可提早萌发出苗。

播种时选疏松肥沃的土壤，翻挖、耙细、整平，做成15 cm高的厢，厢面宽1.3 m，于厢面上按30 cm左右行距开播种沟，沟深8 cm，沟宽10~15 cm。将种子与草木灰或细土拌和均匀，撒于沟中，再盖上1~2 cm厚的、拌有腐熟堆肥的细土或腐殖土，最后用塑料薄膜或草覆盖苗床。如果不加覆盖物，苗床水分散失，不能保持种子萌发所需的湿度，将严重影响种子萌发和产苗数量。有试验表明，覆盖的苗床较无覆盖的苗床成活率高51%~83%，故覆盖是保证种子萌发、提高成苗量的重要措施。覆盖材料可因地制宜，就地取材。

每667 m^2 地用1~1.5 kg种子，可产种苗3万~4万株。

2）苗期管理

浇水抗旱：播种后无论是出苗前或幼苗期，若遇久晴，必须淋水，保证土壤湿润，否则苗床干旱，种子多不萌发，出苗后的幼小纤细嫩苗也易干枯死亡。

炼苗除草：幼苗大部分出土后，选阴雨天气揭去覆盖物，或逐渐疏减覆盖物，但要注意勿将小苗同时拔带出土。幼苗初期，随时除去杂草。成苗期，每年除草2~3次，并保持土壤疏松。

施肥：苗期追肥2~3次，第1次在大部分幼苗长出3~5对真叶时，每667 m²用尿素3 kg，兑水淋施。第2次于5月下旬，第3次于7月上中旬，每667 m²用尿素4~5 kg，兑猪粪水淋施。

3）定植及管理

定植：山银花于晚秋或早春均可定植，但以9~10月较好，当年可以发根，开春后生长较快。定植时挖起种苗，分成两类，长度在40 cm以上的立即定植，40 cm以下者合并种植1年后再定植。苗藤长50 cm以上者，适当剪短后再定植。土壤以中性至微酸性为宜。凡土层深厚的土坎边沿、路旁、沟边、林地边沿、公园庭院等均可栽培。土地翻整后，按1.5~2 m行株距挖穴，穴的大小视苗的大小而定。1年生苗，穴深、宽各30 cm即可，将穴内土壤松碎后，拌和2~3 kg土杂肥。每穴定植1株，将根分散于穴内，覆上疏松细土，压紧。如果土壤干燥，栽后要淋定根水，以保证成活。

2. 无性繁殖

无性繁殖有扦插、压条、分株3种方法。其中扦插法比较简便，容易成活，原植株仍可开花，所以生产上使用得较多。

（1）扦插繁殖

扦插技术作为繁殖良种的主要方法之一，已在花卉和许多树种上广泛应用，并取得了良好效果。扦插繁殖也可保持母本优良性状。由于它不需嫁接，育苗周期较短，对比较容易生根的植物进行扦插，可以大大加强良种的繁殖速度。目前，山银花育苗中应用的扦插繁殖方法分直接扦插和扦插育苗2种方法。主要是采用嫩枝扦插,这种方法既可育苗扦插也可直接扦插。

山银花扦插繁殖不论是直接扦插还是育苗扦插,应分别在春季和秋季进行。华南地区春季宜在新芽萌发前扦插,秋季宜在9~10月进行。扦插宜选择在雨后阴天进行,因为此时气温适宜,空气、土壤湿润,扦插后成活率高,生长较好。插条宜选择1~2年生健壮、充实、无病虫害的枝条,截成30 cm长的小段,每段具3个节以上。然后将下部叶片摘除,留上部2~4片叶,下端近节处削成平滑的斜面,每20条或50条扎成一小捆,用0.05%吲哚丁酸溶液快速浸泡下端的斜口5~10s,稍晾干后,立即进行扦插。

1)直接扦插

在整好的种植地内挖穴,穴距1.3~1.7 m,土壤肥沃的地区可适当加大株距,穴深、宽各35 cm。每穴施厩肥或堆肥3~5 kg,每穴斜放5~6根插条,入土深为插条的1/3~1/2,再填回细土用脚踩实,浇1次透水,保持经常湿润,1个月左右即可生根发芽。

2)扦插育苗

选肥沃、湿润、灌溉方便的沙质壤土,放入土杂肥作基肥,翻耕,整细,做苗床。在整好的苗床上,按行距20 cm,开沟深20 cm,然后在沟内按株距3~5 cm把插条斜插在沟内,入土1/3~1/2,覆土压实,从畦的一端开始,开1行沟,插入1行插条,依次进行扦插,插后淋透1遍水。畦上可搭阴棚,或盖草遮阴,待长出根后再撤除。以后若遇天气干旱,每隔2天要浇1次水,保持土壤湿润。1个月左右可生根发芽。以后加强管理,到第2年春季可以移栽。采用此法繁殖，移植后第2年可以开花，第3年或第4年便进入盛花期，并能获得大量种苗。

（2）压条繁殖法

用湿度80%左右的肥泥垫底并压盖已开过花的藤条上的一些节眼，再盖上草以保湿润。一般只需2~3个月即可生出不定根。待不定根长老后（约需半年），便可在不定根的节眼后1 cm处剪断，让其与母株分离而独立生长。稍后便可带泥一起搬出栽种。一般从压藤到移栽只需8~9个月，栽种后的次年便可开花。压条繁殖方法，不需大量砍藤，不会造成人为减产。倘若留在原地不挖去栽种，因有足够营养，也比其他藤条长得茂盛，开的花更多。比起传统的砍藤扦插繁殖，除能提早2~3年开花并保持稳产、增产外，更重要的是操作方便，不受季节和时间限制，成活率也高。

（3）分株繁殖法

在冬末春初山银花萌芽前，挖开母株，进行分株，将根系剪短至0.5 m，地上部分截留35 cm。每穴种3株。种后翌年就能开花。但母株生长受到抑制，当年开花减少，甚至不能开花。因此，产区除利用野生优良品种分株外，一般较少应用。

山银花移栽应在春季4月上中旬，秋季9月上旬进行，选阴雨天移栽。如遇天旱，小苗需带土。栽前应深翻土地，放入厩肥、堆肥，与土混匀，整细耙平。按行、株距100 cm×70 cm挖穴，穴的深、宽视植株大小而定，穴内施肥，与土拌匀，将幼苗适当修剪后，每穴栽下壮苗1~2株，种时要使其根部自然伸展开。然后，覆土压实，淋透水1次，苗上可盖草保湿，以提高成活率。

(五)种植密度

1. 规范化栽培丰产园的规划设计

(1)园地选择

种植园地能否选择好,会直接影响山银花的生长发育,影响产花、茎、叶量及整体综合效益的提高。

1)生产基地的要求

按照《中药材生产质量管理规范》,山银花的规范化种植基地应远离居民点,远离交通要道,大气、水质、土壤无污染,周围不得有污染源。其中,大气环境的质量应符合《中华人民共和国环境空气质量标准》(GB3095—1996)中二级标准(参见P432表10-1);水的质量应符合《中华人民共和国农田灌溉水质标准》(GB5084—1992)中二类标准(参见P432表10-2);土壤的质量应符合《中华人民共和国土壤环境质量标准》(GB15618—1995)中二级标准(参见P433表10-3)。

山银花对生长环境的适应性很强,平原、山坡、沟地都能生长。而优质丰产园首先要求规模化、集约化水平高,与一般山银花种植园比较,突出整体效益。因此,园地的选择显得尤为重要。首先,在各种立地条件建园,必须要选择交通条件方便,能集中连片,群众基础较好的地区。建立以产花为主的山银花种植园,还要考虑离产品加工地较近。不同类型的地区还要考虑地形特点、土地资源和劳动力等条件。

2)平原地区

应集中连片建成山银花种植园,便于集约经营管理,迅速形成商品规模，建成多层次高水平的山银花生产基地。因此，规划发展山银花基地的市、县或乡、镇、村组，要根据当地自然条件和山银花的生态要求，确定发展的重点地区，突出一个"精"字，不要遍地开花式的经营；平原区成片建园不可能大面积占用农耕地，以沙滩地、老河道等地为多。这类地区地势平坦、土层深厚，便于机械化作业，但一般土壤较贫瘠、天然肥力较差，保水、保肥能力低。如能多施有机肥，改良土壤，可建成现代化的山银花种植园。

3）丘陵、山地丘陵、山地

这些地区（尤其在华南产区），光照充足，空气流通，排水良好，是发展山银花种植的理想地区。我国的山银花主要产区多数都在山区、丘陵等地。这些产区地形复杂，气候、土壤变化大，要建成优质丰产园，选择园地时要考虑海拔、坡度、坡段、坡向等多种因素。园地海拔一般不超过800 m，坡度宜在20°以下。统一做成水平带或等高撩壕梯田。园地应建在阳坡或半阳坡、半阴坡的山坡中下部及山冲土层深厚、疏松、肥沃地带，土层以下最好是碎石和有各种缝隙的"立石"，大块"卧石"不利于山银花生长。土质过黏的土壤不适宜建山银花种植园。

另外，还可结合庭院绿化建立庭院山银花种植园，这些地方阳光充足，水源条件好，很适合山银花生长，可建立"袖珍"型山银花种植园。总之，在各种立地条件下，应选择光照充足、土质疏松、土质肥沃或可改良土壤、排水良好、交通方便等地块来营建山银花种植园。

（2）规划设计

山银花规模化种植园应由所在县、乡统一规划，按比例划分山银花种植园的土地。一般山银花树占地95%，保护带占2%，道路占2%，排灌系统和建筑物占1%。建筑物包括临时贮放库、机械库、工具室、办公室、护林室等。建筑物一般设在园地中心，四周适当设护林房。

1）小区的划分

山银花种植园址确定后，应根据栽培面积、地形等情况，将园地划分为若干小区。小区面积依具体条件而定。小面积山银花种植园，平原区3 hm²以下、丘陵山区1 hm²以下可不再分小区。大面积山银花种植园，平原区每4~6 hm²划分一小区，丘陵山区地形复杂，可根据实际情况1~2 hm²为一小区，每小区的地形、坡向、土壤尽可能一致。小区的形状可根据地形、土壤划分，平原区以长方形为主，园地长宽比（2∶1）~（4∶1）；丘陵、山区的小区形状可灵活确定，以管理、操作方便，便于产品采集、运输为原则。

2）保护带的设置

山银花种植丰产园不论面积大小，四周均需设保护带，预防牲畜和人为破坏。保护带设置在园地和每个小区边缘，离最边缘1行山银花2~4 m。保护带栽植带枝刺或皮刺的树种。保护带可根据需要设置1~2行，单行栽植株距0.3~0.5 m，双行栽植行间距0.5 m，株距0.5 m，两行呈三角状定植。保护带的栽植和山银花的栽植同步进行。

3）排灌系统的设置

有水利条件的山银花种植园，应规划和修建排灌渠道。平原区应结合平整土地，修建排灌渠道。丘陵、山地应结合修筑梯田修建灌水渠道。

灌水系统由干渠、支渠和灌水沟组成。干渠的位置要高，以便加大灌溉面积。平原区设在大区间道路一侧；缓坡地设在分水岭上；丘陵、山地山银花种植园的干渠，沿等高线设在上坡。干渠坡降1/1 000左右；支渠设在小区道路一侧，坡降3/1 000左右，使渠水流速适度。排水系统由排水干渠、支渠和小排水沟组成。排水系统的设置和密度，视园地所处位置而定，各级排水渠、沟要互相沟通，以便及时排水。排灌系统能结合的尽量安排在一起，灌排一体化，以节约土地，减少开支。

4）道路设置

山银花种植园要设置一定的道路，大面积园地可设干路、支路和小路。小区之间以干路、支路为界，小区内设小路即作业道。各级道路互相连接，外与公路接通，干路宽4~6 m，支路宽2~4 m，小路宽1 m左右。丘陵、山地山银花种植园，应根据地形修筑成盘山道，坡度较陡时修成"Z"字形。注意修筑的道路要使排灌系统相通，方便排灌。

2. 整地

我国山银花的主要产区多在丘陵、山区，平原区一般在沙滩荒地较多。丘陵、山区地形复杂，土层薄，肥力较差；河滩荒地养分差，加之管理水平低，造成各产区低产园普遍，严重影响山银花生产发展水平。为了从根本上改变山银花营养状况差的局面，在园地规划后，必须及时进行土地平整和土壤改良。根据不同的立地条件采取相应的改良措施。

（1）丘陵山地山银花种植园

1）等高（水平）梯田整地

这种方法在丘陵山地整地中应用最普遍，是山银花种植园保水、保土、保肥的有效措施，还便于集约管理和园地灌溉。栽植前在每小区内根据坡度大小测出每行等高线，梯面的宽度和梯田埂的高度视地势而定，坡度较大时，梯面宽度应窄一些，这样可以减少梯田埂高度，减少雨水冲刷，也降低了整地工程量。缓坡地可增加梯面宽度。梯面宽2～6 m，整地时先从小区最下边一个水平带开始，自下而上逐个挖。梯面先挖成外高内低，内外高差30～40 cm，将上面一个梯面的表土填入下面一个梯田内侧，依次向下进行。使每个梯面整好后外侧略高于内侧，以利于蓄水抗旱，防止发生径流（图22-9）。

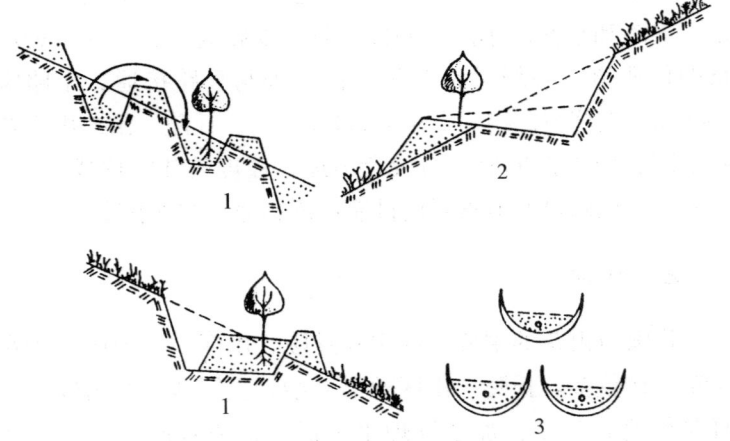

1. 撩壕整地　2. 水平梯田整地　3. 鱼鳞坑整地
图22-9　整地方法示意图

2）撩壕整地

撩壕整地也叫抽槽整地。这种整地方式是将坡面按等高线挖成等高沟，把挖出的土堆在沟的外侧筑成土埝，山银花栽植在等高沟的外侧。降水时，沟里可以蓄水；降水过多时，壕沟也可以排水。撩壕整地适于坡度15°以下的缓坡。修撩壕时，以等高线为中线，在两侧划出平行于中线的2条线，宽度视地势而定，坡度越大，壕距越小。将2条平行线中间的土挖出，堆于壕的外侧，沟宽一般为60~80 cm，深40~60 cm，沟内每隔一定距离留一小土坝，高度比壕顶低10~15 cm，便于拦水与排洪（图22-9）。

撩壕将长坡变成短坡，使地面水由急流变成缓流。撩壕修筑简单易行，是控制地表径流、防止冲刷的一种简单有效措施。根据壕的宽度，山银花可栽成单行或双行，山银花种植于壕边，行间宽敞，便于管理。另外，撩壕对坡面土壤的层次和肥力状况破坏不大。山银花根系分布比较均匀，尤其是幼树期，根系临近沟边土壤，水分条件好，树势强旺。

3）鱼鳞坑整地

对地形复杂的山地，在修水平梯田和等高撩壕都比较困难时，可以修筑成鱼鳞坑，既保水又保肥。在等高线上确定定植点，以定植点为中心，从上部取土，修成外高内低半月形的小台田。田的外缘用石块或土堆砌，各小台田连接起来，状似鱼鳞（图22-9）。

3. 合理密植

山银花群体结构的合理化一般通过前期密植、后期修整，使群体内植株对光、温、水、气、肥的竞争调整到总体效益最大化，以提高群体的通风、透光性和水肥利用率，实现植株群体结构和密度合理化。合理密植一般指的是前期的合理密植。

相龙民等人对忍冬的试验研究结果表明：前期密植栽培，前8年产量均有显著增产，其中前3年增产幅度为160%~190%，2~3年可达到群体盛花期，6~8年后可通过疏墩措施，使总产稳定在较高的盛花期水平。现将相龙民等人关于忍冬前期密植对产量影响研究的有关试验方法和试验结果详细介绍如下：选择较为瘠薄的山岭地和较为肥沃的平原土地各432m^2，随机分成2段，其中对照段按常规墩栽，株行距1.20 m×1.80 m，试验段按密植墩栽，株行距0.60 m×0.90 m，各段均栽扦插培育1年的秧苗，每墩4棵，扇形分布。试验段于栽后的第6、7、8年的3年中，夏末秋初采完最后一茬花后疏墩1次。疏墩顺序为：第1次隔行隔墩疏去1墩；第2次从第1次未疏墩的行中，每隔1墩疏去1墩；第3次在前两次疏墩的基础上，每隔1行疏去1行。3年后定墩为与对照段相同的株行距，其他管理两地段完全相同。试验结果见表22-2。

表22-2 忍冬常规墩栽与前期密植产量对比

试验地	年份	第1年	第2年	第3年	小计	第4年	第5年	第6年	第7年	第8年	合计
瘠薄山岭地	常规疏墩	1.04	2.23	3.05	6.32	4.73	5.96	6.49	6.57	6.58	36.65
	前期密植	4.08	5.95	6.54	16.57	6.71	6.72	6.72	6.71	6.70	50.13
	增产(%)	292.3	166.8	114.4	162.18	41.86	12.75	3.54	2.13	1.82	36.78
肥沃平原地	常规疏墩	1.04	2.31	3.22	6.57	5.27	6.84	7.40	7.51	7.55	41.14
	前期密植	4.17	7.36	7.55	19.08	7.60	7.53	7.54	7.65	7.70	57.10
	增产(%)	301.0	218.6	134.5	190.41	44.21	10.09	1.89	1.86	1.90	38.79

前期密植可充分利用空间、土地、养分及水分,改变幼龄期低产状况,相对缩短幼龄期,使群体盛花期提前到栽后的2~3年。

（六）田间管理

在20世纪80年代以前,山银花种植管理比较粗放,花蕾形成量不多,药材产量很低,据统计每墩平均产花仅有80 g。随着山银花使用的不断增加,市场供求矛盾日益尖锐,如何提高产量成了生产中急需解决的问题,种植技术的改进工作开始受到重视。山银花的花蕾形成于新抽生的枝条上,且枝条长度对花蕾着生数目有明显影响,枝条过长、过短均不能或很少形成花蕾。因此,增加新生枝条数量、提高枝条结花率是提高产量的关键,而采取的主要措施就是进行修剪和合理的肥水管理。

1. 修剪整形

山银花的枝条较长,若任其自然生长,则匍匐于地,接触地面处就会萌生新根,长出新苗,从而妨碍通风透光。因此,成株后应进行修剪整形。修剪可使植株枝干布局合理、便于密植,同时还可保持通风透光、减少病虫危害,但要注意修剪的轻重。修剪过轻,枝条数量增加,但长度缩短;修剪过重,枝条数量减少,但长度增加,均会导致产花数量减少,降低产量。修剪可在休眠期进行,也可在生长期进行,前者称为休眠期修剪,后者称为生长期修剪。山银花的修剪整形主要分常规整形和立杆辅助整形2种方法。合理剪枝是提高山银花药材产量的重要栽培措施之一。山银花自然更新的能力很强，新生分枝多。已结过花的枝条当年虽能继续生长，但不再开花，只有在原开花母枝上萌发的新枝，才能再结花蕾。山银花修剪必须根据品种、墩龄、枝条类型具体确定。

（1）常规整形

常规整形的目的是把山银花剪成矮小直立、分枝成伞形的小灌木。在移栽后1~2年的山银花萌发前进行。

主干的培育：剪去上部枝条使植株高为35 cm左右，促使分枝萌发。在主干上部保留5~6个旺盛枝条。当年萌发的枝条一般都是花枝，其所生花蕾应全部适时采去，否则会影响来年植株的长势。

分枝的修剪：剪去各级分枝的上部，只保留5~7对芽，以促使长出新的分枝。

剪去枯老枝和过密枝：老枝不开花，每年春季未萌芽时应剪去枯老枝、病残枝，以减少养分消耗，疏剪影响通风透光的过密枝。

另外，向下发的枝条，由根基上发出的幼条也应剪去。此外，每茬花采完后应适当修剪疏枝并剪去病枝，从而达到使山银花枝条分布均匀合理，透光透气，便于多开花的目的。

根据山东临沂地区对忍冬进行修剪的经验，匍匐形的大毛花，冠幅120~140 cm，枝条长的老花墩，要重剪，截长枝，疏短枝，截疏并重；壮花墩，以轻剪为主，少疏长留；幼龄花墩以截为主，促进分枝，加速扩大墩冠。立体型鸡爪花，主干明显，枝多不着地，冠幅80~123 cm，剪枝要做到去顶，清脚丛，打内膛，修剪过长枝、病弱枝、枯枝、向下延伸枝，使枝条成丛直立，主干粗壮，分枝疏密均匀，花墩呈伞形，通风透光好，新枝多，花苗多。枝条过于茂盛，通风透光不好，叶片容易枯黄脱落，开花少，产量低。因此冬天或早春萌芽前，应将嫩枝顶端剪去，促使基部增粗，并由下至上，从里向外，剪去老枝、枯枝、徒长枝、纤弱枝；长枝适当剪短；长势旺的枝条轻剪，长势弱的重剪，使枝条疏密均匀、内外层次分明，整个植株形成直立伞形花墩。这种株形通风透光良好，又便于采摘。入夏，还须剪去基部长出的枝条和上部过密的小枝，以使主干生长良好。总之，合理修剪可以多发新枝，多开花。

剪枝对山银花的增产作用非常明显，如河南新乡地区，通过修剪，一年收花4次，头茬花早开5~7天，二茬花早开3天，比不剪枝的增产4~6倍。1993年山东平邑县的试验，经1次冬剪和3次生长期剪枝后，平均每墩鲜花总产969.25 g，不剪枝的平均每墩鲜花总产684.58 g，剪枝的比不剪枝的鲜花墩增产284.67 g，增产率41.58%。剪枝后提高了花墩各部位的光能利用率，清除了弱枝、徒长枝等无效枝叶，减少了养分和水分的消耗，枝叶量合理，生育环境得到改善，植株健壮，有利于山银花高产。据山东省文登县的经验，剪去原枝条的10%~15%，每株产花1.71 kg；但剪去枝条超过45%，反而降为1.38 kg；而不修剪的为0.81 kg。可见修剪是很有必要的，但也要适可而止，不能太过。剪枝时间一是冬剪，冬剪从12月至翌年2月下旬均可进行。二是生长期剪，生长期剪是在每次采花后进行。目的是促进形成多茬花，提高产量。头茬花后第1次剪春梢于6月上旬进行；第2次7月下旬二茬花后剪夏梢；第3次9月上旬三茬花后剪秋梢。生长期修剪，要求以轻剪为主。

（2）立杆辅助整形

立杆辅助整形是近年来研究出的一种新的整形修剪法，郭宏彬利用这种方法在忍冬上取得了较好的整形效果。此法的主要特点在于顺应植物在自然生态中形成的攀援缠绕形成直立树形的生长习性，利用人工设立辅助杆，首先培养出直立生长的主干，然后进一步由中心萌发分枝形成立体生长的树形。改变了多主干丛生单纯修剪整形和单主干单纯修剪整形的效果差、树冠成长慢、进入盛花期晚、花产量提高慢等方面的不足，有利于在较短的生长年限取得较高的经济效益。

采用立杆辅助整形方法，一般在移栽定植后的第2年早春花芽萌发生长前进行。首先在植株中间紧靠主根处插一直立辅助杆。

1）材料选择

选用较硬的竹竿或木棍都可，其高度可根据植株整形高度和具体地理位置而定，一般以1.3~1.6 m为宜。但在多风地区，为了增强抗风能力辅助杆高度也可适当降低。

2）主干培植

插杆后将原植株的地面以上部分全部剪去，只在随后萌发出来的根生分蘖枝中选留1~3个生长旺盛的枝条，利用缠绕绑扎方法，扶助枝条顺辅助杆向上生长，以形成直立生长的中心主干。以直立辅助杆作为中心支柱顺杆向上生长的枝条，1个月左右生长高度超过辅助杆，形成树形的中心主干，打去顶尖，以便促使分枝萌发。当年萌发的枝条一般都是花枝，并且可以在一级花枝上连续萌发二级、三级花枝，其所生花蕾应全部适时采去，不使形成果实，否则会影响翌年植株的长势。

3）新枝修剪

中心主干上萌发生长出的当年新枝修剪宜轻，以利尽快扩大枝叶面积。一般只在第1茬花采完后适当疏剪，并剪短植株上部过密、过旺枝条，并剪去下部主干基部萌发并在生长中拖地的枝条，以利于形成上小下大的合理树冠结构。

4）辅助杆的加固

立杆辅助整形方法培养的植株在短短的两三个月内就形成株高约1.5 m的立体树冠，因而要在第1茬花采摘前后再进行1次对直立辅助杆的支撑加固。方法是用3根较长杆围绕辅助杆或用三脚架进行支撑加固，以防植株被风刮倒。

5）调整、稳定树形结构

立杆辅助整形以后的第2春，植株生长转入盛花期，整形修剪宜在扩大植株直径的基础上调整和稳定树形结构，坚持疏枝、短剪相结合，修剪量上重、下轻，合理调整全株的枝条分布，使全株枝条分布均匀、透光透气好，以利多开花。春季萌芽前修剪和采完第1、第2茬花后都应适当修剪，以防止由于枝条萌发太多和排布不合理而影响生长和产花量。

6）稳定树冠直径的整形

立杆辅助整形的山银花在开始整形后第2年的下半年，其植株下部树冠就可以开始相交。因此，从开始整形的第3年（从移栽定植算第4年）就必须采用稳定树冠直径的整形方法，具体措施是，在春季萌芽前进行重剪，将选留枝条全部回缩到前一年第1茬花枝的基部，并且在生长季节采完第1、第2茬花后，也应整形，以防止生长过大影响整体通风透光。

立杆辅助整形除具有整形效果好、产量提高快等优点外，还具有耐水肥能力强、便于修剪采花、可适应各种不同品种整形需要等特点。现将鄢宏彬对忍冬采用不同整形修剪方法的结果见表22-3。

表22-3　忍冬采用不同整形修剪的比较

时间(年)	多主干丛生单纯修剪整形			单主干直立单纯修剪整形			立杆辅助整形		
	株高(cm)	植株直径(cm)	单株干花产量(g)	株高(cm)	植株直径(cm)	单株干花产量(g)	株高(cm)	植株直径(cm)	单株干花产量(g)
1984			15			15			15
1985	40~50	120~130	150	40~50	80~120	95	150	80~120	142
1986	50~70	150~160	250	60~80	100~130	190	150	140~160	350~450

2. 中耕除草

（1）松土培土

培土就是把土壤培在山银花植株基部，可起到提高土温、抗旱等作用。松土培土不仅可以使土壤疏松，保护植株基部不受伤害，而且还可以使其多生根，多发枝条。松土培土每年最好进行3次：第1次，在惊蛰前；第2次，在头茬花采完之后；第3次，在秋末冬初，地温下降之前。这样可提高地温，防旱保墒，促使根系发育，多发枝条，多开花。在松土培土时需从花墩外围开始，由远及近，先深后浅，切勿伤害植株根部，以免影响吸收营养，造成减产。

（2）除草

杂草对山银花危害很大，它与山银花争夺土壤中的水分、养分和空气。同时，它又是病菌、害虫藏身之处。因此，山银花栽植后，要经常除去植株基部的杂草，减少它对肥料的消耗，以利于山银花的生长。移栽成活封林前，每年应除草3次：第1次，在春季萌芽发出新叶时；第2次，在采完花之后；第3次，在秋末冬初落叶时进行。封林后，因杂草较少，中耕不便，于春季发芽和冬季落叶时各进行1次即可。中耕时，在植株根际周围宜浅，植株外围处可稍深。

总之，山银花栽植后要经常除草松土，使植株周围无杂草滋生，以利生长。每年春季地面解冻后和秋季封冻前进行中耕松土、除草培土。平时视杂草情况进行松土除草。锄地时避免伤根。

3. 浇水施肥

（1）浇水

水分是山银花生存的必要条件之一。土壤水分的多少会直接影响山银花的生长发育。虽然山银花较为耐旱，但经常保持适宜的水分，仍是提高产量和质量的重要条件。山银花生产栽培时，浇水与施肥常结合在一起进行，一般在每年早春或初冬进行。具体为在早春头茬花快要采完时以及入冬前，在植株周围开1个环形沟，将有机肥与化肥混合后施入，覆土，然后浇水。天旱时必须及时浇水，保持土壤湿润。

另外，在雨季若山银花根部积水会造成落花，引起减产。因此，若雨水多则应注意排除地内积水。

（2）施肥

肥料是提高山银花产量的重要条件之一。山银花在生长过程中，需要适当的养料，没有养料就会影响生长，甚至死亡。合理施肥可以满足山银花所需要的养料，并能改良土壤，给山银花创造有利的条件。因此，尽管山银花的生活力很强，适应范围广，但在栽培时或栽培后，还需施适当基肥和追肥。

1）基肥

为迟效性肥料，种类较多，适宜山银花栽培的有圈肥、堆肥以及其他土杂肥料。

①圈肥：是一种常用的农家肥料，它是猪、牛、羊等家畜的粪尿、垫草以及残余饲料的混合物。是一种完全性肥料。它不仅含有大量有机质，能增强土壤腐殖质，改善土壤结构，增进土壤吸收性能，而且还含有许多微生物，可增强土壤微生物的活动，使有机质分解放出CO_2供植物生长需要。现将圈肥堆积方法介绍如下。

紧密堆积法：用铁铲或锄头，将家畜圈栏内的圈肥取出，在适宜地方堆积起来，随堆随压紧。这种方法简便，有机物消耗不多，氮素损失较少。但由于空气流通不好，除去堆肥表面部分外，堆内只适宜厌气性微生物生长，因而有机质分解很慢，温度不高，不易杀死病菌虫卵。

疏松堆积法：用铁铲或锄头，将家畜圈栏内的圈肥取出后，放在适宜的地方，疏松地堆积起来。这种方法也很简便，由于空气流通，适宜好气性微生物生长繁殖。圈肥腐熟较快，温度也高，病菌虫卵几乎被完全消灭。但有机质和氮素损失很大（有时氮素损失达全氮量的2/3以上）。因此，除急需腐熟的肥料外，一般不常采用。

高温堆积法：又名疏松、紧密堆积法，是综合了上述两种方法的优点的一种堆积法。其方法是：先将圈肥疏松地堆积起来，使堆温迅速升高（由于空气流通，堆内好气性微生物大量繁殖，几天之后，温度迅速升高，有时高达70~80℃，几乎杀死全部病菌虫卵）。然后，待堆温开始下降时，再用锄头把堆肥压紧，再堆一层圈肥，上面盖一层土，压紧，以防雨水冲走。

圈肥在堆积过程中，由于微生物的作用，使有机质逐渐分解腐烂，腐熟后即变成有臭味的黑色松软团，即可作基肥用。但应注意：腐熟的圈肥应尽早使用，以免降低肥效。

②堆肥：堆肥也是一种常用的农家肥料。它是将农作物的稿秆、杂草、落叶、垃圾等混入人畜粪尿，经堆积和腐熟而成的一种完全性肥料。其方法是：选择适宜地方，将土挖松后铺一层草木灰，以利吸收渗下的肥液，然后把切为6~10 cm长的稿秆（干稿秆需预先浸水）、杂草和污泥等堆积起来。每堆一层，浇一层人畜粪尿。为了中和堆积发生的酸性，应在稿秆、杂草中混入1%~3%的石灰或适量的草木灰。堆后，再用稀泥封闭，让其发酵。1个月后，翻堆1次；2~3个月，就可腐熟待用。

③此外，还有饼肥、土杂肥，亦可作山银花的基肥。

2）追肥

为了及时充分地供给山银花生长发育所需要的养分，以促进发育，提高产量，就需要适时追肥。栽培山银花施用的追肥有下列几种：

①人畜粪水：它含有丰富的氮、磷、钾。据测定，平均每50 kg人畜粪水内含氮425 g、磷130 g、钾105 g，相当于2 kg硫酸铵、0.55 kg骨粉和2.33 kg草木灰混合所起的肥效。但在施用人畜粪水时，一定要注意：a. 腐熟后再用。因为新鲜人畜粪水，含氮浓度高（约2%），氮素不为土壤吸收和保存，易被水淋失；经过腐熟后杀死了部分害虫卵，减少疾病传播。b. 根据山银花生长情况适当稀释，切勿浓度过大，伤害植株。c. 施后应随即盖土，使肥料拌入土中，以免氨气

挥发掉，降低肥效。

②化肥：又称无机肥。它与农家肥比较，具有养分含量高，施用量少，肥效快，增产显著，物理性能好，便于运输、贮藏和施用等特点，因此很受群众欢迎。栽培山银花常用的化肥有如下几种。

碳酸铵：简称碳铵，含氮量为17%～17.5%。在土壤中可分解为氮、二氧化碳和水分，均为植株所需要，不残留有害成分，可长期使用，是一种很好的速效肥料。但在使用时应注意：作追肥时，要适当深施（一般应掌握在6 cm以下），并立即覆土，以免挥发损失；因本品偏碱性，不宜与人畜粪水或草木灰混合使用，以免降低肥效；应贮藏在阴凉干燥的地方，切忌在阳光下暴晒，以免分解降低肥效。

尿素：含氮量一般在45%～46%。施用后，没有任何残留物遗留在土壤中，与碳铵、硝酸铵相似，都被称为无副作用的肥料。尿素还可以用于根外追肥（这是因为它的水溶液能渗透到叶面的细胞中，故喷施叶片，往往比从根部施见效还快）。但在使用时要注意：用量不宜过大，一般每10窝以25 g为宜。否则，会因浓度过高，危害山银花生长；施肥要均匀，如不均匀，也会造成局部浓度过高，对山银花有害；喷施时间以清晨或傍晚较好，尤其是晴天的早晨（有露水）效果最好。但在开花期内，不宜喷施，以免降低山银花产量和影响质量。

除上述化肥可作山银花追肥外，其他如硝酸铵、硫酸铵、氨水等亦可选用。

3）施肥方法

基肥一般是在栽种山银花前施入窝内，每窝2.5 kg左右。追肥是在成活后的山银花篼周围33 cm处，用锄头开1个环形沟，将腐熟稀释后的人畜粪水（或化肥）施入沟内，再覆土。据产区经验：一般5年以上的大花蔸，可施2.5～5 kg人畜粪水或50～100 g化肥；5年以下可酌情掌握。

4）追肥次数和时间

追肥一般每年施5次。第1次，在开春前施"壮苗肥"，促使长新枝，使山银花茎叶生长茂盛。第2次，在头茬花前即3月施"花前肥"，此时正是花芽分化，促使花序多，花量大，提高山银花产量。第3次，在头茬花采完并松土后，立即施1次，可提高二茬花产量。第4次，在第2茬花采完后施。第5次，在冬至前施，有助于来年增产。

（3）施肥对山银花产量质量的影响

当野生药材转为人工种植时，植株的生长条件得到了优化，药材的品质也就会不同程度地有所变化。研究栽培措施对药用植物体内有效成分合成的影响，是保证栽培药材质量的重要途径。施肥作为一种常见的增产措施早已被广泛采用，有关报道也很多，但该措施对药材质量影响如何的研究却不多见。规范药材种植，确保药材质量，是中草药种植现代化的必然趋势。单纯依靠施肥来提高产量是没有前途的。要保护农业生态环境和保证药品质量，就必须科学合理施肥。这里介绍徐凌川等关于施肥对忍冬生长发育及体内化学成分含量的影响研究的有关结果，供生产山银花时参考。

1）施肥对植株生长情况的影响

复合肥可显著提高枝条的长度，而其他肥料提高不甚明显。复合肥与氮肥均使叶面积明显增大，同时还使叶片重量分别提高29.92%和26.65%。由此可见，复合肥与氮肥对忍冬植株的生长有明显的促进作用，而磷肥、钾肥对其影响不大（表22-4）。施肥对其生长情况的影响，还明显地表现在叶片上。施氮肥者叶色最绿，其次是施复合肥者，其他无明显差别。经测定，各组植株叶片中叶绿素含量见表22-5。氮肥和复合肥可显著提高忍冬植株叶片中叶绿素的含量，与对照组相比，分别提高53.84%和31.19%。

表22-4 施肥对忍冬生长情况的影响

肥料	枝条长度（cm）			叶面积（cm²）			叶重（g/10片）		
	平均值	LSR	测验	平均值	LSR	测验	平均值	LSR	测验
对照	24.36	b	B	8.16	b	AB	1.427 7	b	A
氮肥	30.02	b	B	9.83	a	A	1.808 2	a	A
磷肥	26.76	b	B	8.24	a	b	1.403 7	b	AB
钾肥	27.98	b	B	6.98	b	B	1.608 5	ab	A
复合肥	37.14	a	A	10.14	a	A	1.854 9	a	A

表22-5 施肥对忍冬叶片中叶绿素含量的影响

肥料	叶绿素a（%）	叶绿素b（%）	总叶绿素（%）	LSR	测验
对照	0.252 3	0.091 8	0.344 0	c	B
氮肥	0.331 4	0.197 8	0.529 2	a	A
磷肥	0.260 8	0.095 9	0.356 7	c	B
钾肥	0.286 1	0.121 3	0.407 4	bc	B
复合肥	0.315 5	0.136 4	0.451 9	b	AB

2）施肥对忍冬植株发育的影响

氮肥、磷肥、钾肥及复合肥均可促进忍冬植株花芽的分化，显著提高花朵数量，与对照组相比，分别提高

177.02%、92.34%、81.07%和118.72%,从而使金银花药材的产量得到显著提高(表22-6)。

表22-6 施肥对忍冬发育情况的影响

肥料	开花数量(朵/株)			花蕾重量	产花量
	平均值	LSR	测验	(g/10朵)	(g/株)
对照	32.6	c	B	0.72	2.35
氮肥	86.8	a	A	0.75	6.51
磷肥	60.2	b	AB	0.75	4.52
钾肥	56.2	b	AB	0.76	4.27
复合肥	67.6	ab	A	0.75	5.14

所用各种肥料除对花芽数量及药材产量有影响外,对忍冬植株的花期也有影响(表22-7)。以植株开花初期第5天记数银花数量和金花数量,从中可看出花期的早晚。各种肥料均可延迟忍冬花期,尤其氮肥最为明显。

表22-7 施肥对忍冬花期的影响

肥料	银花数量(10株)	金花数量(10株)
对照	47(14.42)	12(3.68)
氮肥	18(2.07)	0(0)
磷肥	32(5.32)	13(2.16)
钾肥	23(4.09)	29(5.16)
复合肥	35(5.28)	10(1.48)

施氮肥和复合肥均可促进忍冬的生长，并使其叶色浓绿，其他肥料影响不明显；氮肥、磷肥、钾肥及复合肥均可促进忍冬植株花芽的分化，促进的大小顺序是氮肥＞复合肥＞磷肥＞钾肥。

3）施肥对忍冬化学成分含量的影响

①对叶片化学成分含量的影响（表22-8）。磷肥可显著提高忍冬叶中绿原酸的含量，与对照组相比提高8.68%，而氮肥、钾肥、复合肥均能使忍冬叶中绿原酸含量降低，与对照组相比，分别降低32.99%、31.60%和31.94%；氮肥可显著提高忍冬叶中可溶性糖的含量，与对照组相比提高111.85%；而钾肥却能降低叶中可溶性糖的含量，与对照组相比降低40.61%；氮肥和复合肥还能使忍冬叶内的游离氨基酸含量有大幅度提高，与对照组相比分别提高176.69%、144.73%。其他肥料对叶中可溶性糖和游离氨基酸的含量影响不明显。

表22-8　施肥对忍冬叶片化学成分含量的影响

肥料	绿原酸（%）			可溶性糖（%）			游离氨基酸（μmol/g）		
	平均值	LSR	测验	平均值	LSR	测验	平均值	LSR	测验
对照	2.88	b	B	14.85	b	B	55.09	c	C
氮肥	1.93	c	C	31.46	a	A	231.78	a	A
磷肥	3.13	a	A	12.85	bc	BC	46.63	c	C
钾肥	1.97	c	C	8.82	c	C	43.12	c	C
复合肥	1.96	c	C	10.70	bc	BC	134.82	b	B

②对花中化学成分含量的影响(表22-9)。与对照组相比,磷肥能使花中绿原酸含量提高14.44%,氮肥使其降低6.78%;磷肥能使花中可溶性糖的含量降低21.54%,其他肥料影响不明显;氮肥、磷肥、钾肥及复合肥均可提高花中游离氨基酸的含量,其中氮肥及复合肥影响较明显,分别提高145.46%和58.25%。

表22-9 施肥对忍冬花中化学成分含量的影响

肥料	绿原酸(%)			可溶性糖(%)			游离氨基酸($\mu mol/g$)		
	平均值	LSR	测验	平均值	LSR	测验	平均值	LSR	测验
对照	4.57	b	BC	20.57	a	A	86.51	c	C
氮肥	4.26	c	C	19.23	ab	A	212.35	a	A
磷肥	5.32	a	A	16.14	bc	A	103.21	c	C
钾肥	4.81	b	B	19.48	ab	A	110.00	c	BC
复合肥	4.62	b	BC	20.95	a	A	136.90	b	B

绿原酸作为金银花和忍冬藤的主要有效成分和指标成分,在保证该药材质量控制上有着极其重要的意义,不同的肥料对忍冬体内绿原酸的合成有着不同的影响。实验证明,氮肥能使叶、花中绿原酸含量分别降低32.99%和6.78%,而磷肥却能使叶、花中绿原酸含量分别提高8.68%和14.44%,这就表明,在栽培生产中要在施用氮肥的同时,适当多施磷肥,这样既能促进植株花芽分化的数量,又能促进绿原酸在花蕾中的合成,在增产的同时又保证了药材的质量。

山银花除供药用外,还广泛用于食品行业(如忍冬酒、银花茶、忍冬可乐、银花汽水、银花糖果等），在栽培生产中，施用氮肥虽然降低了忍冬叶、花中绿原酸的含量，但能使叶、花的产量大幅度提高，同时还能提高叶、花的可溶性糖、游离氨基酸等营养成分的含量。因此，如将忍冬叶、花用于食品，则可考虑多施氮肥及复合肥。一方面可以提高产品的营养价值，另一方面，由于绿原酸含量降低，还有助于使液体饮料不产生或少产生沉淀，可谓一举两得。

4）赤霉素对山银花生长发育的影响

在山银花生产中，还经常用到赤霉素，经不同浓度赤霉素处理后的山银花植株，枝条长度均有明显增加。浓度越高，增加量越大。赤霉素虽然使山银花枝条的纵向延长生长加速、长度增加，但对其数量及节数的影响却不大。枝条长度的增加，主要是由节间延长所致。喷施赤霉素的时间越早，促进山银花枝条伸长的效果越明显。赤霉素还能部分地改变山银花枝条的外部形态，使其呈细长的藤状，直立性差，上部常相互缠绕呈索状，叶片瘦小，叶面积明显降低，整个叶片呈卵状三角形，叶色较浅，为黄绿色。山银花植株经赤霉素处理后，随着喷施赤霉素浓度的提高，山银花叶中绿原酸、异绿原酸的含量逐渐增加，这是赤霉素对山银花叶中次生代谢影响的结果。山银花植株在喷施赤霉素后，花芽分化缓慢，整个花期延迟5天左右，并且花芽分化的数量也明显减少。赤霉素还能部分地改变花的形态，首先是使花蕾长度增加，在第1茬花期以500×10^{-6}赤霉素处理的花蕾长达5.5 cm；其次是使开放后的花瓣大而质薄，上唇瓣翻卷轻微。赤霉素不仅抑制花芽分化、改变花的形态，还可使花蕾重量有所增加，但只有当处理浓度达500×10^{-6}以上时，才有显著的效果。

山银花植株经赤霉素处理后,枝条的纵向延长加速,枝长增加,枝条的数量及节数没有明显变化,这不仅不能增加花芽数量,相反,由于营养生长的加强,使花期延迟、花芽分化数量明显减少,从而使药材山银花的产量大幅度下降。但是由于枝条抽生迅速,在一定程度上提高了山银花藤的产量,同时由于叶中绿原酸、异绿原酸含量的提高,又提高了山银花药材的内在质量。

4. 更新复壮

在华南石山地区种植的山银花,由于土层较薄,盛花期过后,花丛长势衰退,长出的花枝幼弱短小,花蕾短,产量低,病虫害严重,这样的老花丛应更新复壮。更新复壮的方法是:在入冬以后或春季未萌发前,将主干在离地面30 cm左右处砍断,并在周围1 m直径内把土挖松,每个花丛施下厩肥、堆肥、草木灰等混合肥15~20 kg,施在离主干35 cm左右的外围,把肥均匀撒开,翻入土内,再施人畜粪水10 kg,然后培土。待主干上新芽长至30 cm长时,选3~5条壮芽留下,使其长成新枝,形成新的花丛,其余芽抹除。

(七)主要病、虫、草害防治

1. 病害

(1)褐斑病

山银花褐斑病是一种真菌病害。

1)危害状况

危害叶片,夏季7~8月发病严重,发病后,叶片上病斑呈圆形或受叶脉所限呈多角形,黄褐色,潮湿时背面生有灰色霉状物。

2)防治方法

①清除病枝病叶,减少病菌来源。

②加强栽培管理,增施有机肥料,增强抗病力。

③用30%井冈霉素$50×10^{-6}$液或1:1.5:200的波尔多液在发病初期喷施,每隔7~10天喷施1次,连用2~3次。

2. 虫害

(1)中华忍冬圆尾蚜和胡萝卜微管蚜

中华忍冬圆尾蚜和胡萝卜微管蚜属同翅目蚜科。

1)危害状况

危害叶片、嫩枝,造成生长停止,产量锐减,4~6月虫情较重,立夏后,特别是阴雨天,蔓延更快,以成虫、幼虫刺吸叶片汁液,使叶片卷缩发黄,山银花花蕾期被害,花蕾畸形。在危害过程中分泌蜜露,导致煤烟病发生,影响叶片的光合作用。胡萝卜微管蚜于10月从第1寄主伞形科植物上迁飞到山银花上雌雄交配产卵越冬,5月上中旬危害最烈,6月迁至第1寄主上,严重影响山银花的产量和质量。

2)防治方法

①用40%乐果乳剂1 000倍液或用80%敌敌畏乳剂1 000~1 500倍液喷雾,每隔7~10天喷施1次,连用2~3次,最后一次用药必须在采摘山银花前10~15天进行,以免农药残留而影响山银花质量。

②将枯枝、烂叶集中烧毁或埋掉,也能减轻虫害。

③饲养草蛉或七星瓢虫在田间施放,进行生物防治。

(2)咖啡虎天牛

咖啡虎天牛属鞘翅目天牛科，是山银花的主要蛀茎性害虫。

1）形态特征

成虫体长9.5~15 mm，体黑色，头顶粗糙，有颗粒状纹。触角长度为身体的1/2，末端6节有白毛，前胸背板隆起似球形，背面有黄白色毛斑点10个，腹面每边有黄白色毛斑点1个。鞘翅栗棕色，上有较稀白毛形成的曲折白线数条，鞘翅基部略宽，向末端渐狭窄，表面分布细刻点，后缘平直。中后胸腹板均有稀散白斑，腹部每节两边各有1个白斑。中、后足腿节及胫节前端大部呈棕红色，其余为黑色。

卵椭圆形，长约0.8 mm，初产时为乳白色，后变为浅褐色。

幼虫体长13~15 mm，初龄幼虫浅黄色，老熟后色稍加深。

蛹为裸蛹，长约14 mm，浅黄褐色。

2）发生规律

1年发生1代，以幼虫和成虫越冬。翌年4~5月当平均气温达15℃以上时，越冬成虫咬破枝干表皮，开始出孔活动、产卵，4月下旬至5月上旬为出孔盛期，幼虫危害期为4月下旬至9月下旬，7~8月危害最盛。8月中旬至9月中旬化蛹，从8月下旬开始成虫陆续羽化越冬。越冬成虫期长达230~250天，卵期8~10天，幼虫期95~110天，蛹期13~21天。成虫出孔后，雄虫的寿命为13~18天，雌虫的寿命为15~。越冬幼虫于4月底至5月中旬化蛹，蛹期20~28天，5月中下旬成虫羽化后在枝干内继续生活15~18天，于6月上中旬出孔活动，其后代仍以幼虫越冬。

成虫一般在白天活动，无趋光性，对糖醋液有趋性。成虫出孔后即交配，雌雄成虫一生交配多次。交配后次日即可产卵，卵产于较粗枝干的老皮上，散产或数粒成排。1条雌虫可产卵38～95粒。据观察，雌成虫不在直径1 cm以下的无老皮的细枝条上和剥去老皮的粗干上产卵。因此，在老植株上虫口密度较大，5年以下的植株受害很轻。幼虫孵化后先在枝干表面蛀食，以后蛀入内部。老熟幼虫化蛹前在被害处咬一圆形而不穿通韧皮的羽化孔，然后在蛀道内化蛹。

3）危害状况

1年发生1代，初孵幼虫先在木质部表面蛀食，当幼虫长到3 mm后向木质部纵向蛀食，形成迂回曲折的虫道。蛀孔内充满木屑和虫粪，十分坚硬，且枝干表面无排粪孔，因此，不但难以发现，且此时药剂防治也不奏效。

据调查10年以上的花墩被害率达80%，被害后长势衰弱，连续几年被害，则整株枯死。

4）防治方法

①结合冬季剪枝，将老枝干的老皮剥除，以造成不利于成虫产卵的条件。

②受害的植株在7～8月易枯萎，发现枯枝时应及时清除，并注意捕捉幼虫，并把枯枝及时烧毁。

③在5月上旬和6月下旬，初孵幼虫尚未蛀入木质部前各喷1次80%敌敌畏乳油1 500倍液，以杀死初孵幼虫，应注意喷药一定要掌握在幼虫蛀干之前。

④生物防治。咖啡虎天牛的天敌有两种，一种是赤腹姬蜂，寄生于幼虫体内；另一种是肿腿蜂，是幼虫的外寄生蜂，寄生率很高，经人工饲养后每667 m^2释放1 000头，防治效果明显。放蜂时间在7～8月，气温在25 ℃以上的晴天为好，此种生物防治方法可在产区推广应用。

（3）豹蠹蛾

豹蠹蛾又称六星黑色蠹蛾，属鳞翅目豹蠹蛾科。

1）形态特征

雌成虫体长20~23 mm，翅展40~45 mm，触角丝状。雄虫体长17~20 mm，翅展35~40 mm，触角基部双栉齿状，端部丝状。全体灰白色，前翅散生大小不等的蓝黑色斜纹斑点。后翅外缘有8个蓝黑色斑点，中部有1个较大的铜色斑点，胸部背面有3对近圆形的蓝黑色斑纹，腹部背面各节有3条纵纹，两侧各有1个圆斑。

卵长圆形，长径约1 mm，未受精卵米黄色，受精卵粉红色。

幼虫赤褐色，体长30~40 mm，前胸硬皮板基部有1个黑褐色近长方形斑块，后缘有2横列黑色小齿，臀板及第9腹节基部黑褐色。

蛹为裸蛹。体长19~24 mm，赤褐色，背面有锯齿状横带，尾具短臀刺。

2）发生规律

1年发生1代。以幼虫在枝条内越冬，翌年4月上旬开始活动，中旬大量取食。5月中下旬老熟幼虫开始化蛹，5月下旬至6月初为化蛹盛期，6月中旬成虫开始羽化，下旬为羽化盛期。幼虫6月底开始孵化，7月中下旬为幼虫孵化盛期。初龄幼虫从当年生新梢枝杈处或腋芽处蛀入危害，直到10月中旬在枝条基部越冬。卵期约23天，幼虫期324~330天，蛹期19~31天，成虫期3~5天。

成虫白天隐藏在植株内部、叶片背面或枝条中下部，夜间活动，飞翔力强，具有较强的趋光性。成虫多在下午16:00~20:00时羽化，羽化后的成虫次日凌晨1:00左右交尾，1~2天后产卵，卵产于枝条中上部枝杈处或芽腋处，堆产量5~25粒。低龄幼虫有群集习性，长到10 mm长后扩散危害。幼虫具有转移危害习性，老熟后在孔洞内吐丝缀屑堵塞两端，并向外咬一羽化孔，用环状间断的老皮盖住，做茧化蛹。

3）危害状况

主要危害枝条。幼虫多自枝杈或嫩梢的叶腋处蛀入，向上蛀食。受害新梢很快枯萎，幼虫渐次向下转移，再次蛀入嫩枝内，继续向下蛀食，被害枝条内部被咬成孔洞，孔壁光滑而直，内无粪便，在枝条向阴面排粪。

危害方式一般是：幼虫孵化后即自枝叉或新梢处蛀入，3~5天后被害新梢枯萎，幼虫长至3~5 mm长后从蛀入孔排出虫粪，容易发现，有转株危害的习性。幼虫在木质部和韧皮部之间咬一圈，使枝条遇风易折断，被害枝的一侧往往有几个排粪孔，虫粪长圆柱形，淡黄色，不易碎。9~10月花墩出现枯株。

4）防治方法

①及时清理花墩。收二茬花后，一定要在7月下旬至8月上旬结合修剪，剪掉有虫枝，如修剪太迟，幼虫蛀入下部粗枝再截枝对花墩长势有影响。

②7月中下旬为其幼虫孵化盛期，这是药剂防治的适期，用40%氧化乐果乳油1 500倍液，加入0.3%~0.5%的煤油，以促进药液向茎秆内渗透，可收到良好的防治效果。

（4）柳干木蠹蛾

柳干木蠹蛾又称柳乌木蠹蛾，属鳞翅目木蠹蛾科，是山银花蛀干性害虫之一。

1）形态特征

雌成虫体长30 mm左右，翅展55～60 mm。雄成虫体长26～28 mm，翅展48～58 mm。触角雌雄均为丝状，雄虫触角鞭节71节，先端3节短细；雌虫鞭节73～76节，先端2节短细。胸部毛丛显著，胸前后缘毛丛黑色，中胸盾片前后缘毛丛均为白色，而小盾片毛丛则为黑色。前翅灰褐色，翅面密布许多黑褐色条纹，亚外缘线黑色明显，外横线以内，特别是中室至前缘一带呈黑褐色，这是该种的明显特征，可与其他种类区别。后翅浅灰色，无明显条纹，其反面条纹褐色，中部褐色圆斑明显。雌成虫翅缰11～17根。

卵近圆形，长1.2 mm，宽0.8 mm。初产时黄白色，后变浅灰色，孵化前暗褐色。卵面有14条放射状纵纹。

初孵幼虫粉红色，长成后体长40～60 mm，背面紫红色，体侧红黄色。体粗壮略扁平，体表疏生黄褐色刚毛，头部黑褐色，有光泽。前胸硬皮板灰黄色，两气门之间呈一定数目的不同色彩的斑纹和凹陷。

2）发生规律

2年发生1代，跨越3年，以低、中龄幼虫在植株茎秆基部或根内越冬，越冬幼虫翌年4月开始活动取食，随气温的升高，幼虫不断扩大危害。9～10月幼虫接近老熟，钻入木质部进行第2次越冬，第3年4月中旬，越冬的老熟幼虫开始脱离寄主入土做茧化蛹。5月下旬开始羽化为成虫，6月中下旬至7月中下旬为羽化盛期，成虫当晚交配，次日产卵。6月中旬至8月上旬为幼虫孵化期，盛期在6月下旬至7月上旬。初孵幼虫危害至10月，在根茎内越冬。卵期13～15天，幼虫期655～662天，预蛹期10～20天，蛹期25～32天，成虫期3～6天。

成虫羽化时间为下午15∶00～21∶00，羽化时可将半截蛹壳带出地面。羽化后的成虫次日凌晨（0：00~2：00）开始交配，次日晚间产卵。每头雌蛾一生能产卵163~786粒。卵堆产或成排块产于茎基老皮的裂缝内。成虫白天隐藏在花墩中下部不动，夜间出来活动。趋光性强。成虫在温度较低时寿命较长，反之寿命较短。

3）危害状况

幼虫孵化后先群集于老皮下，渐次向下取食，形成弯曲的孔道。3龄幼虫开始蛀入木质部，越冬前进入根茎或根内。幼虫有吐丝习性，老熟幼虫爬出茎秆进入植株周围50~60 mm的土中做一长形斜立土窝吐丝做茧，虫体逐渐缩短，不再活动，在茧内化蛹。

一般危害方式是：幼虫孵化后先群居于山银花老皮下，生长到10~15 mm后逐步扩散，但当年幼虫常数头由主干中下部和根际蛀入韧皮部和浅木质部危害，形成广阔的虫道，排出大量的虫粪和木屑，严重破坏植株的生理机能，阻碍植株养分和水分的输导，致使山银花叶片变黄，脱落，8~9月花枝干枯。据调查，10年以上的植株被害率达35%~60%，局部地区达90%以上。

4）防治方法

①加强田间管理。柳干木蠹蛾幼虫喜危害衰弱的花墩，幼虫大多从旧孔蛀入。因此，应加强管理，适时施肥、浇水，促使山银花生长健壮，以提高抗虫力。

②药剂防治。幼虫孵化盛期，用40%氧化乐果1 000倍液加0.5%煤油，喷于枝干；或用40%氧化乐果或杀螟松按药：水=1：1配成药液浇灌根部，即先在花墩周围挖坑，深10~15 cm，每墩灌20 mL左右，视花墩大小适当增减，然后覆土压实。由于药液浓度高，使用时要注意安全。

（5）山银花尺蠖

山银花尺蠖属鳞翅目尺蛾科，是危害山银花的一种主要食叶害虫。

1）形态特征

成虫体长8~11 mm，翅展18~32 mm。有2个色型，早春羽化的为淡褐色，春、夏季羽化的为黄色。全体夹杂有赤褐色小斑点，前翅内横线锯齿形，外横线自翅顶向内斜伸至后缘2/3处，近顶角有1个三角形深色斑纹，中室端部有1个环状斑。后翅中横线明显，与前翅外横线相接。雄蛾触角羽毛状，腹末端有毛丛。雌蛾触角丝状，腹部较肥大。

卵椭圆形，略扁，中央微凹陷。初产时乳黄色，后为红色；近孵化时灰色，一端可见黑色斑点，表面光滑；中期出现红色斑点；孵化前为紫色。长0.7 mm，宽0.5 mm。

幼虫体长15~22 mm，黄白色，有黑褐色斑纹。头部黑色，冠缝和额上半部为白色，单眼区上方有白色"T"字形纹。前胸及腹部第8节后缘有12个黑斑点，横列2行。胸足黑色，基节黄白色，上有黑斑。腹足2对，黄色，外侧有黑斑。幼虫5龄，平均体长依次为4 mm、5 mm、8 mm、12 mm、17 mm。

蛹纺锤形，长6~12 mm。初为浅褐色，上有褐色斑点，后变为黑褐色。尾端具8根带钩的臀刺。

2）发生规律

在浙江1年发生4代，以幼虫和蛹在土表枯叶下越冬。越冬蛹3月下旬开始羽化，越冬幼虫4月中旬至5月中旬化蛹，4月下旬为羽化盛期。第1代羽化盛期为5月下旬至6月上旬，第2代为7月上中旬，第3代为9月下旬至10月上旬。成虫多在傍晚羽化，当夜即可交尾，次日傍晚产卵。成虫产卵前期1~2天,产卵期10天左右。越冬代每雌虫产卵150~430粒,第1代为120~360粒,以第1天产卵最多,卵散产于叶背面,有时沿叶缘连成一行。成虫寿命10天左右。第1代卵期15天,其他各代卵期10天左右。初孵幼虫爬行迅速,或吐丝下垂,借风传播。幼虫稍受惊动纷纷吐丝下落,然后很快又沿丝回到枝叶上。幼虫老熟后在花丛内、枯叶下或土表1 cm深处结薄茧化蛹,春季蛹期平均20天,湿度对此虫发生有密切关系。1980年3月下旬至5月中旬平均湿度为77%,降水量为46~72 mm,发生密度大,危害重。1981年同期,相对湿度为65%,降水量为1.3~25 mm,其第1代幼虫密度低,危害轻。

3）危害状况

一般在头茬花采收完毕时危害严重,幼虫几天内可将叶片吃光。初龄幼虫在叶背危害,取食下表皮及叶肉绿色组织,残留上表皮,使叶面呈白色透明斑。3龄以后食叶呈缺刻,4~5龄食量大增,可将叶片全部吃光。危害严重时,可把整株山银花的叶片和花蕾全部吃光,若连续危害3~4年,可使整株干枯而死。

4）防治方法

①清扫田园。清除地面枯枝落叶,可消灭部分越冬蛹和幼虫,减少越冬虫源。

②药剂防治。第1代幼虫危害盛期正是山银花采收季节,应在发生初期用敌敌畏、敌百虫等高效低毒、残效期短的药剂进行防治。尤其对未修剪的山银花应作重点防治,因其遮阴密度大,往往较冬季修剪过的发生数量大、危害重。

（6）银花叶蜂

银花叶蜂属膜翅目叶蜂科,是近年在四川省危害山银花较严重的一种害虫,据调查该虫仅危害山银花。

1)形态特征

雌虫体长9~10 mm,翅展21~22 mm,雄虫体长7~8 mm,翅展18~19 mm。体蓝黑色,有金属光泽。触角黑色,3节,第3节较长,雄虫第3节的茸毛较雌虫明显。翅半透明,淡褐色,产卵器锯齿状。

卵乳白色,肾形,长1.2~1.5 mm,宽0.7~0.8 mm。

幼虫体长22~23 mm,头和前足呈黑色,体桃红色,背中线为1条淡绿色纵带,背侧线为金黄色纵带,气门线淡绿色。体背有许多黑色小毛瘤,前胸有3排14个,中后胸有3排16个,腹部2~6节有3排18个,背中央的毛瘤较大。幼虫5龄,1龄体长3.5 mm,头宽0.4 mm;2龄体长6 mm,头宽0.7 mm;3龄体长8 mm,头宽0.9 mm;4龄体长12.3 mm,头宽1.3 mm;5龄体长17.4 mm,头宽1.7 mm。

蛹黑褐色,外附长椭圆形的茧。茧长10~14 mm,宽5~8 mm,淡金黄色,分3层,外面2层淡金黄色,内层为乳白色。

2)发生规律

银花叶蜂在四川1年发生5代,以老熟幼虫在土中结茧化蛹越冬。次年3月上旬成虫羽化,飞到有花蜜和有蚜虫的地方取食花蜜和蚜虫分泌的蜜露。成虫晴天活动,尤以中午12:00~15:00时活动最盛,飞翔力较强,可飞离地面2 m高度,水平距离10~20 m。阴雨天栖息在枝叶下不动。成虫活动3~4天后开始产卵,产卵时雌虫用锯齿状产卵器割开叶面边缘的表皮,将卵1~3粒产于表皮下。每雌虫产卵6~24粒。产卵处的叶边缘组织变成水浸状,后变为黑褐色。成虫寿命3~14天,雌雄性比越冬代为3:1,第3代为1.6:1。卵期5~14天,孵化率84%。幼虫期10~19.5天。幼虫分散危害,主要危害嫩叶,取食后幼虫头、胸、足逐渐变为黑色,体绿色,4龄后体呈桃红色。幼虫蜕皮多在早晨7:00和傍晚。幼虫老熟后沿植株下爬,进入0.5~1 cm深的土层或枯叶中,吐丝结茧,蜷缩其中化蛹,各代蛹期为7~19.5天,越冬代蛹期185天。全年以第1代和第2代危害严重,但对叶厚、茸毛长而硬的山银花品种不危害。

3)危害状况

幼虫危害叶片,初孵幼虫喜爬到嫩叶上取食,从叶的边缘向内吃成整齐的缺刻,全叶吃光后再转移到邻近叶片。发生严重时,可将全株叶片吃光,使植株不能开花,不但严重影响当年花的产量,而且使次年发叶较晚,受害枝条枯死。

4)防治方法

①人工防治。发生数量较大时可冬、春季在树下挖虫茧,减少越冬虫源。

②药剂防治。幼虫发生期喷90%敌百虫1 000倍液或25%速灭菊酯1 000倍液。

3. 草害

(1)牛筋草

别名蟋蟀草,为禾本科䅟属1年生草本植物。

1)形态

秆高15~70 cm,丛生,自基部分枝。秆与叶强韧,叶片中脉明显突出,叶鞘压扁,鞘口常有柔毛,叶舌短,穗状花序2~7枚。

2)发生规律

种子繁殖,花果期6~10月,扎根深,繁殖力强,适应性广。

3）防治方法

6月下旬至7月上旬，在茎高15 cm以内，每667 m²用20%敌稗乳油1 kg加25%西维因0.1 kg，兑水40~60 kg喷雾。

（2）空心莲子草

别名革命草、水花生，为苋科莲子草属多年生或1年生草本植物。

1）形态

长50~120 cm，基部匍匐，上部斜生，或全株连枝梢均平卧。着地生根，茎圆，中空，叶对生，头状花序。

2）发生规律

既可种子繁殖，又可由腋芽发育成茎；花果期5~10月。生长快，适应性广，吸肥力强。

3）防治方法

4月中下旬，每667 m²用10%草甘膦1 kg，兑水40~60 kg作叶面处理。

（3）狗牙根

别名绊根草，为禾本科狗牙根属多年生草本植物。

1）形态

秆高10~30 cm，匍匐茎长，分枝多，节上生根，叶鞘具脊，鞘口通常有疏长柔毛，叶舌呈小纤毛状，穗状花序3~6条。

2）发生规律

根状茎繁殖，春季萌发，冬季叶片枯黄。

3）防治方法

4月上旬，每667 m²用10%草甘膦2 kg，兑水40~60 kg喷雾。

（4）狗尾草

别名谷莠子、绿狗尾，为禾本科狗尾草属1年生草本植物。

1）形态

秆高20～100 cm，秆直立，基部倾卧，细圆而坚硬，叶鞘光滑，鞘口有须状毛，叶舌具1～2 mm长的纤毛，圆锥花序紧密，呈圆柱形。

2）发生规律

种子繁殖，春季出苗，花果期8～10月，适应性广。

3）防治方法

6月下旬至7月上旬，在草高15 cm以内，每667 m²用20%敌稗乳油1 kg+25%西维因0.1 kg，兑水40～60 kg喷雾。

（5）升马唐

别名线草，为禾本科马唐属1年生草本植物。

1）形态

秆高30～70 cm，通常从根部分生3～4或更多的茎，向四周平铺生长或斜立。节部着地易生根、分枝。茎光滑无毛，叶鞘常疏生疣基软毛，总状花序3～10枚。

2）发生规律

种子繁殖，花果期6～10月，繁殖力强，适应性广。

3）防治方法

6月下旬至7月上旬，在草高15 cm以内，每667 m²用20%敌稗乳油1 kg+25%西维因0.1 kg，兑水40～60 kg喷雾。

（八）采收与加工

1. 采收

山银花从幼蕾至开放的过程大致可分为：幼蕾（绿色小

花蕾，长约1 cm）、三青（绿色花蕾，长2.2～3.4 cm）、二白（淡绿白色花蕾，长3～3.9 cm）、大白（白色花蕾，长3.8～4.6 cm）、银花（刚开放的白色花，长4.2～4.78 cm）、金花（花瓣变黄色，长4～4.5 cm）、凋花（花瓣为棕黄色）等7个阶段。其中幼蕾太小，产量低；凋花太轻，色泽很差。山银花的花期较集中，从孕蕾至开放只需5～8天，因此商品药材常包括其余5个不同发育阶段的花。但无论是传统用药经验，还是有效成分测试的结果，都反映出不同时期采收的药材，其质量存在明显差异。甚至一日当中在不同时间采收都会影响到药材质量。

（1）采收时期

传统经验认为，采收二白期和大白期花蕾入药质量最好。彭广芳等对山东忍冬不同发育阶段绿原酸、挥发油含量的比较研究（表22-10、表22-11），为山银花药材的合理采收提供了参考数据。

表22-10　山东忍冬5个发育阶段重量和出干率干重的比较　（g）

测定项目	三青		二白		大白		银花		金花	
	鲜重	干重	鲜重	干重	鲜重	干重	鲜重	干重	鲜重	干重
均重	1.78	0.55	2.87	0.57	4.06	0.71	5.40	0.69	4.02	0.52
S	0.054	0.038	0.063	0.026	0.098	0.02	0.082	0.045	0.117	0.035
S	0.003	0.001	0.004	0.007	0.010	0.001	0.007	0.002	0.014	0.001
出干率	3.24∶1		5.02∶1		5.75∶1		7.85∶1		7.67∶1	

表22-11　山东忍冬不同发育阶段绿原酸、挥发油含量的动态变化

发育阶段	三青	二白	大白	银花	金花
绿原酸含量（%）	6.07	5.18	4.88	4.09	4.29
挥发油含量（%）	0.024	0.025	0.026	0.032	0.04

从上述数据可以看出，金银花5个发育阶段鲜花的出干率顺序为：三青＞二白＞大白＞金花＞银花。

根据统计数据，参照有效成分含量和宏观商品规格等综合分析，采收二白、大白及三青应是兼顾产量和质量的最佳选择。

（2）绿原酸含量的日变化规律对采收时间的影响

山银花在开花期花的发育速度较快，从孕蕾至开放只有5~8天。此时，华南地区正值气温较高的4~8月。在一日之内，随着气温、光照等自然条件的周期性变化，花本身的发育程度受到很大的影响，花的外部形态、重量和质量都有明显的变化，其体内的有效成分含量也发生较大的变化。

据有关资料，忍冬叶中的绿原酸含量在一天中的5：00~11：00不断升高，在11：00达最高值，以后逐渐下降。二白期与大白期的变化趋势与叶相似。但银花期则在5：00~13：00时下降，并在13：00达最低值，以后受花期转变的影响，绿原酸含量有一定程度的上升。金花期在5：00~13：00时绿原酸含量逐渐升高，其主要原因可能是由于花的发育程度提高、花色加深所致。

绿原酸是山银花与忍冬藤的主要有效成分，通常将其含量高低作为药材质量的控制指标。一天之中，花中绿原酸含量以上午11：00左右较高，所以山银花采摘应在上午11：00

左右进行。

2. 加工

（1）干燥

采收的山银花要及时干燥，以当天或2天内干燥为宜，其品质、色泽才能得到保证。否则，易引起霉烂，干后变黑，质量变劣。常用的干燥方法有以下几种：

1）烘烤干燥法

因烘干不受外界天气影响，容易掌握火候，比晒干的成品率高，质量好。据山东平邑县试验，烘干法的一等品出花率高达95%以上，晒盘晾晒法的一等品出花率只有23%。因此，烘干加工是山银花生产中提高产品质量的一项有效措施，用烘烤法干燥能有效地避免采用晒干方法时产率低、质量差、时间长、受天气影响较大的不足。

①土法烘干。烘干时在室内分层搭架，层间高度25~30 cm，席上铺花厚度不超过3 cm，烘干室内用多个蜂窝煤炉（用灶或简易烘房也可），要掌握烘干温度，初烘时温度不宜过高，一般30~35 ℃，烘2 h后，温度可升至40 ℃左右，鲜花排出水汽，这时适当打开门窗排汽，经5~10 h后室内保持45~50 ℃，待烘10 h后鲜花的水分大部分排出，再把温度升至55 ℃，使花迅速干燥。一般烘12~20 h可全部烘干，烘干时不能用手或其他东西翻动，否则易变黑，未干时不能停烘，停烘会引起发热变质。

②五管二回垄式多功能山银花烘房：目前山银花烘房很少见，且其房屋也随机拼凑，供热系统多采用土炕，升温慢，热效低，通风排湿只能凭经验掌握，致使烘烤的山银花质量差，产率低，能耗大，烘房用途单一，综合利用率低，

经济效益差。现介绍一种多功能五管二回垄式山银花烘房（图22-10）。

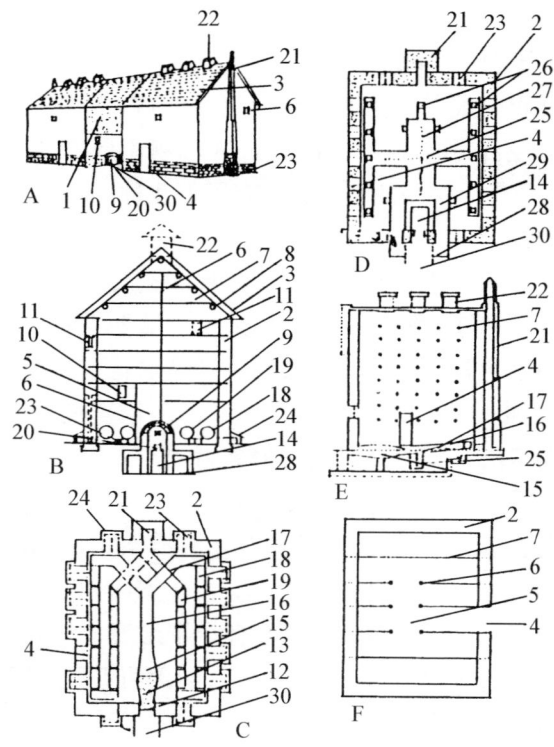

A．烘房外形示意 B．烘房侧面 C．烘房平面 D．烘房暖风设置示意 E．烘房解剖示意 F．烘房第1层橙梁平面

1．司炉间 2．墙壁 3．房顶 4．房门 5．通道 6．立柱 7．橙梁 8．檩条 9．安全观察窗 10．观温窗 11．观色窗 12．火炉 13．炉条 14．灰坑 15．炉膛 16．主火管 17．分火管 18．边火管 19．末火管 20．炉门 21．烟囱 22．天窗 23．地洞 24．挡风罩 25．暖风库 26．暖风库室内口 27．花墙 28．暖风洞口外口活动门 29．进风道 30．烧火坑

图22-10 五管二回垄式多功能烘房

烘房：其大小可根据新鲜山银花的多少而定，一般4 000～5 000 kg鲜花可建造650 cm×550 cm×450 cm的烘房一座，图22-10中A所示为二房联体共用司炉间的大型烘房，也可根据需要建单间或扩大缩小。为了保温好、升温快，墙壁采用砖石沙灰结构，或土打坯垒，砌成50 cm厚，如图22-10中C所示。房顶和笆厚15～20 cm，上泥糠灰土三合一的保温层8～10 cm厚，用草或瓦苫平整。

供热系统：五管二回垄式火炉设在山墙下方，炉条13～16根，长100 cm，炉条下设90 cm×60 cm的灰坑，炉膛呈腰鼓形，壁厚10 cm，前端宽38 cm，后头与主火管相接处宽40 cm，中间宽55 cm，炉条末端至主火管间有1段向上的坡度，长100 cm，炉门一般20 cm×30 cm，炉条前端与烘房地面相平，炉膛两壁与上盖可用5 cm厚的拱形耐火砖或土坯。为使热量散尽，火管总长应大于20 cm，火管坡度以和炉尾相接处内径上沿为准，主火管抬高5%。分火管抬高3%，边火管抬高1%，末火管平走。主火管居中，分火管对称。在火管和烟囱相接处设一活动火闸，以便调节火力，保持房温节约燃料，如图22-10中C、E所示。

监测控制系统：安全观察窗20 cm×30 cm，设在火炉上方，如图22-10中A所示，用以监测烘房的安全情况。观温窗40 cm×30 cm，设在1～2层椠梁间距前墙1 m处，挂拉温度计的绳挂在第4层椽梁上，如图22-10中A、B所示，用以监测温度。观色窗50 cm×30 cm，设在4～6层椽梁间，如图22-10中B所示，用以监测山银花烘烤的程度。所有观察窗全部内大外小，并镶双玻璃，外加木门，以利保温和扩大视野，如图22-10中B、E所示。

通风排温系统：3个60 cm×60 cm的阁楼式天窗设在屋

脊上，如图22-10中A所示，在风帽中的控制门闩绳要到地面附近，以便控制排湿。地洞的面积与天窗相同，设在烘房墙脚下，前边4个，后边5个，两边山墙各1个，地洞上口加设挡风罩或闸门。暖风洞风道70 cm×50 cm，设在火坑两侧，通向火管底部，形成暖风库，能充分利用火炉侧和主火管底部热量，将冷空气预热。暖风库室内口可多设几个，均匀分布在房内地面，暖风洞外口设活动门，以利开关和调节，暖风洞不仅温度高、湿度小，而且受外界影响小，操作方便，极利排湿，能防止向花筐中落灰，还节约燃料。暖风库的顶盖为主火管的底面，盖下设花墙顶柱，暖风库顶盖不宜用石板或水泥板，要用铁板或小于6 cm厚的耐火砖。在烘烤过程中，通风排湿时，先用暖风，如不足再用冷风补充，如图22-10中D所示。

装花系统：房门留在背风向阳一侧，近炉端2~3根橙梁间，175 cm×75 cm，门要隔热好，有棉帘，门内向里215 cm处第2层橙梁下，留一"丁"字形、宽90 cm的通道，以利装花和调换花筐，影响通道的第1层橙梁留出通道，两边的头固定在下部垫有50 cm砖垛的立柱上，近门端有3根立柱直通屋笆，并与通道的各橙梁固定在一起，以使橙梁牢固，远门端的3根立柱只需通到第2、3层橙梁固定即可。木制橙梁小头直径12 cm以上，要平直，每隔15 cm平钉1根露出5 cm长的木方，以防花筐掉下。房内檐下设6层橙梁，檐上设2~3层，左右间距90 cm，上下间距60 cm，底层离地面160 cm，每根橙梁均插入墙内或固定在檩条上。如图22-10中B、E、F所示，花筐用竹编或柳编，也可用木框钉上苇席底。要通气好，不漏花，牢固耐用，能端放，长90 cm，宽60 cm。吊挂在花筐上的4个吊钩设在两头5~10 cm处，长约15 cm，烘花时将采来的鲜花均匀地撒在筐内3~5 cm厚，摆放或吊挂在檩梁上，并注意先上后下、先里后外，留出通道和筐间空隙，以利透气排湿和调换花筐。

通过实践证明，使用五管二回垄式多功能烘房，干花率比用普通烘房提高0.89%；绿原酸含量提高0.26%，干花优质率提高33%；每千克干花消耗燃料降低0.15 kg，干燥时间减少10 h，综合利用率高，经济效益好，易于推广和接受。

2）日晒干燥方法

将采摘的花蕾放在晒盘内，厚薄视阳光强弱而定，一般以3~6 cm厚为宜。阳光较强，宜摊得厚些，太薄了虽然干燥快，但质量变次。倘若阳光弱，而摊得过厚，花又易变成黑色。当天未晒干，夜间将花筐架起，留些间隙，让水分散发。日晒时应注意：①初晒时不能任意翻动（切不可用手），以免花色变黑，待晒至八成干，才能翻动。②晒干后，压实，置干燥处封严，但此时花心尚未干透，易反潮，过3天后再晒1次（0.5~1天），除去残叶、杂质，再包装贮藏于阴凉干燥处，防潮防蛀。此外，也可将花直接摊晒在沙滩或石块上，其中红沙石不反潮，晒花最好，注意事项与前法相同。

3）其他加工方法

①炒鲜处理后干燥：将采回的鲜品，即时进行固定，即把鲜品适量放入干净的热烫锅内，随即均匀地轻翻轻炒，至鲜花均匀萎蔫，取出晒干、烘干或置于通风处阴干。炒时必须严格控制火候，勿使焦碎。

②蒸汽处理后干燥：将鲜花疏松地放入蒸笼内，厚度2~3 cm，或以此厚度摊于竹箕上，分层放入木甑中，于

沸水锅中，以蒸盖上汽时计算时间，视其容器大小，蒸3~5 min，取出晒干或烘干。用蒸汽处理法时间不宜过长，以防鲜花熟烂，改变性味。此法增加了花中水分含量，要及时晒干或烘干，若是阴干，成品质量较差。如果采回的鲜花蕾中夹有少许绿色者，可将其疏松摊于通风处，放置12~24 h，使其中绿色花蕾经短期后熟再蒸，成品颜色可不受影响。

③硫熏后干燥：将鲜花疏松摊于竹箕上，厚约5 cm，分多层置于熏灶或木桶内，花层要疏松均匀，层与层之间有通透隔缝，使硫烟分散均匀，鲜品受硫程度一致，然后密封，用硫黄烟熏，控制好时间，以2~3 h为宜，不可过长，熏后取出晒干、烘干或阴干。每100 kg鲜品，用硫黄1.5~2 kg。硫熏后的鲜品短时间内不腐变，若遇阴雨天或干燥条件差，不能及时干燥，可熏后置于通风处，继续晒干、烘干或阴干均可。

在以上几种加工方法中，以颜色而论，经硫黄熏和蒸后干燥者最佳，炒后干燥及直接晒干、阴干者次之，直接烘干或鲜花于晒干、阴干过程中反复受潮者，颜色欠佳。经蒸、炒、烘处理的成品，具有不同程度的油润感。晒、阴、烘、炒、蒸等方法的成品，均具山银花清香。咀嚼品尝口感，晒干和阴干者一致，烘干、炒干、蒸干者一致。硫熏者香气和味道与其他各法的成品有别。硫熏加工的山银花成品，颜色极好，但山银花的香气减弱，并能嗅出硫黄味，味感为涩、咸、微酸、微苦，硫熏时间越长，这些特征越突出。从上面的比较分析中可以得知：适时分批采摘山银花，控制好各加工干制方法的操作要点，是保证成品性状、质量的重要技术环节。

（2）炮制方法

山银花生品具有较强的清热解毒作用，且气清香，常用于外感风热、温病发热、肺热咳嗽、热毒下痢等。炒炭后寒性减弱，并具涩性，有止血作用，多用于血痢、崩漏，亦可用于吐血等。历代对山银花的炮制方法有酒制、焙黄、炒制、制炭、酿制、制露等。现代多采用炒炭和炒黄的方法。目前《中华人民共和国药典》（1995年版）、《全国中药炮制规范》（1988年版）及各省《炮制规范》仅收载生品及制炭品2种饮片规格。

1) 山银花的炮制方法

将原药捡去叶、梗和杂质，筛去尘土。

炒黄：取净生银花置锅内，用文火将原药炒至深黄色为度。

炒炭：取净生银花置锅内，武火清炒（但火力不可过大，否则易使原料着火），炒至焦黄或焦黑，喷水少许，熄灭火星，盛出凉透。

煅：原药置瓦上，用火煅透。

此药易受潮、发霉、变色和散失香气，应用纸包好，放在石灰瓮内闷紧；或盛于木箱、缸内，再放入用纸包好的木炭数块吸潮，密封。

2) 银花藤的炮制方法

洗切：取原药剪掉老梗，捡去杂质，洗净或淋透后，切段，晒干。

浸泡、闷润：原药用水浸泡1~4 h，切段，晒干。或浸泡0.5~48 h，再闷润2~5天，切段，晒干。

饮片放入木箱，贮于干燥处。

（九）留种技术

山银花的繁殖多采用无性繁殖或种子繁殖，但无论采用哪种繁殖方法，都必须选取优良品种作为繁殖材料，只有这样才能获得高产、稳产。因此，留种技术就显得至关重要。

1. 种子繁殖法的留种技术

（1）留种时间和材料

在9~10月选取生长良好、无病虫害感染的健壮植株，采摘成熟的山银花果实，果实成熟的标志是浆果已变为黑色。

（2）种子后熟

用作播种的种子，必须充分成熟才具有较高的生活力。将连同小果枝一起剪回的果实，堆积或装入盆内进行后熟。后熟过程中，注意保持一定湿度。

（3）清洗

约1周后，果皮完全变黑，将果实搓烂，于清水中洗去果皮，去除干净果肉、杂质和秕粒，捞出沉于水底、饱满的种子。

（4）贮藏

1）短期贮藏

可拌入5倍以上的湿润河沙或湿润的细土贮藏，不能让种子干燥，干种子多不发芽。切勿在强光下暴晒，更不能用火焙干，种子快速失水会影响发芽率。同时应防止种子堆积过厚造成种子发热霉变。如果收种较晚，可于果实搓皮后，将种子摊开，晾干水分后即时播种。

2) 长期贮藏

如果不是马上播种，可用1份种子与3份草木灰混合，置阴凉处贮藏，到翌年春天再播种。

2. 无性繁殖法的留种技术

无性繁殖生产上多以扦插繁殖为主。

（1）留种时间

山银花在春季和秋季均可进行扦插。留种时，华南地区春季宜在新芽萌发前扦插，秋季宜在9～10月进行。扦插宜选择在雨后阴天进行，因为此时气温适宜，空气、土壤湿润，扦插后成活率高，生长较好。

（2）留种材料

插条宜挑选长势旺盛、无病虫害的植株，选用1～2年生健壮、充实及无病虫害的枝条，截成30 cm长的小段，每段具3个节以上。然后将下部叶片摘除，留上部2～4片叶，下端近节处削成平滑的斜面，每20条或每50条扎成1小捆，用0.05%吲哚丁酸溶液快速浸泡下端的斜口5～10 s，稍晾干后，立即进行扦插。

（十）质量标准及监测

1. 商品规格

根据国家医药管理局和卫生部制定的药材商品规格标准，山银花商品分为3个品别10个等级。判断山银花商品等级主要依据其色泽、形状大小及开放程度、杂质、虫蛀霉变等外观指标。

（1）金银花的商品等级

1）山银花

一等：干货。花蕾呈棒状，上粗下细，略弯曲，花蕾长瘦。表面黄白色。气清香，味淡微苦。开放花朵不超过20%，无枝叶、杂质、虫蛀、霉变。

二等：干货。花蕾与开放的花朵兼有。色泽不分。枝叶不超过10%，无杂质、虫蛀、霉变。

2）密银花

一等：干货。花蕾呈棒状，上粗下细，略弯曲，表面白绿色。花冠厚质稍硬，握之有顶手感。气清香，味甘、微苦。开放花蕾及黄条不超过5%，无黑条、黑头、枝叶、杂质、霉变。

二等：黑头、破裂花蕾及黄条不超过10%，其余与一等同。

三等：开放花朵及黑条不超过30%，其余与一等同。

四等：干货。花蕾与开放的花朵兼有。色泽不分。枝叶不超过3%，无杂质、虫蛀、霉变。

3）东银花

一等：干货。花蕾呈棒状，肥壮，上粗下细，略弯曲。表面黄白，青色，气清香，味甘、微苦。开放花蕾不超过5%，黑头不超过3%，无枝叶、杂质、虫蛀、霉变。

二等：开放花朵不超过15%，黑头不超过3%，其余与一等同。

三等：开放花朵不超过25%，黑头不超过15%，枝叶不超过1%，其余与一等同。

四等：干货。花蕾与开放的花朵兼有。色泽不分。枝叶不超过1%，无杂质、虫蛀、霉变。

经对山东平邑收购的金银花一等、二等、三等、四等药材的绿原酸含量进行测定，发现金银花商品等级与内在质量是一致的，药材等级数越高，其有效成分含量就越低（表22-12）。因此，在收购和使用山银花时，要严格按照质量等级标准，以确保药效。

表22-12　平邑金银花药材等级及绿原酸含量比较

等级	药材外观	绿原酸含量（%）
一等	黄白色，有微量叶、开头、棕头	4.68
二等	浅棕黄色，有少量叶，开头较多	4.19
三等	黄棕色，少量黄白色，开头较多，有少量叶	4.16
四等	棕褐色，少量白色，开头较多，有少量叶	2.12

（2）忍冬藤的商品规格

忍冬藤干货以枝条均匀，外皮枣红色，质嫩，带叶，无杂质和霉变者为佳。

2. 指标成分含量

（1）花中绿原酸含量

山银花有效成分为绿原酸、异绿原酸、挥发油等，其中绿原酸含量的高低，直接影响山银花的内在质量，不同色泽及不同开放程度的山银花其有效成分含量也有所不同。从表22-13可以看出，忍冬花色泽与其绿原酸含量关系密切：带绿头浅黄白色绿原酸含量均较高，浅黄棕色次之，全部褐色后含量不到绿头浅黄白色的1/10,所以适时采摘可在很大程度上提高山银花的内在质量。

表22-13 忍冬色泽与绿原酸含量的比较

产地	药材颜色	含量（%）	加工方法
日照大桃园	淡绿黄色,大毛花,二白	6.48	硫熏烘干
平邑范家洼	带绿头黄白色鸡爪花,大白、二白为主	6.22	烘干
平邑范家洼	浅黄大毛花,大白、二白为主	6.25	烘干
日照大桃园	浅绿黄色,大毛花,二白	5.83	硫熏烘干
平邑郑城	黄色,大毛混合花	5.52	晒干
平邑范家洼	浅黄色或小量浅棕黄色鸡爪混合花,大白、二白为主	4.96	烘干
平邑郑城	黄色稍带棕头,鸡爪花,大白、二白为主	4.56	晒干

从幼蕾到盛开期5个不同发育阶段,忍冬花中的绿原酸含量随其发育阶段提高而逐渐降低,至银花期达最低值,仅有2.41%,不到三青期的50%。金花期绿原酸含量又有所上升,较银花期稍高一些(表22-14)。从三青期至大白期,单花干重随其发育阶段提高而逐渐增加,大白期达到最大;从大白期至金花期又逐渐下降。

表22-14　不同采收期忍冬花的绿原酸含量

采收期	三青期	二白期	大白期	银花期	金花期
绿原酸含量（%）	6.21	5.26	3.65	2.41	2.92
30朵干重（%）	0.548	0.572	0.706	0.688	0.524

山银花绿原酸含量变化与忍冬花相类似，虽是幼蕾＞成熟蕾＞花，但幼蕾质量不稳定，性状欠佳，产量小。综合考虑山银花绿原酸含量和产量，以采收二白期花蕾入药较为适宜；且此时采收的药材黄白，不开花，符合传统质量要求。在生产中如果条件允许，应尽量采收二白期花蕾入药。

（2）叶中绿原酸含量

兼顾山银花的产量和质量，生产中应在花蕾上部膨大，基部青绿色，颜色鲜艳有光泽时，叶中绿原酸的积累量最高。过早或过迟均影响质量。

（3）茎枝中绿原酸含量

一般来讲，药材的有效成分含量越高，其质量越好。山银花修剪枝各部位均含有绿原酸，但叶中的含量明显高于茎中的含量。所以修剪枝上的叶子应是较好的药用部位。无论是茎或者叶，绿原酸含量自下而上逐渐增高，较嫩的部位含量较高。建议用修剪枝作为忍冬藤入药时，应优先选择枝条上部。

修剪枝节部绿原酸含量明显高于茎秆的其他各部位。在山银花的一个生长年中，被修剪的枝条量极大，如不能全部利用，可选节部用作忍冬藤，这样既可提高药材的质量，又不致使有效部位浪费。徒长枝即尚未开花的嫩条越短越嫩，绿原酸含量越高，在山银花的管理中，被抹掉的嫩芽以及徒长枝基部的膨大部分，应尽量收集来作药用。

3. 重金属及农药残留限量指标

（1）重金属及砷盐

重金属总量≤20.0 mg/kg；

铅（Pb）≤5.0 mg/kg；

镉（Cd）≤0.3 mg/kg；

汞（Hg）≤0.2 mg/kg；

铜（Cu）≤20.0 mg/kg；

砷（As）≤2.0 mg/kg。

（2）黄曲霉毒素

黄曲霉毒素B_1（Aflatoxin）≤5 μg/kg。

（3）农药残留量

六六六（BHC）≤0.12 mg/kg；

滴滴涕（DDT）≤6.1 mg/kg；

五氯硝基苯（PCNB）≤0.1 mg/kg；

艾氏剂（Aldrin）≤0.02 mg/kg。

（十一）包装、贮藏及运输

1. 包装

包装在商品流通中起着越来越重要的作用，好的包装不仅可起到保护、保存商品的目的，而且还能提高商品的档次，增加附加值。山银花的商品包装规格可根据商品流通中的具体情况进行安排。包装前应再次检查、清除劣质品及异物，包装器材（袋、盒、箱、罐等）应是无污染的、新的或清洗干净、干燥、无破损的容器。包装应有批包装记录，包括：品名（药材名）、批号、规格、重量、产地、工号、日期等。

2. 贮藏

加工后的山银花要妥善保管贮藏，否则易发霉变质。药农多将其放入干净的水缸，压实，再密封缸口。一般用防潮纸与席片将其捆紧，再外套麻袋；或放入内壁衬纸的木箱，贮于干燥通风处，需防潮、防蛀。银花藤晒干后，用绳捆好，或装入麻袋，或外裹竹蓆，放在干燥通处。

生药随着存放时间的延长，绿原酸含量呈下降趋势，且性状也出现了一定的变化。因此，为保证药材质量，应尽可能减少存放时间。

中药材在贮藏过程中容易发生虫蛀、霉变、变色、走油、挥发走气、失鲜和风化等，其中虫蛀现象最为常见。山银花贮藏期易受虫害，受害后花朵变碎，并杂有虫粪，有时也被蛾类吐丝缠绕成团。

主要害虫有药材甲、锯谷盗和烟草甲。发生原因：

①中药材在产地采收或加工过程中易受到污染，有些植物类中药材甚至在生长期就有害虫，入库前又未作灭虫处理，于是害虫的卵、幼虫或成虫便随着药材带入仓库，造成危害。

②药材的包装用品或容器、加工工具有可能带有害虫或虫卵，若不及时杀灭，可造成对药材的危害。

③库房内外的垃圾、杂草、废物等也极易潜伏和滋生害虫。库房的门窗、地板、墙壁、梁柱也会潜藏和附着害虫或虫卵，这些潜伏的害虫一旦遇有机会便会侵害药材。

④随着药材的调运，害虫可作远距离传播。

⑤已生虫的药材与未生虫的药材一起贮藏或运输，都会很快使未生虫的药材感染害虫。

仓贮害虫防治方法：由于各地的气候环境、保管条件不同，害虫发生的种类及程度也不同，因此，应根据当地的具体情况，采取适当的综合防治措施，才能经济有效地防治害虫。具体防治措施主要有以下几个方面：

①加强检疫。

②清洁卫生防治。包括清扫环境，环境消毒，隔离贮放。

③密封和气调法防治。包括密封法和气调法。

④低温防治。包括自然低温，机械降温。

⑤高温防治。包括暴晒和烘烤。

⑥化学防治。主要采用的硫黄熏蒸。

3. 运输

药材批量运输时，不应与其他有毒、有害物质混装；运输容器应具有较好的通气性，以保持干燥，遇阴雨天应严密防潮。

（耿世磊）

参 考 文 献

邓友平．1994．市场紧缺中药材种植技术［M］．北京：中国农业大学出版社．

丁济，李志和，龚秀珍．1981．14种山银花中异绿原酸、绿原酸的测定比较［J］．中草药，12（1）：10-14．

杜红岩．1996．杜仲优质高产栽培［M］．北京：中国林业出版社．

冯维希，朱兆羽，陈国斌，等．2001．花、叶、茎皮、全草、藻、菌类中药材植物种植技术［M］．北京：中国林业出版社．

郭宏彬．1991．金银花立杆辅助整形技术［J］．中草药，22（1）：37．

侯士良，赵晶，杨国营，等．1997．金银花最早出处及药用部位考证［J］．中药材，20（11）：583-585．

黄西峰．1997．金银花的研究概况和展望［J］．中国中药杂志，22（4）：247-249．

黄雪梅．1996．金银花制炭的实验探讨［J］．基层中药杂志，10（4）：10．

姜会飞．2001．山银花［M］．北京：中国中医药出版社．

李建良，蓝锦富，雷声宏．1996．浙江省忍冬属药用植物资源调查［J］．中药材，19（5）：223-224．

李强，任茜，张永良．1994．生境、采收期、贮藏时间等因素对秦岭金银花绿原酸含量的影响［J］．中国中药杂志，19（10）：594-595．

李全，崔瑛．1999．金银花药理作用比较［J］．中药材，22（1）：37-39．

李秀生．1999．药用和观赏植物病虫害防治［M］．北京：气象出版社．

鲁灵恩，代静，陈绍槐，等．1987．不同产地加工法对金银花质量的影响［J］．中药材，10（1）：35．

陆善旦，赵胜德，杨福顺，等．1998．大宗药材高产栽培及药用加工［M］．南宁：广西科学技术出版社．

梅全喜，毕焕新．1998．现代中药药理手册［M］．北京：中国中医药出版社．

潘超逸，谭家铭，赖应涛．1992．四川省金银花的原植物调查［J］．

中药材,14(9):17-19.

彭广芳,林慧彬,钟方晓,等.1988.金银花不同发育阶段绿原酸、挥发油的含量比较[J].中草药,19(12):30-31.

任大伟,娄和坤,凌小牛,等.1991.6种药材传统炮制与膨化炮制的比较研究[J].中药材,14(11):28-30.

沙世炎.1982.中草药有效成分分析法[M].北京:人民卫生出版社.

孙延波,王云,关显智,等.1996.金银花对口腔病原性微生物体外抑菌试验的研究[J].中国中药杂志,21(4):242-243.

田谨为,王桂英.1995.灰毡毛忍冬的藤茎扦插育苗栽培方法[J].中国中药杂志,20(7):401-403.

田谨为,王桂英,潘世民,等.1995.灰毡毛忍冬的种子繁殖栽培技术[J].中药材,18(3):115-117.

王树贵,蓝太富.1984.金银花栽培[M].成都:四川科学技术出版社.

王英姿,张兆旺.2000.金银花炮制研究述评[J].山东中医药大学学报,24(1):66-67.

魏云,赵平平.1999.薄层扫描法测定金银花两种不同加工法绿原酸含量[J].中国中药杂志,24(6):340-341.

武雪芬,李玉贤,侯怀恩,等.1996.金银花修剪枝中绿原酸含量测定[J].中药材,19(2):69-70.

相龙民.1998.五管二回垄式多功能金银花烘房的设计[J].中药材,21(5):21.

徐国钧.1987.生药学[M].北京:人民卫生出版社.

徐鸿华.2001.南方药用植物栽培技术[M].广州:南方日报出版社.

徐凌川,张永清,王绪平,等.1997.施肥对忍冬生长发育及体内化学成分含量的影响[J].中草药,28(10):620-622.

徐任生,陈仲良.1989.中草药有效成分提取与分离[M].2版.上海：上海科学技术出版社.

杨晓穗. 1994. 常用中药材真伪理化鉴别［M］. 北京：中国医药科技出版社.

张世筠，彭淑春. 1987. 中草药栽培与加工［M］. 北京：中国农业科技出版社.

张雁冰，寇娴，王桂红，等. 1999. 密县金银花及其茎、叶中绿原酸含量测定［J］. 河南医科大学学报，34（2）：36-37.

张英华，肖寄平，易晓煜. 1998. 不同产地的金银花中绿原酸的含量比较［J］. 长春中医学院学报，14（71）：47.

张永清. 1990. 不同采收期山银花的质量比较［J］. 特产研究，（1）：25.

张永清，卜忠杰，周文杰. 1998. 干燥条件对忍冬藤质量的影响［J］. 基层中药杂志，12（3）：13-15.

张永清，程炳嵩，华作旺，等 1989. 金银花根外追肥初步试验［J］. 中草药，20（5）：225-227.

张永清，徐凌川，王丽萍. 1996. 忍冬不同部位中绿原酸的含量测定［J］. 中国中药杂志，21（4）：204-205.

中国科学院《中国植物志》编辑委员会. 1988. 中国植物志：第72卷［M］. 北京：科学出版社.

中国医学科学院药用植物资源开发研究所. 1991. 中国药用植物栽培学［M］. 北京：中国农业出版社.

彩图23-1　化橘红（化州柚）叶和花

彩图23-2　化橘红（化州柚）结果植株

彩图23-3　化橘红（化州柚）干燥果实

彩图23-4 化橘红(柚)干燥果实

彩图23-5 化橘红种植基地

彩图23-6 化橘红高空压条苗移至苗圃培育

彩图24-1　广佛手叶和花

彩图24-2　广佛手握拳果（拳佛手）

彩图24-3　广佛手开手果（开佛手）

彩图24-4 广佛手规范化种植基地

彩图24-5 广佛手幼龄植株（未结果植株）

彩图24-6 广佛手弯枝管理

彩图24-7　广佛手规范化种植病虫害防治区

彩图24-8　广佛手已成熟的拳佛手

彩图24-9　广佛手已成熟的开佛手

彩图25-1　广陈皮种植基地

彩图25-2　植株

彩图25-3　植株丛

彩图25-4　果枝

彩图25-5　广陈皮产地加工——开皮

彩图25-6　广陈皮产地加工——翻皮晒干

彩图26-1　栀子花枝

彩图26-2 栀子果枝

彩图26-3 栀子幼龄植株

彩图26-4　栀子种子繁育苗

彩图26-5　栀子扦插繁育苗

彩图26-6　栀子病虫害防治试验区

(1)咖啡透翅天蛾成虫

(2)咖啡透翅天蛾幼虫

(3)受害植株

彩图26-7 栀子虫害

彩图26-8 受害果实

(1)全青　　　　　　　　(2)2/3青1/3黄

(3)半青半黄　　　　　　(4)1/3青2/3黄

(5)全黄　　　　　　　　(6)枯黄

彩图26-9　不同发育时期的栀子果实

彩图27-1　阳春砂规范化种植基地

彩图27-2　阳春砂种植地

彩图27-3　阳春砂植株

彩图27-4　阳春砂花

彩图27-5　阳春砂果

彩图27-6　阳春砂品种试验区

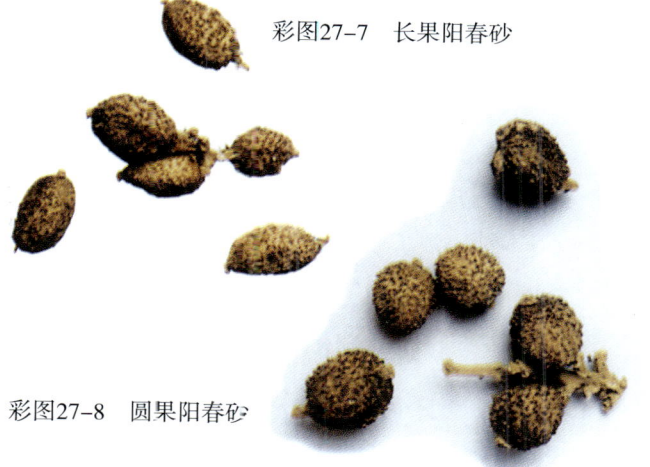
彩图27-7　长果阳春砂

彩图27-8　圆果阳春砂

彩图27-9　阳春砂施肥试验区

彩图27-10　阳春砂施肥

彩图27-11　人工授粉

彩图27-12　阳春砂叶斑病

彩图27-13　阳春砂果疫病

彩图27-14　阳春砂病虫害防治

彩图27-15　阳春砂焙干法

彩图27-16　阳春砂晒干法

彩图27-17　阳春砂药材

彩图27-18　绿壳砂药材

彩图27-19 海南砂药材

彩图28-1 库拉索芦荟

彩图28-2 树芦荟

彩图28-3　半野生状态的斑纹芦荟

彩图28-4　斑纹芦荟

彩图28-5　库拉索芦荟叶

彩图28-6 芦荟苗圃

彩图28-7 库拉索芦荟瓶苗

彩图28-8 斑纹芦荟瓶苗

彩图28-9 芦荟组培苗

彩图28-10 芦荟组培苗

彩图28-11 挑选芦荟组培苗

彩图28-12　芦荟试验地（广东珠海）

彩图28-13　芦荟GAP示范基地

彩图28-14　芦荟地中耕除草

彩图28-15 芦荟GAP种植示范基地（广东珠海）

彩图28-16 芦荟植株

彩图29-1 赤芝

彩图29-2 紫芝

彩图29-3 灵芝GAP示范基地

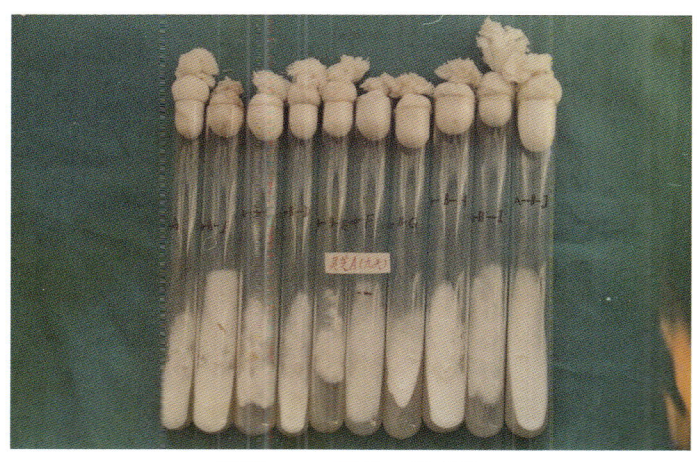
彩图29-4 灵芝一级菌种

彩图29-5 栽种灵芝的原木

彩图29-6 栽种灵芝的段木

彩图29-7 灵芝段木接种培养

彩图29-8　灵芝种植地

彩图29-9　灵芝种植地出芝

(1)菌蕾期

(2)菌盖展开期

(3)成熟期

彩图29-10　灵芝生长发育期

彩图29-11　灵芝孢子粉

彩图29-12　灵芝子实体

彩图30-1　参环毛蚓活体形态图

(1)雄孔区外形(第18体节)

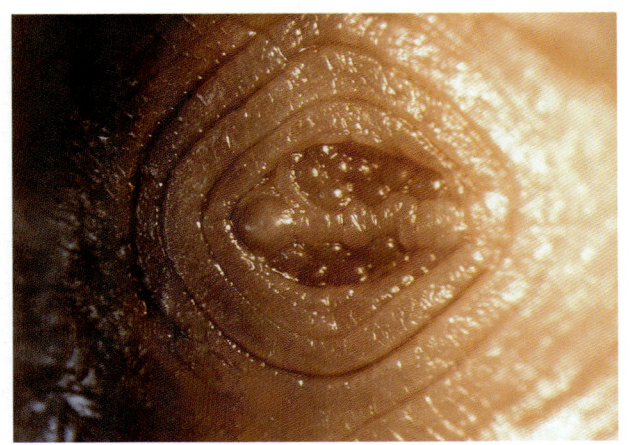

(2)雄孔内乳头状突起

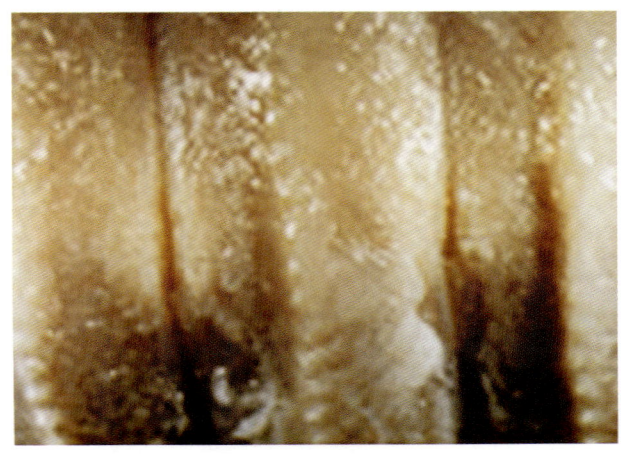

(3)受精囊孔(2对)

彩图30-2 参环毛蚓局部形态

彩图30-3 广地龙GAP养殖示范基地

彩图30-4 广地龙养殖棚

彩图30-5 广地龙养殖场

彩图30-6 广地龙药材图

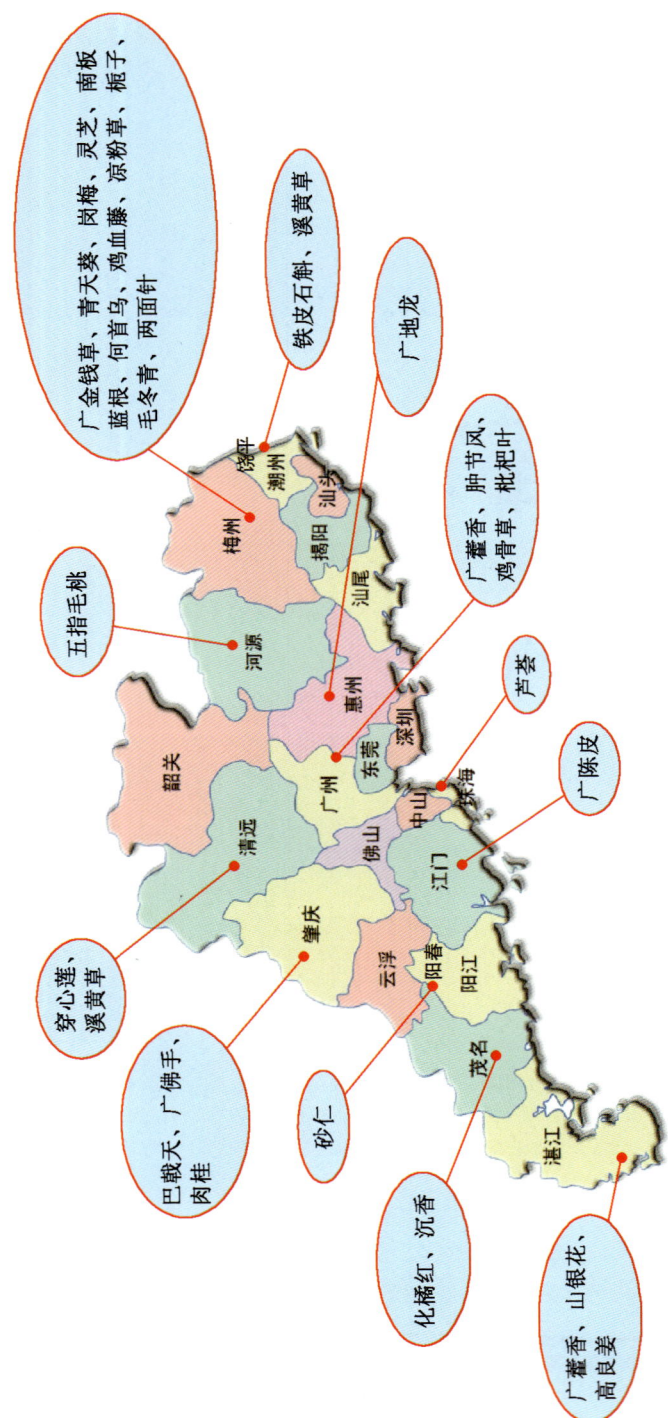

广东省30种岭南中药材规范化种植（养殖）基地分布图

岭南中医药文库·现代研究系列

30种岭南中药材
规范化种植(养殖)技术
(下)

主编 徐鸿华

廣東省出版集團
广东科技出版社
·广 州·

图书在版编目（CIP）数据

30种岭南中药材规范化种植（养殖）技术．下/徐鸿华主编．—广州：广东科技出版社，2011.6
（岭南中医药文库．现代研究系列）
ISBN 978-7-5359-5403-9

Ⅰ．①3… Ⅱ．①徐… Ⅲ．①药用植物—栽培—广东省 Ⅳ．①S567

中国版本图书馆CIP数据核字（2010）第206875号

责任编辑：	苏北建　邓　彦　吕　健
封面设计：	丁青云
责任校对：	陈　静　陈素华
责任印制：	罗华之
出版发行：	广东科技出版社
	（广州市环市东路水荫路11号　邮政编码：510075）
E - mail：	gdkjzbb.@21cn.com
http：	//www.gdstp.com.cn
经　　销：	广东新华发行集团股份有限公司
印　　刷：	广州市伟龙印刷制版有限公司
	（广州市沙太路银利工业大厦1栋　邮政编码：510507）
规　　格：	889mm×1 194mm　1/32　印张15.875　插页16　字数370千
版　　次：	2011年6月第1版
	2011年6月第1次印刷
定　　价：	165.50元（上、中、下）

如发现因印装质量问题影响阅读，请与承印厂联系调换。

目录

上册

全草类药材

- 3　一、广金钱草
- 36　　附 广金钱草规范化生产标准操作规程（SOP）
- 49　二、广藿香
- 96　　附 广藿香规范化生产标准操作规程（SOP）
- 111　三、鸡骨草
- 131　　附 鸡骨草规范化生产标准操作规程（SOP）
- 142　四、青天葵
- 188　　附 青天葵规范化生产标准操作规程（SOP）
- 201　五、肿节风（九节茶）
- 233　六、穿心莲

275	附 穿心莲规范化生产标准操作规程（SOP）
287	七、铁皮石斛
324	附 铁皮石斛规范化生产标准操作规程（SOP）
337	八、凉粉草
370	附 凉粉草规范化生产标准操作规程（SOP）
383	九、溪黄草

中册

根及根茎类药材

417	十、五指毛桃
451	附 五指毛桃规范化生产标准操作规程（SOP）
464	十一、巴戟天
511	附 巴戟天规范化生产标准操作规程（SOP）
526	十二、毛冬青
556	十三、两面针
576	附 两面针规范化生产标准操作规程（SOP）
585	十四、何首乌
619	附 何首乌规范化生产标准操作规程（SOP）
634	十五、岗梅
652	附 岗梅规范化生产标准操作规程（SOP）

661	十六、南板蓝根
692	附 南板蓝根规范化生产标准操作规程（SOP）
704	十七、高良姜

茎木、树（根）皮类药材

735	十八、肉桂
763	附 肉桂规范化生产标准操作规程（SOP）
776	十九、沉香（白木香）
803	附 沉香（白木香）规范化生产标准操作规程（SOP）
818	二十、鸡血藤
851	附 鸡血藤规范化生产标准操作规程（SOP）

叶类药材

861	二十一、枇杷叶
888	附：枇杷叶规范化生产标准操作规程（SOP）
905	**花类药材**
	二十二、山银花

下册

997	
	果实、种子类药材
1023	二十三、化橘红
1059	二十四、佛手（广佛手）
	附 广佛手规范化生产标准操作规程（SOP）

3

1073	二十五、陈皮（广陈皮）
1108	附　广陈皮规范化生产标准操作规程（SOP）
1122	二十六、栀子
1154	附　栀子规范化生产标准操作规程（SOP）
1166	二十七、砂仁（阳春砂）
1240	附　阳春砂规范化生产标准操作规程（SOP）

树脂及其他内含物类药材

1257	二十八、芦荟
1333	附　芦荟规范化生产标准操作规程（SOP）

菌类药材

1357	二十九、灵芝
1402	附　灵芝规范化生产标准操作规程（SOP）

动物类药材

1417	三十、地龙（广地龙）
1436	附　广地龙规范化生产标准操作规程（SOP）

附录

1447	附录1　中药材生产质量管理规范（试行）
1456	附录2　关于印发《中药材生产质量管理规范认证管理办法（试行）》及《中药材GAP认证检查评定标准（试行）》的通知

1458	附件1 中药材生产质量管理规范认证管理办法（试行）
1464	附件2 中药材GAP认证检查评定标准（试行）
1473	附件3 中药材GAP认证申请表
1474	附录3 药用植物及制剂进出口绿色行业标准
1479	附录4 中药材规范化生产允许使用的肥料种类及使用原则
1485	附录5 中药材规范化生产允许和禁止使用的农药种类及使用原则

果实、种子类药材

二十三、化 橘 红

（一）概　述

1. 产地

化橘红，又名化州橘红。《中华人民共和国药典（一部）》（2000年版）收载的化橘红为芸香科植物化州柚（化橘红）*Citrus grandis* 'Tomentosa' 或柚 *Citrus grandis*（L.）Osbeck的未成熟或近成熟果实外层的干燥皮。化橘红以主产于广东化州的质量最佳，是广东道地药材，为"十大广药"之一。化橘红由野生转为家种到人工栽培，已有1 000多年的历史。在长期的生产实践中，化州地区药农积累了丰富的经验，而且还总结出一套比较完整的栽培、管理技术。此外，广东廉江、遂溪、茂名、电白、雷州等地亦有产；广西钦州、陆川、博白也有野生和栽培。柚主产于广西、广东、福建、浙江、湖南、贵州、云南、四川等地。

化橘红最初问世时称为化州仙橘。历史上以土壤及生态条件优越的化州赖家园所产者最著名，经查对核实，其原植物属于芸香科柑橘属柚种 *Citrus grandis* 'Tomentosa'，定名为化州柚，商品名称为七爪，又按商品本身的茸毛多少和色泽青绿情况区分：茸毛茂密而青绿色者称正毛青七爪，茸毛少者称副毛青七爪。但化橘红目前产量仍极有限，商品中以柚 *Citrus grandis*（L.）Osbeck的果皮为主流，即习称的光青七爪及光黄五爪。

2. 药用价值

我国应用化橘红作药用的历史相当悠久，相传明朝已有种植，从其药名、加工方法以及应用范围来看，发现南朝已作为药用，到了明末清初已享有盛名。化橘红具有独特的涤痰止咳功效，历代本草多有记载，同时也被历代医家所认可和推崇。化州也因有橘红而获得"橘州"的美称。化橘红因有驱风寒，除痰涎，消滞胀的特殊功效而被称誉为"南方高丽参"。历代官宦商贾、文人学士，凡入化州者，均以能获得一两枚化橘红为幸事。

据近代医学临床试验研究，化橘红性温、味苦辛，入肺、胃两经，具有宽中下气，散寒燥湿，健胃利气，消痰止咳的特殊功效。主要用于治疗风寒咳嗽、喉痒痰多、食积气逆、胃气不和、胸腹胀闷等症，有独到的疗效。化橘红幼果制成化橘红胎以及化橘红花，也可入药，其疗效与化橘红相同。

（二）生物学特性

1. 植物学特性

（1）化州柚（化橘红）

常绿乔木，高5~6 m。枝条无刺或具刺，嫩枝梗稍扁，被茸毛。叶互生，单生复叶，叶片椭圆形，长10~18 cm，宽6~7 cm，叶翅呈倒心形，全缘，嫩叶和老叶均被茸毛，嫩叶茸毛较密，叶脉明显，叶片有透明的腺点。花腋生，成簇；

萼片4浅裂；花瓣4，白色（见彩图23-1）；雄蕊20~25枚；雌蕊子房球形，柱头头状。果实类球形，幼果密被茸毛，成熟果实横径10~25 cm，支厚，瓤汁酸苦，不堪食用。花期3月，果期4~10月（见彩图23-2、彩图23-3）。果实干燥后，香气甚浓郁。长期存在两个品系，即正毛化橘红和副毛化橘红。形态上的主要特征为：

1）正毛化橘红

主干高0.5~1 m，粗短，树冠高4 m。幼果密被茸毛，果实干燥后香气甚浓郁。

2）副毛化橘红

主干高3~5 m，树冠高5~10 m，分枝较多。幼果茸毛明显比正毛化橘红稀少，果实干燥后香气亦稍淡。

（2）柚

乔木，具有整齐的枝，有棘刺。叶卵形或椭圆状卵形，上面暗绿色，下面绿色；叶柄有宽翅叶，稍呈心脏形。花腋生，单一或成簇，白色；雄蕊20~25枚。果实球形或椭圆形，光滑，瓤瓣11~14。种子楔形，数十粒至百余粒。植物形态与化州柚相似，但幼果毛较少，果实成熟后无毛（见彩图23-4）。

植物检索表

1. 花排列为总状，花大，花丝倾向于分离，花药长，心皮固着性强；叶卵形或椭圆形，叶柄有宽翼；果实极大，球形或卵圆形；种子肥大，楔形，多皱，子叶白色。
  2. 常绿灌木或乔木；果实表面被茸毛 ………… 化州柚
    3. 常绿灌木，主干高约0.5 m，主干粗短，幼果密被茸毛，果实干燥后香气甚浓郁 ………… 正毛化橘红

3. 常绿灌木或小乔木,主干高3~5 m,幼果表面茸毛明显比正毛橘红少,果实干后香气淡 ……副毛化橘红

2. 常绿乔木;果实表面光滑无毛柚。

2. 适生环境条件

(1)温度

化橘红对气温的适应性较强,它既能忍受烈日的灼烤、又能经受严寒霜冻的考验。当气温下降到1.5 ℃的低温时,也不见有冻害,就是出现霜冻,对生长也影响不大。适于在11~35 ℃的气温内生长,生长发育最适气温是22~26 ℃。

(2)光照

化橘红属全光照的阳性树种,每天需要7~8 h的光照时间,全年总光照在1 900 h以上,尤其是开花期间的光照尤为重要。光照过弱或不足,将会影响到花芽的分化和孕育,致使花期延长,发育不良,影响开花和授粉,结果率很低。纵使结果,果实也会因发育不良而早落。化橘红全生育期中,均不宜荫蔽。因此,种植化橘红应选地势开阔、向阳地为宜。

(3)水分

化橘红兑水分要求比较严格,既不耐干旱,又不耐积水涝浸。干旱,植株生长矮小,新梢短小,枝叶细弱、叶薄,甚至提前老化,枯黄脱落,直接影响到花芽分化、孕育,导致不开花、不结果或果实早落。长期涝浸,植株根系又会因缺氧而窒息,甚至腐烂、萎蔫死亡。化橘红在生长发育过程中,尤其是果实膨大阶段,需要充沛的水分,要求年降水量1 600~1 800 mm,分配又要比较均匀。

(4)土壤

化橘红对土壤要求较高，而且要有一定的微量元素，才能高质高产。据对化橘红种植地的调查，它要求土层深厚、疏松，质地肥沃、富含有机质，且排灌方便的地块。据化验分析：土壤中含有磷、钾、镁、礞（即为含钾素丰富的云母）等微量元素和稀有元素的酸性赤红壤土最适宜。凡是瘠薄、透水性强的沙质土、黏性板结死黄泥土、石砾多的土地，均不适宜。

所以，种植化橘红应选择肥沃、湿润、富含腐殖质的酸性土壤，若有礞石底的土层更好。同时，选择向阳、背风的屋前房后，或村庄附近的零星隙地种植。

此外，按照《中药材生产质量管理规范（试行）》（GAP），化橘红的规范化种植基地应远离居民点，远离交通要道，大气、水质、土壤无污染，周围不得有污染源（见彩图23-5）。其中，大气环境的质量应符合《中华人民共和国环境空气质量标准》（GB3095—1996）中二级标准；水质的质量应符合《中华人民共和国农田灌溉水质标准》（GB5084—1992）；土壤的质量应符合《中华人民共和国土壤环境质量标准》（GB15618—1995）中二级标准。土壤无重金属（砷、铅等）、农药及其他化学产品等残留物质污染。

（三）品 种 类 型

1. 正品

（1）化橘红

从果实表面所被的茸毛多少，可分为正毛化橘红和副毛化橘红两种；从果实外表的差异上，又可分为金钱化橘红和凤尾化橘红两种类型。凤尾化橘红和金钱化橘红，在质量上无明显差异；正毛化橘红与副毛化橘红在质量上有差异。

本种为柚的栽培变种，仅供药用，在长期栽培实践中认为，化州城内土壤含有礞石（礞石能化痰）生产的橘红为正宗品种。主产于化州县城赖家园、李家园，现已扩大至县城以外的平定、文楼，与化州交界的广西陆川、合浦、钦县也有栽培。

（2）柚类橘红

为芸香科植物常绿小乔木，是变种化州柚，以及柚（沙田柚、文旦）等成熟果实或未成熟果实的干燥外果皮，多为栽培。主产粤西地区和广西东部，以化北、陆川产量最多（当地俗称笋柚、家卜），湖南和四川也有产。

采收未成熟果实加工成七爪光青橘红或光黄橘红，成熟的柚则加工成大五爪或大六爪橘红。光青橘红皮为青绿色或青黄色，光黄橘红皮为黄色，油眼较大而疏。加工为七爪对扎，十片一扎，晒干或烘干。大五爪橘红皮为青（褐）黄色，有瓤相连，爪尾折叠向内，十片一扎。幼果亦无毛，外表亦粗糙，原药材和药效上与化橘红相差较大，质量远远不及化橘红。

2. 混淆品种

橘类橘红

别名云皮、杂果皮。为芸香科植物的酸橙、或橘、或柑的外表皮加工而成。柑、橘、酸橙均为常绿小乔木或灌木，主干短，枝条细，有刺（亦有无刺的）。叶互生革质，叶片椭圆或披针卵形，微尖，叶翼稍小，长8 cm左右，宽2~4 cm，全缘翅不明显。花小，色白，单生或簇生，萼5

裂，花5瓣，雄蕊18～24枚，腺汁甜或酸，入药部分为果皮，纵开3～4瓣或不规则状，外表面棕红色、橙红色或青黄色，有皱缩，油室明显，内表面淡黄色，有海绵状筋络，较粗糙，无茸毛，略有香辣味，幼果干燥皮薄，表面粗糙无茸毛。功效与化橘红相差甚远，不能与化橘红等用。

橘类橘红均为栽培品种。主产于四川、福建、浙江、江西等省。如四川江津、重庆等地食品加工厂，在加工橘饼时，必须旋下外层果皮，故四川产品多为食品厂橘类加工的副产品。其次，福建、浙江、江西等地，以鲜橘皮为原料加工的产品，用铲刀将外果皮和中果皮剖开，晒干或晾干即为橘红和橘白两种。

（四）育苗技术

定植前1～2年育苗。化橘红的繁殖方法有种子繁殖、嫁接（枝接、芽接）、高空压条、插条繁殖等。高空压条繁殖的后代能保持母本的优良性状，不产生变异，是繁殖苗木的理想方法。种子繁殖和嫁接繁殖都会产生不同程度的变异。因此，要生产大量优质的化橘红药材，必须进一步做纯化品种的工作。

1. 种子繁殖

（1）育苗地选择比较湿润、肥沃、富含有机质的土壤，同时要选择阳光充足的地方。提早挖翻土壤，让其充分风化、熟化，然后捡净树根、杂草，耙细整平，整成宽1 m、高20 cm的畦。

（2）选种

选择树龄8~10年或以上，生长健壮、无病虫害、产量较高的化橘红作采种母树。

（3）采种及种子处理

每年10月间，从母树上摘取其成熟果实，取出种子，挑选饱满、均匀的种子即采即播或将种子晾干翌年春播。

（4）播种期

春季或秋季均可播种。

（5）播种方法

在整好的畦面上以行距20 cm沟播或穴播，每隔10 cm点播1粒种子，或每穴播种2粒，播后覆盖薄土，保持苗圃湿润，14~20天破土出苗。生长1年后即可移植。

（6）苗木管理

播种后，要盖草遮阴，土干时，要及时淋水，保持苗圃湿润。幼苗长出3片叶时，进行间苗，去弱留强，每穴留壮苗1株。每月除草1次，每2月施肥1次，结合松土。施肥以有机肥为主，适当施少量氮肥。

2. 嫁接繁殖

采用同科同属植物柚、柑、橘的种子育苗（方法同上），待幼苗长到0.4 m左右高时，距地面15 cm处切断，下部作为砧木。然后采化橘红母树上的枝条作接穗，嫁接在砧木上。嫁接方法有枝接和芽接。

（1）枝接

选择无病虫害、生长健壮、产量较高的化橘红树的嫩枝，取长15 cm左右作接穗，然后在接穗基部两侧各削一刀，呈楔形斜面，削面长约3 cm；再在砧木横断面木质部部位垂直劈开，深约3 cm。一手拿嫁接刀将砧木切口撬开，一手将接穗插入砧木切口，使双方形成层对准吻合，接穗和砧木韧皮部密接，再用柔软的塑料薄膜包扎、靠牢。接穗上的顶部（顶梢）和枝叶都要剪除，有利于提高成活。10天左右，如果接穗保持青绿，叶柄一触即脱落，说明接口愈合，已经成活，即可把塑料薄膜放松，过5~6天后再解开。嫁接以后，若发现砧木抽芽，应及时抹除，以免妨碍接穗生长。待翌年春，或当年秋，便可移植大田。

（2）芽接

与上述方法基本相同。不同之处是：芽接方法在砧木截面下2~5 cm地方，把表皮切开1.5 cm²的方口，将方口表皮切去至木质部，然后从化橘红母树的叶腋处取下1.5 cm²大小的芽片作接穗，再将接穗嵌入砧木开口处，韧皮部要紧密接合，然后用塑料薄膜包扎牢，但要注意接穗的芽眼一定要露出外面。芽接后的培育管理方法与枝接法相同。

用此法繁殖的化橘红，也会由于砧木的影响，出现不同程度的变异，但比种子育苗繁殖稍好。

3. 压条繁殖

常采用高空压条，即在春季2~4月，或秋季7~8月，挑选化橘红良种作为母树，从中选取生长粗壮的枝条，用嫁接刀将枝条基部表皮环状剥割一圈，宽约1.5 cm，7~8天后，割剥处表皮愈合突起呈瘤状时，以泥土和少量骨粉和水混合均匀成泥浆，再用一束浸透水的稻草，充分蘸上泥浆，在枝条瘤状物处扎紧数圈，外用塑料薄膜包扎，经常淋水，保持湿润。待伤口处长出成簇、洁白的根群后，翌年春或秋季，可从根头的下方剪（锯）断，使其脱离母株，即可移植大田（见彩图23-6）。

栽植后要加强肥水管理，同时要搭好支架，防止植株被大风吹歪、吹倒，影响正常生长。用这种方法繁殖的植株，根系不甚发达，寿命较短，但能保持母株的优良经济性状，不会变异，是一种很理想的繁殖方法，也是群众常用的一种繁殖方法。

（五）移栽定植

1. 种植地选择

选向阳、肥沃、疏松、湿润的中性红壤土，适宜村边或屋前、屋后。种植前的头年秋冬季节，进行土壤深挖、开垦，充分曝晒，加速土壤风化、熟化；深度在40 cm以下，大块大块地翻转过来，不打碎，经自然风吹、雨淋、日晒；种植前再行碎土，清除树根、杂草杂物，按株行距5 m×6 m的距离，挖穴，如果场地是斜坡，开垦成6 m宽梯田，穴的规格为60 cm×50 cm×40 cm，每穴放入沤制的优质塘泥或土杂肥25 kg作基肥，覆土填平待种。

2. 种植时间

一般在春季或秋季种植。

3. 种植密度

株行距为5 m×6 m。每667 m^2种植30株左右。

4. 种植方法

选阴天或下午阳光较弱时于原来挖好填平的穴挖小穴，

采用压条苗或嫁接苗都可以，每穴1株。栽植时要求根系舒展、摆平、理顺、分层填土、分层压实；要求不宜栽植过深，比原来稍深栽1～2cm便可。栽后淋足定根水，使土壤充分湿润，须根群与土壤密接，可以提高成活率。搭支架固定植株，防止风、雨打翻植株。

（六）田 间 管 理

化橘红是多年生、产量高的木本植物，每年需要进行一系列细致的管理工作。

1. 补苗

大田定植后10～15天及时补苗，以确保全苗。

2. 中耕除草

新种至挂果前一般每年中耕除草3次，2～3月和5～6月各浅中耕结合除草1次，10～11月进行深中耕，先铲除场地杂草堆沤腐熟培于树基部作培土护根，然后全面深翻25 cm，晒干打碎；挂果后，每年中耕除草2次，1月使场地疏松，促进花芽生长，进行浅中耕；10～11月促进根系生长，全面铲除场地杂草，堆沤腐熟培于树的基部，然后，将场地翻25 cm，晒干打碎整平。把除下的杂草覆于冠内，也可堆沤，翻埋入土，增加土壤有机质含量，达到改良土质的目的。可进行间种花生、豆类或豆科绿肥，以间种代替中耕，效果更好。

3. 排灌

化橘红怕旱怕涝，应十分注意排灌，尤其在挂果期间，如场地干旱，叶片变黄，嫩枝叶出现萎蔫时，必须及时灌水，可沟灌亦可浇灌。雨季，注意打通排水沟，将积水排除。否则受涝时间过长，叶片变黄脱落，甚至死亡。

4. 防旱

在生长期间，尤其是挂果期间，如遇较长时间的干旱，要及时灌水，保持湿润，这是保证植株生长良好，减少落果，提高产量和质量的关键措施之一。

5. 追肥

植穴定植前用白面薯莨煮水浇穴，防止白蚁危害苗木。用表土回穴，施足基肥，每穴施混合有机肥6 kg。混合有机肥配方是：花生麸∶过磷酸钙∶鸡粪为1∶1∶10，三者混匀后堆沤至充分腐熟。1～2年生幼苗于2月、4月、6月、10月各施肥1次。每株施混合有机肥3 kg，尿素25 g。2年以上的树每年要施肥3次，春季1月施促花保花肥，于树基部1 m处开穴，每株施优质人粪尿50 kg，施后覆土填穴。春末夏初的3～4月，施保果肥，每穴施沤制花生麸0.5 kg，磷肥1 kg。秋末冬初的9～10月施保树过冬肥，穴施优质塘泥或土杂肥50 kg。严禁使用城市垃圾、工业垃圾、医院垃圾及便粪，以达到无害化卫生标准。

6. 修剪

冬春之间，植株采收后到新梢萌动前，对植株酌量修剪、整理。把枯枝、病枝、弱枝、下垂枝进行适度疏剪，改善通透条件，减少病虫危害。

7. 摘花

新种植的2～3年生幼树所开的花,最好摘除,以免影响幼树生长,为今后高产奠定基础。

(七)病、虫、草害的防治

化橘红的病虫害防治必须进行综合治理,根据重要病虫害的发生特点与外界环境的关系,综合、协调地运用各种有效的防治措施,控制与治理病虫害,使病虫的危害降低至经济危害水平以下,少用或不用化学农药,达到防治的目的,同时又保持生态平衡,保护环境,防止污染。根据病虫害发生的特点,选择合适的农药品种对症下药;选用高效、低毒、低残留量农药品种;适时喷药并严格控制收获前禁用期(安全间隔期),使收获的药材产品中农药残留量在允许的残留极限以下;轮换交替使用作用机制不同的农药,避免或推迟病虫产生抗药性。

1. 病害

(1)黄龙病
危害与防治见广佛手黄龙病。
(2)根腐病
1)发生症状及原因
危害根系造成植株死亡。
2)防治方法
发病初期可浇灌50%退菌特1 500倍液。

2. 虫害

主要有天牛、潜叶蛾、蜡蚧虫和红蜘蛛。

（1）柑橘红蜘蛛

1）发生症状及原因

幼苗和大树都能受害。受害叶片初呈灰白色斑点，危害严重时逐渐转黄脱落，使幼苗生长不良。

柑橘红蜘蛛每年发生14～17代。春夏繁殖最快，秋季次之，冬季最慢。在高温干旱的条件下发生严重。

2）防治方法

①农业措施。冬季清园，把园内的枯枝落叶、杂草灌木清除干净，搬出园外烧毁、深埋，减少害虫藏身之处。

②药剂防治。幼苗萌发前喷1～2波美度石硫合剂1～2次；夏季再补喷0.2～0.5波美度石硫合剂1～2次。也可喷三氯螨矾600倍液，此外，也可用40%乐果乳剂1 000倍液喷洒。

（2）柑橘潜叶蛾

1）发生症状及原因

该虫以幼虫在嫩梢、嫩叶表皮下钻蛀为害，形成银白色的弯曲隧道。受害叶片卷缩变硬，易于脱落，使新梢不充实，影响树势及来年开花结果。被害叶片常是害虫的越冬场所，幼虫造成的伤口利于溃疡病菌的侵入。老树受害较轻，幼树、苗木受害较重。

2）防治方法

①药剂防治。为了推迟抗性的产生和减少对天敌的影响，应选用高效低毒农药，避免长期使用单一农药。主要的药剂有：255西维因可湿性粉剂600～800倍液，25%杀虫双水

剂200~300倍液，24%万灵水剂1 000~2 000倍液，5%农梦特乳油1 000~3 000倍液，5% XRD 473或10% WL 115110水剂（酰基脲类杀虫剂）50 mg/L，98%巴丹可湿性粉剂500倍液，20%杀灭菊酯乳油3 000~4 000倍液等，效果均很好。根据潜叶蛾的产卵活动特点，傍晚喷药可直接击倒成虫，增加防治效果。

②保护利用天敌。潜叶蛾寄生蜂及捕食性天敌种类较为丰富，如亚非草蛉、短腹潜啮小蜂、四带瑟姬小蜂和橘蛾姬小蜂等优势天敌，应加以保护利用。

（3）天牛（钻心虫）

1）发生症状及原因

发生于3~6月，尤以4月最为严重，是化橘红的主要害虫之一。在树枝末端产卵，孵化后幼虫即钻进枝干危害，被害枝干上的孔洞纵横交错，蛀道内光滑或充满粪屑，不仅中断了水分与营养物质运输，并成为其他害虫或腐生菌类入侵、滋生的场所，导致树势减弱，千疮百孔，粪屑悬挂或堆积，轻者树体生长不良，重者风吹易折，枝枯树死。

2）防治方法

①捕杀成虫，阻止成虫产卵。褐天牛成虫喜欢在夜间活动，在树洞中交尾，特别是闷热的晴天夜晚外出活动，白天藏在树洞中，露出触角，或在幼树的枝干分枝、伤口处，可在夜间进行捕捉。或在成虫未出洞前，掏尽洞内虫粪，用布条沾上40%乐果乳剂或80%的敌敌畏剂原液塞入洞内筑紧，再用泥土封住洞口毒杀成虫；或在成虫产卵前用水泥、食盐、水（5∶0.25∶2）混合液或石灰浆刷主干、主枝，阻止成虫产卵。

②钩杀幼虫。及时检查树体，凡有新鲜虫粪，先将虫粪

扒开，用钢丝钩杀幼虫。如果幼虫已侵入木质部较深，可在清除虫道中的粪屑以后，用脱脂棉或废纸蘸80%敌敌畏5~10倍液，或40%乐果5~10倍液塞虫孔，或用这些药稀释数倍后，用针管注入虫孔内，再用湿泥封堵，勿使其药性走漏，可以收到良好的杀虫效果。

③加强栽培管理。天牛在树势衰弱的种植地危害严重，加强肥水管理及其他管理措施，增强树势，生长旺盛，树干光滑，可减少天牛成虫产卵的机会。及早剪除被害枝梢。

（4）蜡蚧虫

1）发生症状及原因

属圆翅目介壳虫科，以刺吸式口器吸取果树枝干、叶片和果实汁液，造成枝条叶片干枯，树势衰弱甚至死亡。果实被害后，生长发育不良而早落。

2）防治方法

①农业措施。结合修剪，剪除干枯枝、郁闭枝，改善树体通风透光条件，对带虫苗木移栽前可用药剂处理，刷洗树干等，降低虫口密度。加强肥水管理，增强树势。

②药剂防治。主要药剂有松脂合剂8~10倍液，20%氰戊菊酯乳油3 000~5 000倍液、95%机油乳剂100倍液混用，或40%毒死蜱（乐斯本）乳油1 000倍液、200倍机油乳剂混用喷雾，防治雌成蚧效果极佳。

3. 草害

杂草不仅与药材争夺土中的营养和水分，而且还恶化环境，传播病虫害，严重影响中药材的产量与质量，必须进行有效地防除。

（1）杂草的种类

药材地常见的杂草有：稗、狗尾草、画眉草、牛筋草、看麦娘、狗牙根、白茅、反枝苋、马齿苋、小鸡冠、猪毛菜、独行菜、荠菜、水花生、灰灰菜，田旋花等。

（2）防除的方法

防除杂草，在坚持人工除草的同时，配合施用一些化学除草剂，效果较好。

1）定植前除草

播种前土壤处理常用药剂：每667 m^2地用50%乙草胺乳油70~75 mL兑水40~60 kg均匀喷雾土表；或50%阿特拉津250~300倍喷雾；或25%可湿性绿麦隆粉剂250 g兑水75 kg喷于畦面，然后再撒上一层细土即可。

2）定植后除草

当杂草长到3~5片叶时，每667 m^2用5%乳油闲锄40 mL兑水30 L喷洒，如果每20 mL加1支增效剂特效王2 mL，将提高杀草效率30%~50%。当杂草长至6~8片叶时加大用药量，每667 m^2用20%拿捕净150~200 mL兑水30~50 L喷雾。此外，还可用6%克草星乳油70~80 mL兑水30~40 L，作茎叶均匀喷雾，或8%高效盖草能25~30 mL兑水20~30 L，于杂草2~6片叶期作茎叶喷雾处理。

（3）使用化学除草剂需注意的事项

1）须注意化学除草剂的选择性、专一性、时间性，不可误用、乱用除草剂，防止杀死药苗。

2）严格掌握限用剂量：除草剂使用应综合具体土质、考虑农田小气候，严格按药品说明规定使用。

3）合理混用药剂：两种以上除草剂混合使用时，要严格掌握配合比例和施药时间及喷药技术，并要考虑彼此间有无拮抗作用或其他副作用。

4）掌握好施除草剂的最佳时间和技术操作要领，妥善保存好药剂，防止错用，并搞好喷药器具的清洗，以免误用，使其他作物产生药害。

5）注意环境条件对除草剂的影响，温度、水分、光照、土壤类型、有机质含量、土壤耕作和整地水平等因素，都会直接或间接影响除草剂的除草效果。

6）目前，市场上还没有专门用于药材的除草剂，多为借用农作物、蔬菜、果树等除草剂，因此，必须在有实践经验的专家或技术人员指导下购买除草剂和实施除草作业，以免造成经济损失和不良后果。

（八）采收与加工

1. 采收

根据不同的药用部分，在每年5~6月，收集疏果或刚脱落的幼果，加工生产成橘红珠；7~9月，采收果实，加工成橘红片；4月左右，采收新鲜橘红花（疏花），加工成橘红花。

2. 加工炮制

化橘红的药用加工始于明代，工艺加工出现于清代中后期，中成药制剂则在新中国成立以后得到较大发展。

（1）药用加工炮制

化橘红的药用部分有橘红皮、橘红幼果（又叫橘红胎或橘红珠）、橘红花，其加工方法分述如下。

1）橘红皮加工

每年7～9月摘取青熟果,置80 ℃水中浸5 min,捞出晾干,每100 kg橘红用硫黄200 g熏,用利刀平均等分割成7爪,刨出心室(瓤瓣),按传统、现代、出口3种不同规格分别加工:

①传统加工:将切开剖出心室的皮,再削除果内肉(俗称囊),平铺晒至果皮发软时对折,用木板压平实,摆入竹笪内晒干或焙干,10片为1扎,用红头绳绑结实。

②现代加工:将橘红果实剖开后去掉心室,对折,压结,碾压数次,烘至六成干后,再碾压数次,阴干或烘干,麻绳扎结实,10片为1扎。

③出口加工:取出心室后剖净果肉至见油眼,对折,夹于竹笪内,晾至八成干,取出用剪刀剪成直径13～17 cm,各爪大小相等的规格,然后晾干或烘干,相对贴叠,50片1扎,宽度一般为12 cm,用红绳扎结实。

2）橘红幼果加工

每年5～6月,拾取被风吹落的幼果,或摘取因受虫害致伤的幼果;或在7～8月采摘青熟果加工时,将不符合加工橘红皮的小果,去掉泥沙杂物,置沸水中烫10 min,取出烘干或晒干。

3）橘红胎加工

5～6月,摘取直径为5～6 cm的橘红幼果,晒至六成干(亦可全干燥后加水润透),以木槌轻打至有弹性,碾成圆柱状,两端打压成平面,阴干或烘干。即成圆柱橘红。

4）橘红花加工

橘红花别名橘花,每年4月左右,拾取被风吹落的花朵,除尽杂质、污物晒干,也可40～60 ℃烘至全干。

5）橘红炮制

选取原药材（橘红皮、橘红珠、橘红胎、橘红花）除尽杂质，刷去灰土，同时掰碎。或洗净，闷润，切成丝或片，低温干燥。橘红皮、橘红珠和橘红胎切成薄片为药用饮片。橘红花原朵入药。

饮片性状：呈不规则的丝状或片、块状。外表面黄绿色，有茸毛、皱纹及小油点，内表面黄白色或淡黄棕色，有脉络纹。质脆，易折断，内侧稍柔而有弹性。气芳香，味苦、微辛。

（2）橘红工艺加工

化橘红的工艺加工起源于清代，嘉庆十一年（1806年），赖家园、李家园开始化橘红工艺加工。清末，化橘红工艺品在法国巴黎工艺品展览会上获银奖。现在生产的品种有：瓶、罐、盒、烟斗等多种，图案精美，手工细致。

1）橘红瓶加工

每年8～10月，采摘青熟或黄熟的果实，置沸水中烫10 min，捞起晾干，于果顶端处切去1块，挖去心室，填入稻谷灰，切口放入大小合适的圆木条，以麻绳捆扎结实，扎出瓶颈，阴干至六成干，然后按外表设计上各种图案、文字，以铜片或硬竹片批、压数次，至图案花纹和文字清晰，然后阴干或烘干。另外，取一小橘红果，仍按上述方法加工压扎，使之成为瓶盖，即成为一外形精美的化橘红瓶。可用于盛装茶叶或其他贵重品。

2）橘红烟斗加工

选取由大至小均匀有序的橘红幼果数颗，晒至六成干或全部干燥，稍加回润潮湿后，轻轻拍扁，中心钻孔贯穿，以通心的小竹管或铜管将其由大到小串成约10 cm长的烟管（把每个橘红胎之间用万能胶水粘结），于小果端镶入玉石烟嘴一块。另选一个大的橘红胎，碾成圆柱形；两端拍打成平面，在一端的平面中心挖孔，镶上铜烟帽，周围外表再雕压上各种花纹、文字，将烟管部分插入后，便成一个精巧玲珑的烟斗。

3）橘红烟盒加工

选取两个外形较圆的青熟果实，沸水煮10 min，各在顶端处切去一小块，挖空心室，插入大小合适的圆木条，外用麻绳捆扎成型，置通风处晾至六成干，然后刻上图案文字，晒干后即成烟盒。

（九）质量标准及监测

1. 药材鉴别

据文献记载和对产区的调查，认为化橘红商品药材以化州县城内宝岭（原赖家园和李家园旧址）所产的正毛化橘红、副毛化橘红为道地品种，县城以北的平定和广西陆川的产品质量较逊。当地群众习惯上认为酸柚加工的光青橘红、光黄橘红、大五爪和大六爪等均不是化橘红的正品。传统经验认为，毛橘红以爪角均匀、平整、干爽、具芳香气、茸毛厚者为佳。柚以爪角均匀、平整、干爽、鬃眼（油点）细者为佳。

（1）正毛化橘红

呈七角形对折成七爪状，基部相连，中央有果柄痕。单片呈柳叶形，厚0.2～0.5 cm，完整者展开直径12～16 cm。外表面黄绿色至黄棕色，表面密被短茸毛，有皱纹，可见细小凹点（油室）密布；内表面黄白色，略似海绵状。质坚实而脆，易折断，断面不整齐，黄白色或淡黄棕色，外侧有1列凹下的油室，内侧稍柔软。芳香气浓郁，味苦、微辛。常以10片为1扎。

出口规格为加工成薄片（皮青），齿呈凤尾形，50片为1扎。

（2）副毛化橘红

形态与正毛化橘红相似，稍大，展开直径14～19 cm。外表面稀被短茸毛。芳香气较正毛化橘红淡。亦以10片为1扎。

（3）光青橘红

形态与正毛化橘红相似，厚0.2～0.7 cm，展开直径15～20 cm。外表面黄绿色，无毛，粗糙，有皱纹，油点较正毛化橘红大。香气稍弱，味苦辛、微酸。

（4）光黄橘红

形状与光青橘红相似。外表面黄棕色。

正毛化橘红、副毛化橘红以茸毛细密、色青、果皮薄者为佳。

光青橘红、光黄橘红以青色或黄色、果皮厚薄均匀者为佳。

（5）大五爪或大六爪橘红

五角形或六角形，瓣尖向内折呈梅花状，直径10～12 cm，展开直径22～28 cm。外表面黄棕色，皱缩，无毛，油室大而明显；内表面黄白色。香气淡，味苦、麻。

（6）正毛化橘红胎（又叫橘红幼果、橘红珠）

呈圆球形或不规则圆球形，常有凹陷，顶端有花柱残基，基部有果柄痕。直径3～3.5 cm。外表面灰棕色或灰褐色，密布黄白色短茸毛，具多数细小油点。质坚硬，破开后，断面棕黄色至暗棕色，不整齐，外缘有下凹的油室，中央可见瓤瓣及未成熟的种子。香气浓郁，味苦、微辛。

（7）副毛化橘红胎（珠）

形状与正毛化橘红胎相似。外表面短茸毛稀少。芳香气较正毛化橘红胎淡。

（8）正毛化橘红花

花瓣呈黄白色或黄棕色，通常4～5瓣，匙形。间有未开放的花蕾，呈小球状椭圆形，花瓣表面有细小凹点，花萼呈4浅裂，青色或青黄色，带花柄，花柄和花萼均被黄白色茸毛，雄蕊20～25枚，子房圆球形，具花柱或柱头，常见有带花的雏果，雏果被密茸毛，气清香，味苦。副毛化橘红花基本相同，但花萼和花柄茸毛略少，香气淡。

橘红花的质量规格要求：净花，金黄色，花柄有茸毛，散瓣不超过10%，无碎末，无虫蛀霉变。

性状检索表

1. 七角形对折成七爪状，或五角形、六角形，瓣尖内折成梅花状，或球形和不规则球形。
  2. 七角形对折成七爪状，或五角形、六角形，瓣尖对折成梅花状。
    3. 七角形对折成七爪状。
      4. 外表面被短茸毛。
        5. 外表面密被短茸毛，芳香气浓郁 … 正毛化橘红
        5. 外表面稀被短茸毛，芳香气较淡 … 副毛化橘红
      4. 外表面无毛。
        6. 外表面黄绿色 …………………… 光青橘红

　　　　6. 外表面黄棕色 …………………… 光黄橘红
　　3. 五角形或六角形，瓣尖内折呈梅花状，外表面黄棕色无毛 ……………………… 大五爪、大六爪橘红
2. 球形或不规则球形。
　　　　7. 外表面密被短茸毛，芳香气浓郁 …………
　　　　　　　………………………… 正毛化橘红胎（珠）
　　　　7. 外表面稀被短茸毛，芳香气较淡 …………
　　　　　　　………………………… 副毛化橘红胎（珠）

（9）化橘红花与佛手花的区别

①化橘红花的萼及蒂被茸毛，且多为绿色，或黄绿色；而佛手花的萼及蒂无茸毛，常为黄色，或黄褐色。

②化橘红花蕾呈球状椭圆形，已开放的花瓣呈匙形较薄且宽，黄色或黄棕色；而佛手花的花蕾大多是长卵形，花瓣狭窄且稍厚，呈浅状披针形，色黄棕而较深。

③化橘红花的雄蕊20~25枚，少见外露，偶见有密被棕色茸毛的幼果混装；而佛手花的雄蕊较多，常外露为丝状，多在30枚以上，常混有顶端裂成指状的幼果存在。

④化橘红花味苦，气香与化橘红相同；而佛手花味苦而较淡，气香与佛手相同。

2. 主要化学成分

化橘红外果皮含柚皮苷及其苷元、野漆树苷、枸橘苷、新橙皮苷、枳属苷等，种子含黄柏酮等。另含有挥发油，油中主要含柠檬醛、枸橼醛、香叶醇、芳樟醇等。但经广西壮族自治区药检所实验证明，油中不含柠檬醛，而含α-柠檬烯。此外还含蛋白质、脂肪、碳水化合物、胡萝卜素、维生素B_1、维生素B_2、维生素C、烟酸、钙、磷、铁。

3. 重金属、农药残留等的限量指标

依据中华人民共和国商务部发布、2001年7月1日起实施的《药用植物及制剂进出口绿色行业标准》（见本书附录3）进行检测。《药用植物及制剂进出口绿色行业标准》是我国第一个以国家政令的形式发布的中药进出口国家标准，并在国际上第一次确立了"绿色中药"的概念；它规定了药用植物及制剂的绿色品质标准，包括药用植物原料、饮片、提取物及其制剂等的质量标准和检验方法。

（十）包装、贮藏及运输

1. 包装

化橘红采用无毒塑料包装袋包装。按照《中药材生产质量管理规范（试行）》（GAP）的要求，包装前应再次抽查，清除劣质品和杂质，包装器材应无污染，要清洁干净、干燥、无破损；包装袋上应有包装记录，内容应包括：品名、批号、规格、重量、产地、工号、日期等。

2. 贮藏

化橘红的贮藏保管，一般采用特殊构造的竹篓装，既能防潮又能防止压碎，本品较易虫蛀。故应存放在通风、阴凉、干燥处，经常检查，做好防霉、防潮、防虫蛀工作。

3. 运输

药材批量运输时，注意不能与其他有毒、有害的物质混

装；防止包装破裂；防止高温、曝晒；运输容器应具有较好的通气性，以保持干燥，遇阴雨天应严密防潮。

（贺　红）

参 考 文 献

《化州橘红志》编写组．1992．化州橘红志［M］．广州：广东科技出版社．

国家药典委员会．2000．中华人民共和国药典：一部［M］．北京：化学工业出版社．

国家药政管理局，中国药品生物制品检定所．2000．现代实用本草［M］．北京：人民卫生出版社．

国家中医药管理局《中华本草》编委会．1998．中华本草［M］．上海：上海科学技术出版社．

江苏新医学院．1997．中药大辞典［M］．上海：上海人民出版社．

李锦开，李振纪．1994．中国木本药材与广东特产药材［M］．北京：中国医药科技出版社．

徐国钧，徐珞珊，王峥涛．1997．常用中药材品种整理和质量研究（南方协作组）：第四册［M］．福州：福建科学技术出版社．

徐鸿华．2001．南方药用植物栽培技术［M］．广州：南方日报出版社．

赵学敏．1957．本草纲目拾遗［M］．北京：人民卫生出版社．

郑虎占，董泽宏，佘靖．1997．中药现代研究与应用［M］．北京：学苑出版社．

二十四、佛手（广佛手）

（一）概　述

1. 产地

佛手又叫佛手柑、五指柑、佛手果、手橘，是常用中药材。佛手为芸香科植物佛手 *Citrus medica* L. var. *sarcodactylis* Swingle 的干燥果实。佛手为栽培品种，在我国栽培历史悠久，主产于广东肇庆、高要、德庆、云浮、四会、郁南等地，称"广佛手"，为道地品。产于四川者，称"川佛手"。产于浙江者，称"京佛手"。此外，广西、安徽、云南、福建等省区也有栽培、出产。佛手以广东产品为好，果大质佳，品质最优，加工的商品"金边白肉"在国内外市场享有很高的声誉。为广东道地药材"十大广药"之一。

2. 药用价值

佛手的根、叶、花均可入药。具有理气化痰、止呕消胀、舒肝健脾、和胃止痛等功效。主要用于治疗胃痛、脘闷胁胀、恶心、呕吐痰水、胸中滞气、胀满噎嗝、痰饮喘咳、停食积聚等症，并能解酒。对老年人的气管炎、哮喘病有明显的缓解作用；对一般人的消化不良、胸腹胀闷有更为显著的疗效。佛手可制多种中成药，如金佛止痛丸。佛手花的功效为疏肝理气、和胃止痛，用于治疗肝胃气痛，与佛手果效用相同,气味稍逊。

(二)生物学特性

1. 植物学特性

(1)茎

佛手为芸香科常绿小乔木或大灌木。植株高2~3 m,枝具刺,老枝灰绿色,幼枝略带紫红色。冠形饱满,呈圆头状,有的呈圆锥状。

(2)叶

单叶互生,柄短,无翅,革质,有腺点;有特殊的芳香气味。顶端无关节;叶片大,长8~15 cm,宽3~6 cm;矩圆形或倒卵状矩圆形,叶缘具波状钝锯齿,先端钝,有的有凹缺,基部圆形或楔形;正面深黄绿色、侧脉凹入;背面黄绿色、侧脉凸出(见彩图24-1)。

(3)花

单生、簇生或数朵构成总状花序,腋生于枝梢上部;萼5片,萼片绿色,杯状,顶端4~5裂,花5~6瓣。花瓣内白色,外紫色微带紫晕。雄蕊30枚以上,着生于花盘周围;雌蕊1枚。花柱短壮,子房短筒形,上部狭尖,花有的不孕,有的花开后很快结果(见彩图24-1)。

(4)果

果大,卵形或长圆形,有棱,顶端开裂,分裂如拳或张开如指,其裂数即代表心皮数,瓣数及长短不一,形略似拳状或手指状,故名"佛手",裂纹如拳者称拳佛手(见彩图24-2),张开如指者,叫做开佛手(见彩图24-3)。果皮厚，表面粗糙，橙黄色，果肉淡黄色。内有种子7～8粒，种子卵圆形，先端尖；子叶白、单胚。

2. 生长发育规律

佛手第1次抽梢是在春分至清明间抽生春梢，是伏果的结果母枝；第2次抽梢在立夏后抽生夏梢，是秋果的结果母枝；第3次抽梢是在立秋后抽秋梢，是冬果的结果母枝；第4次抽梢在冬初抽冬梢，是翌年春季的结果母枝。但抽梢随立地条件好差、水肥充裕与否和当年挂果多少而有变化。虽然它有抽生春梢、夏梢、秋梢和冬梢的习性，但是条件不具备，则也不能抽生，例如伏果结得多，营养物质集中供应果实的生长，便会抑制夏梢的抽生，造成少抽或不抽夏梢。嫩枝在冬季若遇−3～−2℃的低温，会遭受冻害，苗期和幼树尤为敏感。受冻后一般在次年春天仍可重新抽生新枝，继续生长，但正常生长已受到影响。4～5年生以上的树抗寒能力有所增加，但冬季遇较长时间−5℃以下低温，仍会遭受严重冻害，影响花芽分化和结果，如果低温时间长了，或继续下降，则有可能导致植株冻死。所以栽植佛手除了选择抗寒品种外，还要选择有利的小环境和加强树体的培育管理，提高树体自身的抗性。

佛手的根多横向生长，其侧根和主根入土浅，多分布在地温高、透气性好的浅土层内。有利的一面是地温较高、肥力较好、营养丰富、透性较强，有利其生长发育，提高产量；不利的一面是容易干旱。故管理上应防止土壤干旱，最好的办法是进行合理间种，或地表覆盖。佛手吸肥性很强，施肥应掌握少量多次施肥的原则，经常保持一定的土壤肥力，是增产的一项重要措施。

佛手一般在栽后二三年开始结果，每年开2次花，第1次在立春到清明期间，但结果小，习称果仔，第2次开花在芒种到夏至，这时是开花盛期，结果亦多，增产也就靠这时期。佛手花有雄性花（单性花）和雌雄花（两性花）2种。雄性花不结果（一般早开），应及时采收加工供药用；两性花有子房发育健全和子房发育不健全两类，其中子房发育不健全的大都很难结实，亦可采收加工作药用。在开花期间应疏去过密的雄花，使养分、水分集中供应雌雄花，有利于提高产量和质量。

3. 适生环境条件

佛手生产基地应选择在适宜生长的地区（见彩图24-4），同时重视"道地药材"的地理学和"原产地"概念。如广佛手主要分布于肇庆市、云浮市等地。

佛手为热带、亚热带植物，喜温暖湿润、阳光充足的环境，不耐严寒、怕冰霜及干旱，耐阴，耐瘠，耐涝。以雨量充足，冬季无冰冻的地区栽培为宜。最适生长温度22～24 ℃，越冬温度5 ℃以上，年降水量以1 000～1 200 mm最适宜，年日照时数1 200～1 800 h为宜。适合在土层深厚、疏松肥沃、富含腐殖质、排水良好的酸性壤土、沙壤土或黏壤土中生长。

在广东省主产区的高要市及德庆县，年平均气温22 ℃，最冷月的1月平均气温为13.2 ℃，极端最低气温为-1 ℃，最热的7月平均气温为28.6 ℃，年平均降水量为1 600 mm左右，全年日照时数为1 815 h。在排水良好、肥沃的稻田，土壤呈微酸性，生长良好，产量较高、较稳。

四川省佛手主产区的合江县，年平均气温18.2 ℃，相对湿度82%，全年降水量1 020 mm，日照时数全年约1 200 h，佛手生长好，产量较高。

佛手在广东多种植在海拔300～500 m的丘陵平原开阔地带，而在四川则多分布于海拔400～700 m的丘陵地带，尤其在丘陵顶较多。

此外，按照《中药材生产质量管理规范（试行）》（GAP），佛手的规范化种植基地应远离居民点，远离交通要道，大气、水质、土壤无污染，周围不得有污染源。其中，大气环境的质量应符合《中华人民共和国环境空气质量标准》（GB3095—1996）中二级标准（表24-1）；水质的质量应符合《中华人民共和国农田灌溉水质标准》（GB5084—1992）（表24-2）；土壤的质量应符合《中华人民共和国土壤环境质量标准》（GB15618—1995）中二级标准（表24-3）。土壤无重金属（As、Pb等）、农药及其他化学产品等残留物质污染。佛手加工场地应防止各种粉尘污染。

表24-1 中华人民共和国环境空气质量标准（GB3095—1996）

项目	标准			单位
	年平均*	日平均*	1 h平均**	
二氧化硫	0.06	0.15	0.50	
总悬浮微粒		0.20	0.30	mg/m^3
可吸入颗粒物	0.10	0.15		（标准状态）
氮氧化物	0.05	0.10	0.15	
氟化物		7	20	$\mu g/(dm^2 \cdot d)$

注：表内为中药材种植环境各项污染物的浓度限值二级标准值。

*分别为任何1年和任何1日的平均浓度不许超过的限值。

**为任何1 h的平均值不许超过的浓度限值。

表24-2 中华人民共和国农田灌溉水质标准（GB5084—1992）

序号	主要指标	限量指标
1	生化需氧量（BOD_5，mg/L）	≤150
2	化学需氧量（COD_{CR}，mg/L）	≤300
3	悬浮物（mg/L）	≤200
4	阴离子表面活性剂（LAS，mg/L）	≤8.0
5	凯氏氮（mg/L）	≤30
6	总磷（以P计算，mg/L）	≤10
7	水温（℃）	≤35
8	pH	5.5
9	全盐量（mg/L）	≤1 000（非盐碱土地区） ≤2 000（盐碱土地区）
10	氯化物（mg/L）	≤250
11	硫化物（mg/L）	≤1.0
12	总汞（mg/L）	≤0.001
13	总镉（mg/L）	≤0.005
14	总砷（mg/L）	≤0.1
15	铬（六价，mg/L）	≤0.1
16	总铅（mg/L）	≤0.1
17	总铜（mg/L）	≤1.0
18	总锌（mg/L）	≤2.0
19	总硒（mg/L）	≤0.02
20	氟化物（mg/L）	≤2.0（高氟区） ≤3.0（一般地区）
21	氰化物（mg/L）	≤0.5
22	石油类（mg/L）	≤10

续表

序号	主要指标	限量指标
23	挥发酚（mg/L）	≤1.0
24	苯（mg/L）	≤2.5
25	三氯乙醛（mg/L）	≤0.5
26	丙烯醛（mg/L）	≤0.5
27	硼（mg/L）	≤3.0
28	粪大肠菌群（个/L）	≤10 000
29	蛔虫卵数（个/L）	≤2

注：表内为二类灌溉水质标准值。

表24-3　中华人民共和国土壤环境质量标准
（GB15618—1995）　　　　（mg/kg）

指标	pH<6.5	pH=6.5~7.5	pH>7.5
镉≤	0.30	0.30	0.60
汞≤	0.30	0.60	1.0
砷≤	40	30	25
铜≤	50	100	100
铅≤	250	300	350
铬≤	150	200	250
锌≤	200	250	300
镍≤	40	50	60
六六六≤	0.50	0.50	0.50
滴滴涕≤	0.50	0.50	0.50

注：表内为在不同pH下土壤环境质量的二级标准值。

（三）品种类型

1. 正品

（1）广东大果种

树形高大，树干呈灰褐色，枝条带绿色，枝干有锋利的小刺，长枝挂果后易下垂，短枝多，嫩梢尖端紫红色。叶较大，与柚叶相似。果较大，产量较高，果实大小比较均匀，成熟时呈浅黄色，有特殊芳香气味。是佛手栽培品种中的佼佼者。但稍怕寒冷，在0 ℃以下时，嫩梢呈萎缩状态；夏忌酷热，到30 ℃以上时，枝叶呈缺水状态，持续时间长了，还会造成落果。

（2）南京种

树形高大，茎淡灰绿色，叶较小，长约8 cm，宽约5 cm，叶色青绿，嫩梢绿色。花白色，4~5月雄性花较多，6月下旬开始两性花较多。果实比广东大果种略小。幼果时落果严重，一般果实长至2 cm长时就不易落果。果实成熟时呈淡金黄色，果实大小不一，有拳果及开手果两种。此品种产量高，大小年现象不显著，树势生长旺盛，易生徒长枝及直立生长枝。表现耐寒性好，是露地栽种的主要品种。

（3）大种

树形高大，比南京种略小，树枝呈绿灰褐色，小枝不多，长枝容易下垂，露地栽种需搭架。叶较大，长约11 cm，宽约6 cm，叶深绿色，嫩梢暗紫色。花紫红色，较大，较南京种略大。果亦较大，最大的单果可达1 kg，多数呈握拳果。大小年现象显著，耐寒性较南京种差，产量也不高，在生产上较少种植。

（4）小种

茎多淡灰色，植株矮小，花白色。果小，成熟期较早，多呈握拳果集合状，香味足。抗寒性差，产量低。一般多供盆栽，少作栽培。

2. 混淆品种

佛手瓜：为葫芦科植物。原产于南美，现我国云南有栽培。果实可作蔬菜，但未见有药用报道。

（四）育苗技术

佛手的繁殖方法很多，有扦插、嫁接、高压或种子育苗实生繁殖。因为扦插繁殖迅速，又省工易行，适合于大规模生产，还能保持母本优良的经济性状，所以当前生产上多采用。不足的是根系不够发达，抗旱和抗寒能力较弱，相对来说产量不高，寿命也较短。而嫁接方法繁殖量小，技术性较强，没有扦插简便。但嫁接繁殖的苗木生长旺盛、结果早、产量高、寿命长，可以加速良种繁殖，可从中选出适合当地的丰产耐寒优良品种，用于培育优良品种。

1. 扦插繁殖

（1）育苗地

选择排灌方便、土壤质地肥沃、结构疏松的旱土或稻田。干旱缺水、含沙量大、过于低洼、黏重板结、贫瘠的地方均不宜。圃地选好后，要提早深翻、细耙，除尽杂草，然后每667 m² 施入充分腐熟的有机肥2 000 kg以上，再整成宽

1.3～1.5 m（包括行沟即步道）、高23～27 cm的畦（旱土可略低，17～20 cm便可），中间略高，向两侧倾斜，以防积水。畦整好后，用木板把表土压实。

（2）插条选择和截取

插条应选7～8年以上、生长健壮、无病虫害、产量较高而稳定的植株作为母树，从中挑选去年没有挂果的春梢或秋梢，也可选择当年生春梢（作为秋插），且生长粗壮的青绿色枝条为插穗。按18～20 cm（3～5个芽）为一段剪取，剪去叶片1/2和刺，下端的剪口在节下，这样有利于发根。用锋利的刀，将下端插口，按45°削成马耳形。插穗应随剪随削随插，有利于提高成活率。如不能及时扦插，应放在潮湿阴凉的地方，盖上湿物，防止水分过度蒸发，影响成活。如放置时间过久，插口干缩，应用刀重新削后再插。老枝条（木质化）扦插成活率高达90%以上，嫩枝条（半木质化）扦插成活率只有50%～60%，而且苗木纤弱。徒长枝、结果枝、细弱枝、过老和过嫩的枝，均不宜。

（3）扦插季节

佛手扦插以春梢萌发前（3月）为好，也可在8～9月高温多雨季节进行。前者为头年刚木质化的枝条，后者为当年的春梢（半木质化或已木质化）。扦插要掌握好时间，过迟过早都不理想。如3月扦插，一定要在萌动发芽前，萌发后，枝条内含养分被消耗，插后生根慢，影响成活和生长；过早，天气冷，生根也慢，时间长了还易腐烂，成活率也低。8～9月扦插，过早，插穗太嫩，内含营养物质不足，插后气温高、蒸发大，容易干死，相反，天气寒冷，易遭冻害。

（4）扦插的方法

1）苗床扦插

选择肥沃、疏松、带沙质的土壤，整细后做成宽1.2 m的苗床。插穗分嫩枝和老枝2种，嫩枝扦插是取当年的春梢在8月左右进行，过迟发根少，遇冬寒容易受冻害。行距20 cm，株距6 cm，注意不可倒插。每667 m²插1.2万~1.5万株。插后覆土压紧，使先端1个苞芽露出土面，插后用手将周围泥土捏实，使土壤与穗条吻合、密接，有利生根。老枝扦插在3月进行，当时还未有新梢，插穗选取头年枝，其他处理及扦插方法与春梢扦插相同。老枝扦插的成活率比嫩枝扦插高，也不需搭阴棚，但苗床上需盖草。由于春季雨水多，故只要在天气干旱时适当浇水即可。发根后除去盖草，清除苗床杂草。当年幼苗可长到0.5 m以上。此外，在平阳还有长枝扦插法，即在早春3~4月取2~3年生的枝剪成0.5~0.7 m长的插穗，选好定植的地方，挖穴深0.6 m，宽0.5 m，底层放些腐熟的厩肥，然后放土。每穴插入3个长插穗，入土1/4，下端不能与基肥接触，每个插穗相距20 cm左右。插后表土做成圆堆，以后施淡人粪尿肥3~4次，培育得好当年能长成0.7~1 m高的苗，两年后就能结果。

2）花盆扦插

花盆底部须有孔洞并覆以瓦片，以利流水及防止盆土流失。盆内用粗沙、细沙及适量稻壳灰混合，装至八分满，然后将枝条插在湿润的盆沙中，在30 cm左右的大盆中每盆插20~30枝，深7~10 cm。插后放在阴凉处，5~10天浇水1次，约1个月即可生根，2个月后可发芽。

（5）扦插后的培育管理

淋水防旱，搭棚防晒，到发根后可除去阴棚。如遇久旱，每天淋水1次，最好在傍晚，直至生根成活。以后每隔

7~10天1次，淋透。如果久雨不晴，则要疏通沟渠，排除积水，防止幼苗根系腐烂，叶片发黄而死亡。一般扦插后20~30天可生根，2个月可展叶，这时也是杂草滋生时期，必须及时除草，不能用锄，以防伤断根系。如果久晴，土壤表面干燥，可用小锄轻轻松土，增加土壤疏松、透性，有利于根系生长，还可防止板结、积水。同时，要及时施肥，结合中耕除草，应追施稀薄人畜粪尿水，每667 m^2用100 kg人尿，兑水500~750 kg，加速根系生长。以后每月1次，浓度可由稀到浓。防晒防冻，插后在盛夏除搭棚外，最好盖草，防烈日曝晒；又可减少土壤水分过度蒸发。8~9月扦插，冬天一定要做好防霜冻工作，可用塑料薄膜覆盖。经过8~10个月培育，当苗高40~50 cm时，便可移植大田。

2. 嫁接繁殖

嫁接一般在夏至前后、高温多雨季节进行。多采用香橼或柠檬作砧木，亲和力强，生长良好。砧木可用扦插苗或种子培育的实生苗，以实生苗为好，根系发达，抗逆性强。嫁接方法有靠接法和劈接法。

（1）靠接法

于8~9月进行。砧木选基部直径2~3 cm、根系发达、生长健壮的4~5年生植株。接时在茎基部分枝的下方切去分枝，仅留1个分枝，再于切去分枝部位的一边向下削去一层皮层，然后选上年春或秋季长出的枝条作插穗，其粗细与砧木相仿，在接穗中下部的一边削去长3~5 cm的部分皮层，切面与砧木的切面相靠吻合，使两面密合紧贴，在中部用塑料薄膜绑紧。约1周即能愈合。愈合后剪去接口以上的砧木部分及接口以下的接穗，成为新的植株。

（2）切腹接法

于3月上中旬，将砧木在地面以上3~6 cm处剪平，选光滑的侧面稍带木质处削斜切面，深1~1.5 cm。接穗须留2~3个芽，并将下端削成长1~1.5 cm的楔形削面，然后将接穗切皮的一边与砧木切口的一边相对直，紧密地插入砧木的切口内，对准形成层用塑料薄膜缚扎，约2周愈合并抽芽生长，45~60天后，接株开始抽梢，此时将包扎物除去，否则新株易长弯曲。

（五）移栽定植

1. 种植地选择

栽种佛手一定要选择阳光充足、排灌方便的带黑沙泥的沙质壤土，最好三面环抱成马蹄形的地形，地势选择15°以内的缓坡地，或平地也可。佛手喜湿润，忌水浸，所以种植地一定要起高垄。种植前要在头年秋冬深翻，经风化、熟化，并开好四周排水沟，做成高30~40 cm，宽1.3~1.4 m的畦（畦沟宽30~40 cm），再在畦上挖深、宽各50~60 cm见方的大穴，把心土、表土分开堆放，施入腐熟有机肥30~40 kg作基肥，拌匀待植。

2. 种植时间

于春秋两季均可定植，但以2~3月气温回升，新芽即将萌发时移植较好，过早有春寒，过迟苗已萌芽，成活率低。

3. 种植密度

佛手株行距为（2~2.5）m×（2.5~3.0）m，即每667 m² 140~100株适宜。若是利用田边地角零星闲地种植，可栽密些。

4. 种植方法

扦插或嫁接苗培育一年后可定植（见彩图24-5），选苗木高50 cm以上、粗壮无病虫害的为好，将分枝剪去，只留一主干，根长不要超过20 cm，过长可剪短，便于种植。栽种时，将穴中挖出的表土先放入穴下，再加入栏肥、堆肥等作基肥，拌和后再入少量泥土。每穴栽苗1株，扶正，使须根向四周扩展，用细土培根踩实，最后覆土稍高于地面，栽种后浇水，再培些土。定植以后需经常保持土壤湿润。

（六）田间管理

1. 合理间种

佛手栽后3年可开花结果，但此时杂草生长很快，要及时除草。把除下的杂草，覆盖在植株周围，腐烂变肥。3年以前株间间隙很大，为了充分利用空间、地力，抑制杂草生长，保证幼树生长，最好进行间种。间种作物以花生、黄豆、生姜、芋头、沙葛等短期、矮生作物为宜，也可间种豆科绿肥，达到改良土质、增进肥力的目的。而高秆、藤蔓、吸肥力强（如芝麻）的作物不宜。间种作物一定要与佛手植株保持一定距离，在佛手植株的树冠外围种植，要以利于佛手生长为前提。

2. 中耕除草

松土除草一般每月1次，根据佛手侧根和主根入土浅的特点，中耕不宜深，以免伤根。有草及时拔除，以免消耗养分。

3. 施肥

佛手是高产作物，但是以肥力为基础。佛手施肥应根据树龄大小、生长好差而定，一般1~3年时还未开花结果，是生长打基础阶段，每年施肥6次，即3~8月每月1次，以人畜粪尿水为主，或速效氮素化肥，每667 m^2 施400~500 kg，浓度不宜大，以稀为好。9月以后，不再施肥，防止秋梢徒长，造成冻害。

已结果的大树，一年追肥3次。春肥在2月现蕾前，夏肥在夏至前后，肥料一般以人畜粪水与菜饼为主，每667 m^2 还可施尿素0.25 kg加过磷酸钙0.5 kg混合加水100倍，根外施，促进树势旺盛和果实肥大。冬肥在10~11月佛手采收后，以菜饼、猪牛粪、过磷酸钙堆沤之后施用最好。经在产区试验，佛手施冬肥最关键，冬肥可使佛手越冬期不掉叶子，次年开春即开始开花。若冬肥不足，夏季花果不多，影响产量。秋末冬初为了保暖越冬，施肥1次。可用栏肥、堆肥或腐熟饼肥，每株用量看肥源及树形大小而定，10~25 kg均可。方法是，在树的四周开穴深施，施后盖土。

伏天耗水很多，容易产生生理落果，这时要及时淋水防旱，条件好的最好沟灌，让水渗透植地，效果更好。同时可进行浅中耕防旱。

4. 整枝修剪

佛手系常绿亚乔木，无一定树形，枝梢生长杂乱，必须每年进行合理修剪整形，使树势旺盛，促进结果枝形成及分布均匀，并减少大小年的差异，减轻病虫危害。

整枝修剪宜在3月萌芽前和冬季采完果实后进行。剪去衰弱枝、病枝和枯枝。佛手的短枝大都是结果母枝，应尽量保留；凡夏季生长的徒长枝和6～7月生长的嫩枝，除个别为树冠需要外都需剪去，因徒长枝和嫩枝不但消耗养料，且不结果或落花落果；秋分后生出的新梢，需适当留养，以备第2年结果，此营养枝，可剪除顶端1/3～2/3，促使其抽生结果短枝。佛手树刺很多，也消耗养料，且大风时易伤果实，操作时亦不方便，故也应剪去。

露地栽培佛手，定植当年必须摘心抹芽，留一主干，将30 cm以下的芽全部抹除，上部留3～5个壮芽，使将来形成3～5个茎干。以后因佛手生长旺盛，枝条繁茂，为保存果实，在夏季将未结果的枝条全部剪去，可利用其为插条。

5. 弯枝

为防止茎干徒长，使多发分枝，增加果枝，还应采用弯枝措施。弯枝是在株高1 m左右时，在9～11月选晴天进行。第1次弯枝可用竹篾片一端缚在树枝上，用力慢慢向下弯，至主干向下离地0.6 m高时，将竹片的另一端插入土中（见彩图24-6）。以后凡有向上生长的枝条都应进行弯枝。弯枝方向宜向畦里弯，以免妨碍管理。但在花芽分化期和开花结果时，不宜进行弯枝，否则会造成大量的落花落果。由于弯枝后树冠向四周扩展，使受光面增大，结果面相应增大，同时

树体矮化，便于今后的修剪、防寒、采收等，好处很多。

6. 疏花与摘芽

佛手在肥料过足，树势生长过旺，以及在树势衰老时期均能产生早花（4~6月开的花）。但早花大都为雄花，不结果，故需全部采摘。夏至前后的花一般能成果，但每一短枝只留1~2朵果花，若开有2~4朵花，应疏去多余小花，留1~2朵大花。佛手栽后2~3年，有的植株也会开花，这花也应及时摘除，有利树体骨架生长，为今后高产打基础。

在开花期间，由于气温高，雨量充沛，树干粗大，枝条上会萌生很多腋芽，必须全部抹去，以减少养分消耗，改善生长条件，达到减少落花，多结果实的目的。摘芽工作宜在立夏以后停止，以利树冠扩展。到5~6月，要对树体进行清理，将没有结果的枝条全部剪去，保证养分集中供应果实，但遇下雨，不宜动摇树干，否则会造成落果。

7. 束枝与搭架

夏秋之间，正是果实迅速膨大时期，常有台风、大风侵袭，容易产生落果，或树干断裂、折损。故需打桩、搭架加固。方法是：把附近几个结果较多的枝条，用绳索捆扎一起，形成集体力量，减少风的危害。

也可以用木桩在直垄的两端固定（垄长的则在中间加桩），再用粗绳缚牢，把佛手果枝架在绳上缚牢，以减少风的危害。结果较多的枝条，负荷过大，遇大风容易折断，或因摆动果实脱落，则可用支架撑住。

8. 盆栽佛手的管理

（1）施肥

施肥的时间和数量视植株年龄和长势而定。因盆栽容量少，应多次薄施。从清明前后盆搬出花房始到10月采收，可分4次施肥。春分到芒种施第1次，这时期施肥要很淡，在浇水时每隔5~7天在水中加10%~20%人粪尿以促进春梢生长，争取多结果实。芒种到大暑施第2次，此时植株生长旺盛，也是佛手盛花期和结果初期，需肥量增大，施肥可浓些，宜在浇水时每隔3~5天在水中加30%~40%人粪尿和发酵过的饼肥等混合肥。在梅雨季节，亦可用饼肥粉撒入盆内，增加肥力，促使多开花和减少落果。大暑至秋分施第3次，此时为佛手果实生长时期，施肥量应逐渐减少，每10天左右在浇水时加淡肥施1次，数量与第1次相同。立秋前15~20天不宜施肥，否则果实推迟成熟，小果易掉落；又因暑伏期内气温高，施肥稍不当会引起肥害，造成枝梢干枯。白露到霜降施第4次，此时是佛手采收季节，采果后浇水时加稀人粪浇施，以恢复树势，促进花芽分化，有利来年开花结果。

（2）换盆

换盆是盆栽佛手的一项重要工作。在春末发现盆株新梢抽生少，说明根的生长受到限制，需要换盆。一般1~3年换1次，宜在5~6月进行，太早气温低，影响生长。换盆时先将植株连泥取出，去掉底部一层沙及原来的盆土，适当修剪根部后移入新盆中，新盆内先放一层粗沙，再放适量焦泥灰肥土。种好后，再填入焦泥灰肥土，压实后土面比盆口低3~4 cm，以容纳一定水。

（3）浇水

盆栽佛手，因盆容量小，植株蒸发量大，所以浇水是经常性工作。除雨天外，几乎每天都需浇水，夏季一天浇3~4次。若浇水不及时，盆土干旱，枝叶即萎缩，影响产量。一般在放盆的园内都有池塘，池塘的位置最好设置在园中央，便于浇水。夏季用清凉流动的水，每次浇足；春季、冬季需让阳光充分照射池水，以提高水温，每次浇水不宜过多，以渗透为度，以免肥土冲刷。

（七）病虫草害的防治

佛手病虫害较多，危害较为严重，需要采取多种措施，进行综合防治（见彩图24-7）。

1. 病害

（1）黄龙病

1）发生症状及原因

本病时有发生，以秋冬干旱季节发病最多，全株性病害幼树更易发生。佛手树被害时，往往提前开花，果细小，落果严重，果实无光泽。初被害时，逐渐在一个枝条或几个枝条叶片开始失绿，色泽均匀地渐渐黄化，一般从树顶端或其外围开始先受害，手摸受害叶片有一种粗糙的，似皮革样硬质感觉，质硬且脆，容易脱落，叶脉呈肿胀状突起，逐步使全株黄化后大小根系腐烂，直至全株枯黄死亡为止。

佛手黄龙病的发生原因最初曾被认为是水害、镰刀菌危害或土肥管理不当等引发烂根而导致的植株地上部黄化。至20世纪50年代，试验证实本病可通过嫁接传染，因而被认为是一种病毒病害。70年代中后期，根据电镜下的病原形态特征以及对四环素和青霉素的敏感性，黄龙病病原被认定是一种寄生于韧皮部的类细菌。病原体呈圆形、卵圆形或长圆形，大小为（50~600）nm×（170~1 600）nm，其外围层厚度为13~33 nm，一般为20 nm。70年代试验证明，柑橘木虱的成虫和高龄若虫能传播此病。本病不能由汁液摩擦传病，土壤或其中的病树残根落叶也不能传病。而嫁接传病是一个重要的传播途径。

2）防治方法：

①农业措施有效的办法是截断传染途径，在各抽梢期认真杀灭木虱。

对病枝、病株及早识别，剪掉或挖除，并集中用火烧毁，以杜绝传染源。

②药剂防治。病害初期，喷药，可用烟叶500 g加水5 L浸出液，加入辣椒水（500 g辣椒加水50 L浸出液）、15 g氯霉素、九〇一农用增效展着剂15 mL混合过滤之后，隔5~7天喷1次，可有效抑制黄龙病蔓延扩展，喷药宜早不宜迟。

（2）佛手炭疽病

1）发生症状及原因

是由一种真菌引起的病害。植株被害后叶片上出现黄色小斑，后扩大成不规则大斑，略下陷，边缘黄褐色，微隆起，中间散布同心轮状排列的小黑点，后期于部分病斑处穿孔。4月下旬开始发病，6~8月盛发，10月后停止。

2）防治方法

①农业措施。清洁林地：结合冬季修剪，清除枯枝落叶，集中烧毁。选用接穗：在生长健壮、无病虫害的母树上剪取穗条，扦插前用1∶1∶300的波尔多液浸一浸，晾干扦

插。增加光照：育苗过程中，及时除去覆盖物，增加光照，改善通透条件和生长环境。提高自身的抗性。

②药剂防治。冬季清园后，在园内喷洒1∶1∶150的波尔多液，或者0.8~1.0波美度（波美度是过去用于间接表示比重的单位，现改用密度表示，在15℃下，1波美度相当于1.007 g/cm³）。石硫合剂，减少和消灭越冬病原菌。

在嫩叶期，喷0.3波美度石硫合剂（加1%洗衣粉），或0.5%等量波尔多液，或50%退菌特500~800倍液。

（3）佛手溃疡病

1）发生症状及原因

是由一种细菌引起的病害。叶片发病，开始在叶背出现黄色或暗黄绿色针头大小的油浸状斑点，逐渐扩大成为正、背两面隆起的米黄色至暗黄色近圆形病斑。以后病斑表皮破裂呈海绵状，隆起更显著，表面粗糙呈木栓化，灰白色或暗褐色，中央稍凹陷。病健部的分界处有褐色至暗褐色半透明的油浸状釉光边缘，周围有黄色或黄绿色晕环，后期病斑中央呈火山口状开裂。病斑大小一般直径为3~5 mm，大的可达7~8 mm，有时几个病斑合并成不规则的大病斑。天气多雨潮湿时，病斑上常有菌脓溢出。

枝梢上的病斑比叶片上的病斑木栓化程度较高，隆起更显著，黄褐色或灰褐色，近圆形或椭圆形，或环绕枝梢愈合成不规则形，病斑中央也呈火山口状开裂，病健部的分界处有暗褐色较窄的釉光边缘，但无明显黄色晕环。果实上的病斑和叶片上的相似，但病斑较大，一般直径4~5 mm，最大的可达12 mm。而且木栓化程度更高，隆起更显著，坚硬粗糙，呈海绵状，褐色，后期病斑中央的火山口状开裂比叶片显著。病斑边缘也有明显的油浸状外圈。在未着色的青果上，有的病斑周围也可见到黄色晕环。病斑仅限于果皮，不深入果肉。

病原菌潜伏于病部组织越冬，翌年春借助风雨、昆虫或枝叶接触传播。高温高湿的环境条件有利于发病。潜叶蛾等害虫危害严重时，造成大量伤口，都有利于病菌侵入，使发病严重。

2）防治方法

①农业措施。培育壮苗，要从苗期抓好，培育不带病的、生长健壮的苗木。

冬季清园，到了秋末冬初，果实采收后，剪除病枝病叶，并把园内的落叶、杂物一并清理，集中烧毁或深埋，减少越冬病原菌。

加强栽培管理，通过合理施肥、适当修剪、抹芽放梢和加强对潜叶蛾等害虫的防治工作等，可以减少发病或减轻危害。

②药剂防治。春梢萌发前后的4~5月，以及秋梢萌发期的8月喷药防治。药剂可选用1:1:（100~150）倍波尔多液；15%络氨铜水剂（消病灵）500倍液；77%可杀得可湿性粉剂500倍液；金核霉素水剂200~300倍液；25%噻枯唑可湿性粉剂（叶枯宁）1 000倍液；30%氧氯化铜悬浮剂700倍液；14%胶氨铜水剂300倍液；50%加瑞农可湿性粉剂500~800倍液；45%代森铵水剂500倍液；0.5%倍量式波尔多液；硫酸链霉素800 U/mL加1%酒精；10%增效双效灵水剂250~500倍液等。

（4）疮痂病

1）发生症状及原因

是由一种真菌引起的病害。发病初期，叶片上出现油渍状黄白色斑点，病斑扩大后呈木栓化，病组织隆起外突，呈圆锥状疮，正面下陷，背面突起，手触有极为粗糙的感觉。病斑多时会致叶片畸形扭曲。病菌也能危害枝梢和果实，均呈疮痂状突起。受害果实变小、粗糙，品质变劣。

病菌在老叶上越冬，翌年2~4月在病斑上产生分生孢子，开始感染春梢、新叶，可一直感染到10月中旬。

2）防治方法

同佛手炭疽病。

（5）烟霉病

1）发生症状及原因

又叫煤污病，是由一种真菌引起的病害。受害部初期发生暗褐色霉斑，扩大后形成黑色霉层，遮盖全叶，以致影响光合作用。后期在霉层上生出黑色小粒或刚毛状突出物，严重时能使植株落叶，造成枯株。

烟霉病菌以蚧虫类、蚜虫等分泌物为生，常在这类害虫危害的部位蔓延，春梢受害较轻，夏秋梢受害较重。

2）防治方法

①农业措施。清除病原，把病叶剪除，移出园外深埋，再撒上一层石灰盖土严实。同时，注意排水修剪，使通风透光。

②药剂防治。治理虫害，在蚜虫、介壳虫发生期，可喷洒40%乐果乳剂1 500~2 000倍液，每隔7~10天1次，连续2~3次。

病害发生期间喷1∶0.5∶（150~200）倍波尔多液，每隔7~10天1次，连喷2~3次。

（6）白粉病

1）发生症状及原因

是由一种真菌引起的病害。湿度过大时，叶被一层灰白色粉状物，严重时可出现黑点，使叶不能进行光合作用，影响生长。

2）防治方法

主要为化学防治

用细喷粉器，喷撒敌百虫乳剂800倍液（可多次喷撒，一次量不能过多）；喷洒0.2波美度石硫合剂（加1%洗衣粉）。

（7）衰退病

1）发生症状及原因

是由一种线状病毒引起的病害。植株往往部分大枝同时开始发病，也有植株是个别大枝先发病。植株开始发病时，病枝上不抽发或少抽发新梢。老叶失去光泽，主脉及侧脉附近明显黄化，不久即脱落。病枝从顶部向下枯死。病树一般是比较缓慢地凋萎，有时病树的叶片突然萎蔫，干挂树上，整株枯死。这种情况又称速衰病。该病可通过带病的苗木和接穗嫁接传播。在田间由橘蚜、棉蚜、橘二叉蚜和绣线菊蚜等传播，其中以橘蚜的传病率最高，棉蚜的传病率也较高。

2）防治方法

主要为农业措施。

①杀灭蚜虫，切断传染源。

②选用耐病砧木。

③利用弱系保护防止强毒系感染：即将弱毒系预先接种到植株上，然后再定植田间，可以明显减轻衰退病的危害。

2. 虫害、螨害

主要有柑橘红蜘蛛、柑橘潜叶蛾、柑橘潜叶甲、吹绵介壳虫、金兔子类、柑橘凤蝶、天牛、卷叶虫、北平扁蜗牛、吉丁虫及粉虱等。其中柑橘红蜘蛛、柑橘潜叶蛾及天牛的为害及防治可参见化橘红虫害有关内容。

（1）柑橘潜叶甲

1）发生症状及原因

俗称叶蛀虫，成虫从叶背取食叶肉，形成白斑或孔洞；幼虫危害症状似潜叶蛾，但虫道较宽，并有一条黑色粪便线。

2）防治方法

①农业措施。树干刷白，冬季结合刷白树干的同时，刮去地衣，堵塞裂缝，破坏其越冬场所，降低虫口密度。

②药剂防治。成虫活动期喷洒25%亚胺硫磷800倍液灭杀。

（2）吹绵介壳虫

1）发生症状及原因

若虫和雌虫危害枝叶。被害处形成黄斑，并引起佛手煤污病，轻则不能进行光合作用，严重时造成落叶、枯枝。以8～9月第2代若虫危害最重。

2）防治方法

①农业措施。保护瓢虫，冬季在树干束草把，保护澳洲瓢虫、大红瓢虫等天敌安全过冬。

人工捕捉，在2～3月虫卵孵化前剪除虫枝烧毁，成虫出现后，人工捕杀雌成虫。

②药剂防治。喷洒松脂合剂灭杀（可兼治梨圆蚧和黄糠片蚧），冬春季加水8～10倍，夏秋加水16～20倍，每隔15天喷1次，连续喷2～3次。

在介壳虫的卵孵化后，可喷40%乐果乳油1 000倍液，或25%亚胺硫磷乳油800～1 000倍液。

（3）金龟子类

1）发生症状及原因

危害佛手比较普遍，有的产区还比较严重，主要有铜绿金龟子、花潜金龟子和茶色金龟子。幼虫在表土危害根部和苗木根茎部位，成虫食性杂，食量大，以吃食叶片为生，对佛手危害很大，影响正常生长开花结果。

2）防治方法

①当金龟子成虫刚开始危害时，可用80%敌百虫晶体1 000倍液，或用40%乐果1 500倍液喷洒树冠，或浇注根部周围，灭杀幼虫。也可用烟骨水、石蒜液灭杀，每50 kg粪尿水加5 kg浸出液。

②利用金龟子的假死性，摇动树枝使它跌落地面，进行捕捉灭杀。利用其趋光性，可点黑光灯进行诱杀。

③7月为金龟子产卵盛期，在土表撒施5%大风雷颗粒剂，每667 m^2用量2 kg，杀死虫卵，减轻次年成虫发生量。

④施用充分腐熟的有机肥，并覆土盖严实，可减少成虫产卵量。

⑤在深翻土地时，拾捡幼虫（蛴螬）作为鸡鸭饲料。或者将石灰撒入土中，也可灭杀。

（4）柑橘凤蝶

1）发生症状及原因

以幼虫取食嫩叶、幼芽，幼苗受害较重。危害轻时叶呈缺刻，危害重时仅留主脉。

柑橘凤蝶1年可发生4代，有世代重叠现象。第1代幼虫在3月中上旬出现，4月下旬至5月上旬大量发生。第2代在5月中旬出现，6月上旬大量发生。第3代在7~8月发生。第4代在9月下旬大量发生，以蛹附于枝条上越冬。成虫在10：00以后飞舞交尾，白天在嫩梢及嫩叶尖上产卵，卵散生。

2）防治方法

①保护利用天敌。保护天敌寄生蜂。

②人工捕捉。冬季人工捕蛹，春季进行人工捕捉幼虫，产卵期间摘卵，都有一定的效果。

③药剂防治：3龄以后喷300倍青虫菌。

（5）卷叶虫

1）发生症状及原因

又叫丝虫、青虫。全年均可发生。以危害嫩芽期最多，尤其是春芽和幼果期危害最烈。幼虫吐丝将嫩叶结成一团茧，幼虫藏于其中危害，于花期危害造成落花，幼果期危害造成落果。

2）防治方法

①农业措施。人工灭杀，结茧期剪去叶片，灭杀幼虫和蛹。

②药剂防治。在落花后新梢初叶时，幼虫刚孵化，可喷洒松脂合剂12～20倍液。松脂合剂配制方法：老松香0.75 kg、碱0.5 kg、水2.5 L，先把碱溶解，将盛有2.5 L水的瓦钵煮至沸腾时，再把松香研末慢慢加入，边加边搅，使全部溶解，再煮20 min左右。钵内液体由褐色变黑褐色时，即成松脂合剂原液。用时按需加水，如用20倍液，即1 kg原液加水20 L。

（6）北平扁蜗牛

1）发生症状及原因

其形状为壳薄，极扁，高约2.7 mm，宽约5.8 mm，颜色多变异，但多数带褐色，少数黄色，也有白色的。喜潮湿，昼伏夜动，爬行于香橼、佛手、芋头、树干和枝叶上。危害叶片、舐食叶肉，剩下叶脉，受害处可见白色涎液呈旋状。

白天停止在叶片和树枝上。

2）防治方法

用蜗牛散或90%晶体敌百虫800倍液喷叶片上。

（7）吉丁虫

1）发生症状及原因

幼虫常在白天孵化出来，于树皮浅处危害，受害处出现分散芝麻状油滴，继后流褐色透明胶质物。幼虫向深层蛀食抵达形成层后即向上或向下、左右啃食，出现不规则的蛀道，黄白色虫粪充塞其中，使树皮与木质部分离，韧皮部枯死，树皮爆裂，危害严重时蛀道环割枝、干，枝枯树死。幼虫老熟后入侵木质部约5 mm深处，筑新月形蛹室，并向外蛀羽化孔，以木屑封住孔口，次年春天化蛹前，头端朝上方，身体缩短。在韧皮部越冬的低龄幼虫，第2年春天恢复取食，发育老熟后入侵木质部化蛹或就在韧皮部的危害处化蛹。

2）防治方法

①农业措施。加强栽培管理，做好抗旱、施肥、修剪、防冻、防日灼及其他病虫防治工作，促使植株生长健壮，树体光滑，提高抗虫力，减少成虫产卵机会。对受害较重而造成主枝枯死、残缺的植株，应注意培养新枝，更新树冠。结合季节性清园，及时清除死树枯枝并烧毁，以控制成虫羽化后继续传播危害。

②药剂防治。到5月成虫羽化时，用80%敌敌畏乳油，或90%晶体敌百虫800倍液，喷洒树干毒杀；在幼虫危害期，外表有流胶时，用刀削除幼虫，并用50%退菌特可湿性粉剂50 g，加40%乐果乳油25 g混合，再加水5 L涂干。

（8）粉虱

1）发生症状及原因

粉虱类昆虫，发育经过卵、若虫、蛹和成虫，雌、雄均有蛹期，接近完全变态。多以幼虫密集于叶背面吸食汁液，导致枝条纤弱，又因幼虫非泄蜜露，诱发煤烟病，枝叶发黑，生长减弱，抽梢减少，造成树势衰退，产量剧减。

2）防治方法

①农业措施。合理修剪，使园内通风透光，适时中耕除草，加强肥培管理，促使树势健壮。

②药剂防治。在若虫盛发期，可选用90%敌百虫800~1 000倍液，80%敌敌畏乳油1 500倍液，25%喹硫磷乳油1 000倍液，或松脂合剂15~20倍液。

③保护利用天敌。对天敌要加强调查，如黑刺粉虱的捕食天敌主要有红点唇瓢虫、草蛉，寄生性天敌有刺粉虱细蜂、斯氏寡节小蜂、金堂软蚧小蜂，这3种寄生蜂都寄生在黑刺粉虱1、2龄虫体内，是控制黑刺粉虱的有效天敌。粉虱的天敌有粉虱座壳孢菌。当每叶瓢虫在1头以上或寄生蜂在2头以上，即使黑刺粉虱达到每叶10头，也可不用药防治，应保护天敌来控制害虫。对天敌少的佛手地，可从寄生蜂发生多的田块引移天敌。

3. 草害

杂草的种类及防除可参见化橘红草害的有关内容。

（八）采收与加工

1. 采收

佛手采收要选择最佳时间，因佛手盛花期在立夏前后，这时结的果实大而多，果实成熟期在9～10月，当果实表皮由青绿渐渐变成黄白色，有的颜色金黄色时，表皮细胞消失，皮色嫩薄呈现亮光，并有特殊芳香气味，说明已近成熟，应及时采收（见彩图24-8、彩图24-9）。采收时用枝剪从果实基部剪下。切忌用手撕扯，以防折断果枝、碰掉花芽、碰伤叶芽。如果枝条衰老，不能继续结果，可以连枝条一并剪下。这时采收的果实，内含有效成分，如挥发油等最高，加工出来的商品，果肉色泽雪白鲜明，边缘呈橙黄色，习称"金边白肉"。中央无瓤和种子，质地松软，显得明亮，气味芬芳浓郁，味甜微苦，质量最佳，不仅疗效好，而且可以出口创汇。

如果采摘过早（7～8月），这时正是果实生长旺盛时期，含水分多，干物质（即有效成分，如挥发油等）积累少，不仅产量低（晒干率），质量也差，药用价值低。若采收过迟，也对质量有影响，加工出来的商品，颜色深（老），肉质粗（还可能有种子），质低劣，产量也低，疗效不高。所以佛手采收一定要适时，同时要求做到先熟先采、分期分批采收。一般情况：结实多的丰产树，可分2～3次采完；而树势弱但挂果多者，宜提早采收。以保证叶片多积累养分，增强抗寒能力，保证树体安全越冬。

采收佛手要注意雨天、阴天和早晨露水未干时不能采收，防止佛手腐烂。加工后未能及时晒干，质量降低。所以一定要选大晴天收摘。收摘回来要轻拿轻放，不能碰撞，影响加工质量。同时，把有病虫损伤的果实，选出来单独加工，以免混装而降低商品质量。

2. 加工炮制

（1）加工

佛手采收回来后，摊开晾三四天后，待水分略为蒸发，便可加工。纵切成5～8 mm的薄片，及时摊晒至干，或者用低温烘干（防止烘焦）。加工最好用刨刀刨片，厚薄均匀，工效较高。加工切（刨）片时一定要选择在上午8:00以后，将佛手片置太阳下摊平曝晒，当天晒至七八成干，次日抓紧晒至足干。这样的佛手片洁白、香味浓、品质好。如遇雨天、阴天，则会变黄，需要用火烘焙，但香味容易挥发，品质降低。同时要注意佛手鲜果和切片，切勿与酒接触，不然易于腐烂。

佛手要充分晾干，然后装入缸中或罐中，缸口要用麻袋盖严，使它密不通风，防止香味散失，降低等级。但是一定要等佛手热气散失后收藏，并防止潮湿、发霉、虫蛀。置阴凉干燥处保管。

加工场地环境和工具应符合卫生要求，晒场预先清洗干净，要远离公路，防止粉尘污染，同时应有防雨防家禽设置。

（2）炮制

取原药隔水蒸2～3 h，停火后闷2～3 h，取出晒干。主要作用是通过蒸制后辛燥性减缓、气味香醇。

3. 佛手花的采收加工

佛手花为芸香科植物佛手的干燥花朵。别名佛手柚花、手柑花、手橘花。根据佛手花期每年采收2次：春季花期的花多不成果，应全部采收；立夏花期的花，只采雄花和拾捡地下的落花。在佛手花含苞欲放时便要及时采收，这种花加工出来的商品色、香、形俱佳、质优。开放后的花质量稍次。同时采花一定不能过量，应留适量结果，否则会因小失大。

佛手花采收回来后，及时晾干。然后密封盛装，置于阴凉通风干燥处，防潮湿、防霉烂、防虫蛀。

（九）质量标准及监测

1. 药材鉴别

（1）鲜佛手

下部圆形，近柄处略窄，有残留果柄或柄痕。上部分枝，为圆柱形，如手指状，屈伸不一，长短参差，一般长12~16 cm，顶端稍尖或扭曲，外表皮橙黄色、黄绿色或棕绿色，有纵横不整的深皱及稀疏的疣状突起，较平坦的地方可见到细密的窝点，皮厚1.5~4 mm，内面果肉类白色或黄白色，散有黄色点状或纵横交错的维管束。质硬而脆，受潮后柔软。气芳香，果皮外部味辛微辣，内部味甘而后苦。

（2）佛手片

1）广佛手（指产于广东）

为纵切（刨）成薄片状，大小不一，晒干后常皱缩而卷曲，平展后呈手掌状，上端有数手指形的分裂，下端近圆形，有的基部有果柄痕。长6~14 cm，宽4~5 cm。因果肉白色，边缘橙黄色，誉称"金边白肉"。存放日久，渐渐变成黄白色至暗灰黄色。新鲜时可见皮下圆形凹点（油室）排列，中央无果瓤和种子。质地松软，可见维管束纵横散在中心处的果柄一端，开始维管束呈条状向上延展，粗而明显。切面可见有颗粒状凸起。味甜微苦。

2）川佛手（指产于四川）

以幼嫩果实纵切成厚片，果端具指状分枝，狭端具果柄或圆形果柄痕，长5~6 cm，宽2~4 cm，厚4~8 mm。表皮绿褐色，或黄绿色，密布小凹点状油室和皱纹，切面黄白色或淡黄褐色。显露切断后的维管束点状凸起。果瓣退化或偶在分枝处显露出退化的瓣瓣，但无种仁。质坚硬，不易折断。气微香、味微苦酸。广西佛手与川佛手相同。

佛手片质量规格标准

佛手片：干货，纵刨薄片，有指状分裂，边缘黄绿色或橙黄色，全片，白色或淡黄色，无霉点黑斑点，质柔润，气香，味微苦，片厚不超过2 mm，无虫蛀、霉变。

等外佛手片：干货，纵刨薄片，有指状分裂，边缘黄绿色或橙黄色，表面灰白色或棕黄色，带有轻微风霉或黑斑，质柔润、气香、味微苦，片厚不超过2 mm，无虫蛀霉变。

佛手商品均以片大呈掌状，薄片，金边白肉，气芳香、浓郁者为佳。

（3）佛手花

佛手花多为花蕾，或已开放的花朵，长1～1.5 cm，横径0.5 cm，表面淡黄色，基部有短花柄，花萼杯状，略有皱纹，花瓣4枚，呈广披针长卵形，外表可见众多细小的凹窝，质厚，两边向内卷曲。雄蕊多数，着生于花盘的周围，子房上部狭尖。气香、味微苦。

佛手花商品以花蕾大、淡棕黄色、完整、气味芳香者为佳。

浙江产的佛手花商品称"兰手花"，花朵多已开放，色老黄，花蕊外露。因浙江佛手果实较小，较细，所以以采花为主，故产量较多。

四川产的佛手花商品称为"川手花"，花朵多未开放，色黄。表面有不明显的细茸毛，质量比较优良。

广东的佛手花商品称"广手花"，因主产地的佛手质量好，所以多以采果加工佛手片为主。故佛手花商品不多，较少上市。

2. 主要化学成分

1）香豆精类化合物

主要为佛手内酯、柠檬内酯、顺式头-尾-3, 3′, 4, 4′-柠檬油素二聚体、顺式头-头-3, 3′, 4, 4′-柠檬油素二聚体、6, 7-二甲基香豆素、柠檬苦素。

2）黄酮类化合物

含香叶木苷、3, 5, 6-三羟基-4′, 7-二甲氧基黄酮、3, 5, 6-三羟基-3′, 4′, 7-三甲氧黄酮、3, 5, 8-三羟基-7, 4′-二甲氧基黄酮。

3）其他

含有挥发油、β-谷甾醇、胡萝卜苷、对羟基苯丙烯酸、棕榈酸、琥珀酸。

3. 重金属、农药残留等的限量指标

依据中华人民共和国商务部发布、2001年7月1日起实施的《药用植物及制剂进出口绿色行业标准》（见本书附录3）进行检测。《药用植物及制剂进出口绿色行业标准》是我国第一个以国家政令的形式发布的中药进出口国家标准，并在国际上第一次确立了"绿色中药"的概念；它规定了药用植物及制剂的绿色品质标准，包括药用植物原料、饮片、提取物及其制剂等的质量标准和检验方法。

（十）包装、贮藏及运输

1. 包装

佛手干片采用无毒塑料包装袋包装。按照《中药材生产质量管理规范（试行）》（GAP）的要求，包装前应再次抽查，清除劣质品和杂质，包装器材应无污染，要清洁干净、干燥、无破损；包装袋上应有包装记录，内容应包括：品名（佛手）、批号、规格、重量、产地、工号、日期等。

2. 贮藏

佛手片存放时应密闭贮藏，防止香气散失，置阴凉干燥处，注意防潮、防虫、防霉变。时间过长佛手片颜色由白色、黄白色转为暗灰黄色。长期贮存应放入冷藏库。

3. 运输

药材批量运输时，注意不能与其他有毒、有害的物质混装；防止包装破裂；防止高温、曝晒；运输容器应具有较好的通气性，以保持干燥，遇阴雨天应严密防潮。

（贺　红）

参 考 文 献

高幼衡，徐鸣华，刁远明．2002．佛手化学成分的研究［J］．中药新药与临床药理，13（5）：315～316

高幼衡，黄海波，徐鸿华．2002．广佛手挥发性成分的GC-MS分析

[J]．中草药，23（10）：883-884．

国家药典委员会．2000．中华人民共和国药典：一部[M]．北京：化学工业出版社．

国家药政管理局，中国药品生物制品检定所．2000．现代实用本草[M]．北京：人民卫生出版社．

国家中医药管理局《中华本草》编委会．1998．中华本草[M]．上海：上海科学技术出版社．

何天福．1999．柑橘学[M]．北京：中国农业出版社．

贺红，高幼衡，黄海波，等．2002．广佛手标准生产技术规程：试行稿[J]．GAP研究与实践，2（4）：35-38．

贺红，张桂芳，潘超美，等．2005．佛手柑黄龙病发生初报[J]．植物病理学报，35（2）：190-192．

贺红，潘超美，黄海波，等．2003．广佛手GAP试验示范基地环境质量的研究[J]．现代中药研究与实践，17（3）：22-23．

江苏新医学院．1997．中药大辞典[M]．上海：上海人民出版社．

李锦开，李振纪．1994．中国木本药材与广东特产药材[M]．北京：中国医药科技出版社．

李时珍．1987．本草纲目：点胶本[M]．北京：人民卫生出版社．

徐国钧，徐珞珊，王峥涛．1997．常用中药材品种整理和质量研究（南方协作组）：第四册[M]．福州：福建科学技术出版社．

徐鸿华．2001．南方药用植物栽培技术[M]．广州：南方日报出版社．

张桂芳，林小桦，贺红．2003．广佛手主要病害及其综合防治[J]．现代中药研究与实践，17（5）：9-11．

郑虎占，董泽宏，佘靖．1997．中药现代研究与应用[M]．北京：学苑出版社．

附

广佛手规范化生产标准操作规程（SOP）

前　言

本规程由广州中医药大学承担的国家重点科技攻关计划专题"广佛手中药材规范化种植研究"课题组提出，并归口科技部。

本规程起草单位：广州中医药大学、广东省德庆县武垄镇经济发展总公司。

本规程主要起草人：贺红、高幼衡、黄海波、徐鸿华（广州中医药大学）、龙庆军、冯瑞文（德庆县武垄镇经济发展总公司）。

本规程委托广州中医药大学"广佛手中药材规范化种植研究"课题组负责解释。

第一章　总　则

1.1　为保证中药材质量，促进中药标准化、现代化，依据广佛手药材的生长特点和国家药品监督管理局局令《中药材生产质量管理规范（试行）》的要求，制定本标准操作规程（SOP）。

1.2　本规程内容包括总则，产地自然条件，品种，育苗，栽植与田间管理，主要病虫害的防治，采收与加工，留种技术，质量标准，包装、贮藏与运输，人员和设备，文件管理等，是广佛手中药材生产和质量管理的具体操作方法。

1.3　广佛手GAP生产基地——广东省德庆县武垄镇运用标准

操作规程管理和质量监控手段，保护生态环境，坚持"最大持续量"原则，实现资源的可持续利用。

1.4 本规程适用于广佛手的其他种植地。

1.5 引用标准 下列文件中的条款被本标准引用则为本标准的条款。

1.5.1 《中华人民共和国环境空气质量标准》（GB3095—1996）。

1.5.2 《中华人民共和国农田灌溉水质标准》（GB5084—1992）。

1.5.3 《中华人民共和国国家土壤环境质量标准》（GB15618—1995）。

1.5.4 《中华人民共和国药典（一部）》（2000年版）。

1.5.5 国家药品监督管理局《中药材生产质量管理规范（试行）》。

1.5.6 中华人民共和国商务部《药用植物及制剂进出口绿色行业标准》。

1.5.7 科技部科学技术发展中心《中药材规范化种植研究项目实施指导原则及验收标准》。

1.6 定义。

1.6.1 GAP 即英文Good Agriculture Practice的缩写，指中药材生产质量管理规范。

1.6.2 SOP 即英文Standard Operation Practice 的缩写，指中药材规范化生产标准操作规程。

1.6.3 最大持续量 指不危害生态环境，可持续生产（采收）的最大产量。

1.6.4 生物肥料 指利用生物活体或生物代谢过程中产生的具有生物活性的物质或从生物体提取的物质作为提高作物产

量品质的肥料。
1.6.5 生物源农药 指利用生物活体或生物代谢过程中产生的具有生物活性的物质或从生物体提取的物质作为防治作物病虫害的农药。
1.6.6 质量标准 指对药材的质量规定和检验方法所作的技术规定。

第二章 产地自然条件

2.1 广佛手主产于广东肇庆、高要、德庆、云浮、四会、郁南等地。
2.2 生态条件。
2.2.1 温度 生长适宜温度22~24℃，越冬温度5℃以上。
2.2.2 光照 年日照时数1 200~1 800 h为宜。
2.2.3 水分 年降水量以1 000~1 200 mm为宜。
2.2.4 土壤 适合在土层深厚、疏松肥沃、富含腐殖质、排水良好的酸性壤土、沙壤土或黏壤土中生长。
2.3 广佛手种植研究地——广东省德庆县武垄镇：地理位置处于东经111°30′~112°15′，北纬23°04′~23°30′的范围内；属亚热带季风性气候，雨量充沛，阳光充足，气候温和，年平均气温20~21.5℃，最热的7月平均气温在27.3~28.7℃，最冷的1月平均气温在11.2~12.5℃，年降水量为1 418~1 705 mm。适宜广佛手的生长。
2.4 环境质量。
2.4.1 环境空气达到《中华人民共和国环境空气质量标准》（GB3095—1996）二级以上标准。
2.4.2 灌溉水达到《中华人民共和国农田灌溉水质标准》（GB5084—1992）。

2.4.3 土壤环境质量达到《中华人民共和国土壤环境质量标准》（GB15618—1995）二级以上标准。

第三章 品　　种

品种为佛手 Citrus medica L. var. sarcodactylis Swingle。

3.1　形态描述　为芸香科常绿小乔木或大灌木。植株高2~3m，枝具刺，老枝灰绿色，幼枝略带紫红色。叶片大，长8~15cm，宽3~6cm。花单生、簇生或数朵构成总状花序，腋生于枝梢上部，花瓣内白色，外紫色微带紫晕。果大，卵形或长圆形，有棱，顶端开裂，分裂如拳或张开如指，形略似拳状或手指状，故名"佛手"，裂纹如拳者称拳佛手，张开如指者，叫做开佛手。果皮厚，表面粗糙，橙黄色，果肉淡黄色。

3.2　品种鉴定　由国家授权的法定检测机构鉴定，出具品种鉴定证明。

第四章 育　　苗

采用无性繁殖法，培育苗木。

4.1　扦插繁殖。

4.1.1　扦插季节　广佛手扦插以春梢萌发前（3月）为好，也可在8~9月高温多雨季节进行。前者为前一年刚木质化的枝条，后者为当年的春梢（半木质化或已木质化）。

4.1.2　插条选择和处理　插条应选7年生以上、生长健壮、无病虫害、产量较高而稳定的植株作为母树，从中挑选前一年没有挂果的春梢或秋梢，也可选择当年生春梢（作为秋插），生长粗壮的青绿色枝条为插穗。按18~20cm（3~5个芽）为一段剪取，剪去叶片1/2和刺，下端的剪口在节下，这样有利于发根。用锋利的刀，将下端插口，按45°削成马耳形。插穗应随剪随削随插，有利于提高成活率。

4.1.3 扦插方法 选择肥沃、疏松、带沙质的土壤，整细后做成宽1.2 m的苗床。行距20 cm，株距6 cm，注意不可倒插。每667 m²插1.2万～1.5万株。插后覆土压紧，使先端1个苞芽露出土面，插后用手将周围泥土按实，使土壤与穗条吻合、密接，有利生根。一般扦插后20～30天可生根，2个月可展叶，经过8～10个月培育，当苗高40～50 cm时便可移植大田。

4.1.4 插条苗的管理。

4.1.4.1 遮阴 扦插后，需搭棚防晒，插后在盛夏除搭棚外，最好盖草，防烈日曝晒；又可减少土壤水分过度蒸发，到发根后可除去阴棚。

4.1.4.2 灌排水 淋水防旱，如遇久旱，每天淋水1次，最好在傍晚进行，直至生根成活。以后每隔7～10天1次，淋透。如果久雨不晴，则要疏通沟渠，排除积水，防止幼苗根系腐烂，叶片发黄而死亡。

4.1.4.3 除草 及时除莗，不能用锄，以防伤断根系。如果久晴，土壤表面干燥，可用小锄轻轻松土，增加疏松、透性，有利于根系生长，还可防止板结、积水。

4.1.4.4 施肥 及时施肥，应追施稀薄人畜粪尿水，每667 m²用100 kg人粪尿，兑水500～750 L，加速根系生长。以后每月1次，浓度可由稀到浓。

4.2 嫁接繁殖。

4.2.1 靠接法 于8～9月进行。砧木选基部直径2～3 cm、根系发达、生长健壮的4～5年生植株。接时在茎基部分枝的下方切去分枝，仅留1个分枝，再于切去分枝部位的一边向下削去一层皮层，然后选上年春或秋季长出的枝条作插穗，其粗细与砧木相仿，在接穗中下部的一边削去长3～5 cm的部分皮层,将切面对准砧木的切面相靠吻,使两面密合紧贴,在中部用塑料薄膜绑紧。接后约1周即能愈合。愈合后剪去接口以上的砧木部分及剪去接口以下的接穗,成为新的植株。

4.2.2 切腹接法 于3月上中旬将砧木在地面以上3~6cm处剪平,选光滑的侧面稍带木质处削斜切面,深1~1.5cm。接穗须留2~3个芽,并将下端削成长1~1.5cm的楔形削面,然后将接穗切皮的一边与砧木切口的一边相对直,紧密地插入砧木的切口内,对准形成层用塑料薄膜缚扎,约2周后就愈合并抽芽生长,这时应结合松土除草并削平。45~60天,接株开始抽梢,此时必须将包扎物除去,否则新株易长成弯曲。

第五章 栽植与田间管理

5.1 栽植。

5.1.1 栽植地选择与整地 选择阳光充足、排灌方便的带黑沙泥的沙质壤土,最好三面环抱成马蹄形的地形,地势选择15°以内的缓坡地,或平地也可。种植地要起高垄。种植前要在前一年秋冬深翻,经过风化、熟化,开好四周排水沟,再整成高30~40 cm,宽1.3~1.4 m的畦(畦沟30~40 cm),再在畦上挖深、宽各50~60 cm见方的大穴,把心土、表土分开堆放,施入腐熟有机肥30~40 kg作基肥,拌匀待植。

5.1.2 栽植季节 于春秋两季均可定植,但以2~3月气温回升,新芽即将萌发时移植较好,过早有春寒,过迟苗已萌芽,成活率低。

5.1.3 种植密度 广佛手株行距为(2~2.5)m×(2.5~

3.0）m，即每667 ㎡ 140～100株适宜。若是利用田边地角零星闲地种植，可栽密些。

5.1.4 栽植方法 扦插或嫁接苗培育一年后，苗木高50 cm以上、粗壮无病虫害的为好，将分枝剪去，只留一主干，根长不要超过20 cm，过长可剪短，便于种植。栽种时，将穴中挖出的表土先放入穴下，再加入栏肥、堆肥等作基肥，拌和后再入少量泥土。每穴栽苗1株，扶正，使须根向四周扩展，用细土培根踩实，最后覆土稍高于地面，栽种后浇水，再培些土。定植以后应经常保持土壤湿润。

5.2 田间管理。

5.2.1 中耕除草 松土除草一般每月1次，根据广佛手侧根和主根入土浅的特点，中耕不宜深挖，以免伤根。有草应及时拔除，以免消耗养分。

5.2.2 灌排水 定植初期，每天早、晚淋水，以浇湿畦面为度，严防积水。伏天耗水很多，容易产生生理落果，这时要及时淋水防旱，最好沟灌，让它渗透植地，效果更好。

5.2.3 施肥 广佛手施肥应根据树龄大小、生长好差而定，一般1～3年，是生长打基础阶段，每年施肥6次，即3～8月每月1次，以人畜粪尿水为主（或速效氮素化肥），每667 ㎡ 400～500 L，浓度不宜过大，以稀为好。9月以后，不再施肥，防止秋梢徒长，造成冻害。

　　已结果的大树，一年追肥3次。春肥在2月现蕾前，夏肥在夏至前后，肥料一般以人畜粪水与菜饼为主，每667 ㎡还可施尿素0.25 kg加过磷酸钙0.5 kg混合加水100倍，根外施，促进树势旺盛和果实肥大。冬肥在10～11月广佛手采收后，以菜饼、猪牛粪、过磷酸钙堆沤之后施用最好。

5.2.4 整枝修剪 整枝修剪宜在3月萌芽前和冬季采完果实

后进行。剪去衰弱枝、病枝和枯枝。广佛手的短枝大都是结果母枝，应尽量保留；凡夏季生长的徒长枝和6~7月生长的嫩枝，除个别为树冠需要外都需剪去，因徒长枝和嫩枝不但消耗养料，且不结果或落花落果；秋分后生出的新梢，应适当留养，以备第2年结果，此营养枝，可剪除顶端1/3~2/3，促使其抽生结果短枝。佛手树上刺很多，也消耗养料，且大风时易伤果实，操作时亦不方便，故也应剪去。

定植当年必须摘心抹芽，留一主干，将30cm以下的芽全部抹除，上部留3~5个壮芽，使将来形成3~5个茎干。以后因佛手生长旺盛，枝条繁茂，为保存果实，在夏季将未结果的枝条全部剪去，并利用为插条。

5.2.5 弯枝 为防止茎干徒长，使多发分枝，增加果枝，须采用弯枝措施。弯枝是在株高1m左右时，在9~11月选晴天进行。第1次弯枝可用竹篾片一端缚在树枝上，用力慢慢向下弯，至主干向下离地0.6m高时，将竹片的另一端插入土中。以后凡有向上生长的枝条都必须进行弯枝。弯枝方向宜向畦里弯，以免妨碍管理。但在花芽分化期和开花结果时，不宜进行弯枝，否则会造成大量的落花落果。由于弯枝后树冠形成向四周扩展，这样受光面增大，结果面相应增大，同时使树体矮化，便于今后的修剪、防寒、采收等，好处很多。

5.2.6 疏花与摘芽 广佛手因肥料过足，树势生长过旺，以及在树势衰老时期均能产生早花（4~6月开的花）。但早花大都为雄花，不结果，故应全部采摘。"夏至"前后的花一般能成果，但每一短枝只要留1~2朵果花，若开有2~4朵花，应疏去多余小花，留1~2朵大花。

在开花期间，由于气温高，雨量充沛，树干粗大，枝条上会萌生很多腋芽，必须全部抹去，以减少养分消耗，改善生长条件，达到减少落花，多结果实。摘芽工作宜在立夏以后停止，以利树冠扩展。到了5~6月，要对树体进行清理，将没有结果的枝条全部剪去，保证养分集中供应果实，但是如遇雨天，不宜动摇树干，否则会造成落果。

5.2.7 束枝和搭架 夏秋之间，正是果实迅速膨大时期，常会受到台风、大风的侵袭，容易产生落果，或树干断裂、折损。故需打桩、搭架加固。方法是：把附近几个结果较多的枝条，用绳索捆扎一起，形成集体力量，减少风的危害。

也可以用木桩在直垄的两端固定（垄长的则在中间加桩），再用粗绳缚牢，把佛手果枝架在绳上缚牢，以减少风的危害。结果较多的枝条，负荷过大，遇大风容易折断，或因摆动果实脱落，则可用支架撑住。

第六章 主要病虫害的防治

坚持贯彻保护环境、维持生态平衡的环保方针及预防为主、综合防治的原则，采取农业防治、生物防治和化学防治相结合，做好病虫害的预测预报和药效试验，提高防治效果，禁止使用国家禁用农药，将病虫害对广佛手的危害降低到最低程度。

6.1 农业防治。

6.1.1 清洁田园 冬季结合修剪，剪去病梢和病叶，同时清除园内落叶和落果，集中烧毁，以减少病虫源。对黄龙病要及时拔除病株集中烧毁。

6.1.2 加强栽培管理 重视修剪，使果园通风透光，降低湿度，同时要做到合理施肥、注意排灌，促使树势健壮，新梢抽发整齐，以提高抗病虫能力和减轻为害。

6.2 药物防治 广佛手主要病害有：炭疽病、溃疡病；主要的虫害有：柑橘红蜘蛛、柑橘潜叶蛾、柑橘潜叶甲等。

6.2.1 生物农药防治病害 用大连产的好普牌高效生物免疫杀菌剂，稀释1 000倍液喷雾，每隔7天喷1次，连喷3次。

6.2.2 化学农药防治病害。

6.2.2.1 炭疽病是由真菌引起的病害，可喷50%可湿性托布津粉剂800倍液，50%多菌灵可湿性粉剂1 000倍液每隔15天喷药1次，连喷2~3次。

6.2.2.2 溃疡病是由细菌引起的病害，可喷15%络氨铜水剂（消病灵）500倍液；77%可杀得可湿性粉剂500倍液；25%噻枯唑可湿性粉剂（叶枯宁）1 000倍液等，每隔10~15天喷1次，共喷3次。

6.2.3 生物农药防治虫害 2.5%鱼藤精乳油稀释800~1 000倍。

6.2.4 化学农药防治虫害 用90%固体敌百虫稀释500~1 000倍液；24%万灵水剂稀释1 000~2 000倍液等，一般7~10天喷1次，连续喷3~5次。

第七章 采收与加工

7.1 采收。

7.1.1 采收季节 广佛手采收要选择最佳时间，因广佛手盛花期在"立夏"前后，这时结的果实大而多，果实成熟期在9~10月，当果实表皮由青绿渐渐变成黄白色时，有的颜色金黄，表皮细胞消失，皮色嫩薄呈现亮光，并有特殊芳香气味，说明已近成熟，必须及时采收。

7.1.2 采收方法。

7.1.2.1 采收时用枝剪从果实基部剪下。切忌用手扯撕，以防折断果枝、碰掉花芽、碰伤叶芽。如果枝条衰老，不能继续结果,可以连枝条一并剪下。

7.1.2.2 采后,摊开晾三四天,待水分略为蒸发,便可加工。

7.2 产地加工。

7.2.1 加工最好用刨刀刨片,纵切成5~8 mm的薄片。

7.2.2 加工切片时一定要选择8:00以后进行。

7.2.3 刨出的片置太阳下摊平曝晒,当天晒至七八成干时,次日抓紧晒至足干或者用低温烘干(防止烘焦)。

7.2.4 如遇雨天、阴天,则会变黄,需要用火烘焙,但香味容易挥发,品质降低。

第八章 留种技术

8.1 选7年生以上、生长健壮、无病虫害、产量较高而稳定,具有典型广佛手特征性状的树作留种母树。

8.2 将选有留种树的田块作为留种田。

8.3 留种地管理应做好母树的越冬防寒及病虫防治工作。

第九章 质量标准

根据《中华人民共和国药典(一部)》(2000年版)、企业标准和购销合同,按每批件数的1%随机抽捡样品。

9.1 药材质量标准。

9.1.1 水分不得超过15.0%。

9.1.2 醇溶性浸出物不得少于10.0%。

9.1.3 总灰分不得超过10.0%。

9.1.4 酸不溶性灰分不得超过0.1%。

9.2 重金属限量指标。

9.2.1 重金属总量≤20.0 mg/kg。

9.2.2 铅(Pb)≤5.0 mg/kg。

9.2.3 镉（Cd）≤0.3 mg/kg。

9.2.4 砷（As）≤2.0 mg/kg。

9.2.5 汞（Hg）≤0.2 mg/kg。

9.3 农药残留限量指标。

9.3.1 滴滴涕（DDT）≤0.1 mg/kg。

9.3.2 六六六（BHC）≤0.1 mg/kg。

9.3.3 五氯硝基苯（PCNB）≤0.1 mg/kg。

9.3.4 艾氏剂（Aldrin）≤0.02 mg/kg。

9.4 黄曲霉毒素限量指标 黄曲霉毒素B_1（Aflatoxin）≤5.0 μg/kg。

第十章 包装、贮藏及运输

10.1 包装。

10.1.1 选用不易破损、干燥、清洁、无异味的包装容器，以保证药材在运输、贮藏、使用过程中的质量。

10.1.2 发送中药材必须有包装标签，标明药材品名、产地、采收日期及注意事项等（格式如下）。

药材名称：

产　　地：

采收日期：

采收单位：

调出日期：

调出单位：

调出数量：　　　包

包装重量：　　　kg/包

注意事项：

附：药材质量检验单

10.2 贮藏。

10.2.1 选择通风、干燥、无污染的环境作专用仓库，并采用控温（30℃以下）、控湿（相对湿度70%～75%）技术，防止霉变。

10.2.2 彻底灭菌，消灭虫源，防止发生虫蛀。

10.3 运输 运输工具应有通风设备，防止日晒、雨淋、潮湿、损坏、污染。

第十一章 人员和设备

11.1 人员。

11.1.1 从事中药材生产的人员均应具有基本的中药学、农学常识，并经过生产技术、安全及卫生学知识培训。

11.1.2 从事田间工作的人员应熟悉栽培技术，特别是农药的施用及防护技术。

11.1.3 从事加工、包装、检验人员应定期进行健康检查，患有传染病、皮肤病、外伤性疾病等不得从事直接接触药材的工作。

11.1.4 对从事药材生产的有关人员应定期培训与考核。

11.2 设备。

11.2.1 药材生产单位应备齐药材生产必须的设备。

11.2.2 生产企业生产和检验用的仪器、仪表、量具、衡器等其适用范围和精密度应符合生产和检验的要求，有明显的状态标志，并定期校验。

第十二章 文 件 管 理

12.1 文件。

12.1.1 生产企业应有生产管理、质量管理等标准操作规程。

12.1.2 药材生产全过程均应详细记录。

12.2 管理 将上述文件资料全部归入档案收载。

12.2.1 由具有一定文化而且责任心强的人员作为记录员专门记录。

12.2.2 档案保管员要掌握档案分类和保管的基本知识。

12.2.3 记录员、档案保管员要求由相对固定的专人负责。

附则 本规程（SOP）制定时间为2002年7月。本规程起草单位将根据有关研究进展与执行中的反馈情况对本规程内容进行修订，并不定期发布新版本。

二十五、陈皮（广陈皮）

（一）概　述

1. 来源

广陈皮为芸香科植物茶枝柑 Citrus reticulata 'chachi' 的干燥成熟果皮。苦、辛，温。归肺、脾经。具有理气健脾，燥湿化痰的功效。用于胸膈胀满，食少吐泻，咳嗽痰多。

2. 药用价值

以广陈皮中的橙皮苷为主制成的橙皮苷片、复方橙皮苷胶囊及橙维C等，是用于治疗或预防高血压、脑溢血或其他出血性疾病的良好药物，具有扩张冠脉血管、维持血管正常渗透压、降低毛细血管脆性等作用。还可用于治疗风湿性关节炎与风湿热等。以广东皮中的挥发油制成的复方橘油乳剂、复方Ⅱ号橘皮油乳剂及橘皮油环己二胺四乙酸乳剂等，对胆石症、胆石素类结石及残留胆石均有显著疗效。入伍为二陈汤、六君子汤等，对咳嗽多痰有较好疗效。配伍蛇胆陈皮散，有顺气化痰、祛风健胃、止呃平喘的作用，对小儿尤为适用。入伍为平胃散、橘皮竹茹汤等，对消化不良、食欲不振及恶心呕吐有显著效果。

3. 产地分布

茶枝柑主要种植在广东省江门市新会区，惠州市和肇庆市也有少量分布（见彩图25-1）。

（二）生物学特性

1. 植物学特性

树冠直立，枝细长，多直立密生，树冠呈不规则圆形。叶狭长椭圆形，长3~4 cm，宽1.2~2 cm，先端凸尖，尖端微凹，叶缘波状；叶翼不明显。果实扁圆形，纵径4~6 cm，横径5~6.5 cm；果皮橙黄色，光滑度中等，较易剥离，油胞圆形较大；果顶平；中心柱略空虚，囊瓣12。种子20粒左右，楔形或卵形，子叶白色，胚绿色略黄。果肉质软，汁液多，味甜略酸。果熟期11月中旬至12月上旬（见彩图25-2、彩图25-3）。

2. 生长发育规律

（1）发根

茶枝柑在春梢前已开始发根，春梢大量生长时，根群生长微弱，在大量春梢转绿后，根群生长开始活跃。至夏梢发生前达到生长高峰，以后当秋梢大量发生前和转绿后又出现根的生长高峰。根据发新根的高峰期，栽培管理上要采取相应的施肥、灌溉、松土和覆盖等农业技术措施，以促发更多的新根，为地上部生长结果打下坚实的基础。

（2）抽梢

茶枝柑的枝梢根据功能不同可分为营养枝、结果枝和结果母枝。幼年树和青壮年树在肥水充足的条件下，一年可萌发3~5次新梢，依发生时期可分为春梢、夏梢、秋梢和冬梢。由于季节、温度和养分吸收不同，各次梢的形态和特性各异。现将各次梢分述如下：

春梢：一般在2~4月萌发的新梢称为春梢。春梢发梢多而齐一，枝梢较短，节间较密，多数品种叶片较小，先端尖。春梢能发生夏、秋梢，也能成为翌年的结果母枝，老年树的春梢成为结果母枝占比例更高。因此，老年树应特别注意培养好春梢。

夏梢：一般在5~7月萌发的新梢称为夏梢。夏梢的生长次数与温度、树龄、树势、挂果量等关系较大。生势弱、结果多的树则甚少发生夏梢。夏梢发生于高温多湿季节，生势旺盛，生长迅速，枝梢粗长，呈菱形，节间长，叶片大而厚，叶端钝，任其自然生长参差不齐，易出现徒长。利用夏梢，幼年树可以加速树冠的形成，衰老树可以更新树冠。发育充实的夏梢也能成为翌年的结果母枝，但夏梢大量萌发往往会造成大量落果，应针对实际情况加以利用和控制。

秋梢：在8~10月抽发的新梢称为秋梢。秋梢生长初期处在高温多雨季节，有利于萌发生长，而生长后期则处于干旱凉爽天气，有利于充实，故秋梢的长度及生势适中，枝梢长度、叶片大小介于春、夏梢之间。秋梢是青壮年树的优良结果母枝。

冬梢：在11~12月抽发的新梢称为冬梢。一般幼年树、树势过旺树，或秋梢萌发过早、冬季雨水较多，常有冬梢发生。冬梢一般发生后转绿不好，难于成为理想的结果母枝，应防止其发生。如零星抽出，应及时除掉，如抽梢数量大的早冬梢，可施肥或喷叶面肥促转绿，使之成为结果母枝。

（3）开花

茶枝柑一般在栽后两三年开始结果，每年3月初至4月中下旬开花。其花期可分为现蕾期、开花期。开花期是指植株从有极少数的花开放至全株所有的花完全谢落为止。一般分为初花期（5%~25%的花开放）、盛花期（25%~75%的花已开放）、末花期（75%以上的花已开放）和终花期（花冠全部凋谢）。

（4）结果

从谢花后果实子房开始膨大到果实成熟期叫做果实生长发育期。根据细胞的变化，果实发育过程可分为细胞分裂期、细胞增大前期、细胞增大后期及成熟期（见彩图25-4）。

1）细胞分裂期

细胞分裂期实际上是细胞核数量的增加。主要是由果皮和砂囊的细胞不断反复分裂，果体增大。

2）果实膨大期

第1次生理落果完毕，细胞分裂基本停止，果实转向细胞膨大。到6月上中旬生理落果结束。7月下旬至8月上旬进入第2次膨大高峰，随着砂囊迅速增大，进入第三次膨大高峰后果实基本定型，果实重量增加。

3）果实成熟期

果实组织发育基本完善，糖、氨基酸、蛋白质等固形物迅速增加，酸含量下降。果皮叶绿素逐渐分解，胡萝卜素合成增多，果皮逐渐着色。果汁增加，果肉、果汁着色；种子硬化，果实进入成熟时期。

3. 对生态环境的要求

植株喜高温多湿的亚热带气候，不耐寒，稍能耐阴，萌芽有效温度12.5 ℃，生长适宜温度23～27 ℃，高于37 ℃则停止生长，低于-5 ℃则造成冻害。产区年平均气温在15 ℃以上，年有效积温在3 000 ℃以上，历年极低温度大于0 ℃。植株喜阳光，年均日照时数1 500～2 080 h，年均降水量1 000～2 000 mm，年均相对湿度74%～83%，平均达80%，地下水位深度0.7 m以上。土壤类型为潴育型水稻土、赤红壤；土壤有机质含量大于2.0 g/kg；土壤pH在5.0～7.0，活土层厚度宜在60 cm以上。

（三）品 种 类 型

茶枝柑为广陈皮的原植物，有细种油身、大种油身、大蒂柑、高蒂柑和短枝密叶柑等5个品系。

1. 正品

茶枝柑：栽培于田园或山坡。主产于广东省新会区，广东其他各地有零星栽培，产量以大种油身为大，其果皮为广陈皮。

2. 混淆品种

甜橙（又名广柑、橙）：栽培于田园或山坡。国内各柑橘产区均有栽培，以浙江、江西、湖南、四川等省的产量为大。

（四）种 植 地

1. 种植地选择

按照《中药材生产质量管理规范（试行）》（GAP），广陈皮的规范化种植基地应远离居民点，远离交通要道，大气、水质、土壤无污染，周围不得有污染源。本品种种植地选择在广东省江门市新会区（见彩图25-1），该区范围在北纬22°29′~22°32′，东经112°56′~113°01′。年平均气温21~23.3 ℃，平均21.8 ℃；10 ℃以上年有效积温7 450~8 450 ℃，平均7 729.7 ℃；历年极低温度大于0 ℃；年均日照时数1 500~2 080 h，平均日照时数1 731.6 h；年均降水量1 100~2 420 mm，平均达1 784.6 mm。年均相对湿度74%~83%，平均达80%。年均无霜期达349天。地下水位深度0.7 m以上。土壤类型为潴育型水稻土、赤红壤；土壤有机质含量大于2.0 g/kg；土壤pH5.0~7.0，活土层厚度在60 cm以上。从以上分析来看，新会广陈皮GAP种植基地的环境生态条件与茶枝柑的生物学和生态学特性是相适应的，十分适合茶枝柑的生长。

2. 种植地生态环境检测

（1）大气

1）材料与方法

由江门市新会区环境监测站监测，采用国家环境保护总局颁布的《环境空气质量手工监测技术规范》中的方法进行采样和检测。分析项目根据《中华人民共和国环境空气质量标准》（GB3095—1996）的规定，选定二氧化硫（SO_2）、氮氧化物

（NO_2）、总悬浮微粒（TSP）3项。采样频次为每天7：00~8：00，10：00~11：00，14：00~15：00，17：00~18：00 4个时段，SO_2、NO_2每个时段监测60 min，TSP则每个采样日接连采样6~8 h。

2）结果（表25-1）

表25-1　新会广陈皮GAP基地的大气监测结果（年平均）（mg/m^3）

	SO_2	NO_2	TSP
年平均值	0.039	0.021	0.074
二级标准	≤0.06	≤0.05	≤0.20

结果表明，广陈皮GAP基地的环境空气各项指标均优于《中华人民共和国环境空气质量标准》（GB3095—1996）二级标准值。

（2）土壤

1）材料与方法

采样分析方法参照国家环境保护总局颁布的《土壤环境监测技术规范》规定执行，在广陈皮GAP基地的3个实验区中，按不同朝向随机选取出12个取样点，在植株根系的外围或树冠的滴水线附近，采集为0~60 cm土层的土壤，土样用塑料袋包装，经自然风干，木棒压磨，去掉砾石、植物残体及其他杂物，全部过2 mm尼龙筛，取其均匀土样100 g，用玛瑙乳钵研磨并全部过100目尼龙筛，再次混合均匀，装磨口玻璃瓶备测。分析项目根据《中华人民共和国土壤环境质量标准》（GB15618—1995）规定，共10个指标。

2）结果（表25-2）

表25-2 新会广陈皮GAP种植基地的土壤环境质量监测结果 （mg/kg）

检测项目	检测结果	检测项目	检测结果
铅	<25	镉	<0.20
铜	<30	砷	<15
镍	<40	汞	<0.05
铬	<70	六六六	<0.05
锌	<90	滴滴涕	<0.05

检测结果表明，基地土壤质量符合《中华人民共和国土壤环境质量标准》（GB15618—1995）中一级质量标准。

（3）灌溉水质

1）材料与方法

在新会广陈皮基地用无菌容器取水样，采样和监测根据国家环境保护总局颁布的《地表水和污水监测技术规范》规定执行，分析项目参照国家标准《中华人民共和国农业灌溉水质标准》（GB5084—1992）中的一类标准执行，共29项。

2）结果（表25-3）

表25-3 新会广陈皮GAP基地水样分析检验结果

主要指标	检测结果	主要指标	检测结果
生化需氧量（BOD_5, mg/L）	≤80	总铅（mg/L）	≤0.1
化学需氧量（COD_{CR}, mg/L）	≤200	总铜（mg/L）	≤1.0
悬浮物（mg/L）	≤150	总锌（mg/L）	≤2.0
阴离子表面活性剂（LAS, mg/L）	≤5.0	总硒（mg/L）	≤0.02
凯氏氮（mg/L）	≤12	氟化物（mg/L）	≤3.0
总磷（以P计算, mg/L）	≤5.0	氰化物（mg/L）	≤0.5

续表

主要指标	检测结果	主要指标	检测结果
水温（℃）	≤35	石油类（mg/L）	≤5.0
pH	5.5～8.5	挥发酚（mg/L）	≤1.0
全盐量（mg/L）	≤1 000	苯（mg/L）	≤2.5
氯化物（mg/L）	≤250	三氯乙醛（mg/L）	≤0.5
硫化物（mg/L）	≤1.0	丙烯醛（mg/L）	≤0.5
总汞（mg/L）	≤0.001	硼（mg/L）	≤1.0
总镉（mg/L）	≤0.005	粪大肠菌群（个/L）	≤10 000
总砷（mg/L）	≤0.05	蛔虫卵数（个/L）	≤2
铬（六价, mg/L）	≤0.05		

结果表明，基地灌溉水质符合《中华人民共和国农业灌溉水质标准》（GB5084—1992）中的一级质量标准。

（五）种植技术

1. 嫁接繁殖

（1）砧木培育

1）苗圃准备

选择地势开阔、向阳，土层深厚、肥沃、疏松、排水良好的沙质壤土，除尽杂草，深翻耙细，施足底肥，每667 m² 施肥2 500～5 000 kg，整地做畦，畦宽1.2 m，畦面平整。

2）选种

选择纯正的酸橙、枳壳、红柠檬、江西红橘、年橘、软枝酸橘等品种，以生长旺盛、无病虫害、果脐显著的植株作为采种母树。

3）采种及种子处理

从母树上采下成熟果实，去掉果皮，取出种子，用清水洗净，晒干水汽。选择成熟种子与湿沙1∶2混合贮藏，播种前用0.1%高锰酸钾溶液浸泡10 min，然后用清水洗净播种。

4）播种期

于2～3月进行。

5）播种方法

将种子均匀撒播在畦上，每667 m^{2}用种子25～35 kg，播后覆细土，厚度约1 cm，盖草保持湿润，10天后即可发芽。生长1年后分栽1次，培育2～3年移栽。

（2）嫁接

1）砧木的选择

采用上述品种培育的实生苗作为砧木，根系发达，抗逆性、亲和力强，生长迅速。

2）嫁接方法

主要有枝接法和芽接法。

①枝接法。砧木树液开始流动，而接穗尚未萌动时进行，将砧木在离地面10～30 cm处锯断，再从砧木断面中央向下垂直纵切5～6 cm深切口，选择无病虫害、健壮、质量好的新会柑嫩枝作接穗，并将接穗剪成10～15 cm长，并有2～3个芽的接穗，在接穗基部两侧各削1刀，呈"V"字形，其长度与劈口相等。将接穗插入砧木切口内，双方形成层韧皮部互相衔接，然后以薄膜包扎。

②芽接法。9～10月进行，于砧木离地面5 cm处开1.5 cm^{2}的方洞，去表皮直至木质部，从新会柑树叶腋处切取1.5 cm^{2}左右的方块芽作接穗。将削好的芽片嵌入砧木切口内，两者

的韧皮部紧贴，接后用塑料薄膜带自下向上捆扎，并露出芽头，接口愈合后，去掉薄膜。当芽生长正常后，剪除接口以上的砧木。

2. 空中压条繁殖

（1）压条的选择

选3～4年生，直径1.5 cm左右的优良母树冠的上中部健壮枝条作压条。

（2）压条时期

早春树液流动前进行。

（3）压条方法

在枝条基部外侧横锯约2/5深的锯口，然后把枝条向里扳弯，使它从锯口处向上分裂成为两片，裂口长约6 cm。然后把裂开的一片插到有节的竹筒或塑料薄膜袋内，用棕绳扎稳，再填入疏松碎肥土。常浇水，生根成活后即可锯下栽种。

3. 苗木管理

（1）实生苗管理

1）淋水揭草

播种后注意浇水，保持土壤湿润；幼苗出土后，在阴天或傍晚揭除盖草。

2）间苗

当苗高7～8 cm时，间去病苗、弱苗，使苗木间距适当，分布均匀。

3）除草施肥

出苗后，将杂草除去。齐苗后开始施肥，促进苗木健壮生长。

（2）嫁接苗管理

1）检查成活

嫁接后15~25天要检查成活情况，然后解除捆扎物和补接。

2）保护

枝接的要防风折断嫩梢，应立支柱绑缚。芽接的应在冬季干旱结冻前培土保护。

4. 移栽定植

（1）整地

新建园前茬作物不能是柑橘。水田要深沟高畦，经常保持畦面与沟水平面位差在60 cm以上，起畦宽6.5~7.5 m，筑墩种植。山地宜按种植株行距要求开挖长、宽各1 m，深60~80 cm的种植穴或开挖宽80 cm、深60 cm的壕沟，回填活土或有机质肥后，起低畦，低墩种植。

（2）栽植季节

春植（立春至立夏）或秋植（白露至寒露）。受咸潮影响的围垦地区和春旱年份，宜在5~6月雨季来临前栽植。

（3）栽植密度

栽植密度应根据品系、砧穗组合和环境条件等而定。每667 m^2栽植的植株数以60~80株，株距2.5~3.0 m，行距3.3~3.7 m为宜。每公顷栽植植株数不超过1 200株。

（4）栽植方法

种植时，将苗木的根系和枝叶适度修剪后放入穴中央，舒展根系，扶正，边填土边轻轻向上提苗、踏实，使根系与土壤密接。填土后在树苗周围做直径为1 m的树盘，浇足定根水。栽植深度以嫁接口露出地面5~10 cm为宜。

5. 田间管理

（1）合理间种

种植的间作物或草类应与柑橘无共生性病虫，为浅根、矮秆类，以豆科植物和禾本科牧草为宜。适时收割间作物后，翻埋土壤或覆盖于树盘。

（2）扩穴、覆盖与培土

深翻扩穴一般在秋梢老熟后进行，从定植穴外缘开始。幼年树每年向外扩展0.4~0.5 m。回填时混以绿肥、秸秆或腐熟的有机质肥等，表土放在底层，心土放在表层，然后对穴内灌足水分。高温或干旱季节，建议树盘内用秸秆等覆盖，厚度10~15 cm，覆盖物应与根茎保持10 cm左右的距离。培土在秋冬旱季中耕松土后进行。可培入塘泥、河泥、沙土或柑橘园附近的肥沃土壤，厚度8~10 cm。

（3）中耕除草

可在夏、秋季和采果后进行，每年中耕1~2次，保持土壤疏松无杂草。中耕深度8~15 cm，坡地宜深些，平地宜浅些。雨天不宜中耕。

（4）灌排水

1）灌溉

柑树在春梢萌动期、开花期及生理落果期（2~5月）和果实膨大期（6~10月）对水分敏感，若此期长时间无雨，傍晚出现叶片萎蔫时应及时灌溉。在果实成熟期和采收期（10月中旬至12月上旬），若发生干旱应及时适量淋水。

2）排水

疏通排灌系统。多雨季节或果园积水时应及时排水。多雨的年份果实采收前还可通过地膜覆盖园区土壤，降低土壤含水量，提高果实品质。

（5）施肥

1）土壤施肥

可采用埋施、淋施和土面撒施等方法。埋施：在树冠滴水线处挖沟（穴），深度20~40 cm，宜轮换位置施肥。土面撒施：在空气湿度和地面湿度适合时，可以造粒缓释肥为主进行撒施。有微喷和滴灌设施的柑园，可进行灌溉施肥。

2）叶面追肥

在不同的生长发育期，选用不同种类的肥料进行叶面追肥，以补充树体对营养的需求。高温干旱期应按使用浓度范围的下限施用，果实采收前20天停止叶面追肥。

3）幼树施肥

勤施薄施，以氮肥为主，配合施用磷、钾肥。春梢、夏梢、秋梢抽生期施肥实行一梢二肥，顶芽自剪至新梢转绿前增加根外追肥。有冻害的地区，8月以后应停止施用速效氮肥。1~3年生幼树单株年施纯氮100~400 g，氮、磷、钾比例以 1：（0.25~0.30）：0.5 为宜。施肥量应由少到多逐年增加。

4）结果树施肥

一般以产果100 kg施纯氮 0.8~1.0 kg，氮、磷、钾比例以 1：（0.3~0.4）：（0.8~1.0）为宜。根据土壤肥力或叶片营养分析，适当施用微量元素肥。

5）新会柑周年施肥可分为：

基础肥（农历正月、5月和9月）：分别埋施足量有机质肥，占有机质肥年用量的75%。

花前肥（1月上旬至3月上旬）：以氮肥为主，结合施用微量元素和适量磷。氮施用量约占全年的30%。

花后肥（3月中旬至4月上旬）：氮钾平衡，结合施用微量元素。因树况适量施以氮钾肥，施氮量占全年的15%，以补充树体因开花大量消耗的矿物营养。

保果肥（4月上旬至6月上旬）：低氮高钾，氮肥用量占全年的5%。

壮果肥（6月中旬至7月中旬）：以氮、钾为主，氮肥施用量约占全年的15%。

秋梢肥（8月中旬至9月中旬）：以腐熟有机质肥和氮肥为主，氮肥施用量约占全年的20%，并配合施用适量磷钾肥。

采补肥（9月下旬至12月下旬）：是结合采摘的补肥措施，及时进行采前、采后养分补给，以迅速恢复树势。淋施两三次腐熟麸水，占有机质肥年用量的25%。以氮、钾速效肥为主，氮肥施用量约占全年的15%。

（6）整形修剪

1）调整树形

新会柑的特点是枝条多、软，适宜的树形为自然开心形。主干定高 20~40 cm，主枝（3~4个）在主干上的分布均匀合理。主枝分枝角 30°~50°，各主枝上配置副主枝2~3个。保持果园通风透光，叶果比不少于60：1。

2）修剪

以发挥树冠最大光合效能，利于优质、高产、稳产为原则。

幼树期：1~2年生树每年放4次梢（春梢、小满梢、小暑梢、白露梢）；3年生树（初投产）放3次梢（春梢、小暑-大暑梢、白露前后梢）。幼年未结果树，生长旺盛，易滋生徒长枝。修整以短截、拉形等措施为主。首先选定主干、主枝和副主枝。对过强枝条进行适度短截,并以短截程度和剪口芽方向调节各主枝之间生长势,保持树冠平衡,培养丰产树形。避免过多的疏剪和重短截。除可对过密枝群、徒长枝作适当删除外,内膛枝和树冠中下部较弱的枝梢一般均应保留。对过于直立的枝条应进行拉形。

结果期:4年生以上结果树年放2~3次梢,分别是春梢(立春到雨水),选择早夏梢(小满、芒种、夏至),或夏梢(小暑),或晚夏梢(大暑);选择早秋梢(立秋),或秋梢(处暑),或晚秋梢(秋分)。

3~5年树龄,处于产量递增期的树,生势较旺盛,需进行控夏保果(一般抹至夏至前),促发健壮晚夏梢或秋梢。对树势中等,果量适当的树,也可按3:1果梢比自由留夏梢。

对无花无果的、过多过旺的营养枝应及时疏除或短截。短截或剪除结果后枝组。抽生较多夏梢的营养枝,可采用3种处理方式,即短截长势较强的,疏去长势衰弱的,保留长势中庸的。及时回缩或剪除结果枝组、落花落果枝组和衰退枝组。剪除枯枝、病虫枝。对较拥挤的骨干枝适当疏剪开出"天窗",将光线引入内膛。花量较大时适量疏花或疏果。对无叶枝组,进行重疏剪。

对6年以上树龄的老年树,年放梢1~2次(春梢和自由梢),一般不需进行控夏。

及时回缩或剪除结果枝组、无花果枝组,疏除内膛荫蔽枝,剪除枯枝、病虫枝。对较拥挤的骨干枝适当疏剪开出"天窗",将光线引入内膛。已封行或开始衰退的柑园,应进行间伐、重缩和开窗等措施。残弱树应减少花量,甚至舍弃全部产量以恢复树势。极衰弱植株在萌芽前对侧枝或主枝进行回缩处理。经重缩更新后促发的夏、秋梢应进行短强、留中、去弱的处理。

（7）控花保果

1）控花

通过冬季疏剪、回缩以及花前复剪，进行控花。强枝适当多留花，弱枝少留或不留，有叶单花多留，无叶花少留或不留；抹除畸形花、病虫花等。

2）保果

应根据树势和挂果量决定环割时期和次数，一般每次间隔时间不少于15天，次数不多于3次。对于树势壮旺，花量中等偏少的树，谢花后在主枝基部环割一圈（不要剥皮），以抑制夏梢，减少落果。老弱树应在开花前增施速效氮肥。开花前和谢花后每7~10天喷施1次营养液。盛花期每2~3天摇动主枝1次，以摇落花瓣，利于小果见光。

3）疏果

在生理落果后进行，根据叶果比进行疏果，疏除小果、病虫果、畸形果、密弱果。适宜叶果比为（50~60）:1。

4）果实套袋

建议果实套袋。套袋适期为6月下旬至7月中旬（生理落果结束后）。套袋前应根据当地病虫害发生情况对柑橘园全面喷药1~2次。纸袋应选用抗风吹雨淋、透气性好的柑橘专用纸袋，以单层袋为宜。果实采收前15天左右摘袋。

（8）植物生长调节剂应用

按NY/T5015—2001中的3.6执行。

1）使用原则

允许有限度使用能改善树体生长状况、提高果实产量、改善品质,并对环境和人体健康无害的植物生长调节剂。

2)细胞分裂素类的使用

仅限于使用苄基嘌呤(BA)和激动素,使用范围限于:促进萌芽和促进伤口愈合;防止幼果脱落,提高坐果率。

3)赤霉素类的使用

可使用所有赤霉素制剂,如赤霉素-3(赤霉酸,GA3,九二〇)、赤霉素-4(GA4)和赤霉素-7(GA7)等。

4)乙烯及其释放或诱导剂的使用

采用果实的催熟仅限于使用乙烯利(2-氯乙基膦酸),但采前7天禁止使用,采后禁止使用。采后果实的催熟仅限于使用气体乙烯。

5)生长抑制剂的使用

生产上仅限于使用多效唑(PP333)和矮壮素(CCC)。使用范围限于:叶面喷布防止果皮粗厚、控制新梢生长和促进花芽分化,安全间隔期应在30天以上。其他生长抑制剂禁止使用。

(六)主要病虫害防治

1. 病虫害预防及防治原则

(1)植物检疫

禁止检疫性病虫害从疫区传入保护区,保护区不得从疫区调运苗木、接穗、果实和种子,一经发现立即销毁。

(2)农业防治

1)种植防护林

修筑必要的道路、排灌系统、附属建筑物和生态配套工程等设施。营造防护林，防护林必须选择速生的并与柑橘没有共生性病虫害的树种。平地及缓坡地，栽植行为南北向。宜采用长方形栽植。山地、丘陵地，行向与梯地走向相同。宜采用等高栽植。梯地水平走向应有3‰～5‰的比降。实施翻土、修剪、清洁果园、排水、控梢等农业措施，减少病虫源，加强栽培管理。增强树势，提高树体自身抗病虫能力。提高采果质量，减少果实伤口，降低果实腐烂率。

2）选用抗病品、株系或砧木

根据新会柑生态区划指标，在最适宜区和适宜区，推荐选择优良品种"大种油身"。应选择抗病性、抗逆性较强的株系。适宜砧木有：枳壳、红柠檬、江西红橘、年橘、软枝酸橘等。宜栽植脱毒苗木。

（3）物理防治

1）应用灯光防治害虫

可用黑光灯引诱或驱避吸果夜蛾、金龟子、卷叶蛾等。

2）应用趋化性防治害虫

大实蝇、拟小黄卷叶蛾等害虫对糖、酒、醋液有趋性，可利用其特性，在糖、酒、醋液中加入农药诱杀。

3）应用色彩防治害虫

可用黄板诱集蚜虫。

（4）生物防治

结合防风，在果园营造生态林网；实行果园有选择和有条件的"有限生草栽培法"营造果园生态环境。人工引移、繁殖释放天敌。放养捕食螨防治害螨；用日本方头甲和湖北红点唇瓢虫等来防治矢尖蚧；用松毛虫赤眼蜂防治卷叶蛾等。应用生物源农药和矿物源农药。使用NY/T5015—2001附录C中的生物源农药和矿物源农药（浏阳霉素、华光霉素、苦参、机油乳剂、苏云金杆菌、烟碱、鱼藤酮、多氧霉素、石硫合剂、波尔多液、氢氧化铜、王铜、链霉素、春雷霉素、抗菌霉素120）防治害虫。利用性诱、光诱、食诱和色诱进行诱捕。在田间放置性引诱剂和少量农药，杀死蛀果虫雄虫，减少与雌虫的交配机会。

（5）化学防治

按NY/T5015—2001中的3.7.5执行。

1）农药种类选择及使用

①禁止使用高毒、高残毒或有三致作用的药剂，见附录5。

②限制使用中等毒性以上的药剂。

③允许使用低毒及生物源农药、矿物源农药，见附录C。

2）农药使用准则

①不得使用附录5列出的禁止使用的农药种类和未登记的农药。

②限制使用的农药，每年每种药剂最多使用1次。

③允许使用的农药，每年每种药剂最多使用2次。

④对于限制使用和允许使用的农药必须按要求控制施用量。注意不同作用机理的农药交替使用和合理混用，避免害虫产生抗药性。

2. 主要病害及其防治技术

（1）黄龙病

又叫黄梢病，是最严重的一种病害。这种病在茶枝柑成年树和幼年树均能大量发生，并能迅速传播蔓延，是毁灭性的病害。

1）病原

黄龙病的病原较复杂，是一种特殊的细菌，主要通过苗木、接穗嫁接和虫媒柑橘木虱传播。

2）症状

症状多发生于新梢叶片转绿前后，发病初期，树冠上一条或几条枝梢上的叶片出现均匀黄化，或叶脉基部附近和边缘开始黄化而形成不规则黄绿相间的"斑驳"型黄化；病梢上的叶片变小、硬化、无光泽，中脉和侧脉轻微或显著肿大，呈浅绿色或黄白色，枝梢稍硬，主侧脉肿大，主侧脉附近保持绿色，"斑驳"明显，类似缺锌、缺锰的病状；以后树根变褐腐烂，枝叶细小稀少，枝条干枯，严重时甚至整株枯死。病树春季提前开花，花量多而畸形；不结果或者结果少，病果小而畸形，品质差。

3）发生规律

新种植区及无病区病原主要来自引进的有病苗木、接穗等繁殖材料，病区病原主要来自果园的病树及带毒的柑橘木虱。病原可借媒介昆虫柑橘木虱辗转传染。

柑橘木虱的发生情况、病树和带病苗木的数量是病区和新果园黄龙病流行程度的决定因素。果树的发病率和苗木带病率低，病害的蔓延速度慢；反之则快。柑橘木虱发生数量多，病害流行严重；反之则轻。幼年树抗病能力比老年树弱，病害的发展和传染也较快。3~8年生结果树最易感病，其次为幼树、苗木，10年生以上的树发病较少。生态环境好、肥水管理好的树耐病力强；衰弱树，尤其是大量挂果后肥水等管理跟不上的树易发病，且病情扩展快。

4）防治方法

①严格执行植物检疫制度，控制病原传播。加强苗木、接穗和果实的检查及管理，禁止从病区引入苗木、接穗和果

实，以防病原传入和蔓延扩散。

②种植防护林、减少日照和保持果园的湿度，对媒介昆虫的迁飞有一定的阻碍作用。

③加强栽培管理，及时防治柑橘木虱。因为柑橘木虱只产卵于嫩芽，若虫在嫩芽上发育，因此，必须通过加强栽培管理，集中放梢，新梢抽发1~2 cm时，全面喷药1~2次，以减少柑橘木虱繁殖和传播病害。

④建立无病苗圃，培育无病苗木。无病苗圃应建立在非病区，并要与种植园区相距1 km以上，附近没有芸香科植物，隔离条件好。砧木种子应采自无病树，播种前必须消毒；接穗应从经脱毒的无病毒采穗圃的采穗树或经过鉴定无病毒的高产优质母树上剪取，最好再经规定方法消毒才嫁接。

⑤及时挖除病树，消灭病原。因为黄龙病的存在是对广陈皮生产的潜在威胁，一旦发现病株，应立即挖除。挖树前，要喷药杀柑橘木虱1次，防止虫源扩散，对挖出的病树要集中烧毁处理。

（2）疮痂病

该病以为害嫩叶和幼果最为严重，使叶片和幼果变成畸形，引起落叶落果，果形变小，果皮变厚，品质下降。

1）病原

疮痂病的病原是一种真菌。病菌潜伏于病组织内越冬。第2年气温在15 ℃以上，春雨期间，从原病斑上产生分生孢子，通过风、雨和昆虫传播，直接侵入新梢、嫩叶或幼果，经10天的潜育期后出现病斑，以后多次产生分生孢子进行再侵染，辗转为害夏梢和秋梢。

2）症状

新梢叶片初起病斑表现为水渍状黄褐色小点，以后病斑逐渐增大变成蜡黄色，并木栓化，形成一面凹陷、一面隆起的锥状病斑（多数病斑向叶背面突起）。发病严重、病斑多时，叶片常呈扭曲畸形。嫩梢受害症状与叶片相似，枝梢变短，严重时呈弯曲状，但病斑突起不明显。花期受害后，花瓣很快脱落。幼果病斑在谢花后即可见到，开始为褐色小点，以后逐渐变为黄褐色木栓化突起，严重时幼果脱落，果实较小，甚至变成畸形。

3）发生规律

气候温暖、高湿有利于此病的发生。适合发病的温度为 16～23 ℃，超过 24 ℃ 则停止发病。春梢抽发期、幼果期如遇阴雨连绵或雾大露重的天气，此病即可流行。病菌只侵染幼嫩组织，叶片宽达 1.5 cm 左右、果实核桃大小时，就具有抗病力，组织完全老熟后，则不感病。其发病的轻重与气候、寄主的抗病力及栽培管理有关。苗木及幼树发病重，壮年树次之，树龄15年以上者则发病很轻。

4）防治方法

①加强栽培管理。结合春季修剪，剪除病枝、病叶，清除园地枯枝落叶，集中烧毁，并喷洒 0.6～1 波美度石硫合剂。加强肥水管理。增施磷、钾肥。春雨期间注意挖沟排除积水，提高树体抗病力。

②加强检疫和消毒。防止该病远距离传播，新种植区必须禁止从病区引入苗木和接穗。接穗可采用 50% 苯来特 800 倍液浸泡 30 min 消毒处理。

③及时喷药保护幼嫩器官。即在每次抽梢开始时及幼果期喷药保护。方法是，结果树在春梢萌动期，芽长 1～2 mm 时及谢花 2/3 至谢完花时各喷药 1 次；苗木和幼年树，当各次

梢萌芽1～2 mm时喷第1次药，隔10～15天喷第2次。药剂可选用0.3%的石灰倍量式波尔多液（开花期不能用），50%退菌特500倍液，50%多菌灵800倍液，70%甲基托布津1 000倍液，75%百菌清500～800倍液。

（3）脚腐病

脚腐病又称裙腐病，是一种危害较重的病害，主要为害根茎部位和根群，有时主干基部也发病，导致树势衰弱而枯死。

1）病原

病原是一种存在于土壤中的真菌。在高温高湿、土壤排水差的条件下，通过树皮伤口而传播蔓延。

2）症状

主要为害土面上下10 cm左右的根颈部，病斑不规则，呈水渍状，黄褐色至黑褐色；皮层腐烂，有酒糟味。潮湿时病部常渗出黄褐色胶液，干燥时凝结成块。病害可扩展到形成层至木质部。病斑常沿主干向上扩展，远至20 cm左右，向下蔓延到根系，引起主、侧根和须根的腐烂。根颈部病斑若向周围扩展会造成环割，导致全株枯死。受害树有时部分主根先发病，表现为相对应的主枝先显症状，病弱枝上的叶变小、发黄、易脱落，形成秃枝。病树往往反常多开花，但不易坐果，且果小、味酸、易落。

3）发生规律

病菌以菌丝体在树基部及根部越冬，或以菌丝体、卵孢子在土壤中越冬。生长季节，病菌产生游动孢子囊和游动孢子，通过雨水或灌溉水传播，从寄主伤口侵入。为害植株以4～5月和7～8月发生严重，为害果实则以10～11月发生严重。

4）防治方法

①选用抗病砧木。采用抗病性较强的枳、酸橙、酸橘和红橘等作为砧木,这是防御脚腐病的根本措施。如已发病,可通过抗病砧木2~3株,靠近主干基部,借以增换根系,恢复树势。

②适当提高嫁接口的位置。苗木嫁接时,可相对提高嫁接部位;定植不宜过深,保持嫁接部位离地面较高,以减少感病机会。

③加强栽培管理。增施有机肥,合理间作,保持土壤排水良好,疏松土层,避免土壤板结,及时防治天牛、吉丁虫等树干虫,避免化肥干施,以免伤根和树皮。

④刮除病部,涂药治疗。用刀刮除腐烂皮层至白色木质部,然后涂药。药剂可选用1:1:100的波尔多液或2%的硫酸铜溶液,填以河沙或新土,以促发新根。刮下的病皮必须烧毁。也可在病疤处划条后外涂0.01%~0.05%的多效霉素。

⑤防止果实发病。果实将转黄时,及时用竹竿等支柱将贴近地面、结果多的枝条撑起,在主干周围、地面或树冠下部喷0.7:0.7:100波尔多液,或50%多菌灵800~1 000倍液等,以防止果实发生脚腐病。

3. 主要虫害及其防治技术

(1)红蜘蛛

红蜘蛛又名柑橘全爪螨、瘤皮红蜘蛛,是目前发生最普遍、为害最严重的害螨。主要为害叶片、果,也为害枝条、花,成螨、若螨和幼螨均能以口器刺破叶片、绿色枝梢及果实表皮吸收汁液。

1)形态特征

雌成螨体长0.3~0.4 mm,椭圆形,紫红色,背面有瘤状突起,上生白色刚毛,足4对;雄成螨比雌成螨略小,腹部后端较尖削,鲜红色或紫红色。卵为扁圆形,红色,顶中央有一刚毛状卵柄,柄端有10~20条蛛丝,黏附于叶面上。幼螨体长约0.2 mm,淡红色,足3对。若螨体长0.2~0.3 mm,鲜红色,足4对。

2)症状

受害叶片呈许多灰白色斑点,失去光泽,严重时造成落叶和落果,尤以幼年树和苗木被害严重。受害果初期果面出现褪绿的小斑点,后期果面呈赤褐色,严重影响树势和产量。

3)发生规律

红蜘蛛周年均可发生,发生的程度与温度、湿度及物候期有关。多数以卵和成螨在枝条裂缝及叶背越冬。3月气温回升时开始为害,4~5月转移到新梢为害。1年有两个发生数量高峰期,分别是春梢转绿期和秋梢转绿期,遇干旱发生更为猖獗。夏季的高温和暴雨对红蜘蛛繁殖不利,发生稍轻。

温暖干旱有利于红蜘蛛的繁殖。红蜘蛛的繁殖适宜温度为16~25 ℃,在20~25 ℃时繁殖更快;旬平均气温超过25 ℃,虫口迅速下降。湿度大对红蜘蛛繁殖有抑制作用,同时有利于红蜘蛛的天敌多毛菌的繁殖、侵染。暴雨对红蜘蛛有冲刷作用。

4)防治方法

①保护天敌和利用天敌。红蜘蛛的天敌很多,主要有捕食螨、小黑瓢虫、草蛉、六点蓟马、小花蝽、食螨隐翅虫等捕食性昆虫,还有汤普森多毛菌、芽枝霉菌等致病真菌。通过在树冠外保留浅根性杂草覆盖地面,可调节园区的温、湿度,创造温暖湿润的小气候环境,使之既有利于天敌繁殖,

抑制红蜘蛛的大量发生，也有利于根系的生长。例如种植藿香蓟（俗称白花草）。另外，可通过放养天敌捕食螨，从而达到以螨治螨的目的。

②加强测报，适期喷药。用5点棋盘式取样法观察若干株植株，每株按东、南、西、北、中5个方位，每个方位观察2～5张叶片或果实，计算红蜘蛛虫量。防治指标：开花前平均每叶有螨1头，花后平均每叶2～3头，盛发期每叶或每果3～5头，且天敌数量少，不足以控制红蜘蛛，应喷药防治。要注意喷药质量，保证药剂能均匀喷湿透叶面和叶背；轮换使用农药，防止耐药性产生。同时，在嫩梢期、幼果期和高温期要选用适宜农药，以免产生药害。常用农药有：73%克螨特2 000～3 000倍液、25%三唑锡1 000～1 500倍液、50%托尔克1 000～1 500倍液、5%尼索朗1 000～1 500倍液、50%溴螨酯1 000～1 500倍液、20%四螨嗪（杀卵）2 000～3 000倍液。

③冬季清园，减少虫源。冬季清园，修剪的枝叶要及时烧毁，全园及时喷杀越冬的红蜘蛛卵和成虫，一般用73%克螨特1 000～1 500倍液，或95%机油乳剂100～150倍液，或95%柴油乳剂150～200倍液，效果理想。

（2）蚜虫

为害的蚜虫有橘蚜、橘二叉蚜、棉蚜、绣线菊蚜、桃蚜、豆蚜、樟修尾蚜、禾谷缢管蚜等，其中以橘蚜和橘二叉蚜发生较为普遍，为害严重，豆蚜、桃蚜和樟修尾蚜则零星和局部发生。

1）形态特征

发生普遍和为害严重的橘蚜成虫分无翅和有翅两种。无翅胎生雌蚜漆黑色，触角灰褐色，第3节上有感觉圈1～6

个；有翅胎生雌蚜与无翅型相似，但触角第3节上有6~17个感觉圈，有2对透明的翅。无翅雄蚜与无翅雌蚜相似，体深褐色，触角第5节端部仅有1个感觉圈；有翅雄蚜与有翅雌蚜相似，但触角第3节上感觉圈45个。橘蚜的卵椭圆形，初产时淡黄色，最后变为漆黑色，具光泽。若虫体褐色，复眼黑色，也分为有翅和无翅两种。

2）症状

蚜虫都是新梢害虫，以成虫、若虫群集在新梢的嫩叶、嫩茎、花蕾和花上吸食汁液，被害嫩叶卷缩畸形，严重时新梢枯萎和引起大量落花落果。蚜虫分泌物诱发煤烟病，使枝叶和果皮发黑，严重影响光合作用，引起树势衰弱，产量大减和品质下降。

3）发生规律

蚜虫以成虫和卵在秋梢和冬梢上越冬，1年可发生20代以上，以3~5月和9~10月发生最多，特别是3~5月对春梢的嫩叶、花蕾、花和幼果为害严重。蚜虫生长的适宜日均温度为20~25℃，相对湿度为60%~80%。如春季雨水偏少，温度偏高，则蚜虫数量最高峰形成早，为害重；如春季阴雨连绵或多雨高温，则蚜虫死亡率高，为害轻。

4）防治方法

①农业措施。结合修剪剪除在晚秋梢和冬梢上的成虫和卵，以减少虫源。施行抹芽放梢，使新梢抽生整齐，以中断蚜虫的食物供给，降低虫口基数。

②保护和利用天敌。捕食和寄生蚜虫的天敌种类繁多，有200多种，主要有瓢虫、草蛉、食蚜蝇、寄生蜂、芽枝霉等，在高温高湿时繁殖快，对蚜虫有较大的控制作用，应加以保护和利用。园区适当留草，可改善小气候环境，使天敌

有足够的食料和适宜的环境得以繁衍。同时，在天敌繁殖高峰期应少喷药，以免伤害天敌。

③药剂防治。防治蚜虫应掌握适当时期，以新梢有蚜率达25%时为喷药指标。可选用的药剂有：2.5%溴氰菊酯、1.8%阿维菌素乳油2 000～3 000倍液，24%万灵乳油2 000倍液、10%氯氰菊酯、20%灭扫利乳油2 000倍液、40%乐果800～1 000倍液、4.5%绿福1 000倍液。

（七）采收、加工

1. 采收

通常根据不同时期采收不同规格的商品，如新会产区，8月收筒红（由分级时选剩的果皮，俗称柑尾或成熟前较大的落果剥皮制成）；9～11月则收最好的一等、二等陈皮，一般在次年1月前采摘完毕。果实采前10～15天内，果园不准进行漫灌。极其干旱情况下建议进行适量的淋水。宜在晴天，雾水干后采收。雨天、雾天不适采收。做到先熟先采、分期分批采收。采收时一果两剪，首剪在果蒂适当部位剪下，留叶的第2剪在靠果柄两片叶处剪掉，不留叶的第2剪沿果蒂平齐剪掉。

橘树从播种后5年即有收成，年收1次，以6～7年果实收成最好。10年后果实收成会逐年减少。

2. 加工

（1）开皮

用正三刀法或对称二刀法（见彩图25-5）。

（2）翻皮

选择晴朗天气，将已开好的鲜果皮置于当风、当阳处，使其自然失水萎蔫，质地变软后翻皮，使橘白向外。

（3）干皮

晒干法：选择晴朗、干燥天气，将已翻好的果皮置于专用晒皮容器或晒场内自然晾晒干（见彩图25-6）。

烘干法：将翻好的果皮置于干皮专用容器，在低温烘房内（最高温度不超过45 ℃）烘干。

（4）陈化

用透气性好，无异味和污染的材料包装；在地势较高、自然通风、干燥的地方，离地、离墙、离顶存放；在保护范围内自然条件下陈放3年以上。

（八）留种技术

以生长旺盛、无病虫害、果脐显著的植株作采种母树。从母树上采下成熟果实，去掉果皮，取出种子，用清水洗净，晒干水汽。选择成熟种子与湿沙1∶2混合贮藏。

选择结构良好、土层深厚、有机质丰富、通气性好的冲积土、壤土、沙壤土、红壤土作为留种田，土层深度要求1 m以上，地下水位在1 m以下，土壤pH以5.5~6.5为最适宜。

留种田选定后，应进行土地平整。无论新旧田都要进行深翻熟化。结合深翻，施足基肥，每667 m^{2}施腐熟有机肥1 000~1 500 kg、钙镁磷肥100 kg，也可每667 m^{2}用豆饼125~150 kg、钙镁磷肥100 kg和土杂肥1 000 kg左右混合施入作基肥，耙平后开沟作畦，畦面宽100~130 cm，畦沟宽33~40 cm。要求畦面平整，土粒要细。为了消除土壤病虫害，用杀菌（虫）剂密封熏蒸处理。

（九）质量标准及监测

1. 性状

常3瓣相连，形状整齐，厚度均匀，约1 mm。点状油室较大，对光照视，透明清晰。质较柔软。

2. 鉴别

（1）显微鉴别

广陈皮粉末黄白色至黄棕色。中果皮薄壁组织众多，细胞形状不规则，壁不均匀增厚，有的作连珠状。果皮表皮细胞表面观多角形、类方形或长方形，垂周壁增厚，气孔类圆形，直径18～26 μm，副卫细胞不清晰；侧面观外被角质层，靠外方的径向壁增厚。草酸钙方晶成片存在于中果皮薄壁细胞中，呈多面形、菱形或双锥形，直径30～34 μm，长50～53 μm，有的一个细胞内含有由两个多面体构成的平行双晶或3～5个方晶。橙皮苷结晶大多存在于薄壁细胞中，黄色或无色，呈圆形或无定形团块，有的可见放射状条纹。螺纹导管、孔纹导管和网纹导管及管胞较小。

（2）理化鉴别

与橙皮苷对照品色谱相应的位置上，显相同颜色的斑点。

（3）水分

按照《中华人民共和国药典（一部）》（2005年版）水分测定法第二法（甲苯法），测定为11.1%，符合《中华人民共和国药典（一部）》（2005年版）水分不得过13%的要求。

（4）总灰分

按照《中华人民共和国药典（一部）》（2005年版）灰分测定法，测定为3.3%，建议不得过5%。

（5）酸不溶性灰分

按照《中华人民共和国药典（一部）》（2005年版）灰分测定法，测定为0.061%，建议不得过0.1%。

（6）重金属残留量

按照《中华人民共和国药典（一部）》（2005年版）重金属测定法测定，结果见表25-4。限量不超过20.0 mg/kg，镉（Cd）不超过0.1 mg/kg，铜（Cu）不超过5 mg/kg，铅（Pb）不超过0.5 mg/kg，汞（Hg）不超过0.1 mg/kg，砷（As）不超过0.5 mg/kg，均不超出中华人民共和国商务部《药用植物及制剂进出口绿色行业标准》规定的限量。

表25-4 重金属总量和铅、镉、砷、汞、铜测定

检测项目	检测结果（mg/kg）
重金属	<20
铅	<0.5
镉	<0.1
砷	<0.5
铜	<5
汞	<0.1

（7）有机氯农药残留量

按照《中华人民共和国药典（一部）》（２００５年

版)有机氯类农药残留量检查法测定,结果见表25-5。六六六(BHC)不超过0.01 mg/kg,滴滴涕(DDT)不超过0.01 mg/kg,五氯硝基苯(PCNB)不超过0.01 mg/kg,艾氏剂(Aldrin)不超过0.01 mg/kg,均不超出中华人民共和国商务部《药用植物及制剂进出口绿色行业标准》规定的限量。

表25-5 有机氯类农药残留测定

检测项目	检测结果（mg·kg）
五氯硝基苯	<0.01
六六六	<0.01
滴滴涕	<0.01
艾氏剂	<0.01

（8）含量测定

本品按干燥品计算,橙皮苷($C_{28}H_{34}O_{15}$)含量不得少于3.5%。结果见表25-6。

表25-6 广陈皮药材中橙皮苷的含量

编号	采收时间	橙皮苷（%）
1	2007年10月3日	4.754 0 ± 0.006 4
2	2007年11月3日	4.629 8 ± 0.007 4
3	2007年12月3日	4.571 1 ± 0.028 6

（十）包装、运输及贮藏

1. 包装

用透气性好，无异味和污染的材料包装。包装要牢固、密封、防潮，以保证药材在运输、贮藏、使用过程中的质量。包装上应注明品名、重量、规格、产地、批号、日期、编号、注意事项等。

2. 运输

运输工具必须清洁、干燥、无异味、无污染，运输中应防雨、防潮、防曝晒、防污染、防损坏。严禁与可能污染其品质的货物混装运输。

3. 贮藏

选择通风、干燥、清洁、阴凉、无异味、无污染的地方作为专用仓库，彻底灭虫，防止霉变和虫蛀。

（蒋　林　林乐维　杨　洋）

参 考 文 献

贺红，徐鸿华．2003．广佛手、化橘红、广陈皮规范化栽培技术［M］．广州：广东科技出版社．

林乐维，蒋林，潘华金，等．2008．广陈皮规范化种植SOP（试行）［J］．现代中药研究与实践，22（6）：6-10．

林乐维，蒋林，郑国栋，等．2009．广陈皮基地生态环境质量评价

［J］．中药与天然药物，19（3）：42-44．

林乐维，蒋林，郑国栋，等．2010．不同产地和采收期广陈皮中3种黄酮类成分的含量测定［J］．中药材，33（2）：173-176．

农业部农民科技教育培训中心．中央农业广播电视学校组．2008．柑橘优质生产技术［M］．北京：中国农业大学出版社．

吴文，马培恰．2008．柑橘生产实用技术［M］．广州：广东科技出版社．

杨洋，蒋林．2011．道地药材广陈皮的HPLC指纹图谱研究［J］．中药材，34（2）：191~195。

郑国栋，蒋林，杨得坡，等．2010．HPLC法同时测定不同产地广陈皮中5种活性黄酮成分［J］．中草药，41（4）：652-655．

郑国栋，蒋林，杨雪，等．2010．不同产地和采收期广陈皮中3种黄酮类成分的含量测定［J］．中成药，32（6）：978-980．

郑国栋，周芳，蒋林，等．2010．高速逆流色谱分离制备广陈皮中多甲氧基黄酮类成分的研究［J］．中药材，2010，44（1）：52-55．

周芳，郑国栋，蒋林，等．2009．薄层扫描法同时测定广陈皮中3种黄酮化合物的含量［J］．中药材，32（6）：911-913．

GUODONG ZHENG, DEPO YANG, DONGMEI WANG, et al. 2009. Simultaneous Determination of Five.

Bioactive Flavonoids in Pericarpium Citri Reticulatae from China by High-Performance Liquid Chromatography with Dual Wavelength Detection [J]. Agric Food Chem, 57, 6552-6557.

附

广陈皮规范化生产标准操作规程（SOP）

前　言

本规程起草单位：中山大学药学院生药与天然药物化学实验室，广东省江门市新会区农业局。

本规程主要起草人：林乐维，蒋林，潘华金，郑国栋，杨雪（中山大学药学院生药与天然药物化学实验室；广东省江门市新会区农业局）。

第一章　总　则

1.1　本规程依据广陈皮药材的生长特点和国家药品监督管理局《中药材生产质量管理规范（试行）》的要求，规定了广陈皮的产地自然条件，育苗，移栽定植与田间管理，主要病虫害防治，采收、加工和留种，质量标准及监制，包装、运输及贮藏等各环节的技术操作标准。

1.2　本规程适用于广东省江门市广陈皮的产业化种植。

1.3　引用标准。

1.3.1　《中华人民共和国大气环境质量标准》（GB3095—1996）。

1.3.2　《中华人民共和国农田灌溉水质标准》（GB5084—1992）。

1.3.3　《中华人民共和国土壤环境质量标准》（GB15618—1995）。

1.3.4 《中华人民共和国农药管理条例》(国务院2001年第326号令)。

1.3.5 《中华人民共和国药典(一部)》(2005年版)。

1.3.6 国家药品监督管理局《中药材生产质量管理规范(试行)》(GAP)(2002年)。

1.3.7 中华人民共和国商务部《药用植物及制剂进出口绿色行业标准》(2001年)。

1.3.8 《无公害食品 柑橘生产技术规程》(NY/T5015—2001)。

1.3.9 《中药志》(第三册),人民卫生出版社。

1.4 定义。

1.4.1 GAP 即英文Good Agricultural Practice的缩写,指中药材生产质量管理规范。

1.4.2 SOP 即英文 Standard Operation Practice 的缩写,指中药材规范化生产标准操作规程。

第二章 产地自然条件

2.1 原植物的栽培生长条件 广陈皮原植物新会柑(茶枝柑 *Citrus reticulata* 'Chachi')植株喜高温多湿环境,适宜生长区域范围在北纬 22°05′~22°35′,东经112°46′~113°15′,即以广东省江门市新会银洲湖两岸冲积平原为核心的潭江两岸冲积平原带和南部滨海沉积平原区。年平均气温21~23.3℃,平均21.8℃;10℃以上年有效积温7 450~8 450℃,平均7 729.7℃;历年极低温度大于0℃;植株喜阳光,年均日照时数介于1 500~2 080 h,平均日照时数1 731.6 h;年均降水量1 100~2 420 mm,平均达1 784.6 mm。年均相对湿度74%~83%,平均达80%。年均无霜期达349天，地下水位深度0.7 m以上，以利用潭江水灌溉的水稻田为主产区，坡度在20°以下，利用潭江水灌溉的山地和丘陵地次之。土壤类型为潴育型水稻土、赤红壤；土壤有机质含量大于2.0 g/kg；土壤pH在5.0～7.0，活土层厚度宜在60 cm以上。

2.2 环境质量。

2.2.1 环境空气达到《中华人民共和国大气环境质量标准》（GB3095—1996）二级以上标准。

2.2.2 灌溉水达到《中华人民共和国农田灌溉水质标准》（GB5084—1992）二级以上标准。

2.2.3 土壤环境达到《中华人民共和国土壤环境质量标准》（GB15618—1995）二级以上标准。

2.3 品种特性。

2.3.1 药材来源　根据《中药志》（第三册），广陈皮为芸香科植物新会柑 Citrus reticulata 'Chachi' 的干燥成熟果皮。

2.3.2 原植物形态　树冠直立，枝细长，多直立密生，树冠呈不规则圆形。叶狭长椭圆形，长3～4 cm，宽1.2～2 cm，先端凸尖，尖端微凹，叶缘波状；叶翼不明显。果实扁圆形，纵径4～6 cm，横径5～6.5 cm；果皮橙黄色，光滑度中等，较易剥离，油胞圆形较大；果顶平；中心柱略空虚，囊瓣12。种子20粒左右，楔形或卵形，子叶白色，胚绿色略黄。果肉质软，汁液多，味甜略酸。果熟期12月中旬。

第三章　育　苗

3.1 苗圃准备　选择地势开阔、向阳、土层深厚、肥沃、疏松、排水良好的沙质壤土，除尽杂草，深翻耙细，施足底肥，每667 m^{2}施肥2 500～5 000 kg，整地做畦，畦宽1.2 m，畦面平整。

3.2 嫁接繁殖。

3.2.1 砧木的选择 多采用枳壳、红柠檬、江西红橘、年橘、软枝酸橘等作为砧木，亲和力强，生长迅速。砧木可用种子培育的实生苗，根系发达，抗逆性强。

3.2.2 嫁接方法 主要有枝接法和芽接法。枝接法是在砧木树液开始流动，而接穗尚未萌动时进行。将砧木在离地面10~30 cm处锯断，再从砧木断面中央向下垂直纵切5~6 cm深切口。选择无病虫害、健壮、质量好的新会柑嫩枝作接穗，并将接穗剪成10~15 cm长，并有2~3个芽，在接穗基部两侧各削1刀，呈"V"字形，其长度与劈口相等。将接穗插入砧木切口内，双方形成层、韧皮部互相衔接，然后以薄膜包扎。芽接法在9~10月进行，于砧木离地面5 cm处开1.5 cm^{2}的方洞，去表皮直至木质部，从新会柑树叶腋处切取1.5 cm^{2}左右的方块芽作接穗。将削好的芽片嵌入砧木切口内，两者的韧皮部紧接，接后用塑料薄膜带自下向上捆扎，并露出芽头。待接口愈合后，去掉薄膜。当芽生长正常后，剪除接口以上的砧木。

第四章 移栽定植

4.1 整地 新建园的土壤前茬作物不能是柑橘。水田要深沟高畦，保持畦面与沟水平面经常位差60 cm以上，起畦宽6.5~7.5 m，筑墩种植。山地宜按种植株行距要求，开挖长、宽各1 m，深60~80 cm的种植穴，或开挖宽80 cm、深60 cm的壕沟，回填活土或有机质肥后，起低畦、低墩种植。

4.2 栽植季节 春植（立春至立夏）或秋植（白露至寒露）。受咸潮影响的围垦地区、春旱年份宜在5~6月雨季来临前栽植。

4.3 栽植密度 栽植密度应根据品系、砧穗组合和环境条件等而定。每667 m^{2}栽植的植株数以60~80株，株距

2.5~3.0 m，行距3.3~3.7 m为宜。1 hm² 栽植株数不超过1 200株。

4.4 栽植方法 种植时，将苗木的根系和枝叶适度修剪后放入穴中央，舒展根系，扶正，边填土边轻轻向上提苗、踏实，使根系与土壤密接。填土后在树苗周围做直径1m的树盘，浇足定根水。栽植深度以嫁接口露出地面5~10 cm为宜。

第五章 田间管理

5.1 合理间种 种植的间作物或草类应是与柑橘无共生性病虫、浅根、矮秆，以豆科植物和禾本科牧草为宜。适时收割翻埋于土壤中或覆盖于树盘。

5.2 扩穴、覆盖与培土 深翻扩穴一般在秋梢老熟后进行，从定植穴外缘开始。幼龄树每年向外扩展0.4~0.5 m。回填时混以绿肥、秸秆或腐熟的有机质肥等，表土放在底层，心土放在表层，然后对穴内灌足水分。高温或干旱季节，建议树盘内用秸秆等覆盖，厚度10~15 cm，覆盖物应与根茎保持10 cm左右的距离。培土在秋冬旱季中耕松土后进行。可培入塘泥、河泥、沙土或柑橘园附近的肥沃土壤，厚度8~10 cm。

5.3 中耕除草 可在夏、秋季和采果后进行，每年中耕1~2次，保持土壤疏松无杂草。中耕深度8~15 cm，坡地宜深些，平地宜浅些。雨天不宜中耕。

5.4 灌排水。

5.4.1 灌溉 柑树在春梢萌动期、开花期及生理落果期（2~5月）和果实膨大期（6~10月）兑水分敏感，若此期长时间无雨，傍晚出现叶片萎蔫时应及时灌溉。在果实成熟期和采收期（10月中旬至12月中旬），此时若发生干旱应及时适量淋水。

5.4.2 排水 疏通排灌系统。多雨季节或果园积水时应及时排水,多雨的年份果实采收前还可通过地膜覆盖园区土壤,降低土壤含水量,提高果实品质。

5.5 施肥。

5.5.1 土壤施肥 可采用埋施、淋施和土面撒施等方法。埋施:在树冠滴水线处挖沟(穴),深度20~40 cm,宜轮换位置施肥。土面撒施:在空气和地面湿度适合时,可以造粒缓释肥为主进行撒施。有微喷和滴灌设施的柑园,可进行灌溉施肥。

5.5.2 叶面追肥 在不同的生长发育期,选用不同种类的肥料进行叶面追肥,以补充树体对营养的需求。高温干旱期应按使用浓度范围的下限施用,果实采收前20天内停止叶面追肥。

5.5.3 幼树施肥 勤施薄施,以氮肥为主,配合施用磷、钾肥。春、夏、秋梢抽生期施肥实行一梢二肥,顶芽自剪至新梢转绿前增加根外追肥。有冻害的地区,8月以后应停止施用速效氮肥。1~3年生幼树单株年施纯氮100~400 g,氮、磷、钾比例以1:(0.25~0.30):0.5为宜。施肥量应由少到多逐年增加。

5.5.4 结果树施肥 一般以产果100 kg 施纯氮0.8~1.0 kg,氮、磷、钾比例以1:(0.3~0.4):(0.8~1.0)为宜。根据土壤肥力或叶片营养分析,适当施用微量元素肥。

新会柑周年施肥可分为:

基础肥(农历正月、五月和九月):分别埋施足量有机质肥,占有机质肥年用量的75%。

花前肥(1月上旬至3月上旬):以氮为主,结合施用微量元素和适量磷。氮施用量约占全年的30%。

花后肥（3月中旬至4月上旬）：氮钾平衡，结合施用微量元素。因树况适量以施氮钾肥，施氮量占全年的15%，补充树体因开花大量消耗的矿物营养。

保果肥（4月上旬至6月上旬）：低氮高钾，氮的用量占全年的5%。

壮果肥（6月中旬至7月中旬）以氮、钾为主，氮施用量约占全年的15%。

秋梢肥（8月中旬至9月中旬）以腐熟有机质肥和氮肥为主，氮肥的用量约占全年的20%，并配合施用适量磷钾肥。

采补肥（9月下旬至12月下旬）：是结合采摘的补肥的措施，及时进行采前、采后养分补给，迅速恢复树势。施淋2~3次腐熟麸水，占有机质肥年用量的25%。以氮、钾速效肥为主，氮施用量约占全年的15%。

5.6 整形修剪。

5.6.1 调整树形 新会柑的特点是枝条多、软，适宜的树形为自然开心形。主干定高20~40 cm，主枝（3~4个）在主干上的分布均匀合理。主枝分枝角30°~50°，各主枝上配置副主枝2~3个。保持果园通风透光，叶果比不少于60：1。

5.6.2 修剪 以发挥树冠最大光合效能、利于优质、高产、稳产为原则。

5.6.2.1 幼树期 1~2年生树每年放4次梢（春梢、小满梢、小暑梢和白露梢）；3年生树（初投产）放3次梢（春梢、小暑至大暑梢、白露前后梢）。

幼年未结果树，生长旺盛，易滋生徒长枝。修整以短截、拉形等措施为主。首先选定主干、主枝和副主枝。对过强枝条进行适度短截，并以短截程度和剪口芽方向调节各主枝之间生长势，保持树冠平衡，培养丰产树形。

避免过多的疏剪和重短截。除可对过密枝群、徒长枝作适当删除外，内膛枝和树冠中下部较弱的枝梢一般均应保留。对过于直立的枝条应进行拉形。

5.6.2.2 结果期4年生以上结果树年放2~3次梢，分别是春梢（立春至雨水）、选择早夏梢（小满、芒种和夏至），或夏梢（小暑），或晚夏梢（大暑）、选择早秋梢（立秋），或秋梢（处暑），或晚秋梢（秋分）。

3~5年树龄，处于产量递增期的树，长势较旺盛，需进行控夏保果（一般抹至夏至前），促进晚夏梢或秋梢的生长。对树势中等、果量适当的树，也可按3∶1果梢比保留夏梢。

对无花无果、过多过旺的营养枝应及时疏除或短截。短截或剪除结果后枝组，抽生较多夏梢营养枝的，可采用短截长势较强的，疏去长势衰弱的，保留长势中等的处理方式，及时回缩或剪除结果枝组、落花落果枝组和衰退枝组。剪除枯枝、病虫枝。对较稠密的骨干枝适当疏剪开出"天窗"，将光线引入内膛。花量较大时适量疏花或疏果。对无叶枝组，进行重疏剪。

5.6.2.3 老龄树 6年以上树龄，年放梢1~2次（春梢和自由梢），一般不需进行控夏。及时回缩或剪除结果枝组、无花果枝组，疏除内膛荫蔽枝、剪除枯枝、病虫枝。对较稠密的骨干枝适当疏剪开出"天窗"，将光线引入内膛。

已封行或开始衰退的田园应进行间伐、重缩和开窗等措施。残弱树应减少花量，甚至舍弃全部产量以恢复树势。

极衰弱植株在萌芽前对侧枝或主枝进行回缩处理。经重缩更新后促发的夏、秋梢应进行短强、留中、去弱的处理。

5.7 控花保果。

5.7.1 控花 通过冬季疏剪、回缩以及花前复剪,进行控花。强枝适当多留花,弱枝少留或不留,有叶单花多留,无叶花少留或不留;抹除畸形花、病虫花等。

5.7.2 保果 应根据树势和挂果量决定环割时期和次数,一般每次间隔时间不少于15天,次数不多于3次。对于树势旺盛,花量中等偏少的树,谢花后在主枝基部环割一圈(不要剥皮),以抑制夏梢,减少落果。老弱树应在开花前增施速效氮肥。开花前和谢花后每7~10天喷施1次营养液。盛花期每2~3天摇动主枝1次,以摇落花瓣,利于小果见光。

5.7.3 疏果 在生理落果后进行,根据叶果比进行疏果,疏除小果、病虫果、畸形果、密弱果。适宜叶果比为(50~60):1。

5.7.4 果实套袋 建议果实套袋,套袋适期为6月下旬至7月中旬(生理落果结束后)。套袋前应根据当地病虫害发生情况对柑橘园全面喷药1~2次。纸袋应选用抗风吹雨淋、透气性好的柑橘专用纸袋,以单层袋为宜。果实采收前15天左右摘袋。

5.8 植物生长调节剂应用 按NY/T5015—2001中3.6项下的规定执行。

5.8.1 使用原则 允许有限度使用能改善树体生长状况、提高果实产量、改善品质,并对环境和人体健康无害的植物生长调节剂。

5.8.2 细胞分裂素类的使用 仅限于使用苄基嘌呤(BA)和激动素。使用范围限于:促进萌芽和促进伤口愈合;防止幼果脱落,提高坐果率。

5.8.3 赤霉素类的使用 可使用所有赤霉素制剂,如赤霉素-3（赤霉酸，GA3，九二〇）、赤霉素-4（GA4）和赤霉素-7（GA7）等。

5.8.4 乙烯及其释放或诱导剂的使用 对于果实的催熟仅限于使用乙烯剂（2-氯乙基膦酸），但采果前7天禁止使用，采下的果实禁止使用。采下果实的催熟仅限于使用气体乙烯。

5.8.5 生长抑制剂的使用 生产上仅限于使用多效唑（PP333）和矮壮素（CCC）。使用范围限于：叶面喷布防止果皮粗厚、控制新梢生长和促进花芽分化，安全间隔期应在30天以上。其他生长抑制剂禁止使用。

第六章 主要病虫害防治

6.1 植物检疫 禁止检疫性病虫害从疫区传入保护区，保护区不得从疫区调运苗木、接穗、果实和种子，一经发现立即销毁。

6.2 农业防治。

6.2.1 种植防护林 修筑必要的道路、排灌系统、附属建筑物和生态配套工程等设施、营造防护林。防护林须选择速生的并与柑橘没有共生性病虫害的树种。平地及缓坡地，栽植行为南北向。宜采用长方形栽植。山地、丘陵地，行向与梯地走向相同。宜采用等高栽植。梯地水平走向应有3‰～5‰的比降。实施翻土、修剪、清洁果园、排水、控梢等农业措施，减少病虫源，加强栽培管理，增强树势，提高树体自身抗病虫能力。提高采果质量，减少果实伤口，降低果实腐烂率。

6.2.2 选用抗病品、株系或砧木 根据新会柑生态区划指标，在最适宜区和适宜区，推荐选择优良品种"大种油身"。应选择抗病性、抗逆性较强的株系。适宜砧木有：枳壳、红柠檬、江西红橘、年橘、软枝酸橘等。宜栽植脱毒苗木。

6.3 物理防治。

6.3.1 应用灯光防治害虫 可用黑光灯引诱或驱避吸果夜蛾、金龟子、卷叶蛾等。

6.3.2 应用趋化性防治害虫 大实蝇、拟小黄卷叶蛾等害虫对糖、酒、醋液有趋性，可利用其特性，在糖、酒、醋液中加入农药进行诱杀。

6.3.3 应用色彩防治害虫 可用黄板诱集蚜虫。

6.4 生物防治 结合防风在果园营造生态林网，实行果园有选择和有条件的"有限生草栽培法"营造果园生态环境。人工引移、繁殖释放天敌，放养捕食螨防治害螨；用日本方头甲和湖北红点唇瓢虫等来防治矢尖蚧；用松毛虫赤眼蜂防治卷叶蛾等。应用生物源农药和矿物源农药：使用NY/T5015—2001附录C中的生物源农药和矿物源农药（浏阳霉素、华光霉素、苦参、机油乳剂、苏云金杆菌、烟碱、鱼藤酮、多氧霉素、石硫合剂、波尔多液等）防治害虫。利用性诱、光诱、食诱和色诱进行诱捕：在田间放置性引诱剂，如丁香油、丁香酚、甲基丁香酚等少量农药，杀死蛀果虫雄虫，减少与雌虫的交配机会。

6.5 化学防治 按NY/T5015—2001中3.7.5执行。

6.5.1 农药各类选择及使用。

6.5.1.1 禁止使用高毒、高残毒或有三致作用的药剂（见NY/T5015—2001附录A）。

6.5.1.2 限制使用中等毒性以上的药剂（见NY/T5015—2001附录B）。

6.5.1.3 允许使用低毒及生物源农药、矿物源农药（见NY/T5015—2001附录C）。

6.5.2 农药使用准则。

6.5.2.1 不得使用 NY/T5015—2001附录A列出的农药种类和未登记的农药。

6.5.2.2 限制使用的农药（见NY/T5015—2001附录B），每年每种药剂最多使用1次。

6.5.2.3 允许使用的农药（见NY/T5015—2001附录C），每年每种药剂最多使用2次。

6.5.2.4 NY/T5015—2001附录B和附录C中列出的限制使用和允许使用的农药必须按要求控制施用量。注意不同作用机理的农药应交替使用和合理混用，避免害虫产生抗药性。

第七章 采收、加工和留种

7.1 采收 12月为果实采收期，一般次年1月前采摘完毕。果实采前10~15天，果园不准进行漫灌。极其干旱情况下建议进行适量的淋水，宜在晴天、雾水干后采收，雨天、雾天不适采收。做到先熟先采、分期分批采收。采收时一果两剪，首剪在果蒂适当部位剪下，留叶的第2剪在靠果柄两片叶处剪掉，不留叶的第2剪沿果蒂平齐剪掉。

7.2 加工。

7.2.1 开皮 用"正三刀法"或"对称二刀法"。正三刀法：果蒂朝下，从果顶向果蒂纵划3刀，留蒂部相连，正3瓣剥开。对称2刀法：果蒂朝上，从果肩两边对称反向弧划2刀，留果顶部相连，3瓣剥开。

7.2.2 翻皮 选择晴朗天气，将已开好的鲜果皮置于当风、当阳处，使其自然失水萎蔫，质地变软后翻皮，使橘白向外。

7.2.3 干皮。

7.2.3.1 晒干法 选择晴朗、干燥天气,将已翻好的果皮置于专用晒皮容器或晒场内自然晾晒干。

7.2.3.2 烘干法 将翻好的果皮置于干皮专用容器,在低温烘房内(最高温度不超过45℃)烘干。

7.2.4 陈化 用透气性好,无异味和污染的材料包装;在地势较高、自然通风、干燥的地方,离地、离墙、离顶存放;在保护范围内自然条件下陈放3年以上。

7.3 留种 以生长旺盛、无病虫害、果脐显著的植株作采种母树。以母树上采下成熟果实,去掉果皮,取出种子,用清水洗净,晒干水汽。选择成熟种子与湿沙1∶2混合贮藏。

第八章 质量标准及监测

8.1 性状 应符合《中华人民共和国药典(一部)》(2005年版)对陈皮性状的描述。

8.2 鉴别。

8.2.1 显微鉴别 应符合《中华人民共和国药典(一部)》(2005年版)陈皮项下的规定。

8.2.2 理化鉴别 与橙皮苷对照品色谱相应的位置上,显相同颜色的斑点。

8.3 水分 按照《中华人民共和国药典(一部)》(2005年版)水分测定法,干燥品水分不得过13%。

8.4 总灰分 按照《中华人民共和国药典(一部)》(2005年版)灰分测定法,建议不得过5%。

8.5 酸不溶性灰分 《中华人民共和国药典(一部)》(2005年版)灰分测定法,建议不得过0.1%。

8.6 重金属残留量　按照《中华人民共和国药典（一部）》（2005年版）重金属测定法，限量不超过20.0 mg/kg，镉（Cd）不超过0.1 mg/kg，铜（Cu）不超过5 mg/kg，铅（Pb）不超过0.5 mg/kg，汞（Hg）不超过0.1 mg/kg，砷（As）不超过0.5 mg/kg，均不得超出中华人民共和国商务部《药用植物及制剂进出口绿色行业标准》规定的限量。

8.7 有机氯农药残留量　按照《中华人民共和国药典（一部）》（2005年版）有机氯类农药残留量检查法测定，六六六（BHC）不超过0.01 mg/kg，滴滴涕（DDT）不超过0.01 mg/kg，五氯硝基苯（PCNB）不超过0.01 mg/kg，艾氏剂（Aldrin）不超过0.01 mg/kg，均不超出中华人民共和国商务部《药用植物及制剂进出口绿色行业标准》规定的限量。

8.8 含量测定　本品按干燥品计算，橙皮苷（$C_{28}H_{34}O_{15}$）含量不得少于3.5％。

第九章　包装、运输及贮藏

9.1 包装　用透气性好，无异味和污染的材料包装。包装要牢固、密封、防潮，以保证药材在运输、贮藏、使用过程中的质量。包装上应注明品名、重量、规格、产地、批号、日期、编号、注意事项等。

9.2 运输　运输工具必须清洁、干燥、无异味、无污染，运输中应防雨、防潮、防曝晒、防污染、防损坏。严禁与可能污染其品质的货物混装运输。

9.3 贮藏　选择通风、干燥、清洁、阴凉、无异味、无污染的地方作为专用仓库，彻底灭虫，防止霉变和虫蛀。

二十六、栀　　子

（一）概　　述

1. 来源

本品为茜草科植物栀子 *Gardenia jasminoides* Ellis的干燥成熟果实。味苦，性寒；归心、肺、胃、三焦经；具有泻火除烦，清热利尿，凉血解毒的功效。临床上主要用于热病心烦、黄疸尿赤、血淋涩痛、血热吐衄、目赤肿痛、火毒疮疡等症；外治扭挫伤痛。

2. 开发利用

由于栀子苦寒降泄清利，善清心肺三焦之火，导湿热之邪从小便而出。入气分而除烦，入血分能凉血解毒而止血疗疮，入三焦能清利湿热而退黄，目前仍然是临床上常用的清热泻火药，是生产清开灵、安宫牛黄丸、安宫牛黄散、龙胆泻肝丸、牛黄上清丸、清热解毒颗粒等中成药的重要原料，《中华人民共和国药典（一部）》（2010年版）中有33种中成药含有栀子。

栀子除药用外，还是良好的天然色素，栀子黄色素、栀子蓝色素是色泽鲜艳、安全性高、着色力强的天然色素，广泛应用于饮料、酒、糖果、糕点等食品和药品。栀子花可食用和做香料，籽可提取油脂。

3. 分布

栀子在我国主要分布于江西、湖南、四川、浙江等省，此外，湖北、福建、安徽、江苏、河南、广东、广西、贵州、云南、台湾等省（自治区）亦产。野生和栽培均有。

（二）生物学特性

1. 形态特征

栀子原植物为常绿灌木，高可达2 m。

（1）叶

叶对生或3叶轮生，革质，长椭圆形或倒卵状披针形，有光泽，长5~15 cm，宽2~7 cm，全缘；托叶2片，通常连合成筒状包围小枝。

（2）花

花单生于枝端或叶腋，白色，两性，芳香；花萼绿色，圆筒状；花冠高脚碟状，裂片6或较多；子房下位。始花期5月，盛花期5月下旬至6月上旬，持续开花可至秋季（彩图26-1）。

（3）果

果实成熟期9~11月。果实呈长卵形或椭圆形，长1.5~3.5 cm，直径1~1.5 cm。表面棕红色或红黄色，具有6条翅状纵棱。顶端残存萼片，基部稍尖，有果柄痕。果皮薄而脆，内表面呈鲜黄色，有光泽，具2~3条隆起的假隔膜。种子多数，扁卵圆形，黏结成团，深红色或红黄色，密具细小疣状突起。浸入水中可使水染成鲜黄色。气微,味微酸而苦(彩图26-2)。

2. 生长发育规律

(1)发育过程

扦插繁殖第2~3年可开花结实,种子繁殖第3~4年开花结实。6~7年开始进入结实盛期,可产果直到20~25年。

(2)物候期

栀子生长季节具有明显的春枝、夏枝、秋枝三个时期。3~4月发新叶抽枝,5月始陆续开花(主要为5月上旬),花谢期有落花落果,果实至8月已经完全膨大,10~11月成熟。栀子夏秋季节持续发枝,有秋梢、秋花、秋果。

3. 对生态环境条件的要求

(1)温度

栀子喜温暖、湿润的气候环境。在年生长周期中,当日均气温在10 ℃以上时,地上部分开始萌芽,14 ℃开始展叶,18 ℃以上花蕾开放,低于15 ℃或高于30 ℃,均可助长落花落果。11月中旬,气温下降到12 ℃以下,植株地上部分停止生长,进入休眠。

(2)光照

栀子幼苗较耐荫蔽,在30%的荫蔽条件下生长良好。但进入结果年龄后(4年生以上)喜光,如过阴,生长纤弱,花芽减少,落果率提高,果实成熟期推迟,单株产量可下降30%左右。据统计栀子生长范围内日照时数1 600~1 900 h,日照百分率30%~40%,年辐射量多年平均86~109 kcal/cm^2。

（3）水分

栀子喜湿润气候，适宜在年降水量1 100~1 300 mm，降水分布较均匀的地方生长。忌积水，较耐旱，5~7月开花坐果期间，如降水较多，落花落果现象明显。

（4）土壤

栀子对土壤要求不严，平原、丘陵、山地均可种植，但以排水良好、疏松、肥沃、酸性至中性（pH 5.1~8.3）的红黄壤为主，低洼地、盐碱地不宜栽种。栀子生长地，土壤为红壤土，光照充足（彩图26-3）。

（5）肥料

栀子耐肥，结实期消耗养分多，需肥量较大，应实行氮、磷、钾肥相结合，农家肥与化肥相结合的原则。

（三）物种或品种类型

1. 正品

栀子，又名山栀子，是《中华人民共和国药典（一部）》（2005年版）收载的药材品种。

2. 混淆品种

栀子的混淆品种主要是大花栀子、重瓣栀子（又名白蟾）、雀舌栀子、水栀子、大黄栀子、海南栀子、狭叶栀子、匙叶栀子、花叶栀子等。

大花栀子 *G. jasminoides* Ellis. var. *grandiflora* Wakai．为栀子的变种，花大，单瓣，果实较山栀子大而稍长。大花栀子主要分布于四川、江西、贵州、江苏、浙江等地。

重瓣栀子（又名白蟾）G. jasminoides Ellis. var. fortuniana（Lindl.）Hara为栀子的变种，花重瓣，不结果，多为庭院观赏植物，少作药用。我国南部和中部地区有栽培。

雀舌栀子G. jasminoides Ellis. var. radicans（Thunb.）Makino为栀子的变种，花重瓣，较大花栀子小。果实类圆形或椭圆形。多为盆景或庭院栽培作观赏的植物，分布于浙江、广东、海南等地。

水栀子G. jasminoides Ellis. f. logicarpa Z. W. Xie et Okada.，《中药大辞典》等文献认为是栀子的变种茜草科植物大花栀子的干燥成熟果实。但谢宗万通过实地考察及品种考证，认为水栀子为栀子的一个变型长果栀子的干燥果实，果实较山栀子长，与大花栀子的区别在于花不大，果型也不同。该品种是古代本草记载的"伏尸栀子"，历来只作染料用或外用治扭挫伤等，栽培于水溪岸旁，分布于江西、广西、贵州、湖北、湖南、四川等地。

大黄栀子G. sootepensis Hutchins.，果实长圆形或椭圆形，绿色。民间常作食品着色剂，果实有活血消肿作用，为云南傣族的民族用药。果实成熟时可吃，傣族妇女还用其洗头发。主要分布于云南澜沧、勐海、景洪、勐腊等地。

海南栀子G. hainanensis Merr.、狭叶栀子G. stenophylla Merr.、匙叶栀子G. angkorensis Pitard、花叶栀子G. Variegata Carr. 很少见商品药材。

（四）种 植 地

1. 种植地选择

产地的地形地貌，气候土壤条件对中药材的质量具有重要影响。按照《中药材生产质量管理规范（试行）》的要求，栀子规范化种植基地应选择远离居民点和交通要道、周围无污染的地段。

本品种种植地选择在其分布区内的广东梅州平远县，该县为典型的山区县，位于广东东北部，地处北纬24°24′~24°56′，东经115°44′~116°07′，为丘陵低山区，属中亚热带气候区，气候温暖，日照充足，雨量充沛，夏长冬短。年平均日照1 872.5 h，年平均气温20.7 ℃，1月平均气温11 ℃，是最冷月。7月28.5 ℃，为最热月。年平均降水量1 647.4 mm，降水量集中在4~9月，占全年降水量的74%~78%。该地区土层深厚、疏松肥沃、富含腐殖质，且排水良好，适宜栀子的生长。

2. 种植地生态环境质量检测

分别在基地抽取大气、水质和土壤样本，均按上述国家标准检测，检验的结果见表26-1，表26-2，表26-3。

表26-1　栀子GAP基地大气分析检验结果　　（mg/m³）

检测项目	二氧化硫（SO_2）	氮氧化物（NO_2）	总悬浮微粒（TSE）
年平均值	0.004	0.015	0.103

表26-1结果显示,平远县所在范围空气质量优于《中华人民共和国环境空气质量标准》(GB3095—1996)中的要求。

表26-2 栀子GAP基地土壤分析检验结果

检测项目	检测结果	检测项目	检测结果
铅(μg/kg)	51.7	汞(μg/kg)	64.1
铜(μg/kg)	44.5	六六六(μg/kg)	0.364
镍(μg/kg)	18	滴滴涕(μg/kg)	0.143
铬(μg/kg)	46.6	pH	4.83
锌(μg/kg)	56.1	水分(%)	21.4
镉(μg/kg)	0.023 9	有机质(%)	0.37
碱解氮(μg/kg)	23	全氮(%)	0.028
有效磷(μg/kg)	7.2	全磷(%)	0.023
速效钾(μg/kg)	63	全钾(%)	2.05
砷(μg/kg)	253		

表26-2结果表明,基地土壤质量符合《中华人民共和国土壤环境质量标准》(GB15618—1995)中二级质量标准。

表26-3 栀子GAP基地水质分析检验结果

检测项目	检测结果	检测项目	检测结果
悬浮物(mg/L)	7.8	铬(六价,mg/L)	0.02
阴离子表面活性剂(LAS,mg/L)	0.033	总铅(mg/L)	0.001 9

续表

检测项目	检测结果	检测项目	检测结果
凯氏氮（mg/L）	0.4	总锌（mg/L）	0.001 7
总磷（以P计算，mg/L）	0.05	硼（mg/L）	0.001
水温（℃）	21	总硒（mg/L）	0.000 273
pH	6.69	氟化物（mg/L）	0.16
全盐量（mg/L）	0.038	氰化物（mg/L）	<0.05
氯化物（mg/L）	0.73	石油类（mg/L）	4.14
硫化物（mg/L）	0.035	挥发酚（mg/L）	0.002
总汞（mg/L）	0.000 4	苯（mg/L）	ND
总镉（mg/L）	0.000 8	三氯乙醛（mg/L）	ND
砷（mg/L）	0.000 283	丙烯醛（mg/L）	ND
生物需氧量（mg/L）	1.6	蛔虫卵数（个/L）	未检出
化学需氧量（mg/L）	5.6	粪大肠菌群（个/L）	未检出
总铜（mg/L）	0.002 6		

表26-3结果表明，基地灌溉水质质量符合《中华人民共和国农田灌溉水质标准》（GB5084—1992）中二级质量标准。

（五）种植技术

1. 育苗技术

栀子繁殖主要是种子繁殖和扦插繁殖，此外还有分株繁殖和压条繁殖。大规模产业化的发展首先必须解决种苗的来源问题，为了缩短培养时间，组织培养成为近年来提倡的一种育苗新方法。现将种子繁殖、扦插繁殖及组织培养繁殖育苗技术分别介绍如下：

（1）种子繁殖

1）种子采集与处理

选择树势健壮、树皮黑褐色，树冠较矮、宽阔丰满，主枝开阔，呈圆头形，枝条分布均匀，枝条节间较短，结果较多且呈簇状、果大肉厚的母树采种。10月果实陆续成熟时先将母树上的小果、虫伤病果摘除。待果实充分成熟时采集饱满、颜色深的鲜果，连壳晒至半干留作种。播种前去壳取出种子并浸入30~40 ℃温水中12~24 h，揉搓后去掉漂浮在水面上的杂质及瘪粒，捞出沉底的饱满种子，稍晾干后拌细沙以备播种。

2）播种育苗方法

育苗以春播为佳，2月下旬至3月初，在整好的畦上按行距20~25 cm，开深约3 cm的浅沟，将种子均匀撒入沟内，覆细土1~2 cm，再盖上稻草。每667 m²播种量2~3 kg。出苗后及时揭去稻草，保持土壤湿润，并分次间苗，最后按株距10 cm左右定苗。彩图26-4为栀子的种子繁殖苗。

（2）扦插繁殖

1）扦插时间

4月至立秋随时可扦插，但以夏秋之间成活率最高。

2）扦插方法

分扦插育苗和大田直播两种。插穗选取2年生以下健壮嫩枝条，截成15~20 cm、上端平下端斜的小段做插穗，插条上端留叶3片。用500 mg/kg ABT速蘸插条基部10 s，以促进生根。按株行距10 cm× 15 cm插于苗床中，插条埋入土深2/3。插后压紧土壤，浇透水，以后保持湿润，保持温度20~24 ℃

条件下15天左右可生根。若用$20 \times 10^{-6} \sim 50 \times 10^{-6}$吲哚丁酸浸泡24 h，效果更佳。育苗半年后可定植。

采用大田直插时，方法同上，插穗长25~30 cm，每穴插2~3条。彩图26-5为栀子扦插繁殖苗。

（3）组织培养繁殖

1）外植体的选择和准备

对栀子不同部位的外植体进行诱导，在相同消毒处理下和同种培养基中，最佳诱导外植体为带腋芽的茎段，诱导率达70%，其次为顶芽，叶片则无丛生芽生成。故在栀子组培繁殖中选择顶芽、带腋芽的茎段为外植体最合适。取顶芽、带腋芽的茎段，用清水冲洗2 h后，在超净工作台上用70%的酒精浸泡30 s，用无菌水冲洗5~6次，再用0.1%的升汞浸泡5 min后，用无菌水冲洗5~6次。将不同部位的外植体，接种到诱芽培养基中进行培养。

2）培养基的设计以及植株再生

诱芽培养基和继代培养基均以MS为基本培养基或改良后的MS为基本培养基，添加一定浓度的6-BA和NAA以促进分化，该法可不通过愈伤组织阶段，直接诱导分化出再生植株。将继代培养后的丛生芽同样切割成单芽后接种到以1/2 MS或1/2 SH培养基添加一定浓度的IBA和NAA的生根培养基上。30天后有长1~2 cm的灰绿色的根生出，生根率可达60%以上。

3）再生植株的移栽

将生根的试管苗打开瓶盖炼苗 3 天后移栽到准备好的基质上，浇透水后用塑料薄膜罩住，保持一定湿度，1周后去掉薄膜，当温度控制在18~20 ℃时，苗的长势良好；在15 ℃以下，苗的生长缓慢。将上述基质中生长良好的移栽苗于翌年4月上旬，选择土层深厚，土质肥沃的地块施足底肥，按株行距5 m×5 m定植到野外，浇透水，成活后进入正常管理。这种方法既简便又经济，适于栀子试管苗的大批量产业化生产。

（4）苗木管理

经常性中耕除草，做到田间无杂草。适时适量灌溉，保持苗床湿润，不得有积水。栀子喜肥，苗期注意浇水和除草外，一般追施氮肥为主的肥料3~4次。可施充分腐熟的稀薄禽畜粪水，喷施磷酸二氢钾、尿素等，以氮肥为主、磷肥为辅的追肥原则。

2. 种植技术

（1）种植地选择与整地

选择排水良好，土壤疏松肥沃的地段。移栽前提前整地，让土壤熟化。先将地块内灌木杂草砍伐、清除，再按1.5 m的行距条垦，然后按株距1.0~1.2 m挖穴。种植密度根据立地条件和是否套种确定。一般按株距1.0~1.5 m、行距1.5~2 m开穴。肥沃立地、准备套种的可偏稀，较瘠薄立地、不套种的可偏密。穴大小为30 cm×30 cm，每穴施5 kg农家肥，并与土拌匀。

（2）种植时间

可于12月至翌年3月进行栽植，但应避开最寒冷阶段，以2月至3月上旬为好。宜选择阴天定植。

（3）种植方法

移植前苗木用钙镁磷肥料拌黄泥浆蘸根，也可在调泥浆时用30 mg/kg ABT溶液，有利于成活。每穴栽1株。将苗木扶正栽入穴内，当填土至一半时，将苗轻轻往上一提，使根系展开，然后填土至满穴，用脚踏实，表面再覆盖松土。

（4）种植密度

种植密度一般为（1.0~1.5）m×（1.5~2.0）m，即为每667 m² 200~450株。每公顷4 500~6 750株。

（5）田间管理

1）补植

栀子种植当年春、秋季，全面检查园地，发现有死亡缺株的应补植同品种苗木。

2）中耕除草

一般定植后每年春、夏、秋季各中耕除草1次，防止杂草丛生，抑制栀子生长，冬季全垦除草并培土1次，作业时主干周围应浅除，防止伤须根。

3）套种

栀子种植的前2~3年，栀子园地行间空旷，适宜套种矮秆作物或一年生草本药材，尤以豆科作物为好，以耕代抚，套种作物收获后，将苗秆翻入土中作肥料。

4）整形修剪

定植后树苗长到50 cm高时整形修剪，选留2~3个生长方向不同的壮枝，培养成主枝。各主枝培养3~4个分枝。对主干、主枝应抹芽除蘖，剪除下部萌蘖，将下垂枝、匍匐枝、重叠枝、逆行枝剪除，主枝和副主枝摆布均匀，形成枝条均匀分布、向四周扩展的圆头形树冠，以利于通风透光，减少病虫害，提高结果率。

一般定植后2年内，为促进生长，培养树冠，要摘除花芽，第3年开始留果。栀子在秋季仍有开花（尤其幼龄栀子），但后期花不能形成果实，在8月以后应摘除花蕾。

5）追肥培土

栀子耐肥，结果时消耗养分多，需肥量较大，应实行氮、磷、钾肥结合，农家肥与化肥相结合的原则为好。施肥主要分三个时期，分别为3月底至4月初，5月，6月下旬至8月上旬。

在3月底4月初春梢萌动时施肥，每667 m^2可施入腐熟的农家有机肥料1 200 kg，或每株施尿素、硫酸铵15 g，以促进发枝和孕蕾。

5月，选择阴天或傍晚进行叶面施肥，促进开花和结果。开花期，用1.5% 硼砂加0.2% 磷酸二氢钾喷施叶面。在栀子花谢3/4时，用50 mg/kg的赤霉素加0.5%的尿素，或者用10 mg/kg的ABT加0.5%尿素喷洒。

在花谢后的6月下旬至8月上旬，根据栀子生长发育具体情况，每667 m^2 深施复合肥4～6 kg。此次忌施氮肥，以防止夏梢过量抽发，导致结果部位迅速上移。

另外，冬季需加施基肥。栀子结果后，消耗了大量营养，因此，每年冬季沿树四周15 cm外，深耕施肥并培土，以有机肥料（堆肥、厩肥）为主，每667 m^2可施肥料2 000 kg，每667 m^2 加入钙镁磷肥25 kg，以保护栀子安全过冬及恢复树势。

3. 关于施肥的研究试验

为了筛选出适合栀子生长的肥料，我们在GAP基地进行了施肥试验。选用农家肥、福利龙有机肥、芭田复合肥、挪威复合肥为研究对象，选择15块地进行施肥实验，采用单因子随机设计，设5个处理，3次重复。周围设保护带，小区间设保护行。全年分别在4月、5月、8月和12月施肥，共施肥4次（表26-4）。

表26-4　栀子施肥试验处理

肥料名称	肥料种类	施肥量（kg/667 m²）
农家肥	充分腐熟的禽畜粪水	1 200
福利龙精制有机肥	N+P+K≥4%，有机质≥30%，Ca+Si+Mg=50%	900
芭田复合肥	含NPK无机总养分	900
挪威复合肥	N+P+K总养分≥51%	900
对照区	除种植前苋基肥外不另施肥	0

试验内容主要有以下几个方面：

（1）不同施肥种类对栀子3种药效成分含量的影响（表26-5）

表26-5　不同施肥种类对栀子苷、绿原酸和西红花苷-1含量的影响　　（$n=3$）

肥料名称	栀子苷（%）	绿原酸（%）	西红花苷-1（%）
农家肥	5.17 ± 0.12	0.121 ± 0.002a	1.18 ± 0.01 α
福利龙有机肥	4.02 ± 0.01A	0.127 ± 0.001b	1.21 ± 0.02 α
芭田复合肥	4.34 ± 0.02	0.092 ± 0.000c	1.09 ± 0.02
挪威复合肥	4.01 ± 0.10A	0.075 ± 0.002d	1.35 ± 0.02 β
对照区	3.71 ± 0.03	0.083 ± 0.002	1.31 ± 0.05 β

注：平均数后面相同字母者表示在0.05水平差异不显著。

表26-5中数据经spss11.5软件分析,结果表明:栀子苷,农家肥区含量显著性最高、对照区含量显著性最低,福利龙有机肥区与挪威复合肥区差异不大;绿原酸,以福利龙有机肥区和农家肥区含量最高,各区之间含量均有显著性差异;西红花苷-1,挪威复合肥区和对照区含量最高,农家肥区和福利龙有机肥区次之,芭田复合肥区最低。

由上可以看出,施用农家肥栀子苷和绿原酸含量均较高,而西红花苷-1含量处于中间水平。因此说明农家肥是比较适合栀子生长的肥料。而不施肥对栀子苷的含量影响较大。

(2)不同施肥种类对栀子药材重金属含量的影响

基地采集不同施肥种类的栀子样品,洗净晒干,粉碎,送中国广州分析测试中心测定(表26-6)。用原子吸收光谱法测铜、铅、镉、砷;塞曼法测定汞;目视比色法测定重金属(以Pb计)。

表26-6 不同施肥种类对栀子药材重金属总量的影响 (mg/kg)

分析项目	农家肥	福利龙有机肥	挪威复合肥	芭田复合肥	对照区
砷(As)	<0.5	<0.5	<0.5	<0.5	<0.5
镉(Cd)	<0.1	<0.1	<0.1	<0.1	<0.1
铜(Cu)	7.4	8.8	8.2	12	7.9
铅(Pb)	0.73	0.66	0.65	0.63	0.64
汞(Hg)	<0.1	<0.1	<0.1	<0.1	<0.1
重金属总量(以Pb计)	<20	<20	<20	<20	<20

由表26-6可以看出，施用上述4种不同的肥料后，栀子药材内重金属含量均在中华人民共和国商务部发布《药用植物及其制剂进出口绿色行业标准》规定的允许范围内。

（六）主要病虫害的防治

1. 病害

主要病害有褐斑病和灰疽病。

（1）褐斑病

1）病原

病原菌是真菌中一种半知菌。病原菌有性世代为差球腔菌 *Mlcosphaerelia theae* Hara，无性世代为茶灰星尾孢霉 *Cercospara theae*（Cav）。

2）为害症状

为害叶、果。初期，在嫩叶、枝梢和幼果上呈水渍状病斑；中期果上呈灰白色小点或晕圈，以后连接成较大的褐色至深褐色病斑；后期病斑中央部分坏死，变成白色。叶片变黄脱落，果期落果．造成减产。

3）发病规律

6~8月为发病盛期。

4）防治方法

①选用抗病品种和无菌苗木；②清除病叶集中烧毁；③用50%托布津1 000倍液或1：1：1 000波尔多液于5月下旬发病前和8月上旬分别喷药，每隔15天1次，连续2~3次。

（2）炭疽病

1）病原

炭疽病 *Gloeosporium fructigemm* Berk。

2）为害症状

为害叶片和嫩果。

3）发病规律

病菌主要以菌丝体在病梢组织内越冬，第2年产生分生孢子借风雨和昆虫传播。一般5月开始发生，7~8月为害最严重，导致叶片呈褐色斑坏死，果实裂开。通常危害不会很大，当果实成熟期高温多雨（暴雨）时发生较严重。

4）防治方法

①加强施肥和抚育等栽培管理，促进树势旺盛，增强抗病力；②5~8月适宜喷洒波尔多液保护和预防；③发病时用退菌特、甲基托布津等高效低毒杀菌剂防治。

2. 虫害

主要害虫有咖啡透翅天蛾、栀子卷叶螟和鬼蜡介壳虫。

（1）咖啡透翅天蛾

1）学名

咖啡透翅天蛾 *Cephonodes hyles* Linnaeus，属鳞翅目，天蛾科。

2）为害症状

以幼虫取食栀子叶片和花蕾造成危害。数量多时将整株叶片吃光。幼虫还蛀食枝条，可导致植株枯死。

3）发生规律

一年发生3代，以蛹过冬，次年4月下旬越冬蛹化为第1代成虫，第2、第3代成虫分别于7月及10月出现。成虫白天活动，飞翔迅速，雌虫产卵于叶上，每叶1~3粒，每雌平均产卵200余粒。3龄幼虫取食嫩叶，使呈麻点和孔洞，4龄后食量增大，暴食叶片，数量多时常将叶片食尽。

4）防治方法

①人工捕捉幼虫和成虫。②冬垦，破坏咖啡透翅天蛾的蛹室，使蛹冻死。③成虫期可采用黑光灯诱杀蛾；幼虫幼龄阶段及时喷药防治，主要可使用敌百虫，喷施90%敌百虫1 000倍液；也可用杀螟杆菌（每克含活孢子100亿以上）1：100倍液等生物农药喷雾；大发生时可使用敌敌畏、氰戊菊酯、杀虫双等。采用白僵菌、绿僵菌，利用其活性孢子接触害虫产生芽管，透过皮肤侵入体内长成菌丝，不断增殖，使害虫新陈代谢紊乱而死亡，并强烈吸干害虫体内水分而使害虫呈僵状。

（2）栀子卷叶螟

1）学名

栀子卷叶螟*Dichocxcis punctiferalis* Guenee。

2）为害症状

以幼虫为害春、夏、秋梢。如遇虫口密度高峰期，为害后使翌年花芽萌生减少，产量显著下降。

3）发生规律

一年发生4代。世代重叠，以幼虫在枯叶中结薄茧越冬，翌年3月气温回升后陆续恢复取食，4月上旬越冬代幼虫开始化蛹，4月中、下旬羽化产卵，至6月中旬是第1代幼虫发生为害期，7月上旬、中旬至8月中旬是第2代幼虫的盛发期，第3代幼虫则于9月上、中旬出现一直危害至11月上、中旬，第4代幼虫（越冬代）于11月下旬又陆续结薄茧相继进入越冬休眠期。

4）防治方法

在6～7月抓住低龄幼虫阶段喷施90%敌百虫1 000倍液或用每克含孢子100亿的杀虫菌1∶100倍液喷雾。

（3）鬼蜡介壳虫

1）学名

鬼蜡介壳虫 *Ceroplastes japonicus* Green。

2）为害症状

以若虫、雌虫为害枝梢和叶片。成虫被覆有白色或其他色泽分泌物（称介壳），易于识别。主要吸食叶片汁液。受介壳虫为害后，易诱发烟煤病，影响光合作用。严重时造成枝枯叶落。

（4）防治方法

若虫期喷25%敌敌畏250～300倍液或40%乐果加50%马拉松1∶1的1 000倍液喷雾；

若虫期和雌虫期均可喷施1∶10松脂合剂防治。

3. 关于农药的研究试验

坚持贯彻保护环境、维持生态平衡的环保方针及预防为主、综合防治的原则（彩图26-6）。

（1）采集栀子GAP基地主要虫害进行研究，经华南农业大学王敏教授鉴定为咖啡透翅天蛾（彩图26-7）。

（2）蚜虫，其主要侵蚀果实，在果实上留下一个大洞，进而使整个果实干枯落下（彩图26-8）。

针对这些病虫害在基地开展了农药试验。以农药品种辛硫磷和敌百虫为研究对象（见表26-7），采用单因素随机设计，设3个处理，3次重复。并比较不同农药种类对栀子三种药效成分的影响。

表26-7　　病虫害防治试验设计

农药名称	稀释倍数（倍）	使用方法	施用量（kg/667 m²）
敌百虫	1 000	喷雾法	0.25
辛硫磷	1 000	喷雾法	0.25
对照	1 000	喷雾法	—

试验内容主要有以下几个方面：

1）不同农药种类对栀子3种药效成分含量的影响（表26-8）

表26-8　不同农药种类对栀子苷、绿原酸和西红花苷-1含量的影响　　　　（$n=3$）

农药名称	栀子苷（%）	绿原酸（%）	西红花苷-1（%）
农药一（敌百虫）	6.65 ± 0.12	0.150 ± 0.002A	1.58 ± 0.04α
农药二（辛硫磷）	3.86 ± 0.06a	0.143 ± 0.001A	1.71 ± 0.04α
对照区	3.62 ± 0.04a	0.098 ± 0.023	1.67 ± 0.10α

注：平均数后面相同字母者表示在0.05水平差异不显著。

表26-8中的数据经spss11.5软件分析，结果表明：栀子苷，喷施敌百虫区含量显著性最高，而喷施辛硫磷区和对照区含量差异不大；绿原酸，喷施敌百虫区和辛硫磷区药材含量差异不大，但两者均显著性高于对照区；西红花苷-1，喷施敌百虫区、辛硫磷区和对照区三者之间差异均不大，说明农药处理对西红花苷-1含量影响不大。

2）不同农药种类对栀子药材农药残留量的影响（表26-9）。

表26-9 不同农药种类对栀子药材农药残留量的影响 （mg/kg）

分析项目	农药一（敌百虫）	农药二（辛硫磷）	对照区
艾氏剂	未检出	未检出	未检出
滴滴涕	未检出	未检出	未检出
六六六	未检出	未检出	未检出
五氯硝基苯	未检出	未检出	未检出

由表26-9可以看很出，施用上述2种农药后，栀子药材内农药残留量在中华人民共和国商务部发布《药用植物及其制剂进出口绿色行业标准》规定的允许范围内。

（七）采收与加工

1. 采收

栀子传统采收期为9～11月，果实成熟呈红黄色时采收。我们以栀子GAP基地果实不同颜色细分其成熟期，测定果实中栀子苷、绿原酸和西红花苷-1的含量，探索这些成分的动态变化规律，为科学确定栀子的采收期、获得高含量有效成分栀子作参考。

不同颜色的栀子果实于2008年10月21日采自广东省梅州市平远县黄花陂栀子GAP基地。在约120株植株上随机采集各颜色果实，混合后按颜色分成6组，即全青（1）、

2/3青1/3黄（2）、半青半黄（3）、1/3青2/3黄（4）、全黄（5）、枯黄（6）（彩图26-9）。测定结果见图26-1。

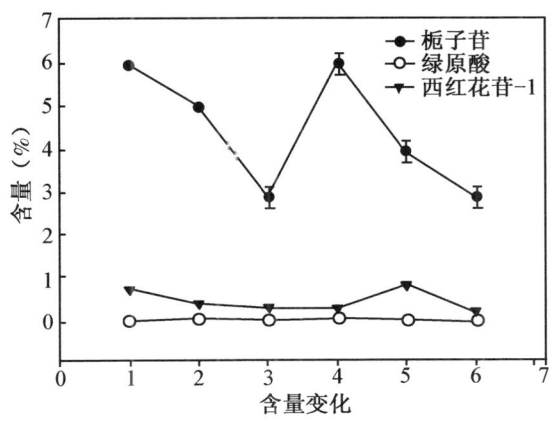

图26-1　不同发育时期栀子果实中3种有效成分的含量变化

结果表明：栀子苷、绿原酸、西红花苷-1含量均出现两个高峰期，峰形陡峭；高峰出现的时期不完全一致。栀子苷的含量在全青期和1/3青2/3黄期最高，而西红花苷-1的含量在全青期和全黄期最高。3种成分的含量均在枯黄时降至最低。因此，根据果实颜色及时采收才能获得高含量的目标活性成分。

2. 初加工

1）采收回的鲜果可堆放于室内，不得过厚，保持通风，一般要求采收后5天内进行蒸果和晒、烘加工处理。采收的鲜果入库房时，应及时进行杂物清除，并同时把果实按成熟情况分别分堆。

2）栀子加工

蒸法处理：将栀子鲜果倒入蒸汽甑中蒸3～5 min即可，

不得破果皮。

晒干处理：蒸后栀子立即摊开置于干净晒场上，曝晒，晒约5天，至七成干，然后堆放室内"发汗"1~2天，接着再晒4~5天，再收回"发汗"1天，最后晒2天至果内坚硬干燥即可；整个干燥过程周期一般要15天左右（视天气情况而异）。同时在干燥过程中，应轻轻翻动，以免伤果皮及防止外干内湿。

烘干处理：60 ℃热风循环烘干，期间也需堆放发汗。

3. 商品规格

以色红、皮薄、饱满、无杂质者为品质优良商品。

（八）质量标准及检测

1. 性状

（1）正品药材的性状

本品呈长卵圆形或椭圆形，长1.5~3.5 cm，直径1~1.5 cm。表面红黄或棕红色，具6条翅状纵棱，棱间常有1条明显的纵脉纹，并有分枝。顶端残存萼片，基部稍尖，有残留果梗。果皮薄而脆，略有光泽；内表面色较浅，有光泽，具2~3条隆起的假隔膜。种子多数，扁卵圆形，集结成团，深红色或红黄色，表面密具细小疣状突起。气微，味微酸而苦。

（2）混淆品水栀子的性状特征

果长椭圆形，长3~7 cm，直径1.5~2.0 cm。水栀子体长，几乎为山栀子的2倍，果身与直径之比为2.2∶1。

2. 鉴别

（1）显微鉴别

本品粉末红棕色。果皮石细胞类长方形；果皮纤维细长，梭形，直径约10 μm，长约110 μm，常交错、斜向镶嵌状排列；含晶石细胞，类圆形或多角形，直径17～31 μm，壁厚，胞腔内含草酸钙方晶，直径约8 μm；种皮石细胞黄色或淡棕色，长多角形、长方形或形状不规则，直径60～112 μm，长约230 μm，壁厚，纹孔甚大，胞腔棕红色，含草酸钙簇晶，直径19～34 μm。

（2）薄层色谱鉴别

取本品粉末1 g，加50%甲醇10 mL，超声处理40 min，滤过，滤液作为供试品溶液。另取栀子对照药材1 g，同法制成对照药材溶液。再取栀子苷对照品，加乙醇制成每1 mL含4 mg的溶液，作为对照品溶液。照薄层色谱法［《中华人民共和国药典（一部）》（2005年版）附录Ⅵ B］试验，吸取上述3种溶液各2 μL，分别点于同一硅胶G薄层板上，以乙酸乙酯-丙酮-甲酸-水（5：5：1：1）为展开剂，展开，取出，晾干。供试品色谱中，在与对照药材色谱相应的位置上，显相同颜色的黄色斑点；再喷以10%硫酸乙醇溶液，在110 ℃加热至斑点显色清晰，供试品色谱中，在与对照品色谱相应的位置上，应显相同颜色的斑点。

3. 检查

（1）水分　照水分测定法［《中华人民共和国药典（一部）》（2005年版）附录Ⅸ H第一法］测定，不得过8.5%。

测定平远栀子GAP基地不同施肥及农药处理区样品的水

分,结果见表26-10,含量均小于8.5%。

表26-10 栀子药材中水分含量测定结果 （$n=3$）

编号	样品来源	水分（%）
1	平远基地农家肥区	6.30
2	平远基地福利龙有机肥区	5.89
3	平远基地挪威复合肥区	5.69
4	平远基地芭田复合肥区	5.10
5	平远基地施肥对照区	4.94
6	平远基地农药一区	4.91
7	平远基地农药二区	4.86
8	平远基地农药对照区	4.68

（2）总灰分 照灰分测定法［《中华人民共和国药典（一部）》（2005年版）附录ⅨK］测定,不得过6.0%。

测定平远基地不同施肥及农药处理区样品的总灰分,结果见表26-11,含量均小于6.0%。

表26-11 栀子药材中总灰分含量测定结果 （$n=3$）

编号	样品来源	总灰分（%）
1	平远基地农家肥区	5.10
2	平远基地福利龙有机肥区	5.85
3	平远基地挪威复合肥区	5.42
4	平远基地芭田复合肥区	5.82
5	平远基地施肥对照区	4.93
6	平远基地农药一区	5.54
7	平远基地农药二区	5.91
8	平远基地农药对照区	5.26

（3）重金属　照重金属检查法［《中华人民共和国药典（一部）》（2005年版）附录Ⅸ E第一法］测定（表26-12）。重金属限量（mg/kg）：铅（Pb）≤5.0；镉（Cd）≤0.3；砷（As）≤2.0；汞（Hg）≤0.2。重金属总量以Pb计每kg不得超过20 mg/kg。

表26-12　栀子GAP基地施肥区重金属含量测定结果　　（mg/kg）

分析项目	农家肥	福利龙有机肥	挪威复合肥	芭田复合肥	对照区
砷（As）	<0.5	<0.5	<0.5	<0.5	<0.5
镉（Cd）	<0.1	<0.1	<0.1	<0.1	<0.1
铜（Cu）	7.4	8.8	8.2	12	7.9
铅（Pb）	0.73	0.66	0.65	0.63	0.64
汞（Hg）	<0.1	<0.1	<0.1	<0.1	<0.1
重金属总量（以Pb计）	<20	<20	<20	<20	<20

从表26-12结果可以看出，施用4种不同的肥料后，栀子药材重金属含量均在中华人民共和国商务部发布的《药用植物及制剂进出口绿色行业标准》规定的允许范围内。

（4）农药残留量　照有机氯类农药残留量检查法［《中华人民共和国药典（一部）》（2005年版）附录Ⅸ Q］测定（表26-13）。有机氯类残留量（mg/kg）：滴滴涕（DDT）≤0.1；六六六（BHC）≤0.1；五氯硝基苯（PCNB）≤0.1。

表26-13　栀子GAP基地农药试验区农药残留量测定结果

分析项目	农药一（敌百虫）	农药二（辛硫磷）	对照区
艾氏剂	未检出	未检出	未检出
滴滴涕	未检出	未检出	未检出
六六六	未检出	未检出	未检出
五氯硝基苯	未检出	未检出	未检出

表26-13结果表明，施用2种不同的农药后，栀子药材农药残留均在中华人民共和国商务部发布的《药用植物及制剂进出口绿色行业标准》规定的允许范围内。

4. 化学成分

（1）一般化学成分

据报道，到目前为止，已从栀子中分离鉴定的化合物有环烯醚萜苷类（包括栀子苷、羟异栀子苷、京尼平1-β-龙胆双糖苷、栀子苷酸、京尼平等）、色素类（主要是西红花苷类和西红花酸类）、有机酸酯类（主要有绿原酸和熊果酸）、二萜类、三萜类、多糖类、油脂类、黄酮类和微量金属元素类等。

栀子果实提取物具有提高机体的抗病能力，改善肝脏和胃肠系统的功能，减轻胰腺炎症及抗焦虑等作用。果实的醇提取物，对麻醉或不麻醉动物，口服或腹腔注射给药均有持久性的降血压作用。果实中所含的环烯醚萜苷类具有良好的利胆作用。栀子苷有显著的降低胰淀粉酶作用、抗炎作用及治疗软组织损伤的作用，其酶解产物即苷元京尼平对增加胰胆流量作用及抗炎作用均最强。西红花苷和西红花酸具有降血脂、增加胆汁分泌量、抗动脉粥样硬化及抗肿瘤等作用。栀子多糖具有比较广谱的抑瘤效应,而绿原酸具有抑菌作用。另有研究表明栀子生品及炮制品均有一定的解热、镇静及镇痛等作用。这些结果表明,栀子的临床治疗作用是上述各种化合物综合作用的结果。

(2)有效成分含量测定

《中华人民共和国药典(一部)》(2005年版)规定,栀子中栀子苷含量测定方法如下:

1)色谱条件与系统适用性试验

以十八烷基硅烷键合硅胶为填充剂;以乙腈-水(15∶85)为流动相;检测波长为238 nm。理论板数按栀子苷峰计算应不低于1 500。

2)对照品溶液的制备

精密称取栀子苷对照品适量,加甲醇制成每1 mL含30 μg的溶液,即得。

3)供试品溶液的制备

取本品粉末(过4号筛)约0.1 g,精密称定,置具塞锥形瓶中,精密加入甲醇25 mL,称定重量,超声处理20 min,放冷,再称定重量,用甲醇补足减失的重量,摇匀,滤过,精密量取续滤液10 mL,置25 mL量瓶中,加甲醇至刻度,摇匀,即得。

4)测定法

分别精密吸取对照品溶液与供试品溶液各10 μL,注入液相色谱仪,测定,即得。

本品按干燥品计算,含栀子苷($C_{17}H_{24}O_{10}$)不得少于1.8%。

参照上法对不同产地栀子药材中栀子苷含量测定,结果如表26-14。

表26-14 不同产地栀子药材栀子苷含量 （n=3）

产地（或商品购买地）	栀子苷（%）	标准误差
广西岑溪	3.59	0.135
广西桂林临桂县	2.87	0.027
广西桂林雁山镇	2.92	0.07
湖北武穴（商品）	3.39	0.116
新疆乌鲁木齐（商品）	4.46	0.064
河北安国（商品）	3.65	0.265
河北安国水栀子（商品）	4.61	0.078
广东汕头（商品）	2.25	0.129
广东东莞（商品）	4.08	0.084
广东普宁（商品）	2.76	0.027
广东茂名（商品）	3.63	0.017
广东韶关始兴（商品）	3.24	0.026
广东清平市场（商品）	4.26	0.184
平远GAP基地（081208）	4.78	0.084

从表26-14中数据可以看出，各产地栀子药材栀子苷含量均达到《中华人民共和国药典（一部）》（2005年版）标准（1.8%），而平远栀子GAP基地的栀子药材栀子苷含量高达4.78%。

（九）包装、贮藏与运输

1. 包装

栀子包装前应再次检查是否已充分干燥，并清除劣质品及异物。包装材料宜选有塑料薄膜内胆的编织袋，或者根据出口或购货商的要求而定。在每件包装上，应标明品名、规格、产地、批号、生产与包装日期、生产单位，并附有质量合格标志等，内容如下。

药材名称：
产　　地：
采收日期：
采收单位：
调出日期：
调出单位：
调出数量：　　　包
包装重量：　　　kg/包
注意事项：
附：药材质量检验单

2. 贮藏

干燥后的栀子果实如不马上出售，应置于室内干燥处贮藏，并附有防潮设施。同时注意防止老鼠等啮齿类动物危害。干燥的果实放在密封的聚乙烯塑料袋或铁桶、瓮坛内贮藏，正常情况下冬春季节可贮藏3～4个月，但进入翌年5月份后。由于气温升高，应转入低温条件下（4～10℃）贮藏。一般有4～10 ℃的贮藏条件即可安全越夏。

3. 运输

长途运输栀子成品时，运输工具或容器应具有较好的通气性，并附有防潮设施，以保持干燥。同时应尽可能地缩短运输时间，并严禁与其他有毒、有害物质混装。

（何国振　周　妹　何锦清）

参 考 文 献

车双辉，杜琪珍，钟立人．2002．栀子成分的开发研究进展［J］．天然产物研究与开发，14（5）：57-59．

付小梅，赖学文，葛菲，等．2002．中药栀子类药材资源调查和商品药材鉴定［J］．中国野生植物资源，21（5）：23-25．

国家药典委员会．2005．中华人民共和国药典［M］．北京：化学工业出版社．

何国振，周妹，汤丽云，等．2010．不同成熟期栀子果实有效成分累积的研究．天然产物研究与开发，22（4）：678-682．

赖联赛，林辉，吴春赞．2006．黄栀子特征特性及高产栽培技术［J］．甘肃农业科技，1：45-46．

李敏．2005．中药材规范化生产与管理（GAP）方法与技术［M］．北京：中国医药科技出版社：824．

陆斐，王伯华．2000．栀子的组织培养快速繁殖技术［J］．北华大学学报，1（6）：533-535．

罗跃龙，周日宝，贺又顺，等．2004．湖南省栀子种植的概括与分析［J］．湖南中医药导报，10（3）：54-56．

么厉，程惠珍，杨智，等．2006．中药材规范化种植（养殖）技术指南［M］．北京：中国农业出版社．

那莎，郭国田，王宗殿，等．2005．栀子及其有效成分药理研究进展［J］．中国中医药信息杂志，12（1）：90-92．

王萍，汪丽燕．1993．山栀对胆囊收缩的实验研究［J］．安徽医学，14（6）：46．

肖永良，王沫，王文乔，等．2006．栀子卷叶螟的发生规律及防治研究［J］．中药材，29（12）：1268-1270．

谢宗万．1991．水栀子的品种考证及品质评价刍议［J］．中药材，14（7）：45．

杨冀风，刘光辉．1999．栀子提取物对大鼠阻力动脉的松弛作用［J］．中成药，21（9）：467-469．

周早弘．2006．栀子GAP规范种植技术［J］．广西农业科学，37（3）：253-255．

F T Tang, Z Y Qian, P Q Liu, et al. 2006. Crocetin improves endothelium-dependent relaxation of thoratic aorta in hypercholesterolemic rabbit by increasing eNOS activity［J］. Biochemical Pharmacology, 72: 558-565.

附

栀子规范化生产标准操作规程（SOP）

前　言

本规程由广州中医药大学承担的广东省重大科技专项"南药标准化种植与基地建设"、广州市科技攻关重大项目"广药集团名优产品原料药材栀子规范种植"课题组提出，并归口广东省科技厅。

本规程起草单位：广州中医药大学、广州白云山明兴制药有限公司、广东南台药业有限公司。

本规程主要起草人：周妹、何国振、徐鸿华（广州中医药大学），司徒少金、周小琴（广州白云山明兴制药有限公司），周志斌（广东南台药业有限公司）。

本规程委托广州中医药大学栀子规范化种植研究课题组负责人负责解释。

第一章　总　则

1.1　为保证中药材质量，促进中药标准化、现代化，依据栀子药材的生长特点和国家药品监督管理局《中药材生产质量管理规范（试行）》的要求，制定本标准操作规程（SOP）。

1.2　本规程的内容包括总则，产地自然条件，品种育苗，移栽与田间管理，主要病虫害的防治，采收与产地加工，质量标准及监测，包装、运输与贮藏，人员和设备，文件管理等，是栀子药材生产和质量管理的具体操作方法。

1.3　栀子药材生产应运用标准操作规程管理和质量监控手段，保护生态环境，坚持"最大持续产量"原则，实现资源的可持续利用。

1.4　本规程适用于栀子的种植地，可在广东省内种植。

1.5　引用标准　下列文件口被本标准引用的条款则为本标准的条款。

1.5.1　《中华人民共和国环境空气质量标准》（GB3095—1996）。

1.5.2　《中华人民共和国农田灌溉水质标准》（GB5084—1992）。

1.5.3　《中华人民共和国土壤环境质量标准》（GB15618—1995）。

1.5.4　《中华人民共和国药典（一部）》（2005年版）。

1.5.5　国家药品监督管理局《中药材生产质量管理规范（试行）》。

1.5.6　科技部生命科学技术发展中心《中药材规范化种植研究项目实施指导原则及验收标准》。

1.5.7　中华人民共和国商务部《药用植物及制剂进出口绿色行业标准》。

1.6　定义。

1.6.1　GAP　即英文Good Agriculture Practice 的缩写，指中药材生产质量管理规范。

1.6.2　SOP　即英文Standard Operation Practice 的缩写，指中药材规范化生产标准操作规程。

1.6.3　最大持续产量　即不危害生态环境，可持续生产（采收）的最大产量。

1.6.4　生物肥料　是利用生物活体或生物代谢过程中产生的

具有生物活性的物质，或从生物体提取的物质作为提高产量和品质的肥料。

1.6.5　生物源农药　是利用生物活体或生物代谢过程中产生的具有生物活性的物质，或从生物体中提取的物质作为防治病虫害的农药。

1.6.6　质量标准　是对药材的质量规定和检验方法所作的技术规定。

第二章　产地自然条件

2.1　栀子野生资源分布于我国中南部地区，主产于江西、湖南、四川、浙江等省，此外，湖北、福建、安徽、江苏、河南、广东、广西、贵州、云南、台湾等省（自治区）亦产，药材栀子中家种和野生均有。

2.2　根据栀子的生物学特性，结合传统的生产实践经验，对生态环境的要求为。

2.2.1　温度　生长适宜温度18～25℃，低于15℃或高于30℃，均可助长落花落果。气温下降到12℃以下，植株地上部分停止生长，进入休眠。

2.2.2　光照　栀子幼苗能耐荫蔽，成年植株要求阳光充足。

2.2.3　水分　栀子喜湿润气候，适宜在年降水量1 100～1 300 mm，降水分布较均匀的地方生长。忌积水，较耐旱，5～7月开花坐果期间，如降雨较多，落花落果现象明显。

2.2.4　土壤　栀子对土壤要求不严，平原、丘陵、山地均可种植，但以排水良好、疏松、肥沃、酸性至中性的红黄壤为主，低洼地、盐碱地不宜栽种。

2.3　栀子的气候条件　栀子种植地的地理位置为北纬24°24′～24°56′，东经115°44′～116°07′，为丘陵低山区，属亚热带气候区,气候温暖,日照充足,雨量充沛,夏长冬短。年平均日照1 872.5 h,年平均气温20.7 ℃,年平均降水量1647.4 mm,降水量集中在4~9月,占全年降水量的74%~78%。

2.4 环境质量。

2.4.1 环境空气达到《中华人民共和国环境空气质量标准》(GB3095—1996)二级以上标准。

2.4.2 灌溉水质达到《中华人民共和国农田灌溉水质标准》(GB5084—1992)二级以上标准。

2.4.3 土壤环境达到《中华人民共和国土壤环境质量标准》(GB15618—1995)二级以上标准。

第三章 品 种

3.1 本规程所适用的栀子为茜草科多年生植物(*Gardenia jasminoides* Ellis)。

3.2 形态特征 果实呈长卵形或椭圆形,长1.5~3.5 cm,直径1~1.5 cm。表面棕红色或红黄色,具有6条翅状纵棱。顶端残存萼片,基部稍尖,有果柄痕。果皮薄而脆,内表面呈鲜黄色,有光泽,具2~3条隆起的假隔膜。种子多数,扁卵圆形,黏结成团,深红色或红黄色,密具细小疣状突起。浸入水中可使水染成鲜黄色。气微,味微酸而苦。

第四章 育 苗

采用有性繁殖—种子育苗和无性繁殖法—扦插育苗。

4.1 种子繁殖。

4.1.1 种子选择及处理 10月下旬至11月果实充分成熟时,采集饱满、颜色深的鲜果,连壳晒至半干留作种。播种前去壳取出种子并浸入30~40 ℃温水中0.5~1天,揉搓后去掉漂浮在水面上的杂质及瘪粒，捞出沉底的饱满种子，稍晾干后拌细沙以备播种。

4.1.2 播种时间 以春播为佳。

4.1.3 播种方法 2月下旬至3月初，在整好的畦上按行距20~25cm，开深约3cm的浅沟，将种子均匀撒入沟内，覆细土1~2cm，再盖上稻草。每667㎡播种量2~3kg。出苗后及时揭去稻草，保持土壤湿润，并分次间苗，最后按株距10cm左右定苗。

4.1.4 苗期田间管理 经常性中耕除草，做到田间无杂草。适时适量灌溉，保持苗床湿润，不得有积水。栀子喜肥，苗期注意浇水和除草外，一般追施氮肥为主的肥料3~4次。可施充分腐熟的稀薄禽畜粪水，喷施磷酸二氢钾、尿素等，以氮肥为主、磷肥为辅追肥。

4.2 扦插繁殖。

4.2.1 扦插时间 南方4月至立秋随时可扦插，但以夏秋之间成活率最高。

4.2.2 扦插方法 分扦插育苗和大田直播插种。插穗选取2年生以下健壮嫩枝条，截成15~20cm、上端平下端斜的小段作插穗，插条上端留叶3片。用500 mg/kg ABT速蘸插条基部10s，以促进生根。按株行距10cm×15cm 插于苗床中，插条埋入土深2/3。插后压紧土壤，浇透水，以后保持湿润，保持温度20~24℃条件下15天左右后可生根。若用20×10^{-6}~50×10^{-6}吲哚丁酸浸泡24 h，效果更佳。育苗半年后可定植。

采用大田直插时，方法同上，插穗长25~30 cm，每穴插2~3条。

第五章 移栽与田间管理

5.1 移栽。

5.1.1 苗圃地的选择 苗圃地应选择背风向阳，地势较高，排灌方便的地方。土壤以疏松、肥沃、通透性良好的沙壤土为宜。

5.1.2 整地 移栽前提前整地，让土壤熟化。先将地块内灌木杂草砍伐、清除，再按1.5 m的行距条垦，然后按株距1.0~1.2 m挖穴。种植密度根据立地条件和是否套种确定，宜每公顷4 500~6 750株。一般按株距1.0~1.5 m、行距1.5~2 m开穴。肥沃立地、准备套种的可偏稀，较瘠薄立地、不套种的可偏密。穴大小为30 cm×30 cm，每穴施5 kg农家肥，并与土拌匀。

5.1.3 定植 可于12月至翌年3月进行栽植，但应避开最寒冷阶段，以2月至3月上旬为好。宜选择阴天定植。移植前苗木用钙镁磷肥料拌黄泥浆蘸根，也可在调泥浆时加入30 mg/kg ABT溶液，有利于成活。每穴栽1株，将苗木扶正栽入穴内，当填土至一半时，将苗轻轻往上一提，使根系展开，然后填土至满穴，用脚踏实，表面再覆盖松土。种植密度为每667 m² 200~450株。

5.2 田间管理。

5.2.1 中耕除草 一般定植后每年春、夏、秋季各中耕除草1次，防止杂草丛生，抑制栀子生长，冬季全垦除草并培土1次，作业时主干周围应浅耕，防止伤须根。

5.2.2 补植 栀子种植当年春、秋季，全面检查园地，发现有死亡缺株的补植同品种同龄苗木。

5.2.3 套种 栀子种植的前2~3年，栀子园地行间空旷，适宜套种矮秆作物或一年生草本药材，尤其豆科作物为好，以耕代抚，套种作物收获后，将苗秆翻入土中作肥料。

5.2.4 追肥培土 栀子耐肥，结果时消耗养分多，需肥量较大，应以氮、磷、钾肥结合，农家肥与化肥相结合的原则为好。施肥主要分三个时期，分别称发枝肥、促花肥、壮果肥。冬季施基肥。

发枝肥：在3月底4月初春梢萌动时施用，每667 m²可施入腐熟的农家有机肥料1 200 kg，或每株施尿素、硫酸铵15 g，以促进发枝和孕蕾。

促花肥：5月喷施叶面肥，促进开花和结果。开花期，用1.5%硼砂加0.2%磷酸二氢钾喷施叶面。在栀子花谢3/4时，用50 mg/kg的赤霉素加0.5%的尿素，或者用10 mg/kg的ABT加0.5%尿素喷洒。应选择阴天或傍晚进行叶面施肥。

壮果肥：根据栀子生长发育具体情况，在花谢后的6月下旬至8月上旬，每667 m²深施复合肥4~6 kg，此次忌施氮肥，以防止夏梢过量抽发，导致结果部位迅速上移。

花芽分化肥：立秋节气前后重施花芽分化肥，每667 m²尿素6~7 kg，配合腐熟粪水200 kg，挖穴水施，施好这次肥是增产的关键。

冬季施基肥：栀子结果后，消耗了大量营养，因此，每年冬季沿树四周15 cm处，深耕施肥并培土，以有机肥料（堆肥、厩肥）为主，每667 m²可施肥料2 000 kg，加入钙镁磷肥每667 m² 25 kg，以保护栀子安全过冬及恢复树势。

5.2.5 整形修剪 定植生长1年后冬季开始修剪培养树形，培养1个主干和3个方向不同的主枝，各主枝培养3~4个分枝。对主干、主枝应抹芽除蘖，剪除下部萌蘖，每年冬季剪去病枝、徒长枝、裙枝、交叉枝和过密枝，形成枝条均匀分布、向四周扩展的圆头形树冠，以利于通风透光，减少病虫害，提高结果率。

一般定植后2年内，为促进生长、培养树冠，要摘除花芽，第3年开始留果。栀子在秋季仍有开花（尤其幼龄栀子），但后期花不能形成果实，在8月以后应摘除花蕾。

第六章 主要病虫害的防治

坚持贯彻保护环境、维持生态平衡的环保方针及预防为主、综合防治的原则，采取农业防治、生物防治和化学防治相结合的方法，对栀子主要病虫害进行防治。

6.1 农业防治。

6.1.1 土壤消毒 播种前深翻土地，每667 m² 施腐熟肥或土杂肥4 000 kg，碳铵40 kg，过磷酸钙40 kg，呋喃丹2～3 kg进行土壤消毒。

6.1.2 清洁田园 清除杂草、病株集中烧毁。

6.1.3 培育壮株 增施火烧土、草木灰、石灰等，培育健壮植株，增强其抵抗病虫害能力。

6.2 药物防治病虫害。

6.2.1 蚜虫。

6.2.1.1 5～6月为害嫩芽。

6.2.1.2 防治方法 选用敌百虫、辛硫磷等喷雾防治。

6.2.2 咖啡透翅天蛾。

6.2.2.1 症状及原因 咖啡透翅天蛾（Cephonodes hyles Linnaeus）属鳞翅目，天蛾科。一年发生3代，以蛹过冬，次年4月下旬越冬蛹化为第1代成虫，第2、第3代成虫分别于7月及10月出现。成虫白天活动，飞翔迅速，雌虫产卵于叶上，每叶1～3粒，每雌平均产卵200余粒。3龄幼虫取食嫩叶，使成麻点和孔洞，4龄后食量增大，暴食叶片，数量多时常将叶片食尽。以幼虫取食栀子叶片和花蕾，造成危害。

数量多时将整株叶片吃光，幼虫还蛀食枝条，可导致植株枯死。

6.2.2.2 防治方法 ①人工捕捉幼虫和成虫。②冬垦，破坏咖啡透翅天蛾的蛹室，使蛹冻死。③成虫期可采用黑光灯诱蛾；幼虫幼龄阶段及时喷药防治，主要可使用敌百虫，以90%敌百虫1 000倍液喷雾；也可用杀螟杆菌（每克含活孢子100亿个以上）1：100倍液等生物农药喷雾；大发生时可使用敌敌畏、氰戊菊酯、杀虫双等。采用白僵菌、绿僵菌，利用其活性孢子接触害虫产生芽管，透过皮肤侵入体内长成菌丝，不断增殖，使害虫新陈代谢紊乱而死亡，并强烈吸干害虫体内水分而使害虫呈僵状。

第七章 采收与产地加工

7.1 采收。

7.1.1 采收季节 于每年10月中旬至11月果皮呈红黄色时分批采收，一般至少分3批采收。

7.1.2 采收方法 选择晴天露水干后或午后，将成熟果实手工摘下置竹筐中，带回加工厂加工。采摘时分次将大小果一律采尽，不要摘大留小，否则会影响第2年发芽抽枝。

7.2 加工。

7.2.1 初加工 采收回的鲜果可堆放室内，不得过厚，保持通风，一般要求采收后5天内进行蒸果和晒、烘加工处理。在采收的鲜果倒入堆放的库房时进行拣选清除杂质异物，第2批采收的也可在此时对果实分级，按照成熟情况区别分拣。若是晒干加工，也可在晒的过程继续清除杂质异物及分级。

7.2.2 蒸法处理 将栀子鲜果倒入蒸汽甑中蒸3~5 min即

可,不得破果皮。

7.2.3 晒干处理 蒸后栀子立即摊开置于干净晒场上曝晒,晒约5天,至七成干,然后堆放室内"发汗"1~2天,接着再晒4~5天,再收回"发汗"1天,最后晒2天即可至果内坚硬干燥即成;整个干燥过程周期一般要15天左右,视天气情况而异。但在干燥过程中,应轻轻翻动,以免伤果皮及防止外干内湿。

7.2.4 烘干处理 蒸后60℃以下热风循环烘干,期间也需堆放发汗。规格以色红、皮薄、饱满、无杂质者为品质优良。

第八章 质量标准及监测

8.1 质量。

8.1.1 干燥品水分≤8.5%。

8.1.2 总灰分≤6.0%。

8.2 重金属限量指标。

8.2.1 重金属总量 ≤20 mg/kg。

8.2.2 铅(Pb)≤5.0 mg/kg。

8.2.3 镉(Cd)≤0.3 mg/kg。

8.2.4 砷(As)≤2.0 mg/kg。

8.2.5 汞(Hg)≤0.2 mg/kg。

8.3 农药残留限量指标。

8.3.1 六六六(BHC)≤0.1 mg/kg。

8.3.2 滴滴涕(DDT)≤0.1 mg/kg。

8.3.3 五氯硝基苯(PCNB)≤0.1 mg/kg。

8.3.4 艾氏剂 ≤0.02 mg/kg。

8.4 栀子苷含量(按干燥品计算)不得少于1.8%。

第九章 包装、运输及贮藏

9.1 包装。

9.1.1 栀子包装前应再次检查是否已充分干燥,并清除劣质品及异物。包装材料宜选有塑料薄膜内胆的编织袋,或者根据出货商或购货商的要求而定。

9.1.2 在每件包装上,应标明品名、产地、采收日期、注意事项等,并附有质量合格标志,主要内容如下。

药材名称:

产　　地:

采收日期:

采收单位:

调出日期:

调出单位:

调出数量:　　　　　包

包装重量:　　　　　kg/包

注意事项:

　附:药材质量检验单

9.2 运输。

9.2.1 长途运输栀子成品时,运输工具或容器应具有较好的通气性,并附有防潮设施,以保持干燥。

9.2.2 同时应尽可能地缩短运输时间,并严禁与其他有毒、有害物质混装。

9.3 贮藏。

9.3.1 干燥后的栀子果实如不马上出售,应置于室内贮藏,并附有防潮设施。同时注意防止老鼠等啮齿类动物危害。

9.3.2 干燥的果实放在密封的聚乙烯塑或铁桶、瓮坛内贮藏，正常情况下冬春季节可贮藏3~4个月，但进入翌年5月后。由于气温升高，应转入低温条件下（4~10℃）贮藏。一般有4~10℃的贮藏条件即可安全越夏。

第十章　人员和设备

10.1　负责全面工作的人员，要求富有经验，有能力履行所赋予职责的大专以上学历的专业人才。

10.2　生产人员，要求具有从事中药或农业生产，或通过培训，能掌握药材栽培管理技术的人员。

10.3　生产基地设备，根据药材生产的需要配齐所有的设备。

第十一章　文　件　管　理

11.1　文件　指一切涉及中药材生产、质量管理的书面材料和实施中的资料。

11.1.1　药材品种、育苗与移栽（时间、地点、面积）、田间管理（肥料、农药种类、数量、时间等）。

11.1.2　土壤及水分资料。

11.1.3　各种合同协议书、生产计划、实施方案、技术操作规程。

11.1.4　物候变化（小气象记录资料）。

11.1.5　产量、质量。

11.1.6　工作、技术总结等。

11.2　管理　将上述文件资料全部归入档案收载。

11.2.1　记录员要有一定文化而且责任心强的人员专门记录。

11.2.2　档案保管员要掌握档案分类和保管的基本知识。

11.2.3　记录员、档案保管员要求相对固定的专人负责。

二十七、砂仁（阳春砂）

（一）概　　述

砂仁是我国著名的"四大南药"之一，有1 300多年的应用历史。《中华人民共和国药典（一部）》（2010年版）记载，其来源于姜科Zingiberaceae豆蔻属的3种植物，即阳春砂*Amomum villosum* Lour.，绿壳砂*A. villosum* Lour. var. *xanthioides* T. L. Wu et Senjen和海南砂*A. longiligulare* T. L. Wu的干燥成熟果实。其中绿壳砂习称西砂仁，主要靠进口。砂仁味辛，性温。归脾、胃、肾经。具化湿开胃、温脾止泻、理气安胎等功效，用于湿浊中阻、脘痞不饥、脾胃虚寒、呕吐泄泻、妊娠恶阻、胎动不安等。

1. 产地

（1）历史记载

砂仁的药用历史悠久，历代有关本草的书中均有记载。古时称缩砂蜜。始载于唐·甄权《药性论》，谓："出波斯国，味苦、辛。""主冷气腹痛，止休息气痢，劳损，消化水谷，温暖脾胃。"唐代本草书中记载的缩砂蜜出自西亚。其后，李珣《海药本草》云："今按陈氏，缩砂蜜生西海及西戎诸国，味辛、平、咸……多从安东道来。"唐时的"西海"泛指印度洋、波斯湾、地中海范围，"波斯"为今之伊朗，具体产地为越南、泰国、柬埔寨、老挝、缅甸、印度尼西亚等国。到了宋代，发现我国也产缩砂蔤。刘翰、马志等著《开宝本草》记述："缩砂蔤，味辛、温，无毒……生南地。苗似廉姜，形如白豆蔻。其皮紧厚而皱，黄赤色，八月采。"宋·苏颂的《本草图经》描述则更为详细，云："缩砂蔤生南地，今惟岭南山泽间有之，苗茎似高良姜，高三四尺。叶青，长八九寸，阔半寸已来。三月、四月开花在根下，五六月成实，五七十枚作一穗，状似益智而圆，皮紧厚而皱，有粟纹，外有细刺，黄赤色。皮间细子一团，八隔，可四十粒，如大黍米，外微黑色，内白而香，似白豆蔻。七八月采之。"并附有新州缩砂蔤图谱，新州，即今广东新兴县。从宋代本草记载及附图看，与今姜科豆蔻属植物阳春砂 *Amomum villosum* 相同。明代本草，基本上沿袭宋代本草关于缩砂蔤的记载。明·陈嘉谟《本草蒙筌》曰："缩砂蔤……产波斯国中及岭南山泽。苗高三四尺许。叶有八九寸长。开花近根妖娆，结实成穗连缀。皮紧厚多皱，色微赤黄；子八漏一团，粒如黍米，故名缩砂蔤也。"并附有新州缩砂蔤图。其图谱应系引自《本草图经》。李时珍《本草纲目》载于草部，谓："此物实在根下，仁藏壳内，亦或此意欤。"其文字描述与《本草图经》相似。到了清代，缩砂蔤逐渐有了"缩砂"和"砂仁"之名。清·汪昂辑著的《本草备要》云："砂仁即缩砂蔤。"清·严西亭等著《得配本草》记："缩砂蔤俗呼砂仁。""阳春砂"一名，《南越笔记》已有记载，曰："阳春砂仁，一名缩砂蔤，新兴也产之，而生阳江者大而有力。其种之所曰果山。曰缩砂者，言其壳；曰蔤者，言其仁。鲜者曰缩砂蔤，干者曰砂仁，八月采之。"清·吴其浚《植物名实图考》称："（缩砂蔤）苗茎似高良姜，今阳江产者形状殊异，俗呼草砂仁。"其图谱与历代所载及现代所用品种相差甚远，其叶形，姜科豆蔻属未见有之，其果序与今阳春砂相同，疑吴氏有误。《中国药学大辞典》（1957年版）记有："阳春砂仁饱满坚实，气味芬烈……春砂产于阳春县为最，以蟠龙山为第一。"《中国常用中药材》引《阳春县志》载："蓦产蟠龙特色夸，医林珍品重春砂。"从历代本草记述来看，我国古代所用砂仁即有国产与进口之分。据其描述与附图，与我们今天所用姜科豆蔻属植物阳春砂、绿壳砂是相同的。

（2）适宜栽培区

1）资源分布

阳春砂主要分布于广东、云南、广西、贵州、四川、福建，多为栽培。主产于广东阳春、高州、信宜、广宁、封开、新兴、云浮、丰顺、佛冈；云南勐腊、勐海、马关、潞西、瑞丽；广西防城、武鸣、隆安、百色、扶绥、灵山、钦州；福建长泰、同安、永春；四川合江、青神、宜宾、雷波；贵州沿河、关岭亦产。以广东阳春产质量好，蟠龙金花坑所产品质最佳。

2）适宜栽培区

阳春砂系热带亚热带季雨林植物，喜温暖潮湿的气候，不耐寒，能耐短暂低温，在-3℃以下受冻死亡。广东、云南、广西、福建等省区，自然条件好，森林覆盖率较高，传粉昆虫资源丰富；气候温和，年平均气温19~22℃；光照充足；雨量充沛，年降水量在1 000 mm以上，空气相对湿度在90%以上，土壤肥沃，适宜阳春砂生长，为阳春砂的适宜栽培区。广东阳春是阳春砂的道地产区。阳春市位于岭南沿海地区，年平均气温21~25℃，最冷月平均气温10~14℃，

>10 ℃年积温6 500～8 000 ℃，年降水量1 500～2 000 mm，适宜阳春砂的生长。阳春市东部天露山延伸山地丘陵海拔500 m以下的山坑、山窝，适宜阳春砂的发展；西部山地，山势高峻，春暖迟，冬寒早，阳春砂种植面积占全县1/2多，但单产低，质量比东山差。云南引种区森林覆盖率高，原始森林多，形成阳春砂生长的天然荫蔽棚。林下腐殖质层深厚，土壤肥沃，又有多种能够受粉的蜂类和蚂蚁，因此，云南南部也具有发展阳春砂理想的生态环境。

2. 药用价值

（1）药品

砂仁具化湿开胃、温脾止泻、理气安胎的功效，主治湿浊中阻、脘痞不饥、脾胃虚寒、呕吐泄泻、妊娠恶阻、胎动不安等症，是许多中成药的原料。据《北京市中成药手册》载564种成药中，以砂仁为主要成分的有36种，在65种胃肠、气滞类成药中有21种用砂仁，如开胃健脾丸、香砂理中丸等。《中华人民共和国药典（一部）》（2000年版）中记载的中药成方中，含砂仁的有香砂六君丸、香砂枳术丸、香砂养胃丸、木香分气丸、十香止痛丸、八宝坤顺丸、人参健脾丸、千金止带丸、女金丸、小儿百寿丸、平肝舒络丸、安坤赞育丸、沉香化气丸、抱龙丸、参苓白术散、参茸白凤丸、参茸保胎丸、香苏正胃丸、香附丸、洋参保肺丸、舒肝丸等21种。所以，砂仁是重要的常用药材之一。此外，砂仁在保健品、食品的开发以及综合利用方面也具有一定的价值。

（2）食品及保健品

《本草纲目》记载有"缩砂酒，消食和中，下气止心腹痛"。群众中有不少既通俗又简便易行的服用方法。用砂仁还可酿制砂仁糖、砂仁蜜饯、砂仁可乐等滋补保健品，深受国内外消费者的青睐。

1）妊娠胃虚气逆、呕吐不食，用砂仁碾细末，每次10 g，加入生姜自然汁少许，沸汤立服，不拘时候，效果很好。

2）牙齿疼痛，民间习惯常以口嚼砂仁，也有很好的疗效。

3）用食盐加工后的砂仁，舂碎使用，引药下行，既养胃又温肾。

4）西双版纳傣族用砂仁根切片晒干，取20~30 g，水煎服，治腹痛、腹部扭痛、消化不良、食积腹泻。

5）阳春市群众把嫩叶蒸油后，捣碎拌饲料喂猪，既可治病，又能增进食欲，促进生长。

6）阳春市群众常用砂仁煲瘦肉、炖鸡、蒸鱼肉，做成味道鲜美可口的菜肴。现很多宾馆、酒楼都把它列为名菜，食者日众，深受顾客欢迎。

（3）综合利用

1）砂仁茎秆、叶片

砂仁茎叶可提取砂仁油，是很有价值的药用资源。可用普通的蒸馏法提取，每100 kg茎叶可蒸油0.15~0.3 kg，出油率约0.2%。据调查，秋天每667 m²（即约1亩，下同）可割茎叶250~350 kg，蒸叶油1~1.5 kg，而1 kg油的药用相当于30 kg砂仁干果。砂仁叶油与砂仁种子油的主要成分为挥发油，它们的理化性质基本一致，无毒。只是叶油的萜类碳氢化合物的成分含量较高，含氧化合物的成分含量较低。经广东省中医院等医疗部门临床试验，砂仁叶油药效与砂仁果实相似，尤其是止痛作用比果实疗效更好。在制造中成药时，采用叶油工艺更方便。又经中山市小榄镇和阳春市春湾镇卫生院临床试验，砂仁叶油对治疗偏寒性的老年慢性支气管炎有一定疗效。临床上已试用于胃、十二指肠溃疡和消化不良，有效率达90%以上，疗效与果仁相似，无明显不良反应。砂仁叶的出油率与叶堆放时间有一定关系。楚建的试验证明：新采收的茎叶马上蒸馏，出油率最高，可达0.126%，采割后放置48 h后平均出油率0.11%，而放置67 h后的只有0.08%。此外，砂仁叶油具有清凉的香味并略带苦味，可用于健胃饮料及烟用香精中。云南昆明吉庆祥糕点厂亦曾试用砂仁叶油的冲剂或胶囊作速效型肠胃药物。砂仁叶油亦可作调味油的配料，由于砂仁叶油具挥发性，所以要装入有色玻璃瓶内密封，置于干燥阴凉处保存。

蒸油程序依次为备料、装料、蒸馏、冷凝、分油、贮藏和清渣。

备料：将收集的砂仁秆叶，先切去下部无叶片的一段茎秆（因茎几乎没有油），后将上部茎叶切成长15 cm左右的碎片。掺入上部茎碎片的作用是：在叶碎片中形成空隙，蒸汽易于上升。割下的茎叶应及时加工，否则，应薄摊放于通风阴凉干燥的地方，勿使其受日晒而干枯。

装料：于蒸馏锅中加清水至九成满，然后均匀地将料装入甑身，层层轻压。装料不宜过紧过满，否则会降低出油率。

蒸馏：装料后加盖密封，接好冷凝管。各交接处要密封，不使其漏气，即可进行加热蒸馏。水沸后火力要均匀平稳。每甑的蒸馏时间一般为出现油滴后再蒸45 min。

冷凝：蒸馏时要经常检查，如冷凝水或蒸馏液温度超过

80 ℃时，应加大冷凝面积或加大冷凝水流速，以彻底冷凝，提高出油率。

分油：要彻底分油，收集油分。

贮藏：砂仁叶油为挥发油，对铁、铝等金属和塑料、橡胶等具有腐蚀性，因此，应装于玻璃瓶内（瓶盖最好为玻璃或栓皮塞）密封，存放于干燥阴凉处。

清渣：蒸油后，将残渣从甑身清出，放到远离炉灶的地方，晒干作纤维原料，或堆沤制肥。

2）阳春砂的茎秆枝叶

富含纤维，拉力较强，可以用来造纸。1972年，阳春县原新村大队造纸厂用当地砂仁茎秆枝叶做土法生产纸胚试验，结果纸胚韧性大，质量比竹、芒的纤维好。但出纸率稍低，较难打浆。新鲜茎叶经加工后，可作猪饲料，促进食欲。

3）阳春砂的花朵及花梗

亦供药用，称春砂花。春砂花性平、味辛、无毒。具有利淋快膈、调中和胃、理气化痰等功效。

从我国目前对砂仁药材质量的研究、药源及商品调查的结果来看，砂仁药材的3种植物来源中以阳春砂的品质最好且产量最大，占市场的主流，绿壳砂品质次之，海南砂最次。而道地产区砂仁的质量又明显优于引种栽培区砂仁的质量。因而对于科技部"九五"科技攻关项目"砂仁药材规范化种植研究"课题的研究，以广州中医药大学作为科技依托单位，已在道地产区广东省阳春市建立了阳春砂规范化种植研究基地，重点开展阳春砂的规范化栽培技术研究（见彩图27-1、彩图27-2）。

为了促进阳春砂生产的发展，我们应该采取积极稳妥的措施：第一，国家应严格控制、减少进口或不进口砂仁，保护阳春砂生产发展。第二，规范砂仁的种植技术，加强对现有砂仁的培育管理，要加强施肥、培土和进一步推广人工辅助授粉等先进技术，提高产量、质量。第三，开展育种研究，尽快选育出优良品质、自然结实率高、抗逆性强的品种。第四，从砂仁品种的质量、资源分布及变化来看，应重点发展阳春砂，尤其是道地产区的阳春砂，提高商品竞争能力和满足出口需求。第五，逐步规定以砂仁为原料的中成药原料药必须来自稳定的原料基地。第六，开展砂仁的综合利用、开发新产品的研究试验，扩大用途，提高阳春砂的药用价值和附加值。

（二）生物学特性

1. 植物学特性

阳春砂植株见彩图27-3。

（1）根

阳春砂的根系可分为支持根和不定根。

1）支持根

是由直立茎下部头状茎向下伸出4～6条不定根，它是整个根系的骨干，直径3～5 mm，长8～30 cm，个别的长达60～70 cm。每条支持根上长出小根，向四方伸展。小根又再次分枝，一般分枝为二级。

2）不定根

由根茎（匍匐茎）上萌生不定根，横生或斜生，直径1.5～2.5 mm，长达10～40 cm，其分枝也是两级的。分布于

1～15 cm深的表层中。

阳春砂的根系是由头状茎基部产生的不定根组成的根系，属于须根系。其根系的水平分布较浅，又属于浅根系。

一般阳春砂的根系越发达，其吸收、固定、合成等作用也越强。

（2）茎

阳春砂的茎分为直立茎和根茎（匍匐茎）两种。

1）直立茎

直立，高达1.5～2 m，具25～35片叶，基部膨大呈头状，节间短。

2）根茎

沿地匍匐生长，到一定长度时根茎的顶芽垂直向上生长，形成新的植株，接着从根茎的侧芽长出2～5条根茎与原根茎呈30°～50°，形成一定的走向，经过这样不断地抽出根茎，地面上形成密集的根茎网。每条根茎长16～60 cm，直径1～1.5 cm。如环境荫蔽不足或干旱，根茎相应缩短而纤细。根茎上有节和节间，节上着生鳞片叶，在节和节间处可萌生1～3条不定根向四方扩展。根茎前端15 cm的不定芽发育成花芽。根茎一般分布在地表1～2 cm深的表土层，在山地曲度大的地段，水土流失严重，根茎常裸露地面不接触土壤，应适当进行培土，但不宜培土过厚，应盖过根茎2/3为宜，以免影响分株的生长和花芽的发育。由于根茎匍匐地面生长，对植株不起支持作用，因而在某些结构上与直立茎有一定的区别，如维管束是薄壁的，无厚壁细胞，机械组织较直立茎减弱，韧皮部分布不规则。

（3）叶

阳春砂的叶为单叶，互生于茎的两侧，叶有叶鞘和叶片两部分，叶鞘抱茎长达30~45 cm，起运输水分和养分、支持和保护生长点的作用。叶片着生于叶鞘的顶端，叶从茎节上抽出的初期卷成长筒状，当叶片卷筒伸展后，另一个卷成筒状的新叶又从上一个节上伸出。叶片的数量随着植株年龄而变化。植株成熟后保持一定的数目，达20~30个。随着植株的衰老，茎下部的叶片变黄、枯萎。叶片狭长呈带状披针形，先端尖，基部渐狭。叶表面光滑背面有微毛，叶长25~30 cm，叶宽4~7 cm，叶缘呈波浪状，这是由于叶缘薄壁细胞比叶部薄壁细胞生长快所造成的，因之冬季低温季节，顶端幼嫩的卷筒叶和叶缘部分易遭受寒害。叶片与叶鞘相接处的腹面有膜质片状突起的叶舌，叶舌长达3~5 mm。叶舌的大小和形状是鉴别砂仁的依据之一。叶内分布着叶脉，为横出平行脉。

（4）花

阳春砂的花枝由根茎上抽出，1~3个穗状或总状花序，有的可抽出4~5个花序。花枝两侧被有重叠的椭圆形紫色鳞状包片，每个花序有7~13朵花，多的可达14朵，花白色兼有红黄色条纹。基部着生鳞状包片，小包片管状膜质，顶端两裂（见彩图27-4）。

（5）果实

阳春砂成熟果实深紫色，近球形或卵圆形，呈不明显的三棱形，直径1.5 cm左右（见彩图27-5）。果实5月上旬至6月中旬形成，8月中旬至9月上旬成熟。幼果鲜红色，成熟时红褐色，具柔刺，为不开裂蒴果，种子多数（15~56粒）。

（6）种子

阳春砂的果实被隔膜分为3室，每室有种子多数。种子彼此紧密地排列于中轴胎座上呈团块状，种子呈不规则卵形、长方形或多角形，长2.5～4 mm，宽2～3 mm，种皮外具白色膜质假种皮，背面平坦，腹面突起，种子较宽的一端为合点端，较窄的一端为珠孔端，珠孔端突起，腹面向上形成一纵沟为种脊，遗留的珠柄旁，有一小孔为珠孔。种皮质地坚硬，种仁黄白色，气味芳香。

2. 生长发育规律

（1）个体生长发育

阳春砂生长发育过程要经过幼年、成年和衰老3个阶段。

1）幼年阶段

阳春砂从种子萌发出土，到开花结实这一阶段的第2～3年是砂仁生长发育、繁殖，逐渐形成群体的阶段。幼年生长的好坏将直接影响以后的生长发育和产量。这一阶段的特点是：营养生长十分迅速，植株增殖速度快，呈几何级数递增。植株的高度、粗度一代比一代强，达到一定程度才稳定下来。

2）成年阶段

阳春砂从第3～4年开始到衰老前的旺盛时期为成年阶段，这一阶段延续的时间长，一般可达7～8年，长的可达10年左右。成年阶段的生长特点是：营养生长（枝叶生长、分株生长）和生殖生长（开花结实）同步进行，都达到旺盛时期。但营养生长较幼年时期缓慢。

3）衰老阶段

成年阶段完成后阳春砂生长便进入衰老阶段，阳春砂在此阶段表现生长发育和开花结实均逐渐衰退，植株群体衰老，分株能力减弱，开花结实减少，产量下降，大小年现象明显。但可以通过加强田间管理,促进植株苗群复壮,延缓衰老,提高产量。

(2)生长发育物候期及各阶段历期

1)匍匐茎伸长期

从匍匐茎萌发至顶芽开始向上生长为匍匐茎伸长期。匍匐茎萌发以7~9月最多;春季至秋季萌发的匍匐茎,历期50~90天;秋末至春初萌发的历期180天左右。

2)出笋期

匍匐茎顶芽向上生长至第1片叶出现前为出笋期。以4~5月和10~11月出笋最多。夏季出笋期为20天,冬季为90天左右。

3)植株生长期

从成笋到出现顶叶,历期411~461天,全年均可生长。

4)植株衰老期

从出现顶叶到地上部分枯死,历期180~240天,全年各时期均有枯株。

5)花芽分化期

10月到翌年1月花芽开始分化,3月初花芽开始明显生长,4月底5月初花蕾露白,此阶段历期54~60天。

6)孕蕾期

从花蕾露白至花序第1朵小花开放(4月底5月初)历期5~7天。

7)幼果形成期

授粉结果至果实基本定型,为5月中旬至6月下旬,盛期为5月下旬至6月中旬,历期29~30天。

8)果实成熟期

7月中旬至8月中旬果实基本定型,至果实完全成熟历期

60~64天。

生产上按不同季节生长的幼苗分别称为春苗、夏苗、秋苗和冬苗。夏苗生长较快，1个月可长4~5片叶；冬苗生长较慢，1个月长1片叶左右。出现顶叶的植株，一般具有22~40片叶。

在匍匐茎伸长和形成笋的同时，从匍匐茎和笋基部萌发不定根。由匍匐茎上萌发的不定根主要起吸收营养成分作用；由笋基部萌发的不定根生长较粗壮，主要起支撑作用，这些不定根土壤分布较浅，一般在30 cm左右深，最深的有50 cm，但以15 cm深处较密集。

匍匐茎的生长具有一定的向光性和较强的趋水性。向边缘方向，尤其是向地势低、土壤潮湿的地方生长的趋向更为明显。

（3）分株习性

阳春砂种植后的前两年以分株为主，每个匍匐茎上可产生新的直立茎，即第1次分株，在第1次分株上又可产生匍匐茎，在这个匍匐茎上，又产生新的直立茎即第2次新的分株，依次不断地繁殖下去，因此迅速形成群体。一般1个母株可发生7~9次新分株，总计达到43~46株，母株相对死亡5~7株，这一阶段分株的消长规律是：新分株产生快，母株消亡慢，按原每667 m²种植母株600株计，到达开花结果阶段时，除去母株相对死亡数外，每667 m²尚有植株22 800~23 400株。阳春砂种植3年时，进入开花结实阶段，分株繁殖缓慢下来，到阳春砂开花年限2周年中，其每条母株产生4~5次分株，新分株36~42株，母株相对死亡2~3株，这是新老植株更替现象，以保持阳春砂群体相对的稳定性，为开花结实积累营养条件。

根据不同季节新分株的生长速度调查结果表明，气温、水分对分株有很大影响。秋冬处于低温干旱阶段，此时抽的笋生长很慢，到了高温、高湿的春夏季节就迅速生长。不同年龄的分株，其生长也是不同的，老株比新株生长慢，即使在春夏季节，老株分株也是缓慢的。根据这一规律，必须在水肥管理上控制春夏季节的分株繁殖，减少营养消耗，促进开花结实。果实采收后，早抓秋管，恢复群体生长，促进秋笋生长，为翌年开花结果积累营养。根据阳春砂的分株习性，把握时机，调整分株滋长达到平衡，才能保持株高、株壮、花多、果硕，为丰产、稳产，缩小大小年差距打下扎实的基础。

（4）开花结果习性

1）开花习性

阳春砂分株苗定植两年便可开花，用种子繁殖的植株，开花期要推迟一年，花序的分化期及其数量随海拔、环境条件、管理状况和植株的发育阶段（年龄）的不同而有明显的差异，在广州地区，冬春是花芽分化期，一般从11月中旬花芽开始露白，翌年4月中旬至6月上旬为开花期，而海拔较低的信宜山区，花芽分化以及开花期比广州推迟15天左右。花芽的分化不仅要求一定的温度，而且要有良好的透光条件。一般在林缘处，荫蔽度在50%~60%条件下，花芽分化较早，且数量显著增多，仅2 m^2内就有花1 035朵，相反，如荫蔽度在80%以上，在同等的面积上只有90朵花。从年龄上看，阳春砂的枯株、老株、壮株、幼株和笋的根茎上都能分化出花序来，但以壮株和老株分化的花序最多，其次是幼株和笋，枯株最少，有些适宜于阳春砂生长发育的地段，花序发生叉状分枝，一个花序的花可达17~19朵。

花序上的花由上往下逐步开放，早开早谢，因而在一个花序轴上经常见到几个不同发育阶段的花。一般自第1朵花开放到最后1朵开完需要7～19天，通常是12天。气温高时也有4～5天开完的。每天开1～3朵，或4～5朵。随着气温的上升，开花数量逐渐增多，随后又慢慢减少。所以，开花期的物候明显地分化为初花期、盛花期和末花期。广州地区4月中旬至5月上旬气温一般在22℃左右，开花数量不多，占总开花数的5%～20%，为初花期（15天左右）。5月上旬至5月中旬气温升到24℃左右，开花数量骤然增多，占总开花数的50%～80%为盛花期（10～15天），5月下旬至6月上旬开花数量逐渐减少，占总开花数的10%～20%，为末花期。

一朵花从开放到凋零仅1天时间。开放的时间受气温差异影响，在初花期由于气温较低，花开放的时间比盛花期要推迟一些，盛花期开放在清晨5：00～6：00，初开时，花冠呈筒状或半开放，7：00左右花冠全部开放，并开始有小量花粉露出，到9：00左右花粉囊全裂，散出大量花粉粒，如遇阴雨，花粉囊全裂的时间稍推迟。

花粉的生活力在花开放散粉时最强，黏性最大，萌发力最强。在湿度大的环境下，开花后2～3天，花粉仍可保持较高的生活力，在天气干旱的情况下，花粉黏性差，生活力丧失较早。刚开放的花，柱头新鲜黏液多，最有利于花粉的附着和萌发。

2）传粉和受精

阳春砂的花粉粒为球形，直径50 μm左右，外壁上呈现出许多分布均匀的突起，它有利于花粉之间的相互堆积和集中在柱头上，有利于黏附于昆虫的肢体，便于传粉。阴雨天，花粉的寿命长达24 h以上。在自然条件下，授粉时把花粉粒涂抹在柱头上，5 min就开始萌发，然后花粉管沿花柱内腔向下伸长，进入子房，其中的生殖核分裂产生2个精子，当花粉管至胚囊后，顶端破裂，放出2个精子。一个精子与胚囊中的卵细胞结合成为合子发育成胚，另一个精子与胚囊中的极核结合，发育成胚乳。

阳春砂为喜阴湿植物，花序着生在地面的匍匐茎上。空气干燥易使阳春砂花粉丧失生活力，因此，阳春砂开花期要求环境潮湿，以利于开花结果。据实验测定，保存在以氯化钙为干燥剂的干燥器皿内的花粉，24 h后其授粉结实率大大降低。而在大田花朵上（用玻璃纸套住花序）的花粉，72 h后其授粉结实率为71.16%，保存120 h后仍有20.8%的结实率。这说明阳春砂花粉生活力与环境湿度有密切关系。当花朵开放、花药开裂散粉时，其花粉粒密生小肉刺相互之间成团状或片状，不易散开，柱头稍高于花粉囊，雌雄蕊又被大唇瓣所覆盖，和外界近于隔离状态，因此自花授粉困难，也不便于异花授粉。在自然情况下，由于阳春砂花朵具有香味和蜜腺，所以开花时，可看到各种昆虫采蜜，其中有些昆虫即为阳春砂授粉结实的传粉媒介。因此，种植阳春砂在选择适宜的环境条件的基础上，开花期引水灌溉，保持湿润，同时进行人工辅助授粉，是提高产量的有力技术措施。

3）胚囊的发育

阳春砂的子房是由三心皮组成的3室子房，子房内着生有胚珠。胚珠的发育是先从子房胎座处的细胞不断分裂形成突起，逐渐形成珠心。围绕珠心基部的细胞向上形成一层包裹珠心的珠被，在珠被顶端留下1个小孔为珠孔。在珠被形成的同时，珠心也发生变化，在靠近珠孔的表皮下面，有1个体积较大的细胞为胚母细胞，胚母细胞经减数分裂形成四分体细胞,3个消失,剩余大孢子的细胞核经两次减数分裂形成4个核,靠近珠孔的一端有3个核,它们都被细胞质包围着,形成3个细胞,中部一个极核。根据初步观察表明,阳春砂的胚囊是由1个卵细胞、2个助细胞和1个极核所组成的四核胚囊。

4)果实及种子的发育

幼果形成期:花授粉后3~5天,子房膨大成幼果(横径0.35~0.45 cm),表皮出现红斑和小突起。以后小突起逐渐长成柔刺,整个果皮呈鲜红色或紫红色。胚珠受精后逐渐发育成种子,授粉后6~9天胚珠逐渐膨大,胚座组织开始增生,15天左右胚座组织向上增生,呈肥厚肉质多浆状,全面包被胚珠,发育成假种皮(即果肉),胚珠内充满清液。幼果的长大以授粉后10~20天最快,横径由0.60 cm增大至1.70 cm左右。

果实定型期:授粉后25天左右,果实基本定型,不再增大。此时,外胚乳由液态转变为细胞型,胚和内胚乳仍为液体状。约30天,胚珠和果肉充满室外间,胚珠相挤,形成各种多角形。约40天,出现圆柱状的胚,以后内胚乳相继形成。80天左右,胚珠不断发育,积累同化物质,最后发育成种子。种皮颜色由乳白色渐变成淡黄色至黄褐色。

果实成熟期:授粉后90天左右果实发育成熟。其特征是:果肉与果皮容易分离,果皮易开裂,果肉味由酸变甜,柔刺变软。种皮黑褐色,种子坚实。

从果实的发育趋势说明,5~6月果实发育较快,其大小基本定型,此时如适当进行追肥,则可促进果实的发育,提早成熟,增加果重。近年来,有些产地在开花结果期进行根外追肥,对保果和提高产量方面有一定的作用。

（5）种子特性

种子呈不规则的卵形或长形，有棱角。较小的一端有凹陷的发芽孔，较大的一端为合点。种脊沿腹面呈一纵沟，背面平坦。种皮黑褐色，表面具皱纹。外胚乳白色、肥厚，贮存有丰富的淀粉粒。内胚乳含淀粉粒。胚埋藏在外胚乳中，白色，略呈圆柱状，下部直接为内胚乳包被，顶部为发芽孔盖。种子解剖形态如图27-1。

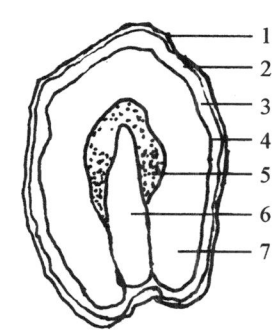

1. 表皮 2. 油细胞层 3. 薄壁细胞层 4. 石细胞层 5. 内胚乳 6. 胚 7. 外胚乳

图27-1 阳春砂种子纵切面

种子的发芽能力同成熟关系甚大，成熟的种子发芽率高，未成熟的种子发芽率低，或无发芽力。种子的种皮由具有厚角质层的表皮细胞层、油细胞层等组成，所以透性差，种子不易吸水和呼吸而发芽。因此，擦薄种皮，提高其透性，能使种子提早发芽和发芽整齐，但要注意不能伤及外胚乳，否则易被微生物侵入危害，使种子丧失发芽力。

果实经曝晒或烘熏，也会使种子丧失发芽力。

种子在适宜的温度、湿度和通气条件下发芽。种子播后，吸水膨胀，在日平均气温28℃左右时，于播后约20天，胚轴突出发芽孔，呈圆柱状，以后向下萌发幼根和侧根以吸取土壤水分和养分；再经数天，胚芽向上萌发，锥状，外为芽鞘包被。此时，胚轴也不断伸长而使幼芽出土。吸器也随之伸长，连结幼芽与胚乳。因此，播种不宜过深，以利于幼芽出土。幼芽出土后芽鞘开裂，长出第1片绿叶，成为绿色的幼苗,称为实生苗(图27-2)。

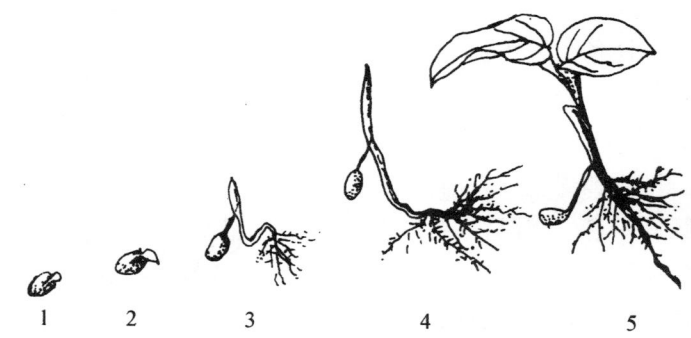

1. 长出胚轴　2. 胚根向下萌发成幼根　3、4. 胚芽萌发成锥状幼芽,幼根长出侧根　5. 形成绿色幼苗

图27-2　种子发芽

幼芽萌发后,一方面通过幼根从土壤中吸收养分,一方面吸收胚乳的营养物质。内胚乳于苗长出1~2片叶、外胚乳于苗长出5~7片叶后基本耗尽。因此,必须适时施肥,以保证幼苗有充足的养分。

3. 适生环境条件

阳春砂的生长发育和它周围的生态环境是互相联系、互相影响的,阳春砂在系统的生长发育过程中,对环境条件的要求较严格,只有在适宜的温度、光照、湿度、土壤、地形地势等条件下,才能生长发育良好,产量较高。因此,我们必须了解生态环境中各种因子如温度、湿度、光照、土壤、地形地势、动植物等与阳春砂的关系,并从中找出其主要矛盾,掌握变化规律,创造适宜的条件,以满足阳春砂生长发育的需要。

(1) 温度

阳春砂是热带植物，分布于东南亚的热带雨林、季雨林中，属于东南亚热带植物区系成分。广东地处热带南亚热带，气候温暖，雨量充沛，除北部山区和西北部高山地区外，全年平均温度都在20℃以上，是阳春砂生长的适宜区域。阳春砂对冬季短时期的低温比槟榔等热带植物有较强的耐受力。一般直立茎比叶耐寒，而根茎又比直立茎耐寒，2℃的低温对秋苗的幼苗影响最大，死亡率达50%~100%。低温对阳春砂的发育阶段也有明显的影响，如冬季出现反复的霜冻，花芽分化缓慢，开花期比正常年景要推迟1个月。此外，在寒潮侵袭的过程中还可以见到，有荫蔽植株比较耐寒，无荫蔽植株耐寒力较弱。上述情况在引种选地时应予认真考虑，至于温度与阳春砂分布的关系则有待进一步调查研究。

（2）光照

阳春砂是半阴生植物，喜漫射光。在整个生长发育过程中都要求一定的荫蔽，最适宜的荫蔽条件是荫蔽度为50%~60%。阳春砂的不同生育期需要的荫蔽条件不同，用种子繁殖的植株，在幼苗期间，需要较大的荫蔽度。一般为70%~80%，当荫蔽度为30%左右或在直射光的照射下，幼苗叶片出现斑点，叶片边缘呈波浪状或出现向上卷曲枯黄现象，植株强烈分生、矮小、生长较差，以至影响植株正常开花结果。特别是在夏季强烈的阳光直射下，会引起叶片枯萎，发生叶枯病，重则由上而下枯萎死亡。死亡率达50%左右。当阳春砂形成群体后，到达开花结果阶段，由于上层树种形成的荫蔽度的不同，对植株的寿命、植株的密度和花芽的数量都有明显的影响。调查表明，阳春砂在50%~60%的荫蔽范围内，漫射光的照射可促进分株和花数量的增加；荫蔽度在80%以上时，分株减少，花数减少5~9倍；在50%~80%荫蔽生长条件下，植株寿命可延续20个月左右；当阳春砂群体在荫蔽度为30%以下或无荫蔽条件下，植株对强光照反应非常敏感，叶片烧伤严重，不开花结果，或开花结果很少，植株寿命缩短，只能生活1年左右。实践证明，阳春砂在幼苗期需要较大的荫蔽度，以70%~80%为宜，幼苗移植到大田形成群体后，荫蔽度以50%~60%为宜，如荫蔽度仍保持在30%以上时，植株稀疏，花量少，产量低，但对寿命无明显影响，如荫蔽度小于30%或无荫蔽时，对种子繁殖的幼苗有严重伤害，已形成群体的植株其寿命比适宜荫蔽条件生长的植株缩短8个月。

荫蔽度的大小要依据地形地势、土壤质地以及阳春砂生长发育的不同阶段而定。平原地区，日照长，沙质土易干旱，荫蔽度宜稍大；山区有涧流或山高谷深的地方，日照短，湿度大，荫蔽度应小些。不同季节要求荫蔽度亦有差异，冬季需要保温、防霜，荫蔽度宜大；春季荫蔽度宜小，以利于花芽发育。

（3）湿度

土壤水分和空气相对湿度是阳春砂生长发育的重要因子。从叶面的结构来看，阳春砂是介于旱生形态和湿生形态之间的中生植物类型。所谓中生植物，是指它兑水分条件而言的，它不能长期忍受土壤和空气中缺乏水分，也不能在土壤积水的环境中生长，而适于在中等程度的水分环境下正常生长发育。组织结构特征表明，阳春砂具有一定的抗旱能力，表现在运动细胞比较发达，胞腔较大，并充满了细胞液。外界环境干燥，叶片卷曲；环境湿润，叶片伸展。以此来调节水分的蒸发，适应环境的变化。从中生植物的生长

状况与水分的关系来看，植株的增长随土壤水分与体内水分状况变化而变化。5月间，在0~15 cm的表土内土壤含水量为27.2%，叶片含水量也高达78.3%，其植株月生长量为109 cm。而10月土壤含水量降低至16.2%，叶片含水量也随之减少61.8%，月生长量仅有1~2 cm，但在6月，土壤含水量虽然高达35.3%，叶含水量为71.6%，而植株增长只有32 cm，是5月的1/3弱，这种现象可能是由于阳春砂处于果实形成时期，水肥消耗很多，因而限制了植株的生长，这表明了生长与发育的相关性。一般在空气相对湿度75%以上、土壤含水量为20%~35%、排水良好的条件下，土壤和大气湿润，植株发育正常。土壤含水量在10%左右时，阳春砂对干旱环境具有一定的忍受力，但表现出缺水、植株干黄、短小，老株提早8个月枯萎；相反，阳春砂生长在终年积水的环境中，土壤含水量超过了30%以上时，对植株的危害极大。阳春砂不具有较大的耐水性，这是中生植物的特征之一。

从发育阶段与水分的关系来看，孕蕾期至开花期，空气相对湿度在75%以上，土壤含水量在22%~27%，有利于授粉结果。花期如遇干旱，花序易枯萎，幼果发育缓慢，雨多又兼高温，易发生病害，造成烂果。

土壤含水量与阳春砂的结果率、坐果率也有一定的关系，果实发育阶段水不宜过多，如遇积水，应及时做好排水工作。

（4）土壤

阳春砂对土壤要求不甚严，多种类型的土壤，甚至混有石砾的土壤都能种植。但阳春砂是多年生、常绿植物，一年四季均需从土壤中吸收大量的水分和养分。所以，要夺取高产，种植阳春砂应选择底土为黄泥，表土层肥沃疏松，富含腐殖质，保水保肥性强，pH4.8~5.6的黑色沙泥，并夹有小石砾，群众称为"石花地"的土壤为佳。纯黄泥土、砂土或瘠薄的土壤，只要注意增施有机肥和合理施肥，合理灌溉，也可以种植。并能生长正常，夺得丰产。而坚硬瘠薄、卵石很多，或过于低洼潮湿的黏质土，虽能生长，但结实不丰，不宜种植。

（5）地形地势

包括海拔、坡位、坡度以及地形地貌等因子。

种植阳春砂的适宜高度，与当地的气候条件有关。广东、广西冬季常受寒潮侵袭，于北纬28°以南的地区，一般以海拔500 m以下种植适宜，若在高海拔（例如780 m）的山区种植，则易受冻害，花期较晚，开花时间推迟。而云南南部、西部受热带季风的影响，气温较高，干湿季明显，在海拔700 m以下种植，花期于雨季之前，气候干旱，对开花结果不利。相反在海拔800~1 100 m地区种植，花季恰好在雨季开始，有利于开花结果。所以云南南部、西部地区，宜在海拔较高地区种植。

阳春砂在山区种植，宜选一面开阔，三面环山呈马蹄状的地形；或是两面有高山、15°~30°，最好15°以下的缓坡地为好。因为，坡度平缓，土层深厚，质地肥沃，保水保肥力强，有利于根系生长；坡陡、土浅、贫瘠、易冲刷、易流失，造成匍匐茎悬空或裸露而影响正常的生长；地势低洼易积水，对根系生长也不利，不宜种植。

阳春砂是以采收果实为目的的，要求有适宜的光照，故宜种植在南坡、东南坡、东坡。北坡、西北坡、西坡，光照条件较差，花芽分化少，同时受风大影响，易受寒冻侵害，生长和产量均不及南坡、东南坡、东坡。否则，应在北面、西北面、西面的当风面栽种乔木作屏障，以减少自然灾害。

阳春砂的生活习性是长期在一定的气候和土壤条件下形成的，因此，它对环境条件的要求是综合的。分析环境条件与阳春砂的生长发育的关系，可以看出，荫蔽条件、水分条件和温度条件在其生长发育中起重要作用，其中荫蔽条件是起主要作用的。因为荫蔽条件改变会引起光照、温度、水分等一系列条件的改变，也会关系到肥力的增减、利用和授粉昆虫活动的变化等。

此外，按照《中药材生产质量管理规范（试行）》，阳春砂的规范化种植基地应远离居民点，远离交通要道，大气、水质、土壤无污染，周围不得有污染源。其中，大气环境的质量应符合《中华人民共和国环境空气质量标准》（GB3095—1996）中二级标准（表27-1）；水的质量应符合《中华人民共和国农田灌溉水质标准》（GB5084—1992）中二类标准（表27-2）；土壤的质量应符合《中华人民共和国土壤环境质量标准》（GB15618—1995）中二级标准（表27-3）。

表27-1 中华人民共和国环境空气质量标准（GB3095—1996）

项目	标准			单位
	年平均*	日平均*	1 h平均**	
二氧化硫	0.06	0.15	0.50	mg/m³（标准状态）
总悬浮微粒	0.20	0.30		
可吸入颗粒物	0.10	0.15		

续表

项目	标准			单位
	年平均*	日平均*	1 h平均**	
氮氧化物	0.05	0.10	0.15	mg/m^3（标准状态）
氟化物		7	20	$\mu g/(dm^2 \cdot d)$

注：表内为中药材种植环境各项污染物的浓度限值二级标准值。

*分别为任何1年和任何1日的平均浓度不许超过的限量。

**为任何1 h的平均值不许超过的浓度限值。

表27-2　中华人民共和国农田灌溉水质标准（GB5084—1992）

序号	主要指标	限量指标
1	生化需氧量（BOD_5，mg/L）	≤150
2	化学需氧量（COD_{CR}，mg/L）	≤300
3	悬浮物（mg/L）	≤200
4	阴离子表面活性剂（LAS，mg/L）	≤8.0
5	凯氏氮（mg/L）	≤30
6	总磷（以P计算，mg/L）	≤10
7	水温（℃）	≤35
8	pH	5.5～8.5
9	全盐量（mg/L）	≤1 000（非盐碱土地区） ≤2 000（盐碱土地区）
10	氯化物（mg/L）	≤250
11	硫化物（mg/L）	≤1.0
12	总汞（mg/L）	≤0.001
13	总镉（mg/L）	≤0.005

续表

序号	主要指标	限量指标
14	总砷（mg/L）	≤0.1
15	铬（六价，mg/L）	≤0.1
16	总铅（mg/L）	≤0.1
17	总铜（mg/L）	≤1.0
18	总锌（mg/L）	≤2.0
19	总硒（mg/L）	≤0.02
20	氟化物（mg/L）	≤3.0（一般地区） ≤2.0（高氟区）
21	氰化物（mg/L）	≤0.5
22	石油类（mg/L）	≤10
23	挥发酚（mg/L）	≤1.0
24	苯（mg/L）	≤2.5
25	三氯乙醛（mg/L）	≤0.5
26	丙烯醛（mg/L）	≤0.5
27	硼（mg/L）	≤2.0
28	粪大肠菌群（个/L）	≤10 000
29	蛔虫卵数（个/L）	≤2

注：表内为二类灌溉水质的标准。

表27-3　中华人民共和国土壤环境质量标准

（GB15618—1995）　　　（mg/kg）

指标	pH＜6.5	pH=6.5~7.5	pH＞7.5
镉≤	0.30	0.30	0.60
汞≤	0.30	0.50	1.0
砷≤	40	30	25
铜≤	50	100	100

续表

指标	pH<6.5	pH=6.5~7.5	pH>7.5
铅≤	250	300	350
铬≤	150	200	250
锌≤	200	250	300
镍≤	40	50	60
六六六≤	0.50	0.50	0.50
滴滴涕≤	0.50	0.50	0.50

注：表内为在不同pH土壤环境质量的二级标准值。

（6）地理特征实例分析

高产地有两种类型，一种是夹在40 m以上两山之间，宽10~30 m的台阶地，山上生有树木，砂仁地内只有稀疏杂木或没有树木，地旁有常流小溪；另一种是"簸箕"地形，边缘有高大树木，在地内同样只生有稀疏树木或没有树木。在5~6月砂仁开花期间，每天10:00左右，阳光才能照到地内，14:00以后已无阳光照射，每天日照6 h左右；小区气温比较稳定，每天10:00~14:00气温为24~28 ℃；空气相对湿度80%~90%，土壤湿度25%~30%。因栽培地区在山脚或"簸箕"地形中部，每年由山上冲刷下来的腐殖质较多，土壤疏松肥沃，授粉昆虫种类和数量亦较多。

高产因素是光照和温度适宜。由于砂仁是阴生植物，历来栽培在林下，荫蔽度50%左右，但荫蔽树木逐年长大，根系也随着增多增大，大量争夺水肥，砂仁竞争不过，形成生长不良，开花不多，结果很少，以致迅速衰退；砂仁植株徒长纤弱，会导致倒伏减产；每年春进行砍伐荫蔽树枝叶，亦易压伤砂仁，影响砂仁开花结果。

以上2种高产地，主要依靠两大山或边缘树木作荫蔽，每天日照6h左右，亦能获得高产，打破了多年认为砂仁一定要栽培在林下的观点，也大大减少了荫蔽树与砂仁争夺水肥的矛盾。高产地边有常流溪水或处于"簸箕"地形的内部，空气湿度大，开花期间，气温稳定，因而花序上小花开放时间较长，花粉在花药上保存时间亦长（表27-4），有利于昆虫授粉；此外，授粉昆虫如蓝彩带蜂、粗腿彩带蜂、近似齿彩带蜂和拟黄芦蜂等的数量较多，有利于砂仁结实。

表27-4　砂仁开花情况的观察

地　区	开花时间	小花凋萎时间（h）	花粉保存时间（h）
山区高产区	5月下旬	36~48	36~48
丘陵低产区	5月下旬	8~9	6~8

另一高产因素为水肥较好，植株生长健壮。高产地处在两大山脚下或"簸箕"地形的内部，每年从山上冲刷下来的腐殖质较多，供给大量养分，砂仁根系生长好，不易倒伏；土壤湿润，有利于植株营养物质转化和运输，壮苗较多，衰老和纤弱的植株少，花朵数和花粉粒均较多，不少花粉能涌到柱头喇叭口周围，因而自花授粉率亦比较高（表27-5）。

表27-5　砂仁生长发育调查（1984年6月）

地　区	匍匐茎死亡（%）	壮株（%）	单朵花药花粉数（万粒）	自花授粉（%）
山区高产区	5~10	70~80	2.3~2.5	18~20
丘陵低产区	20~60	40~50	1.5~1.8	3~5

高产地多采用小块地生产，有利于昆虫活动和人工管理，如黄胜明高产地，共有5小块地，平均每块面积133 m^2。小块地生产的优越性：

①除草施肥和培土等护理工作较方便，逐块进行，不易遗漏，砂仁被践踏亦较轻。

②砂仁地块通风较好，植株生长正常，倒伏少，烂果亦少。

③砂仁地昆虫活动较多，而大幅砂仁地由于中央闷热，昆虫多在地块的边缘活动，全地段平均结果率不高（表27-6）。

表27-6　砂仁栽培面积与生产发育关系

栽培面积	植株高（cm）	倒伏（%）	花序高（cm）	结果数（个/m^2）	烂果数（个/m^2）
小块（222.2~333.3 m^2）	105	1~2	8~9	35~45	0
大块（4~5 hm^2）	187	5~12	12~14	10~25	2~3

（三）品种类型

1. 正品

《中华人民共和国药典（一部）》（2010年版）记载，砂仁药材源于姜科Zingiberaceae豆蔻属 *Amomum* 3种植物阳春砂 *Amomum villosum* Lour.，绿壳砂 *A. villosum* Lour. var. *xanthioides* T. L. Wu et Senjen或海南砂 *A. longiligulare* T. L. Wu的干燥成熟果实。其中绿壳砂习称西砂仁，主要靠进口。

2. 混淆品种

砂仁类药材的植物种类繁多,就目前形成商品广泛使用、地方及民间使用的种类,姜科豆蔻属中约9种,山姜属 *Alpinia* 中约4种。豆蔻属植物全世界有150余种,分布于亚洲、大洋洲的热带地区,我国有30余种,主产于我国西南部及东部。该属中除上述3种正品外,地方使用的砂仁类还有红壳砂仁 *Amomum auranticum* H. T. Tsai et S. W. Zhao、海南假砂仁 *A. chinense* chun ex T. L. Wu、九翅豆蔻 *A. maximum* Roxb.、疣果豆蔻 *A. muricarpum* Elmer、香豆蔻 *A. subulatum* Roxb.、长序砂仁 *A. thyroideum* Gagnep. 等的果实或种子团。山姜属植物全世界约有250种,广布于亚洲热带地区,我国约有50种,主产于我国东南部及西南部。砂仁类的代用品有艳山姜(药材名川砂仁)*Alpinia zerumbet*、山姜(药材名为建砂仁)*A. japonica*、华山姜(药材名为建砂仁或土砂仁)*A. chinensis*、箭杆风(药材名为土砂仁)*A. stachyoides* Hance。

红壳砂仁:主要分布于云南省勐腊、景洪、文山州、思茅州等地。生于海拔600 m左右的林下。在砂仁引种成功以前,曾作为砂仁的代用品收购使用。收购未去果皮者名为红壳砂,去果皮者名为云南红净砂。

海南假砂仁:海南省儋州、三亚、陵水、保亭、万宁等地有大量野生分布,资源丰富,自然结实率高。生于林缘或灌丛中。过去,曾以本品混充砂仁使用,有时还调往内地作砂仁使用。目前,当地已不再收购,但与壳砂仁、砂仁混淆现象时有存在。

九翅豆蔻:分布于广西和云南的西双版纳,海南的三亚、保亭、万宁、陵水等地也有分布。生于海拔350～800 m的林中阴湿处。一般仅民间使用，流通范围极为狭窄，不形成大宗商品，但有时会混入阳春砂或绿壳砂商品中。

疣果豆蔻：分布于广东、海南、广西。生于海拔300～1 000 m的密林中。民间作砂仁用。

香豆蔻：分布于广西、云南、西藏墨脱。生于海拔300～1 300 m的林中阴湿处。

长序砂仁：野生，分布于云南、广西宁明、龙州。生于山谷及疏林中。只在当地习用。

艳山姜：分布于四川宜宾、大足、洪雅等，贵州安龙、贞丰等，广西诸县，云南昭通、曲靖，广东博罗、惠东、南澳，海南诸县。栽培或野生于山谷、溪边、树荫下。民间作砂仁使用已有较长的历史，在砂仁药材紧缺时期曾作为砂仁的代用品。四川省内使用较多，成都荷花池药材市场上，仍有销售。

山姜：福建武夷山、戴云山脉周围的各县有大量分布，商品名建砂仁，目前，不仅在省内市场流通，也行销其他省份。江西省大部分县也有分布。四川，山姜又称为山姜籽，果实称为土砂仁。生于山野沟边或林下阴湿处。

华山姜：主要分布于福建武夷山脉周围各县，商品称土砂仁，产量较高，常与建砂仁（山姜）相混，在福建省内作砂仁代用品以及外销。此外，四川、云南民间有少量使用。生于海拔1 000～2 500 m的山谷、溪边、林下阴湿处。

箭杆风：分布于四川夹江、洪雅、峨眉等地，云南民间也有少量使用。多生于溪边、山谷林下阴湿处。

3. 农家品种

阳春县等产区的群众，在长期的实践中，将砂仁分为大青苗和黄苗仔。黄苗仔，茎矮，一般高1~1.5 m，植株耐阴不耐寒；结果多，产量高，且年年结果，果实早熟，一般在8月上旬成熟；果实较小而软，一端较平，略呈圆形，淡红色，果柄长，种子红褐色。大青苗，茎高1.5 m以上，植株耐寒、耐光能力较强；结果少，产量低，且有大小年之分；果实成熟较迟，一般在8月底至9月初成熟；果实较大而坚实、饱满，一端较尖，呈椭圆形，红色，果柄短，种子油润黑色。

另根据砂仁的株高、果型、成熟期和品质的差异，砂仁药农又将砂仁分为4个不同类型，长果1号、长果2号、圆果1号和圆果2号。长果1号植株较高大，果实长形，早熟；长果2号植株中等高，果实长形，迟熟；圆果1号植株较矮，果实圆形，早熟；圆果2号植株较矮，果实圆形，迟熟。其中以长果2号具较多优点，如株高和匍匐茎适中，农艺性状好，花芽多，每花序的花数量也多，果实大，品质好，果实含种子量多；特别是雌雄蕊与唇瓣的间距较宽，花粉量较多，且易散粉，故易于昆虫传粉，花期比一般类型迟10天左右，因而，自然结果率较高。

"阳春砂规范化种植研究"课题小组正在进行此方面较深入的研究工作。但在选种时，一定要选择具有较强抗寒、抗旱、抗病力、适应性强且高产的优良品种。据报道，目前大面积栽培的砂仁品种有阳春砂、绿壳砂、丰产型阳春砂3种，近年，由广西药用植物园等以叶片电解质渗出率、根部四氮唑还原强度为指标，并结合各品种的产量，选育出丰产型阳春砂新栽培品种（从阳春砂群体选育出），具有较强抗寒、抗旱、抗病力，适应性强（表27-7、表27-8和彩图27-6）。但据我们的初步研究结果发现药农所说的长果1号与长果2号、圆果1号与圆果2号在原植物形态及花粉粒特征方面均很相似，因此我们拟将阳春砂归为两个栽培品种，即长果阳春砂、圆果阳春砂（表27-9、彩图27-7和彩图27-8）。

表27-7 不同砂仁品种抗寒、抗旱性及生产力比较（1990年）

品种	抗寒性 2℃时叶片电解质渗出率(%)		抗旱性 叶片干燥时电解质渗出率(%)		生活力 四氮唑还原强度[mg/(g·h)]	比较(%)
	24 h	48 h	24 h	48 h		
丰产型阳春砂	12.5	14.4	11.7	34.2	0.072	160.0
绿壳砂	12.9	18.9	11.9	59.0	0.083	184.4
阳春砂	12.9	15.4	12.0	46.0	0.051	100

注：叶片电解质渗出率高，抗寒性及抗旱性差；根部四氮唑还原强度大，则生活力强。

表27-8 不同砂仁品种产量对比（栽种后第4年，结果的第2~5年）

年份	丰产型阳春砂		绿壳砂		阳春砂（对照）产量（g/m²）
	产量（g/m²）	比对照增加（%）	产量（g/m²）	比对照增加（%）	
1987	80.00	122.2	85.00	136.1	36.00
1988	78.00	95.0	76.00	90.0	40.00
1989	88.00	91.3	90.00	95.6	46.00
1990	87.00	70.5	120.00	135.2	51.00
1990[1]	10	100	8.00	60.0	5.00

注：1）在钦州小董镇大面积试验，第1年产量（干果，单位：kg/667 m²）。

表27-9　阳春砂栽培品种果实性状特征比较

	长果阳春砂	圆果阳春砂
形状	长圆形、椭圆形、卵圆形	卵圆形、类球形，有的钝三棱明显
大小（mm）	长15~20，宽12~20	长14~16，宽10~16
表面软毛刺	细、密、长，分枝少	粗长或细短，偶有分枝
单果种子数（粒）	33.67（平均）	26.74（平均）
果柄长（mm）	3~5	6左右
鲜果重（g/个）	2.21~2.49	1.82~1.97
果皮厚（mm）	1.37~1.59（鲜品）0.30~0.34（干品）	1.2~1.5（鲜品）0.28（干品）
果皮与种子	0.29~0.39	0.28
团重量比气味（鲜果）	香浓，辛凉，微酸、苦，有的微甜	香浓，辛凉，微酸、苦，有的微甜

（四）育苗技术

1. 育苗地的选择

育苗地宜选择向东背西、坐北朝南，通风透光，土质肥沃、湿润，排灌方便，荫蔽条件良好的山坑两旁新垦地，土壤疏松、肥沃，以中性或微酸性沙质壤土为好。

在播种前1个月开垦土地，把林地全面深翻30 cm左右，捡尽树根杂草、石块，让土壤充分熟化，于播种前耕翻，每667 m²施过磷酸钙20~25 kg，厩肥或土杂肥1 250~1 500 kg

作底肥。整平耙细做床，宽1 m，高15~20 cm，长度视地形而定。

苗床要求平坦、疏松，中间略呈龟背形，以防积水。苗床最好东西向，便于搭棚防晒；如果是老苗圃，则要进行土壤消毒。

2. 育苗方法

（1）种子繁殖

1）选种

8月初砂仁果实成熟，开始采收。选择没有病虫害的丰产地段作为选种块，或再进行穗选、粒选。从中挑选果粒大、种子饱满、无病虫害的成熟果穗或果实作种。

2）种子处理

将采回的鲜果置于较柔和的阳光下晾晒2~3天，每天晒2~3 h，然后剥弃果皮，加等量的细沙和少量清水进行舂擦薄种皮，至有明显的砂仁香气为止，再浸在清水中漂去杂质，取出种子，稍晾干后播种。如计划翌年春播种，则应选择充分成熟、种子饱满的果实，洗出种子后用沙贮藏。

3）播种期

8月底、9月初播种，此时气温较高，种子发芽率高，早成苗，次年5~6月前即可移苗定植，避免在高温高湿季节时，苗仍在苗床遭苗疫病的危害。

4）播种方法

按行距13~17 cm开沟，沟内按株距5~7 cm点播，深1~1.5 cm，播后均匀地、薄薄地撒上一层细碎火烧土或覆盖一薄层腐熟的干粪。边播边覆土边盖一层薄草。每667 m²播种湿籽2.5~3 kg，相当于鲜果4~5 kg。在日平均气温28 ℃左右时,播后20天左右便可出苗。

(2)分株繁殖

选择种苗栽于苗床,加强管理,1年后每年可从育苗地点挖取种苗。每667 m²育3 000株,加强培育管理,一年后分次间苗移栽,可出苗3万株,定植1.3~2 hm(1 hm=15亩)。

3. 育苗地管理

(1)遮阴

播种前备好搭阴棚的材料,荫蔽物也可采用芒秆、玉米秆及杉树枝叶等。总之可就地取材,原则上耐用就行。播种后搭阴棚架,待开始出苗时在阴棚架上加覆盖物,荫蔽度以80%~90%为好。待幼苗长出7~8片叶时,荫蔽度应控制在70%左右。

(2)间苗

当苗长3~5 cm时间苗,去弱留强,使株间相隔3 cm。

(3)施肥

分别在幼苗长有2片、5片和8~10片叶时各施稀薄水肥1次,以后每半月或每月追肥1次。施肥以腐熟的人粪尿为主,开始宜稀,以后逐渐增大浓度。施肥前先拔除杂草,以免争夺肥料。

(4)松土

每次除草施肥后,特别是施干肥后,应进行松土培土。用竹签于行间来回把土撬松,把肥粪压于行间土下。最好用特制小型短柄的两齿耙子进行松土。

(5)淋水或排灌

阳春砂幼苗怕干旱,秋季播种,因天气逐渐干燥,极需注意淋水灌水。播后20天内种子出苗前,必须有专人管理,经常淋水或灌水。如土壤干旱则出苗率低或根本不出苗。幼苗出土后同样要经常灌水以保持土壤湿润。第2年春天，如雨水多，则应注意排水。

（6）防寒

阳春砂细幼苗怕低温霜冻。在冬季和早春可增施腐熟的牛粪、火烧土和草木灰等，以保温并增强抗寒力。寒潮来时，也可用塑料薄膜覆盖以防寒，当风处应搭设挡风棚。

（五）移栽技术

1. 选地整地

第2年4月底，在山区选择一面开阔、三面环山的坡地，坡度15°~30°，坡向朝南或东南。邻近有昆虫授粉，空气湿度较大，土壤疏松肥沃，排灌方便，并长有阔叶杂木林（如鸭脚木）和有作荫蔽的山坑、山窝。

移植地需在移栽前1个月清理场地，清除地内杂草和矮小灌木，砍去过多的荫蔽树。山区应根据地形地势开成梯田，全垦；丘陵平原耕翻做畦，畦宽2 m左右，每隔一定的距离开排灌沟。要保留移植地周围的林木，不足者应补种，可种植一些较砂仁开花结果早的果树，以引诱传粉昆虫。

高产砂仁地宜选择两山间山坡上生长有林木、山坡以下有疏杂木林的平缓坡地、台地，地旁有常流小溪或三面环山无林木生长的"簸箕"地，每天日照约6 h。土壤为砖红壤、红壤，富含腐殖质，自然肥力高，疏松湿润的黑沙壤土（表27-10）。

表27-10　不同地形对砂仁每667 m²产量的影响

（1975～1985年）　　　　　　　（kg）

地 点	地 形	年龄（年）										
		1	2	3	4	5	6	7	8	9	10	11
灵山大风	山间台阶地	0	7	42	36	32	27	16	13	8	4	2
灵山檀圩	"簸箕"地	0	1.5	29	51	30	26	17	14	6	2	1
灵山石堆	林间（对照）	0	0	28	38	14	12	3	2	0	0	0

从表27-10中可以看出，在相同土壤肥力、土质和管理条件下的种植地、山间台地和"簸箕"地，由于每年山坡上被雨水冲刷下来的大量有机质积累，土壤肥力高，砂仁植株群体能保持较长时间旺盛长势，种植后第3～6年产量较高，第7年以后仍保持一定产量。而林间坡地（对照）因每年表土被雨水冲刷流失，肥力下降，植株群体长势出现早衰，只有第3～4年获得较高产量，第5～8年保持有一定产量，第9年以后就没有什么产量。说明选好适宜种植地是获得砂仁高产的重要条件之一。

2. 移栽时间

春秋两季均可种植，以春季3～5月为好，这时气候温和，雨量充沛，且多阴天，移栽后易成活；秋季8～9月亦可定植，但由于雨水较少，应选择阴雨天，并注意淋水或灌水。最好当天挖苗，当天移栽，以提高成活率。移栽苗需剪去1/2～1/3的叶片，减少水分蒸发，注意淋水或灌溉。种苗如需长途运输，要注意保护根茎的生长点，主要是保持湿润，可用苔藓等湿物覆盖，置于阴湿凉爽的地方。

3. 移栽方法

（1）种子繁殖

移栽时将种苗的匍匐茎向下或水平放置，使新生匍匐茎顶端露出土面，用松土覆盖，而且不可埋得过深，亦不能压实，否则根茎不易抽花结果。老根茎覆土厚6~7 cm，基部要压实，穴面应略低于地面，以利于蓄水保湿。定植后用落叶覆盖穴面，天气干旱时，应及时淋水或灌水。

种子苗定植时最好就地取苗就地移栽，起苗时要防止伤根，以提高成活率。需长途运输的种苗应放在阴湿处，经常淋水以免凋萎。

（2）分株繁殖

先选择历年丰产、生长健壮、分生能力强、无病虫害、穗大果多的母株，从中挑选株高0.6 m、叶4~6片、具1~2条新萌发的带有鲜红色嫩芽的匍匐茎的苗，茎秆粗壮，作为繁殖用的分株苗。过嫩、过老和瘦弱的分株苗，均不宜作繁殖用。分出的新植株可视天气和苗高情况适当剪去部分叶。移栽前挖穴，穴的规格为40 cm×40 cm×30 cm。将老匍匐茎埋入土中，深6~9 cm，并用土压实，嫩匍匐茎用松土覆盖。栽后要淋定根水，加盖茅草，以提高成活率和促进分株生长。每穴栽1丛。

4. 移栽密度

可根据肥地稀、瘠地密，平地稀、坡地密的原则，一般是1 m×1 m，每667 m^2 600株左右，或70 cm×60 cm，或70 cm×40 cm，每667 m^2 1 800~2 000株。如果希望提早形成群体，提早结果，则可适当密植和增施基肥。

（六）田间管理

1. 除草

定植后1～2年内，由于还未形成群体，林地空隙大，杂草生长快，与砂仁幼苗争肥水抢阳光，同时砂仁幼苗期对外界恶劣环境抵抗力弱，如不及时除草，将影响砂仁的正常生长，甚至会引起病虫害的传播。在此期间必须坚持有草必除，除早、除小、除了的原则，每年除草2～3次，可分别在2月、5月、8月进行。第3年开始进入开花结果期，一般每年除草1～2次，分别在开花前和收果后进行。由于阳春砂的根茎沿地匍匐生长，故不能用锄头除草，只能用手拔。能作肥用的杂草可覆盖在植株旁，以保持土壤湿润和控制杂草生长。砂仁出苗后除草一般用手拔，种植前或砂仁地周边的杂草则可用除草剂进行除草，方法详见本书草害防治。

2. 施肥

施肥是促进砂仁生长发育，达到丰产的重要措施。施肥应以农家有机肥为主。有机肥养分全面，富含氮、磷、钾，还有各种微量元素，而且来源广、种类多、成本低、效果好。有机肥包括人畜粪尿、绿肥、厩肥、饼肥、垃圾、杂草、灌木以及各种作物茎秆。施用有机肥不但肥效持久，且能改良土壤理化性质和结构。

新种植株每年施肥2～3次，第1次在3月上旬，这时气温回升，湿度大，雨水多，是砂仁生长旺盛时期，适时施肥对植株生长极为有利。除施堆肥、牛栏肥、火烧土、过磷酸钙和猪粪水沤制的肥料外，还要适当增施氮肥。每667 m²施有机肥1 500～2 000 kg，过磷酸钙20～25 kg，过磷酸钙最好与有机肥堆沤发酵后，再拌入1.5～2.5 kg尿素撒施。第2次施肥在8月底，主要以提高苗群抗寒性为主，每667 m²施火土灰，或火烧土1 500～2 000 kg，草木灰100 kg，混入适当磷肥，均匀撒施，然后培表土、肥泥适量，为促进第2年开花结果打下物质基础。进入开花结实的阳春砂群体，每年施肥4次。第1次是攻苗肥，在采果后，结合割枯老苗，及时重施有机肥2 500 kg，豆麸50 kg，过磷酸钙20～25 kg，施后适当培土，以盖过匍匐茎1/2为度；第2次施壮花肥，在2月下旬到3月上旬，每667 m²施人粪尿100 kg，尿素3～5 kg；第3次在4月下旬，砂仁正含苞待放时，为保证砂仁花粉发育正常，可进行根外追肥，用0.3%磷酸二氢钾和0.01%硼酸混合液喷施叶面、花苞，每667 m²用量100 kg；第4次施保果肥，在5月下旬到6月上旬，用2%磷酸二氢钾加入5×10^{-6}的2,4-D喷果，促进幼果膨大和减少落果，每隔5～7天喷1次，每667 m²用药液50 L左右。但是，根外追肥和生长素的应用，都应在加强培育管理和施肥的基础上，作为辅助措施，才能效果明显。

除此之外，还可以在林地、林缘间种山毛豆、木豆、台湾相思等豆科绿肥，既可以防风荫蔽，又可增加肥源；边远山区，如阳春县七星砂仁场，结合养鹿（也可养羊、兔、鸡）把绿肥作饲料，取其粪便为砂仁肥料，培养地力，一举多得，这个办法值得推广。

合理施肥是夺取阳春砂持续高产的重要措施。种植的头两年，可根据土壤肥力，在春、秋季适施氮肥和磷钾肥，促进分株，加速群体的形成和生长健壮，为高产打下良好基础。到第3年砂仁进入开花结果后，施肥应以磷钾肥为主，适施氮肥。每年3~4月，每667 m²用尿素10 kg、复合肥20~30 kg、过磷酸钙40~50 kg，分2次施下，促进花芽分化和花蕾生长。施肥宜雨后进行，天气干旱则淋水后再施，利于根部吸收。到每年8月收果后，每667 m²用厩肥2 000~2 500 kg、钙镁磷50~70 kg（先与厩肥堆沤）、草皮灰2 500 kg或草木灰1 000 kg、尿素10 kg，用时混合均匀，分2次施下，施后培土，以恢复砂仁群体长势，促进秋笋生长，形成旺盛群体，为下一年度夺取高产打下基础。砂仁落果严重，高达50%以上。为了提高坐果率，在开花期和幼果期，用0.5%磷酸二氢钾、0.5%尿素加2%过磷酸钙浸出液、1∶3人尿、1×10^{-6}的2, 4-D等液，选其中2~3种交叉喷洒叶片和果实，有显著保果和促进果实生长作用。

阳春砂施肥更为关键的是掌握好施肥时机。经多年的生产实践，总结出一条"四看"施肥经验：

①看天施肥。宜在阴雨天土壤湿润时施肥。此时肥料易溶于土壤溶液中，很快被阳春砂吸收利用，并可以防止烧苗，不宜在干旱或土壤缺水时施肥。

②看地施肥。种植地肥力差应适当增加施肥量，肥力高的则适当减少施肥量。保肥性差的种植地施肥量宜少次数多，保肥性好的施肥量宜多次数少，还要注意地里缺什么肥就补施什么肥。

③看苗施肥。苗群生长黄弱，施肥次数和量应适当增加；苗群生长繁茂，施肥次数应适当减少。当年开花结果多的地块宜增加施肥量和次数，以利于保花保果及果后苗群尽快恢复长势，促进秋笋长出。

④看时施肥。根据砂仁不同生长发育期对养分的要求，适时施肥。植株一般在抽笋期、花蕾形成和发育期、开花结

果期需要大量的养分，应及时将肥料施下。

增施钾肥：阳春砂体内养分以钾含量最高，其次为氮，磷最少。有学者研究认为，阳春砂施肥应氮磷钾互相配合施用，并适当增加钾肥的用量才好。有些砂仁种植后由于大量施用尿素，导致植株徒长，开花结果少。不少阳春砂种植地在施磷钾肥的基础上，于秋冬间每667 m^2增施500～1 000 kg火烧土，不但为砂仁提供了大量钾素，还起到了培土的作用，既能防旱、防寒保暖，又保护根茎越冬，往往获得不同程度的高产。

微量元素肥料：云南引种阳春砂进行了施用锌（Zn）、锰（Mn）、硼（B）、钼（Mo）微量元素肥料试验。结果表明，微肥单独或混合施用均能促进植株的生长发育，延缓苗衰老，其中以Zn、Mn混合施用有显著增产作用，且提高砂仁的质量，挥发油含量提高5.55%。GC-MS-DS分析鉴定，精油中35种化合物与试验对照及道地阳春砂化学成分一致，相对含量各有高低。微量元素和氨基酸含量比试验对照组显著提高，更趋于同道地阳春砂含量相同，锰含量与施锰相关。

矮壮素：用矮壮素配成0.2%浓度的水溶液，分别于当年11月、翌年2月和5月喷洒叶面至全湿。观察其生长发育，结果砂仁生长高度被抑制，出蕾期及结束开花期推迟6～10天。砂仁的花序数和小花数均有增加，结果率也提高，产量相应提高。

目前，"砂仁规范化种植研究"课题小组正在开展生物肥料的研究试验（见彩图27-9、彩图27-10），生物肥料是指利用能改善植物营养状况的微生物、拌入填充剂中制成的肥料。它是通过微生物的活动，把土壤和空气中植物不能直接利用的元素变为植物可吸收的养料。合理施用生物肥料不仅能够提高砂仁的产量，增强植株的抗病能力，减少化学肥料对药材及环境的污染,还能改善土壤的结构,以防土壤板结。

3. 培土

阳春砂的匍匐茎在地表蔓延,不定根分布较浅,一般在30 cm左右,且以15 cm内较密集,故不宜松土。但每年秋季摘果后,须用含有机质的表土、火烧土均匀地撒在阳春砂地上,以防地表板结和水土流失,其厚度以盖没裸露的根状茎为度,促进植株多分蘖,株粗芽壮,还可增强抵抗力,使植株安全过冬。

4. 清园、防旱排涝

清园是阳春砂冬管的主要措施,目的是除去病虫在园内的越冬场所。据对砂仁产区的调查,坚持抓好冬季清园,病虫害发生率明显下降,一般为1%~2%,而忽视这项工作的,植株发病率一般达10%,严重的达20%以上。冬季清园的具体做法是:在11~12月割除老株后立即将园内杂草铲除干净,并清理出园外,同时将园地周围2~3 m范围内的杂草、灌木铲净,连同园内清出的杂草、枯枝叶等一起晒干堆集烧毁作肥料。清园后用2~3波美度(波美度是过去用于间接表示比重的单位,现改用密度表示。在15 ℃下,1波美度相当于1.007 g/cm³)。的石硫合剂或石灰水喷洒,预防病虫害的效果更好。

阳春砂新种植株要经常灌水或淋水,保持土壤湿润。进入开花结果年龄时,在冬春花芽分化期要求水分少些,开花期和幼果形成期要求土壤湿润,空气的相对湿度在90%以上。如遇干旱必须及时淋水,到果熟期要求土壤含水量少些；如雨水过多，土壤过湿，则易造成烂果。

5. 调整荫蔽度

种植后1~2年就进入分株繁殖阶段，要求70%~80%的荫蔽度；进入开花结实年龄，荫蔽度可适当减少，因花芽分化期需要较多的阳光，荫蔽度以50%~60%为宜。但在保水力差或缺水源的地段，荫蔽度仍应保持在70%左右，以减少水分的蒸发。荫蔽度过大，阳光不足，植株弱小，苗徒长，花小果细，而且容易发生烂花烂果。荫蔽度过小，植株矮小，茎短，叶片易引起日灼病。为此，除了选择南坡、东南坡有利地形种植，冬前增施保温肥和培土外，种好荫蔽树很重要，也是阳春砂丰产的关键措施之一。

荫蔽树种的选择应根据因地制宜、就地取材的原则。选择的标准是，速生、根深、落叶易腐烂。目前广东省生产上应用较广且效果较好的荫蔽树种有华楹、大叶麻洛树、小叶麻洛树、红牛奶树、水东哥、鸭脚木、台湾相思、白饭树等。中山、高州等市，在荔枝、芒果、乌榄、芭蕉、油茶、杉木等果木林、经济林下种植阳春砂，生长很好，产量较高。而桉树、樟树、黄心楠、枫香以及榕树等，由于含挥发油，或根浅、板根多，对砂仁生长不利，应予淘汰。阳春砂在不同的生育季节，要求荫蔽条件不同，同时荫蔽树也不断生长变化，因此，适当、适时调整荫蔽度，满足砂仁生长发育对光照的要求是很重要的。如到了冬季，尤其是有轻微霜冻出现的地区，应疏除过于荫蔽的部分枝叶，使园内荫蔽度保持在50%左右，以利于阳光照射，提高土温，促进植株生长健壮，减少病害发生。

6. 人工辅助授粉

由于阳春砂的花器构造较特殊,雄蕊的花药在雌蕊的柱头之下,雌蕊的药柱嵌生于2个药室的沟内,柱头稍高于花药,花粉很难落到柱头上,因而不能自花授粉,在长期进化中形成了昆虫传粉的形态结构,但其花序是着生在匍匐根状茎上,被枝叶遮蔽,又给昆虫传粉带来困难,故必须进行人工辅助授粉。生产上常用如下两种方法:

推拉法:正向推拉(图27-3),即花的唇瓣正对授粉人,以大拇指与食指夹住雄蕊与唇瓣,拇指将雄蕊向下轻拉,拇指不要松开,再将雄蕊向上推,使黏附在唇瓣上的花粉擦在柱头上;反向推拉(图27-4),即花的唇瓣背向授粉人,操作时仍以拇指和食指夹住雄蕊和唇瓣,拇指将雄蕊向下轻推,然后再将雄蕊往上拉。操作时用力要适度,太轻授粉效果差,太重则伤害花朵(见彩图27-11)。

图27-3 正向推拉法

图27-4 反向推拉法

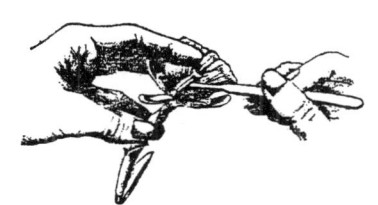

图27-5 抹粉法

抹粉法：先用左手的拇指和中指夹住花冠下部，右手的食指（或用小竹片）挑起雄蕊，并将花粉抹在柱头上（图27-5）。

人工授粉最佳时期是盛花期，最佳时间是8：00~10：00，即花药开裂撒粉最多时进行。阴天温度低，花粉开裂撒粉时间推迟，授粉时间也相应推迟，可根据具体情况灵活掌握。末花期开花数量减少，气温较高，传粉昆虫活动较频繁，砂仁自然结实率较高，一般不搞人工授粉。

不论采用哪种方法授粉，都要掌握正确方法，严肃认真，一丝不苟，轻手轻脚，才能达到目的，应尽量避免踩伤匍匐茎和折伤幼笋。

7. 保护和引诱传粉昆虫

昆虫是最好的传粉媒介。据产区调查，传粉昆虫多的地段，自然结实率可高达50%~60%。传粉昆虫以彩带蜂效果最好，排蜂、小酸蜂是授粉的野生蜂，小酸蜂比排蜂易于驯养，可选为砂仁理想的授粉蜂。彩带蜂喜栖息在阴凉湿润环境，多在水沟两旁的泥土及土墙做窝，繁衍。因此，可以加强林地管理，创造适宜的环境条件，保护和加速它的繁殖，有利于更好地进行授粉，提高阳春砂产量。

因砂仁自花授粉困难，昆虫授粉不便，在昆虫资源丰富的阳春砂种植地，除了保护好授粉率很高的彩带蜂、拟黄芦蜂两种昆虫外，还应在砂仁地喷黄糖液引来各种昆虫帮助砂仁授粉，或用竹筒装上死鱼和食品放在蚁巢旁，待蚁群爬入筒内，然后将竹筒搬到砂仁地内，利用蚂蚁帮助授粉，可以提高授粉率。在昆虫资源少的砂仁地，则采用人工授粉才能获得高产（表27-11）。

表27-11 人工授粉与自然传粉对比试验

试验单位	处理方法	开花数（朵）	结实数（个）	结实率（%）
华南植物研究所	人工授粉	514.5	216.5	42.1
	自然传粉	595.5	38.5	6.5
	套袋未授粉	54.0	0	0
中国医学科学院药物研究所	人工授粉	490	216	44.1
	自然传粉	608	41	6.7
广西壮族自治区药物研究所	人工授粉	496	428	86.3
	自然传粉	461	41	8.9
阳春市七星药场	人工授粉	1 280	1 009	78.7
	自然传粉	641	37	5.7
信宜县到照砂仁场	人工授粉	546	223	40.8
	自然传粉	535	33	6.2

何振兴等对广西砂仁昆虫传粉进行研究，根据调查及观察发现，在广西，砂仁较理想的传粉昆虫为蓝带蜂和粗腿彩带蜂，其次为拟黄芦蜂，但这些蜂多营独栖生活，目前人工饲养尚未成功。为了利用它们为阳春砂传粉，可根据其喜栖息在阴凉湿润的水沟旁的习性，选择阳春砂种植地最好在阴湿的水沟旁，蜂的数量必然较多，传粉率也会大大增加。

8. 预防落果

阳春砂经授粉后15天，果实大小在1 cm以下时会发生落果现象，持续时间可达15天。初花期形成的幼果较少脱落，盛花期、末花期形成的幼果约脱落50%。落果的主要原因：一是连续阴雨或大雨天气，日照强度小，土壤含水量增加，或天气干旱，空气相对湿度小于80%，土壤含水量不足23%；二是土壤肥力差，植株生长纤弱，幼果养分不足。落果在形态发生上与离层的形成有关，离层的形成取决于果实中生长素的含量，生长素含量增加可以抑制离层的形成，避免落果或减少落果；反之，落果严重。防止落果的主要措施：搞好栽培管理，培育壮苗群；幼果大量形成时，进行根外追肥。生产上用含3%过磷酸钙、0.1%硫酸铵的浸出液效果较好，能提高坐果率15%~30%。在末花期和幼果期，喷5×10^{-6}的2，4-D水溶液，或者5×10^{-6}的2，4-D加0.5%磷酸二氢钾，可提高保果率14%~40%，用0.5%尿素喷施花、果、叶，或0.5%尿素加3%过磷酸钙溶液喷施花、果，保果率可提高52%~55%。

9. 补苗与割苗

定植后，发现缺苗及时补种，以保证群体有足够数量。为改善通风透光条件，减少养分消耗，保证植株生长健壮，防止烂花烂果，提高坐果率，应视整个群体的长势，适时割苗（表27-12）。对多年结果、衰退的群体，割苗宜多，以利于更新复壮。通常每年割苗2次，第1次宜少割，以利于开花结果。可于2月上中旬，距地面10 cm左右处割去枯、病苗，并集中烧毁。第2次宜多割，以利于新生苗生长。可于8~9月割去枯、病苗及仅有6~8片叶的老苗或纤弱苗。每平方米保留40~50株，即一般山区每667 m²留苗2.5万株以下，丘陵平原地区3万株以下，而且分布均匀。株高2~2.5 m，具有15片以上绿叶的老壮株占70%以上的园地，阳春砂产量最高。密度过大过小，产量下降。

表27-12 割苗迟早对形成壮老苗和产量的影响

割苗时间	壮老苗植株		次年花芽数（个/m²）	次年产量（kg/667 m²）
	株数（株/667 m²）	占总株数（%）		
早割（9月底前）	22 678	91.8	61	255
迟割（10月下旬）	18 676	65.1	54	60

注：群体调查，日期为1976年11月5日。

10. 衰退苗群更新

阳春砂苗群种植7~8年后，植株开始逐渐衰退，分生植株一次比一次纤弱矮小，产量下降，甚至无花无果。这种现象在培育管理不善的园地和土质较差的砂砾场地尤其明显，主要原因是苗群得不到足够的养分。为了恢复苗群长势，收果后将老苗自离地面5 cm处刈去，施经沤制过的混合肥，春季出苗后，再追施适量的氮肥，一般经过2~3年的精心管理，苗群复壮，产量提高。或重割衰老苗，将老、弱、病、枯苗全部割除，清除枯死的匍匐茎。锄松空地，重施有机肥，然后进行补种。到4~5月幼笋大量萌发时，及时追施人粪尿，使新苗大量生长，争取第2年能开花结果，第3年进入盛产期。在分畦种植的场地，也可采用畦沟交替轮种法更新，即在定植后6~7年，每年将工作行或畦沟挖松，进行压青或施入农家肥，在畦面开新的工作行或畦沟；如此交替轮作，更新植株，预防苗群衰退。对于苗群严重衰退、土壤板结的种植地，可以整片全垦，经风化、熟化一段时间后施入土杂肥或绿肥，进行改土，重新种植。

中国医学科学院药用植物研究所云南分所的彭建明,对阳春砂引种栽培最早、产量最大、种植最为集中的西双版纳州景洪市基诺族乡砂仁场进行砂仁衰老株群的更新试验研究,结果如表27-13、表27-14。

表27-13　3种更新处理的植株生长情况(1995年7月)

	株高 (cm)	叶数 (片)	围径 (cm)	分株数 (株/m²)	密度 (株/667 m²)
隔带挖除	185.2	16.8	4.2	29.6	19 734
间伐老弱株	148.3	8.3	3.7	33.7	22 468
全面砍伐	91.6	9.2	2.6	31.7	21 134

从表27-13可看出,隔带隔年挖除的更新方法,植株生长壮且高,为砂仁丰产、稳产打下了基础,且更新完全;全面砍伐更新,分株数多,但生长势弱;间伐更新的植株生长情况居中,更新不完全。

表27-14　3种处理对砂仁产量的影响(1995年8月)

	调查面积 (m²)	坐果数 (个/m²)	实收鲜果 (g)	折合干果 (g/667 m²)
隔带挖除	69	28	2 850	4 500
间伐老弱株	132	22.3	5 000	4 200
全面砍伐	44	9	900	2 273

从表27-14可看出,仍以隔年隔带挖除的更新方法效果

最好。

（七）病、虫、草害防治

1. 病害

主要有苗疫病、叶斑病和果疫病。

（1）苗疫病

1）发生症状及原因

由真菌中一种藻状菌引起，但在发病过程中，往往还有细菌并发危害。发病初期，嫩叶叶尖或叶缘出现暗绿色不规则的病斑，随后病斑扩大联片，颜色变深，病部变软。叶片似开水烫过，呈半透明水渍状下垂而粘在茎秆上。严重时，迅速蔓延至叶鞘和下层叶片，使全株叶片干枯而死。病菌以菌丝及孢子附着于病叶残株上越冬，翌年4月侵染发病，5~8月气温高，育苗地过于荫蔽，通风条件较差，湿度大，低洼积水易发病。枯死的病株根系一般在条件适宜时，翌年还能萌发分株。

2）防治方法

①苗圃地消毒。育苗播种前7~8天，用2%福尔马林溶液或3波美度石硫合剂喷洒畦面消毒。

②苗期加强管理。3~4月，调整苗期荫蔽，搞好开沟排水，增施火烧土、稻木灰、石灰和喷药预防。发病初期及时剪除病叶集中烧毁。

③药剂防治。发病初期喷洒1:200波尔多液，或50%甲基托布津可湿性粉剂1 000倍液，每10天1次，连续喷2~3次，以控制病害发生和蔓延。

（2）叶斑病

1）发生症状及原因

由真菌中一种半知菌侵染叶片和叶鞘引起，终年发病。种植地过于曝晒或长期潮湿、积水，苗群长势差的情况下易发病，冬季干旱，霜冻后发病尤为严重。初时叶片出现水渍状、不规则的暗绿色病斑，以后迅速扩大变成褐色，边缘棕褐色，中间灰白色；潮湿时，病斑上布满黑霉层，叶片上常有数个或数十个病斑，扩大后相互融合，使叶片干枯（见彩图27-12）。

2）防治方法

①清除病源。收果后，结合清园把枯老、病株割除，集中烧毁，消灭病菌越冬场所。

②抓好田间管理。保持适宜的荫蔽度，增施草木灰、石灰、过磷酸钙；冬旱期要适时喷水，使植株长势健壮，增强植株抗病能力。

③药剂防治。发病初期用50%托布津可湿性粉剂1 000倍液喷洒，每隔10天喷1次，至控制病害为止。

（3）果疫病

1）发生症状及原因

俗称果腐病。由真菌中一种藻状菌引起，在高温多雨季节，植株密度大，荫蔽度高，低洼积水，养分积累不足的情况下发生。该病主要危害果实，造成落果，甚至腐烂。一般减产20%～30%，严重时达50%以上。初时果皮出现淡棕色病斑，后扩大至整个果实，使之变黑、变软、腐烂，果梗受害后呈褐色软腐状。在潮湿环境下，患部表面生有白色绵毛状菌丝（见彩图27-13）。

2）防治方法

①收捡病果。当病果开始蔓延时，及时把病果采摘，进行加工，减少病原菌的传播。

②抓好管理。春季注意排水，增施草木灰、石灰，增强果实抗病力；冬季及时清匦，减少病菌越冬场所；幼果期，把苗群分隔出通风道，改善通风条件。

③药剂防治。6～8月收果前，用1∶1∶150倍波尔多液，或50%甲基托布津可湿性粉剂，或50%多菌灵可湿性粉剂1 000倍液喷施，每10天1次，连喷2～3次，收果前，停止喷药。

2. 虫害

主要有黄潜蝇。还有地蚕，地蚕在夜间咬食嫩苗嫩叶，可用毒饵诱杀，白天潜伏洞内，可挖洞捕捉。以下只介绍黄潜蝇。

黄潜蝇

1）发生症状及原因

又名钻心虫。以幼虫蛀食砂仁细笋的生长点，使生长点停止生长或腐烂，造成枯心，俗称"枯心病"。被害的"幼笋"先端干枯，直至死亡。在管理粗放、长势衰弱的阳春砂地段，受害率可达40%～60%。黄潜蝇的形态特征：成虫，体较小，全身灰褐色，有金属光泽；腹面黄白色，胸部两侧各有一乳白色的斑点；卵，白色，椭圆形；幼虫，体白色略带淡黄色，头部极小，腹足退化，尾端很小。蛹，乳白色至红棕色。

2）防治方法

①加强水肥管理，促进植株生长健壮，减少钻心虫危害。

②及时割除被害幼笋，集中烧毁。

③成虫产卵盛期可用40%乐果乳剂1 000倍液，每隔5～7天喷1次，连喷2～3次。

3. 其他

有花螺、老鼠和果子狸。花螺在夜间咬食嫩苗嫩叶，可用毒饵诱杀，或在清晨捕捉。老鼠和果子狸等动物偷吃阳春砂果实。以下只介绍老鼠。

大板鼠

大板鼠于每年4～8月危害阳春砂花及果实。使植株花残缺不全，果实被咬碎，种子被吃光，严重影响产量。

防治方法：可利用鼠夹、鼠笼于傍晚设置于砂仁地里进行人工捕杀。用炒香的谷、糠或杂粮、炼熟的植物油及磷化锌以100∶3∶4拌匀，制成毒饵进行诱杀。

目前，中药材因农药残留量超标等问题而影响了其在国际市场上的地位，中药要实现现代化、标准化与国际化必须解决农药残留量和重金属含量超标等问题。《中药材生产质量管理规范（试行）》要求不使用或尽量避免使用化学农药，因化学农药对环境的污染较大，且对人体的危害很大。因此，开展生物农药防治研究是非常必要的，应用生物农药可减少对环境的污染，并能起到防治病虫害的目的。对阳春砂开展生物农药防治病虫害的研究正在进行中，试验结果初步显示，生物农药对防治阳春砂果腐病、提高植株的抗病能力具有一定的效果，这将有助于提高阳春砂的产量和质量（见彩图27-14）。

4. 草害

对阳春砂造成草害的杂草主要有蔓秀柱、白茅等禾本科植物类杂草。这些杂草不仅与阳春砂争夺土中的营养和水分，而且还恶化环境，传播病虫害，严重影响砂仁的产量与质量。因此，人工防除阳春砂的田中杂草是一项经常性的田间管理工作。在杂草的防治过程中，针对不同的杂草采用不同的方法进行防治，选用合适的化学药剂除草，不仅省工省时，而且比较彻底可靠，能收到较好的防除效果。

（1）种植前除草

化学除草应以药材种植前土壤施药为主，争取一次施药便能保持整个生长期不受杂草危害。种植前土壤处理的常用药剂如下：

1）48%氟乐灵乳油

氟乐灵乳油除杂草谱广，能有效防除一年生靠种子繁殖的禾本科杂草，如马唐、牛筋、狗尾草、稗、千金子和画眉草以及小粒种子的其他阔叶杂草等。喷药时间多在种植前5~10天杂草萌发前，每亩地用量根据说明书上的规定用水对制，对药田表土进行均匀喷洒处理。因氟乐灵易挥发和光解，应随喷随进行浅翻，将药液及时混入5~7 cm土层中，有条件的最好是机械喷药耙混一次完成。也可喷药后随即浇透水，但效果不如浅翻混土。施药一般隔5~7天才可种植，除草效果可达90%以上。

2）50%乙草胺乳油

该药剂主要通过地上部分吸收药液后，抑制蛋白质合成，使芽和根停止生长，而导致杂草在出土前、出苗前和出苗后不久死亡。对多种一年生禾本科杂草有特效，并可兼除部分小粒种子的阔叶杂草。喷药时间多在种植移栽前3~5天进行，注意必须在杂草出土前施用。每667 m^2用该药剂70~75 mL兑水40~60 L，均匀喷洒土表即可。

(2) 种植后除草

阳春砂在苗期和定植初期会有很多杂草萌发生长,不仅消耗土壤中水分,影响土壤升温,还将推迟生长周期。种植后的砂仁地一般不用除草剂,最好用手拔,但田地周边的杂草可用除草剂除尽。

(3) 化学除草剂使用注意事项

1) 化学除草剂的选择

必须注意化学除草剂的选择性、专一性、时间性,不可误用、乱用除草剂,防止杀死幼苗。

2) 严格掌握限用剂量

除草剂使用应综合具体土质、考虑农田小气候,严格按药品说明规定的剂量范围和用药浓度、用药量使用。如：一般贫瘠沙性土壤除草施药渗透性很大,药材易受药害,用药量要小,甚至忌药；多雨季节土壤墒情好,应低剂量用药；杂草出芽整齐、密度低,剂量应小些；地膜覆盖因温湿度条件好,用药量也应减少。

3) 合理混用药剂

两种以上除草剂混合使用时,要严格掌握配合比例和施药时间及喷药技术,并要考虑彼此间有无拮抗作用或其他副作用。可先取少量进行可混性试验,若出现沉淀、絮结、分层、漂浮、变质,说明其安全性已发生改变,则不能混用。此外,还要注意混合剂增效功能,如杀草丹和敌稗混合剂的除草功效比各单剂除草功效的总和要大,使用时要降低混合剂药量(一般在各单剂药量的1/2以内),以免发生药害,保证药材安全。

4) 掌握用药时间和方法

掌握好施除草剂的最佳时间和技术操作要领,妥善保存好药剂，防止错用，并搞好喷药器具的清洗，以免误用，使其他作物产生药害。

5）注意环境条件对除草剂的影响

温度、水分、光照、土壤类型、有机质含量、土壤耕作和整地水平等因素，都会直接或间接影响除草剂的除草效果。

6）其他

目前，市场上还没有专门用于药材的除草剂，多为借用农作物，如蔬菜、果树等除草剂，因此，必须在有实践经验的专家或技术人员指导下购买除草剂和实施除草作业，以免造成经济损失和不良后果。

（八）采收与加工

1. 采收

阳春砂种后2~3年收获。砂仁果实的成熟时期因各地种植的气候不同而有先后之别，一般于处暑前后收获。山区于立秋到处暑，平原地区于7月后到8月初，当果实由鲜红色变为紫红色，果肉呈荔枝肉状，种子由白色变为褐色或黑色而坚硬，有浓烈辛辣味时，即为成熟果实。采收时，山区自下而上进行，平原则分畦采摘。用小刀或剪刀将果序剪下，收果后再剪去过长的果序柄。不宜用手摘，以防伤害匍匐茎的表皮，影响次年开花结果，同时应尽量避免践踏根茎。

2. 初加工

（1）焙干法

把分级后的砂仁分别装于焙筛上，焙筛长1.2 m，宽

0.8 m，深15 cm，筛眼直径0.5 cm。装好后置于烘炉内，经一昼夜，初始温度控制在90 ℃为宜，将近干燥时，温度可调到80 ℃，不需翻动，一次焙干后晾凉，然后装入塑料薄膜袋，外加麻袋，即可入仓调运。一般焙干率为20%～25%。若没有烘炉设备，也可土法焙干，即传统的加工方法。分"杀青"、"压实"和"复火"3道加工工序，即将鲜果摊在竹筛上，置于炉灶上以文火焙干（见彩图27-15）。燃料用谷壳、生柴或木炭火，最好用樟树叶盖在火上，使其只生烟不生明火。如此熏焙出的砂仁，气味浓质量佳。当焙至果皮软（五六成干）时，要趁热喷1次水，使皮壳骤然收缩，干后皮肉紧密无空隙，可以长久保存不易生霉。

（2）晒干法

分"杀青"和"晒干"2道工序。一般用木桶盛装阳春砂50 kg左右，置于烟灶上，用湿麻袋盖密桶口，升火熏烟，至砂仁发汗（即果皮布满小水珠）时，取出摊放在竹筛或晒场上晒干（见彩图27-16）。此法较简单、灵活，可分散加工；但时间较长，效率低，成品果质量差。

3. 炮制

（1）历史沿革

宋代有去皮法（《圣惠方》）、炒法（《普本》）、"火煅存性"、焙法（《朱氏》）。明代增加了煨法（《婴童》）和酒炒法（《醒斋》）等。清代增加了姜汁拌（《尊生》）、盐水浸后炒、萝卜汁浸透后焙（《得配》）等炮制方法。并有"安胎，带壳炒熟研用；阴虚者，宜盐水浸透炒黑用；理肾气，熟地汁拌蒸用；痰膈胀满，萝卜汁浸透焙燥用"的记述

(《得配》)。主要有盐炙、姜汁炒等炮制方法。

（2）现代炮制

1）砂仁

取原药材，除去杂质及果柄。用时捣碎。

2）盐砂仁

取净砂仁用盐水拌匀，闷透，置锅内，用文火加热，炒干，取出放凉。每100 kg砂仁用盐2.5 kg。盐砂仁形如砂仁，色泽加深，味微咸。

3）姜制砂仁

取净砂仁与姜汁拌匀，闷透至姜汁尽，置锅内用文火微炒，取出，放凉。姜制砂仁形如砂仁，稍具姜辣气味。

（3）炮制作用

砂仁生品辛香，长于化湿行气，醒脾和胃。常用于脾胃湿阻气滞，脘腹胀痛，纳呆食少，呕吐泄泻。盐砂仁辛温之性略减，温而不燥，降气安胎作用增强，并能引药下行，温肾缩尿。用于妊娠恶阻，胎动不安，或小便频数、遗尿。

4. 商品规格

（1）历史规格分档

1）国产砂仁

广东有黄苗仔与大青苗2种。黄苗仔，颗粒圆而小，皮色淡红，种子红褐色，果实不坚实，多瘪瘦。产地在阳春西山及阳江、恩平等地，市面上一般叫做罗定春砂。大青苗，颗粒长圆而大，皮色深红，以种子紫褐色、油足、坚实饱满者为佳品。产在阳春东山、蟠龙山、金花坑等处，市面上一般叫做蟠龙正春砂。

2）进口砂仁

多经香港输入。壳砂仁,原有带壳的,从越南、泰国运到香港;原庄砂仁,又称西砂仁,在香港加工去壳;砂王、砂头、小砂头,系将原庄砂仁以颗粒大小分筛而成,用纸包装成一木箱;砂半系筛落和散粒,亦是20封装成一木箱。砂壳系皮壳。原砂仁选好的壳砂,在香港剥壳,做成各档砂仁,剔出肉后瘪瘦,颗粒过小和少数带壳的,并上白粉而得。

(2)现行规格标志

1)国产砂仁

阳春砂和海南砂,阳春砂一般不分等级,因加工不同,分壳砂和净砂仁2种;海南砂分统货和一、二等,也因加工不同分壳砂和砂仁2种。净砂(砂仁)一等,种子团完整,每50 g150粒以内;二等,种子团较小而瘦瘪,每50 g150粒以外。壳砂统货,呈瓢形或压缩成片状,表面红棕色、棕褐色或绿褐色,被许多短柔刺;内表面光洁,色泽较淡。

2)进口砂仁

有砂头王、原砂仁、壳砂仁、砂壳之分,均为统货。

据国家医药管理局、中华人民共和国卫生部制定的药材商品规格标准,砂仁商品分3个品别、3个规格、6个等级(表27-15)。

表27-15 砂仁商品规格标准

品别	规格	等级	标 准
阳春砂		统货	干货。呈椭圆形或卵圆形,有不明显的三棱。表面红棕色或棕褐色,密生刺状突起。种子成团,具白色隔膜,分3室,籽粒饱满,棕褐色。有细皱纹。气芳香浓厚,味辛凉微苦。果柄不超过2 cm。间有瘦瘪果。无果枝、杂质、霉变

续表

品别	规格	等级	标准
绿壳砂	统货		干货。呈棱状长圆形。果皮表面淡红色或棕褐色,有小柔刺。体质轻泡,种子团较小,间有瘦瘪果。无果枝、杂质、霉变
海南砂	统货		干货。呈三棱状的长圆形。表面棕褐色,有多数小柔刺。体质沉重。种子分3室集结成团,籽粒饱满,种子呈多角形,灰褐色,气芳香,味辛凉而辣。无空壳、果柄、杂质、霉变
海南砂	净砂	一等	干货。为除去外果皮的种子团,呈钝三棱状的椭圆形或卵圆形,分成3瓣,每瓣有种子十数粒,籽粒饱满。表面灰褐色,破开后,内部灰白色,味辛凉微辣。种子团完整,每50 g 150粒以内。无糖子、果壳、杂质、霉变
	净砂	二等	干货。形状气味与一等相同,唯种子团较小而瘦瘪。每50 g 150粒以外,间有糖子。无果壳、杂质、霉变
	砂壳	统货	干货。为砂仁剥下的果皮。呈瓢形或压缩成片状,表面红棕色、棕褐色或绿褐色,有许多短柔刺;内表面光洁,色泽较淡。气微、味淡,无杂质、霉变

（九）留种技术

1. 块选

选择无病虫害、生长旺盛、结实多的植株地块作留种地,加强田间管理。

2. 选种

采果时，在留种地块里挑选果粒大、种子饱满、无病虫害的果实作种。

3. 种子处理

将选取的鲜果置于较柔和的阳光下晾晒2～3天，每天晒2～3 h，然后剥弃果皮，加等量的细沙擦薄种皮至有明显的砂仁香气为止，并浸在清水中漂去杂质，取出种子，稍晾干后即可作播种用。若要翌年春播种，可将处理好的种子藏于湿沙中或阴干贮藏，至翌年惊蛰至清明节播种。需要贮藏的果实不能曝晒或烘熏，否则会使种子丧失发芽力。

（十）质量标准及监测

1. 生药学特征

（1）阳春砂原植物形态特征

多年生草本，高1～2 m，茎直立。叶二列，叶片披针形，或矩圆状披针形，长20～35 cm，宽2～5 cm，上面无毛，下面被微毛；叶鞘开放，可见凹陷的方格状网纹，抱茎，叶舌短小。花茎由根茎上抽出；穗状花序呈球形，有1枚长椭圆形苞片，小苞片呈管状，顶端2裂；萼管状，顶端3浅裂；花冠管细长，先端3裂，白色，裂片长圆形，先端兜状；唇瓣倒卵状，中部有淡黄色及红色斑点，先端2齿裂，外卷。发育雄蕊1枚，药隔顶端有宽阔的花瓣状附属物；雌蕊花柱细长，先端嵌生两药室之中，柱头漏斗状，高于花药；子房下位，3室，果近球形或矩圆形，直径约2 cm，不开裂，具软刺，紫色。

多年来，由于砂仁用药量不断增加，砂仁货源紧缺严重，市售中时有伪品发现，其中，有同科同属植物，也有同科异属植物。区别见表27-16。

表27-16 砂仁正品与某些混淆品的外部形态主要特征比较

项 目		正品			混淆品	
		阳春砂	绿壳砂	海南砂	长序砂仁	疣果豆蔻
形状			半圆形		披针形	圆形
叶舌		长3~5 mm		长2~4.5 mm	长4~5 mm	长1~9 mm
药隔附属体		3裂	3裂	3裂	半圆形	半圆形
总花梗长		4~8 cm		1~3 cm	30~32 cm	5~7 cm
果实	形状	椭圆形	椭圆形	椭圆形或近球形	椭圆形	椭圆形或近球形
	大小	长1.5~2.2 cm 直径1.2~2 cm	长1.5~2 cm 直径1~1.8 cm	长1.5~2 cm 直径1.2~1.8 cm	长2.2~2.5 cm 直径1.2~1.8 cm	长2.6~3 cm 直径2.5~2.8 cm
	果皮	密布肉刺	密布肉刺	密布具片状分裂的短肉刺	具疏而长的肉刺	最厚，密布具分枝的肉刺

（2）阳春砂药材性状鉴定

果实呈椭圆形、卵圆形或卵形，具不明显的三钝棱，长1.2~2.5 cm，直径0.8~1.8 cm。外表红棕色或褐棕色，密被弯曲的翅状突起，纵棱（维管束）隐约可见。顶端留有花被残基，外密被茸毛，基部具有果柄断痕或带果柄，外被金黄色短茸毛；果皮薄，易纵向撕裂，内表皮淡棕色，纵棱明显，中轴胎座，3室。种子团圆形或卵圆形，长1~2 cm，直径0.6~1.4 cm，每室有种子6~20粒，紧密排成2~4行，互相黏结成团块。种子呈不规则多面体，长2~5 mm，直径1.5~4 mm，深棕色或黑褐色，外具膜质而粗糙的假种皮，黄色或淡黄色。具不规则的皱纹，在较小一端的侧面或斜面有明显的凹陷（种脐），合点在较大的一端，种脊沿腹面而上，成一纵沟，种子质坚硬，种仁黄白色，气芳香浓烈，味辛，微苦。

阳春砂与砂仁正品来源药材绿壳砂、海南砂（见彩图27-17、彩图27-18、彩图27-19）及其混伪品的性状鉴别见表27-17。

表27-17　7种真伪砂仁药材性状比较

名称	果实				种子			气　味
	形状	大小(cm)	颜色	刺状突起	纵棱	每室粒数（粒）	形状	
阳春砂	卵球形或椭圆形	1~2，1~1.5	棕褐	密生	无	5~15	不规则多面体形	芳香，辛凉，樟脑味浓
绿壳砂	卵球形或椭圆形	1.5~2，1~1.5	暗黄	密生	几无	10~21	不规则多面体形	芳香，极辛凉，樟脑味浓

续表

名称	果实 形状	果实 大小(cm)	果实 颜色	果实 刺状突起	种子 纵棱	种子 每室粒数(粒)	种子 形状	气 味
海南砂	倒卵状球形或卵球形	1.5~2, 1~1.5	灰褐	较密生,长不逾1 mm	明显	5~17	不规则多面体形	微芳香,微辛凉,微具樟脑味
红壳砂	卵球形或近球形	1~1.5, 1~1.2	暗紫	疏生	明显	5~21	不规则多面体形	微芳香,微辛凉,无樟脑味
海南假砂仁	长椭圆形或椭圆形	2~3, 1~1.6	棕褐或暗褐	密生,长2~3 mm	无	9~11	长圆球形	微,淡
山姜	椭圆形或椭圆状球形	1~1.5, 0.6~0.8	灰黄	无	无	5~9	不规则多面形	微,微苦辛
华山姜	圆球形	0.5~0.8	黄白	无	无	2~4	不规则多面形	微,微辛

2. 化学成分

阳春砂的化学成分较为复杂,主要成分为挥发油,还有黄酮类、有机酸类、甾醇类、微量元素及其他成分等。

（1）挥发油

20世纪初期，T. Kariyone和Y. Yoshida首先从绿壳砂的果实中提取出挥发油。70年代，分离鉴定技术有了突破发展，气相色谱（GC）和红外光谱（IR）开始用于砂仁属植物挥发油成分分离鉴定研究，寻找代用品的试验研究也开始起步。进入80年代后，气相色谱-质谱-计算机（GC-MS-Computer）联用技术广泛用于挥发油成分的分离和鉴定，为砂仁属植物挥发油化学成分研究提供了精确可靠的分离鉴定方法。

梅其春等对砂仁类药材种子中挥发油的含量进行测定，结果如表27-18。

表27-18 砂仁类药材种子挥发油含量

种类	收集地点	收集时间	含量（%）
阳春砂	广东阳春市七星药厂	1989.8	5.20
绿壳砂	云南西双版纳勐仑	1988.11	3.40
海南砂	广东湛江市南药场	1988.9	3.60
艳山姜	四川成都荷花池药材市场	1989.4	0.92
山姜	福建厦门市药材市场	1989.5	0.90
红壳砂	仁云南西双版纳勐仑	1988.11	3.79

林励等对产于阳春、佛冈、广州三地的阳春砂果实挥发油含量进行测定，三产地含量分别为3.35%、3.14%、2.03%。

（2）黄酮类成分

20世纪70年代中期，印度科学家从香豆蔻种子的乙醚提取物中分离出了豆蔻素和艮姜素,醋酸乙酯提取物中分离鉴定了一个新的橙酮苷,不久又分离到冬茄-3,5-二葡萄糖苷,白矢车菊-3-O-β-D-吡喃葡萄糖苷。李晓光等从阳春砂果实中首次分离鉴定了原儿茶酸、儿茶素、表儿茶素、槲皮苷等。

(3)其他

余竞光等还从阳春砂果实的脂溶成分分得醋酸龙脑酯、樟脑、龙脑、β-谷甾醇、香草酸、硬脂酸和棕榈酸等7个化合物,其中香草酸是首次从该植物中分得;范新等对西双版纳产砂仁根、根茎及茎的化学成分进行了研究,从根与根茎中分离鉴定了二十八碳酸乙酯、己酸二十碳酯、新化合物豆甾-4-烯-1,3-二酮、β-谷甾醇和胡萝卜苷,从茎中分离鉴定了胡萝卜苷和大黄素葡萄糖苷。李晓光等还从砂仁果实中分离鉴定出胡萝卜苷。

3. 重金属、农药残留限量指标

依据中华人民共和国商务部发布,2001年7月1日起实施《药用植物及制剂进出口绿色行业标准》。此标准是我国第一个以国家政令的形式发布的中药进出口国家标准,并在国际上第一次确立了"绿色中药"的概念;它规定了药用植物及制剂的绿色品质标准,包括药用植物原料、饮片、提取物及其制剂等的质量标准和检验方法。阳春砂药材的重金属、农药残留量等限量指标详见附录3《药用植物及制剂进出口绿色行业标准》。

(十一)包装、贮藏及运输

1. 包装

阳春砂晒干后,用专用袋包装,每件约35 kg。按照《中药材生产质量管理规范(试行)》的要求,包装前应再次抽查,清除劣质品和杂质,包装器材应无污染,要清洁干净、干燥、无破损;包装袋上应有包装标签,内容应包括:药材名称(阳春砂)、产地、采收日期、批号、规格、重量、产地、注意事项。

2. 贮藏

(1)贮藏条件

因其含有挥发油,应存放于阴凉、干燥的药材仓库,并防回潮、防虫蛀。存放温度在30 ℃以下,相对湿度控制在70%~75%,商品安全含水量为10%~13%。按照国家规定,贮存保管3个月、6个月、1年及1年以上的库房定额损耗率分别为1%、1.3%、1.6%、2%以内。

(2)防虫蛀,防受潮霉变,防鼠

本品易被虫蛀,受潮生霉,久存泛油,会造成气味散失。染霉品表面可见菌丝;泛油后,色泽加深,表面呈油样物,种子团粘手,易散碎,泛油与生霉相伴发生,并互相影响。危害的仓虫有小圆皮蠹、大谷盗、烟草甲等,多蛀蚀种子团的纵薄膜隔及果皮,使其散碎。另应防鼠害。

贮藏期间,多用密封抽氧充氮(或二氧化碳)养护。小件可在包装内置生石灰、无水氯化钙等吸潮。轻度吸潮或生霉、虫蛀品，可摊晾，忌曝晒。

梁晓原等应用除氧保鲜技术作养护砂仁进行研究，以氯化苦熏蒸技术作比较，并设对照样。通过砂仁的主要化学成分测定、外观质量鉴定、损耗的计算以及经济效益的测算等养护效果对比分析，证明除氧保鲜技术养护砂仁具有无毒、无害、杀虫灭菌迅速彻底、不影响砂仁中的有效成分和商品质量、方便贮藏和检查、安全性强等优点，且经济效益显著。

3. 运输

药材批量运输时，注意不能与其他有毒、有害的物质混装；要防止吸潮、防止曝晒。按照国家规定，运输距离200 km、201~500 km、501~1 000 km、1 000 km以上运输定额损耗率应分别控制在1.5%、1.8%、2.4%、3%以内。

（刘军民）

参 考 文 献

陈存仁. 1957. 中国药学大辞典［M］. 北京：人民卫生出版社：860.

陈军. 1999. 砂仁药材质量研究［D］. 广州：广州中医药大学.

陈军，丁平，徐新春，等. 2001. 砂仁的药源调查和商品鉴定［J］. 中药材，24（1）：18-19.

丁平，杜景峰，魏刚，等. 2001. 砂仁与长序砂仁挥发油化学成分的研究［J］. 中国药学杂志，36（4）：235-237.

丁平，刘军民，徐鸿华. 2002. 商品砂仁质量评价［J］. 中国中药杂志，27（10）：786-788.

广东省植物研究所，广东省药品公司，广东省阳春县药品公司. 1977.

春砂仁人工辅助授粉方法[J].中草药通讯,(5):39.

郭本森,陈耀武,汪婉芳.1981.绿壳砂仁的栽培[J].中草药,12(12):37.

国家药典委员会.2000.中华人民共和国药典:一部[M].北京:化学工业出版社.

国家中医药管理局《中华本草》编委会.1998.中华本草.上海:上海科学技术出版社.

何振兴,胡延松,卫锡锦.1992.广西砂仁昆虫传粉的研究[J].中国中药杂志,17(5):273.

何振兴.1992.矮壮素对砂仁生长发育的影响[J].中草药,(7):388.

黄秉瑞.1994.论阳春砂仁14字种植法[J].中药材,5(11):601.

黄泰康.1993.天然药物地理学[M].北京:中国医药科技出版社:420.

赖传雅,韦刚,梁钧,等.1992.阳春砂仁叶枯病病原研究[J].中草药,23(3):149.

赖小平,刘心纯.1989.中药砂仁5个品种的生药鉴定[J].广州中医学院学报,6(4):242-246.

赖小平.1989.阳春砂仁品种的生药鉴定及质量研究[C]//广州中医学院1989年学术年会论文选编.广州:广州中医学院.

李锦开.1994.中国木本药材与广东特产药材[M].北京:中国医药科技出版社:297.

李晓光,丁平,刘军民,等.2000.阳春砂化学成分的研究[J].中药材,23(增刊):61-62.

李晓光,叶苗,徐鸿华,等.2001.砂仁挥发油中乙酸的药理作用研究[J].华西药学杂志,16(5):356.

李晓光.2000.砂仁药材质量研究[D].广州:广州中医药大学.

梁晓原，李聪，李树强．1994．除氧保鲜技术养护砂仁的研究［J］．云南中医学院学报，17（4）：6．

林坤瑞，程素华．1988．砂仁植株养分含量状况的研究［J］．中药材，11（1）：7．

林励，徐鸿华，王乃规，等．1995．不同产地阳春砂仁质量研究［J］．广州中医学院学报，12（1）：43-48．

刘军民，刘春玲，徐鸿华．2001．砂仁［M］．北京：中国中医药出版社．

刘军民，张丹雁，徐鸿华，等．2003．阳春砂规范化生产标准操作规程：试行稿［J］．现代中药研究与实践，17（3）：25-28．

刘佑波，吴朋光，徐新春．2001．砂仁产地与品种变迁的研究［J］．中草药，32（3）：250-252．

陆善旦．1995．砂仁引种和选育研究［J］．中草药，26（6）：319．

陆善旦．1987．砂仁高产施肥经验总结［J］．中药通报，12（4）：16．

陆善旦．1988．砂仁采收加工［J］．中药通报，13（6）：15．

陆善旦．1995．砂仁高产的几项重要措施［J］．中国中药杂志，20（6）：335．

罗天诰，王兴文，马治安，等．1992．云南阳春砂仁质量与生态环境关系的探讨［J］．云南中医学院学报，15（4）：2．

马治安，张仁礼，李学兰，等．1994．阳春砂仁微量元素肥效试验［J］．云南中医学院学报，17（1）：13．

潘新华，黄丰，王培训，等．2001．阳春砂与绿壳砂、海南砂IT-T测序鉴别［J］．中药材，24（7）：481-482．

彭建明．1996．阳春砂仁衰老株群更新试验初报［J］．中药材，19（6）：275．

王培训，黄丰，周联，等．2000．阳春砂与几种常见姜科伪品的RAPD分析［J］．中药材，23（2）：71-74．

王兴文，罗天浩，马治安．1993．微肥对阳春砂仁质量和化学成分影响的研究［J］．云南中医学院学报，16（3）：1．

王兴文，张晓林，罗天浩，等．1993．云南阳春砂仁叶黄化的原因及防治研究［J］．中国中药杂志，18（6）：335．

王修竹，陈炎平，高向东，等．1983．对砂仁理想授粉蜂类昆虫的筛选［J］．中药材科技，（2）：5．

王迎春，林励，魏刚．2000．阳春砂仁、种子团及果实挥发油成分分析［J］．中药材，23（8）：462-463．

徐国钧，徐珞珊．1994．常用中药材品种整理和质量研究（南方协作组）：第一册［M］．福州：福建科学技术出版社．

徐鸿华，徐祥浩．1986．热带药用植物栽培［M］．广州：广东科技出版社：56．

徐鸿华．1999．中药资源学教材：研究生适用［G］．广州：广州中医药大学中药资源研究室．

叶定江，张世臣．1999．中药炮制学［M］．北京：人民卫生出版社：610．

张广富．1959．广东阳春砂仁栽培法［J］．中药通报，5（2）：68．

张贵君．1993．常用中药鉴定大全［M］．哈尔滨：黑龙江科学技术出版社：600．

张学高．1994．砂仁及其混淆品种的鉴别研究［J］．中草药，25（11）：595．

中国科学院华南植物研究所，华南植物园．1983．砂仁栽培［M］．广州：广东科技出版社．

中国科学院《中国植物志》编辑委员会．1981．中国植物志：第二册16卷［M］．北京：科学出版社．

中国药材公司．1995．中国常用中药材［M］．北京：科学出版社，705．

中国药材公司. 1995. 中国中药区划［M］. 北京：科学出版社：403.

中国药材公司. 1995. 中国中药资源志［M］. 北京：科学出版社：1505-1507.

中华人民共和国卫生部药政管理局. 1997. 现代实用本草［M］. 北京：人民卫生出版社.

朱涛，朱纯，江开高，等. 1989. 砂仁的一种传粉昆虫——中蜂的研究［J］. 中药材，12（1）：13.

曾元儿，胡冬生，丁平，等. 1999. 砂仁药材质量标准研究［J］. 中国中药杂志，24（11）：651-653.

附

阳春砂规范化生产标准操作规程（SOP）

前　言

本规程由广州中医药大学承担的国家重点科技攻关计划专题"砂仁中药材规范化种植研究"课题组提出，并归口科技部。

本规程起草单位：广州中医药大学、阳春市嘉华生物化工有限公司。

本规程主要起草人：刘军民、张丹雁、徐鸿华（广州中医药大学）、严小寒（阳春市科学技术局）。

本规程委托广州中医药大学"砂仁中药材规范化种植研究"课题组负责人负责解释。

第一章　总　　则

1.1　为保证中药材质量，促进中药标准化、现代化，依据砂仁药材的生长特点和国家药品监督管理局《中药材生产质量管理规范（试行）》的要求，制定本标准操作规程（SOP）。

1.2　本标准操作规程内容包括总则，产地自然条件，物种或品种类型，培育苗木，栽植与田间管理，留种技术，采收与产地加工，质量标准，包装、运输及贮藏，人员和设备，文件管理等，是砂仁药材生产和质量管理的具体操作方法。

1.3　砂仁药材生产应运用本标准操作规程进行管理和质量监

控，保护生态环境，坚持"最大持续量"原则，实现资源的可持续利用。

1.4 本规程适用于阳春砂主产区广东、云南等的种植地。

1.5 引用标准 下列文件中被本标准引用的条款则为本标准的条款

1.5.1 《中华人民共和国环境空气质量标准》（GB3095—1996）。

1.5.2 《中华人民共和国农田灌溉水质标准》（GB5084—1992）。

1.5.3 《中华人民共和国土壤环境质量标准》（GB15618—1995）。

1.5.4 《中华人民共和国药典（一部）》（2000年版）。

1.5.5 国家药品监督管理局《中药材生产质量管理规范（试行）》。

1.5.6 科技部生命科学技术发展中心《中药材规范化种植研究项目实施指导原则及验收标准》。

1.5.7 中华人民共和国商务部《药用植物及制剂进出口绿色行业标准》。

1.6 定义。

1.6.1 GAP 即英文Good Agriculture Practice的缩写，指中药材生产质量管理规范。

1.6.2 SOP 即英文Standard Operation Practice的缩写，指中药材规范化生产标准操作规程。

1.6.3 最大持续量 指不危害生态环境，可持续生产（采收）的最大产量。

1.6.4 生物肥料 指利用生物活体或生物代谢过程中产生的具有生物活性的物质，或从生物体中提取的物质作为提高作物产量和品质的肥料。

1.6.5 生物源农药 指利用生物活体或生物代谢过程中产生的具有生物活性的物质或从生物体提取的物质作为防治作物病虫害的农药。

1.6.6 质量标准 是对药材的质量规定和检验方法所作的技术规定。

第二章 产地自然条件

2.1 适宜栽培区 东经111°16′27″~112°09′22″,北纬21°50′36″~22°41′01″。年平均气温21~25℃,最冷月平均气温10~14℃,>10℃年积温6 500~8 000℃,年降水量1 500~2 000 mm。

2.2 生态条件。

2.2.1 温度 生长适宜温度22~28℃,能忍受0℃的短暂低温,但较长时间的0℃会有严重霜冻,直立茎受冻死亡。

2.2.2 光照 半阴生植物,忌阳光直射,1~2年生苗要求荫蔽度70%~80%,3年后植株进入开花结果期,荫蔽度以50%~60%为宜。

2.2.3 水分 喜湿润,怕干旱,孕蕾期至开花结实期空气相对湿度90%以上。

2.2.4 土壤 底土为黄泥土,表土层肥沃、疏松,富含腐殖质,并夹有小石砾的森林土壤为宜。

2.3 环境质量。

2.3.1 环境空气达到《中华人民共和国环境空气质量标准》(GB3095—1996)二级以上标准。

2.3.2 水质达到《中华人民共和国农田灌溉水质标准》(GB5084—1992)二级以上标准。

2.3.3 土壤环境达到《中华人民共和国土壤环境质量标准》（GB15618—1995）二级以上标准。

第三章 物种或品种类型

3.1 本规程所适用的阳春砂为姜科多年生植物（*Amomum villosum* Lour）。

3.2 在栽培的大田中发现有长果阳春砂、圆果阳春砂两个栽培类型。现大田中已推广这两个栽培品种。

第四章 培育苗木

采用有性繁殖-种子育苗和无性繁殖法-分株育苗及分株苗直接移栽。

4.1 建立苗圃。

4.1.1 园地选择 选择背北向南，通风透光，排灌方便、荫蔽条件良好的山坑两旁新垦地，土壤疏松、肥沃、湿润的沙质壤土为好。

4.1.2 整地 播种前1个月开垦，把林地全面深翻30 cm左右，除尽树根杂草、石块，于播种前耕翻，每667 m²施土杂肥1 250~1 500 kg作底肥。整平耙细做床，宽1 m，高15~20 cm，长度视地形而定。苗床要求平坦、疏松，中间略呈龟背形。

4.2 种子繁殖。

4.2.1 选种 选择果粒大、种子饱满、无病虫害的植株作采种母株。当果实由鲜红色转为紫红色，种子由白色变为褐色或黑色，有浓烈辛辣味时采收。

4.2.2 种子处理 将选取的鲜果置于较柔和的阳光下，连晒2天，每天晒2~3 h，然后剥取果皮，用细沙擦薄种皮至有明显的砂仁香气为止，浸在清水中漂去杂质，取出种子，稍晾干后播种。

4.2.3 播种期 随采随播。最好于当年8月底或9月初播种。

4.2.4 播种方法 在整好的苗床上，按行距13~17 cm开沟，沟内按株距5~7 cm点播，深1~1.5 cm，播后均匀地、薄薄地撒上一层细碎火烧土或覆盖一薄层腐熟的干粪，并以树叶遮阴。每667 m^{2}播种湿籽2.5~3 kg，相当于鲜果4~5 kg。

4.2.5 播种苗管理。

4.2.5.1 遮阴 开始出苗时在阴棚架上加覆盖物，荫蔽度以80%~90%为好。待幼苗长出7~8片叶时，荫蔽度控制在70%左右。

4.2.5.2 间苗 在苗高3~5 cm时间苗，去弱留强，使株间相隔5 cm。

4.2.5.3 施肥 分别在幼苗长有2片、5片和8~10片叶时各施稀薄水肥1次，以腐熟的人粪尿为主，开始宜稀，后逐渐增大浓度。以后每半个月或1个月追肥1次。

4.2.5.4 淋水 根据天气情况淋水，保持土壤湿润。

4.2.5.5 防寒 冬季和早春增施腐熟的牛粪、火烧土和草木灰等。寒潮来时，可用塑料薄膜覆盖，当风处搭设挡风棚。

4.3 分株苗繁殖。

4.3.1 母株选择 选择历年丰产、生长健壮、分生能力强、无病虫害、穗大果多的母株。

4.3.2 分株剪取 从中挑选株高0.6 m，叶5~10片，具1~2条新萌发的带有鲜红色嫩芽的匍匐茎的苗，茎秆粗壮，作为繁殖材料。分株苗需剪去1/2~1/3的叶片。

第五章 栽植与田间管理

5.1 栽植。

5.1.1 选地 选择一面开阔、三面环山的坡地,坡度15°~30°,坡向朝南或东南,邻近有昆虫授粉,空气湿度较大,土壤疏松肥沃,排灌方便,并长有阔叶杂木林(如鸭脚木)和有作荫蔽的山坑、山窝地。

5.1.2 整地 移栽前1个月,清除地内杂草和矮小灌木,砍去过多的荫蔽树,稀疏地补种。山区根据地形地势全垦开成梯田;丘陵地耕翻做畦,畦宽2 m左右,每隔一定的距离开排灌沟。

5.1.3 栽种季节 春季3~5月,秋季8~10月阴雨天进行。

5.1.4 种植密度 70 cm×60 cm,或70 cm×40 cm,每667 m² 1 800~2 000株。

5.1.5 栽种方法 将种苗的匍匐茎向下或水平放置,使新生匍匐茎顶端露出土面,用松土覆盖。老根茎覆土6~9 cm厚,基部压实,穴面略低于地面。植后淋定根水并用落叶覆盖穴面。需长途运输的种苗,立放于阴湿处,经常淋水以免凋萎。分株苗栽种前要挖穴,规格为40 cm×40 cm×30 cm,每穴1丛。

5.2 田间管理。

5.2.1 除草 定植后1~2年,每年除草2~3次。第3年后每年除草1~2次,分别在开花前和收果后进行。不能用锄头除草,只能用手拔。

5.2.2 培土 摘果后用含有机质的表土、火烧土均匀地撒在种植地上,厚度以盖没裸露的根状茎为度。

5.2.3 调整荫蔽度 种植后1~2年荫蔽度为70%~80%;进入开花结实年龄,荫蔽度以50%~60%为宜,但保水力差或缺水源的地段仍应保持70%左右的荫蔽度。

5.2.4 清园、防旱排涝 11~12月割除老株后,立即将园内杂草铲除干净,并清出园外。园地周围2~3m范围内的杂草、灌木也应铲净。新种植株要经常灌水或淋水,遇干旱必须及时淋水。

5.2.5 补苗与割苗 定植后,发现缺苗及时补种。收果后要进行适当修剪,除割去枯、弱、病残苗外,在苗过密的地方,还应割除部分"春笋",每平方米保留40~50株,即一般山区每667 m²留苗2.5万株以下,丘陵地区3万株以下,而且分布均匀。

5.2.6 衰退苗群更新 收果后将老、弱、病、枯苗全部割除,清除枯死的匍匐茎,锄松空地,重施有机肥,然后进行补种,到4~5月幼笋大量萌发时,及时追施人粪尿。

5.2.7 人工辅助授粉。

5.2.7.1 授粉时间 8:00~10:00。阴天授粉时间相应推迟。

5.2.7.2 授粉方法。

5.2.7.2.1 推拉法 正向推拉,即花的唇瓣正对授粉人,以大拇指与食指夹住雄蕊与唇瓣,拇指将雄蕊向下轻拉,拇指不要松开,再将雄蕊向上推,使黏附在唇瓣上的花粉擦在柱头上;反向推拉,即花的唇瓣背向授粉人,操作时仍以拇指和食指夹住雄蕊和唇瓣,拇指将雄蕊向下轻推,然后再将雄蕊往上拉。操作时用力要适度,太轻授粉效果差,太重则伤害花朵。

5.2.7.2.2 抹粉法 先用左手的拇指和中指夹住花冠下部,右手的食指(或用小竹片)挑起雄蕊,并将花粉抹在柱头上。

5.2.8 保护和引诱传粉昆虫 加强林地管理,创造适宜的环境条件,保护和加速彩带蜂的繁殖。

5.2.9 预防落果。

5.2.9.1 搞好栽培管理 培育壮苗。

5.2.9.2 喷施植物激素 5月下旬至6月上旬,即幼果大量形成时,采用喷雾式喷雾器或机动喷雾器喷施5×10^{-6}($1\times10^{-6}=1$ ppm)的2,4-D液。以叶片或果不滴水为好。

5.2.9.3 根外追肥 幼果大量形成时,在下午或阴天施3%过磷酸钙、0.1%硫铵浸出液。

5.2.10 施基肥。

5.2.10.1 时间 2月。

5.2.10.2 种类 施绿肥、厩肥、饼肥以及杂草、灌木、各种作物茎秆经腐熟的家用有机肥,氮磷钾复合肥。厩肥2 000~2 500 kg、钙镁磷50~70 kg(先与厩肥堆沤)、草皮灰2 500 kg或草木灰1 000 kg、尿素10 kg,用时混合均匀,分2次施下。

5.2.10.3 方法 沿田地外围撒施。

5.2.11 追肥。

5.2.11.1 攻苗肥 8月下旬采果后施有机肥2 500 kg,豆麸50 kg,过磷酸钙20~25 kg。

5.2.11.2 壮花肥 2月下旬至3月上旬,以磷钾肥为主,适施氮肥。每667 m²施生物肥150 kg,或尿素10 kg、复合肥20~30 kg、过磷酸钙40~50 kg,分2次施下。

5.2.11.3 促花肥 4月下旬,用0.3%磷酸二氢钾和0.01%硼酸混合液喷施叶面、花苞,每667 m²用量100 kg。

第六章 主要病虫害的防治

坚持贯彻保护环境、维持生态平衡的环保方针及预防为主、综合防治的原则,采取农业防治、生物防治和化学防治相结合的方法,对阳春砂主要病虫害进行防治。

6.1 农业防治。

6.1.1 土壤消毒 结合整地做畦,每667 m² 撒石灰100 kg进行土壤消毒。

6.1.2 清洁田园 清除杂草、病株集中烧毁,收果后割除枯老苗,并注意保持适宜的荫蔽度。

6.1.3 培育壮株 增施火烧土、草木灰、石灰等,培育健壮植株,增强抵抗病虫害能力。

6.2 药物防治。

6.2.1 生物农药防治 大连产好谱牌高效生物免疫杀菌剂每次50 mL,稀释倍数为800~1 500,连续喷洒3次,间隔期为7天;2.5%鱼藤精乳油800~1 000倍液喷洒,连续喷洒2~3次,间隔期7~10天,对防治果疫病效果明显。

6.2.2 化学农药防治。

6.2.2.1 苗疫病 3~4月发病。发病初期喷洒1:200波尔多液,或50%甲基托布津可湿性粉剂1 000倍液,每10天1次,连续喷2~3次。

6.2.2.2 叶斑病 终年发病。发病初期用50%托布津1 000倍液喷洒,每隔10天喷1次。

6.2.2.3 果疫病 在5月、6月、7月或8月用50%多菌灵可湿性粉剂1 000倍液喷雾,连续喷2~3次,间隔期为10天。

6.2.2.4 黄潜蝇 3~4月成虫产卵时用40%乐果乳剂1 000倍液,每隔5~7天喷1次,连喷2~3次。

6.2.2.5 老鼠 4~8月特别是结果期将鼠铗、鼠笼于傍晚设置于砂仁地里进行人工捕杀。或用炒香的谷、糠或杂粮、炼熟的植物油及磷化锌以100:3:4拌匀,制成毒饵进行诱杀。

第七章 采收与产地加工

7.1 采收。

7.1.1 采收季节 当果实由鲜红色变为紫红色,果肉呈荔枝肉状,种子由白色变为褐色或黑色而坚硬,有浓烈辛辣味时采收。

7.1.2 采收方法 采收时,山区自下而上进行,平原则分畦采摘。用小刀或剪刀将果序剪下,收果后再剪去过长的果序柄,不宜用手摘,以防伤害匍匐茎的表皮,影响次年开花结果,同时应尽量避免践踏根茎。

7.1.3 鲜果分级。

7.1.3.1 一级鲜果 果大,成熟均匀,果皮红褐色;果穗呈球状,柄短;种子黑褐色,味辛辣;无空壳、杂质。

7.1.3.2 二级鲜果 果大小中等,成熟度比一级稍差,抽检果实的未成熟白色种子占20%~50%,辛辣味较淡。

7.2 产地加工。

7.2.1 焙干法。

7.2.1.1 焙干设施 新式焙炉由干燥室和火炉构成。焙筛用竹或铁丝编织,长1.2 m,宽0.8 m,筛深15 cm左右,筛眼直径约0.5 cm。旧式焙炉炉灶高1 m,宽1 m,长3 m,开炉口3个,炉口高30 cm,宽50 cm。炉上面开敞,间有数条竹(木)横架。

7.2.1.2 新式焙炉法 烘焙时间24 h。初始温度控制在90 ℃,待果实近六七成干时温度控制在70 ℃以下,不需翻动。果实含水量13%以下为宜。

7.2.1.3 旧法工序。

7.2.1.3.1 杀青 焙筛盛鲜果厚约10 cm,摊平,置于炉上,盖上湿麻袋，炉上加湿谷壳发烟烘熏24 h。

7.2.1.3.2 压实 将经烟熏、果皮收缩变软的果实装入竹箩或麻袋，轻轻加压一夜。

7.2.1.3.3 复火 将压实的果实放置筛上摊平，重放炉上用炭火（只生烟不生明火）烘焙，经常翻动。当焙至果皮软（五六成干）时，趁热喷1次水。

7.2.2 晒干法。

7.2.2.1 主要设施 木桶，底宽顶窄，高1 m，底部直径50~60 cm，用铁丝网做底，每桶可装砂仁50 kg。

7.2.2.2 工序

7.2.2.2.1 杀青 将桶置于烟灶上，后装入果，用湿麻袋盖密桶口，升火烟熏，至果皮布满小水珠时取出。

7.2.2.2.2 晒干 摊放在竹筛或晒场上晒干。

第八章 留 种 技 术

8.1 母株选择 选择无病虫害、生长旺盛、结实多的植株地块作留种地块，对留种母株加强田间管理。

8.2 选种 采果时从留种地块中挑选穗大、果粒多，种子饱满，无病虫害的果实作种。

8.3 种子处理 将选取的鲜果置于较柔和的阳光下晾晒2~3天，每天晒2~3 h，然后剥弃果皮，加等量的细沙擦薄种皮至有明显的砂仁香气为止，并浸在清水中漂去杂质，取出种子，稍晾干后即可作播种用。若要翌年春播种，可将处理好的种子藏于湿沙中或阴干贮藏，至翌年惊蛰至清明节播种。

8.4 注意事项 需要贮藏的果实不能曝晒或烘熏。

第九章 质量标准

9.1 药材质量标准。

9.1.1 干燥品水分≤13.0%。

9.1.2 总灰分≤10.0%。

9.1.3 酸不溶性灰分≤6.0%。

9.1.4 有效成分含量限量指标 以干燥品计算,种子团含挥发油不得少于3.0%(mL/g);含醋酸龙脑酯($C_{12}H_{20}O_2$)不得少于15.0 mg/g。

9.2 农药残留限量指标。

9.2.1 六六六(BHC)≤0.1 mg/kg;

9.2.2 滴滴涕(DDT)≤0.1 mg/kg;

9.2.3 五氯硝基苯(PCNB)≤0.1 mg/kg;

9.2.4 艾氏剂≤0.02 mg/kg。

9.3 重金属限量指标。

9.3.1 重金属总量≤20.0 mg/kg;

9.3.2 铅(Pb)≤5.0 mg/kg;

9.3.3 镉(Cd)≤0.3 mg/kg;

9.3.4 铜(Cu)≤20.0 mg/kg;

9.3.5 砷(As)≤2.0 mg/kg;

9.3.6 汞(Hg)≤0.2 mg/kg。

9.4 黄曲霉毒素限量指标 黄曲霉毒素B_1(Aflatoxin)≤5.0 μg/kg。

第十章 包装、运输及贮藏

10.1 包装。

10.1.1 选用不易破损干燥、清洁、无异味的包装材料密闭包装,以保证药材在运输、贮藏、使用过程中的质量。

10.1.2 发送中药材必须有包装标签,注明药材品名、产地、采收日期、注意事项,并附有质量合格的标志。内容如下:

药材名称:
产　　地:
采收日期:
采收单位:
调出日期:
调出单位:
调出数量:　　　　　　包
包装重量:　　　　　　kg/包
注意事项:
附:药材质量检验单

10.2 运输。

10.2.1 运输工具应有通风设备。

10.2.2 运输途中应防止日晒、雨淋、潮湿、损坏、污染。

10.3 贮藏。

10.3.1 采用完全密闭的方法贮藏,置于通风、干燥、无污染的专用仓库中,并采用控温30℃以下、控湿70%～75%技术,防止霉变。

10.3.2 彻底灭菌,消灭虫源,防止发生虫蛀及老鼠等。

第十一章　人员和设备

11.1 人员。

11.1.1 负责全面工作的人员,要求富有经验而有能力履行赋予的职责,具有大专以上学历的专业人才。

11.1.2 生产人员，要求具有从事中药或农业生产或通过培训，能掌握药材栽培管理技术的人员。

11.2 生产基地设备，根据药材生产的需要配齐所有的设备。

第十二章 文件管理

12.1 文件 指一切涉及中药材生产、质量管理的书面材料和实施中的资料。

12.1.1 药材品种、育苗与移栽（时间、地点、面积）、田间管理（肥料、农药种类、数量、时间等）。

12.1.2 土壤及水分资料。

12.1.3 各种合同协议书、生产计划、实施方案、技术操作规程。

12.1.4 物候变化（小气象记录资料）。

12.1.5 产量、质量。

12.1.6 工作、技术总结等。

12.2 管理 将上述文件资料全部归入档案收载。

12.2.1 记录员要由具有一定文化而且责任心强的人员做专门记录。

12.2.2 档案保管员要掌握档案分类和保管的基本知识。

12.2.3 记录员、档案保管员要求由相对固定的专人负责。

附则 本试行规程（SOP）制定时间为2002年7月。本规程起草单位将根据有关进展与执行中的反馈情况对本规程内容进行修订，并不定期发布新版本。

树脂及其他内含物类药材

二十八、芦　　荟

（一）概　　述

芦荟英文名是Aloe，来源于阿拉伯语alloch，其意是"苦而有光"。芦荟古人称之为卢会，中文名芦荟的解释见《本草原始》，芦荟其意为"芦"是黑的意思，"荟"是聚集之意，从芦荟叶子切口处滴落下来的苦液是黄褐色，接触空气氧化则成黑色，又凝固一体，故称为"芦荟"。根据该书所记，它是由于把芦荟煮干后，为了表现汁液的形状，才如此称呼，但其原意到底如何，不得而知。

根据唐朝陈藏器著的《本草拾遗》记载："讷会，俗称象胆，以其味苦如胆也。"（其中的讷会也指芦荟）李珣在记述南方药物的《海药本草》中也有"芦荟产自波斯国，形状如黑色硬糖，实是树脂"的记录，可以断定当时进入中国的芦荟是干块，并不是芦荟植物。

芦荟系百合科芦荟属（*Aloe*）多年生常绿多肉质草本植物。叶簇生，呈座状或生于茎顶，叶长披针形或短宽，边缘有尖齿状刺。花序为伞形、总状、穗状、圆锥形，花呈橘红色、黄色或具赤色斑点，花被6片，花被的基部多连合成筒状。雌蕊6枚，果实蒴果，种子多数。

芦荟常被人误认为是龙舌兰、仙人掌一类的多浆肉质植物，这是因为芦荟的外形很像龙舌兰、仙人掌的缘故。我国福建闽南一带总是习惯把龙舌兰叫做"番仔芦荟"，而把芦荟称为"龙舌草"。但芦荟、龙舌兰、仙人掌是截然不同的，栽培和使用时应注意区别这三类植物。

1. 产地

据文献报道，世界野生芦荟品种有300多个品种，原产于非洲大陆的有250个品种以上，马达加斯加约40个品种，其余10多个品种分布在埃及、加那利群岛、阿拉伯半岛等。另外，还有自然变异和人工杂交的200多个品种。

芦荟品种间的形状和性质差异很大。有的像高大的乔木，高达20 m左右，如高背芦荟（*Aloe. exceisa* Berger）、非洲芦荟（*A. africana* Mill.）；有的很短小，高度仅有3 cm，如珍珠芦荟（*A. aristata* Haw.）。尤其以叶型多变，叶型大小、叶重、叶肉及其有效成分变化差异非常之大，高达成百倍、上千倍。

芦荟起源并主要分布于非洲大陆、马达加斯加，占有世界90%的芦荟品种；埃及、加那利群岛、阿拉伯等亦有原产分布。

适宜栽培地区：芦荟由于原产于热带地区，从而形成了喜光、喜温暖、耐干旱、耐热力强、不耐寒、怕寒冷、忌潮湿积水的生态习性。我国地域辽阔，从南到北为热带、亚热带、温带、寒带的不同气候区域，气候差异很大，所以对芦荟栽培的设备与条件就不一样。

我国芦荟栽培的地域，根据气候区域大致可划分为以下三大区域：

（1）露地栽培区域

海南、广东、广西3个省（区），福建、云南、四川3个省的部分地区。这类地区冬季最低气温均在5 ℃以上。

(2)塑料大棚栽培区域

长江流域地区，稍加一定的防护或保温措施，可正常生长越冬。

(3)保护地栽培区域

黄河流域以及华北、东北、西北地区，芦荟必须在保护温室条件下才能生长越冬。这一保护区域又可划分为两种情况：①温室保护地温度达5℃以上，不必增温，有黄河流域、华北南部；②保护地温室必须增温以达到最低温度5℃以上，有华北中北部、东北、西北等地区。根据全国气候自然条件与各地所种植芦荟的现状看来，以云南元江为中心的红河干热河谷地域以及海南、两广（广东、广西）的南部地区是我国栽培芦荟的最佳地区。

2. 药用价值

芦荟是一种古老的、传统的常用中药，从传统医学到现代医学都对它的药用价值予以肯定。在我国，也早有文字记述，并载入《中华人民共和国药典》。多年以前，我国就研制生产了以芦荟配伍的丸、散剂，如当归芦荟丸、当归丸等。当前，国外已对其药理作用进行了广泛而深入的研究，并确认它有广域的药理活性，并在临床上用于内、外各科，治疗范围极其广泛。

芦荟食疗与药用价值极高，具有健胃、理肠、清热、解毒、促进细胞再生和伤口愈合的作用，许多国家纷纷把芦荟视作21世纪最有希望的保健食品。

根据国内外文献资料，整理出芦荟具有以下10多个方面的生理活性与药理作用：①杀菌作用；②抗炎作用；③润湿美容作用；④健胃下泻作用；⑤强心活性作用；⑥再生作用；⑦抗肿瘤作用；⑧促进人体免疫功能的作用；⑨抗过敏作用；⑩镇静、镇痛作用；⑪解毒作用；⑫抗衰老作用；⑬防晒作用；⑭防虫、防腐、防臭作用。

（二）生物学特性

1. 植物学特征

芦荟属多年生百合科植物，其植物学形态与其他植物有较大的区别，如芦荟的须根系比较发达，叶片肥大，花序从叶腋抽出，开花后很少结籽，特别是芦荟叶片上下表皮具有很厚的角质层，可以有效地防止水分蒸发，特别适合于干旱炎热地区生长。

芦荟的整个植株由根、茎、叶、花、果实等各种器官组成。下面主要叙述芦荟的重要营养器官根、茎、叶的功能和植物学形态。

（1）根

芦荟根的主要作用是固定芦荟植株，从土壤中吸收水分和溶解在水中的各种矿物质和营养元素，供芦荟生长发育过程中利用。有研究资料表明，芦荟的根也有合成作用，至少有10余种氨基酸是在芦荟根部合成的。另外，还发现芦荟植株所含的植物碱和有机氮也是在根部合成的。创造一个适宜芦荟根系生长和发育的土壤环境，是芦荟栽培措施中的关键性技术。根深则叶茂，根与地上部分生长是密切相关的。

芦荟的根是由扦插枝下端产生的不定根发展而来的。不定根最初生长具有横向生长的特性，然后渐渐产生分枝，逐渐向下生长。芦荟根群的水平方向发展比垂直方向发展来得快，因此它是一种浅根性植物。韧生的细根为白色，从根的先端可见到许多很细的根毛，根的形态因芦荟属中的不同种和品种而存在差异。

（2）茎

芦荟的茎是其地上部分的骨干，在茎上着生叶、花和果实。叶着生的位置为节，两节之间称为节间，节间长短决定芦荟植株高度。芦荟因种和品种的差异，茎的长度变化较大，有的仅有10 cm，有的可达到20 m。

芦荟的茎为圆柱形，目前栽培利用的芦荟多数是草本植物，其茎节间短缩，为叶鞘所包围。芦荟的茎是芦荟植株物质输导的主要通道，由根部吸收的水分和矿物质营养以及合成的有机物通过茎被送到地上的各个部分，叶片制造的养分也通过茎被送到根部贮藏起来。茎也具有养分贮藏作用。

茎可以产生不定根和不定芽，着生芽和叶的茎称为枝条。采用芦荟的枝条进行无性繁殖是芦荟最主要的繁殖方法。

芽是未发育的柱条的原始体，芽的中央为茎尖，在茎尖上部，节与节之间距离极近，界限也不明显，围绕有许多非常微小的突出物，这就是叶原基和腋芽原基，在茎尖下部节与节间开始分化，叶原基发育为幼叶，幼叶将茎尖包围起来。

茎和根都是顶端生长，顶端分生组织不断进行细胞分裂，使芦荟的茎不断生长。芦荟茎向上生长使植株直立地面，但多年生的老茎因不堪负担叶片的重量也会趴在地上，但茎尖生长总是向上的。

茎顶端着生的芽为顶芽，茎上各节着生的芽为侧芽，顶芽和侧芽存在着一定的生长相关性，当顶芽活跃生长时，侧芽的生长便受到一定的抑制。如果因某种原因使顶芽生长受到抑制，侧芽就会迅速生长，这种现象称为顶端优势。但是芦荟的不同种和品种的顶端优势强弱差别甚大，如中国芦荟顶端优势较弱，所以侧芽发育比较强盛，繁殖快。而库拉索芦荟中某些株系，顶端优势较强，在盆栽条件下基本不分枝，但把顶芽摘除以后，侧芽则迅速发育。因此，摘除顶芽是芦荟加速繁殖过程中一项非常有效的措施。

芦荟吸芽则是从根际处发出，形成节间短缩的、肥厚莲座状的短枝，吸芽下端会自然发出新根，可把由吸芽形成的幼苗从母株上分离下来，另行栽培繁殖。

芦荟的茎由叶鞘部分或全部包围，对支持芦荟直立和向上生长具有一定作用。

（3）叶

芦荟的叶片是进行光合作用的最重要器官。芦荟叶片肥厚，也是大量贮藏芦荟光合作用产物和有效成分的场所。光合作用是一个极其复杂的过程，简单地说，就是在有光的条件下，芦荟叶片所含叶绿体中的叶绿素在有关酶的参与下，利用光能把水和二氧化碳合成有机物（主要是葡萄糖），将光能转为化学能贮藏起来，同时放出二氧化碳的过程。光合作用产生的葡萄糖，可以进一步转化合成蒽醌类化合物、蛋白质、维生素等各种芦荟所含的化学物质，因此，芦荟叶片发育是否良好，对芦荟栽培成功与否有着十分密切的关系。

芦荟叶包括叶片和叶鞘两部分。

叶片是叶的绿色肉质扁平部分，呈狭带形，叶缘呈锯齿状，叶鞘抱茎，具有输导、支持和保护作用。

叶片的横切面呈半月形，表皮高度角质化，由角质的膜和蜡被覆盖,以减少水分蒸发。

表皮内为多层细胞的栅栏组织,栅栏组织细胞排列整齐呈长柱形。栅栏组织细胞含有大量叶绿体,是芦荟主要的同化组织。栅栏组织里面是海绵组织,它由不规则的大型薄壁细胞组成,含有丰富的以多聚糖为主要成分的黏液物质。芦荟叶的叶背和叶面差别不甚明显,一般叶面呈平面,叶背呈弧形。

芦荟的叶片有轮生和对生两种类型,这与品种特性有关,有些品种,苗期是对生两列叶片,但随着植株长大逐渐向轮生过渡,叶片的着生方式是芦荟品种的重要性状之一。

2. 生长发育规律

(1) 生长发育

芦荟的发育为复杂的生命现象,是通过芦荟内在的遗传物质和外部条件的相互作用来完成的。其中,遗传物质是发育的基础,它规定着生理代谢反应的模式和时空顺序,通过细胞内部和外部的因子对芦荟植株个体的生长发育发挥调节作用。总之,芦荟植株的生长发育可归纳为分生与分化,通过细胞分生和增大,植物体从而得以由小至大,从幼苗长为植株,这种体积和重量在量上不可逆的增长,称为生长;而细胞的分化则导致植物体的构造和机能,由简单向复杂转化,形成根、茎、叶等营养体,并由营养体向生殖器官花、果实、种子转变,这种在质上的转变过程就是发育。

1) 芦荟的生命周期

芦荟为多年生植物,2年以上成株,每年形成一个营养—生殖周期,没有休眠期。

2) 芦荟个体生长

芦荟几乎不能自花授粉结实，其开花后一般不能结实。若用种子繁殖，需借助人工措施。芦荟繁殖是以营养体繁殖，它们的个体发育不是重新开始，而是母体发育的继续。芦荟以地下茎产生分蘖或茎上萌生分芽而形成许多植株，或以分蘖或分芽繁殖后代，而好望角芦荟则缺乏无性繁殖能力。

种子繁殖在春季播种（15 ℃以上），30天左右出苗，从幼苗到成株需3年时间。

（2）生长周期

在栽培上掌握芦荟植株生长周期性表现的规律，有利于因地制宜地制定各项栽培技术措施与方法。

芦荟在一年寒暑往来的气候季节变化中形成年生长周期，在各地生长随物候期不同有快慢或迟早，并且都有其自身的年龄周期节律。但是，都表现出一个共同的特征：初期生长或积累缓慢，以后随着芦荟植株生长进程逐渐加快，达到最高值，然后生长或积累速度又逐渐减慢，形成一年中春夏秋季生长快、冬季生长慢的特点。可是，这种生长或积累的变化随着环境条件的变化而变化。

芦荟除有适应气候季节变化的年生长周期外，还有与每天昼夜变化相适应的日生长周期，影响芦荟生长的环境因子主要有温度、光照、水分、养分。其中生长速率和温度的关系最为密切，在温度的昼夜节奏变化中，昼夜温差越大，其产量越高，质量越好。产量和质量又受光照、水分、养分的影响，还与原产地日温、光照节律有关。

（3）对光周期反应类型

芦荟光周期为短日照类型植物，即在短于日照临界日长条件下开花或促进开花。感受光周期信号的部位是芦荟叶，诱导开花的部位是茎尖端的生长锥（分生组织）。叶片感受光周期效应后产生开花刺激素，输送到生长锥而引起花芽分化。一般植株生长年龄越大，对光周期的效应越敏感，未成熟的叶和衰老的叶敏感性均小，叶子在完全伸展期前后敏感性最强。生长到2年以上一般可以开花，在冬季和早春时期开花。

芦荟开花还受温度、营养物质等因子的影响。当成花前的体内碳水化合物积累多时，便有利于花芽的形成；在氮肥过多、高温和阳光不足、体内碳水化合物含量相对减少时，则延长开花；C/N比值增长，反而会抑制开花。因此，在栽培上进行调节水肥、改善光照条件等措施来控制芦荟的营养生长与生殖生长。

（4）营养器官间的生长相关性

芦荟植株体是有机的整体，各器官的生长都存在相互促进及相互制约的现象。掌握了芦荟器官生长相关性的规律，在栽培上就可采用各种技术措施，调控生长发育进程，以增加产量、提高质量。

1）地上部分与地下部分的相关性

芦荟植株只有在根系供给足够水分及矿物质营养，才能使茎、叶物质代谢正常进行，生长良好。同样，根系的形成和生长所需的碳水化合物也必须由地上部分叶进行光合作用制造和转化后输送供应。芦荟在不同的生长时期，或者因栽培措施的改变，或者由于环境条件发生变化，都会使地上部与地下部生长发生变化。

芦荟的地上部与地下部主要受土壤水分、矿物质、光照时间与光照强度、温度、氧气等因素影响。因此，栽培中，应根据芦荟不同的生育时期，采取不同栽培技术措施，调控地上与地下部分的生长关系。除从水、肥、光等外界因素着手外，还可以应用整形、采叶、中耕松土等各种措施，调节光合面积，促进根部发育与地上部生长。

2）主茎与分蘖、侧芽的相关性

芦荟主茎的顶端生长快速时，分蘖或侧芽往往生长很缓慢或潜伏不萌动，这是由于顶芽最幼嫩和代谢最旺盛，能合成较多的生长素，输送到侧芽或分蘖，而侧芽或分蘖对生长素敏感，当积累的生长素浓度超过10^{-8} mol/L时，就可抑制侧芽或分蘖的萌发。但是，在栽培过程中，在不影响其顶端优势的条件下，采用相当的技术措施，合理分配体内养分，能促进分蘖或使侧芽萌发生长。

3. 对环境条件的要求

（1）生物学特性

芦荟须根发达，属于浅根系多肉草本植物，叶片多肉，水分含量高达90%以上。芦荟光周期为短日照类型植物，花期12月至次年3月，果实成熟期2～5月，芦荟不能自花传粉结实。芦荟开花后不结实的原因是由于芦荟14条染色体大小不等，分离组合到一个子细胞里的染色体大小出现多种多样的形式，这样形成的配子，在受粉与受精过程中，则因染色体大小不同不能有规律配对，因而导致不能正常受粉与受精，因此出现高度不亲和性，即高度不育。但是这种在染色体组成上出现多种多样的组合，也为芦荟的变异提供了重要的物质基础，有利于芦荟的适应及进化，并为人工选择提供了丰富的变异材料。由此也证实了芦荟中的自然变异品种多的原因。斑纹芦荟〔*A. vera* L. var. *chinensis*（Haw.）Berger〕可能是由库拉索芦荟（*A. vera* L.）在生长发育过程中与自然生态、气候历史变迁相互作用而形成的一个变种。

（2）生态习性

芦荟由于原产于热带，喜欢高温干燥的环境条件。因此，芦荟对生态环境有独特的习性。

①芦荟喜温暖、耐高温、怕寒冷、不耐寒。当气温降至0 ℃时，即遭寒害；在-1 ℃时，植株开始受冻。但在覆盖条件下，能忍受-3 ℃的短暂霜冻。

②芦荟喜光、耐旱、不耐阴、忌积水。芦荟要求阳光充足，过于荫蔽容易引起叶的局部腐烂。阳光过于强，则导致芦荟处于半休眠或停止生长状态。芦荟忌潮湿的环境，更怕积水，积水时间过长会导致烂根和烂叶。将芦荟植株连根挖出放在阳光下或阴凉的地方1~2个月，仍不干枯死亡。

③芦荟对土壤要求不严，耐贫瘠的土壤和干燥的环境。在沙漠地、滨海地或岩石缝隙中，或在干旱、贫瘠土壤中都能正常生长，但叶瘦、色黄或灰色。

④芦荟喜疏松肥沃、排水良好、富含有机质的沙土，忌重黏性土，在黏性板结土质中生长会根系不发达，生长不良。

1）芦荟生长对土壤的要求

土壤是芦荟栽培的基础，土壤为芦荟的根系提供生长发育过程中所需的空气、水分和各种营养元素。

①土壤质地。壤土，土粒大小适宜，性状介于沙土和黏土之间，保水保肥能力比较好，有机质含量高，可以满足芦荟生长过程中根系对于土壤的气、肥、水、热等各项因子要求，是栽培芦荟的最理想土壤类型。

②土壤养分。从土壤中吸收的各种营养元素，是满足芦荟生长发育过程所需要的全部营养物质最重要的来源。芦荟除了从空气中吸收二氧化碳以外，其他营养元素几乎全部来自土壤。构成芦荟有机物的四大元素即碳、氢、氧、氮和构成灰分的六大元素即磷、钾、钙、镁、铁、硫中，只有碳元素例外，其他元素几乎都是通过芦荟的根系从土壤中吸收的。芦荟的根系除了从土壤中吸收大量元素以外，还吸收一些硼、锰、锌、铜、钼等微量元素。这些微量元素，虽然在芦荟植物体内含量很少，但是对芦荟生长发育十分重要，是不可缺少的。

③土壤的pH。土壤酸碱度直接影响土壤的理化性质和微生物的活动，pH6.5~7.2则为芦荟生长的最佳范围。

2）芦荟生长对光照的要求

光照对芦荟的影响主要表现在光照强度、日照长度和光的组成三个方面。

①光照强度。光照强度直接影响芦荟的光合作用和形态特征。光照强，芦荟植株生长苗壮，叶片肥厚，叶色墨绿；光照不足则表现为植株细弱，叶片较薄，叶肉不饱满，叶色浅淡。芦荟是中性植物，一般喜欢阳光充足，但在微荫条件下生长也能适应。特别是对于刚定植的芦荟幼苗，在过强光照条件下，叶片转为红褐色。特别是在夏季，中午最强光照可以达6万~7万lx，超过了芦荟的光饱和点，适当地利用遮阴设施，使光照强度降至自然光的50%左右，则更利于芦荟的生长。在生长上，对新定植芦荟幼苗进行适当遮阴，可以缩短换苗期，促进芦荟幼苗植株的生长。

②日照长度。日照长度与芦荟开花有密切关系。在赤道附近地区，昼夜几乎等长，大约各为12 h，所以起源于热

带、亚热带和赤道附近地区的芦荟，像我国云南的中国芦荟（北纬23°附近），是一种短日照的芦荟品种类型，当秋季来临（10~11月），日照缩短就能开粉红色的花朵。而翠叶芦荟，原产于非洲南部地区，偏离赤道约南纬32°附近，夏季日照渐长，所以为长日照的品种类型，一般在3~4月开花。开花期的差异，其实反映了芦荟对光照时间长度的敏感性。这是不同芦荟品种的重要生态特性，也可以作为划分不同芦荟品种的重要生态学依据。

③光的组成。不同波长的光线对芦荟作用不尽相同，已有研究表明，红光和橙光有利于碳水化合物的合成，蓝光有利于蛋白质合成，短波光如蓝紫光和紫外线能抑制茎的伸长，但紫外光则有利于维生素C的合成。

芦荟在进行同化作用过程中吸收最多的是红光、橙光，其次是黄光，而蓝紫光的作用效率较低。由于直射光中红光、黄光占50%~60%，所以散射光下生长的速度快，但直射光中紫外线可以有效地抑制芦荟的徒长，而在散射光下生长的芦荟会产生叶片细长的变态类型。

3）芦荟生长对温度的要求

温度是影响芦荟生长发育最重要的环境因素之一。温度的高低直接影响芦荟植株的各项生理和生化活动。这些生理和生化活动只能在一定的温度范围内进行。芦荟是一种喜高温植物，总的特点是"喜温畏寒"。一般生长的最低温度在10~12℃，温度低于10℃生长基本停止。温度在0~5℃，虽然没有冻害发生，但对芦荟植株损害十分明显，特别是连续数日的低温冷害，可使芦荟地上部分叶片生长衰弱，容易感染各种病害，发生软腐现象，根部发生腐烂，造成芦荟植株大面积死亡。当温度低于0℃以下，芦荟的细胞内部就可能发生结冰现象，彻底破坏芦荟的原生质和细胞结构，造成损伤。发生冻害以后，受害部位就会萎蔫死亡。

芦荟生长的最适温度为25～30℃，此时是芦荟进行光合作用的最佳温度。为了芦荟光合作用产物有较多的积累，夜间适当降温，让芦荟处于一个较低温度环境，使芦荟的呼吸作用在较弱的温度范围内进行，可使芦荟长得更加迅速。所以，一般认为芦荟生长期间夜间的最适温度在14～17℃。

芦荟对高温具有较强的抵抗能力，在我国的云南元江高温干热河谷地区，42℃的高温时有发生，但芦荟在那里依然生长良好。实验结果表明，在芦荟生长期间，热损伤的极端高温值为50～55℃，虽然在过高的温度条件下，芦荟植株体内的各种酶活性将受到破坏，代谢失去平衡，生长受到抑制，但在自然条件下，只要保障有效的水分供应，通过蒸腾作用可以有效地降低叶面温度。实践证明，芦荟较其他植物对于高温干旱有更强的忍耐力和适应力。

4）芦荟生长兑水分的要求

水是芦荟的重要组成部分，也是芦荟进行各种生命活动的必要条件。芦荟植株在生长过程中需各种各样的营养物质，它们主要是通过根毛从土壤水分中获取吸收的，然后又通过水输送到芦荟植株的各个部位，供芦荟生长发育利用。

芦荟长期生活在干旱高温的热带地区，为了适应环境，叶片呈肉质化，叶肉中可以贮存大量水分，表皮角质化并有蜡质层，减少水分蒸腾和散失。

芦荟具有惊人的抗干旱能力，如将芦荟拔起，在通风处晾干，完全不供应水分，芦荟依然可以利用体内保存的水分进行微弱的生命活动，甚至可以维持半年以上。虽然叶片卷缩，根系干燥，但如重新把它栽在地里，恢复正常水分供应，它仍可以重新发根生叶，恢复正常生长。

芦荟的不同生育时期对水分的要求不尽相同。在苗期，蒸腾的叶面少，相对地需水量要少些，但根系比较弱小，在土壤分布较浅，对水分供应变化十分敏感，使土壤保持湿润，则有利于幼苗生长。成株期对水分需求量增加，同时对土壤干旱的抵抗能力也明显比幼苗期要强得多。

无论在芦荟的苗期和成株期，土壤水分过多，甚至造成积水对芦荟的不利影响是非常明显的。土壤中存在过多水分，必然造成土壤空气的不足，轻则使芦荟的根系受到损害，重则造成整个芦荟植株死亡。对芦荟来说，水分过多造成的危害远远超过水分不足、干旱引起的危害，所以有芦荟"怕湿不怕干"的说法。这与芦荟起源于热带干旱地区，长期进化过程中形成的生物学特性与生存环境相适应有关。

5) 芦荟生长和气体关系

各种气体对芦荟都有不同的影响，有些气体为芦荟生长过程中不可缺少的，有些气体则会对其生长造成一定的损害。

①氧气。在芦荟的生长发育过程中，呼吸需要氧气，空气中的含氧量为21%。在一般情况下，芦荟地上部分出现氧气不足的情况较少见。但是土壤板结或较长时间积水以后，土壤中氧气不足，会造成芦荟根群呼吸困难，导致根系发育不良。特别是在黏土上种植芦荟，常常出现土壤中氧气不足，影响芦荟根系发育的现象，克服的方法是对土壤增施有机肥料，促进土壤形成水稳性团粒结构，有利于土壤保存适量的空气，使氧气到达根部，满足根系呼吸对氧气的需要。

②二氧化碳。土壤中的二氧化碳一般含量在0.03%左右。增加空气中的二氧化碳含量,可以加强芦荟的光合作用。如果将空气中二氧化碳含量提高0.2%~0.4%,则可以明显提高芦荟的产量,但当二氧化碳含量超过2%~5%时,则会抑制芦荟光合作用。

③二氧化硫。空气中的二氧化硫主要来自于工厂燃烧后产生的有害气体,芦荟对二氧化硫污染十分敏感,当空气中的二氧化硫达到1×10^{-5}~2×10^{-5}浓度时,芦荟叶片上就会有黑色斑点出现,二氧化硫浓度越大,表现症状越严重,二氧化硫从芦荟叶表皮气孔进入叶部组织,使叶绿素遭到破坏,组织坏死。有人把芦荟作为二氧化硫污染空气的报警和指示植物,用来监测周围环境的二氧化硫的浓度,提示人们及时采取措施,避免和消除二氧化硫对人体的危害。

④其他有害气体。如氟化氢、氯化氢、硫化氢、一氧化碳,以及过量的氨和乙烯等,常会使芦荟生长受到损害。另外还有一些工业烟尘,其中含铜、铅、铝和锌等矿石粉末,对芦荟生长也是十分有害的。有些有害物质还可能在芦荟植株体内进一步积累,严重影响芦荟产品的质量和利用价值。所以,芦荟栽培过程也是要注意避免空气的污染,使生产出来的芦荟成为真正的绿色天然产品。

(三)品 种 类 型

1. 植物学分类地位

芦荟是单子叶植物纲百合目百合科中的一个属(*Aloe* L.)。近年来特别引起国内外重视,在食品、药品和化妆品等领域有着广泛的应用前景。

与芦荟相近的属有鲨鱼掌属（Gasteria）、十二卷属（Haworthia）等，它们的染色体数是一致的，均为n=7，长3短4，芦荟和它的这些近缘属间杂交可育，因此，今后还可能会不断地发现和获得一些新的属间的杂交种，如Gasteria × Aloe，Lomato phyllum × Aloe等。所以，芦荟属还在不断地增加新的成员，成为一个种类繁多的属。

迄今为止，芦荟属中已发现的种有500余个。芦荟属中的许多种起源于非洲热带地区，在非洲大陆已发现250余个种，马达加斯加岛有40多个种，加那利群岛和阿拉伯地区也有芦荟的野生种分布。芦荟和它的近缘种不少是多肉类植物，具有较高的观赏价值，在观赏园艺植物中占有重要的地位。

芦荟属为多年生植物，不同种的茎叶形态变异类型繁多，茎短缩或明显伸长，巨型种株高达20多m，微型种株高不足10 cm，差异很大。芦荟的叶由叶鞘和叶片两部分组成，叶鞘抱茎而生，叶片呈披针形，肉质，互生或两列对生，叶长3~80 cm，因不同的种和生长阶段而异。叶缘有齿，在部分观赏品种的叶背和叶面有肉质小齿突起，叶上常有白色的斑点分布，有些种在成株期后斑点消退。芦荟的茎叶形态是一个动态变化的性状，既受遗传因素控制，又受芦荟植株生长环境的影响。所以，芦荟的茎叶形态变化仅作为芦荟属植物鉴别的参考依据之一。

作为芦荟属的花器，性状相对比较稳定，是芦荟属的重要分类依据之一，其主要特点是：花葶从叶丛中抽出，花多排列成总状花序或伞状花序，花被生成圆筒状，通常外轮的3枚花被合生至中部，雄蕊有6枚，着生于基部，花丝较长，雄蕊伸出，花药背着，内向开裂，花柱细长，柱头较小，子房3室，每室有多个胚。芦荟果实为蒴果，室背开裂，具多粒种子。部分开花而不育的芦荟种，只能用无性繁殖方式进行繁殖。

虽然常见的十二卷属、鲨鱼掌属和龙舌兰属一类植物，在形态方面与芦荟有某些相似之处，但由于是完全不同属的植物种类，所含化学组成成分相差甚远，对人体的营养和生理功能也完全不同。所以，在芦荟的识别和利用过程中，特别要注意区分一些形态相似的不同植物和同名异种植物。

2. 常用的药用芦荟品种

（1）库拉索芦荟（*A. vera* L. 同种异名*A. barbadensis* Mill.）

有人取其vera（番拉）的音译称为番拉芦荟，也有人取同种异名barbadensis的音译称为巴巴多斯芦荟。在北美洲特别是美国栽培最多，因此库拉索芦荟俗称美国芦荟（见彩图28-1）。

须根系，茎短，叶簇生于茎顶，直立。叶呈螺旋状排列，叶肥厚浓汁，呈披针形；叶长30~70 cm，宽4~15 cm，厚2~5 cm。先端渐尖，基部宽阔；叶呈粉绿色，上有白色斑点，随叶片生长白色斑点逐渐消失，到4年左右成叶，叶片上几乎难以见到斑点，叶缘有刺状小齿。花茎单生并有2~3个分枝，高60~120 cm，总状花序，疏散；花点垂，长约2.5 cm，呈黄色或赤色斑点；花被管状，6裂，裂片稍外弯，雄蕊6枚，花药"丁"字形着生；雌蕊1枚，3室，每室有多数胚珠。蒴果三角形，室背开裂。

（2）树芦荟（*A. arborescens* Mill.）

在日本栽培最多，日本人给它一个日本味很浓的名字，叫木剑式芦荟或木立芦荟，俗称日本芦荟，在我国民间称为龙角芦荟（见彩图28-2）。

茎直立，茎秆木质化，呈树干。叶片细而长，叶肉厚，叶片簇生于茎秆上，边缘呈锯齿状，叶色为银灰色。花被6，呈管状，花色为橙红色，雄蕊6枚。单生或有分枝，小花序50 cm左右，呈火炬状。蒴果。树芦荟在原产地非洲高达6 m以上，一般栽培株高1 m左右。

（3）斑纹芦荟〔*A. vera* L. var. *chinensis*（Haw.）Berger〕

同种异名*A. barbadensis* Mill. var. *chinensis*（Haw.）Berger，俗称中国芦荟、元江芦荟，又名油葱、象鼻草、象鼻莲、罗纬草、罗纬花、龙蒇草、龙角、乌七、亚哈菲、逼火丹、碧合草、火炼丹等。宋代《开实》释名"奴会"。在日本称为"中华番拉"（见彩图28-3、彩图28-4）。

须根系，茎短，叶簇生茎顶部，直立。叶呈螺旋状排列或对称排列两种，叶直立肥厚，狭披针形；叶长30~70 cm，宽3~14 cm，厚2~5 cm，先端渐尖；叶呈浅绿色，上有浅白色斑点，比库拉索芦荟叶上的斑点大而明显，随叶片生长白色斑点逐渐消失，叶缘有刺状小齿。花茎单生并有分枝，高40~80 cm，总状花序，疏散；花柄长约2.5 cm，花呈黄色或紫色斑点，具膜苞片；花被筒状，6裂，裂片稍向外弯；雄蕊6枚，有时突出，花药2室，背着生，子房上侧。蒴果三角形，长约0.8 cm。

总之，在形态上斑纹芦荟酷似库拉索芦荟，在小苗期一般难以辨别。另外，在化学成分上也基本相同。仅在叶形叶色上稍存差异：

①在小苗期,斑纹芦荟叶尖很尖,库拉索芦荟叶尖呈钝角。斑纹芦荟比库拉索芦荟的叶片上白色斑点明显。

②到一年生叶龄后,斑纹芦荟叶片呈浅绿色,库拉索芦荟叶片呈粉绿色。另外,斑纹芦荟叶片的皮比库拉索芦荟薄。

(4)好望角芦荟(*A. ferox* Mill.)

又名开普芦荟、恐怖芦荟、青鳄芦荟。是 *A. ferox* Mill. 和 *A. africama* Mill, *A. spicata* Bak. 的杂交种。茎直立,高达 3~6 m,一般株高 1.5 m 左右,茎秆木质化。叶 30~50 片,簇生于茎顶,叶片披针形,长达 60~80 cm,宽 12~18 cm,叶正背两面、叶缘两边具刺,叶深绿色至蓝绿色,被白粉。圆锥状花序,长 60 cm 左右,花被 6,呈管状,基部连合,上部分离,微外卷,淡红色至黄绿色,带绿色条纹,雄蕊 6 枚,花药与花柱外露,蒴果。

(5)皂质芦荟〔*A. saponaria*(Ait)Haw.〕

须根系,无茎。叶簇生于基部,呈螺旋状排列,叶呈半直立或平行状,当叶长到 40~50 cm 时,叶稍微向下弯,叶肥厚,狭披扁平状;叶片上有美丽的白色斑点斑纹,比斑纹芦荟(中国芦荟)的斑点斑纹还要明显;叶长 20~70 cm,宽 3~10 cm,厚 0.2~2 cm;叶先端渐尖,叶缘有刺状小齿。花茎单生或有分枝,高 50~100 cm;总状花序,疏散,花被筒状、橘红色。蒴果呈三角形。

(四)种 苗 繁 育

无性繁殖是目前芦荟良种繁育中最常用的方法,利用芦荟的营养器官(或称无性器官,如根、吸芽、侧枝等)进行繁殖。繁殖出来的新的芦荟个体，是在母体发育阶段基础上继续生长发育，它们保持了母体的各种遗传特性。

芦荟植株的生长完全依赖于特定生长点的细胞分裂，这些生长点分布在芦荟的茎尖、叶腋、根端、形成层和在植株受伤部位形成的愈伤组织等处。所以，在植株受到创伤以后，增殖的一群薄壁细胞即愈伤组织也能进行有丝分裂，形成新的营养器官生长点，由新的生长点分离，形成芦荟新的植株。芦荟的主茎下端和侧枝的下端都具有发生不定根的能力，在扦插以后，可以形成新的芦荟植株的根系。除了顶端生长点、侧生长点以外，在根部和茎的节间都具有发生不定芽的能力，从而长出新的分枝，也可作为芦荟分生和扦插的繁殖材料进行大规模的无性繁殖，生产芦荟种苗。

由于芦荟不能自然授粉结实，因而用种子繁殖很困难。主要的繁殖方法靠组织培养和分株、分蘖、分芽繁殖；叶片也可以繁殖，但比较困难。

1. 繁殖特性

芦荟在通常情况下不是靠种子繁殖的，它的延续多是利用其本身的芽来实现的，芽体有顶芽、吸芽、块茎芽3种类型。

（1）顶芽

顶芽着生在地上茎的顶部，是植株地上部生长发育的重要芽体，芦荟地上部的生长主要取决于顶芽的活跃程度。库拉索芦荟顶芽叶原基的分化发育往往大于顶芽的轴向生长，所以在生长期，营养和水分的重心以及植物新陈代谢活跃区都集中在叶的分化和生长，结果叶大、肉质丰富而茎短缩；低龄叶期，整个生长点由叶鞘紧密包裹，几乎看不到茎；斑纹芦荟其营养和代谢具有分散性，一边长茎，一边长叶，一边长芽，往往生育期不到半年，地上茎就显著生长，块茎芽大量发生，接着就倒伏。

芦荟的顶芽与其他植物一样，都有顶端优势，对下部芽的发育有抑制作用，甚至对地下芽的萌发也有抑制作用。不过芦荟顶端的优势强弱也因品种而异，库拉索芦荟顶端优势强，一般没有吸芽发生，也没有分枝芽萌发，地下芽发育迟，要在2～3年才大量发生；木立芦荟顶端优势较弱，分枝芽多，以基部或茎上形成多分枝"树形"故名木立；斑纹芦荟虽然长势旺，但也常有吸芽发生。生产上为了加速繁殖，常对成熟植株地上部进行顶芽刈割或对生长点穿刺，促进下部芽萌发。

（2）吸芽

吸芽着生在地上部的叶腋中，由腋芽发育而成。除一些具有木质秆特性的种类外，多数品种的腋芽都对光敏感而成为潜伏芽，多年不萌发，一旦埋入土中，则很容易萌发成块茎芽。生长点受到抑制后，腋芽受到来自体内的刺激也会萌发吸芽。木立芦荟的吸芽容易萌发，具多分枝的特点；斑纹芦荟的腋芽在遮阴条件下也易萌发。生产上对库拉索芦荟培土，就可以刺激原地上茎的腋芽萌发。所以通过人为处理后，芦荟的腋芽也是可以利用于繁殖的。

（3）块茎芽

块茎芽是在地下茎发生的芽，数量多，普遍发生，是芦荟自身繁殖更新的最重要的芽，也是芦荟常规种苗的主要来源。按其发生部位来分，又有地表芽和地下芽之分。木立芦荟和斑纹芦荟的地表芽非常丰富，使植株看上去有分枝丛生的特征。地下芽分生部位较低，在块茎深部发生，发育较缓慢，受母株抑制程度深，数量偏少。如库拉索芦荟基本上都是自深层的地下茎长芽繁殖的，而且要在2～3年后才能大量分生地下芽，是我国目前栽培中繁殖系数最低的品种，栽培上要注意及时培土，才能促其快速发生地下芽。

（4）茎

芦荟的茎分地上茎和地下茎，都具茎的基本组织结构。地上茎着生有叶片和各类芽体，而且还分布有许多根原组织。种植上培土或繁殖上扦插，把地上茎埋入土中，在土壤环境的刺激下，15天左右就可以长出根，渐渐演变成地下茎。在遮阴和空气湿度大的条件下，有些倒伏的地上茎也很容易形成根下扎入土，如斑纹芦荟。

茎对芦荟自身繁殖的作用也非常大，除发生吸芽、顶芽、块茎芽外，无论是地下茎还是地上茎，都有丰富的潜伏芽，在适宜条件的刺激下都能萌发成芽，是目前快速育苗和组织培养育苗中不可忽略的繁殖材料。生产上刈割地上茎或生长点，可促进潜伏芽萌发，组织培养上也成功地利用茎移穗繁殖试管苗。

（5）根

芦荟的根属于纤维状的须根，细长，有分枝，有吸收养分的根毛，这种根适宜疏松肥沃的土壤，土壤板结黏重会显著抑制根系的发生和生长。

芦荟定植后，地下茎与地上茎的茎部都会长出须根，伸入土中，随着植株长大和地上茎伸长并培土，根点相继萌发，形成良好的根系，逐步具有完善的吸收、合成和运转功能，从而促进植株快速生长，对自身繁殖影响很大。

块茎芽、吸芽和顶芽都能长根，块茎芽发根最快，吸芽发根稍慢，顶芽发根最慢。利用常顶芽的茎扦插繁殖，其根系分布较浅，但横向生长快，伸展幅度大；用块茎芽繁殖的根系生长较深，但伸展幅度小。这种差异随植株长大就逐渐消失了。

（6）叶

芦荟的叶片密生于地上茎，多呈莲座状，其大小、长短与品种有关。叶是药用芦荟的主要收获产品（见彩图28-5）。

2. 繁殖方法

（1）芦荟苗圃的选择（见彩图28-6）

为了便于管理和提高芦荟种苗质量，可以设置芦荟苗圃，专门供应芦荟优良种苗。芦荟苗圃除了应考虑地区条件特点外，在环境条件选择过程中，还应注意以下几个方面。

①芦荟苗圃应选择地势平坦或缓坡地，尽量安排在排水和灌水比较方便，随时可以保证芦荟育苗阶段兑水分的需求，又不会造成积水和遭到雨水径流冲刷的地块，以保证芦荟育苗工作顺利进行。

②芦荟苗圃尽量选择在土层深厚、疏松、肥沃、有机质丰富的地块，这样有利于芦荟幼苗发根生长，得到高质量的芦荟种苗。

③芦荟育苗场圃忌选在重茬地上。芦荟对土壤养分吸收有一定选择性，种过芦荟的重茬地，可能造成芦荟苗期营养不良，影响生长。另外，前作的芦荟根系也会向土壤中排出一些有毒物质，影响芦荟幼苗生长。再则，前作种过芦荟的地块中，也可能积累了一些危害芦荟根系或地上芦荟叶生长的各种病原物，如果再以重茬地作芦荟育苗场圃，在育苗过程中容易引发各种芦荟苗期病害。所以，在生产上不宜选用

种过芦荟的重茬地作芦荟育苗场圃。

④选择交通便利的地块作芦荟苗圃，这样便于育成的芦荟苗及时外运，减少运输劳力和费用，提高经济效益。

（2）分生繁殖

分生繁殖是芦荟的主要繁殖方法。通过人工的方法，将芦荟幼株从母体分离出来，另行栽植，形成独立生长的芦荟新植株。

在芦荟的根际和近地表的地上茎叶腋间发生一些短缩的呈莲花状的短枝，植物学上称为吸芽。芦荟吸芽可以带有自生不定根，本身具有吸收土壤养分和水分的能力，所以分生繁殖比较容易成活。

分生繁殖在芦荟整个生长期中都可进行，但以春秋两季进行分生繁殖温度条件最为适宜。春秋分生繁殖的芦荟新苗返青比较快，易成活，只要苗床保持良好的通气透水状态，芦荟分生苗很快可以恢复生长。

在分生繁殖过程中，具体操作可采用两种方法。一种方法是，将由芦荟茎基或根部的吸芽长成的，带有幼根的幼株直接从母体剥离下来，然后移栽到苗圃或生产田中。刚移栽的芦荟幼苗由于脱离了母株，营养供应来源发生变化，自生根尚未扎入土壤，幼株根系发育形成需要一段时间，所以会出现一个营养不足的"饥饿时期"。如受到烈日照射，苗色呈红褐色，外叶干缩，这是芦荟移栽后的"缓苗现象"。此时采取适当遮阴，可缩短缓苗时间，促进芦荟恢复生长。另一种方法是，用分株刀具将母株萌发出的幼苗与母株分离，但不要拔出来，仍让幼苗窖在原位，使其生长一段时间（一般半个月左右），形成独立的根系，达到完全自养状态，再将幼苗带土移栽，定植在大田中，及时浇一遍定植水。如果芦荟幼苗采用先切离，再带土移栽的方法，基本上无"缓苗期"。芦荟幼苗生长快，在春夏秋季都可以随时进行，但比较费工。

有些地区，在进行分生繁殖时，先将芦荟幼苗从母株上剥离出来，然后摊在地上，在通风处干燥数日，使其剥离伤口完全愈合后再定植，这样可以促进植株发根和缓苗，缩短缓苗期，减少芦荟幼苗死株，使成活率大大提高。

（3）扦插繁殖

1）扦插方法

扦插繁殖也是芦荟良种繁育中常用的一种方法，扦插繁殖与分生繁殖的区别是，分生繁殖是将带根的、完整的芦荟幼苗植株从母体上分离下来进行繁殖；扦插繁殖是利用不带根芦荟主茎和侧枝的下端可以发生不定根的特性，分离繁殖芦荟新的植株，这对于分株发达和茎节容易伸长的芦荟种和品种特别适宜。在去除顶芽以后，侧芽迅速地发育，长成的很多分枝可以用作扦插繁殖材料。

芦荟的扦插主要采用茎插和根插，而叶插很难成功。芦荟扦插可以在露地进行，也可以在大棚保护地或温室内进行。露地扦插可以利用露地床进行大量繁殖，依季节不同，可以适当地采取塑料薄膜覆盖保护或搭阴棚等措施，促进芦荟枝条发根和不定芽产生，以提高芦荟扦插苗的成活率。

在芦荟扦插过程中，一般在芦荟生长期，以生长充实的主茎或侧枝作为扦插材料。为了避免枝条切口被杂菌感染和促进生根，在扦插枝条取下后，将其置于通风干燥处，使伤口愈合收干，然后再进行扦插，促进愈伤组织细胞的分裂和分化，加快芦荟插穗生根。

2）环境因素对芦荟扦插苗的成活和生长的影响

①温度。芦荟是起源于热带的植物。一般适宜的扦插温度为25~28℃，如果基质温度比气温略高2~4℃，则更适宜芦荟扦插苗生根成活。在土温高于气温时，可促进根的发生和发育；气温太低（如低于18℃），可能抑制芦荟枝叶生长。芦荟插穗长期处于低温多湿的逆境条件下，容易感染各种病害。因而，在气温和土温较低的情况下，做芦荟扦插繁殖时最好采用增温措施，以促进芦荟扦插苗的健康生长。

②湿度。芦荟生根需要有适宜的土壤水分。一般土壤田间最大持水量在50%~60%较为适宜，土壤水分过多，会造成土壤空气不足，扦插材料腐烂。为避免和减少扦插材料地上部分水分过度蒸腾，也应该设法适当提高空气湿度，一般以80%~90%的相对湿度为宜，可以加速芦荟幼株生根发苗。

③光照。芦荟插穗都带有叶片，可以进行光合作用和各种生理活动，并可以将合成的生长素向下输送，促进下部愈合伤口处加速生根。但强烈的光照对扦插穗成活是不利的，可使叶色变成褐色，因此在扦插过程中，应采用适当遮阴措施，避免强光照射，这样有利于插穗成活。

④氧气。当芦荟插穗下端伤口愈合发生新根时，呼吸作用增强。因此，要求扦插基质具有良好的透气性，保证芦荟插穗在生根过程中对氧气的要求。理想的土壤扦插条件应该是既能保持经常湿润，又通气性良好。所以，采用沙土、泥炭土和疏松菜园土作为扦插基质对芦荟更为适宜。此外，芦荟扦插也不宜太深，越深则氧气越少，直接影响根系的生长和发育。而扦插稍浅的插穗，因氧气供应比较充分，所以根

的生成发育速度都比较快。

⑤pH。一般在pH为6.5~7.2的基质中进行芦荟插穗扦插容易生根立苗,当pH偏酸和偏碱时都不利于芦荟插穗生根,对于偏酸土壤,在育苗前可施用石灰加以改良后,再进行育苗。

在正常情况下,芦荟分生能力比较强,繁殖倍数可达到10~20倍,且分生苗长势旺盛,生长速度快。组织培养苗的繁殖倍数比分生繁殖大得多,但其前期生长速度慢,在特殊情况下(如新品种推广初期,种苗需求量大),所需种苗一时无法满足需要,可采用组织培养法快速繁殖芦荟种苗。

(4)芦荟种苗快繁技术

芦荟的种苗,通常采用分生法、插枝法而获得。但采用分枝法、插枝法繁育种苗速度很慢,不能满足当今芦荟种植业发展对种苗的需求。用植物组织培养方法(以下简称组培快繁)可在短期内繁殖大量规格划一、种性稳定的芦荟种苗(见彩图28-7、彩图28-8、彩图28-9、彩图28-10)。中国科学院华南植物研究所组织培养技术试验开发中心,从20世纪80年代初已开始"芦荟组培快繁种苗技术"的试验研究,获得了再生植株,接着将此技术成功运用于工厂化生产种苗,至今已生产了几十万株种苗供种植使用。

1)种苗快繁的材料与方法

芦荟种苗快繁技术是指用植物组织培养技术,将繁殖种苗的种源(外植体)插植于人工合成的培养基中,在特定条件下定时、定质、定量产生种苗(以下简称组培苗)的一整套技术。

①培养基、培养条件的配备:培养基是外植体生长发育

的能源和营养基地，用于繁苗的培养基分为诱芽、诱根两类。诱芽培养基用于诱导芦荟不定芽的发生和增殖，诱根培养基则是用于诱导芦荟不定芽发生不定根，它们的组分如下：

诱芽培养基：MS+6-BA 2~5（单位：mg/L，下同）+NAA 0.1~0.2。其中斑纹芦荟的最佳培养基为MS+6-BA 2+NAA 0.2，木立芦荟的最佳培养基为MS+6-BA 2+IAA 0.2，库拉索芦荟的最佳培养基为MS+6-BA 4+NAA 0.2。

诱根培养基：MS+IBA 2~3+NAA 0.2~0.3。

快速繁殖培养基：MS+6-BA 2~3+NAA 0.1~0.2。

培养室的温度控制在（28±2）℃，每天光照0~12 h或自然光照，光照强度2 000~3 000 lx。

②外植体的选取与处理：取植株的地上部分，去掉叶片，然后用70%酒精擦洗干净，切成2~3 cm长的茎段、顶芽，在无菌条件下用0.1%千汞灭菌10 min，后用无菌水冲洗4~5次，便可插植于诱芽发生的培养基上。

2）种苗快繁的操作步骤

芦荟组培苗培育的整个过程：外植体的培养→不定芽的发生和增殖→不定根的发生→假植组培苗→大田种植。从外植体培养到不定根的发生需在无菌条件下进行操作。假植组培苗需在专门设置的苗圃内进行。

①不定芽的发生与增殖：插植在诱芽培养基上的外植体首先变绿膨大，同时顶芽、腋芽开始萌动生长，继代培养2~3个周期后（25~30天为一培养周期），茎段腋芽生长成不定芽，茎段节痕上和茎段切面边缘也同时发生多个不定芽。

将不定芽切割转移至新鲜诱芽培养基上，培养1周可增殖2~4倍，经过不断培养可繁殖出大量的芦荟不定芽。

②诱导不定根的发生：不定芽长高至2~3 cm，可逐个转移插植于诱导不定根发生的培养基上，10天左右开始发生不定根，1个月左右可长成具3~4片叶和多条不定根的小苗。

③炼苗及组培苗移栽：为提高移栽成活率和移栽后的快速生长，移栽前，将已形成完整植株的芦荟培养瓶苗放置于散射光充分的条件下培育1周方可移栽。

芦荟组培苗移栽技术包括3个方面的内容：组培苗移栽前的准备；组培苗移栽程序和技术；组培苗移栽后的管理。

第一步，组培苗移栽前的准备。

苗圃地的选择：应选择通风、透光、排水良好、地下水位较低（离地表30 cm以下）的地块作育苗地。

搭建移栽苗棚：育苗棚一般宽度为7~8 m，高3 m，长度可根据场地和需要确定。棚架外先盖一层白色塑料薄膜，再覆盖遮光率为60%~75%的遮阳黑网。

调配和消毒栽培基质：移栽地和栽培基质用福尔马林的50倍液淋湿，再覆盖消毒1周后启用。移植苗的栽培基质以河沙或疏松肥沃的沙质壤土为好，最佳的苗床是沙、草炭、土各占1/3。切忌土质黏重积水。

第二步，组培苗移栽程序和技术。

洗苗：打开瓶盖，取出芦荟小苗，清洗干净根部培养基。并按种苗的高矮、强弱分级（见彩图28-11）。

消毒：主要是防治由真菌或细菌引起的病害，用1 000~2 000倍的高锰酸钾溶液浸泡（全株）1~2 min。

移植：植株消毒后稍加晾干即可移植。移植有2种形式：一种是将小苗直接种到苗圃的沙床中，移栽深度以植株稳立于沙中为宜，切忌种得过深，以免引起烂苗；另一种是将小苗移栽到营养袋中，营养袋用塑料薄膜制成，规格为10 cm×12 cm，下有出水孔，底层装富含有机质的栽培土，上层覆盖河沙，小苗植于沙中。

淋水：小苗移栽后应淋定根水，但第1次浇水不宜过湿，否则容易烂苗。如在移栽前淋湿基质，移植后不再淋定根水。

第三步，组培苗移栽后的管理。

温度、湿度及光照的调控：芦荟生长适温为25 ℃左右，温度过高可揭塑料薄膜通风降温，冬天覆盖塑料薄膜保温。湿度可利用淋水进行调节，整个生长期要求湿润的土壤和气候环境，小气候相对湿度应不高于30%。光照以散射光为好，用遮阳网调控。

防治病虫害：以预防为主，成活后高温季节每隔15～20天喷1次常用治病虫的农药，连续3次。其他时间每月喷1次即可。发现病株要及时清理。

施肥：幼苗长出新叶和新根后，可视植株生长情况适当追肥，淋施液肥或根外追肥均可，但以淡施为宜。若栽培基质较肥沃，施肥的次数和用量则减少。待幼苗长到5～6片叶，自然株高达15～20 cm即可定植于大田。

3）芦荟组培苗的工厂化生产

芦荟组培苗的工厂化生产是指在人为控制条件下，依市场的需求，定品种、定时间、定数量和质量提供种苗。依据芦荟组培苗培育试验结果，配备组培苗工厂化生产的所需条件。

①确立组培苗工厂化生产工艺流程：

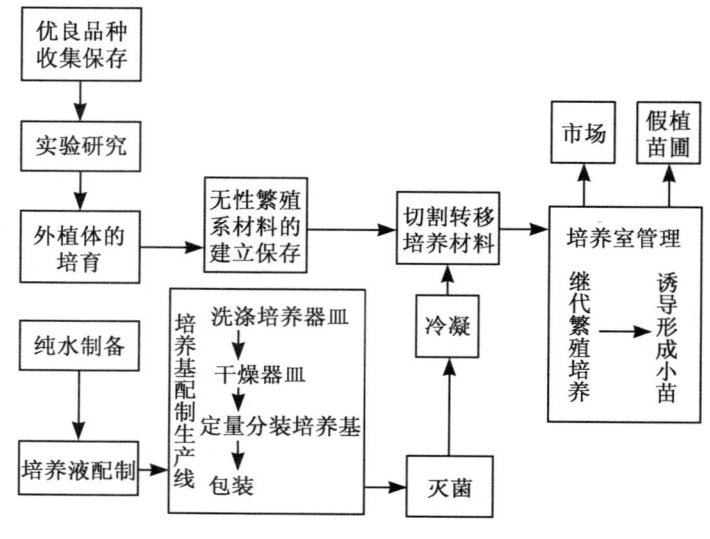

②配备技术人员与必要设备：按组培苗工厂化生产工艺流程的各种技术要求，应配备相应的技术人员，明确分工，相对固定，以便熟练掌握操作技术。所需人员有：培养基配制、无菌接种切割转移操作、培养室管理、苗圃移栽等各类技术人员。所需设备包括纯水制造设备、培养器皿、灭菌消毒、无菌操作设备和防虫保温、控温的假植苗圃等。

③制定生产技术指标：为确保芦荟组培苗工厂化生产顺利进行，制定以下4个指标：每个不定芽每周期繁殖2~3个芽；瓶苗诱导生根率达95%以上；生产过程中污染率控制在5%以下；组培苗移栽成活率在85%以上。

管理人员依据生产技术指标，经常检测生产效果，确保定时、定质、定量提供所需种苗。

④采用高效的经营管理：为了达到上述生产指标，组培苗的生产除需有熟练的技术外，还应实施高效的生产经营管

理。组培苗工厂化生产不单是一门生产技术，更重要的是一门管理技术，有效的生产经营管理，能规范组培苗的生产运作程序，提高生产效率和生产数量、质量，降低生产成本，达到较高经济效益。

根据多年种苗生产实践，采用"以培养室管理为中心，以培养基制作为基础，以无菌室切割为关键，以苗圃移栽相配套"的管理原则，实施有效的经营管理，既获得"定时、定质、定量"的产品，又降低了生产成本，取得了较好的经济效益和社会效益。

植物组织培养快速繁殖种苗是现代生物技术应用于农业生产的重大成果之一。在实现芦荟产业高速发展过程中，优良的芦荟种苗是最重要的基础，采用组培快繁技术生产芦荟种苗，不但繁殖速度快，而且种苗能保持优良种性，不带病原，生长同步。

（五）田 间 管 理

1. 选地与整地

在芦荟栽培中，选择什么样的土地，如何进行精细的开垦整地，是大面积栽培芦荟应首先考虑的问题。这两项工作关系到栽培成功与否（见彩图28-12）。

在选地方面，因为栽培芦荟是为了面向市场，所以关系到许多方面的问题，既有专业上的需要，也有市场上的需要。

（1）交通便利

在芦荟种植方面，如果交通便利就会创造出许多有利条件，比如技术上的交流，人员的往来，品种的引进。另外，芦荟叶片采收以后必须及时运到有关的生产部门贮存、加工，否则会造成很大的损失。所以，选地首先要靠近公路或沿河两岸的山坡，使芦荟的栽培、收购和调运方便快捷。

（2）有利于排水

栽培芦荟最好选择5°~25°的缓坡地，这样不仅有利于排水，一般阳光也充足，有利于叶片生长发育和营养物质积累（见彩图28-13）。此外山坡地霜冻比平地要少，在无霜的自然条件下芦荟生长和越冬都会保持良好，产量高。坡度超过25°的山地管理困难，要做好水土保持工作，否则容易造成水土流失、培土困难、根群暴露、植株倒伏和早衰而降低产量。山洼地虽然土质肥沃，水分状况好，但如果排水不良，根茎就会腐烂。冬季，山脚洼地容易沉积冷空气，使芦荟受冻害。

（3）冷空气不易沉积

霜、雪、冷雨对芦荟的伤害是极大的，要保护芦荟不受冻害或少受冻害，就要选择冷空气不易沉积的地域。最理想的是北面有高山屏障，南面开阔平坦或有河床排泄冷空气的沿河两岸的山地，或是大水库四周的山坡。这些地形，空气比较潮润，冷空气进入难，排出容易，是芦荟生长的有利环境。湿度大而阳光充足有利于芦荟叶片发育，叶大肉质丰富，外观翠绿，很少有日灼斑点。

（4）土质适宜

影响芦荟生长的土壤因素很多，如土壤质地、土壤有机质、土壤营养、土壤水分、土壤空气及土壤微生物等。土壤质地不同，所表现的肥力性状、耕作性能和生产性能也不同，对芦荟的生长影响很大。芦荟要求土质为沙性土壤，疏松肥沃，排水良好。因为沙壤土所含土粒的粗细比例适度，沙黏适宜，其性状介于沙性土与黏性土之间，是兼有两者的优点，大小孔隙比例适当，通透性、保蓄性好，养分含量丰富，有机质分解快，土性温暖，耕性良好。土壤过沙或过黏或过酸性的红土都对芦荟的生长发育不利。

　　土壤有机质作用很大，它不仅是养分的主要来源，而且对于土壤一系列性质和生产性状的好坏也起着决定性作用。土壤中的有机质含有芦荟所需的一切养分。有机质经过微生物的矿质化作用，释放植物营养元素，供给芦荟和微生物生活的需要。微生物在分解有机质的过程中，取得生物活动所需要的能量，同时产生的CO_2，供应芦荟的碳素营养。低浓度可溶性的胡敏酸在芦荟生长的前期能促进根系的发育，后期能促进养分的吸收，可溶性胡敏酸进入芦荟体内后，能促进芦荟的呼吸作用，提高细胞膜透性，从而增加养分吸收的数量；而高浓度的胡敏酸则抑制根系发育。未分解的有机物能使土壤疏松，大大增加土壤的孔隙度，从而提高土壤的保水性；腐殖质又是亲水胶体，能吸收大量的水分，而且腐殖质能大大提高土壤的保肥力。腐殖质是良好的胶结剂，能促进土壤团粒结构的形成，减低黏土的黏性，增加沙土的黏性，从而改善黏土的黏性和通透性，以及沙土的松散性。腐殖质可使土壤变黑，吸热能力加大，土温升高，还可以调节土壤的酸碱反应。土壤有机质是微生物营养和能量的主要来源，能使土壤有良好的结构和较高的肥力，使得土壤具有疏松、透气、肥沃特性，使水、肥、气得到充分利用，创造良好生长发育所需的条件，不但能使栽培产量提高，而且质量也好。

　　芦荟所需的营养元素除碳、氢、氧来自大气和水外，其他元素几乎都来自土壤。土壤矿物质的风化可以释放出除氮外的所有营养元素；土壤因氮菌对大气中氮的固定；土壤中有机物质的分解；降雨增加土壤中的养分；向土壤中施肥，是调节土壤供肥能力的主要手段和措施。

土壤水分在土壤形成中起着重要作用，是土壤肥力的重要因素。土壤中所进行的许多物质转化过程，如土壤中矿物质养分的溶解和转化、有机质的合成与分解都离不开土壤水分，水分含量直接影响这一转化过程。土壤水分也影响土壤通气状况和土壤的热状况，也影响土壤的氧化还原过程、微生物的活动和有机质的分解。芦荟的水分是芦荟植物体非常重要的组成部分，占99%～99.5%。土壤中水分并非全部能被芦荟根系吸收利用，它取决于根毛吸力和土壤吸力之间的矛盾，还受土壤水分蒸发的影响。我国的土壤资源十分丰富，在不同的气候带中存在完全不同的地形，分布着各种各样的土壤，而各种土壤都有其自身的特性，因而在引种栽培芦荟时，应根据各地区土壤特点，选择沙壤土或改善土壤，以满足芦荟生长所需的适宜的土壤环境条件。在种植芦荟前要对当地土壤的理化性质、肥力状况和土壤酸碱度、盐度、氮磷钾含量、腐殖质含量以及对当地水源的水质（包括pH、EC值、钙与镁离子含量等项指标）进行调查测定，对物理结构较差的土壤，应加入适当的土壤改良剂，增加炉渣、草灰、松叶、麦稻壳、花生皮、麦秸秆等改良剂。如果土壤肥力较差，则多施动植物有机肥。

在栽培芦荟以前，必须进行土壤灭菌消毒，即定植前对土壤进行全面的灭菌、消毒，以杀灭土壤（或基质）中的虫卵、幼虫、致病毒乃至杂草。比较常用的土壤灭菌法有物理灭菌法和化学灭菌法。物理灭菌法，一种是翻耕土地，在夏季高温曝晒或冬季冷冻，这种方法经济简单，但灭菌效果较差；另一种是将土壤或基质用塑料膜盖严，然后通入蒸汽，使内部温度升至80 ℃以上，保持1～2 h。但是这种方法易导致锰从土壤中释放出来达到有害量，还会使某些肥料成分分解，从而使土壤中可溶盐达到有害程度。化学灭菌法，是将药剂撒在土壤表面拌匀，然后蒙上塑料薄膜。7天后，打开覆盖的塑料膜，通风晾15天左右，方可种植。

整地，就是指开垦整地，应该在杂草结籽之前进行，力求把宿根杂草连根铲除，以免芦荟植后杂草丛生，影响芦荟苗的生长。也可以在开垦前使用广谱性除草剂，如草甘膦、农民乐等，进行喷洒除草，经10天后再平整园地。

芦荟种植地应进行全园开垦，开垦深度要达35 cm以下，这是芦荟生长良好的关键措施，耕得深，杂草就少，保水保肥能力强，芦荟根系发达，叶片茂盛，质量好，产量高。如果耕层太浅，芦荟的肉质根就不易充分伸展，根系少而弱，也影响叶片的发育，产量低，质量差。

开垦后要进行起畦整地，坡地要沿高线起畦，以保持水土。等高线的确定可用水准仪测量，无仪器条件的可用土法测定等高点。方法是：用两根等长的木杆（竹竿），在顶端等长处系一条3～5 m长的绳，将两根木杆连接起来，注意要系得牢固，避免操作中松动，连接绳的正中挂一块木板或铁皮做成的等腰三角板，底边重合在绳上，在三角板底边中点用线系上铅锤。测定时将一根木杆立于基点上，另一根木杆沿坡面上下移动，移动过程中将绳拉直，至三角板垂线对准三角板角尖时，移动木杆的直立点与基点可以确定为等高点，然后再以这点为基点依次测出相应的等高点，最后将等高点连接起来，即为等高线。由于地面原因，测出的等高线常常会出现不圆滑或过分弯曲的现象，需要适当以目测调整，使每条等高线呈有规律的弯曲。在等高线过密不足以种植两行的地方，可以局部去掉一行，过稀则可局部增加一行。

园地开垦好后即可进行整地起畦，畦高20~30 cm，视降雨情况而确定畦的高低；雨水丰富畦高一些，反之则低一些；畦宽1~2 m，平地做畦可超过2 m，多行种植；坡地做畦可小于1 m，双行种植或单行种植。畦长要根据运输和田间作业方便、地形、地势来决定，如地势变化不大，坡势平缓，畦可以长一些。根据不同地理气候条件，芦荟可分别采用高畦平畦和浅沟畦。高畦的畦面高出地面，畦沟的沟底与地面平。一般平地常采用这种畦，以避免积水。平畦的畦面与地面平，畦沟低于地面。15°左右缓坡地一般采用这种畦，有一定的蓄水性，又不影响排水。浅沟畦的畦面低于地面，没有畦沟，在干旱而又水源相对短缺地区或保水、保肥力差的砂砾土的山地，可起到保水保肥的作用，但要注意建造排洪沟与浅沟畦相连，以防突发性暴雨造成积水。在高温干旱的季节，浅沟畦比平畦和高畦种植的土壤湿度大，地表温度较低，茎基部单叶重量显著高于生长于平畦和高畦处的，因而芦荟生长良好。

整地后要施足以有机肥为主的基肥，每667 m^2（即1/15公顷，约1亩，下同）施优质堆肥1 000 kg、过磷酸钙50 kg或骨粉100 kg，基肥可以撒在畦面上然后耙匀，也可以放在种植穴中与土壤混匀，但种植时要避免肥料直接接触根系。

2. 栽培管理

芦荟栽培形式有地栽和盆栽两种，栽培基质有有土和无土栽培。芦荟地栽比盆栽生长快，产量高，有机物含量多。

（1）地栽（温室、大棚、露地）

1）整地与除草、施肥

①整地的目的。改良土壤的物理结构，使其具有良好的通风和透水条件，便于根系伸展，又能促进土壤风化，有利于微生物的活动，从而加速有机肥料的分解，以利于芦荟吸收。整地还可将土中的杂草、病菌、虫卵暴露于空气中，利用阳光紫外线的照射以及干燥或低温等杀灭。

②整地与除草、土壤消毒灭菌相结合。整地前20天进行除草、土壤消毒灭菌。

③整地同施基肥相结合。除草、土壤消毒灭菌后，在整地时施足基肥（底肥）。基肥为有机肥和土杂肥，常用的有鸡粪、猪粪、牛粪、羊粪、人粪、饼肥。有机肥和土杂肥必须经过发酵腐熟后才能使用。根据土质、土壤肥力状况，一般每667 m^2施基肥20 kg左右。

④整地的深度和方法。耕地深度30 cm左右，可用机耕操作或铁锹翻耕。耕地整平在定植前进行，如果土壤过干，土块不易破碎，应先灌水，待土壤含水量达60%左右时，先耙2~3遍，再整平。土层过湿耙地容易造成土表板结，对栽种极为不利。

整地使土壤充分和日光、空气接触，以促进风化；同时消除杂草的宿根、砖头、石块等杂物。

2）栽植方位

①温室植株方位。东西走向，与温室长度成平行方向。这与我国传统温室种植方位相比：

第一，提高温室面积利用率，比传统种植方位提高10%~20%的温室使用面积；

第二，充分利用温室内空间结构，减少植株相互遮阴的弊病，提高日光利用率；

第三，便于操作及管理。

②塑料大棚种植方位与大棚长方位走向同，即南北走向。

③露地种植方位，根据地理、地势、沟渠状况进行定位走向。

3）作畦

以做高畦形式为主，畦面宽不论温室或大棚，或是露地，芦荟种植畦面宽一般为1~2 m，长度则根据温室、大棚、露地的地势而确定其畦长。

温室畦沟宽35~40 cm，深15~20 cm。

大棚畦沟宽35~40 cm，深20 cm。

露地畦沟宽40~45 cm，深25~35 cm。

在降水量较大的地区，栽培区域四周开挖排水沟，防止地面积水。

畦埂高度为10 cm左右。

4）栽植方式与株行距

芦荟栽植采用"定植间隔法"，即一次性定植，大部分苗分期间苗移栽。这样，可以提高土地使用率，便于操作管理，降低生产成本。

①芦荟株高10~15 cm的分株苗或扦插生根苗或组培过渡苗，每畦栽植5行，株行距15 cm×15 cm。

②栽植半年后，芦荟株高20~30 cm时进行株行间苗移栽，即间隔取苗移栽，变成每畦剩下3行，株行距30 cm×30 cm。

③栽植1年后，芦荟株高50 cm以上时再次进行间苗移栽，最后每畦剩下2行，株行距60 cm×60 cm。

在间苗移栽过程中,芦荟植株尽量带土移栽在附近地块,以便缩短返苗时间。有条件的话,在移栽苗时期,进行适当遮阴处理,可以进一步缩短返苗时间。

5)栽植时期

春季(3~5月)和秋季(9~11月)为最佳时期。这两个季节移栽返苗周期短,一般1周可返苗,生长出新根系。但其他季节栽植时要有相应的辅助措施,如夏季遮阴降温,冬季增温保温。移栽苗最好在阴天进行。

6)移栽期间的管理

移栽前对移栽畦撒施一层松叶土或草灰土,然后适当翻耕整平,这有利于进一步改良土壤结构,利于芦荟的生长。

移栽前对苗床地和移栽地都应事先灌水,灌水后要等表土略干后再起苗和栽植。否则,因根部土球(或土壤)过于湿黏有碍栽植根系的伸展。

栽植时要挖适当的穴,栽苗后要将苗四周的松土按实,马上灌水或浇水,小苗可以漫灌。

栽植以后应结合扶苗、松土、保墒,未浇透水的地面适当补浇,但切忌连续灌水。否则,在新根尚未伸出土团前缺少空气,常会造成根系腐烂而死亡。

7)田间管理

芦荟定植返青后,进入正常栽培管理。在田间管理过程中,按照芦荟的生物学特性和习性进行科学的管理,这个时期是芦荟整个生长的关键重要时期,芦荟的产量和品质(有效成分)都在这一时期决定。

①保持芦荟生长适宜的温度(15~28 ℃)、湿度(75%~85%)。

温室:在冬季室内达不到最低温度8 ℃,就应增温。夏季遮阴（70%的遮阳网）和降温，通风口尽量要开大。春秋季通风口开封程度则根据天气和室内温度进行控制。冬季也必须适当通风换气。

塑料大棚：除了一般不具备增温（有条件也可以增温）外，长江流域一般不需增温，可适时增盖防寒草苫等，其他管理可参见温室管理方法。

露地：有条件的可在芦荟栽植畦上建简单防雨降温设施。

②灌（浇）水、排水。灌（浇）水量的大小和灌水次数主要根据土壤干湿、天气、苗情来掌握。就全年来说，春夏两季气温高，蒸发量大，芦荟生长快，灌水要勤。立秋以后，逐渐减少灌水次数和水量。

灌（浇）水：每次灌水应灌（浇）透。如果每次仅灌透表皮，在上下层之间留下了一层"干夹层"，对根系发育非常有害。对土质来讲，黏土的灌水次数较少，沙土的灌水次数要多。

灌（浇）水时间：在一天当中，夏季应在早晚灌水，因为这时的水温和土温相差较小，不会影响根系的活动。如果夏季在日光强烈的中午时，灌水常使嫩茎的茎部灼伤，对小苗来说显得更为严重。冬季应在中午前后浇水，因为这时气温较高，浇水不致影响降温。冬季一般浇稀液肥水，替代浇纯水。

排水：温室（大棚）由于有塑料薄膜防雨，一般不会造成大量的积水，但要防止雨水倒灌。排水是针对露地栽培的芦荟，根据天气和降水量情况，及时排除雨水，切忌造成积水，以免烂根、烂叶。如果常常受降水淋洗和积水影响，会导致黑斑病发生或大流行。

③为促进植株的生长,要及时追肥,以腐熟有机肥(饼液肥、马蹄液肥、人粪尿等)为主,结合部分无机肥。追肥根据植株大小,生长时期来确定施肥量的多少和浓度。原则上少施、勤施。

施肥方法有沟施、穴施和灌水冲入地中,也可浇施。如果是干粪(肥)或颗粒无机肥,沟施或穴施后应通过中耕将它们翻入表土内,然后立即灌水。

施肥量:春秋季是芦荟生长的旺季,施肥量适当多而勤;夏冬季施肥量小,次数要少,尤其是冬季更应量小。成株芦荟施肥量和次数比小苗和老株芦荟要大得多。

有机液肥施用浓度应稀释6~15倍,无机液肥0.1%~0.2%。

④中耕能疏松表土,切断土壤内空气流通,促进土壤中有机物的分解,为根系正常生长和吸收营养创造良好的条件。在中耕的同时还可结合除草(见彩图28-14)。在没有杂草的情况下,每次灌水后也应中耕松土或培土1次。

在苗期,由于大部分地表暴露在阳光下,这时除土表容易干燥外,杂草也繁殖很快,因此应经常中耕除草。

中耕的深度应随着芦荟植株的生长逐渐加深,远离苗株的行间应深耕,植株附近应浅耕,平均深度3~6 cm,并应把土块打碎。

除草工作应在杂草发生的初期尽早进行,在杂草结实之前必须清除干净,不但要清除栽植地内的杂草,还应该把芦荟栽植区域内(四周)的杂草除净。对多年生宿根杂草还应把根系全部挖出处理。

⑤越冬防寒。芦荟栽植地,不论是温室大棚或是露地,如果最低气温达不到5 ℃以上,就应该采取相应的防寒保温措施。

此外，为了增强芦荟植株的抗寒力，在栽培管理上要做到：一是秋季开始应逐渐减少浇水，增施有机质肥；二是培土保温；三是把叶子绑成一束或多束，防霜防寒。此外，还可以用"急救干燥过冬法"，即从芦荟的根部切断或连根拔出，用草绳轻轻地绑起来，然后把绑起来的芦荟倒挂在无直射光、空气流通和温度在5℃以上的室内。这样，既保持芦荟的生命力，又使过冬后的芦荟到春季重新栽培在地里时同样显示出强大的生命力。

（2）盆栽

芦荟适宜盆栽。盆栽芦荟可以用于观赏，芦荟中除了极少数几个品种具有药效功能外，其他99%的品种只有观赏价值。盆栽芦荟适宜家庭，可以直接用其叶片治病、美容等。再有，盆栽芦荟也可以较大量地采收鲜叶。

1）配制培养土

盆栽芦荟的培养土必须具有充分的腐殖质和肥力，良好的团粒结构，通气、保水和透水性能，pH在6~6.5，呈弱酸性，可用硫酸亚铁水调配土壤的pH。

培养土可用松叶土、草灰土、发酵有机物（鸡粪、猪粪、牛粪等）、园土或锯末、珍珠岩按一定的比例混合，然后用必灭速等对土壤进行消毒灭菌处理。培养土的配制比例为草灰土或松叶土5份，发酵有机物2~3份，园土或珍珠岩或锯末2~3份。

2）上盆、翻盆、换盆

①上盆。上盆就是将芦荟苗或育苗器皿内的苗移出后，栽入泥盆中（一般选用泥盆，因为它比塑料盆的透气性好）。上盆前必须根据芦荟植株的大小和根系的多少来选用大小适宜的泥盆，切勿一味追求大盆。如果很小的苗使用很

大的泥盆,每次浇水后很难见干,特别在低温或冬季室内养护阶段,往往造成根系腐烂;同时,占地过大还浪费使用面积。小株大盆还往往显得头轻脚重,使上下比例失调而不利于观赏。

在上盆前,对未用过的新盆应泡水"退火",否则因浇水不透,会灼坏苗根。长期使用过的旧盆的盆底或盆壁都沾满了泥土、肥液甚至青苔,透水和通气性能较差,应清洗干净晒干后再用。

上盆时,较大排水孔先用瓦片垫好,再放一层较粗的培养土,并放入几片马蹄片或粪干等迟效肥料,然后用细培养土把迟效肥料盖住。最后将芦荟植株(苗)直立于盆中央,在四周填入培养土,双手端起苗盆在地上敦实。小苗敦实后就不要用手再压按,以防伤幼根。大棵苗随时填土随时将盆土的四周捣实。

填土后小盆留出盆沿口2~3cm深,大盆留出4~6cm深,以便于浇水。新上的盆土,浇水时一定要用喷壶浇,以防将表土冲成坑。第1次浇满水后需再补充1次,直到盆水从底孔大量流出为止。如果浇水不透,根系会被灼伤死亡。

②翻盆。芦荟生长到一段时间,盆内养分便不够了,应换掉原盆的大部分旧培养土。如果根系已经长满,将外围宿土抖掉后应修剪根系。但还使用原来的旧盆或原型号类盆。

③换盆。芦荟植株生长到一定程度时,原盆过小,应换大盆。换盆时一般不大量清除宿土和旧根,反将盆底和肩土各去掉一部分,然后换入比原盆大一号的泥盆并填入新的培养土。

3)浇水与排涝

盆栽芦荟浇水量的大小应根据芦荟自身生理特性、不同的生长发育阶段以及自然气候条件来灵活掌握，总的原则应掌握见干、见湿、干透、浇透和宁干勿湿。

大棵芦荟盆及芦荟生长旺季（春、夏、秋季），浇水量和次数要大而多；小苗及冬季要小而少；尤其在冬季气温低时，芦荟处于半休眠或休眠状态，少浇水或不浇。

浇水时间，春夏季节应在清晨或傍晚最佳，冬季应在中午为好。

浇水注意水质，最好使用深井水或雨水，对于城市自来水要进行晒水等措施处理后再浇用。

排涝：如果连日阴雨或降水量大或浇水量过大，应采用扣水的方式进行排水，等到盆土见干后方可浇水。

4）松土除草

松土是盆栽芦荟养护中的一项重要工作，还应和浇水结合进行。盆栽芦荟内的土壤面积很小，根系非常稠密地团抱在一起，如果长期的浇水和追肥，特别是盆土表面长了青苔以后，就会影响根系呼吸，使厌氧性细菌大量发生。因此，应经常松土，造成盆土良好的通气条件，同时结合除草，应将青苔除净，以免它们和芦荟争夺养分。

松土应在浇水后待表土变干后进行，深度以见根为度。切断一些表层须根也无关紧要，这样还有利于发新根。

松土时由于切断了土壤毛细管，从而大大减少了盆土的蒸发量，因此松土后可减少1～2次浇水。

5）追肥

根据芦荟植株大小、生长发育时期，进行适时适量施肥。芦荟棵大、生长发育快，春秋季施肥次数和量要多；反则少施量小。芦荟追肥以马蹄片、麻酱渣等有机物发酵后的液肥为主，结合用一些磷酸二氢钾、磷酸二胺等无机速效肥。麻酱渣等有机物发酵时可适当加入杀虫剂，杀死蝇蛆等害虫。

麻酱渣或马蹄片液肥1份稀释6~15份水。

追肥时间：春、夏、秋季应在晴天傍晚进行，但不要在中午烈日当头时追施；冬季可在中午进行追肥。为了防止肥料在盆土表面结皮，施肥前应松土，防肥液从盆底孔流出。

在追施肥液时，一定要将盆土充分浇透，还要避免肥液滴在叶片上，否则会烧伤叶片或导致黑斑病的发生。

另外，还要进行根外追肥，施一些无机肥（如磷酸二氢钾）和微量元素（如硼酸），把它们稀释到0.1%~0.2%的浓度，然后超微喷雾到叶片上，使芦荟叶片快速吸收。这样还可以节约肥料，避免流失。喷肥时不要在强烈的阳光下进行。

如果没有条件，盆栽芦荟春季就要搬出室外，最重要的事项就是防雨，否则，会发生芦荟黑斑病，并有可能严重发生。因此，采用搭建临时防雨棚、临时用塑料膜遮盖盆栽植株、扣盆内的积水等方法。

（3）无土栽培

芦荟也适宜使用无土栽培方法。

无土栽培芦荟不仅卫生干净、病虫害大大减少，而且提高芦荟产量和品质。无土栽培芦荟需要选择适宜的栽培床或盆，合适的栽培基质以及完善的养分和水的供给系统。

1）栽培基质

有蛭石、珍珠岩、沙子、锯末、稻草、泥炭、草灰、炉渣等，这些基质原料既可单独使用，也可混合使用。芦荟栽培混合基质使用，如珍珠岩∶草灰∶炉渣为2∶3∶5。

2）营养液的组成

按芦荟所需元素数量的多少，可以把它们按照下列顺序来排列，即氮、钾、磷、钙、镁、硫、铁、锰、硼、锌、铜、钼等。

3）营养液配方（g/1 000 mL）

配方1		配方2	
磷酸二氢钾	0.1～0.3	磷酸二氢钾	0.7～1.3
硫酸镁	0.3～0.6	硫酸镁	0.3～0.7
硝酸钾	0.2～0.5	硝酸钙	1.5～2.5
硫酸钾	0.2～0.6	硝酸钙	0.7～1.2

4）营养液的使用

根据芦荟栽培生长的状况与外界因素等情况，进行定期浇灌营养液。一般一周浇灌一次营养液，使用量的大小根据芦荟植株的大小进行增减。并注意微量元素的供给与调配。

在药用芦荟品种中，配方1主要适用于库拉索芦荟、斑纹芦荟、皂质芦荟；配方2主要适用于青鳄芦荟、树芦荟。

5）配制和使用营养液注意事项

①配制营养液时切勿使用金属容器，更不能用它来存放，应使用陶瓷、搪瓷、塑料及玻璃器皿。在配制时最好先用50 ℃的少量温水将各种无机盐类分别溶化，然后按照配方中的顺序逐个倒入装有相当容量75%的水的器皿中，边倒边搅拌，最后将水加到全量。在调整pH时，应先把强酸、强碱加水稀释或溶化，然后逐滴加入营养液中，同时不断进行测试。注意不要把水向硫酸中倒，而应把硫酸向水中倒。

②无土栽培芦荟使用营养液的浓度不能超过0.4%。在对大面积无土栽培的基质添加营养液时，应从不同部位分别倒入。注意，在芦荟生长旺季，营养液的浓度应大于其他生长时期。使用营养液时的温度在10 ℃以上。

（六）主要病、虫、草害的防治

1. 虫害

芦荟害虫主要有红蜘蛛、蚜虫、棉铃虫、介壳虫。这些害虫主要危害芦荟的幼苗或嫩叶，发生量不多。

（1）红蜘蛛、蚜虫

主要发生在春、夏、秋季。

1）物理防治

虫量不多时，可喷清水冲洗，或用手捏死。

2）药剂防治

喷40%氧化乐果乳油1 200倍液，均有良好的防效。

（2）棉铃虫

是目前芦荟发生最危险的一种害虫，造成危害严重。棉铃虫主要咬食嫩叶、花朵，造成叶片残缺和落花。

1）形态特征

成虫体长14～20 mm，体色多变，有黄褐色、灰黄色、灰褐色、赤褐色等。触角丝状，前翅多为暗黄色，外缘有7个黑点排列在翅脉间，后翅淡黄色，中室末端有一条斜纹，近外缘部分为茶褐色，其中有一灰色的月牙形斑。

卵半球形，有光泽，初产时乳白色，渐变成淡绿色，表面有网纹。

老熟幼虫体长40～45 mm，红褐色或黑褐色，尾部末端有一对黑褐色钳形的刺。

2）发生规律

该虫在华北地区一年发生2～3代，华南地区一年发生

6~7代,世代重叠严重,以蛹在土中越冬。成虫夜间出来交尾、产卵,卵多产于嫩梢、嫩叶上,卵期3~7天,成虫对光和萎蔫的杨树具有较强的趋性。一般在7~9月受害严重。幼虫老熟时吐丝下垂,入土做茧化蛹,入土深度2.5~6 cm。完成一个世代一般需35~45天。

3)防治方法

①用黑光灯或杨树林诱杀成虫。

②搞好栽植区域周边其他植物(如棉花、玉米)的统一协调工作。

③药剂防治。在幼虫初卵期,选用50%杀螟松乳油1 000倍液,或50%辛硫磷乳油2 000倍液喷雾防治。

(3)介壳虫

主要发生在皂质芦荟上,其他芦荟发生较少。介壳虫常以幼虫粘在叶片背面,有时叶片的正面也有。当幼虫选好栖身之地后,开始静卧结壳形成成虫,并长期在一处吸食叶片汁液,同时排出大量的蜜液来污染叶片,导致煤烟病的发生。

介壳虫的特点是繁殖迅速,成虫外被结壳,不容易被药剂触杀。

防治方法:

①如果受害的叶片较少,可以用手工除杀的方法把它们捏死。

②发生严重时,可用80%敌敌畏乳油800倍液,用毛笔蘸上药液在介壳虫处涂抹,应注意最后一次用药距采收间隔期应不少于5天。

2. 病害

主要是黑斑病,在芦荟中发生普遍,但皂质芦荟抗病。

（1）黑斑病症状

危害叶片。发病初期，叶片上产生丝状污斑，后发展成近圆形的黑褐色病斑，病斑边缘呈放射状，周围有黄色晕圈。发病后期，病斑上常有许多黑色疱状颗粒。发生严重时产生紫色到黑色条状病斑，叶表下陷。

（2）病源及发病规律

病菌以菌丝体或分生孢子盘在叶片的病斑部位生存，在条件适宜时，分生孢子借风雨及灌溉（浇）水传播，病菌浸染后可在病斑上产生分生孢子，进行多次浸染。低温湿度大或多雨水是该病流行的重要条件。多雨、多雾的季节或温室大棚内空气相对湿度大和在低温条件下，此病最易蔓延。

（3）防治方法

①选用抗病品种，皂质芦荟最抗此病。

②加强栽培管理，首先保证芦荟在生长过程中最低温度不低于8℃，同时减少菌源。尽量从植株基部浇水，减少喷水，以免喷湿叶片。加强通风透光条件，施足底肥，并结合施用0.1%代森锌，或0.1%磷酸二氢钾，或0.1%四硼酸钠等微肥，以增强植株的抗病能力。

③药剂防治。发病初期喷施75%百菌清可湿性粉剂800倍液，或50%多菌灵可湿性粉剂1 000倍液，或70%甲基托布津可湿性粉剂800倍液，或70%代森锌可湿性粉剂800倍液，或16.7%农利灵（乙烯菌核利）可湿性粉剂+50%百菌清可湿性粉剂800倍液，或利得可湿性粉剂等。

④物理防治。用"普篮特"电热熏器，将硫黄或其他抗菌杀病药剂蒸发到空气中，固态或液态药剂分离出来的有效成分很快传播分布均匀，直到防治病虫害的效果。该产品具有成本低、操作简单、作用效果长、无污染、杀虫灭菌效果

好等特点。该产品适用于温室、大棚芦荟。

3. 草害

为了减少土壤中水肥消耗,防止病虫的滋生和蔓延,适时消灭杂草是使芦荟正常生长发育的一项重要管理措施。除草应采用人工除草,不用化学除草。一般除草都应与中耕相结合,春、夏、秋季杂草生长快,除草宜勤。中耕除草应选晴天或阴天土壤湿度不大时进行,雨天或雨后湿度过大时不宜中耕除草,阴雨天中耕除草反而会造成土壤板结,草不易死亡。

除草工作应在杂草发生的初期尽早进行,在杂草结实之前必须清除干净,不但要清除栽植区的杂草,还应该把芦荟栽植区域四周的杂草除净。对多年生宿根杂草要把根系全部挖出处理。

(七)采收与加工

芦荟的采收、加工提取和凝胶稳定是芦荟产品生产过程中非常重要的环节。其流程大致:成熟叶的采集→表面净化+紫外线辐射杀菌→无菌条件下去掉叶皮+高速组织粉碎→高速离心沉淀→真空过滤→滤液(即凝胶原汁)。

1. 采收

(1)第1次采收

当发现芦荟植株下层叶片小于上层叶片时,可进行第1次采收。在种植时间上,一般栽培一年半即可少量采收。

(2)大量采收

芦荟种植生长到2~3年后，可较大量进行采收。在芦荟叶片生长旺盛期，春、夏、秋季分批收割，一般2个月采收1次。每次每株可采割2~3片叶，但要留足上部嫩叶8~9片。

采收时，应在早晨、上午进行，选底部发育好的叶片（叶龄有3年以上），从叶片与茎处，用刀从一边割一开口，然后用手掰下。这样，不会造成较大的伤口和黏液流出。采收的鲜叶应整齐地堆放在木箱或竹筐中，便于运输。

（3）采收注意事项

①采收时，小心不要碰伤未采收的嫩叶，叶片割口不能离茎过远或伤口过大，否则会流出不少的黏液；也不要掠夺收割，否则对芦荟植株生长不良，影响产量。

②采收量不应过多，以致超过工厂的日处理量。芦荟叶片采收后绝对不可过久地挤压在一起，不然会引起损伤腐烂。如果芦荟叶片量过多而处理不过来，可将芦荟叶片晾开。

③搬运过程不要损伤叶片，否则增加提取的困难。

2. 产地加工

（1）加工前处理

1）原料处理

采收的芦荟鲜叶要整齐地装入盛器中，避免搬运时损伤叶子。芦荟采收后，不可过久地挤压堆放，以免引起损伤、腐烂和霉臭。一旦发现有腐臭的叶片，应立即剔除。

2）加工用水的要求和处理

芦荟加工需用大量的水，一是清洗容器、设备和原料，二是直接用于配制加工品。加工用水必须符合饮用水标准：透明、澄清、无悬浮物、无色、无味、无致病菌、无耐热微生物及寄生虫卵，水中不含硫化氢、氨、硝酸盐和亚硝酸盐等，如有这些物质存在，说明水中有腐败作用发生或被污染。水中不宜含铁盐，因为铁盐可使制品变黑，影响外观。

硬度较大的水不适于芦荟加工用。水的硬度决定于水中钙盐和镁盐的含量。如果以100 mL水中含氧化钙（CaO）1 mg作为1个硬度单位，那么硬度在8以下称为软水，硬度8～16为中等硬水，硬度超过16为硬水。

对不符合加工要求的水，要进行净化处理，包括澄清、过滤、消毒、软化等。

3）洗涤叶片

洗涤可以除去黏附在叶片表面的泥沙、污物、残留药剂及部分微生物。洗涤前稍浸泡，以利于清洗。

（2）干制

芦荟干制是在不改变其主要效能的前提下，采用适宜的排除水分措施，制成干叶或干粉，直接服用或作为进一步加工的原料。合格的芦荟干制品几乎没有改变其主治功能，仍对多种疾病有疗效。

芦荟干制在民间简易加工中占重要的地位。作为一种加工方法，干制具有很大的灵活性，设备可简可繁，技术也易掌握，而且不加任何辅料，生产成本较低，贮藏期限长，干制后便于携带和食用，干叶制酒比鲜叶制酒具有更好的口味。

1）影响芦荟干燥速度的主要因素

芦荟干制的目的是减少新鲜叶片中所含的水分，提高可溶性物质的浓度，使微生物不能利用。同时，干制可抑制芦荟叶片中酶的活性，使芦荟得以保存。

新鲜芦荟叶含有大量的水分（一般含水量为96%）。干燥时，由于芦荟叶本身与干燥介质之间的热能交换，从而引起叶片表面水分蒸发。当表面水分蒸发到一定程度，内部的水分才会向外移动。所以，芦荟干制需经过热能交换、表面蒸发、内部水分移动三个过程。常把叶片水分的表面蒸发称水分外扩散，把水分在叶片内部移动称水分内扩散。芦荟叶片脱水的过程就是原料中水分蒸发而干燥的过程。

芦荟叶的干燥速度决定着芦荟干制品的品质。在其他条件相同时，干燥速度越快，则制品的品质越好。干燥速度主要受干燥介质和原料两方面的影响。

①干燥介质的影响：在干燥中，将传递热能的物质称干燥介质。芦荟干制中常用的干燥介质为热空气。干燥时热空气的温度、湿度、流速等均会影响芦荟叶的干燥速度。

温度：理论上干燥介质的温度越高，干燥速度越快。但实际上，芦荟干制时，特别是初期，一般不宜采用过高的温度。否则，骤然高温，内部汁液迅速膨胀，易使细胞壁破裂，内含物流失；糖分和其他有机物在高温下分解或焦化，有损成品品质和外观；初期的高温易造成表面结壳，反而影响水分的扩散。

相对湿度：在温度不变的情况下，相对湿度越低，则空气的饱和差越大，干燥速度越快。在升高温度的同时，降低相对湿度可大大加快干燥速度。

增加空气流动速度，能加速干燥作用的进行。据测定，风速在3 m/s以下的范围内，水分蒸发速度与风速大体成比例增加。但如风速过快，除影响芦荟品质外，还会造成热能和动力的浪费。一般来说，自然对流常较人工强制鼓风干燥的速度慢。

②芦荟原料的影响：干燥前将芦荟切分，可加快芦荟的

干燥速度。切分小块，其表面就大，蒸发容易。装载原料的数量与厚薄，对原料的干燥速度有影响。烘盘上原料装载量越多，则厚度越大，不利于空气流通，影响水分蒸发，干燥越不易。装载量的多少及厚度以不妨碍空气流通为原则，干燥初期宜薄些，干燥后期可以厚些。

2）干制方法

芦荟的干制按其干燥热能的不同，分为自然干制和人工干制两种。

①自然干制：自然干制即用太阳的热量、热风等使芦荟干燥。这种方法简单，生产成本低，干制期间不必细致管理，在阳光充足和干热的地区可制成品质良好的制品。但此法干燥所需时间长，不能人为控制干燥条件，易受气候条件的影响。

晒制时，选空旷通风、地面平坦的地方，将芦荟削成细条铺于干净的水泥预制件上，白天曝晒，夜间或降雨时收拢遮盖，次日再摊开曝晒，直至晒干为止。在晒制期间要注意防雨，注意清洁卫生。晒干发脆的芦荟应立即装入塑料袋中密封保存。芦荟干可直接浸泡服用，十分方便。

我国产的斑纹芦荟和日本产的木立芦荟通常采用鲜用和自然干制为主。

②人工干制：人工干制是在人工控制温度的条件下提供热源，此法管理精细、时间短、效益好，制品质量常常较优。下面简单介绍老芦荟和新芦荟的产地干制加工传统方法。

库拉索芦荟的加工：《中华人民共和国药典（一部）》（2002年版）称为"老芦荟"或"肝色芦荟"，是由产地栽培的库拉索芦荟加工而来的。其加工方法是：将切下的叶片放在一个"V"形槽中，切口部向下斜摆在槽边上，"V"形槽应当倾斜放，以便能从一端流出叶汁。当摆在"V"形槽下端的容器装满叶汁后，把叶汁倒入一个铜制的容器中加热蒸发，加热温度通常低于开普芦荟，其产品常为不透明状。虽然有时由于加热温度掌握不好，加工出半透明的产品，但随着贮存时间的延长也会渐渐变成不透明状态，这样的产品又叫"开普类库拉索芦荟"。传统的库拉索芦荟都是趁热将其倒入葫芦中销售。这样的产品现在只能在博物馆中见到了。

现在，库拉索芦荟药材的进口都是装箱运输的，每箱装产品59 kg（130磅）。

开普芦荟（好望角芦荟）的加工：过去的开普芦荟都是由野生的好望角芦荟及其变种制备而来的，现在则用栽培种类，开普芦荟在《中华人民共和国药典（一部）》（2002年版）称"新芦荟"或"透明芦荟"。其加工方法是：先在地面挖一圆形坑，坑内铺帆布或山羊皮。将切下的芦荟叶片200片左右摆放在坑边，切口向下，大约6 h即可收集叶汁完毕。将这些叶汁倒入一大容器中，明火煮沸4 h，将产品趁热倒入一略小的容器内，要求容器内凝固的叶汁重25 kg。运出销售时，成箱运输，每箱可装这种容器2～8个。

3）干粉加工

芦荟干粉的工艺流程：生叶采集→人工漂洗→整理→分级→切片→烘干→粉碎→保存。

生叶采集：用小刀收割种植2年以上的芦荟叶。人工漂洗：将切取的叶片用流水反复漂洗，必要时用刷子除去叶片上的泥沙。整理：将已洗净的叶片修去叶刺和叶尖，以及可能出现的病斑。分级：经修整的叶片（每片重30 g以上）和整理后余下的零碎片分开存放。切片：用切片机将确认为无杂物的芦荟叶片切成2~3 mm厚的薄片。烘干：将芦荟薄片置于特制的铁筛上，放在烘房的层架上进行烘干。初期温度不要过高，待原料吸收一定热量，排除一部分湿气以后再继续升温，并维持一段时间，直至烘干。经烘干后切片松脆，绿褐色，有特殊的香味，其有效含量很稳定，不因高温而损失。粉碎：将已烘干的半成品用粉碎机粉碎，经筛孔过目达到一定细度后，按一定科学配方制成芦荟产品。

4）汁液制备

利用整叶或分级后所得的碎叶加工成芦荟汁液。

芦荟汁液制备的工艺流程：漂洗整理后的整叶或碎叶→粉碎→离心→过滤→装桶→保存。

粉碎：用破碎机将整叶或碎叶粉碎、打浆，并搅成糊状。离心：将糊状原料置离心机离心，取汁盛于桶中。离心后所得叶渣可以进一步加工提取其有效成分。过滤：经离心的芦荟汁液，通过20目振动筛，立即分离出新鲜浓绿的芦荟汁液。

3. 芦荟加工提取技术与方法

（1）芦荟鲜叶生产程序与中间产品（北京润华功能化学品研究所，见下面的流程示意）

1）表面净化

首先把鲜叶用清水飘洗干净，最好用深井水，不能用含漂白剂的自来水。因漂白剂可导致芦荟液变色、变质。

2）紫外线辐射杀菌

洗干净的鲜叶晾干后，运入无菌室（室内装有杀菌消毒设备）进行紫外线辐射杀菌，一般5~10 min即可。

3）去掉叶皮

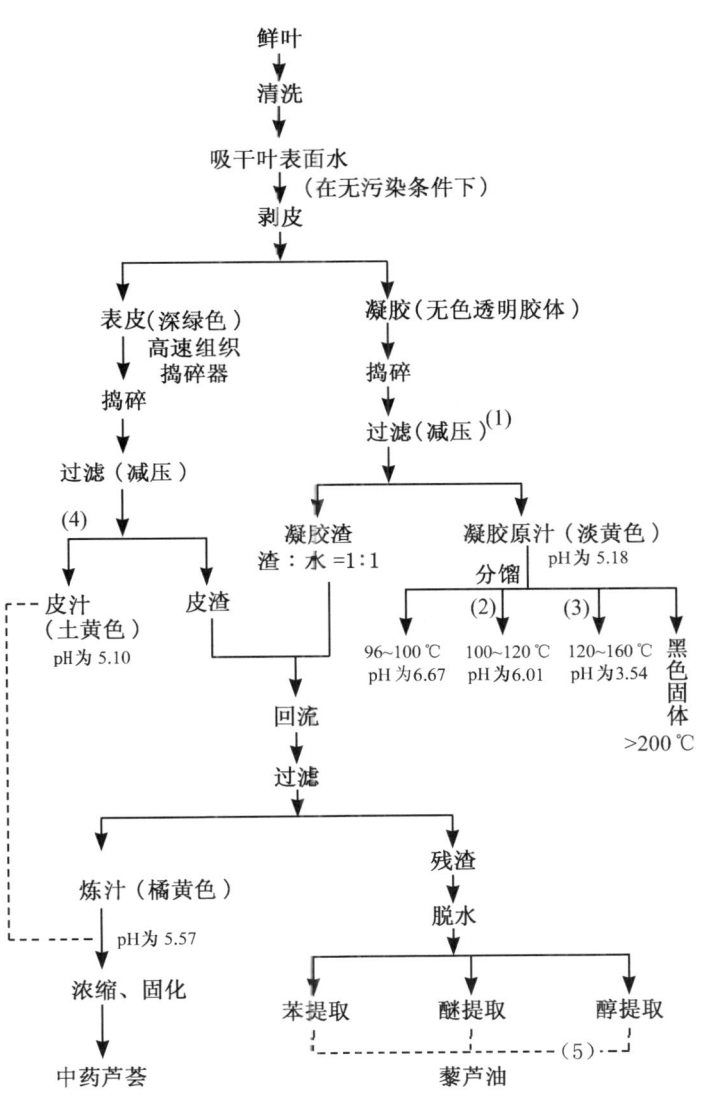

在无菌室内去掉芦荟叶皮，用消毒的刀片割开外皮，并将芦荟凝胶取出。将凝胶和叶皮分别装入塑料桶或缸内。

4）高速粉碎与沉淀

用高速粉碎机把叶皮组织分别捣碎，成为稀浆液。然后用高速沉淀机进行沉淀处理。之后过滤或真空过滤，即成为芦荟纯原汁。滤取芦荟皮汁后的滤渣数量不多，为芦荟鲜叶重量的2%～4%。此渣可加水煮1 h，滤取其汁，该方法生产产品为芦荟炼汁。芦荟炼汁直接用火浓缩至饴糖样，冷却后凝成树脂状，即为中药芦荟。

凝胶和叶皮处理后的原汁用途不同。凝胶原汁主要用于饮料、食品或添加剂等。叶皮原汁则主要用于护肤、护发化妆品和制造药品等。

（2）芦荟干粉加工工艺（中国科学院华南植物研究所）

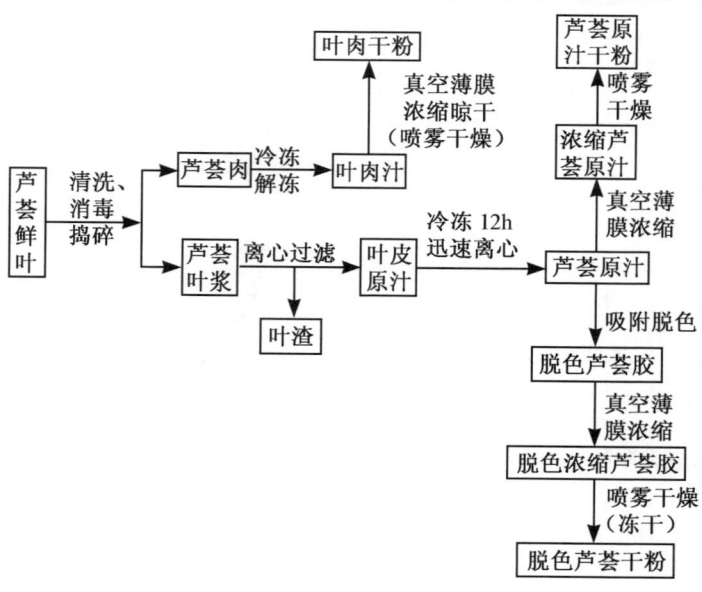

4. 芦荟凝胶原汁稳定技术与方法

确保芦荟凝胶原汁体系和成分的稳定，关键是保证凝胶原汁中具有各种生理活性的有效成分的稳定。但是，作为稳定剂的所有成分，一方面必须是对原汁生理活性不存在任何干扰，另一方面对人体绝不产生任何毒副作用。因此，稳定剂首选人体生理必需的天然物质，而且是有益人体健康的生理活性物质。同时，稳定剂能保证稳定芦荟原汁的物理性状和化学组成成分的稳定，没有任何异常现象。

（1）芦荟原汁的稳定

1）美国专利法

①将原汁加热，在40~50℃条件下滴加过氧化氢，继续加热0.5 h，而后冷却；

②加入适量山梨酸；

③加入适量抗坏血酸；

④加入适量十六烷醇。

2）北京润华功能化学品研究所凝胶原汁稳定方法

①将凝胶原汁升温在>60℃的条件下维持0.5 h（使原汁中的氧化酶与水解酶失活）；

②加入适量防止氧化变色的抗氧剂；

③加入适量防止发生霉变的防腐剂；

④加入适量防止体系出现非均相的表面活性剂；

⑤加入缓冲剂（保证体系在一定酸度范围内，以利于凝胶原汁稳定和人体吸收）。

（2）芦荟凝胶原汁的浓缩

由于芦荟鲜叶中含有99%~99.5%的水分，通过加工提取出的凝胶原汁，还可将其浓缩。目前，国外将芦荟原汁浓缩成40倍（浆或膏状）至200倍超浓缩物供应市场。

但是，芦荟原汁中含有许多对热敏感的物质，例如活性酶、游离的氨基酸、蛋白质、维生素、多糖等，这些物质在加热时有的会分解掉，有的会变质，有的甚至发生美拉德反应成有味的东西。因此，芦荟原汁浓缩应采用高真空浓缩，使浓缩过程在尽量低的沸点下进行，以避免降低芦荟原有效成分的损失。但芦荟浓缩物的使用效果不如芦荟原汁。

需要指出的是，在凝胶原汁处理过程中不要加防腐剂。若在原汁中加入0.2%～0.4%防腐剂，那么浓缩物中将含有高达16%～30%的防腐剂了。应在浓缩物出锅时加入适量防腐剂。

（3）芦荟药膏

将采收的芦荟鲜叶用清水洗去泥土，横切成片，加入与叶片同重量的水，用猛火煮2～3h，再用纱布过滤，把澄清的过滤液放入锅中加热蒸发至黏稠状，倒入模型内烘干或在太阳下晒干，即成药用芦荟膏。

5. 国外几种先进的提取技术与方法

（1）芦荟干粉

把芦荟叶片通过低温浓缩、喷雾干燥方法，加工成芦荟干粉。两种工艺不同。低温浓缩是把液体在高真空和低温（40～60℃）条件下蒸发浓缩制成。而喷雾法是在常压、高温情况下制成。

芦荟干粉在使用时，首先要把粉料溶于水，也就是恢复水相成分，扩张系数为1.199。

（2）液态芦荟

把收割来的芦荟鲜叶经过一种特殊混合器进行均化，温度控制在4 ℃，以2 500 r/min离心机粉碎，约15 min，待离心液沉淀，即可获浅色清液。

（3）Freedom超级芦荟

国际著名的芦荟权威高比尔（Bill Coat）博士与美国达拉斯（国际芦荟科学研究会所在地）的药物研究专家龚查理（Charlie Qaeen）合作研究，发明了一种Cold process purification formula净化方法，用来制造一种不含泻剂成分的芦荟新产品；高比尔博士称之为"超级芦荟"。Freedom超级芦荟系列产品的"纯芦荟"含有不少于1 mg/kg的芦荟素，这是最纯正及最有效的芦荟产品。

（八）留 种 技 术

1. 留种母株与留种地选择

留种母株应选择无病虫的健壮植株作种株；将选有留种母株的大田作留种地；留种地的管理应做好母株的越冬防霜保种工作。

2. 药材良种繁育法

通常种子是中药材栽培获得高产的首要条件。但是一个品种，即使是良种，在栽培过程中，由于管理不当或受其他多种因素的影响，均可以引起品种混杂或退化，最终丧失品种原有的种性，导致产量下降。因此，通过良种繁育，保持品种的优良特性，对保证高产丰产至关重要。

（1）良种混杂退化的原因

1）天然杂交

又称天然串种，可改变原有品种的种性，比较突出的表现为品种的一致性变坏，此时如不及时进行人工选择，会使后代的一致性减弱，导致减产。

2）机械混杂

由于在播种、收获、打场、脱粒、晾晒、运输和贮藏保管过程中的疏忽，使不同品种或良种与劣种混杂在一起，造成良种混杂退化。

3）种子的自然变异

即种子较长时间处于自然环境中，如长时间贮藏；或受到不利的环境因子的影响，如温度过高或过低等使种子的生理活性衰退；或长期受栽培条件不断变化的影响，使种子的特性与特征发生变异。这种特性与特征的变异可能是有利的，也可能是不利的，因此必须经过人工选择，才能防止其向不利的方向发展。

4）不良栽培条件下的自然选择

如某产量高的品种因经受不住当地的酷热高湿气候而死亡，经过自然选择，留下的植株虽耐热耐湿，但产量较低，此后经过几代繁育，使该品种的高产特性逐步退化。

5）病虫害传播

种子遭受病虫害侵袭也可引起种性退化。

（2）防止品种退化的方法

1）防止植株的自然杂交及机械混杂

在收获打场及贮藏等过程中，加强管理，做到专人负责、专场脱粒、专仓保管，建立严格的种子保管制度，避免发生良种混杂。对于一些自花授粉和无性繁殖的植株，每年还应当建立留种田，选择优良单株，种在留种田里以供第2年生产用。对于异花授粉的植株，必须为留种田设立隔离区进行隔离繁殖。但对于自花高度不孕的品种，可以将两个品种种在一个隔离区留种田内，让其自然授粉，以防止退化。

2）品种复壮

即利用种性优良、产量及纯度较高的种子，定期更换已经退化的同一品种的种子。常用的方法有：

①去杂保纯：根据品种的主要特性与特征，及时进行检查，通过选种，筛去杂种，保留纯的植株，这是防止品种退化最主要的方法之一。

②异地换种：可通过从外地调种栽植来保持品种的优良属性。

③改变繁殖方法：一般用块茎繁殖，但这种长期的无性繁殖会引起种子生活力的衰退，故仍需间断采用有性繁殖——种子繁殖以复壮种苗；还可以在不同品种间进行杂交，选择杂交后的优良植株，再经过2~3次单株选择，形成新品种，来更换退化的品种。

3）连续选择

在品种复壮的同时，必须配合田间选择，挑选优良植株。常用的方法有：

①田间株选或穗选：第1年在大田里，根据原品种的特征与特性进行株选或穗选，分别收获。第2年将上年挑选的单株或单穗，种植成株行或穗行，每隔若干行，间种1行原品种作为对照。在成熟前经几次观察，详细记载杂穗行的情况。收获时首先收获杂穗行，留下生长发育一致的、同原品种一样的植株混合收获，即为原种，于第3年种植在原种一级种子田。而按单株或单穗种植成的株行或穗行，在收获时也先要淘汰杂种，然后将相同类型的株行或穗行进行混合收

割,来年供一级种子田作种用。

②混合选择:从大田中挑选或从当地良种场或外地引进适合当地种植的良种,种植后进行第1次株选,混合收获,第2年种植在一级种子田里,然后去杂去劣,再进行第2次株选,混合收获后作为第3年一级种子田播种用的种子;对第1次株选后剩余的植株进行去杂去劣,第2年可作为二级种子田里的种子,然后经第2次去杂去劣,收获的种子在第3年即可供大田播种用。

(九)质量标准及监测

1. 生物学特征

中药材芦荟有老芦荟和新芦荟之分,老芦荟又名肝色芦荟,是由产于南美地区北岸附近的库拉索、阿律巴和博内尔等小岛上的伪库拉索芦荟叶的液汁浓缩而成的。新芦荟又名透明芦荟,是由产于非洲南部好望角地区的青鳄芦荟叶片流出的叶液经猛火煮沸、浓缩后迅速冷却凝固而获得的。

(1)性状鉴别

1)老芦荟

呈不规则块状,常破裂为多角形,大小不一,表面暗红褐色或深褐色,无光泽。体轻质硬,不易破碎,断面粗糙或显麻纹,富吸湿性,有特殊臭气,味极苦。以气味浓、溶于水、无杂质及泥沙者为佳。次品呈棕黑色,遇热不熔化,质轻而坚硬,断面平坦。

2)新芦荟

表面呈褐色,略显绿色,有光泽。体轻,质松,易碎,断面玻璃样而有层纹，具不愉快的臭气，味极苦。以色黑绿、质脆、有光泽、气味浓者为佳。

（2）显微鉴别

用乳酸酚装片观察，老芦荟团块状，表面有细小针状结晶聚集成团；新芦荟棕色多角形块状，无结晶。

（3）物理性状

①外观：淡黄绿色，液体清澈透明。

②气味：水果味或草木气味。

③密度：0.098 0～1.002 0（25 ℃）。

④pH值：4～6。

⑤折光率：1.334 1～1.337 0。

2. 主要化学成分

据文献报道，芦荟所含化学成分有几百种已知的和未知的物质，其中已经研究清楚的化学成分有70多种。研究工作者已从芦荟属植物中检出18种微量元素、11种游离氨基酸、21种有机酸、维生素、缓激肽酶、蒽醌类、酚类、苷类、糖类等。其中含量最大的有效成分是芦荟宁、芦荟大黄素、芦荟苦素、芦荟多糖、芦荟皂苷等。此外，还发现矿物质20多种，烷烃类30多种。

（1）酚类物质

芦荟的液汁有外层成分和内层成分之分，外层成分主要由酚类物质组成，具有杀菌、泻下、抗炎、抗过敏和促进伤口愈合的作用。酚类物质是芦荟中主要有机活性成分，主要包括蒽酮配糖体、蒽醌类、染色体诱导体三部分，其中的蒽醌类化合物包括芦荟大黄素苷、芦荟大黄素、芦荟宁、芦荟苦素等20多种。芦荟中产生致泻作用的主要是芦荟大黄素，也叫阿劳因,是芦荟大黄素苷和异芦荟大黄素苷的混合物。它初呈黄褐色,逐渐受空气氧化后成为黑色,带有强烈的苦味。它能让肠内细菌分解和活性化,同时促进肠内肌肉的收缩,加快蠕动运动。蒽醌类物质也有解除便秘作用。芦荟大黄素苷能抑制组织胺的游离,从而对哮喘、过敏等症奏效。另外,芦荟中的阿劳埃辛等染色体导体有抑制酪氨酸酶活性的作用,因酪氨酸酶会促进黑色素的发生,使皮肤产生老斑,所以认为阿劳埃辛与防止黑色素的生成及沉淀有密切的关系。

芦荟所含蒽醌类化合物的种类和数量,与芦荟的品种、栽培条件及收获时期有较大的关系,特别是品种间的差异更为显著。以芦荟大黄素为例,上农大叶芦荟每克新鲜叶含量0.45 mg,而斑纹芦荟只有0.08 mg,相差5倍之多。

(2)糖类

主要是指芦荟所含的葡萄糖、甘露糖以及由它们组成的多糖。

1)单糖类

葡萄糖、D-葡萄糖、甘露糖、甘露聚糖、乙酰化葡甘聚糖、乙酰化甘露聚糖、阿拉伯糖、半乳糖、果糖、鼠李糖等,其中以葡萄糖和甘露糖为主。

2)双糖类

主要是蔗糖。

3)糖醛酸类

葡萄糖醛酸、半乳糖醛酸、甘露糖醛酸类。

4)氨基糖

氨基半乳糖、氨基葡萄糖。

5)多糖类

多糖类在人体中占有很重要的地位,像多糖类之一的糖原,又称肝精,在肝脏和肌肉中担负着能量贮藏的任务。芦荟中含有大量的多糖类化合物。把芦荟的叶片剖开后,可见到断面呈现许多半透明黏糊糊的东西,其中主要的化学成分是多糖类和粘蛋白等。芦荟多糖在提高人体免疫力方面的作用引起了极大的重视。芦荟多糖对于癌症的防治有良好作用。

(3)黄酮类

1)木斛皮素

木斛皮素具有较好的祛痰、止咳作用,并有一定的平喘作用,还可降低血压,增强毛细血管抵抗力,减小毛细血管脆性,并可降血脂,扩张冠状动脉,增加冠状动脉血流量等。用于治疗慢性支气管炎,对冠心病及高血压、高血脂症也有辅助治疗作用。

2)芦荟酊

芦荟酊具有抗炎、抗病毒作用,可防治毛细血管发脆引起的出血症,用于防治脑溢血、视网膜出血、高血压、紫癜及急性血性肾炎,治疗慢性气管炎。

(4)维生素类

芦荟中含有维生素A、维生素B_1、维生素B_2、维生素B_6、维生素B_{12}、维生素C、维生素E、维生素K、维生素D、β-胡萝卜素、烟酸、叶酸、金属离子与维生素的化合物等。

(5)氨基酸

芦荟中含有丰富的精氨酸、天冬酰胺和谷氨酸等。芦荟中具备了人体不能自身合成的8种必需氨基酸。由于芦荟中氨基酸的组成比较平衡,所以有人称誉芦荟为21世纪最有希望的保健食品。

芦荟中含有的19种氨基酸是：谷氨酸、天冬氨酸、白氨酸、异白氨酸、赖氨酸、苏氨酸、苯基丙氨酸、蛋氨酸、缬氨酸、色氨酸、酪氨酸、胱氨酸、组氨酸、羟基氨酸、精氨酸、脯氨酸、丙氨酸、甘氨酸、丝氨酸。

在以上氨基酸中，除了脯氨酸、胱氨酸、蛋氨酸之外，都是游离氨基酸。氨基酸广泛存在于芦荟植物的根、茎、叶各部分。6月采的芦荟鲜叶，游离氨基酸和芦荟素的含量最多。

（6）有机酸

芦荟中的有机酸大部分为脂肪族有机酸，芳香族有机酸很少。有机酸类在植物体中大部分是以与钾、钠、钙等离子或生物碱结合成盐的形式存在的。有研究表示，芦荟中的有机酸含量随季节变化，夏季芦荟中有机酸有普遍增高的趋势。

（7）酵素

酵素即是酶，它是由蛋白质组成的，是生物体细胞自身产生的有机胶状物质。目前，芦荟中已发现的酶类有：纤维素酶、羟基肽酶、缓基肽酶、过氧化氢酶、氧化酶、淀粉酶、脂肪酶、乳酸脱氢酶、芦荟羧肽酶、蛋白酶、碱性膦酸酯酶、谷丙转氨酶、谷草转氨酶、芦荟外源凝集素样物质、TNF样物质、抗胰蛋白酶中和物质、植物凝血素酶等。

（8）烷烃和烷醇

1）烷烃

12C（0.7%）、13C（0.8%）、14C（0.5%）、15C（1.6%）、16C（3.3%）、17C（1.7%）、18C（1.7%）、19C（2.4%）、20C（2.8%）、21C（3.0%）、22C（3.2%）、23C（8.4%）、24C（0.6%）、25C（2.9%）、

26C（1.3%）、27C（1.1%）、28C（1.1%）、29C（22.7%）、30C（0.1%）、31C（20.3%）、32C（6.5%）。以上烷烃的组成可通过色谱分析得出。

2）烷醇

n-三十烷醇（蜂花醇）、n-三十二烷醇。

（9）激素、叶绿素、皂草苷

激素即音译的荷尔蒙，也叫成长素，在植物的茎、根的尖端及叶子里大量地存在着。激素对人体伤口有帮助愈合的作用，芦荟体内主要含有玉米素、赤霉素、吲哚醋酸、脱落酸等植物类激素。叶绿素能促进伤口肉芽组织的形成，还与胃朊酶有对抗作用，防止胃壁的侵蚀。皂草苷有净化和防腐的功能，在洗头香波中可用来做发泡剂。

（10）萜类和甾体

在芦荟中鉴定出来的萜类和甾体主要是：胆甾醇、羽扇醇、菜油甾醇、谷甾醇和谷甾醇葡萄糖苷。甾体化合物许多都是生物体的活性物质，也是中药的有效成分，如胆甾醇进入人体血液后，在肝脏中大部分转变成胆酸，胆酸成盐后能刺激肠蠕动，并可与多种有毒的有机物结合成稳定的化合物。此外，甾体还对中枢神经具有抑制作用，故临床上可用来镇静、镇痛和降压。

（11）矿物质

迄今为止，发现芦荟中有几十种矿物质元素：包括钾（K）、钠（Na）、锰（Mn）、硅（Si）、铝（Al）、镁（Mg）、钙（Ca）、铁（Fe）、钴（Co）、钛（Ti）、铬（Cr）、铜（Cu）、磷（P）、钡（Ba）、锌（Zn）、硼（B）、锶（Sr）、铅（Pb）、钼（Mo）、锗（Ge）、钒（V）、镍（Ni）和银（Ag）。其中锌、铁、铜、锰、铬、

钼、钴、镍是人类必需的微量元素；钙、镁、钠、磷、钾是人体必需的大量元素。已有研究结果表明，不同产地来源的芦荟，所含的矿物质的量各不相同。

（12）芦荟素A、树脂和水

芦荟素A是一种糖蛋白，平均分子量为18 000，药理实验显示出具有抗肿瘤、抗炎及免疫促进活性。

树脂中含有肉桂酸和β-香豆酸。

黏液素有防止老化和强身作用。

芦荟叶肉中含有量最多的是水，占99.0%~99.5%，这种水是天然生物水，它在美容、保健饮料、医疗等方面起重要作用。

另外，芦荟中还含有创伤激素（愈伤酸）、乳酸镁、毒芹碱、羟基毒芹碱、1-亚油单酸甘油酯等，其中毒芹碱的右旋化合物毒性较强，而羟基毒芹碱毒性较弱，有些人认为它是芦荟中的主要生物碱。

3. 原汁标准

珠海库拉芦荟综合开发有限公司开发生产的芦荟原汁：

外观：清澈，呈稍微的雾状，黄绿色液体；

色标准：3 max；

气味：芦荟草木气味；

密度：0.90~1.00（25 ℃）；

pH值：4.0~5.0；

汞：<0.01 mg/kg；

砷：0.025~0.030 mg/kg；

镁：150~160 mg/kg；

钙：500~505 mg/kg；

铅：0.040 mg/kg；

山梨酸：＜5 mg/kg；

细菌总数：2～3个/mL；

大肠菌群：＜3个/100 mL；

微生物指标：病源生物［无（1周）］；

霉菌：＜1个/mL；

多糖：1 390～1 420 mg/L。

4. 重金属、农药残留等的限量指标

依据中华人民共和国商务部发布、2001年7月1日起实施的《药用植物及制剂进出口绿色行业标准》进行检测。《药用植物及制剂进出口绿色行业标准》是我国第一个以国家政令的形式发布的中药进出口国家标准，并在国际上第一次确立了"绿色中药"的概念；它规定了药用植物及制剂的绿色品质标准，包括药用植物原料、饮片、提取物及其制剂等的质量标准和检验方法。

（1）重金属及砷盐

1）限量指标

①重金属总量≤20.0 mg/kg；

②镉（Cd）≤0.3 mg/kg；

③铜（Cu）≤20.0 mg/kg；

④铅（Pb）≤5.0 mg/kg；

⑤汞（Hg）≤0.2 mg/kg；

⑥砷（As）≤2.0 mg/kg。

2）检验方法

①重金属总量：《中华人民共和国药典（一部）》（2000年版）附录Ⅸ E重金属检测方法。

②铅：GB/T5009.12—1996食品中铅的测定方法（原子吸收光谱法）。

③镉：GB/T5009.15—1996食品中镉的测定方法（原子吸收光谱法）。

④总汞：GB/T5009.17—1996食品中总汞的测定方法（原子吸收光谱法）（汞测仪法）。

⑤铜：GB/T5009.13—1996食品中铜的测定方法（原子吸收光谱法）。

⑥总砷：GB/T5009.11—1996食品中总砷的测定方法。

（2）农药残留量

1）限量指标

①六六六（BHC）≤0.1 mg/kg；

②滴滴涕（DDT）≤0.1 mg/kg；

③五氯硝基苯（PCNB）≤0.1 mg/kg；

④艾氏剂（Aldrin）≤0.02 mg/kg。

2）检验方法

《中华人民共和国药典（一部）》（2000年版）（附录60）附录Ⅸ Q有机氯农药残留量检测方法。

（3）黄曲霉毒素

1）限量指标

黄曲霉毒素B_1（Aflatoxin）≤5 μg/kg（暂定）。

2）检验方法

SN0339—1995出口茶叶中黄曲霉毒素B_1的检测方法。

（4）微生物限量

限量指标参照《中华人民共和国药典（一部）》（2002年版）规定，检验方法参照《中华人民共和国药典（一部）》（2000年版）附录ⅩⅢ C微生物限量检测法。

（十）包装、贮藏及运输

1. 包装

用小刀或专用采割刀从芦荟叶基部轻轻环割采下带鞘叶片，采割时应注意用力不宜过大，以免折断不成熟叶和伤及假茎。叶片采下后应立即装入箩筐或专用塑料筐，轻装轻放，保证叶片完整无损，每筐装15 kg为宜。按照《中药材生产质量管理规范（试行）》的要求，包装前应再次抽查，清除劣质品和杂质，包装器材应无污染，要清洁干净、干燥、无破损；包装袋上应有包装记录，内容应包括：品名、批号、规格、重量、产地、工号、日期等。

2. 运输

搬运过程不要损伤叶片，否则增加提取工序的困难。药材批量运输时，注意不能与其他有毒、有害的物质混装；要防止吸潮、防止曝晒。按照国家规定，运输定额损耗率200 km、201～500 km、501～1 000 km、1 000 km以上分别应控制在1.5%、1.8%、2.4%、3%以内。

3. 贮藏

采后的芦荟应做到随采随运，不宜久贮，以免影响加工和内含物的转化。如需暂时存放，应存放于阴凉、干燥的药材仓库，并防回潮、防虫蛀。存放温度在30 ℃以下，相对湿度控制在70%～75%，商品安全水分为10%～12%。如果芦荟叶片量过多处理不过来,可将芦荟叶片晾开。

（蒋　林）

参 考 文 献

陈玉明. 2000. 芦荟治疗与妙用［M］. 北京：中国纺织工业出版社.

董林. 1999. 神奇的植物——芦荟［M］. 北京：蓝天出版社.

贺红, 刘春来, 肖省娥, 等. 2001. 中国芦荟离体培养和快速繁殖［J］. 广州中医药大学学报, 18（1）：71-73.

蒋林, 徐鸿华, 叶建华, 等. 2002. 库拉索芦荟的组织培养和快速繁殖［J］. 仲恺农业技术学院, 15（4）：39-32.

蒋林, 徐鸿华. 2002. 广东芦荟GAP基地建设［J］. 中国药用生物保育（台湾）, 1（1）：12.

刘丽丽, 马雅磬. 2001. 芦荟［M］. 北京：中国中医药出版社.

王宗伟, 王勇, 黄兆胜, 等. 2001. 芦荟多糖的抑瘤作用及其机理研究［J］. 中药材, 24（5）：350-353.

王宗伟, 王勇, 黄兆胜, 等. 2002. 芦荟多糖对小鼠放射损伤的防护作用研究［J］. 中草药, 33（3）：251-252.

王宗伟. 1999. 库拉索芦荟对大鼠皮肤创伤基质中葡萄胺聚糖的影响［J］. 国外医药：植物药分册, 14（1）：31-32.

熊佑清. 1999. 芦荟［M］. 北京：中国农业大学出版社.

附

芦荟规范化生产标准操作规程（SOP）

本规程由广州中医药大学承担的广东省重点科技攻关专题"芦荟中药材规范化种植研究"课题组提出，并归口广东省科技厅。

本规程起草单位：珠海市库拉芦荟综合开发有限公司、广州中医药大学。

本规程主要起草人：张亦寿、张全波（珠海市库拉芦荟综合开发有限公司）、蒋林、徐鸿华（广州中医药大学）。

本规程委托广州中医药大学芦荟规范化种植研究课题组负责人负责解释。

第一章 总 则

1.1 为保证中药材质量，促进中药标准化、现代化，依据芦荟药材的生长特点和国家药品监督管理局局令《中药材生产质量管理规范（试行）》的要求，制定本标准操作规程（SOP）。

1.2 本规程内容包括总则，产地自然条件，品种类型，无性繁殖培育苗木，种植与田间管理，主要病虫害的防治，采收与加工，留种技术，质量标准，包装、运输与贮藏，人员和设备，文件管理等，是芦荟药材生产和质量管理的具体操作方法。

1.3 珠海市库拉芦荟综合开发有限公司应运用标准操作规程管理和质量监控手段，保护生态环境，坚持"最大持续量"原则，实现资源的可持续利用。

1.4 本规程适用在我国适宜种植库拉索芦荟、斑纹芦荟、树芦荟的省区。

1.5 引用标准 下列文件被本标准引用的条款则为本标准的条款。

1.5.1 《中华人民共和国环境空气质量标准》（GB3095—1996）。

1.5.2 《中华人民共和国农田灌溉水质标准》（GB5084—1992）。

1.5.3 《中华人民共和国土壤环境质量标准》（GB15618—1995）。

1.5.4 《中华人民共和国药典（一部）》（2000年版）。

1.5.5 国家药品监督管理局《中药材生产质量管理规范（试行）》。

1.5.6 中华人民共和国商务部《药用植物及制剂进出口绿色行业标准》。

1.5.7 中华人民共和国科技部科学技术发展中心《中药材规范化种植研究项目实施指导原则及验收标准》。

1.6 定义。

1.6.1 GAP 即英文Good Agriculture Practice的缩写，指中药材生产质量管理规范。

1.6.2 SOP 即英文Standard Operation Practice的缩写，指中药材规范化生产标准操作规程。

1.6.3 最大持续量 指不危害生态环境，可持续生产（采收）的最大产量。

1.6.4 生物肥料 指利用生物活体或生物代谢过程中产生的具有生物活性的物质或从生物体提取的物质作为提高作物产量和品质的肥料。

1.6.5 生物源农药 指利用生物活体或生物代谢过程中产生

的具有生物活性的物质或从生物体提取的物质作为防治作物病虫害的农药。

1.6.6 质量标准 指对药材的质量规定和检验方法所作的技术规定。

第二章 产地自然条件

2.1 芦荟起源并主要分布于非洲大陆、马达加斯加，该地区的芦荟品种占世界的90%；埃及、加那利群岛等亦有原产分布。我国主要的栽培区域为云南、四川、广西、广东、海南、福建、上海、北京、辽宁、黑龙江和台湾。

2.2 根据芦荟的生物学特性，结合传统的生产实践经验，要求生态条件为：

2.2.1 温度 生长适宜温度25~30℃，一般生长的最低温度在10~12℃，温度低于10℃生长基本停止。短暂的5℃以下的低温，要做好防寒措施。

2.2.2 光照 苗期需要适当荫蔽，成株可在全光照下生长。

2.2.3 水分 有较强的抗干旱能力。幼苗期，土壤保持湿润有利于幼苗的生长。无论苗期和成株期，土壤水分过多对芦荟的不利影响是非常明显的。

2.2.4 土壤 要求排水良好，疏松肥沃，保水、保肥能力强的沙质壤土。

2.3 芦荟种植研究地——珠海研究地（见彩图28-15、彩图28-16），处于北纬21°48′~22°27′，东经113°3′~114°18′，属于低纬度亚热带季风区，日照充足，雨量充沛，年平均气温22.4℃，全年1~2月气温最低，进入4月，温度渐升，5~9月天气较热亦多雨。年平均降水量1 700~2 300 mm。东风为常向风，夏以东南风为主，冬以东北风为主，夏秋季有台风侵袭。空气平均相对湿度为79%，十分适宜芦荟的生长。

2.4 环境质量。

2.4.1 环境空气质量达到国家环境空气质量二级以上标准。

2.4.2 灌溉水达到《中华人民共和国农田灌溉水质标准》（GB5084—1992）二级以上标准。

2.4.3 土壤环境质量达到《中华人民共和国土壤环境质量标准》（GB15618—1995）二级以上标准。

第三章 品 种 类 型

3.1 栽培品种。

3.1.1 库拉索芦荟（*Aloe vera* L.） 同种异名 *A. barbadensis* Mill.，也有人取其vera（番拉）的音译称为番拉芦荟，也有人取同种异名barbadensis的音译称为巴巴多斯芦荟。在北美特别是美国栽培的最多，因此库拉索芦荟俗称美国芦荟。

3.1.2 树芦荟（*Aloe arborescens* Mill.） 在日本栽培最多，日本人称之木剑式芦荟，又叫木立芦荟，俗称日本芦荟，在我国民间称为龙角芦荟。

3.1.3 斑纹芦荟〔*Aloe vera* L. var. *chinensis*（Haw.）Berger〕 同种异名 *A. barbadensis* Mill. var. *chinensis*（Haw.）Berger，俗称中国芦荟、元江芦荟，又名油葱、象鼻草、象鼻莲、罗纬草、罗纬花、龙蒇草、龙角、乌七、亚哈菲、逼火丹、碧合草、火炼丹等。宋代《开实》释名"奴会"。在日本称为中华番拉。

3.2 3种不同的芦荟形状特征比较。

3.2.1 库拉索芦荟 须根系，茎短，叶簇生于茎顶，直立。叶呈螺旋状排列，叶肥厚，呈披针形；叶长30～70 cm，宽4～15 cm，厚2～5 cm。先端渐尖，基部宽阔；叶呈粉绿色，上有白色斑点，随叶片生长白色斑点逐渐消失，到4年左右成叶，叶片上几乎难以见到斑点，叶缘有刺状小齿。花茎单生并有2~3个分枝，高60~120cm，总状花序疏散；花点垂，长约2.5cm，呈黄色或赤色斑点；花被管状，6裂，裂片稍外弯，雄蕊6枚，花药丁字着生；雌蕊1枚，3室，每室多数胚珠。蒴果三角形，室背开裂。

3.2.2 树芦荟 茎直立，茎秆木质化，呈树干。叶片细而长，叶肉厚，叶片簇生于茎秆上，边缘呈锯齿状，叶色为银灰色。花被6，呈管状，花色为橙红色，雄蕊6枚。单生或有分枝，小花序50cm左右，呈火炬状。蒴果。树芦荟在原产地非洲高达6m以上，一般栽培株高1m左右。

3.2.3 斑纹芦荟 须根系。茎短，叶簇生茎顶部，直立。叶呈螺旋状排列或对称排列两种，叶直立肥厚，狭披针形；叶长30~70cm，宽3~14cm，厚2~5cm，先端渐尖；叶呈浅绿色，上有浅白色斑点，比库拉索芦荟叶上的斑点大而明显，随叶片生长白色斑点逐渐消失，叶缘有刺状小齿。花茎单生并有分枝，高40~80cm，总状花序，疏散；花柄长约2.5cm，花呈黄色或紫色带斑点，具膜苞片；花被筒状，6裂，裂片稍向外弯；雄蕊6枚，有时突出，花药2室，背着生，子房上侧。蒴果三角形，长约0.8cm。

第四章 无性繁殖培育苗木

4.1 芦荟苗圃的选择。

4.1.1 苗圃应选择地势平坦或缓坡地块，并且排水和灌水比较方便。

4.1.2 选择在土层深厚、疏松、肥沃、有机质丰富的土质。

4.1.3 不宜选用种过芦荟的重茬地作芦荟育苗场圃。

4.1.4 选择交通便利的地块作芦荟苗圃。

4.1.5 扦插地的选择。

4.1.5.1 扦插主要采用茎插和根插。扦插可以在露地进行，也可以在大棚保护地或温室内进行。露地扦插可以利用露地床进行大量繁殖，依季节不同，可以适当地采取塑料覆盖保护或搭阴棚等措施。

4.1.5.2 扦插基质具有良好的透气性，采用沙土、泥炭土和疏松菜园土作为扦插基质对芦荟更为适宜。

4.1.5.3 在pH为6.5~7.2的基质中进行芦荟插穗扦插较佳。

4.2 分生繁殖 是芦荟的主要繁殖方法。通过人工的方法，将芦荟幼株从母体分离出来，另行栽植，形成独立生活的芦荟新植株。

4.2.1 繁殖时期 分生繁殖在芦荟整个生长期中都可进行，但以春秋两季温度条件最为适宜。春秋分生繁殖的芦荟新苗返青比较快，易成活，只要床土保持良好的通气透水状态，芦荟分生苗很快可以恢复生长。

4.2.2 繁殖方法。

4.2.2.1 将由芦荟茎基或根部的吸芽长成的、带有幼根的幼株直接从母体剥离下来，然后移栽到苗圃或生产田中。刚移栽的芦荟幼苗，应采取适当遮阴。

4.2.2.2 用分株刀具将母株萌发出的幼苗与母株分离，但不要拔出来，仍让幼苗留在原位，使其生长一段时间（一般半个月左右），形成独立的根系，达到完全自养状态后，再将幼苗带土移栽，定植在大田中，及时浇一遍定植水。在春、夏、秋季都可以随时进行。

4.2.2.3 还可以先将芦荟幼苗从母株上剥离下来，摊在地上，在通风处干燥数日，使其剥离伤口完全愈合后再定植。

4.3 扦插繁殖　扦插繁殖是利用不带根芦荟主茎和侧枝的下端可以发生不定根的特性，分离繁殖芦荟新的植株。

4.3.1 扦插时期　适宜的扦插温度为25～28℃，如果基质温度比气温略高2～4℃，则更适宜芦荟扦插苗生根成活。在气温和土温较低的情况下进行芦荟扦插繁殖时，要采用增温措施。

4.3.2 扦插材料　采取生长充实的主茎或侧枝作为扦插材料，置于通风干燥处，使其伤口愈合收干后再进行扦插。

4.4 苗期管理。

4.4.1 温度　适温为25℃左右，温度过高可揭塑料薄膜通风降温，冬天覆盖塑料薄膜保温。

4.4.2 遮阴　苗床上盖荫蔽度为50%～60%的遮阳网，以防阳光直射，阴棚高度以方便管理为度。

4.4.3 田间含水量　土壤田间最大持水量在50%～60%较为适宜，空气相对湿度以80%～90%为宜。

4.4.4 除草　坚持除早、除了的原则，减少杂草与芦荟植株争夺水分和养分。

4.4.5 施肥　幼苗长出新叶和新根后，可视植株生长情况适当追肥，淋施腐熟的人尿肥，但以淡施为宜。若栽培基质较肥沃，施肥的次数和用量则减少。待幼苗长到5～6片叶，自然株高达15～20 cm即可定植于大田。

4.4.6 防治病虫害　以预防为主，成活后高温季节每隔15～20天喷1次50%多菌灵800～1 000倍液喷雾，或50%托布津1 000～1 500倍液喷雾，连续3次。其他时间每月喷1次即可。发现病株要及时清除。

4.5 组织培养苗培育。

4.5.1 外植体选取　取植株的地上部分，去掉叶片，然后用

70%酒精擦洗干净,切成2~3 cm长的茎段、顶芽,在无菌条件下用0.1%升汞灭菌10 min,后用无菌水冲洗4~5次,便可插植于诱芽发生的培养基上。

4.5.2 培养基的设计 培养基是外植体生长发育的能源和营养基地,用于繁苗的培养基分为诱芽、诱根两类。诱芽培养基用于诱导芦荟不定芽的发生和增殖,诱根培养基则用于诱导芦荟不定芽发生不定根,它们的组分如下:

4.5.2.1 诱芽培养基 MS+6-A 2~5(单位:mg/L,下同)+NAA 0.1~0.2。其中斑纹芦荟的最佳培养基为MS+6-A 2+NAA 0.2,木立芦荟的最佳培养基为MS+6-A 2+IAA 0.2,库拉索芦荟的最佳培养基为MS+6-A 4+NAA 0.2。

4.5.2.2 诱根培养基 MS+IBA 2~3+NAA 0.2~0.3。

4.5.2.3 快速繁殖培养基 MS+6-A 2~3+NAA-0.1~0.2。

4.5.3 培养室温度。

4.5.3.1 温度控制在(28±2)℃。

4.5.3.2 每天光照0~12 h或自然光照,光照强度2 000~3 000 lx。

4.5.4 种苗快繁的操作步骤 芦荟组培苗培育的整个过程,首先是外植体的培养,此后是不定芽的发生和增殖→不定根的发生→假植组培苗→大田种植。从外植体培养到不定根的发生需在无菌条件下进行操作。假植组培苗需在专门设置的苗圃内进行。

4.5.4.1 不定芽的发生与增殖 插植在诱芽培养基上的外植体首先变绿膨大,同时顶芽、腋芽开始萌动生长,继续培养2~3个周期后(25~30天为一培养周期),茎段腋芽生长成不定芽,茎段节痕上和茎段切面边缘也同时发生多个不定芽。将不定芽切割转移至新鲜诱芽培养基上,培养一周期可

增殖2~4倍，经过不断培养可繁殖出大量的芦荟不定芽。

4.5.4.2 诱导不定根的发生　不定芽高至2~3cm，可逐个转移插植于诱导不定根发生的培养基上，10天左右开始发生不定根，1个月左右可长成具3~4片叶和多条不定根的小苗。

4.5.5 炼苗　为提高移栽成活率和移栽后的快速生长，移栽前，将已形成完整植株的芦荟培养瓶苗放置于散射光充分的条件下培育一个星期方可移栽。

4.5.6 移栽技术。

4.5.6.1 苗圃地的选择　应选取通风、透光、排水良好、地下水位较低（离地表30cm以下）的地块作育苗地。

4.5.6.2 移栽苗棚的搭建　育苗棚一般宽度为7~8m，高3m，长度可根据场地和需要确定。棚架外先盖一层白色塑料薄膜，再覆盖遮光率为60%~75%的遮阳黑网。

4.5.6.3 栽培基质的调配和消毒　移栽地和栽培基质用福尔马林的50倍液淋湿，再覆盖消毒1周后启用。移植苗的栽培基质以河沙或疏松肥沃的沙质壤土为好，最佳的苗床是沙、草灰、土各占1/3。切忌土质黏重积水。

4.5.6.4 洗苗　打开瓶盖，取出芦荟小苗，清洗干净根部培养基，并按种苗的高矮、强弱分级。

4.5.6.5 消毒　主要是防治由真菌或细菌引起的病害，用1 000~2 000倍的高锰酸钾溶液浸泡（全株）1~2 min。

4.5.6.6 移植　植株消毒后稍加晾干即可移植。移植有2种形式，一种是将小苗直接种到苗圃的沙床中，移栽深度以植株稳立于沙中为宜，切忌种得过深，以免引起烂苗。另一种是将小苗移栽到营养袋中，营养袋宜用塑料薄膜制成，规格为10 cm×12 cm，下有出水孔，底层装富含有机质的栽培土，上层覆盖河沙，小苗植于沙中。

4.5.6.7 淋水 小苗移栽后应淋定根水,但第一次浇水不宜过湿,否则容易烂苗。如在移栽前淋湿基质,移植后不再淋定根水。

第五章 种植与田间管理

5.1 种植。

5.1.1 栽植地。

5.1.1.1 选择 应选择交通便利、有利于排水、冷空气不易沉积的地块作种植地。土质以沙性土壤、疏松肥沃、排水良好的为佳。

5.1.1.2 整地 应该在杂草结籽之前进行,力求把黄茅草之类的宿根杂草连根铲除,以免芦荟植后杂草丛生,影响芦荟苗的生长。栽植地开垦深度至少要达到35 cm,整地起畦的畦高20~30 cm;畦宽1~2 m,平地做畦可超过2 m,作多行种植;坡地做畦可小于1 m,作双行种植或单行种植。畦长要根据运输和田间作业方便、地形、地势来决定。

5.1.1.3 要施足基肥,每667 m²施优质堆肥1 000 kg、过磷酸钙50 kg或骨粉100 kg,基肥可以撒在畦面上然后耙匀,也可以放在种植穴中与土壤混匀,但种植时要避免肥料直接接触根系。

5.1.2 栽植季节 春季(3~5月)和秋季(9~11月)为最佳时期。这两个季节移栽返苗周期短,一般一周可返苗,生长出新根系。但其他季节栽植时要有相应的辅助措施,如夏季遮阴降温,冬季增温保温。移栽苗最好在阴天进行。

5.1.3 种植密度 根据芦荟的生物学和生态学特征,结合种植地的土壤条件和当地集约经营的程度,定出初植密度每667 m² 1 800~2 500株。在2 m宽的栽植畦上,行距50 cm,株距50 cm。

5.1.4 栽植方法 按行距挖穴，穴成"品"字形错开，每穴栽苗1～2株。

5.2 田间管理。

5.2.1 遮阴 定植初期，床面上盖遮阳网。

5.2.2 补苗 缺株应及时补上同龄苗木。

5.2.3 灌排水 定植初期，每天早、晚淋水，以浇湿畦面为度，严防积水。

5.2.4 中耕除草 定植初期，要勤除杂草、松土和培土。

5.2.5 施肥。

5.2.5.1 基肥 每公顷施15～22.5 t优质有机肥作基肥。

5.2.5.2 追肥 适时适量追施人畜清粪水，以少量速效磷、钾肥为辅。芦荟缺肥的症状（在田间水分供给正常的情况下）为：出现叶片色淡，生长速度减缓，植株生长瘦弱，此时应及时以每公顷用人畜粪或沼液3 t兑水浇施，或每公顷用复合肥300 kg加菜子饼150 kg作株间浇施，尽量避免粪水与植株直接接触，然后结合中耕松土。

5.2.5.3 施肥时间 每次间隔为60天左右。

第六章 主要病虫害的防治

坚持贯彻保护环境、维持生态平衡的环保方针及预防为主、综合防治的植保原则，采取农业防治、生物防治和化学防治相结合的方法，对芦荟主要病虫害进行防治。

6.1 农业防治。

6.1.1 土壤消毒 结合整地做畦，每667 m² 撒石灰100 kg进行土壤消毒。

6.1.2 清洁田园 清除杂草落叶、感染病虫植株，集中处理，以减少病虫源。加强栽培管理，首先保证芦荟在生长过程中最低温度不低于8℃，与此同时减少菌源。尽量从植株基部浇水，减少喷水，以免喷湿叶片。加强通风透光条件，施足底肥，并结合施用0.1%代森锌，或0.1%磷酸二氢钾，或0.1%四硼酸钠等微肥，以增强植株的抗病能力。

6.1.3 选用抗病品种。

6.1.4 培育壮株 通过追施肥料，做好田间管理各项工作，促进植株生长健壮，增强抗病虫害的能力。

6.2 防治病害 芦荟病害主要是黑斑病。

6.2.1 利用生物农药防治。

6.2.2 化学防治 喷施75%百菌清可湿性粉剂800倍液，或50%多菌灵可湿性粉剂1 000倍液，或70%甲基托布津可湿性粉剂800倍液，或70%代森锌可湿性粉剂800倍液。

6.2.3 物理防治 用"普篮特"电热熏器，该产品是将硫黄或其他抗菌药剂蒸发到空气中，从固态或液态药剂分离出来的有效成分很快传播分布均匀，直到防治病虫害的效果。硫黄作为绿色食品生产中不可缺少的病虫害防治产品。该产品具有成本低、操作简单、作用效果长、无污染、杀虫灭菌效果好等特点。该产品适用于温室、大棚芦荟。

6.3 防治虫害 芦荟的害虫、害螨主要有红蜘蛛、蚜虫、介壳虫。

6.3.1 红蜘蛛 药剂种类可选用45%硫胶悬剂300倍液、20%哒嗪硫磷乳油1 000倍液、5%尼索朗乳油2 000倍液。还可用2.5%天王星乳油2 000倍液、21%杀灭毙乳油2 000～4 000倍液、5%卡死克乳油2 000倍液等喷雾防治。

6.3.2 蚜虫 使用生物农药苦参碱800～1 000倍药液，或九

○—农药300倍药液,或灭蚜菌100倍药液喷雾防治。

6.3.3 介壳虫 用40%氧化乐果500倍液,用毛笔蘸上药液在介壳虫处涂抹。

第七章 采收与加工

7.1 采收。

7.1.1 采收年限 种植生长到2~3年后,可较大量进行采收。

7.1.2 采收季节 在芦荟叶片生长旺盛期的春、夏、秋季分批收割,一般2个月采收1次。

7.1.3 采收时间 采收应在早晨或上午进行。

7.1.4 采收方法 选底部发育好的叶片,在叶片与茎处用刀从一边割一开口,然后用手瓣下。每次每株可采割2~3片叶,但是要留足上部嫩叶8~9片。

7.2 产地加工。

7.2.1 芦荟干粉加工 将鲜芦荟叶片经漂洗、切片、晒干或烘干,然后打粉。

7.2.1.1 芦荟干粉的工艺流程 生叶采集→人工漂洗→整理→分级→切片→烤干→粉碎→保存。

7.2.1.2 生叶采集 用小刀收割种植2年以上的芦荟叶。

7.2.1.3 人工漂洗 将切取的叶片用流水反复漂洗,必要时用刷子除去叶片上的泥沙。

7.2.1.4 整理 将已洗净的叶片修去叶刺和叶尖,以及可见的病斑。

7.2.1.5 分级 经修整的叶片(每片重30 g以上)和整理后余下的零碎片分开存放。

7.2.1.6 切片 用切片机将确认为无杂物的芦荟叶片切成

2~3mm厚的薄片。

7.2.1.7 烘干 将芦荟薄片置于特制的铁筛上，放在烘房的层架上进行烘干。初期温度不要过高，待原料吸收一定热量，排除一部分湿气以后再继续升温，并维持一段时间，直至烘干。经烘干后切片松脆，绿褐色，有特殊的香味，其有效含量很稳定，不因高温而损失。

7.2.1.8 粉碎 当需要加工芦荟产品时，将已烘干的半成品用粉碎机粉碎，经筛孔过目达到一定细度后，按一定科学配方制成芦荟产品。

7.2.2 芦荟汁液制备 利用整叶或分级或分级后所得的碎叶加工成芦荟汁液。

7.2.2.1 芦荟汁液制备的工艺流程 漂洗整理后的整叶或碎叶→粉碎→离心→过滤→装桶→保存。

7.2.2.2 粉碎 用粉碎机将整叶或碎叶粉碎、打浆，并搅成糊状。

7.2.2.3 离心 将糊状原料置离心机离心，取汁盛于桶中。离心后所得叶渣可以进一步加工提取其有效成分。

7.2.2.4 过滤 经离心的芦荟汁液，通过20目振动筛，立即分离出新鲜浓绿的芦荟汁液。

7.2.3 芦荟干制方法 芦荟的干制按其干燥热能的不同，分为自然干制和人工干制两种。

7.2.3.1 自然干制 即利用太阳的热量、热风等使芦荟干燥。这种方法设备简单，生产成本低，干制期间不必细致管理，在阳光充足和干热的地区可制成品质良好的制品。此法干燥所需时间长，不能人为控制干燥条件，易受气候条件的影响。

7.2.3.1.1 晒制时选空旷通风、地面平坦的地方，将芦荟削成细条铺于干净的水泥预制件上，白天曝晒，夜间或降雨时收拢遮盖，次日再摊开晒，直至晒干为止。

7.2.3.1.2 在晒制期间要注意防雨，注意清洁卫生。

7.2.3.1.3 晒干发脆的芦荟应立即装入塑料袋中密封保存。芦荟干可直接浸泡服用，十分方便。

7.2.3.2 人工干制 在人二控制温度的条件下提供热源，此法管理精细、时间短、效益好，制品质量常常较优。现将老芦荟（库拉索芦荟）和新芦荟（好望角芦荟）的产地干制加工传统方法简介如下：

7.2.3.2.1 库拉索芦荟的加工 将切下的叶片放在一个"V"形槽中，切口部向下斜摆在槽边上，"V"形槽应当倾斜放，以便能从一端流出叶汁。当摆在"V"形槽下端的容器装满汁液后，把叶汁倒入一个铜制的容器中加热蒸发，但加热温度通常低于开普芦荟，因此其产品常为不透明状态。

7.2.3.2.2 开普芦荟（好望角芦荟）的加工 先在地面挖一圆形坑，坑内铺帆布或山兰皮。将切下的芦荟叶片200片左右摆放在坑边，切口向下，大约6h即收集叶汁完毕。将这些叶汁倒入一大容器中，明火煮沸4h，将产品趁热倒入一略小的容器内，要求容器内凝固的叶汁重25 kg。

第八章 留 种 技 术

8.1 留种母株应选择无病虫的健壮植株作种株。

8.2 将选有留种母株的大田作留种地。

8.3 留种地的管理应做好母株的越冬防霜保种工作。

8.4 防止品种退化。

8.4.1 防止植株的自然杂交及机械混杂 在收获打场及贮藏等过程中加强管理，做到专人负责、专场脱粒、专仓保管，建立严格的种子保管制度,避免发生良种混杂。

8.4.2 品种复壮 即利用种性优良、产量及纯度较高的种子,定期更换已经退化的同一品种的种子。常用的方法有:

8.4.2.1 去杂保纯 根据品种的主要特性与特征,及时进行检查,通过选种,筛去杂种,保留纯的植株,这是防止品种退化最主要的方法之一。

8.4.2.2 异地换种 通过从外地调种栽植来保持品种的优良属性。

8.4.2.3 改变繁殖方法 一般用块茎繁殖,但这种长期的无性繁殖会引起种子生活力的衰退,故仍需间断采用有性繁殖——种子繁殖,以复壮种苗;还可以在不同品种间进行杂交,选择杂交后的优良植株,再经过2~3次单株选择,用形成的新品种来更换退化的品种。

8.4.2.4 连续选择 在品种复壮的同时,必须配合田间选择,挑选优良植株。常用的方法有:

8.4.2.4.1 田间株选 收获的第1年,在大田里根据原品种的特征与特性进行株选。第2年将上年挑选的单株,种植成株行,每隔若干行,间种1行原品种作为对照。在成熟前经几次观察,详细记载杂株行的情况。收获时首先收获杂株行,留下生长发育一致的同原品种一样的植株混合收获,即为原种,于第3年种植在原种1级种子田。而按单株种植成的株行,在收获时,也先要淘汰杂种,然后将相同类型的株行进行混合收割,来年供1级种子田作种用。

8.4.2.4.2 混合选择 从大田中挑选或从当地良种场或外地引进适合当地种植的良种,种植后进行第1次株选,混合收获,第2年种植在1级种子田里,然后去杂去劣,再进行第2次株选,混合收获后作为第3年1级种子田播种用的种子;对第1次株选后剩余的植株进行去杂去劣,第2年可作为2级种子田里的种子,然后经第2次去杂去劣,收获的种子在第3年即可供大田播种用。

第九章 质 量 标 准

9.1 根据《中华人民共和国药典》、企业标准和购销合同,按每批件数的1%随机抽检样品。

9.2 药材质量标准。

9.2.1 外观 清澈,呈稍微的雾状黄绿色液体。

9.2.2 色标准 3 max。

9.2.3 气味 芦荟草木气味。

9.2.4 比重 0.90～1.00（25 ℃）。

9.2.5 pH 4.0～5.0。

9.2.6 汞 <0.01 mg/kg。

9.2.7 砷 0.025～0.030 mg/kg。

9.2.8 镁 150～160 mg/kg。

9.2.9 钙 500～505 mg/kg。

9.2.10 铅 0.040 mg/kg。

9.2.11 山梨酸 <5 mg/kg。

9.2.12 细菌总数 2～3个/mL。

9.2.13 大肠菌群 <3个/100 mL。

9.2.14 微生物指标 病源生物:无(1周)。

9.2.15 霉菌 <1个/mL。

9.2.16 多糖 1 390～1 420 mg/L。

9.3 重金属限量指标（μg/kg）。

9.3.1 铅（Pb）5.0。

9.3.2 镉（Cd）≤0.3。

9.3.3 砷（As）≤2.0。

9.3.4 汞（Hg）≤0.2。

9.4 农药残留限量指标（μg/kg）。

9.4.1 有机氯类残留量：滴滴涕（DDT）≤0.1。

9.4.2 六六六（BHC）≤0.1。

9.4.3 五氯硝基苯（PCNB）≤0.1。

9.4.4 艾氏剂：（Aldrin）≤0.02。

9.5 黄曲霉毒素限量指标　黄曲霉毒素B_1≤5.0 μg/kg。

第十章　包装、运输及贮藏

10.1 包装。

10.1.1 选用不易破损、干燥、清洁、无异味的材料制成，以保证药材在运输、贮藏、使用过程中的质量。

10.1.2 发送中药材必须有包装标签，应标明药材品名、产地、采收日期及注意事项等。

药材品名：

产　　地：

采收日期：

采收单位：

调出日期：

调出单位：

调出数量：　　　包

包装重量：　　　kg/包

注意事项：

附：药材质量检验单

10.2 运输　运输工具必须清洁、干燥、无异味，并有通风设备，运输中防止日晒、雨淋、潮湿、污染、损坏。并严禁与可能污染其品质的货物混装运输。

10.3 贮藏 选择通风、干燥、无污染的环境，彻底灭菌，并采用控温、控湿技术，防止霉变。消灭虫源，防止发生虫蛀。

第十一章 人员和设备

11.1 人员。

11.1.1 从事中药材生产的人员应具有基本的中药学、农药常识，并经生产技术、安全及卫生学知识培训。

11.1.2 从事栽培工作的人员应熟悉栽培技术，特别是农药的施用及保护技术。

11.1.3 从事加工、包装、检验人员应定期进行健康检查，患有传染病、皮肤病、外伤性疾病等不得从事直接接触药材的工作。

11.1.4 对于从事药材生产的有关人员应定期进行培训与考核。

11.2 设备。

11.2.1 药材生产单位应备齐药材生产的设备。

11.2.2 生产企业生产和检验用的仪器、仪表、量具、衡器等其适用范围和精密度符合生产和检验的要求，有明显的状态标志，并定期校验。

第十二章 文件管理

12.1 文件。

12.1.1 生产企业应有生产管理、质量管理等标准操作规程。

12.1.2 药材生产全过程均应详细记录。

12.2 管理将上述文件材料全部归入档案收载。

12.2.1 配备具有一定文化而且责任心强的人员作为记录员专门记录。

12.2.2 档案保管员要掌握档案分类和保管的基本知识。

12.2.3 记录员、档案保管员要求由相对固定的专人负责。

附则

1．本试行规程（SOP）制定时间为2002年7月。本试行规程起草单位将根据有关研究进展与执行中的反馈情况对本试行规程内容进行修订，并不定期发布新版本。

2．起草说明书：

（1）芦荟种植研究地属珠海市金湾区红旗镇范围，远离居民点，周围林木郁郁葱葱，大气无污染源，根据有关规定可直接采用珠海环境空气测定数据。

（2）芦荟基地灌溉水检验结果见附表28-1：

表28-1 珠海芦荟种植地灌溉水分析检验结果

主要指标	含量	主要指标	含量
生化需氧量（BOD_5，mg/L）	4.2	总铅（mg/L）	0.000 5
化学需氧量（COD_{CR}，mg/L）	12.64	总铜（mg/L）	0.001 0
悬浮物（mg/L）	0	总锌（mg/L）	0.014
阴离子表面活性剂（LAS, mg/L）	0.10	总硒（mg/L）	0.002
凯氏氮（mg/L）	5	氟化物（mg/L）	0.01
总磷（以P计算，mg/L）	0.066	氰化物（mg/L）	0.002
水温（℃）	19	石油类（mg/L）	0.20
pH	7.27	挥发酚（mg/L）	0.050
全盐量（mg/L）	78.0	苯（mg/L）	0.001
氯化物（mg/L）	1.14	三氯乙醛（mg/L）	0.002

续表

主要指标	含量	主要指标	含量
硫化物（mg/L）	0.01	丙烯醛（mg/L）	0.001
总汞（mg/L）	0.000 2	硼（mg/L）	0.02
总镉（mg/L）	0.000 2	粪大肠菌群（个/L）	7 361
总砷（mg/L）	0.002	蛔虫卵数（个/L）	0
铬（六价，mg/L）	0.002		

（3）芦荟基地土壤检验结果见附表28-2：

表28-2　珠海芦荟种植地土壤（pH5.12）分析检验结果（mg/kg）

铅	铜	镍	铬	锌	镉	砷	汞	六六六	滴滴涕
31.7	5.92	7.78	2.27	36.9	0.035	0.748	0.024	0.008 7	0.007

（4）根据芦荟生长特性、营养生理、土壤供肥状况，摸清吸肥、需肥规律进行施肥。芦荟在整个生长期应以施氮肥和复合肥为主。生物有机肥往往有机质含量较高，有效养分含量较低，肥效较缓慢释放，从栽培角度看，主要以施用有机肥为主。

菌类药材

二十九、灵　　芝

（一）概　　述

1. 来源

灵芝为多孔菌科真菌示芝 Ganoderma lucidum（Leyss. ex Fr.）Karst.或紫芝 G. sinense Zhao，Xu et Zhang 的干燥子实体，为《中华人民共和国药典（一部）》（2005年版）收载的品种。具有补气安神，止咳平喘的作用。临床上主要用于治疗眩晕不眠、心悸气短、虚劳咳喘等。

2. 历史记载

灵芝是中医药宝库中的精品。我国人民对灵芝的认识和利用具有悠久的历史，从宋·李昉《太平御览》卷九八六记载，我国认识利用灵芝最迟始于尧（公元前2100）。但在我国早期文献中不称灵芝，皆言芝、芝草、三秀、神芝、仙草、瑞草等。在公元290年前的《尔雅翼》记载有"芝，菌也，瑞草"，在秦始皇时代称"长生不老草"、"还阳草"，在《神农本草经》中称神芝，东汉张衡的《西京赋》称为芝草，《白蛇传》故事里称仙草。古代医家对灵芝推崇备至，不少古籍对灵芝都有论述，如《汉书·艺文志》载有《黄帝杂子芝菌》十八卷，此书是一部介绍"服饵芝菌之法"的专著；《通志·艺文略》中有"道家服饵类"；《太上灵宝芝品》一卷绘有灵芝图谱;《随书·经籍志》载有《灵秀木草图》六卷、《芝草图》一卷;宋·陈仁玉《菌谱》亦绘有灵芝图谱;《本草纲目》也引用了《采芝图》等著作。"灵芝"一词首见于三国大文学家曹植的《灵芝篇》,到了明代,"灵芝"这一家喻户晓的称谓,始见于中药学著作《滇南本草》。东晋葛洪对灵芝进行了分类,如《抱朴子·内篇》"仙药篇"载有灵芝,书中云:"芝有石芝、木芝、草芝、肉芝、菌芝。"西晋张华的《博物志》,梁·陶弘景《本草经集注》等也有灵芝的记载。宋《本草衍义》称:"灵芝,木耳之类,皆生于枯木。"宋·唐慎微的《重修政和经史证类备急本草》中也可查到灵芝的资料。

灵芝食用和药用两用。春秋战国时期《列子·汤问》(周朝,列御寇)中云"朽壤之上,有菌芝者"、"煮百沸其味清芳、饮之明目、脑清、心静、肾坚,其宝物也"。在公元前300年左右的《札记·内侧》中有"食所加庶,羞有芝栭"的记载。公元前239年的《吕氏春秋》中亦有关于灵芝类真菌的描述:"味之美者,越骆之菌。"成书于东汉我国最早的中药学专著《神农本草经》,将灵芝列为上品,"久食,轻身不老,延年神仙。"东汉著名学者王充在《论衡·初禀篇》中说:"芝草一年三华,食之令人眉寿庆世,盖仙人之所食。"汉乐府《长歌行·灵芝》:"仙人骑白鹿,发短耳何长。寻找上华山,揽芝获赤幢。来到主人门,寿药一玉箱。主人服此药,身体日康疆。白发复还黑,延年寿命长。"在汉魏晋朝时期,服食芝草是社会风尚,许多道家把芝草描绘成使人长生不老的仙草。如《汉武冈传》说芝草为"太上之药,得而食之,后天而老"。瑞令说:食之延年不终,与真人同(寿)。南北朝陶弘景《名医别录》对灵芝的描述亦多，并指出皆六月和八月采收。陶弘景亦指出："凡得芝草，便正尔食之，无余节度，故皆不云服法也。"唐·李勣、苏敬等《新修本草》中"芝自难得，纵获一二，岂得终久服耶"。宋·陈仁玉的《菌谱》中均可发现这一点。到了明·李时珍《本草纲目》把历代古籍中有关灵芝的记载加以引证，将灵芝的生长、气味、功效作了详细论述，并提出了自己的见解。李时珍曰："按五色之芝，配以五行之味，盖亦据理而已，未必其气味便随五色也。"并曰："芝乃腐朽余气所生"、"生于刚处曰菌，生于柔处曰芝，……芝亦菌属可食者……"将灵芝归菜部，充分体现了中国药学"药食同源"的观点，并认为灵芝性味苦、平，无毒，具有益心气、补肝气、入心充血、助心充脉、安神、益肺气、补中、增智慧、好颜色、利关节、坚筋骨、健胃、活血等功效。

由于灵芝食用和药用两用，使需求量不断增加，单靠野生采摘远远不能满足需求，古人也开始人工种植灵芝。可以说历史上对灵芝的栽培已相当发达。《尔雅注疏》的"三秀（芝别名）无根而生"。公元前139年《淮南子·山训篇》中说："紫芝生于山，而不能生于盘石之上。"汉·王充《论衡》中指出："芝生于土，土气和，故芝草生。"并有"紫芝之栽如豆"的记载，认为紫芝的栽培方法像种豆子一样普遍。还记载有灵芝孢子粉自然接种的栽培方法。南北朝陶弘景亦指出："紫芝乃是朽木株上所生，状如木而。"《隋书经籍志》中载有"种芝法"、"种芝经"、"种芝草传"等篇，宋代以来道家种芝草法，保藏在《道藏》中的"种芝草法"及"花镜"中。明·李时珍《本草纲目》中载有"一岁三华瑞草"，"方士以木积湿处，用药敷之，即生芝"。清·陈溟子在《花镜》中有"道家种芝法"的记载。以上记载说明灵芝繁殖生长于"朽壤"或"朽木"之上，且需要适宜的生长条件。繁殖则从自然接菌发展到人工接菌的栽培法。

3. 开发利用

随着现代科学的发展，灵芝的研究不断深入，从客观上揭开了灵芝药用价值的神奇秘密。灵芝的药理作用有：降血压、降血脂和降血糖；抗肿瘤；保肝解毒；增强免疫力、抗疲劳、提高耐缺氧能力及抗衰老作用；抗放射、抗过敏；镇咳、祛痰、平喘；镇静和镇痛作用等。临床上用于治疗高血压、高血脂、糖尿病、血栓、肿瘤、白细胞减少症、急慢性肝炎、神经衰弱、冠心病、慢性支气管炎、气喘等。

（1）药品

目前国内外掀起了开发和研究灵芝的热潮，以灵芝为主要原料制成用于治疗疾病的剂型有冲剂、片剂、胶囊、口服液、糖浆、酊剂、丸剂、孢子油软胶囊等。广州中医药大学以中医药理论为指导，以灵芝为主要原料，配以临床实践经验方中的降糖药材研制出复方灵芝降糖胶囊，目前已用于临床观察，研究证明其降血糖、尿糖效果显著，对糖尿病并发症、合并症具有抑制和治疗作用。该药已列入广东省重点开发项目，并得到厂家的研究经费资助，目前已完成中药三类新药临床前报批资料。

（2）保健食品

灵芝含有丰富的营养，如糖类、氨基酸、微量元素等，同时具有扶正、固本、增强机体免疫力的功能。根据灵芝营养与药效一体的特性，开发出很多保健食品、保健饮料、保健酒等。如广州中医药大学曾开发出灵芝宝（胶囊）、灵芝孢子粉（调节免疫，抑制肿瘤）、灵芝益寿胶囊、灵芝丸，还有灵芝饮片、灵芝精片、玉皇神口服液、灵芝乌鸡精、灵芝茶（袋泡）、灵芝降脂茶（袋泡）、灵芝参茶（冲剂）、灵芝酒等。

（3）添加剂

灵芝中富含多糖，经提取制成灵芝多糖胶囊、灵芝多糖口服液、灵芝营养液等。

（4）日常用品

灵芝是一种不可多得的"体内美容"佳品。李时珍早在《本草纲目》中指出灵芝有"好颜色"的功用。现市场上已开发的产品有灵芝护肤洁白霜、灵芝美容霜、灵芝营养霜、灵芝浴霜、灵芝晚霜、灵芝营养抗皱霜、灵芝洗发精、灵芝香皂、灵芝特效增白剂等。

（5）观赏

灵芝是观赏真菌中的一枝奇葩，可制作出各种栩栩如生、造型独特的灵芝盆景，为盆景艺术开创更广阔的天地。

4. 产地分布

灵芝在我国分布广泛，从海南省到黑龙江省都有分布。赤芝主要分布在我国黄河流域以南，山东、浙江、福建、江西、贵州、云南、广东等省区，一般腐生在壳斗科植物上。由于野生灵芝来源有限，现多进行人工段木栽培或木屑袋装培养及人工发酵培养。

（二）生物学特性

1. 形态特征

（1）菌丝体

菌丝无色透明，具分隔及分枝，表面常分泌有白色的草酸钙结晶；显微镜下观察菌丝具有锁状联合现象。

（2）子实体

子实体由菌丝形成，分为菌柄、菌盖和菌盖下的子实层三部分，成熟后的子实体变为木质化，其皮革组织革质化，有黄色至红棕色的漆样光泽。灵芝生长时，先长菌柄，后长菌盖。菌柄多侧生，少见中生或偏生，赤褐色有光泽。菌盖为肾形、半圆形、马蹄形等，大小不一，上有环状轮纹及辐射状皱纹，菌肉近白色至淡褐色，菌盖下（子实体腹面）有细密排列的管状孔洞，菌管口初为白色后于菌肉同色，平均每平方毫米4~5个；内壁为子实层，孢子由子实层内产生；孢子褐色或黄褐色，内有油滴，卵形，顶端常平截，双层壁，内胞壁淡褐色至黄褐色，有突起的小刺，外胞壁平滑，无色。

2. 生活史

灵芝的生长发育经历从孢子→单核菌丝→双核菌丝→子实体→孢子的过程。在适宜的条件下，灵芝的担孢子萌发形成四种性别的单核菌丝，两种不同极的单核菌丝，通过质配形成双核菌丝。单核菌丝极细弱，抗逆力差，双核菌丝较粗壮，生命力强，生长到一定阶段，可通过特化、聚集、密结而形成子实体。子实体成熟后从菌盖下的子实层内散发出孢子，从而又开始新的发育周期。

3. 灵芝生长发育需要的条件

灵芝多生长在有散射阳光，树林较稀疏的地方。多生于栎类和其他阔叶树的腐木桩旁或枯立木与倒木上。也有生在某些针叶树上，使之患心腐病，尤其是铁杉为最多。雨量充沛，空气潮湿，夏季凉爽，枯枝落叶层较厚的森林开阔地带，适宜野生灵芝的繁殖。在气温30℃、相对湿度90%左右、空气中含0.1%二氧化碳、光照充足的条件下，灵芝可迅速正常生长发育。

栽培灵芝对生态环境的要求：

（1）温度

菌丝在4~39℃均能生长，前期以24~26℃生长较快，后期以24~28℃为好。菌丝体在木屑为主的栽培瓶中能耐受-10℃的短暂低温。子实体生长温度为22~33℃，最适温度为25~28℃。

（2）湿度

菌丝生长阶段空气相对湿度不要太高，但过低易引起基物中水分蒸发不利菌丝生长，相对湿度维持60%为宜。子实体分化及发育期对相对湿度要求比较严格，需提高到75%以上，以85%~90%为好，低于60%其幼嫩的分生组织易受损害而停止生长。

（3）光

菌丝生长可在无光条件下进行，但全黑不能进行子实体原基的分化。子实体分化及发育要求散射光，且有趋光性，其新生的白色先端总是朝向光源一边伸展。

（4）空气

菌丝在基质中生长需要一定的氧。基质中氧的供应与含水量是一对矛盾的统一体，含水量高空气不足而缺氧，基质压实亦会造成缺氧，影响菌丝生长。子实体分化与发育需要更多的氧气供应，如空气中CO_2的含量超过0.1%，菌盖不发育，导致菌柄徒长，或形成鹿角状的畸形菌。

（5）酸碱度

菌丝体在pH为3.0～7.5的基质中可生长，但以pH 4.0～6.0为最适宜。子实体适宜微酸环境。

（三）物 种 类 型

据报道世界上的灵芝有250种，我国分布的灵芝有近百种，但灵芝属中可供药用的不多。《中华人民共和国药典（一部）》（2005年版）收载的灵芝只有赤芝 Ganoderma lucidum（Leyss. ex Fr.）Karst. 和紫芝 G. Sinense Zhao, Xu et Zhang两种。

1. 物种鉴定

从灵芝种植基地采回赤芝、紫芝子实体（彩图29-1、彩图29-2）。赤芝菌盖半圆形至肾形，罕近圆形，长4～12 cm，宽3～20 cm，厚0.5～2 cm，木栓质，皮壳黄色，渐变为红褐色，表面稍有光泽，但久置则光泽消失，具有环状棱纹和辐射状皱纹；边缘薄或平截，常稍内卷。菌柄长3～19 cm，粗0.5～4 cm，皮壳带紫褐色，质坚硬，表面的光泽比菌盖更为显著。菌肉近白色至淡褐色，厚0.2～1 cm。菌管长与菌肉厚度相等，孢子褐色，卵形，一端平截，长8.5～11.5 μm，宽5～7 μm，外孢壁光滑，内孢壁粗糙，中央含一个大油滴。

紫芝菌盖半圆形、近圆形至近匙形，长2.5～9.5 cm，宽

2.2～8 cm，木栓质，皮壳质坚硬，表面紫黑色至近黑色，或呈紫褐色，表面具漆样光泽，具同心环沟和纵皱，边缘薄或钝。菌柄常侧生，长7～19 cm，粗0.5～1 cm，圆柱形或略扁平，皮壳坚硬，与菌盖同色或具更深的色泽和光泽。菌肉褐色至深褐色，厚1～3 mm。孢子淡褐色，卵形，长9.5～13.8 μm，宽6.9～8.7 μm，顶端平截，双层壁，外壁平滑，内壁有小刺。

以上的形态描述与《中国灵芝图鉴》中赤芝、紫芝描述一致，经鉴定为赤芝 Ganoderma lucidum（Leyss. Ex. Fr.）Karst. 和紫芝 G. sinense Zhao, Xu et Zhang。

2. 种质评价

灵芝同种内的不同品系菌株间差异较大，赤芝和紫芝不仅外部形态差异很大，内在的有效成分也不同，为此，我们对赤芝和紫芝子实体的化学成分进行分析比较。

（1）赤芝、紫芝中灵芝酸B高效液相色谱分析（见图29-1）

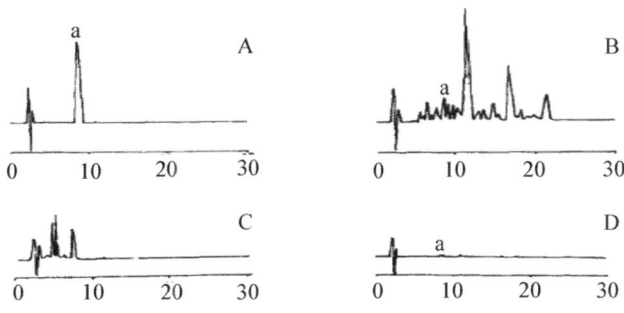

a. 灵芝酸B（Rt为8.98） A. 灵芝酸B对照品
B. 赤芝 C. 赤芝发酵菌丝体 D. 紫芝
图29-1 赤芝、紫芝HPLC图

从图29-1中可以看出三者总酸有较大差别,就灵芝酸B而言,赤芝中含有,而发酵菌丝体中不含,紫芝中含有微量。因此,该图谱可作为三者鉴别的较理想的指纹图谱。据钟小清报道,灵芝中具有苦味的成分主要来源于三萜酸,其中灵芝酸B为其苦味成分之一,从该图谱中可以看出,赤芝中灵芝三萜酸种类较多,灵芝酸B的峰较明显,而发酵菌丝体中与其差别较大,也不含灵芝酸B,紫芝中则含量甚微,由此可以看出,三者在三萜酸种类上差异很大,可能是赤芝较苦、发酵菌丝体不苦、紫芝微苦的原因。

(2)赤芝、紫芝中多糖含量比较测定(见表29-1)

表29-1 赤芝、紫芝中多糖含量测定 ($n=3$)

种名	多糖含量(%)	RSD(%)
赤芝	0.97	1.24
赤芝发酵菌丝体	3.02	2.35
紫芝	0.74	2.01

从表29-1结果可以看出,三者有明显差异,赤芝发酵菌丝体多糖含量明显高于赤芝及紫芝。

(3)赤芝、紫芝挥发性成分含量比较测定(见表29-2)

表29-2 赤芝、紫芝挥发性成分含量测定 (%)

编号	化合物名称	赤芝	紫芝
1	α-庚烯醛(Z)		0.08
2	辛醛	0.30	0.32

续表

编号	化合物名称	赤芝	紫芝
3	己酸	2.61	1.53
4	α-辛烯醛（E）		0.14
5	庚酸		0.25
6	壬醛	0.64	0.60
7	2-壬烯醛		0.05
8	辛酸	0.56	0.77
9	2-癸酮		0.09
10	癸醛	0.12	0.15
11	2-癸烯醛（E）	0.29	0.28
12	壬酸	0.85	1.24
13	2-十一烯酮		0.23
14	2-十一烯醛		0.24
15	癸酸		0.38
16	8-羟基辛酸	0.28	0.47
17	十一碳酸		0.19
18	十二碳酸	0.43	0.78
19	反异榄香素	0.32	
20	柏木烯醇		0.38
21	壬二酸	1.62	0.17
22	十四碳酸异构体		0.13
23	十四碳酸	2.62	2.44
24	十五碳酸异构体		0.78
25	十五碳酸	10.07	6.09
26	十八碳醛		0.22
27	十六酸异构体		0.26
28	9-十六碳烯酸	3.28	1.49

续表

编号	化合物名称	赤芝	紫芝
29	十六碳酸	49.70	46.63
30	十七碳酸		0.97
31	十八碳烯酸	13.86	
32	9-十八碳烯酸		14.68
33	十八碳酸	0.32	

从表29-2可知：2个样品的气相色谱图，共得到45个峰，鉴定出33个成分。

（四）种 植 地

1. 种植地选择

种植地所处的光照、温度、水分、土壤、植被群落等自然条件均会影响灵芝的生长发育，种植地周围的环境因子如居民区、工厂、矿山、公路上排放的废气、废水、农田喷灌施农药时漂移的化学污染物；种植地自身的污染物，如重金属和农药残留量，除影响灵芝生长发育外，还影响其质量。广州中医药大学灵芝基地选在灵芝主产区高海拔的山区，地处森林环境中，远离居民点，远离交通要道，周围无污染源，空气清新，温度、湿度适宜，昼夜温差大，水质清洁，沙质土壤，透水透气，疏松肥沃的开阔地段（彩图29-3）。

2. 种植地生态环境质量检测

（1）环境质量检测

种植地选择了远离居民点和交通要道、周围无污染源的地段，对灵芝GAP基地的大气、土壤和水质等生态环境质量进行了检测。

1）大气

根据当地环境保护监测站的监测，当地大气中的二氧化硫含量平均值为0.023~0.036 mg/m³，二氧化氮年平均值为0.015~0.028 mg/m³，总悬浮微粒物和可吸入颗粒物平均值为0.038~0.121 mg/m³，空气质量符合《中华人民共和国环境空气质量标准》（GB3095—1996）中的标准要求。

2）土壤

在灵芝GAP基地采用随机多点取样法，结合种植点挖穴，挖40 cm深的土坑，从地表开始，表层土10 cm以内分0~5 cm、5~10 cm取样，10 cm以上每隔10 cm取样，每个土样重量300 g左右，将各层土样充分混合后，取出800 g，取后将5个取样点的土样4 000 g左右充分混匀，用对角线法取出1/2，余下的混匀后，仍用对角线法取出1/2，余下的约1 000 g装袋，带回室内风干，送中国广州分析测试中心检测，结果见表29-3。

表29-3 灵芝GAP基地土壤分析检验结果

检测项目	检测结果	检测项目	检测结果
铅（Pb，mg/kg）	19.3	六六六（mg/kg）	<0.01
铜（Cu，mg/kg）	6.51	DDT（mg/kg）	未检出
镍（Ni，mg/kg）	<5	pH	5.46
铬（Cr，mg/kg）	6.3	水分（%）	13.3
锌（Zn，mg/kg）	34.4	有机质（%）	0.43
镉（Cd，mg/kg）	<0.1		
砷（As，mg/kg）	17.4		
汞（Hg，mg/kg）	<0.1		

结果显示,土壤质量符合《中华人民共和国土壤环境质量标准》(GB15618—1995)中二级质量标准。

3)水质

在灵芝GAP基地取水样,用无菌容器盛装,低温保存,最短时间内送中国广州分析测试中心检测,结果见表29-4。

表29-4 灵芝GAP基地水质分析检验结果

检测项目	检测结果	检测项目	检测结果
苯(mg/L)	<0.005	pH	6.35
三氯乙醛(mg/L)	<1	氟化物(以F^-计,mg/L)	0.12
丙烯醛(mg/L)	<0.1	氯化物(以Cl^-计,mg/L)	0.51
汞(Hg,mg/L)	<0.001	氰化物(mg/L)	<0.002
镉(Cd,mg/L)	<0.003	硫化物(以S^{2-}计,mg/L)	0.26
砷(As,mg/L)	<0.005	悬浮物(mg/L)	14.3
铅(Pb,mg/L)	<0.005	凯氏氮(mg/L)	5.7
铜(Cu,mg/L)	<0.01	阴离子表面活性剂(LAS,mg/L)	<0.2
铯(Cs,mg/L)	<0.01	总磷(P,mg/L)	0.01
锌(Zn,mg/L)	<0.01	水温(℃)	22
硼(B,mg/L)	<0.05	全盐量(g/L)	0.012

结果显示,灌溉水质符合《中华人民共和国农田灌溉水质标准》(GB5084—1992)中的质量标准。

(五)段木栽培灵芝技术

我国古代劳动人民认识和利用灵芝的历史可追溯到2 000

多年前的春秋战国时期。最初使用的灵芝是靠采集野生品,随着中医药事业的发展和人们保健意识的增强,特别是随着现代科学研究,确证灵芝含有多种成分与人体生命活动有密切关系后,人们对灵芝的需求日益增加,由于野生灵芝十分罕见,远远不能满足人们的需要。因此,灵芝人工培养便应运而生。目前,灵芝的栽培方法主要有段木培养、木屑培养和深层发酵灵芝菌丝体,其中段木培养灵芝应用最为广泛,生产工艺流程如下:

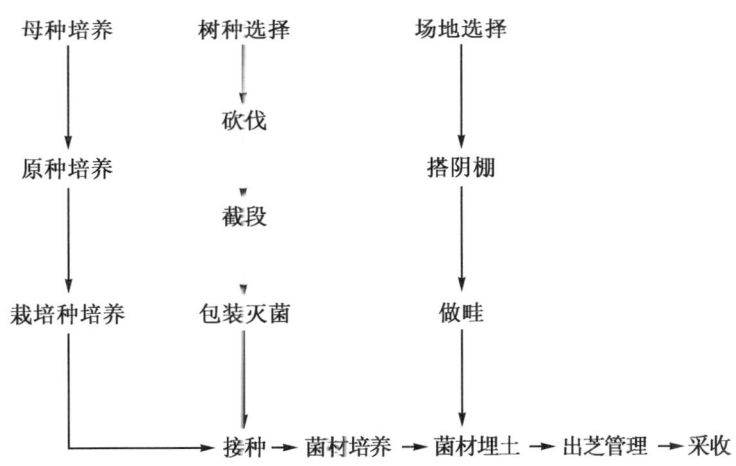

1. 菌种分离和培养

(1)母种(一级菌种,见彩图29-4)分离培养

1)母种培养基配方

马铃薯200 g、葡萄糖20 g、磷酸二氢钾(KH$_2$PO$_4$)3 g、硫酸镁(MgSO$_4$·7H$_2$O)1.5 g、维生素B$_1$ 10~20 mg、琼脂15~20 g。

配制:取去皮马铃薯200 g,切成小块,加水1 000 mL煮沸20 min，滤去马铃薯块，将滤液补足1 000 mL。pH自然，装入试管，在$1.47×10^5$ Pa灭菌30 min，摆好斜面，冷却备用。

2）母种分离

母种分离方法有寄主分离法、孢子弹射分离法和组织分离法。下面介绍组织分离法：在无菌条件下，选取新鲜、菌蕾大、刚成熟尚未木栓化的子实体，先用清水洗净，然后用75%的酒精或冷开水冲洗药剂，用消毒的解剖刀切取菌柄和菌盖的内部，并将组织块切成黄豆大小约0.3 cm的小块，接入试管培养基中央，放在28 ℃的阴暗条件下培养。

3）母种生产

在无菌条件下接种，选择生长旺盛、菌龄短、菌丝层尚未出现色素分泌物的灵芝试管菌种用于转管培养。一般钩取黄豆大小菌块放入另一试管斜面培养基或三角瓶培养基中央。接种后的试管或三角瓶，放置于24~26 ℃恒温箱或培养室中避光培养，接种后的前3天应每天对光检查试管中是否污染，弃去污染管，3天后隔天检查，菌丝长满斜面后即可使用。

（2）原种（二级菌种）生产

1）原种培养基配方

木屑73%、麸皮25%、蔗糖1%、石膏1%，将上述培养基粉充分拌匀后加水，使培养料的含水量达到65%，装入广口瓶或塑料薄膜袋，装瓶（袋）至瓶肩处，在料中心扎一锥形孔，封口。高压灭菌，1.5 kg/cm² 2 h，凉后接种。

2）原种生产

一般原种用试管菌种。在无菌条件下接种，将消毒的接种铲从试管菌种斜面培养基前端插入，将试管表面革质化菌膜与培养基剥离，推到试管底部，露出带有菌丝的培养基，挑取玉米粒大小的一块菌种，放入原种培养基中央洞边或覆盖于培养基表面，将瓶（袋）封口，置于24～28℃下培养30天左右，用于接种栽培种。

（3）栽培种（三级菌种）生产

1）栽培种培养基配方

用原种培养基配方或用杂木粒78%、麸皮20%、石膏1%、黄豆粉1%，将上述培养料充分拌匀后加水，含水量掌握在60%，pH5.5～6.0，将料装入菌袋中并捣紧，要求下紧上松，装料至袋口3～5 cm时，用捣木（直径1 cm）在袋中央从上至下捣一孔洞，以利灭菌和菌丝蔓延，将袋口封好，在1.5 kg/cm^2压力下灭菌1.5 h，凉后接种。

2）栽培种生产

一般栽培种用原种菌种。在无菌条件下，将原种培养基蚕豆粒大小的一块菌体团挑起，接入栽培种培养袋中，封口，送入培养室培养，温度保持22～25℃，阴暗条件，同时要求室内清洁，空气新鲜，注意观察有无杂菌生长，发现杂菌立即处理，培养30～35天，菌丝长满后接种到段木上。

2. 栽培技术

（1）栽培场地选择、搭棚、做畦

选择水源方便，排水良好，地势开阔，通风透光，土质疏松的沙质壤土建场。深翻土壤30 cm，除净杂草石块，暴晒做畦，畦东西走向，畦宽1.3 m，长视地形而定，高30 cm，畦间留步道。整地时，进行土壤消毒。畦上方搭设阴棚，加盖遮阴布，以三分阳七分阴为好，场地周围亦用遮阴网，光线亮度要求均匀。

（2）段木选择、砍伐、切段、装袋、灭菌

应选用山毛榉等阔叶树作段木，树种选好后，在树液流动前，一般在树木贮存营养较丰富的冬季砍伐，直径5~20 cm（彩图29-5）。锯成长为18 cm一段（彩图29-6），段木含水量为40%左右，直径较小的段木可捆扎成捆，每捆直径35 cm左右，捆时断面要平，并用小段木或劈开的段木打紧。用塑料袋包装，把袋口扎紧，进行灭菌。

（3）接种培养

选择室温20 ℃左右，晴朗天气，在无菌条件下接种。取栽培种一小块接入菌材，放在洁净房内进行暗培养，段木菌袋依品字形摆放，前期室温为24~26 ℃，后期室温为22~24 ℃，室温低于20 ℃时应加温。室内相对湿度为60%~70%，保持空气流动（彩图29-7）。培养2~2.5个月，长满菌丝体后，移出室外埋土。

（4）菌材埋土

当菌材出现少数原基，气温回升到20 ℃以上时，选择晴天，在整好的畦上先开沟，将菌材直立排于沟内，接种面朝上，菌材间距一般为4~6 cm，菌材上面平齐，用细土填满菌材间隙，上端覆盖细土1~2 cm（彩图29-8）。

3. 出芝管理

（1）调控湿度

灵芝喜潮湿环境。在菌蕾露土，菌盖出现前，保持棚内相对湿度80%~90%，子实体生长最适的空气相对湿度为85%~90%，这段期间土壤要保持湿润状态，低于60%，生长停滞，刚生长的幼嫩子实体就会由白色变灰色，高于95%，引起菌丝自溶和子实体腐烂死亡。土壤湿度为50%为宜。阴雨天湿度偏高，采用通风降湿，畦内停止淋水；晴天湿度偏低，畦内喷水并向空间喷雾，提高棚内空气相对湿度，水质要干净。

（2）改善通气条件

灵芝为好气性真菌，子实体对CO_2极为敏感，CO_2浓度高于0.1%时，菌盖不能正常生长发育，易形成鹿角灵芝出现畸形芝。在子实体生长发育期间，气温正常，要在棚内定期打开棚门，揭开周围塑料薄膜，改善通气条件，减低CO_2含量，只有CO_2浓度低于0.1%时，才能生长出菌盖大、厚、完整和菌柄短的优质子实体（彩图29-9）。

（3）调控光线

灵芝子实体对光线要求较高，需要较多的散射光，避免直射光。光线太强太弱均会造成菌盖联体或畸形，太强还会使幼嫩子实体枯萎，太弱会使菌柄徒长，子实体变小，无光照子实体难于形成。且有强烈的趋光性，光线不匀或上、下午有双向光照入，会造成子实体倾斜。因此，要使棚内的光亮度调整到400～500 cd范围，光源固定。

（4）调控温度

灵芝生长过程均在气温较高的季节完成。子实体分化和生长温度为18～30℃，最适温度为25～28℃，昼夜温差8～10℃，子实体的质地较好，菌肉致密。低于25℃时要关好棚门，盖好塑料薄膜保温，超过30℃时要打开棚门，揭开周围塑料薄膜，加强通风降温，棚顶喷水降温。低于20℃时，菌丝易出现黄色，子实体生长会受到抑制，高于38℃时，菌丝将会死亡（彩图29-10）。

（六）常见病虫害防治

灵芝在栽培过程中会发生杂菌和害虫的危害，要采用科学的栽培和管理技术的农业综合防治，少用药物防治，真正做到预防为主、药物防治为辅的方针，农业综合防治如下。

（1）对半地窖大棚搭架袋栽出芝的，不同品种分棚管理，协调好温度、湿度、通气和光照，避免温差、湿差及水分过大，定期定时通气和透光，增强芝蕾生活力，使其正常分化、生长。

（2）加强芝房内外环境卫生管理，经常进行消毒、防虫处理，窖棚门窗、通气孔用纱网封严，防外来虫源侵入。喷水要用清洁水源，及时清除废料、杂物及脏水，定期用石炭酸、高锰酸钾、石灰粉、敌敌畏和辛硫磷等药剂杀菌灭虫，特别要注意防止土畦或菌墙中土居害虫的危害。

（3）发现有病害、杂菌子实体，应及时用漂白粉、甲醛或30% NaOH溶液进行喷洒或擦洗；对于子实体上的害虫，一方面进行人工捕捉，另一方面剪除有虫幼芝，避免转移危害，必要时可用敌杀死、橘皮煮液等避芝喷杀或用灯光糖醋液诱杀。

1. 病害

危害灵芝的杂菌种类很多，从制种到栽培都有杂菌危害，主要有青霉菌、绿色木霉菌和褐腐病等。

（1）青霉菌

1）病原

是真菌的一种子囊菌，学名 *Penicillum sp.* 。

2）症状

斜面菌种、段木菌丝、子实体菌柄生长及菌盖下的多孔组织，均可被它感染。主要侵染水分大、杂质多的芝盖菌孔。

3）发病规律

发病时菌孔表面变污褐色，严重时芝盖边缘及菌柄上存满孢子堆。初期菌丝白色，渐变成灰绿色，后期产生大量的蓝绿色分生孢子，呈不均匀浓厚一层。

4）防治措施

①加强通风换气，在不影响灵芝生长条件下降低相对湿度；②一旦发生霉菌污染的病芝要及时摘除；③用5%新洁尔灭1 000倍液喷雾灭菌；④采摘后芝场要清理干净。

（2）绿色木霉菌

1）病原

是丛梗孢科一种真菌，学名 *Trichoderma viride*。

2）症状

生长期侵染生活力较弱的芝蕾，前缘生长点，菌丝呈絮状，纤细，分枝繁杂；分生孢子，近球形，孢子梗对生。

3）发病规律

病部初期为一层茸毛状污白色菌丝，很快形成一簇簇绿色分生孢子团，后期菌孔表层发生褐变，霉味浓重。

4）防治措施

①遵守接种时的无菌操作；②严格选用无杂菌污染、菌龄在35天左右的优良菌种；③染杂菌材及早处理；④用杀菌剂消毒，或喷2%石灰乳，或石灰干粉。

（3）褐腐病

1）病原

该病由繁殖在子实体组织间隙的荧光假单孢菌和细胞内部的未知杆状细胞引起。

2）症状

在灵芝生长期发生，主要侵染芝蕾。发病初期，芝蕾局部湿腐变浅红褐色，整个芝蕾逐渐僵缩褐腐，表面黏滑，菌肉挤出灰褐色液体，污腐味，后芝蕾着生处菌丝料变黑腐败。侵染幼芝，造成水肿状黑腐。

3）防治措施

①注意通风和保湿；②避免高温高湿；③用5%新洁尔灭1 000倍液喷雾灭菌；④及时清除病害的芝体。

2. 虫害

（1）蛞蝓

1）形态特征

身体裸露，柔软，伸缩力强，成虫暗灰色或黄褐色，有触角，幼虫淡褐色。

2）生活习性

喜阴湿环境，昼栖夜出，白天躲在阴暗的草丛、落叶中，晚上出来活动，一年发生2~5代。

3）危害特征

幼虫与成虫均取食子实体，常将菌盖咬成缺刻，造成芝体残缺不全。

4）防治措施

①搞好芝场卫生；②在夜间进行捕杀；③做成毒饵进行诱杀。

（2）跳虫

1）形态特征

柔软无翅，虫体无变态，幼虫均为白色，成虫黑色、银灰色或浅黄色，体长1.2～2.0 mm，有头、胸、腹之分，体近圆筒形或纺锤形。

2）生活习性

喜阴湿、不洁的场地。

3）危害特征

在灵芝生长期，喜欢在鲜湿的灵芝菌孔及湿腐的菌丝料中取食孢子、芝肉和肉丝，造成菌孔表层斑驳或呈海绵状，菌丝消失，幼芝萎缩。此类害虫往往发生量大，转移迅速，还可携带和传播其他病害。

4）防治措施

①防外来虫源侵入，改善芝场环境卫生；②及时清除废料、杂物；③用0.4%敌百虫喷洒。

（七）采收、加工

1. 孢子粉采收

当灵芝进入成熟期，即子实体的边缘消失，孢子开始释放后适时套袋，过早过晚均不利。过早，即子实体边缘的白色圈尚未完全消失，会导致菌管僵化、闭塞，不能释放孢子；过晚，造成大量孢子粉散失。由于孢子粉很轻，随空气流动向周围扩散，一般采用套纸袋收集，用纸袋将产生孢子的菌盖罩住，成熟一个套一个，套袋时要防止孢子粉向外飞散，采收时取下纸袋，轻轻刷下纸袋内的孢子粉（彩图29-11）。

2. 子实体采收

当菌盖充分展开，边缘白色生长圈消失，不再增大，增厚也不明显，菌盖颜色色泽均匀，褐色孢子粉释放一段时间即可采收（彩图29-12）。采收时将芝体从柄基部摘下，不要用剪，留下老柄，以免老柄上方剪口长出朵形很小或畸形芝体。

3. 干燥

采收回的孢子粉或子实体，放在太阳光下晒干或置于烤房内及时烘干，直接烘干时，烤房温度由40 ℃逐渐上升到65 ℃，先晒1~2天后再烘，烤房温度控制在55~65 ℃，烘至灵芝菌盖碰撞有响声，再烘干也不再减重时为止，即含水量在11%~12%时为宜。

4. 段木栽培灵芝子实体分级标准

目前采用菌盖大小、厚度、色泽分级。

一级：菌盖最窄面7 cm以上，中心厚度1.2 cm以上，含水量12%以下，菌盖整齐，盖表面粘有孢子，腹面管孔浅褐色或浅黄白色，无斑点，菌柄长小于2 cm，无霉斑，无虫蛀。

二级：菌盖最窄面5 cm以上，中心厚度1 cm以上，菌盖基本完整，无明显畸形，盖表面粘有孢子，菌柄长2 cm以内，无霉斑，无虫蛀。

三级：菌盖最窄面3 cm以上，中心厚度0.6 cm以上，菌盖展开，菌柄长不超过3 cm，无霉斑，无虫蛀。

等外级：菌盖大小、厚度、菌柄的长短不作要求，无霉斑，无虫蛀。

（八）留种技术

1. 灵芝菌种保藏

将菌种瓶菌丝长入培养料1/2或2/3高度时，取出菌种瓶，用灭菌过的薄膜与牛皮纸代替棉塞封口，绳扎紧后再用矿物蜡密封。将菌种瓶用黑布或黑纸包好后置4 ℃冰箱中保存，一般可保存1年。或用试管斜面菌种，存放在4 ℃冰箱中保存，但保存期短，宜存放3~6个月后移管1次，移管次数不宜多，次数多时容易造成菌种老化。将去除水分的液体石蜡油注入试管斜面中，使泪高出试管斜面尖端1 cm即可，注意添加石蜡及1~2年移管1次，可保存2~10年。

2. 灵芝菌种提纯复壮

随着菌龄的增长和养料的消耗，菌种必然会出现老化现象。老化的菌种生命力减弱，其产品质量与产量均会受到影响。菌种退化是染色体的变异，菌种的整体性将不因外界条件影响而变化，而且这种性能会转给后代。菌种一旦退化，菌株生长可能出现质变、菌丝越长越稀疏、产孢子能力下降、代谢产物产生变化等各种表现形式。通过对保藏菌种进行移管培养，使其菌株恢复到原菌株的生长状况。或对该菌株进行人工栽培，对子实体进行组织分离，让新得到的菌丝体恢复到原菌株的生长势。

（九）质量标准及监测

1. 性状

（1）子实体

赤芝菌盖木栓质，肾脏形或半圆形，近圆形罕见，直径 12 cm×20 cm，厚1~2 cm，初黄色，后渐变为红褐色，红紫色或暗紫色，具有漆样光泽，有环状棱纹和辐射状皱纹；边缘薄或平截，常稍内卷；菌肉白色，后变为浅褐色；管口初期白色，后期呈褐色。菌柄侧生，呈类圆柱形，扁圆柱形，长达19 cm，直径0.5~1.5 cm，紫褐色，光泽较菌盖显著。孢子褐色，卵形，8.5~11.5 μm×5~6.5 μm，中央含一个大油滴。

（2）孢子粉

干燥粉末，无结块，无杂质，褐色或灰褐色；孢子呈淡褐色至黄褐色，卵形，顶端常平截，双层壁，孢内壁淡褐色至黄褐色，有突起的小刺，外胞壁平滑，无色。

2. 显微

菌盖皮鞘由棕黄色栅状组织形成。菌肉中菌丝近无色或带褐色，有分枝，多弯曲，直径1.5~6 μm，壁厚。子实层着生菌管内侧，成熟子实体因子实层变瘪而看不清担子。孢子卵形或顶端平截8.5~11.2（12.1）μm×5.2~6.9 μm，外壁无色，平滑，内壁有小刺，淡褐色或近褐色。

取本品粉末2 g，加乙醇30 mL，加热回流30 min，滤过，滤液蒸干，残渣加甲醇2 mL使溶解，作为供试品溶液。另取灵芝对照药材2 g，同法制成对照药材溶液。按照薄层色谱法试验，吸取上述两种溶液各4 μL，分别点于同一硅胶G薄层板上，以石油醚（60～90 ℃）–甲酸乙酯–甲酸（15：5：1）的上层溶液为展开剂展开、取出、晾干，置紫外光灯（365 nm）下检视。供试品色谱中，在与对照药材色谱相应的位置上，显相同颜色的荧光斑点。

3. 检查

（1）子实体

1）杂质

按照《中华人民共和国药典（一部）》（2005年版）附录Ⅸ A杂质检查法，本样品无杂质。

2）水分

按照《中华人民共和国药典（一部）》（2005年版）附录Ⅸ H第一法测定为13.03%，上述药典规定为≤13.0%。

3）总灰分

按照《中华人民共和国药典（一部）》（2005年版）附录Ⅸ K测定为1.41%，上述药典规定为≤3.2%。

4）酸不溶性灰分

按照《中华人民共和国药典（一部）》（2005年版）附录Ⅸ K测定为0.13%，上述药典规定为≤0.5%。

5）重金属及有害元素

据中国广州分析测试中心对龙门灵芝GAP基地的灵芝子实体按《中华人民共和国药典（一部）》（2005年版）对铅、镉、铜、砷、汞测定法（附录Ⅺ B原子吸收分光光度法或附录Ⅺ D电感耦合等离子体质谱法）测定：重金属总量<20 mg/kg；铅（Pb）<0.5 mg/kg；镉（Cd）0.28 mg/kg；铜（Cu）6.3 mg/kg；

砷（As）<0.5 mg/kg；汞（Hg）<0.1 mg/kg；符合GB7090—1996食用菌卫生标准规定。均在中华人民共和国商务部发布《药用植物及制剂进出口绿色行业标准》规定的允许范围内。

6）有机氯类农药残留量

据广州分析测试中心对龙门灵芝GAP基地的灵芝子实体按《中华人民共和国药典（一部）》（2005年版）附录ⅨQ有机氯类农药残留量测定法测定：六六六（BHC）未检出、滴滴涕（DDT）未检出、五氯硝基苯（PCNB）未检出、艾氏剂（Aldrin）未检出。

（2）孢子粉

细菌总数<1 000个/g；霉菌总数<50个/g，大肠菌群<30个/g，致病菌未检出。砷0.53 mg/kg，铅0.5 mg/kg，汞<0.1 mg/kg，镉0.29 mg/kg，铜8.99 mg/kg。

4. 浸出物

按照《中华人民共和国药典（一部）》（2005年版）水溶性浸出物测定法项下的热浸法（附录ⅩA）测定为4.8%，上述药典规定不得少于3.0%。

5. 化学成分

（1）化学成分分析

据现代研究表明：灵芝子实体含有灵芝多糖、灵芝酸、腺苷、麦角甾醇、甘露醇、牛磺酸、内酯、灵芝碱、生物碱；灵芝孢子中有孢醚等成分。另外，灵芝中含有多种矿物质，特别是有机锗的含量比其他生物都高。下面是广州中医药大学灵芝GAP基地产品的化学分析。

1）不同赤芝菌株中多糖含量比较测定

采用蒽酮—硫酸显色法，以活性炭吸附除去色素，用85%乙醇去除低聚糖，基本排除干扰因素，使灵芝多糖含量测定准确（见表29-5）。

表29-5　不同赤芝菌株中多糖含量（ω）比较　　（$n=3$）（%）

菌株	ω_t（$x \pm s$）	kRSD
日本菌株A	0.506 6 ± 0.015 3	3.02
日本菌株B	0.455 3 ± 0.004 9	1.08
日本菌株C	0.582 9 ± 0.019 5	3.34
日本菌株7号	0.643 8 ± 0.007 6	1.18
野生菌种D	0.450 7 ± 0.015 4	3.41
野生菌种E	0.429 6 ± 0.019 0	4.42

从表29-5实验结果表明：以日本菌株7号进行段木培养的灵芝质量较好。

2）不同产地赤芝挥发性成分含量比较测定（见表29-6）

表29-6　不同产地赤芝挥发性成分含量测定　　（%）

编号	化合物名称	广州	浙江	揭阳
1	辛醛	0.30		
2	己酸	2.61	1.76	
3	α-辛烯醛（E）		0.10	
4	庚酸		0.17	
5	壬醛	0.64	0.51	
6	辛酸	0.56	0.53	

续表

编号	化合物名称	广州	浙江	揭阳
7	癸醛	0.12	0.10	
8	2-癸烯醛（E）	0.29	0.23	
9	壬酸	0.85	0.38	0.43
10	2-十一烯酮			0.08
11	2-十一烯醛			0.20
12	癸酸			0.10
13	8-羟基辛酸	0.28		0.47
14	2,6-二叔基对甲酚		0.14	
15	十二碳酸	0.43	0.36	0.31
16	反异榄香素	0.32		
17	柏木烯醇		0.38	0.13
18	壬二酸	1.62		
19	2-3-藁本内脂		0.13	
20	十四碳酸	2.62	2.62	2.85
21	十五碳酸	10.07	5.66	10.65
22	十五碳酯乙酯		0.11	
23	9-十六碳烯酸	3.28	5.28	1.93
24	十六碳酸	49.70	32.30	48.01
25	十六酸乙酯		0.27	
26	十七碳酸			0.25
27	十八碳烯酸	13.86		
28	9,12-十八碳二烯酯（Z,Z）		26.88	
29	9-十八碳烯酸		19.63	17.04
30	十八碳酸	0.32		0.45

从表29-6看出：不同产地的赤芝，不仅化合物含量有差

异,甚至化合物种类也不同。

3)不同产地赤芝中灵芝酸B含量比较测定(见表29-7)

表29-7 不同产地赤芝中灵芝酸B含量测定

产地	灵芝酸B(mg/g)	RSD(%)
广州	0.53	1.32
龙门	0.26	0.85
阳山	0.21	2.10
广州清平药材市场	0.44	2.20
河南商品	0.19	1.25
浙江商品	0.41	1.81
安徽商品	未检出	

不同居群的灵芝中灵芝酸B含量差别较大,有的产区的商品甚至不含灵芝酸B。这可能与产区选择的菌株以及栽培技术等因素有关。

4)不同产地赤芝中总氮量比较测定(见表29-8)

表29-8 不同产地赤芝中总氮量测定

产地	$\bar{x} \pm s$	CV(%)
广州Ⅰ	2.01 = 0.041	2.02
广州Ⅱ	2.52 = 0.053	2.11
龙门	2.15 = 0.055	2.56
始兴	1.91 = 0.029	4.95
揭阳	1.54 = 0.044	2.83
日本	1.59 = 0.035	2.24
对照药材	1.90 = 0.048	2.54

从表29-8看出：广州、龙门、始兴产的赤芝，总氮量高于对照药材。

5）不同产地赤芝人体必需氨基酸含量测定结果（见表29-9）

表29-9　不同产地红椎段木赤芝氨基酸含量测定

氨基酸名称	揭阳红椎	龙门红椎	对照品
苏氨酸	0.455 70	0.515 0	0.364 6
缬氨酸	0.600 6	0.649 6	0.412 8
甲硫氨酸	0.078 9	0.086 0	0.061 9
异亮氨酸	0.448 7	0.497 6	0.458 7
亮氨酸	0.674 3	0.728 7	0.524 2
苯丙氨酸	0.449 5	0.483 9	0.307 4
赖氨酸	0.415 6	0.423 4	0.232 6
必需氨基酸总量	3.123 3	3.384 2	2.362 2

从表29-9显示：龙门红椎段木灵芝氨基酸含量大部分较高，人体必需氨基酸含量均高于对照药材。

6）不同产地赤芝无机元素的比较测定（见表29-10）

表29-10　不同产地赤芝无机元素的比较测定　（µg/g）

无机元素含量	产地						
	浙江Ⅰ	浙江Ⅱ	龙门	日本	揭阳	广州	*泰山
Fe（铁）	87.47	136.08	79.16	74.43	140.90	139.30	200.0
Zn（锌）	30.77	42.51	47.74	27.18	28.53	16.67	40.2
Sr（锶）	1.79	18.34	1.62	2.52	5.74	4.26	1.3
Cu（铜）	9.16	7.73	9.86	7.43	10.20	7.58	10.0
Se（硒）	7.89	22.22	8.12	2.18	9.99	—	—

续表

无机元素含量	产地						
	浙江Ⅰ	浙江Ⅱ	龙门	日本	揭阳	广州	*泰山
Mn（锰）	29.28	16.79	15.02	19.85	79.72	23.86	2.8
Ni（镍）	0.63	1.85	2.86	1.25	5.58	0.53	2.0
Cr（铬）	26.75	25.06	23.65	24.18	29.70	2.90	1.2
Mo（钼）	2.99	2.81	3.03	2.52	3.99	0.12	1.0
Co（钴）	0.02	0.35	0.33	0.08	0.26	0.10	1.0
V（钒）	0.04	0.39	0.21	0.11	0.26	0.05	1.0
Sn（锡）	0.76	1.39	0.43	0.26	0.53	<0.3	—
Ge（锗）	10.38	17.87	11.85	10.28	16.15	—	0.5
Ba（钡）	7.33	25.54	10.52	8.00	7.83	—	62.0
As（砷）	6.23	9.91	9.13	2.92	8.51	—	—
B（硼）	6.89	4.01	3.14	3.04	4.28	—	2.9
Pb（铅）	1.40	2.74	1.39	2.19	2.04	—	5.0
Cd（镉）	0.85	1.04	0.66	1.17	1.50	0.17	0.5
Be（铍）	0.00	0.02	0.00	0.00	0.00	—	<0.05
Ca（钙）	1 253.3	2 802.6	981.0	522.2	1 676.0	—	300.0
Mg（镁）	527.2	809.2	522.2	513.5	736.5	—	620.0

7）不同菌材培育的赤芝总氮量比较测定（见表29-11）

表29-11　不同菌材培育的赤芝总氮量测定　　（%）

菌材	$\bar{x} \pm s$	CV
板栗	2.024 ± 0.065	3.07
红椎	1.986 ± 0.191	9.63
乌桕	1.730 ± 0.039	2.29
枫香	1.350 ± 0.059	4.35
对照药材	1.900 ± 0.048	2.54

从表29-11看出：板栗、红椎培育的赤芝总氮含量高于对照品。

8）不同菌材培育的赤芝中氨基酸含量的比较测定（见表29-12）

表29-12 不同菌材培育的赤芝中氨基酸含量测定 （%）

氨基酸名称	红椎	鳖蕄	板栗	木麻黄	乌桕	对照药材
天门冬氨酸	0.837 9	0.997 6	1.041 9	1.049 0	1.307 4	0.627 3
苏氨酸*	0.465 7	0.563 2	0.586 9	0.570 3	0.713 8	0.364 6
丝氨酸	0.320 7	0.400 6	0.405 5	0.400 1	0.502 2	0.297 5
谷氨酸	1.010 2	0.998 1	1.105 2	1.152 0	1.438 8	0.593 8
脯氨酸	0.412 0	0.467 2	0.465 6	0.487 9	0.592 6	0.288 6
甘氨酸	0.513 7	0.603 8	0.608 1	0.614 6	0.776 4	0.363 4
丙氨酸	0.565 1	0.659 9	0.683 4	0.695 2	0.879 4	0.381 2
胱氨酸	微量	微量	0.042 1	微量	微量	0.052 2
缬氨酸*	0.600 6	0.708 1	0.722 6	0.752 2	0.919 8	0.412 8
甲硫氨酸*	0.078 9	0.089 1	0.092 5	0.105 5	0.108 8	0.061 9
异亮氨酸*	0.448 7	0.530 0	0.545 7	0.543 8	0.668 9	0.458 7
亮氨酸*	0.674 3	0.783 8	0.796 4	0.821 6	1.023 8	0.524 6
酪氨酸	0.159 7	0.203 8	0.203 5	0.192 2	0.247 5	0.153 5
苯丙氨酸*	0.449 5	0.530 6	0.571 1	0.546 5	0.677 0	0.307 4
赖氨酸*	0.415 6	0.445 2	0.502 7	0.510 4	0.639 7	0.232 6
组氨酸	0.149 4	0.186 1	0.187 4	0.169 8	0.228 2	0.086 6
精氨酸	0.407 1	0.449 5	0.490 4	0.511 6	0.621 1	0.216 6
牛黄酸	0.049 5	0.051 6	0.046 8	0.051 4	0.046 0	—
必需氨基酸总量	3.123 3	3.650 6	3.817 9	3.846 6	4.751 8	2.362 2

续表

氨基酸名称	红椎	鳖蒴	板栗	木麻黄	乌桕	对照药材
氨基酸总量	7.55	8.67	9.10	9.18	11.39	5.42
支链氨基酸	1.723 6	2.021 8	2.064 7	2.117 6	2.612 5	1.395 7
芳香族氨基酸	0.609 2	0.734 4	0.774 6	0.739 0	0.924 5	0.460 9

注：*号为人体必需氨基酸。

从表29-12看出：所含人体必需氨基酸总量与总氨基酸比值分别为41.7%，41.9%，42.0%，42.1%，41.4%，43.6%。根据FAO/WHO（世界粮农组织与卫生组织）提出的参考蛋白模式，"必需氨基酸"总量应达40%左右的标准，以上5种菌材培养的灵芝均已达到。

9）不同段木赤芝无机元素含量的比较测定（见表29-13）

10）不同生长期赤芝中灵芝酸B含量比较测定

为了考察灵芝酸B在灵芝中的分布情况，我们采用反相高效液相色谱法对以段木培养的灵芝不同生长阶段中灵芝酸B进行了含量分析（见表29-13）。

表29-13　不同段木赤芝无机元素含量的比较测定　（μg/g）

无机元素含量	段木					
	红椎	鳖蒴	木麻黄	板栗	乌桕	枫香
Fe（铁）	140.90	414.76	204.05	179.61	107.78	370.50
Zn（锌）	28.53	50.08	31.53	58.34	41.14	28.90
Sr（锶）	5.74	3.52	3.33	6.89	6.13	5.71
Cu（铜）	10.20	43.73	4.68	36.46	22.48	4.14
Se（硒）	5.99	4.46	7.07	9.38	1.12	22.60
Mn（锰）	79.72	24.04	23.02	20.98	44.87	52.44
Ni（镍）	5.58	2.81	0.96	1.82	2.77	2.20

续表

无机元素含量	段木					
	红椎	黧蒴	木麻黄	板栗	乌桕	枫香
Cr（铬）	29.70	21.91	26.43	22.84	32.31	16.93
Mo（钼）	4.00	3.71	3.06	4.26	3.93	4.93
Co（钴）	0.26	0.14	0.05	0.24	0.51	0.53
V（钒）	0.26	0.21	0.30	0.31	0.22	0.55
Sn（锡）	0.53	0.65	0.47	0.79	0.75	1.64
Ge（锗）	16.15	14.02	11.63	16.02	16.22	18.37
Ba（钡）	7.83	5.63	6.92	15.69	11.61	12.69
As（砷）	8.51	8.87	6.13	9.14	8.07	9.95
B（硼）	4.28	8.40	2.45	3.60	3.79	3.96
Pb（铅）	2.05	1.98	2.06	1.41	1.48	1.66
Cd（镉）	1.50	1.75	0.70	1.20	0.98	0.89
Be（铍）	0.00	0.00	0.00	0.00	0.00	0.02
Ca（钙）	1 676.0	1 233.9	1 367.3	1 714.3	1 502.2	4 167.8
Mg（镁）	736.5	659.5	573.4	807.9	866.5	873.8

表29-14　不同生长期赤芝中灵芝酸B含量测定　　（$n=3$）

样品	生长期（d）	灵芝酸B（mg/g）	RSD（%）
1	5	0.86	1.21
2	10	0.34	2.31
3	25	0.33	1.20
4	45	0.33	1.43
5	成熟期	0.26	1.37

从表29-14的结果表明：赤芝到了成熟期灵芝酸B含量最低。一般认为灵芝越成熟味越苦，对灵芝酸B的含量测定则表明，灵芝酸B的含量随生长期的延长而降低，灵芝酸B是微苦的成分，在结构上与具有苦味的成分灵芝酸A、灵芝酸C1相似，这3种成分是否在成熟过程中发生转化，尚待进一步研究。

11）不同生长期赤芝中灵芝酸B含量比较测定

赤芝的生长大致分为菌柄生长期、菌盖扩展期、菌盖成熟期、老化期，不同时期的有效成分含量有差异（见表29-15）。

表29-15　不同采收期赤芝人体必需氨基酸含量测定结果　（%）

氨基酸名称	扩展前期	扩展期	成熟期	老化期	对照品
苏氨酸	0.776 4	0.500 3	0.500 3	0.397 1	0.364 6
缬氨酸	0.888 6	0.563 3	0.564 2	0.440 8	0.412 8
甲硫氨酸	0.152 3	0.111 3	0.103 9	0.076 2	0.061 9
异亮氨酸	0.801 4	0.560 8	0.606 2	0.899 1	0.458 7
亮氨酸	1.003 4	0.679 7	0.603 6	0.652 8	0.524 2
苯丙氨酸	0.656 1	0.436 0	0.434 1	0.338 4	0.307 4
赖氨酸	0.720 2	0.412 1	0.387 6	0.323 9	0.232 6
必需氨基酸总量	4.998 4	3.263 5	3.199 9	2.828 3	2.362 2

表29-15结果显示：灵芝生长初期总氨基酸含量较高，为标准品的2倍多；至成熟期趋于稳定，到老化期又衰减。可能与生长初期代谢较旺盛，从菌材中吸收利用的营养物质较多有关；当子实体成熟时，组织器官发育分化基本稳定，各营养成分亦保持相对平衡；老化期，则由于成分分解消耗

等原因而减少。提示灵芝药材采收宜选择适宜时期,综合考虑成分含量与产量。

12)灵芝不同部位中灵芝酸B的含量比较测定

灵芝的不同部位,由于其营养运输和贮藏组织有异,在吸收营养转化成初生代谢物,以及积累和贮藏均可能出现差异。我们提取分离并鉴定了灵芝中的成分灵芝酸B,以其为指标测定了灵芝中不同部位中灵芝酸B的含量(见表29-16)。

表29-16 灵芝不同部位中灵芝酸B的含量测定 ($n=3$)

样品	灵芝酸B(mg/g)	RSD(%)
菌盖表皮层	0.56	2.01
木栓层	0.19	1.78
菌柄	0.29	1.22
菌盖子实体全部	0.53	1.82
孢子粉	0.087	1.27
赤芝发酵菌丝体	未测出	
紫芝菌盖	极微量	

由表29-16可以看出:菌盖表皮层灵芝酸B的含量较高,其次是菌盖子实体全部和木栓层,紫芝中含有极微量的灵芝酸B,而赤芝发酵菌丝体中未测出灵芝酸B,因此该成分也可作为区别赤芝及其发酵菌丝体的指标之一。

13)21批灵芝孢子粉指纹图谱

取同一灵芝菌种不同批号的灵芝孢子粉21批进行指纹图谱测定,结果见图29-2,并对其相似度进行分析,其结果见表29-17。

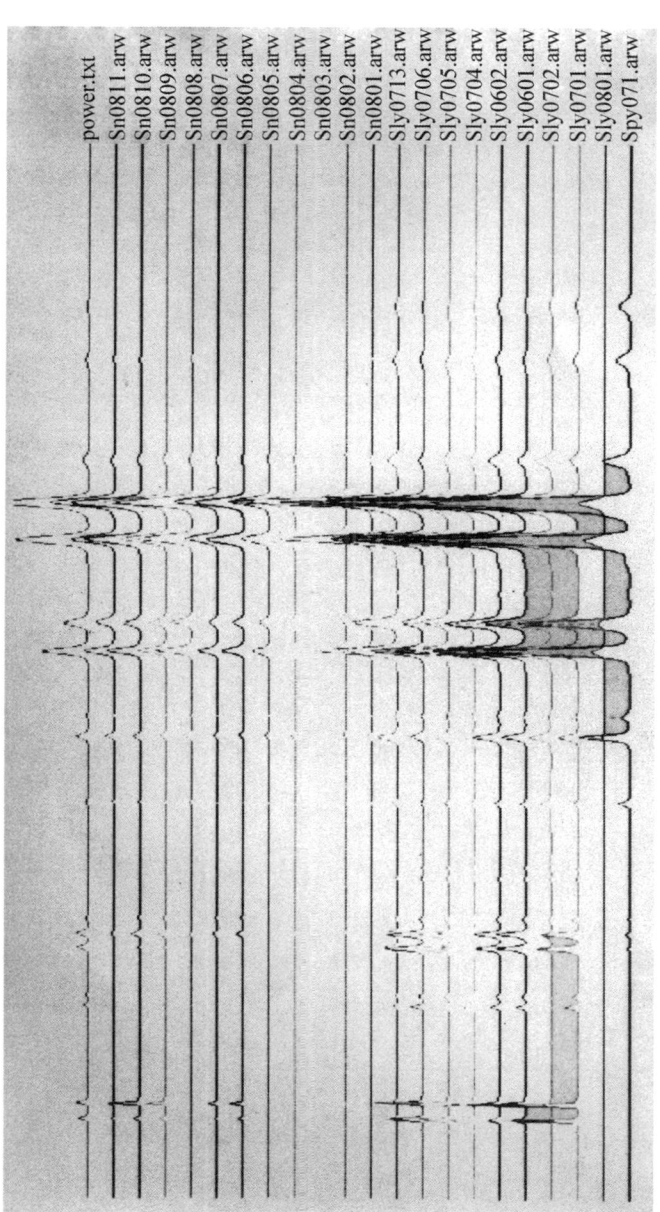

图29-2 21批灵芝孢子粉匹配后图谱(参照模板文件名为: power.txt)

表29-17 灵芝孢子粉各相似度分析结果

批号	相关系数法（峰面积）	相关系数法（全图谱）	相关系数法（全图谱）	夹角余弦法（全图谱）
1	0.998 635	0.998 995	0.983 889	0.978 314
2	0.993 272	0.994 510	0.987 120	0.981 495
3	0.981 743	0.976 334	0.975 479	0.976 956
4	0.998 289	0.998 604	0.986 521	0.986 089
5	0.984 959	0.986 059	0.993 180	0.992 852
6	0.992 187	0.992 942	0.994 300	0.993 901
7	0.979 530	0.972 719	0.980 191	0.980 604
8	0.980 292	0.978 990	0.988 201	0.988 799
9	0.971 902	0.963 713	0.971 477	0.973 095
10	0.995 601	0.996 259	0.992 445	0.991 151
11	0.998 280	0.998 384	0.988 856	0.983 029
12	0.995 213	0.995 778	0.925 894	0.940 664
13	0.994 335	0.995 322	0.909 768	0.906 915
14	0.995 885	0.996 515	0.985 455	0.981 483
15	0.998 973	0.998 972	0.987 298	0.982 268
16	0.993 969	0.995 210	0.991 312	0.990 111
17	0.992 881	0.994 188	0.985 036	0.984 068
18	0.999 094	0.999 237	0.989 690	0.984 990
19	0.996 007	0.996 636	0.987 838	0.987 165
20	0.998 275	0.998 559	0.991 617	0.990 859
21	0.996 339	0.997 277	0.989 931	0.987 774

从表29-17结果可知：用表中方法计算的各批灵芝孢子粉指纹图谱的相似度都在0.9~1.0，显示各批次图谱相似度较高。

（2）含量测定

1）灵芝酸B含量测定

灵芝酸B亦是灵芝的主要成分之一。

用超声波、索氏提取法、冷浸法，分别以氯仿或甲醇进行提取。用甲醇进行提取，提取成分较多，影响灵芝酸B与相邻峰的分离，以氯仿提取，并以冷浸法和索氏法提取较好，但由于冷浸法受室温影响，提取率有波动，故以索氏法提取较佳（4 h），同时对提取后的残渣再以氯仿提取检测，灵芝酸B可基本提尽。测定结果，龙门基地的赤芝含灵芝酸B 0.26%。

2）灵芝多糖的提取和测定

灵芝多糖是灵芝的主要成分之一。

对照品溶液的制备：精密称取105 ℃干燥至恒重的葡萄糖对照品适量，加水制成1 mL含0.1 mg的溶液，即得。

精密称取供试品2 mL，置10 mL具塞试管中，照标准曲线制备项下的方法，自"精密加入硫酸蒽酮溶液6 mL"起，依法测定吸光度，从标准曲线上读出供试品溶液中含葡萄糖的重量（mg），计算，即得。

药典规定：本品按干燥品计算，含灵芝多糖以无水葡萄糖（$C_6H_{12}O_6$）计，不得<0.50%。

广州中医药大学龙门基地的赤芝多糖含量测定方法，采用加蒸馏水在沸水浴上提取多糖，栽培品宜1.5～2.0 h，野生品宜4 h。用氢氧化钠或草酸作为提取剂，可获得较多的灵芝多糖。以85%的酒精提取测定多糖比较合适。多糖含量测定用苯酚-硫酸法，测定结果为0.97%。

3）灵芝多肽的分离检测

灵芝多肽药理作用明显。

取灵芝子实体热水提取液浓缩，用乙醇沉淀，上清液流经

732（H）型阳离子交换树脂柱，以蒸馏水洗脱除尽糖后，改以3%$NH_3·H_2O$洗脱，收集洗脱液中茚三酮显色部分，冻干得粗肽。以少量水溶解，加样于pH 5.0（用稀HAC平衡）DA-201大孔吸附树脂柱，0.01 mol/L HOAC洗脱，可见色素被吸附，多肽则从洗脱液中洗出，测定紫外吸收，最大吸收峰在210 nm和254 nm处。洗脱液浓缩后，流经凝胶Sephadex G-15柱，以H_2O洗脱，紫外254 nm检测，使多肽与氨基酸和盐分开，收集多肽组分，冻干后以0.01 mol/L NH_4HCO_3缓冲液溶解，加样于DEAE-Cellulose柱进行分离，分别以0.01 mol/L、0.05 mol/L、0.1 mol/L、0.2 mol/L、0.4 mol/L，pH 8.5 NH_4HCO_3缓冲液进行阶段性梯度洗脱，紫外检测，共收得GPC_1-GPC_5 5个组分。以新华Ⅵ号层析滤纸，电泳液为pH 7.2的Tris-HCL缓冲液，工作电压1 200 V，电泳时间6 h对上述多肽进行高压纸电泳，以CL_2-KI-淀粉和茚三酮分别对照显色后确认GPC_1、GPC_2为碱性肽，GPC_3为中性肽，GPC_4和GPC_5为酸性肽。

（十）包装、贮藏及运输

1. 包装

干燥后的灵芝采用无污染、清洁、干燥、无破损的塑料袋盛装，最好真空密封，再用纸箱进行外包装，或装入双层袋（一层塑料袋，一层编织袋）或其他防潮容器，同时做好包装记录，其内容应包括品名、规格、产地、批号、重量、包装工号、包装日期等。

2. 贮藏

经包装的灵芝贮藏在通风、低温、干燥（含水量控制在

10%）、避光、地面整洁、无缝隙、易清洁的仓库。贮藏时间过长，常被一种鞘翅目昆虫蛀食，严重时可将灵芝蛀成粉末状。一般情况下，贮藏不要超过1年。

3. 运输

灵芝在批量运输时，不应与其他有毒、有害、易串味物质混装。运载容器应具有良好的通气性，以保持干燥，并应有防潮措施。

（张桂芳）

参 考 文 献

安秀容，薛会丽，房宽锋，等．2001．灵芝主要害虫及防治方法［J］．植物保护，（12）：28-29．

陈文良，黄萍，吴清和，等．2000．复方灵芝降糖胶囊对胰岛素B细胞形态学的影响［J］．广州中医药大学学报，17（1）：51-53．

丁平，蔡红军，刘艳平，等．1999．栽培赤芝与紫芝化学成分的比较［J］．中药材，22（9）：433-435．

丁平，徐鸿华，徐新春，等．1998．不同菌材培养的灵芝多糖含量测定［J］．中国野生植物资源：增刊：223~224．

丁平，徐鸿华，徐新春．1998．紫芝与赤芝挥发性成分研究［J］．中草药，29（9）：585-586．

丁平，徐鸿华，钟镜金，等．1996．不同菌材培养的灵芝氨基酸含量测定［J］．中药材，19（12）：595-597．

丁平，曾元儿，赖小平，等．1999．产地及生长期对灵芝中灵芝酸B含量的影响［J］．中药材，22（6）：271-272．

丁平，曾元儿，赖小平，等．1999．复方灵芝降糖胶囊中灵芝酸B含量测定[J]. 中成药, 21(11): 567-568.

丁平, 曾元儿, 徐晖, 等. 1999. 灵芝不同生长期中灵芝酸B动态变化规律[J]. 中国中药杂志: 增刊: 22-23.

丁平, 张丹雁, 徐鸿华. 2001. RP-HPLC法测定不同部位灵芝中灵芝酸B含量[J]. 中草药, 32(4): 310-312.

丁平, 钟镜金, 肖省娥. 1996. 不同产地、生长期灵芝的氨基酸含量比较测定[C]//中药资源开发利用研究论文集[M]. 广州: 广东科技出版社.

丁平. 1998. 制定灵芝质量标准的两种定性方法[C]//第七届全国药用真菌学术会议论文集. 福建: [出版者不详].

国家药典委员会. 2005. 中华人民共和国药典: 一部[M]. 北京: 化学工业出版社, 130.

贺红, 肖省娥, 徐新春, 等. 1998. 灵芝菌丝体深层培养研究[J]. 广州中医药大学学报, 15(3): 217-219.

贺红. 1998. 灵芝液体深层培养的研究[C]//第七届全国药用真菌学术会议论文集. 福建: [出版者不详].

贺红. 2000. 灵芝液体深层发酵技术研究进展及展望[J]. 基层中药杂志, 14(2): 48.

黄萍, 吴清和, 徐鸿华, 等. 2000. 复方灵芝降糖胶囊治疗糖尿病的实验研究[J]. 广州中医药大学学报, 17(2): 158-162.

黄兆胜, 邓响潮, 刘明平, 等. 1997. 段木灵芝对果蝇寿命及小鼠LPO和SOD的影响[J]. 广州中医药大学学报, 14(2): 105-107.

刘艳平, 蔡红军, 林丽丽, 等. 1999. 不同菌种培养的灵芝中多糖含量测定[J]. 广州中医药大学学报, 16(1): 54-55.

孙平. 2001. 灵芝病虫害的发生与防治技术[J]. 植物医生, 14(5): 21.

肖省娥, 徐新春, 丁平. 2000. 不同产地、菌材栽培的灵芝总氮量比较测定［J］. 时珍国药研究，11（11）：969.

徐鸿华，丁平，贺红，等. 1998. 灵芝优良菌种的引进与开发［J］. 中药材，21（8）：383-385.

徐鸿华，徐新春，肖省娥，等. 1995. 灵芝仿野生栽培新技术研究［J］. 广州中医药学院学报，12（4）：48-50.

徐鸿华. 1996. 灵芝研究及其产品开发利用（综述）//中药资源开发利用研究论文集［M］. 广州：广东科技出版社.

徐鸿华. 1998. 广东灵芝资源开发利用的研究［C］//第七届全国药用真菌学术会议论文集. 福建：［出版者不详］.

徐新春，吴惠玲，刘佑波，等. 2000. 不同栽培方法对灵芝无机元素含量的测定［J］. 广东微量元素科学，7（2）：64-67.

徐新春，肖省娥，丁平. 1996. 不同产地、段木及生长期灵芝无机元素含量比较测定［C］//中药资源开发利用研究论文集［M］. 广州：广东科技出版社.

徐新春，徐鸿华，丁平，等. 1997. 不同栽培因素对灵芝化学成分含量的影响［J］. 时珍国药研究，8（5）：465-466.

徐新春，徐鸿华，肖省娥，等. 1997. 灵芝孢子粉散发与采收［J］. 中药材，20（6）：274-275.

钟小清. 1999. 灵芝研究概况［J］. 广西中医药，22（6）：44-47.

周功和，周功为，何建芬，等. 1997. 灵芝短段木熟料栽培中害菌的防治［J］. 中国食用菌，16（3）：19-20.

周玖瑶. 2003. 灵芝生料酿制液降血脂作用研究［J］. 广州中医药大学学报，20（2）：150-152.

Kubota T, et al. Structures of Ganoderic Acid A and B. 1982. Two new lanostane type bitter triterpenes from ganoderma lucidum （Fr. ） karst. Helvetica Chimica Acra. , 65（2）：611.

附

灵芝规范化生产标准操作规程（SOP）

前　　言

本规程起草单位：广州中医药大学。

本规程主要起草人：徐鸿华、张桂芳（广州中医药大学）。

第一章　总　　则

1.1　范围。

1.1.1　本标准操作规程是灵芝生产和质量管理的具体操作方法。

1.1.2　本规程适用于灵芝种植者进行栽培和管理。

1.2　引用标准。

1.2.1　《中华人民共和国环境空气质量标准》（GB3095—1996）。

1.2.2　《中华人民共和国农田灌溉水质标准》（GB5084—1992）。

1.2.3　《中华人民共和国土壤环境质量标准》（GB15618—1995）。

1.2.4　《中华人民共和国药典（一部）》（2005年版）。

1.2.5　《中华人民共和国食用菌卫生标准》（GB7090—1996）。

1.2.6　中华人民共和国商务部《药用植物及制剂进出口绿色行业标准》。

第二章 产地自然条件

2.1 气温30℃、相对湿度90%左右、空气中含0.1%二氧化碳、光照充足的条件下,灵芝可迅速正常生长发育。

2.2 立地条件 土质疏松的沙质土壤。

2.3 灵芝生长条件 菌丝生长前期以24~26℃生长较快,后期以24~28℃为好,菌丝体在木屑为主的栽培瓶中能耐受-10℃的短暂低温;子实体生长最适温度为25~28℃。菌丝生长阶段相对湿度维持60%为宜,子实体分化及发育期以相对湿度85%~90%为好。菌丝生长可在无光条件下进行,但全黑不能进行子实体原基的分化;子实体分化及发育要求散射光,且有趋光性。菌丝在基质中生长需要一定的氧;子实体分化与发育需要更多的氧气供应。菌丝体在pH为3.0~7.5的基质中可生长,但以pH4.0~6.0为最适宜。子实体适宜微酸环境。

2.4 环境质量。

2.4.1 水质达到《中华人民共和国农田灌溉水质标准》(GB5084—1992)二级以上标准。

2.4.2 环境空气达到《中华人民共和国环境空气质量标准》(GB3095—1996)二级以上标准。

2.4.3 土壤环境质量达到《中华人民共和国土壤环境质量标准》(GB15618—1995)二级以上标准。

第三章 物种或品种类型

3.1 本规程所适用的灵芝为多孔菌科真菌赤芝 *Ganoderma lucidum* (Leyss. ex Fr.) Karst. 或紫芝 *G. sinense* Zhao, Xu et Zhang 的干燥子实体。

3.2 菌种分离和培养。

3.2.1 母种（一级菌种）分离培养。

3.2.1.1 母液培养基配方 马铃薯200 g、葡萄糖20 g、磷酸二氢钾（KH_2PO_4）3 g、硫酸镁（$MgSO_4 \cdot 7H_2O$）1.5 g、维生素B_1 10~20 mg、琼脂15~20 g。配制：取去皮马铃薯200 g，切成小块，加水1 000 mL，煮沸20 min，滤去马铃薯块，将滤液补足1 000 mL。pH自然，装入试管，在1.47×10^5 Pa灭菌30 min，摆好斜面，冷却备用。

3.2.1.2 母种分离 有寄主分离法、孢子弹射分离法和组织分离法。组织分离法：在无菌条件下，选取新鲜、菌蕾大、刚成熟尚未木栓化的子实体，先用清水洗净，然后用75%的酒精或冷开水冲洗药剂，用消毒的解剖刀切取菌柄和菌盖的内部，并将组织块切成黄豆大小约0.3 cm的小块，接入试管培养基中央，放在28 ℃的阴暗条件下培养。

3.2.1.3 母种生产 在无菌条件下接种，选择生长旺盛、菌龄短、菌丝层尚未出现色素分泌物的灵芝试管菌种用于转管培养。一般钩取黄豆大小菌块放入另一试管斜面培养基或三角瓶培养基中央。接种后放置24~26 ℃恒温箱或培养室中避光培养，接种后的前3天应每天对光检查试管中是否污染，弃去污染管，3天后隔天检查，菌丝长满斜面后即可使用。

3.2.2 原种（二级菌种）生产。

3.2.2.1 原种培养基配方 木屑73%、麸皮25%、蔗糖1%、石膏1%，将上述培养基粉充分拌匀后加水，使培养料的含水量达到65%，装入广口瓶或塑料薄膜袋，装瓶（袋）至瓶肩处，在料中心扎一锥形孔，封口。高压灭菌，1.5 kg/cm² 2 h，凉后接种。

3.2.2.2 原种生产 一般原种用试管菌种。在无菌条件下接种，将消毒的接种铲从试管菌种斜面培养基前端插入，将试管表面革质化菌膜与培养基剥离，推到试管底部，露出带有菌丝的培养基，挑取玉米粒大小的一块菌种，放入原种培养基中央洞边或覆盖于培养基表面，将瓶（袋）封口，置于24～28℃下培养，培养30天左右，用于接种栽培种。

3.2.3 栽培种（三级菌种）生产。

3.2.3.1 栽培种培养基配方 用原种培养基配方或用杂木粒78%、麸皮20%、石膏1%、黄豆粉1%，将上述培养料充分拌匀后加水，含水量掌握在60%，pH5.5～6.0，将料装入菌袋中并且捣紧，要求上松下紧，装料至袋口3～5cm时，用捣木（直径1cm）在袋中央从上至下捣一孔洞，以利灭菌和菌丝蔓延，将袋口封好，在1.5 kg/cm²压力下灭菌1.5 h，凉后接种。

3.2.3.2 栽培种生产 一般栽培种用原种菌种。在无菌条件下，将原种培养基蚕豆粒大小的一块菌体团挑起，接入栽培种培养袋中，封口，送入培养室培养，温度保持22～25℃，阴暗条件，同时要求室内清洁，空气新鲜，注意观察有无杂菌生长，发现杂菌立即处理，培养30～35天，菌丝长满后接种到段木上。

第四章 栽 培 技 术

4.1 选地 选择水源方便，排水良好，地势开阔，通风透光，土质疏松的沙质壤土建场。

4.2 整地 深翻土壤30 cm，除净杂草石块，暴晒做畦，畦东西走向，畦宽1.3 m，长视地形而定，高30 cm，畦间留步道。整地时，进行土壤消毒。

4.3 搭棚 畦上方搭设阴棚，加盖遮阴网，以三分阳七分阴为好，场地周围亦用遮阴网，光线亮度要求均匀。

4.4 段木选择、砍伐、切段、装袋、灭菌。应选用山毛榉等阔叶树作段木，树种选好后，在树液流动前，一般在树木贮存营养较丰富的冬季砍伐，直径5~20cm。锯成长为18cm一段，段木含水量为40%左右，直径较小的段木可捆扎成捆，每捆直径35cm左右，捆时断面要平，并用小段木或劈开的段木打紧。用塑料袋包装，把袋口扎紧，进行灭菌。

4.5　接种培养　选择室温20℃左右，晴朗天气，在无菌条件下接种。取栽培种一小块接入菌材，放在洁净房内进行暗培养，段木菌袋依"品"字形摆放，前期室温24~26℃，后期室温为22~24℃，室温低于20℃时应加温。室内相对湿度为60%~70%，保持空气流动。培养2~2.5个月，长满菌丝体后移出室外埋土。

4.6　菌材埋土　当菌材出现少数原基、气温回升到20℃以上时，选择晴天，在整好的畦上先开沟，将菌材直立排于沟内，接种面朝上，菌材间距一般为4~6cm，菌材上面平齐，用细土填满菌材间隙，上端覆盖消毒细土或黄心土1~2cm。

第五章　出　芝　管　理

5.1　调控适度　灵芝喜潮湿环境。在菌蕾露土、菌盖出现前，保持棚内相对湿度80%~90%，子实体生长最适的空气相对湿度为85%~90%。土壤湿度为50%为宜。阴雨天湿度偏高，采用通风降湿，畦内停止淋水；晴天湿度偏低，畦内喷水并向空间喷雾，提高棚内空气相对湿度，水质要干净。

5.2　改善通气条件　灵芝为好气性真菌，子实体对CO_2极为敏感，只有CO_2浓度低于0.1%时，才能生长出菌盖大、厚、完整和菌柄短的优质子实体。

5.3　调控光线　灵芝子实体对光线要求较高，需要较多的散射光，避免直射光，且有强烈的趋光性。因此要使棚内的光亮度调整到400～500 cd范围,光源固定。

5.4 调控温度　灵芝生长过程均在气温较高的季节完成。子实体分化和生长最适温度为25～28℃,昼夜温差8～10℃。低于25℃时要关好棚门,盖好塑料薄膜保温,超过30℃时要打开棚门,揭开周围塑料薄膜,加强通风降温,棚顶喷水降温。

第六章　主要病虫害的防治

坚持贯彻保护环境、维持生态平衡的环保方针及预防为主、综合防治的原则,采取农业防治和化学防治相结合的方法,做好病虫害的预测预报和药效试验,提高防治效果,禁止使用国家禁用农药,将病虫害对灵芝的危害降低到最低限度。

6.1　农业综合防治。

6.1.1 环境管理　对半地窖大棚搭架袋栽出芝的,不同品种分棚管理,协调好温度、湿度、通气和光照,避免温差、湿差及水分过大,定期定时通气和透光,增强芝蕾生活力,使其正常分化、生长。

6.1.2 卫生管理　芝房内外环境需要经常进行消毒、防虫处理,窖棚门窗、通气孔用纱网封严,防外来虫源侵入。喷水要用清洁水源,及时清除废料、杂物及脏水,定期用石炭酸、高锰酸钾、石灰粉、敌敌畏和辛硫磷等药剂杀菌灭虫,特别要注意防止土畔或菌墙中土居害虫的危害。

6.1.3 受害灵芝处理　发现有病害、杂菌子实体,应及时用漂白粉、甲醛或30% NaOH溶液进行喷洒或擦洗;对于子实体上的害虫,一方面进行人工捕捉,另一方面剪除有虫幼芝,避免转移危害,必要时可用敌杀死、橘皮煮液等避芝喷杀或用灯光糖醋液诱杀。

6.2 青霉菌、毛霉和根霉菌。

6.2.1 农业防治 加强通风换气,在不影响灵芝生长条件下降低相对湿度;一旦发生霉菌污染的病芝要及时摘除;采摘后芝场要清理干净。

6.2.2 化学防治 用5%新洁尔灭1 000倍液喷雾灭菌。

6.3 褐腐病。

6.3.1 农业防治 注意通风和保湿;避免高温高湿;及时清除病害的芝体。

6.3.2 化学防治 用5%新洁尔灭1 000倍液喷雾灭菌。

6.4 蛞蝓。

6.4.1 农业防治 搞好芝场卫生;在夜间进行捕杀;做成毒饵进行诱杀。

6.5 跳虫。

6.5.1 农业防治 改善芝场环境卫生,防止芝场积水。

6.5.2 化学防治 用0.4%敌百虫喷洒。

第七章 采收与加工

7.1 采收。

7.1.1 孢子粉采收 当灵芝进入成熟期,即子实体的边缘消失,孢子开始释放后,适时套袋,过早过晚均不利。由于孢子粉很轻,随空气流动向周围扩散,一般采用套纸袋收集,用纸袋将产生孢子的菌盖罩住,成熟一个套一个,套袋时要防止孢子粉向外飞散,采收时取下纸袋,轻轻刷下纸袋内的孢子粉。

7.1.2 子实体采收 当菌盖充分展开,边缘白色生长圈消失,不再增大,增厚也不明显,菌盖颜色色泽均匀,褐色孢子粉释放一段时间即可采收。采收时将芝体从柄基部摘下,不要用剪，留下老柄，以免老柄上方剪口长出朵形很小或畸形芝体。

7.2 干燥 采收回的孢子粉或子实体放在太阳光下晒干，或置于烤房内及时烘干，直接烘干时，烤房温度由40℃逐渐上升到65℃，先晒1～2天再烘，烤房温度控制在55～65℃，烘至灵芝菌盖碰撞有响声，再烘干也不再减重时为止，即含水量在11%～12%时为宜。

7.3 段木栽培灵芝子实体分级标准 目前采用菌盖大小、厚度、色泽分级。

7.3.1 一级 菌盖最窄面7cm以上，中心厚度1.2cm以上，含水量12%以下，菌盖整齐，盖表面粘有孢子，腹面管孔浅褐色或浅黄白色，无斑点，菌柄长小于2cm，无霉斑，无虫蛀。

7.3.2 二级 菌盖最窄面5cm以上，中心厚度1cm以上，菌盖基本完整，无明显畸形，盖表面粘有孢子，菌柄长2cm以内，无霉斑，无虫蛀。

7.3.3 三级 菌盖最窄面3cm以上，中心厚度0.6cm以上，菌盖展开，菌柄长不超过3cm，无霉斑，无虫蛀。

7.3.4 等外级 菌盖大小、厚度、菌柄的长短不作要求，无霉斑，无虫蛀。

第八章 留种技术

8.1 灵芝菌种保藏。

8.1.1 菌种瓶 在菌种瓶菌丝长入培养料1/2或2/3时，取出菌种瓶，用灭菌过的薄膜与牛皮纸代替棉塞封口，绳扎紧后再用矿物蜡密封。将菌种瓶用黑布或黑纸包好后置4℃冰箱中保存，一般可保存1年。

8.1.2 试管斜面 试管斜面菌种存放在4℃冰箱中保存,但保存期短,宜存放3~6个月后移管1次,移管次数不宜多,次数多容易造成菌种老化。将去除水分的液体石蜡油注入试管斜面中,使油高出试管斜面尖端1cm即可,注意添加石蜡及1~2年移管1次,可保存2~10年。

8.2 灵芝菌种提纯复壮 通过对保藏菌种进行移管培养,使其菌株恢复到原菌株的生长状况。或对该菌株进行人工栽培,对子实体进行组织分离,让新得到的菌丝体恢复到原菌株的生长势。

第九章 质量标准及监测

9.1 质量标准。

9.1.1 外观性状。

①子实体:赤芝菌盖木栓质,肾脏形或半圆形,近圆形罕见,直径12cm×20cm,厚1~2cm,初黄色,后渐变为红褐色和红紫色或暗紫色,具有漆样光泽,有环状棱纹和辐射状皱纹;边缘薄或平截,常稍内卷;菌肉白色,后变为浅褐色;管口初期白色,后期呈褐色。菌柄侧生,呈类圆柱形,扁圆柱形,长达19cm,直径0.5~1.5cm,紫褐色,光泽较菌盖显著。孢子褐色,卵形,8.5~11.5μm×5~6.5μm,中央含一个大油滴。

②孢子粉:干燥粉末,无结块,无杂质,褐色或灰褐色;孢子呈淡褐色至黄褐色,卵形,顶端常平截,双层壁,孢内壁淡褐色至黄褐色,有突起的小刺,外胞壁平滑,无色。

9.1.2 显微 菌盖皮鞘由棕黄色栅状组织形成。菌肉中菌丝近无色或带褐色,有分枝,多弯曲,直径1.5~6μm,壁厚。子实层着生菌管内侧,成熟子实体因子实层变瘪而看不清担子。孢子卵形或顶端平截8.5~11.2（12.1）μm×5.2~6.9 μm，外壁无色，平滑，内壁有小刺，淡褐色或近褐色。

9.1.3 内在质量。

①子实体：按《中华人民共和国药典（一部）》（2005年版）要求，杂质不得≥2.0%；水分≤13.0%；总灰分≤3.2%；酸不溶性灰分≤0.5%。

②孢子粉：细菌总数<1 000个/g；霉菌总数<50个/g，大肠菌群<30个/g，致病菌不得检出。砷<0.5 mg/kg，铅<1 mg/kg，汞<0.2 mg/kg。

9.2 质量监测。

9.2.1 含量监测。

9.2.1.1 浸出物 按《中华人民共和国药典（一部）》（2005年版）水溶性浸出物测定法项下的热浸法（附录 X A）测定，不得<3.0%。

9.2.1.2 农药残留监测 据中国广州分析测试中心对龙门灵芝GAP基地的灵芝子实体按《中华人民共和国药典（一部）》（2005年版）（附录 IX Q有机氯类农药残留量测定法）测定：六六六（BHC）未检出、滴滴涕（DDT）未检出、五氯硝基苯（PCNE）未检出、艾氏剂（Aldrin）未检出，远远未超过国家有关规定。

9.2.1.3 重金属含量监测 据中国广州分析测试中心对龙门灵芝GAP基地的灵芝子实体按《中华人民共和国药典（一部）》（2005年版）对铅、镉、砷、汞、铜测定法（附录 XI B原子吸收分光光度法或附录 XI D电感耦合等离子体质谱法）测定：重金属总量<20 mg/kg；铅（Pb）<0.5 mg/kg；镉（Cd）0.28 mg/kg；铜（Cu）6.3 mg/kg；砷（As）<0.5 mg/kg；

汞（Hg）<0.1 mg/kg。符合GB7090—1996食用菌卫生标准规定，均在中华人民共和国商务部发布《药用植物及制剂进出口绿色行业标准》规定的允许范围内。

9.2.1.4 灵芝酸B含量测定 索氏法提取较佳（4h），同时对提取后的残渣再以氯仿提取检测，灵芝酸B可基本提尽。

9.2.1.5 测定结果 龙门基地的赤芝含灵芝酸B 0.26%。

9.2.1.6 灵芝多糖含量测定。

对照品溶液的制备：精密称取105 ℃干燥至恒重的葡萄糖对照品适量，加水制成1 mL含0.1 mg的溶液，即得。

精密称取供试品2 mL，置10 mL具塞试管中，照标准曲线制备项下的方法，自"精密加入硫酸蒽酮溶液6 mL"起，依法测定吸光度，从标准曲线上读出供试品溶液中含葡萄糖的重量（mg），计算，即得。

《中华人民共和国药典（一部）》规定，本品按干燥品计算，含灵芝多糖以无水葡萄糖（$C_6H_{12}O_6$）计，不得<0.50%。

广州中医药大学龙门研究基地对赤芝多糖含量测定，采用加蒸馏水在沸水浴上提取多糖的方法，栽培品宜1.5~2.0 h，野生品宜4 h。用氢氧化钠或草酸作为提取剂，可获得较多的灵芝多糖。以85%的酒精提取测定多糖比较合适。多糖含量测定用苯酚-硫酸法，测定结果为0.97%。

9.2.2 灵芝多肽的分离检测。

9.2.2.1 供试品溶液的制备 取灵芝子实体热水提取液浓缩，用乙醇沉淀，上清液流经732（H）型阳离子交换树脂柱，以蒸馏水洗脱除尽糖后，改以3%$NH_3 \cdot H_2O$洗脱，收集洗脱液中茚三酮显色部分，冻干得粗肽。以少量水溶解，加样于pH5.0（用稀HAC平衡）DA-201大孔吸附树脂柱，0.01 mol/L

HOAC洗脱,可见色素被吸附,多肽则从洗脱液中洗出,测定紫外吸收,最大吸收峰在210 nm和254 nm处,洗脱液浓缩后,流经凝胶SephadexG-15柱,以H2O洗脱,紫外254 nm检测,使多肽与氨基酸和盐分开,收集多肽组分,冻干后,以0.01 mol/L NH_4HCO_3 缓冲液溶解,加样于DEAE-Cellulose柱进行分离,分别以0.01 mol/L、0.05 mol/L、0.1 mol/L、0.2 mol/L、0.4 mol/L,pH 8.5 NH_4HCO_3 缓冲液进行阶段性梯度洗脱,紫外检测,共收得$GPC_1 \sim GPC_5$五个组分。

9.2.2.2 检测方法 以新华Ⅵ号层析滤纸,电泳液为pH7.2的Tris-HCL缓冲液,工作电压1 200 V,电泳时间6 h对上述多肽进行高压纸电泳,以CL_2-KI-淀粉和茚三酮分别对照显色。

9.2.2.3 检测结果 GPC_1和GPC_2为碱性肽,GPC_3为中性肽,GPC_4和GPC_5为酸性肽。

第十章 包装、贮藏及运输

10.1 包装 干燥后的灵芝采用无污染、清洁、干燥、无破损的塑料袋盛装,最好真空密封,再用纸箱进行外包装,或装入双层袋(一层塑料袋,一层编织袋)或其他防潮容器,同时做好包装记录,其内容应包括品名、规格、产地、批号、重量、包装工号、包装日期等。

10.2 贮藏 经包装的灵芝贮藏在通风、低温、干燥(含水量控制在10%)、避光、地面整洁、无缝隙、易清洁的仓库,贮藏时间过长,常被一种鞘翅目昆虫蛀食,严重时可将灵芝蛀成粉末状。一般情况下,贮藏不要超过1年。

10.3 运输 灵芝在批量运输时,不应与其他有毒、有害、易串味物质混装。运载容器应具有良好的通气性,以保持干燥,并应有防潮措施。

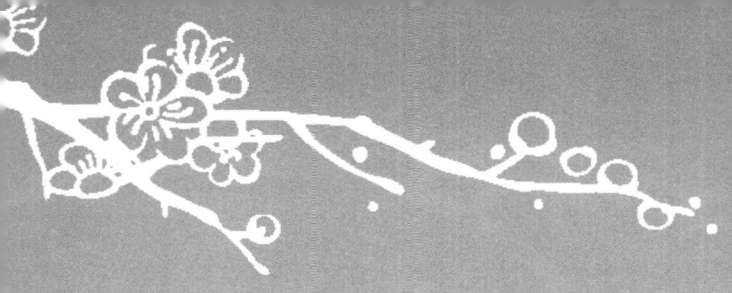

动物类药材

三十、地龙（广地龙）

（一）概　述

1. 来源

广地龙药材来源于钜蚓科动物参环毛蚓 *Pheretima aspergillum*（E. Perrier）的干燥虫体。因药材主产于广东、广西两地，故称其为广地龙，以区别其他类地龙药材。在《中华人民共和国药典（一部）》（2005年版）收载的4种地龙药材中广地龙因其疗效确切，药材加工精细讲究而被公认为品质最佳者。所以既是国内药材销售中的抢手货，又是出口创汇的指定品种。广地龙味咸，性寒，归肝、脾、膀胱经，具有清热定惊、通络、平喘、利尿的功能。临床上主要用于高热神昏、惊痫抽搐、关节痹痛、肢体麻木、半身不遂、肺热喘咳、尿少水肿以及高血压等疾病的治疗。

2. 开发利用

近代药理学研究表明，地龙不仅含有丰富的营养成分，还含有多种药理活性成分，其药理作用几乎涉及人体各个系统，主要有降压、抗血栓、抗心律失常、抗癌、增强免疫、抗溃疡、解热镇痛、镇静、平喘、抗菌等作用。因而，地龙不论作为药品还是营养保健品的开发利用，均具有重要的经济效益和社会效益。

（1）药品

目前临床上已广泛使用了以地龙为主要配方成分的活血化瘀中药制剂，如龙津胶囊、溶栓丸、蚓激酶、地龙注射液等。这些制剂在临床上常用于防治缺血性心脑血管疾病和其他血管性疾病的如老年冠心病、肺栓塞、原发性肾病综合征；治疗中枢神经系统疾病如精神分裂、糖尿病周围神经病变以及生殖系统、外科和五官科等疾病。此外，从地龙中还发现了具有药理活性成分如蚯蚓解热碱、蚯蚓素、蚯蚓毒素、碱性氨基酸、次黄嘌呤、黄嘌呤、琥珀酸和脂肪酸以及近年来从地龙中发现的钙调素蛋白及蚯蚓新钙结合蛋白，该类成分在调节细胞多种生理功能中起作用。

（2）功能食品及其他

蚯蚓与人类的关系十分密切，其用途广泛。除作为药品外，还可以提取"蚓激酶"和"氨基酸"，作为轻工业的原料，生产化妆或美肤用品，亦可作为现代畜牧业、渔业的优良饲料和饵料以及人类的美味佳肴。除此之外，人们还利用蚯蚓来改良土壤，培肥地力，有的还用它处理城市垃圾、治理环境污染等。

3. 原产地（主产）、分布

参环毛蚓主要分布于我国长江流域的东南部地区，如广东、广西、浙江、福建、台湾等地。广地龙药材主产于广东省和广西壮族自治区，在全国药材市场上销售并出口。

（二）生物学特性

1. 形态特征

参环毛蚓体型较大，呈圆柱形，长11～38 cm，宽0.5～1.2 cm，前端尖，后端钝圆，全体由100余个环节组成。头部包括口前叶和围口节2部，围口节腹侧有口，上覆肉质的叶，即口前叶，眼及触手等感觉器全部退化。背孔始于第11～12节节间沟沿。背部紫灰色，刚毛圈稍白。环带指环形，位于14～16节，上无刚毛。环带前刚毛一般硬而粗，在第2～9节尤粗，末端黑，距离宽。雄生殖孔在第18节腹面两侧刚毛圈一小突上。外缘有数环绕的浅皮折，内侧刚毛圈隆起，前后两边有1～2横排小乳突，每边10～20个不等。受精囊孔2对，位于7/8、8/9间一椭圆形突起上，约占节周的5/11，孔的腹侧常有1～2横排乳突，约10个。距孔远处无乳突。受精囊袋形，管短，盲管也短，且内2/3微弯曲数转。盲肠简单，或腹侧有齿状小囊。

2. 生长发育规律

蚯蚓为雌雄同体，异体受精。每年8～10月进行繁殖，互相交配以交换精子。交配时间约2 h，多在晚上进行。交配后7天左右卵即成熟，落入蚓茧中，精子也从受精囊中逸出与卵结合，每个蚓茧中多含1～3个胚胎，受精卵在18～25 ℃条件下发育成小蚯蚓，幼体在2～3周离开蚓茧，再经50天左右的生长过程即可达到性成熟，出现生殖环。条件适宜时，蚯蚓每3～5天产卵1粒，并可持续7～8个月。

蚯蚓的再生能力很强。蚯蚓受伤或被切断后，能够很快生长出新的组织来代替失去的部分。一般来说，蚯蚓的前面5~8节被切断后，其受伤部位先结成疤，然后逐渐再生出变形头部；若切去9节以上，虽然可再生，但恢复得很缓慢；若切去15节以上，通常难以再生头部，但可再生一个缺头的尾部，成为一条具有两个尾部的变态蚯蚓。而尾部切断后，其再生能力比头部强，有时可见一条蚯蚓长出2个分叉尾巴或在丢失的尾部上再生长出细长的或肥大的尾巴来。

3. 对生态环境条件的要求

参环毛蚓与其他蚯蚓的生物学特性有相似之处，但也有所差异。参环毛蚓喜温暖潮湿、怕光线直射、遇震动易惊扰。喜食土壤中的腐殖质，适于生活在温暖、温润、疏松、有机质丰富以及pH为3.7~5.5的偏酸性土壤中。一般栖息在深度10~20 cm的多腐殖质的潮湿泥土中，以菜园、耕地、沟渠边数量最多。体色因环境不同而异，具有保护色的功能。其在土壤中打孔方式是先将头伸长缩尖，打个小洞，然后再将头部胀大挤压分开土壤向前推进；其在土壤中是纵向地层栖息，头朝下吃食，并有规律地将粪便排积在地面。参环毛蚓生长的适宜温度为18~25 ℃，高于35 ℃或低于6 ℃生长繁殖受到抑制。32 ℃以上停止生长，40 ℃以上死亡。参环毛蚓培养基适宜含水量为18.2%~24.6%。参环毛蚓体内含水量80%左右，要求饵料含水量60%~80%。

（三）物种或品种类型

1. 正品

广地龙是《中华人民共和国药典（一部）》（2005年版）收载的药材品种，是全国法定通用的药材，其药材商品运销全国各地，并且为出口药材指定品种。广地龙在春季至秋季捕捉，及时剖开腹部，除去内脏及泥沙，洗净，晒干或低温干燥。广地龙的原动物参环毛蚓在动物分类上属于环节动物门Annelida寡毛纲Oligochaeta钜蚓科动物，其系统分类拉丁学名为*Pheretima aspergillum*（E. Perrier）。动物活体身体前端背面呈紫灰色（彩图30-1），后部色稍浅。环带（生殖带）在14~16节。雄孔1对，位于18节腹面两侧的小突起上，外缘有数环绕的浅皮折。雄孔突的内侧、刚毛圈的前后各有10~20个小的乳头突，排成1~2个横列。受精囊孔2对，位于腹侧7/8和8/9节间沟内的1个椭圆形突起上，在孔之内侧节间沟前后约有10个小乳头突，也排成1~2个横列。（彩图30-2）

2. 混淆品种

（1）沪地龙

主产于上海、浙江、江苏等地。在20世纪30年代就已在当地形成商品并行销全国各地。沪地龙的主要来源为钜蚓科环毛蚓属动物通俗环毛蚓*P. vulgaris* Chen、威廉环毛蚓*P. guillelmi*（Michaelsen）和栉盲环毛蚓*P. pectinifera* Michaelsen。

（2）土地龙

主产于山东、河南、安徽、江苏、甘肃等地。土地龙的主要来源为正蚓科动物背暗异唇蚓 *Allolbophora caliginosa trapezoides*（Duges），还有几种钜蚓科环毛蚓属的蚯蚓也在当地作土地龙入药，如直隶环毛蚓 *P. tshiliensis* Michaelsen、湖北环毛蚓 *P. hupeiensis*（Michaelsen）、白颈环毛蚓 *P. californica*（Kinberg）、日本杜拉蚓 *Drawida japonica*（Michaelsen）等。另外，在兰州地区，民间也有将当地所产的兰州直隶环毛蚓 *P. tschiliensis lanzhouensis*（Feng）作地龙入药的事例。北京、天津、黑龙江、吉林等地将正蚓科动物赤子爱胜蚓 *Eisenia foetida*（Savigny）作地龙入药，在当地也称之为土地龙。

（四）养殖地条件

1. 养殖地选择

按照《中药材生产质量管理规范》，广地龙（参环毛蚓）养殖基地选择在广东省博罗市近郊罗阳镇莲花村，该基地远离居民点和交通要道，周围林木丰富、空气清新、无污染源的地段（彩图30-3）。

2. 养殖地生态环境检测

养殖地的大气质量根据广东省环境状况公告，空气中的二氧化硫、二氧化氮、总悬浮微粒物和可吸入颗粒物平均值均优于《中华人民共和国环境空气质量标准》（GB3095—1996）中的二级质量标准。土壤质量经广东省生态环境与土壤研究所检测，符合《中华人民共和国土壤环境质量标准》（GB15618—1995）中二级质量标准。灌溉水质经广东省生态环境与土壤研究所检测，符合《中华人民共和国农田灌溉水质标准》（GB5084—1992）中的质量标准。环境噪声符合国家标准（GB3096—1993）中三类标准（彩图30-4）。

（五）繁殖技术

1. 蚓种采集

采集生产性状较好的野生蚯蚓或已驯养成功的蚯蚓，作为选育良种之用的蚓种。

2. 提纯复壮

将性成熟并已交配的种蚓放入特制的饲养箱内，产茧后15天，把种蚓以光照法与基料彻底分离，蚓茧则自然剩留于基料内。然后将不同饲养箱内的蚓茧均匀混合并充分搅拌，目的是把同一条种蚓所产的蚓茧全部分散于不同的饲养箱内，从而大大减少近亲繁殖的几率。

3. 交配

蚯蚓性成熟后（出现生殖环带）即可进行交配，目的是将精子输导到配偶的受精囊内暂时贮存，为日后的受精过程做好准备。一般多于夜间在饲养床表面进行交配。它们的前端互相倒置，腹面紧紧地黏附在一起，各自将精子授入对方的精囊内。经过1~2h，双方充分交换精液后才分开。精液暂时贮存于对方的受精囊中，7天后开始产卵。

4. 排卵

排卵时，蚯蚓的环带膨胀、变色，上皮细胞分泌大量分泌物，在环带周围形成圆筒状卵包，其中含有大量白色黏稠的蛋白液。此时，卵子从雌性孔排出，进入蛋白液内。排卵后蚯蚓向后退出，卵包向身体前方移动，通过受精囊孔时，与从囊中排出的精子相遇而完成受精过程。此后，卵包由前端脱落，被分泌的黏液封住包口，形成卵茧（或称蚓茧）并被遗留于表面至10 cm深的土层中。在表土层空气充沛、湿度适宜（50%～60%）、腐殖质丰富时，有利于卵茧孵化和幼蚓生长发育。

5. 蚓茧孵化条件

参环毛蚓的卵茧为冬瓜状、咖啡色。

（1）温度

起点温度为8 ℃，20 ℃以下孵化率可达70%；25 ℃以上孵化率降为30%。高温不利于幼蚓孵化。

（2）湿度

饲养床最佳含水率为28%～30%，要求上松下湿不积水，床面宜盖秸草保湿。若含水率低于20%，卵茧干瘪，孵化率显著降低。

（3）通气

如养殖床的二氧化碳含量超过10%，会影响幼蚓出壳，成活率低。为此，孵化期的饲养层宜薄不宜厚。

（4）基料

蚯蚓适宜在原基料孵化，切勿随意变更饲料层成分。为便于幼蚓破壳和觅食，前期宜采取块状或条状加料法。基料厚度宜为15~20 cm。

（六）养殖管理

1. 坑（池）养法

利用土坑、砖池等适宜条件进行养殖的方法。如在房前屋后的土中或树阴下，直接挖坑或砌砖池，深度一般为50~60 cm，面积根据需要与场地条件而定，再在坑内或池内分层加入发酵好的饲料，引入饲养蚯蚓，上面铺一层10 cm厚的土壤即可（彩图30-5）。

参环毛蚓的管理要注意调温、调湿、透气、加料。蚯蚓通过体表黏液进行呼吸，要求环境既要潮湿又要透气。春、秋季节可以3~5天洒水1次，夏季、冬季可视情况而定。每月要松土1次，利于透气，注意松土要巧松，洒水要细匀。温度是影响蚯蚓生长、繁殖的重要环境因子。因此，调节温度至关重要。夏季高温季节要适当增加洒水次数，并适时通风以利透气降温，还可以采用搭棚遮阴，蓝色塑料薄膜外加盖稻草帘子或者在棚内培养床上覆盖草帘并喷洒清水等方法降低温度，力争将饲料的温度降至30 ℃以内，以利于生长和繁殖。冬季则要采取保温措施，如在培养床上加盖草帘、棚外加盖塑料薄膜和棚内生火等，温度保持在10 ℃以上，即可保证蚯蚓的正常生长。

2. 养殖条件的控制与调节

根据广地龙的生物学特性，结合传统的生产实践经验，对生态环境的要求为：

（1）温度

生长温度范围为8~32℃，繁殖温度为15~28℃（最适繁殖温度为20~24℃），气温在10℃左右时其生产的蚓茧个体小，每个蚓茧只孵幼蚓1条，孵化率仅84%；0℃时进入休眠状态，停止生长和繁殖；土温超过34℃ 4~6 h则全部死亡。

（2）光照

蚯蚓没有眼睛，只是在表皮、皮层和口前叶等区域有类似晶体结构的感觉细胞。它是夜行动物，所以饲养时要遮光，不能日光直射，若直射干晒5 min即死亡。但蚯蚓对不同光波有不同反应，蓝光对它有刺激，红光则无反应，紫外光对生长有害。一般以光线在100 lx暗光下养殖为宜。

（3）湿度

蚯蚓一般喜潮湿，因其是利用皮肤上的气孔进行呼吸，所以躯体应经常处于湿润状态。蚯蚓体内的水分占体重的75%~90%，水是它生存的关键。但蚯蚓品种不同，对湿度的要求也有一定差异。如在温度适宜条件下，参环毛蚓要求土壤水分为18.2%~24.6%。不能太过潮湿，否则易使蚯蚓表皮气孔堵塞，对其生长不利，甚至可致死亡。湿度低于15%以下则会影响蚯蚓生长或发生逃跑现象。

（4）酸碱度

蚯蚓对酸碱度的适应性较强，但在强酸强碱条件下也不能生存。参环毛蚓要求微酸性，以pH在3.7~5.5为宜。因此在饲料发酵成熟后，要以pH试纸测试，若过酸可加碳酸钙中和，过碱可加有机酸（如醋酸等）调节或用水冲洗；亦可改变发酵有机物质成分比例，以调节控制其酸碱度。土壤：要求排水良好，疏松肥沃，保水、保肥能力强的沙质壤土。

（5）密度

蚯蚓养殖密度不是越大越好，应当有一定限度。如果超过一定密度，反而使个体生长和繁殖下降，影响其产量与质量。据试验，在温湿度、饲养条件相同情况和相同面积内，密度太小的成活率和增长速度最快，但绝对产量低；密度太大成活率和增长速度均最慢；密度适中生长速度虽然不太快，但有较好个体数量，因此能获较高的绝对产量。故合适的养殖密度甚为重要。一般来说，幼蚓期密度可稍大，成蚓期应减小；具体密度应随养殖条件如饲料、温湿度及管理完善程度等情况而定。

3. 饲料的处理与投料

（1）饲料的处理和发酵

蚯蚓对食物要求不严，凡无毒的有机物经发酵腐熟后均可供作饲料。如秸秆、杂草等有机物，应先除去金属、玻璃、塑料、砖石或炉渣等杂质，再经适度粉碎，加水混合均匀（含水量控制在45%~50%），堆成梯形或圆锥形（高1~1.5 m），外部覆盖草帘或塑料薄膜，以保温保湿发酵。经4~5天发酵，料温上升到45 ℃以上，最高达60 ℃，经15~20天后温度则逐渐下降；翻堆一次再堆放发酵，并检查酸碱度，经测试如无不良反应方可应用。

饲料中一定要保持一定碳元素。因蚯蚓的主要营养指标是碳素率（即碳氮比），即相当于畜禽营养需要的能量蛋白比，蚯蚓饲料配方可按粗蛋白12%~14%、粗脂肪2%~2.8%、粗纤维2%~5.7%、粗灰分3%~4%、可溶性无氮物23%~29%、水46%~54%的比例，参考配制。蚯蚓不喜吃酸、咸、苦、辣饲料，喜吃甜味食物（如香蕉皮、水果皮

等）；也不能喂味臭变质的饲料，否则可致蚯蚓中毒死亡。

（2）饲料的投放方法与注意事项

蚯蚓饲料投放方法，可将人工饲料和细土混合或分层投放，亦可将人工饲料做成饲料团投放。投放时，可采用轮换堆积法、表面或侧面添加法投放。其投给量可用蚯蚓数来参考控制，如1万条喂饲量可为每天40 kg。投放饲料应少量多次，不断补充，以充分满足蚯蚓生长发育的需要；如果投放次数过少，每次投料太多，则可致饲料陈旧与浪费，更不能投放恶臭味和黏滞不疏松的人工饲料。

4. 蚓粪与蚓茧的分离

（1）饵诱法

当养殖床饲料基本粪化后，停止在表面加饲料，而在其一侧加饲料以诱蚯蚓钻入新的饲料，待绝大多数成蚓诱出后，将老饲料及粪粒、蚓茧等清出到孵化床依法孵化。

（2）光刺激法

利用蚯蚓怕光特性，用较强光照已基本粪化的养殖床，使蚯蚓钻入下层，再用刮板将蚓粪和蚓茧一层一层地刮下，并移入孵化床依法孵化，老床刮到最后，蚯蚓集中于底面，再加新饲料继续养殖或采用即可。

（七）主要病害、天敌害的防治

1. 病害

蚯蚓很少生病，但是在不良环境条件下，也会发生一些疾病。

（1）炎症

如致病性细菌在体内大量繁殖时，会使蚯蚓产生拒食、拉稀粪等症状。防治炎症的方法主要是对症施放适量禽用抗生素。

（2）中毒

在饲养中，蚯蚓可能会因化学污染或者是蛋白质过高而引起中毒。化学污染可以通过蚓床或盛放容器受到农药、化肥、化学品等途径而引起中毒。化学中毒时，其症状为蚓体痉挛状弯曲，身体变粗并缩短，生殖带红肿，全身变黑，出现念珠状结节，死亡或自溶。蛋白质过高主要是饲料中氮含量过高所致，如一旦喂以氮含量过高或者是发酵不充分的饲料，会引起蚓体蜷曲、变形、蠕动无力，局部肿粗或坏死。防治化学中毒的方法是经常检查，及时撤离污染物，或赶紧移养蚯蚓，尽可能减少生产损失。为避免蛋白质中毒，必须在含氮量高的饲料中搭配稻草、麦秸等，并充分发酵。

（3）缺氧

未完全发酵的饲料会产生大量有害气体，如氨气、甲烷等，蚓体接触后即死亡。雷雨或过度浇水会造成环境过湿，导致蚯蚓表皮气孔呼吸受阻，从而窒息、死亡。此外，过度保温也会引起通气不良。在缺氧条件下，蚯蚓体色暗褐无光，体弱，活动迟缓，后代发育不良。防治方法主要是针对不同情况及时采取相应的解救措施。如在饲料中搭配稻草、麦秸以增加料隙间的空气，即使在冬季，也要进行短时通风，以保证蚯蚓正常新陈代谢所需要的新鲜空气，同时可施放适量禽用抗生素以对症治疗。为了解决低温条件下通气与保温的关系，可在蚓床中将稻草扎束排列，然后穿出塑料薄膜透气，或在塑料薄膜下垫盖稻草帘，在无风暖和天气的中午掀开换气。

2. 天敌害

蚯蚓的天敌包括捕食性动物和寄生性动物，前者有哺乳类、鸟类、爬行类、两栖类、节肢动物和环节动物等，后者有绦虫、线虫、簇虫、寄生蝇类、螨类及病菌等。对蚯蚓为害较大的有鼠、蛇、蛙、蟾蜍、蚂蚁、蜈蚣、水蛭、蟑螂、蝼蛄、蜘蛛等，它们主要吞食蚯蚓卵、茧，管理中需采取一定的防范措施。

（八）采收加工

1. 采收

（1）采收时期

根据传统经验，通常在春季至秋季期间采收，但以7~9月为最佳时期。

（2）采收方法

蚯蚓的采收方法有诱捕法、红光夜捕法、光照驱捕法、水驱法、电驱法、挖取法等，可结合实际情况选用。目前在养殖基地采用的是挖取法。

2. 产地加工

将捕捉到的蚯蚓先用草木灰、木屑或米糠拌和，以去除体外黏液，然后用小锥将蚯蚓的一端钉在木板上，并拉直蚯蚓体，以刀或剪子从头部至尾部剖开，刮去腹内泥土，摊平贴在竹竿、芦苇茎或其他物体上晒干。若遇雨天，亦可采用烘烤箱烘干、烘烤锅焙干等方法。烘烤时应注意温度不要超过70℃。

3. 商品规格

广地龙的商品均为统货，不分等级。一般以身干，条长，肉厚，无泥土者为佳。

（九）质量标准及检测

1. 药材性状

广地龙药材为环节动物门Annelida寡毛纲Oligochaeta钜蚓科动物*Pheretima aspergillum*（E. Perrier）干燥虫体。呈条状薄片，弯曲，边缘略卷，长15~20 cm，宽1~2 cm。全体具环节，背部棕褐色至紫灰色，腹部浅黄棕色，第14~16环节为生殖带，习称"白颈"，较光亮。体前端稍尖，尾端钝圆，刚毛圈粗糙而硬，色较浅。雄生殖孔在第18节腹侧刚毛圈一小孔突上，外缘有数环绕的浅皮折，内侧刚毛圈隆起，前面两边有横排（一排或二排）小乳突，每边10~20个不等。受精囊孔2对，位于第7/8至8/9环节间一椭圆形突起上，约占节周5/11。体轻，略呈革质，不易折断。气腥，味微咸。（彩图30-6）

2. 鉴别

（1）显微鉴别

本品粉末为灰黄色。斜纹肌纤维无色，少数淡棕色。肌纤维易散离或互相绞合。大多弯曲或稍平直，直径4~6 μm，边缘常不平整，有的局部膨大。表皮黄绿色或黄棕色，布有暗棕色色素颗粒，散在或聚成条状或网状。刚毛少，常碎断散在，淡棕色或黄棕色，直径34~63 μm，表面

可见纵裂纹。（图30-1）

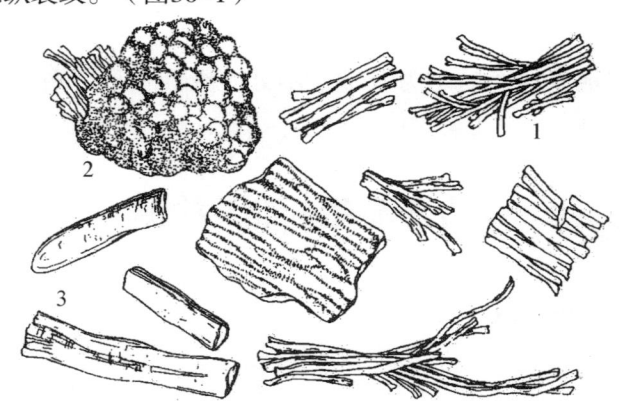

1. 斜纹肌　2. 表皮　3. 刚毛

图30-1　广地龙粉末显微特征图

（引自肖培根主编《新编中药志》第四卷，2002，63）

（2）理化鉴别

方法①：取本品粉末1g，加水10 mL，加热至沸，放冷，离心，取上清液作为供试品溶液。另取赖氨酸对照品、亮氨酸对照品、缬氨酸对照品，分别加水制成每1 mL各含1 mg、1 mg和0.5 mg的溶液，作为对照品溶液。按照薄层色谱法［《中华人民共和国药典（一部）》（2005年版）附录Ⅵ B］试验，吸取上述4种溶液各3 μL，分别点于同一硅胶G薄层板上，以正丁醇-冰醋酸-水（4∶1∶1）为展开剂，展开。取出，晾干，喷以茚三酮试液，在105 ℃加热至斑点显色清晰。供试品色谱中，在与对照品色谱相应的位置上，显相同颜色的斑点。

方法②：本品以冷水浸提法，制得每1 mL含0.1 g的溶液，取适量点于新华色谱滤纸上，以正丁醇-乙醇-冰醋酸-水（4∶1∶1∶2）为展开剂，展开，于105 ℃快速烘干，喷以0.5%茚三酮丙酮溶液。样品显7个斑点。

方法③：取本品粉末1 g，加三氯甲烷20 mL，超声处理20 min，滤过。滤液置水浴上蒸干，残渣加三氯甲烷1 mL使溶解，作为供试品溶液。另取广地龙对照药材1 g，同法制成对照药材溶液。按照薄层色谱法［《中华人民共和国药典（一部）》（2005年版）附录Ⅵ B］试验，吸取上述2种溶液各5 μL，分别点于同一硅胶G薄层板上，以甲苯–丙酮（9：1）为展开剂，展开。取出，晾干，置紫外光灯（365 nm）下检视。在与对照药材色谱相应的位置上，显相同颜色的荧光斑点。

3. 检查

（1）杂质

按照《中华人民共和国药典（一部）》（2005年版）附录Ⅸ A杂质检查法测定，不得＞6%。

（2）水分

按照《中华人民共和国药典（一部）》（2005年版）附录Ⅸ H第一法水分测定法测定，不得＞12.0%。

（3）总灰分

按照《中华人民共和国药典（一部）》（2005年版）附录Ⅸ K灰分测定法测定，总灰分不得＞10.0%。

（4）酸不溶性灰分

按照《中华人民共和国药典（一部）》（2005年版）附录Ⅸ K酸不溶性灰分测定法测定，不得＞5.0%。

（5）重金属

取本品1.0 g，按照《中华人民共和国药典（一部）》（2005年版）附录Ⅸ E测定，含重金属不得过百万分之三十。

（6）浸出物

按照《中华人民共和国药典（一部）》（2005年版）附录Ⅹ A法项下的热浸法测定，不得＜16.0%。

（十）包装、贮藏及运输

1. 包装

广地龙多用塑料袋包装成件，每件为1 kg。

2. 运输

在运输过程中，应特别注意防止药材包的破损。置于阴凉干燥处，防止淋雨和防热、防霉变。

3. 贮藏

广地龙气腥，易生霉和受虫蛀，因此，必须贮藏在阴凉通风干燥处，并注意防潮、防热、防霉变、防虫蛀。

（李　薇）

参 考 文 献

陈平，叶卯祥，严宜昌，等. 1997. 中药地龙的药源调查与商品鉴定［J］. 中草药，28（8）：492-495.

陈强，冯孝义，董健华，等. 1995. 西北药用蚯蚓资源考察［J］. 中国中药杂志，20（11）：650-651.

冯孝义，董芷馨. 1987. 中药地龙原动物的研究［J］. 中药通报，12（10）：579-582.

冯耀南，刘明，刘俭，等．1995．中药材商品规格质量鉴别［M］．广州：暨南大学出版社：416．

国家药典委员会．2000．中华人民共和国药典：一部［M］．北京：化学工业出版社．

黎莉，余志萍，甘明，等．1997．地龙类药材药理作用比较［J］．中药材，20（7）：361．

李薇，吴文如，肖翔林．2005．地龙规范化生产的研究概况［J］．中草药，36（9）：1419-1422．

李薇，沈克，杨洁瑜，等．2007．广地龙对重金属富集特性的初步研究［J］．中药材，30（5）：519-521．

吕金胜，吴畏，孟德胜等．2003．地龙醇提取物抗炎及镇痛作用的研究［J］．中国药师，6（1）：17．

苗明三，李振国．2000．现代实用中药质量控制技术［M］．北京：人民卫生出版社：377．

冉懋雄，周厚琼．1999．现代中药栽培养殖与加工手册［M］．北京：中国中医药出版社，998-1003．

肖培根．2002．新编中药志：第四卷［M］．北京：化学工业出版社：56．

殷书梅，储益平，吴鹏．2002．地龙活性提取物的主要药效学试验［J］．中草药，33（10）：926．

喻文良，裘建社，李薇，等．2009．参环毛蚓对土壤含水量及pH值因子的选择研究［J］．时珍国医国药，20（6）：1310-1311．

张保国，张大禄．2003．动物药［M］．北京：中国医药科技出版社：279-284．

张凤春．1997．地龙提取液对小鼠腹腔巨噬细胞活化的作用［J］．中国中药杂志，22（9）：561．

张燕红．1997．蚯蚓钙调素结合蛋白的研究［J］．北京大学学报：自然科学版，33（6）：731．

附

广地龙规范化生产标准操作规程（SOP）

前　言

参环毛蚓*Pheretima aspergillum*（E. Perrier）主产于广东、广西两省区，习称为"广地龙"，是2005年版《中华人民共和国药典（一部）》收载的4种药材来源之一，因其虫体平直，体壁厚而质韧，在药材行业内被公认为品质最优。该药材不仅是国内销售中的抢手货，而且还是出口创汇的指定品种。但值得指出的是，广地龙和地龙药材一样，大多数来源仍靠野生资源，加上不同环境条件以及采收加工技术等诸多因素的影响，造成药材的质量不稳定。其中重金属和农药残留量超标问题一直难以控制，严重地影响了临床疗效并给服用者留下健康隐患，同时也制约着出口创汇和相关中成药工业的发展。这也正是近年来中药现代化发展进程中所遇到的"瓶颈"问题。为了解决这一迫在眉睫的问题，将参环毛蚓由野外自由生产模式转变为人工养殖的生产模式势在必行。为此，我们制定了本标准，以规范广地龙人工养殖生产过程，促进广地龙生产区域化、养殖标准化。

本规程由广州中医药大学承担的科技部重点支撑项目"砂仁等5种中药材规范化生产关键技术研究"课题组提出，并归口科技部。

本规程起草单位：广州中医药大学和博罗先锋药业集团公司。

本规程主要起草人：李薇、喻良文、吴文如、裘建社、徐鸿华、赖小平。

第一章 总 则

1.1 范围。

1.1.1 本规程规定了广地龙(参环毛蚓)养殖环境、适宜条件、养殖管理、采收和初加工、质量要求、药材质量标准与检测以及包装、贮藏和运输。

1.1.2 本规程适用于广地龙(参环毛蚓)的标准化养殖。可在广东和广西等省区使用。

1.2 规范性引用文件 下列文件中的条款通过本规程的引用而成为本规程的条款。凡是注有日期的引用文件,其随后所有的修改单(不包括勘误的内容)或修订版均不适用于本标准。然而,鼓励根据本规程达成协议的各方研究是否可使用这些文件的最新版本。凡是未注日期的引用文件,其最新版本适用于本规程。

1.2.1 《中华人民共和国环境空气质量标准》(GB3095—1996)。

1.2.2 《中华人民共和国农田灌溉水质标准》(GB5084—1992)。

1.2.3 《中华人民共和国土壤环境质量标准》(GB15618—1995)。

第二章 产地自然条件

2.1 生长适宜区 根据广地龙(参环毛蚓)对生长环境的特殊要求,广地龙适宜区位于东经108°33′~119°36′,北纬21°11′~24°88′的范围内的南亚热带地区,具有温暖潮湿、光照充足等典型的季风海洋气候特征。

年平均日照时数为1 875.1～1 959.9 h，年太阳总辐射量105.3～109.8 kcal/cm^2，年均降水量1 689.3～1 876.5 mm，年平均气温21.4～21.8 ℃，无霜期在320天以上。土壤要求排水良好，疏松肥沃，保水、保肥能力强的沙质壤土。

2.2 环境质量。

2.2.1 空气环境 广地龙（参环毛蚓）养殖的空气环境质量应符合GB3095—1996二级标准规定的要求。

2.2.2 水质 广地龙（参环毛蚓）养殖用水质应符合GB5084—1992国家农田灌溉水质二级标准规定的要求。

2.2.3 土壤 广地龙（参环毛蚓）养殖用土壤质量应符合GB15618—1995国家土壤环境质量二级标准规定的要求。

2.3 适宜条件。

2.3.1 光照 广地龙（参环毛蚓）养殖环境需自然光照的8%～12%。

2.3.2 温度 广地龙（参环毛蚓）生活的温度范围为8～32 ℃，繁殖温度为15～28 ℃（最适繁殖温度为20～24 ℃），气温在10 ℃左右时，生产的蚓茧个体小，每个蚓茧只孵幼蚓1条，孵化率仅84%；0 ℃时进入休眠状态，停止生长和繁殖；土温超过34 ℃ 4～6 h则全部死亡。

2.3.3 土壤水分 广地龙（参环毛蚓）生活的土壤水分要求保持在18.2%～24.6%。

2.3.4 土壤pH 广地龙（参环毛蚓）生活的土壤pH要求保持在3.7～5.5。

第三章 物种形态特征及生物学特性

3.1 本规程所适用的广地龙为环节动物门钜蚓科动物参环毛蚓Pheretima aspergillum (E. Perrier)。

3.2 动物形态特性 体大型，长115~375mm，宽6~12mm，118~150节。身体前端背面呈紫灰色，后部色稍浅。背孔自11/12节间始。环带（生殖带）在14~16节，无刚毛。环带前端刚毛粗而硬，末端发黑，背、腹面刚毛的距离均较宽。雄孔1对，位于18节腹面两侧的小突起上，外缘有数环绕的浅皮折。雄孔突的内侧、刚毛圈的前后各有10~20个小的乳头突，排成1~2个横列。受精囊孔2对，位于腹侧7/8和8/9节间沟内1个椭圆形突起上，在孔之内侧节间沟前后约有10个小乳头突，也排成1~2个横列。与孔距离远处无此类乳突。盲肠简单，或腹侧有齿状小囊。

3.3 生物学特性 多生活在近水、土壤潮湿的环境。一般栖息在深度为10~20cm的多腐殖质的潮湿泥土中，以菜园、耕地、沟渠边数量最多。广地龙为夜行性动物，白天多潜伏在泥土里，夜间才到地面活动。以各种腐烂的有机物为食，如粪肥、动物尸体、果皮、腐叶等，食性很广，属杂食性动物。

第四章 养殖管理

4.1 养殖池要求 参环毛蚓养殖池可直接挖坑或砌砖池，深度一般为50~60cm，面积根据需要与场地条件而定，再在坑内或池内分层加入发酵好的饲料，引入健康蚯蚓，上面铺一层10cm厚的土壤即可。

4.2 蚓种采集 采集生产性状较好的野生参环毛蚓或已驯养成功的参环毛蚓，作为养殖和繁育优良品种之用。

4.3 饲料的处理和发酵 参环毛蚓对食物要求不严，凡无毒的有机物经发酵腐熟后均可供作饲料。如秸秆、杂草等有机物应先除去金属、玻璃、塑料、砖石或炉渣等，再经适度粉碎，加水混合均匀（含水量控制在45%~50%），堆成梯形或圆锥形（高1~1.5 m），外周覆盖草帘或塑料薄膜，以保温、保湿发酵。经4~5天开始发酵，料温上升到45℃以上，最高达60℃，再经15~20天温度逐渐下降。这时翻堆1次，再如上堆放发酵。检查pH，经测试如无不良反应方可应用。

蚯蚓的主要营养指标是碳素率（即碳氮比），即相当于畜禽营养需要的能量蛋白比，故饲料中一定要保持一定碳元素。蚯蚓饲料配方可按粗蛋白12%~14%、粗脂肪2%~2.8%、粗纤维2%~5.7%、粗灰分3%~4%、可溶性无氮物23%~29%、水46%~54%的比例参考配制。蚯蚓不喜吃酸、咸、苦、辣饲料，喜吃甜味食物（如香蕉皮、水果皮等）。注意不能喂味臭变质的饲料，否则可致蚯蚓中毒死亡。

4.4 饲料的投放方法与注意事项 可将人工饲料和细土混合或分层投放，亦可将人工饲料做成饲料团投放。投放时，可采用轮换堆积法、表面或侧面添加法投放。其投给量可用蚯蚓数来参考控制，如1万条喂饲量可为每天40 kg。投放饲料应少量多次，不断补充，以充分满足蚯蚓生长发育的需要。如果投放次数过少，每次投料太多，可使饲料腐烂，导致浪费。更不能投放恶臭味和黏滞不疏松的人工饲料。

4.5 交配 蚯蚓性成熟后（出现生殖环带）即可进行交配，目的是将精子输导到配偶的受精囊内暂时贮存，为日后的受精过程做好准备。一般多于夜间在饲养床表面进行交配。它们的前端互相倒置，腹面紧紧地黏附在一起，各自将精子授入对方的精囊内。经过1~2 h，双方充分交换精液后才分开。精液暂时贮存于对方的受精囊中，7天后开始产卵。

4.6 排卵 排卵时，蚯蚓的环带膨胀，变色，上皮细胞分泌大量分泌物，在环带周围形成圆筒状卵包，其中含有大量白色黏稠的蛋白液。此时，卵子从雌性孔排出，进入蛋白液内。排卵后蚯蚓向后退出，卵包向身体前方移动，通过受精囊孔时，与从囊中排出的精子相遇而完成受精过程。此后，卵包由前端脱落，被分泌的黏液封住包口形成卵茧（或称蚓茧），遗留于表面至10 cm深的土层中。表土层空气充沛，湿度适宜（50%～60%），腐殖质丰富，有利于卵茧孵化和幼蚓生长发育。

4.7 蚓茧特征　参环毛蚓的蚓茧为米粒状、咖啡色。

4.8 蚓茧孵化条件　蚓茧的孵化，需要具备下列条件：

4.8.1 温度　起点温度为8 ℃，20 ℃以下孵化率可达70%；25 ℃以上孵化率降为30%。高温不利于孵化。

4.8.2 湿度　饲养床最佳含水率为28%～30%，要求上松下湿不积水，床面宜盖秸草保湿。若含水率低于20%，卵茧干瘪，孵化率显著降低。

4.8.3 通气　如养殖床的二氧化碳含量超过10%，会影响幼蚓出壳，成活率低。为此，孵化期的饲养层宜薄不宜厚。

4.8.4 基料　蚯蚓适宜在原基料孵化，切勿随意变更饲料成分。为便于幼蚓破壳和觅食，前期宜采取块状或条状加料法。基料厚度宜为15～20 cm，pH为6～7。

4.9 蚓粪与蚓茧的分离。

4.9.1 饵诱法　当养殖床饲料基本粪化后，停止在表面加饲料，而在其一侧加饲料以诱蚯蚓钻入新的饲料，待绝大多数成蚓诱出后，将老饲料及粪粒、蚓茧等清出到孵化床依法孵化，再将老床两侧钻入蚯蚓的饲料合并继续养殖或采收即可。

4.9.2 光刺激法　利用蚯蚓怕光特性，用较强光照已基本粪化的养殖床，使蚯蚓钻入下层，再用刮板将蚓粪和蚓茧一层一层地刮下，并移入孵化床依法孵化，老床刮到最后，蚯蚓集中于底面,再加新饲料继续养殖或采用即可。

4.10 提纯复壮 将性成熟并已交配的种蚓放入特制的饲养箱内,产茧后15天,把种蚓以光照法与基料彻底分离,蚓茧则自然剩留于基料内。然后将不同饲养箱内的蚓茧均匀混合并充分搅拌,从而大大减少近亲繁殖的几率。

第五章 主要病害、天敌的防治

5.1 在饲养中,如饲料过酸会引起蚯蚓疾病。其症状为生殖带红肿,全身变黑,身体缩短,出现念珠状结节,死亡或自溶。防治方法:经常检查饲养床,若发现病害,应及时调整pH至中性。适当通气,在饲料中加碎稻秆或麦秆,以增加料隙间的空气。即使在冬季,也要进行短时通风,以保证蚯蚓正常的新陈代谢需要。防止强光照射。同时可施放禽用抗生素灭菌。

5.2 饲养中,尚要防范蚯蚓天敌(如鼠类、螨类、蚂蚁、青蛙、蜈蚣、蜘蛛、蠼螋、寄生蝇及蛇等)侵袭危害,但要防止施用农药,以免杀伤蚯蚓。

第六章 采收与初加工

6.1 采收时间 根据传统经验,通常在清明至处暑期间采收,但以7~9月为最佳时期。

6.2 蚯蚓的采收方法 有诱捕法、红光夜捕法、光照驱捕法、水驱法、电驱法、挖取法等,可结合实际情况选用。目前广东博罗养殖基地采用的是挖取法。

6.3 初加工 将捕捉的蚯蚓用草木灰、木屑或米糠拌和,去除体外黏液,然后用小锥将蚯蚓的一端钉在木板上,用手拉直蚯蚓,以刀或剪子从头部至尾部剖开,刮去腹内泥土,摊平贴在竹竿、芦苇茎或其他物体上晒干。若遇雨天,亦可采用铁锅加热焙干。具体做法是铁锅扣放,下用柴或煤加热,将已剖开去泥杂的蚯蚓贴在铁锅底四周,待受热翘起后取下。一般铁锅温度应控制在100℃左右,不能过高,否则影响其质量。取下的蚯蚓,应及时清除黏附的杂质等残留物,并注意防止回潮,晴天时仍需彻底晒干。

6.4 商品规格 广地龙商品均为全开统庄,不分等级。

6.5 质量要求 广地龙以条大,干燥,剖开,摊开成条,无泥沙,棕褐色,无臭味者为佳。

第七章 质量标准及检测

7.1 抽样方法 根据《中华人民共和国药典》(2005年版)、企业标准和购销合同,按每批件数的1%随机抽检样品。

7.2 药材质量标准。

7.2.1 水分不得>12.0%。

7.2.2 总灰分不得>10.0%。

7.2.3 水溶性浸出物不得<16.0%《中华人民共和国药典》(2005年版)指标。

7.2.4 重金属不得过百万分之三十《中华人民共和国药典》(2005年版)指标。

第八章 包装、贮存及运输

8.1 包装。

8.1.1 选用不易破损的干燥、清洁、无异味的包装物,包装要牢固、密封、防潮,以保证药材在运输、贮藏、使用过程中的质量。

8.1.2 发送中药材必须有包装标签,标明药材品名、产地、采收日期及注意事项等。

8.2 贮藏 选择通风、干燥、无污染的环境作专用仓库,并采用控温、控湿技术,防止霉变和虫蛀。

8.3 运输 运输工具应有通风设备,防止日晒、雨淋、潮湿、损坏、污染。

附 录

附录1

中药材生产质量管理规范（试行）

第一章　总　则

第一条　为规范中药材生产，保证中药材质量，促进中药标准化、现代化，制定本规范。

第二条　本规范是中药材生产和质量管理的基本准则，适用于中药材生产企业（以下简称生产企业）生产中药材（含植物药、动物药）的全过程。

第三条　生产企业应运用规范化管理和质量监控手段，保护野生药材资源和生态环境，坚持"最大持续产量"原则，实现资源的可持续利用。

第二章　产地生态环境

第四条　生产企业应按中药材产地适宜性优化原则，因地制宜，合理布局。

第五条　中药材产地的环境应符合国家相应标准：空气应符合大气环境质量二级标准；土壤应符合土壤质量二级标准；灌溉水应符合农田灌溉水质量标准；药用动物饮用水应符合生活饮用水质量标准。

第六条　药用动物养殖企业应满足动物种群对生态因子的需求及与生活、繁殖等相适应的条件。

第三章　种质和繁殖材料

第七条　对养殖、栽培或野生采集的药用动植物，应准确鉴定其物种，包括亚种、变种或品种，记录其中文名及学名。

第八条　种子、菌种和繁殖材料在生产、贮运过程中应实行检验和检疫制度，以保证质量和防止病虫害及杂草的传播；防止伪劣种子、菌种和繁殖材料的交易与传播。

第九条　应按动物习性进行药用动物的引种及驯化。捕捉和运输时应避免动物机体和精神损伤。引种动物必须严格检疫，并进行一定时间的隔离、观察。

第十条　加强中药材良种选育、配种工作，建立良种繁育基地，保护药用动植物种质资源。

第四章　栽培与养殖管理
第一节　药用植物栽培管理

第十一条　根据药用植物生长发育要求，确定栽培适宜区域，并制定相应的种植规程。

第十二条　根据药用植物的营养特点及土壤的供肥能力，确定施肥种类、时间和数量，施用肥料的种类以有机肥为主，根据不同药用植物物种生长发育的需要有限度地使用化学肥料。

第十三条　允许施用经充分腐熟达到无害化卫生标准的农家肥。禁止施用城市生活垃圾、工业垃圾及医院垃圾和粪便。

第十四条　根据药用植物不同生长发育时期的需水规律及气候条件、土壤水分状况，适时、合理灌溉和排水，保持土壤的良好通气条件。

第十五条　根据药用植物生长发育特性和不同的药用部位，加强田间管理，及时采取打顶、摘蕾、整枝修剪、覆盖遮阴等栽培措施，调控植株生长发育，提高药材产量，保持质量稳定。

第十六条　药用植物病虫害的防治应采取综合防治策略。如必须施用农药时，应按照《中华人民共和国农药管理条例》的规定，采用最小有效剂量并选用高效、低毒、低残留农药，以降低农药残留和重金属污染，保护生态环境。

第二节　药用动物养殖管理

第十七条　根据药用动物生存环境、食性、行为特点及对环境的适应能力等，确定相应的养殖方式和方法，制定相应的养殖规程和管理制度。

第十八条　根据药用动物的季节活动、昼夜活动规律及不同生长周期和生理特点，科学配制饲料，定时定量投喂。适时适量地补充精料、维生素、矿物质及其他必要的添加剂，不得添加激素、类激素等添加剂。饲料及添加剂应无污染。

第十九条　药用动物养殖应视季节、气温、通气等情况，确定给水的时间及次数。草食动物应尽可能通过多食青绿多汁的饲料补充水分。

第二十条　根据药用动物栖息、行为等特性，建造具有一定空间的固定场所及必要的安全设施。

第二十一条　养殖环境应保持清洁卫生，建立消毒制度，并选用适当消毒剂对动物的生活场所、设备等进行定期消毒。加强对进入养殖场所人员的管理。

第二十二条　药用动物的疫病防治，应以预防为主，定期接种疫苗。

第二十三条　合理划分养殖区，对群饲药用动物要有适当密度。发现患病动物，应及时隔离。传染病患动物应处死，火化或深埋。

第二十四条　根据养殖计划和育种需要，确定动物群的组成与结构，适时周转。

第二十五条　禁止将中毒、感染疫病的药用动物加工成中药材。

第五章　采收与初加工

第二十六条　野生或半野生药用动植物的采集应坚持"最大持续产量"原则，应有计划地进行野生抚育、轮采与封育，以利生物的繁衍与资源的更新。

第二十七条　根据产品质量及植物单位面积产量或动物养殖数量，并参考传统采收经验等因素确定适宜的采收时间（包括采收期、采收年限）和方法。

第二十八条　采收机械、器具应保持清洁、无污染，存放在无虫鼠害和禽畜的干燥场所。

第二十九条　采收及初加工过程中应尽可能排除非药用部分及异物，特别是杂草及有毒物质，剔除破损、腐烂变质的部分。

第三十条　药用部分采收后，经过拣选、清洗、切制或修整等适宜的加工，需干燥的应采用适宜的方法和技术迅速干燥，并控制温度和湿度，使中药材不受污染，有效成分不被破坏。

第三十一条　鲜用药材可采用冷藏、砂藏、罐贮、生物保鲜等适宜的保鲜方法，尽可能不使用保鲜剂和防腐剂。如必须使用时，应符合国家对食品添加剂的有关规定。

第三十二条　加工场地应清洁、通风，具有遮阴、防雨和防鼠、虫及禽畜的设施。

第三十三条 道地药材应按传统方法进行加工。如有改动，应提供充分试验数据，不得影响药材质量。

第六章 包装、运输与贮藏

第三十四条 包装前应检查并清除劣质品及异物。包装应按标准操作规程操作，并有批包装记录，其内容应包括品名、规格、产地、批号、重量、包装工号、包装日期等。

第三十五条 所使用的包装材料应是清洁、干燥、无污染、无破损，并符合药材质量要求。

第三十六条 在每件药材包装上，应注明品名、规格、产地、批号、包装日期、生产单位，并附有质量合格的标志。

第三十七条 易破碎的药材应使用坚固的箱盒包装；毒性、麻醉性、贵重药材应使用特殊包装，并应贴上相应的标记。

第三十八条 药材批量运输时，不应与其他有毒、有害、易串味物质混装。运载容器应具有较好的通气性，以保持干燥，并应有防潮措施。

第三十九条 药材仓库应通风、干燥、避光，必要时安装空调及除湿设备，并具有防鼠、虫、禽畜的措施。地面应整洁、无缝隙、易清洁。

药材应存放在货架上，与墙壁保持足够距离，防止虫蛀、霉变、腐烂、泛油等现象发生，并定期检查。

在应用传统贮藏方法的同时，应注意选用现代贮藏保管新技术、新设备。

第七章 质量管理

第四十条 生产企业应设质量管理部门,负责中药材生产全过程的监督管理和质量监控,并应配备与药材生产规模、品种检验要求相适应的人员、场所、仪器和设备。

第四十一条 质量管理部门的主要职责:

(一)负责环境监测、卫生管理;

(二)负责生产资料、包装材料及药材的检验,并出具检验报告;

(三)负责制定培训计划,并监督实施;

(四)负责制定和管理质量文件,并对生产、包装、检验等各种原始记录进行管理。

第四十二条 药材包装前,质量检验部门应对每批药材,按中药材国家标准或经审核批准的中药材标准进行检验。检验项目应至少包括药材性状与鉴别、杂质、水分、灰分与酸不溶性灰分、浸出物、指标性成分或有效成分含量。农药残留量、重金属及微生物限度均应符合国家标准和有关规定。

第四十三条 检验报告应由检验人员、质量检验部门负责人签章。检验报告应存档。

第四十四条 不合格的中药材不得出场和销售。

第八章 人员和设备

第四十五条 生产企业的技术负责人应有药学或农学、畜牧学等相关专业的大专以上学历,并有药材生产实践经验。

第四十六条 质量管理部门负责人应有大专以上学历,

并有药材质量管理经验。

第四十七条 从事中药材生产的人员均应具有基本的中药学、农学或畜牧学常识,并经生产技术、安全及卫生学知识培训。从事田间工作的人员应熟悉栽培技术,特别是农药的施用及防护技术;从事养殖的人员应熟悉养殖技术。

第四十八条 从事加工、包装、检验人员应定期进行健康检查,患有传染病、皮肤病或外伤性疾病等不得从事直接接触药材的工作。生产企业应配备专人负责环境卫生及个人卫生检查。

第四十九条 对从事中药材生产的有关人员应定期培训与考核。

第五十条 中药材产地立设厕所或盥洗室,排出物不应对环境及产品造成污染。

第五十一条 生产企业生产和检验用的仪器、仪表、量具、衡器等,其适用范围和精密度应符合生产和检验的要求,有明显的状态标志,并定期校验。

第九章 文 件 管 理

第五十二条 生产企业应有生产管理、质量管理等标准操作规程。

第五十三条 每种中药材的生产全过程均应详细记录,必要时可附照片或图像。记录应包括:

(一)种子、菌种和繁殖材料的来源。

(二)生产技术与过程:

1.药用植物播种的时间、数量及面积;育苗、移栽以及肥料的种类、施用时间、施用量、施用方法;农药中包括杀虫剂、杀菌剂及除莠剂的种类、施用量、施用时间和方法等。

2. 药用动物养殖日志、周转计划、选配种记录、产仔或产卵记录、病例病志、死亡报告书、死亡登记表、检免疫统计表、饲料配合表、饲料消耗记录、谱系登记表、后裔鉴定表等。

3. 药用部分的采收时间、采收量、鲜重和加工、干燥、干燥减重、运输、贮藏等。

4. 气象资料及小气候的记录等。

5. 药材的质量评价：药材性状及各项检测的记录。

第五十四条 所有原始记录、生产计划及执行情况、合同及协议书等均应存档，至少保存5年。档案资料应有专人保管。

第十章 附 则

第五十五条 本规范所用术语：

（一）中药材 指药用植物、动物的药用部分采收后经产地初加工形成的原料药材。

（二）中药材生产企业 指具有一定规模、按一定程序进行药用植物栽培或动物养殖、药材初加工、包装、贮存等生产过程的单位。

（三）最大持续产量 即不危害生态环境，可持续生产（采收）的最大产量。

（四）道地药材 传统中药材中具有特定的种质、特定的产区或特定的生产技术和加工方法所生产的中药材。

（五）种子、菌种和繁殖材料 植物（含菌物）可供繁殖用的器官、组织、细胞等，菌种的菌丝、子实体等；动物的物种、仔、卵等。

（六）病虫害综合防治 从生物与环境整体观点出发，

本着预防为主的指导思想和安全、有效、经济、简便的原则，因地制宜，合理运用生物的、农业的、化学的方法及其他有效生态手段，把病虫的危害控制在经济阈值以下，以达到提高经济效益和生态效益之目的。

（七）半野生药用动植物　指野生或逸为野生的药用动植物辅以适当人工抚育和中耕、除草、施肥或喂料等管理的动植物种群。

第五十六条　本规范由国家药品监督管理局负责解释。

第五十七条　本规范自2002年6月1日起施行。

附录2

关于印发《中药材生产质量管理规范认证管理办法（试行）》及《中药材GAP认证检查评定标准（试行）》的通知

国食药监安〔2003〕251号

各省、自治区、直辖市食品药品监督管理局（药品监督管理局）：

为贯彻执行《中华人民共和国药品管理法》及《中华人民共和国药品管理法实施条例》，规范《中药材生产质量管理规范（试行）》（简称中药材GAP）认证工作，保证中药材GAP认证工作的顺利进行，我局经过认真调研和广泛征求意见，并在开展试点认证摸底工作的基础上，进行了反复讨论研究，制定了《中药材生产质量管理规范认证管理办法（试行）》及《中药材GAP认证检查评定标准（试行）》，现印发给你们，请遵照执行，并将有关事项通知如下：

一、中药材是中药饮片、中成药生产的基础原料。实施中药材GAP，对中药材生产全过程进行有效的质量控制，是保证中药材质量稳定、可控，保障中医临床用药安全有效的重要措施；有利于中药资源保护和持续利用，促进中药材种植（养殖）的规模化、规范化和产业化发展。对全面深入贯彻执行《药品管理法》及有关规定，落实国务院有关文件规定及要求，进一步加强药品的监督管理，促进中药现代化，具有重要意义。各级药品监督管理部门应予高度重视，并严格按照《中药材GAP认证管理办法》的规定，认真做好相关工作。

二、自2003年11月1日起，我局将正式受理中药材GAP的认证申请，并组织认证试点工作。《中药GAP认证申请表》（见附件3）由我局统一印制，各地可根据需要数量向我局领取，也可从我局网站下载使用。

三、中药材GAP认证是一项全新的工作，政策性、技术性和社会性都很强。各级药品监督管理部门要充分认识到这项工作的长期性和复杂性，必须加强对中药材GAP的学习、宣传和培训，坚持依法行政、积极稳妥、质量第一的原则，做好政策引导和技术指导，注意总结经验，认真研究解决实际工作中存在的问题，逐步完善各项管理办法，保证中药材GAP实施工作的顺利进行。各地在执行中有何问题及建议，请及时反馈我局药品安全监管司。

附件：1．中药材生产质量管理规范认证管理办法（试行）

2．中药材GAP认证检查评定标准（试行）

3．中药材GAP认证申请表

国家食品药品监督管理局
2003年9月19日

附件1

中药材生产质量管理规范认证管理办法(试行)

第一条 根据《药品管理法》及《药品管理法实施条例》的有关规定,为加强中药材生产的监督管理,规范《中药材生产质量管理规范(试行)》(英文名称为Good Agricultural Practice for Chinese Crude Drugs,简称中药材GAP)认证工作,制定本办法。

第二条 国家食品药品监督管理局负责全国中药材GAP认证工作;负责中药材GAP认证检查评定标准及相关文件的制定、修订工作;负责中药材GAP认证检查员的培训、考核和聘任等管理工作。

国家食品药品监督管理局药品认证管理中心(以下简称"局认证中心")承担中药材GAP认证的具体工作。

第三条 省、自治区、直辖市食品药品监督管理局(药品监督管理局)负责本行政区域内中药材生产企业的GAP认证申报资料初审和通过中药材GAP认证企业的日常监督管理工作。

第四条 申请中药材GAP认证的中药材生产企业,其申报的品种至少完成一个生产周期。申报时需填写《中药材GAP认证申请表》(一式二份),并向所在省、自治区、直辖市食品药品监督管理局(药品监督管理局)提交以下资料:

(一)《营业执照》(复印件);

(二)申报品种的种植(养殖)历史和规模、产地生态环境、品种来源及鉴定、种质来源、野生资源分布情况和中药材动植物生长习性资料、良种繁育情况、适宜采收时间（采收年限、采收期）及确定依据、病虫害综合防治情况、中药材质量控制及评价情况等；

（三）中药材生产企业概况，包括组织形式并附组织机构图（注明各部门名称及职责）、运营机制、人员结构，企业负责人、生产和质量部门负责人背景资料（包括专业、学历和经历）、人员培训情况等；

（四）种植（养殖）流程图及关键技术控制点；

（五）种植（养殖）区域布置图（标明规模、产量、范围）；

（六）种植（养殖）地点选择依据及标准；

（七）产地生态环境检测报告（包括土壤、灌溉水、大气环境）、品种来源鉴定报告、法定及企业内控质量标准（包括依据及起草说明）、取样方法及质量检测报告书，历年来质量控制及检测情况；

（八）中药材生产管理、质量管理文件目录；

（九）企业实施中药材GAP自查情况总结资料。

第五条 省、自治区、直辖市食品药品监督管理局（药品监督管理局）应当自收到中药材GAP认证申报资料之日起40个工作日内提出初审意见。符合规定的，将初审意见及认证资料转报国家食品药品监督管理局。

第六条 国家食品药品监督管理局组织对初审合格的中药材GAP认证资料进行形式审查，必要时可请专家论证，审查工作时限为5个工作日（若需组织专家论证，可延长至30个工作日）。符合要求的予以受理并转局认证中心。

第七条 局认证中心在收到申请资料后30个工作日内提

出技术审查意见，制定现场检查方案。检查方案的内容包括日程安排、检查项目、检查组成员及分工等，如需核实的问题应列入检查范围。现场检查时间一般安排在该品种的采收期，时间一般为3~5天，必要时可适当延长。

第八条　检查组成员的选派遵循本行政区域内回避原则，一般由3~5名检查员组成。根据检查工作需要，可临时聘任有关专家担任检查员。

第九条　省、自治区、直辖市食品药品监督管理局（药品监督管理局）可选派1名负责中药材生产监督管理的人员作为观察员，联络、协调检查有关事宜。

第十条　现场检查首次会议应确认检查品种，落实检查日程，宣布检查纪律和注意事项，确定企业的检查陪同人员。检查陪同人员必须是企业负责人或中药材生产、质量管理部门负责人，熟悉中药材生产全过程，并能够解答检查组提出的有关问题。

第十一条　检查组必须严格按照预定的现场检查方案对企业实施中药材GAP的情况进行检查。对检查发现的缺陷项目如实记录，必要时应予取证。检查中如需企业提供的资料，企业应及时提供。

第十二条　现场检查结束后，由检查组长组织检查组讨论做出综合评定意见，形成书面报告。综合评定期间，被检查企业人员应予回避。

第十三条　现场检查报告须检查组全体人员签字，并附缺陷项目、检查员记录、有异议问题的意见及相关证据资料。

第十四条　现场检查末次会议应现场宣布综合评定意见。被检查企业可安排有关人员参加。企业如对评定意见及检查发现的缺陷项目有不同意见，可作适当解释、说明。检查组对企业提出的合理意见应予采纳。

第十五条　检查中发现的缺陷项目,须经检查组全体人员和被检查企业负责人签字,双方各执一份。如有不能达成共识的问题,检查组须做好记录,经检查组全体成员和被检查企业负责人签字,双方各执一份。

第十六条　现场检查报告、缺陷项目表、每个检查员现场检查记录和原始评价及相关资料应在检查工作结束后5个工作日内报送局认证中心。

第十七条　局认证中心在收到现场检查报告后20个工作日内进行技术审核,符合规定的,报国家食品药品监督管理局审批。符合《中药材生产质量管理规范》的,颁发《中药材GAP证书》并予以公告。

第十八条　对经现场检查不符合中药材GAP认证标准的,不予通过中药材GAP认证,由局认证中心向被检查企业发认证不合格通知书。

第十九条　认证不合格企业再次申请中药材GAP认证的,以及取得中药材GAP证书后改变种植(养殖)区域(地点)或扩大规模等,应按本办法第四条规定办理。

第二十条　《中药材GAP证书》有效期一般为5年。生产企业应在《中药材GAP证书》有限期满前6个月,按本办法第四条的规定重新申请中药材GAP认证。

第二十一条　《中药材GAP证书》由国家食品药品监督管理局统一印制,应当载明证书编号、企业名称、法定代表人、企业负责人、注册地址、种植(养殖)区域(地点)、认证品种、种植(养殖)规模、发证机关、发证日期、有效期限等项目。

第二十二条　中药材GAP认证检查员须具备下列条件:

（一）遵纪守法、廉洁正派、坚持原则、实事求是；

（二）熟悉和掌握国家药品监督管理相关的法律、法规和方针政策；

（三）具有中药学相关专业大学以上学历或中级以上职称，并具有5年以上从事中药材研究、监督管理、生产质量管理相关工作实践经验；

（四）能够正确理解中药材GAP的原则，准确掌握中药GAP认证检查标准；

（五）身体状况能胜任现场检查工作，无传染性疾病；

（六）能服从选派，积极参加中药材GAP认证现场检查工作。

第二十三条　中药材GAP认证检查员应经所在单位推荐，填写《国家中药材GAP认证检查员推荐表》，由省级食品药品监督管理局（药品监督管理局）签署意见后报国家食品药品监督管理局进行资格认定。

第二十四条　国家食品药品监督管理局负责对中药材GAP认证检查员进行年审，不合格的予以解聘。

第二十五条　中药材GAP认证检查员受国家食品药品监督管理局的委派，承担对生产企业的中药材GAP认证现场检查、跟踪检查等项工作。

第二十六条　中药材GAP认证检查员必须加强自身修养和知识更新，不断提高中药材GAP认证检查的业务知识和政策水平。

第二十七条　中药材GAP认证检查员必须遵守中药材GAP认证检查员守则和现场检查纪律。对违反有关规定的，予以批评教育，情节严重的，取消中药材GAP认证检查员资格。

第二十八条　国家食品药品监督管理局负责组织对取得

《中药材GAP证书》的企业,根据品种生长特点每年确定不同的检查频次和重点进行跟踪检查。

第二十九条 在《中药材GAP证书》有效期内,省、自治区、直辖市食品药品监督管理局(药品监督管理局)负责每年对企业跟踪检查一次,跟踪检查情况应及时报国家食品药品监督管理局。

第三十条 取得《中药材GAP证书》的企业,如发生重大质量问题或者未按照中药材GAP组织生产的,国家食品药品监督管理局将予以警告,并责令改正;情节严重的,将吊销其《中药材GAP证书》。

第三十一条 取得《中药材GAP证书》的中药材生产企业,如发现申报过程采取弄虚作假骗取证书的,或以非认证企业生产的中药材冒充认证企业生产的中药材销售和使用等严重问题的,一经核实,国家食品药品监督管理局将吊销其《中药材GAP证书》。

第三十二条 中药材生产企业《中药材GAP证书》登记事项发生变更的,应在事项发生变更之日起30日内,向国家食品药品监督管理局申请办理变更手续,国家食品药品监督管理局应在15个工作日内作出相应变更。

第三十三条 中药材生产企业终止生产中药材或者关闭的,由国家食品药品监督管理局收回《中药材GAP证书》。

第三十四条 申请中药材GAP认证的中药材生产企业应按照有关规定缴纳认证费用。未按规定缴纳认证费用的,中止认证或收回《中药材GAP证书》。

第三十五条 本办法由国家食品药品监督管理局负责解释。

第三十六条 本办法自2003年11月1日起施行。

附件2

中药材GAP认证检查评定标准（试行）

1．根据《中药材生产质量管理规范（试行）》（简称中药材GAP），制定本认证检查评定标准。

2．中药材GAP认证检查项目共104项，其中关键项目（条款号前加"*"）19项，一般项目85项。

关键项目不合格则称为严重缺陷，一般项目不合格则称为一般缺陷。

3．根据申请认证品种确定相应的检查项目。

4．结果评定：

项	目	结 果
严重缺陷	一般缺陷	
0	≤20%	通过GAP认证
0	>20%	不通过GAP认证
≥1项	0	

条款	检查内容
0301	生产企业是否对申报品种制定了保护野生药材资源、生态环境和持续利用的实施方案
*0401	生产企业是否按产地适宜性优化原则，因地制宜，合理布局，选定和建立生产区域，种植区域的环境生态条件是否与动植物生物学和生态学特性相对应

续表

条款	检 查 内 容
0501	中药材产地空气是否符合国家大气环境质量二级标准
*0502	中药材产地土壤是否符合国家土壤质量二级标准
0503	应根据种植品种生产周期确定土壤质量检测周期,一般每4年检测一次
*0504	中药材灌溉水是否符合国家农田灌溉水质量标准
0505	应定期对灌溉水进行检测,至少每年检测一次
*0506	药用动物饮用水是否符合生活饮用水质量标准
0507	饮用水至少每年检测一次
0601	药用动物养殖是否满足动物种群对生态因子的需求及与生活、繁殖等相适应的条件
*0701	对养殖、栽培或野生采集的药用动植物,是否准确鉴定其物种(包括亚种、变种或品种、中文名及学名等)
0801	种子种苗、菌种等繁殖材料是否制定检验及检疫制度,在生产、储运过程中是否进行检验及检疫,并出具报告书
0802	是否有防止伪劣种子种苗、菌种等繁殖材料的交易与传播的管理制度和有效措施
0803	是否根据具体品种情况制定药用植物种子种苗、菌种等繁殖材料的生产管理制度和操作规程
0901	是否按动物习性进行药用动物的引种及驯化
0902	在捕捉和运输动物时,是否有防止预防或避免动物机体和精神损伤的有效措施及方法
0903	引种动物是否由检疫机构检疫,并出具检疫报告书。引种动物是否进行一定时间的隔离、观察
*1001	是否进行中药材良种选育、配种工作,是否建立与生产规模相适应的良种繁育场所

续表

条款	检查内容
*1101	是否根据药用植物生长发育要求制定相应的种植规程
1201	是否根据药用植物的营养特点及土壤的供肥能力，制定并实施施肥的标准操作规程（包括施肥种类、时间、方法和数量）
1202	施用肥料的种类是否以有机肥为主。若需使用化学肥料，是否制定有限度使用的岗位操作法或标准操作规程
1301	施用农家肥是否充分腐熟达到无害化卫生标准
*1302	禁止施用城市生活垃圾、工业垃圾及医院垃圾和粪便
1401	是否制定药用植物合理灌溉和排水的管理制度及标准操作规程，适时、合理灌溉和排水，保持土壤的良好通气条件
1501	是否根据药用植物不同生长发育特性和不同药用部位，制定药用植物田间管理制度及标准操作规程，加强田间管理，及时采取打顶、摘蕾、整枝修剪、覆盖遮阴等栽培措施，调控植株生长发育，提高药材产量，保持质量稳定
*1601	药用植物病虫害的防治是否采取综合防治策略
*1602	药用植物如必须施用农药时，是否按照《中华人民共和国农药管理条例》的规定，采用最小有效剂量并选用高效、低毒、低残留农药，以降低农药残留和重金属污染，保护生态环境
*1701	是否根据药用动物生存环境、食性、行为特点及对环境的适应能力等，确定与药用动物相适应的养殖方式和方法
1702	是否制定药用动物的养殖规程和管理制度
1801	是否根据药用动物的季节活动、昼夜活动规律及不同生长周期和生理特点，科学配制饲料，制定药用动物定时定量投喂的标准操作规程
1802	药用动物是否适时适量地补充精料、维生素、矿物质及其他必要的添加剂

续表

条款	检 查 内 容
*1803	药用动物饲料不得添加激素、类激素等添加剂
1804	药用动物饲料及添加剂应无污染
1901	药用动物养殖是否根据季节、气温、通气等情况,确定给水的时间和次数
1902	草食动物是否尽可能通过多食青绿多汁的饲料补充水分
2001	是否根据药用动物栖息、行为等特性,建造具有一定空间的固定场所及必要的安全设施
2101	药用动物养殖环境是否保持清洁卫生
2102	是否建立消毒制度,并选用适当消毒剂对动物的生活场所、设备等进行定期消毒
2103	是否建立对出入养殖场所人员的管理制度
2201	是否建立药用动物疫病预防措施,定期接种疫苗
2301	是否合理划分养殖区,对群饲药用动物要有适当密度
2302	发现患病动物,是否及时隔离
2303	传染病患动物是否及时处死后,火化或深埋
2401	是否根据养殖计划和育种需要,确定动物群的组成与结构,适时周转
*2501	禁止将中毒、感染疫病及不明原因死亡的药用动物加工成中药材
2601	野生或半野生药用动植物的采集是否坚持"最大持续产量"原则,是否有计划地进行野生抚育、轮采与封育
*2701	是否根据产品质量及植物单位面积产量或动物养殖数量,并参考传统采收经验等因素确定适宜的采收时间(包括采收期、采收年限)
2702	是否根据产品质量及植物单位面积产量或动物养殖数量,并参考传统采收经验等因素确定适宜的采收方法

续表

条款	检查内容
2801	采收机械、器具是否保持清洁、无污染,是否存放在无虫鼠害和禽畜的清洁干燥场所
2901	采收及初加工过程中是否排除非药用部分及异物,特别是杂草及有毒物质,剔除破损、腐烂变质的部分
3001	药用部分采收后,是否按规定进行拣选、清洗、切制或修整等适宜的加工
3002	需干燥的中药材采收后,是否及时采用适宜的方法和技术进行干燥,控制湿度和温度,保证中药材不受污染、有效成分不被破坏
3101	鲜用中药材是否采用适宜的保鲜方法。如必须使用保鲜剂和防腐剂时,是否符合国家对食品添加剂的有关规定
3201	加工场地周围环境是否有污染源,是否清洁、通风,是否有满足中药材加工的必要设施,是否有遮阴、防雨、防鼠、防尘、防虫、防禽畜措施
3301	道地药材是否按传统方法进行初加工。如有改动,是否提供充分试验数据,证明其不影响中药材质量
3401	包装是否按标准操作规程操作
3402	包装前是否再次检查并清除劣质品及异物
3403	包装是否有批包装记录,其内容应包括品名、规格、产地、批号、重量、包装工号、包装日期等
3501	所使用的包装材料是否清洁、干燥、无污染、无破损,并符合中药材质量要求
3601	在每件中药材包装上,是否注明品名、规格、产地、批号、包装日期、生产单位、采收日期、贮藏条件、注意事项,并附有质量合格的标志

续表

条款	检 查 内 容
3701	易破碎的中药材是否装在坚固的箱盒内
*3702	毒性中药材、按麻醉药品管理的中药材是否使用特殊包装,是否有明显的规定标记
3801	中药材批量运输时,是否与其他有毒、有害、易串味物质混装
3802	运载容器是否具有较好的通气性,并有防潮措施
3901	是否制定仓储养护规程和管理制度
3902	中药材仓库是否保持清洁和通风、干燥、避光、防霉变。温度、湿度是否符合贮存要求并具有防鼠、虫、禽畜的措施
3903	中药材仓库地面是否整洁、无缝隙、易清洁
3904	中药材存放是否与墙壁、地面保持足够距离,是否有虫蛀、霉变、腐烂、泛油等现象发生,并定期检查
3905	应用传统贮藏方法的同时,是否注意选用现代贮藏保管新技术、新设备
*4001	生产企业是否设有质量管理部门,负责中药材生产全过程的监督管理和质量监控
4002	是否配备与中药材生产规模、品种检验要求相适应的人员
4003	是否配备与中药材生产规模、品种检验要求相适应的场所、仪器和设备
4101	质量管理部门是否履行环境监测、卫生管理的职责
4102	质量管理部门是否履行对生产资料、包装材料及中药材的检验,并出具检验报告书
4103	质量管理部门是否履行制订培训计划并监督实施的职责

续表

条款	检查内容
4104	质量管理部门是否履行制定和管理质量文件,并对生产、包装、检验、留样等各种原始记录进行管理的职责
*4201	中药材包装前,质量检验部门是否对每批中药材,按国家标准或经审核批准的中药材标准进行检验
4202	检验项目至少包括中药材性状与鉴别、杂质、水分、灰分与酸不溶性灰分、浸出物、指标性成分或有效成分含量
*4203	中药材农药残留量、微生物限度、重金属含量等是否符合国家标准和有关规定
4204	是否制定有采样标准操作规程
4205	是否设立留样观察室,并按规定进行留样
4301	检验报告是否由检验人员、质量检验部门负责人签章并存档
*4401	不合格的中药材不得出场和销售
4501	生产企业的技术负责人是否有相关专业的大专以上学历,并有中药材生产实践经验
4601	质量管理部门负责人是否有相关专业大专以上学历,并有中药材质量管理经验
4701	从事中药材生产的人员是否具有基本的中药学、农学、林学或畜牧学常识,并经生产技术、安全及卫生学知识培训
4702	从事田间工作的人员是否熟悉栽培技术,特别是准确掌握农药的施用及防护技术
4703	从事养殖的人员是否熟悉养殖技术
4801	从事加工、包装、检验、仓储管理人员是否定期进行健康检查,至少每年一次。患有传染病、皮肤病或外伤性疾病等的人员不得从事直接接触中药材的工作

续表

条款	检查内容
4802	是否配备专人负责环境卫生及个人卫生检查
4901	对从事中药材生产的有关人员是否定期培训与考核
5001	中药材产地是否设有厕所或盥洗室,排出物是否对环境及产品造成污染
5101	生产和检验用的仪器、仪表、量具、衡器等其适用范围和精密度是否符合生产和检验的要求
5102	检验用的仪器、仪表、量具、衡器等是否有明显的状态标志,并定期校验
5201	生产管理、质量管理等标准操作规程是否完整合理
5301	每种中药材的生产全过程均是否详细记录,必要时可附照片或图像
5302	记录是否包括种子、菌种和繁殖材料的来源
5303	记录是否包括药用植物的播种时间、数量及面积;育苗、移栽以及肥料的种类、施用时间、施用量、施用方法;农药(包括杀虫剂、杀菌剂及除莠剂)的种类、施用量、施用时间和方法等
5304	记录是否包括药用动物养殖日志、周转计划、选配种记录、产仔或产卵记录、病例病志、死亡报告书、死亡登记表、检免疫统计表、饲料配合表、饲料消耗记录、谱系登记表、后裔鉴定表等
5305	记录是否包括药用部分的采收时间、采收量、鲜重和加工、干燥、干燥减重、运输、贮藏等
5306	记录是否包括气象资料及小气候等
5307	记录是否包括中药材的质量评价(中药材性状及各项检测)

续表

条款	检查内容
5401	所有原始记录、生产计划及执行情况、合同及协议书等是否存档,至少保存至采收或初加工后5年
5402	档案资料是否有专人保管

附件3

受理编号：

中药材GAP认证申请表

申请企业：　　　　　　　　（公章）

填报日期：　　　年　　　月　　　日

受理日期：　　　年　　　月　　　日

国家食品药品监督管理局制

附录3

药用植物及制剂进出口绿色行业标准
中华人民共和国商务部发布

前　言

《药用植物及制剂进出口绿色行业标准》是中华人民共和国对外经济贸易活动中，药用植物及其制剂进出口的重要质量标准之一。适用于药用植物原料及制剂的进出口品质检验。本标准第4部分为强制性内容，其余部分为推荐性内容。

本标准由中华人民共和国商务部发布并归口管理。

本标准由中国医药保健品进出口商会、中国医学科学院药用植物研究所、北京大学公共卫生学院、中国药品生物制品检定所、天津达仁堂制药厂负责起草。

本标准主要起草人：关立忠、陈建民、张宝旭、高天兵、徐晓阳。

1　范围。

本标准规定了药用植物及制剂的绿色品质标准，包括药用植物原料、饮片、提取物及其制剂等的质量标准及检验方法。

本标准适用于药用植物原料及制剂的进出口品质检验。

2　术语。

2.1　绿色药用植物及制剂　是指经检测符合特定标准的药用

植物及其制剂。经专门机构认定，许可使用绿色标志。

2.2 植物药 是指用于医疗、保健目的的植物原料和植物提取物。

2.3 植物药制剂 是指经初步加工，以及提取纯化植物原料而成的制剂。

3 引用标准。

下列标准包含的条文，通过本标准中引用而构成本标准的条文。本标准出版时，所示版本均为有效。所有标准都会被修订，使用本标准的各方应探讨使用下列最新版本的可能性。

3.1 《中华人民共和国药典（一部）》（2000年版）附录Ⅸ E重金属检测方法。

3.2 GB/T5009.12—1996食品中铅的测定方法（原子吸收光谱法）。

3.3 GB/T5009.15—1996食品中镉的测定方法（原子吸收光谱法）。

3.4 GB/T5009.17—1996食品中总汞的测定方法（冷原子吸收光谱法）（测汞仪法）。

3.5 GB/T5009.13—1996食品中铜的测定方法（原子吸收光谱法）。

3.6 GB/T5009.11—1996食品中总砷的测定方法。

3.7 SN0339—1995出口茶叶中黄曲霉毒素B_1的检验方法。

3.8 《中华人民共和国药典（一部）》（2000年版）附录Ⅸ Q有机氯农药残留量测定法（附录60）。

3.9 《中华人民共和国药典（一部）》（2000年版）附录ⅩⅢ C微生物限度检查法。

4 限量指标。

4.1 重金属及砷盐：

4.1.1 重金属总量≤20.0 mg/kg；

4.1.2 铅（Pb）≤5.0 mg/kg；

4.1.3 镉（Cd）≤0.3 mg/kg；

4.1.4 汞（Hg）≤0.2 mg/kg；

4.1.5 铜（Cu）≤20.0 mg/kg；

4.1.6 砷（As）≤2.0 mg/kg。

4.2 黄曲霉毒素含量 黄曲霉毒素B_1（Aflatoxin）≤5 μg/kg（暂定）。

4.3 农药残留量：

4.3.1 六六六（BHC）≤0.1 mg/kg；

4.3.2 滴滴涕（DDT）≤0.1 mg/kg；

4.3.3 五氯硝基苯（PCNB）≤0.1 mg/kg；

4.3.4 艾氏剂（Aldrin）≤0.02 mg/kg。

4.4 微生物限度：个/g，个/mL。

参照《中华人民共和国药典》（2000年版）规定执行（注射剂除外）。

4.5 除以上标准外，其他质量应符合《中华人民共和国药典》（2000年版）规定（如要求）。

5 检测方法。

5.1 指标检验。

5.1.1 重金属总量：《中华人民共和国药典（一部）》（2000年版）附录Ⅸ E重金属检测方法。

5.1.2 铅：GB/T5009.12—1996食品中铅的测定方法（原子吸收光谱法）。

5.1.3 镉：GB/T5009.15—1996食品中镉的测定方法（原子吸收光谱法）。

5.1.4 总汞：GB/T5009.17—1996食品中总汞的测定方法（冷原子吸收光谱法）（汞测仪法）。

5.1.5 铜：GB/T5009.13—1996食品中铜的测定方法（原子吸收光谱法）。

5.1.6 总砷：GB/T5009.11—1996食品中总砷的测定方法。

5.1.7 黄曲霉毒素B_1（暂定）：SN0339—1995出口茶叶中黄曲霉毒素B_1检验方法。

5.1.8 《中华人民共和国药典（一部）》（2000年版）附录Ⅸ Q有机氯农药残留量测定法（附录60）。

5.1.9 《中华人民共和国药典（一部）》（2000年版）附录Ⅷ C微生物限量检查法。

5.2 其他理化检验 按《中华人民共和国药典》（2000年版）规定执行。

6 检测规则。

6.1 进出口产品需按本标准经指定检验机构检验合格后，方可申请使用药用植物及制剂过出口绿色标志。

6.2 交收检验。

6.2.1 交收检验取样方法及取样量参照《中华人民共和国药典》（2000年版）有关规定执行。

6.2.2 交收检验项目，除上述标准指标外，还要检验理化指标（如要求）。

6.3 形式检验。

6.3.1 对企业常年进出口的品牌产品和地产植物药材经指定检验机构化验，在规定的时间内药品质量稳定又有规定的药品质量保证体系，形式检验每半年（或1年）进行1次，有下列情况之一，应进行复检。

　　A．更改原料产地；

B．配方及工艺有较大变化时；

C．产品长期停产或停止出口后，恢复生产或出口时。

6.3.2 形式检验项目及取样同交收检验。

6.4 判定原则 检验结果全部符合本标准者，为绿色标准产品。否则，在该批次中抽取2份样品复验1次。若复验结果仍有一项不符合本标准规定，则判定该批产品为不符合绿色标准产品。

6.5 检验仲裁 对检验结果发生争议，由中国进出口商品检验技术研究所或中国药品生物制品检定所进行检验仲裁。

7 包装、标志、运输和贮存。

7.1 包装 容器应该用干燥、清洁、无异味以及不影响品质的材料制成。包装要牢固、密封、防潮，能保护品质。包装材料应易回收、易降解。

7.2 标志 产品标签使用中国药用植物及制剂进出口绿色标志，具体执行应遵照中国医药保健品进出口商会有关规定。

7.3 运输 运输工具必须清洁、干燥、无异味、无污染，运输中应防雨、防潮、防曝晒、防污染，严禁与可能污染其品质的货物混装运输。

7.4 贮存 产品应贮存在清洁、干燥、阴凉、通风无异味的专用仓库中。

附录4

中药材规范化生产允许使用的肥料种类及使用原则

一、中药材规范化允许使用的肥料种类

1. 农家肥料

是指自行就地取材、积制、就地使用的,含有大量生物物质、动植物残体、排泄物、生物废物等物质的各种有机肥料。施用农家肥料不仅能为农作物提供全面营养,而且肥效长,可以增加和更新土壤有机质,促进微生物繁殖,改善土壤的理化性质和生物活性,是生产中药材GAP产品的主要养分来源。

(1) 堆肥

以各类秸秆、落叶、山青、湖草、人畜粪便为原料,与少量泥土混合堆积而成的一种有机肥料。

(2) 沤肥

沤肥所用物料与堆肥基本相同,只是在淹水条件下(嫌气性)进行发酵而成。

(3) 厩肥

是指猪、牛、马、羊、鸡、鸭等畜禽的粪尿与秸秆垫料堆制成的肥料。

(4) 沼气肥

在密封的沼气池中,有机物在嫌气条件下腐解产生沼气后的副产物,包括沼气液和残渣。

(5）绿肥

利用栽培或野生的绿色植物体作肥料。主要分为豆科和非豆科两大类。豆科有绿豆、蚕豆、草木樨、沙打旺、田菁、苜蓿、柽麻、紫云英、苕子等。非豆科绿肥，最常用的有禾本科，如黑麦草；十字花科，如肥田萝卜；菊科，如肿炳菊、小葵子；满江红科，如满江红；雨久花科，如水葫芦；苋科，如水花生等。

（6）作物秸秆

农作物的秸秆是重要的有机肥源之一。作物秸秆含有相当数量的为作物所必需的营养元素（N、P、K、Ca、S等）。在适宜的条件下通过土壤微生物的作用，这些元素经过矿化再回到土壤中，为作物吸收利用。

（7）泥肥

未经污染的河泥、塘泥、沟泥、港泥、湖泥等。

（8）饼肥

菜子饼、棉籽饼、豆饼、芝麻饼、花生饼、蓖麻饼、茶籽饼等。

2. 商品肥料

按国家法规规定受国家肥料部门管理，以商品形式出售的肥料。

（1）商品有机肥料

是指以大量生物物质、动植物残体、排泄物、生物废物等物质为原料，加工制成的商品肥料。

（2）腐殖酸类肥料

是指泥炭（草炭）、褐煤、风化煤等含有腐殖酸类物质的肥料。

（3）微生物肥料

是指用特定微生物菌和培养生产具有活性的微生物制剂。它无毒无害，不污染环境，通过特定微生物的生命活动能改善植物的营养，或产生植物生长激素，促进植物生长。根据微生物肥料对改善植物营养元素的不同，可分成五类：

①根瘤菌肥料：能在豆科植物上形成根瘤，可同化空气中的氮气，改善豆科植物的氮素营养。有花生、大豆、绿豆等根瘤菌剂。

②固氮菌肥料：能在土壤中和很多作物根际固定空气中的氮气，为作物提供氮素营养；又能分泌激素刺激作物生长。有自生固氮菌、联合固氮菌剂等。

③磷细菌肥料：能把土壤中难溶性磷转化为作物可以利用的有效磷，改善作物磷素营养。有磷细菌、解磷真菌、菌根菌剂等。

④硅酸盐细菌肥料：能对土壤中云母、长石等含钾的铝硅酸盐及磷灰石进行分解，释放出钾、磷与其他灰分元素，改善作物的营养条件。有硅酸盐细菌、其他解钾微生物制剂等。

⑤复合微生物肥料：含有2种以上有益的微生物（固氮菌、磷细菌、硅酸盐细菌或其他一些细菌），它们之间互不拮抗并能提高作物一种或几种营养元素的供应水平，并含有生理活性物质的制剂。

（4）半有机肥料（有机复合肥）

由有机和无机物质混合或化合制成的肥料。

①经无害化处理后的畜禽粪便，加入适量的锌、锰、硼、钼等微量元素制成的肥料。

②发酵废液干燥复合肥料：以发酵工业废液干燥物质为原料，配合种植蘑菇或养禽用的废弃混合物制成的肥料。

（5）无机（矿质）肥料

①矿质经物理或化学工业方式制成，养分呈无机盐形式的肥料。

②矿物钾肥和硫酸钾。

③矿物磷肥（磷矿粉）。

④煅烧磷酸盐（钙镁磷肥、脱氟磷肥）。

⑤石灰石（限在酸性土壤使用）。

⑥粉状硫肥（限在碱性土壤使用）。

（6）叶面肥料

喷施于植物叶片并能被其吸收利用的肥料，叶面肥料中不得含有化学合成的生长调节剂。

①微量元素肥料：以Cu、Fe、Mn、Zn、B、Mo等微量元素及有益元素为主配制的肥料。

②植物生长辅助物质肥料：用天然有机物提取液或接种有益菌类的发酵液，再配加一些腐殖酸、藻酸、氨基酸、维生素、糖等配制的肥料。

3．其他肥料

（1）包括不含合成添加剂的食品、纺织工业的有机副产品。

（2）包括不含防腐剂的鱼渣、牛羊毛废料、骨粉、氨基酸残渣、骨胶废渣、家畜加工废料、糖厂废料等有机物料制成的肥料。

二、使 用 原 则

1．尽量选用本标准规定允许使用的肥料种类。如生产上实属必需，允许生产基地有限度地使用部分化学合成肥料。但禁止使用硝态氮肥。

2．化肥必须与有机肥配合施用，有机氮与无机氮之比1∶1为宜，大约厩肥1 000 kg加尿素20 kg（厩肥作基肥，尿素可作基肥和追肥用）。最后一次追肥必须在收获前30天进行。

3．化肥也可与有机肥、微生物肥配合施用。厩肥1 000 kg，加尿素10 kg或磷酸二铵20 kg，微生物肥料60 kg（厩肥作基肥，尿素、磷酸二铵和微生物肥料作基肥和追肥用）。最后一次追肥必须在收获前30天进行。

4．城市生活垃圾在一定的情况下使用是安全的，但要防止金属、橡胶、砖瓦石块的混入，还要注意垃圾中经常含有重金属和有害毒物等。因此城市生活垃圾要经过无害化处理，质量达到国家标准后才能使用。每年每667 m^2农田限制用量，黏性土壤不超过3 000 kg，沙性土壤不超过2 000 kg。

5．秸秆还田有堆沤还旦（堆肥、沤肥、沼气肥）、过腹还田（牛、马、猪等牲畜粪尿）、直接翻压还田、覆盖还田等多种形式，各地可因地制宜采用。秸秆直接翻入土中，注意盖土要严，不要产生根系架空现象，并加入含氮丰富的人畜粪尿调节碳氮比，以利秸秆分解。允许和少量氮素化肥调节碳氮比。

6．绿肥利用形式有覆盖、翻入土中、混合堆沤。栽培绿肥最好在盛花期翻压，翻埋深度为15 cm左右，盖土要严，翻后耙匀。压青后15~20天才能进行播种或移苗。

7．腐熟的达到无害化要求的沼气肥水，及腐熟的人畜粪尿可用作追肥。严禁使用未经腐熟的人粪尿。

8．叶面肥料喷施于作物叶片，可施一次或多次，但最后一次必须在收获前20天喷施。

9．微生物肥料可用于拌种，也可作基肥和追肥使用。

使用时应严格按照使用说明书的要求操作。

三、其他规定

1．鼓励研究、开发、生产和使用有利于某种或某类中药材生长需要的中药材专用肥。

2．秸秆烧灰还田方法只有在病虫害发生严重的地块采用较为适宜。应当尽量避免盲目放火烧灰的做法。

3．生产中药材GAP产品的农家肥料无论采用何种原料（包括人畜粪尿、秸秆、杂草、泥炭等）制作堆肥，必须高温发酵，以杀灭各种寄生虫卵和病原菌、杂草种子，去除有害有机酸和有害气体，使之达到无害化卫生标准。

农家肥料，原则上就地生产就地使用。外来农家肥料应确认符合要求后才能使用。商品肥料及新型肥料必须通过国家有关部门的登记认证及生产许可。

4．因施肥造成土壤、水源污染，或影响农作物生长、农产品达不到卫生标准时，要停止施用这些肥料。

附录5

中药材规范化生产允许和禁止使用的农药种类及使用原则

一、中药材规范化生产允许使用的农药种类

1．生物源农药

生物源农药是指直接利用生物活体或生物代谢过程中产生的具有生物活性的物质或从生物体提取的物质作为防治病虫草害的农药。

（1）微生物源农药

①农用抗生素

防治真菌病害：灭瘟素，春雷霉素，多抗霉素（多氧霉素），井冈霉素，农抗120。

防治螨类：浏阳霉素，华光霉素。

②活体微生物农药

真菌剂：绿僵菌，鲁保一号。

细菌剂：苏芸金杆菌，乳状芽孢杆菌。

拮抗菌剂："5406"，菜丰宁B1。

线虫：昆虫病原线虫。

原虫：微孢子原虫。

病毒：核多角体病毒；颗粒体病毒。

（2）动物源农药

昆虫信息素（或昆虫外激素）：如性信息素。

活体制剂：寄生性、捕食性的天敌动物。

（3）植物源农药

杀虫剂：除虫菊素、鱼藤酮、烟碱、植物油乳剂。

杀菌剂：大蒜素。

拒避剂：印楝素、苦楝、川楝素。

增效剂：芝麻素。

2. 矿物源农药

有效成分起源于矿物的无机化合物和石油类农药。

（1）无机杀螨杀菌剂

硫制剂：硫悬浮剂，可湿性硫，石硫合剂。

铜制剂：硫酸铜，王铜，氢氧化铜，波尔多液。

（2）矿物油乳剂

3. 有机合成农药

由人工研制合成，并由有机化学工业生产的商品化的一类农药，包括杀虫杀螨剂、杀菌剂、除草剂。此类农药只允许在中药材GAP产品生产上限量使用（见附表1）。

附表1　中药材规范化生产中可以限量使用的有机合成农药种类

农药名称	急性口服毒性	剂型	防治对象	每667 m²每次施用量和稀释倍数	施药方法	每季作物最多使用次数	最后一次施药距采收间隔期（天）
马拉硫磷	低毒	50%乳油	蚜虫、鳞翅目害虫	1 500~2 500倍	喷雾	1	≥7
辛硫磷	低毒	50%乳油	蚜虫、鳞翅目害虫	1 500~2 500倍	喷雾	1	≥5

续表

农药名称	急性口服毒性	剂型	防治对象	每667 m²每次施用量和稀释倍数	施药方法	每季作物最多使用次数	最后一次施药距采收间隔期（天）
敌百虫	低毒	90%固体	地下害虫、鳞翅目害虫等	500~1 000倍	毒土、喷雾	5	≥7
敌敌畏	中等毒	50%、80%乳油	蚜虫、鳞翅目害虫	150~250 g 500~1 000倍	喷雾	5	≥5
乐果	中等毒	40%乳油	蚜虫、鳞翅目害虫	100~2 000倍	喷雾	6	≥7
定虫隆（拟太保）	低毒	5%乳油	鳞翅目幼虫	40~140倍	喷雾	3	7
除虫脲	低毒	20%悬浮剂	鳞翅目幼虫	1 600~3 200倍	喷雾	2	30
塞螨酮（尼索朗）	低毒	5%乳油、5%可湿性粉剂	螨	1 500~2 000倍	喷雾	2	30
克螨特	低毒	73%乳油	螨	2 000~3 000倍	喷雾	6	≥21
抗蚜威（辟蚜雾）	中等毒	50%可湿性粉剂	蚜虫	10~20 g	喷雾	2	14

续表

农药名称	急性口服毒性	剂型	防治对象	每667 m²每次施用量和稀释倍数	施药方法	每季作物最多使用次数	最后一次施药距采收间隔期（天）
氯氰菊酯	中等毒	10%乳油	蚜虫、鳞翅目害虫	2 000倍	喷雾	4	7
溴氰菊酯（速灭杀丁）	中等毒	2.5%乳油	黏虫、蚜虫、食心虫	10~25 mL	喷雾	2	7
氰戊菊酯	中等毒	20%乳油	蚜虫、螟虫、食心虫	20~40 mL	喷雾	1	10
百菌清	低毒	75%可湿性粉剂	霜霉病	500~600倍	喷雾	4	3
甲霜灵（瑞毒霉）	低毒	58%可湿性粉剂	霜霉病	500~800倍	喷雾	3	21
多菌灵	低毒	25%可湿性粉剂	霜霉病、菌核病	500~1 000倍	喷雾	2	≥5
异菌脲（扑海因）	低毒	25%悬浮剂	菌核病	140~200 mL	喷雾	2	50
腐霉利（二甲菌核利）	低毒	50%可湿性粉剂	灰霉病、菌核病	40~50 g	喷雾	3	1
三唑酮（粉锈宁）	低毒	25%可湿性粉剂	锈病	500~1 000倍	喷雾	2	≥3

二、禁止使用的农药种类

附表2　中药材规范化生产中禁止使用的化学农药种类

种类	农药名称	禁用原因
无机砷杀虫剂	砷酸钙、砷酸铅	高毒
有机砷杀菌剂	甲基砷酸锌、甲基砷酸铁铵（田安）、福美甲砷、福美砷	高残留
有机锡杀菌剂	薯瘟锡（三苯基醋酸锡）、三苯基氯化锡和毒菌锡	高残留
有机汞杀菌剂	氯化乙基汞（西力生）、醋酸苯汞（赛力散）	剧毒、高残毒
氟制剂	氟化钙、氟化钠、氟醋酸钠、氟乙酰胺、氟铝酸钠、氟硅酸钠	剧毒、高毒、易药害
有机氯杀虫剂	滴滴涕、六六六、林丹、艾氏剂、狄氏剂	高残留
有机氯杀螨剂	三氯杀螨醇	我国生产的工业品中含有一定数量的滴滴涕
卤代烷类熏蒸杀虫剂	二溴乙烷、二溴氯丙烷	致癌、致畸
有机磷杀虫剂	甲拌磷、乙拌磷、久效磷、对硫磷、甲基对硫磷、甲胺磷、甲基异柳磷、治螟磷、氧化乐果、磷胺	高毒
有机磷杀菌剂	稻瘟净、异稻瘟净	异嗅米

续表

种类	农药名称	禁用原因
氨基甲酸酯杀虫剂	克百威、涕灭威、灭多威	高毒
二甲基甲脒类杀虫杀螨剂	杀虫脒	慢性毒性、致癌
拟除虫菊酯类杀虫剂	所有拟除虫菊酯类杀虫剂	对鱼毒性大
取代苯类杀虫杀菌剂	五氯硝基苯、稻瘟醇（五氯苯甲醇）	国外有致癌报道或二次药害
植物生长调节剂	有机合成植物生长调节剂	
二苯醚类除草剂	除草醚、草枯醚	慢性毒性
除草剂	各类除草剂	

三、使用原则

中药材GAP产品生产应从作物-病虫草等整个生态系统出发，综合运用各种防治措施，创造不利于病虫害孳生和有利于各类天敌繁衍的环境条件，保持农业生态系统的平衡和生物多样化，减少各类病虫草害所造成的损失。

优先采用农业措施，通过选用抗病抗虫品种、非化学药剂种子处理、培育壮苗、加强栽培管理、中耕除草、秋季深翻晒土、清洁田园、轮作倒茬、间作套种等一系列措施起到防治病虫的作用。

还应尽量利用灯光、色彩诱杀害虫和机械捕捉害虫、机械和人工除草等措施，防治病虫草害。特殊情况下必须使用

农药时,应遵守以下原则:

1．允许使用植物源杀虫剂、杀菌剂、拒避剂和增效剂,如除虫菊素、鱼藤根、烟草水、大蒜素、苦楝、川楝、印楝、芝麻素等。

2．允许释放寄生性捕食性天敌动物,如赤眼蜂、瓢虫、捕食螨、各类天敌蜘蛛及昆虫病原线虫等。

3．允许在害虫捕捉器中使用昆虫外激素,如性信息素或其他动植物引诱剂。

4．允许使用矿物油乳剂和植物油乳剂。

5．允许使用矿物源农药中硫制剂、铜制剂。

6．允许有限度地使用活体微生物农药,如真菌制剂、细菌制剂、病毒制剂、放线菌、拮抗菌剂、昆虫病原线虫、原虫等。

7．允许有限度地使用农用抗生素,如春雷霉素、多抗霉素(多氧霉素)、井冈霉素、农抗120等防治真菌病害,浏阳霉素防治螨类。

8．严格禁止使用剧毒、高毒、高残留或者具有三致(致癌、致畸、致突变)的农药(参见附表2)。

9．如生产上实属必需,允许生产基地有限度地使用部分有机合成化学农药,并严格按照附表1中规定的方法使用。

①应先用附表1中列出的低毒农药和个别中等毒性农药。如需使用附表1中未列出的农药新品种,须报经中国中药材GAP产品发展中心审批。

②有机合成农药在农产品中的最终残留应从严掌握,采用国际上最低的残留量标准或为国家标准的1/2。

③最后一次施药距采收间隔天数不得少于附表1中规定

的日期（中药材GAP产品生产中的最后一次施药时间，较国家规定的安全间隔期严格）。

④每种有机合成农药在2种作物的生长期内只允许使用一次（使用次数较国际大为减少）。

⑤在使用混配有机合成化学农药的各种生物源农药时，混配的化学农药只允许选用附表1中列出的品种。

⑥严格控制各种遗传工程微生物制剂（Genetical Engineered Microorganisms, GEM）的使用。